"十三五"国家重点出版物出版规划项目　　时代教育·国外高校优秀教材精选

名校名家基础学科系列
Textbooks of Base Disciplines from Top Universities and Experts

Principles of Physics
(Tenth Edition)

物理学原理

上卷

(翻译版　原书第10版)

［美］ 吉尔·沃克（Jearl Walker）
大卫·哈里德（David Halliday） 著
罗伯特·瑞斯尼克（Robert Resnick）

复旦大学　潘笃武　马世红　译

机械工业出版社

这套书是沃克、哈里德和瑞斯尼克所著《物理学原理》(*Principles of Physics*)第10版的中译本。它是一部不仅在美国高校中使用率高，而且在世界许多国家的大学中广泛使用的国际经典教材。

全套书的特点是：突出物理概念，物理原理和定理表述严谨、准确，内容广泛联系最新的科学研究、生产实际以及日常生活。书中除包含传统教科书中经典物理学的全部内容外，第37章到第44章还简要介绍了近代物理学的主要进展，包括相对论、量子物理学，最后一章还提到了夸克和大爆炸。关于引力的第13章，详细讨论了牛顿的引力理论，还简单介绍了等效原理和弯曲时空。书中有许多来自生活和新科技的生动有趣的例子，对提高学生学习物理学的兴趣、明确学习物理学的目的大有裨益。

全套书分上、下两卷，共44章，上卷从第1章到第20章；下卷从第21章到第44章。为了能更好地帮助学生理解和领会物理学的原理和概念，书中每章第一单元的开头都安排有“什么是物理学”的栏目，强调这一章中的主要物理内容。每章中的每单元均设有“学习目标”和“关键概念”的栏目，列出学生学完该单元后必须掌握的物理内容及物理概念。书中的例题分成若干小题，每一小题都详细地交代了解题的关键概念和解题步骤。每章都附有丰富的习题以供教师和学生选择。

本套书的插图内容丰富，表意清楚，制作精美，与正文配合密切。

本套书可用作高等学校基础物理课的教材或参考书，同时也是广大教师（包括中学教师）、物理科研人员和物理爱好者十分有价值的参考书。

图书在版编目（CIP）数据

物理学原理：翻译版：原书第10版. 上卷/(美) 吉尔·沃克（Jearl Walker），(美) 大卫·哈里德（David Halliday），(美) 罗伯特·瑞斯尼克（Robert Resnick）著；潘笃武，马世红译. —北京：机械工业出版社，2019.6 (2025.1重印)

书名原文：Principles of Physics Tenth Edition

时代教育·国外高校优秀教材精选 “十三五”国家重点出版物出版规划项目. 名校名家基础学科系列

ISBN 978-7-111-63402-7

Ⅰ.①物…　Ⅱ.①吉…②大…③罗…④潘…⑤马…　Ⅲ.①物理学-高等学校-教材　Ⅳ.①O4

中国版本图书馆CIP数据核字（2019）第172042号

机械工业出版社（北京市百万庄大街22号　邮政编码100037）
策划编辑：李永联　　　责任编辑：李永联　陈崇昱　任正一
责任校对：张　薇　王明欣　封面设计：张　静
责任印制：张　博
北京建宏印刷有限公司印刷
2025年1月第1版第4次印刷
210mm×285mm · 37印张 · 3插页 · 1172千字
标准书号：ISBN 978-7-111-63402-7
定价：248.00元

电话服务　　　　　　　　　网络服务
客服电话：010-88361066　　机　工　官　网：www.cmpbook.com
　　　　　010-88379833　　机　工　官　博：weibo.com/cmp1952
　　　　　010-68326294　　金　　书　　网：www.golden-book.com
封底无防伪标均为盗版　　机工教育服务网：www.cmpedu.com

译者序

由美国的哈里德和瑞斯尼克所著的大学物理学基础教材是一部不仅在美国高校中使用率高，而且在世界许多国家的大学中广泛使用的国际经典教材。这套书从 1960 年出版第 1 版起到现在已经近 60 多年了，在这半个多世纪中，为了更好地适应学生情况和物理科学的发展，它被不断地修改、补充，每一版都有新的变化。

这套书的第一个中译本是由科学出版社 1979 年出版、复旦大学物理系的几位教师从原书第 3 版翻译的《物理学》（*Physics*）。第二个中译本由机械工业出版社于 2005 年出版，它是由清华大学张三慧教授和北京大学李椿教授主导、几位大学物理教师参加、共同翻译的原书第 6 版，书名为《物理学基础》（*Fundmentals of Physics*），在这一版的编著者中增加了沃克。

本套书是第三个中译本，书名为《物理学原理》（*Principles of Physics*），译自沃克、哈里德和瑞斯尼克所著的原书第 10 版。这一版比起 1979 年的中译本《物理学》，内容已经焕然一新了。即使和 2005 年的中译本《物理学基础》相比，也有很大的变化，比如《物理学基础》中章名分别为“质点系”和“碰撞”的第 9 章和第 10 章，在《物理学原理》中已被合并为一章，章名为“质心和线动量”，经过重编后，原来这两章中的有些内容被移到了别处；再比如，高斯定律和薛定谔方程以及其他一些部分在这一版中都经过了改写和增补。

与《物理学基础》相比，《物理学原理》每章第一节的开头都设有“什么是物理学”的栏目，用来说明这一章的主要内容，方便读者领会、掌握。同时，每章中的每节均设有“学习目标”和“关键概念”的栏目，“学习目标”列出了学完这一节后学生必须学会的内容，“关键概念”列出了这一节中学生必须掌握的基本物理概念。所有这些都是《物理学基础》中没有的。由此可见，比起《物理学基础》来，《物理学原理》为学生着想得更多，这加强了对学生学习的指导，帮助学生更好地理解物理学的本质。但是，《物理学基础》每一章后面都有的“思考题”，在《物理学原理》中都取消了。

与《物理学基础》相比，《物理学原理》课文的表述和附图都有一些增加或删减。有的附图中的小图增多了，图上附带的小字说明也更为详细。《物理学基础》中大多数例题都保留了下来，但是每个例题都改用了新的编排方式。《物理学基础》的例题中“关键点”的说明和讲解在《物理学原理》中经过适当修改后都归并到“关键概念”的小标题下独立成段。每个例题中的每一小题各有一段“关键概念”。一个例题往往有几个题为“关键概念”的小段。由此看来，这些改变的目的都是为了突出题目中的物理内容，帮助学生能更好地掌握解题的思路和方法。

《物理学原理》的习题和《物理学基础》的相比，改变很大。力学到电学各章的习题更换了大约一半以上。后面几章的习题更改得少一些。《物理学基础》的习题是在节的标题下按节编排的，而在《物理学原理》中，习题不再按节编排，而是混排的。这样，学生在做习题时就必须理解其意思，辨明所要用到的物理概念和公式。

译者在开始翻译《物理学原理》时，本想在《物理学基础》的基础上进行修订补充，但发现需要修改补充的内容非常之多，全部重新翻译反而节省时间和精力。当然，翻译过程中还是参考了《物理学基础》的一些内容。

译者经过翻译认为，《物理学原理》确实是一部非常优秀的大学物理教材，它的优点是，突出物理思想，特别注意启发学生思考，致力于培养学生解决实际问题的能力；书中定理和定律的叙述逻辑严密，表达清楚；特别重视物理概念，一个突出的例子是，第 33 章 33-1 节结合数学公式定性地讨论了在电磁波传播中是如何电场的变化感应产生磁场、磁场的变化感应产生电场的，这从原理上揭示了电场和磁场紧密关联、相互感应激发的内在本质。

为了使学生了解学习物理的用处，提高学生学习物理的兴趣，《物理学原理》针对青年学生的特点给出了许多有关体育、文娱和日常生活中常常遇到的事例，例如有些例题和习题来自当时流行的电影或电视节目。书中也有许多有关自然现象和生产实际的故事，还介绍了一些物理学应用的新发展。在译者看来，书中的事例都经过了精心挑选，并进行了条理清晰的讨论和解答，对学生有很大的帮助。书中的图片制作精美，照片色彩鲜艳，它们都主题鲜明，表意清楚，不仅能吸引学生的注意力，引起他们的兴趣，而且能让他们得到充分的美的享受。

《物理学原理》《物理学基础》中近代物理部分的内容都被大大增加了。这两版的第 37 章介绍了狭义相对论。第 38 ~ 44 章是初等量子物理学，可以看出，作者尽量少地用繁复的数学来阐明量子物理学的基本原理和概念，通过势垒和势阱来说明在束缚状态中系统能量的量子化，并介绍了氢原子结构和光谱的量子力学观点，避免了解复杂的微分方程。第 41 章是固体中电的传导，介绍了能带理论，重点讨论了半导体的原理和应用，这些都是很多学生在以后的工作中会用到的。最后几章还简单介绍了一些量子物理学的新进展和新实验，特别是第 44 章，介绍了粒子物理学的新发现，还提到了暗物质和宇宙大爆炸。《物理学原理》中的近代物理学部分将学生引导到物理学的前沿，增强学生进一步学习和研究物理学的兴趣。以引力为题的第 13 章除了详细讨论牛顿引力定律和应用以外，还简单介绍了爱因斯坦的引力理论。不过，近代物理学内容的增加也大大增加了全书的篇幅，教学的学时也随之要增加。因此，用它作为教科书的教师必须适当安排教学进度，选择好讲授内容。

《物理学原理》的一个重要特点是有大量的习题供教师选择，其中有些习题还是很有启发性的，而且题量也比较合适。

Wiley 出版社还编辑出版了《物理学原理》的电子版以及一套与其配套的互联网上的辅导材料，名为 WileyPLUS。这套网络辅导教材包括提供给教师用的各章的纲要、可以在课堂上演示用的图片、动画和所有习题的计算与答案，以及可供选择的测验题及答案。教师可以在网上给学生布置课外作业、进行小测验并实时获得学生情况的反馈。教师若有自己的心得、或提出自己的例题或习题，都可以上载到 WileyPLUS 中，补充、丰富 WileyPLUS 的内容。

WileyPLUS 也给学生提供了许多学习辅助材料，其中有利用动画和图解演示的物理概念，也有教材以外的例题、习题和解题的步骤与答案等。学生在做课外作业遇到困难时就可以立即上网查询。学生也可以利用 WileyPLUS 做课前预习，并利用它提供的有关材料来自己检验学习的效果。学生不仅可以通过 WileyPLUS 和教师在网上交流，也可以利用它自学。

可惜，译者没法看到过这套 WileyPLUS，无法判断它的适用性和可能的效果。

《物理学原理》还有一大特点是，作者在修订中加入了许多教师提供的有价值的建议和材料，书中致谢的对象就有一百多位学者和教师。美国一些比较好的教科书常常经过几代编著者不断修订，精益求精，以适合学科的发展和学生情况的变化。本次修订也有许多学校的教师参与了其中，这很值得我们国内编写教材的教师和有关出版社借鉴、学习。希望我国有更多不同风格、不同层次的优秀教材问世，供教师和学生选择、参考。

译者希望这套《物理学原理》能为当前我国大学物理基础课程教学的改革和教材建设提供参考、借鉴。

译　者

2020 年 11 月于复旦大学

PREFACE

前　言

我为什么要写这本书

面对巨大的挑战很有乐趣。这是我对学物理的看法。这想法来自那一天，我曾教的一位名叫莎伦的学生（现已毕业）突然问我："在我的生活中，这些东西有什么用呢?" 当然我立即回答说："莎伦，在你的生活中每件事都和这有关——这就是物理学。"

她要我举一个例子，我想来想去就是想不出一个合适的。那个晚上我就开始写《物理学的飞行马戏团》（John Wiley & Sons 公司，1975）。这本书是为莎伦而写，也是为我自己而写，因为我知道她的疑问也是我的疑问。我花了六年时间认真钻研了几十本物理学教科书，这些书都是根据最好的教学计划认真地编写出来的，但都缺少了某些东西。物理学是最有趣的学科之一，因为它是关于自然界是怎样运行的，但这些教科书完全没有谈到和真实自然界的任何关系，有趣的东西也都一点没有了。

我已经在《物理学原理》这本书中采纳了从新版的《物理学的飞行马戏团》中挑选出来的许多真实世界物理学的例子。许多材料来自我教的物理学导论课程。在这些课上，我可以从学生的面部表情和直率的评论判断哪些材料和展示有好的效果，而哪些却没有。我的成功和失败记录是形成这本书的基础。这里我要传达的信息和多年前遇到莎伦以来我给我遇到过的每一位学生传达的都同样是："你们从基本的物理概念终究可以推导出有关真实世界的合理的结论，这种对真实世界的认识就是乐趣之所在。"

我写这本书有好几个目标，但首要的目标是给教师提供一些工具，他们据此可以教学生如何有效地阅读科学资料，懂得基本概念，思考科学问题，并且能够定量地解题。无论对学生还是教师来说，这个过程并不容易。确实，使用这本书的课程或许是学生学过的所有课程中最具挑战性的一门课。然而，它也可能是最值得做的一件事，因为它揭示了所有科学和工程应用赖以实现的自然界的基本机理。

本书第9版的许多使用者（包括教师和学生）给我提出了改进本书的批评意见和建议。这些改进都体现在全书的叙述和习题中。出版商 John Wiley & Sons 公司和我把这本书看作不断发展的项目并鼓励使用者提出更多的意见。你们可以把建议、修改意见以及正面或负面的意见送交 John Wiley & Sons 或吉尔·沃克（通信地址：克利夫兰州立大学物理系，Cleveland，OH 44115 USA）；或博客地址：www. flying circus of physics. com)。我们可能无法对所有的建议都做出回应，但我们会尽量保留并研究每一条建议。

哪些是新的东西？

单元和学习目标　“我要从这一节学习到什么?”几十年来最好的学生和最差的学生都问过我这个问题。问题在于，即使是一个善于思考的学生在阅读一个小节时，对是否抓住了要点也可能会感到没有信心。回想起我在用第 1 版哈里德和瑞斯尼克合著的《物理学》教第一学年的物理学课程时也有同样的感受。

在这一版中为使这个问题缓解一些，我在原来题目的基础上把各章重组成概念的单元，并将各单元的学习目标列出作为每个单元的开始。这些列出的项目是对阅读这一单元应当学到的要点和技巧的简明表述。紧接着每一组列项是对应当学到的关键概念的简明小结。例如，看一看第 16 章第一单元，学生在这一单元中要面临一大堆的概念和名词。我现在提供了明晰的检索清单，学生可以靠自己的能力把这些概念收集和分类，它的作用就好像飞行员起飞前在跑道上滑行时要通盘核对一遍程序表格一样。

课外作业习题和学习目标之间的关系　在 WileyPLUS 中，每一章后面的每一个问题和习题都联系着学习目标，要回答（通常不用说出来）这样的问题：“我为什么要做这个习题？我应该从它学到什么?”通过明确一个习题的目的，我相信学生会用不同的语言但却相同的关键概念把学习目标更好地转移到其他的习题上。这种转移有助于克服常常遇到的困难，就是学生学会了解某一特殊的习题，但却不会把它的关键概念用于另一种条件下的问题。

重写某几章　我的学生对关键的几章和另外几章中的一些方面不断地提出建议，所以在这一版中我重写了许多内容。例如，我重新构思了关于高斯定律和电势这两章，因为原先的这两章被证明对我的学生来说太困难了。现在的表述更加流畅，并且关键的要点表述更加直截了当。在有关量子物理的几章里，我扩展了薛定谔方程的范围，包括物质波在阶跃势上的反射。遵照一些教师的要求，我将玻尔原子的讨论和氢原子的薛定谔解分开，这样就可以绕过对玻尔工作的历史说明。还有，现在有了关于普朗克的黑体辐射的单元。

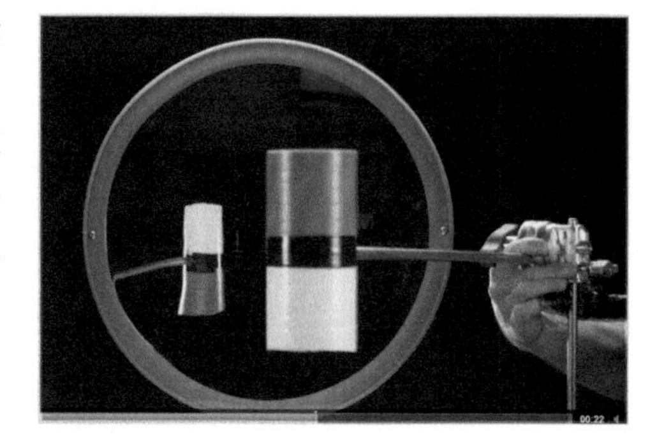

新的例题　16 个新的例题已经被增加到各章中，这是为了突出我的学生们感到困难的一些领域。

可视图解　在 WileyPLUS 中可以得到这本教材的电子版，这是罗格斯大学（Rutgers University）的戴维·梅洛（David Maiullo）制作的教材中大约 30 幅照片和插图的视频。物理学中大部分是研究运动的事物，视频常常可以比静态的照片和图片提供更佳的描述。

在线辅助　WileyPLUS 不仅仅是在线评分的程序，实际上它还是生动的学习中心，配有许多不同的学习辅助材料，包括实时的解题指导、鼓励学生的嵌入式阅读测验、动画、几百道例题、大

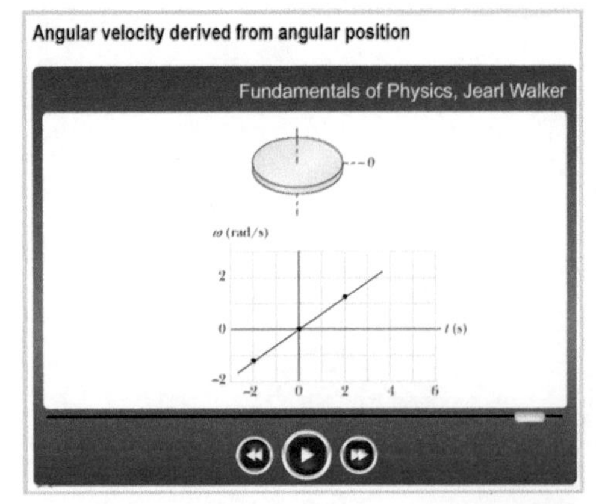

量的模拟和演示以及 1500 个以上的视频，内容从数学复习到与例题有关的微型课程。每学期都会增加更多的学习辅助材料。在《物理学原理》第 10 版中，一些运动的照片被转换成视频，这样可以将运动变慢以进行分析。

这几千个学习辅助材料可以全天候得到，并且可以随意重复使用。这样，如果一个学生，譬如说在半夜 2 点 40 分（这好像是做物理课外作业的最佳时间）被一个课外作业题难住，点击鼠标就可以得到合适的、对他有帮助的资料。

学习工具

当我用第 1 版哈里德和瑞斯尼克合著的《物理学》学习第一年物理学时，我通过反复阅读才得以理解每一章。现今，我们更好地了解到，学生有广泛多样的学习风格，所以我制作了多样的学习工具，这些都体现在了这一版的书和在线的 WileyPLUS 中。

动画 每一章都有一些关键的图用动画表现。在这本书中，这些图用旋涡符号来标记。在 WileyPLUS 的线上章节中，点击鼠标动画就开始了。我选择其中有丰富信息的一些图做成动画，故学生可以看到的不仅仅是那些印刷在书页上的插图，而是活生生的物理学，并且用几分钟时间就可以播放完。这不但使物理学鲜活起来，而且动画可以根据学生的需要多次重复播放。

视频 我已经制作了 1500 多个教学视频，每学期还要增加，学生可以听我在解释、指导、讲解例题或总结的时候在屏幕上看着我画图或打字，十分像他们在我的办公室里坐在我旁边看我在草稿本上推算某些东西时的经历一样。教师的讲课或个别指导总是最有价值的学习方式，而我们视频是全天候都可以得到的，并且可以无数次地重复使用。

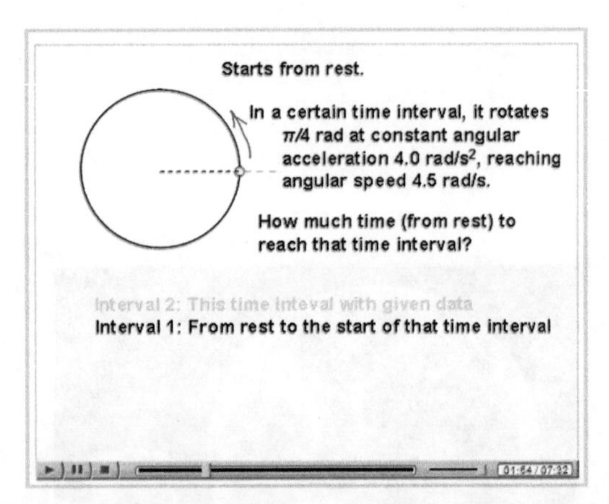

- **一些章节中某些主题的视频辅导**。我选择学生感到最困难、最伤脑筋的一些主题。
- **高中数学的视频复习**，像基本的代数运算、三角函数和联立方程。
- **数学的视频介绍**，像矢量运算，这对学生来说是新的知识。
- **教材各章中每个例题的视频图像描述**。我的意图是从关键概念出发学习物理学而不是只抓住公式。然而，我还是会演示怎样解读例题，就是说怎样读懂技术资料，学会解题的步骤，这些也可以用到其他类型的习题上。
- **每一章后面 20% 的习题的视频求解**。学生是不是能够看到这些解以及什么时候才能得到答案是由教师控制的。例如，可以在课外作业截止期限以后或者小测验以后得到。每一个解答不是简单的对号入座的处方。我建立了从基本概念和推理的第一步开始到最后的答案的解题方法。学生不仅仅是学习解答一道特定的习题，而是要学会处理任何问题，甚至要有处理这些问题所需要的物理学的勇气。
- **怎样从曲线图读出数据的视频例子**（并不是在没有理解物理意义的情况下就去简单地读取数字）。

解题助手 我已经为 WileyPLUS 编写了大量的资料，这些是为帮助学生提高解题能力而设计的。

- **本书中的每道例题的阅读及视频版本都可以在线上得到。**
- **几百道附加的例题。**这些都是独一无二的资料，但（可由教师自己选定）它们也连接着超出课外作业范围的例题。所以，如果一道课外作业题是处理，比如说是作用于斜面上的木块的力，那么这里也提供了有关例题的连接。不过，这种例题和课外作业并不完全一样，它并不提供一个只要复制而不用理解的解答。
- **每一章后面的课外作业中的 15% 都可在 GO Tutorials 栏目中找出求解步骤。**我引导学生做课外作业要经过多个步骤，从关键概念开始，有时给出错误的答案并做出提示。然而，我会故意把（得到最终答案的）最后一步留给学生。这样，他们最后要自己负责做完习题。某些在线教学系统有意给出错误答案让学生落入陷阱，这会使学生产生很大的困惑，而我的 GO Tutorials 并不是陷阱，学生在解题过程中的每一步都可以回到主要的问题上来。
- **每一章后面课外作业的每一道题的提示**都可以（在教师的指导下）得到。我编写的这些材料是关于主要概念和解题一般步骤的具体提示，而不是只提供答案而无须理解的诀窍。

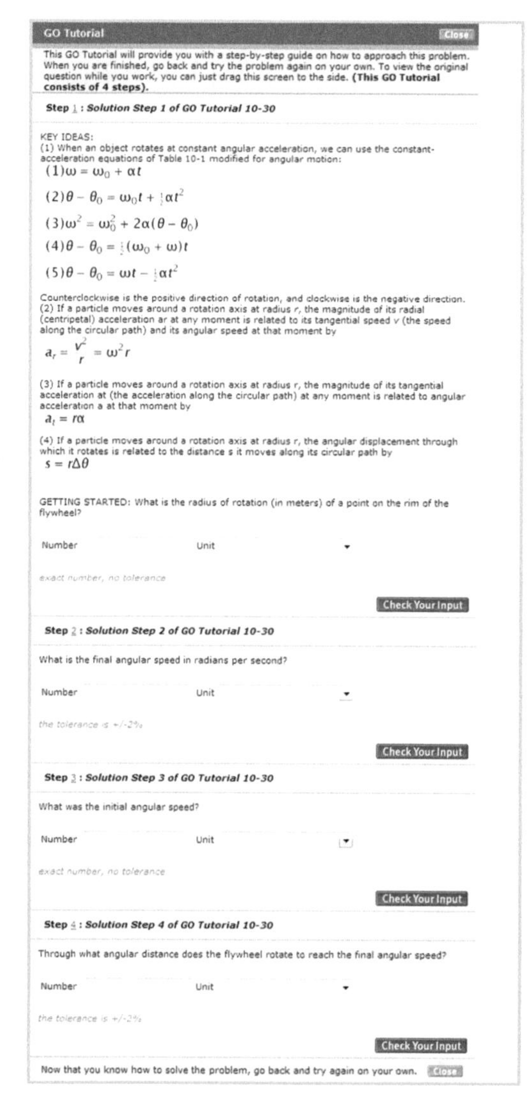

评价资料

- **在线上的每一节都可找到相应的阅读问题。**我编写这些材料并不是要让他们进行分析或深入的理解，只是为了测试一下学生是不是读过这一节。当学生打开某一节时，从题库中随机选择的阅读问题就会出现在该节最后的空白处。教师可以自行决定这个问题是作为打分数的根据呢，还是仅仅作为学生的练习。
- **在大多数小节中设置有检查点。**这些检查点要求用这一节中的物理原理做分析和判断。所有检查点的答案都在书的最后。

检查点 1

这里有三对沿 x 轴的起点和终点：(a) -3m，$+5$m；(b) -3m，-7m；(c) 7m，-3m，哪几对给出负位移？

- **本书中每一章后面的大多数习题**（和更多其他的习题）在 WileyPLUS 中都可以找到。教师可以在线上指定课外作业，并依据网上提交的答案打分。例如，教师规定交作业的截止日期和允许一个学生对一个答案可以尝试多少次。教师也可以控制每一道课外习题能得到哪些学习帮助（如果有的话）。这种连接包括提示、例题、章内的阅读材料、视频辅导、视频教学复习，甚至还包括视频解题（这可以在课外作业截止日期后给学生）。
- **符号标记的习题。**这种需要得到代数式答案的习题在每章中都有。

教师用的补充资料

教师用解题手册 由 Lawrence Livermore 国家实验室的 Sen-Ben Liao 编著。这本手册提供每章后面所有习题的解题步骤，它有 MS Word 和 PDF 两种格式。

教师伴侣网址 http://www. wiley. com/college/halliday

- **教师手册** 这份资料概括了每一章中最重要的论题的讲课要点、演示实验、实验室和计算机项目、电影和视频资料、所有习题的答案和检查点以及与以前版本中习题相关的指导，也包含了学生可以得到解答的所有习题的完整目录。
- **讲课用 Power Point 幻灯片**。这些 Power Point 幻灯片可用作对教师有帮助的起动包，它概括了这本教材中的关键概念和相关的图表及方程式。
- **Wiley 物理学模拟**，由 Boston University 的 Andrew Duffy 和 Vernier Software 的 John Gastineau 制作。这是 50 个相互作用的模拟(Java 应用程序)，可以用作课堂演示。
- **Wiley 物理学演示** 由 Rutgers University 的 David Maiullo 制作。这是 80 个标准物理学演示的数字视频的集合。它们可以在课堂上演示或从 WileyPLUS 中得到。另有与选择题相配套的教师指导。
- **试题库** 第 10 版的试题库已被 Northern Illinois University 的 Suzanne Willis 全部检查过，试题库包含 2200 多道多项选择题。这些题目在计算机试题库中也可找到，这个计算机试题库提供了完整的编辑功能，可以帮助你按自己的要求选择测验题（IBM 和 Macintosh 版本都可以得到)。
- **教材中所有的图表** 适用于课堂投影或印刷。

线上课外作业和小测验 除了 WileyPLUS 和《物理学原理》第 10 版外，也支持 WebAssign PLUS 和 LON-CAPA，这些程序也提供教师在线上布置课外作业和小测验以及评分的功能。WebAssign PLUS 也给学生提供这本教材的线上版本。

学生用的补充资料

学生伴侣 网址 http://www. wiley. com/college/hallidy，这是专门为《物理学原理》第 10 版制作并为进一步帮助学生学习物理学而设计的，它包含每一章后面的部分习题的解答、模拟练习，以及怎样最好地应用可编程计算器的技巧。

互动学习软件 这个软件指导学生如何求解 200 道各章后面的习题。求解过程是互动的，有适当的反馈并可得到防止最常见错误的具体指导。

ACKNOWLEDGEMENTS

致　谢

许多人对这本书做出了贡献。Lawrence National Laboratory 的 Sen-Ben Liao，Southern Polytechnic State University 的 James Whitenton，和 Pasadena City College 的 Jerry Shi 等人完成了解答本书每一道课外作业题的艰巨任务。在 John Wiley 出版社，这本书出版计划的落实得到了 Stuart Johnson、Geraldine Osnato 和 Aly Rentrop 这三位编辑从头到尾的监督。我们感谢出版编辑 Elizabeth Swain，她在复杂的编辑过程中把所有各部分汇编起来。我们还要感谢 Maddy Lesure，她设计了这个版本；Lee Goldstein，她负责版式设计；Helen Walden，她担任文字编辑；Lilian Brady，她负责校对。Jennifer Atkins，她启发我去寻找稀有并且有趣的照片。John Wiley 出版社和吉尔・沃克（Jearl Walker）都要感谢下列各位对这一版的评论和建议：

Jonathan Abramson, *Portland State University*; Omar Adawi, *Parkland College*; Edward Adelson, *The Ohio State University*; Steven R. Baker, *Naval Postgraduate School*; George Caplan, *Wellesley College*; Richard Kass, *The Ohio State University*; M. R. Khoshbin-e-Khoshnazar, *Research Institution for Curriculum Development & Educational Innovations* (*Tehran*); Craig Kletzing, *University of Iowa*, Stuart Loucks, *American River College*; Laurence Lurio, *Northern Illinois University*; Ponn Maheswaranathan, *Winthrop University*; Joe McCullough, *Cabrillo College*; Carl E. Mungan, *U. S. Naval Academy*, Don N. Page, *University of Alberta*; Elie Riachi, *Fort Scott Community College*; Andrew G. Rinzler, *University of Florida*; Dubravka Rupnik, *Louisiana State University*; Robert Schabinger, *Rutgers University*; Ruth Schwartz, *Milwaukee School of Engineering*; Carol Strong, *University of Alabama at Huntsville*, Nora Thornber, *Raritan Valley Community College*; Frank Wang, *LaGuardia Community College*; Graham W. Wilson, *University of Kansas*; Roland Winkler, *Northern Illinois University*; William Zacharias, *Cleveland State University*; Ulrich Zurcher, *Cleveland State University*.

最后，我们的校外审阅者都是极其优秀的，在这里我们要感谢团队中每一位人士，他们是：

Maris A. Abolins, *Michigan State University*
Edward Adelson, *Ohio State University*
Nural Akchurin, *Texas Tech*
Yildirim Aktas, *University of North Carolina-Charlotte*
Barbara Andereck, *Ohio Wesleyan University*
Tetyana Antimirova, *Ryerson University*
Mark Arnett, *Kirkwood Community College*
Arun Bansil, *Northeastern University*
Richard Barber, *Santa Clara University*
Neil Basecu, *Westchester Community College*
Anand Batra, *Howard University*
Kenneth Bolland, *The Ohio State University*
Richard Bone, *Florida International University*
Michael E. Browne, *University of Idaho*
Timothy J. Burns, *Leeward Community College*
Joseph Buschi, *Manhattan College*
Philip A. Casabella, *Rensselaer Polytechnic Institute*
Randall Caton, *Christopher Newport College*
Roger Clapp, *University of South Florida*
W. R. Conkie, *Queen's University*
Renate Crawford, *University of Massachusetts-Dartmouth*
Mike Crivello, *San Diego State University*
Robert N. Davie, Jr., *St. Petersburg Junior College*
Cheryl K. Dellai, *Glendale Community College*
Eric R. Dietz, *California State University at Chico*
Arthur Z. Kovacs, *Rochester Institute of Technology*
Kenneth Krane, *Oregon State University*
Hadley Lawler, *Vanderbilt University*
Priscilla Laws, *Dickinson College*
Edbertho Leal, *Polytechnic University of Puerto Rico*
Vern Lindberg, *Rochester Institute of Technology*
Peter Loly, *University of Manitoba*
James MacLaren, *Tulane University*
Andreas Mandelis, *University of Toronto*
Robert R. Marchini, *Memphis State University*
Andrea Markelz, *University at Buffalo, SUNY*

Paul Marquard, *Caspar College*
David Marx, *Illinois State University*
Dan Mazilu, *Washington and Lee University*
James H. McGuire, *Tulane University*
David M. McKinstry, *Eastern Washington University*
Jordon Morelli, *Queen's University*
N. John DiNardo, *Drexel University*
Eugene Dunnam, *University of Florida*
Robert Endorf, *University of Cincinnati*
F. Paul Esposito, *University of Cincinnati*
Jerry Finkelstein, *San Jose State University*
Robert H. Good, *California State University-Hayward*
Michael Gorman, *University of Houston*
Benjamin Grinstein, *University of California, San Diego*
John B. Gruber, *San Jose State University*
Ann Hanks, *American River College*
Randy Harris, *University of California-Davis*
Samuel Harris, *Purdue University*
Harold B. Hart, *Western Illinois University*
Rebecca Hartzler, *Seattle Central Community College*
John Hubisz, *North Carolina StateUniversity*
Joey Huston, *Michigan State University*
David Ingram, *Ohio University*
Shawn Jackson, *University of Tulsa*
Hector Jimenez, *University of Puerto Rico*
Sudhakar B. Joshi, *York University*
Leonard M. Kahn, *University of Rhode Island*
Sudipa Kirtley, *Rose-Hulman Institute*
Leonard Kleinman, *University of Texas at Austin*
Craig Kletzing, *University of Iowa*
Peter F. Koehler, *University of Pittsburgh*
Eugene Mosca, *United States Naval Academy*
Eric R. Murray, *Georgia Institute of Technology, School of Physics*
James Napolitano, *Rensselaer Polytechnic Institute*
Blaine Norum, *University of Virginia*
Michael O'Shea, *Kansas State University*
Patrick Papin, *San Diego State University*
Kiumars Parvin, *San Jose State University*
Robert Pelcovits, *Brown University*
Oren P. Quist, *South Dakota State University*
Joe Redish, *University of Maryland*
Timothy M. Ritter, *University of North Carolina at Pembroke*
Dan Styer, *Oberlin College*
Frank Wang, *LaGuardia Community College*
Robert Webb, *Texas A&M University*
Suzanne Willis, *Northern Illinois University*
Shannon Willoughby, *Montana State University*

BRIEF CONTENTS

全套书简明目录

上卷

下卷

CONTENTS

目 录

CHAPTER 1

第1章 测量

1-1 测量物体，包含长度测量

学习目标

学完这一单元后，你应当能够……

1.01 识别国际单位制（SI）中的基本量。

1.02 正确称呼国际单位制中最常用的词头。

1.03 利用链环变换法改变单位（这里是对于长度、面积和体积）。

1.04 说明米是如何用真空中光速来定义的。

关键概念

- 物理学是以物理量的测量为基础的。一些物理量被选作基本物理量（长度、时间和质量就是这种基本物理量）；每一种基本物理量都已经通过一种标准来定义并给定测量的单位（如米、秒和千克）。另一些物理量是用这些基本物理量和它们的标准及单位来定义。
- 本书主要用的单位制是国际单位制（SI）。表1-1中列出的三个物理量是在前几章中用到的。基本物理量的标准必须都是可以得到并且是不变的，这些基本量的标准都已经通过国际协议确立了。这些标准用在所有的物理测量中，基本量和从这些基本量导出的量都是如此，科学的记号法和表1-2中的词头用来简化测量记号。
- 单位的变换可以通过链环变换法来完成，在这种变换法中，将原来的数据连续乘以统一协调的变换因子，单位要像代数量一样处理，直到留下所要求的单位。
- 米定义为在精确规定的时间间隔内光通过的路程。

什么是物理学？

科学和工程学建立在测量和比较的基础上。因此，我们就需要关于如何测量和比较物体的规则，并且我们还需要通过实验来建立这种测量和比较的单位。物理学（以及工程学）的一个目的就是设计和实施这些实验。

例如，物理学家们尽力开发极其准确的时钟从而使任何时间或时间间隔都可以精确地确定和比较。你们可能要问，这样的准确度是否真正需要，或者是否值得花这么大的精力。这里给出一个是否值得的例子：如果没有极其准确的时钟的话，那么现在全世界范围的航行必不可少的全球定位系统（GPS）就会变得毫无意义。

测量物体

我们通过学习怎样测量物理学中的量来学习物理学。这些物理量包括长度、时间、质量、温度、压强和电流。

我们通过和一个**标准**相比较，用它们各自的单位来量度各个物理量。**单位**是我们给所测量的量规定的特定名称——例如，规定长度量的单位是米（m）。这个标准相当于这个量的严格1.0个单位。你们就会知道，长度的标准，对应于准确的1.0m是光在真空中时，在不到一秒钟的很小一段时间内所通过的距离。我们可以用自己喜欢的任何方式来定义单位和它的标准。但重要的是，这样做必须全世界的科学家都一致同意我们的定义既合理又实用。

一旦建立了一个标准——例如，对于长度——我们就必须制定出可以用这个标准来表示的各种长度的方法，无论氢原子的半径，滑板的轮距，还是到星体的距离。用作我们的长度近似标准的直尺给我们提供了测量长度的一种方法。然而，我们的比较很多都只能是间接的。例如，我们无法用直尺测量原子的半径或到星体的距离。

基本量　物理量有这么多，要把它们组织起来就是一个问题。幸好它们并不都是相互独立的；例如，速率是长度和时间的比值。因此，我们要做的是选出——通过国际协议——少数几个物理量，如长度和时间，只要给这些量规定标准。然后我们就用这些基本量和它们的标准（称为基本标准）来定义所有其他物理量。例如，速率用基本量长度和时间以及它们的基本标准来定义。

基本标准必须是既能够得到又不会改变的。如果我们把长度标准定为人的鼻子到他伸出的手臂的食指之间的距离，我们的确有了一个容易获得的标准——显然，这对不同的人来说都是不同的。科学和工程学中精确度的要求迫使我们首要的目标是不变性，于是我们付出了巨大的努力来复制基本标准，使需要的人都可以得到。

国际单位制

1971年，第十四届国际计量大会选择了7个量作为基本量，它们的单位构成国际单位制（International System of Units，根据其法文名缩写为SI，即广为熟知的米制）的基准。表1-1列出了本书前几章多处用到的三个基本量（长度、质量和时间）的单位。这些单位依据“人类尺度”而定义。

表1-1　三个基本量的SI单位

物理量	单位名称	单位符号
长度	米	m
时间	秒	s
质量	千克	kg

许多国际单位制的导出单位由这些基本单位定义。例如功率的SI单位称为**瓦特**（W），是由质量、长度和时间等基本单位定义的。正如你在第7章中将会看到的，

$$1\text{ 瓦特(Watt)} = 1\text{W} = 1\text{kg}\cdot\text{m}^2/\text{s}^3 \tag{1-1}$$

其中，最后一项单位符号的组合读作千克二次方米每三次方秒。

为便于表示物理中常遇到的很大或很小的量，我们常借助于以10的幂表示的科学符号。这种方法举例：

$$3560000000\text{m} = 3.56\times10^{9}\text{m} \tag{1-2}$$

$$0.000000492\text{s} = 4.92\times10^{-7}\text{s} \tag{1-3}$$

在计算机上科学符号更为简洁，如3.56E9和4.92E－7，其中E代表“10的指数”。在有些计算器上甚至还可简化到用一空格代替E。

当涉及非常大或非常小的测量量时，我们用表 1-2 的词头更为便利。就像你看到的，每个词头代表一个相乘 10 的幂因子。对国际单位制而言，每加一词头就相当于乘一个相关因子。因此，我们可将某一电功率表示为

$$1.27 \times 10^{9}\text{W} = 1.27\ \text{吉瓦} = 1.27\text{GW} \quad (1\text{-}4)$$

或某一时间间隔

$$2.35 \times 10^{-9}\text{s} = 2.35\ \text{纳秒} = 2.35\text{ns} \quad (1\text{-}5)$$

一些常用的如毫升、厘米、千克和兆字节等这样一些带有词头的单位，你大概已经很熟悉了。

表 1-2 国际单位制（SI）词头表示法

指数因子	词头[①]（中文名）	符号
10^{24}	yotta（尧［它］）	Y
10^{21}	zetta（泽［它］）	Z
10^{18}	exa-（艾［可萨］[②]）	E
10^{15}	peta-（拍［它］）	P
10^{12}	tera-（太［拉］）	T
10^{9}	**giga-（吉［咖］）**	**G**
10^{6}	**mega-（兆）**	**M**
10^{3}	**kilo-（千）**	**k**
10^{2}	hecto-（百）	h
10^{1}	deka-（十）	da
10^{-1}	deci-（分）	d
10^{-2}	**centi-（厘）**	**c**
10^{-3}	**milli-（毫）**	**m**
10^{-6}	**micro-（微）**	**μ**
10^{-9}	**nano-（纳［诺］）**	**n**
10^{-12}	**pico-（皮［可］）**	**p**
10^{-15}	femto-（飞［母托］）	f
10^{-18}	atto-（阿［托］）	a
10^{-21}	zepto-（仄［普托］）	z
10^{-24}	yocto-（幺［科托］）	y

① 最为常见的词头，在表中以黑体字表示。

②［］内的字，在不致混淆情况下，可省略。——译者注

单位变换

我们常需要变换表示物理量的单位。我们可以用所谓**链环变换**的方法来做。这个方法是将初始测量的量乘一换算因子（其值为 1 的单位的比率）。例如，由于 1min 和 60s 是完全相等的时间间隔，就有

$$\frac{1\text{min}}{60\text{s}} = 1 \text{ 和 } \frac{60\text{s}}{1\text{min}} = 1$$

因此，比值（1min）/（60s）和（60s）/（1min）可用作换算因子。这不同于 1/60 = 1 或 60 = 1——每个数和它的单位必须视作一个整体。

因为等式两端同乘 1，结果不变。我们可以在任何需要它们的位置插入这样的换算因子，利用该因子可以消去不要的单位。如，将 2min 换算为秒，我们有

$$2\text{min} = (2\text{min})(1) = (2\ \text{min})\left(\frac{60\text{s}}{1\ \text{min}}\right) = 120\text{s} \quad (1\text{-}6)$$

假如你引入了换算因子，却仍旧不能消去不想保留的单位，不妨将该因子的分子和分母的位置颠倒再试。在变换中，单位遵循与变量和数相同的代数运算法则。

附录 D 给出了国际单位制与其他单位制的换算因子，包括仍在美国应用的非国际单位制。不过，其中换算因子并未写作比率，而是写作如“1min = 60s”。

所以，你必须制定在需要比率的场合中的分子和分母。

长度

1792 年，新生的法兰西共和国建立了一套新的**度量衡系统**。它的基础是米，定义为从北极点到赤道间距离的千万分之一。后来出于实用的原因，这个地球标准被放弃，而重新将米定义为分别刻在一根铂-铱合金棒两端的两条细线间的距离。这根**标准米尺**保存在巴黎附近的国际计量局。它的精确复制品送往全世界的标准化实验室。这些**二级标准**用来校验其他更易得到的标准。最终，保证每个标准或测量装置均可通过一系列复杂的对比，由标准米尺来确定准确性。

如今，金属棒上两条精细刻痕之间的距离有了更为精确的标准。从 1960 年开始，又采用了以光的波长为基础的米的新标准。

具体地说，米的标准重新定义为氪-86原子（氪的一个特定同位素）在气体放电管中发射的某特定橙红色光的1650763.73个波长。气体放电管在世界上任何地方都可以造出。选这个难记的波长数作为标准是为使该新标准尽可能与以米尺为基础的旧标准相一致。

然而，到了1983年，更高精密度的要求即便是氪-86标准也不能达到了。那一年，人们跨出了大胆的一步。米被重新定义为光在一特定时间间隔内传播的距离。在第17届国际计量大会上规定：

1m为光在1/299792458s时间内在真空中传播的距离。

按这样选定时间间隔，光的速率可精确地等于：

$$c = 299792458\text{m/s}$$

正因为光速的测量已经极为精确，采用光速作为定义的量，并用来重新定义米是很有意义的。

表1-3给出从宇宙到极小物体的长度的广大的区间。

表1-3 一些长度的近似值

测量的量	长度/m
地球到第一个形成的星系的距离	2×10^{26}
地球到仙女座星系的距离	2×10^{22}
地球到附近的半人马座比邻星的距离	4×10^{16}
地球到冥王星的距离	6×10^{12}
地球的半径	6×10^{6}
珠穆朗玛峰的高度	9×10^{3}
这页纸的厚度	1×10^{-4}
典型生物病毒的大小	1×10^{-8}
氢原子的半径	5×10^{-11}
质子有效半径	1×10^{-15}

有效数字和小数点的位置

假如你解一道练习题，其中每一个数值都有两位数字，这些数字称为**有效数字**，并且它们决定了可以用来报告你的最终答案数值的位数。从给出两位有效数值的数据来看，你最后的答案应该只有两位有效数字。不过，（如果你用计算器计算）会出现更多的数字，这取决于你给计算器设定的模式。多出来的这些数字都是没有意义的。

在本书中，计算的最后结果常常四舍五入使得最后答案的有效数字的数目和给出的数据相匹配。（不过，有时还是会保留一位多出的有效数字。）当要丢弃的数字的最左边的一个是5或更大的数，那么剩下的最后一位数就要加1；否则，就将它原样保留。例如，11.3516保留三位有效数字，就四舍五入成为11.4，11.3279四舍五入成三位有效数字为11.3。（在本书例题的答案中，即使用了四舍五入也都用等号“=”而不用约符号“≈”。）

在一个习题中提供的数字是3.15或3.15×10^3，有效数字的数目是很明白的。但如果数字是3000，那又会怎么样呢？是不是可以说它只有一位有效数字（3×10^3）？或者说它有四位有效数字（3.000×10^3）？在本书中，我们假定，所给出的3000这样的数字中所有的零都是有效数字，但是你在别的地方最好不要做这样的假定。

不要将有效数字和小数位数搞混。考虑长度35.6mm、3.56m和0.00356m，它们都有三位有效数字，但是它们分别有一位、两位和五位小数。

例题1.01 估算数量级大小，绳球

世界上最大的绳球的半径为2m，绕成球的绳子的总长是多少，估算最接近的数量级。

【关键概念】

虽然我们可以把绳球拆开测量总绳长，但是假如这样做，则既费力又会引起制作绳球的人的不快。因为我们只需求最接近的数量级，所以我们估算所求的量。

解：假设该球为半径$R=2\text{m}$的球体。球内的绳缠绕得不是十分紧密（绕绳之间有无法估计的缝隙），计及这种间隙，可以将绳的截面估计得稍大些，假设它为边长 $d=4\text{mm}$ 的矩形。

于是，绳的截面为 d^2，长度为 L，它所占有的总体积为

$$V=(\text{截面面积})(\text{长度})=d^2L$$

这应近似等于球的体积 $4\pi R^3/3$。因为 π 约为 3，此项可近似写作 $4R^3$ 即

$$d^2L=4R^3$$

或
$$L=\frac{4R^3}{d^2}=\frac{4(2\text{m})^3}{(4\times10^{-3}\text{m})^2}$$
$$=2\times10^6\text{m}\approx10^6\text{m}=10^3\text{km}$$

（答案）

（注意：做这样的简单估算不需要计算器），所以，取最接近数量级，绳球用了长约 1000km 的绳子绕成。

1-2 时间

学习目标

学完这一单元后，你应当能够……

1.05 用链环变换改变单位。

1.06 做各种时间测量，如用于运动或校对不同的钟。

关键概念

- 秒是用原子（铯-133）发射的光的振动来定义的。准确的时间信号用无线电信号的形式发布到全世界，这种无线电信号锁定在标准化实验室中的原子钟上。

时间

时间有两个方面：民用和某些科学目的，人们需知道时间，从而可按先后次序安排事件；在许多科学工作中要知道某一事件持续了多长时间。因而，任何时间标准必须能回答这样两个问题：“它是在什么时刻发生的”以及“它持续了多长时间”。表 1-4 列出了一些时间间隔。

表 1-4 一些时间间隔的近似值

测量的量	持续时间间隔/s	测量的量	持续时间间隔/s
质子的寿命（预言的）	3×10^{40}	人两次心跳之间的时间	8×10^{-1}
宇宙的年龄	5×10^{17}	μ 子的半衰期	2×10^{-6}
胡夫金字塔的年龄	1×10^{11}	最短的实验室光脉冲	1×10^{-16}
人类预期寿命	2×10^{9}	最不稳定粒子的寿命	1×10^{-23}
一天时间的长度	9×10^{4}	普朗克时间①	1×10^{-43}

① 是我们所知道的大爆炸后物理学定律可应用的最早时间。

任一个自身重复的现象均可作为时间的标准。将确定一天的长度的地球自转用作时间标准，已经有好几个世纪了。图 1-1 显示了基于地球自转的表的独特的例子。利用其中石英环连续振动的石英钟可以通过天文观测对照地球的自转来校准，用于在实验室中测量时间间隔。不过，这样的校准是无法实现现代科学和工程技术所要求的精确度的。

Steven Pitkin

图 1-1 1792 年提出用米制时，曾改定 1 白天为 10 小时，当时这个主意不为人们接受。制作这种 10 小时表的工匠聪明地加了一个保留习惯的 12 小时时间的小表盘。这两个表盘指示相同的时间吗？

为满足更好的时间标准的需要，发展了原子钟。在美国科罗拉多州博耳德市（Boulder）的美国国家标准与技术研究院（NIST）的一个原子钟被确定为**协调世界时**（UTC）的标准。人们可通过短波无线广播（电台 WWV 和 WWVH）和拨打电话（303-499-7111）得到它的信号。时间信号（及相关信息）还可由网址为 http://tycho.usno.navy.mil/time.html 的美国海军天文台得到。

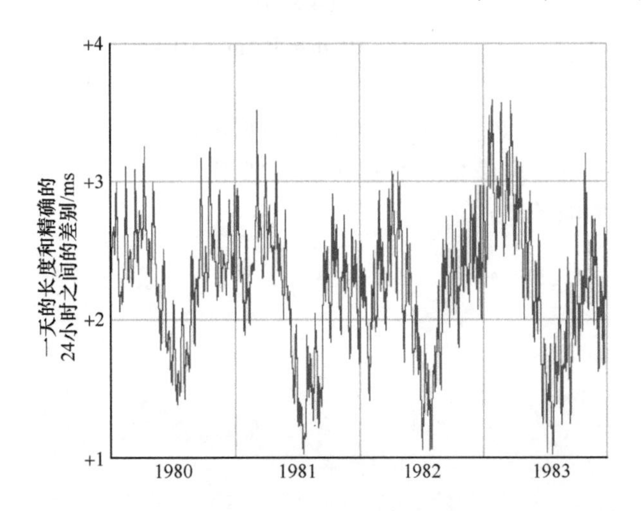

图1-2 在四年期间一天时间长度的偏差。注意，整个纵轴标度只有3ms（=0.003s）。

（为了将你所在位置的钟校对得非常准确，一定要考虑到这个信号传播到你所在位置处需要的时间）。

图1-2表示在四年期间内，地球一天的长度与铯（原子）钟相比较的变化。由于图1-2显示的变化呈现季节性和重复出现的特点，当地球和原子钟各自作为计时器存在差别时，我们怀疑的是转动的地球。这种变化有可能源自月球引起的潮汐效应和大规模的风暴。

1967年，第13届国际计量大会采用基于铯钟的标准秒：

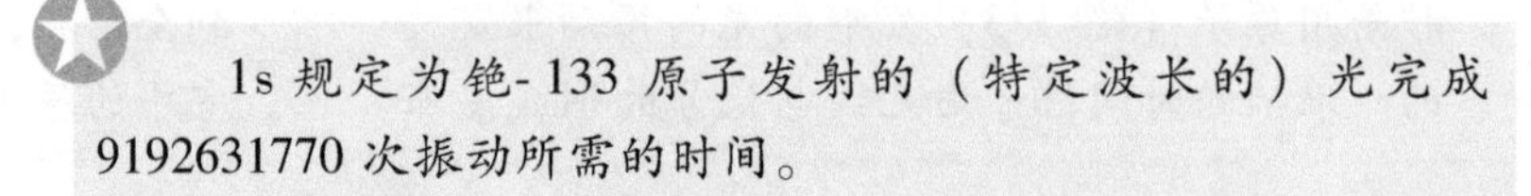
1s 规定为铯-133原子发射的（特定波长的）光完成 9192631770 次振动所需的时间。

从原理上来说，两台铯钟在运行6000年后相差不会超过1s。即使这样的准确度较之于现在正在研发的钟来说也会黯然失色，它们的精度可能达到10^{18}分之一，即经过1×10^{18}s（大约3×10^{10}年）后才差1s。

1-3 质量

学习目标

学完这一单元后，你应当能够……

1.07 用链环变换来变换单位。

1.08 在质量是均匀分布的情况下，将密度和质量及体积联系起来。

关键概念

- 千克是用保存在巴黎附近的铂-铱标准质量定义的，原子质量单位用于原子尺度的测量，常用碳-12原子来定义。
- 物质密度ρ是单位体积物质的质量：$\rho=\frac{m}{V}$。

质量

标准千克

国际单位制的质量标准是保存在巴黎附近国际计量局的一个铂-铱圆柱体（见图1-3），由国际协议规定其质量为1kg。它的精确的复制品被送往各个国家的标准化实验室，其他物体的质量可与复制品比对来确定。表 1-5 给出一些以 kg 为单位表示的物体的质量，其数值大小跨越 83 个数量级。

标准千克的美国复制品放在美国国家标准局的地下室中。为了校验其他二次复制品，它一年最多动用一次。自 1889 年以来，曾两次将它运往法国与原始标准（一级标准）重新比对。

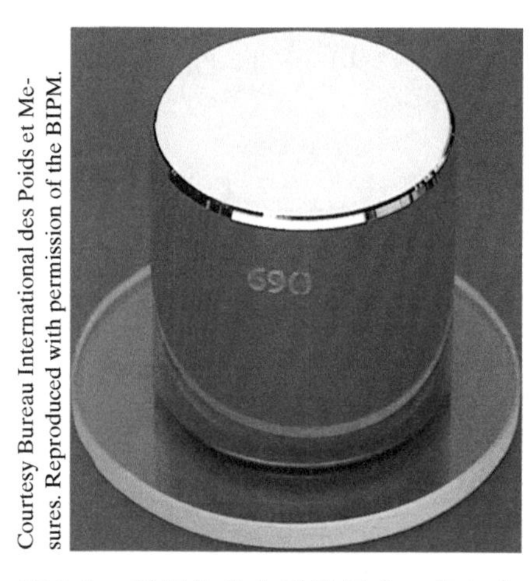

图 1-3 国际的千克质量标准，高和直径均为 3.9cm 的铂-铱圆柱体。

第二个质量标准

原子质量之间的相互比较比之于将它们和标准千克比较可以做得更加精确。因为这个原因，我们就有质量的第二个标准。它是碳-12（^{12}C）原子。根据国际协议，规定^{12}C 原子的质量恰好是 12 个**原子质量单位**（国际符号为 u）。两个单位之间的关系为

$$1u = 1.66053886 \times 10^{-27} kg \tag{1-7}$$

在最后两位小数有 ±10 的不确定度。科学家们在合理的精确度范围内，借助实验与^{12}C 原子质量比较从而确定其他原子质量。目前我们所缺乏的是把这种精确度推广到像千克这样更常用的质量单位的可靠手段。[⊖]

表 1-5 一些物体的近似质量

物 体	质量/kg
已知的宇宙	1×10^{53}
我们的银河系	2×10^{41}
太阳	2×10^{30}
月球	7×10^{22}
Eros 星（爱神小行星）	5×10^{15}
小型山脉	1×10^{12}
远洋客轮	7×10^{7}
大象	5×10^{3}
葡萄	3×10^{-3}
尘埃微粒	7×10^{-10}
青霉素分子	5×10^{-17}
铀原子	4×10^{-25}
质子	2×10^{-27}
电子	9×10^{-31}

密度

在第 14 章中我们将要进一步讨论**密度** ρ（小写希腊字母）是单位体积的质量：

$$\rho = \frac{m}{V} \tag{1-8}$$

密度通常用每立方米千克数或每立方厘米克数来表示。水的密度（每立方厘米 1.00g）常用来作为比较。刚下的雪的密度大约是水的 10%，铂的密度大约是水的 21 倍。

例题 1.02 密度和液化

在地震中，如果振动会造成泥土液化，重的物体可能会下沉到泥土中。在这个过程中，泥土的微粒之间会互相滑动，只受到很小的摩擦力。这时泥土实际上成为流沙。沙土液化的可能性大小可以用泥土样品的空隙比 e 来预测，

$$e = \frac{V_{voids}}{V_{grains}} \tag{1-9}$$

式中，V_{grains}是样品中沙粒的总体积；V_{voids}是沙粒之间的空隙的总体积。如果 e 超过临界值 0.80，则在地震中就会发生液化。和这种情况相对应的沙的密度是多少？固体二氧化硅（沙粒的基本成分）的密度 $\rho_{SiO_2} = 2.600 \times 10^3 kg/m^3$。

【关键概念】

样品中沙粒的密度 ρ_{sand} 是单位体积的质量——即样品中沙粒的总质量和样品的总体积 V_{total}之比：

$$\rho_{sand} = \frac{m_{sand}}{V_{total}} \tag{1-10}$$

解：样品的总体积是

$$V_{total} = V_{grains} + V_{voids}$$

⊖ 根据 2018 年 11 月 26 日第 26 届国际计量大会通过，2019 年 5 月 20 日开始执行的国际单位制的基本单位的新定义，质量单位千克定义为：选定以 $kg \cdot m^2 \cdot s^{-1}$ 为单位的普朗克常量固定值 $h = 6.62607015 \times 10^{-34} J \cdot s$，以及米和秒的定义来定义千克（kg）。——译者注

将式（1-9）中的 V_{voids} 代入上式，解出 V_{grains}，得到

$$V_{grains}=\frac{V_{total}}{1+e} \quad (1\text{-}11)$$

由式（1-8），沙粒的总质量是二氧化硅的密度和沙粒的总体积的乘积：

$$m_{sand}=\rho_{SiO_2}V_{grains} \quad (1\text{-}12)$$

将这个表达式代入式（1-10），然后由式（1-11）将 V_{grains}，代入，

$$\rho_{sand}=\frac{\rho_{SiO_2}}{V_{total}}\frac{V_{total}}{1+e}=\frac{\rho_{SiO_2}}{1+e} \quad (1\text{-}13)$$

代入 $\rho_{SiO_2}=2.600\times10^3\text{kg/m}^3$ 及临界值 $e=0.80$，液化发生在沙的密度小于

$$\rho_{sand}=\frac{2.600\times10^3\text{kg/m}^3}{1.80}=1.4\times10^3\text{kg/m}^3$$

（答案）

的情况下。由于发生液化，建筑物会下沉好几米。

在 WileyPLUS 中可以找到附加的例题、视频和练习。

复习和总结

物理学中的测量 物理学建立在对物理量测量的基础上。一些物理量被选为基本量（例如长度、时间和质量），它们每一个都用一个**标准**来定义，并且都给予一个测量的单位（如米、秒和千克）。其他的物理量都用这些基本量和它们的标准以及单位来定义。

国际单位制（SI）单位 本书中主要用的单位系统是国际单位制。表1-1中列出的三个物理量用在本书前面几章中，既要可以得到又要不变的这些基本量的标准已经通过国际协定建立起来了。这些标准用在包括基本量和从这些基本量导出的物理量的所有物理测量中。表1-2中的科学记号和词头被用来简化测量记号。

变换单位 单位的变换可以用链环变换方法来做，这个方法是将原始数据连续乘以写成单位的变换因子，单位像代数量一样相乘，直到留下所要求的单位。

长度 米定义为光在精确设定的时间间隔内通过的距离。

时间 秒是用原子（铯-133）光源发射的光的振荡来定义的。准确的时间信号通过锁定在标准化实验室中的无线电信号向全世界发布。

质量 千克由保存在巴黎附近的铂-铱合金的标准质量来定义。对于原子尺度的测量，常用碳-12原子质量来定义原子质量。

密度 物质的密度是单位体积的质量：

$$\rho=\frac{m}{V} \quad (1\text{-}8)$$

习题

1. 231 in^3（立方英寸）的体积相当于1.00美制液量加仑。需要多少升（L）汽油才能装满14.0加仑的油罐？（注：$1.00(\text{L})=10^3\text{cm}^3$）

2. gry是英国古代的长度单位，定义为1/10line，line是另一个古代的英国长度量度单位，定义为1/12in。出版行业中通用的长度测量单位是point，规定为1/72in。0.75gry^2 的面积用平方points（points^2）表示是多少？

3. 1.0mile/h相当于多少m/s？

4. 本书中的字间间隔通常用point㊀和pica㊁为单位：12points = 1pica，6picas = 1in。如果页面上一个符号的位置错位0.70cm，用（a）picas及（b）points表示这个错位分别是多少？

5. 电影胶片画框的高度是35.0mm，如24.0个画框在1.0s内通过，计算放映2.0h时长的电影胶片的画框数目。

6. 你们用电子计算机可以很方便地变换常用的单位及尺度，但是你们仍旧应当学会使用像附录D那样的变换表。表1-6是曾经在西班牙普遍使用的体积测量系统的变换表的一部分；1fanega体积等于55.501dm^3（立方分米）。从最上面的空白开始完成这张表格，应当填入哪些数字（三位有效数字）到（a）cahiz纵列，（b）fanega纵列，（c）cuartilla纵列，（d）almude纵列。分别用

㊀ point是印刷的活字大小单位，中文译作“点”。——译者注

㊁ pica是西文的字行长度的拼版计量单位，也称12点活字，约合中文新四号铅字。——译者注

(e) medios, (f) cahizes 和 (g) 立方厘米 (cm^3) 表示 7.00almudes。

表 1-6　**习题 6**

	cahiz	fanega	cuartilla	almude	medio
1cahiz =	1	12	48	144	288
1fanega =		1	4	12	24
1cuartilla =			1	3	6
1almude =				1	2
1medio =					1

7. 假定法定汽车行驶速率限制为 70mile/h。如果日夜不停行驶 1.00 年，可以行驶的最大英里数是多少？

8. 一个孩子通过 100 倍的显微镜观察来测量人的头发的粗细。经过 25 次观察后，这个孩子发现在显微镜的视场中头发的宽度为 3.8mm，估计头发的粗细是多少？

9. 一个小立方体的边长为 1.00cm。如有一个大立方体盒子，可容纳 1mol 的小立方体，求盒子的边长（$1mol = 6.02\times10^{23}$单位）。

10. 到了年底，一家汽车公司宣布，在这一年中轻型货车的销售量减少了 43.0%。假如在以后接连几年中，每年销售量都下降 43.0%，问经过多少年后，销售量将减少到原来的 10%？

11. 对铯原子钟有一个要求，如果能不受任何干扰地运行 100.0 年，两台铯钟只相差大约 0.020s。按照这样的差异，求铯钟测量 1.0s 内的不确定度。

12. 宇宙年龄近似地为 10^{10} 年。人类已经存在大约 10^6 年。假如宇宙年龄是“1.0 天”，那么，人类已经存在了几秒钟？

13. 三台数字钟 A、B 和 C 以不同的速率走动并且没有同时读数为零的时候。图 1-4 表示在四个不同的时刻，同时比对其中两台钟的读数。(例如，在最早的一次比对，B 的读数为 25.0s，C 的读数是 92.0s。）假如两个事件在 A 钟上相隔 600s，那么在 (a) B 钟和 (b) C 钟上各相隔多少时间？(c) 当 A 钟读数为 400s 时，B 钟上的读数是多少？(d) 当 C 钟读数是 15.0s 时，B 钟读数为何？（假设零时刻前的读数为负。）

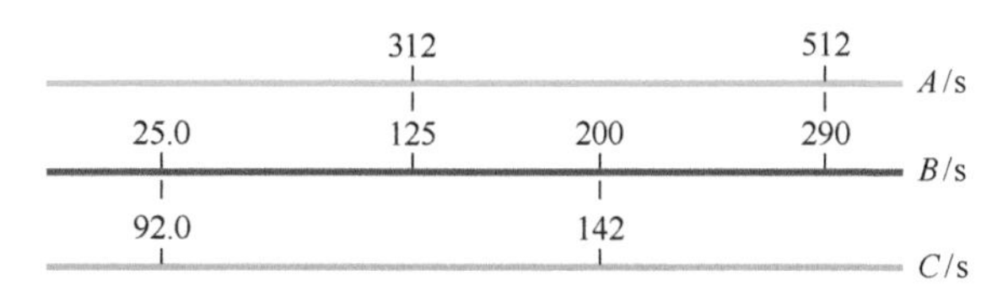

图 1-4　习题 13 图

14. 一节课的时间 (50min) 接近于 1 个微世纪[⊖] (microcentury)。(a) 1 微世纪用分钟严格表示是多长？(b) 用公式

$$百分差 = \left(\frac{实际值 - 近似值}{实际值}\right)100$$

求近似值的百分差。

15. fortnight 等于 2.0 个星期（这个词是 fourteen nights 的缩约词），这是有魔力的英国的时间量度。在愉快的交际中这是美妙的一段时间，但在不愉快的交际中或许是痛苦的一大串的微秒。一个 fortnight 相当于多少微秒？

16. 现在的时间标准是以原子钟为基准的。一种有前途的第二个标准以脉冲星为基准，脉冲星是旋转着的中子星（只包含中子的高度致密星）。一些脉冲星以高度稳定的速率自转，并发射无线电信星。每次旋转，信号都瞬间扫过地球一次，就好像灯塔的指向标。脉冲星 PSR 1937 +21 是一个例子：它每 1.55780644887275 ± 3ms 自转一周，后面的尾数 ± 3 表示最后一位小数的不确定数量为 ± 3（并不表示 ± 3ms）。(a) 在 8.00 天中 PSR 1937 + 21 自转了多少周？(b) 脉冲星正好自旋一百万次需要多长时间？(c) 相应的不确定性有多大？

17. 将 5 只钟拿到实验室校验。在世界时电台 (WWV) 时间信号的中午正刻校正，在连续一个星期的每一天中午正刻，各只钟的读数列在表 1-7 中。作为优良的计时器，将这 5 只钟按照它们作为优良计时器的相对价值，从最好到最差依次排列。说明你的选择的合理性。

表 1-7　**习题 17**

钟	星期日	星期一	星期二	星期三	星期四	星期五	星期六
A	12:36:40	12:36:56	12:37:12	12:37:27	12:37:44	12:37:59	12:38:14
B	11:59:59	12:00:02	11:59:57	12:00:07	12:00:02	11:59:56	12:00:03
C	15:50:45	15:51:43	15:52:41	15:53:39	15:54:37	15:55:35	15:56:33
D	12:03:59	12:02:52	12:01:45	12:00:38	11:59:31	11:58:24	11:57:17
E	12:03:59	12:02:49	12:01:54	12:01:52	12:01:32	12:01:22	12:01:12

18. 由于地球的自转在逐渐变慢，从而一天的长度增加。1.0 个世纪的最后一天比世纪开始的那一天长了 1.0ms，在 30 个世纪中，一天时间总共增长了多少？

19. 如果你躺在赤道附近的沙滩上，观望平静的洋面上的日落情景。当太阳顶端正好浸入海平面时，你起动停表，然后站立起来，你的眼睛位置升到 $H = 1.70m$ 的高度。当看到太阳顶端再次浸入时将表停住，时间相差为 $t = 1.11s$，问地球的半径是多少？

20. 最大的玻璃瓶的记录是 1992 年由新泽西州 Millville 的一个小组创立的。他们吹制了一个体积为 193 美制加仑的玻璃瓶。(a) 这比 1.0 百万立方厘米少多少？(b) 如果将瓶以 1.5g/min 的速率慢慢地充水，将它装满要多少时间？水的密度是 $1000kg/m^3$。

⊖ “微”相当于 10^{-6}，“1 世纪”为 100 年。——编辑注

21. 质量为9.05g的木块体积为3.5cm^3，求木块的密度。考虑有效数字。

22. 金的密度是19.32g/cm^3。它的延展性是最好的，可以压成金箔或拉成细丝。（a）如将质量为29.34g的金块延展成厚度为1.000μm的金箔，该金箔的单面表面积有多大？（b）如果将这个金块拉成半径为2.500μm的圆柱状细丝，细丝的长度是多少？

23. 一片2.00m×3.00m的铝板的质量为324kg。求板的厚度。（铝的密度是2.70×10^{3}kg/m^3。）

24. 加利福尼亚海滩细沙的颗粒近似于平均半径为60μm的球形，沙粒由密度为2600kg/m^{3}的二氧化硅构成。如果，许多沙粒表面的总面积（每一颗沙粒表面积的总和）等于边长为1.00m的立方体的表面积，则沙粒的质量是多少？

25.（a）利用已知的阿伏伽德罗常量和钠原子质量求钠原子的平均质量密度，设它的半径约为1.90Å。（b）钠的晶相密度为970kg/m^3，这两个密度为什么不同？（阿伏伽德罗常量是1mol物质中的原子个数。）

26. 一个物体的质量和体积分别为5.324g和2.5cm^3，构成该物体材料的密度是多少？

27. 一架天平显示物体的质量2.500kg。把两片质量分别为21.15g和21.17g的金片放在秤盘上。问（a）天平显示秤盘上物体的总质量是多少？（b）算到正确的有效数字，两金片的质量差是多少？

28. 爱因斯坦的质能公式$E=mc^2$将质量m和能量E联系起来，其中c是光在真空中的速率。在原子核水平上的能量通常都用MeV来量度，1MeV = 1.60218 × 10^{-13}J（焦耳）；质量用统一的原子质量单位（u）量度，1u = 1.66054×10^{-27}kg。证明：与1u等效的能量是931.5MeV。

29. 在马来西亚的消费狂欢节上，你买了一头重量为28.9piculs的公牛。picul是当地重量单位㊀。1picul = 100gins，1gin = 16tahils，1tahil = 10chees，1chees = 10hoons，1hoon相当于0.3779g的质量。你在安排将这头牛装船运回家中时会令全家人吃惊。你在货物清单上要申报多少千克？（提示：建立一个多次链环变换表。）

30. 水被注入有一个小漏洞的容器。容器中水的质量是时间的函数：$m=5.00t^{0.8}-3.00t+20.00$，$t\geqslant 0$。$m$的单位是g（克），$t$的单位是s（秒）。（a）什么时候水的质量最大？（b）最大时的质量是多大？在（c）$t=3.00$s和（d）$t=5.00$s时以每分钟千克数表示的质量的改变率是多少？

31. 底面积为14.0cm×17.0cm的垂直放置的容器中装满了同一种糖果，每一粒的体积为50.0mm^3，质量为0.0200g。设糖果之间空隙的体积可以忽略不计。如果容器中所装的糖果的整个高度以0.250cm/s的速率增高，那么容器中的糖果的质量将以什么速率增加（每分钟千克数）？

㊀ picul相当于中国的“担”。——译者注

CHAPTER 2

第2章 直线运动

2-1 位置、位移和平均速度

学习目标

学完这一单元后，你应当能够……

2.01 懂得如果一个物体的所有部分都以相同的速率向着同样的方向运动，那么我们就可以把这个物体当作一个（点状）粒子——也称质点。（这一章讨论质点的运动。）

2.02 懂得质点的位置可由标定的坐标轴，如 x 轴上的读数来定位。

2.03 应用质点的位移和它的初始及末了的位置的关系式。

2.04 应用质点的平均速度、它的位移和发生该位移的时间间隔之间关系的公式。

2.05 应用质点的平均速率、它移动的总距离和运动的时间间隔的关系式。

2.06 由给出的质点的位置对时间的曲线图求任意两特定时刻间的平均速度。

关键概念

- 质点在 x 轴上的位置 x 标定质点相对于坐标轴原点或零点的位置。
- 位置的正负取决于质点位于原点的哪一边。如果质点位于原点就是零，轴上正的方向是正数增加的方向，相反的方向是轴的负方向。
- 质点的位移 Δx 是它的位置的改变：

$$\Delta x = x_2 - x_1$$

- 位移是矢量。如果质点向 x 轴的正方向移动，位移是正的。如果质点向负方向移动，位移为负。
- 质点在时间间隔 $\Delta t = t_2 - t_1$ 中从 x_1 位置移动到 x_2 位置，它的平均速度为

$$v_{avg} = \frac{\Delta x}{\Delta t} = \frac{x_2 - x_1}{t_2 - t_1}$$

- v_{avg}的代数符号表示运动的方向（v_{avg}是矢量）。平均速度不取决于质点运动的真实距离，只依赖于质点初始和最终的位置。
- 在 x 对 t 的图解上，在时间间隔 Δt 内的平均速度是连接曲线上这段时间间隔的两个端点的直线的斜率。
- 在时间间隔 Δt 内质点的平均速率 s_{avg}取决于质点在这段时间间隔内移动的总距离

$$s_{avg} = \frac{\text{总距离}}{\Delta t}$$

什么是物理学？

物理学的一个目标是研究物体的运动——例如，它们运动得多快，在给定的一段时间里面可以走多远。（美国）全国汽车比赛协会（NASCAR）的工程师们在测定他们的赛车在比赛前和比赛中的表现时是这方面物理学的狂热者。地质学家试图预言地震的时候应用物理学来测量构造板块的运动。医学研究人员在诊断病人部分阻塞的动脉的时候需要根据物理学原理测绘病人的血流图。汽车驾驶员在他们的雷达探测器发出警告声音的时候要应用运动学原理决定怎样及时减速。还有无数其他例子。在这一章中，我们学习运动的基本物理学，这里的物体（赛车、构造板块、血细

胞或其他任何物体）都沿一条轴运动，这种运动称为一维运动。

运动

宇宙万物都在运动。即使看上去静止的东西，比如说道路，也随着地球的自转、随着地球一起绕太阳的轨道运动，并且随太阳绕银河系中心运动。银河系相对于其他星系也在运动。运动的分类和比较（称为**运动学**）往往是很有兴趣的。你究竟想测量什么；你又该怎样进行比较？

在我们尝试做出回答以前，我们先来考察限于以下三个方面的运动的一般性质：

1. 运动只沿一直线。直线可以垂直、水平或者倾斜，但必须是直线。

2. 力（推力和拉力）引起运动，但在第5章以前我们不去讨论它。这一章中我们只讨论运动本身以及运动的变化。运动着的物体是不是加快了，变慢了，停止了，还是方向改变了？如果运动确实改变了，这种变化和时间的关系是怎样的。

3. 运动的物体可以是**质点**（所谓质点我们是指像电子那样的点状物体）或者是像质点那样运动的物体（物体的每一部分都以相同的速率沿同一方向运动）。一头直挺挺地沿笔直的滑梯溜下的肥猪可以看作像质点一样运动，而翻滚的风滚草就不能。（因为在翻滚时物体的不同部位的运动速率和方向都不相同。——译者注）

位置和位移

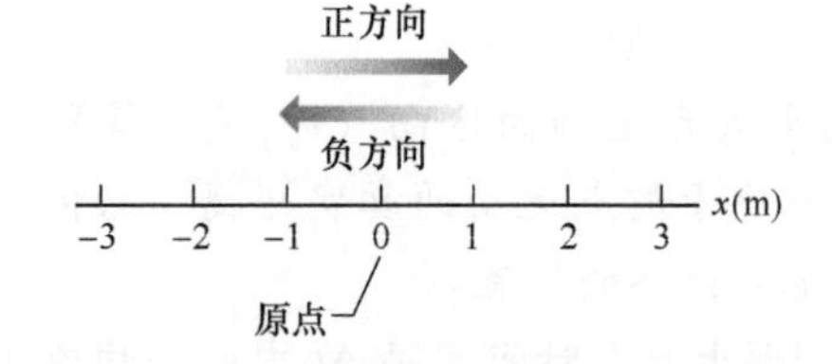

图2-1 位置由用长度单位标记的（这里是米）坐标轴来确定，坐标轴在两个相反方向延伸到无限远。坐标轴的名称（这里是x）总是写在原点正方向的一边。

给一个物体定位就是要相对于某一个参考点确定它的位置，参考点常常选用像图2-1中x轴那样的坐标轴的**原点**（或零点）。坐标轴的**正方向**是坐标数值增大的方向在图2-1中是向右的方向。相反的方向是**负方向**。

例如，质点位于$x=5\text{m}$，表示它在从原点起距离5m的正方向处。如果$x=-5\text{m}$，那就是它离原点的距离相同，但在相反的方向上。在轴上，坐标-5m小于坐标-1m，两者都小于坐标$+5\text{m}$。坐标的正号不必写出，但负号一定要表示出来。

从位置x_1到位置x_2的改变称为**位移**Δx：

$$\Delta x = x_2 - x_1 \tag{2-1}$$

（符号Δ是希腊文delta的大写字母，表示数量的改变，它是该量的末值减去初始值。）将数值代入式（2-1）中的位置x_1和x_2，正方向的位移（图2-1中向右方）总是正值，相反方向的位移（图中向左方）得到负值。例如，如质点从$x_1=5\text{m}$移动到$x_2=12\text{m}$，则位移为$\Delta x=12\text{m}-5\text{m}=+7\text{m}$。正号表示运动向正的方向。另一种情况，质点从$x_1=5\text{m}$移动到$x_2=1\text{m}$，于是$\Delta x=1\text{m}-5\text{m}=-4\text{m}$，负的结果表示运动向着负方向。

行程经过的实际米数是无关紧要的，位移只决定于初始位置和终了位置。例如，一个质点从$x=5\text{m}$向外走到$x=200\text{m}$，然后又回到$x=5\text{m}$，从开始到末了的位移$\Delta x=5\text{m}-5\text{m}=0$。

符号。位移的正号不需要表示出来，但负号必须表示。如果我们忽略了位移的符号（也就是方向），则只留下位移的**数量**（或绝对值）。例如，位移 $\Delta x=-4\text{m}$ 的数量是 4m。

位移是**矢量**的一个例子，矢量是既有数量又有方向的量。在第 3 章中我们将更全面地讨论矢量，但在这里我们只需要知道位移的两个特点：（1）它的数量是初始的和末了的位置之间的距离（譬如米数）。（2）如果运动是沿着一条轴线，那么它从初始到终了位置的方向可以用正号或负号表示。

这里是许多检查点的第一个，你可以根据它稍做点推理来检查你对物理内容的理解，答案在书的后面。（用 CP 标记出来。）

检查点 1

这里有三对沿 x 轴的起点和终点：（a）-3m，$+5\text{m}$；（b）-3m，-7m；（c）7m，-3m。问哪几对给出了负位移？

平均速度和平均速率

描述位置的一种简洁方法是画出位置 x 作为时间 t 的函数的曲线图——$x(t)$ 的图。[符号 $x(t)$ 表示 t 的函数 x，并不表示 x 乘以 t。]

一个简单的例子，图 2-2 表示静止的穿山甲（我们把它当作质点）在 7s 时间间隔内的位置函数 $x(t)$。这只穿山甲的位置在 $x=-2\text{m}$。

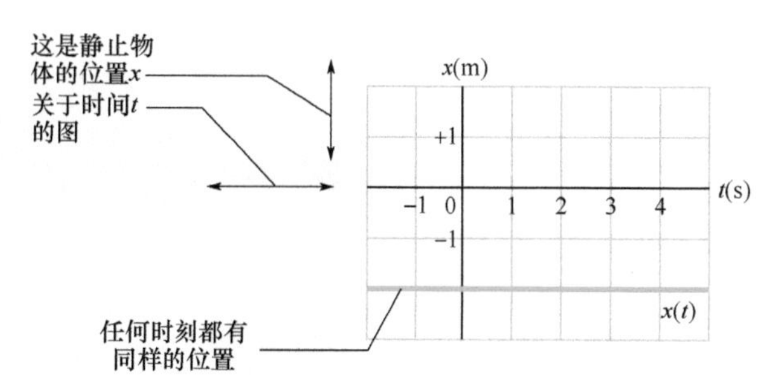

图 2-2 静止在 $x=-2\text{m}$ 处的穿山甲的 $x(t)$ 曲线。（所有时间 x 值始终为 -2m）。

图 2-3 更有意思，因为它包含运动。这只穿山甲在 $t=0$ 时刻最先被看到在位置 $x=-5\text{m}$ 处。它向 $x=0$ 运动，并在 $t=3\text{s}$ 时通过这一点，然后继续向位置 x 值增大方向运动。图 2-3 也画出了这只穿山甲（在三个时刻）的直线运动，就像你可能看到的那样。图 2-3 中的曲线看上去比较抽象，但它揭示了穿山甲运动有多快。

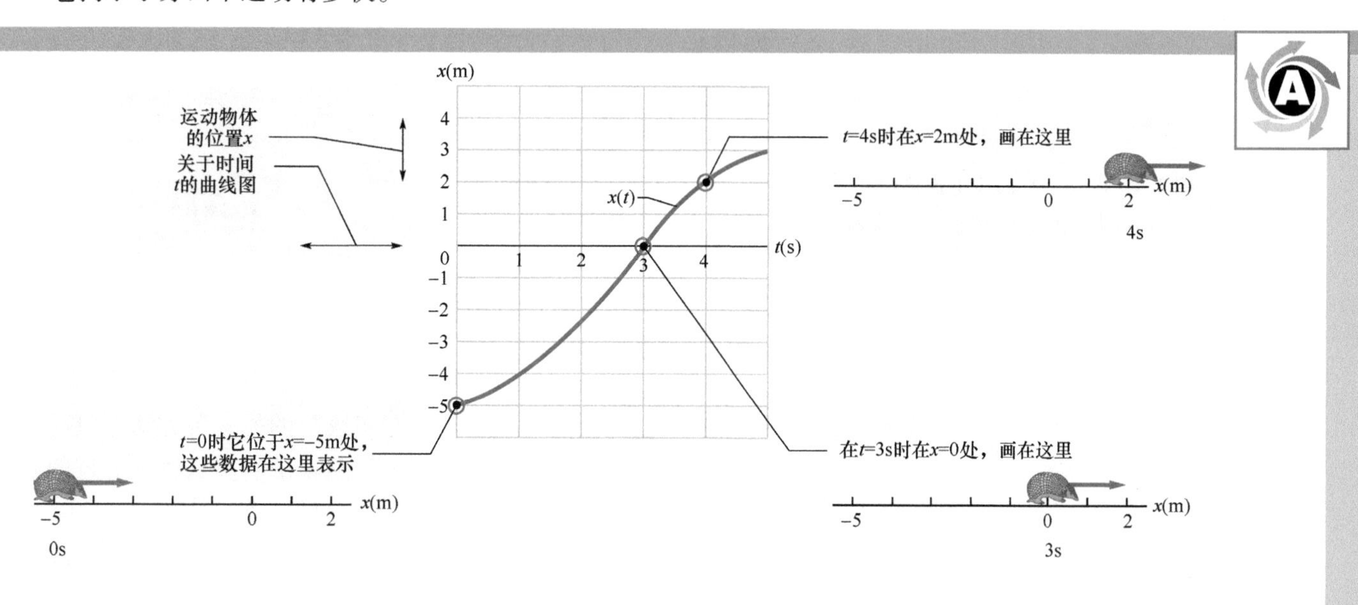

图 2-3 运动的穿山甲的 $x(t)$ 曲线图。也画出和 $x(t)$ 曲线相关的三个时刻的路线图。

其实，好几个量都和“多么快”这个措词有关系。其中一个量就是**平均速度** v_{avg}，它是在一定的时间间隔 Δt 内的位移 Δx 和这个时间间隔之比：

$$v_{avg} = \frac{\Delta x}{\Delta t} = \frac{x_2 - x_1}{t_2 - t_1} \tag{2-2}$$

其中符号的意思是：在时间 t_1 时在位置 x_1，t_2 时在 x_2。常用的 v_{avg} 的单位是米每秒（m/s）。在习题中你会见到其他单位，但它们都有“长度/时间”的形式。

曲线图。在 x 对 t 的曲线图中，v_{avg} 是连接 $x(t)$ 曲线上两特定点所成直线的**斜率**。其中一个点对应 x_2 和 t_2，另一点对应 x_1 和 t_1。像位移一样，v_{avg} 既有大小又有方向（是另一个矢量）。其大小是该直线斜率的量值。正的 v_{avg}（和斜率）告诉我们直线向右上方倾斜；而负的 v_{avg}（和斜率）则表示直线向右下方倾斜。由于式（2-2）中 Δt 恒为正值，所以平均速度 v_{avg} 与位移 Δx 的正负号总是相同的。

图 2-4 表示求解图 2-3 中的穿山甲在 $t = 1\text{s}$ 到 $t = 4\text{s}$ 时间间隔内的平均速度的方法。我们画出连接 $x(t)$ 曲线上的起点和终点的直线。然后求该直线的斜率 $\Delta x/\Delta t$。对给定的时间间隔，平均速度为

$$v_{avg} = \frac{6\text{m}}{3\text{s}} = 2\text{m/s}$$

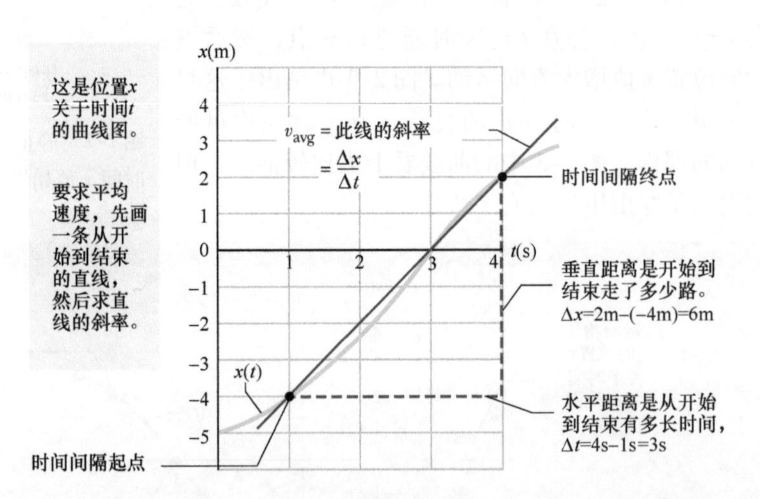

图 2-4 由 $x(t)$ 曲线上连接 $t = 1\text{s}$ 与 $t = 4\text{s}$ 两点间连线的斜率计算相应时间间隔内的平均速度。

平均速率 s_{avg} 是描述质点运动“有多快”的另一种方法。只是平均速度与质点的位移 Δx 有关，而平均速率是与质点所有走过的路程（例如，移动过的米数）总和相关，而与方向无关；即

$$s_{avg} = \frac{\text{总路程}}{\Delta t} \tag{2-3}$$

因为平均速率未包括方向，所以不用附带代数符号。有时 s_{avg} 与 v_{avg} 是相同的（除去缺少正负号）。不过，这两个量可能完全不同。

例题 2.01 平均速度，破旧的小型货车

你驾驶着一辆破旧的小型货车沿着笔直的公路以 70km/h 的速度开行到 8.4km 处时，货车的油用完而停下来，你又用了 30min 时间沿公路继续步行 2.0km 到加油站。试问：

（a）从驾车出发到步行至加油站整个过程中你总的位移为多少？

【关键概念】

为方便起见，不妨假设你沿 x 轴正方向运动。从第一位置 $x_1=0$ 到第二位置 x_2 的加油站。第二位置一定是在 $x_2=8.4\text{km}+2.0\text{km}=10.4\text{km}$。你沿 x 轴的位移 Δx 应为第二位置减去第一位置。

解：由式（2-1），有

$$\Delta x=x_2-x_1=10.4\text{km}-0=10.4\text{km} \quad \text{(答案)}$$

由此知，你沿 x 轴正方向的总位移是 10.4km。

（b）从你驾车出发到步行到达加油站的时间间隔 Δt 为多少？

【关键概念】

已知步行的时间间隔 Δt_{wlk}（$=0.5\text{h}$），但不知道开车的时间间隔。不过，我们知道车是以 70km/h 的平均速度走过距离（位移）$\Delta x_{dr}=8.4\text{km}$。平均速度为驾车驶过的位移与相应时间间隔的比值

解：我们写出

$$v_{avg,dr}=\frac{\Delta x_{dr}}{\Delta t_{dr}}$$

移项后，代入数据得出

$$\Delta t_{dr}=\frac{\Delta x_{dr}}{v_{avg,dr}}=\frac{8.4\text{km}}{70\text{km/h}}=0.12\text{h}$$

所以

$$\Delta t=\Delta t_{dr}+\Delta t_{wlk}$$
$$=0.12\text{h}+0.50\text{h}=0.62\text{h} \quad \text{(答案)}$$

（c）从驾车出发到步行至加油站的平均速度 v_{avg} 为多少？用计算和作图两种方法求解。

【关键概念】

由式（2-2）可知，整个旅程的平均速度为整个旅程的总位移 10.4km 与总时间 0.62h 的比值。

解：我们有

$$v_{avg}=\frac{\Delta x}{\Delta t}=\frac{10.4\text{km}}{0.62\text{h}}$$
$$=16.8\text{km/h}\approx 17\text{km/h} \quad \text{(答案)}$$

用图解法求 v_{avg}，像图 2-5 那样，先画出 $x(t)$ 的函数曲线，其中出发点和终点分别取在坐标原点和标以“加油站”的点。平均速度等于连接起点和终点的直线的斜率；即图上升高（$\Delta x=10.4\text{km}$）与图上水平移动距离（$\Delta t=0.62\text{h}$）的比值，从而求出 $v_{avg}=16.8\text{km/h}$。

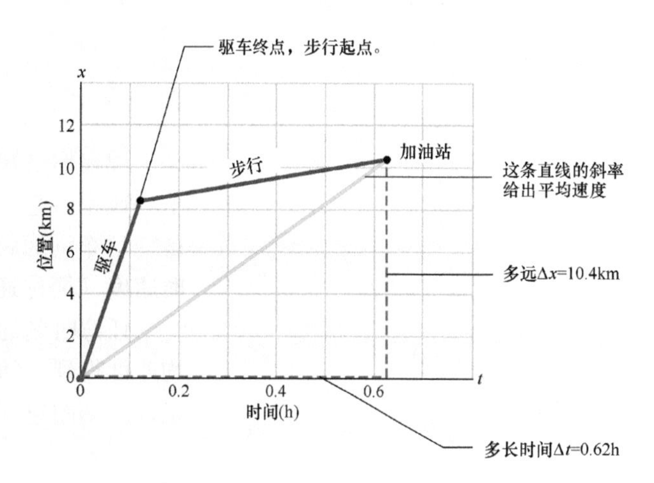

图 2-5 标以“驱车”和“步行”的两条线是驱车和步行两个阶段的位置-时间曲线（假定步行过程中速率保持恒定），从出发点到加油站的平均速度等于连接原点和标以“加油站”的两点的直线的斜率。

（d）假如加油并付款和走回货车又用去你 45min，试问从驱车出发到带着汽油回到停车处，你的平均速率为多少？

【关键概念】

你的平均速率为你经过的总路程与相应用去的总时间间隔的比值。

解：总路程为 $8.4\text{km}+2.0\text{km}+2.0\text{km}=12.4\text{km}$。全部时间为 $0.12\text{h}+0.50\text{h}+0.75\text{h}=1.37\text{h}$。由式（2-3）可得

$$s_{avg}=\frac{12.4\text{km}}{1.37\text{h}}=9.1\text{km/h} \quad \text{(答案)}$$

WILEY PLUS 在 WileyPLUS 中可以找到附加的例题、视频和练习。

2-2 瞬时速度和速率

学习目标

学完这一单元后，你应当能够……

2.07 给出作为时间函数的质点位置，计算任何特定时刻的瞬时速度。

2.08 给出质点位置对时间的曲线图，确定任何特定时刻的瞬时速度。

2.09 懂得速率是瞬时速度的数值大小。

关键概念

- 运动的质点的瞬时速度（有时简称速度）v 是

$$v=\lim_{\Delta t\to 0}\frac{\Delta x}{\Delta t}=\frac{\mathrm{d}x}{\mathrm{d}t}$$

其中，$\Delta x=x_2-x_1$，$\Delta t=t_2-t_1$。

- （在某一特定时刻的）瞬时速度可以由 x 对 t 曲线图上（在该特定时刻的）曲线的斜率得到。
- 速率是瞬时速度的数值大小。

瞬时速度和速率

现在你已知道有两种描述物体运动快慢的方法：平均速度和平均速率，它们都是测量一段时间间隔 Δt 中的情况。然而，“快慢”这个词通常是指给定时刻质点运动快慢的程度——即它的**瞬时速度**（简称**速度**）v。

任意时刻的速度可由缩短时间间隔 Δt 越来越小、直至零的平均速度得到。随着 Δt 的减小，平均速度趋近于一个极限值，这就是该时刻的速度

$$v=\lim_{\Delta t\to 0}\frac{\Delta x}{\Delta t}=\frac{\mathrm{d}x}{\mathrm{d}t} \tag{2-4}$$

注意，v 是给定时刻质点位置 x 随时间的变化率，即 v 是 x 对 t 的导数。还要注意，任一时刻的速度 v 是质点的位置对时间曲线上表示该时刻的点处的斜率。速度也是一个矢量，因而也有相对应的方向。

速率是速度的大小，即没有用词语或代数符号指出方向的速度。（注意：速率和平均速率可以完全不同）。与 +5m/s 和 −5m/s 的速度相应的速率均为 5m/s。汽车上的速度计显示的是速率，而非速度（它不能确定方向）。

检查点 2

下面的方程给出一质点在四种情形下的位置 $x(t)$（每个方程中，x 单位为 m，t 的单位为 s，并且 $t>0$）：（1）$x=3t-2$；（2）$x=-4t^2-2$；（3）$x=2/t^2$；（4）$x=-2$。试问：（a）哪种情形中质点的速度 v 恒定不变？（b）哪种情形中速度 v 指向负 x 方向？

例题 2.02 速度和 x 对 t 曲线的斜率，电梯

图 2-6a 表示的是一电梯的 $x(t)$ 曲线。它最初静止，然后向上运动（取此方向为 x 正方向），后又停下。请画出 $v(t)$ 曲线。

【关键概念】

我们可从 $x(t)$ 曲线上各点的斜率求出任何时刻的速度。

解：由于图中，从 0 到 1s 之间以及 9s 之后 $x(t)$ 曲线的斜率（也就是速度）为零，故知在这两段时间中电梯静止。而 bc 段的斜率是常量且非零，可见在这段时间里电梯匀速运动。计算 $x(t)$ 的斜率

$$\frac{\Delta x}{\Delta t}=v=\frac{24\text{m}-4.0\text{m}}{8.0\text{s}-3.0\text{s}}=+4.0\text{m/s} \tag{2-5}$$

正号表示电梯沿 x 正方向运动。相应上述各时间间隔的 $v(t)$ 曲线（其中包括 $v=0$ 和 $v=4\text{m/s}$）画在图 2-6b 中。另外，随着电梯由静止到运动，然后又减速到停止，在 1s ~ 3s 和 8s ~ 9s 之间 v 的变化显示在图上。因此，图 2-6b 就是所求的 $v(t)$ 曲线。（图 2-6c 将在 2-5 单元中讨论）

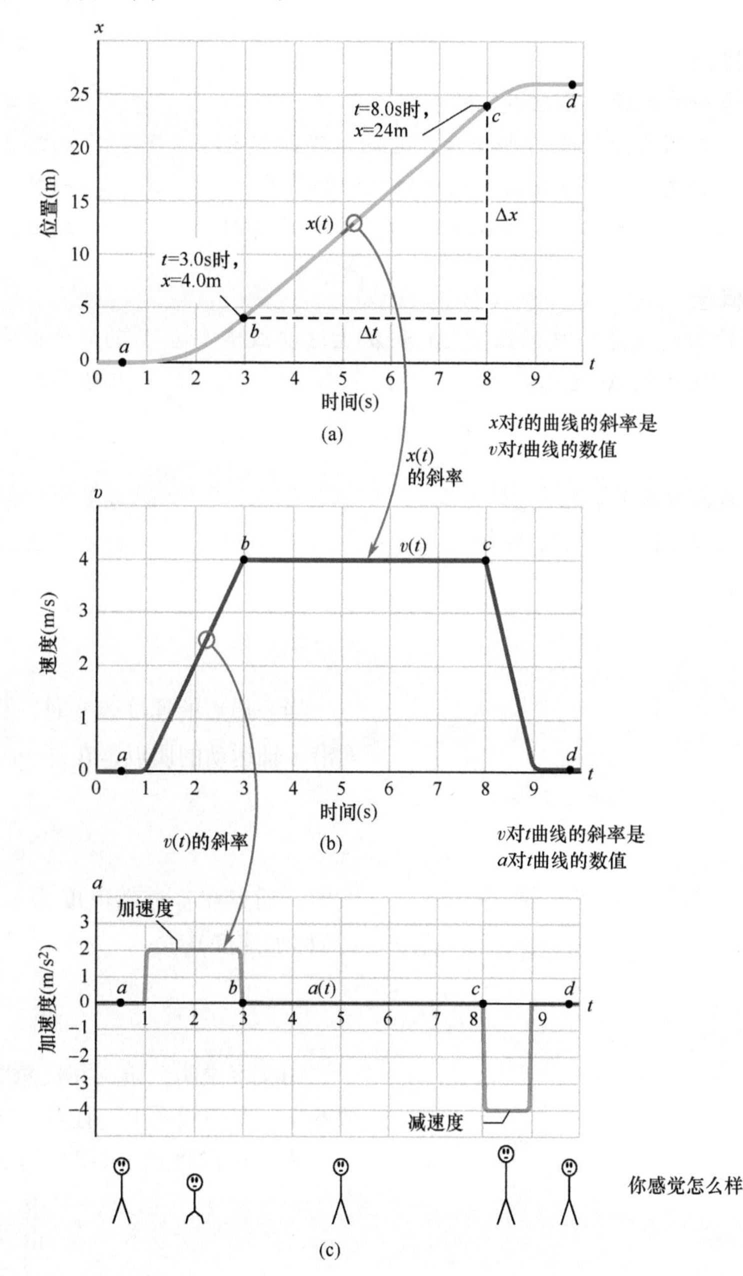

图 2-6 (a) 沿 x 轴向上运动的电梯的 $x(t)$ 曲线；(b) 电梯的 $v(t)$ 曲线。注意它正是 $x(t)$ 曲线的导数，$v=\frac{dx}{dt}$。(c) 电梯的 $a(t)$ 曲线。它是 $v(t)$ 曲线的导数，$a=\frac{dv}{dt}$。下方的线条人表示乘客在电梯加速时的感受。

已知图2-6b这样的$v(t)$曲线，我们还能反推出相应的$x(t)$曲线的形状（图2-6a）。然而，因$v(t)$曲线只反映x的变化，所以无法确定不同时刻x的实际值。要想求出任一时间段内x的变化量就必须用微积分计算出该时间间隔内$v(t)$“曲线下”的面积。以3s ~ 8s时段为例，在这段时间，电梯速度保持4.0m/s；x的变化量为

$$\Delta x = (4.0\text{m/s})(8.0\text{s} - 3.0\text{s}) = +20\text{m} \quad (2\text{-}6)$$

［因为相应$v(t)$曲线在t轴上方，所以这部分面积为正值］。图2-6a显示出在那段时间中x的确增加了20m。不过，图2-6b未告诉我们这段时间中初、末两时刻x的值。要想求出它们还需更多的信息，诸如某个时刻x的数值。

PLUS 在WileyPLUS中可以找到附加的例题、视频和练习。

2-3 加速度

学习目标

学完这一单元后，你应当能够……

2.10 应用质点的平均加速度，它的速度的变化和发生这些变化的时间间隔之间的关系。

2.11 从给出的作为时间函数的质点速度计算任一特定时刻的瞬时加速度。

2.12 由给出的质点速度对时间的曲线来确定任一特定时刻的瞬时加速度以及两个特定时刻之间的平均加速度。

关键概念

- 平均加速度是速度的改变Δv和发生这些改变的时间间隔Δt之比：

$$a_{\text{avg}} = \frac{\Delta v}{\Delta t}$$

上式的代数符号表示a_{avg}的方向。

- 瞬时加速度（或简称加速度）a是速度$v(t)$的一阶时间导数，也等于位置$x(t)$对时间的二阶导数：

$$a = \frac{\mathrm{d}v}{\mathrm{d}t} = \frac{\mathrm{d}^2x}{\mathrm{d}t^2}$$

- 在v对t的曲线图上，任一时刻的加速度a是曲线上在表示相应t的点处曲线的斜率。

加速度

当一质点的速度改变时，我们说质点经历了**加速度**（或加速。）。对沿x轴运动的质点，在某一时间间隔Δt内的**平均加速度**a_{avg}为

$$a_{\text{avg}} = \frac{v_2 - v_1}{t_2 - t_1} = \frac{\Delta v}{\Delta t} \quad (2\text{-}7)$$

式中，质点在t_1时刻速度为v_1，而t_2时刻速度为v_2。**瞬时加速度**（简称**加速度**）是

$$a = \frac{\mathrm{d}v}{\mathrm{d}t} \quad (2\text{-}8)$$

用文字说明，质点在任意时刻的加速度是在该瞬时质点速度的改变率；在曲线图上，任意点的加速度是$v(t)$曲线上该点的斜率。

我们可以将式（2-8）与式（2-4）结合起来，得出

$$a = \frac{\mathrm{d}v}{\mathrm{d}t} = \frac{\mathrm{d}}{\mathrm{d}t}\left(\frac{\mathrm{d}x}{\mathrm{d}t}\right) = \frac{\mathrm{d}^2x}{\mathrm{d}t^2} \quad (2\text{-}9)$$

即质点在任意时刻的加速度为质点位置函数$x(t)$对时间的二

阶导数。

加速度的常用单位是米每二次方秒或米每秒每秒：m/s^2 或 m/(s·s)。其他单位制中也都是长度/（时间·时间）或长度/时间^2 的形式。加速度既有大小又有方向（它也是一个矢量）。其代数符号就像位移和速度一样，表示轴上的方向；即加速度为正数，表示沿轴的正方向；加速度为负数，则沿负方向。

图 2-6 画出了沿电梯井向上运动的电梯的位置、速度和加速度的曲线图。将 $a(t)$ 曲线与 $v(t)$ 曲线进行比较，$a(t)$ 曲线上的每一点给出相应时刻 $v(t)$ 曲线的导数（斜率）。可看出当 v 为恒量时（0 或 4m/s）导数为零，从而加速度也为零。当电梯最初开始移动时，相应 $v(t)$ 曲线导数为正（斜率是正的），这表明 $a(t)$ 是正的。而当电梯减速直到最终停止，$v(t)$ 曲线的导数和斜率是负数；即 $a(t)$ 为负。

接下来比较两次加速期间 $v(t)$ 曲线的斜率。由于电梯慢下来到停止的过程所用的时间仅为提速过程的一半，因此与电梯慢下来的过程（常称为减速度）相对应的斜率更陡些，这个更陡的斜率表示减速度的量值大于加速度的量值，正如图 2-6c 所显示的那样。

感觉。当你乘坐图 2-6 所示的电梯中的感受用图 2-6 下方的线条人表示出来。在电梯最初加速时，你感觉被向下推压；而当后来电梯制动减速停止时，你又觉得似乎被向上提拉。在这两过程之间，则没有什么特别的感觉。这就是说，你的身体对加速度有反应（是加速度计），但对速度没感觉（不是速度计）。当你在以 90km/h 速度行驶的汽车里，或 900km/h 航行的飞机中时，你的身体不会觉察到运动。然而，如果这辆汽车或飞机快速改变速度，你就会敏锐地觉察到这种变化，甚至也许会受到惊吓。公共游乐场的乘坐装置使人感到刺激的原因，部分就来自你所经受的速度的迅速变化（你是为加速度付钱，而不是为速度）。图 2-7 中显示一个更极端的例子，照片拍摄于火箭滑橇沿轨道发射迅速加速和快速制动停止这两个时候。

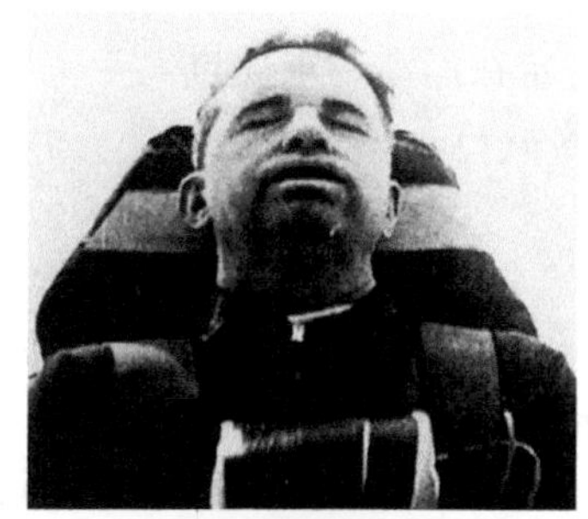

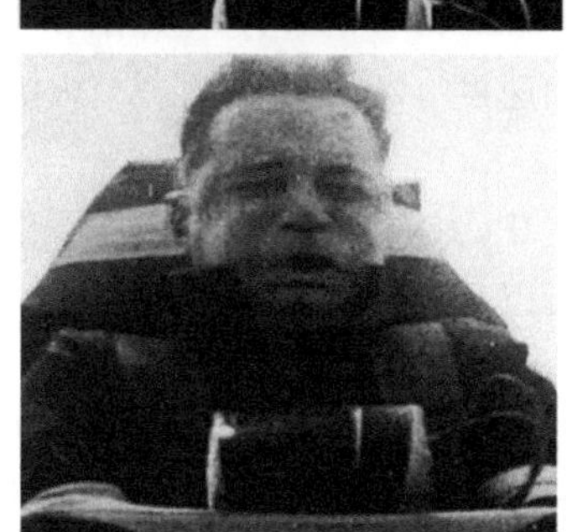
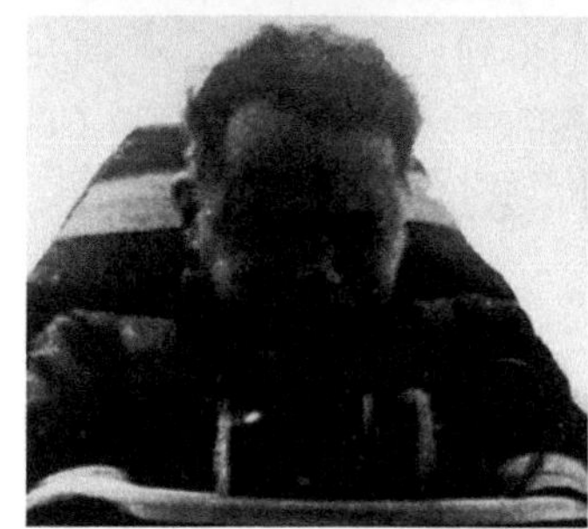
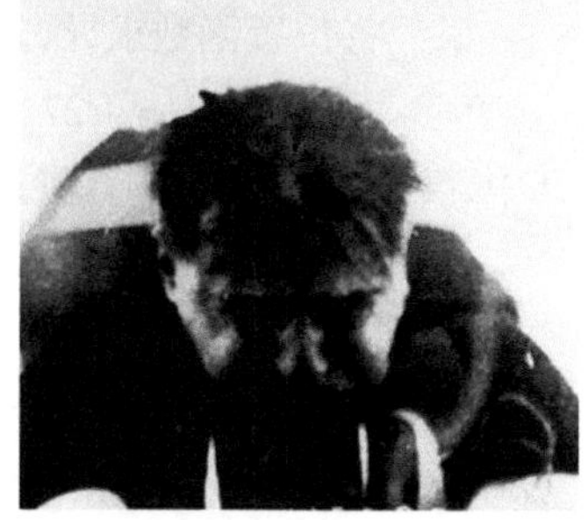

Courtesy U.S. Air Force

图 2-7 J. P. Stapp 上校乘火箭滑橇发射达到非常快的速度（加速度向页面外）和迅速制动（加速度向页面内）时的几幅照片。

g 单位。很大的加速度有时以 g 为单位表示

$$1g=9.8\text{m/s}^2\ (g\ 单位) \tag{2-10}$$

（像我们在2-8单元中将要讨论的，g 是靠近地球表面自由下落物体加速度的数值。）在环滑车上你可以亲身体验短时间加速度达 $3g$，就是 $3\times9.8\text{m/s}^2$，约 29m/s^2，这比起你乘坐一次的花费来说是完全值得的。

符号。一般来说，加速度的符号具有一种非科学的意义：正加速度指物体的速度在增加，而负加速度则指速度在减少（物体在减速）。然而，在本书中加速度符号却只表示方向，并不表示物体速度是增加或减少。例如，若初速 $v=-25\text{m/s}$ 的一辆汽车，在5s内制动停下，相应加速度为 $a_{avg}=+5.0\text{m/s}^2$。此处加速度是正的，而汽车速度却减少，原因在于符号不同：加速度的方向与速度方向相反。

下面是理解符号的正确方法：

若质点速度和加速度符号相同，则质点速率增加；若符号相反，则速率减少。

检查点3

一只袋鼠沿 x 轴跑动，其加速度符号在如下情形各为何：(a) 沿 x 正方向运动，速率增加；(b) 沿 x 正方向运动，速率减少；(c) 沿 x 负方向运动，速率增加；和 (d) 沿 x 负方向运动，速率减少。

例题2.03 加速度和 dv/dt

图2-1中，质点在 x 轴上的位置由下式给出

$$x=4-27t+t^3$$

其中，x 的单位为m，t 的单位为s。(a) 因为质点位置 x 依赖于时间 t，质点肯定在运动。求质点的速度函数 $v(t)$ 和加速度函数 $a(t)$。

【关键概念】

(1) 为求速度函数 $v(t)$，我们将位置函数 $x(t)$ 对时间求导；(2) 要求加速度函数 $a(t)$，我们将速度函数 $v(t)$ 对时间求导。

解：将位置函数求导，我们得到：

$$v=-27+3t^2 \qquad (答案)$$

其中，v 的单位为m/s。将速度函数求导，给出

$$a=+6t$$

其中，a 的单位是 m/s^2。

(b)，是否有一时刻 $v=0$？

解：令 $v=0$，得到

$$0=-27+3t^2$$

这个式子的解为

$$t=\pm3\text{s}$$

可知，在时间 $t=0$ 的前3s和后3s时速度为零。

(c) 试描述 $t\geqslant0$ 时质点的运动。

论证 我们要考察 $x(t)$、$v(t)$ 和 $a(t)$ 这三个函数的表达式。

在 $t=0$ 时刻，质点在 $x(0)=+4\text{m}$ 处，并以 $v(0)=-27\text{m/s}$ 的速度（即沿 x 轴负方向）运动。它的加速度 $a(0)=0$。在这个时刻它的速度不变（见图2-8a）。

在 $0<t<3\text{s}$ 时间间隔内，质点速度仍为负值，所以质点继续向负方向运动。不过，它的加速度不再为零，而是不断增大且为正。由于速度和加速度的符号相反，所以质点必定要慢下来（见图2-8b）。

确实，我们已经知道质点会在 $t=3\text{s}$ 时刻暂时静止。这时质点正达到图 2-1 中原点左方最远的地方。将 $t=3\text{s}$ 代入 $x(t)$ 表达式，可看出那时质点在 $x=-50\text{m}$ 处（见图 2-8c）。其加速度仍为正。

当 $t>3\text{s}$ 时，质点在轴上向右移动，其加速度保持为正且数值逐渐增大；这时，质点的速度是正的，且数值也逐渐增大（见图 2-8d）。

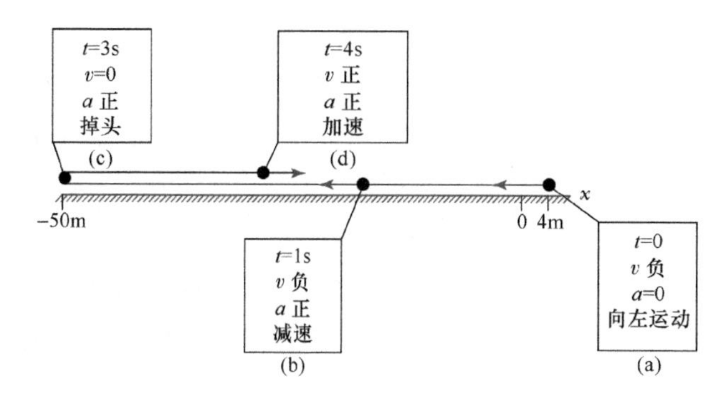

图 2-8 质点运动的四个阶段。

2-4 恒加速度

学习目标

学完这一单元后，你应当能够……

2.13 对于恒加速度，应用位置、位移、速度、加速度和时间之间的关系式（见表 2-1）。

2.14 通过将质点的加速度函数对时间积分来计算它的速度的变化。

2.15 通过将质点的速度函数对时间积分求它的位置变化。

关键概念

● 下面的 5 个方程式描述恒加速质点的运动：

$$v=v_0+at,\qquad x-x_0=vt+\frac{1}{2}at^2,$$

$$v^2=v_0^2+2a(x-x_0),\qquad x-x_0=\frac{1}{2}(v_0+v)t,\qquad x-x_0=vt-\frac{1}{2}at^2$$

当加速度不恒定时，这些方程式不成立。

恒加速度：一个特殊情况

在许多运动类型中，加速度或者恒定或者近似恒定。例如，当交通指示灯由红变绿时，你可能会以近似恒定的速率加速汽车。那么你的位置、速度和加速度的曲线图就类似于图 2-9 所示的那样[注意：图 2-9c 中的 $a(t)$ 是恒量，这就要求图 2-9b 中的 $v(t)$ 具有恒定斜率]。再后来若你想要停下车来，相应的加速度（或通常说减速度）或许也是近似的恒量。

由于这种情况很普遍，于是人们推导出一套针对这类情况的特定方程。本节给出一种推导这些方程的方法，后面再学习第二种方法。在学习这两节后做家庭作业时，请牢记这些方程仅对恒加速度（或加速度可近似看作恒定的情形）适用。

第一个基本方程。当加速度为恒量时，平均加速度与瞬时加速度相等，我们将式（2-7）的符号做些改变，写成

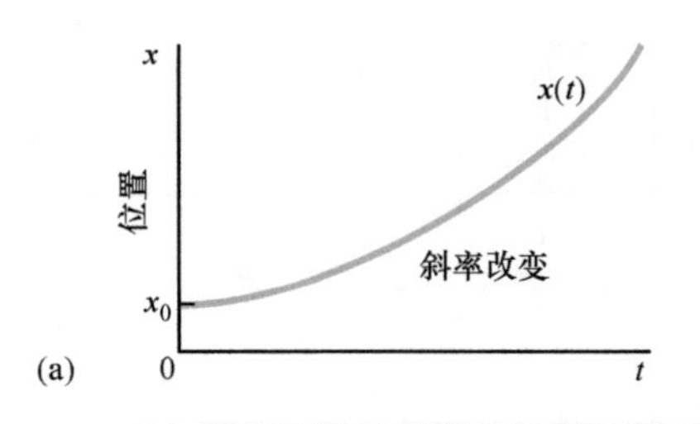

位置曲线的斜率画在速度曲线图上

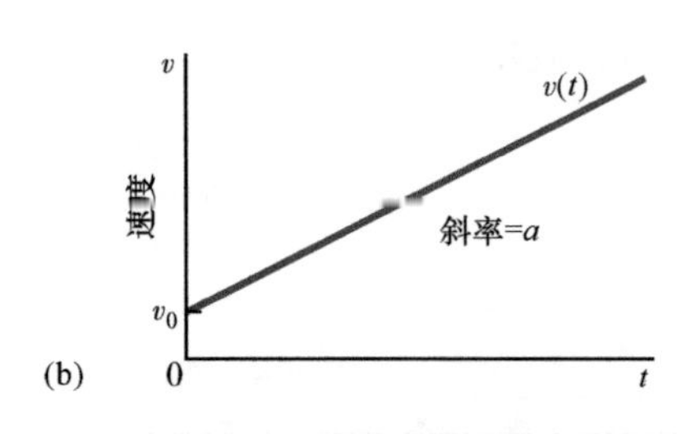

速度曲线的斜率画在加速度曲线图上

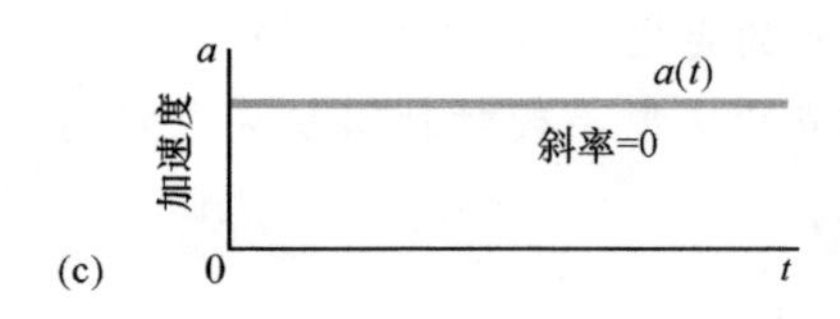

图2-9 (a) 恒加速度运动的质点的位置 $x(t)$ 曲线；(b) 该质点的速度 $v(t)$ 曲线，每一点可由 (a) 中相应点的斜率确定；(c) 质点的 (恒定) 加速度等于 $v(t)$ 曲线的 (恒定) 斜率。

$$a = a_{\text{avg}} = \frac{v - v_0}{t - 0}$$

式中，v_0为时刻 $t=0$ 的速度，而 v 表示其后任意时刻 t 的速度)。此方程可改写为

$$v = v_0 + at \tag{2-11}$$

作为一种检验，注意到 $t=0$ 时，这个方程简化为 $v=v_0$，它正应该这样。作为进一步检验，对式 (2-11) 求导。得到 $dv/dt=a$，这正是 a 的定义。图 2-9b 表示出式 (2-11) 中 $v(t)$ 函数的曲线，该函数是线性的，因此图为一直线。

第二个基本方程。用类似方式，我们可重写式(2-2)(符号稍做改变)为

$$v_{\text{avg}} = \frac{x - x_0}{t - 0}$$

再写为

$$x = x_0 + v_{\text{avg}}t \tag{2-12}$$

式中，x_0为质点在 $t=0$ 时刻的位置，而 v_{avg}为从 $t=0$ 至以后的 t 时刻之间的平均速度。

对于式 (2-11) 中的线性速度函数，任何时间间隔 (从 $t=0$ 至后来的时刻 t) 内的平均速度都等于在该时间间隔开始时的值 ($=v_0$) 和终了时的值 ($=v$) 的速度的平均值

$$v_{\text{avg}} = \frac{1}{2}(v_0 + v) \tag{2-13}$$

将式 (2-11) 中的 v 代入上式右端，再稍做整理可得

$$v_{\text{avg}} = v_0 + \frac{1}{2}at \tag{2-14}$$

最后，将式 (2-14) 代入式 (2-12)，得到

$$x - x_0 = v_0 t + \frac{1}{2}at^2 \tag{2-15}$$

作为检验，将 $t=0$ 代入上式，得 $x=x_0$，这正是应当得到的。作为进一步检验，对式 (2-15) 求导得到式 (2-11)，又一次相符一致。图 2-9a 是式 (2-15) 的曲线。由于函数是二次方，所以是一条曲线。

另外三个方程式。式 (2-11) 和式 (2-15) 是恒加速度的基本方程。它们可以用来解决本书中任一恒加速度的习题。不过，对某些特殊情形我们还可推导出其他有用的方程。首先，应注意在有关恒加速度的习题中，可能涉及多到 5 个量，即 $x-x_0$、v、t、a 和 v_0。而一般来讲，在一个具体习题中，这些量中的一个常不被涉及，不论它是作为已知的或未知的。这样，就可用其余的三个量求第四个量。

式 (2-11) 和式 (2-15) 均含有这些量中的四个，但不是同样的四个。在式 (2-11) 中"缺少的成分"为位移 $x-x_0$；式 (2-15) 中为 v。这两个方程还可用三种不同方式结合得到另外三个方程，它们中的每一个都含有不同的"缺少的变量"。首先，我们可消去 t，得到

$$v^2 = v_0^2 + 2a(x - x_0) \qquad (2\text{-}16)$$

如果我们不知道 t，习题中也未曾要求求它，这个方程就很有用。其次，我们可以在式（2-11）和式（2-15）中消去加速度 a，得到一个不含 a 的方程

$$x - x_0 = \frac{1}{2}(v_0 + v)t \qquad (2\text{-}17)$$

最后，我们可以消去 v_0，得到

$$x - x_0 = vt - \frac{1}{2}at^2 \qquad (2\text{-}18)$$

请注意，此式与式（2-15）的细微差别，式（2-15）包含初速度 v_0；而式（2-18）包含任意时刻 t 的速度 v。

表 2-1 中列出了恒加速度的运动的几个基本方程式［式（2-11）和式（2-15）］以及我们推出的几个公式。要解一个简单的恒加速度习题，一般讲可用此表中的某一个公式（假如你有这个表）。选择一个方程，其中唯一的未知变量正是习题所要求的量。一种简便些的方法是只记住式（2-11）和式（2-15），需要时再把它们当联立方程求解。

表 2-1 对具有恒定加速度的运动的公式

公式编号	方程式	未包含的变量
2-11	$v = v_0 + at$	$x - x_0$
2-15	$x - x_0 = v_0 t + \frac{1}{2}at^2$	v
2-16	$v^2 = v_0^2 + 2a(x - x_0)$	t
2-17	$x - x_0 = \frac{1}{2}(v_0 + v)t$	a
2-18	$x - x_0 = vt - \frac{1}{2}at^2$	v_0

注：应用此表中各公式前，请确认加速度确实是常量。

检查点 4

以下方程给出质点在四种情况下的位置 $x(t)$：（1）$x = 3t - 4$；（2）$x = -5t^3 + 4t^2 + 6$；（3）$x = 2/t^2 - 4/t$；（4）$x = 5t^2 - 3$。哪种情形可用表 2-1 中的公式？

例题 2.04 摩托车和汽车的短程高速赛

一档网上流行的电视节目是：一架喷气式飞机、一辆汽车和一辆摩托车从静止开始沿一条跑道比赛（见图 2-10）。一开始，摩托车领先，但后来喷气式飞机领先，最后汽车一下子超过了摩托车。我们这里把注意力集中在汽车和摩托车上，给它们的运动指定几个合理的数值。摩托车一开始领先是因为它的（恒定）加速度 $a_m = 8.40\text{m/s}^2$ 大于汽车的（恒）加速度 $a_c = 5.60\text{m/s}^2$，但摩托车不久就落后于汽车是因为它在汽车达到最高速度 $v_c = 106\text{m/s}$ 之前已经达到它的最高速度 $v_m = 58.8\text{m/s}$。汽车追上摩托车需要多长时间？

图 2-10 喷气式飞机、汽车和摩托车从静止起动，刚开始加速。

【关键概念】

我们可以将恒加速度公式用于两种车子。但是对摩托车，我们必须考虑到它的运动分两个阶段：（1）它从初速度为零开始，以加速度 $a_m = 8.40\text{m/s}^2$ 运动，直到速率达到 $v_m = 58.8\text{m/s}$ 时，通过的距离为 x_{m1}。（2）然后它以恒定的速度 $v_m = 58.8\text{m/s}$ 和零加速度（这也是恒加速度）通过距离 x_{m2}。（注意，我们用符号表示这些距离，虽然我们还不知道它们的数值。用符号表示未知数常常有助于解物理习题，但引进这些未知数有时需要物理学勇气。）

解： 于是我们可以作图并求解。我们假设，比赛从 $t = 0$ 时刻、从 $x = 0$ 的位置开始，沿 x 轴正

方向前进。(我们可以选择任何初始数值，因为我们要求的是比赛的实耗时间而不是某个特定时间，譬如下午，所以我们选用这些简易的数值。)我们要讨论汽车超越摩托车的时刻，这在数学上意味着什么?

它的意思是，两辆并排的车子同时都在同一坐标位置：这时，汽车在 x_c 处，摩托车位于 $x_{m1}+x_{m2}$ 处。我们写下数学表达式

$$x_c = x_{m1} + x_{m2} \tag{2-19}$$

(写出第一步是这个题目的最难的部分。在大多数物理问题中都是如此。你怎样把问题的(文字)表述变换成数学表述? 本书的一个目的是教你学会写出这第一步的能力——这需要大量的练习，譬如说好像学习跆拳道一样。)

现在我们来填写式(2-19)的两边，先从左边开始。汽车从静止开始加速到通过追及的位置 x_c。式(2-15) $(x-x_0=v_0t+\frac{1}{2}at^2)$ 中的 x_0 和 $v_0=0$，我们得到

$$x_c = \frac{1}{2}a_c t^2 \tag{2-20}$$

要写出摩托车的 x_{m1} 的表达式，我们先要用式(2-11) $(v=v_0+at)$ 求出它达到最高速率 v_m 的时间 t_m。将 $v_0=0$，$v=v_m=58.8\text{m/s}$ 和 $a=a_m=8.40\text{m/s}^2$ 代入式(2-11)，得到时间

$$t_m = \frac{v_m}{a_m} = \frac{58.8\text{m/s}}{8.40\text{m/s}^2} = 7.00\text{s} \tag{2-21}$$

为求出摩托车在第一阶段通过的距离 x_m，我们再一次应用式(2-15)，代入 $x_0=0$，$v_0=0$，但我们还要代入式(2-21)中求出的时间。我们得到

$$x_{m1} = \frac{1}{2}a_m t_m^2 = \frac{1}{2}a_m\left(\frac{v_m}{a_m}\right)^2 = \frac{1}{2}\frac{v_m^2}{a_m} \tag{2-22}$$

在剩下的时间 $t-t_m$ 里，摩托车的加速度为零，以最高速率运动。我们将式(2-15)用于运动的这个第二阶段来求距离。但现在初速度为 $v_0=v_m$(第一阶段结束时的速率)，并且加速度 $a=0$，由此，第二阶段走过的距离为

$$x_{m2} = v_m(t-t_m) = v_m(t-7.00\text{s}) \tag{2-23}$$

做完这个计算，我们将式(2-20)、式(2-22)和式(2-23)代入式(2-19)，得到

$$\frac{1}{2}a_c t^2 = \frac{1}{2}\frac{v_m^2}{a_m} + v_m(t-7.00\text{s}) \tag{2-24}$$

这是一个二次方程。代入已知的数据，解这个方程(利用通常的二次方程的公式，或利用计算器的解多项式的程序)求出 $t=4.44\text{s}$ 和 $t=16.6\text{s}$。

可是，得到这两个答案我们该怎么解释? 汽车是不是两次超过摩托车? 不，当然不是，就像我们在电视上看到的，不是两次。所以，有一个答案只是数学上正确但没有物理意义。因为我们知道，汽车是在摩托车达到最高速率的 7.00s 以后才超过它的，我们抛弃 $t<7.00\text{s}$ 的答案，因为它没有物理意义。因此，我们得出结论，超越的时刻是

$$t = 16.6\text{s} \quad \text{(答案)}$$

图 2-11 是两辆车的位置关于时间的曲线，图上标出了超越点。注意，在 $t=7.00\text{s}$ 时，摩托车的图像从曲线(因为速率一直在增加)变为直线(因为从这以后速率是常量)。

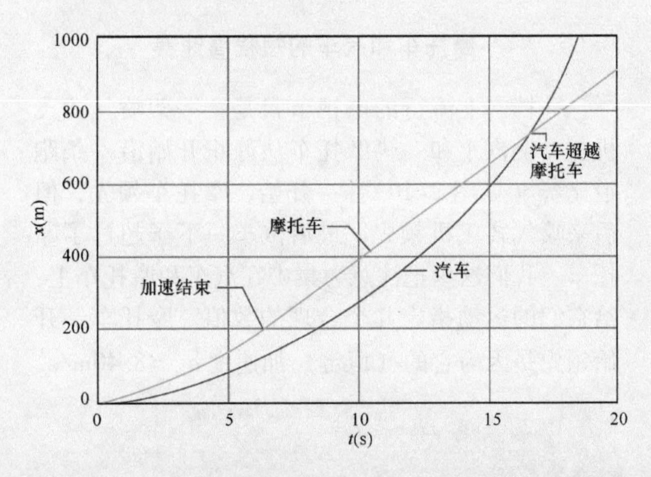

图 2-11 汽车和摩托车的位置对时间的曲线。

WILEY PLUS 在 WileyPLUS 中可以找到附加的例题、视频和练习。

从另一角度看恒加速度[⊖]

表 2-1 中的前两个方程式是用来推导其他公式的基本方程式。

⊖ 本节为学过积分运算的学生而写。

这两个公式可以由加速度 a 是恒量的条件将加速度积分求得。为求式（2-11），将加速度定义式（2-8）改写为

$$dv = a dt$$

接着将两边写为不定积分（或反导数）：

$$\int dv = \int a dt$$

由于加速度 a 是恒量，可以从积分号中提出，就得到

$$\int dv = a\int dt$$

或

$$v = at + C \tag{2-25}$$

为了确定积分常数 C，令 $t=0$，这时 $v=v_0$。将此代入式（2-25）（此式对包括 $t=0$ 在内的所有 t 值都成立）得到

$$v_0 = (a)(0) + C = C$$

将此结果代入式（2-25），即得式（2-11）。

为推导式（2-15），将速度定义式（2-4）改写为

$$dx = v dt$$

然后取两边的不定积分得到

$$\int dx = \int v dt$$

下一步，用式（2-11）代替 v，得

$$\int dx = \int (v_0 + at) dt$$

因为 v_0 和加速度 a 都是恒量，上式可重新写作

$$\int dx = v_0\int dt + a\int t dt$$

积分可得

$$x = v_0 t + \frac{1}{2}at^2 + C' \tag{2-26}$$

其中 C' 是另一个积分常数。在时刻 $t=0$，有 $x=x_0$。将它们代入式（2-26）得到 $x_0=C'$。式（2-26）中以 x_0 取代 C'，就得到式（2-15）。

2-5 自由下落加速度

学习目标

学完这一单元后，你应当能够……

2.16 辨别一个质点如果在自由飞行（无论是向上还是向下），并且我们可以忽略空气对它的影响时，该质点具有恒定的向下加速度，我们取其量值大小 g 为 9.8m/s^2。

2.17 将恒加速度方程（见表 2-1）应用到自由下落运动。

关键概念

- 恒加速直线运动的一个重要例子是物体在地球表面附近自由上升或下落。恒加速度公式描述这种运动，但我们还要做两个符号上的改变：(1) 我们把垂直的 y 轴作为参考轴，$+y$ 垂直向上。(2) 我们用 $-g$ 代替 a，g 是自由下落加速度的数值。在地球表面附近

$$g = 9.8\text{m/s}^2 = 32 \text{ 英尺/秒}^2 \ (\text{ft/s}^2)$$

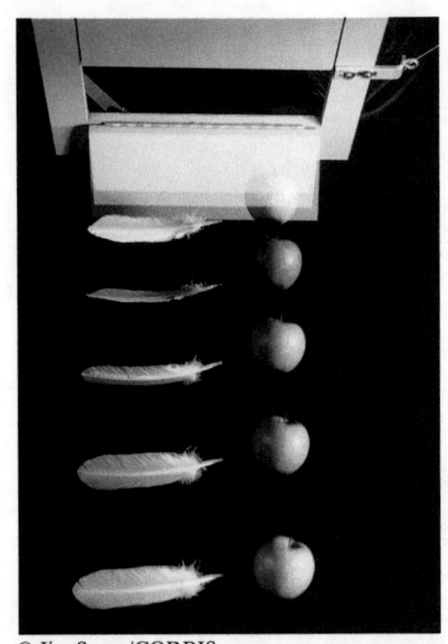

© Jim Sugar/CORBIS

图2-12　真空中，以相同大小的加速度 g 自由下落的羽毛和苹果的照片。加速度使下落过程中，相继的两个像之间的距离增大，但是如果没有空气，羽毛和苹果在相同的时间内下落相同的距离。

自由下落加速度

你向上或向下抛出一个物体，并且能用某种方法消除空气对其运动的影响，你会发现物体都以同样大小的加速度向下加速。这个加速度称为*自由下落加速度*，它的数值用 g 表示。它与物体的特性，如质量、密度或形状无关；它对所有物体都相同。

图2-12给出自由下落加速度的两个例子，这是羽毛和苹果的一系列频闪照片。它们落下时，二者均以相同的加速度 g 向下加速。它们的速率同步增大，它们并排落下。

g 的值随着纬度和海拔高度而有微小变化。在地球中纬度附近的海平面，g 的值为 $9.8\mathrm{m/s^2}$（或 $32\mathrm{ft/s^2}$），如果没有另外的说明这就是本书中解题应取的数值。

表2-1中的关于恒加速度的公式也可应用于地球表面附近的自由下落运动，即当空气的影响可忽略时，这些公式可用于竖直向上或向下运动的物体。不过，对自由下落应注意：①现在运动方向是沿竖直向的 y 轴而非 x 轴，向上为 y 轴的正方向。（这点对后面的章节很重要，那时我们要考察的是水平和竖直两个方向的合成运动）；②此处自由下落加速度是负的——即沿 y 轴向下，指向地心——因此在方程式中加速度值为 $-g$。

地球表面附近的自由下落加速度是 $a=-g=-9.8\mathrm{m/s^2}$，而加速度的数值是 $g=9.8\mathrm{m/s^2}$。不要将 g 以 $-9.8\mathrm{m/s^2}$ 来代替。

假如以初速度 v_0（正值）竖直向上抛出一个番茄，然后待它落回到抛出点时接住。在它做*自由落体运动*的过程中（从刚一抛出到接住之前），表2-1中的公式适用于它的整个运动。加速度总是 $a=-g=-9.8\mathrm{m/s^2}$，负号表示方向向下。然而其速度却如式（2-11）和式（2-16）所表示的在不断改变：上升过程中速度为正，数值逐渐减小，直至瞬间为零。由于这时番茄停止，它达到了它的最高点。下降过程中，速度为负，数值逐渐增加。

检查点5

（a）假设你竖直向上抛一个球，球上升时从抛出点到最高点位移的符号为何？（b）球下降时，由最高点落回到抛出点的位移符号又为何？（c）球在最高点时的加速度是多少？

例题2.05　上-下运动的全部时间，抛棒球

如图2-13所示，一投手沿 y 轴向上以初速度 $12\mathrm{m/s}$ 投出一个棒球。

（a）球达到最高点需要多长时间？

【关键概念】

（1）球刚一离开投手到返回接住之前的整个过程球的加速度都是自由下落加速度 $a=-g$。这是一个恒量，表2-1的公式适用。（2）最大高度时的速度必为零。

解：已知 v、a 和初速度 $v_0=12\mathrm{m/s}$，求 t，解包含这四个变量的方程式（2-11），由此得到：

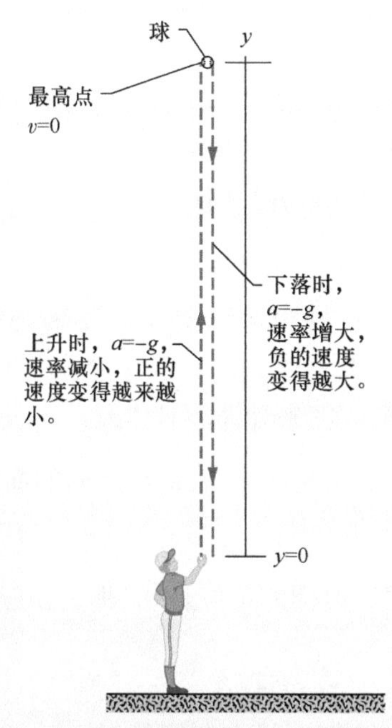

图 2-13 投手竖直向上抛出一棒球。当空气影响可忽略时，自由下落公式对上升与下降物体均适用。

$$t=\frac{v-v_0}{a}=\frac{0-12\text{m/s}}{-9.8\text{m/s}^2}=1.2\text{s} \qquad \text{（答案）}$$

（b）从抛出点开始，球上升的最大高度是多少？

解：将球的抛出点取作 $y_0=0$，并以符号 y 写出式（2-16），令 $y-y_0=y$ 和 $v=0$（最大高度处），求解 y 可得

$$y=\frac{v^2-v_0^2}{2a}=\frac{0-(12\text{m/s})^2}{2(-9.8\text{m/s}^2)}=7.3\text{m}$$

（答案）

（c）问棒球经过多长时间球到达抛出点上方 5.0m 高处？

解：我们已知 v_0、$a=-g$ 和位移 $y-y_0=5.0\text{m}$，欲求 t。可选用式（2-15）。将其用 y 表示，令 $y_0=0$，有

$$y=v_0t-\frac{1}{2}gt^2$$

或 $$5.0\text{m}=(12\text{m/s})t-\left(\frac{1}{2}\right)(9.8\text{m/s}^2)t^2$$

如果暂时略去单位（已经注意到它们是一致的），可将此式重写为

$$4.9t^2-12t+5.0=0$$

解这个二次方程求出 t

$$t=0.53\text{s} \quad 和 \quad t=1.9\text{s} \qquad \text{（答案）}$$

结果有两个时间！这实际上并不奇怪，因为球确实会两次经过 $y=5.0\text{m}$ 处，一次是在向上运动时，另一次是在向下运动时。

2-6 运动分析中的图解积分法

学习目标

学完这一单元后，你应当能够……

2.18 在加速度对时间的曲线图上用图解积分法求质点速度的变化。

2.19 在速度对时间的曲线图上用图解积分法求质点位置的变化。

关键概念

- 在加速度 a 对时间 t 的曲线图上，速度的改变由下式给出：

$$v_1-v_0=\int_{t_0}^{t_1}a\,\mathrm{d}t$$

积分的数值由图上的面积求出：

$$\int_{t_0}^{t_1}a\,\mathrm{d}t=(\text{加速度曲线和时间轴之间,从 } t_0 \text{ 到 } t_1 \text{ 的面积})$$

- 在速度 v 对时间 t 的曲线图上，位置的改变由下式给出：

$$x_1-x_0=\int_{t_0}^{t_1}v\,\mathrm{d}t$$

积分的数值可以由曲线图算出：

$$\int_{t_0}^{t_1}v\,\mathrm{d}t=(\text{从 } t_0 \text{ 到 } t_1 \text{ 的速度曲线和时间轴之间的面积})$$

运动分析中的图解积分法

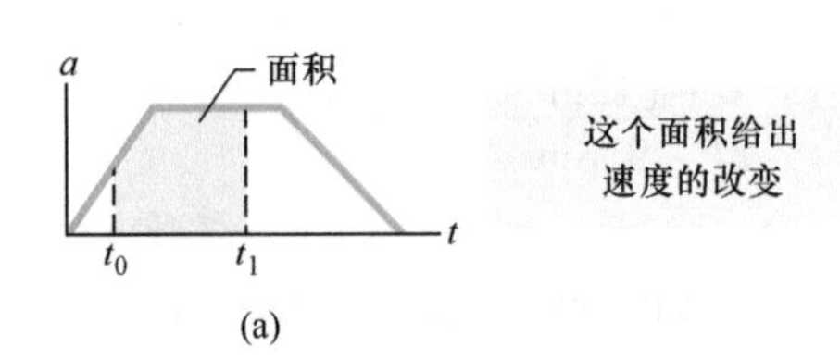

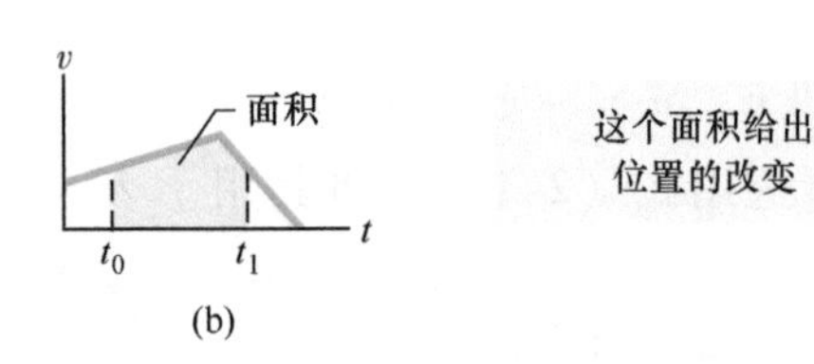

图 2-14　所画曲线和水平的时间轴之间，从 t_0 到 t_1 的面积。(a) 图中是加速度 a 对 t 的曲线，(b) 图中是速度 v 对 t 曲线。

求加速度积分。当我们有一个物体的加速度 a 对时间 t 的曲线图时，我们可以对图上曲线积分，求任何时刻的速度。因为 a 的定义为 $a = dv/dt$，微积分基本定理告诉我们：

$$v_1 - v_0 = \int_{t_0}^{t_1} a\mathrm{d}t \tag{2-27}$$

上式的右边是一个定积分（它给出的结果是一个数值而不是函数），v_0 是 t_0 时刻的速度，v_1 是晚些时候 t_1 的速度，定积分的值可以由图 2-14a 那样的 $a(t)$ 曲线图来计算。具体说：

$$\int_{t_0}^{t_1} a\mathrm{d}t = (\text{加速度曲线和时间轴,从 } t_0 \text{ 到 } t_1 \text{ 之间的面积}) \tag{2-28}$$

如加速度的单位是 m/s²，时间的单位是 s，那么相应图上的面积的单位是

$$(\mathrm{m/s^2})(\mathrm{s}) = \mathrm{m/s}$$

这恰好是速度的单位，如加速度曲线在时间轴以上，则面积是正的；曲线在时间轴以下，面积为负。

求速度积分。同样地，因为用位置 x 定义的速度为 $v = \mathrm{d}x/\mathrm{d}t$，于是：

$$x_1 - x_0 = \int_{t_0}^{t_1} v\mathrm{d}t \tag{2-29}$$

式中，x_0 是 t_0 时刻的位置；x_1 是 t_1 时刻的位置，方程式（2-29）右边的定积分可以由图 2-14b 中的 $v(t)$ 曲线来计算。具体说：

$$\int_{t_0}^{t_1} v\mathrm{d}t = \begin{pmatrix}\text{速度曲线和时间轴}\\ \text{从 } t_0 \text{ 到 } t_1 \text{ 之间的面积}\end{pmatrix} \tag{2-30}$$

如速度的单位为 m/s，时间的单位为 s，那么图上相应面积的单位是：

$$(\mathrm{m/s})(\mathrm{s}) = \mathrm{m}$$

这恰好是位置和位移的单位。面积的正负和图 2-14a 中的 $a(t)$ 曲线同样的方式确定。

例题 2.06　a 对 t 曲线的图解积分，颈椎过度屈伸损伤

“颈椎过度屈伸损伤”常常发生在追尾撞车事故中，就是前面的一辆汽车被另一辆车从后方撞击的事故。20 世纪 70 年代，研究人员推断，受伤是由于汽车突然向前猛冲时，乘坐者的头部猛然向后甩过坐位顶端所致。作为这一发现的结果，汽车中就装上了弹性头垫，可是在追尾撞车事故中颈椎受伤还是继续发生。

在最近研究追尾撞车事故造成颈椎受伤的测试中，一位志愿者被皮带捆绑在座位上，然后突然向前运动，模拟被后面的以 10.5km/h 速度运动的汽车撞击。图 2-15a 给出在撞击过程中志愿者身体和头部的加速度，设这个过程从 $t=0$ 开始。身体的加速延迟了 40ms，这是因为经过这段时间，椅背才开始压向志愿者。头部的加速又延迟了 70ms。当头部加速时身体的速率是多少？

【关键概念】

我们可以由身体的 $a(t)$ 曲线图上的面积求任何时刻身体的速率。

解：已知在“撞车”开始的 $t_0=0$ 时刻，身体的初速度 $v_0=0$。我们要求头部开始加速的时刻 $t_1=110\text{ms}$ 时身体的速度。

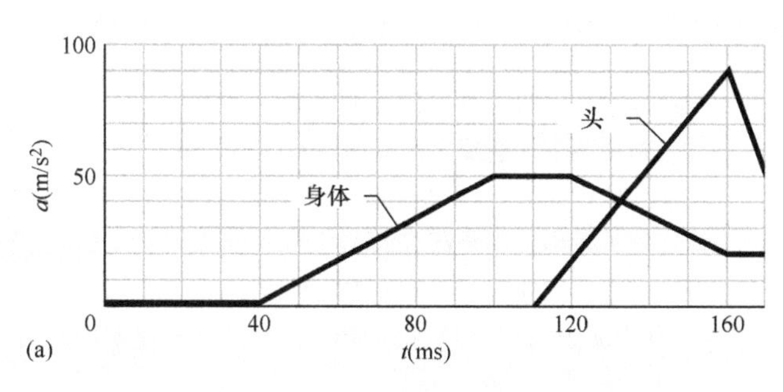

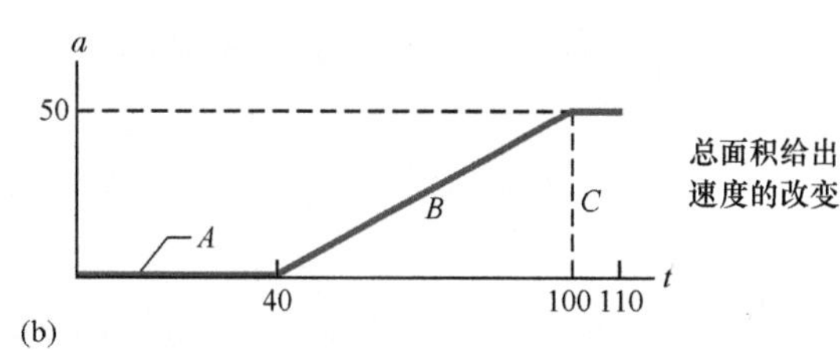

图 2-15 （a）在模拟汽车追尾撞车事故的试验中，志愿者身体和头部的 $a(t)$ 曲线。（b）分离出所画的图中计算加速曲线和时间轴之间面积的一部分区域。

结合式（2-27）和式（2-28），我们可以写下：

$$v_1 - v_0 = (\text{从 } t_0 \text{ 到 } t_1\text{,加速曲线和时间轴间的面积}) \quad (2\text{-}31)$$

为简便起见，我们将面积分成三个区域（见图 2-15b）。从 0 到 40ms，区域 A 没有面积：

$$\text{面积}_A = 0$$

从 40ms 到 100ms，区域 B 是三角形，其面积为

$$\text{面积}_B = \frac{1}{2}(0.060\text{s})(50\text{m/s}^2) = 1.5\text{m/s}$$

从 100ms 到 110ms，区域 C 是矩形，面积为

$$\text{面积}_C = (0.010\text{s})(50\text{m/s}^2) = 0.50\text{m/s}$$

将这些数值及 $v_0 = 0$ 代入式（2-31），得到

$$v_1 - 0 = 0 + 1.5\text{m/s} + 0.50\text{m/s}$$

或 $$v_1 = 2.0\text{m/s} = 7.2\text{km/h} \qquad \text{（答案）}$$

注释：当头部刚开始向前运动的时候，身体已经有了 7.2km/h 的速率。研究人员认为，在追尾撞车的早期阶段，就是这个速率差造成了颈椎受伤。头部的后甩发生在晚些时候，特别是如果没有弹性头垫，伤害会更大。

在 WileyPLUS 中可以找到附加的例题、视频和练习。

复习和总结

位置 质点在 x 轴上的坐标 x 确定质点相对于该轴的**原点**，或零点的**位置**。依据质点位于原点的不同侧，位置有正或负，如质点位于原点，则位置为零。轴的**正方向**为正数增大的方向；其反方向为**轴上的负方向**。

位移 质点的位移 Δx 是其位置的变化量

$$\Delta x = x_2 - x_1 \quad (2\text{-}1)$$

位移是一个矢量。质点沿 x 轴正向运动，位移为正；沿负向运动则为负。

平均速度 在时间间隔 $\Delta t = t_2 - t_1$ 内，质点从位置 x_1 移动到位置 x_2，则该时间间隔内的平均速度为

$$v_{\text{avg}} = \frac{\Delta x}{\Delta t} = \frac{x_2 - x_1}{t_2 - t_1} \quad (2\text{-}2)$$

v_{avg}的代数符号指明运动方向（v_{avg}是矢量）。平均速度不依赖于质点所走过的实际路径，而取决于它起点和终点的位置。

在 x 对 t 的曲线图上，某一时间间隔 Δt 内的平均速度为连接曲线上表示该时间间隔的初、终两个端点的直线的斜率。

平均速率 质点在某一时间间隔 Δt 内的平均速率 s_{avg} 取决于质点在该时间段内运动的总距离

$$s_{\text{avg}} = \frac{\text{总距离}}{\Delta t} \quad (2\text{-}3)$$

瞬时速度 运动质点的瞬时速度（或简称**速度**）v 为

$$v = \lim_{\Delta t \to 0} \frac{\Delta x}{\Delta t} = \frac{\mathrm{d}x}{\mathrm{d}t} \quad (2\text{-}4)$$

式中，Δx 和 Δt 由式（2-2）定义。瞬时速度（在某一特定时刻）可由 x 对 t 曲线的斜率（在该时刻）求出。**速率**是瞬时速度的大小。

平均加速度 平均加速度是速度的变化量 Δv 与变化发生的时间间隔 Δt 的比率

$$a_{\text{avg}} = \frac{\Delta v}{\Delta t} \quad (2\text{-}7)$$

代数符号给出 a_{avg}的方向。

瞬时加速度 瞬时加速度（或简称**加速度**）a 为速度 $v(t)$ 对时间的一阶导数，也是位置 $x(t)$ 对时间的二阶导数

$$a = \frac{\mathrm{d}v}{\mathrm{d}t} \quad (2\text{-}8)$$

$$a=\frac{d^2x}{dt^2} \quad (2\text{-}9)$$

在v对t的曲线上，任意时刻t的加速度为曲线上与该时刻对应的点的斜率。

恒加速度 表2-1中的5个公式描述了质点的恒加速度运动。

$$v=v_0+at \quad (2\text{-}11)$$

$$x-x_0=v_0t+\frac{1}{2}at^2 \quad (2\text{-}15)$$

$$v^2=v_0^2+2a(x-x_0) \quad (2\text{-}16)$$

$$x-x_0=\frac{1}{2}(v_0+v)t \quad (2\text{-}17)$$

$$x-x_0=vt-\frac{1}{2}at^2 \quad (2\text{-}18)$$

加速度非恒量时，以上公式不适用。

自由下落加速度 恒加速度直线运动的一个重要例子就是地球表面附近的物体自由上升或下落。恒加速各公式描述这种运动，只是需在符号上做两点改动：(1) 用竖直向上为正方向的y轴来描述这种运动；(2) 以$-g$取代a，其中g为自由落体加速度的大小。在地球表面附近，$g=9.8\text{m/s}^2(=32\text{ft/s}^2)$。

习题

1. 一个人在跑步机上，面向正东，25min内跑了2.40km。问相对于健身房，他的（a）位移是多少？（b）在这段时间间隔内平均速度是多少？

2. 对以下两种情况，计算你的平均速度：（a）你沿一条笔直的小路以1.22m/s的速率步行73.2m，然后以2.85m/s的速率跑步73.2m。（b）你沿直的小路以1.22m/s的速率步行1.00min，然后以3.05m/s的速率奔跑1.00min。（c）画出这两种情况的x对t曲线图，并说明如何在图上求平均速度。

3. 雷切尔从家里出发，沿一条直路以6.00km/h的速率步行到距离2.80km外的健身房。当她走到健身房的时候发现健身房关门，她立即返回，以7.70km/h的速率步行回家。求：（a）平均速度的大小，（b）雷切尔在0.00～35.0min时间内的平均速率？

4. 一辆汽车以35km/h的恒定速率上山，下山时恒定速率为60km/h。计算上下来回的平均速率。

5. 沿x轴运动的物体的位置由下式给出：$x=3t-4t^2+t^3$，其中x的单位为m，t的单位为s。求t为以下几个值时物体的位置：（a）1s，（b）2s，（c）3s，（d）4s，（e）在$t=0$到$t=4\text{s}$间物体的位移是多少？（f）在时间间隔$t=2\text{s}$到$t=4\text{s}$之间的平均速度是多大？（g）画出$0\leq t\leq 4\text{s}$之间的x对t曲线图并说明如何由曲线求（f）的答案。

6. 1992年的自行车（人力）速度的世界纪录是克里斯·休伯（Chris Huber）创造的。他通过标准的200m直线跑道的时间是激动人心的6.509s，他对这个纪录评论说："Cogito ergo zoom!"（我想达到那么快，结果还真的就有那么快!）2001年，萨姆·惠丁汉（Sam Whittingham）的纪录是19.0km/h。惠丁汉通过200m需多长时间？

7. 一只鸽子以36km/h的速率在笔直的道路上两辆相对行驶的汽车之间往复飞翔。当两辆车间距离为40km时，鸽子从第一辆车上开始飞行。第一辆车的速率是16km/h，第二辆车的速率为25km/h。在两辆车相遇时，鸽子飞行的（a）总距离，（b）净位移各是多少？

8. 惊慌逃命。图2-16表示一种普遍的情况。图中有一连串的人打算通过安全出口逃生，但发现门是锁着的。人们以速率$v_s=3.50\text{m/s}$向着门奔跑，每个人的前后宽度为$d=0.25\text{m}$，两人间距离为$L=1.75\text{m}$。图2-16中的位置是$t=0$时刻的情况。（a）人在逃生时以什么平均速率在门口挤压重叠？（b）什么时候许多人挤压重叠厚度达到5m？（答案揭示了这种情形下进入危险状态有多迅速。）

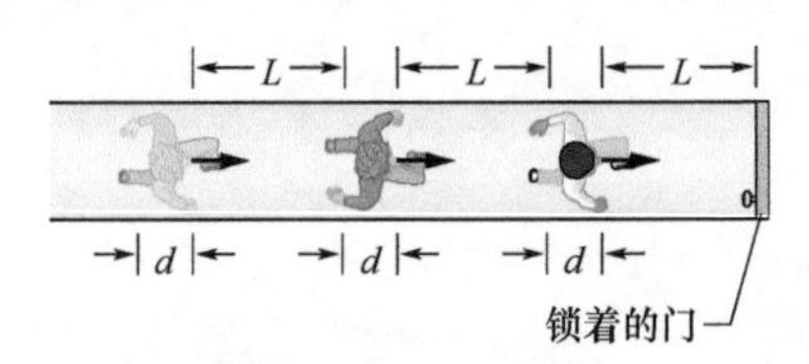

图2-16 习题8图

9. 在1km赛跑中，1号运动员在第一道（用时间2min，27.95s），他显得比在第二道的2号运动员（2min，28.15s）快。不过，第二跑道的长度L_2可能比第一跑道的长度L_1略长一些。L_2-L_1可以大到多少我们还是可以认为1号运动员跑得更快些？

10. 赛车要在标准的（直线）距离d创造速率的纪录，赛车必须首先在一个方向上行驶（时间t_1），然后在相反方向行驶（时间t_2）。（a）为消除风的影响并得到汽车在无风情况下的速率，我们应该求d/t_1和d/t_2的平均值还是应当将d除以t_1和t_2的平均值？（b）如有稳定的风沿着车行道路吹着，并且风速v_w和车速v_c之比是0.0240，那么由上述两种方法得到的分数差是多少？

11. 一辆小型货车以15.00m/s的速率沿笔直的公路行驶，一个骑小型摩托车的人想在150.0s内追上小型货车。设开始时货车距离小型摩托车1.500km，摩托车应以多大的恒定速率追赶货车？

12. 交通冲击波。在交通繁忙的道路上，车辆突然减速，车辆密度变化可能像脉冲般地沿着车辆的队列传播，这种现象称作冲击波。冲击波的传播方向可以向下游（沿着车行方向）或向上游，也可能驻立不动，图2-17表示均匀间隔车辆形成的车流以 $v=25.0\text{m/s}$ 的速率向着均匀间隔、速率为 5.00m/s 的慢行车流行驶，设每一辆较快的汽车在加入慢车流时，要增加长度 $L=12.0\text{m}$（汽车本身长度加上缓冲距离）到慢车队伍后面，并假设它是在最后一刻突然减速的。(a) 如要冲击波保持驻立不动，较快的汽车间距 d 应是多大？如果汽车间距增加一倍，则冲击波的 (b) 速率和 (c) 方向（向上游还是向下游）如何？

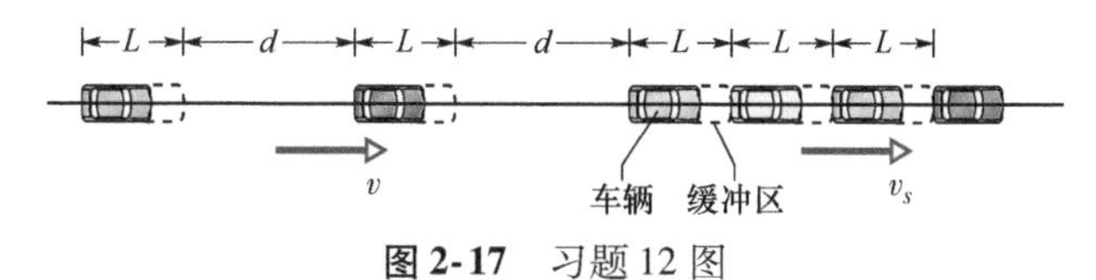

图2-17　习题12图

13. 你驾车沿10号州际公路从圣安东尼奥去休斯敦，一半时间以速率 55km/h 行驶，另一半时间为 90km/h。返回路上，一半路程以 55km/h 行驶，另一半路程以 90km/h 行驶。求平均速率：(a) 从圣安东尼奥到休斯敦，(b) 从休斯敦回圣安东尼奥，(c) 整个旅程，(d) 你的整个旅程的平均速度。(e) 设运动始终沿正 x 方向，画出 (a) 的 x 对 t 的函数曲线。说明如何由曲线图求平均速度。

14. 沿 x 轴运动的电子的位置由 $x=16te^{-t}$（单位：m）给出，t 的单位是 s。电子从起始到暂时停止走了多远？

15. 沿 x 轴运动的质点的位移由方程 $x=18t+5.0t^2$ 给出，其中 x 的单位为 m，t 的为 s。求：(a) 在 $t=2.0\text{s}$ 时的瞬时速度，(b) $t=2.0\text{s}$ 到 $t=3.0\text{s}$ 间的平均速度。

16. 沿 x 轴运动的质点的位置函数为 $x=4.0-6.0t^2$，x 的单位是 m，t 的单位是 s。(a) 什么时候，(b) 在什么地方，质点暂时停止？在 (c) 负的和 (d) 正的什么时刻质点通过原点？(e) 画出 -5s 到 $+5\text{s}$ 区间内的 x 对 t 的曲线图。(f) 将曲线在图上向右移动，我们是否应当在 $x(t)$ 方程中加上一项 $+20t$，或加上 $-20t$？(g) 这一项会使质点暂时停止时的 x 的数值增大还是减小？

17. 以厘米为单位给出沿 x 轴运动的质点的位置 $x=9.75+1.50t^3$，其中 t 以秒为单位。求：(a) 在时间间隔 $t=2.00\text{s}$ 到 $t=3.00\text{s}$ 内的平均速度；(b) $t=2.00\text{s}$ 时的瞬时速度；(c) $t=3.00\text{s}$ 时的瞬时速度；(d) $t=2.05\text{s}$ 时的瞬时速度；(e) 当质点在 $t=2.00\text{s}$ 和 $t=3.00\text{s}$ 之间路程中点时的瞬时速度；(f) 画出 x 对 t 的曲线并在图上标出你的答案。

18. 沿 x 轴运动的质点的位置由 $x=12t^2-2t^3$ 给出，其中 x 以米为单位，t 的单位是秒。求 $t=3.5\text{s}$ 时质点的：(a) 位置，(b) 速度，(c) 加速度。(d) 质点达到的最大正坐标值是多少？(e) 它在什么时刻达到这里？(f) 质点的最大正速度是多少？(g) 什么时刻它达到这个速度？(h) 质点在不动的时候（不含 $t=0$ 时刻）它的加速度多大？(i) 求质点在 $t=0$ 和 $t=3\text{s}$ 之间的平均速度。

19. 在某一时刻，质点以速率 18m/s 沿 x 轴正方向运动。2.4s 后，它的速率是反方向的 30m/s。求质点在这 2.4s 时间内的平均加速度的大小和方向。

20. (a) 质点的位置由 $x=25t-6.0t^3$ 给出，x 的单位为米，t 的单位为秒。什么时候（如果有的话）质点的速度 v 为零？(b) 什么时候它的加速度 a 为零？在什么时间范围（正或负）内，a 是 (c) 负的，(d) 正的？(e) 画出 $x(t)$、$v(t)$ 和 $a(t)$ 曲线图。

21. 一辆以速率 130km/h 沿笔直的道路行驶的汽车在 210m 的距离内停下来。(a) 求汽车减速度的大小（假设是均匀的）。(b) 使汽车停止需多长时间？

22. 沿 x 轴运动的质点的位置按照方程式 $x=ct^2-bt^3$ 依赖于时间，其中 x 的单位为米，t 的单位为秒。(a) 常数 c 和 (b) 常数 b 的单位是什么？令它们的数值分别为 4.0 和 2.0。(c) 什么时候质点到达它最大的正 x 值位置？从 $t=0.0\text{s}$ 到 $t=4.0\text{s}$ 之间，(d) 质点走了多少距离？(e) 位移是多少？求以下时刻的速度：(f) 1.0s，(g) 2.0s，(h) 3.0s 和 (i) 4.0s。求下列时刻的加速度：(j) 1.0s，(k) 2.0s，(l) 3.0s 以及 (m) 4.0s。

23. 一个物体从静止开始以恒加速运动。该物体在第5秒的一秒钟内走过的距离和它在开始的 5.00s 时间内走过的路程之比是多少？

24. 弹射的蘑菇。某些蘑菇利用弹射机构发射它们的孢子。当空气中的水分凝结到附着在蘑菇上的孢子时，孢子的一边形成水滴，而另一边形成薄膜。由于水滴的重量，孢子向下弯曲，但是当水膜接触到水滴时，水滴中的水会突然延伸进入薄膜，孢子迅速向上弹起。弹起的速度如此之快致使孢子被抛向空中。通常孢子在 $5.0\mu\text{m}$ 的发射距离中达到速率 1.6m/s；它在空中经过 1.0mm 距离后速率减小到零。假设这些是恒加速过程。利用这些数据求：(a) 发射过程和 (b) 减速过程中的加速度，用 g 为单位表示。

25. 被限制沿 x 轴以恒加速度运动的质点在 2.5s 时间内从 $x=2.0\text{m}$ 处运动到 $x=8.0\text{m}$ 处，质点在 $x=8.0\text{m}$ 处的速度是 2.8m/s。在这段时间内恒加速度是多少？

26. 一个 μ 子（基本粒子的一种）以速率 $6.00\times10^6\text{m/s}$ 进入一个区域，在这区域中以负加速度 $1.25\times10^{14}\text{m/s}^2$ 减慢。(a) 到 μ 子停止要走多远？(b) 画出 μ 子的 x 对 t、v 对 t 的曲线图。

27. 一个电子从静止开始以恒加速度运动，在 5.00ms 时间内通过 2.00cm。加速度的数值是多少？

28. 在干燥的道路上，装有良好车胎的汽车可以恒减速度 4.92m/s^2 制动。(a) 要使一辆以 27.2m/s 的速率行驶的汽车停止，需经多长时间？(b) 在这段时间里汽车走了多远？(c) 画出减速过程的 x 对 t 和 v 对 t 的曲线图。

29. 一台升降机的总的运行距离为 190m，最大速率为 305m/min。它以 1.22m/s^2 的加速度从静止起动然后又停止。(a) 升降机从静止开始加速，达到最大速率时已走了多少距离？(b) 从静止起动，不停地走完 190m，最后停止，共需多长时间？

30. 你的汽车的制动器可以使你以 5.2m/s^2 的减速度减速。(a) 假如你正以 146km/h 的速度行驶，突然看到一位警察，要将你的汽车的速度减到速度极限 90km/h，最少需多长时间？（这个答案告诉你，为使你的高速度不被雷达或激光枪探测到，紧急制动是无效的。）(b) 画出这一减速过程的 x 对 t 和 v 对 t 的曲线图。

31. 原来静止的火箭以加速度 10.0m/s^2 垂直向上发射。在 0.500km 高度发动机熄火。它能达到的最大高度是多少？

32. 地面车辆速度的世界纪录是斯塔普上校（John P. Stapp）于 1954 年 3 月驾驶火箭推进的滑橇时创造的，在轨道上的速率是 1020km/h。他和滑橇在 1.4s 内嘎然停下（见图 2-7）。在停止的过程中，他经历的加速度（以 g 表示）是多少？

33. 一块石子从建筑物顶部以向下初速度 20m/s 扔下。建筑物顶部高于地面 60m。从扔出时刻到撞击地面瞬间经过了多长时间？

34. 在图 2-18 中，一辆红色汽车和一辆绿色汽车除了它们的颜色以外其他都完全相同。两车在平行于 x 轴的相邻车道上相向而行。在 $t=0$ 时刻，红车在 $x_r=0$，绿车在 $x_g=220$m 处。如红车以 20m/h 匀速行驶，两车在 $x=44.5$m 处交会，如果红车以 40km/h 匀速行驶，则两车在 $x=77.9$m 处交会。绿色车的 (a) 初速度以及 (b) 恒加速度是多大？

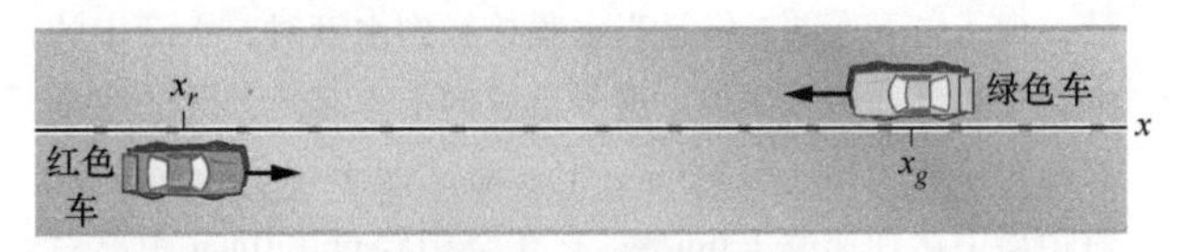

图 2-18 习题 34 图

35. 在粒子加速器中，电子进入直线的匀加速区域，在 3.00cm 的路程中速率从 4.00×10^5m/s 增加到 6.00×10^7m/s。问加速电子的时间有多长？

36. 一辆汽车沿 x 轴行驶，通过距离 900m。它从静止起动（在 $x=0$），最终停止（在 $x=900$m）。在开始的 1/4 路程上，它的加速度为 $+2.75$m/s^2，其余路程上的加速度为 -0.750m/s^2。求：(a) 它行驶 900m 路程所花的时间，(b) 它的最高速率，(c) 画出这次旅程的位置 x、速度 v 和加速度 a 对 t 的曲线图。

37. 图 2-19 画出了一个沿 x 轴以恒加速度运动的质点。图上纵坐标取为 $x_s=6$m。求质点加速度的 (a) 大小和 (b) 方向。

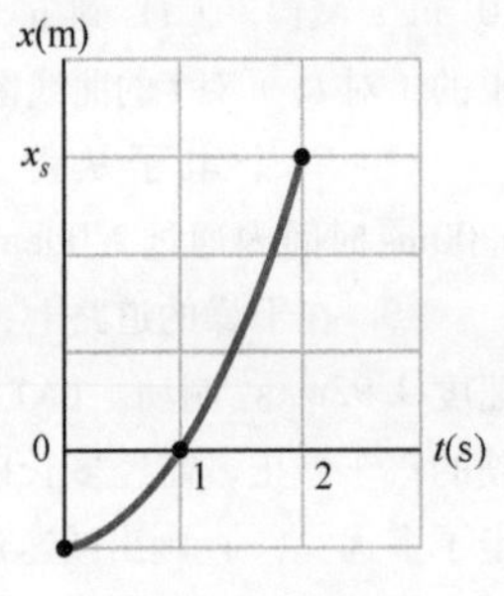

图 2-19 习题 37 图

38. (a) 在地铁中的乘客能忍受的最大加速度为 1.34m/s^2，相邻地铁车站之间的距离为 880m，地铁在两站之间可以达到的最大速率是多少？(b) 在相邻车站间运行时间有多长？(c) 如地铁车辆每一站停留 20s，列车从一次起动到下一次起动之间的最大平均速率是多少？(d) 画出从一次起动到下一次起动之间的 x、v 和 a 对 t 的曲线图。

39. 一辆以 46m/s 的恒定速率行驶的汽车驶过一位坐在摩托车上已做好准备的交通警察。经过 1s 的反应时间，警察开始以 4.0m/s^2 的恒加速度追赶这辆超速行驶的汽车。警察需要多长时间才能追上这辆超速行驶的汽车？

40. 你驾驶汽车向着转为黄色的交通灯行驶。你的速率是法定的速率极限 $v=55$km/h；你最佳的减速度大小是 $a=5.18$m/s^2。你开始制动的最佳反应时间是 $T=0.75$s。为避免你汽车的前部在交通灯转红时越过交通横线，你应当制动还是继续以 55km/h 的速率前进，如到横线的距离和黄灯延续时间分别为 (a) 40m 和 2.8s，(b) 32m 和 1.8s？要问你应该制动还是继续行驶？这两种答案中你会选择哪一种（假如两者选一的方案可行），还是两者都不行（如果两者都行不通，那么黄灯的持续时间不恰当）。

41. 在航空母舰上，军用喷气式飞机以 64m/s 的速率降落。(a) 设加速度是常数，由于被拦阻索绊住飞机经 3.0s 停止，求加速度。(b) 如果喷气式飞机在 $x_i=0$ 的位置钩住拦阻索，它在沿着陆跑道的 x 轴上的最后位置在哪里？

42. 你驾车行驶在公路上的时候，同时通过手机和人争论。这时你正跟随着前面 25m 处的一辆未被注意到的警车，你的车和警车都以 120km/h 的速度行驶。你的争论转移了你对警车的注意达 2.0s 之久（这对于你看看手机并且喊道“我不该这么做！”是足够了）。在这 2.0s 的开始，警车突然制动，减速度为 5.0m/s^2。(a) 当你的注意力终于转到前方时，两辆车的间距是多少？假定又过了 0.40s 你觉察到危险并开始制动。(b) 如果你也在以 5.0m/s^2 减速，当你撞到警车时你的速率是多大？

43. 高速旅客列车以 161km/h 的速度在弯道上行驶，驾驶员惊讶地发现一辆机车违规从侧线进入轨道，在他前方 $D=676$m 处（见图 2-20）。机车正在以 29.0km/h 的速率同向运动。高速列车驾驶员立即制动。(a) 正好避免撞击所需的恒减速度应有多大？(b) 设在 $x=0$，$t=0$ 时驾驶员看见了机车。画出恰好避免了碰撞和没有完全避免撞击两种情况下的机车和高速列车的 $x(t)$ 曲线。

44. 一只穿山甲受到惊吓，向上跳起。假设它在 0.200s 时间升高 0.558m。(a) 它离开地面时的初速度为多少？它在高度 0.544m 时的速率为多少？(c) 它可达到多大高度？

45. 一个人从塔顶的边缘释放一块石头，石头落到地面之前的最后一秒通过的距离为 (9/25) H。H 是塔的高度。求 H。

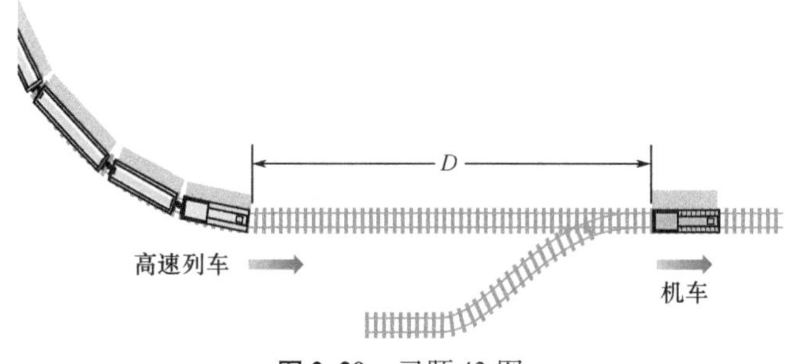

图 2-20　习题 43 图

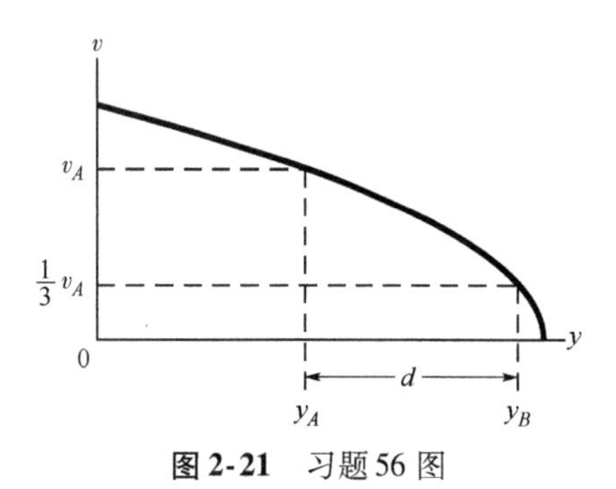

图 2-21　习题 56 图

46. 雨滴从 1800m 高的云层落向地面。（a）设雨滴没有被大气阻力减速，当雨滴落到地面时的速度为多少？（b）在暴雨中行走是否安全？

47. 热气球以速率 14m/s 上升至离地面高度 98m 时一只小包从气球上落下。（a）小包到达地面时达到多大的速率？（b）这一下落过程用了多长时间？

48. 一个暴徒在离地面 30.0m 高的屋顶上以 15.0m/s 的初速度垂直向下抛掷一石块。（a）石块到达地面要多长时间？（b）石块撞击地面时的速率有多大？

49. 热气球以 12m/s 的速率上升到离地面高度 80m 时，从边缘落下一个包裹。（a）包裹落到地面需要多长时间？（b）它以多大的速度撞击地面？

50. 一位滑雪者以大小为 29.4m/s 的水平速度完成一个滑雪跳跃。在 3.00s 后滑雪者落地之前一刹那，他的速度的（a）水平和（b）垂直分量的数值各是多少？

51. 一个西瓜从高度 39.2m 处落下。由于空气的阻碍，落到一半高度时加速度减小到零。西瓜撞击地面时的速度是多少？

52. 一个螺栓从正在建造的桥梁上落下，落到桥下 100m 的山谷中。（a）下落的最后 20% 路程用多长时间？（b）它在这最后 20% 路程的开头和（c）到达桥下谷底时的速率分别是多大？

53. 一把钥匙从高于水面 45m 的桥上落下。它直接落到一艘匀速运动的模型船上。当钥匙被释放时船在距离撞击位置的 12m 处。求船的速率。

54. 一块石头从高于水面 53.6m 的桥上落到水里。在第一块石头落下后的 1.00s 将另一块石头垂直地扔下。两块石头同时撞击水面。（a）第二块石头的初速度是多大？（b）画出每一块石头速度对时间的曲线图，将第一块石块释放的一刹那取作时间零点。

55. 一个湿泥土球从 15.0m 高处落到地面。在停止以前 20.0ms 开始接触地面。（a）在球接触地面后的一段时间中平均加速度有多大？（把球当作质点。）（b）此平均加速度是向上还是向下？

56. 图 2-21 表示垂直向上沿 y 轴抛掷的一个球的速率 v 对高度 y 的曲线。距离 d 为 0.40m。球在高度 y_A 处的速率为 v_A，在高度 y_B 处的速率为 $\frac{1}{3}v_A$。速率 v_A 有多大？

57. 为了测试网球的品质，你使它从 4.00m 高处落到地板上。它反弹达到 2.00m 高。设球接触地板的时间为 12.0ms。（a）在接触过程中平均加速度的大小是什么？（b）平均加速度是向上还是向下？

58. 一个物体从静止到落下经过的距离为 h。它在最后一秒钟内经过 $0.60h$，求（a）它落下的时间和（b）高度 h。（c）说明你解 t 的二次方程得到的解物理上不合理的理由。

59. 水从淋浴器的喷嘴落到下方 200cm 处的地板。水滴以相等时间间隔有规律地滴下。第一滴水落到地板上的时候第四滴水正好开始下落。当第一滴水撞击地板时，（a）第二滴和（b）第三滴水在喷嘴以下多少距离处？

60. 在 $t=0$ 时刻，将一块石头从水平面垂直向上抛掷。在 $t=1.5$s 时，它经过一座高塔的顶部，再过 1.0s 以后，石头到达它的最大高度。塔高为多少？

61. 一只钢珠从建筑物顶部落下并经过一扇窗户，从窗框顶部到底部花了 0.125s，距离是 1.20m。它在落到人行道后弹起，再次经过窗户时从底到顶又花了 0.125s 时间。设向上飞行严格地是下落的逆过程。钢珠在窗台底部以下经历的时间是 2.00s。建筑物有多高？

62. 一位篮球运动员垂直跃起 78.0cm 抢篮板球。求在下面两个过程中这位运动员经历的总时间（包括升起和下落两个过程）：（a）跳起达到最高的 15.0cm，（b）最低的 15.0cm。你的结果是不是能解释为什么运动员看上去在跃起的最高点好像悬在空中。

63. 一只昏昏欲睡的猫看见窗户外面有一个花盆飞过；花盆先是由下而上飞到最高处，然后又从最高处落下。观察花盆的时间总共为 0.50s，窗框从上到下高度为 2.00m。花盆达到窗户顶部以上多少高度？

64. 一石块以 10m/s 的初速率从高处垂直抛下。在 3.0s 后落到地面。求石块最初的高度。

65. 图 2-15a 给出在追尾撞车过程中志愿者的头部和身体的加速度。头部加速度最大时，（a）头部和（b）身体的速率各是多少？

66. 空手道的前冲拳中，拳头从停在腰部位置开始出击，迅速向前直到手臂完全伸直，某一位空手道高手拳头的速率画在图 2-22 中。垂直标度按 $v_s=8.0$m/s 标出。他的拳头在（a）$t=50$ms 时伸出了多远？（b）什么时候拳头的速率最大？

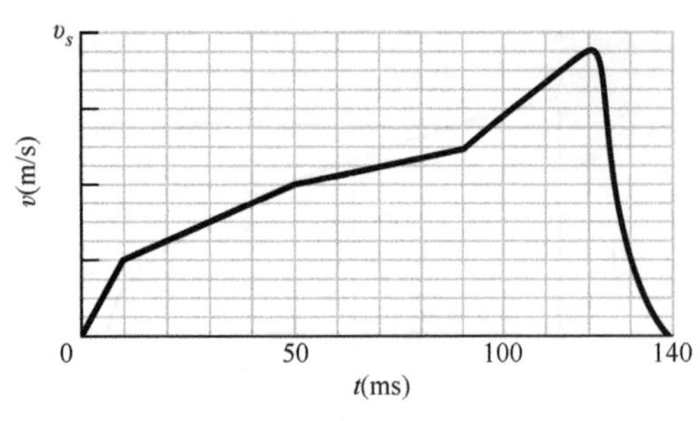

图 2-22 习题 66 图

67. 一只足球踢给一位球员，这位球员用"头顶"将球转移，在撞击的时候头的加速度可能很大。图 2-23 表示测得的戴头盔和不戴头盔的足球运动员头部的加速度$a(t)$。纵轴的标度依据 $a_s = 200\text{m/s}^2$ 标定。在 $t = 7.0\text{ms}$ 时刻，不戴头盔和戴头盔得到的速度的差分别是多少？

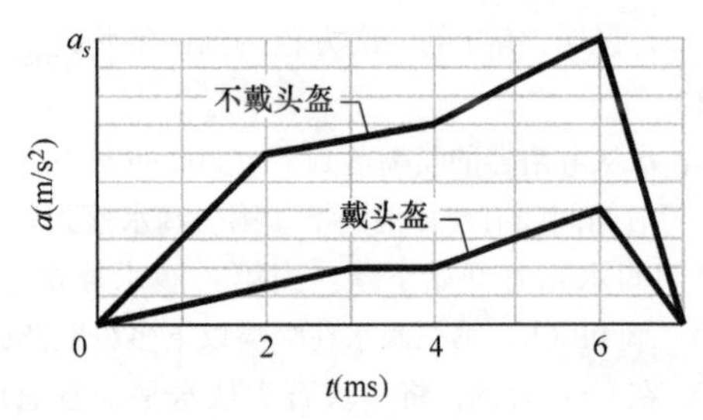

图 2-23 习题 67 图

68. 水巫螈属的蝾螈在捕食时会将它的舌头像炮弹般射出去：舌头的骨骼部分向前射出，展开舌头的其余部分直到舌端触及并粘住猎物。图 2-24 表示典型的情况下舌头加速射出过程中加速度的数值 a 对时间 t 的曲线图。标出的加速度 $a_2 = 400\text{m/s}^2$，$a_1 = 100\text{m/s}^2$。在加速过程终了时舌头向外的速率有多大？

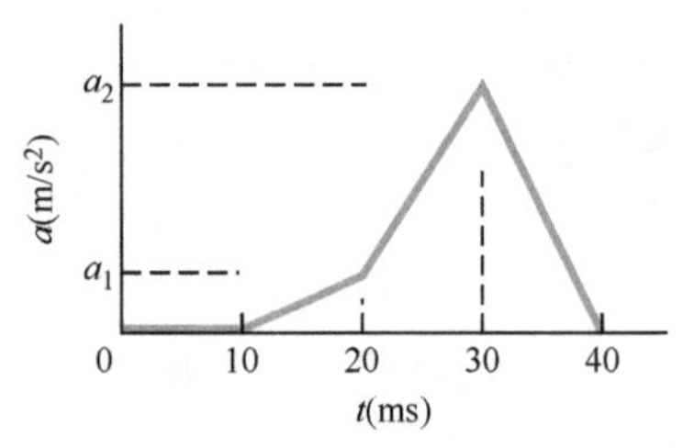

图 2-24 习题 68 图

69. 图 2-25 画出一个跑步者在 16s 内运动的速度-时间曲线图。他在这段时间内跑了多远？图上的垂直标度用 $v_s = 8.0\text{m/s}$ 定标。

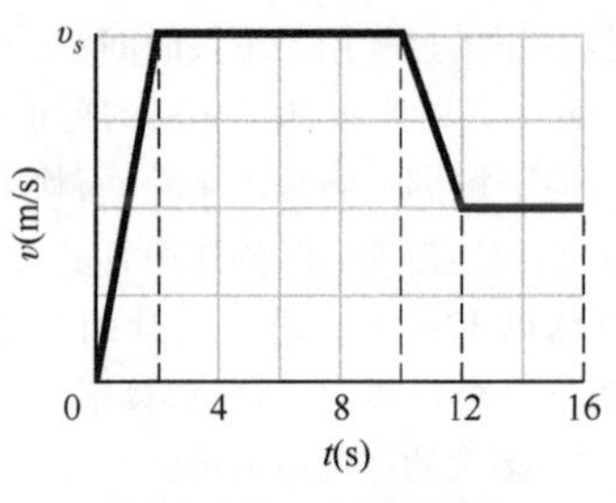

图 2-25 习题 69 图

70. 两个质点沿 x 轴运动。质点 1 的位置由 $x = 6.00t^2 + 3.00t + 2.00$（单位分别为米和秒）给出。质点 2 的加速度为 $a = -8.00t$（单位分别为：米每二次方秒和秒），$t = 0$ 时它的速度为 15m/s。当两质点的速度相匹配时它们的速度为何？

CHAPTER 3

第3章 矢量

3-1 矢量和它们的分量

学习目标

学完这一单元后，你应当能够……

3.01 用矢量头尾相接的作图法将矢量相加，应用交换律和结合律。

3.02 从一个矢量减另一个矢量。

3.03 计算矢量在给定的坐标系中的分量，并用图表示。

3.04 由给出的矢量分量画出该矢量，并确定它的数值大小和方向。

3.05 在度和弧度之间变换角度的量度单位。

关键概念

- 标量，譬如像温度，只有数值大小。它们用带有单位的一个数（10℃）来表示，它们遵从算术和普通的代数法则。矢量，（如位移）既有数量还有方向（5m，向北），遵从矢量代数的法则。
- 两个矢量 $\vec{a}$ 和 $\vec{b}$ 可以用几何学方法相加，将它们用同样的比例、头尾相接画出。第一个矢量的尾端和第二个矢量的首端连接得到的矢量是二者的矢量和 $\vec{s}$。从矢量 $\vec{a}$ 减去矢量 $\vec{b}$，将 $\vec{b}$ 的方向倒转成为 $-\vec{b}$，然后将 $-\vec{b}$ 加到 $\vec{a}$ 上。矢量相加是可交换的，并且服从结合律。
- 任意一个二维矢量 $\vec{a}$ 沿坐标轴的（标量）分量 a_x 和 a_y 都可由 $\vec{a}$ 的端点到坐标轴作垂直线得到。分量由下式给出：

$$a_x = a\cos\theta, \quad a_y = a\sin\theta$$

其中，θ 是 x 轴的正方向和矢量 $\vec{a}$ 的方向之间的夹角。分量的代数符号表示对于相关的坐标轴的方向。给出它的分量，我们可以求出矢量 $\vec{a}$ 的大小和方向：

$$a = \sqrt{a_x^2 + a_y^2}, \quad \tan\theta = \frac{a_y}{a_x}$$

什么是物理学？

物理学涉及许许多多既有大小又有方向的量，从而需要特殊的数学语言——矢量的语言——来描述这些量。这些语言也用在工程学和其他科学中，甚至也会出现在平时的谈话中。假如你曾经这样讲过指方向的话：“沿这条马路走五个街区然后向左转。”你已经用了矢量的语言了。事实上，任何一种航行都基于矢量。物理学和工程学也需要矢量以专门的方式来说明包括转动和磁力等我们在以后章节要讲到的现象。在这一章中我们主要介绍矢量的基本语言。

矢量和标量

一个沿直线运动的质点只能朝两个方向运动。我们可将这两个方向中的一个取作运动的正方向，另一个为负方向。不过，对三维空间运动的质点，仅用正号或负号描述运动的方向就不够了。

因此，我们需要用矢量。

一个**矢量**既有大小也有方向，而且几个矢量服从一定的（矢量）组合法则。本章内我们就探讨这些法则。**矢量**是既有大小又有方向的量，因此可以用一个箭矢表示。作为矢量的一些物理量有位移、速度和加速度，等等。在本书中，你还会看到很多矢量物理量。所以，现在学习矢量的组合法则对你后面章节的学习会有很大的帮助。

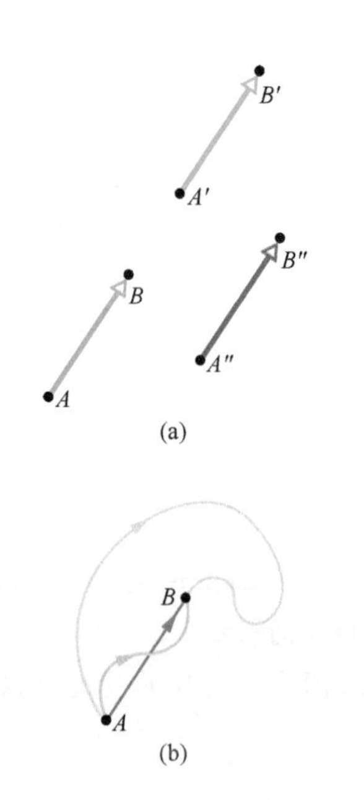

图3-1 （a）三个具有相同大小和方向的箭矢表示相同的位移。（b）连接两点的三条不同路径对应于同一位移矢量。

并非所有的物理量都包含方向。比如温度、压强、能量、质量和时间等物理量并没有空间的“指向”。这样的量称为**标量**，并用普通的代数运算法则来处理它们。只用一个数，带一个符号（如温度为 -40℉）就确定了一个标量。

最简单的矢量是位移，或位置的改变。表示位移的矢量恰当地称为**位移矢量**（类似地还有速度矢量和加速度矢量）。如图3-1a所示，若一质点从 A 点移动到 B 点，位置发生变化，我们说它经历了由 A 到 B 的位移，我们在图上画一个从 A 指向 B 的箭矢代表该矢量。箭矢是矢量的图示。为将表示矢量的符号与其他箭头相区别，本书用中空的三角形来图示矢量箭头。

在图3-1a中，从 A 到 B，从 A' 到 B' 和从 A'' 到 B'' 三个箭矢都具有相同的大小和方向，因此，它们表示相同的位移矢量，也表示质点相同的位置变化。矢量可以被移动而不改变其量值，只要不改变它的长度和方向。

位移矢量不会告诉我们质点所经过实际路径的任何信息。以图3-1b所示情形为例，连接点 A 到点 B 的三条不同路径对应着图3-1a表示的同一位移矢量。位移矢量只表明运动的总体效果，并不是描述运动本身。

矢量相加的几何学方法

在图3-2a的矢量图中，假设一个质点从 A 运动到 B，然后又从 B 到 C。我们可用两个相接的位移矢量 $\overrightarrow{AB}$ 和 $\overrightarrow{BC}$ 描写该过程的总位移（不管它的实际路径究竟如何）。这两次位移的净位移是由 A 到 C 的一次位移。我们称 $\overrightarrow{AC}$ 为矢量 $\overrightarrow{AB}$ 与 $\overrightarrow{BC}$ 的**矢量和**（或合矢量）。这个和不是常见的代数和。

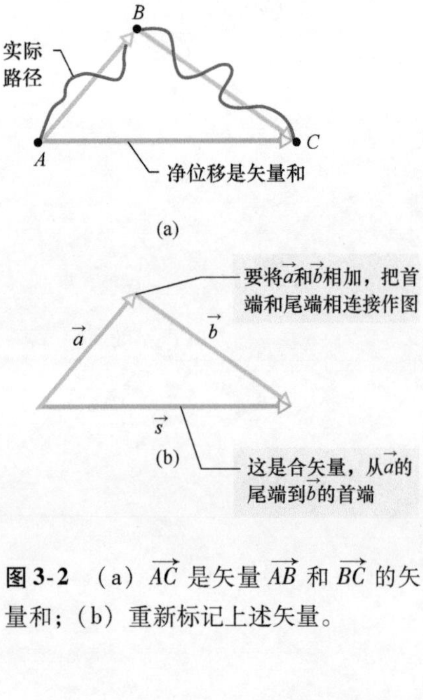

在图3-2b中，我们重新画出图3-2a的各矢量，并将其中的矢量改用从现在起都要使用的斜体符号上带一箭头（如 $\vec{a}$）来标记。如果我们只考虑矢量的数值大小（不带有符号或方向的量），就用斜体字母，如 a、b 和 s 来表示（也可以用手写体符号）。字母上带一箭头总是用来表示矢量的大小和方向两重性质。

我们可将图3-2b中三个矢量间的关系用如下矢量方程表示

$$\vec{s}=\vec{a}+\vec{b} \tag{3-1}$$

上式表示矢量 $\vec{s}$ 是矢量 $\vec{a}$ 与 $\vec{b}$ 的矢量和。因为矢量既含有大小又含有方向，所以对矢量来说，方程（3-1）中的符号“+”和所说的“和”与“加”的意义与它在一般代数运算中的意义不同。

图3-2 （a）$\overrightarrow{AC}$ 是矢量 $\overrightarrow{AB}$ 和 $\overrightarrow{BC}$ 的矢量和；（b）重新标记上述矢量。

图3-2给出了按几何学方法将二维矢量 $\vec{a}$ 和 $\vec{b}$ 相加的步骤：

①在图纸上按适当的比例和相应的角度画出矢量$\vec{a}$；②按相同的比例和相应的角度画出矢量$\vec{b}$，让$\vec{b}$的尾端位于$\vec{a}$的首端；③从$\vec{a}$的尾端到$\vec{b}$的首端的矢量就是矢量和$\vec{s}$。

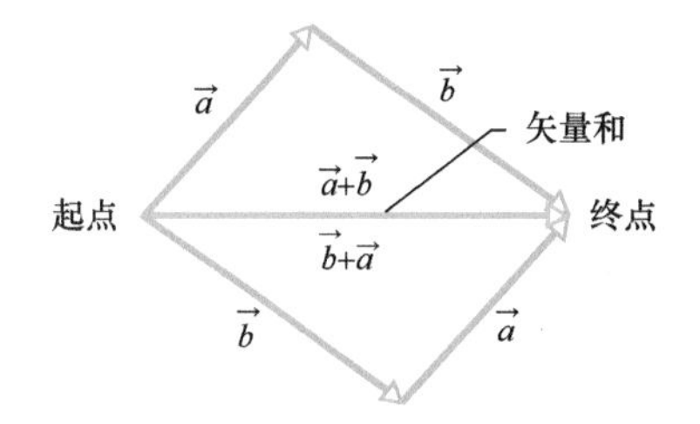

图 3-3 矢量 $\vec{a}$ 与 $\vec{b}$ 可按两顺序的任一种相加。

性质。用这种方法定义的矢量加法有两个重要性质。第一，相加的先后次序，不影响结果。$\vec{a}$与$\vec{b}$相加和$\vec{b}$与$\vec{a}$相加所得结果相同（见图 3-3），即

$$\vec{a}+\vec{b}=\vec{b}+\vec{a} \quad （交换律） \tag{3-2}$$

第二，在求多于两个矢量的矢量和时，我们可以按任何次序来组合它们。这就是说，要将矢量$\vec{a}$、$\vec{b}$和$\vec{c}$相加，可以先加$\vec{a}$和$\vec{b}$，再将其矢量和与$\vec{c}$相加。也可以先加$\vec{b}$和$\vec{c}$，然后再将它们的和与$\vec{a}$相加。两次所得结果相同，如图 3-4 所示。这就是说，

$$(\vec{a}+\vec{b})+\vec{c}=\vec{a}+(\vec{b}+\vec{c}) \quad （结合律） \tag{3-3}$$

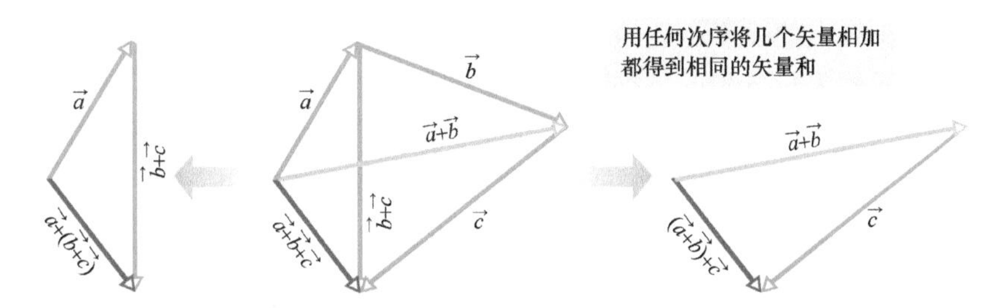

图 3-4 三矢量 $\vec{a}$、$\vec{b}$ 和 $\vec{c}$ 相加时可按任一方法组合，参见式 3-3。

矢量$-\vec{b}$是一个与$\vec{b}$大小相同，但方向相反的矢量。如图 3-5 所示。在图 3-5 中，两个矢量相加得到

$$\vec{b}+(-\vec{b})=\vec{0}$$

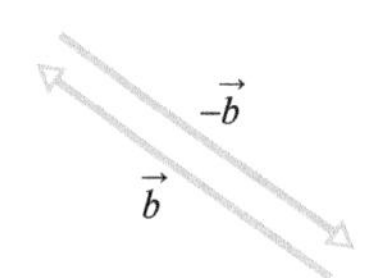

图 3-5 矢量 $\vec{b}$ 与 $-\vec{b}$，大小相等，方向相反。

因此，加$-\vec{b}$与减$\vec{b}$的效果相同。我们利用这个性质来定义两个矢量的差：令$\vec{d}=\vec{a}-\vec{b}$，那么

$$\vec{d}=\vec{a}-\vec{b}=\vec{a}+(-\vec{b}) \quad （矢量减法） \tag{3-4}$$

即矢量差$\vec{d}$用矢量$\vec{a}$与$-\vec{b}$相加来得到。图 3-6 说明怎样用几何方法来做矢量减法。

类似于一般代数运算，我们可将包括矢量符号的项从矢量方程的一边移到另一边，但移项后一定要改变符号。比如，若给出式（3-4）需要求解$\vec{a}$，可将方程重新排列为

$$\vec{d}+\vec{b}=\vec{a} \quad 或 \quad \vec{a}=\vec{d}+\vec{b}$$

请记住，虽然在此我们用的是位移矢量，但这些加法和减法规则适用于所有的矢量，不论它们代表的是速度、加速度还是任何其他矢量。然而，我们只可将同类矢量相加。例如，我们可以将两个位移矢量或两个速度矢量相加，但若将位移与速度相加则毫无意义。这就好像在标量运算中要把 21s 和 12m 相加一样。

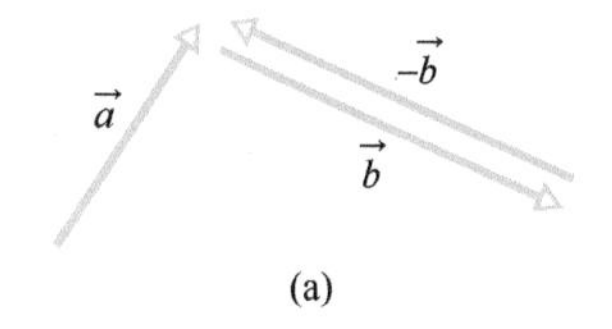

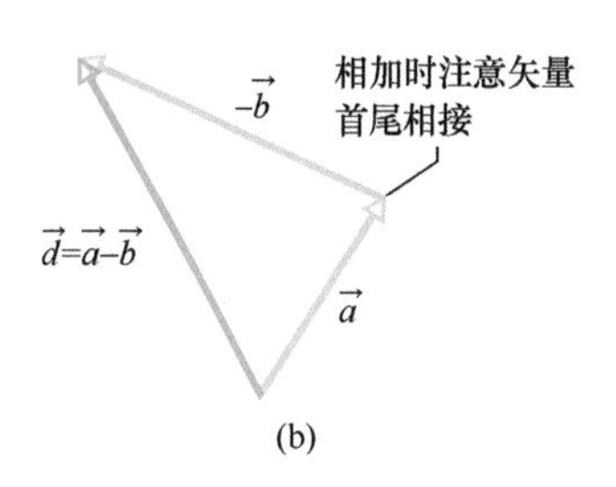

图 3-6 （a）矢量$\vec{a}$、$\vec{b}$ 和 $-\vec{b}$；（b）欲从矢量 $\vec{a}$ 中减去矢量 $\vec{b}$，将矢量 $-\vec{b}$ 与矢量 $\vec{a}$ 相加。

检查点1

位移$\vec{a}$和$\vec{b}$的大小分别为3m和4m，且$\vec{c}=\vec{a}+\vec{b}$。考虑$\vec{a}$与$\vec{b}$的各种取向，试问：(a) 矢量$\vec{c}$可能的最大值，与 (b) 矢量$\vec{c}$可能的最小值各为多少？

矢量的分量

用几何方法求矢量和可能比较麻烦。另一种简捷的方法是用代数方法，但要将矢量放在一个直角坐标系中。如图3-7a所示。一般将x轴和y轴画在纸面上，z轴从原点垂直指向页外。现在我们忽略z轴而只处理二维矢量。

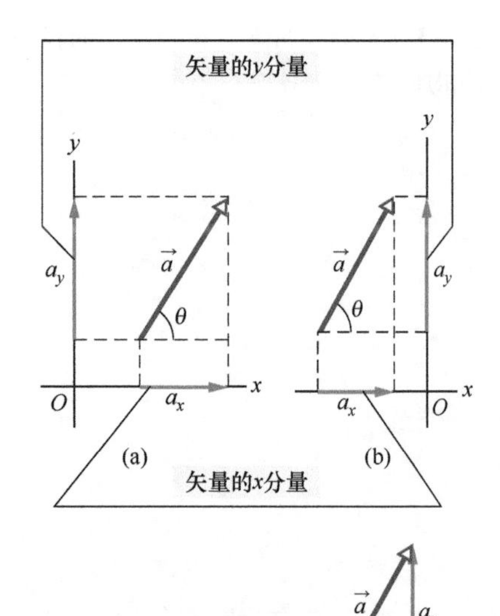

图3-7 (a) 矢量$\vec{a}$的分量a_x与a_y；(b) 矢量平移，只要保持其大小和方向不变，分量就不变；(c) 分量构成直角三角形的两直角边，斜边即为矢量的大小。

矢量的**分量**是该矢量在一条轴上的投影。以图3-7a为例，a_x是矢量$\vec{a}$在（或沿）x轴上的分量，而a_y是沿y轴的分量。欲求矢量沿一轴的投影，如图中那样从矢量两端向该轴画两条垂线。矢量在x轴上的投影是它的 **x 分量**；同样，在y轴上的投影是其 **y 分量**。求解矢量分量的过程称为**分解矢量**。

矢量的分量与该矢量有相同的（沿轴）的方向。在图3-7中，由于$\vec{a}$沿两坐标轴的正方向伸展，所以a_x和a_y均为正（注意，分量上的小箭头给出它们的方向）。如果我们将矢量$\vec{a}$反向，两个分量也会相应变为负，它们的方向指向负x和负y。图3-8中分解矢量$\vec{b}$，得到正分量b_x和负分量b_y。

一般地，一个矢量有三个分量，只是对图3-7a之情形，沿z轴分量为零而已。正像图3-7a、b所表示的，如你移动一个矢量，但不改变它的方向，它的各个分量就不会改变。

求分量 图3-7a中$\vec{a}$矢量的分量可用几何方法由直角三角形关系求得

$$a_x=a\cos\theta \quad 与 \quad a_y=a\sin\theta \tag{3-5}$$

式中，θ是矢量$\vec{a}$与x轴正方向的夹角；a是$\vec{a}$的大小。图3-7c表明$\vec{a}$和它的x、y分量构成一个直角三角形。同时也表明如何从它的分量再建该矢量：将两分量**首尾相接**，然后从一分量的尾端到另一分量的首端画出的直角三角形的斜边，就是这个矢量。

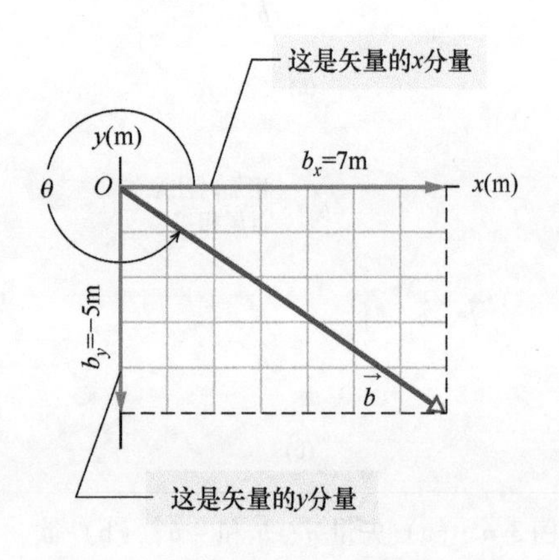

图3-8 $\vec{b}$在x轴上的分量为正，而在y轴上的为负。

一个矢量一经分解为沿一套坐标轴的分量，就可以用这些分量来表示该矢量。例如图3-7a中的矢量$\vec{a}$可由a与θ完全确定。它也可由分量a_x与a_y确定。两组数值包含同样的信息。如果已知一矢量的分量（a_x与a_y），而欲求出它的大小-角度（a与θ），可应用下列变换公式：

$$a=\sqrt{a_x^2+a_y^2} \quad 和 \quad \tan\theta=\frac{a_y}{a_x} \tag{3-6}$$

在更一般的三维情形中，要描述一个矢量需要一个数值与两个角度（即a、θ与φ）或三个分量（a_x、a_y与a_z）。

检查点 2

下面的哪个图能正确表示由矢量$\vec{a}$的 x、y 分量合成得到矢量$\vec{a}$的方法。

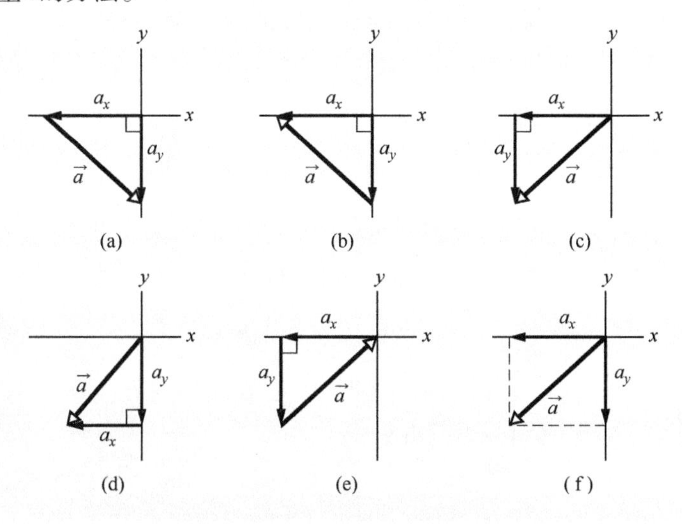

例题 3.01 在图上将矢量相加，越野定向比赛

在一个越野定向比赛训练营中，你的目标是从营地出发，沿三条直线尽可能走得远（直线距离）。你可以按任何次序选择下面几种方案：(a) $\vec{a}$：2.0km，向正东方向；(b) $\vec{b}$：2.0km，沿正东偏北 30°方向；(c) $\vec{c}$：1.0km，向正西方向。你还可选择，用 $-\vec{b}$ 代替 $\vec{b}$ 或 $-\vec{c}$ 代替 $\vec{c}$。问：从营地到第三段位移结束，你走过的最大距离为多少？（我们不计较方向。）

论证 如图 3-9a 所示，以适当比例画出矢量 $\vec{a}$、$\vec{b}$、$\vec{c}$，$-\vec{b}$ 和 $-\vec{c}$。然后想象把它们在页面上滑移，每次取其中三个矢量首对尾地安放，求出各种排列的矢量和 $\vec{d}$。若用第一个矢量的尾端代表营地，第三个矢量的首端代表行进终点，合成矢量 d 就是从第一个矢量的尾端延伸到第三个矢量的首端，它的大小 d 就是从营地算起你走过的距离。我们这里的目标是离营地的距离最大。

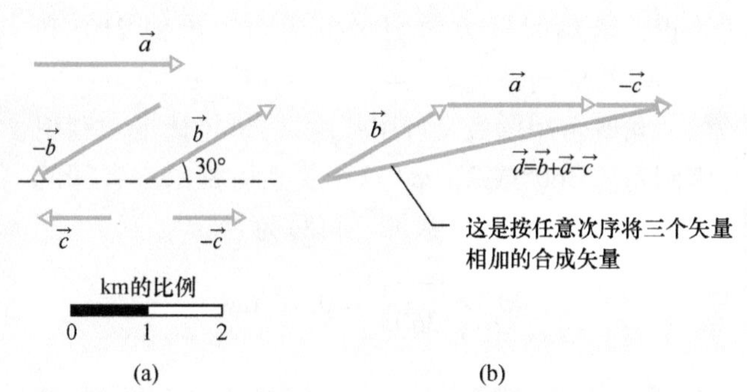

图 3-9 (a) 位移矢量，其中三个是要用到的；(b) 从营地出发以任何次序经历位移 $\vec{a}$、$\vec{b}$ 和 $-\vec{c}$ 的距离是最大的。

我们比较后发现，矢量 $\vec{a}$、$\vec{b}$ 和 $-\vec{c}$首尾相接所得的距离 d 最大。且因为它们的矢量和与次序无关，所以可任意安排先后。[回想一下矢量的交换律，式 (3-2)。] 按图 3-9b 所示的顺序，矢量和为

$$\vec{d}=\vec{b}+\vec{a}+(-\vec{c})$$

按图 3-9a 所给比例，量出此矢量和的长度 d，得到

$$d=4.8\text{m} \quad \text{（答案）}$$

例题 3.02 求分量，飞机飞行

在多云天气下，一架小型飞机从机场起飞后钻入云层中，再看到它时已位于距机场 215km、正北偏东 22°角的位置。这意味着方向不是朝向正北，而是沿着正北方向向东偏转 22°。试问：这架飞机刚从云层露出被看到时，它在机场的正北和正东多少距离？

【关键概念】

我们已知矢量的大小 (215km) 和角度（北偏东 22°)，要求出矢量的分量。

解：我们取正 x 向东，正 y 向北的 x、y 坐标系（见图 3-10）。为了方便，坐标原点取在机场。

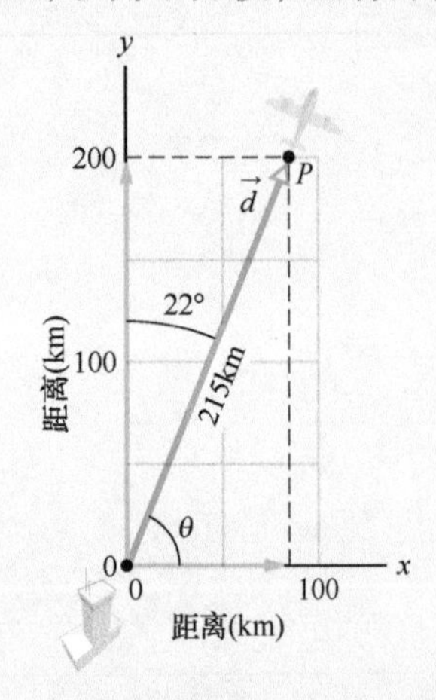

图 3-10　飞机从原点处的机场起飞，后出现在 P 点。

（我们并不一定要这样取。我们也可以把坐标任意移动并改变坐标轴的方向，但我们何必另外选择，把问题弄得更加困难呢?）飞机的位移矢量 $\vec{d}$ 从原点指向飞机被看到时所在的位置。

为求 $\vec{d}$ 的分量，可应用式（3-5），其中 $\theta=68°(=90°-22°)$

$$d_x = d\cos\theta = (215\text{km})(\cos 68°) = 81\text{km} \quad \text{（答案）}$$

$$d_y = d\sin\theta = (215\text{km})(\sin 68°) = 199\text{km} \approx 2.0\times10^2\text{km} \quad \text{（答案）}$$

于是得到，这时飞机在机场向东 81km，向北 2.0×10^2km 处。

解题策略　角度、三角函数和反三角函数

策略 1：角——度和弧度

相对于 x 轴正方向沿逆时针方向测量的角度为正，沿顺时针方向测量的为负。比如 210°和 −150°对应同一夹角。

角既可用度数又可用弧度（rad）计量。利用整圆对应 360°或 2π rad 这个关系可推出二者间的关系。将 40°转换为弧度，可写为

$$40°\times\frac{2\pi\ \text{rad}}{360°}=0.70\ \text{rad}$$

策略 2：三角函数

你必须知道常用三角函数——sin、cos 与 tan——的定义，因为它们是科学和工程学语言的组成部分。在图 3-11 中它们以一种与如何标记三角形无关的形式列出。

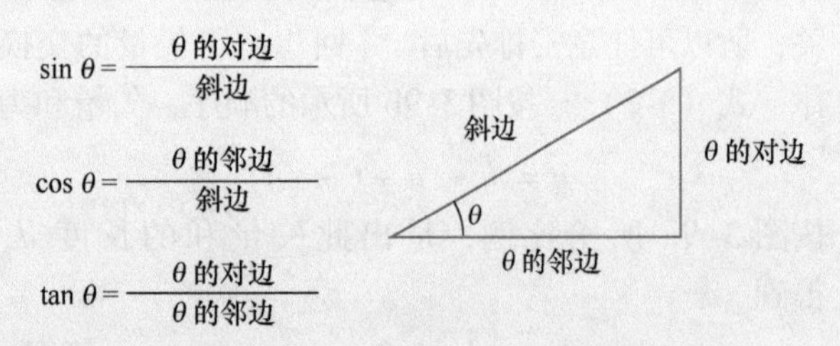

图 3-11　用来定义三角函数的三角形，另见附录 E。

你还应能画出如图 3-12 所示的各三角函数随角度变化的曲线，从而判断计算器得到的结果是否合理。甚至对于要知道三角函数在各象限内的符号也是很有帮助的。

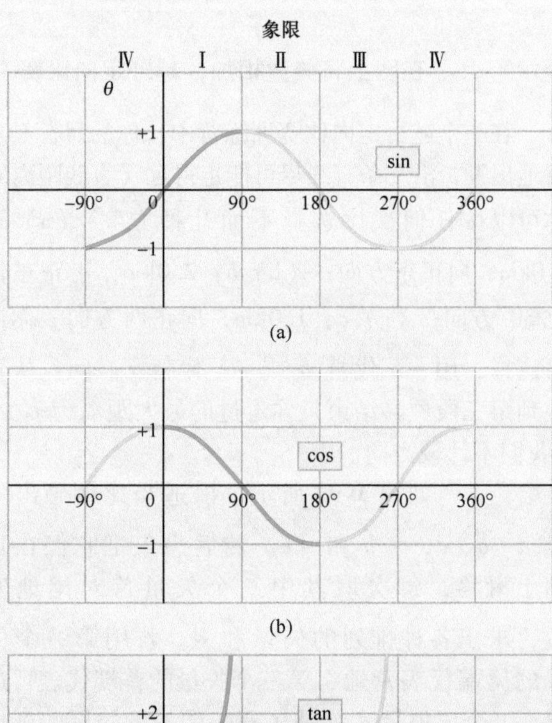

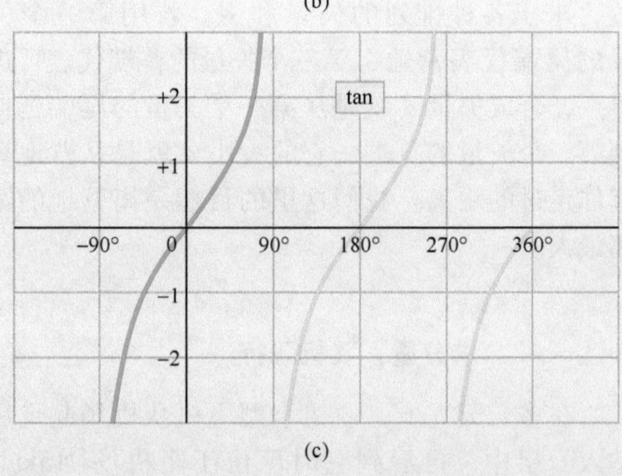

图 3-12　三条应记住的有用曲线。计算器给出的反三角函数的运算范围，由曲线的深色部分表示。

策略3：反三角函数

在用计算器计算反三角函数 arcsin、arccos 和 arctan 时，由于通常计算器没有给出另外的可能答案，所以一定要考虑所得答案的合理性。计算器给出的反三角函数的运算范围显示在图 3-12 中。例如 arcsin0.5，对应的角度为 30°（这是计算器显示的值，因为 30°在其运算范围之内）与 150°。要想找到这两个值，在图 3-12a 中，通过 0.5 画一条水平线，找出它与正弦曲线的交点即可。如何才能分辨出哪一个是正确的答案？那就是对已知情形似乎更为合理的一个。

策略4：矢量夹角的度量

式（3-5）中有关 $\cos\theta$ 和 $\sin\theta$ 的公式以及式（3-6）中关于 $\tan\theta$ 的公式，仅当角度相对于 x 轴正方向量度时才成立。如果是相对其他方向量度的角，式（3-5）的三角函数可能需要交换，而式（3-6）中的比率关系可能需要倒过来。一种保险的方法是将已知角转换成相对于 x 轴正方向量度的角。在 WileyPLUS 中，系统会要求你声明这类情况下的角度（逆时针为正，顺时针为负）。

WILEY PLUS 在 WileyPLUS 中可以找到附加的例题、视频和练习。

3-2 单位矢量，用分量将矢量相加

学习目标

学完这一单元后，你应当能够……

3.06 将矢量在量值大小-角度和单位矢量记法之间转换。

3.07 用量值-角度记法和单位矢量记法将矢量相加或相减。

3.08 要懂得，对一个给定的矢量，相对于原点旋转坐标系统会改变矢量的分量但不会改变矢量本身。

关键概念

- 单位矢量 $\vec{i}$、$\vec{j}$ 和 $\vec{k}$ 的量值大小是一个单位，在右手坐标系中，它们分别指向 x、y 和 z 轴的正方向。我们可以将矢量 $\vec{a}$ 用单位矢量记号表示为

$$\vec{a}=a_x\vec{i}+a_y\vec{j}+a_z\vec{k}$$

其中，$a_x\vec{i}$、$a_y\vec{j}$ 和 $a_z\vec{k}$ 是 $\vec{a}$ 的矢量分量，a_x、a_y 和 a_z 是它的标量分量。

- 以分量的形式将矢量相加，我们用以下法则：

$$r_x=a_x+b_x \quad r_y=a_y+b_y \qquad r_z=a_z+b_z$$

其中，$\vec{a}$ 和 $\vec{b}$ 是相加的两个矢量，$\vec{r}$ 是两矢量和。注意，我们分别将坐标轴的分量各自相加。

单位矢量

单位矢量是其大小正好是 1，指向特定方向的矢量。它既没有量纲也没有单位。它的唯一功能就是指向——即具体指定一个方向。沿 x、y、z 三条轴正方向的单位矢量常记作 $\vec{i}$、$\vec{j}$ 和 $\vec{k}$，其中小帽“⇀”用来代替其他矢量字母上画的箭头（图 3-13）。图 3-13 中坐标轴的排列称为**右手坐标系**。如将它相对固定地整个旋转，这个坐标系始终保持为右手坐标系。本书中无例外地都用这样的坐标系。

单位矢量沿坐标轴指向

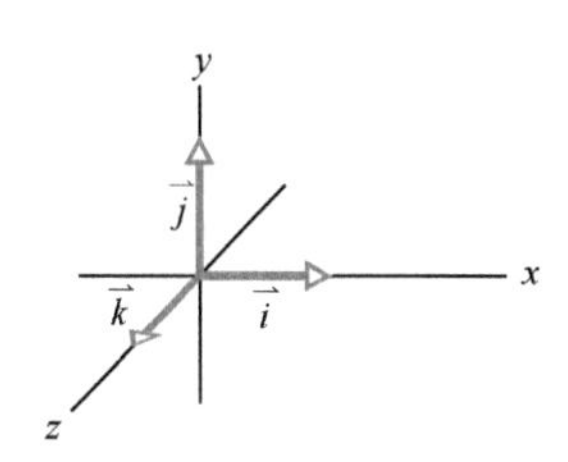

图 3-13 单位矢量 $\vec{i}$、$\vec{j}$ 和 $\vec{k}$ 确定了右手坐标系的方向。

用单位矢量表示其他矢量非常方便。比如我们可将图 3-7 和图 3-8 中的$\vec{a}$与$\vec{b}$表示为

$$\vec{a}=a_x\vec{i}+a_y\vec{j} \tag{3-7}$$

$$\vec{b}=b_x\vec{i}+b_y\vec{j} \tag{3-8}$$

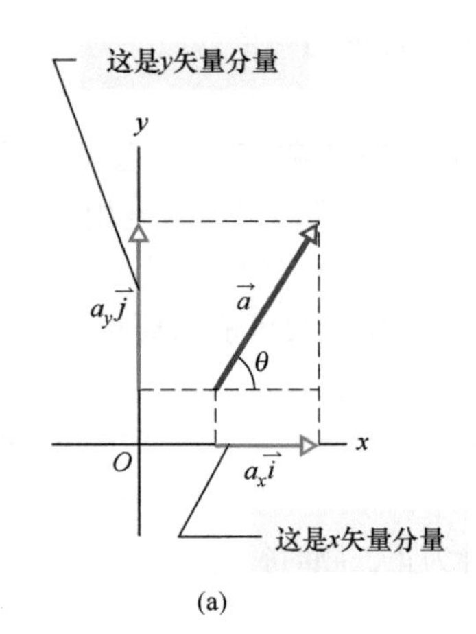

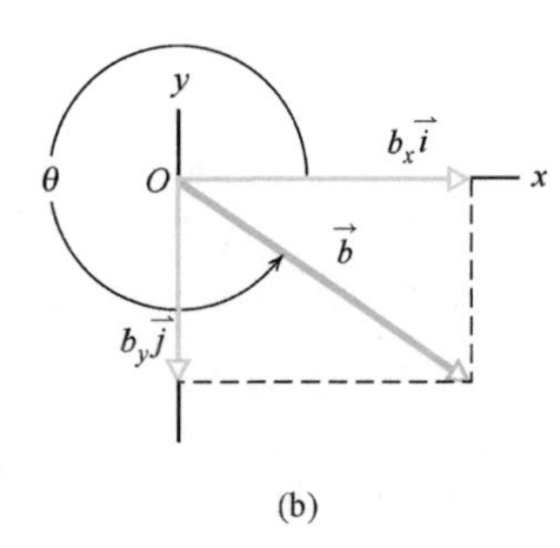

图3-14 (a) 矢量 $\vec{a}$ 的矢量分量；(b) 矢量 $\vec{b}$ 的矢量分量。

这两个方程说明画在图3-14中，其中 $a_x\vec{i}$ 和 $a_y\vec{j}$ 是矢量，称为$\vec{a}$的**矢量分量**，而 a_x 和 a_y 是标量，称为$\vec{a}$的**标量分量**（或像以前那样简称为**分量**）。

用分量实现矢量相加

我们可以按几何方法作图把矢量相加。或者直接用有矢量运算功能的计算器。第三种矢量相加的方法是将各个坐标轴上的分量分别相加再组合起来。

从考察下面的表达式开始

$$\vec{r}=\vec{a}+\vec{b} \tag{3-9}$$

此式表示矢量 $\vec{r}$ 与矢量（$\vec{a}+\vec{b}$）相同。$\vec{r}$ 的每一分量一定与（$\vec{a}+\vec{b}$）的对应分量都相同，即

$$r_x=a_x+b_x \tag{3-10}$$

$$r_y=a_y+b_y \tag{3-11}$$

$$r_z=a_z+b_z \tag{3-12}$$

换言之，如果两矢量的对应分量都相等，两矢量一定相等。式（3-9）~式（3-12）表明，要把矢量 $\vec{a}$ 与 $\vec{b}$ 相加，必须：①把每个矢量分解成它们的标量分量；②分别将它们各轴的标量分量相加得到合矢量 $\vec{r}$ 的分量；③将 $\vec{r}$ 的分量组合起来，得到合矢量 $\vec{r}$ 本身。在第③步中我们还可以选择将 $\vec{r}$ 以单位矢量记号表示；或以数值大小-角度表示。

这种用分量实现矢量加法的方法也可用于矢量减法。我们还记得 $\vec{d}=\vec{a}-\vec{b}$这个矢量差可以写作矢量和$\vec{d}=\vec{a}+(-\vec{b})$。欲求矢量相减，只要将矢量$\vec{a}$与$-\vec{b}$的分量相加即可

$$d_x=a_x-b_x,\ d_y=a_y-b_y,\ \text{及}\ d_z=a_z-b_z$$

$$\vec{d}=d_x\vec{i}+d_y\vec{j}+d_z\vec{k} \tag{3-13}$$

检查点3

(a) 图中 $\vec{d}_1$ 与 $\vec{d}_2$ 的 x 分量的符号各为何？(b) y 分量的符号各为何？(c) $\vec{d}_1+\vec{d}_2$ 的 x 与 y 分量的符号各为何？

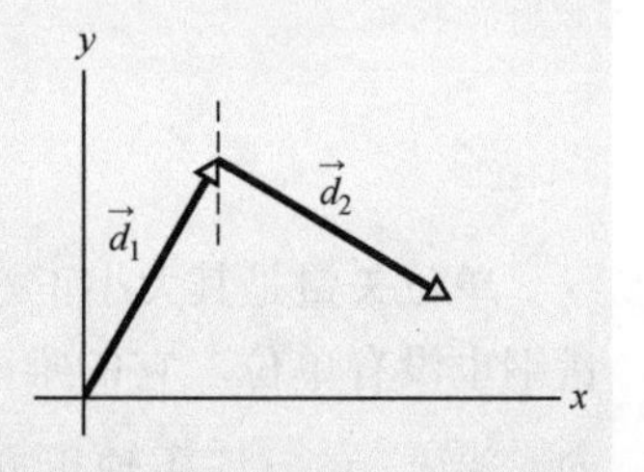

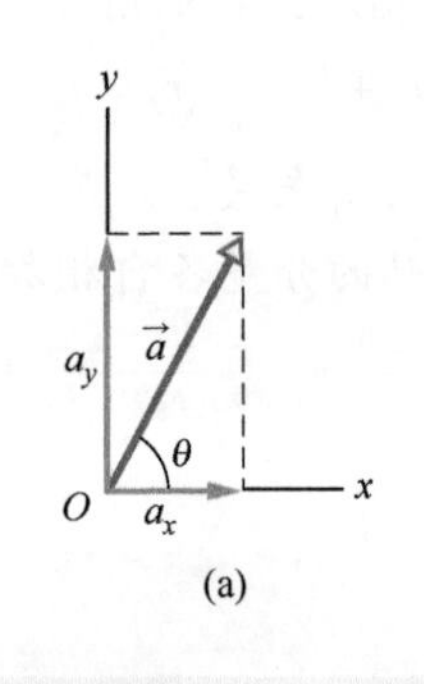

旋转坐标轴就改变了分量，但不改变矢量

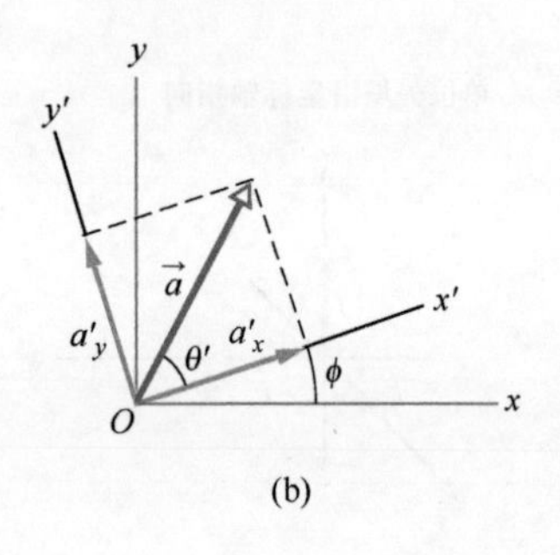

图3-15 (a) 矢量 $\vec{a}$ 与其分量 (b) 坐标系转过 ϕ 角后的同一矢量。

矢量和物理定律

到目前为止，在每一张有坐标系的图中，x 轴和 y 轴都平行于书页的边缘。所以，当一矢量出现在问题中时，它的分量 a_x 与 a_y 也平行于两边（见图3-15a）。选取这样的坐标轴方向的唯一理由是看上去"适当"，并无更深刻的理由。我们也可换个方法，将整个坐标系（但不是矢量 $\vec{a}$）像图3-15b那样转过一个角度 ϕ，这样分量就有新数值，把它们称为 a'_x和 a'_y。由于 ϕ 的取值可有无限多个，因此 $\vec{a}$ 也就有无限多对不同的分量。

那么，哪一对分量是“正确的”？答案是它们全都正确，因为每对（与其轴一起）只是不同的方式描述同一矢量$\vec{a}$；它们都可得出相同的大小与方向的矢量$\vec{a}$。由图 3-15，可得

$$a=\sqrt{a_x^2+a_y^2}=\sqrt{a_x'^2+a_y'^2} \tag{3-14}$$

$$\theta=\theta'+\phi \tag{3-15}$$

这就是说，由于矢量间的关系不依赖于坐标系原点的位置和轴的取向，因此坐标系的选择有很大的自由度。这一点对于物理定律也成立，因为物理定律都不依赖于坐标系的选取。再加上矢量语言的简洁性和丰富性，你就能明白为什么物理学定律几乎常用矢量语言表示：像式（3-9）就可以表示三个（甚至更多）关系式，如式（3-10）、式（3-11）和式（3-12）。

例题 3.03　树篱迷宫中找出路

树篱迷宫由一排排高高的树篱组成。进入迷宫，你要找到中心，然后找出路。图 3-16a 画出这种迷宫的入口和我们一开始从 i 点走到 c 点遇到岔路时所做出的两次选择。如图 3-16b 的俯视图所示，我们经过三次位移：

$$d_1=6.00\text{m},\quad \theta_1=40°$$

$$d_2=8.00\text{m},\quad \theta_2=30°$$

$$d_3=5.00\text{m},\quad \theta_3=0°$$

其中最后一段路程平行于附加的 x 轴。当我们到达 c 点时，我们从 i 点开始的净位移的大小和角度各是多少？

【关键概念】

（1）要求净位移矢量，我们需要对三个矢量求和：

$$\vec{d}_{\text{net}}=\vec{d}_1+\vec{d}_2+\vec{d}_3$$

（2）为此，我们先要单独求出 x 分量之和，

$$d_{\text{net},x}=d_{1x}+d_{2x}+d_{3x} \tag{3-16}$$

然后单独求 y 分量：

$$d_{\text{net},y}=d_{1y}+d_{2y}+d_{3y} \tag{3-17}$$

（3）最后，由它的 x 和 y 分量得到 $\vec{d}_{\text{net}}$。

解：要计算式（3-16）和式（3-17），我们求各个位移的 x 和 y 分量。作为例子，第一次位移的分量画在图 3-16c 中。对另外两次位移，我们可以画类似的图。然后将式（3-5）中的 x 部分用于各次位移，并用到相对于 x 轴正方向的角度，

$$d_{1x}=(6.00\text{m})\cos 40°=4.60\text{m}$$

$$d_{2x}=(8.00\text{m})\cos(-60°)=4.00\text{m}$$

$$d_{3x}=(5.00\text{m})\cos 0°=5.00\text{m}$$

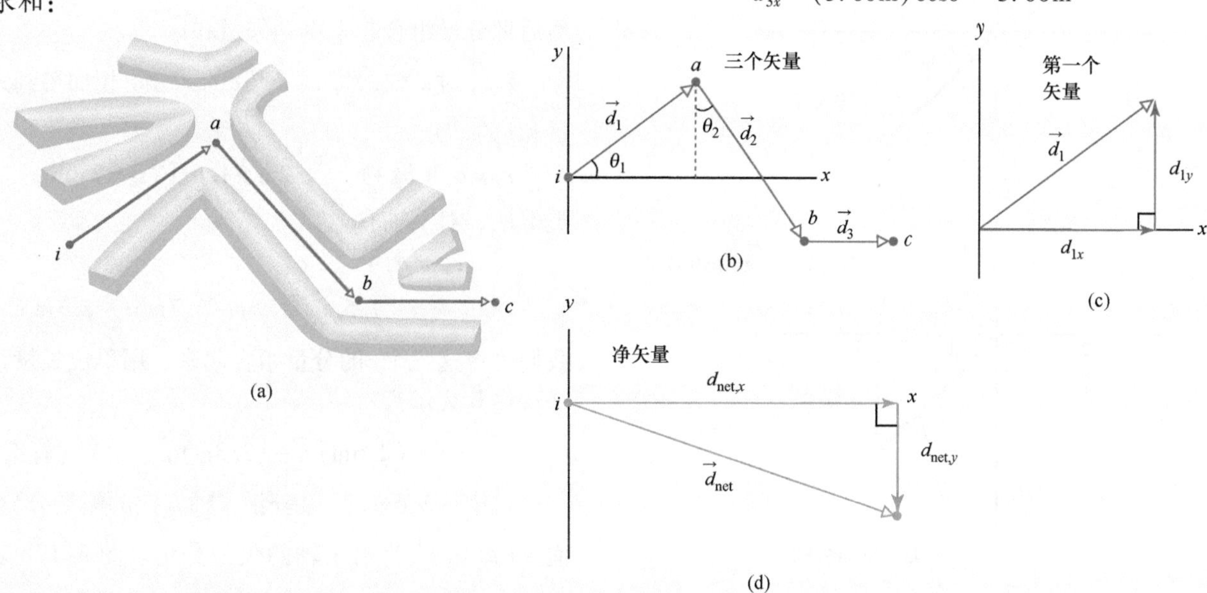

图 3-16　（a）通过树篱迷宫的三次位移。（b）位移矢量。（c）第一个位移矢量和它的分量。（d）净位移矢量及其分量。

由式（3-16）给出：

$$d_{\text{net},x}=4.60\text{m}+4.00\text{m}+5.00\text{m}=13.60\text{m}$$

同样计算式（3-17），我们将式（3-5）的 y 部分用于各次位移：

$$d_{1y}=(6.00\text{m})\sin 40°=3.86\text{m}$$

$$d_{2y}=(8.00\text{m})\sin(-60°)=-6.93\text{m}$$

$$d_{3y}=(5.00\text{m})\sin 0°=0\text{m}$$

由式（3-17）给出：

$$d_{\text{net},y}=+3.86\text{m}-6.93\text{m}+0\text{m}=-3.07\text{m}$$

下一步我们用 $\vec{d}_{\text{net}}$ 的这些分量构建矢量 $\vec{d}_{\text{net}}$，如图3-16d 所示。这两个分量头对尾安放构成直角三角形的两直角边，矢量是斜边。我们按式（3-6）求 $\vec{d}_{\text{net}}$的数值和角度。它的数值是：

$$d_{\text{net}}=\sqrt{d_{\text{net},x}^2+d_{\text{net},y}^2} \qquad (3\text{-}18)$$

$$=\sqrt{(13.60\text{m})^2+(-3.07\text{m})^2}=13.9\text{m}$$

（答案）

要求角度（从 x 的正方向算起），我们取反正切：

$$\theta=\arctan\left(\frac{d_{\text{net},y}}{d_{\text{net},x}}\right) \qquad (3\text{-}19)$$

$$=\arctan\left(\frac{-3.07\text{m}}{13.60\text{m}}\right)=-12.7° \qquad \text{（答案）}$$

这个角度是负的，因为它从正 x 轴顺时针旋转得到。当我们用计算器求反正切时，我们必须保持警惕。所显示的答案在数学上正确但对于有关的物理情况可能是不正确的。在这些情况中，我们一定要在所显示的答案上加 180°，把矢量反转。为了验证，我们一定要画出矢量和它的分量的图，像在图 3-16d 中所做的那样。在我们的物理情况中，图告诉我们 $\theta=-12.7°$ 是合理的答案，而 $-12.7°+180°=167°$ 显然不对。

我们可以从图 3-12c 正切对角度的曲线上看出所有这些。在我们的迷宫问题中反正切的自变量是 $-3.07/13.60$，或 -0.226。通过此图的纵轴上的这个数值作一水平直线。该直线与颜色较深的一条曲线相交在 $-12.7°$，也和颜色较浅的一条相交在 167°，第一个交点是计算器显示的数值。

例题 3.04　矢量相加，单位矢量分量

图 3-17a 给出下面三个矢量

$$\vec{a}=(4.2\text{m})\vec{i}-(1.5\text{m})\vec{j}$$

$$\vec{b}=(-1.6\text{m})\vec{i}+(2.9\text{m})\vec{j}$$

$$\vec{c}=(-3.7\text{m})\vec{j}$$

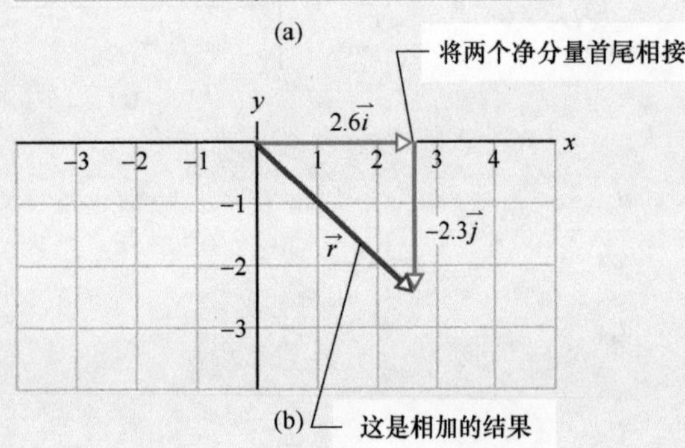

图 3-17　矢量$\vec{r}$是另外三个矢量的矢量和。

试求它们的矢量和$\vec{r}$，并在图上表示$\vec{r}$。

【关键概念】

我们可以把矢量的各个轴的分量分别相加，然后把分量组合起来得到矢量和$\vec{r}$。

解：对 x 轴，将$\vec{a}$、$\vec{b}$与$\vec{c}$的 x 分量相加得到矢量和$\vec{r}$的 x 分量

$$r_x=a_x+b_x+c_x=4.2\text{m}-1.6\text{m}+0=2.6\text{m}$$

类似地，对 y 轴有

$$r_y=a_y+b_y+c_y$$

$$=-1.5\text{m}+2.9\text{m}-3.7\text{m}=-2.3\text{m}$$

我们可将这三个$\vec{r}$的分量组合起来，用单位矢量记号法将其表示为

$$\vec{r}=(2.6\text{m})\vec{i}-(2.3\text{m})\vec{j} \qquad \text{（答案）}$$

式中（2.6m），$\vec{i}$是$\vec{r}$沿 x 轴方向的矢量分量，而 $-(2.3\text{m})\vec{j}$ 为沿 y 轴的矢量分量。图 3-17b 表明了由这些矢量分量构成$\vec{r}$的一种方法。（你能用另一种方法作图吗？）

还可由给出$\vec{r}$的大小和角度的方法回答此问题。由式（3-6）可看出其大小为

$$r=\sqrt{(2.6\text{m})^2+(-2.3\text{m})^2}\approx 3.5\text{m} \quad （答案）$$

而夹角（相对于$+x$轴方向）为

$$\theta=\arctan\left(\frac{-2.3\text{m}}{2.6\text{m}}\right)=-41° \quad （答案）$$

负号表示该角为顺时针方向。

PLUS 在 WileyPLUS 中可以找到附加的例题、视频和练习。

3-3 矢量乘法

学习目标

学完这一单元后，你应当能够……

3.09 用标量来进行矢量乘法。

3.10 要懂得矢量乘以标量得到矢量，两个矢量的点积（或标量积）得到标量，两个矢量的叉积（矢量积）得到一个与原来两个矢量相垂直的一个新矢量。

3.11 求用数值-角度表示的以及用单位矢量表示的两个矢量的点积。

3.12 用点积的方法求用数值-角度表示的及单位矢量表示的两个矢量间的夹角。

3.13 给出两个矢量，用点积的方法求一个矢量沿另一矢量上的分量的大小。

3.14 求以数值-角度和以单位矢量表示的两个矢量的叉积。

3.15 用右手定则确定由叉积得到的矢量的方向。

3.16 遇到嵌套相乘式子，就是一个乘式套在另一乘式里面，可以按照正常的代数步骤，从最里面的乘式开始运算，然后逐步向外。

关键概念

- 标量s和矢量$\vec{v}$的乘积是一个新的矢量，它的数值大小是sv，如果s是正数则它的方向和$\vec{v}$的相同，如果s是负数则它的方向和$\vec{v}$的相反。$\vec{v}$除以s就是$\vec{v}$乘以$1/s$。
- 两个矢量$\vec{a}$与$\vec{b}$的标（或点）积写作$\vec{a}\cdot\vec{b}$，是由下式给出的标量：

$$\vec{a}\cdot\vec{b}=ab\cos\phi$$

其中，ϕ是$\vec{a}$和$\vec{b}$的方向间的夹角。

标积是第一个矢量的数值和第二个矢量在第一个矢量方向上的标量分量的乘积。用单位矢量记号表示为

$$\vec{a}\cdot\vec{b}=(a_x\vec{i}+a_y\vec{j}+a_z\vec{k})\cdot(b_x\vec{i}+b_y\vec{j}+b_z\vec{k})$$

这个式子可以按分配律展开。注意$\vec{a}\cdot\vec{b}=\vec{b}\cdot\vec{a}$。

- 两个矢量$\vec{a}$和$\vec{b}$的矢（或叉）积写作$\vec{a}\times\vec{b}$，是一个数值为

$$c=ab\sin\phi$$

的矢量$\vec{c}$，其中ϕ是$\vec{a}$和$\vec{b}$的方向之间较小的夹角。$\vec{c}$的方向垂直于$\vec{a}$和$\vec{b}$定义的平面并由右手定则确定，如图3-19所示。注意，$\vec{a}\times\vec{b}=-(\vec{b}\times\vec{a})$，用单位矢量记号表示为

$$\vec{a}\times\vec{b}=(a_x\vec{i}+a_y\vec{j}+a_z\vec{k})\times(b_x\vec{i}+b_y\vec{j}+b_z\vec{k})$$

这个式子也可以用分配律展开。

- 遇到嵌套相乘式，即一个乘式套在另一个中间，按照正常的代数步骤从最里面的乘式开始运算，然后逐步向外。

矢量乘法㊀

矢量乘法有三种，但没有一种与通常的代数乘法完全相同。你读了本单元的内容后，请记住，一定要懂得这种乘法的基本法

㊀ 这部分内容到后面章节中才会用到（第7章用标识，第12章用矢积），所以你们的老师或许会推迟本节的讨论。

则，有矢量功能的计算器才对你使用它做矢量乘法时有用。

矢量乘以标量

若将一矢量$\vec{a}$乘以标量 s，我们得到一个新矢量，它的大小等于$\vec{a}$的大小乘以 s 的绝对值。若 s 是正的，则新矢量与$\vec{a}$方向相同；若 s 是负的，则方向相反。矢量$\vec{a}$除以标量 s 就是$\vec{a}$乘以 $1/s$。

矢量乘矢量

矢量乘矢量有两种方法：一种是得到一个标量（称为标量积或标积），另一种是得到一个新的矢量（称为矢量积或矢积）。（学生经常会混淆这两种方法。）

标积

如图 3-18a 所示的矢量$\vec{a}$与$\vec{b}$的标积写成$\vec{a}\cdot\vec{b}$，定义为

$$\vec{a}\cdot\vec{b}=ab\cos\phi \tag{3-20}$$

式中，a 为矢量$\vec{a}$的大小；b 为矢量$\vec{b}$的大小；ϕ 为$\vec{a}$与$\vec{b}$（或更恰当说为$\vec{a}$与$\vec{b}$的方向）间的夹角。实际上有两个这样的角度：ϕ 和 $360°-\phi$。在式（3-20）中两角均可用，因为它们的余弦相等。

注意到式（3-20）的右边均为标量（包括 $\cos\phi$ 的值），因此左边的$\vec{a}\cdot\vec{b}$也是一个标量。按照记号，$\vec{a}\cdot\vec{b}$又叫作**点积**，而读作“$\vec{a}$点乘$\vec{b}$”。

两个矢量的点积可以看作两个量的乘积：（1）两个矢量中任一矢量的数值与（2）第二个矢量在第一个矢量方向上的标量分量。在图 3-18b 中，$\vec{a}$在$\vec{b}$方向上的标量分量为 $a\cos\phi$；注意，从$\vec{a}$的首端引向$\vec{b}$的垂线决定了该分量；同理，$\vec{b}$和$\vec{a}$方向的标量分量为 $b\cos\phi$。

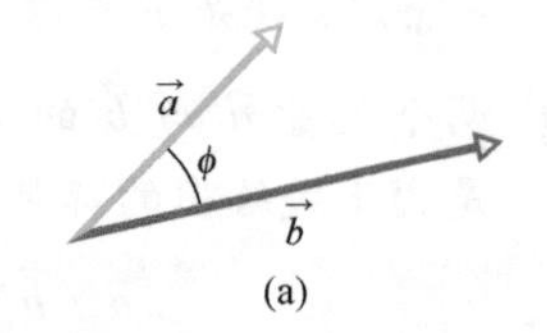

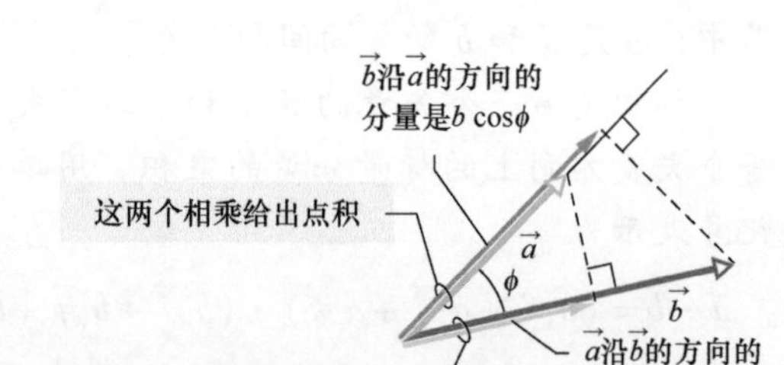

图 3-18 （a）夹角为 ϕ 的两个矢量$\vec{a}$与$\vec{b}$。（b）每一矢量沿另一矢量方向有一分量。

若两矢量间夹角为 0°，则一矢量沿另一矢量的分量为最大，因此二矢量的点积也最大。而若 ϕ 为 90°，则一矢量沿另一矢量的分量等于零，因而其点积亦为零。

式（3-20）可改写为下面的形式以强调这些分量：

$$\vec{a}\cdot\vec{b}=(a\cos\phi)(b)=(a)(b\cos\phi) \tag{3-21}$$

交换律适用于标积，所以可以写出：

$$\vec{a}\cdot\vec{b}=\vec{b}\cdot\vec{a}$$

当两矢量以单位矢量表示时，它们的点积可写为

$$\vec{a}\cdot\vec{b}=(a_x\vec{i}+a_y\vec{j}+a_z\vec{k})\cdot(b_x\vec{i}+b_y\vec{j}+b_z\vec{k}) \quad (3\text{-}22)$$

此式可根据分配律展开：第一个矢量的各矢量分量与第二个矢量的各矢量分量点乘。于是，我们可以写出：

$$\vec{a}\cdot\vec{b}=a_xb_x+a_yb_y+a_zb_z \quad (3\text{-}23)$$

检查点 4

矢量$\vec{C}$和$\vec{D}$的大小各为 3 个单位与 4 个单位。问$\vec{C}$与$\vec{D}$方向间的夹角应为多少可使得$\vec{C}\cdot\vec{D}$等于（a）零；（b）12 个单位；（c）-12 个单位。

矢积

两矢量$\vec{a}$与$\vec{b}$的**矢积**，写成$\vec{a}\times\vec{b}$，产生另一个矢量$\vec{c}$，$\vec{c}$的数值大小为

$$c=ab\sin\phi \quad (3\text{-}24)$$

式中，ϕ 为$\vec{a}$与$\vec{b}$之间两夹角中**较小**的夹角［因为 $\sin(360°-\phi)=-\sin\phi$，代数符号正相反，所以一定要用矢量的两个夹角中较小的那一个］。由于记号的原因，$\vec{a}\times\vec{b}$又叫作**叉积**，读作“$\vec{a}$叉乘$\vec{b}$”。

当$\vec{a}$与$\vec{b}$平行或反向平行时，$\vec{a}\times\vec{b}=\vec{0}$；当$\vec{a}$与$\vec{b}$相互垂直时，$\vec{a}\times\vec{b}$的数值可写作$|\vec{a}\times\vec{b}|$，为最大。

$\vec{c}$的方向垂直于$\vec{a}$与$\vec{b}$所构成的平面，图 3-19a 表示如何用被称作“**右手定则**”的法则确定$\vec{c}=\vec{a}\times\vec{b}$的方向。将矢量$\vec{a}$与$\vec{b}$保持原方向尾对尾地放在一起，设想垂直于$\vec{a}$、$\vec{b}$所构成的平面，且通过它们的交点的一直线。用右手四指从$\vec{a}$经过它们之间较小的夹角扫向$\vec{b}$环绕这直线，伸出的拇指就指向$\vec{c}$的方向。

相乘的次序很重要。在图 3-19b 中，我们要确定$\vec{c}'=\vec{b}\times\vec{a}$的方向，因此四指要经过较小的角度从$\vec{b}$扫向$\vec{a}$。拇指所指方向与上面的情形相反，因而，一定是$\vec{c}'=-\vec{c}$，即

$$\vec{b}\times\vec{a}=-(\vec{a}\times\vec{b}) \quad (3\text{-}25)$$

换言之，交换律不适于矢积。

用单位矢量表示，我们写出：

$$\vec{a}\times\vec{b}=(a_x\vec{i}+a_y\vec{j}+a_z\vec{k})\times(b_x\vec{i}+b_y\vec{j}+b_z\vec{k}) \quad (3\text{-}26)$$

这可按分配律展开；即，第一个矢量的每一个分量与第二个矢量的各分量叉乘。单位矢量的叉积在附录 E 中给出（见“矢量的积”）。例如，在式（3-26）的展开式中有

$$a_x\vec{i}\times b_x\vec{i}=a_xb_x(\vec{i}\times\vec{i})=\vec{0}$$

这是因为$\vec{i}$与$\vec{i}$两单位矢量相互平行，因此叉积为零。同理我们有

$$a_x\vec{i}\times b_y\vec{j}=a_xb_x(\vec{i}\times\vec{j})=a_xb_y\vec{k}$$

在最后一步中，我们利用式（3-24）计算得$\vec{i}\times\vec{j}$的大小为1（矢量$\vec{i}$与$\vec{j}$的数值均为1，它们之间的夹角为90°）。另外，利用右手定则可定出$\vec{i}\times\vec{j}$的方向指向z轴正向（也即$\vec{k}$的方向）。

将式（3-26）一步步展开，可得到

$$\vec{a}\times\vec{b}=(a_yb_z-b_ya_z)\vec{i}+(a_zb_x-b_za_x)\vec{j}+(a_xb_y-b_xa_y)\vec{k} \tag{3-27}$$

也可用行列式的方法（见附录E），或用矢量功能计算器计算叉积。

要检验任一x，y，z坐标系是否为右手坐标系，只要将叉积$\vec{i}\times\vec{j}=\vec{k}$的右手定则用于坐标系就可证明。如果用四指把$\vec{i}$（$x$的正方向）扫向$\vec{j}$（$y$的正方向）时，竖起的拇指指向$z$的正方向，该坐标系就是右手坐标系。

检查点5

矢量$\vec{C}$和$\vec{D}$的大小各为3个单位与4个单位。问$\vec{C}$与$\vec{D}$方向间的夹角应为多少时可使得矢积$\vec{C}\times\vec{D}$的大小等于（a）零；（b）12个单位。

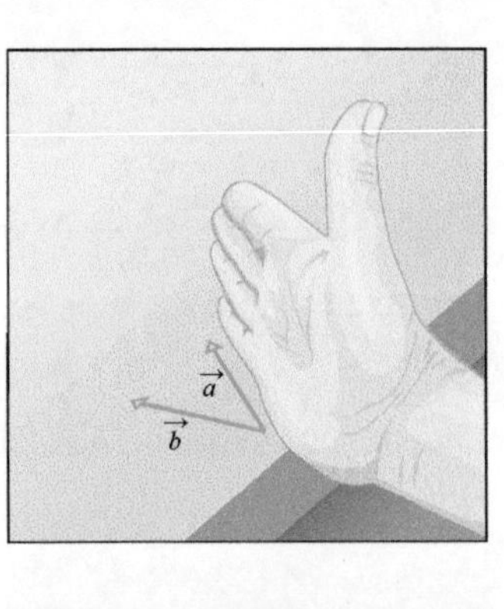

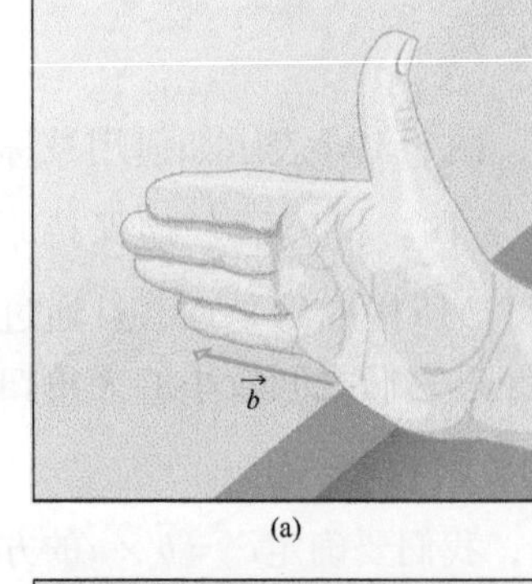

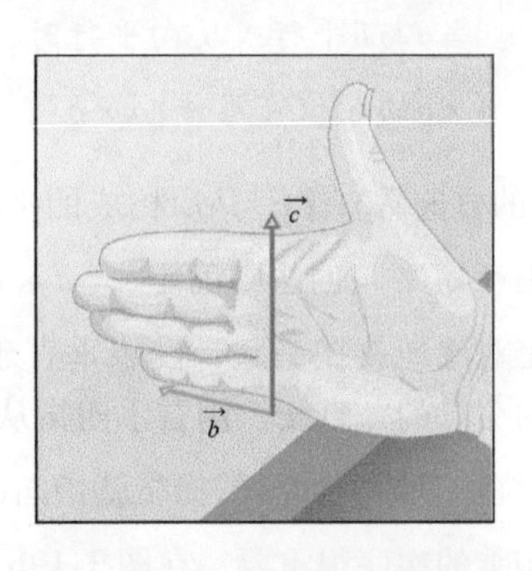

(a)

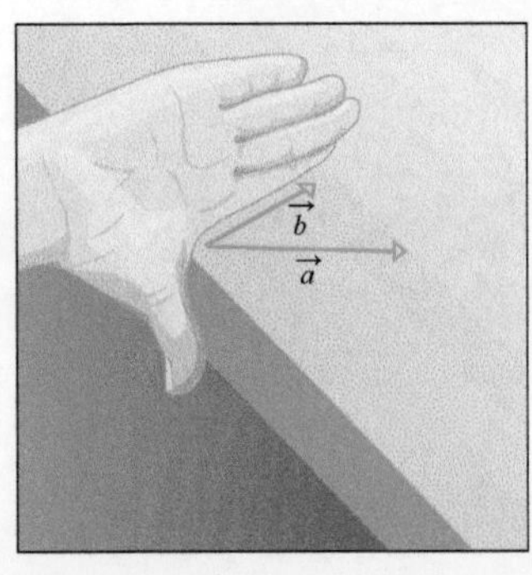

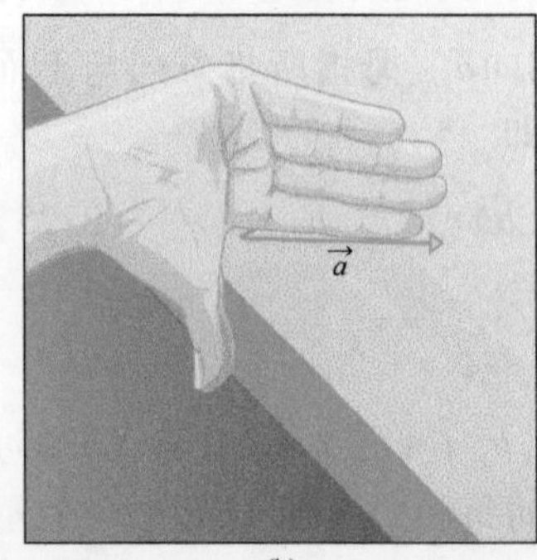

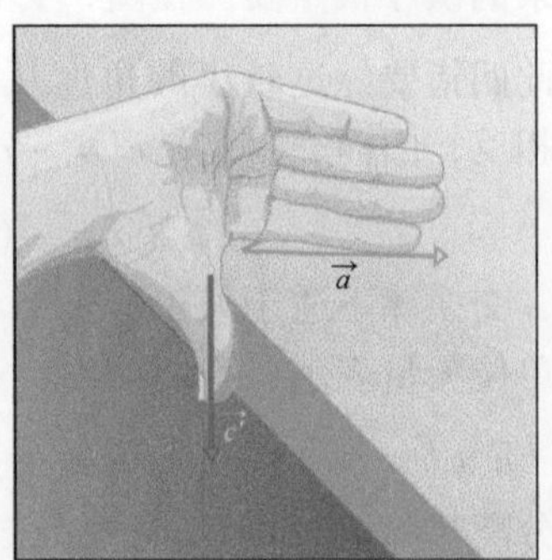

(b)

图3-19 矢积右手定则的图示。(a) 用你的右手四指从矢量$\vec{a}$扫到矢量$\vec{b}$。竖起的大拇指表示矢量$\vec{c}=\vec{a}\times\vec{b}$的方向。(b) 表示$\vec{b}\times\vec{a}$是$\vec{a}\times\vec{b}$的反方向。

例题 3.05 用点积求两矢量间的角度

$\vec{a}=3.0\vec{i}-4.0\vec{j}$与$\vec{b}=-2.0\vec{i}+3.0\vec{k}$之间夹角$\phi$为多少？注意：如果用矢量计算器，下面的许多步骤可以绕过。然而，至少在这里你通过这些步骤会学到更多的关于标积运算的知识。

【关键概念】

两矢量方向间夹角包括在标积定义式（3-20）中，即

$$\vec{a}\cdot\vec{b}=ab\cos\phi \tag{3-28}$$

解：在式（3-28）中，a是$\vec{a}$的大小，即

$$a=\sqrt{3.0^2+(-4.0)^2}=5.00 \tag{3-29}$$

而b是$\vec{b}$的大小，即

$$b=\sqrt{(-2.0)^2+3.0^2}=3.61 \tag{3-30}$$

我们可将式（3-28）的左边以单位矢量表示并应用分配律分开计算：

$$\begin{aligned}\vec{a}\cdot\vec{b}&=(3.0\vec{i}-4.0\vec{j})(-2.0\vec{i}+3.0\vec{k})\\&=(3.0\vec{i})(-2.0\vec{i})+(3.0\vec{i})(3.0\vec{k})+\\&\quad(-4.0\vec{j})(-2.0\vec{i})+(-4.0\vec{j})(3.0\vec{k})\end{aligned}$$

然后将式（3-20）应用到上式中的各项。第一项（$\vec{i}$和$\vec{i}$）中的单位矢量间夹角为0°，而其他项为90°。于是可得

$$\begin{aligned}\vec{a}\cdot\vec{b}&=-(6.0)(1)+(9.0)(0)+\\&\quad(8.0)(0)-(12)(0)\\&=-6.0\end{aligned}$$

将此结果与式（3-29）和（3-30）的结果代入式（3-28）中，得到

$$-6.0=(5.00)(3.61)\cos\phi$$

所以 $\phi=\arccos\dfrac{-6.0}{(5.00)(3.61)}=109°\approx110°$

（答案）

例题 3.06 叉积，右手定则

如图3-20所示，位于xy平面内的某矢量$\vec{a}$与x正向成250°角，大小为18个单位。矢量$\vec{b}$的大小为12个单位，沿正z方向。试求矢积$\vec{c}=\vec{a}\times\vec{b}$。

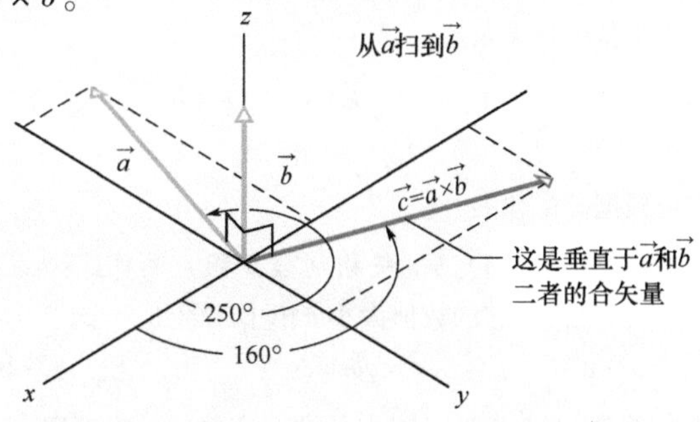

图3-20 矢量$\vec{c}$（在xy平面中）为$\vec{a}$与$\vec{b}$的矢积（或叉积）。

【关键概念】

当已知两矢量用数值角度标记法给出时，就用式（3-24）求它们叉积的数值大小，用图3-19表示的右手定则求它们的矢积的方向。

解：为求数值大小，我们写出：

$c=ab\sin\phi=(18)(12)(\sin90°)=216$ （答案）

为确定图3-20中的方向，设想你的右手绕垂直于$\vec{a}$和$\vec{b}$所成的平面的直线（图中$\vec{c}$就表示这条直线）从$\vec{a}$扫到$\vec{b}$。你竖起的大拇指就是$\vec{c}$的方向。如图所示，$\vec{c}$在xy平面内，因为它的方向垂直于$\vec{a}$的方向（叉积总是得到垂直的矢量），所以它与x正向间的夹角为

$$250°-90°=160° \quad（答案）$$

例题 3.07 叉积，单位矢量表示法

已知$\vec{a}=3\vec{i}-4\vec{j}$，$\vec{b}=-2\vec{i}+3\vec{k}$，求$\vec{c}=\vec{a}\times\vec{b}$。

【关键概念】

当两矢量以单位矢量表示法给出时，求它们的叉积时我们要用分配律。

解：我们可以写出

$$\begin{aligned}\vec{c}&=(3\vec{i}-4\vec{j})\times(-2\vec{i}+3\vec{k})\\&=3\vec{i}\times(-2\vec{i})+3\vec{i}\times3\vec{k}+\\&\quad(-4\vec{j})\times(-2\vec{i})+(-4\vec{j})\times3\vec{k}\end{aligned}$$

接着，利用式（3-24）来计算各项，并用右手定则确定方向。如对第一项，叉乘的两矢量间夹角

ϕ 为零。而另几项的 ϕ 为 90°，由此可得

$$\vec{c}=6(0)+9(-\vec{j})+8(-\vec{k})-12\,\vec{i}$$
$$=-12\,\vec{i}-9\,\vec{j}-8\,\vec{k} \qquad \text{(答案)}$$

矢量$\vec{c}$垂直于$\vec{a}$、$\vec{b}$两矢量。对此结果，你可用$\vec{c}\cdot\vec{a}=\vec{0}$ 及$\vec{c}\cdot\vec{b}=\vec{0}$ 验证；即$\vec{c}$在$\vec{a}$或$\vec{b}$方向没有分量。

一般说来，叉积得到垂直的矢量，两个互相垂直的矢量的点积为零，两个同方向的矢量的叉积为零。

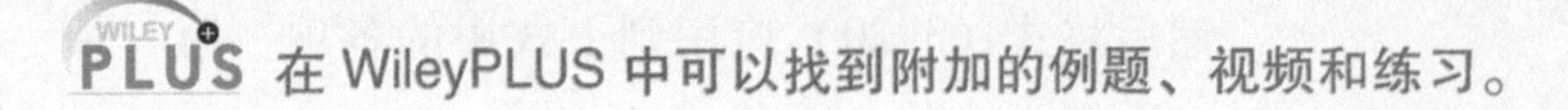
在 WileyPLUS 中可以找到附加的例题、视频和练习。

复习和总结

标量和矢量　标量，如温度，只有数值。由一个带单位的数（10℃）表示，且遵循算术和普通代数的运算规则。矢量，如位移，既有数值又有方向（5m，正北）且遵循矢量代数的运算法则。

矢量相加的几何方法　两矢量$\vec{a}$与$\vec{b}$可用几何方法相加。方法是将按同一比例画出的两个矢量的首端对尾端相接安放。连接第一矢量的尾端和第二矢量的首端的矢量即为矢量和$\vec{s}$。若求$\vec{a}-\vec{b}$，只要反转$\vec{b}$的方向，得到$-\vec{b}$，然后将$-\vec{b}$与$\vec{a}$相加即可。矢量加法满足交换律：

$$\vec{a}+\vec{b}=\vec{b}+\vec{a} \qquad (3\text{-}2)$$

也服从结合律：

$$(\vec{a}+\vec{b})+\vec{c}=\vec{a}+(\vec{b}+\vec{c}) \qquad (3\text{-}3)$$

矢量的分量　任一个二维矢量$\vec{a}$沿坐标轴的（标量）分量 a_x 和 a_y 可由从该矢量的两端引到坐标轴上的垂线求得。分量由下式给出

$$a_x=a\cos\theta \quad 及 \quad a_y=a\sin\theta \qquad (3\text{-}5)$$

其中，θ 为$\vec{a}$的方向与 x 轴正方向之间的夹角。分量的正负号表示它沿对应轴的方向。若已知分量，可利用下式求出矢量$\vec{a}$的大小与指向

$$a=\sqrt{a_x^2+a_y^2} \quad 和 \quad \tan\theta=\frac{a_y}{a_x} \qquad (3\text{-}6)$$

单位矢量表示　在右手坐标系中的单位矢量$\vec{i}$、$\vec{j}$和$\vec{k}$的大小均为1，分别指向 x、y 和 z 轴的正方向。（右手坐标系可由单位矢量的矢积来定义。）我们可将矢量$\vec{a}$用单位矢量表示为

$$\vec{a}=a_x\,\vec{i}+a_y\,\vec{j}+a_z\,\vec{k} \qquad (3\text{-}7)$$

式中，$a_x\,\vec{i}$、$a_y\,\vec{j}$与 $a_z\,\vec{k}$为$\vec{a}$的矢量分量，而 a_x、a_y 与 a_z 是$\vec{a}$的标量分量。

用分量的形式求矢量和　以分量形式将矢量相加，可用关系式

$$r_x=a_x+b_x,\ r_y=a_y+b_y,\ r_z=a_z+b_z \qquad (3\text{-}10)\sim(3\text{-}12)$$

其中$\vec{a}$与$\vec{b}$是要相加的矢量，$\vec{r}$是它们的矢量和。注意，各个轴的分量各自相加。可以将结果用单位矢量记号也可用数值-角度记号表示。

标量与矢量的积　一个标量 s 与一个矢量$\vec{v}$的乘积为一个新的矢量，它的大小为 sv，如果 s 是正的，则新矢量与$\vec{v}$方向相同；如 s 是负的，则方向相反。$\vec{v}$除以 s，就等同于$\vec{v}$乘以 $1/s$。

标积　两矢量$\vec{a}$与$\vec{b}$的**标积**（或**点积**）写作$\vec{a}\cdot\vec{b}$，它是一个由下式给出的标量

$$\vec{a}\cdot\vec{b}=ab\cos\phi \qquad (3\text{-}20)$$

式中，ϕ 是$\vec{a}$与$\vec{b}$方向间的夹角。标积是第一个矢量的大小和另一个矢量在第一个矢量方向上的标量分量的乘积。注意$\vec{a}\cdot\vec{b}=\vec{b}\cdot\vec{a}$，这意味着标积遵从交换律。

用单位矢量表示法

$$\vec{a}\cdot\vec{b}=(a_x\,\vec{i}+a_y\,\vec{j}+a_z\,\vec{k})\cdot(b_x\,\vec{i}+b_y\,\vec{j}+b_z\,\vec{k}) \qquad (3\text{-}22)$$

此式可根据分配律展开。

矢积　两矢量$\vec{a}$与$\vec{b}$的**矢积**（或**叉积**）写作$\vec{a}\times\vec{b}$，得到一个新矢量$\vec{c}$。它的数值大小 c 由下式给出

$$c=ab\sin\phi \qquad (3\text{-}24)$$

式中，ϕ 是$\vec{a}$与$\vec{b}$方向间较小的那个夹角。$\vec{c}$的方向，垂直于$\vec{a}$和$\vec{b}$构成的平面，由图 3-19 表示的右手定则确定。

注意，$\vec{a}\times\vec{b}=-(\vec{b}\times\vec{a})$。这意味着矢积不遵从交换律。

用单位矢量表示法：

$$\vec{a}\times\vec{b}=(a_x\,\vec{i}+a_y\,\vec{j}+a_z\,\vec{k})\times(b_x\,\vec{i}+b_y\,\vec{j}+b_z\,\vec{k}) \qquad (3\text{-}26)$$

此式可按分配律展开。

习题

1. 位于 xy 平面内的矢量$\vec{a}$的 x 分量等于矢量数值大小的一半，求矢量和 x 轴之间夹角的正切（tan）。

2. 图3-21中，xy 平面上的位移矢量 $\vec{r}$ 是12m长，指向 $\theta=30°$角。求矢量的（a）x 分量和（b）y 分量。

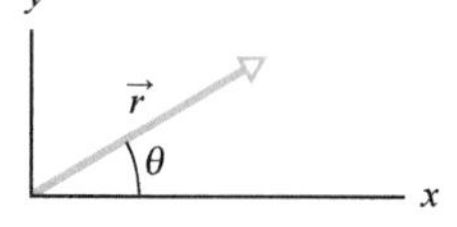

图3-21　习题2图

3. 一个矢量在 $+x$ 方向上的分量为15m，$+y$ 方向上的分量也是15m，$+z$ 方向的分量为10m。求该矢量的大小。

4. 将下面的角度用弧度表示：（a）20.0°，（b）50.0°，（c）100°，将下面的角度换算为度：（d）0.330rad，（e）2.30rad，（f）7.70rad。

5. 一位高尔夫运动员三次轻击将球打进洞。第一次轻击将球向北移动3.66m，第二次向东南移动1.83m，第三次向西南0.91m。如要第一次轻击就使球打进洞，需要（a）多少大小（b）什么方向的位移。

6. 在图3-22中，一台很重的机器沿着与水平地面成 $\theta=20.0°$的斜坡向上滑动，经过距离 $d=10.5$m，机器被抬高。问（a）垂直方向和（b）水平方向机器各经过多少距离？

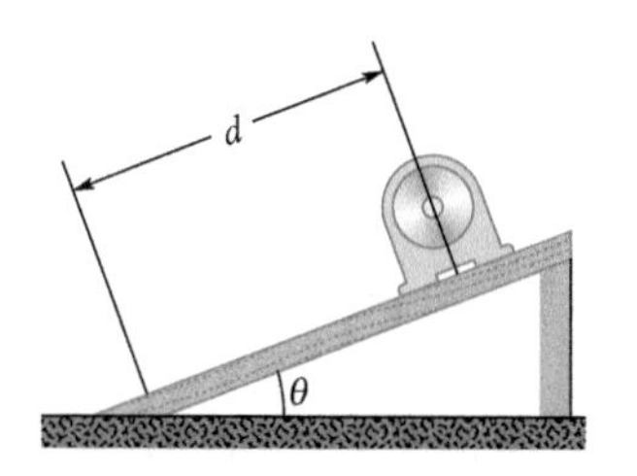

图3-22　习题6图

7. 考虑两次连续位移，一次距离数值为3m，另一次数值为4m。说明将两次位移矢量以什么方式组合起来得到合位移矢量的大小为(a)7m,(b)1m,以及(c)5m。

8. 一个活泼的婴孩向北爬行2.5m，然后向西3.0m，最后向南4.2m。（a）画出描写他的运动的矢量图。如有一只鸟从上述同一起点直线飞行到同一终点。问飞行（b）多少距离，（c）什么方向？

9. 考虑两个矢量：$\vec{a}=(5.0)\vec{i}-(4.0)\vec{j}+(2.0)\vec{k}$ 和 $\vec{b}=(-2.0m)\vec{i}+(2.0m)\vec{j}+(5.0m)\vec{k}$,其中的 m 是标量。求(a)$\vec{a}+\vec{b}$,(b)$\vec{a}-\vec{b}$,(c)满足 $\vec{a}-\vec{b}+\vec{c}=\vec{0}$ 的第三个矢量 $\vec{c}$。

10. 以米量度的位移矢量 $\vec{c}$ 和 $\vec{d}$ 的分量为：$c_x=7.4$，$c_y=-3.8$，$c_z=-6.1$；$d_x=4.4$，$d_y=-2.0$，$d_z=3.3$。求这两个位移矢量之和矢量 $\vec{r}$ 的(a)x,(b)y 和(c)z 分量。

11. (a) 在单位矢量表示法中，$\vec{a}+\vec{b}$ 是什么？设$\vec{a}=(4.0m)\vec{i}+(3.0m)\vec{j}$，$\vec{b}=(-13.0m)\vec{i}+(7.0m)\vec{j}$。又：$\vec{a}+\vec{b}$ 的（b）数值（c）方向为何？

12. 一辆汽车向东行驶距离40km，然后向北行驶30km，再向北偏东30°方向行驶25km。画出矢量图，并求汽车从起点开始的总位移的（a）大小和（b）角度。

13. 一个物体的直线位移 $\vec{a}$ 为1m，改变方向后的直线位移 $\vec{b}$ 又走了1m，然后在距离起点1m的地方停止。（a）它转过多大的角度？（b）$\vec{a}-\vec{b}$ 的大小为多少？

14. 你在空荡荡的水平地板上做四次直线运动。从 xy 坐标系的原点开始，最终停在 xy 坐标（-140m，20m）的位置。你的四次直线运动的 x 分量和 y 分量分别写在下面（以米为单位）：第一次（20和60），然后（b_x 和 -70），以后（-20 和 c_y），再后来（-60 和 -70）。求：（a）分量 b_x 和（b）分量 c_y。全部位移的（c）大小和（d）角度（相对于 x 轴的正方向）是多少？

15. 图3-23中两个矢量 $\vec{a}$ 和 $\vec{b}$ 的大小相同，都是10.0m，角度 $\theta_1=30°$，$\theta_2=105°$。求它们的矢量和 $\vec{r}$ 的（a）x 分量和（b）y 分量，（c）$\vec{r}$ 的大小以及（d）$\vec{r}$ 和正 x 轴方向所成的角度。

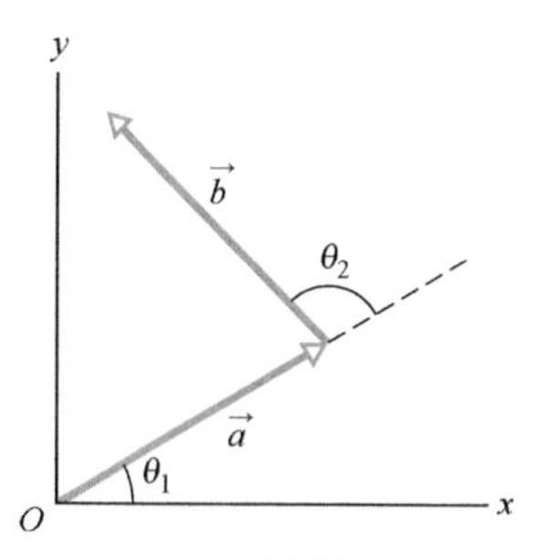

图3-23　习题15图

16. 位移矢量 $\vec{a}=(3.0m)\vec{i}+(4.0m)\vec{j}$ 和 $\vec{b}=(5.0m)\vec{i}+(-2.0m)\vec{j}$，求 $\vec{a}+\vec{b}$，（a）用单位矢量表示，（b）大小，（c）角度（相对于 $\vec{i}$）。求 $\vec{a}-\vec{b}$，（d）用单位矢量表示，（e）大小和（f）角度。

17. 三个矢量 $\vec{a}$、$\vec{b}$ 和 $\vec{c}$ 的数值大小都是50m，都在 xy 平面上。它们相对于 x 轴的正方向的夹角分别为30°、195°和315°。矢量 $\vec{a}+\vec{b}+\vec{c}$ 的（a）大小（b）角度为何？$\vec{a}-\vec{b}+\vec{c}$ 的（c）大小和（d）角度为何？第四个矢量 $\vec{d}$ 满足 $(\vec{a}+\vec{b})-(\vec{c}+\vec{d})=\vec{0}$，求 $\vec{d}$ 的（e）大小和（f）角度。

18. 在求和方程式 $\vec{A}+\vec{B}=\vec{C}$ 中，$\vec{A}$ 的大小为12.0m，方向为 $+x$ 方向逆时针转动角度40.0°，$\vec{C}$ 的数值大小为16.0m，它的方向为从 $-x$ 方向逆时针转动20.0°角度。求 $\vec{B}$ 的（a）大小和（b）方向（相对于 $+x$）。

19. 草地国际象棋比赛中，每一棋子在每块边长都是1m的正方形的中心之间运动，一只马以下面的方式运动：（1）向前两个方块，向右一个方块；（2）向左两个方块，向前一个方块；（3）向前两个方块，向左一个方块。问：马在这一连串三次运动的总位移的（a）大小和（b）角度（相对于向前）分别是多少？

20. 一位探险家在回营地的路上遇到称为雪盲（whit-eout）的暴风雪（这种暴风雪中，雪下得如此之厚，以致无法分辨出大地和天空）。他原打算向正北走4.8km回到营地。但当雪止天晴，他发现，他实际上走到了正东偏北50°的7.8km处。他现在必须走（a）多少路和（b）沿什么方向才能回到营地？

21. 被得克萨斯州酷热的午后太阳弄晕了的一只蚂蚁在水平泥地xy平面上乱跑乱撞。连续四次冲刺爬行的xy分量（以cm为单位）如下：（30.0，40.0），（b_x，－70.0），（－20.0，c_y），（－80.0，－70.0）。四次冲刺的总位移的xy分量是（－140，－20）。（a）b_x和（b）c_y是多少？总位移的（c）大小和（d）角度（相对于x轴的正方向）是多少？

22.（a）以单位矢量记号表示的下面四个矢量的总和是什么？这个总和的（b）数值大小，（c）以度表示的角度以及（d）以弧度表示的角度各是多少？

$\vec{E}$：6.00m，在＋0.900rad方向，　$\vec{F}$：5.00m，在－75.0°方向

$\vec{G}$：4.00m，在＋1.20rad方向，　$\vec{H}$：6.00m，在－210°方向

23. 设$\vec{b}=(3.0)\vec{i}+(4.0)\vec{j}$及$\vec{a}=\vec{i}-\vec{j}$，与$\vec{b}$同样大小但平行于$\vec{a}$的矢量是什么？

24. 沿x轴方向的矢量$\vec{A}$加到大小为6.0m的矢量$\vec{B}$上。合矢量的方向沿y轴、大小是$\vec{A}$的3.0倍。$\vec{A}$的大小是多少？

25. 一头骆驼从一个沙漠绿洲出发，沿西偏南30°的方向走了25km，然后向北走30km到达第二个绿洲。从第一个绿洲到第二个绿洲的方向是什么？

26. 下列四个矢量之和是什么？（a）用单位矢量记号表示，求它的（b）大小和（c）角度。

$\vec{A}=(2.00\text{m})\vec{i}+(3.00\text{m})\vec{j}$，　$\vec{B}$＝4.00m，方向65.0°

$\vec{C}=(-4.00\text{m})\vec{i}+(-6.00\text{m})\vec{j}$，　$\vec{D}$＝5.00m，方向－235°

27. 设$\vec{d}_1+\vec{d}_2=5\vec{d}_3$，$\vec{d}_1-\vec{d}_2=3\vec{d}_3$，$\vec{d}_3=2\vec{i}+4\vec{j}$。用单位矢量表示的（a）$\vec{d}_1$和（b）$\vec{d}_2$各是什么？

28. 两只甲虫从同一点出发在平坦的沙地上爬行。甲虫1向正东爬了0.50m，然后向正东偏北30°爬了0.70m。甲虫2也爬行两段路程，第一段沿正北偏东40°爬了1.6m。如果甲虫2也爬到甲虫1到达的新位置，求它第二段路程的（a）距离大小和（b）方向。

29. 典型的庭院蚂蚁常常为了指路而留下化学踪迹形成的网络。从蚁穴向外扩展，踪迹一次次地不断分叉，分枝之间角度都是60°。假如一只漫游的蚂蚁偶然碰到一条踪迹，踪迹可以告诉蚂蚁从任何一条分枝回到蚁穴的路径：假如蚂蚁离开蚁穴外出，有两条路径可供选择，它的运动要稍稍向左转30°或右转30°。假如它向蚁穴运动，只有一种选择。图3-24是典型的蚂蚁踪迹，标记字母的直线段长度为2.0cm，并标出对称的60°分叉。路径v平行于y轴。如果蚂蚁从A点进入踪迹，这时它距离蚁穴的位移（从图上找出）的（a）大小和（b）角度（相对于附在图上的x轴的正方向）为何？如果蚂蚁从B点进入，求它此时距离蚁穴位移的（c）大小和（d）角度。

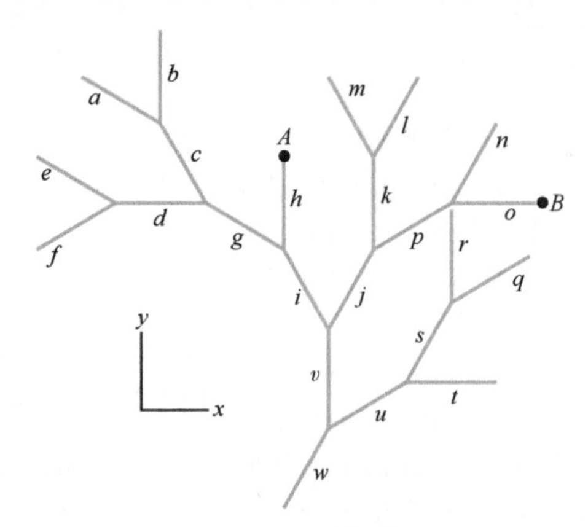

图3-24　习题29图

30. 有两个矢量：

$\vec{a}=(4.0\text{m})\vec{i}-(3.0\text{m})\vec{j}$和$\vec{b}=(6.0\text{m})\vec{i}+(8.0\text{m})\vec{j}$。

$\vec{a}$的（a）大小和（b）角度（相对于$\vec{i}$）是多少？$\vec{b}$的（c）大小和（d）角度是多少？$\vec{a}+\vec{b}$的（e）大小和（f）角度是多少？$\vec{b}-\vec{a}$的（g）大小和（h）角度以及$\vec{a}-\vec{b}$的（i）大小和（j）角度各等于多少？（k）$\vec{b}-\vec{a}$和$\vec{a}-\vec{b}$两者方向之间的角度为何？

31. 在图3-25中，大小为15.0m的矢量$\vec{a}$的方向为从x轴逆时针转动$\theta=56.0°$。矢量的分量（a）a_x和（b）a_y是多少？第二个坐标系相对于第一个坐标系转过$\theta'=18.0°$。在带撇的坐标系中的分量（c）a'_x和（d）a'_y又是什么？

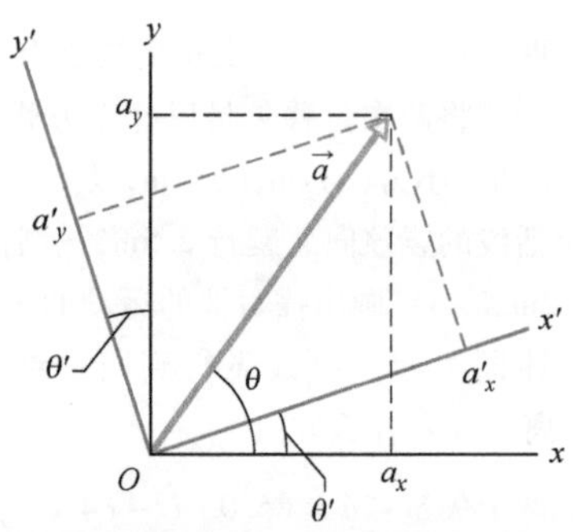

图3-25　习题31图

32. 图3-26中三个矢量的大小为$a=4$，$b=3$，$c=5$。$\vec{a}\times\vec{b}$的（a）大小和（b）方向为何，$\vec{a}\times\vec{c}$的（c）大小和（d）方向为何，$\vec{b}\times\vec{c}$的（e）大小和（f）方向怎样？（z轴没有在图上表示出来。）

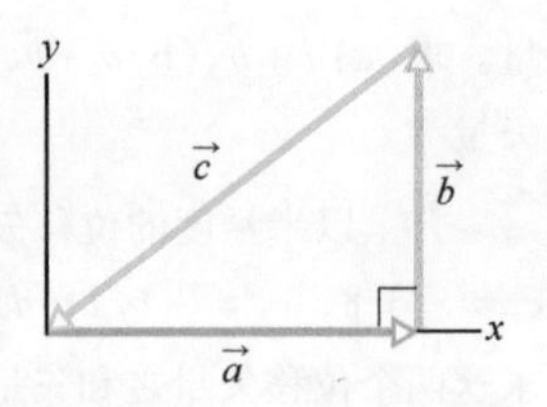

图3-26　习题32图

33. 在图3-27中，一个边长为a的立方体的一个角位于xyz坐标系的原点。体对角线是从一个角通过中心到相对角的直线。问：（a）从坐标（0，0，0）伸出的，（b）从坐标（a，0，0）伸出的，（c）从坐标（0，a，0）

和（d）坐标（a, a, 0）伸出的各条体对角线用单位矢量表示是什么？（e）求体对角线和相邻边的夹角。（f）求用 a 表示的体对角线的长度。

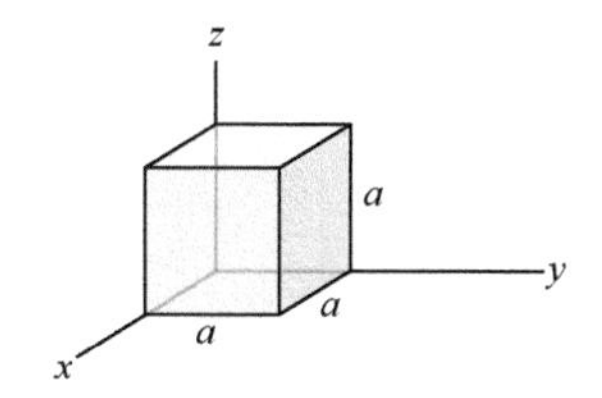

图 3-27　习题 33 图

34. 两个矢量表示为：$\vec{a}=3.0\vec{i}+5.0\vec{j}$ 和 $\vec{b}=2.0\vec{i}+4.0\vec{j}$。求：(a) $\vec{a}\times\vec{b}$，(b) $\vec{a}\cdot\vec{b}$，(c) $(\vec{a}+\vec{b})\cdot\vec{b}$ 及 (d) $\vec{a}$ 沿 $\vec{b}$ 方向的分量。[提示：求 (d) 时要考虑式 (3-20) 和图 3-18。]

35. 在 xy 平面上有两个矢量 $\vec{p}$ 和 $\vec{q}$。它们的数值大小分别是 3.50 和 6.30 个单位，它们的方向从正 x 轴逆时针量度分别为 220°和 75.0°。求 (a) $\vec{p}\times\vec{q}$ 和 (b) $\vec{p}\cdot\vec{q}$。

36. 有两个矢量：$\vec{p}_1=4\vec{i}-3\vec{j}+5\vec{k}$ 和 $\vec{p}_2=-6\vec{i}+3\vec{j}-2\vec{k}$。求 $(\vec{p}_1+\vec{p}_2)\cdot(\vec{p}_1\times5\vec{p}_2)$。

37. 给出三个矢量：$\vec{a}=3.0\vec{i}+3.0\vec{j}-2.0\vec{k}$，$\vec{b}=-1.0\vec{i}-4.0\vec{j}+2.0\vec{k}$ 以及 $\vec{c}=2.0\vec{i}+2.0\vec{j}+1.0\vec{k}$。求 (a) $\vec{a}\cdot(\vec{b}\times\vec{c})$，(b) $\vec{a}\cdot(\vec{b}+\vec{c})$ 和 (c) $\vec{a}\times(\vec{b}+\vec{c})$。

38. 对下面三个矢量求 $3\vec{C}\cdot(2\vec{A}\times\vec{B})$。

$$\vec{A}=2.00\vec{i}+3.00\vec{j}-4.00\vec{k}$$
$$\vec{B}=-3.00\vec{i}+4.00\vec{j}+2.00\vec{k},$$
$$\vec{C}=7.00\vec{i}-8.00\vec{j}$$

39. 矢量 $\vec{A}$ 的大小为 6.00 单位，矢量 $\vec{B}$ 的大小为 7.00 单位。$\vec{A}\cdot\vec{B}$ 的值为 14.0。$\vec{A}$ 和 $\vec{B}$ 二者方向间的夹角为多大？

40. 位移 $\vec{d}_1$ 在 yz 平面中和 y 轴正方向的角度为 63.0°，它有一个正的 z 分量，大小为 4.80m。位移 $\vec{d}_2$ 在 xz 平面上与 x 轴正方向成角度 30.0°，它有大小为 1.40m 的正 z 分量。求 (a) $\vec{d}_1\cdot\vec{d}_2$，(b) $\vec{d}_1\times\vec{d}_2$ 及 $\vec{d}_1$ 和 $\vec{d}_2$ 间的角度。

41. 根据标积的定义 $\vec{a}\cdot\vec{b}=ab\cos\theta$ 和 $\vec{a}\cdot\vec{b}=a_xb_x+a_yb_y+a_zb_z$，计算下面两个矢量的角度：$\vec{a}=4.0\vec{i}+4.0\vec{j}+4.0\vec{k}$ 及 $\vec{b}=3.0\vec{i}+2.0\vec{j}+4.0\vec{k}$。

42. 在一次小丑聚会上，小丑 1 的位移为 $\vec{d}_1=(4.0\text{m})\vec{i}+(5.0\text{m})\vec{j}$，小丑 2 的位移为 $\vec{d}_2=(-3.0\text{m})\vec{i}+(4.0\text{m})\vec{j}$。求 (a) $\vec{d}_1\times\vec{d}_2$，(b) $\vec{d}_1\cdot\vec{d}_2$，(c) $(\vec{d}_1+\vec{d}_2)\cdot\vec{d}_2$，(d) $\vec{d}_1$ 在 $\vec{d}_2$ 方向上的分量。[提示：对于 (d)，参见式 (3-20) 和图 3-18。]

43. 图 3-28 中的三个矢量的大小为：$a=3.00$m，$b=4.00$m，$c=10.0$m，角度 $\theta=30°$。求 $\vec{a}$ 的 (a) x 分量和 (b) y 分量；$\vec{b}$ 的 (c) x 分量和 (d) y 分量；$\vec{c}$ 的 (e) x 分量和 (f) y 分量，如果 $\vec{c}=p\vec{a}+q\vec{b}$，则 (g) p 和 (h) q 的数值为何？

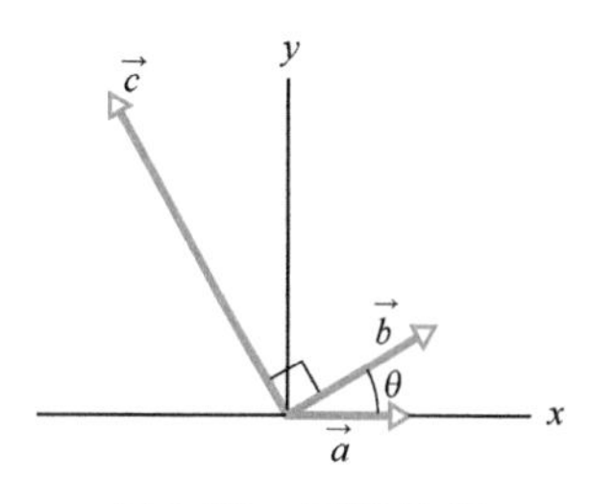

图 3-28　习题 43 图

44. 在乘积 $\vec{F}=q\vec{v}\times\vec{B}$ 中取 $q=3$，$\vec{v}=2.0\vec{i}+4.0\vec{j}+6.0\vec{k}$ 以及 $\vec{F}=4.0\vec{i}-20\vec{j}+12\vec{k}$

如果 $B_x=B_y$，那么用单位矢量记号表示的 $\vec{B}$ 是什么？

CHAPTER 4

第4章　二维和三维运动

4-1　位置和位移

学习目标

学完这一单元后，你应当能够……

4.01　画出一个质点在二维和三维空间中的位置矢量，标出沿坐标系的各坐标轴上的分量。

4.02　由质点在坐标系中的分量确定质点位置矢量的数值大小和方向以及相反运算过程。

4.03　应用质点的位移矢量和它初始的和最终的位置矢量之间的关系。

关键概念

- 质点相对于坐标系原点的位置由位置矢量 $\vec{r}$ 给出，用单位矢量记号表示位置矢量是

$$\vec{r}=x\vec{i}+y\vec{j}+z\vec{k}$$

其中，$x\vec{i}$、$y\vec{j}$和$z\vec{k}$是位置矢量$\vec{r}$的矢量分量，x、y和z是它的标量分量（以及质点位置的坐标）。

- 位置矢量可以用它的数值大小和方向（角度）来表示，或者用它的矢量分量或标量分量表示。

- 如一个质点的运动是使它的位置矢量从$\vec{r}_1$变到$\vec{r}_2$，则质点的位移$\Delta\vec{r}$为

$$\Delta\vec{r}=\vec{r}_2-\vec{r}_1$$

位移也可写成：

$$\begin{aligned}\Delta\vec{r}&=(x_2-x_1)\vec{i}+(y_2-y_1)\vec{j}+(z_2-z_1)\vec{k}\\&=\Delta x\,\vec{i}+\Delta y\,\vec{j}+\Delta z\,\vec{k}\end{aligned}$$

什么是物理学?

在这一章里我们继续着眼于分析运动的物理方面，只不过现在的运动是二维或三维的运动。例如，医学研究人员和航空工程师可能会将注意力集中到空战中战斗机飞行员所做的二维和三维转向的物理学，因为现代高性能的喷气式飞机可以如此快地急转弯使得飞行员立即失去意识。体育运动工程师会关心篮球中的物理学。例如，在罚球（运动员从大约距篮板4.3m处并且在没有人争夺的情况下投篮）的时候，运动员可以高举双手投篮，就是球大约从肩膀的高度用双手掷出。或者运动员可以低手弧线投篮，这时篮球向上投掷，从大约腰带的高度脱手。第一种技术是职业球员中绝大多数的选择，但是，传说中里克·巴里（Rick Barry）用低手技术创造了罚球的纪录。

三维运动不容易控制。例如，你驾驶汽车在高速公路上行驶（一维运动）可能很熟练，但如果你在没有充分训练的条件下将飞机降落在跑道上（三维运动）就会感到比较困难。

我们从位置和位移着手，学习二维和三维运动。

位置和位移

表示质点（或可以看作质点的物体）位置的常用方法是用**位置矢量**（位矢）$\vec{r}$，这是从参考点（通常为坐标系的原点）延伸到质点的一个矢量。由 3-2 单元中介绍的单位矢量表示法得知，$\vec{r}$ 可写作

$$\vec{r}=x\,\vec{i}+y\,\vec{j}+z\,\vec{k} \tag{4-1}$$

其中，$x\,\vec{i}$、$y\,\vec{j}$和$z\,\vec{k}$为 $\vec{r}$ 的矢量分量，而系数 x、y 和 z 为其标量分量。

系数 x、y 和 z 给出质点沿坐标轴相对于原点的位置，也就是说质点的直角坐标为（x，y，z）。例如，图 4-1 所示的质点具有位矢：

$$\vec{r}=(-3\text{m})\vec{i}+(2\text{m})\vec{j}+(5\text{m})\vec{k}$$

及直角坐标（-3m，2m，5m）。质点沿 x 轴距原点 3m，在 $-\vec{i}$ 方向；沿 y 轴距原点 2m，在 $+\vec{j}$ 方向；沿 z 轴距原点 5m，在 $+\vec{k}$ 方向。

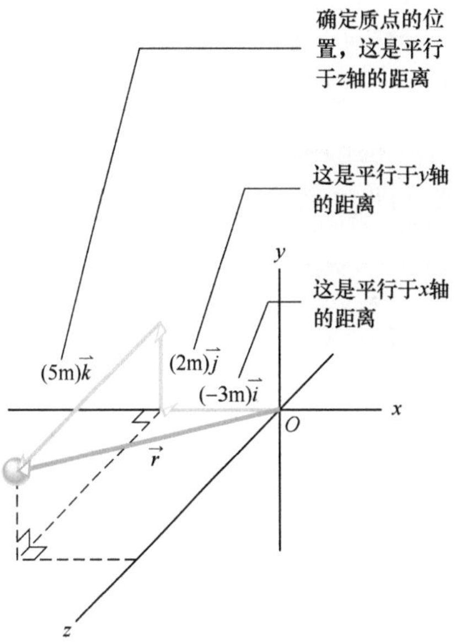

随着质点移动，它的位矢会改变，而位置矢量总是从参考点（原点）指向质点。如果在某一时间间隔内，位矢从 $\vec{r}_1$ 变化到 $\vec{r}_2$，则质点在那段时间间隔的**位移**为

$$\Delta\vec{r}=\vec{r}_2-\vec{r}_1 \tag{4-2}$$

应用式（4-1）的单位矢量表示法，我们可将位移重写作

$$\Delta\vec{r}=(x_2\vec{i}+y_2\vec{j}+z_2\vec{k})-(x_1\vec{i}+y_1\vec{j}+z_1\vec{k})$$

或

$$\Delta\vec{r}=(x_2-x_1)\vec{i}+(y_2-y_1)\vec{j}+(z_2-z_1)\vec{k} \tag{4-3}$$

式中，坐标（x_1，y_1，z_1）相应于位矢 $\vec{r}_1$，坐标（x_2，y_2，z_2）相应于位矢 $\vec{r}_2$。还可将（x_2-x_1）用 Δx 代替，（y_2-y_1）用 Δy 代替，与（z_2-z_1）用 Δz 代替，重写为

$$\Delta\vec{r}=\Delta x\,\vec{i}+\Delta y\,\vec{j}+\Delta z\,\vec{k} \tag{4-4}$$

图 4-1 质点的位矢 $\vec{r}$ 是其矢量分量的矢量和。

例题 4.01 二维位置矢量，兔子奔跑

一只兔子在停车场上奔跑，说也奇怪，停车场上正好画着一组坐标系。兔子位置的坐标（单位：m）是下式给出的时间（单位：s）的函数：

$$x=-0.31t^2+7.2t+28 \tag{4-5}$$

$$y=0.22t^2-9.1t+30 \tag{4-6}$$

（a）在 $t=15$s 时，兔子的位置矢量 $\vec{r}$ 的单位矢量表示和数值-角度表示是什么？

【关键概念】

式（4-5）和式（4-6）给出的 x 和 y 坐标是兔子位置矢量 $\vec{r}$ 的标量分量。我们要计算给定时刻的这两个坐标，然后可以用式（3-6）求位置矢量的大小和方向。

解： 我们可以写出

$$\vec{r}(t)=x(t)\vec{i}+y(t)\vec{j} \tag{4-7}$$

[我们写 $\vec{r}$（t）而不写 $\vec{r}$ 是因为两个分量都是 t 的函数，所以 $\vec{r}$ 也是 t 的函数。]

在 $t=15$s 时，标量分量为

$$x=(-0.31)(15)^2+(7.2)(15)+28=66\text{m}$$

$$y=(0.22)(15)^2-(9.1)(15)+30=-57\text{m}$$

所以

$$\vec{r}=(66\text{m})\vec{i}-(57\text{m})\vec{j} \qquad \text{（答案）}$$

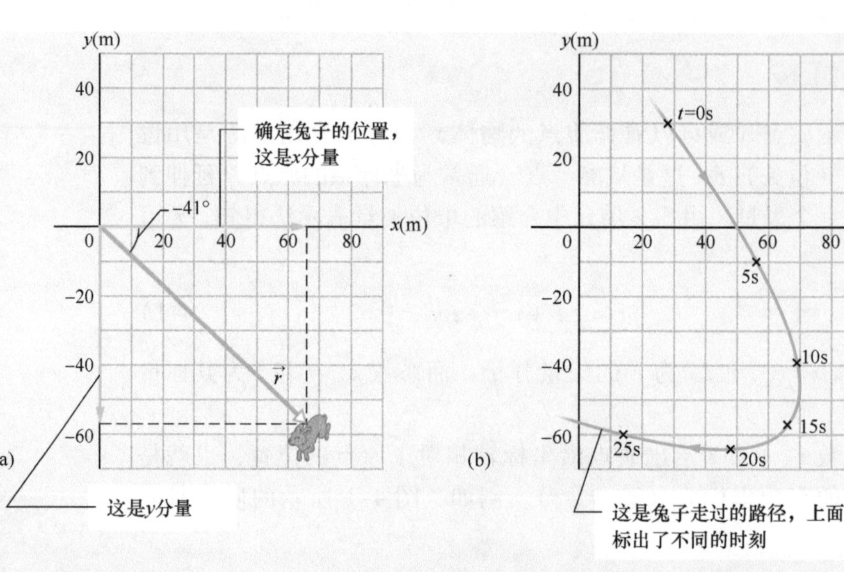

图4-2 （a）兔子在 $t=15\text{s}$ 时的位矢 $\vec{r}$，$\vec{r}$ 的标量分量标在图上。（b）兔子走过的路径和相应于6个 t 值所对应的位置。

$\vec{r}$ 画在图4-2a上。要求 $\vec{r}$ 的大小和角度，注意到两个分量构成直角三角形的两直角边，r 是斜边。我们用式（3-6）：

$$r=\sqrt{x^2+y^2}=\sqrt{(66\text{m})^2+(-57\text{m})^2}=87\text{m}$$

（答案）

$$\theta=\arctan\frac{y}{x}=\arctan\left(\frac{-57\text{m}}{66\text{m}}\right)=-41°$$

（答案）

核对：虽然 $\theta=139°$ 和 $-41°$ 的正切值都相同，但位置矢量 $\vec{r}$ 的分量显示所要求的角度应该是 $139°-180°=-41°$。

（b）画出 $t=0$ 到 $t=25\text{s}$ 之间兔子奔跑的路线。

作图：我们已经确定了兔子在一个时刻的位置，但要看出它走过的路径就需要一张图。我们对几个不同的 t 值重复（a）的计算，然后在图上画出结果。图4-2b表示6个 t 的值对应的点和连接这些点所成的路径。

在WileyPLUS中可以找到附加的例题、视频和练习。

4-2 平均速度和瞬时速度

学习目标

学完这一单元后，你应当能够……

4.04 懂得速度是矢量，所以它既有数值也有方向，并且还有分量。

4.05 画出质点的二维和三维的速度矢量，标出沿坐标轴的分量。

4.06 用数值-角度和单位矢量记号将质点的初始和最终的位置矢量、这两个位置之间的时间间隔以及质点的平均速度矢量联系起来。

4.07 由给定的作为时间函数的质点的位置矢量求它的（瞬时）速度矢量。

关键概念

- 如果一个质点在时间间隔 Δt 内经过位移 $\Delta\vec{r}$，则在这段时间间隔内的平均速度 $\vec{v}_{\text{avg}}$ 为

$$\vec{v}_{\text{avg}}=\frac{\Delta\vec{r}}{\Delta t}$$

- 当 Δt 趋近于0，$\vec{v}_{\text{avg}}$ 趋近于一个极限，称为速度或瞬时速度 $\vec{v}$：

$$\vec{v}=\frac{\text{d}\vec{r}}{\text{d}t}$$

这可以重新写成单位矢量记号：

$$\vec{v}=v_x\vec{i}+v_y\vec{j}+v_z\vec{k}$$

其中，$v_x=\text{d}x/\text{d}t$，$v_y=\text{d}y/\text{d}t$，$v_z=\text{d}z/\text{d}t$。

- 质点的瞬时速度 $\vec{v}$ 总是沿着质点所在位置处该质点路径的切线方向。

平均速度和瞬时速度

如果一质点从一点运动到另一点，我们可能需要知道它运动得多快。在第2章中我们已经定义了两个描述运动“多快”的量：平均速度和瞬时速度。不过，我们在这里必须考虑到这些量都是矢量并使用矢量记号。

如果一个质点在时间间隔 Δt 内走过一段位移 $\Delta\vec{r}$，它的**平均速度** $\vec{v}_{avg}$ 为

$$平均速度=\frac{位移}{时间间隔}$$

或

$$\vec{v}_{avg}=\frac{\Delta\vec{r}}{\Delta t} \tag{4-8}$$

这个式子告诉我们 $\vec{v}_{avg}$ [式（4-8）左边的矢量] 的方向一定和位移 $\Delta\vec{r}$（右边的矢量）的方向相同。应用式（4-4），我们可以将式（4-8）写成矢量分量的形式：

$$\vec{v}_{avg}=\frac{\Delta x\vec{i}+\Delta y\vec{j}+\Delta z\vec{k}}{\Delta t}=\frac{\Delta x}{\Delta t}\vec{i}+\frac{\Delta y}{\Delta t}\vec{j}+\frac{\Delta z}{\Delta t}\vec{k} \tag{4-9}$$

例如，一个质点在2.0s中的位移为：（12m）$\vec{i}$ +（3.0m）$\vec{k}$，它在这段时间内运动的平均速度

$$\vec{v}_{avg}=\frac{\Delta\vec{r}}{\Delta t}=\frac{(12\text{m})\vec{i}+(3.0\text{m})\vec{k}}{2.0\text{s}}=(6.0\text{m})\vec{i}+(1.5\text{m})\vec{k}$$

这表示平均速度（矢量）有6.0m/s的沿 x 轴的分量和1.5m/s的沿 z 轴的分量。

谈到质点的**速度**的时候，我们通常说的是在某一时刻质点的**瞬时速度** $\vec{v}$。$\vec{v}$ 是当我们使时间间隔 Δt 缩短到0，在这个时刻 $\vec{v}_{avg}$ 趋近的极限值。我们可以用微积分的语言将 $\vec{v}$ 写成微商：

$$\vec{v}=\frac{d\vec{r}}{dt} \tag{4-10}$$

图4-3表示约束在 xy 平面上的一个质点的曲线路径。质点沿着曲线向右运动，它的位置矢量扫向右方。经过时间 Δt，位置矢量从 $\vec{r}_1$ 变到 $\vec{r}_2$，质点的位移是 $\Delta\vec{r}$。

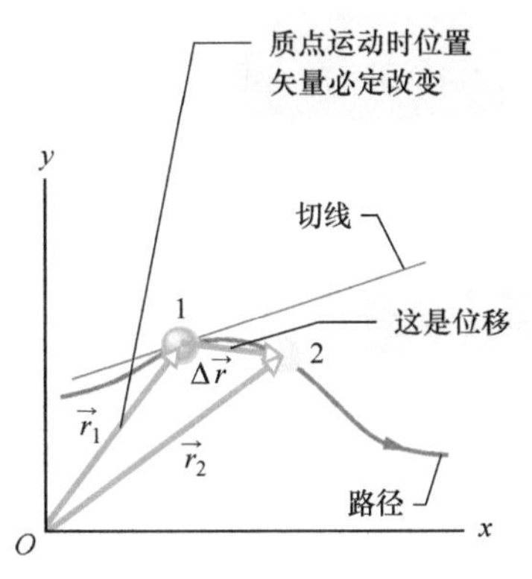

图4-3 在 t_1 时刻质点在位置1，位置矢量 $\vec{r}_1$。经过时间 Δt，在时刻 t_2，质点到达位置2，位置矢量 $\vec{r}_2$。质点在时间间隔 Δt 内的位移为 $\Delta\vec{r}$。图中画出质点在位置1时路径的切线。

要求质点在 t_1 时刻（这时质点在位置1）的瞬时速度，我们将时间间隔 Δt 对 t_1 缩短到0。在这样做的时候发生三件事：①图4-3中的位置矢量 $\vec{r}_2$ 移向 $\vec{r}_1$，所以 $\Delta\vec{r}$ 缩短，并趋近于零；②$\Delta\vec{r}/$

Δt 的方向（就是 $\vec{v}_{avg}$ 的方向）趋近于质点在位置1处路径曲线的切线方向；③平均速度 $\vec{v}_{avg}$ 趋近于 t_1 时刻的瞬时速度 $\vec{v}$。

在 $\Delta t \to 0$ 的极限情况下，我们得到 $\vec{v}_{avg} \to \vec{v}$，这里最重要的是 $\vec{v}_{avg}$ 取切线方向。因而 $\vec{v}$ 也是这个方向：

质点的瞬时速度 $\vec{v}$ 的方向是质点所在位置处的运动路径的切线方向。

三维的情况也一样：$\vec{v}$ 沿质点路径的切线方向。

用单位矢量形式写式（4-10），用式（4-1）代替 $\vec{r}$，得

$$\vec{v} = \frac{\mathrm{d}}{\mathrm{d}t}(x\vec{i} + y\vec{j} + z\vec{k}) = \frac{\mathrm{d}x}{\mathrm{d}t}\vec{i} + \frac{\mathrm{d}y}{\mathrm{d}t}\vec{j} + \frac{\mathrm{d}z}{\mathrm{d}t}\vec{k}$$

这个方程式可以简化成：

$$\vec{v} = v_x\vec{i} + v_y\vec{j} + v_z\vec{k} \tag{4-11}$$

其中 $\vec{v}$ 的标量分量为

$$v_x = \frac{\mathrm{d}x}{\mathrm{d}t},\ v_y = \frac{\mathrm{d}y}{\mathrm{d}t},\ v_z = \frac{\mathrm{d}z}{\mathrm{d}t} \tag{4-12}$$

例如，$\mathrm{d}x/\mathrm{d}t$ 是 $\vec{v}$ 沿 x 轴的标量分量。所以我们可以通过对 $\vec{r}$ 的标量分量求微分得到 $\vec{v}$ 的标量分量。

图4-4表示速度 $\vec{v}$ 和它的 x 和 y 标量分量。注意，$\vec{v}$ 是质点所在位置上质点路径的切线。小心：像在图4-1～图4-3中画出的位置矢量的情况下，位置矢量是从一个点（这里）延伸到另一点（那里）的箭矢。然而，画速度矢量的时候，像在图4-4中，速度矢量并不是从一点延伸到另一点。实际上它表示质点运动到箭矢尾端的位置时运动的瞬时方向，箭矢的长度（表示速度的大小）可以用任何尺度画出。

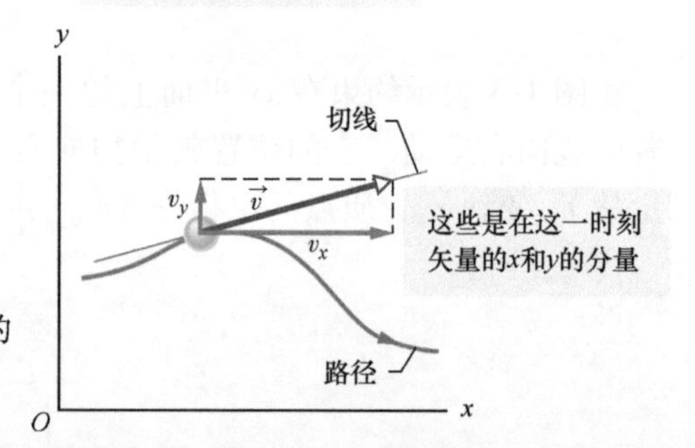

图4-4　质点的速度 $\vec{v}$ 和 $\vec{v}$ 的标量分量。

检查点1

右图表示一个质点的圆形轨道。若质点的瞬时速度为 $\vec{v} = (2\mathrm{m/s})\vec{i} - (2\mathrm{m/s})\vec{j}$，如果它是沿圆（a）顺时针和（b）逆时针运动，这时质点分别是在哪个象限中？对这两种情况在图上画出 $\vec{v}$。

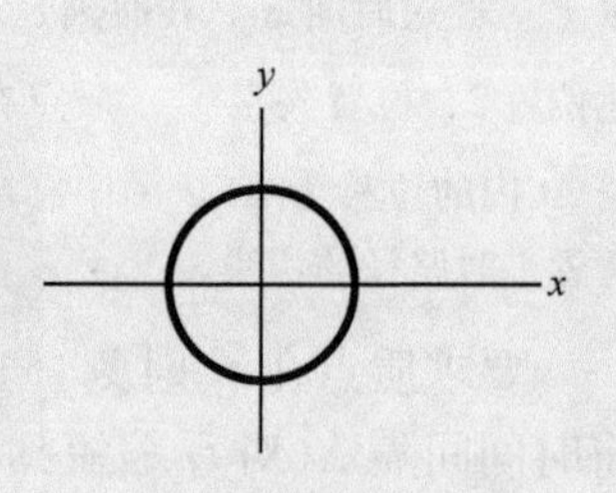

例题 4.02 **二维速度，兔子奔跑**

对于上一个例题中的兔子，求 $t=15\mathrm{s}$ 时的速度 $\vec{v}$。

【关键概念】

我们可以通过对兔子的位置矢量的分量求微商得到 $\vec{v}$。

解：将式（4-12）的 v_x 部分代入式（4-5），我们求出 $\vec{v}$ 的 x 分量：

$$v_x=\frac{\mathrm{d}x}{\mathrm{d}t}=\frac{\mathrm{d}}{\mathrm{d}t}(-0.31t^2+7.2t+28)$$

$$=-0.62t+7.2 \qquad (4\text{-}13)$$

$t=15\mathrm{s}$ 时，$v_x=-2.1\mathrm{m/s}$。同理，将式（4-12）的 v_y 部分代入式（4-6），我们得到：

$$v_y=\frac{\mathrm{d}y}{\mathrm{d}t}=\frac{\mathrm{d}}{\mathrm{d}t}(0.22t^2-9.1t+30)$$

$$=0.44t-9.1 \qquad (4\text{-}14)$$

$t=15\mathrm{s}$，给出 $v_y=-2.5\mathrm{m/s}$。由方程式（4-11）：

$$\vec{v}=(-2.1\mathrm{m/s})\vec{i}+(-2.5\mathrm{m/s})\vec{j} \quad \text{（答案）}$$

在图 4-5 中表示出兔子在 15s 时瞬间奔跑的方向也就是该点路径的切线方向。

要求 $\vec{v}$ 的大小和角度，我们可以用计算矢量的计算器，或者按式（3-6）写下：

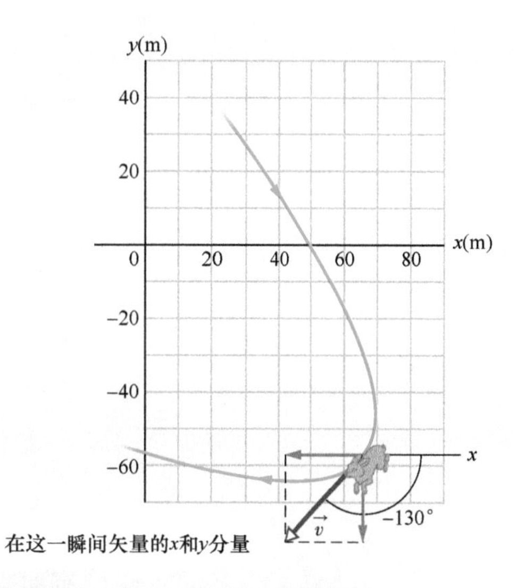

图 4-5 在 $t=15\mathrm{s}$ 时兔子的速度 $\vec{v}$。

$$v=\sqrt{v_x^2+v_y^2}$$

$$=\sqrt{(-2.1\mathrm{m/s})^2+(-2.5\mathrm{m/s})^2}$$

$$=3.3\mathrm{m/s}$$

$$\theta=\arctan\frac{v_y}{v_x}=\arctan\left(\frac{-2.5\mathrm{m/s}}{-2.1\mathrm{m/s}}\right)$$

$$=\arctan 1.19=-130° \quad \text{（答案）}$$

核对：角度应是 $-130°$ 还是 $-130°+180°=50°$？

WILEY PLUS 在 WileyPLUS 中可以找到附加的例题、视频和练习。

4-3 平均加速度和瞬时加速度

学习目标

学完这一单元后，你应当能够……

4.08 懂得加速度是矢量，因此有数值和方向，并且也有分量。

4.09 画出质点的二维和三维加速度矢量，指出它的分量。

4.10 根据质点初始的和末了的速度矢量及这两个速度的时间间隔求平均加速度矢量，并用数值－角度和单位矢量记号表示。

4.11 给定质点的作为时间函数的速度矢量求它的（瞬时）加速度矢量。

4.12 对运动的每一维度，应用（第 2 章的）匀加速度方程将加速度、速度、位置和时间联系起来。

关键概念

- 在时间间隔 Δt 内，质点的速度从 $\vec{v}_1$ 变到 $\vec{v}_2$，它在 Δt 时间内的平均加速度为

$$\vec{a}_{\text{avg}}=\frac{\vec{v}_2-\vec{v}_1}{\Delta t}=\frac{\Delta\vec{v}}{\Delta t}$$

- 当 Δt 趋近于 0 时，$\vec{a}_{\text{avg}}$ 达到极限值，称为加速度或瞬时加速度 $\vec{a}$。
- 用单位矢量记号表示

$$\vec{a}=a_x\vec{i}+a_y\vec{j}+a_z\vec{k}$$

其中，$a_x=\mathrm{d}v_x/\mathrm{d}t$，$a_y=\mathrm{d}v_y/\mathrm{d}t$，$a_z=\mathrm{d}v_z/\mathrm{d}t$。

平均加速度和瞬时加速度

当质点在 Δt 时间内，速度从 $\vec{v}_1$ 改变到 $\vec{v}_2$，它在 Δt 内的**平均加速度** $\vec{a}_{avg}$ 为

$$平均加速度 = \frac{速度的改变}{时间间隔}$$

或

$$\vec{a}_{avg} = \frac{\vec{v}_2 - \vec{v}_1}{\Delta t} = \frac{\Delta \vec{v}}{\Delta t} \tag{4-15}$$

如果对某一时刻将 Δt 减小到零，则 $\vec{a}_{avg}$ 趋近的极限就是该时刻的**瞬时加速度**（或**加速度**）$\vec{a}$，即

$$\vec{a} = \frac{d\vec{v}}{dt} \tag{4-16}$$

如果速度的大小或方向中任一个改变或二者都改变，质点就一定有加速度。

将式（4-11）中的 $\vec{v}$ 代入，用单位矢量表示式（4-16）：

$$\vec{a} = \frac{d}{dt}(v_x\vec{i} + v_y\vec{j} + v_z\vec{k}) = \frac{dv_x}{dt}\vec{i} + \frac{dv_y}{dt}\vec{j} + \frac{dv_z}{dt}\vec{k}$$

还可将此式写为

$$\vec{a} = a_x\vec{i} + a_y\vec{j} + a_z\vec{k} \tag{4-17}$$

其中，$\vec{a}$ 的标量分量为

$$a_x = \frac{dv_x}{dt}，\ a_y = \frac{dv_y}{dt} \quad 与 \quad a_z = \frac{dv_z}{dt} \tag{4-18}$$

因此，我们可由对 $\vec{v}$ 的标量分量求微分，从而求出 $\vec{a}$ 的标量分量。

图4-6显示在二维空间中运动的某一质点的加速度矢量 $\vec{a}$ 及其标量分量。注意：图中画出的加速度矢量（见图4-6），矢量并不是从一个位置延伸到另一位置。它表示的是位于它尾端的质点的加速度方向，矢量的长度（表示加速度的数值）可以按照任意的比例画出。

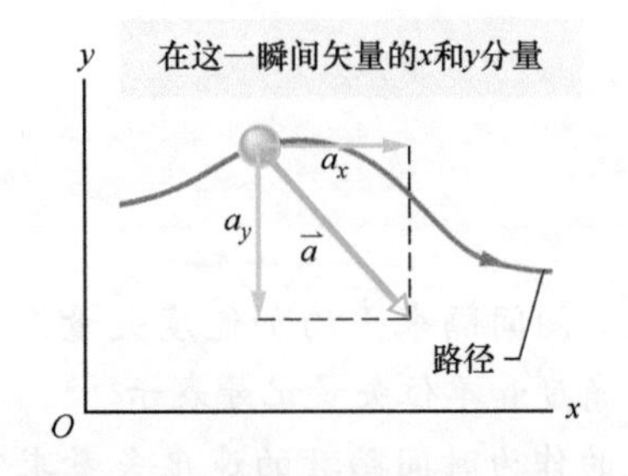

图4-6 质点的加速度 $\vec{a}$ 及其标量分量。

检查点2

下列四式描述在 xy 平面运动的一个冰球的位置表达式（以m为单位）：

（1）$x = -3t^2 + 4t - 2$ 和 $y = 6t^2 - 4t$

（2）$x = -3t^3 - 4t$ 和 $y = -5t^2 + 6$

（3）$\vec{r} = 2t^2\vec{i} - (4t+3)\vec{j}$

（4）$\vec{r} = (4t^3 - 2t)\vec{i} + 3\vec{j}$

加速度的 x 与 y 分量是否为常量？加速度 $\vec{a}$ 是否为常量？

例题 4.03 二维加速度，兔子奔跑

对前面两个例题中的兔子，求 $t=15\text{s}$ 时刻的加速度。

【关键概念】

我们可以对兔子速度的分量求微商得到 $\vec{a}$。

解：将式（4-18）的 a_x 部分应用于式（4-13），得到 $\vec{a}$ 的 x 分量为

$$a_x=\frac{dv_x}{dt}=\frac{d}{dt}(-0.62t+7.2)=-0.62\text{m/s}^2$$

同样将式（4-18）的 a_y 部分应用于式（4-14），得到 y 分量为

$$a_y=\frac{dv_y}{dt}=\frac{d}{dt}(0.44t-9.1)=0.44\text{m/s}^2$$

我们看到加速度不随时间变化（它是一个常量），这是因为时间变量 t 不出现在这两个加速度分量的表达式中。由式（4-17），得

$$\vec{a}=(-0.62\text{m/s}^2)\vec{i}+(0.44\text{m/s}^2)\vec{j}\quad(\text{答案})$$

在图4-7中，将这个加速度附加在兔子奔跑的路线上。

要求 $\vec{a}$ 的大小和角度，我们可以用矢量计算器，也可以用式（3-6）计算。对于加速度的大小

$$a=\sqrt{a_x^2+a_y^2}=\sqrt{(-0.62\text{m/s}^2)^2+(0.44\text{m/s}^2)^2}$$
$$=0.76\text{m/s}^2\quad(\text{答案})$$

为求角度，我们有

$$\theta=\arctan\frac{a_y}{a_x}=\arctan\left(\frac{0.44\text{m/s}^2}{-0.62\text{m/s}^2}\right)=-35°$$

不过，这个角度是计算器上显示的数值，这在图4-7中应表示为 $\vec{a}$ 指向右下方。可是从 $\vec{a}$ 的分量我们知道 $\vec{a}$ 必须指向左上方。我们要求另一个和 $-35°$ 有同样的正切数值的角度，但它并不能在计算器上显示出来。我们加上 $180°$：

$$-35°+180°=145°\quad(\text{答案})$$

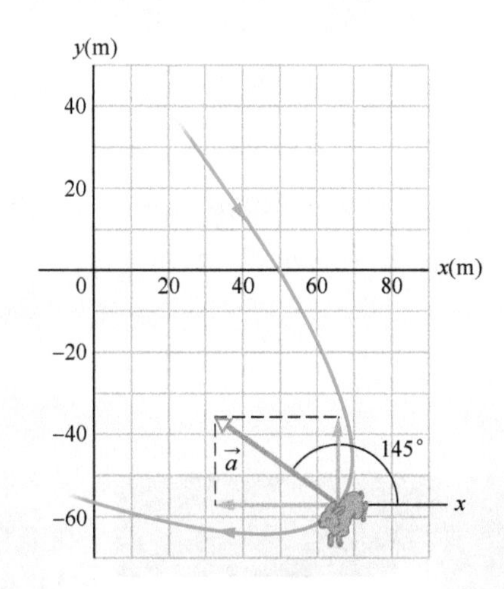

图4-7 兔子在15s时的加速度 $\vec{a}$。兔子在它的路径的各点上都有相同的加速度。

这个角度和 $\vec{a}$ 的分量表示一致，因为它给出一个指向左上方的矢量。注意，因为加速度是常量，在兔子整个奔跑的过程中 $\vec{a}$ 都有同样的大小和方向。这意味着，我们可以在兔子奔跑的路径的其他任何一点画出完全相同的矢量（只要平移矢量，把它的尾端放在路径的另外某个点上而不必改变它的长度和方向）。

这已经是我们要对用单位矢量表示的矢量求微商的第二个例题了。一种常见的错误是忽略了单位矢量本身而结果只是一组数值和符号。要牢记矢量的微商一定是另外一个矢量。

WILEY PLUS 在 WileyPLUS 中可以找到附加的例题、视频和练习。

4-4 抛体运动

学习目标

学完这一单元后，你应当能够……

4.13 对着抛体运动所走路径的曲线图，说明抛体飞行过程中的速度和加速度的大小和方向及它们的分量。

4.14 根据发射速度的数值-角度或单位矢量记号，计算质点在飞行过程中某给定时刻的位置、位移和速度。

4.15 根据飞行中某一时刻的数据，计算发射速度。

关键概念

- 在抛体运动中，一个质点以速率 v_0 和角度 θ_0（从水平的 x 轴测量）向空中抛出。在飞行过程中，它的水平加速度为零，竖直加速度是 $-g$（沿竖直的 y 轴向下）。
- 质点（在飞行中）的运动方程可以写作：

$$x - x_0 = (v_0\cos\theta_0)t$$

$$y - y_0 = (v_0\sin\theta_0)t - \frac{1}{2}gt^2$$

$$v_y = v_0\sin\theta_0 - gt$$

$$v_y^2 = (v_0\sin\theta_0)^2 - 2g(y - y_0)$$

- 做抛体运动的质点的轨道（路径）是抛物线，由下式给出：

$$y = (\tan\theta_0)x - \frac{gx^2}{2(v_0\cos\theta_0)^2}$$

设 x_0 和 y_0 都为零。

- 质点的水平射程 R，就是质点从发射点回到与发射点同样高度的点之间的水平距离：

$$R = \frac{v_0^2}{g}\sin 2\theta_0$$

抛体运动

我们接着考虑二维运动的一种特殊情况：初速度为 $\vec{v}_0$ 的质点在竖直的平面内运动，它的加速度始终是向下的自由下落加速度。这样的质点称为**抛体**（意思说它被抛出或被射出），它的运动称为**抛体运动**。抛体可以是飞行中的网球（见图4-8）或棒球，但不是飞行中的鸭子。许多体育运动项目都要研究球的抛体运动。例如，20世纪70年代发现，z式击球（z-shot）的短柄壁球（racqueball）运动员很容易赢得比赛，因为球会出人意料地飞到球场的后部。

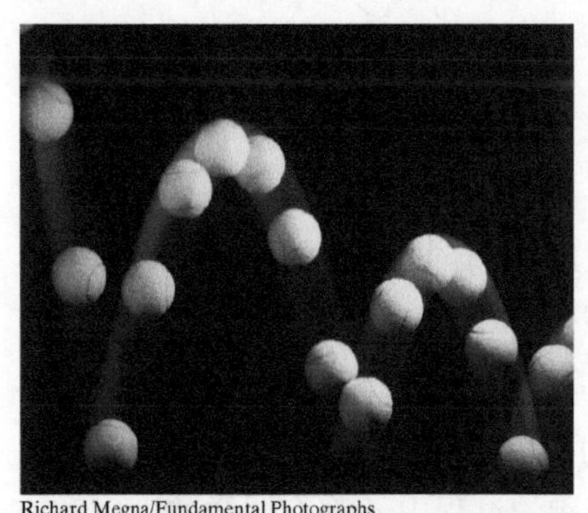

Richard Megna/Fundamental Photographs

图4-8　黄色网球在坚硬表面弹跳的频闪照相，在两次撞击之间，球做抛体运动。

本单元的目的就是利用4-1单元到4-3单元描述二维运动的方法来分析抛体运动，并假设空气对抛体没有影响。我们马上就要分析的图4-9表示在空气不会产生影响的情况下一个抛体所走的路径。抛体以初速度 v_0 发射，可将它写成：

$$\vec{v}_0 = v_{0x}\vec{i} + v_{0y}\vec{j} \tag{4-19}$$

如果我们知道 $\vec{v}_0$ 和正 x 方向之间的角度 θ_0，分量 v_{0x} 和 v_{0y} 就可以求出：

$$v_{0x} = v_0\cos\theta_0 \text{ 和 } v_{0y} = v_0\sin\theta_0 \tag{4-20}$$

在抛体的二维运动过程中，它的位置矢量 $\vec{r}$ 和速度矢量不断改变，但它的加速度 $\vec{a}$ 是常数并且总是竖直向下。抛体没有水平加速度。

虽然在图4-8和图4-9中的抛体运动看上去很复杂，但我们有以下简单的特点（从实验得知）：

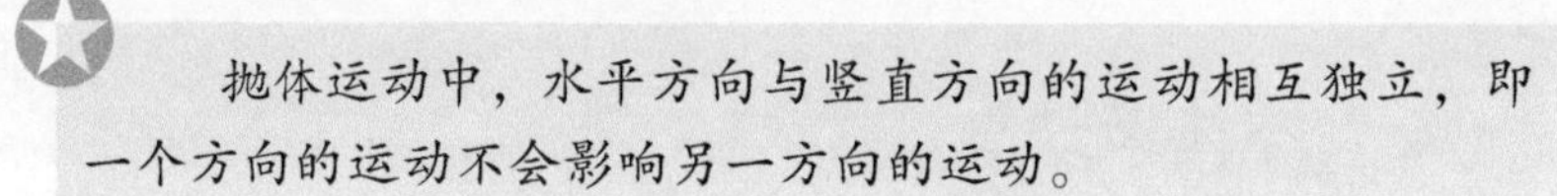

抛体运动中，水平方向与竖直方向的运动相互独立，即一个方向的运动不会影响另一方向的运动。

这个特点使得我们可将二维运动问题分为两个相互分立的、易于解决的一维问题：一个是水平运动（零加速度），一个是竖直运动（加速度恒定向下）。下面给出两个实验，它们充分表明水平运动与竖直运动是相互独立的。

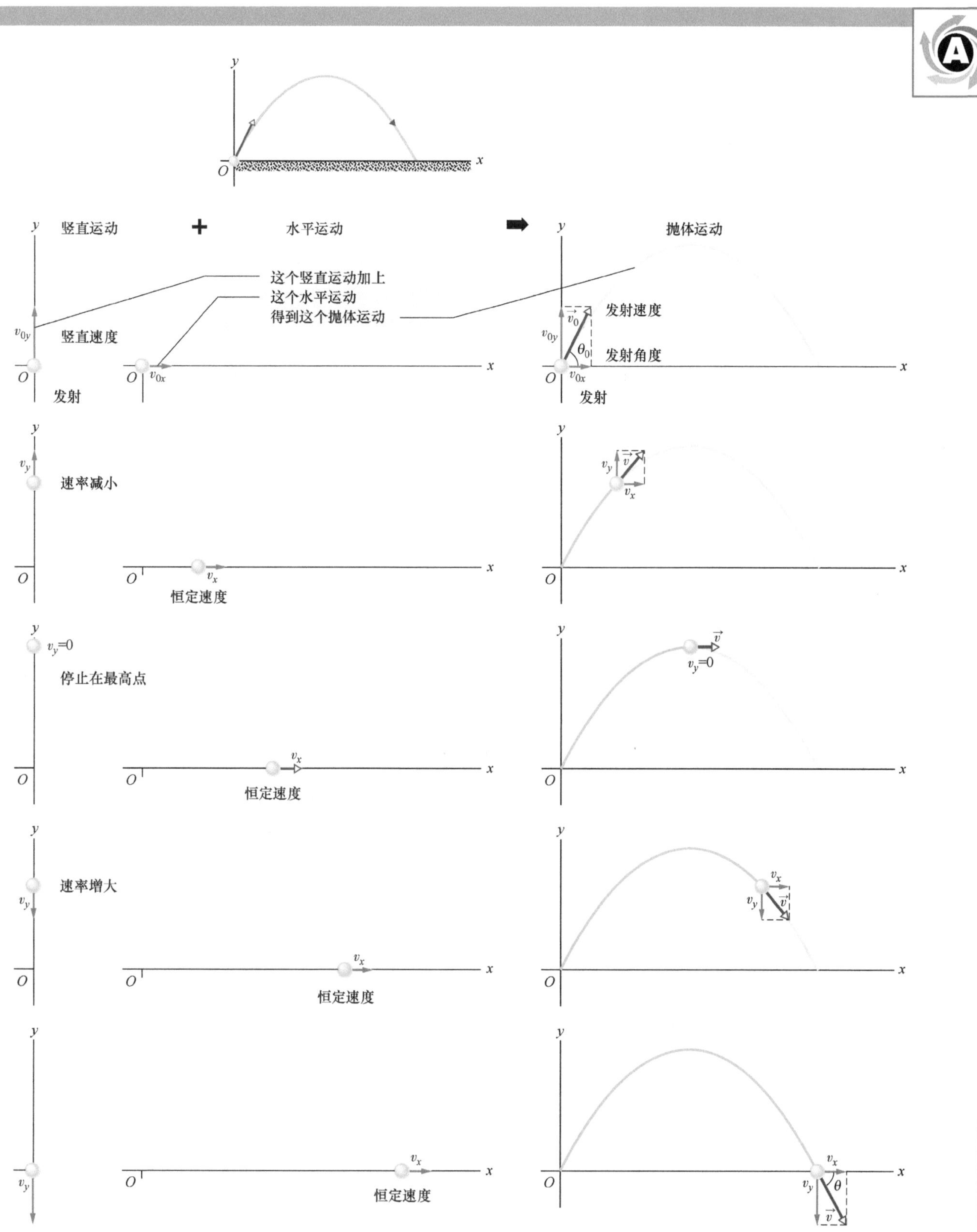

图 4-9 一个物体从坐标系的原点，以发射速度 $\vec{v}_0$、角度 θ_0 向空中发射的抛体运动。此运动是如图中速度的分量表示的竖直运动（恒加速）和水平运动（匀速）的组合。

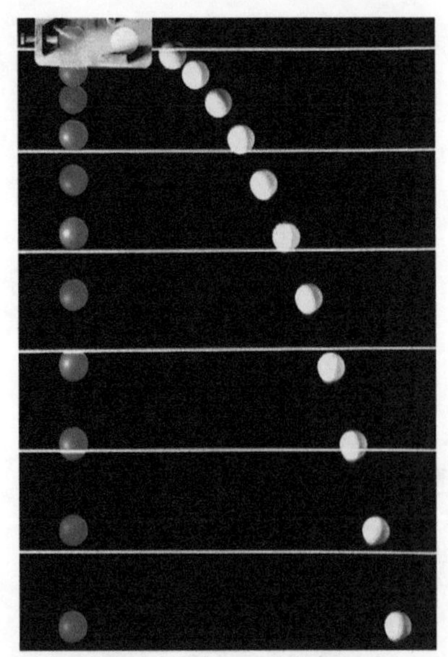
Richard Megna/Fundamental Photographs

图4-10 在一个球从静止释放的同时另一个球水平向右射出，它们的垂直运动完全相同。

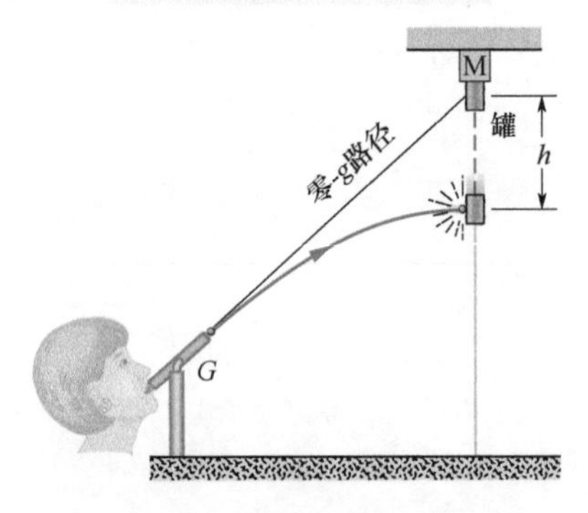

图4-11 抛射的球总会击中下落的铁罐，它们相对于假如没有自由下落加速度的情况下所到达的位置来说，落下了相同距离 h。

两颗高尔夫球

图4-10是两颗高尔夫球的频闪照相，一颗球直接释放，另一颗用弹簧沿水平方向射出。两颗高尔夫球有同样的竖向运动，在相同的时间间隔中都经过相同的竖直距离下落。*球在下落的同时也在做水平运动，这并不影响它的竖向运动，这个事实说明，*水平和竖向运动是互相独立的。

激发学生兴趣的实验

图4-11中，一支用小球作为抛体的射豆枪（一种玩具吹气枪——译注）直接瞄准被磁铁M吸住悬挂着的铁罐。正当小球离开射豆枪时，铁罐被释放。假如 g（自由落体加速度）是零的话，球就会沿图4-11中的直线路径前进。而铁罐在被磁铁释放后将悬浮在原地而不会落下。小球必定击中铁罐。然而，g *不是*零，但小球*仍然*会击中铁罐！正如图4-11所描绘的，在小球飞行的过程中，小球和铁罐都要从它们的零 g 位置落下相同的距离 h。演示者吹的力气大，小球的初速度大，飞行时间就短，h 的值也就小。

检查点3

在某一时刻，一个飞行的小球的速度 $\vec{v}=25\vec{i}-4.9\vec{j}$（$x$ 轴水平，y 轴向上，$\vec{v}$ 的单位是m/s）。这时小球是不是已经过了它的最高点？

水平运动

现在我们已经为分析抛体的水平和竖向运动做好准备了。我们从水平运动开始。由于抛体在水平方向*没有加速度*，因此在整个飞行过程中，抛体速度的水平分量 v_x 保持其初始值不变，如图4-12所示。在任意时刻 t，抛体距初始位置 x_0 的水平位移 $x-x_0$ 由式（2-15）给出。令其中 $a=0$，可将它写为

$$x-x_0=v_{0x}t$$

因为 $v_{0x}=v_0\cos\theta_0$，此式变为

$$x-x_0=(v_0\cos\theta_0)t \tag{4-21}$$

竖直运动

竖直运动是我们曾在2-5单元讨论的质点自由下落的运动。最重要的一点是加速度为恒量，因此，表2-1的公式适用，只要将 a 以 $-g$ 代替，并改用字母 y。例如，式（2-15）变为

$$y-y_0=v_{0y}t-\frac{1}{2}gt^2=(v_0\sin\theta_0)t-\frac{1}{2}gt^2 \tag{4-22}$$

式中，初速度的竖直分量 v_{0y} 由等价的 $v_0\sin\theta_0$ 代替。类似地，式（2-11）和式（2-16）成为

$$v_y=v_0\sin\theta_0-gt \tag{4-23}$$

与

$$v_y^2=(v_0\sin\theta_0)^2-2g(y-y_0) \tag{4-24}$$

正如图4-9与式（4-23）所表明的，竖直速度分量的行为与竖直上抛小球的情形完全相同，最初指向上方，数值不断减小直到零，这对应于*路径的最大高度*。然后，速度的竖直分量方向转而向下，大小也随时间逐渐增大。

路径方程

在式（4-21）与式（4-22）中消去 t，可求得抛体的路径（即**轨道**）方程。从式（4-21）中解出 t，然后代入式（4-22），整理之后可得

$$y=(\tan\theta_0)x-\frac{gx^2}{2(v_0\cos\theta_0)^2}\quad（轨道）\qquad (4\text{-}25)$$

这就是图 4-9 所示的抛体路径的方程。在推导过程中，为简化运算我们令式（4-21）与式（4-22）中的 $x_0=0$ 与 $y_0=0$。因为 g、θ_0 和 v_0 都是常量，式（4-25）是 $y=ax+bx^2$ 的形式，其中 a 与 b 是常量。这是抛物线方程，所以抛体的路径是抛物线。

水平射程

抛体的水平射程 R 为抛体落回到初始高度（它发射的高度）时经过的水平距离。欲求射程 R，将 $x-x_0=R$ 代入式（4-21），$y-y_0=0$ 代入式（4-22），得到

$$R=(v_0\cos\theta_0)t$$

与

$$0=(v_0\sin\theta_0)t-\frac{1}{2}gt^2$$

从这两个方程中消去 t，得到

$$R=\frac{2v_0^2}{g}\sin\theta_0\cos\theta_0$$

再应用恒等式 $\sin2\theta_0=2\sin\theta_0\cos\theta_0$（参见附录 E），可得到

$$R=\frac{v_0^2}{g}\sin2\theta_0 \qquad (4\text{-}26)$$

如果抛体的最终高度不等于出射高度，则由这个方程不能给出抛体经过的水平距离。

注意式（4-26）中的 R 在 $\sin2\theta_0=1$ 时有最大值，这相当于 $2\theta_0=90°$ 或 $\theta_0=45°$。

发射角为 45°时，水平射程 R 为最大。

不过，当发射和着陆高度不同时，譬如在许多体育运动中，45°的发射角并不能得到最大的水平距离。

空气的影响

我们在前面假设抛体在空中飞行时不受空气的影响。然而，在许多情形中，由于空气对抛体运动的阻力，计算结果与实际运动会存在很大差别。以图 4-13 所示的情形为例，其中显示的是一个以初速率 44.7m/s、与水平方向成 60°角离开球棒的高飞球在空中走过的两条路径。路径 I（棒球球员的高飞球）为近似于比赛时空气中飞行的实际条件计算所得路径；路径 Ⅱ（物理学教授眼中的高飞球）为真空中飞行的球走过的路径。

检查点 4

一个高飞球被击到外场，在它的飞行过程中（忽略空气阻力的影响），速度的（a）水平分量与（b）竖直分量分别会发生怎样的变化？另外，在球上升、下落及飞行的最高点处，加速度的（c）水平分量与（d）竖直分量各为多少？

Jamie Budge

图 4-12 滑板运动员速度的竖直分量在改变，但其水平分量和滑板速度同样不变。滑板始终在人的下面，因此他可以再落到滑板上。

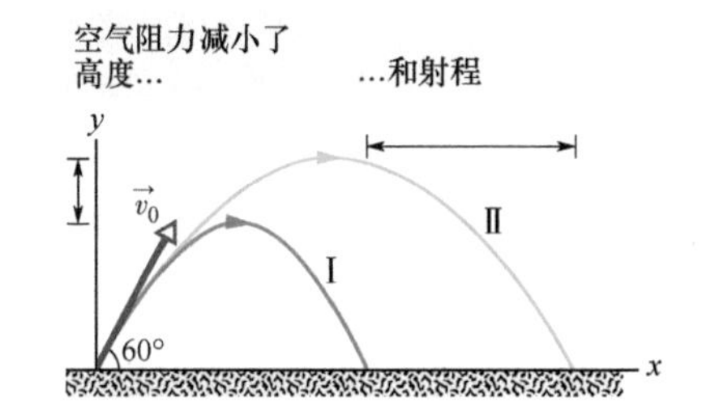

图 4-13 （Ⅰ）考虑空气阻力影响后计算所得的高飞球的路径。（Ⅱ）利用本章方法计算得出的在真空中飞行的球的路径。相应数据见表 4-1。（引自 "The Trajectory of a Fly Ball", by P. J. Brancazio. The Physics teacher, January, 1985.）

表 4-1 **两个高飞球**①

	空气中路径（Ⅰ）	真空中路径（Ⅱ）
射程	98.5m	177m
最大高度	53.0m	76.8m
飞行时间	6.6s	7.9s

① 见图 4-13，发射角为 60°，发射速率为 44.7m/s。

例题 4.04　从飞机上落下的抛体

如图 4-14 所示，一架救援飞机以 198km/h（=55.0m/s）的速率和不变的高度 $h=500\text{m}$ 向一位遇险者正上方飞去，驾驶员试图把救生舱投给遇险者。

（a）释放救生舱时，飞机驾驶员到遇险者的视线的角度 ϕ 应为多大？

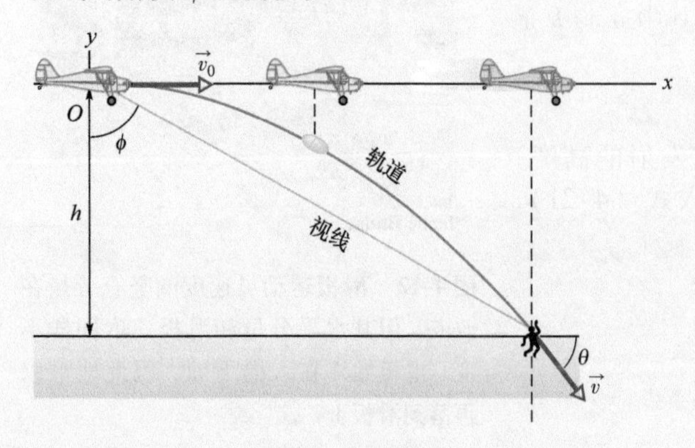

图 4-14　飞机以恒速水平飞行时放下一救生舱，在救生舱下落过程中，救生舱一直在飞机正下方。

【关键概念】

救生舱一旦脱离机舱，就成为一个抛体，其水平与竖直运动可以分别考虑（无须考虑救生舱的实际曲线路径）。

解： 在图 4-14 中我们看到，角度 ϕ 可表示为

$$\phi=\arctan\frac{x}{h} \tag{4-27}$$

式中，x 为遇险者（即救生舱落水处）距抛出点的水平坐标，$h=500\text{m}$。我们可以应用式（4-21）求 x：

$$x-x_0=(v_0\cos\theta_0)t \tag{4-28}$$

取释放点为坐标原点，可知 $x_0=0$。又因救生舱是由飞机释放，而不是射出，因此它的初速度 $\vec{v}_0$ 就等于飞机的速度。由此可知救生舱的初速度大小为 $v_0=55.0\text{m/s}$，方向角 $\theta_0=0°$（相对 x 轴正方向）。不过，我们还不知道救生舱从飞机上释放后到达遇险者位置所需时间 t。

为求 t，我们接着再考虑竖直方向运动，并用式（4-22），有

$$y-y_0=(v_0\sin\theta_0)t-\frac{1}{2}gt^2 \tag{4-29}$$

此处，救生舱的竖直位移 $y-y_0$ 为 -500m（负值表示救生舱向下移动）。所以：

$$-500\text{m}=(55.0\text{m/s})(\sin0°)t-\frac{1}{2}(9.8\text{m/s}^2)t^2 \tag{4-30}$$

由此解出 $t=10.1\text{s}$。将此结果代入式（4-28）有

$$x-0=(55.0\text{m/s})(\cos0°)(10.1\text{s}) \tag{4-31}$$

或

$$x=555.5\text{m}$$

于是，式（4-27）给出

$$\phi=\arctan\frac{555.5\text{m}}{500\text{m}}=48.0° \qquad \text{（答案）}$$

（b）救生舱刚到达水面时的速度 $\vec{v}$ 是什么？

【关键概念】

（1）救生舱的速度的竖直分量和水平分量是相互独立的。（2）分量 v_x 始终等于初始值 $v_{0x}=v_0\cos\theta_0$，不会改变，因为没有水平加速度。（3）分量 v_y 从初始值 $v_{0y}=v_0\sin\theta_0$。开始改变，因为有竖直加速度。

解： 当救生舱到达水面时，

$$v_x=v_0\cos\theta_0=(55.0\text{m/s})(\cos0°)=55.0\text{m/s}$$

应用式（4-23）和救生舱下落时间 $t=10.1\text{s}$，可求出救生舱到达水面时，有

$$\begin{aligned}v_y&=v_0\sin\theta_0-gt\\&=(55.0\text{m/s})(\sin0°)-(9.8\text{m/s}^2)(10.1\text{s})\\&=-99.0\text{m/s}\end{aligned}$$

于是，当救生舱到达水面时，

$$\vec{v}=(55.0\text{m/s})\vec{i}-(99.0\text{m/s})\vec{j} \qquad \text{（答案）}$$

由式（3-6）可知 $\vec{v}$ 的大小及方向分别为

$$v=113\text{m/s} \text{ 与 } \theta=-60.9° \qquad \text{（答案）}$$

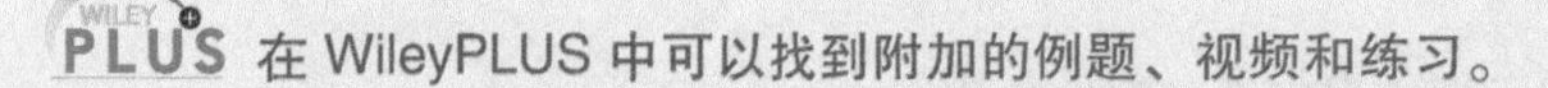
在 WileyPLUS 中可以找到附加的例题、视频和练习。

例题 4.05 从水滑道投掷到空中

互联网上最有戏剧性的电视节目（但完全是虚构的）之一恐怕是演示一个人沿很长的水滑道滑行，然后被抛掷到空中最后落入水池。让我们给这样的飞行附加一些合理的数据用来计算这个人撞击水面时的速度。图 4-15a 表示抛出和落水的位置，图上还标出了坐标系，为方便起见，坐标系的原点放在抛离滑水道的位置上。从电视画面，我们取飞行距离为 $D=20.0\text{m}$，飞行时间为 $t=2.50\text{s}$，抛掷角度为 $\theta_0=40.0°$。求抛出和落水时速度的大小。

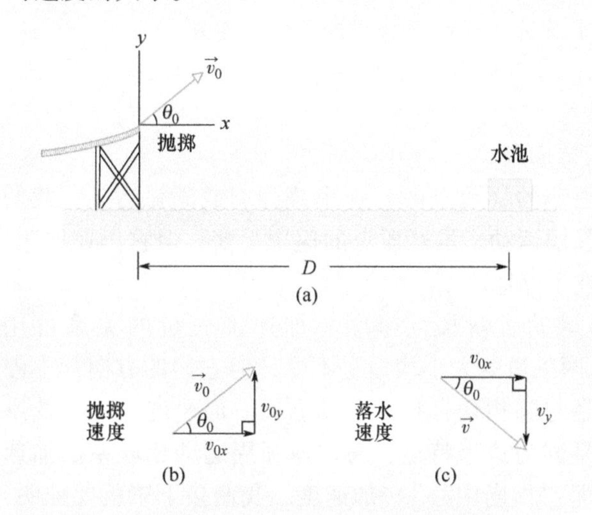

图4-15 (a) 从水滑道抛出，落入水池。(b) 抛掷。(c) 落水。

【关键概念】

（1）对于抛体运动，我们可以分别对沿水平和竖直轴的运动用恒加速度公式。

（2）在整个飞行过程中，竖直加速度为 $a_y=-g=-9.8\text{m/s}^2$，水平加速度 $a_x=0$。

解：在大多数抛体问题中，一开始遇到的问题是确定从哪里开始。把每个方程式都拿来试试，看看我们是不是能够用某种方法求出速度，这样做当然一点也不错。但是可以给你一条线索。因为我们要将恒加速方程式分别用于 x 和 y 运动，我们应当找出抛出时和落水时速度的水平和竖直分量。在每一位置，我们可以将速度分量组合起来以便得到速度。

由于我们知道水平位移 $D=20.0\text{m}$，我们就从水平运动开始。因为 $a_x=0$，我们知道在飞行过程中速度的水平分量 v_x 是常量，所以它总是等于抛出时的水平分量。我们利用式（2-15）将水平分量、位移和飞行时间 $t=2.50\text{s}$ 联系起来：

$$x-x_0=v_{0x}t+\frac{1}{2}a_xt^2 \qquad (4\text{-}32)$$

将 $a_x=0$ 代入，这个式子就是式（4-21）。代入 $x-x_0=D$，我们写下：

$$20\text{m}=v_{0x}(2.50\text{s})+\frac{1}{2}(0)(2.50\text{s})^2$$

$$v_{0x}=8.00\text{m/s}$$

这只是抛出速度的一个分量，但我们要求的是整个速度的大小。如图 4-15b 所表示的，分量构成直角三角形的直角边，整个矢量就是直角三角形的斜边。于是我们可以根据三角函数的定义来求出整个速度的数值大小：

$$\cos\theta_0=\frac{v_{0x}}{v_0}$$

$$v_0=\frac{v_{0x}}{\cos\theta_0}=\frac{8.00\text{m/s}}{\cos40°}=10.44\text{m/s}\approx10.4\text{m/s}$$

（答案）

现在我们求落水速度 v 的数值。我们已经知道了水平分量，从一开始，它的数值 8.00m/s 就不改变。要求竖直分量 v_y，我们已知经过的时间 $t=2.50\text{s}$ 和竖直加速度 $a_y=-9.8\text{m/s}^2$。我们把式（2-11）重新写成：

$$v_y=v_{0y}+a_yt$$

由图 4-15b，得

$$v_y=v_0\sin\theta_0+a_yt \qquad (4\text{-}33)$$

代入 $a_y=-g$，这个式子就成了式（4-23），我们可以写出：

$$v_y=(10.44\text{m/s})\sin(40.0°)-(9.8\text{m/s}^2)(2.50\text{s})$$
$$=-17.78\text{m/s}$$

现在我们知道了落水时的速度的两个分量，应用式（3-6）求速度的数值：

$$v=\sqrt{v_x^2+v_y^2}=\sqrt{(8.00\text{m/s})^2+(-17.78\text{m/s})^2}$$
$$=19.49\text{m/s}\approx19.5\text{m/s}$$

（答案）

4-5 匀速圆周运动

学习目标

学完这一单元后，你应当能够……

4.16 画出匀速圆周运动的路径并说明运动中的速度和加速度矢量（数值和方向）。

4.17 应用圆轨道的半径、周期、质点的速率和质点加速度的数值之间的关系。

关键概念

- 如果质点沿半径 r 的圆或圆弧以恒定的速率 v 运动，就说质点做匀速圆周运动，并且它有恒定数值的加速度：

$$a=\frac{v^2}{r}$$

$\vec{a}$ 的方向指向圆心或圆弧的中心，我们说 $\vec{a}$ 是向心的。质点走完一个圆周的时间

$$T=\frac{2\pi r}{v}$$

T 称为运动的绕转周期或简称周期。

匀速圆周运动

如果质点以恒定的（均匀的）速率绕圆周或圆弧运动，我们说该质点做**匀速圆周运动**。虽然质点的速率没变，但它仍在加速，因为速度的方向在不停地改变。

在匀速圆周运动各阶段，速度与加速度矢量的关系可用图4-16来说明。两矢量的大小均恒定不变，但它们的方向却不停地变化。速度总是与圆相切且指向运动方向。加速度总是沿着半径指向圆心。正是因为这个特点，与匀速圆周运动相联系的加速度叫作**向心**（意即“指向中心”）**加速度**。我们接下来就要证明，加速度 $\vec{a}$ 的大小为

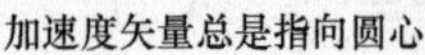

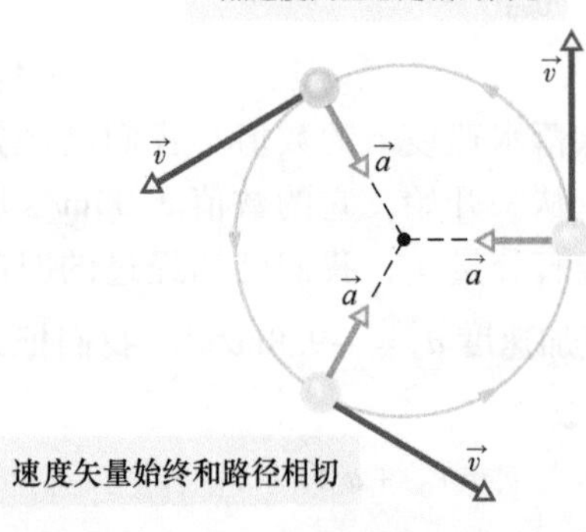

图4-16 匀速圆周运动的速度和加速度矢量。

$$a=\frac{v^2}{r}\text{（向心加速度）}\tag{4-34}$$

式中，r 为圆周的半径；v 为质点的速率。

另外，在这一恒定加速的过程中，质点沿圆周走完一圈（路程为 $2\pi r$）所用时间为

$$T=\frac{2\pi r}{v}\text{（周期）}\tag{4-35}$$

T 称为运动的绕转周期或简称周期。一般说来，它是指质点沿一闭合路径刚好走过一圈所用的时间。

式（4-34）的证明

为求得匀速圆周运动中加速度的大小和方向，我们考虑图4-17。在图4-17a中质点 p 以恒定速率 v，沿着半径为 r 的圆周运动。在图示瞬间，质点 p 的坐标为 x_p 与 y_p。

回想4-2单元所讲的，运动质点的速度 $\vec{v}$ 总在质点位置处与其路径相切。在图4-17a中，这就意味着 $\vec{v}$ 垂直于圆心到质点位置的半径 r。因此，$\vec{v}$ 与 p 点处的垂直线 y_p 构成的夹角 θ 等于该半径 r 与 x 轴之间的夹角 θ。

$\vec{v}$ 的标量分量画在图4-17b中。可用它们将速度 $\vec{v}$ 表示为

$$\vec{v}=v_x\vec{i}+v_y\vec{j}=(-v\sin\theta)\vec{i}+(v\cos\theta)\vec{j} \qquad (4\text{-}36)$$

现在，应用图 4-17a 中的直角三角形关系，可将 $\sin\theta$ 用 y_p/r 代入，$\cos\theta$ 用 x_p/r 代入，写成：

$$\vec{v}=\left(-\frac{vy_p}{r}\right)\vec{i}+\left(\frac{vx_p}{r}\right)\vec{j} \qquad (4\text{-}37)$$

为求质点 p 的加速度 $\vec{a}$，要求此方程对时间的导数。注意到速率 v 与半径 r 不随时间改变，可得

$$\vec{a}=\frac{d\vec{v}}{dt}=\left(-\frac{v}{r}\frac{dy_p}{dt}\right)\vec{i}+\left(\frac{v}{r}\frac{dx_p}{dt}\right)\vec{j} \qquad (4\text{-}38)$$

现在要注意，y 的改变率 dy_p/dt 等于速度分量 v_y。同理，$dx_p/dt=v_x$，且由图 4-17b 可知 $v_x=-v\sin\theta$ 以及 $v_y=v\cos\theta$。将这些代入式 (4-38)，有

$$\vec{a}=\left(-\frac{v^2}{r}\cos\theta\right)\vec{i}+\left(-\frac{v^2}{r}\sin\theta\right)\vec{j} \qquad (4\text{-}39)$$

这个矢量和其分量表示在图 4-17c 中。根据式（3-6），我们得到：

$$a=\sqrt{a_x^2+a_y^2}=\frac{v^2}{r}\sqrt{(\cos\theta)^2+(\sin\theta)^2}=\frac{v^2}{r}\sqrt{1}=\frac{v^2}{r},$$

这正是所要证明的。对于 $\vec{a}$ 的方向，求图 4-17c 中的角度 ϕ：

$$\tan\phi=\frac{a_y}{a_x}=\frac{-(v^2/r)\sin\theta}{-(v^2/r)\cos\theta}=\tan\theta$$

因此，$\phi=\theta$，也即 $\vec{a}$ 沿着图 4-17a 中的半径 r，指向圆心，这正是我们要证明的。

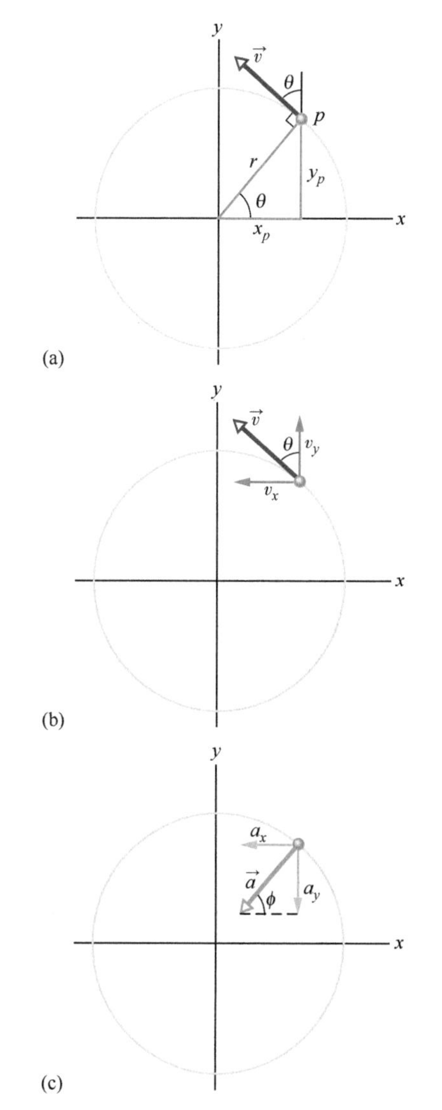

图 4-17 逆时针方向做匀速圆周运动的质点 p。（a）在某一瞬时它的位置与速度 $\vec{v}$；（b）速度 $\vec{v}$；（c）加速度 $\vec{a}$。

检查点 5

一物体在水平的 xy 平面上以恒定速率，沿以原点为圆心的圆形路径运动。当物体在 $x=-2\text{m}$ 处时，它的速度为 $-(4\text{m/s})\vec{j}$。给出物体在 $y=2\text{m}$ 处的（a）速度与（b）加速度。

例题 4.06 《壮志凌云》的飞行员在转弯中

电影《壮志凌云》中，飞行员长期以来一直为拐弯太急而烦恼。这时飞行员的身体经受着向心加速度，他的头部朝向曲率中心，大脑的血压降低，会导致大脑功能丧失。

有几个警示信号。当向心加速度达到 $2g$ 或 $3g$ 时，飞行员会感到沉重。在大约 $4g$ 时，飞行员的视觉变成只能感受到黑白的所谓“黑视”并且变得“视野狭隘”。如果加速度持续下去或者进一步增大，视觉功能就要丧失，飞行员很快就失去意识——这个情况称为“g 引起的意识丧失”（g indnced lose of conscious ness，或 g-LOC。）

一位飞行员以 $\vec{v}_i=(400\vec{i}+500\vec{j})\text{m/s}$ 的速度进入水平的圆形轨道转弯，24.0s 后以 $\vec{v}_f=(-400\vec{i}-500\vec{j})\text{m/s}$ 的速度停止转弯，以 g 为单位表示的他的加速度是多大？

【关键概念】

我们假设转弯是匀速圆周运动。所以，飞行员的加速度是向心的，加速度的数值 a 由式（4-34）：$a=v^2/R$ 给出，R 是圆的半径。另外，完成一整圈所用的时间，即周期，由式（4-35）：$T=2\pi R/v$ 给出。

解：因为我们不知道半径 R，由方程式（4-35）解出 R 并代入式（4-34）。我们得到

$$a=\frac{2\pi v}{T}$$

要计算恒定的速度 v，我们将初速度的分量代入式（3-6）：

$$v=\sqrt{(400\text{m/s})^2+(500\text{m/s})^2}=640.31\text{m/s}$$

为求运动的周期 T，首先注意到末速度和初速度相反。这意味着飞机在圆周上和初始位置相对的一边离开圆周，这说明它在 24.0s 内飞了半个圆周。因此完成整个圆周需时间 $T=48.0\text{s}$。将这些数值代入加速度 a 的方程，得到：

$$a=\frac{2\pi\ (640.31\text{m/s})}{48.0\text{s}}=83.81\text{m/s}^2\approx 8.6g$$

（答案）

4-6 一维相对运动

学习目标

学完这一单元后，你应当能够……

4.18 应用从沿同一轴线，相对做匀速运动的两个参考系上测量的同一个质点的位置、速度和加速度之间的关系。

关键概念

- 当两个参考系 A 和 B 以恒定的速度相对运动时，从参考系 A 中的观察者测得质点的速度总是与从参考系 B 中测量的不同，二者测得的速度的关系是

$$\vec{v}_{PA}=\vec{v}_{PB}+\vec{v}_{BA}$$

$\vec{v}_{BA}$ 是 B 相对于 A 的速度。两个观察者对这个质点测量到相同的加速度：

$$\vec{a}_{PA}=\vec{a}_{PB}$$

一维相对运动

假定你看到一只正以 30km/h 的速率向北飞行的野鸭。对于另一只与它并排飞行的野鸭，第一只野鸭看上去是静止的。换句话说，质点的速度取决于观察或测量速度的**参考系**。对我们来说，参考系是指我们的坐标系依附的物理实体。在日常生活中，地面就是这个物体。比如，超速罚款单上的车速总是相对于地面测量的。但若这个速率是相对于警察，而测量速率时警察在运动中，那么速率就不同了。

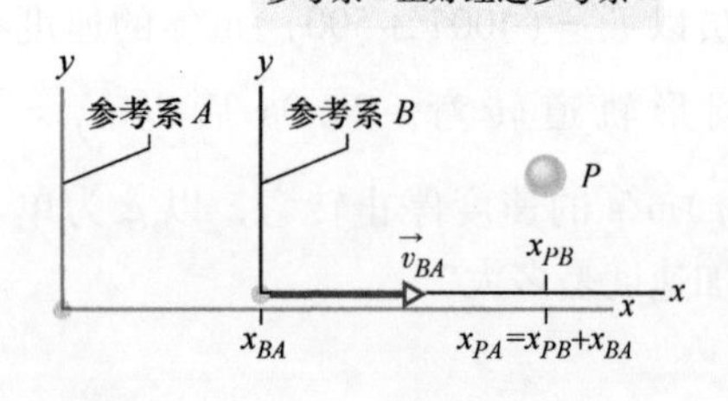

图 4-18 亚历克斯（参考系 A）与巴巴拉（参考系 B）看着车 P，这时 B 与 P 均沿两个参考系共同的 x 轴方向以不同速度运动。在图中所示瞬间，x_{BA} 为 B 参考系对 A 参考系的坐标。同时 P 在 B 参考系中的坐标为 x_{PB}，而在 A 参考系中的坐标为 $x_{PA}=x_{PB}+x_{BA}$。

假设亚历克斯（在图 4-18 中的参考系 A 的原点）将车停在高速路边上，他正看着车 P（"质点"）快速驶过。此时巴巴拉（在参考系 B 的原点）正以恒定速率沿高速路行驶，也看着车 P。他们在某一给定时刻都在测定车 P 的位置，则由图 4-18 可看出

$$x_{PA}=x_{PB}+x_{BA} \tag{4-40}$$

这个方程式读作："由 A 测量质点 P 的坐标 x_{PA}，等于由 B 测量质点 P 的坐标 x_{PB} 加上由 A 测量的 B（原点）的坐标 x_{BA}"。注意读的方法取决于下标的次序。

取式（4-40）对时间的导数，可得

$$\frac{\mathrm{d}}{\mathrm{d}t}(x_{PA})=\frac{\mathrm{d}}{\mathrm{d}t}(x_{PB})+\frac{\mathrm{d}}{\mathrm{d}t}(x_{BA})$$

从而速度的分量由下式联系起来：

$$v_{PA}=v_{PB}+v_{BA} \tag{4-41}$$

此方程读作：“由 A 测量质点 P 的速度 v_{PA}，等于由 B 测量质点 P 的速度 v_{PB} 加上由 A 测量的 B 的速度 v_{BA}”。最后一项 v_{BA} 是参考系 B 相对于参考系 A 的速度。

此处，我们仅考虑相对以恒定速度运动的参考系。在我们的例子中这就表示巴巴拉（参考系 B）相对于亚历克斯（参考系 A）始终以恒定速度 v_{BA} 运动。而车 P（运动的质点）可以改变速率和方向（即，它可以加速）。

要把由巴巴拉和由亚历克斯测定的 P 的加速度联系起来，我们取式（4-41）对时间的导数

$$\frac{\mathrm{d}}{\mathrm{d}t}(v_{PA})=\frac{\mathrm{d}}{\mathrm{d}t}(v_{PB})+\frac{\mathrm{d}}{\mathrm{d}t}(v_{BA})$$

因为 v_{BA} 为常量，最后一项为零，因此，有

$$a_{PA}=a_{PB} \tag{4-42}$$

换言之：

在相对以恒定速度运动的不同参考系内的观察者测得的运动质点的加速度相同。

例题 4.07 相对运动，一维，亚历克斯和巴巴拉

在图 4-18 中，设巴巴拉相对于亚历克斯的速度是常量，$v_{BA}=52\text{km/h}$，汽车 P 沿 x 轴的负方向运动。

（a）如果亚历克斯测量到车 P 的速度 $v_{PA}=-78\text{km/h}$，那么巴巴拉测到的车 P 的速度 v_{PB} 是多少？

【关键概念】

我们将参考系 A 依附在亚历克斯上，参考系 B 依附于巴巴拉。因为两个参考系沿 x 轴以恒定的速度相对运动，我们可以用式（4-41）：$v_{PA}=v_{PB}+v_{BA}$ 将 v_{PB}、v_{PA} 和 v_{BA} 联系起来。

解：我们得到

$$-78\text{km/h}=v_{PB}+52\text{km/h}$$

于是

$$v_{PB}=-130\text{km/h} \quad \text{（答案）}$$

注释：假如汽车 P 用一根绕在线轴上的绳子和巴巴拉的汽车连接，当两辆车分开的时候，绳子就会以 130km/h 的速率解开。

（b）如果汽车 P 相对于亚历克斯（也就是相对于地面）在 $t=10\text{s}$ 时间内以恒加速度制动停下，那么它相对于亚历克斯的加速度 a_{PA} 是多少？

【关键概念】

要求车 P 相对于亚历克斯的加速度，我们一定要用到汽车 P 相对于亚历克斯的速度。因为加速度是常量，我们可以用式（2-11）：$v=v_0+at$ 将 P 的加速度和它的初速度及末速度联系起来。

解：P 相对于亚历克斯的初速度 $v_{PA}=-78\text{km/h}$，末速度是 0。于是，相对于亚历克斯的加速度是

$$Q_{PA}=\frac{v-v_0}{t}=\frac{0-(-78\text{km/h})}{10\text{s}}=\frac{1\text{m/s}}{3.6\text{km/h}}$$

$$=2.2\text{m/s}^2 \quad \text{（答案）}$$

（c）在制动过程中车 P 相对于巴巴拉的加速度是多大？

【关键概念】

要求车 P 相对于巴巴拉的加速度，我们必定用到相对于巴巴拉的车速。

解：我们从本题（a）知道车相对于巴巴拉的初速（$v_{PB}=-130\text{km/h}$）。P 相对于巴巴拉的末

速度是 -52km/h（因为这是已经停止的车子相对于运动着的巴巴拉的速度）。于是

$$a_{PB}=\frac{v-v_0}{t}=\frac{-52\text{km/h}-(-130\text{km/h})}{10\text{s}}\ \frac{1\text{m/s}}{3.6\text{km/h}}$$
$$=2.2\text{m/s}^2 \quad \text{（答案）}$$

注释：我们应当预见到这个结果：因为亚历克斯和巴巴拉有恒定的相对速度，他们对汽车 P 必定测量到同相的加速度。

PLUS 在 WileyPLUS 中可以找到附加的例题、视频和练习。

4-7 二维相对运动

学习目标

学完这一单元后，你应当能够……

4.19 应用在二维空间中相对做匀速运动的两个参考系中测量的质点位置、速度和加速度之间的关系。

关键概念

- 当两个参考系 A 和 B 以恒定速度做相对运动时，在参考系 A 中的观察者测得质点 P 的速度总是和从参考系 B 中测量到的不同，二者测得的速度由下式联系起来：

$$\vec{v}_{PA}=\vec{v}_{PB}+\vec{v}_{BA}$$

其中，$\vec{v}_{BA}$ 是 B 对于 A 的速度，两个观察者对质点测量到相同的加速度：

$$\vec{a}_{PA}=\vec{a}_{PB}$$

二维中的相对运动

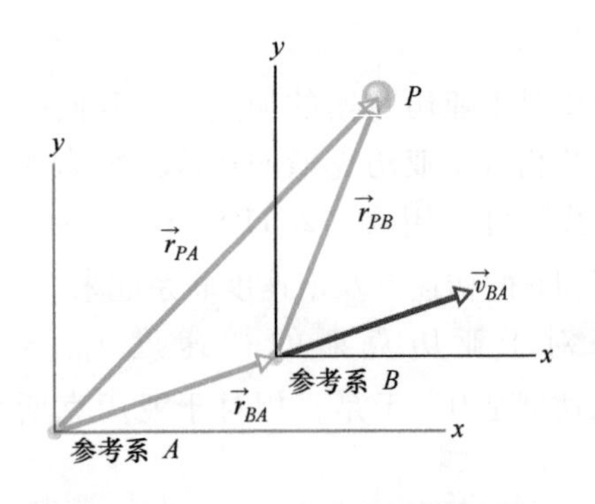

图4-19 参考系 B 相对于参考系 A 有恒定的二维速度 $\vec{v}_{BA}$。B 相对于 A 的位置矢量是 $\vec{r}_{BA}$。质点 P 对于 A 的位置矢量是 $\vec{r}_{PA}$，对于 B 的位置矢量是 $\vec{r}_{PB}$。

我们的两个观察者也是分别在参考系 A 和 B 的原点观察运动着的质点 P，这时 B 以恒定的速度 $\vec{v}_{BA}$ 相对于 A 运动。（这两个参考系对应的轴保持平行。）图4-19 描绘运动中某一瞬间。在这一瞬间，B 的原点相对于 A 的原点的位置矢量是 $\vec{r}_{BA}$。同时，质点 P 相对于 A 的位置矢量为 $\vec{r}_{PA}$，相对于 B 的原点的位置矢量为 $\vec{r}_{PB}$。从这三个位置矢量的头部和尾部的安排，我们可以将这几个矢量的关系表述如下：

$$\vec{r}_{PA}=\vec{r}_{PB}+\vec{r}_{BA} \tag{4-43}$$

取这个方程式的时间导数，我们可以把质点 P 相对于两位观察者的速度关系写出来：

$$\vec{v}_{PA}=\vec{v}_{PB}+\vec{v}_{BA} \tag{4-44}$$

取这个关系式的时间微商，我们可以将质点 P 相对于观察者的加速度的关系求出来。因为 $\vec{v}_{BA}$ 是常数，它的时间微商为零。于是得到：

$$\vec{a}_{PA}=\vec{a}_{PB} \tag{4-45}$$

与一维运动一样，我们可以得到以下定则：在相对做匀速运动的不同参考系中的观察者对同一个运动的质点测得的加速度相同。

例题 4.08 相对运动,二维，飞机

在图 4-20a 中，在稳定的吹向东北方向的风中飞行的一架飞机的驾驶员将飞机对着东偏南的方向，结果飞机向正东方向运动。飞机相对于风的速度是 $\vec{v}_{PW}$，空速（相对于空气的速率）是 215km/s，指向东偏南角度 θ。风相对于地面的速度为 $\vec{v}_{WG}$，速率 65.0km/h，方向北偏东 20°。求飞机相对于地面的速度 $\vec{v}_{PG}$的大小和方向 θ。

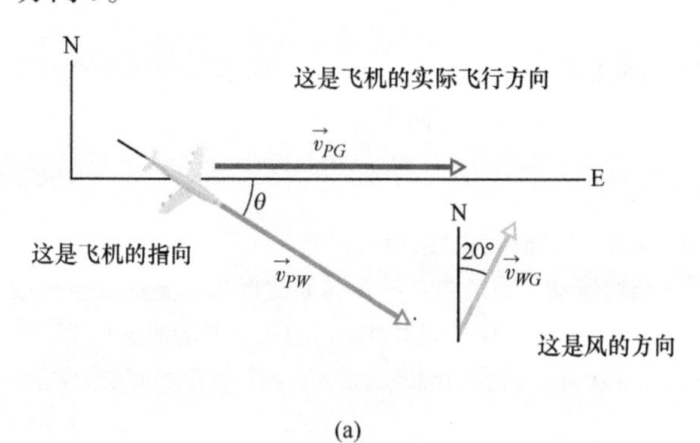

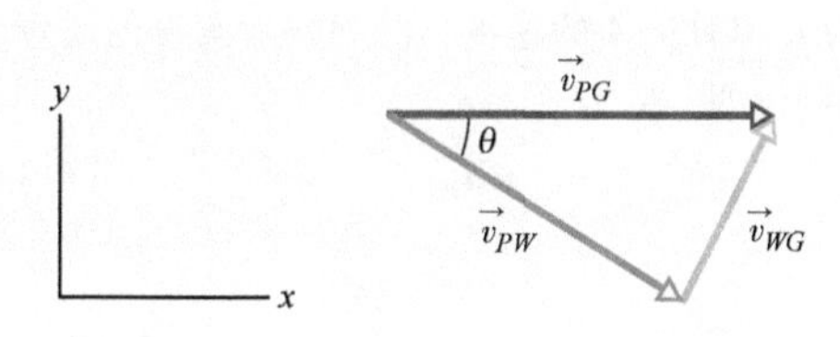

图 4-20 飞机在风中飞行。

【关键概念】

这里的情形很像图 4-19 中的情形。这里运动质点是飞机，参考系 A 依附在地面上（记为 G），参考系 B 随风一起运动（记为 W）。我们需要画出图 4-19 那样有三个矢量的矢量图。

解：我们先用语言表述图 4-20b 中三个矢量的关系：

飞机相对于地面的速度(PG) = 飞机相对于风的速度(PW) + 风相对于地面的速度(WG)

把这个关系写成矢量记号：

$$\vec{v}_{PG}=\vec{v}_{PW}+\vec{v}_{WG} \qquad (4\text{-}46)$$

我们要将矢量在图 4-20b 的坐标系中分解成分量，然后对各个轴的分量解式 (4-46)。对 y 分量，我们有：

$$v_{PG,y}=v_{PW,y}+v_{WG,y}$$

或 $0=-(215\text{km/h})\sin\theta+(65.0\text{km/h})(\cos20°)$

解出 θ：

$$\theta=\arcsin\frac{(65.0\text{km/h})\ (\cos20°)}{215\text{km/h}}=16.5°$$

（答案）

同样对 x 分量，我们有：

$$v_{PG,x}=v_{PW,x}+v_{WG,x}$$

因为 $\vec{v}_{PG}$平行于 x 轴，所以分量 $v_{PG,x}$等于 v_{PG}的数值。将这个记号和 $\theta=16.5°$代入，我们求出：

$$v_{PG}=(215\text{km/h})(\cos16.5°)+(65.0\text{km/h})(\sin20°)$$
$$=228\text{km/h}$$

（答案）

WILEY PLUS 在 WileyPLUS 中可以找到附加的例题、视频和练习。

复习和总结

位置矢量（位矢） 质点相对于某一坐标系原点的位置由位置矢量 $\vec{r}$ 给定，用单位矢量记号表示为

$$\vec{r}=x\vec{i}+y\vec{j}+z\vec{k} \qquad (4\text{-}1)$$

式中，$x\vec{i}$、$y\vec{j}$与 $z\vec{k}$为位矢 $\vec{r}$ 的矢量分量，而 x，y 和 z 为其标量分量（也是质点的坐标）。位矢可由矢量的大小与一或两个取向角描述，也可由矢量或标量分量来描述。

位移 如质点在运动，其位矢由 $\vec{r}_1$ 改变到 $\vec{r}_2$，则质点的位移 $\Delta\vec{r}$为

$$\Delta\vec{r}=\vec{r}_2-\vec{r}_1 \qquad (4\text{-}2)$$

位移也可表示为

$$\Delta\vec{r}=(x_2-x_1)\vec{i}+(y_2-y_1)\vec{j}+(z_2-z_1)\vec{k} \qquad (4\text{-}3)$$
$$=\Delta x\vec{i}+\Delta y\vec{j}+\Delta z\vec{k} \qquad (4\text{-}4)$$

平均速度与瞬时速度 如果质点在 Δt 时间内的位移为 $\Delta\vec{r}$，则该时间间隔内的平均速度 $\vec{v}_{\text{avg}}$为

$$\vec{v}_{\text{avg}}=\frac{\Delta\vec{r}}{\Delta t} \qquad (4\text{-}8)$$

当式 (4-8) 中的 Δt 减小至零时，$\vec{v}_{\text{avg}}$趋近于一个极限值，称之为速度或瞬时速度 $\vec{v}$

$$\vec{v}=\frac{d\vec{r}}{dt} \qquad (4\text{-}10)$$

它可以写成单位矢量记号：

$$\vec{v}=v_x\vec{i}+v_y\vec{j}+v_z\vec{k} \tag{4-11}$$

其中，$v_x=dx/dt$，$v_y=dy/dt$ 与 $v_z=dz/dt$。质点的瞬时速度 $\vec{v}$ 总是指向质点所在位置的运动路径的切线方向。

平均加速度与瞬时加速度　当质点在 Δt 时间间隔内，速度从 $\vec{v}_1$ 改变到 $\vec{v}_2$ 时，它在 Δt 内的平均加速度为

$$\vec{a}_{avg}=\frac{\vec{v}_2-\vec{v}_1}{\Delta t}=\frac{\Delta\vec{v}}{\Delta t} \tag{4-15}$$

随着式（4-15）中 Δt 趋近于零，$\vec{a}_{avg}$达到一个极限值，称为加速度或瞬时加速度 $\vec{a}$

$$\vec{a}=\frac{d\vec{v}}{dt} \tag{4-16}$$

用单位矢量表示，有

$$\vec{a}=a_x\vec{i}+a_y\vec{j}+a_z\vec{k} \tag{4-17}$$

其中，$a_x=dv_x/dt$，$a_y=dv_y/dt$ 及 $a_z=dv_z/dt$。

抛体运动　抛体运动是将一质点以初速度 $\vec{v}_0$ 向空中发射的运动。在飞行中，质点水平方向加速度为零，而竖直方向的加速度为自由下落加速度 $-g$（竖直向上取作正方向）。若将 $\vec{v}_0$ 以其大小（速率 v_0）和角度 θ_0 表示（从水平方向起量度），则质点沿水平轴 x 与竖直轴 y 的运动方程为

$$x-x_0=(v_0\cos\theta_0)t \tag{4-21}$$

$$y-y_0=(v_0\sin\theta_0)t-\frac{1}{2}gt^2 \tag{4-22}$$

$$v_y=v_0\sin\theta_0-gt \tag{4-23}$$

$$v_y^2=(v_0\sin\theta_0)^2-2g(y-y_0) \tag{4-24}$$

抛体运动中质点的**轨道**（路径）是抛物线，其表达式为

$$y=(\tan\theta_0)x-\frac{gx^2}{2(v_0\cos\theta_0)^2} \tag{4-25}$$

这里取式（4-21）~式（4-24）中的 x_0 与 y_0 等于零。质点的**水平射程** R，就是从发射点到落回到发射高度所经过的水平距离，为

$$R=\frac{v_0^2}{g}\sin2\theta_0 \tag{4-26}$$

匀速圆周运动　如果质点以恒定速率 v 沿半径为 r 的圆周或圆弧运动，则该质点在做匀速圆周运动，它具有大小不变的加速度：

$$a=\frac{v^2}{r} \tag{4-34}$$

$\vec{a}$ 的方向指向圆周或圆弧的中心，称 $\vec{a}$ 为向心加速度。质点完成一个圆周所用时间为

$$T=\frac{2\pi r}{v} \tag{4-35}$$

T 称为运动的绕转周期或简称周期。

相对运动　当两参考系 A 与 B 之间以恒定速度相对运动时，由参考系 A 中的观察者测得的质点 P 的速度一般不同于参考系 B 中的观察者测得的。二者测得速度之间的关系为

$$\vec{v}_{PA}=\vec{v}_{PB}+\vec{v}_{BA} \tag{4-44}$$

式中，$\vec{v}_{BA}$为 B 相对于 A 的速度。两观察者测得的质点的加速度都相同，即

$$\vec{a}_{PA}=\vec{a}_{PB} \tag{4-45}$$

习题

1. 一个电子的位置矢量是 $\vec{r}=(6.0\text{m})\vec{i}-(4.0\text{m})\vec{j}+(3.0\text{m})\vec{k}$。(a) 求 $\vec{r}$ 的数值大小。(b) 在右手坐标系中画出这个矢量。

2. 一粒西瓜子的坐标是：$x=-5.0$m，$y=9.0$m，$z=0$m。写出它的位置矢量，(a) 用单位矢量记号法表示，用 (b) 大小和 (c) 相对于 x 轴正方向的角度表示。(d) 在右手坐标系中画出这个矢量。如果这粒西瓜子被移动到 xyz 坐标（3.00m，0m，0m）处，它的位移是什么？(e) 用单位矢量记号表示，用 (f) 数值和 (g) 相对于正 x 方向的角度表示。

3. 一个基本粒子的位移 $\Delta\vec{r}=2.0\vec{i}-4.0\vec{j}+8.0\vec{k}$，终点的位置矢量 $\vec{r}=4.0\vec{j}-5.0\vec{k}$，单位都是米。这个粒子初始位置矢量是什么？

4. 从挂钟的分针的尖端到它的转动轴的长度为12cm，对三个时间间隔测量分针尖端的位移矢量的数值和角度：从一刻钟到半小时的位移的 (a) 大小和(b) 角度，在接下来的半个小时的 (c) 大小和 (d) 角度，以后一个小时的 (e) 大小和 (f) 角度各是多少？

5. 列车以恒定的速率 60.0km/h 向东行驶 40.0min，然后向正北偏东 50.0° 的方向行驶 20.0min，再向西 50.0min。求它在这次行程中平均速度的 (a) 大小和 (b) 角度。

6. 一个电子的位置由下式给出：$\vec{r}=3.00t\vec{i}-4.00t^2\vec{j}+2.00\vec{k}$，$t$ 以秒为单位，$\vec{r}$ 以米为单位。(a) 写出单位矢量表示的电子速度 $\vec{v}$ (t)。在 $t=3.00$s 时，(b) 用单位矢量记号表示的 $\vec{v}$ 是什么？并求出 v 的 (c) 数值和 (d) 相对于 x 轴正方向的角度。

7. 在粒子加速器中，一个粒子的位置矢量最初估计为 $\vec{r}=6.0\vec{i}-7.0\vec{j}+3.0\vec{k}$，10s 以后估计为 $\vec{r}=-3.0\vec{i}+9.0\vec{j}-3.0\vec{k}$，都以米为单位。试用单位矢量表示的粒子平均速度。

8. 一架飞机从 A 市向东飞行48.0min，经过483km 到达 B 市，然后又从 B 市向南在 1.5h 内飞行 966km 到达 C 市。飞机在整个行程中位移的 (a) 大小和 (b) 方向是什么？它的平均速度的 (c) 大小和 (d) 方向以及 (e) 平均速率各是多少？

9. 图4-21是一只松鼠在平地上运动的路径，从A点（在$t=0$时）开始，到B点（$t=5.00\text{min}$），C点（在$t=10.0\text{min}$），最后到D点（在$t=15.0\text{min}$）。考虑松鼠从A点到其余三个点的平均速度。这些平均速度中数值最小的（a）数值大小和（b）角度是多少？最大数值的平均速度的（c）数值和（d）角度是多少？

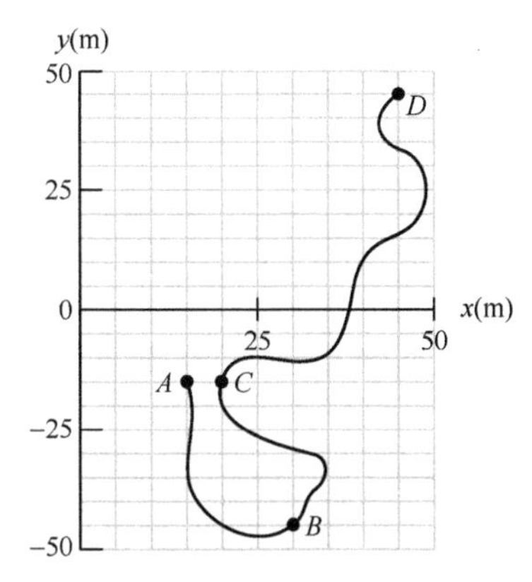

图4-21　习题9图

10. 由位置矢量$\vec{r}=5.00t\vec{i}+(et+ft^2)\vec{j}$可以确定某一时刻的质点的位置。矢量$\vec{r}$以米为单位，$t$的单位是秒，因子$e$和$f$都是常量。图4-22给出关于$t$的函数的质点运动方向的角度$\theta$（从正$x$方向测量）。求常量（a）$e$和（b）$f$的数值及它们的单位。

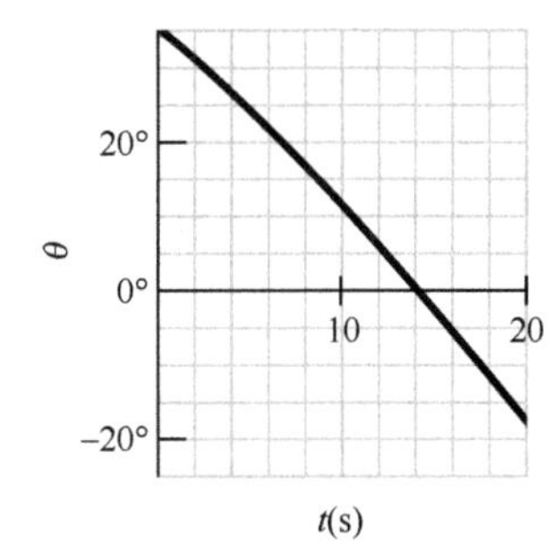

图4-22　习题10图

11. 在xy平面上运动的质点的位置矢量为$\vec{r}=(3.00t^3-6.00t)\vec{i}+(7.00-8.00t^4)\vec{j}$，其中$\vec{r}$以米为单位，$t$以秒为单位。在$t=3.00\text{s}$时，用单位矢量记号写出（a）$\vec{r}$，（b）$\vec{v}$和（c）$\vec{a}$。（d）求$t=3.00\text{s}$时质点轨道切线和$x$轴正方向之间的角度。

12. 在某一时刻，自行车手在公园的旗杆正东30.0m处，他正以10.0m/s的速率向正南方向骑行。30.0s后，骑车人到了旗杆正北40.0m的位置，并且正以10.0m/s的速率向正东方向前进。求骑自行车的人在这30s时间内的位移的（a）大小和（b）方向，平均速度的（c）大小和（d）方向，以及平均加速度的（e）大小和（f）方向。

13. 一个物体以这样的方式运动，作为时间（单位：s）函数的位置（单位：m）是$\vec{r}=\vec{i}+3t^2\vec{j}+t\vec{k}$。写出作为时间函数的物体的（a）速度和（b）加速度的表达式。

14. 一个质子最初的速度$\vec{v}=4.0\vec{i}-2.0\vec{j}+3.0\vec{k}$，4.0s后为$\vec{v}=-2.0\vec{i}-2.0\vec{j}+5.0\vec{k}$（以m/s为单位）。在这4.0s中，（a）用单位矢量记号表示的平均加速度$\vec{a}_{avg}$是什么？（b）$\vec{a}_{avg}$的数值和（c）$\vec{a}_{avg}$和x轴正方向之间的角度各是多少？

15. 一个质点在$t=0\text{s}$时从原点以速度$\vec{v}=7.0\vec{i}$开始，在xy平面上运动。并且它有恒加速度$\vec{a}=(-9.0\vec{i}+3.0\vec{j})\text{m/s}^2$。在质点到达最大$x$坐标时，它的（a）速度矢量和（b）位置矢量是什么？

16. 在xy平面内运动的质点的速度$\vec{v}$为$\vec{v}=(6.0t-4.0t^2)\vec{i}+8.0\vec{j}$，$\vec{v}$的单位为m/s，$t$（$>0$）的单位为s。（a）$t=2.5\text{s}$时加速度是什么？（b）什么时候（如果有的话）加速度为零？（c）什么时候（如果有的话）速度为零？（d）什么时候（如果有的话）速率等于10m/s？

17. 一辆摩托车从原点出发，在xy平面上运动，加速度分量为$a_x=6.0\text{m/s}^2$，$a_y=-3.0\text{m/s}^2$。摩托车初速度的分量是$v_{0x}=12.0\text{m/s}$，$v_{0y}=18.0\text{m/s}$。写出摩托车到达最大的y坐标时，用单位矢量记号表示的速度。

18. 中等强度的风吹动一块卵石，使之以恒加速度$\vec{a}=(5.00\text{m/s}^2)\vec{i}+(7.00\text{m/s}^2)\vec{j}$，在$xy$平面上运动。在时刻$t=0$，卵石速度为$(4.00\text{m/s})\vec{i}$。当卵石平行于$x$轴移动了10.0m时，它的速度的（a）大小和（b）角度是多少？

19. 只在水平的xy平面上运动的质点的加速度为$\vec{a}=3t\vec{i}+4t\vec{j}$，$\vec{a}$以$\text{m/s}^2$为单位，$t$以s为单位。$t=0$时位置矢量$\vec{r}=(20.0\text{m})\vec{i}+(40.0\text{m})\vec{j}$表示质点所在位置，这时它的速度矢量为$\vec{v}=(5.00\text{m/s})\vec{i}+(2.00\text{m/s})\vec{j}$。$t=4.00\text{s}$时，求：（a）单位矢量表示的位置矢量，（b）运动方向和x轴正方向之间的夹角。

20. 在图4-23中，质点A沿$y=30\text{m}$的直线以大小为3.0m/s的恒定速度$\vec{v}$平行于x轴运动。在质点A通过y轴的时刻，质点B以零初速度和大小为0.40m/s^2的恒加速度离开原点，$\vec{a}$和y轴正方向之间的角度θ等于多少时两个粒子会撞到？

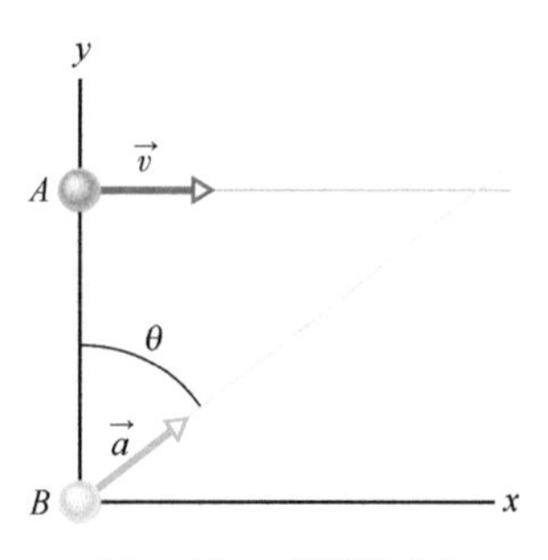

图4-23　习题20图

21. 将一块石子直接瞄准挂在墙上的一张靶图的中心点P投掷。石子从起点以速率6.75m/s被水平地抛出，结果撞到靶上P点下方5.00cm处的Q点。求石子的起点和靶的水平距离。

22. 一个小球从1.50m高的水平桌面上滚动并飞离边缘。小球在离桌子边缘水平距离1.52m处落地。(a)球在空中经过多少时间?(b)它在离开桌子时的速率多大?

23. 原来安放在距水平面高度40.4m位置的炮弹水平地以285m/s的初速离开炮口,射击水平面上的靶。(a)炮弹在空中飞行多长时间?(b)从炮弹发射点到击中地面的水平距离是多少?在炮弹落地的时候,它的速度的(c)水平和(d)垂直分量各是多少?

24. 1991年在东京举行的世界田径锦标赛上迈克·鲍威尔(Mike Powell)打破了鲍勃·比蒙(Bob Beamon)保持了23年的跳远世界纪录,跳出了8.95m,超过后者整整5cm。设鲍威尔起跳的速率为9.5m/s(大约相当于短跑选手),东京当地的$g = 9.80\text{m/s}^2$。比之于以同样速率发射的一个质点的最大射程,鲍威尔的距离小多少?

25. 摩托车跳跃现今的世界纪录是贾森·雷尼(Jason Renie)创造的77.0m。假设他从相对于水平面12.0°的跳板起跳,起跳和着陆高度相同。忽略空气阻力。求他的起跳速率。

26. $t=0$时,用弹弓将一块石子以初速度18.0m/s和水平面向上40.0°角弹射出。在$t=1.10\text{s}$时,石子距离弹射点位移的(a)水平和(b)竖直分量数值是多少?在$t=1.80\text{s}$时,位移的(c)水平和(d)竖直分量是多少?$t=5.00\text{s}$时(e)位移的水平和(f)竖直分量各是多少?

27. 一架飞机以290.0km/h的速率和水平向下$\theta=30.0°$的角度俯冲,这时它释放一个雷达假目标(见图4-24)。从释放点到假目标落地的水平距离$d=700\text{m}$。(a)假目标在空中停留了多长时间?(b)释放点有多高?

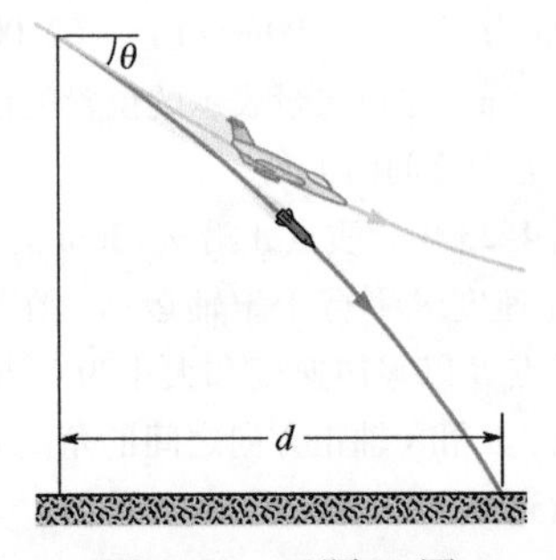

图4-24 习题27图

28. 在图4-25中,一块石子以初速率42.0m/s和水平线向上$\theta_0=60.0°$的角度被抛到一高度为h的悬崖上。石子抛出后5.50s落到A点。求(a)悬崖的高度h,(b)石子落到A点瞬间的速率,(c)石子达到离地面的最大高度H。

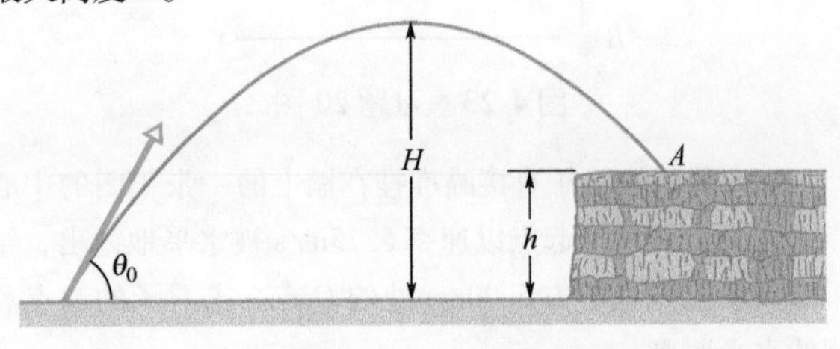

图4-25 习题28图

29. 一个抛体的发射速率是它在最高点时速率的6.00倍,求发射角θ_0。

30. 一只足球从地上被踢出,初速率是21.3m/s,向上45°角,同一时刻,一个运动员从球踢来的方向55m外开始跑动接球。如果他要在足球刚要碰到地面之前接住球,他的平均速率必须有多大?

31. 一个足球运动员声称,他能将球踢过水平运动场上离他32m远、高3.5m的墙。这个运动员将球抛起,当球离地面1.0m时将其悬空踢出,球以初始速率18m/s和水平向上40°角方向飞出。球能否越过该墙?

32. 你以25.0m/s的速率和水平向上$\theta_0=40.0°$的角度,向一堵墙抛一只球,(见图4-26)。墙到球的抛掷点的距离为$d=22.0\text{m}$。(a)球撞墙的位置在抛掷点以上多高的距离?(b)球撞到墙的时候速度的(b)水平和(c)竖直的分量各是多少?(d)当球撞到墙的时候,它是不是已经过了它的轨道的最高点?

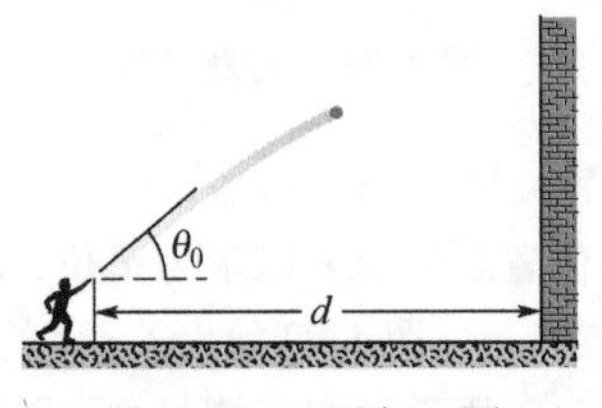

图4-26 习题32图

33. 一架防空部队飞机以恒定的速率和铅垂线成52.0°的角度俯冲,在720m的高度投下一枚炸弹。炸弹在释放后6.00s到达地面。(a)飞机的速率有多大?(b)炸弹在落下过程中飞行水平距离为多少?炸弹在落到地面前瞬间速度的(c)水平和(d)垂直分量是多少?设x轴沿水平的运动方向,y轴向上。

34. 投石机是一种抛投石块的机器,用来攻击被围攻的堡垒的城墙。把大石块掷向堡垒可以撞坏城墙。投石机不能太靠近城墙安放,因为对方可以从城墙上用箭射到它。并且它要这样安放,才可以使石块在飞行的后半程撞击城墙。设以速率$v_0=30.0\text{m/s}$和角度$\theta_0=40.0°$抛出一块石头。求石块的速率;(a)当石块到达抛物线轨道顶点时,(b)当它下降到最高点高度的一半时。(c)用百分比表示(b)中求得的速率比(a)的快了多少?

35. 射出子弹速率为460m/s的步枪瞄准45.7m外的靶射击。如果靶心和枪在同一水平高度,枪管的瞄准点必须抬高多少才能使子弹正好击中靶心?

36. 在一次网球赛中,一位运动员发出的球的速率是23.6m/s,球高于球场表面2.42m的高度水平地离开球拍。网在运动员前面12m远处,网高0.9m。当球到达网前时,(a)球能不能越过网?(b)这时球的中心和网顶之间的距离有多大?如果是另一种情况:发球的其他情况和以前一样,只是球沿着水平线向下5.00°的方向离开球拍。当球到达网上时,(c)球能不能越过网?(d)这时球心和网顶之间的距离又是多少?

37. 一位高台跳水冠军从高于水面 12m 的跳台边缘以 2.50m/s 的速率水平地跳出。(a) 从他跳起到 0.900s 时离开跳台边缘的水平距离是多少？(b) 这时跳水运动员到水面的垂直距离是多少？(c) 当跳水运动员入水时，从跳台边缘算起他的水平距离是多少？

38. 一只高尔夫球从地面上被击飞。高尔夫球的速率是如图 4-27 所示的时间函数。图中，在 $t=0$ 时刻球被击出。图中垂直轴的标度是 $v_a=19\text{m/s}$，$v_b=31\text{m/s}$。(a) 在高尔夫球落回地面时球走过的水平距离是多少？(b) 球到达的最大高度离地面多少距离？

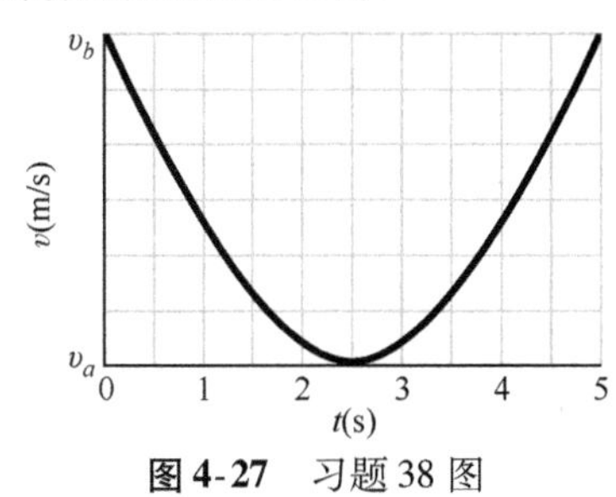

图 4-27　习题 38 图

39. 在图 4-28 中，一只球从高于地面 h 的房顶左边向左扔出。在 1.50s 后球以与水平线成 $\theta=60.0°$ 的角度落到距房屋左侧 $d=25.0\text{m}$ 处。(a) 求 h（提示：一种方法是像在录像中那样将运动反向进行。）球被扔出时速度的 (b) 大小和 (c) 相对于水平线的角度各是多少？(d) 球被扔出时速度的方位角度是在水平线以上还是以下？

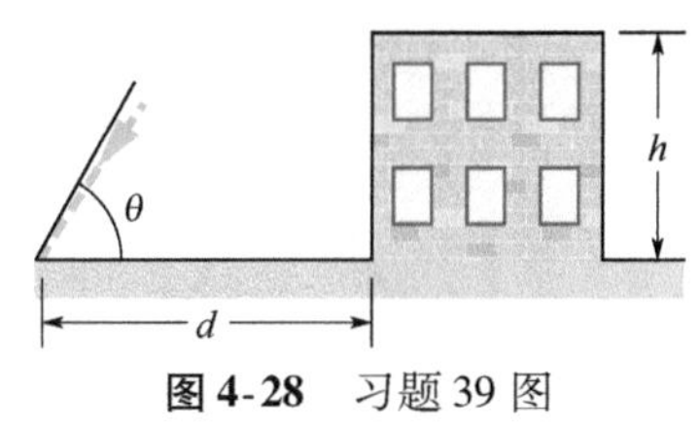

图 4-28　习题 39 图

40. 一位铅球运动员能将铅球以世界水平的速率 $v_0=15.00\text{m/s}$ 推出，高度为 2.160m。如果推出角度 θ_0 为 (a) 45.00°和 (b) 42.00°时，铅球飞行的水平距离各是多少？答案说明抛体运动最大射程的 45°角在发射和着陆位置不在同一高度的情况下水平距离并不是最大。

41. 射水鱼看到悬垂在水上面的小树枝上有一只昆虫时，就对昆虫喷水，将它击落至水面（见图 4-29）昆虫位于距离为 d 和角度 ϕ 的直线上，水滴必须向另一个不同的角度 θ_0 射出，水的抛物线轨道才能正好和昆虫相交。设 $\phi=36.0°$，$d=0.900\text{m}$。如要水滴到达昆虫时正好在抛物线路径的顶端，发射角 θ_0 要多大？

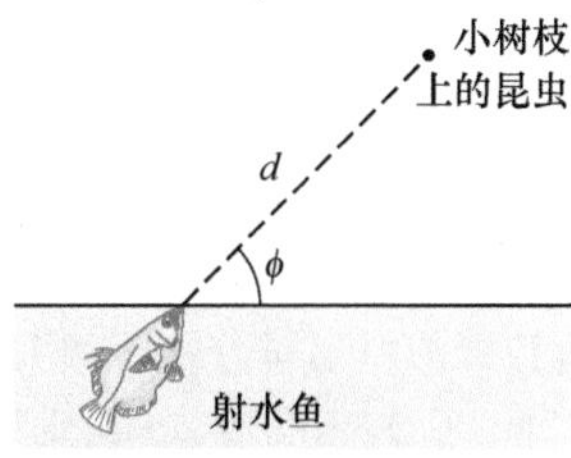

图 4-29　习题 41 图

42. 在 1939 或 1940 年，伊曼纽尔 · 扎基尼（Emanuel Zacchini）将他的人体炮弹表演发挥到极致：他从大炮中被发射出来，飞越三个费里斯转轮（摩天轮）然后落入网中（见图 4-30）。设他以 26.5m/s 的速率和 53.0°角发射。(a) 把他当作质点处理，求他和第一个转轮的间距。(b) 如果他在中间的转轮上面达到最大高度，他超过转轮的高度为多少？(c) 网的中心安放的位置应距离大炮多远（忽略空气阻力）？

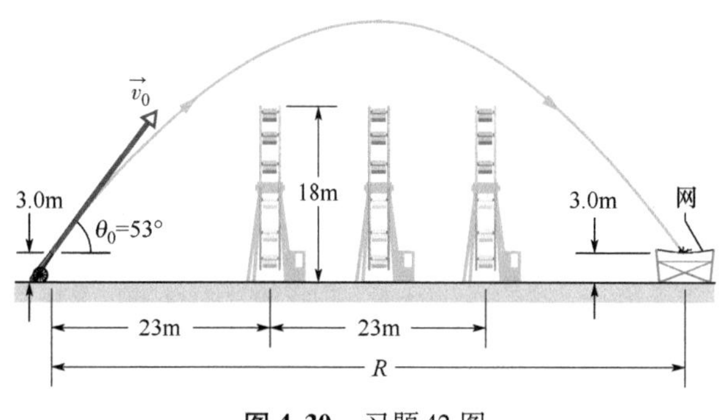

图 4-30　习题 42 图

43. 一个高尔夫球运动员将高尔夫球从地面击到空中。球在高度为 10.3m 时的速度是 $\vec{v}=(8.6\vec{i}+7.2\vec{j})$ m/s，其中 $\vec{i}$ 水平，$\vec{j}$ 向上。求 (a) 球的最大高度，(b) 球飞行的整个水平距离。球在刚要接触地面之前速度的 (c) 大小和 (d) 角度（水平面以下）是多少？

44. 棒球以 153km/h 的速率水平地离开投手的手。投手到击球员的距离是 18.3m。(a) 球经过这个距离的前一半需多长时间？(b) 后一半程需要多长时间？(c) 在前一半时间中球自由下落了多少距离？(d) 在第二半程又下落了多少距离？(e) 为什么 (c) 和 (d) 的数量不相等？

45. 在图 4-31 中，球以大小为 10.0m/s 的速率和与水平线成 50.0°的角度发射。发射点在水平长度 $d_1=6.00\text{m}$ 和高度 $d_2=3.60\text{m}$ 的斜坡的基部。斜坡上面是一个平台。(a) 球会落在斜坡上还是落在平台上？球的着陆点离开发射点的位移的 (b) 大小和 (c) 角度是多少？

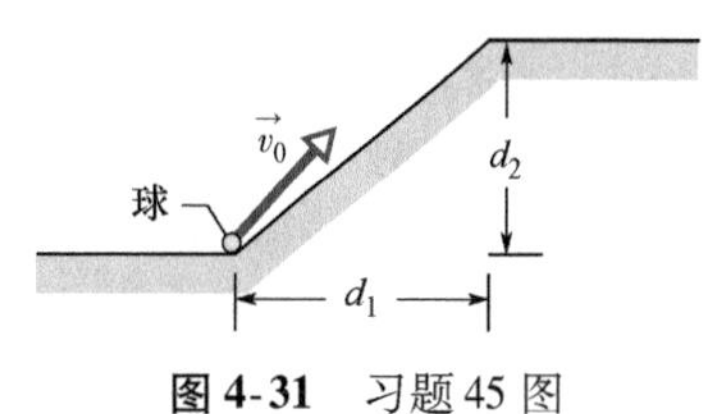

图 4-31　习题 45 图

46. 在篮球赛中，“滞空”（hang）是一种幻觉，这时运动员好像停滞在半空中使重力加速度减弱了。这种幻觉主要决定于熟练的运动员在空中将球在两手间迅速转移的技巧，但这也是由于运动员在跳起的上半部分比在较低部分移动了较长的水平距离而加强了幻觉。设一个运动员以初速度 $v_0=6.00\text{m/s}$ 和角度 $\theta_0=35.0°$ 跳起，运动员在跳跃的上半部分（最大高度和最大高度的一半之间）占整个跳跃距离的百分比是多少？

47. 棒球击球员在棒球中心高于地面1.22m时击中投来的球。球以相对于地面45°角飞离球棒。被击出的球应当有水平飞行距离（回到被击出时的水平高度）107m。（a）球能不能飞越距击球位置97.5m远，7.32m高的围栏？（b）球在围栏上方时，围栏顶部和球中心的距离是多少？

48. 在图4-32中，一只球被上抛到屋顶。球被抛出4.50s后落到比抛出的水平线高出 $h=20.0\text{m}$ 的屋顶上。落地之前球的路径和屋顶的角度为 $\theta=60.0°$。（a）求球通过的水平距离 d（参看习题39的提示），球的初速度的（b）大小和（c）相对于水平线的角度。

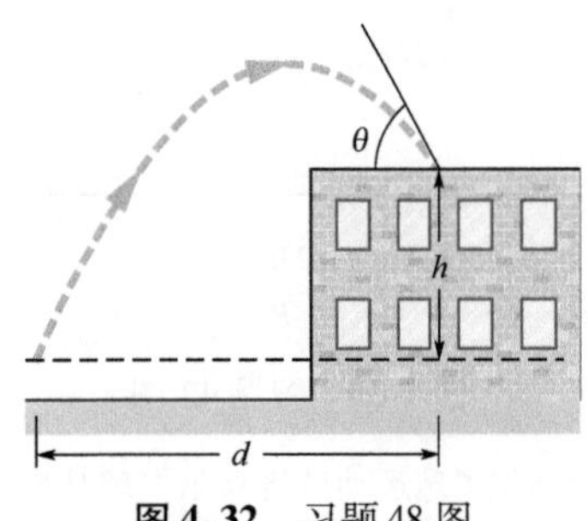

图4-32 习题48图

49. 一个足球运动员可以将球以初速率25m/s踢出，他要在距球门前方50m处的位置将球踢进横梁高度为3.44m的球门里，踢球的（a）最小和（b）最大的仰角各是多少？

50. 一个抛体从地面被抛出，2s后，水平移动了40m，并且在竖直方向高于抛出点58m。问抛体初速度的（a）水平和（b）竖直分量各是多少？（c）当抛体到达它地面以上最高点的瞬间，它距离抛出点的水平位移是多少？

51. 训练有素的滑雪者知道，遇到向下的斜坡前要先向上跃起。考虑一次跳跃，起跳速率是 $v_0=10\text{m/s}$，起跳角度是 $\theta_0=11.3°$，原来的道路是近似平坦的，陡坡的斜度是9.0°。图4-33a表示预先的跳跃可以使滑雪者正好落在陡坡的顶部附近。图4-33b表示近于陡坡的边缘跳起。在图4-33a中，滑雪者在近似于同样起跳水平的高度落地。（a）落地时，滑雪者的落下路径和斜坡间的角度 ϕ 是多少？在图4-33b中，（b）滑雪者落地点比跳起的水平高度差多少？（c）ϕ 是多大？（在落地的时候，落差越大，ϕ 越大，可能会失去控制。）

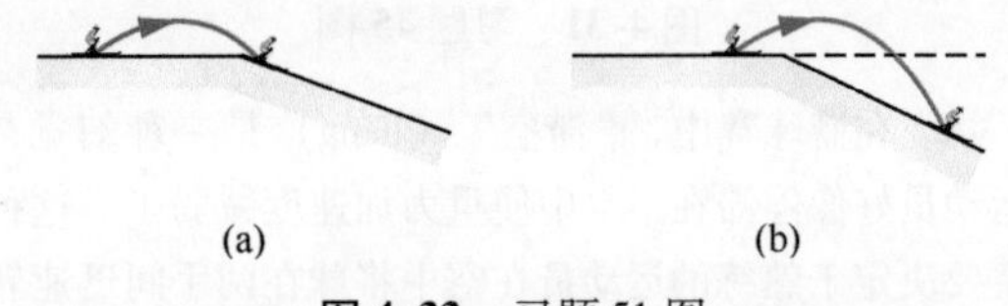

图4-33 习题51图

52. 一只球从地面抛向距离 x 处的墙（见图4-34a）。图4-34b表示球在到达墙时作为距离 x 的函数的速度的 y 分量 v_y。标度为 $v_{ys}=5.0\text{m/s}$，$x_s=20\text{m}$。球的发射角是多少？

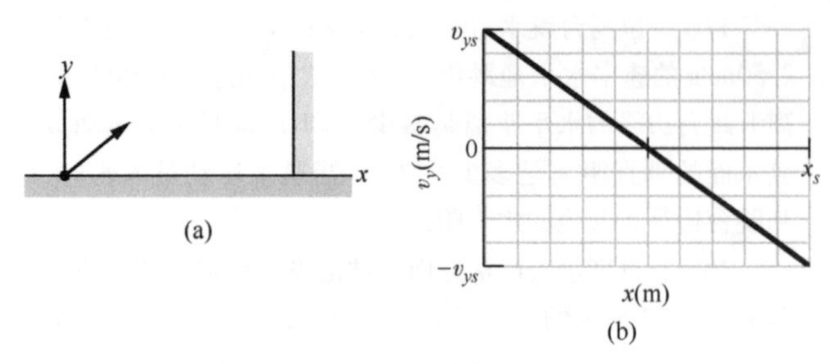

图4-34 习题52图

53. 在图4-35中，一只棒球在高度为 $h=1.00\text{m}$ 处被击出并且在同样高度被接住。这只棒球紧靠着一堵墙运动。在被击出1.00s后球超过了墙的顶端，在4.00s时再次经过墙的最高点。两次经过墙的最高点之间的距离 $D=50.0\text{m}$。（a）球从被击出到被接住之间走过的水平距离是多少？球刚被击出时速度的（b）数值和（c）角度（相对于水平线）各是多少？（d）墙有多高？

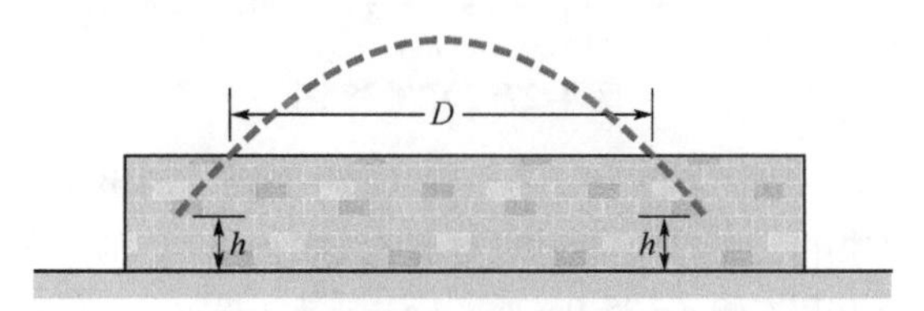

图4-35 习题53图

54. 一只球以一定的速率从地面抛出。图4-36表示它达到的射程 R 和投射角 θ_0 的关系。θ_0 的数值决定了飞行时间；令 t_{max} 为最长飞行时间。如选择 θ_0 使得飞行时间是 $0.500t_{max}$，则球在飞行过程中具有的最小速率是多少？

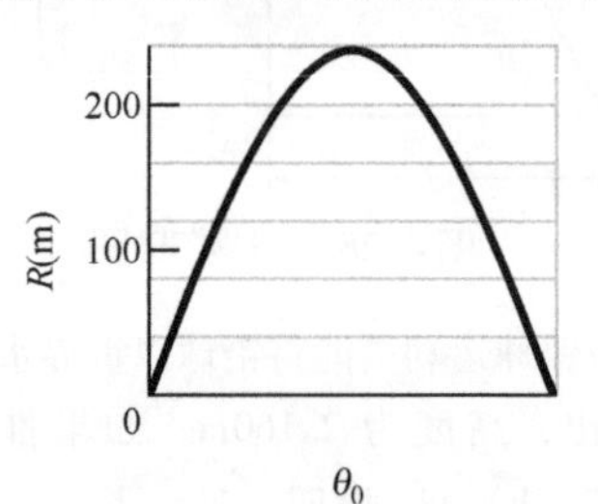

图4-36 习题54图

55. 一个楼梯的每一级台阶高18.3cm，宽18.3cm，一只球以速率1.00m/s水平地滚动离开楼梯顶部，球第一次落到楼梯哪一级？

56. 一颗地球人造卫星在高于地球表面750km的圆形轨道上以98.0min的周期运行。它的（a）速率和（b）向心加速度的大小各是多少？

57. 狂欢节上的旋转木马绕竖直轴以恒定速率旋转。一个人站在旋转木马的边缘，他的速率是3.66m/s，向心加速度 $\vec{a}$ 的大小为1.83m/s²。位置矢量 $\vec{r}$ 确定了他相对于转轴的位置。（a）$\vec{r}$ 的大小为何？当 $\vec{a}$ 指向（b）正东和（c）正南时，$\vec{r}$ 的方向各是什么？

58. 一台旋转着的风扇每分钟转动1100转。叶片末端的半径为0.15m。（a）末端转动一周走过多少距离？末端的（b）速率和（c）加速度的数值各是多少？（d）运动的周期有多大？

59. 放在转盘上放送的黑胶唱片仍旧可以让我们欣赏音乐。这种唱片以 1.8s 的周期旋转。对半径为 16cm 的唱片，求唱片边缘一点的向心加速度。

60. 一个对向心加速度着迷的人坐在周期 $T=2.0\text{s}$ 和半径 $r=3.50\text{m}$ 的圆盘上匀速旋转。在 t_1 时刻他的加速度 $a=(6.00\text{m/s}^2)\vec{i}+(-4.00\text{m/s}^2)\vec{j}$。在这一时刻，(a) $\vec{v}\cdot\vec{a}$ 和 (b) $\vec{r}\times\vec{a}$ 的数值各是多少？

61. 在一颗巨大的恒星变成*超新星*的过程中，它的核心可能被压缩得如此紧密以致变成半径大约 20km 的中子星（大约旧金山市的大小）。如果一颗中子星每一秒钟自转一周，(a) 它的赤道上的质点的速率有多大？(b) 质点的向心加速度有多大？(c) 如果中子星自转更快，(a) 和 (b) 的答案要增大、减少还是保持不变。

62. 以 10m/s 的速率跑步的短跑运动员在半径为 20m 的弯道上的加速度数值是多少？

63. 在 $t_1=2.00\text{s}$ 时，一个做逆时针圆周运动的质点的加速度为 $(6.00\text{m/s}^2)\vec{i}+(4.00\text{m/s}^2)\vec{j}$。它以匀速运动。在 $t_2=5.00\text{s}$ 时，该质点的加速度是 $(4.00\text{m/s}^2)\vec{i}+(-6.00\text{m/s}^2)\vec{j}$。如果 t_2-t_1 小于一个周期，质点圆周运动轨道的半径是多少？

64. 一个质点在水平的 xy 平面上做匀速圆周运动。在某一时刻，它以速度 $-5.00\vec{i}\,\text{m/s}$ 和加速度 $+12.5\vec{j}\,\text{m/s}^2$ 经过坐标为（4.00m，4.00m）的点。圆形轨道中心的 (a) x 和 (b) y 坐标各是什么？

65. 在转动的旋转木马的地板上，一只钱包在半径 2.00m 处，一只皮夹子在半径 3.00m 的位置上一起随着做匀速圆周运动。它们在同一径线上。在某一时刻，钱包的加速度是 $(2.00\text{m/s}^2)\vec{i}+(4.00\text{m/s}^2)\vec{j}$。在这一时刻皮夹子的加速度用单位矢量表示是什么？

66. 一个质点在水平的 xy 坐标系中沿圆形轨道以恒定的速率运动。在 $t_1=5.00\text{s}$ 时，它在（5.00m，6.00m）的点上，以速度 $(3.00\text{m/s})\vec{j}$ 和正 x 方向的加速度运动。在 $t_2=10.0\text{s}$ 时，它有速度 $(-3.00\text{m/s})\vec{i}$ 和向正 y 方向的加速度。如果 t_2-t_1 小于一个周期，则圆形轨道中心的 (a) x 和 (b) y 坐标，各是什么？

67. 一个孩子将一块系在绳上的石子在高于地面 2.0m、半径为 1.5m 的水平圆周上转动。绳子突然断裂，石子水平地飞出，通过水平距离 10m 后落到地上。石子在做圆周运动时的向心加速度的大小为多少？

68. 一只猫趴在旋转木马上随着做匀速圆周运动。$t_1=2.00\text{s}$ 时，在水平 xy 坐标系中测得猫的速度是 $\vec{v}_1=(3.00\text{m/s})\vec{i}+(4.00\text{m/s})\vec{j}$。在 $t_2=5.00\text{s}$ 时，猫的速度是 $\vec{v}_2=(-3.00\text{m/s})\vec{i}+(-4.00\text{m/s})\vec{j}$。这两个时间都在一个周期内。求：(a) 猫的向心加速度的数值，(b) 在时间间隔 t_2-t_1 内猫的平均加速度。

69. 一位摄影师坐在一辆以 20km/h 向西行驶的小型货车上，这时他拍到一只向西运动的，比货车快 30km/h 跑动的猎豹。突然，猎豹停下来并改变方向奔跑，正站在猎豹的路径旁边的一位受惊的同事测得猎豹的速度为向东 45km/h。这只猎豹改变速度用了 2.0s。对于摄影师，猎豹的加速度的 (a) 大小和 (b) 方向各是什么？从受惊的同事的角度来看猎豹的加速度的 (c) 大小和 (d) 方向各是什么？

70. 一艘船沿 x 轴正方向，以相对于河水 14km/h 的速率逆水航行。水相对于河岸的流速为 8.2km/h。船相对于河岸的速度的 (a) 大小和 (b) 方向各是什么？船上一个小孩从船头到船尾以相对于船 6.0km/h 的速率走动。小孩相对于河岸的速度的 (c) 大小和 (d) 方向各是什么？

71. 一个可疑的人沿自动人行道（sidewalk）拼命地跑，从一端到另一端用了 2.5s。这时保安人员出现了，这个人马上回头，沿自动人行道拼命奔跑回到人行道起点用了 10.0s。这个人跑动的速率和人行道运行的速率的比率是多少？

72. 一个英式橄榄球运动员带球沿 x 轴正方向直接奔向对方的球门。只要他传给队友的球相对于球场的速度没有正 x 分量，他的传球就是合理的。假设他相对于自己以速度 $\vec{v}_{BP}$ 传出球的时候，正以 3.5m/s 的速率在球场上奔跑，如果 $\vec{v}_{BP}$ 的大小为 6.0m/s，$\vec{v}_{BP}$ 最小的角度是多少才能合理地传球。

73. 两条公路相交如图 4-37 所示。图中所示的时刻，警车 P 距离十字路口 $d_P=800\text{m}$，正以 $v_P=80\text{km/h}$ 的速率行驶。汽车驾驶员 M 到十字路口的距离 $d_M=600\text{m}$，行驶速率为 60km/h。(a) 用单位矢量表示汽车驾驶员 M 相对于警车的速度。(b) 在图 4-37 所示的时刻，在 (a) 中求出的速度和两车之间视线间的角度是多少？(c) 如果两辆车保持各自的速度不变，当两车接近十字路口时 (a) 和 (b) 的答案是否会改变？

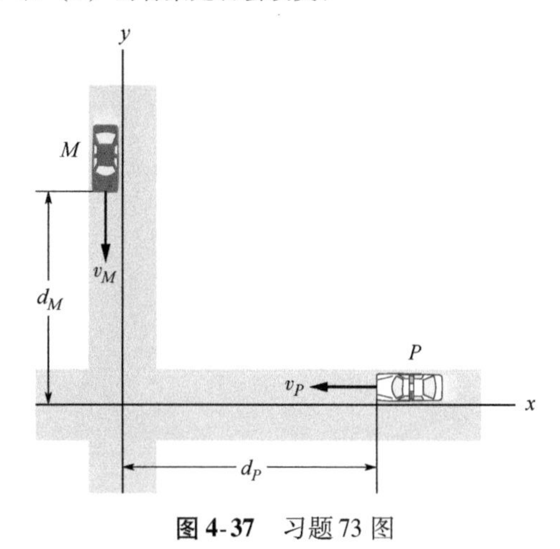

图 4-37　习题 73 图

74. 飞行员驾驶飞机在东偏南 20°、风速为 42km/h 的风中飞行 18min 后，到达距起飞地点正北方 55km 的城市上空。飞机相对于空气的速率是多少?

75. 列车以30m/s(相对于地面)的速率向着正南方向、在被风吹向南方的雨中行驶。从站在地面上不动的观察者测量得到雨滴相对于竖直线成70°角。但在列车上的观察者看来雨滴完全竖直地落下。求雨滴相对于地面的速率。

76. 一架小型飞机的空速达500km/h。驾驶员要飞向正北方900km的目的地。但他发现，若要直接飞到目的地必须朝向北偏东20.0°方向。飞机经2.00h到达目的地。求风的速度的(a)大小和(b)方向。

77. 雪花以不变的速率8.0m/s竖直落下。在笔直、水平的道路上以速率50km/h行驶的汽车中的驾驶员看来，雪花落下的路径偏离竖直线多少角度?

78. 在图4-38的俯视图中，两辆竞赛的吉普车P和B在平地上直线行驶，经过站立不动的岗哨A。B相对于岗哨以恒定的速率25.0m/s和角度$\theta_2=30°$行驶。P相对于岗哨以恒加速度0.400m/s^2从静止开始沿角度$\theta_1=60.0°$方向行驶。经过加速，到某一时刻P的速率达到40.0m/s。这个时候，P相对于B的速度的(a)大小和(b)方向以及P相对于B的加速度的(c)大小和(d)方向各是什么?

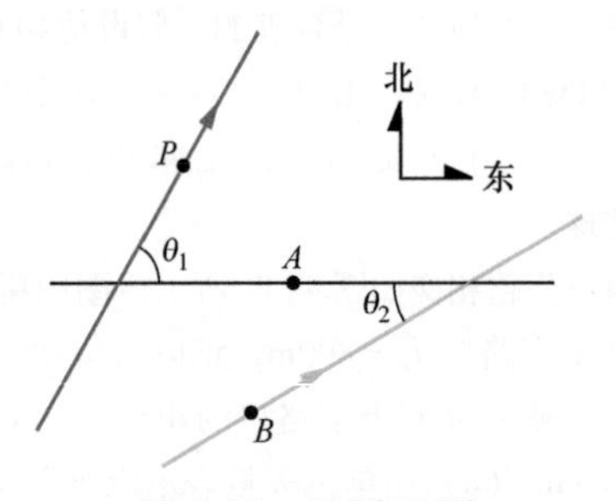

图4-38 习题78图

79. 两艘船同时离开港口。船A以24节的速率向西北方向航行，船B以速率28节的速率向南偏西40°方向航行(1节=1n mile/h=$\frac{1852}{3600}$m/s，参见附录D)。A船相对于B船的速度(a)大小和(b)方向是什么?(c)经过多少时间后两船分开160n mile?(d)这时B相对于A的方位(B的位置的方向)是什么?(n mile为海里或浬，等于1852m)

80. 一条200m宽的河流的河水以均匀的速率2.5m/s向正东方向流动。一艘小船以相对于河水8.0m/s的速率离开南岸向北偏西30°的方向航行。小船相对于河岸的速度的(a)大小和(b)方向是什么?(c)小船要用多长时间才能航行到对岸?

81. A船在B船北方4.0km和东方2.5km的位置。A船以速度22km/h向南航行，B船以40km/h的速度向东偏北37°方向航行。(a)求用单位矢量表示的A相对于B的速度，$\vec{i}$指向东。(b)写出(用$\vec{i}$和$\vec{j}$的记号)A相对于B的位置作为时间t的函数的表达式，当$t=0$时两船在上面所述的位置。(c)在什么时候两船的距离最小?(d)最小距离是多少?

82. 一条200m宽的河流中河水以1.1m/s的速率匀速地从两岸的丛林中间穿过并向东流去。一位探险家想乘汽艇离开南岸的一小片空旷地过河，汽艇相对于河水以恒定的速率5.0m/s航行。正对南岸空旷地的北岸上游82m处也有一块空地，(a)汽艇必须向着什么方向才能沿直线航行并在北岸的空地处登岸?(b)汽艇要用多长时间才能穿过河流到达北岸空地?

CHAPTER 5

第5章 力和运动

5-1 牛顿第一和第二定律

学习目标

学完这一单元后，你应当能够……

5.01 懂得力是矢量，所以它既有数值也有方向，并且还可分解成分量。

5.02 两个或更多的力作用在同一个质点上时，将这些力矢量相加得到净力（或合力）。

5.03 懂得牛顿第一和第二定律。

5.04 懂得惯性参考系。

5.05 画一个物体的受力图，把物体当作质点并将作用在它上面的力用矢量表示，矢量的尾端在质点上。

5.06 应用作用在物体上的净力，物体的质量，以及净力产生的加速度的关系式（牛顿第二定律）。

5.07 懂得只有作用在物体上的外力才能使物体加速。

关键概念

- 当一个物体受到其他物体施加的一个或更多的力（推力或拉力）的作用时，物体的速度就要改变（物体会加速）。牛顿力学涉及加速度和力。
- 力是矢量。它们的数值由作用于标准的千克物体上产生的加速度来定义。使这个标准的物体得到严格 1m/s^2 的加速度的力定义为1牛顿（1N）。力的方向就是它引起的加速度的方向。力要按照矢量代数的定则来组合。作用于一个物体上的净力是作用于这个物体上所有力的矢量和。
- 没有净力作用在物体上时，如果这个物体原来是静止的，它就保持静止。如果它原来在运动，就继续以不变的速度沿直线运动。
- 牛顿力学在其中成立的参考系称为惯性参考系或惯性系。牛顿力学在其中不成立的参考系称为非惯性参考系或非惯性系。
- 物体的质量是物体的特性，它和物体的加速度以及引起加速度的净力有关，质量是标量。
- 作用在质量为 m 的物体上的净力 $\vec{F}_{\text{net}}$ 与物体的加速度 $\vec{a}$ 的关系式为

$$\vec{F}_{\text{net}}=m\vec{a}$$

这个式子也可以写成分量形式：

$$F_{\text{net},x}=ma_x,\quad F_{\text{net},y}=ma_y,\quad F_{\text{net},z}=ma_z$$

在SI单位制中，牛顿第二定律表明

$$1\text{N}=1\text{kg}\cdot\text{m/s}^2$$

- 受力图是一种剥离图，其中只考虑一个物体。这个物体用略图或一个点来表示。作用在该物体上的外力要画出来，加上坐标系，坐标系方向的选取要使解题简单。

什么是物理学？

我们已经知道物理学的一部分内容是研究运动，其中包括加速度，就是速度在改变的运动。物理学也研究什么原因引起物体加速。这个原因是**力**，简单地说就是对物体推或拉。我们说，力作用于物体改变它的速度。例如，高速赛车在加速的时候，道路作用于后胎的力产生赛车的加速度。（橄榄球赛中）当后卫撞倒四分卫时，有一个力从后卫作用于四分卫，引起四分卫的向后加速度。一辆汽车撞上电线杆时，电线杆对汽车的作用力使汽车停下。科学、工程学、法律和医学的杂志中都充满了有关力作用在包括人在内的物体上的许多论文。

注意事项。许多学生会发现这一章比前面几章更具有挑战性。一个原因是我们在解方程时需要用到矢量，而不是仅仅把一些标量加起来。所以我们需要用到第3章介绍的矢量法则。另一个原因是我们将要看到许多不同的安排，物体会在地板上，在顶棚上，墙上和斜坡上运动。它们被挂在绕在滑轮上的绳子上并向上运动，或者放在上升或下降的电梯里面。有些时候，物体甚至还会束缚在一起。

然而，不管有什么样的安排，我们只需要一个关键概念（牛顿第二定律）来解大多数的课外作业。对我们来说，本章的目的是找到如何将这个关键概念应用于所给定的任何一种安排。这种应用需要经验——我们必须做许多习题，不止是读书。所以，我们要详细讨论这些内容，然后还要做例题。

牛顿力学

力和它引起的加速度之间的关系是艾萨克·牛顿（Issac Newton，1642—1727）最先认识到的，也是本章的主题。因为这些规律是牛顿最先提出的，这种关系的研究被称为**牛顿力学**。我们的重点是运动的三个基本定律。

牛顿力学并不适用于所有情况。如果相互作用的物体的速率非常大——一个较之于光速具有相当大的比率——我们必须用爱因斯坦的狭义相对论来代替牛顿力学。狭义相对论在包括接近于光速在内的任何速率的情况下都成立。如果相互作用的物体是原子结构的尺度（例如原子中的电子），我们必须用量子力学代替牛顿力学，现在物理学家把牛顿力学看作是这两个更加全面的理论的特殊情况。但仍旧是非常重要的特殊情况，因为它可应用于非常小的（几乎是原子结构的尺度）以及天文学尺度（星系和星系团）的物体的运动。

牛顿第一定律

在牛顿系统地表述他的力学之前，人们受到某种影响，认为“力”是物体保持恒定速度运动所必不可少的条件。同样理由，当物体在静止状态中时人们认为这是它的“自然状态”。对一个匀速运动的物体而言，表面上看来它必须受到某种形式的驱动力，推或拉。不然它就要“自然地”停止运动。

这种观念是合理的。如果你使一个冰球在木地板上滑动，它确实很快会慢下来，最后停止。如果你要使它在地板上匀速运动，你必须不停地推它或拉它。

然而，你使一个冰球在滑冰场上滑动，它就会走得远得多。你可以想象更光滑的表面，冰球在这个表面上会滑得越来越远。在极限情况下，你可以想象很长的、极其光滑的表面（我们说是**无摩擦的表面**），冰球在这样的表面上滑动时几乎不会慢下来。

（事实上我们使冰球在水平的气垫桌上滑动的时候就接近于这种情况。在气垫桌上，冰球是在薄薄的一层空气上运动。）

通过观察这些现象，我们可以得出结论，如果没有力作用在物体上，它就保持其运动状态不变。这把我们引导到牛顿的三条运动定律的第一条：

牛顿第一定律：如果没有力作用在物体上，该物体的速度不会改变；就是说该物体不会加速。

换言之，如果物体原来静止，它将仍旧保持静止不动。如果它在运动，它将以同样的速度继续运动（同样的大小和同样的方向）。

力

在开始深入讨论力的问题之前，我们需要讨论力的几个特性，如力的单位，力的矢量性质，力的合成，以及我们可以测量力的一些情况（不被虚构的力欺骗）。

单位 我们可以通过定义为严格 1kg 质量的标准千克（见图 1-3）得到的加速度来定义力的单位。假设我们把这个物体放在水平的、无摩擦的表面上，并且水平地拉这个物体（见图 5-1）使它得到 $1m/s^2$ 的加速度。于是定义我们所用的力的数量是 1 牛顿（N）。假如我们用数量为 2N 的力拉它，我们就会得到加速度 $2m/s^2$。可见，加速度正比于力。如果 1kg 的标准物体具有数值为 a（米每二次方秒）的加速度，那么，这个力（牛顿）就会产生数值等于 a 的加速度。我们现在有了适当的力的单位的定义。

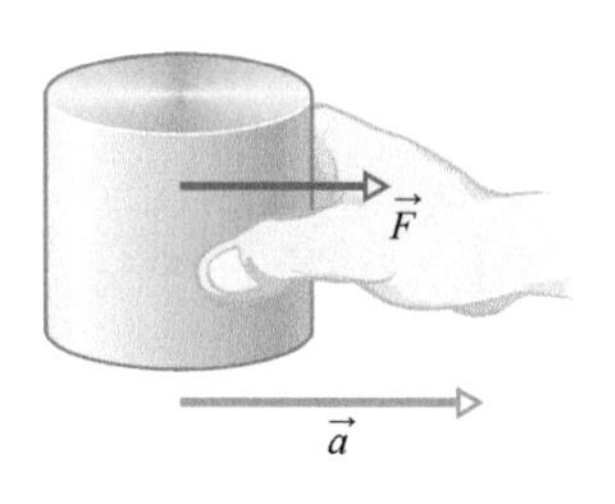

图 5-1 作用在标准千克上的力 $\vec{F}$ 使该物体得到加速度 $\vec{a}$。

矢量 力是矢量，所以它不仅有数量大小并且也有方向。因此，如果有两个或更多的力作用在同一物体上，我们要按照第 3 章介绍的法则将这些力作为矢量相加求出**净力**（或**合力**）。与合成得到的净力的数值及方向相同的单一的力所产生的效果和所有各个力的总效果是相同的，这叫作**力的叠加原理**。这个事实使得日常生活中的力合理并且可预料。假如说，你和你的朋友每人都用 1N 的力拉标准物体，但不知为什么，净拉力却是 14N，产生的加速度是 $14m/s^2$，这个世界就成为怪异和不可预料的了。

在本书中，大多数情况下力用矢量符号 $\vec{F}$ 来表示，净力（合力）用矢量符号 $\vec{F}_{net}$表示。和其他矢量一样，力或净力都有沿坐标轴的分量。当力只沿一个轴作用时，就是单分量力。这时我们可以省略力的符号上面的箭头，只用正负号表示力沿轴线的方向。

第一定律。代替我们以前的表述，牛顿第一定律更恰当的表述是用净力的语言：

牛顿第一定律：如果没有净力作用于物体上（$\vec{F}_{net}=\vec{0}$），则该物体的速度不会改变，即物体没有加速度。

可能有许多力作用在同一物体上，但如果净力为零，物体就不会加速。所以，如果我们正巧知道一个物体的速度是常量，我们马上可以说作用在该物体上的净力为零。

惯性参考系

牛顿第一定律并不是在所有参考系中都成立，但我们总可找到第一定律（以及其余的牛顿力学定律）正确的参考系。这种特殊的参考系称作**惯性参考系**，或简称**惯性系**。

惯性参考系是牛顿定律在其中成立的参考系。

例如，在可以忽略地球的天文学运动（譬如它的自转）的情况下，我们就可以假设地面是惯性参考系。

这个假设对于冰球在无摩擦的冰面上滑动很短的距离是有效成立的——我们会发现冰球的运动遵从牛顿定律。但假如冰球沿着从北极延伸出来的很长的冰道滑行（见图5-2a）情况就不同了。假如我们从空间静止的参考系中看这个冰球，这个冰球沿简单的直线向南滑动，因为地球绕北极的转动只会造成冰在冰球下面滑过。然而，如果我们从和地球一起转动的地面上的一点来看冰球，这个冰球的轨迹就不再是简单的直线。因为冰球下面的地面向东运动的速率随着冰球向南滑得越远，下面的地面向东的速率就越大。从以地面为基地的观察者来看，冰球表观上向西偏移（见图5-2b）。不过，这种表观上的偏移并不是牛顿定律要求的力所引起的。

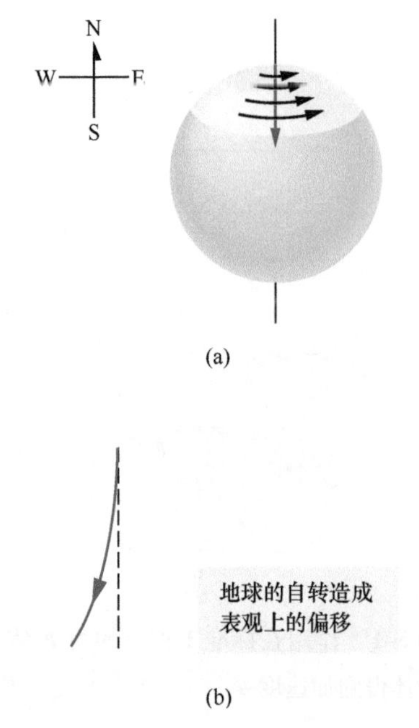

图5-2　（a）从空间的静止点看到的从北极滑下的冰球的路径。地球向东转动。（b）从地面上看到的冰球轨迹。

实际上是因为我们是从转动着的参考系看冰球的缘故。在这种情况下，地面是**非惯性参考系**，如果我们试图用力来解这种偏移，就会使我们构想出虚设力。一个更为常见的、构想出一个不存在的力的例子是在很快提速的汽车中，你可以感觉到有一个向后的力将你使劲推向椅子的靠背。

本书中，我们通常都假定地面是惯性系，并在这个参考系中测量力和加速度。如果在相对于地面加速运动的车辆中进行测量，那么这种测量是在非惯性系中进行的，测量的结果就会出人意外。

检查点1

下面图中6种不同的排列的哪几种正确描述了力 $\vec{F}_1$ 和 $\vec{F}_2$ 的矢量相加得到表示它们的合力 $\vec{F}_{net}$（净力）的第三个矢量？

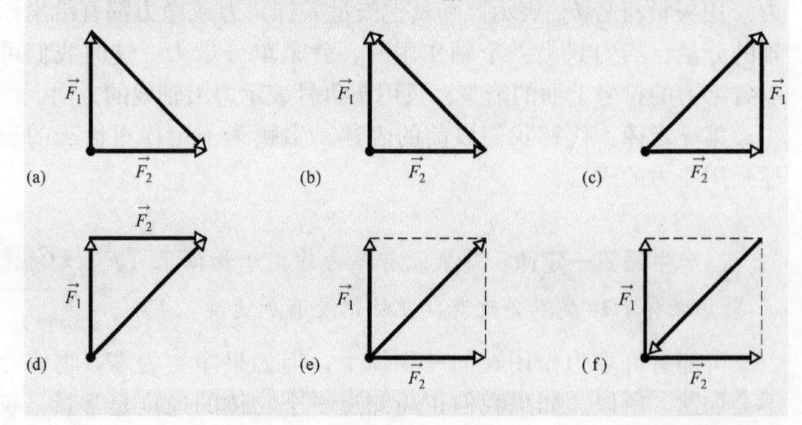

质量

我们已经从日常生活经验知道，同样大小的力作用在不同的物体（譬如说一个棒球，或一个保龄球）上，会得到不同的加速度。下面这种一般的解释是合理的：有较大质量的物体得到的加速度较小。我们还可以表述得更精确一些。实际上加速度与质量成反比（而不是，譬如说，和质量二次方成反比）。

我们来说明这个反比关系。和以前一样，假定我们用数值为1N的力来推标准物体（定义为具有精确1kg的质量）。该物体得到数量为$1m/s^2$的加速度。接着我们用同样的力来推物体X，发现它的加速度为$0.25m/s^2$。我们做这样的（正确的）假设，用同样的力

$$\frac{m_X}{m_0}=\frac{a_0}{a_X}$$

由此

$$m_X=m_0\frac{a_0}{a_X}=(1.0\text{kg})\frac{1.0\text{m/s}^2}{0.25\text{m/s}^2}=4.0\text{kg}$$

只要步骤是前后一致的，用这样的方式定义质量X就是有用的。假设我们先用8.0N的力作用于标准物体（得到$8.0m/s^2$的加速度），然后作用于物体X（得到加速度$2.0m/s^2$）。我们就可以求X的质量：

$$m_X=m_0\frac{a_0}{a_X}=(1.0\text{kg})\frac{8.0\text{m/s}^2}{2.0\text{m/s}^2}=4.0\text{kg}$$

这表明我们的步骤是前后一致的，可以是合用的。

这个结果也意味着质量是物体的固有特性——它自发地来自物体的存在。它也是标量。然而，存在着一个令人迷惑的问题：质量究竟是什么？

因为质量（mass）一词在日常语言中也会用到，我们对它应当有某些直观的认识，或许它是我们的身体可以感觉到的某种东西。它是物体的尺寸、重量或者密度吗？答案是否定的。人们往往把这些性质和质量混淆起来。我们只能说：*物体的质量是与作用在物体上的力和所引起的加速度相关的性质*。质量没有更加合适的定义；只在你想要加速一个物体时，如在打棒球或抛保龄球，你对质量才会有切身的感觉。

牛顿第二定律

到现在为止，我们已经讨论过的所有定义、实验和观察都可以归结为一个简洁的表述。

牛顿第二定律：*作用在一个物体上的净力等于该物体的质量和它的加速度的乘积。*

用方程式的形式表示：

$$\vec{F}_{\text{net}}=m\vec{a}\text{（牛顿第二定律）} \quad (5\text{-}1)$$

辨明物体。这个简单的方程式几乎是这一章所有的课外作业中的关键概念，但我们必须小心地应用它。第一，必须辨明我们将它用在哪一个物体上。其次，$\vec{F}_{net}$必须是作用在这个物体上所有力的矢量和。只有作用在这个物体上的力才包括在矢量和内，这个情况中作用在其他物体上的力是不包括在内的。例如，假如你在橄榄球赛的密集争球中，作用在你身体上的净力是对你的身体推和拉的所有的力的矢量和。其中并不包括你或其他任何人对另一位运动员的推力或拉力。每当面对一个力的问题的时候，第一步是要弄清楚要对哪一个物体应用牛顿定律。

分解到各个轴上。就像其他的矢量方程一样。式（5-1）和下面的三个分量方程是等价的，每个分量方程对应于 xyz 坐标系的某个轴：

$$F_{net,x}=ma_x,\quad F_{net,y}=ma_y,\quad F_{net,z}=ma_z \tag{5-2}$$

这里的每一个方程式分别将沿某一轴的净力分量和沿同一条轴的加速度分量联系起来。例如，第一个方程式告诉我们所有的力沿 x 轴的分量之和引起物体加速度的 x 分量 a_x，但不会在 y 和 z 方向引起加速度。反过来说，加速度分量 a_x 只能由力沿 x 轴的分量引起，而与力沿其他坐标轴的分量完全无关。一般说来：

沿某一坐标轴的加速度分量只能由沿同一轴的力的分量之和引起而不能由沿任何其他坐标轴的力的分量引起。

平衡状态中的力，方程式（5-1）告诉我们，如果作用在一个物体上的净力为零，则该物体的加速度 $\vec{a}=\vec{0}$。如果这个物体是在静止状态中，则它保持静止；如果该物体在运动中，它将继续匀速运动。在这样的情况中，作用在物体上所有的力互相平衡，我们说力和物体都处于平衡状态中。通常也说成是力相互抵消，但“抵消”这个词是含糊的，“抵消”并不意味着力不存在，这些力仍旧作用在物体上，只不过是其总的作用效果相互平衡而速度又没改变而已。

单位。国际单位制（SI）中，式（5-1）告诉我们：

$$1\mathrm{N}=(1\mathrm{kg})(1\mathrm{m/s^2})=1\mathrm{kg}\cdot\mathrm{m/s^2} \tag{5-3}$$

在其他单位制中一些力的单位列在表5-1和附录D中。

表5-1 牛顿第二定律中的单位［式（5-1）和式（5-2）］

单位制	力	质量	加速度
SI	牛顿（N）	千克（kg）	m/s^2
CGS	达因（dyn①）	克（g）	cm/s^2
英制	磅（lb②）	斯勒格（slug）	ft/s^2

① $1\mathrm{dyn}=1\mathrm{g}\cdot\mathrm{cm/s^2}$。

② $1\mathrm{lb}=1\mathrm{slug}\cdot\mathrm{ft/s^2}$。

图解。要用牛顿第二定律解题，我们通常要画出**受力图**，图上画出的唯一物体是我们要把作用在其上的所有力都要相加的。有些教师喜欢画出物体本身的略图，但是为了节省篇幅，在这几章中我们通常只用一个点来表示这个物体。并且，作用在物体上的每一个力都画作尾端靠在该物体上的箭矢。常常还要画出坐标系，物体的加速度有时用箭矢表示（标上加速度符号）。整个步骤的设计是为了使我们的注意力集中在我们感兴趣的物体上。

只讨论外力。在一个仅包含一个或多个物体的**系统**中，从系统以外的物体作用到系统内的物体上的任何力都称作**外力**。如果组成系统的物体都是刚性地相互连接着，我们就可以把这个系统作为复合体处理，作用在它上面的净力 $\vec{F}_{net}$ 是所有外力的矢量和。（不包括**内力**——就是系统内部两个物体之间的作用力，内力不会加速整个系统。）例如，火车头和车厢组成一个系统。如果用拖缆拉火车头向前，拖缆的力作用于整个火车头——车厢系统。作为一个物体，我们可以把作用在系统上的净外力和它的加速度用牛顿第二定律联系起来，$\vec{F}_{net}=m\vec{a}$，其中 m 是系统的总质量。

检查点 2

这张图表示两个水平的力作用于放在无摩擦的地板上的一块木块上。如果有第三个水平力 $\vec{F}_3$ 也作用在这个木块上 $\vec{F}_3$ 的大小和方向怎样时木块（a）静止，（b）以 5m/s 的恒定速率向左运动？

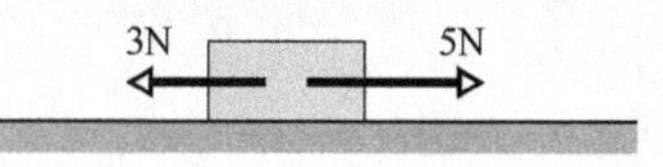

例题 5.01 一维和二维力，冰球

这是一个怎样把牛顿第二定律用于有一个或两个力作用在一个冰球上面的例子。图 5-3 的 A、B 和 C 部分分别表示三种情况，一个或两个力作用一个冰球上，冰球放在无摩擦的冰面上并沿 x 轴做一维运动。冰球的质量是 $m=0.20\text{kg}$。力 $\vec{F}_1$ 和 $\vec{F}_2$ 的方向沿 x 轴，大小分别为 $F_1=4.0\text{N}$ 和 $F_2=2.0\text{N}$。力 $\vec{F}_3$ 指向 $\theta=30°$ 角度，其大小 $F_3=1.0\text{N}$。在这三种情况中冰球的加速度各是多少？

【关键概念】

在每一种情况中，我们可以将加速度 $\vec{a}$ 和作用在冰球上的净力用牛顿第二定律联系起来。不过，因为运动只沿 x 轴，我们可以把各种情况简化为只写出第二定律的 x 分量：

$$F_{net,x}=ma_x \qquad (5\text{-}4)$$

三种情况下的受力图也画在图 5-3 中，其中冰球用一个点表示。

情况 A：在图 5-3b 中，只有一个水平力作用。由方程式（5-4）得到：

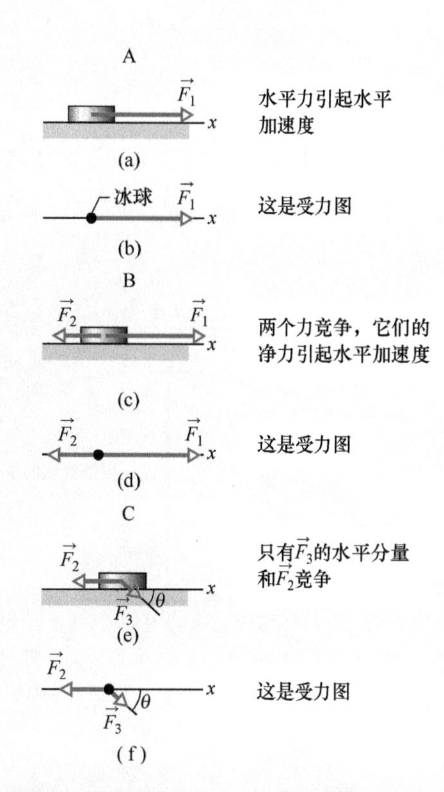

图 5-3 在三种情况下，力作用在沿 x 轴运动的冰球上。图中受力图也表示出来。

$$F_1 = ma_x$$

代入已知的数据，得到：

$$a_x = \frac{F_1}{m} = \frac{4.0\text{N}}{0.20\text{kg}} = 20\text{m/s}^2 \quad (\text{答案})$$

正数答案表示加速度沿 x 轴的正方向。

情况 B：在图 5-3d 中，两个水平力作用在冰球上，$\vec{F}_1$ 沿 x 轴的正方向，$\vec{F}_2$ 指向负方向。由式(5-4)：

$$F_1 - F_2 = ma_x$$

代入已知的数据，得到

$$a_x = \frac{F_1 - F_2}{m} = \frac{4.0\text{N} - 2.0\text{N}}{0.20\text{kg}} = 10\text{m/s}^2 (\text{答案})$$

可见，净力使冰球沿 x 轴正方向加速。

情况 C：在图 5-3f 中，力 $\vec{F}_3$ 并不沿着冰球加速度的方向，只有它的 x 分量 $F_{3,x}$ 沿加速度方向。(力 $\vec{F}_3$ 是二维的，但这里运动只是一维的。) 从而我们将式 (5-4) 写成：

$$F_{3,x} - F_2 = ma_x \tag{5-5}$$

由图可知，$F_{3,x} = F_3\cos\theta$。解出加速度并代入 $F_{3,x}$，我们得到：

$$a_x = \frac{F_{3,x} - F_2}{m} = \frac{F_3\cos\theta - F_2}{m}$$

$$= \frac{(1.0\text{N})\cos 30° - 2.0\text{N}}{0.20\text{kg}} = -5.7\text{m/s}^2 \quad (\text{答案})$$

可见，净力在 x 轴的负方向使冰球加速。

例题 5.02 二维力，饼干盒

这里我们利用加速度找出失去的力。在图 5-4a 的俯视图中，一只 2.0kg 的饼干盒以加速度 3.0m/s² 沿 $\vec{a}$ 表示的方向在无摩擦的水平面上运动。加速度由三个水平力引起，图中只画出两个力：大小为 10N 的 $\vec{F}_1$ 和大小为 20N 的 $\vec{F}_2$。

第三个力 $\vec{F}_3$ 如何？用单位矢量和用数量- 角度表示。

【关键概念】

作用在饼干盒上的净力 $\vec{F}_{net}$ 是三个力之和，这个净力通过牛顿第二定律 ($\vec{F}_{net} = m\vec{a}$) 和加速度联系起来：

$$\vec{F}_1 + \vec{F}_2 + \vec{F}_3 = m\vec{a} \tag{5-6}$$

由此

$$\vec{F}_3 = m\vec{a} - \vec{F}_1 - \vec{F}_2 \tag{5-7}$$

解：因为这是二维问题，我们不能简单地把矢量的数值代入式 (5-7) 右边来求 $\vec{F}_3$。我们只能像图 5-4b 中那样，求 $m\vec{a}$、$-\vec{F}_1$ ($\vec{F}_1$ 反方向) 和 $-\vec{F}_2$ ($\vec{F}_2$ 反方向) 的矢量和，我们可以直接用矢量计算器相加，因为我们已知所有三个矢量的数量和方向。不过，我们这里要用分量来表示式 (5-7) 右边的计算，先沿 x 轴，再沿 y 轴。注意：每次只算一条轴。x 分量：沿 x 轴，我们有：

$$F_{3,x} = ma_x - F_{1,x} - F_{2,x}$$
$$= m(a\cos 50°) - F_1\cos(-150°) - F_2\cos 90°$$

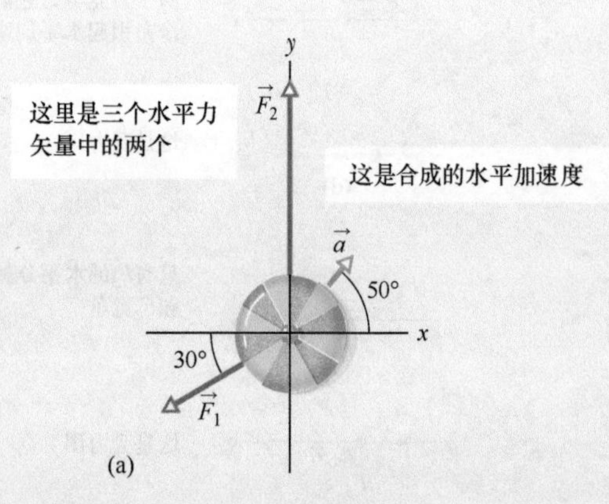

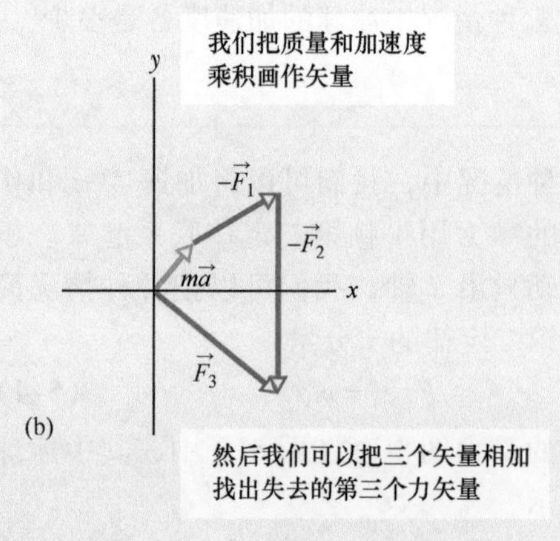

图 5-4 (a) 作用于饼干盒上的三个水平力中的两个力的俯视图，结果产生加速度 $\vec{a}$。$\vec{F}_3$ 没有表示出来。(b) 从矢量 $m\vec{a}$、$-\vec{F}_1$ 和 $-\vec{F}_2$ 的安排求出 $\vec{F}_3$。

然后代入数据，我们得到：

$$F_{3,x}=(2.0\text{kg})(3.0\text{m/s}^2)\cos 50°-(10\text{N})\cos(-150°)-(20\text{N})\cos 90°$$
$$=12.5\text{N}$$

y 分量：同样方法，沿 y 轴我们得到：

$$F_{3,y}=ma_y-F_{1,y}-F_{2,y}$$
$$=m(a\sin 50°)-F_1\sin(-150°)-F_2\sin 90°$$
$$=(2.0\text{kg})(3.0\text{m/s}^2)\sin 50°-(10\text{N})\sin(-150°)-(20\text{N})\sin 90°$$
$$=-10.4\text{N}$$

矢量：用单位矢量符号，我们可以写出：

$$\vec{F}_3=F_{3,x}\vec{i}+F_{3,y}\vec{j}=(12.5\text{N})\vec{i}-(10.4\text{N})\vec{j}$$
$$\approx(13\text{N})\vec{i}-(10\text{N})\vec{j} \quad \text{（答案）}$$

我们可以用矢量计算器得到 $\vec{F}_3$ 的数值和方向。我们也可以用式(3-6)求数值和角度（对于 x 轴的正方向）：

$$F_3=\sqrt{F_{3,x}^2+F_{3,y}^2}=16\text{N}$$
$$\theta=\arctan\frac{F_{3,y}}{F_{3,x}}=-40° \quad \text{（答案）}$$

WILEY PLUS 在 WileyPLUS 中可以找到附加的例题、视频和练习。

5-2 几种特殊的力

学习目标

学完这一单元后，你应当能够……

5.08 确定作用于已知自由下落加速度的地方具有已知质量的物体上的重力的数值与方向。

5.09 懂得物体的重量是在地面参考系中测量的、阻止物体自由下落所需的净力的数值。

5.10 懂得在惯性参考系中进行测量时，用秤称出的是物体的重量。在加速的参考系中则不是，这时称出的是表观重量。

5.11 确定当一个物体被压向或拉离表面时作用在物体上法向力的大小和方向。

5.12 懂得平行于物体间接触表面的力是摩擦力，当物体沿表面滑动或试图滑动时摩擦力就出现了。

5.13 懂得在紧绷的绳子（或像绳子般的物体）两端的拉力叫作张力。

关键概念

- 作用在一个物体上的引力 $\vec{F}_g$ 是另一个物体对它的拉力。在本书的大多数情况中，另一个物体是地球或另外某一个天体。在地球上，这个力向下指向地面，并假设地面是惯性系。有了这样的假设，$\vec{F}_g$ 的数值就是

$$F_g=mg$$

其中，m 是物体的质量，g 是自由下落加速度的数值。

- 物体的重量 W 是为了平衡作用在物体上的重力所需的向上的力的数值。物体的重量和物质质量的关系是：

$$W=mg$$

- 法向力 $\vec{F}_N$ 是表面为抵抗物体压力而作用在物体上的力。法向力总是垂直于表面。
- 摩擦力 $\vec{f}$ 是当物体在表面上滑动或者有滑动的倾向时作用在物体上的力。摩擦力总是平行于表面，它的指向总是要反抗滑动。在光滑的表面上，摩擦力可以忽略不计。
- 当绳子受到张力时，绳子的两端都分别拉着一个物体。拉力沿着绳子，背离连接到物体上的点。对于无质量的绳子（绳子的质量可以忽略），绳子两端的拉力有同样的数值 T，即使绳子绕过一个无质量、无摩擦的滑轮（滑轮的质量可以忽略不计，滑轮轴上反抗转动的摩擦力也可忽略不计），拉力的数值也相同。

几种特殊的力

引力，重力

作用于物体上的**引力** $\vec{F}_g$ 是指向另一物体的某种类型的拉力。在本书的前面几章中，我们不讨论这种力的性质，而常常考虑另一个物体是地球的情形。因此，当我们谈到作用在一个物体上的引力 $\vec{F}_g$ 时，总是指它受到的直接指向地心——即直接向下指向地面的拉力。地球对地上物体的引力也称为重力。我们假定地面是惯性参考系。

自由下落。假设质量为 m 的物体以大小为 g 的加速度自由下落。如果忽略空气的影响，则唯一作用于物体的力就是重力 $\vec{F}_g$。利用牛顿第二定律（$\vec{F}_{\text{net}} = m\vec{a}$）可将这个向下的力与向下的加速度联系起来。沿着物体的运动路径取竖直的 y 轴，向上为正方向。对这个轴，牛顿第二定律可写作 $F_{\text{net},y} = ma_y$ 的形式，在这里它成为

$$-F_g = m(-g)$$

或

$$F_g = mg \tag{5-8}$$

换句话说，重力的大小等于乘积 mg。

静止中。即使物体没有自由下落，而是，例如，静止在台球桌上或在桌面上运动，相同的重力仍然会以相同的大小作用在该物体上（要想使重力消失，就必须使地球消失）。

我们可用牛顿第二定律将重力写作矢量形式：

$$\vec{F}_g = -F_g\vec{j} = -mg\vec{j} = m\vec{g} \tag{5-9}$$

其中，$\vec{j}$ 为沿 y 轴，背离地面竖直向上的单位矢量，$\vec{g}$是自由下落的加速度（写作矢量），指向下方。

重量

物体的重量 W 是由地面上的人测得的，为阻止该物体自由下落所需的净力的大小。例如，当你站在地上，要想保持手中持有的球静止不下落，就必须提供一个向上的力以平衡地球对球的引力。假如重力的大小是2.0N，你向上的力的大小也必须是2.0N，因而，球的重量 W 是2.0N。我们也可说球的重量是2.0N，或球重2.0N。

一个重量为3.0N的球就需你加更大一些的力——即3.0N的力——以保持它静止。其原因就在于你需要平衡的重力的值更大了（为3.0N）。我们说第二个球比第一个球更重。

现在让我们来将此情形推广。考虑一个物体，它相对于地面（设其为惯性系）的加速度$\vec{a}$为零。有两个力作用在物体上：一个向下的重力 $\vec{F}_g$ 和一个大小为 W 的向上的平衡力。我们可将牛顿第二定律对竖直的 y 轴（向上为正）写出

$$F_{\text{net},y} = ma_y$$

在我们的情形中，这成为

$$W - F_g = m(0) \tag{5-10}$$

或 $$W = F_g \quad （重量，地面为惯性系） \tag{5-11}$$

此式告诉我们（设地面为惯性系）：

物体的重量 W 等于地球作用于物体的引力的大小 F_g。

由式（5-8），将 F_g 以 mg 代入，我们得到：

$$W = mg \quad （重量） \tag{5-12}$$

此式将物体的重量与其质量联系起来。

称重。称一个物体，就是测量它的重量。称重的一种方法是将物体放在等臂天平的一个盘中（见图5-5），在另一盘中放砝码（其质量已知），直到两边平衡（两边的重力相等）。两盘上的质量相等，于是我们就知道了物体的质量 m。如果已知天平所在处的 g 值，就可利用式（5-12）求得物体的重量。

我们也可用弹簧秤（见图5-6）称量物体。物体使弹簧伸长，带动指针沿秤的标尺移动，该秤已经校准且以质量或重量的单位标度。（在美国，多数浴室秤都根据这个原理制作，且以力的单位磅来标记）。如果秤以质量的单位来标度，则该秤只有在使用的地方与校对的地方的 g 值相同时，才是准确的。

测量物体的重量必须在它沿竖直方向相对地面没有加速时进行。比如，你可以在浴室或快速列车上用秤测你的体重。但你若在加速的电梯中用秤重复这个测量，由于其加速度，秤上的读数和物体实际的重量不同，这样测得的重量称为*表观重量*。

注意：物体的重量不是物体的质量。重量是力的大小，并通过式（5-12）和质量相联系。如果你将物体移到 g 值不同的地方，物体的质量（物体的固有性质）不会改变，但物体的重量却改变了。例如，一个质量为7.2kg的保龄球在地球上的重量为71N，在月球上的重量只有12N。它的质量在地球上与月球上都是相同的，但月球上的自由下落加速度仅为1.7m/s²。

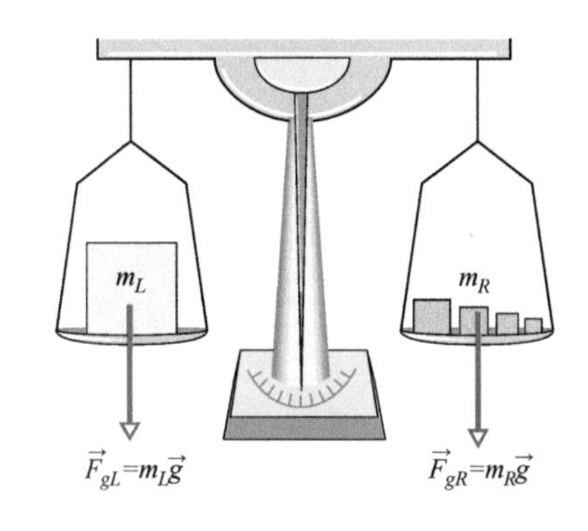

图5-5 一个等臂天平。天平平衡时对被称量物体（在左盘中）受到的重力 $\vec{F}_{gL}$ 与作用在砝码（在右盘中）上的总重力 $\vec{F}_{gR}$ 相等。因此，被称物体的质量 m_L 等于砝码的总质量 m_R。

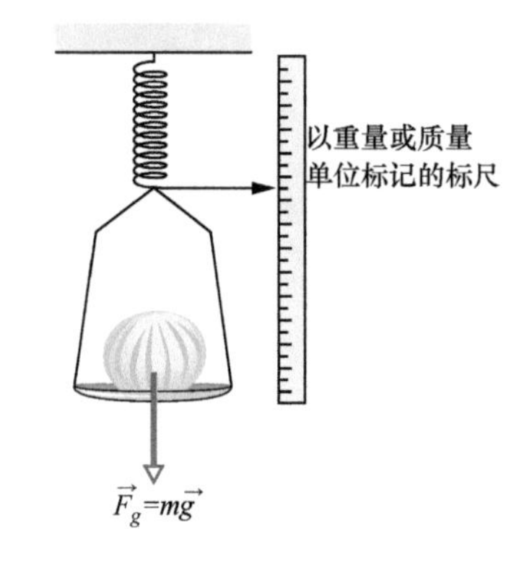

图5-6 一个弹簧秤。读数正比于盘中物体的重量，且若以重量单位标度，标尺上给出物体的重量。但若以质量单位标度，读数是物体的重量，仅当称量地点的自由下落加速度 g 与校准地点的一致时读数才准确。

法向力

如果你站在床垫上，地球向下拉你，你还是静止不动。原因在于床垫，因为你使它向下变形，它就向上推你。同理，当你站在地板上时，它发生形变（它受压，出现十分微小的弯曲变形）从而向上推你。即使是看上去非常坚硬的混凝土地板也是这样（假如它不是直接放在地面上，上面的人多到一定程度也能使它断裂）。

床垫或地板对你的推力称为**法向力** $\vec{F}_N$。这个名字源自数字名词“法线”（normal），意思是垂直：例如，地板对你的力与地板垂直。

当一个物体压在一个表面上时，该表面（即使看似坚硬的面）变形，且用垂直于表面的法向力 $\vec{F}_N$ 推着该物体。

图5-7a是一个例子。一个质量为 m 的木块向下压着桌面。由于作用于木块的重力 $\vec{F}_g$，桌子略有变形。桌子以法向力 $\vec{F}_N$ 向上推

木块。木块的受力图如图5-7b所示。力$\vec{F}_g$与$\vec{F}_N$是作用于木块上的仅有的两个力且均沿竖直方向。因此，对于木块，可以沿向上为正的y轴将牛顿第二定律（$F_{\text{net},y}=ma_y$）写为

$$F_N - F_g = ma_y$$

由式（5-8），将F_g以mg代入，得

$$F_N - mg = ma_y$$

对于任何竖直加速度（它们可能在加速的电梯中）为a_y的桌子和木块都成立。法向力的数值为

$$F_N = mg + ma_y = m(g + a_y) \tag{5-13}$$

（注意：这里我们已经考虑到g的符号，而a_y在这里可以为正，也可为负）如果桌子和木块相对于地面没有加速度，于是$a_y=0$，式（5-13）成为

$$F_N = mg \tag{5-14}$$

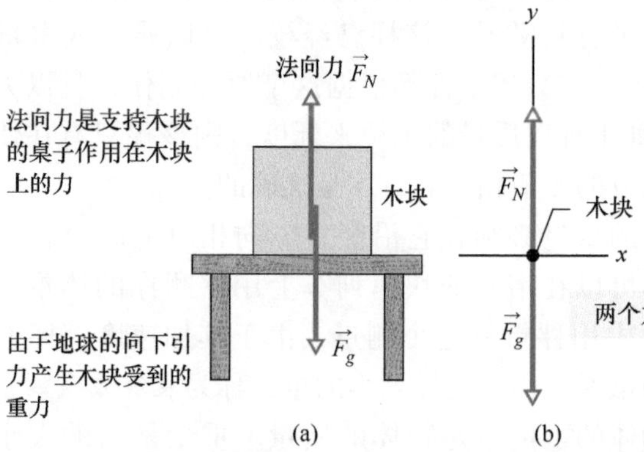

图5-7　（a）一静置于桌面的木块受到垂直于桌面的法向力$\vec{F}_N$的作用。（b）木块的受力图。

检查点3

如图5-7所示的物体与桌子如果都放在一个向上运动的电梯中，当电梯以（a）恒定速率及（b）正在增大的速率运动时，法向力$\vec{F}_N$的数值是大于、小于还是等于mg?

摩擦力

当一个物体在一个表面上滑动或有滑动倾向时，由于物体和表面之间的一种结合力，运动要受到阻碍（这种结合力将在下一章更深入地讨论）。这种阻止滑动的作用可用一个力$\vec{f}$表示，叫作**摩擦力**或简称**摩擦**。它的方向总是沿着平面，与意欲运动的方向相反（见图5-8）。有时，为简化问题，就假设摩擦力忽略不计（即认为表面以及物体都是无摩擦的）。

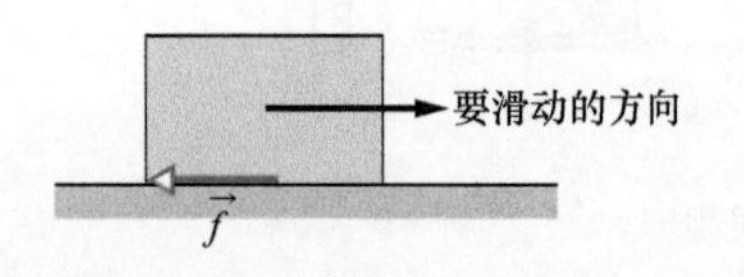

图5-8　摩擦力$\vec{f}$和物体意欲在表面上滑动倾向的方向相反。

张力

当把一根绳子（或缆绳等这一类的物体）连接到一个物体上并拉紧时，绳对物体作用一个拉力$\vec{T}$，它的方向总是沿着绳而指向离开物体的方向（见图5-9a）。由于这时绳是处于绷紧的状态（或者说在张紧状态中），也就是说绳正被拉紧，所以常将这个力称为

张力。绳中的张力就是作用于物体的力的大小 T。例如，如果绳子作用于物体的力的大小为 $T=50\text{N}$，则绳中的张力就是 50N。

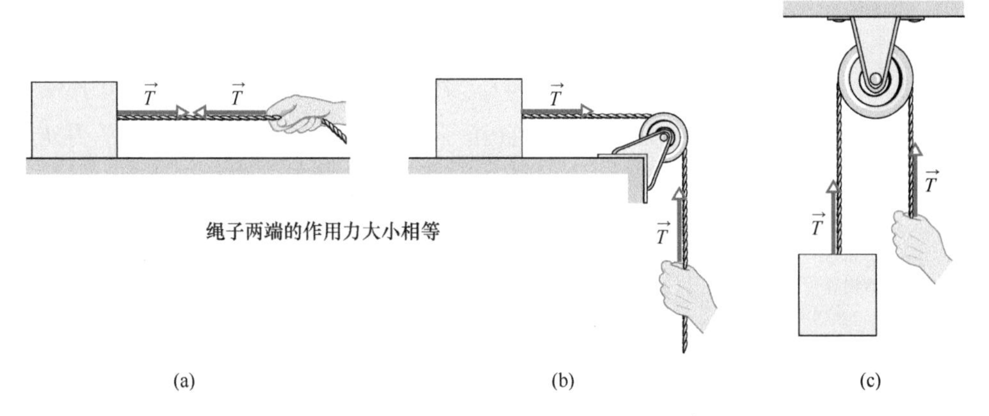

图 5-9 （a）绷紧的绳承受张力。当其质量可忽略时，绳以力 $\vec{T}$ 拉物体和手，即使它像（b）和（c）中那样绕过无质量、无摩擦的滑轮时亦如此。

绳子常常被认为是没有质量（意即它的质量与物体质量相比可忽略）和不可伸长的。绳子只起连接两物体的作用。它以相同大小 T 拉两端的物体，即使物体与绳一起在加速运动或绳绕过无质量的、光滑的滑轮（见图 5-9b、c）。这样的滑轮与物体相比质量可忽略，且轴阻碍滑轮转动的摩擦也可忽略。如果绳子是像图 5-9c 所示那样缠绕滑轮半圈，则绳作用于滑轮的净力的大小为 $2T$。

检查点 4

如图 5-9c 所示，绳挂着的物体重 75N。当该物体向上以（a）恒速，（b）加速及（c）减速运动时，张力 T 等于、大于还是小于 75N?

5-3 应用牛顿定律

学习目标

学完这一单元后，你应当能够……

5.14 懂得牛顿第三运动定律和第三定律中的一对力（作用力和反作用力）。

5.15 对于在竖直方向、水平方向或在倾斜的平面上运动的物体，将牛顿第二定律用于物体的受力图。

5.16 对于几个物体组成的系统相对位置固定不变地一同运动的装置，画出受力图。对各个物体分别应用牛顿第二定律，并用于作为复合物体的整个系统。

关键概念

- 作用在质量为 m 的物体上的净力 $\vec{F}_{\text{net}}$ 与该物体的加速度 $\vec{a}$ 的关系为

$$\vec{F}_{\text{net}}=m\vec{a}$$

它也可以写成分量形式：

$$F_{\text{net},x}=ma_x，\ F_{\text{net},y}=ma_y，\ F_{\text{net},z}=ma_z$$

- 如果物体 C 以力 $\vec{F}_{BC}$ 作用于物体 B，则物体 B 就有一个力 $\vec{F}_{CB}$ 作用于物体 C：

$$\vec{F}_{BC}=-\vec{F}_{CB}$$

这两个力的大小相等但方向相反。

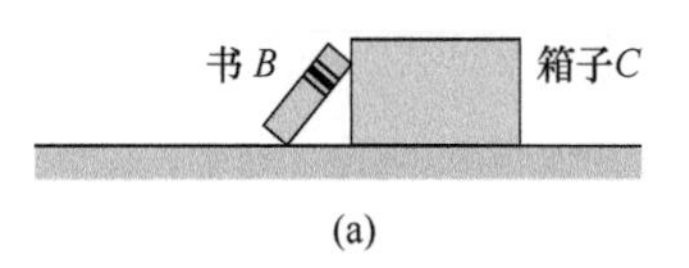

(a)

$\vec{F}_{BC}$　B　C　$\vec{F}_{CB}$

(b)

箱子 C 作用在书 B 上的力和 C 作用于 B 上的力的数值相等

图 5-10　(a) 书 B 斜靠箱子 C。(b) 箱子对书的作用力 $\vec{F}_{BC}$ 与书对箱的作用力 $\vec{F}_{CB}$ 等值并反向。

牛顿第三定律

当两物体相互推或拉时——即每个物体都受到另一物体的力作用时——我们说它们*相互作用*。例如，假设你将一本书 B 斜靠在箱子 C 上（见图 5-10a）。于是书与箱子就相互作用：箱子对书作用一水平力 $\vec{F}_{BC}$（来自箱子），而书对箱子作用一水平力 $\vec{F}_{CB}$（来自书）。这对力如图 5-10b 所示。牛顿第三定律表述为

> **牛顿第三定律：**两物体相互作用时，两物体各自对另一物体的作用力总是大小相等、方向相反。

对书与箱子的例子，可将此定律写作标量关系

$$F_{BC} = F_{CB} \quad \text{（等值）}$$

或矢量关系

$$\vec{F}_{BC} = -\vec{F}_{CB} \quad \text{（等值反向）} \tag{5-15}$$

其中负号表示两个力的方向相反。我们可以将两个相互作用的物体之间的力称为**第三定律力对**。当任意两物体在任何情况下相互作用时，第三定律力对就会出现。图 5-10a 中的书与箱子虽是静止的，但是如果它们在运动，甚至在加速，第三定律仍然成立。

作为另一个例子，让我们找出图 5-11a 中涉及甜瓜的几对第三定律力对，图中一个甜瓜在安放在地面的桌子上。甜瓜与桌子及地球相互作用。（这次，我们要找的相互作用的物体有三个。）

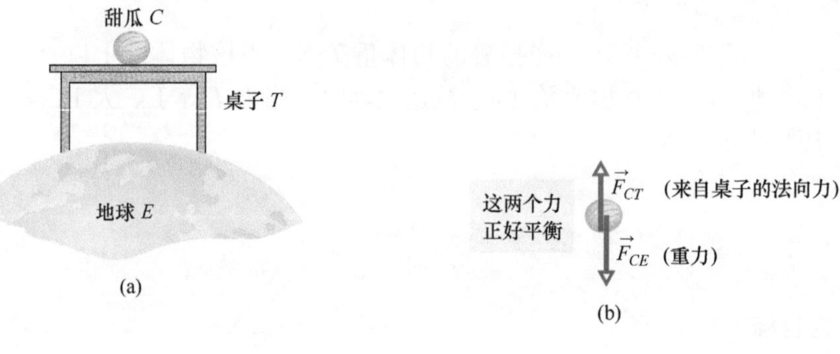

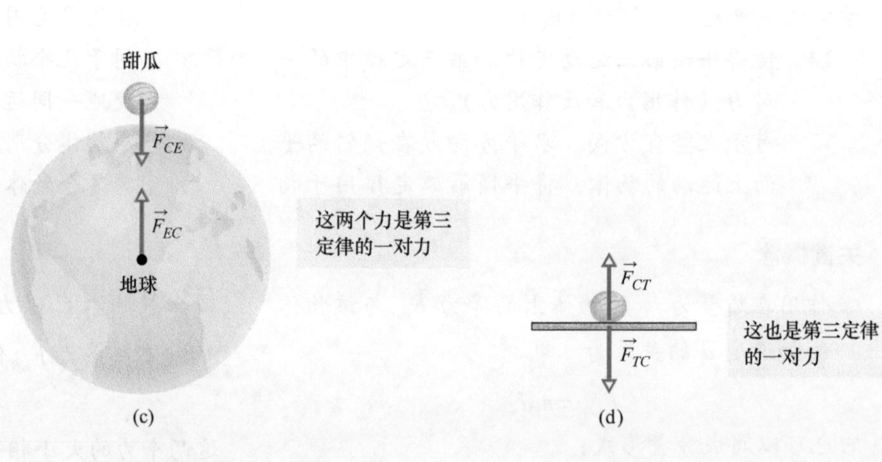

图 5-11　(a) 甜瓜放在立于地面的桌子上。(b) 作用于甜瓜的力为 $\vec{F}_{CT}$ 与 $\vec{F}_{CE}$。(c) 甜瓜-地球相互作用的第三定律力对。(d) 甜瓜-桌子相互作用的第三定律力对。

我们先看作用在甜瓜上的力（见图5-11b）。力$\vec{F}_{CT}$是桌子对甜瓜的法向力，力$\vec{F}_{CE}$是地球作用于甜瓜的引力。它们是第三定律力对吗？不，它们是对同一物体（甜瓜）的两个力，但却并没有作用在两个相互作用的物体上。

要找出第三定律力对，不能只注意甜瓜，而应注意甜瓜与另两个物体中的一个之间的相互作用上。在甜瓜-地球的相互作用中（见图5-11c），地球以引力$\vec{F}_{CE}$拉甜瓜，而甜瓜以引力$\vec{F}_{EC}$拉地球。这两个力是一个第三定律力对吗？是的，它们是分别作用在两个相互作用的物体上的两个力，而每个力都是来自另一个物体。于是由牛顿第三定律，有

$$\vec{F}_{CE} = -\vec{F}_{EC} \quad (\text{甜瓜－地球相互作用})$$

接下来，在甜瓜－桌子相互作用中，桌子对甜瓜的力为$\vec{F}_{CT}$，反过来，甜瓜对桌子的力为$\vec{F}_{TC}$（图5-11d）。它们也是一个第三定律力对，因此

$$\vec{F}_{CT} = -\vec{F}_{TC} \quad (\text{甜瓜－桌子相互作用})$$

检查点 5

假设图5-11中的甜瓜与桌子放在一电梯中，电梯开始向上加速。(a) $\vec{F}_{TC}$与$\vec{F}_{CT}$这两个力的大小是增大、减小还是保持不变？(b) 这两个力仍然大小相等、方向相反吗？(c) $\vec{F}_{CE}$与$\vec{F}_{EC}$的大小是增大、减小还是保持不变？(d) 这两个力仍然大小相等、方向相反吗？

应用牛顿定律

本章余下部分为例题，你们应该认真钻研，学习解题的步骤。尤其重要的是，要知道怎样将一个情况的说明用具有适当坐标轴的受力图表示出来，以便应用牛顿定律。

例题 5.03 放在桌上的木块，悬挂着的木块

图5-12示出一质量$M = 3.3\text{kg}$的木块（滑块）S。它沿着水平无摩擦的表面自由移动。此滑块用一根绳绕过无摩擦的滑轮与另一质量$m = 2.1\text{kg}$的木块H（悬块）相连。设绳与滑轮的质量与木块相比均可忽略（它们是“无质量的”）。悬块H随着滑块S向右加速而下落，求：(a) 滑块S的加速度；(b) 悬块H的加速度及 (c) 绳中张力。

问：此题都说了些什么？

题目给出了两物体——滑块与悬块，但还必须考虑地球，它拉着两个物体（没有地球，这里什么也都不会发生了）。如图5-13所示，共有5个力作用在两个木块上。

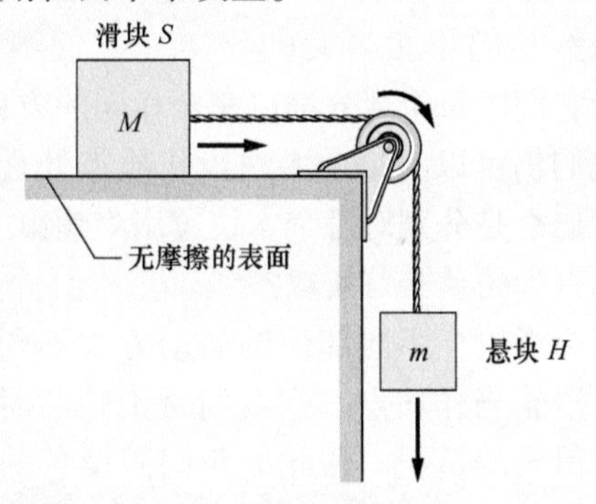

图5-12 质量M的木块S用绳绕过滑轮与质量m的木块H相连。

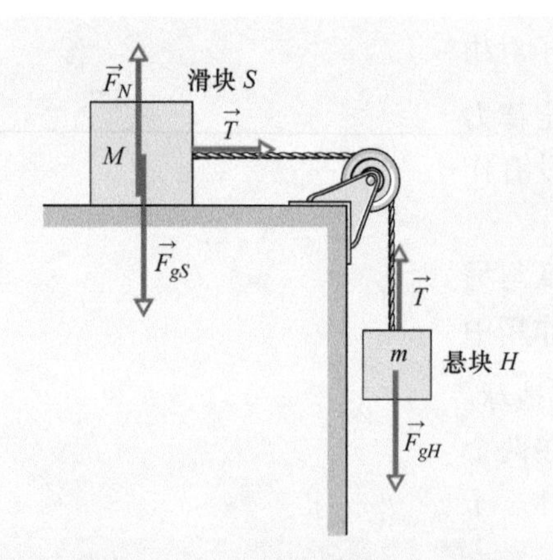

图5-13 作用在图5-12中的两个木块上的力。

1. 绳以大小为 T 的力向右拉滑块 S。

2. 绳以相同大小 T 的力向上拉悬块 H。这个向上的力使悬块不能自由下落。

3. 地球以重力 $\vec{F}_{gS}$ 向下拉滑块 S，其大小等于 Mg。

4. 地球以重力 $\vec{F}_{gH}$ 向下拉悬块 H，其大小等于 mg。

5. 桌子以法向力 $\vec{F}_N$ 向上推滑块 S。

另外还应注意到，我们假设了绳子不伸长，因此在一定时间内，若木块 H 下落1mm，则木块 S 也同时向右移1mm。这就是说，两木块会以大小相同的加速度 a 一起运动。

问：我应当将这个习题归入哪一类？这暗示我要用哪一条特定的物理定律？

是的。力、质量与加速度都有了，这意味着要用牛顿第二运动定律 $\vec{F}_{net}=m\vec{a}$。这是我们着手解题的关键。

问：如果我对这个习题应用牛顿第二定律，我又该针对哪个物体应用它？

在本题中，我们认准两个物体——滑块与悬块。虽然它们是相当大的物体（它们不是点），但因为它们的每个部分都以完全相同的方式移动，所以我们仍可以将每个木块当作质点处理。第二个关键概念是分别对每个木块应用牛顿第二定律。

问：滑轮该如何处理？

因为滑轮上不同部位的运动方式不同，所以不能将滑轮当作质点。到我们讨论转动时，将详细考察滑轮的情况。在此处我们假设它的质量与两木块相比可以忽略，因此不考虑滑轮的运动。它的作用只是改变绳子的方向。

问：好，现在我该如何将 $\vec{F}_{net}=m\vec{a}$ 用于滑块？

将滑块 S 用一个质量为 M 的质点来代表，画出所有作用在它上面的力，如图5-14a那样。这就是滑块的受力图。然后，画上一套坐标轴。比较合理的是，令 x 轴平行于桌面，并沿滑块运动的方向。

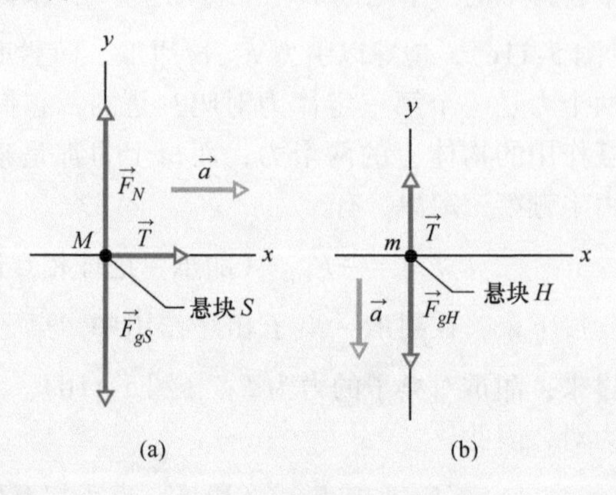

图5-14 (a) 图5-12中的滑块 S 的受力图。(b) 图5-12中悬块 H 的受力图。

问：谢谢。不过你仍未告诉我怎样对滑块应用 $\vec{F}_{net}=m\vec{a}$。你所说的只是解释怎样画受力图。

你说的对。这里是第三个关键：表达式 $\vec{F}_{net}=M\vec{a}$ 是一个矢量方程，因此可将它写作三个分量方程

$$F_{net,x}=Ma_x, F_{net,y}=Ma_y, F_{net,z}=Ma_z \qquad (5\text{-}16)$$

其中，$F_{net,x}$、$F_{net,y}$ 与 $F_{net,z}$ 分别为净力沿三个坐标轴的分量。现在我们将每个分量方程应用到相应的方向。因为滑块 S 在竖直方向没有加速，所以 $F_{net,y}=Ma_y$ 成为

$$F_N-F_{gS}=0 \quad 或 \quad F_N=F_{gS} \qquad (5\text{-}17)$$

所以，沿 y 方向加在 S 上的法向力的大小与重力的大小相等。

没有垂直于书页面 z 方向的作用力。

在 x 方向，只有一个力的分量，那就是 T。因此 $F_{net,x}=Ma_x$，变为

$$T=Ma \qquad (5\text{-}18)$$

此方程包含两个未知数，T 与 a，所以我们还不能解它。然而，回想一下，关于悬块我们还什么都没有讨论呢。

问：你讲得对。该怎样把 $\vec{F}_{net}=m\vec{a}$ 用到悬块上呢？

我们可以像对滑块 S 那样应用它：如图 5-14b 那样画木块 H 的受力图，然后应用 $\vec{F}_{net}=m\vec{a}$ 的分量形式。这次，因为加速度是沿 y 轴方向，可用式（5-16）中的 y 分量部分（$F_{net,y}=ma_y$）写出

$$T-F_{gH}=ma_y \tag{5-19}$$

现在可将 F_{gH} 以 mg，a_y 以 $-a$（负号是因为悬块 H 是沿 y 轴负方向加速）分别代入上式，得

$$T-mg=-ma \tag{5-20}$$

注意到式（5-18）与式（5-20）是含有两个相同未知数（T 与 a）的联立方程。二式相减。消去 T。于是解出 a 为

$$a=\frac{m}{M+m}g \tag{5-21}$$

将此结果代入式（5-18）得

$$T=\frac{Mm}{M+m}g \tag{5-22}$$

代入已知数据，a 和 T 分别为

$$a=\frac{m}{M+m}g=\frac{2.1\text{kg}}{3.3\text{kg}+2.1\text{kg}}(9.8\text{m/s}^2)$$
$$=3.8\text{m/s}^2 \qquad \text{（答案）}$$

和

$$T=\frac{Mm}{M+m}g=\frac{3.3\text{kg}\times2.1\text{kg}}{3.3\text{kg}+2.1\text{kg}}(9.8\text{m/s}^2)$$
$$=13\text{N} \qquad \text{（答案）}$$

问：现在这个题解完了，对吗？

这个问题问得好，但只有当我们考察过上面结果是否合理，这道题才算真正完成。（如果你认真地做了这些计算，在你交作业之前，难道就不想知道它们是否合理吗？）

首先看看式（5-21），注意到它的量纲是正确的并且加速度 a 总是小于 g。（因为有这根绳子，悬块不是在自由下落。）

再看式（5-22），我们可将其写成如下形式

$$T=\frac{M}{M+m}mg \tag{5-23}$$

在这种形式中很容易看出，由于 T 与 mg 均为力的量纲，所以此式量纲也正确。还可从式（5-23）中看出绳中的张力总小于 mg，也就是总小于作用于悬块的重力。这也很好理解，因为如果 T 大于 mg，悬块就会加速向上。

我们还可以通过考察一些特殊情况来检验这些结果，对这些特殊情况我们可以猜出答案必定是什么。一个简单的例子是令 $g=0$，就仿佛是在星际空间做实验。我们知道，在这种情况下，静止的木块不会移动，这就不会有力作用于绳的两端，因此绳中不会有张力。这些公式预示到这点了吗？是的，它们预示了。若在式（5-21）与式（5-22）中令 $g=0$，就得到 $a=0$ 与 $T=0$。还有两种可以试一下的特殊情况是 $M=0$ 与 $m\to\infty$。

例题 5.04 用绳子将盒子加速拉上斜坡

许多学生觉得包含斜坡（斜面）的习题特别难。或许这种困难很容易看得出来，因为我们要处理的是（a）斜置的坐标系统以及（b）重力的分量而不是全部重力。这里是一个所有倾斜和角度都已知的典型例子。虽然是倾斜的，关键概念仍是把牛顿第二定律用到沿着发生运动的坐标轴。

在图 5-15a 中，一根绳子将一个饼干盒沿无摩擦的、以 $\theta=30°$ 角倾斜的斜面往上拉。盒子质量 $m=5.00\text{kg}$，绳子拉力大小为 $T=25.0\text{N}$。求盒子沿斜面的加速度 a。

【关键概念】

正如牛顿第二定律表述的，沿斜面的加速度取决于力沿斜面的分量（与垂直于斜面的分量无关）。

解：我们要写出沿一个坐标轴运动的牛顿第二定律。因为盒子沿斜面运动，所以将 x 轴沿斜面安置看来是合适的（图 5-15b）（用我们常用的坐标系并没有错，但是由于 x 轴和运动方向不在一条线上，分量的表式就会复杂得多。）

选好了坐标系，我们画出受力图，用一个点来代表盒子（见图 5-15b）。然后我们画出作用在盒子上的所有力的矢量，矢量的尾端都放在这一点上。（在图上随意地画矢量很容易出错，特别是在考试的时候，所以总要注意把尾端位置安放好。）

绳子的拉力 $\vec{T}$ 沿斜面向上，它的数值是 $T=25.0\text{N}$。重力 $\vec{F}_g$ 当然向下，它的数值 $mg=(5.00\text{kg})(9.80\text{m/s}^2)=49.0\text{N}$。重力的方向向下意味着沿斜面只有它的一个分量，只有这个分量（不是重力全部）才能影响盒子沿斜面的运动。因此，在写出沿 x 轴运动的牛顿第二定律之前，我们要找到这个重要的分量的表达式。

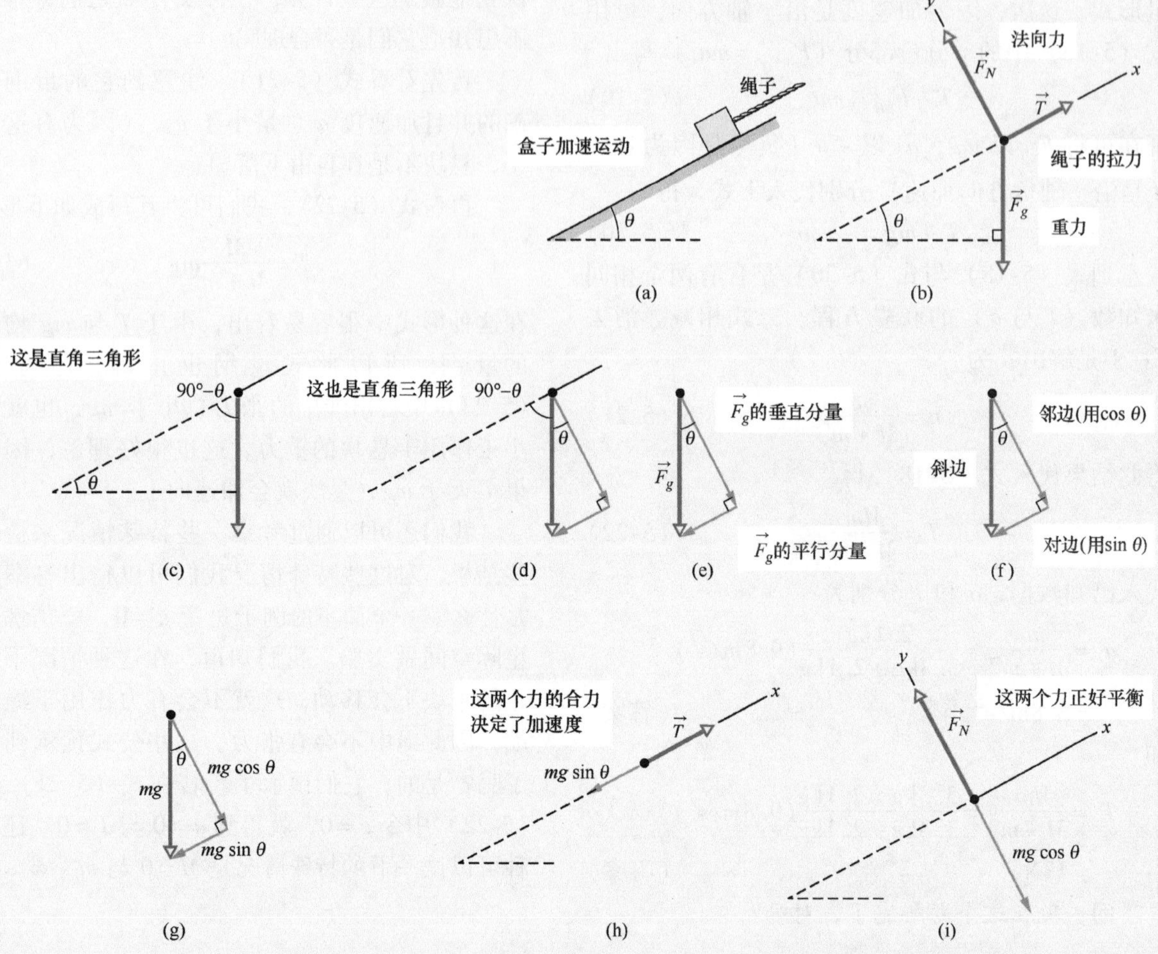

图 5-15　(a) 用绳子将一个盒子拉上斜面。(b) 有三个力作用在盒子上：绳子的力 $\vec{T}$，重力 $\vec{F}_g$，法向力 $\vec{F}_N$。(c) ~ (i) 求沿着斜面和垂直于斜面的力的分量。

图 5-15c ~ 图 5-15h 表示得到这个表达式的步骤。我们从给定的斜面角度开始，然后仔细画出重力的分量的三角形。（它们形成直角三角形的两条直角边，全部重力就是斜边。）图 5-15c 表示斜坡和 $\vec{F}_g$ 之间的角度是 $90° - \theta$。（你看出这里有一个直角三角形了吗?）接着，图 5-15d ~ 图 5-15f 画出 $\vec{F}_g$ 和它的分量：一个分量平行于斜面（这是我们要的那一个），另一个垂直于斜面。

因为垂直分量是垂直的，它和 $\vec{F}_g$ 之间的角度一定是 θ（见图 5-15d）。我们要的分量是直角三角形中对着 θ 角的远端的直角边。斜边的大小是 mg（重力的数值）。从而，我们所要的分量的数值是 $mg\sin\theta$（见图 5-15g）。

我们还有一个力要考虑，图 5-15b 中画出的法向力 $\vec{F}_N$。不过，这个力垂直于斜面，所以不影响沿着斜面的运动。（它没有沿斜面的分量来加速盒子。）

我们现在可以对沿着倾斜的 x 轴的运动写出牛顿第二定律：

$$F_{\text{net},x} = ma_x$$

分量 a_x 是唯一的加速度分量（盒子不会从斜面上跳起来，这是不可思议的，也不会落到斜面下面，这更不可思议了。）所以，对于沿斜面的加速度，我们只要简单地写成 a。因为 $\vec{T}$ 是在正 x 方向上，分量 $mg\sin\theta$ 在负 x 方向上，所以我们有

$$T - mg\sin\theta = ma \tag{5-24}$$

将数值代入，解出 a，我们得到：

$$a=0.100\text{m/s}^2 \quad \text{(答案)}$$

结果为正表示盒子沿斜面向上加速，即沿倾斜的 x 轴的正方向。如果我们将 $\vec{T}$ 的数值减小到使得 $a=0$，盒子将以恒定的速率沿斜面向上运动。如果我们进一步减小 $\vec{T}$，虽然绳子还在向上拉但加速度变成负数。

例题 5.05 读懂受力图

这里是一个你一定要从图中挖掘出信息而不仅仅是读出数据的例题。在图 5-16a 中，两个力作用于放在无摩擦的地板上的 4.00kg 的木块上，但图上只画出一个力。这个力的大小不变，但它对正 x 轴方向作用角度 θ 却可以调节。力 $\vec{F}_2$ 是水平的，它的大小和角度都不变。图 5-16b 给出木块在 0° ~ 90°之间任何角度的水平加速度 a_x。问 $\theta=180°$时的 a_x 值是什么？

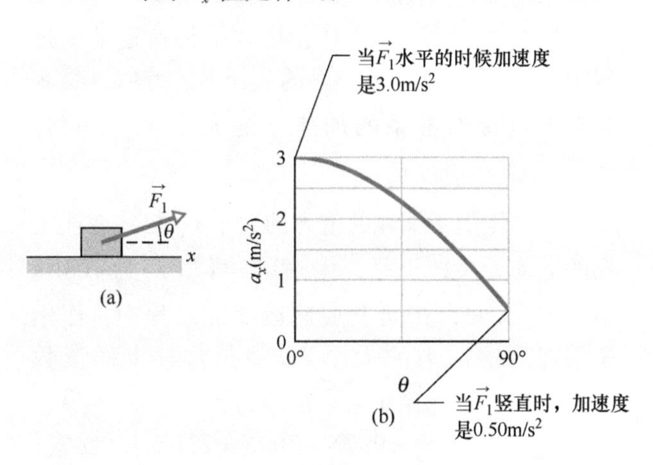

图 5-16 (a) 表示两个力之一作用于木块。角度 θ 可以改变。(b) 木块的加速度分量 a_x 关于 θ 的图像。

【关键概念】

(1) 根据牛顿第二定律，水平加速度 a_x 依赖于净水平力 $F_{net,x}$。

(2) 净水平力是两个力 $\vec{F}_1$ 和 $\vec{F}_2$ 的水平分量之和。

解：$\vec{F}_2$ 的水平分量就是 $\vec{F}_2$，因为这个矢量是水平的。$\vec{F}_1$ 的水平分量是 $\vec{F}_1\cos\theta$。用这些表达式和 4.00kg 的质量 m，我们可以对沿 x 轴的运动写出牛顿第二定律如下：

$$F_1\cos\theta+F_2=4.00a_x \tag{5-25}$$

从这个方程式我们知道，当 $\theta=90°$时，$F_1\cos\theta$ 为零，$F_2=4.00a_x$。由图看到，相应的加速度为 0.50m/s^2。于是，$F_2=2.00\text{N}$ 以及 $\vec{F}_2$ 必定指向 x 轴的正方向。

由式 (5-25)，我们求出当 $\theta=0°$时：

$$F_1\cos0°+2.00=4.00a_x \tag{5-26}$$

我们从图上看到，相应的加速度是 3.0m/s^2。由式 (5-26)，我们求得 $F_1=10\text{N}$。

将 $F_1=10\text{N}$、$F_2=2.00\text{N}$ 和 $\theta=180°$ 代入式 (5-25)，得：

$$a_x=-2.00\text{m/s}^2 \quad \text{(答案)}$$

例题 5.06 在电梯中的力

如果你在运动的电梯里测量自己的体重，你称出的体重比在静止的地板上称出的体重数值是更少了还是更多了，或者相同呢？

在图 5-17a 中，一位质量 $m=72.2\text{kg}$ 的乘客站在电梯里的台秤上。我们关心的是当电梯静止和它上升或下降时台秤的读数。

(a) 求电梯在做各种竖直运动时台秤读数的一般解。

【关键概念】

(1) 台称读数等于台秤作用于乘客的法向力 $\vec{F}_N$ 的大小。其他作用于乘客的力只有重力 $\vec{F}_g$，如图 5-17b 中的受力图所示。

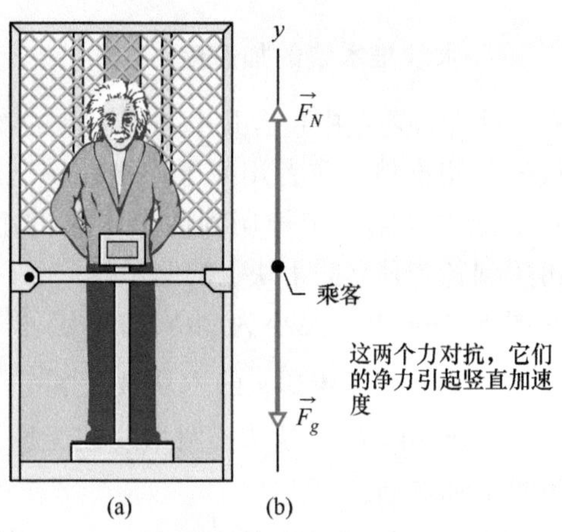

图 5-17 (a) 乘客站在可显示它的重量或表观重量的台秤上。(b) 乘客的受力图中显示秤作用于他的法向力 $\vec{F}_N$ 和重力 $\vec{F}_g$。

（2）我们可以用牛顿第二定律（$\vec{F}_{net}=m\vec{a}$）将作用于乘客的力与他的加速度 $\vec{a}$ 联系起来。不过，我们想到只可以在惯性系中应用此定律。如果电梯加速，则它就不是一个惯性系。因此，我们选择地面作为惯性系，对乘客的加速度的任何测量都是相对于地面而言的。

解： 因为作用于乘客的两个力及乘客的加速度均在竖直方向，即沿图5-17b中的 y 轴。我们可应用牛顿第二定律的 y 分量的表达式（$F_{net,y}=ma_y$）得到

$$F_N-F_g=ma$$

或
$$F_N=F_g+ma \tag{5-27}$$

此式告诉我们，秤的读数等于法向力 F_N 的数值，它依赖于电梯的竖直加速度。将 F_g 用 mg 代入可得到对任何加速度 a 均适用的表达式

$$F_N=m(g+a) \quad （答案） \tag{5-28}$$

（b）求若电梯静止或以0.50m/s的恒定速度向上运动，秤的读数为何？

【关键概念】

对任何恒定的速度（零或其他）乘客的加速度 a 都是零。

解： 将这与其他已知值代入式（5-28）中，可得

$$F_N=72.2\text{kg}\times(9.8\text{m/s}^2+0)=708\text{N}$$

（答案）

这正是乘客的重量，而且就等于作用于他的重力的大小 F_g。

（c）如果升降机以3.20m/s² 的加速度向上运动，以3.20m/s² 的加速度向下运动，问台秤的读数各为多少？

解： 当 $a=3.20\text{m/s}^2$ 时，由式（5-28），得

$$F_N=72.2\text{kg}\times(9.8\text{m/s}^2+3.20\text{m/s}^2)=939\text{N} \quad （答案）$$

而当 $a=-3.20\text{m/s}^2$ 时，给出

$$F_N=72.2\text{kg}\times(9.8\text{m/s}^2-3.20\text{m/s}^2)=477\text{N} \quad （答案）$$

对于向上的加速度（包括电梯向上的速率增加或向下的速率减小两种情况），秤的读数大于乘客的重量。这一读数表示测量到的是表观重量，因为它是在非惯性系中测量的。同理，对于向下的加速度（无论是电梯向上的速率减小或是向下的速率增加），秤的读数小于乘客的重量。

（d）在（c）问中所说的向上加速运动的过程中，作用于乘客的合力的大小 F_{net} 为何，乘客相对于电梯参考系的加速度的大小 $a_{p,cab}$ 为何？$\vec{F}_{net}=m\vec{a}_{p,cab}$ 成立吗？

解： 作用于乘客的重力的大小 F_g 与乘客或电梯的运动无关，于是，由（b）可知 F_g 为708N。由（c）又知，在向上加速运动的过程中，作用于乘客的法向力的大小 F_N 就是台秤上的读数939N。因此，作用于乘客的净力为

$$F_{net}=F_N-F_g=939\text{N}-708\text{N}=231\text{N} \quad （答案）$$

然而，在向上加速运动的过程中，乘客相对于电梯参考系的加速度 $a_{p,cab}$ 为零。可见在加速运动的电梯这个非惯性系中，F_{net} 不等于 $ma_{p,cab}$，而牛顿第二定律不成立。

例题5.07 木块推木块的加速度

有一些课外习题中包含几个一同运动的物体，它们或者互相推挤，或者用绳子连接在一起。这里是一个把牛顿第二定律用到两个木块的组合，之后再用到各个独立的木块上的例子。

在图5-18a中，大小为20N的恒定水平力 $\vec{F}_{app}$ 作用于质量 $m_A=4.0\text{kg}$ 的木块 A 上，它又推压质量 $m_B=6.0\text{kg}$ 的木块 B。两木块在无摩擦的表面上沿 x 轴滑动。

（a）两个木块的加速度是多少？

严重错误： 因为力 $\vec{F}_{app}$ 直接作用于木块 A 上，我们用牛顿第二定律将力和木块 A 的加速度联系起来。因为运动是沿着 x 轴，由定律的 x 分量表达式（$F_{net,x}=ma_x$），我们写出：

$$F_{app}=m_Aa$$

不过，这是严重的错误，因为 $\vec{F}_{app}$ 并不是作用在木块 A 上唯一的水平力。还有一个来自 B 的作用力 $\vec{F}_{AB}$（见图5-18b）。

毫无出路的解： 我们在 x 轴分量中添加力 $\vec{F}_{AB}$：

$$F_{app}-F_{AB}=m_Aa$$

（我们用负号表示 $\vec{F}_{AB}$ 的方向。）但是 $\vec{F}_{AB}$ 是第二个未知数，我们无法从这个方程式中解出 a。

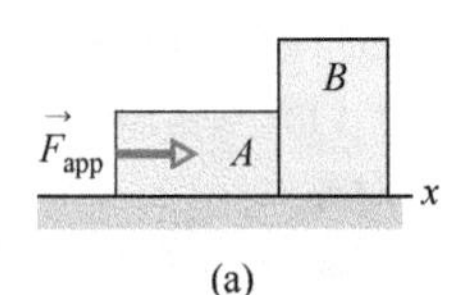

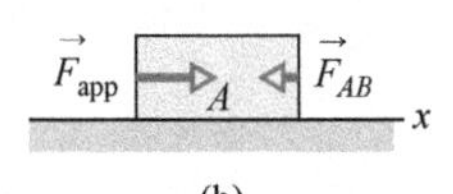

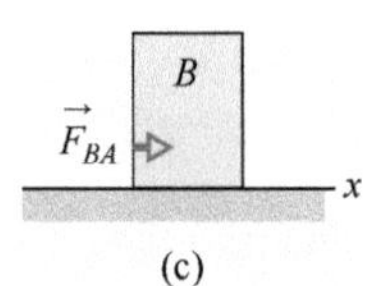

图 5-18 （a）恒定的水平力 $\vec{F}_{app}$ 作用于木块 A，木块 A 推木块 B。（b）水平力作用于木块 A。（c）只有一个水平力作用于木块 B。

成功的解：由于力 $\vec{F}_{app}$ 施加的方向，两个木块组成刚性结合的系统。我们可以将牛顿第二定律用于作用在整个系统上的净力和系统的加速度。对于 x 轴，我们重新写下：

$$F_{app}=(m_A+m_B)a$$

我们现在正确地将 $\vec{F}_{app}$ 用于总质量为（m_A+m_B）的系统。解出 a，并代入已知的数值，我们得到：

$$a=\frac{F_{app}}{m_A+m_B}=\frac{20\text{N}}{4.0\text{kg}+6.0\text{kg}}=2.0\text{m/s}^2$$

（答案）

由此可见，系统的加速度，也就是各个木块的加速度沿 x 轴的正方向，具有数值 2.0m/s²。

（b）木块 A 作用在木块 B 上的（水平）力 $\vec{F}_{BA}$ 有多大（见图 5-18c）？

【关键概念】

我们把牛顿第二定律应用于作用在木块 B 上的净力和木块 B 的加速度。

解：我们仍旧只写出这个定律的 x 轴分量：

$$F_{BA}=m_Ba$$

代入已知数据，得

$$F_{BA}=(6.0\text{kg})(2.0\text{m/s}^2)=12\text{N}$$ （答案）

力沿 x 轴正方向，其大小为 12N。

WileyPLUS 在 WileyPLUS 中可以找到附加的例题、视频和练习。

复习和总结

牛顿力学 当物体受到来自其他物体的一个或多个力（推或拉）作用时，该物体的速度会发生变化（物体会加速）。牛顿力学把加速度和力联系了起来。

力 力是矢量。它们的大小根据它们给标准千克物体的加速度来定义。使标准千克物体得到严格 1m/s² 的加速度的力定义为 1N。力的方向是它引起的加速度的方向。力根据矢量代数的法则合成。对一个物体的**合力**（净力）是作用于它的所有力的矢量和。

牛顿第一定律 当没有净力作用于物体时，如果该物体原来静止，则它继续保持静止；如果它最初是在运动，它将继续以恒定速率沿直线运动。

惯性参考系 牛顿力学在其中成立的参考系称为惯性参考系或简称惯性系。牛顿力学在其中不成立的参考系称为非惯性参考系，或简称非惯性系。

质量 物体的**质量**是把物体的加速度与引起该加速度的净力（或合力）联系起来的一种特性。质量是标量。

牛顿第二定律 作用在质量为 m 的物体的合力（净力）$\vec{F}_{net}$ 与该物体的加速度由下式相联系

$$\vec{F}_{net}=m\vec{a} \qquad (5\text{-}1)$$

它可用分量形式写为

$$F_{net,x}=ma_x,F_{net,y}=ma_y \text{ 与 } F_{net,z}=ma_z \qquad (5\text{-}2)$$

第二定律指出，在国际单位制中，有

$$1\text{N}=1\text{kg}\cdot\text{m/s}^2 \qquad (5\text{-}3)$$

受力图 去掉不必要的部分，只保留要考虑的物体的精简线条图。用一个简略图或一个点代表物体。图中画出作用于物体的外力再加上坐标系，坐标系的取向要能简化求解过程。

几种特殊的力

引力 $\vec{F}_g$ 是某一物体被另一物体吸引的拉力。在本书中多数情况下，所说的另一个物体是指地球或其他天体。在地球上，引力向下直指地面，地面被当作惯性系。有了这个假设，力 F_g 的大小为

$$F_g=mg \qquad (5\text{-}8)$$

其中，m 为物体的质量，而 g 为自由下落加速度的数值。

物体的**重量** W 是用来平衡地球对物体的重力所需要的向上的作用力的大小。它与物体的质量的关系为

$$W = mg \tag{5-12}$$

法向力 $\vec{F}_N$ 是反抗物体对表面的压力，它是表面对物体的作用力。法向力总是垂直于该表面。

摩擦力 $\vec{f}$ 是当一个物体沿表面滑动或有滑动趋势时，表面对物体的作用力。该力总是平行于这个表面，且和物体的运动方向相反。在光滑表面上，摩擦力可忽略不计。

一根绳子在**张力**作用下，它的两端各拉一个物体。拉力沿着绳子，背离绳和物体的连接点。对一无质量的绳（绳的质量可以忽略），绳两端的拉力具有相等的大小 T，即使绳绕过无质量的、光滑的滑轮（滑轮质量与作用在轴上阻碍转动的摩擦力均可忽略）时亦如此。

牛顿第三定律 如果物体 C 对物体 B 作用一个力 $\vec{F}_{BC}$，则物体 B 对物体 C 也有一个作用力 $\vec{F}_{CB}$。这两个力大小相等、方向相反，即

$$\vec{F}_{BC} = -\vec{F}_{CB}$$

习题

1. 两个相互垂直的力 9.0N（向正 x 方向）和 7.0N（沿正 y 方向）作用在质量为 6.0kg 的物体上，求该物体加速度的（a）大小和（b）方向。

2. 两个水平力作用在 2.5kg 的砧板上，砧板可以无摩擦地在厨桌上滑动，桌面在 xy 平面中。一个力为 $\vec{F}_1 = (3.0\text{N})\vec{i} + (4.0\text{N})\vec{j}$。求另一个力是以下三种情况时用单位矢量记号表示的砧板的加速度。

（a）$\vec{F}_2 = (-3.0\text{N})\vec{i} + (-4.0\text{N})\vec{j}$；（b）$\vec{F}_2 = (-3.0\text{N})\vec{i} + (4.0\text{N})\vec{j}$，以及（c）$\vec{F}_2 = (3.0\text{N})\vec{i} + (-4.0\text{N})\vec{j}$。

3. 一个物体得到 3.00m/s^2 的加速度，其方向沿与 x 轴正方向成 30.0°角。物体的质量是 2.00kg。求作用于物体的净力的（a）x 分量和（b）y 分量。（c）用单位矢量表示的净力是什么？

4. 一个质点沿一直线以恒定的速度 $\vec{v} = (2\text{m/s})\vec{i} - (3\text{m/s})\vec{j}$ 运动。我们假设在质点运动过程中有两个力作用在它上面，如其中一个力是 $\vec{F} = (2\text{N})\vec{i} + (-5\text{N})\vec{j}$，求另一个力。

5. 由背包式喷气发动机推动的三位宇航员合力推动，将 120kg 的小行星引导到处理舱。他们施加的力画在图 5-19 中，$F_1 = 32\text{N}$，$F_2 = 55\text{N}$，$F_3 = 41\text{N}$。$\theta_1 = 30°$，$\theta_3 = 60°$。求小行星的加速度：（a）用单位矢量表示，加速度的（b）数值和（c）相对于正 x 轴的方向。

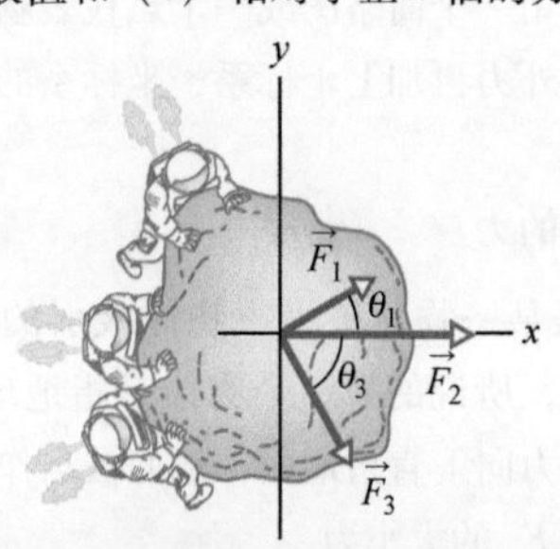

图 5-19 习题 5 图

6. 在二维拔河比赛中，亚历克斯、贝蒂和查尔斯以图 5-20 的俯视图画出的角度、水平地拉一只汽车轮胎。无论三人拉力有多大，轮胎始终保持静止不动。亚历克斯以大小为 250N 的力 $\vec{F}_A$ 拉，查尔斯以大小为 170N 的力 $\vec{F}_C$ 拉。注意 $\vec{F}_C$ 的方向没有画出。求贝蒂的力 $\vec{F}_B$ 的大小。

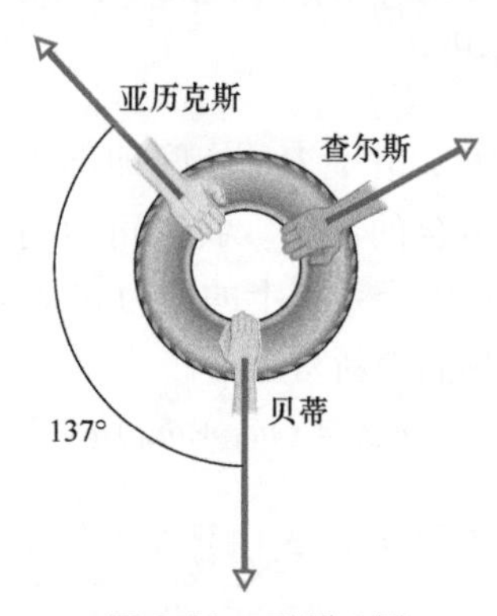

图 5-20 习题 6 图

7. 如图 5-21 的俯视图所示，有两个力作用在 2.00kg 的盒子上，但图上只画出了一个力。$F_1 = 20.0\text{N}$，$a = 12.0\text{m/s}^2$，$\theta = 30°$，求：第二个力（a）用单位矢量表示，（b）力的大小和（c）相对于正 x 轴方向的角度。

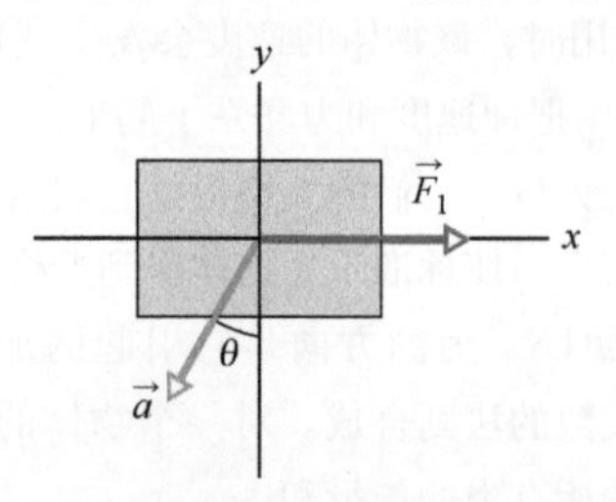

图 5-21 习题 7 图

8. 一个 1.50kg 的物体在三个力的作用下产生加速度 $\vec{a} = -(8.00\text{m/s}^2)\vec{i} + (6.00\text{m/s}^2)\vec{j}$。如果三个力中的两个分别是 $\vec{F}_1 = (30.0\text{N})\vec{i} + (16.0\text{N})\vec{j}$ 及 $\vec{F}_2 = -(12.0\text{N})\vec{i} + (8.00\text{N})\vec{j}$，求第三个力。

9. 一个 0.450kg 的物体在 xy 平面上的运动方式是：$x(t) = -16.0 + 3.00t - 5.00t^3$，$y(t) = 26.0 + 8.00t - 10.0t^2$，其中 x 和 y 的单位是 m，t 的单位是 s。在 $t = 0.800\text{s}$ 时，求作用在物体上净力的（a）数量和（b）相对于 x 轴正方向的角度，以及（c）物体的运动方向的角度。

10. 一个 0.150kg 的质点沿 x 轴的运动方程为 $x(t)=-13.00+2.00t+4.00t^2-3.00t^3$，$x$ 的单位是 m，t 的单位是 s。用单位矢量表示 $t=2.60$s 时作用在质点上的净力。

11. 一个 3.0kg 的物体被推动沿 x 轴运动，推它的力也沿着 x 轴方向但改变着力的大小。物体的位置 $x=4.0\text{m}+(5.0\text{m/s})t+kt^2-(3.0\text{m/s}^3)t^3$，其中 x 的单位是 m，t 的单位是 s。因子 k 是常数。在 $t=4.0$s 时，作用在物体上的力的数值是 37N，并沿着 x 轴的负方向，求 k 的数值。

12. 两个水平力 $\vec{F}_1$ 和 $\vec{F}_2$ 作用在 4.0kg 的盘上，盘在无摩擦的冰面上滑动，冰面上标记着 xy 坐标系。力 $\vec{F}_1$ 沿正 x 轴方向，大小为 7.0N。力 $\vec{F}_2$ 的大小为 9.0N。图 5-22 给出盘在滑动过程中的速度的 x 分量 v_x 作为时间 t 的函数。两个恒定指向的力 $\vec{F}_1$ 和 $\vec{F}_2$ 之间的角度是多少？

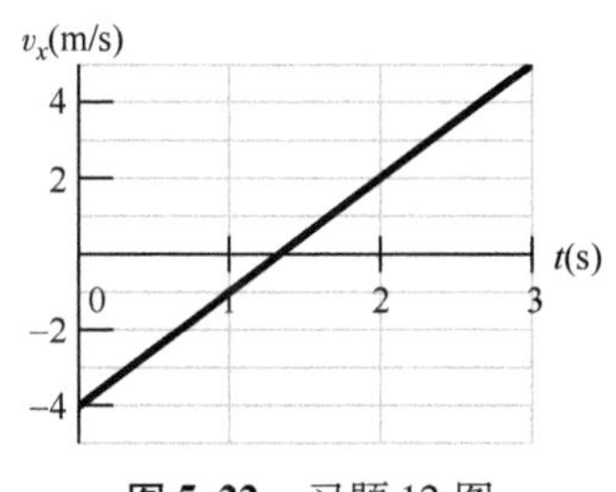

图 5-22　习题 12 图

13. 两个质量为 m 和 $2m$ 的质点放在光滑的水平桌面上。连接这两个质点的一根绳子通过桌子边缘拉着一个滑轮，滑轮下挂着一个质量为 $3m$ 的质点，如图 5-23 所示。滑轮的质量可以忽略不计。绳子在桌面上的两部分平行并垂直于桌子边缘。绳子的悬挂部分是竖直的。求质量为 $3m$ 的质点的加速度。

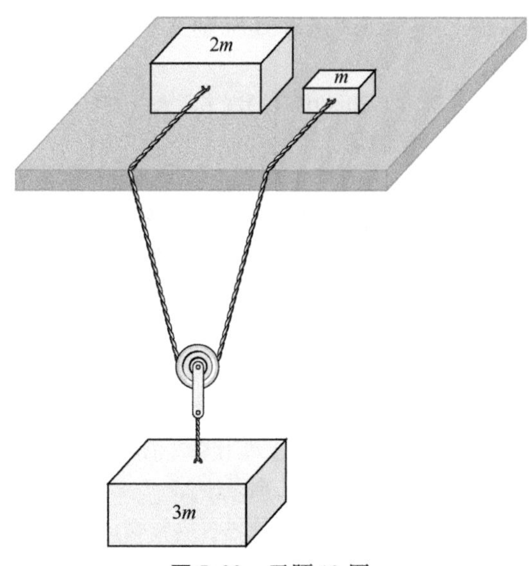

图 5-23　习题 13 图

14. 重量为 4.0N 的木块静止在水平面上。一个 1.0N 的向上的力通过垂直钩在木块上的绳子作用于木块，木块作用在水平面上的力的（a）大小和（b）方向是什么？

15.（a）一根 11.0kg 的萨拉米香肠用绳子挂在弹簧秤上，弹簧秤用绳挂在顶棚上（见图 5-24a）。用 SI 重量单位标示的秤的读数是什么？（这是熟食店主测量重量的方法。）（b）在图 5-24b 中，萨拉米香肠通过一根绕过一个滑轮的绳子连接到弹簧秤上，弹簧秤的另一端通过一根绳子连接到墙上。秤的读数是多少？（这是学物理的学生用的方法。）（c）在图 5-24c 中，墙被代以另一根 11.0kg 的萨拉米香肠，整个组合静止不动。秤上的读数是什么？（这是一位曾经主修过物理的店主的方法。）

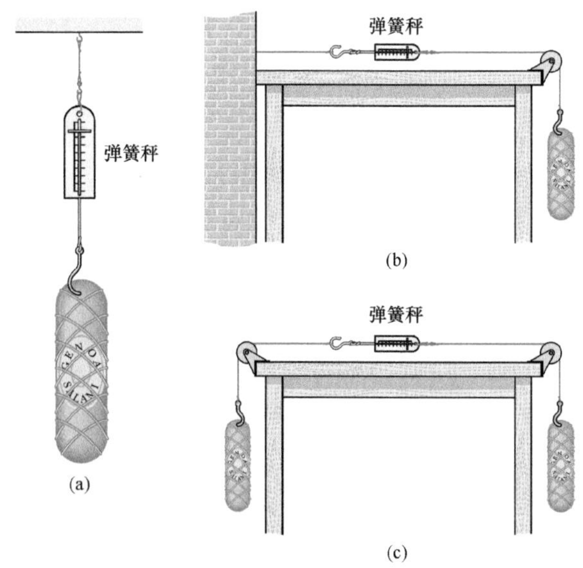

图 5-24　习题 15 图

16. 某些昆虫可以挂在细棒（如小树枝）下面爬行。假设有这样一只昆虫，质量为 m，挂在水平的细树枝下面，如图 5-25 所示。图上的角度 $\theta=40°$。它的六条腿都有同样的张力，腿的最靠近身体的一节是水平的。（a）每一胫节（腿的前部）中的张力和昆虫的重量的比例是多少？（b）如果把腿伸直，每一胫节中的张力是增加、减少还是保持不变？

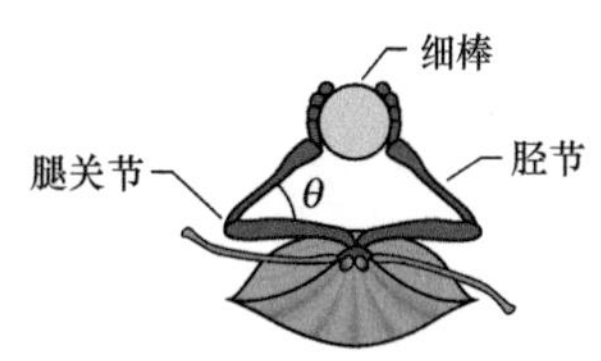

图 5-25　习题 16 图

17. 在图 5-26 中，设木块质量为 8.5kg，角度 θ 是 30°。求（a）绳中的张力，（b）作用于木块的法向力。（c）如果将绳子割断，求木块加速度的大小。

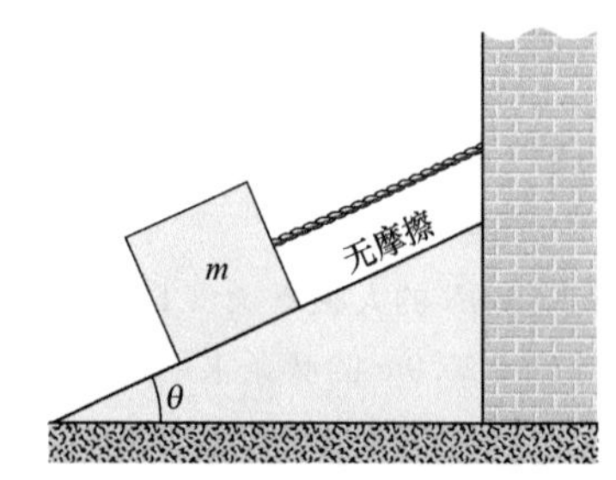

图 5-26　习题 17 图

18. 1974年4月，比利时的约翰·马西斯（John Massis）设法移动两节火车车厢。他用牙齿紧咬通过绳子连接到车厢的嚼子，然后他向后倾斜，用他的双脚用力蹬铁路的枕木。两节车厢的总重量为700kN（大约80t）。设他用相当于自身体重2.5倍的、水平向上30°角度的恒定拉力。他的质量为80kg。他使车厢移动了1.0m。忽略车轮转动产生的阻力，求用力停止时，两节车厢的速率。

19. 一辆550kg的火箭滑车在2.0s内从静止开始均匀地加速到时速1650km/h。所需的净力是多大？

20. 一辆以63km/h的速度行驶的汽车撞上了桥墩。车中一位乘客向前运动65cm（相对于道路）后被膨胀的安全气囊阻挡而停下。作用在质量为41kg的乘客上半身的力的大小（假设为常量）是多少？

21. 恒定的水平力 $\vec{F}_a$ 推动放在无摩擦的地板上的一只2.00kg的联邦快递包裹，地板上已经画好了 xy 坐标系。图5-27画出包裹的 x 和 y 速度分量对时间 t 的曲线。$\vec{F}_a$ 的（a）大小和（b）方向为何？

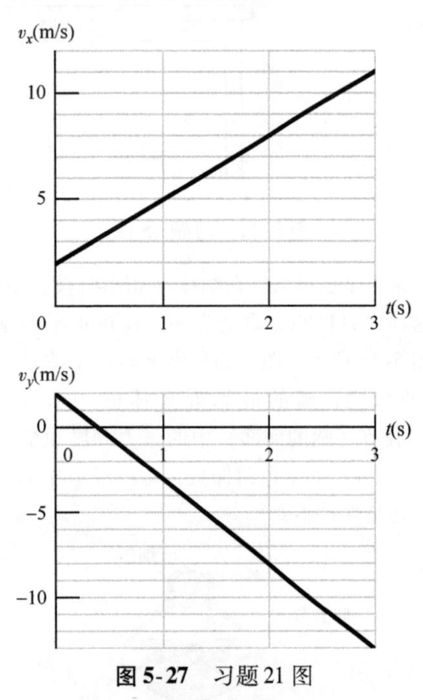

图5-27 习题21图

22. 一位顾客乘坐在游乐场的索道车中，车厢沿着 y 轴负方向被加速下拉，加速度的数值为1.24g，g=9.8m/s²。一枚0.567g的硬币静止在乘客的膝上。一旦运动开始，用单位矢量记号表示硬币的加速度相对于（a）地面和（b）乘客各是多少？（c）硬币到达高于乘客膝盖2.20m的顶棚要多长时间？用单位矢量记号表示，（d）实际作用于硬币上的力是什么以及（e）按照乘客对加速度的测量，硬币受到的表现力是多少？

23. 体重为860N的人猿泰山（Tarzan）抓住一根挂在很高的树枝上长20.0m的藤条末端从悬崖荡开，树枝原来与竖直线成22.0°角。设 x 轴水平地从悬崖边缘伸出，y 轴向上延伸。人猿泰山刚跨出悬崖时，藤条中就有张力760N。就在这一瞬间，（a）用单位矢量表示的藤条作用于他的力；（b）用单位矢量表示他受到的净力，（c）求净力的大小和（d）相对于 x 轴正方向的角度各是多少？在这一时刻人猿泰山的加速度的（e）大小和（f）角度各是多少？

24. 在俯视图5-28中，有两个水平力作用在2.0kg的盒子上，但图上只画出一个力（F_1 = 30N）。盒子沿 x 轴运动。对下面给出的盒子的每一个 a_x 的数值，求用单位矢量表示的第二个力：（a）10m/s²，（b）20m/s²，（c）0，（d）−10m/s²，（e）−20m/s²。

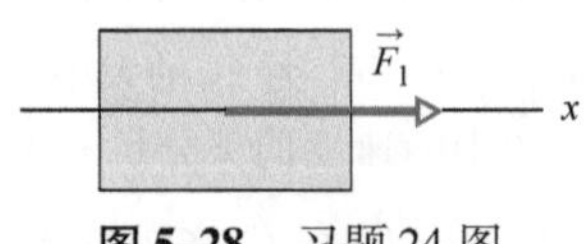

图5-28 习题24图

25. Sunjamming。“太阳帆船”是装有很大的帆、借助太阳光推动的宇宙飞船。虽然在日常的环境条件下这种推力非常小，但它还是大到足以将宇宙飞船推离太阳，这种旅行虽然很慢但却是不花钱的。假设宇宙飞船的质量是900kg，受到20N的推力。（a）得到加速度的数值是多少？如果飞船是从静止开始运动，（b）第一天它能走多少路？（c）到第一天结束时它走得有多快？

26. 能使钓鱼线断裂的张力通常称为钓鱼线的“强度”，要使一条重19N的、原来以2.8m/s速度游动的鲑鱼在11cm距离上停下来，钓鱼线的最小强度应有多大？假设这是匀减速过程。

27. 以速率 1.5×10^7m/s 水平运动的一个亚原子粒子进入一个受到竖直、均匀的电场力 5.5×10^{-16}N 作用的区域。设这个亚原子粒子是电子（电子的质量为 9.11×10^{-31}kg），求它在水平运动35mm的这个过程中竖直偏转的距离。

28. 一辆重 1.30×10^4N 的汽车原来以35km/h的速度行驶，车子开始制动，经过15m后停下。假设制动力是常量，求：（a）力的数值和（b）速率改变所需的时间。如果初始速率加倍，在制动过程中汽车受到同样的力，（c）停止所需的距离和（d）停止所需的时间这两个因素中哪一个会加倍？（这或许是介绍高速驾驶危险性的一堂课。）

29. 一位重689N的消防员从一根竖直的竿子上滑下，加速度为2.00m/s²。竿子对消防员的竖直力的（a）大小和（b）方向（向上或向下）是什么？消防员对竿子的竖直力的（c）大小和（d）方向是什么？

30. 环绕龙卷风的高速阵风可以将物体抛射打进树干、建筑物墙壁、甚至金属的交通信号牌。在实验室模拟中，一根标准的木质牙签被气枪射入橡树枝。牙签的质量是0.13g，射入树枝前的速率是205m/s，它的穿透深度为15mm。设它的速率均匀地减小，树枝对牙签的作用力大小是多少？

31. 一个木块沿无摩擦、足够长的斜面向上运动。初

速度为 $v_0 = 2.77\text{m/s}$。设斜面倾斜角 $\theta = 28.0°$。求：(a) 木块到最高点运动的距离，(b) 木块到这一点所用的时间，(c) 当它回到底部时的速率。

32. 图 5-29 中的俯视图表示在无摩擦的桌面上质量为 0.0250kg 的半个柠檬受到的三个水平力的作用。其中两个力已画在图上。力 $\vec{F}_1$ 的大小为 6.00N，角度 $\theta_1 = 30.0°$。力 $\vec{F}_2$ 的大小为 7.00N，角度 $\theta_2 = 30.0°$。用单位矢量记号表示第三个力，如果半个柠檬 (a) 是静止的；(b) 有恒定的速度 $\vec{v} = (13.0\vec{i} - 14.0\vec{j})\text{m/s}$；(c) 速度在改变 $\vec{v} = (13.0t\vec{i} - 14.0t\vec{j})\text{m/s}^2$，其中 t 是时间。

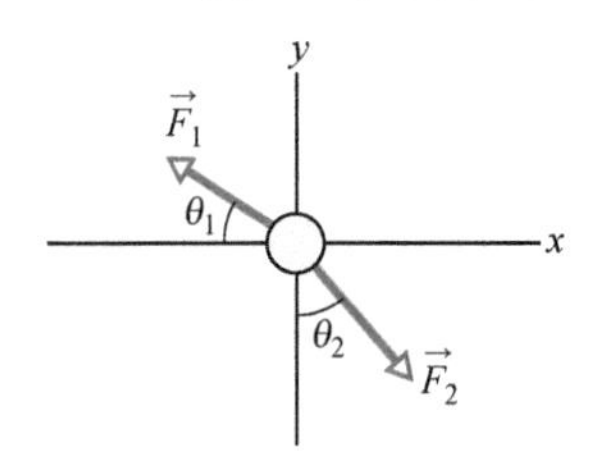

图 5-29　习题 32 图

33. 用连接地面到小山顶的缆绳使一辆 1500kg 的缆车竖直运动。原来以 9.0m/s 的速率向下运动的缆车在 38m 的距离内以均匀的加速度停下来的过程中，支撑缆车的缆绳上的张力是多少？

34. 在图 5-30 中，一只 $m = 115\text{kg}$ 的板条箱被水平力 $\vec{F}$ 以恒定的速率推上无摩擦的斜坡 ($\theta = 30°$)。求：(a) 力 $\vec{F}$ 的大小和 (b) 斜坡作用在板条箱上的力的数值。

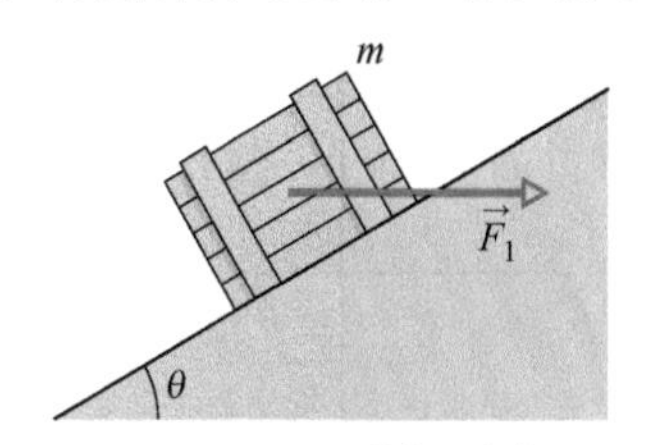

图 5-30　习题 34 图

35. 一个物体质量为 2.5kg。该物体的速度与用秒为单位表示的时间 t 的函数关系为 $\vec{v} = (7.00t\vec{i} + 2.00t^2\vec{j})\text{m/s}$。在作用于物体的净力大小为 35.0N 的瞬间，(a) 净力的方向及 (b) 物体运动的方向各是什么？

36. 一位 45kg 的滑雪者抓着平行于无摩擦的滑雪斜坡的拖缆被拉上斜坡，斜坡与水平线成 8.0°角。求缆绳作用于滑雪者的力 F_{rope} 的大小，当 (a) 滑雪者的速度的数值 v 是常量 2.0m/s 时，(b) $v = 2.0\text{m/s}$，并且 v 的增加率为 0.10m/s^2 时。

37. 一个质量为 35kg 的男孩和质量为 6.5kg 的冰橇在结冰湖面的无摩擦冰上相距 12m，它们之间用一根质量可忽略不计的绳子连接着。男孩用 4.2N 的水平力拉绳子。(a) 男孩和 (b) 冰橇的加速度的数值各是多少？(c) 它们相遇的位置距男孩的初始位置有多远？

38. 50kg 的滑雪者直接从无摩擦的斜坡上滑下，斜坡与水平面成 10°角。设滑雪者滑动的方向是沿斜坡的 x 轴的负方向。风的分量 F_x 作用于滑雪者。如果滑雪者的速度是 (a) 常量，(b) 以加速度 1.0m/s^2 增加，(c) 以 2.0m/s^2 的速率增加，F_x 的大小为何？

39. 一颗质量为 $2.5 \times 10^{-4}\text{kg}$ 的珠子用一根线悬挂着。稳定的水平微风推着珠子使线和竖直方向成恒定的 40°角。求 (a) 线上的张力和 (b) 推力的大小。

40. 一只 4.5kg 的盒子沿和水平成 θ 角的无摩擦的斜面向上滑动。图 5-31 给出盒子速度在沿斜坡直接向上延伸的 x 轴上的分量 v_x 的关于时间 t 的函数。斜坡作用于盒子的法向力有多大？

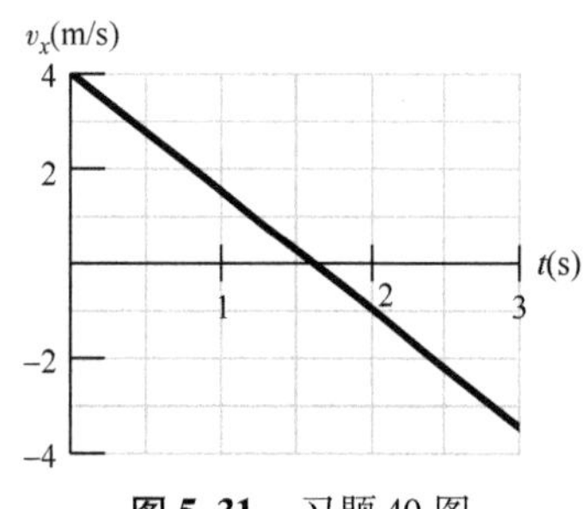

图 5-31　习题 40 图

41. 乔伊斯要将重 450N 的一包废料从高于地面 6.2m 的地方拿下来。为了完成这项工作，乔伊斯用一条绳子，它的张力超过 390N 就要断裂。显然，如果她把这包废料挂到绳子上，它就会断裂。因此，乔伊斯让这包东西向下加速运动。(a) 在绳子刚好不会崩断的条件下这包东西的加速度应该多大？(b) 在这样的加速度下，这包东西将以多大的速率撞击地面？

42. 从前，像在图 5-32 中所画的情形那样，用马沿着运河拉驳船。设马用力 8600N 以相对于驳船的运动方向成 $\theta = 18°$角的方向拉绳子，驳船正对 x 轴的正方向运动。驳船的质量为 9500kg，它的加速度大小是 0.12m/s^2。求：水对驳船的阻力的 (a) 大小和 (b) 方向 (相对于正 x 轴)。

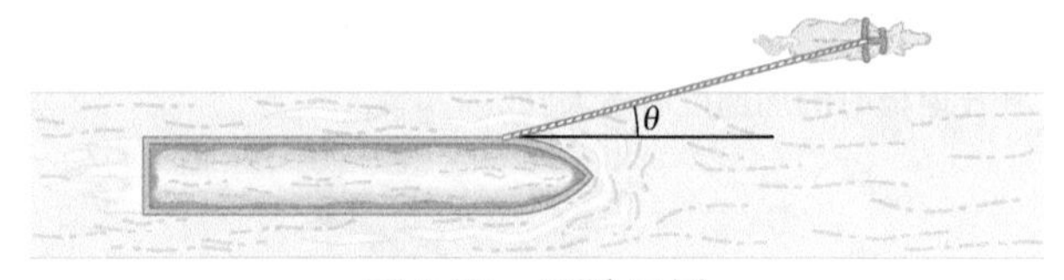

图 5-32　习题 42 图

43. 图 5-33 中是一段有 5 个链环的链条。每一链环的质量为 0.100kg，链条以恒定的加速度 $a = 2.50\text{m/s}^2$ 竖直地上升。求 (a) 链环 2 作用在链环 1 上的力的大小，(b) 链环 3 作用在链环 2 上的力的大小，(c) 链环 4 作用在链环 3 上力的大小和 (d) 链环 5 作用在链环 4 上力的大小。然后求 (e) 拉起链条

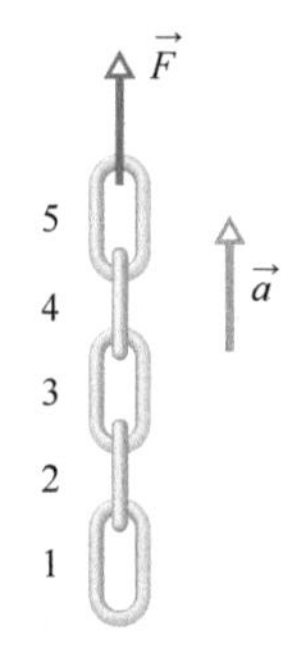

图 5-33　习题 43 图

的人作用在最上面的链环的力 $\vec{F}$ 的大小和（f）使每一环加速的净力大小。

44. 一盏灯用绳竖直地挂在以 $2.4\mathrm{m/s^2}$ 减速的电梯中。（a）如果绳中张力为93N，灯的质量是多少？（b）当电梯以向上的加速度 $2.4\mathrm{m/s^2}$ 上升时，绳中的张力是多少？

45. 缆绳拉着重29.0kN的电梯向上运动，如果电梯的速率是（a）以加速度 $1.50\mathrm{m/s^2}$ 增加以及（b）以 $1.50\mathrm{m/s^2}$ 的减速度慢下来，缆绳中的张力各是多少？

46. 电梯被一根缆绳向上拉。电梯和其中一位乘客的总质量是2000kg。乘客掉落一枚硬币，它相对于电梯的加速度是向下的 $8.30\mathrm{m/s^2}$，求缆绳中的张力。

47. 扎基尼（Zacchini）家族因他们的人体炮弹表演节目而名声大振。在这个表演节目中，一位家庭成员从大炮中利用橡皮带或者压缩空气被射出。在一次表演中，伊曼纽尔·札基尼从大炮中射出。飞越三个费里斯转轮（摩天轮）落到和炮口同样高度、距离69m的网中。他在炮筒中被推行5.2m、以53°角发射。设他的质量是85kg，并设他在炮筒中受到恒定的加速，推动他的力的大小如何？（提示：把发射过程当作沿53°的斜面运动。忽略空气的阻力。）

48. 在图5-34中，两台电梯 A 和 B 用短的缆绳连接，可以用电梯 A 上面的缆绳拉动向上或向下。电梯 A 的质量为1700kg；电梯 B 的质量为1200kg。一只装有樟脑草的12.0kg的盒子放在电梯 A 的地板上。连接两台电梯的缆绳中的张力为 $1.91\times10^4\mathrm{N}$。地板给盒子的法向力的大小为何？

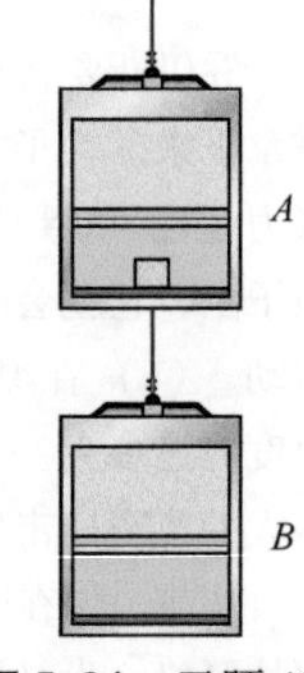

图5-34　习题48图

49. 在图5-35中，用一根绳子拉一块质量为 $m=5.00\mathrm{kg}$ 的木块，使它在水平无摩擦的地板上滑动。拉力的大小 $F=12.0\mathrm{N}$，角度 $\theta=25°$。（a）木块的加速度大小为何？（b）力 F 的大小逐渐增加，使木块正好（完全）离开地板时力的大小为何？（c）木板刚被提起（完全）离开地板时的加速度有多大？

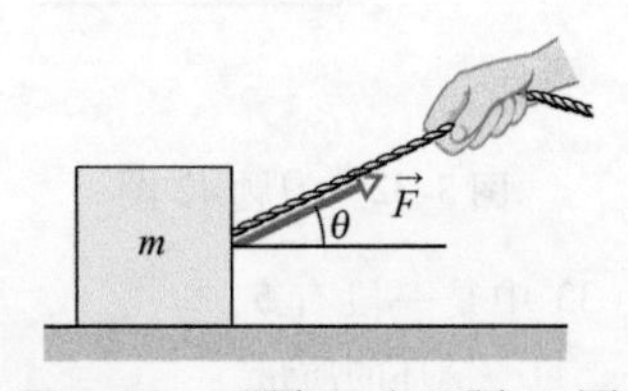

图5-35　习题49和习题60图

50. 在图5-36中三只选票箱用绳子连接起来，其中一根绳绕过轴上的摩擦力和质量都可以忽略的滑轮。三个箱子的质量分别为：$m_A=30.0\mathrm{kg}$，$m_B=30.0\mathrm{kg}$，$m_C=10.0\mathrm{kg}$。整个组合从静止释放，（a）连接 B 和 C 的绳子中的张力是多少？（b）在第一个0.250s中 A 走了多远（假设它不会碰到滑轮。）

51. 图5-37表示两块木块用绳（质量可以忽略）连接，绳子绕过无摩擦的滑轮（质量也可以忽略不计）。这种装置称为阿特伍德机。一块木块的质量为 $m_1=1.30\mathrm{kg}$，另一块的质量为 $m_2=2.80\mathrm{kg}$。（a）两木块的加速度有多大？（b）绳中的张力有多大？

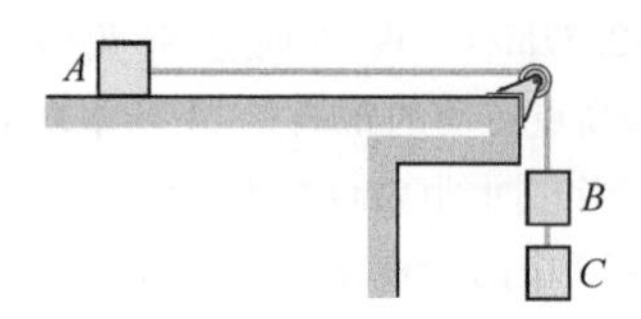

图5-36　习题50图

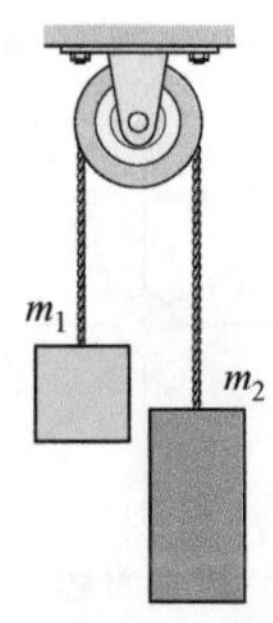

图5-37　习题51和习题65图

52. 一个93kg的人从高度10m处抓住一根绳子把自己降到地面，绳子通过一个无摩擦的滑轮挂着一个65kg的沙袋。假如这个人从静止开始，当他落到地面时的速率有多大？

53. 如图5-38所示，物体 C（2.9kg）和物体 D（1.9kg）用刚性不可伸长的长度都是1.0m的金属线 B 和 A 挂起。金属线 B 的质量可以忽略。金属线有均匀的线密度0.20kg/m。整个系统受到大小为 $0.50\mathrm{m/s^2}$ 的向上的加速度。求金属线（a）A 和（b）B 中点处的张力。

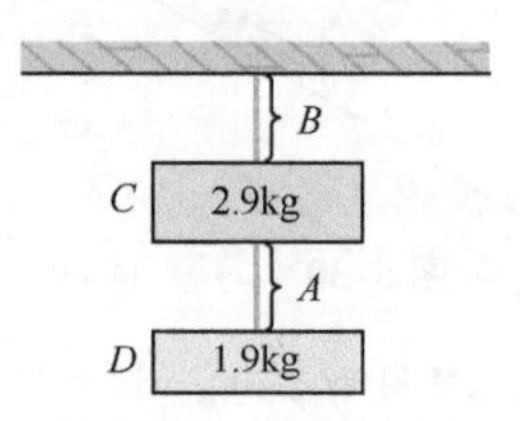

图5-38　习题53图

54. 图5-39上画了四只企鹅，它们被饲养员拉着在非常滑的（无摩擦）的冰上玩耍。其中三只企鹅的质量和两根绳子的张力分别为：$m_1=12\mathrm{kg}$，$m_3=15\mathrm{kg}$，$m_4=20\mathrm{kg}$，$T_2=111\mathrm{N}$，$T_4=222\mathrm{N}$。求没有给出的企鹅质量 m_2。

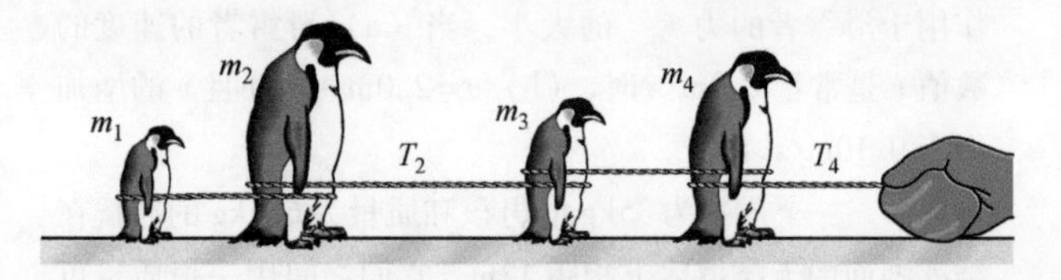

图5-39　习题54图

55. 在无摩擦的桌子上有两块相互接触的木块，有一水平力作用在较大的木块上，如图5-40所示。（a）如果 $m_1=2.3\mathrm{kg}$，$m_2=1.2\mathrm{kg}$，$F=3.2\mathrm{N}$。求两木块间作用力的大小。(b) 证明：如果有同样大小但方向相反的力 F 作用在较小的木块上，木块之间的作用力的数值是 2.1N，这和 (a) 中算出的数值不相同。(c) 说明它们不同的原因。

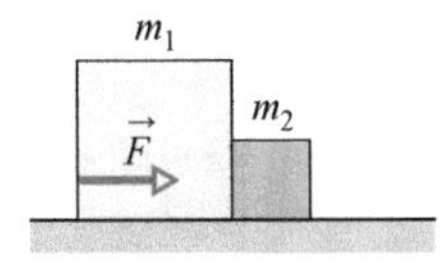

图 5-40　习题 55 图

56. 在图 5-41a 中，恒定的水平力 $\vec{F}_a$ 作用于木块 A，它用指向右方的水平力 15.0N 推木块 B。在图 5-41b 中，同样的力 $\vec{F}_a$ 作用于木块 B，此情况下木块 A 以向左的水平力 10.0N 推木块 B。两木块的总质量为 12.0kg。(a) 在图 5-41a 中它们的加速度及 (b) 力 $\vec{F}_a$ 的数值各是多少？

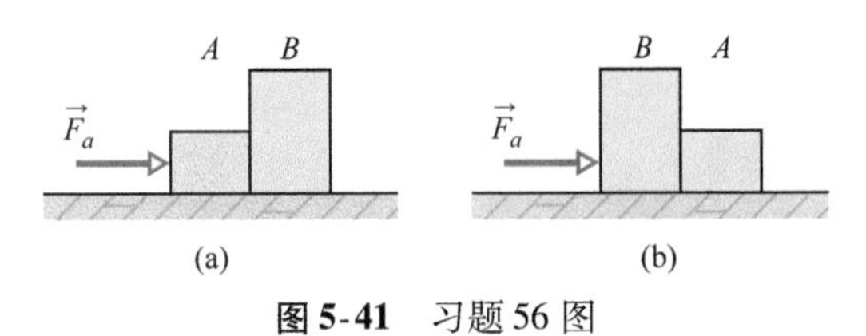

图 5-41　习题 56 图

57. 两个质量分别为 $m_1=8.0\text{kg}$ 及 $m_2=4.0\text{kg}$ 的木块用绳连接起来，绳子通过一个无摩擦并且质量可以忽略不计的滑轮，如图 5-42 所示。如果 $\theta=30.0°$，分别计算两木块的加速度大小。

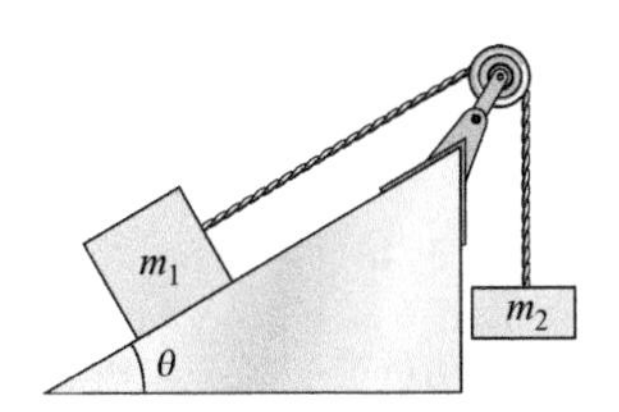

图 5-42　习题 57 图

58. 图 5-43 表示一个工人坐在高空作业椅上，作业椅用一根无质量的绳子挂着，绳子绕过无质量、无摩擦的滑轮回落到工人手中。工人和作业椅的总质量是 103.0kg。工人必须用多大的力拉绳子，假设他要 (a) 以恒定的速度上升；(b) 要以加速度 1.30m/s^2 上升。(提示：受力图肯定会有帮助。) 如果绳子右边部分延伸到地面并被他的同事用力拉，他的同事必须用多大的力才能使工人 (c) 匀速上升。(d) 以加速度 1.30m/s^2 上升？(e) 在 (a) 中，(f) 在 (b) 中，(g) 在 (c) 中，以及 (h) 在 (d) 中，滑轮系统对顶棚的作用力分别有多大？

59. 一只 10kg 的猴子沿一根无质量的绳子往上爬，绳子绕过无摩擦的树枝放下，并且连接地面上的一只 15kg 的箱子（见图 5-44）。(a) 如果要把箱子拉离地面，猴子必须达到的最小加速度是多少？如果箱子被拉离地面后，猴子停止攀爬，抓紧绳子。猴子的加速度的 (a) 大小和 (c) 方向为何？(d) 绳中的张力是多大？

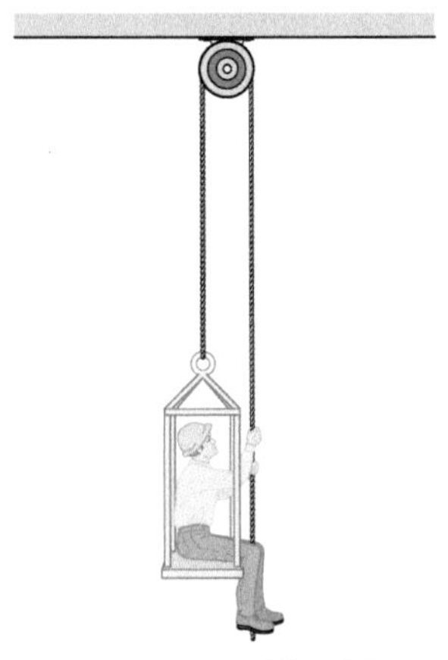

图 5-43　习题 58 图

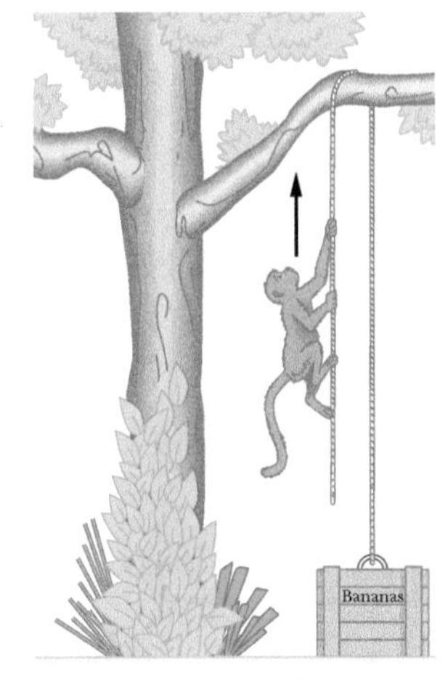

图 5-44　习题 59 图

60. 图 5-35 中，一块 5.00kg 的木块被一根绳子拉着在无摩擦的地板上滑动，绳子作用于木块的拉力恒定不变、大小为 15.0N，但角度 $\theta(t)$ 随时间改变。当 $\theta=25.0°$时，木块的加速度以什么样的变化率改变，如果 (a) $\theta(t)=(2.00\times10^{-2}(°)/\text{s})t$　(b) $\theta(t)=-(2.00\times10^{-2}(°)/\text{s})t$？(提示：角度应当用弧度 rad 表示。)

61. 一只质量为 M 的热气球以大小为 a 的向下加速度竖直地下降。必须抛掉多少质量（压舱物）才能使气球得到大小为 a 的向上加速度？设来自空气的向上的力（升力）不因质量减小而改变。

62. 在推铅球运动中，许多运动员选择以比理论上最佳角度（约 42°）略小的角度推出。这个角度使理论上导出的以同样的速率和高度抛出的球所走过的距离达到最大。一个原因是与运动员在推球的加速阶段可以使球达到的速率有关。设一个 7.260kg 的铅球从初速度 2.500m/s（由于运动员抛球以前身体的运动）开始，受到大小为 380.0N 的恒定推力，沿长度为 1.650m 的直线路径加速。求在加速阶段终结时铅球的速率；如果加速的直线路径和水平之间的角度是 (a) 30.00°，(b) 42.00°。(提示：把铅球的加速运动当作沿给定角度的斜面运动。) (c) 如果运动员将角度从 30.00°增大到 42.00°，发射速率减少的百分比是多少？

63. 图5-45给出作用在一块只能沿 x 轴运动的、质量为3.00kg的冰块上力的分量 F_x 对时间 t 的函数。在 $t=0$ 时，冰块沿 x 轴的正方向运动，速率为3.0m/s。在 $t=11$s时，它运动的（a）速率和（b）方向为何？

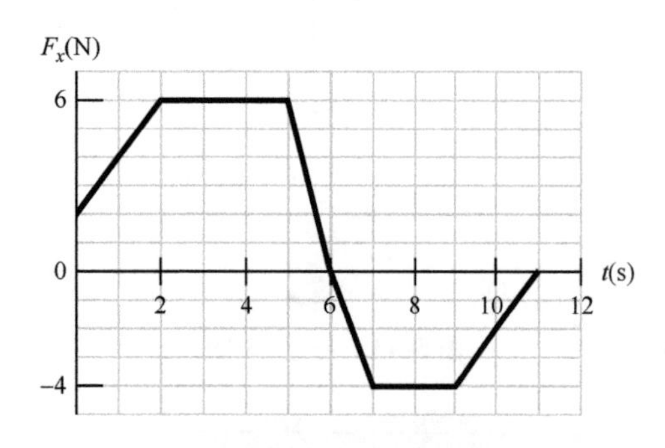

图5-45　习题63图

64. 图5-46表示质量 $m_2=1.0$kg的盒子在倾斜角度 $\theta=30°$的无摩擦的斜面上。它用一根质量可以忽略不计的绳子连接到放在水平无摩擦的桌面上的一个质量 $m_1=2.5$kg的盒子上。滑轮是无摩擦并且无质量的。（a）如果水平力的数值是2.3N，连接的绳子中张力有多大？（b）为使绳子不松弛，力 $\vec{F}$ 数值的最大值是多少？

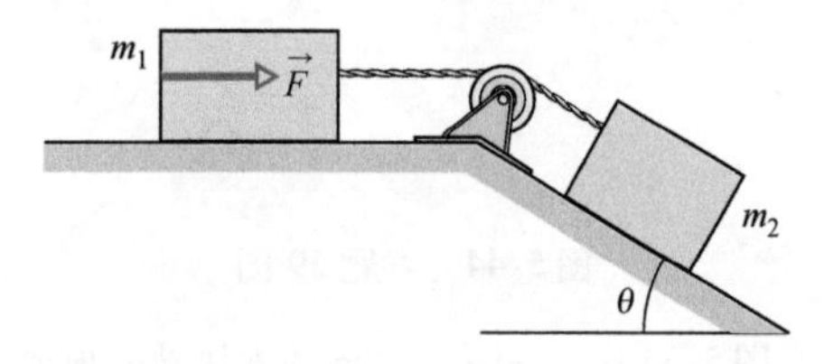

图5-46　习题64图

65. 在图5-37画出的阿特伍德机中，两个容器用一根绳子（质量可以忽略）绕过一个无摩擦的滑轮（质量也可忽略）连接起来。在 $t=0$ 时，容器1的质量为1.30kg，容器2的质量为2.80kg，但容器1的质量以恒定的速率0.200kg/s在减少（通过一个裂缝）。在（a）$t=0$ 和（b）$t=3.00$s时，两个容器的加速度的数值以什么样的速率改变？（c）什么时候加速度达到最大值？

66. 图5-47表示缆车系统的一部分。每个车厢所允许的包括乘客在内的最大质量为2750kg。车厢挂在支撑钢缆上，将每个车厢连接到支持塔上的第二根钢缆从而拖动车厢。设缆绳是拉紧的，倾斜角度 $\theta=35°$。如果各车厢有最大可允许的质量，并以 0.81m/s^2 的加速度沿斜坡向上运动时，牵引钢缆的相邻两段中的张力差是多少？

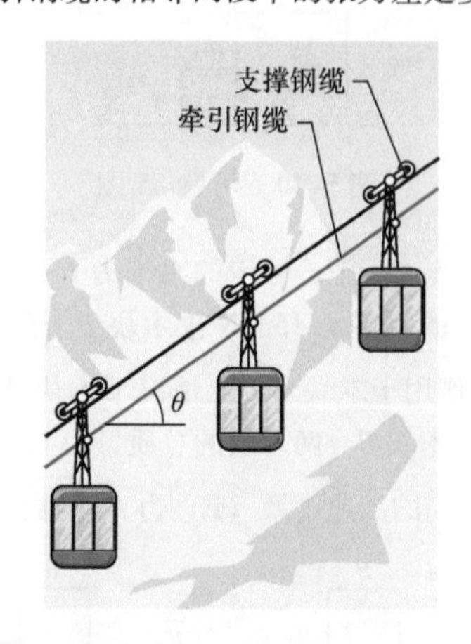

图5-47　习题66图

67. 图5-48中的三块木块用绳连接，绳子绕过无摩擦的滑轮。木块 B 放在无摩擦的桌面上；木块的质量分别为 $m_A=6.00$kg，$m_B=8.00$kg，$m_C=10.0$kg。将木块放开时，右边绳子中的张力是多少？

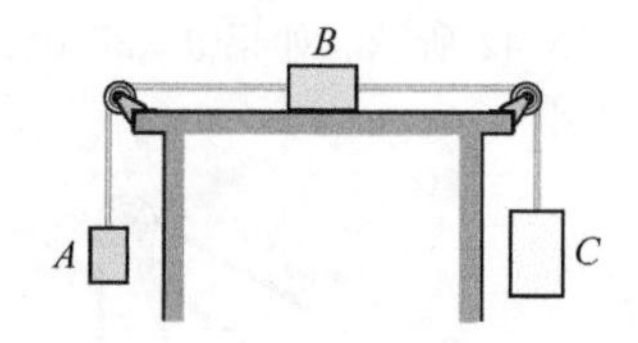

图5-48　习题67图

68. 一位铅球运动员推一只7.260kg的铅球，使它沿长度为1.650m、和水平成34.10°的直线段加速，铅球从初速率2.500m/s（这来自运动员的预备运动）加速到发射速率。铅球离开运动员手的高度为2.110m，角度为34.10°，铅球落地的水平距离为15.98m，在加速阶段，运动员作用在铅球上的平均力的大小是多少？（提示：把加速阶段的运动当作沿上面所给的角度的斜面运动来处理。）

CHAPTER 6

第6章　力和运动Ⅱ

6-1　摩擦力

学习目标

学完这一单元后，你应当能够……

6.01　区别静止状态下的摩擦力和运动状态下的摩擦力。

6.02　确定摩擦力的大小和方向。

6.03　在有摩擦力的情况下，对物体在水平面上的运动，竖直面上的运动，以及斜面上的运动画出受力图，并应用牛顿第二定律。

关键概念

- 有一个力 $\vec{F}$ 要使物体在表面上滑动时，表面对该物体有摩擦力作用。摩擦力平行于表面，它的方向是要反抗滑动。这是由于物体和表面之间的键联。

如果物体没有滑动，这时摩擦力是静摩擦力 $\vec{f}_s$。

如果物体在滑动，摩擦力是动摩擦力 $\vec{f}_k$。

- 如果物体没有动，静摩擦力 $\vec{f}_s$ 和 $\vec{F}$ 平行于表面的分量大小相等，$\vec{f}_s$ 的指向和该分量的方向相反。如该分量增大，f_s 也增大。

- $\vec{f}_s$ 的数值有一个最大值 $\vec{f}_{s,\max}$，由下式给出：

$$f_{s,\max}=\mu_s F_N$$

其中，μ_s 是静摩擦系数；F_N 是法向力的数值。如 $\vec{F}$ 平行于表面的分量超过了 $f_{s,\max}$ 物体就开始在表面上滑动。

- 如物体开始在表面上滑动，摩擦力的数值迅速减少到一个常数 f_k，由下式给出：

$$f_k=\mu_k F_N$$

其中，μ_k 是动摩擦系数。

什么是物理学？

在这一章中我们着重讨论常见的三种类型的力的物理学：即摩擦力、阻力和向心力。工程师为印第安纳波利斯500汽车大赛准备赛车时就必须考虑所有这三种类型的力。作用在轮胎上的摩擦力对汽车离开检修加油站和驶出弯道后的加速是关键性的（如果汽车碰巧压到有油渍的路面，摩擦力就没有了，汽车就要打滑），空气作用到车子上的阻力必须减到最小，否则车子要消耗太多的燃料，不得不提早进入检修站加油（即使是一次14s的加油检修也可能使车手输掉比赛）。向心力在转弯的时候是关键的（如果没有足够的向心力，赛车就会滑到墙壁上）。我们的讨论从摩擦力开始。

摩擦力

在我们的日常生活中，摩擦力是不可避免的。如果我们不能设法消除它们，它们会使所有运动的物体和所有转动的轴停下来。

在汽车中约20%的汽油是用来克服发动机内和车身前进时的摩擦力的。另一方面，假如摩擦力完全不存在，我们就不能开着汽车到处跑，我们也无法走路或骑自行车。甚至不能握住铅笔，即使握住了也无法写字。钉子与螺钉都无用了，织好的布料会散开，绳结也会松开。

三个实验。下面我们讨论存在于干燥的固体表面之间的摩擦力。这两个表面或者相对静止，或者相对以低速运动。考虑三个简单的理想实验：

1. 使一本书在长长的水平柜台上滑行，正如所料，书会逐渐减慢速度直到停止。这表明书必定具有一个平行于台面，且与书的速度方向相反的加速度。于是，由牛顿第二定律可知，一定有一个平行于柜台表面，并与它的速度方向相反的力作用在该书上。这个力就是摩擦力。

2. 水平推动这本书，使它以恒定速度沿台面运动。你对书的作用力是作用于书上的唯一水平力吗？不，如果这样，书就要加速。根据牛顿第二定律，一定存在另一个力，与你的力方向相反而大小相等，从而使二力平衡。这第二个力就是摩擦力，方向平行于台面。

3. 水平地推一个很重的箱子。箱子不动。由牛顿第二定律知道，一定还有第二个力作用于箱子上抵消了你的推力。而且，它一定与你的推力大小相等方向相反，从而使二力平衡。这第二个力就是摩擦力。用更大的力推，箱子还是不动。显然，摩擦力的大小会随之发生变化，而使二力仍然平衡。现在，使尽全力来推，箱子终于开始滑动了。很明显，摩擦力有一个最大值。你的力超过那个最大值，箱子就滑动起来。

两种类型的摩擦 图6-1给出一个类似情形。图6-1a中，一木块静止于桌面上，重力$\vec{F}_g$被法向力$\vec{F}_N$平衡。在图6-1b中，你对木块施力$\vec{F}$，想把木块拉向左边。与此相应，一个摩擦力$\vec{f}_s$指向右边，刚好平衡了你用的力。力$\vec{f}_s$称为静摩擦力。木块不动。

图6-1c和图6-1d表明，当你将所加的力增大时，静摩擦力$\vec{f}_s$的大小也随之增大，使木块仍然保持静止。然而，当所加的力增大到某一数值时，物块就会“突然起动”，脱开与桌面的紧密接触而向左加速（见图6-1e）。相应出现的反抗运动的摩擦力叫作动摩擦力$\vec{f}_k$。

通常，物体运动时受到的动摩擦力的数值小于静止时所受的静摩擦力的最大值。因此，一旦物体开始运动，欲使它在桌面上以恒速运动，你通常要减小所加的作用力，如图6-1f所示。作为例子，图6-1g示出了对物体的力逐渐增大，直到起动的实验的结果。注意起动后使木块保持恒速运动所需的力减小了。

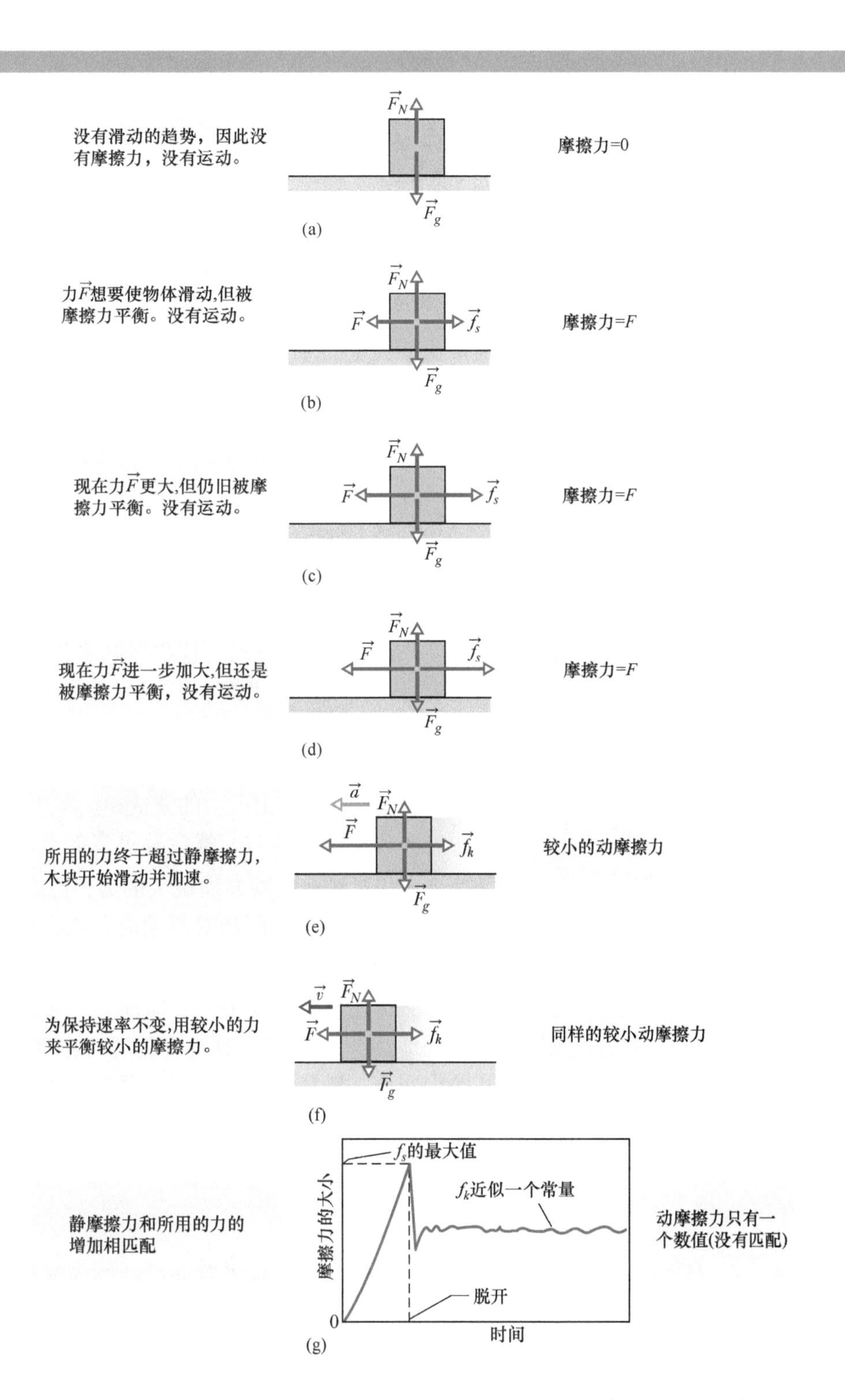

图 6-1 (a) 作用于静止的木块上的两个力。(b)~(d) 作用于木块上的外力 $\vec{F}$ 被静摩擦力 $\vec{f}_s$ 平衡。随着 F 增大，f_s 也增大，直到 f_s 达到某个最大值。(e) 一旦 f_s 到达最大值，木块“突然起动”，沿 $\vec{F}$ 的方向加速。(f) 现在，如果要使木块以恒定速度运动，F 必须使木块从正好起动前的最大值减下来。(g) 从 (a) 到 (f) 的一系列过程的实验结果。**在 WileyPLUS 中可以找到这些图，是有声的动画。**

微观的观点　摩擦力本质上是物体表面的原子与另一物体的表面原子之间的许多相互作用力的矢量和。若将两个高度抛光并经过细心清洁的金属表面在非常高的真空（使它们保持清洁）中接触，就不能使它们相对滑动。原因在于两表面如此地光滑，一个表面上的大量原子与另一个表面上的大量原子相接触，两表面会立即冷焊在一起，形成一整块金属。如果将机械师用的精心抛光过的两个表面块规在空气中接触在一起，虽然原子对原子的接触少了，但两块仍会牢固地粘在一起，需要猛力拧转才能分开。不过，通常这样大量的原子对原子的接触是不可能发生的。即使高度抛光的金属表面，离原子尺度上的平整还差得很远。还有，日常生活中遇到的物体表面有氧化物及其他污染物膜层，这些都会减少冷焊的出现。

当两普通表面放在一起时，只有表面上的凸出处相互接触（这就好象是将瑞士的阿尔卑斯山翻转向下放在奥地利的阿尔卑斯山上一样），实际接触的微观面积比表观的宏观接触面积小得多，可能小一个10^4因子。不过，许多接触点确实是冷焊在一起的。当加外力企图使两表面相对滑动时，这些焊点就引起了静摩擦力。

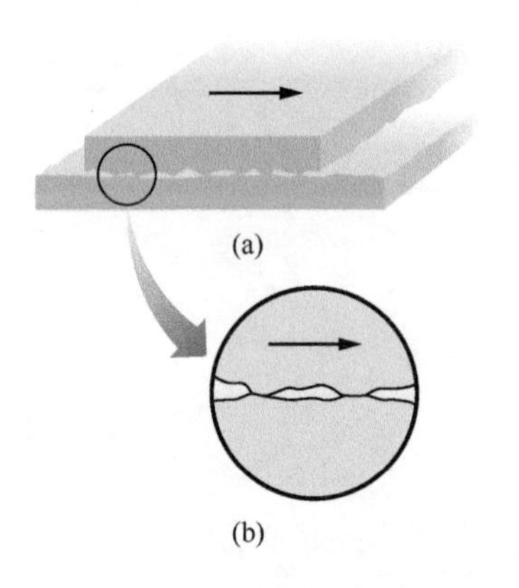

图6-2　滑动摩擦的机理。（a）在此放大图中，上面的表面正在下面的表面上向右滑动。（b）它表明发生表面冷焊的两个部位的细节。需要力来破坏这些焊接以维持运动。

当所用的力大到使一个表面在另一个表面上运动时，首先这些焊点被撕裂（断开），接着，随着移动和发生偶然接触，会连续出现焊点的再形成和撕裂（见图6-2）。阻碍运动的动摩擦力就是在那些许许多多偶然接触点上的力的矢量和。

如果两表面被压得更紧时，就会有更多的点冷焊在一起。于是，要使两表面相对滑动就需要加更大的力，静摩擦力$\vec{f}_s$就会有一个更大的最大值。当两表面相对滑动时，就有更多的瞬时冷焊点，因此动摩擦力$\vec{f}_k$也有一个更大的值。

由于两表面交替地粘连又滑开，因而一个表面在另一个表面上的滑动经常是“不平稳的”。这种反复的粘连和滑开会产生长长短短刺耳的尖叫声，譬如车胎在干燥的硬路面上滑动；指甲在黑板上刮划；生锈的铰链打开时那样。它也能产生美妙的声音，如像琴弓在小提琴的弦上演奏音乐。

摩擦力的性质

实验表明，将一个干燥且未曾润滑的物体紧压在一个同样条件的物体表面上，并且想用力$\vec{F}$使物体在表面上滑动时，所引起的摩擦力具有三个性质。

性质1：如果物体未动，则静摩擦力$\vec{f}_s$与力$\vec{F}$在平行于表面方向的分力相互平衡。它们的大小相等，$\vec{f}_s$指向$\vec{F}$的分力相反的方向。

性质2：$\vec{f}_s$的数值有一个最大值$f_{s,\max}$，由下式给定

$$f_{s,\max}=\mu_s F_N \tag{6-1}$$

其中，μ_s为**静摩擦系数**；F_N为表面对物体的法向力的大小。当力$\vec{F}$平行于表面的分量的数值超过$f_{s,\max}$时，物体开始在表面上

滑动。

性质3：如果物体开始在表面上滑动，摩擦力的大小迅速减小到值f_k，由下式给定

$$f_k = \mu_k F_N \tag{6-2}$$

其中，μ_k 为**动摩擦系数**。其后，在滑动过程中，大小由式（6-2）给定的动摩擦力$\vec{f}_k$反抗运动。

性质2 和3 中出现的法向力 F_N 为物体与表面压紧程度的量度。根据牛顿第三定律，物体压得越厉害，F_N 就越大。性质 1 和 2 虽然说的只是加上一个力 $\vec{F}$，但它也适用于施加在物体上的多个力的合力。式（6-1）与式（6-2）不是矢量方程；$\vec{f}_s$ 或$\vec{f}_k$ 的方向总是平行于接触面而与要滑动的方向相反，法向力 $\vec{F}_N$ 则垂直于表面。

系数μ_s 与μ_k 均为无量纲的常数而必须由实验来确定。它们的数值决定于物体与接触面两者的某些性质。因此，它们时常用介词“之间”表达，比如“鸡蛋与聚四氟乙烯（特氟龙）涂层平锅之间的μ_s 值为0.04；而攀岩鞋与岩石之间的μ_s 值为1.2”。我们假设μ_k 值不依赖于物体沿接触表面滑动的速率。

检查点 1

一木块置于地板上。（a）地板对它的摩擦力有多大？（b）现在，如果将一 5N 的水平力施加到木块上，木块未动，对木块的摩擦力有多大？（c）如果对木块的静摩擦力的最大值$f_{s,\max}$为 10N，而所加水平力的大小为 8N，木块会动吗？（d）所加力的大小为12N 呢？（e）小题（c）中的摩擦力有多大？

例题 6.01　一定角度的力施加于原来静止的木块

这个例题包含倾斜的作用力，这要求我们用力的分量来求摩擦力。主要的挑战是要找出所有的分量。图 6-3a 表示数值为 $F=12.0\text{N}$ 的力，以向下 $\theta=30°$的角度施加于8.00kg 的木块上。木块和地板之间的静摩擦系数为$\mu_s=0.700$；动摩擦系数为$\mu_k=0.400$。木块开始滑动还是保持静止？作用在木块上的摩擦力有多大？

【关键概念】

（1）当物体静止在表面上时，静摩擦力与企图使物体在表面上滑动的力的分量平衡。（2）静摩擦力最大的可能数值由式（6-1）：$f_{s,\max}=\mu_s F_N$ 给出。（3）如果施加的力沿表面的分量超过了这个静摩擦力的极限，木块就开始滑动。（4）如果物体在滑动，动摩擦力由式（6-2）：$f_k=\mu_k F_N$ 给出。

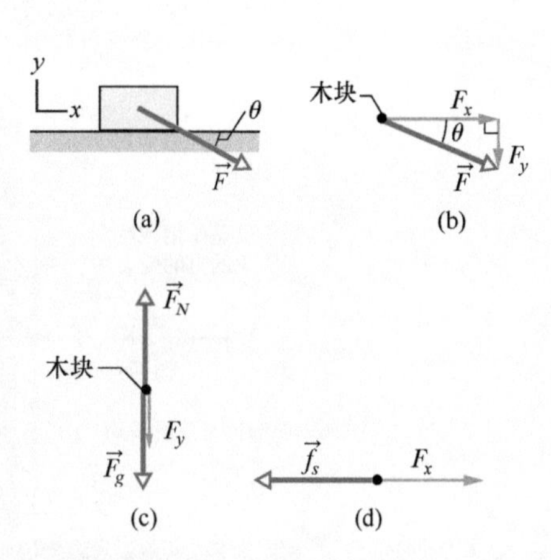

图 6-3（a）施加于原来静止的木块上的力。（b）施加的力的分量。（c）力的竖直分量。（d）力的水平分量。

解：要知道木块是否滑动（据此计算摩擦力的数值），我们必须比较所施力的分量 F_x 和静摩擦力可以达到的最大值$f_{s,\max}$。从图 6-3b 所示的分量三角形和整个力，我们得到：

$$F_x = F\cos\theta = (12.0\text{N})\cos30° = 10.39\text{N} \quad (6\text{-}3)$$

由式（6-1）我们知道，$f_{s,\max}=\mu_s F_N$，但我们要知道法向力 F_N 的数值才能算出 $f_{s,\max}$。因为法向力是竖直的，我们要对作用于木块的竖直力分量写出牛顿第二定律（$F_{\text{net},y}=ma_y$），如图6-3c所示。大小为 mg 的重力作用向下。施加的力有向下的分量 $F_y=F\sin\theta$。竖直方向的加速度正好为零。因此我们可以写出牛顿第二定律如下：

$$F_N - mg - F\sin\theta = m(0) \quad (6\text{-}4)$$

这个式子告诉我们：

$$F_N = mg + F\sin\theta \quad (6\text{-}5)$$

现在我们来计算 $f_{s,\max}=\mu_s F_N$：

$$f_{s,\max} = \mu_s(mg + F\sin\theta)$$
$$= (0.700)[(8.00\text{kg})(9.8\text{m/s}^2) + (12.0\text{N})(\sin 30°)]$$
$$= 59.08\text{N} \quad (6\text{-}6)$$

因为企图使木块滑动的力的分量的数值 F_x（$=10.39$N）小于 $f_{s,\max}$（$=59.08$N），所以木块保持静止状态。这意味着静摩擦力 f_s 的数值和 F_x 相等。由图6-3d，我们可以写出 x 分量的牛顿第二定律：

$$F_x - f_s = m(0) \quad (6\text{-}7)$$

于是　$f_s = F_x = 10.39\text{N} \approx 10.4\text{N}$　（答案）

例题6.02　在水平和倾斜的结冰路面上滑动到停止

我们在互联网上有趣的视频节目中常常会看到汽车驾驶员在结冰的道路上控制不住地滑行。这里我们来比较一下，一辆汽车在干燥的水平道路上和在结冰的水平道路上，以及在结冰的小山坡（每个人都喜欢的）上，从原来10.0m/s的速率开始滑动到停下的典型滑动距离。

（a）假设动摩擦系数是 $\mu_k=0.60$，这是典型的常规的车胎在干燥的路面上的情形。问：汽车在水平道路上从开始滑动到停止要走过多少距离（见图6-4a）？我们忽略空气对汽车的所有效应，并设车轮被锁住，车胎在路面上滑动，x 轴沿汽车运动的方向。

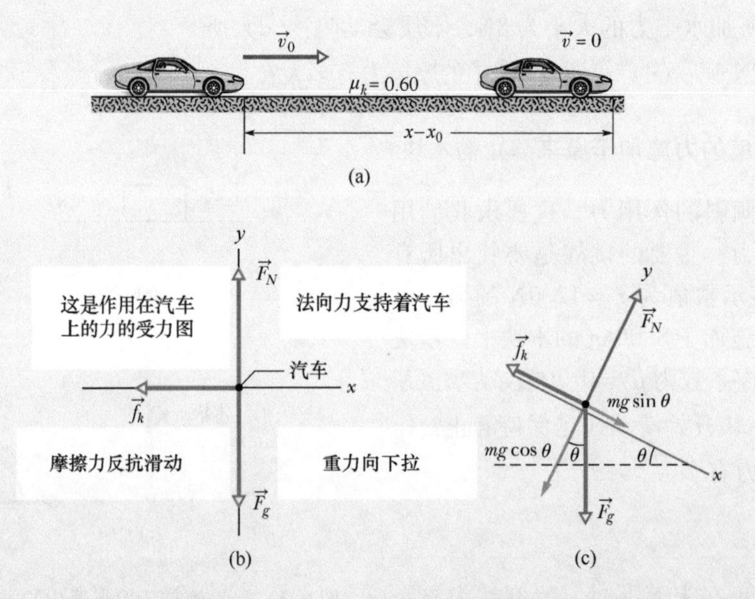

图6-4　(a) 汽车向右滑行，终于停止。(b) 汽车在与 (a) 相同的水平道路上的受力图。(c) 汽车在小山坡上的受力图。

【关键概念】

（1）汽车在做加速运动（它的速率在减少），这是因为水平的摩擦力的作用是反抗运动，即沿 x 轴的负方向。（2）摩擦力是数值由式（6-2）：$f_k=\mu_k F_N$ 给出的动摩擦力，其中 F_N 是道路作用在汽车上的法向力的数值。（3）我们可以利用沿道路运动的牛顿第二定律（$F_{\text{net},x}=ma_x$）将摩擦力和汽车的加速度联系起来。

解：图 6-4b 表示汽车的受力图。法向力向上，重力向下，摩擦力是水平的。因为摩擦是唯一的有 x 分量的力，沿 x 轴运动的牛顿第二定律写成：

$$-f_k = ma_x \tag{6-8}$$

代入 $f_k = \mu_k F_N$，我们得到：

$$-\mu_k F_N = ma_x \tag{6-9}$$

我们从图 6-4b 看到，向上的法向力和向下的重力平衡，所以在式（6-9）中，我们用 mg 代入 F_N 的数值。然后我们消去 m（因此停下来的距离与汽车的质量无关——汽车是重还是轻都没有关系）。解出 a_x，我们得到：

$$a_x = -\mu_k g \tag{6-10}$$

因为这个加速度是常量，我们可以用表 2-1 中的恒加速公式。求滑动距离 $x - x_0$ 最简单的选择是式（2-16）：$v^2 = v_0^2 - 2a(x - x_0)$，这个式子给出：

$$x - x_0 = \frac{v^2 - v_0^2}{2a_x} \tag{6-11}$$

将式（6-10）代入上式，得到

$$x - x_0 = \frac{v^2 - v_0^2}{-2\mu_k g} \tag{6-12}$$

代入初速度 $v_0 = 10.0\text{m/s}$ 和末速度 $v = 0$，以及动摩擦系数 $\mu_k = 0.60$，我们求出汽车的停止距离为

$$x - x_0 = 8.50\text{m} \approx 8.5\text{m} \quad \text{（答案）}$$

（b）如果路面被 $\mu_k = 0.10$ 的冰层覆盖，停止距离是多大？

解：用式（6-12）求我们所要的解完全合适，只是现在我们要代入新的 μ_k，得到：

$$x - x_0 = 51\text{m} \quad \text{（答案）}$$

看来，为了避免汽车撞上路上的某种东西，需要长得多的路程。

（c）现在我们让汽车沿倾斜角度 $\theta = 5.00°$ 的结冰的小山坡（这是和缓的斜坡，完全不是旧金山市的山坡）上滑下。图 6-4c 中的受力图很像例题 5.04 中的斜坡，只是在图 6-4c 中为了与图 6-4b一致，x 轴的正方向向着斜坡下面。现在停止距离是多少？

解：从图 6-4b 变换到图 6-4c，有两个重要的改变。（1）现在重力沿倾斜的 x 轴的分量把汽车拉向小山坡下方。由例题 5.04 和图 5-15，重力向着山坡下的分量是 $mg\sin\theta$，在图 6-4c 中这是 x 轴的正方向。（2）法向力（仍旧垂直于路面）现在只和重力的一个分量平衡，而不是全部重力。由例题 5.04（见图 5-15i），我们把这平衡方程式写成：

$$F_N = mg\cos\theta$$

即使有这些改变，我们仍旧对沿 x 轴（现在是倾斜的）的运动写出牛顿第二定律（$F_{\text{net},x} = ma_x$）。我们有：

$$-f_k + mg\sin\theta = ma_x$$

$$-\mu_k F_N + mg\sin\theta = ma_x$$

以及 $$-\mu_k mg\cos\theta + mg\sin\theta = ma_x$$

解出加速度并代入已知的数据，给出：

$$\begin{aligned} a_x &= -\mu_k g\cos\theta + g\sin\theta \\ &= -(0.10)(9.8\text{m/s}^2)\cos 5.00° + (9.8\text{m/s}^2)\sin 5.00° \\ &= -0.122\text{m/s}^2 \end{aligned} \tag{6-13}$$

将这个结果代入式（6-11），得到汽车下坡的停止距离为

$$x - x_0 = 409\text{m} \approx 400\text{m} \quad \text{（答案）}$$

大约 1/4mile（1mile = 1609.344m）！这样结冰的山坡道路将人们分成两类，做了以上计算的人（因而待在家里不出行）和没有做这项计算的人（终于在网络视频中出现）。

WILEY PLUS 在 WileyPLUS 中可以找到附加的例题、视频和练习。

6-2 阻力和终极速率

学习目标

学完这一单元后，你应当能够……

6.04 应用在空气中运动的物体受到的阻力和物体速率之间的关系。

6.05 懂得在空气中下落的物体的终极速率。

关键概念

- 当空气（或其他某种流体）和物体相对运动时，物体受到反抗相对运动并指向流体相对于物体的流动方向的阻力 $\vec{D}$。$\vec{D}$ 的数值通过由实验确定的曳引系数 C 和相对速率 v 相联系。关系式为

$$D=\frac{1}{2}C\rho Av^2$$

其中，ρ 是流体的密度（单位体积的质量）；A 是物体的有效截面积（垂直于相对运动速度 $\vec{v}$ 所取的截面的面积）。

- 钝体在空气中落下经过足够长的距离后，阻力 $\vec{D}$ 的大小就和物体的重力 $\vec{F}_g$ 相等，此后物体以恒定的终极速率 v_t 下落。v_t 由下式给定：

$$v_t=\sqrt{\frac{2F_g}{C\rho A}}$$

阻力和终极速率

流体是指能流动的任何东西——通常为气体或液体。当流体与物体之间有相对速度（或者由于物体在流体中运动，或是由于流体流过物体）时，物体会受到反抗相对运动的**阻力** $\vec{D}$ 的作用，阻力指向流体相对物体流动的方向。

Karl-Josef Hildenbrand/dpa/Landov LLC

图6-5 这个滑雪者蜷缩成“团身姿势”使她的有效截面积减到最小，从而将作用于她的阻力减到最小。

在这里，我们只讨论空气为流体的情形，物体是粗钝的（譬如像棒球）而非细长的（像标枪），而相对运动的速度也快到足以使物体后边的空气成为湍流（形成了许多旋涡）。在这样的情形下，阻力 $\vec{D}$ 的大小与相对速率 v 由一个经实验确定的**曳引系数** C 按下式相联系

$$D=\frac{1}{2}C\rho Av^2 \tag{6-14}$$

式中，ρ 为空气的密度（单位体积的质量）；A 为物体的**有效截面积**（垂直于速度 $\vec{v}$ 的截面积）。曳引系数 C（典型值的范围从0.4～1.0）对给定物体实际上并不真正是一个恒量，这是因为如果 v 有很大的变化，C 的数值也要变化。此处，我们忽略这种复杂性。

下坡速度滑雪者很了解阻力是依赖于 A 与 v^2 的。滑雪者想要达到高速，必须尽可能减小 D，比如，以“团身姿势”踏在滑雪板上（见图6-5）可以将 A 减到最小。

下落。当钝体由静止开始在空气中落下时，阻力 $\vec{D}$ 是向上的，其大小随着物体速率的增加而从零逐渐增大。这个向上的阻力 $\vec{D}$ 反抗物体受到的向下的重力 $\vec{F}_g$。我们可写出沿竖直 y 轴方向的牛顿第二定律（$F_{net,y}=ma_y$）将这两个力与物体的加速度联系起来

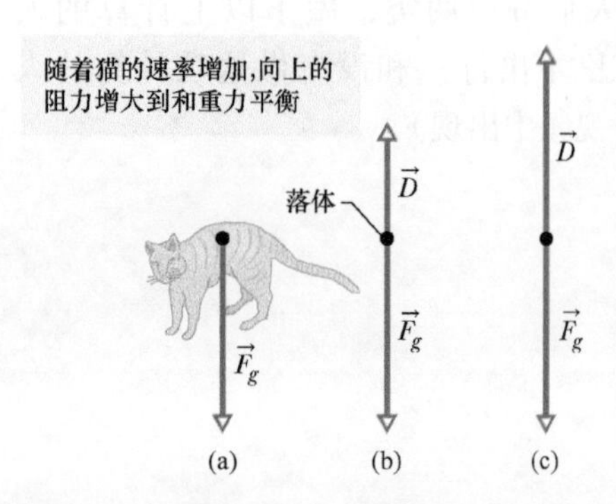

图6-6 在空气中下落的物体上受到的力：(a) 物体刚开始下落。(b) 稍晚些的受力图，阻力已开始出现。(c) 阻力已增大到与作用于物体的重力相平衡，此时物体以它的恒定的终极速率下落。

$$D-F_g=ma \tag{6-15}$$

其中，m 为物体的质量。如图6-6所示意的，如果物体下落经过足够长的距离后，D 最终会等于 F_g。由式（6-15）知，这意味着 $a=0$，即物体的速率不再增加。于是，物体就以恒定速率下落，此速率称为**终极速率** v_t。

为求 v_t，可在式（6-15）中令 $a=0$，并将式（6-14）中的 D 代入，得到

$$\frac{1}{2}C\rho Av_t^2 - F_g = 0$$

由此可得

$$v_t = \sqrt{\frac{2F_g}{C\rho A}} \tag{6-16}$$

表6-1给出几种常见物体的 v_t 值。

表6-1 几种物体在空气中的终极速率

物体	终极速率/(m/s)	95%的距离[①]/m	物体	终极速率/(m/s)	95%的距离[①]/m
子弹	145	2500	篮球	20	47
特技跳伞运动员（典型的）	60	430	乒乓球	9	10
棒球	42	210	雨滴（半径=1.5mm）	7	6
网球	31	115	跳伞员（典型的）	5	3

① 这是物体由静止下落后速率达到其终极速率的95%时经过的距离。
摘自 Peter J. Brancazio, *Sport Science*, 1984, Simon & Schuster, 纽约。

根据基于式（6-14）所做的计算[㊀]，一只猫必须下落约六层楼，才能达到终极速率。在此之前，$F_g > D$，由于合力向下，猫加速下落。回想第2章中讲过的，人体是一种加速度计，而不是速率计。猫也对加速度敏感，它由于害怕而将自己的脚紧缩在身体下面，头缩进去，脊柱上弓，使得 A 变小，v_t 增大，以致增大了受伤的可能。

不过经过更长时间的下落后，猫达到了 v_t，加速度消失了，猫会放松一些，把腿和脖子水平地伸出来，而且伸直脊柱（它就好似一个飞行的松鼠）。这些动作增大了面积 A，并且由式（6-14）得知，也增大了阻力 D。此时，由于 $D > F_g$（合力向上），猫的下落开始减慢，直到达到一个新的、小一些的 v_t。v_t 的减慢减少了猫落地时严重受伤的可能。在刚要落地前，猫看到正在移近地面，它会将腿缩回到身体下面准备落地。

人们常从高空跳下享受延缓张伞在空中飞翔的乐趣。然而，在1987年4月的一次跳伞中，跳伞运动员格里高里·罗伯逊（Gregory Robertson）发现同伴德比·威廉斯（Debbie Williams）由于与另一个跳伞运动员碰撞而失去意识，未能打开她的降落伞。当时罗伯逊正在威廉斯的上方，已经下落4km但还未将伞打开，于是他重新调整身体，使头向下以减小 A，并增大下降速率。当达到估计为320km/h的终极速率 v_t 时，他赶上了威廉斯，接着他来了个水平的"雄鹰展翅"（见图6-7）以增大 D，从而能够抓住她。他打开威廉斯的降落伞，放开威廉斯之后，又打开自己的伞，这时离撞到地面不足10s。威廉斯虽由于落地时不能控制自己而受了广泛的内伤，但还是活了下来。

Steve Fitchett/Taxi/Getty Images

图6-7 特技跳伞运动员用水平"雄鹰展翅"的姿势使空气阻力达到最大。

㊀ W. O. Whitney, C. J. Mehlhaff, "High-Rise Syndrome in Cats". *The Journal of the American Veterinary Medical Association*, 1987, Vol. 191, PP1399-1403.

例题 6.03 **下落雨滴的终极速率**

半径为 $R=1.5\text{mm}$ 的雨滴从距地面高度 $h=1200\text{m}$ 的云层落下。对雨滴的曳引系数 C 为 0.60。假设雨滴在整个下落过程中始终为球型，水的密度 ρ_w 为 1000kg/m^3，空气密度为 $\rho_a=1.2\text{kg/m}^3$。

(a) 由表6-1可以知道雨滴落下只经过几米的路程就达到了终极速率。问雨点的终极速率为何?

【关键概念】

当雨滴受到的重力和空气阻力平衡时，雨滴达到其终极速率 v_t，这时其加速度为零。因此，我们可应用牛顿第二定律及空气阻力公式来求出 v_t。但是式(6-16)已经为我们做到了。

解：为利用式(6-16)，我们需知雨滴的有效截面 A 与重力的大小 F_g。由于雨滴是球型的，A 为与球的半径相同的圆的面积(πR^2)。为求 F_g，我们用三个事实：(1) $F_g=mg$，其中 m 为雨滴的质量；(2)(球形)雨滴的体积为 $V=\frac{4}{3}\pi R^3$；及(3)水滴的密度为单位体积的质量，或 $\rho_w=m/V$。于是，我们得到

$$F_g=V\rho_w g=\frac{4}{3}\pi R^3\rho_w g$$

接下来，可将此式与 A 的表达式及已知数据一起代入式(6-16)中，并注意区分空气密度 ρ_a 与水的密度 ρ_w，得到

$$v_t=\sqrt{\frac{2F_g}{C\rho_a A}}=\sqrt{\frac{8\pi R^3\rho_w g}{3C\rho_a\pi R^2}}=\sqrt{\frac{8R\rho_w g}{3C\rho_a}}$$

$$=\sqrt{\frac{(8)(1.5\times10^{-3}\text{m})(1000\text{kg/m}^3)(9.8\text{m/s}^2)}{(3)(0.60)(1.2\text{kg/m}^3)}}$$

$$=7.4\text{m/s}\approx27\text{km/h}\qquad\text{(答案)}$$

注意计算中并不涉及云层的高度。

(b) 如果没有空气阻力，雨滴即将撞击地面之前的速率是多大?

【关键概念】

如果没有空气阻力减小下落过程中雨滴的速率，它就会以恒定的自由下落加速度 g 下落，因此表2-1的匀加速度方程适用。

解：我们已知加速度为 g，初速度 v_0 为0，而位移 $x-x_0$ 为 $-h$，应用式(2-16)可求出 v

$$v=\sqrt{2gh}=\sqrt{(2)(9.8\text{m/s}^2)(1200\text{m})}$$

$$=153\text{m/s}\approx550\text{km/h}\qquad\text{(答案)}$$

莎士比亚如果知道这个答案，就不会写出：“它像柔和细雨，从天空飘落到地面”。事实上，这个速率接近于从大口径手枪中射出的子弹的速率。

WILEY PLUS 在 WileyPLUS 中可以找到附加的例题、视频和练习。

6-3 匀速圆周运动

学习目标

学完这一单元后，你应当能够……

6.06 描绘匀速圆周运动的轨道并说明运动中的速度、加速度和力等矢量(数值和方向)。

6.07 懂得除非有一个沿半径向内的净力(向心力)，否则物体是不可能做圆周运动的。

6.08 对一个做匀速圆周运动的质点，应用轨道半径，质点的速率和质量，以及作用于质点的净力之间的关系式。

关键概念

- 如果一个质点以恒定的速率 v 沿半径为 R 的圆周或圆弧运动，我们说质点做匀速圆周运动。

质点有向心加速度 $\vec{a}$，其数值由下式给出：

$$a=\frac{v^2}{R}$$

- 这个加速度来自作用于质点上的净向心力，它的数值为

$$F=\frac{mv^2}{R}$$

其中，m 是质点的质量。矢量 $\vec{a}$ 和 $\vec{F}$ 指向质点轨道的曲率中心。

匀速圆周运动

回想一下，我们在 4-5 单元中曾讲到，当一个物体以恒定速率 v 沿圆周（或圆弧）运动时，我们说它做匀速圆周运动。而且，它在运动过程中具有大小恒定的向心加速度（指向圆心）：

$$a=\frac{v^2}{R}\text{（向心加速度）} \quad (6\text{-}17)$$

其中，R 为圆的半径。我们举两个例子。

1. 乘坐在汽车中做曲线运动。设想你正坐在一辆以恒定的高速率沿平直公路行驶的汽车后座中部。这时，如果驾驶员突然沿一圆弧绕过街角向左转弯，你就会在座位上向右方滑去，而且在转弯的其余过程中，始终向右侧车壁挤靠。为什么会这样呢？

在汽车沿圆弧运动的过程中，它在做匀速圆周运动。也就是说，汽车具有指向圆心的加速度。由牛顿第二定律得知，这个加速度一定是由某个力引起，而且这个力也一定指向圆心。这就是**向心力**，其中的形容词就表明了力的方向。在这个例子中，向心力为地面对轮胎的摩擦力；正是它使车能够转弯。

当你随车一起做匀速圆周运动时，也需要有一个向心力作用在你身上。不过，显然，座位对你的摩擦力，还没有大到使你能够随车一起做圆周运动。因此，你在座位上滑动直到右边车壁挡住你。于是，它对你的推力提供了你需要的向心力，使你能够和汽车一同做匀速圆周运动。

2. 围绕地球运动。这次设想你是亚特兰蒂斯号航天飞机的乘客。在你与它一同绕地球运动时，你漂浮在机舱中，发生了什么事情呢？

你与航天飞机都在做匀速圆周运动，都具有指向圆心的加速度。再用一次牛顿第二定律，一定有向心力导致此加速度。这次的向心力是地球的引力（对你与飞船的拉力），沿径向向内指向地心。

在汽车和航天飞机中你都在向心力的作用下做匀速圆周运动——然而，在两种情形中，你的感觉却是完全不同的。在汽车中，挤靠在车壁上，你感觉到是车壁在推压你。而在航天飞机中，你漂浮在舱中，没有感到有任何力作用在身上。为什么会有这样的差别呢？

差别在于两种向心力的性质不同。在汽车中，向心力是你的身体与车壁接触的部分对你的推力，你能感觉出那部分身体

受到推压。而在航天飞机中，向心力是地球的引力，它作用在你全身的每个原子上，并没有压（或拉）你身体的某一特定部分，因此，你也就没有受力作用的感觉。（这种感觉也就是人们所说的一种“失重”，但这种说法只是骗人的花招。因为，地球对你的引力肯定并未消失，实际上，它只是比你在地面上受到的小一些而已）。

另一个向心力的例子画在图6-8中。一个栓在绳子一端的冰球以恒定速率 v 围绕中心柱做圆周运动。这里的向心力是绳对球的拉力，它沿半径向内。没有这个力，球就会沿直线滑出去，而不会做圆周运动。

还应注意到，向心力并不是一种新的力。这个名称仅表明力的方向。事实上，向心力可以是摩擦力、引力，来自于车壁或绳子的力，或任何一种其他的力。在任何情形中：

向心力引起的加速度只改变物体速度的方向而不改变物体的速率大小。

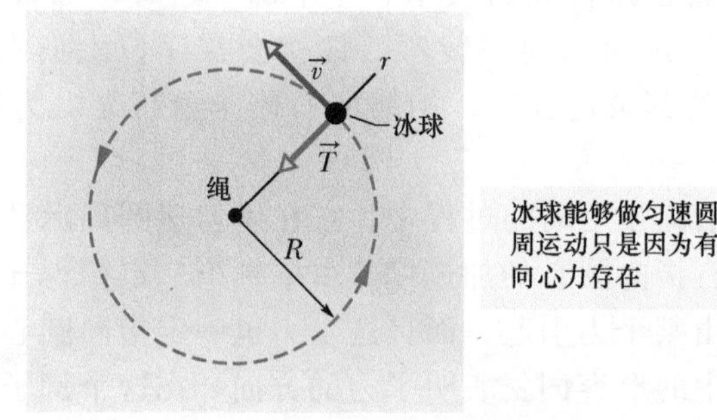

图6-8 此俯视图表示出一个冰球以恒定速率 v 在无摩擦的水平面上沿半径为 R 的圆形轨道运动。作用在冰球的向心力来自绳的拉力 $\vec{T}$，力的方向沿通过球的径向轴 r 向内。

由牛顿第二定律与式（6-17）：$a = v^2/R$，我们可将向心力（或净向心力）的数值 F 表示为

$$F = m\frac{v^2}{R}\text{（向心力的数值）}\qquad(6\text{-}18)$$

因为此处速率 v 为恒量，所以加速度及力的大小也都是恒量。

不过，向心加速度和向心力的方向不是恒定的，它们不断地变化而始终指向圆心。基于此原因，力和加速度矢量有时沿随着物体运动的一个径向轴 r 画出，这个径向轴就像图6-8所示那样，总是从圆心延伸到物体。轴的正方向沿半径向外，而加速度和力矢量沿半径指向内。

检查点 2

每一个热衷于公共游乐场的人都知道费里斯转轮（摩天轮）是绕水平轴转动的高大轮圈，沿着轮圈吊挂了许多坐椅。如果你乘上费里斯转轮并以匀速转动，要问你的加速度 $\vec{a}$ 的方向和作用在你身上的法向力 $\vec{F}_N$（来自始终向上的坐椅）在以下情况下如何：（a）你在最高点时，（b）在最低点时？（c）在最高点的加速度的数值与在最低点的加速度数值之比？（d）在这两个位置上法向力大小的比值？

例题 6.04 竖直的圆形环路，迪亚维洛

你们都习惯于水平的圆周运动，这主要是因为你们常常乘坐汽车。竖直的圆周运动是新奇的事物。在这个例题中，这样的运动似乎不把重力当一回事。

在 1901 年的一次马戏演出中，“大胆的魔鬼”阿罗·迪亚维洛（Allo “Dare Devil” Diavolo）做了惊人的表演，骑着自行车竖直地绕环（见图 6-9a）。设环路是半径 $R=2.7\text{m}$ 的圆，问迪亚维洛骑着他的自行车到达环的顶部时要和环路保持接触的最小速率 v 应是多少？

(a)

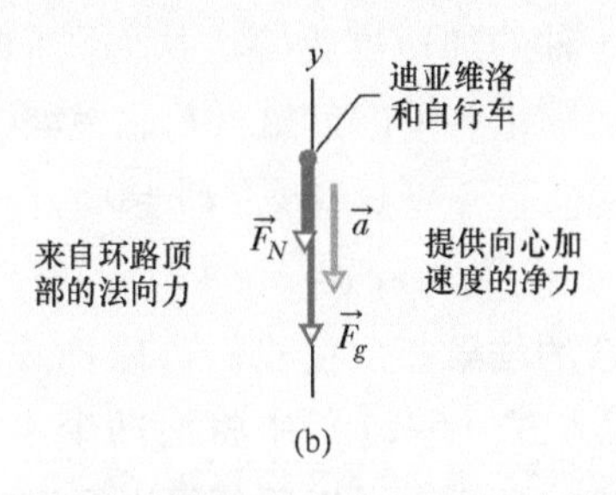

(b)

图 6-9 （a）迪亚维洛当年的广告。（b）表演者在环的顶部时的受力图。

【关键概念】

我们假设迪亚维洛和他的自行车经过圆环路顶部的运动相当于一个质点做匀速圆周运动。因此，在顶部，质点的加速度 $\vec{a}$ 的数值等于式（6-17）中给出的 $a=v^2/R$，方向向下，向着圆形环路的中心。

解：质点在环的顶部受到的力画在图 6-9b 的受力图中。重力 $\vec{F}_g$ 沿 y 轴向下，环路作用在质点上的法向力也是向下（环的作用只能向下推而不能向上拉）。所以质点的向心加速度也同样向下。从而牛顿第二定律的 y 分量（$F_{\text{net},y}=ma_y$）给出：

$$-F_N-F_g=m(-a)$$

$$-F_N-mg=m\left(-\frac{v^2}{R}\right) \qquad (6\text{-}19)$$

如果质点具有保持接触的最小速率 v，这时它正处于脱离接触的临界状态（从环上落下），这意味着在环顶部 $F_N=0$（质点和环接触但没有法向力）。在式（6-19）中将 F_N 代为 0，解出 v，然后代入已知的数值，我们得到：

$$v=\sqrt{gR}=\sqrt{(9.8\text{m/s}^2)(2.7\text{m})}=5.1\text{m/s}(\text{答案})$$

注释：迪亚维洛必须确保他在环路的顶部的速率大于 5.1m/s，只有这样他才不会因为与环脱离接触而从环上掉下来。注意，这个对速率的要求与迪亚维洛和他的自行车的质量无关。如果在他演出前大吃一顿馅饼盛宴，他在经过环路顶部的时候仍旧只要超过 5.1m/s 的速率就可以保持接触。

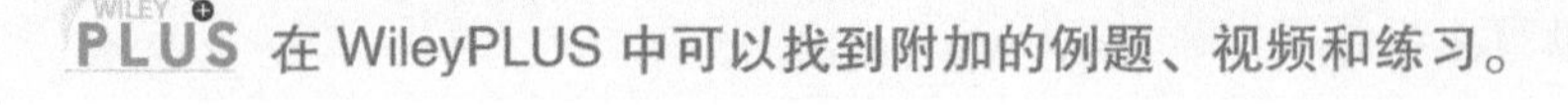
在 WileyPLUS 中可以找到附加的例题、视频和练习。

例题6.05　在平坦的圆形弯道上行驶的汽车

上下颠倒的赛车：现代的赛车都被设计成可以使经过的空气将赛车向下推压，这样在巴黎国际汽车大奖赛中，赛车在平坦的弯道上不会失去摩擦力，所以可以跑得更快。这种向下的压力称为负升力。赛车能不能得到如此大的负升力，使得它可以上下颠倒地在很长的顶棚上行驶，就好像科幻电影《黑衣人》（*Men in Black*）中虚构的小轿车那样。

图6-10a表示巴黎国际汽车大奖赛中的一辆质量 $m=600\mathrm{kg}$ 的赛车行驶在圆弧半径 $R=100\mathrm{m}$ 的平坦弧形赛道上。由于赛车的形状和它安装的车翼，经过的空气对它产生作用向下的负升力。车胎和赛道的静摩擦系数为0.75（设作用在四只轮胎上的力都是相同的。）

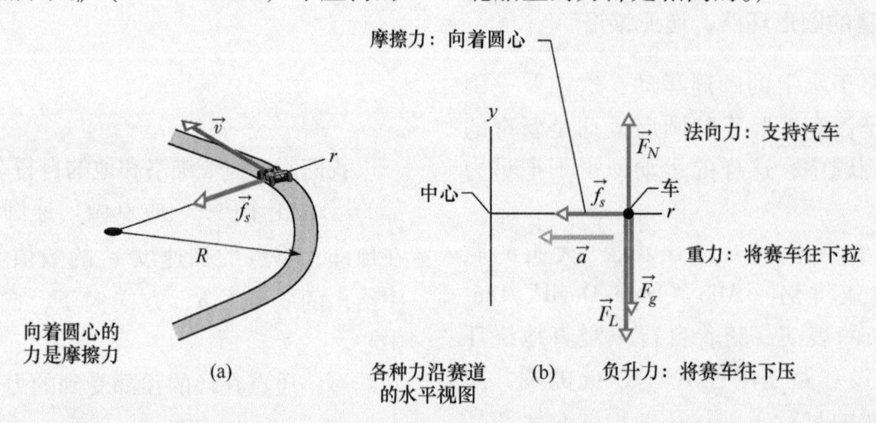

图6-10　(a) 赛车以恒定的速率 v 行驶在平坦的圆弧形赛道上。摩擦力 $\vec{f}_s$ 提供必要的沿径向轴 r 的向心力。(b) 在包含 r 的竖直面上赛车的受力图（不按比例）。

(a) 如果赛车的速率是28.6m/s时，它正好位于要滑离弯道的边缘。问向下作用于赛车的负升力 $\vec{F}_L$ 是多大？

【关键概念】

1. 因为赛车正沿着圆弧形赛道行驶，必须有向心力作用在赛车上；向心力一定指向圆弧的曲率中心（在这里圆弧是水平安置的）。

2. 作用在赛车上唯一的水平力是赛道作用在车胎上的摩擦力。因而所需要的向心力就是摩擦力。

3. 因为赛车没有滑动，摩擦力必定是静摩擦力 $\vec{f}_s$（见图6-10a）。

4. 因为赛车位于要滑动的边缘，f_s 的数值等于最大值 $f_{s,\max}=\mu_s F_N$，其中 F_N 是赛道作用在赛车上的法向力 $\vec{F}_N$ 的数值。

径向解：摩擦力 $\vec{f}_s$ 画在图6-10b的受力图中。它沿径向轴 r 的负方向，径向轴总是从曲率中心向外延伸并经过运动着的赛车。向心力产生数值等于 v^2/R 的向心加速度。我们可以写出牛顿第二定律沿 r 轴的分量（$F_{\mathrm{net},r}=ma_r$），并将力和加速度联系起来：

$$-f_s=m\left(-\frac{v^2}{R}\right)\qquad(6\text{-}20)$$

用 $f_{s,\max}=\mu_s F_N$ 代入 f_s，我们得到：

$$\mu_s F_N=m\frac{v^2}{R}\qquad(6\text{-}21)$$

法向解：下一步我们考虑作用在赛车上的法向力。法向力指向上方，在图6-10b中是沿 y 轴的正方向。重力 $\vec{F}_g=m\vec{g}$ 和负升力 $\vec{F}_L$ 都指向下。赛车沿 y 轴的加速度为零。从而我们可以写出牛顿第二定律沿 y 轴的分量（$F_{\mathrm{net},y}=ma_y$）如下：

$$F_N-mg-F_L=0$$

或

$$F_N=mg+F_L\qquad(6\text{-}22)$$

综合的结果：现在我们可以把式（6-22）中的 F_N 代入式（6-21）中将沿两个坐标轴的结果组合起来。这样做了以后就可以解出 F_L，得到：

$$F_L=m\left(\frac{v^2}{\mu_s R}-g\right)=(600\mathrm{kg})\left[\frac{(28.6\mathrm{m/s})^2}{(0.75)(100\mathrm{m})}-9.8\mathrm{m/s^2}\right]$$

$$=663.7\mathrm{N}\approx660\mathrm{N}\qquad\text{（答案）}$$

(b) 作用在赛车上的负升力 F_L 的大小依赖于赛车速率的二次方 v^2，就好像阻力的规律[式 (6-14)]。因此赛车行驶越快作用在车上的负升力就越大，这在赛道的直线段域也如此。对于90m/s 的车速，负升力的大小为何？

【关键概念】

F_L 正比于 v^2。

解：我们可以写下当 $v=90\text{m/s}$ 时的负升力 $F_{L,90}$ 和上面求出的在 $v=28.6\text{m/s}$ 时的负升力 F_L 之比：

$$\frac{F_{L,90}}{F_L}=\frac{(90\text{m/s})^2}{(28.6\text{m/s})^2}$$

代入已知的负升力 $F_L=663.7\text{N}$，解出 $F_{L,90}$，我们得到：

$$F_{L,90}=6572\text{N}\approx 6600\text{N} \qquad \text{(答案)}$$

上下翻转的车赛：显然，如果有机会进行上下翻转的车赛，一定要超过重力的作用：

$$F_g=mg=(600\text{kg})(9.8\text{m/s}^2)=5880\text{N}$$

赛车在上下翻转行驶时的负升力是向上的6600N，这超过了向 下的重力 5880N。因此，只要赛车达到大约 90m/s（=324km/h=201mile/h）的速率就可以颠倒并行驶在很长的顶棚上。然而，在水平的道路上上下翻转行驶这么快是非常危险的。所以除了在电影里你是不可能看到上下翻转的汽车比赛的。

例题 6.06 在倾斜的圆形弯道上行驶的汽车

解这个习题多少有些挑战性，但也只要几行代数式就可以解出。我们不仅要处理匀速圆周运动，并且也有斜面。不过我们不需要像别的斜面问题那样用斜的坐标系，我们只要取运动的定格，进行简单的水平和竖直坐标轴的计算。就像这一章中一直做的那样，出发点总是牛顿第二定律，但这要求我们认清引起匀速圆周运动的力的分量。

为防止汽车滑离道路，公路的弯道部分总是做成倾斜的。在道路是干燥的情况下，车胎和路面之间的摩擦力足以防止滑动。但当路面潮湿的时候，摩擦力很小，甚至可以忽略不计，使路面倾斜就显得非常重要了。图 6-11a 表示质量为 m 的汽车以恒定的速率 20m/s 沿倾斜的、半径 $R=190\text{m}$ 的环形道路行驶。（这是一辆普通的汽车而不是一辆赛车，这意味着通过空气所产生的任何竖直方向的力都可以忽略。）如果道路的摩擦力可以忽略，需要有多大的倾斜角 θ 来防止滑动？

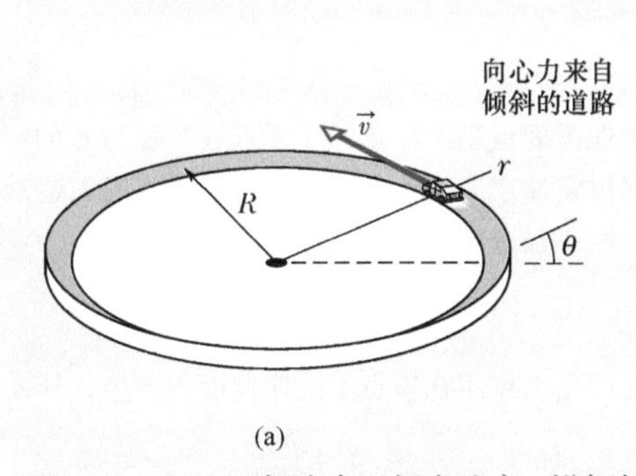

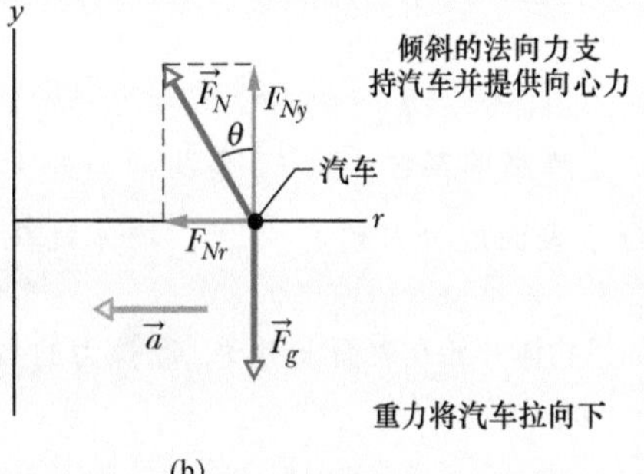

图 6-11 (a) 一辆汽车以恒定速率 v 沿倾斜的圆弧形弯道行驶。为了看得清楚，倾斜角度 θ 被夸大了。(b) 汽车的受力图，设车胎和路面间的摩擦力为零并且汽车没有负升力。法向力沿半径向内的分量 F_{Nr}（沿径向轴 r）提供必要的向心力和径向加速度。

【关键概念】

这里道路是倾斜的，所以作用在汽车上的法向力 $\vec{F}_N$ 向圆心倾斜（见图 6-11b）。因此，现在 $\vec{F}_N$ 有数值为 F_{Nr}、沿径向轴指向内的向心分量。我们要求出倾斜角度 θ 的值，使得向心分量足以使汽车不需要摩擦力就能保证在圆弧形的公路上行驶。

径向解：如图 6-11b 所示（你应当自己会证明），力 $\vec{F}_N$ 和竖直方向的角度等于路面的倾斜角 θ。于是，径向分量 F_{Nr} 等于 $F_N\sin\theta$。我们现在可以对沿 r 轴的分量写出牛顿第二定律（$F_{\text{net},r}=ma_r$）：

$$-F_N \sin\theta = m\left(-\frac{v^2}{R}\right) \quad (6\text{-}23)$$

我们不能从这个方程式解出 θ，因为其中还包含未知的 F_N 和 m。

法向解：下面我们考虑图6-11b 中沿 y 轴的力和加速度。法向力的竖直分量是 $F_{Ny} = F_N\cos\theta$，作用在汽车上的重力 $\vec{F}_g$ 的大小是 mg，汽车沿 y 轴的加速度是零。于是我们可以写出沿 y 轴分量的牛顿第二定律（$F_{\text{net},y} = ma_y$）：

$$F_N \cos\theta - mg = m(0)$$

从而

$$F_N\cos\theta = mg \quad (6\text{-}24)$$

综合的结果：式（6-24）也包含未知数 F_N 和 m，但我们注意到式（6-23）除以式（6-24）就可以消去这两个未知数。然后再将（$\sin\theta$）/（$\cos\theta$）用 $\tan\theta$ 代替。解出 θ，得到：

$$\theta = \arctan\frac{v^2}{gR} = \arctan\frac{(20\text{m/s})^2}{(9.8\text{m/s}^2)(190\text{m})}$$

$$= 12° \quad \text{（答案）}$$

PLUS 在 WileyPLUS 中可以找到附加的例题、视频和练习。

复习和总结

摩擦　当力 $\vec{F}$ 要使一物体在表面上滑动时，该表面对物体作用一个**摩擦力**。摩擦力平行于表面且指向反抗滑动的方向。它是由于物体中的原子与表面上的原子之间的键合所产生的，就是所谓的“冷焊”的效应。

如果物体不滑动，摩擦力是**静摩擦力** $\vec{f}_s$。若有滑动，摩擦力就是**动摩擦力** $\vec{f}_k$。

1. 如果物体没有运动，则静摩擦力 $\vec{f}_s$ 与 $\vec{F}$ 在平行于表面方向上的分力大小相等，且 $\vec{f}_s$ 与该分力反向。如果平行分力增大，量值 $\vec{f}_s$ 也增大。

2. $\vec{f}_s$ 的数值有一最大值 $f_{s,\max}$：

$$f_{s,\max} = \mu_s F_N \quad (6\text{-}1)$$

其中，μ_s 是**静摩擦系数**，而 F_N 是法向力的大小。如果 $\vec{F}$ 平行于表面的分力超过 $\vec{f}_{s,\max}$，物体就在表面上滑动。

3. 如果物体开始在表面上滑动，摩擦力的数值迅速减小到一个恒定值 f_k：

$$f_k = \mu_k F_N \quad (6\text{-}2)$$

其中，μ_k 为**动摩擦系数**。

阻力　当空气（或某种其他流体）与物体之间有相对运动时，物体会受到反抗相对运动的阻力 $\vec{D}$ 的作用，阻力指向流体相对于物体的流动方向。$\vec{D}$ 的大小与相对速率 v 之间，由一个实验确定的**曳引系数** C 依据下式联系起来

$$D = \frac{1}{2}C\rho Av^2 \quad (6\text{-}14)$$

式中，ρ 是流体的密度（单位体积的质量）而 A 为物体的**有效截面积**（垂直于相对速度 $\vec{v}$ 所取的横截面的面积）。

终极速率　当一个钝体在空气中下落足够大的距离时，空气阻力 $\vec{D}$ 与物体受的重力 $\vec{F}_g$ 的大小达到相等。于是，物体以下式给出的恒定的**终极速率** v_t 下落：

$$v_t = \sqrt{\frac{2F_g}{C\rho A}} \quad (6\text{-}16)$$

匀速圆周运动　如果一个质点在半径为 R 的圆周或圆弧上以恒定速率 v 运动，就说它在做**匀速圆周运动**。这时它有一**向心加速度** $\vec{a}$，其大小为

$$a = \frac{v^2}{R} \quad (6\text{-}17)$$

此加速度是由作用在质点上的净**向心力**产生，其大小为

$$F = \frac{mv^2}{R} \quad (6\text{-}18)$$

式中，m 是质点的质量。矢量 $\vec{a}$ 与 $\vec{F}$ 都指向质点路径的曲率中心。只有当净向心力作用在质点上时，它才会做圆周运动。

习题

1. 图6-12 表示一个 6.0kg 的木块放在静摩擦系数为 0.60 的 60°斜面上。力 $\vec{F}$ 向斜面上方，要使木块处在正好不从斜面滑下的临界状态，力 $\vec{F}$ 的大小应该多大？

2. 紧张的期末考试后，大学生们就要放松一下。他

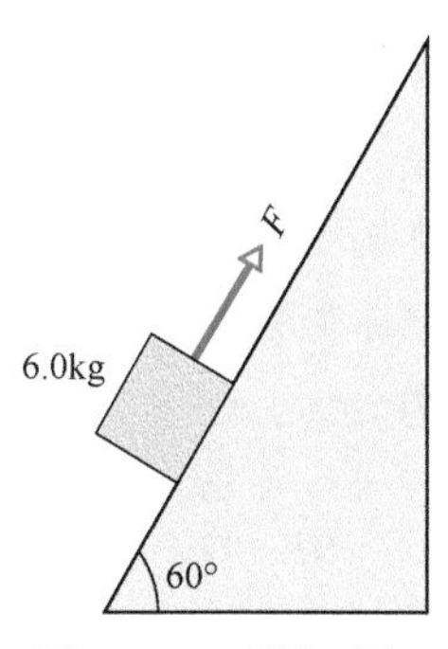

图6-12　习题1图

们在宿舍里临时组织起推圆盘游戏。他们用扫帚沿宿舍走廊推一本微积分书。一本3.5kg的书用扫帚以25N的水平力从静止开始推行了1.20m的距离后达到1.75m/s的速率，书和地板间的动摩擦系数为多少？

3. 在图6-13中，一块2.0kg的木块叠放在3.0kg的木块上面，后者放在无摩擦的桌面上。两木块之间的动摩擦系数为0.30；它们通过滑轮和绳子连接起来。一个10kg悬挂着的木块通过另一个滑轮和绳子连接到3kg的木块上。两根绳子的质量都可以忽略不计，两个滑轮都是无摩擦的并且质量也都忽略不计。整个组合系统放开后，(a) 每个木块的加速度各是多少？(b) 绳子1的张力和 (c) 绳子2的张力各是多大？

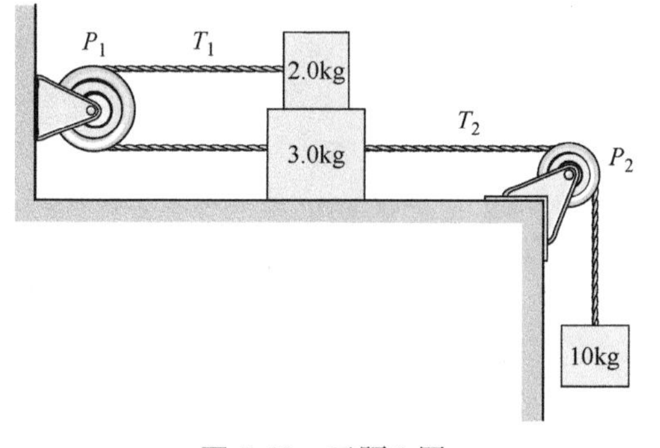

图6-13　习题3图

4. 在图6-14中画出质量为m的木块连接到质量$M=2.00$kg的木块上，二者都放在45°的斜面上，斜面的静摩擦系数是0.28。要使系统静止不动，m的 (a) 最小和 (b) 最大的数值为何？

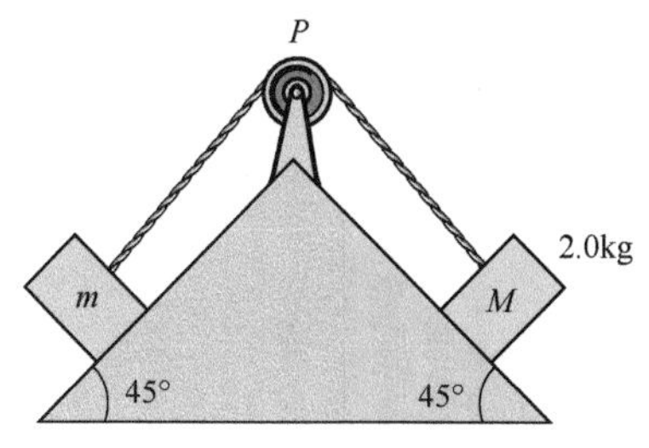

图6-14　习题4图

5. 2.5kg的木板原来静止在水平面上。大小为6.0N的水平力和竖直力$\vec{P}$作用在木块上（见图6-15）。木块和表面的静摩擦系数为$\mu_s=0.40$，动摩擦系数为$\mu_k=0.25$。求$\vec{P}$的大小为 (a) 8.0N，(b) 10N和 (c) 12N三种情况下，作用于木块上的摩擦力的数值。

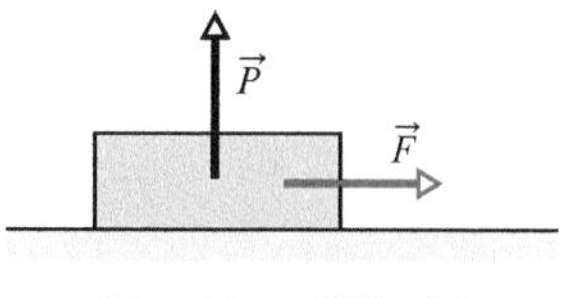

图6-15　习题5图

6. 一位质量$m=83$kg的棒球运动员滑上第二垒时被大小为485N的摩擦力减速。运动员和地面的动摩擦系数μ_k是多少？

7. 一个人用260N的力水平地推一只55kg的板条箱在水平的地板上滑动。动摩擦系数为0.30。求 (a) 摩擦力数值和 (b) 板条箱的加速度的数值。

8. 奇妙的会走路的石头　在加利福尼亚偏远的死亡谷的赛马场干盐湖（Racetrack Playa），有时一些石块会在干涸湖底的沙地上画出明显的轨迹，好像这些石块曾经移动过（见图6-16）。多年来人们对石头为什么会移动迷惑不解。一个解释是有时发生的暴风雨推动巨大的石块在被雨水浸软的沙地上移动。当沙漠变干后，石头留下的痕迹硬化而留下来。根据测量，石头和潮湿盐湖底部地面的动摩擦系数是0.80。作用在20kg的石块上（典型的质量大小）的一阵风要施加多大的水平力才能使石块一经开始移动后可以继续保持运动？（接下来考虑习题37。）

Jerry Schad/Photo Researchers, Inc.

图6-16　习题8图

9. 一块3.5kg的木块被大小为15N，与水平成$\theta=40°$角的力$\vec{F}$在水平的地板上推动（见图6-17）。木块和地板间的动摩擦系数是0.25。求 (a) 地板对木块作用的摩擦力大小和 (b) 木块加速度的大小。

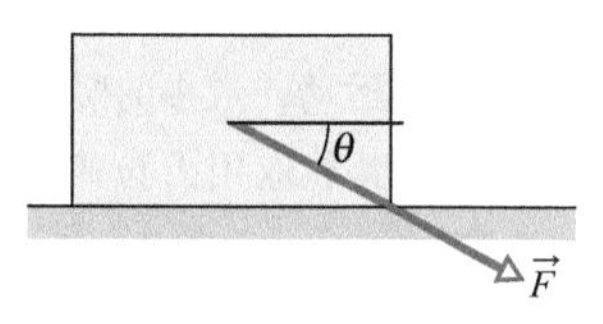

图6-17　习题9图

10. 在图6-18中，重W的木块受到两个力的作用，

每个力的大小都是 $W/2$。在木块和地板之间要有多大的静摩擦系数才能使木块正好处在开始滑动的临界状态？

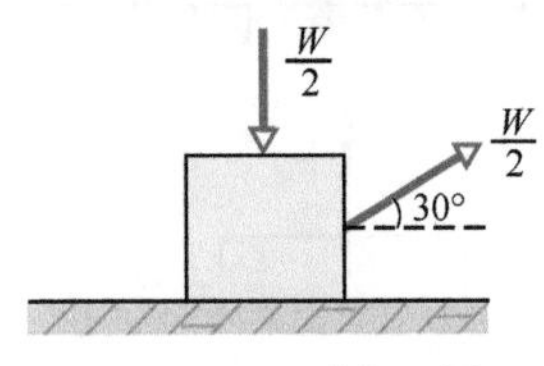

图6-18 习题10图

11. 一只68kg的板条箱用一根连接在箱子上的绳子沿水平线向上15°的方向拉板条箱，在地板上拖动箱子。(a) 如果静摩擦系数为0.65，要使板条箱开始运动，绳子需要用力的最小数值是多少？(b) 如果 $\mu_k=0.35$，箱子最初的加速度有多大？

12. 大约在1915年，费城的亨利·辛柯斯基（Henry Sincosky）每只手的大拇指在一边，四指在另一边，用双手抓住房屋的椽，把自己挂在椽上（见图6-19）。辛柯斯基的质量是79kg。若手和椽之间的静摩擦系数是0.70，每只手的拇指和相对的四指作用在椽上的法向力的最小数值是多少？（辛柯斯基自己挂了一会儿，又在椽上引体向上，然后双手交换着沿椽运动。如果你不信辛柯斯基的握力是超乎寻常的，也去做做他的绝技试试看。）

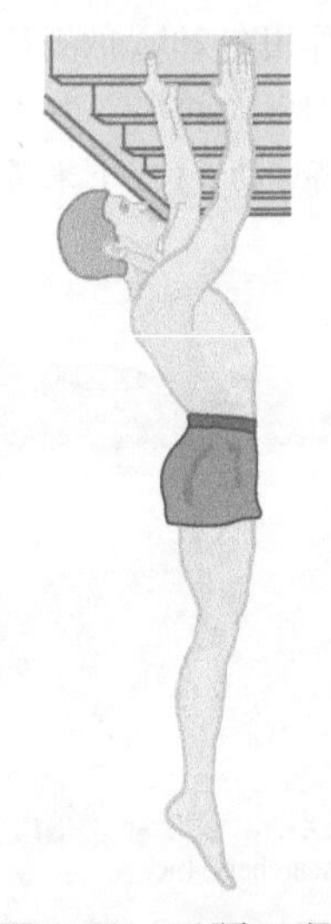

图6-19 习题12图

13. 一个工人水平地推动一只35kg的柳条箱。用力的大小为110N，箱子和地板间的静摩擦系数为0.37。(a) 在这种情况下 $f_{s,\max}$ 的数值是多少？(b) 箱子动不动？(c) 地板作用在箱子上的摩擦力为何？(d) 接着假设有第二个工人把箱子径直往上提拉来帮助他。要使第一个工人110N的推力能使箱子运动，最小的竖直拉力应是多少？(e) 如果第二个工人是水平地用力拉来帮助他，使箱子运动的最小拉力是多少？

14. 图6-20表示沿山开出的公路的截面。实线 AA' 表示连接脆弱的地质层面，沿这个层面可能发生滑坡。在公路正上方的大石块 B 与山上的岩石之间有一个很深的裂缝（地质学上称为节理）把它们分开。所以只靠石块与层面之间的摩擦使石块不致滑落。石块的质量为 1.5×10^7kg，层面的俯角 θ 是24°。石块和层面的静摩擦系数是0.63。(a) 证明：在这种情况下石块不会滑落。(b) 接着，水渗进节理，并且结冰膨胀，对石块的作用力 $\vec{F}$ 平行于 AA'，$\vec{F}$ 的最小值为多少时就会引发石块滑落？

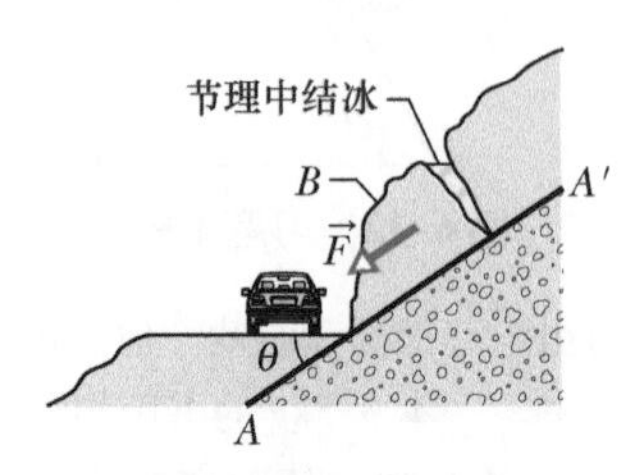

图6-20 习题14图

15. 在图6-21中，一块质量 $m=5.0$kg 的木块静止在斜面上。木块和斜面之间的静摩擦系数不知道。求斜面作用于木块的净力的大小。

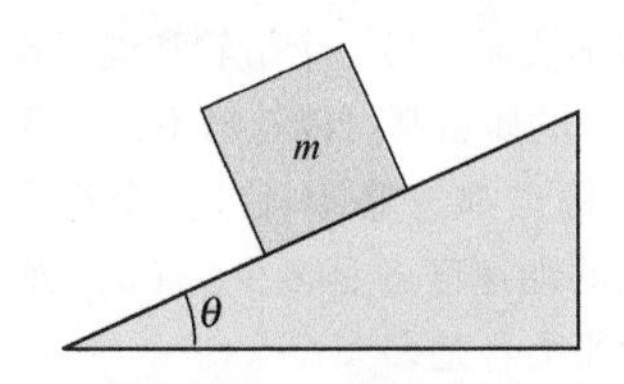

图6-21 习题15图

16. 在图6-22中，一小块木块以速度 v 在质量为 $10m$ 的木板上滑动，滑动从离木板的远端距离 l 处开始。木板和地面之间的动摩擦系数为 μ_1；木块和木板之间的动摩擦系数是 μ_2，$\mu_2>11\mu_1$。(a) 求木块到达板的远端时速度 v 的最小值。(b) 对 v 的这个数值，木块到达板的远端需多长时间？

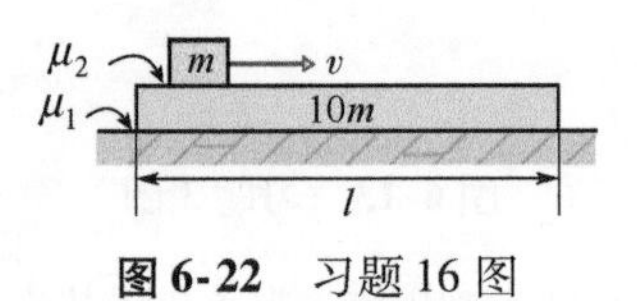

图6-22 习题16图

17. 在图6-23中，力 $\vec{P}$ 作用于重量为45N的木块。木块原来静止在与水平成角度 $\theta=15°$ 的斜面上。正 x 方向沿斜面向上。木块和斜面之间的静摩擦系数 $\mu_s=0.50$，动摩擦系数 $\mu_k=0.34$。用单位矢量记号表示斜面作用在木块上的摩擦力：当 $\vec{P}$ 分别是 (a) $(-5.0\text{N})\vec{i}$，(b) $(-8.0\text{N})\vec{i}$ 和 (c) $(-15\text{N})\vec{i}$ 时。

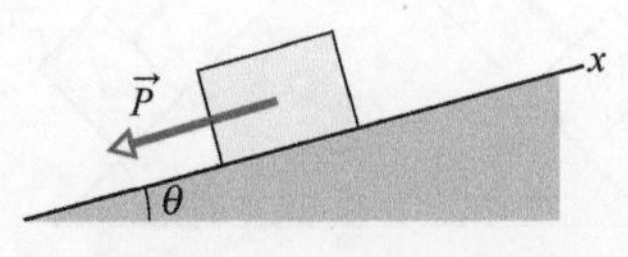

图6-23 习题17图

18. 你作为一位经验丰富的目击者为一次交通事故的案件做见证。在这次事故中，汽车 A 追尾撞上停在下山坡道上、停在红色交通灯前的汽车 B（见图 6-24）。你知道坡道的斜度 $\theta = 12.0°$，当 A 车的驾驶员使车进入滑行状态时（车子没有安装防抱死制动系统）两车相距 30.0m，汽车 A 熄火时的速率 $v_0 = 18.0\mathrm{m/s}$。如果动摩擦系数是（a）0.60（干燥的路面）和（b）0.10（路面上覆盖着湿滑的树叶），A 会分别以多大的速率撞击 B。

图 6-24　习题 18 图

19. 12N 的水平力 $\vec{F}$ 将重 5.0N 的木块推向一堵竖直的墙（见图 6-25）。墙和木块之间的静摩擦系数是 0.60，动摩擦系数为 0.40，设木块开始时不动。（a）木块会移动吗？（b）用单位矢量记号表示墙作用于木块的力是什么？

20. 在图 6-26 中，一盒麦圈（质量 $m_C = 1.0\mathrm{kg}$）和一盒麦片（质量 $m_W = 3.0\mathrm{kg}$）受到施加在麦圈盒上的水平力 $\vec{F}$ 的作用，在水平的表面上加速运动。麦圈盒上的摩擦力的数值是 2.0N，而麦片盒上的摩擦力的数值是 3.5N。如果 $\vec{F}$ 的数值是 12N，那么通过麦圈盒作用在麦片盒上的力的大小是多少？

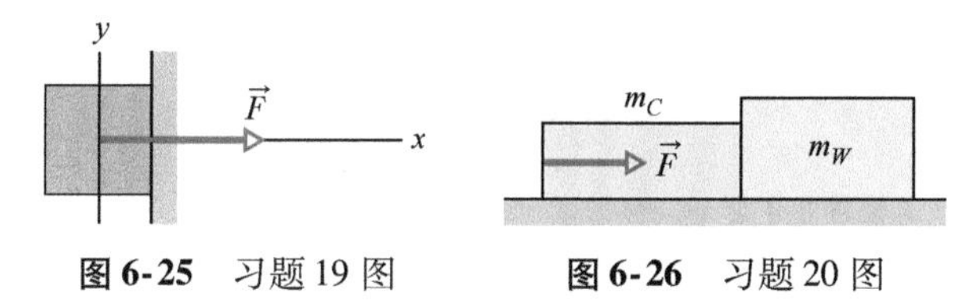

图 6-25　习题 19 图　　**图 6-26**　习题 20 图

21. 图 6-27 中，一块 15kg 的滑块用一根质量可以忽略的绳子绕过一个质量和摩擦都可忽略的滑轮连接到 2.0kg 的装沙的盒子上。滑块和桌面间的动摩擦系数是 0.040。求（a）滑块的加速度和（b）绳中的张力。

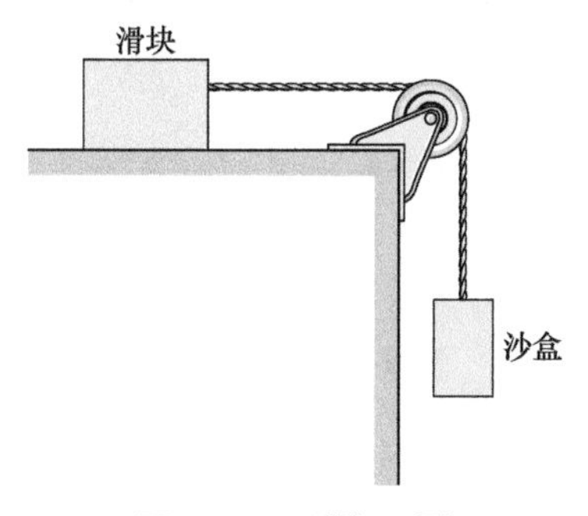

图 6-27　习题 21 图

22. 图 6-28a 中，一个滑橇放在斜面上，用绳子沿斜面往上拉。滑橇处在正要开始向上移动的临界状态。在图 6-28b中，绳子作用在滑橇上力的数值对滑橇和斜面的静摩擦系数的 μ_s 一定范围的数值作图。图中 $F_1 = 2.0\mathrm{N}$，$F_2 = 5.0\mathrm{N}$，$\mu_s = 0.25$。斜面以多大的角度 θ 倾斜？

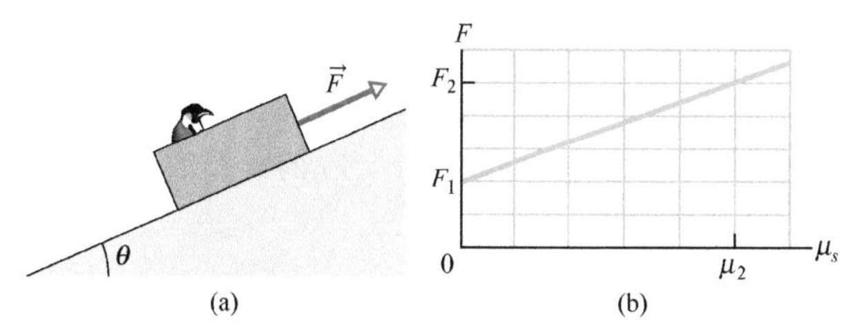

图 6-28　习题 22 图

23. 图 6-29 中的三块木块从静止释放，它们一同以大小为 $0.500\mathrm{m/s^2}$ 的加速度运动。木块 1 的质量为 M，木块 2 的质量为 $2M$，木块 3 的质量为 $2M$。在木块 2 和桌面之间的动摩擦系数是多少？

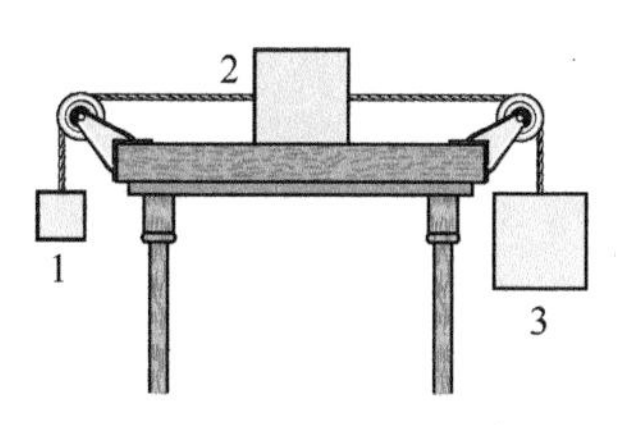

图 6-29　习题 23 图

24. 4.10kg 的木块被大小为 50.0N 的恒定水平作用力在地板上推动。图 6-30 给出木块在地板上沿 x 轴运动的速率 v 对时间 t 的关系图。图中垂直轴的标度 $v_s = 5.0\mathrm{m/s}$。木块和地板间的动摩擦系数是多少？

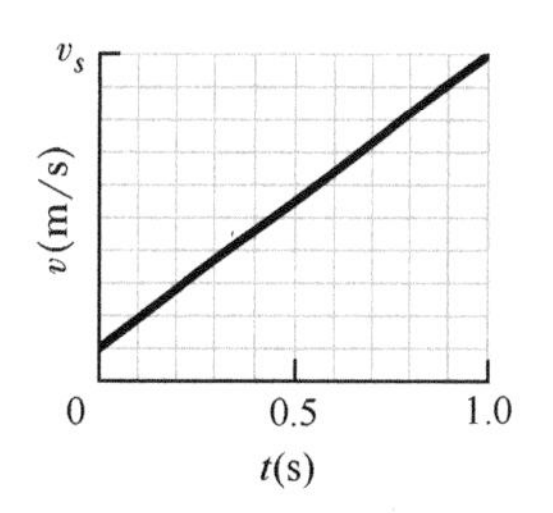

图 6-30　习题 24 图

25. 图 6-31 中的木块 B 的重量是 750N。木块和桌面间的静摩擦系数是 0.25；角度 θ 是 30°；设 B 和绳结之间的绳子是水平的。求要使系统保持稳定，木块 A 的最大重量是多少？

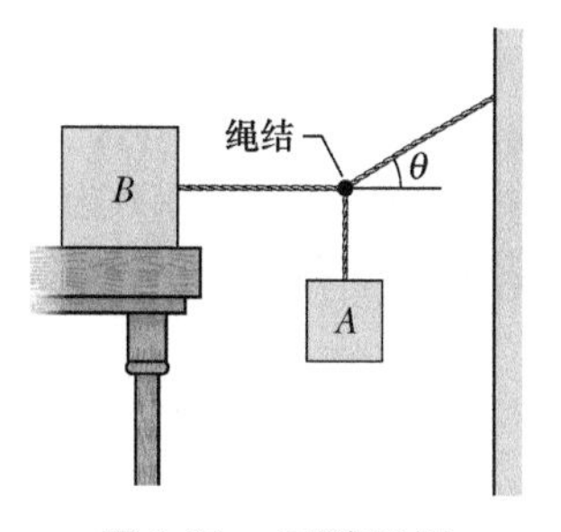

图 6-31　习题 25 图

26. 图 6-32 表示三只板条箱在混凝土地面上被大小为 425N 的水平力推动。板条箱的质量分别为 m_1 =

30.0kg，$m_2=10.0\text{kg}$ 及 $m_3=20.0\text{kg}$。地面和各个箱子间的动摩擦系数是0.700。(a) 箱子3从箱子2受到的力的大小 F_{32} 是多少？(b) 如果这三只板条箱滑到抛光的地板上，它们在这个地板上的动摩擦系数小于0.700，较之于在动摩擦系数是0.700的地板上，F_{32} 的数值会变得更大，更小还是不变？

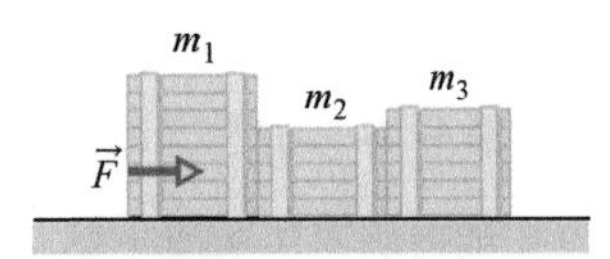

图6-32 习题26图

27. 在图6-33中，2.0kg的木块放在20kg的小车上，小车装有无摩擦的轴承的轮子，可以在地板上滚动。木块和小车间动摩擦系数为0.20，静摩擦系数是0.25。当2.0N的水平力作用在木块上时，(a) 木块和小车间的摩擦力数值是多少？(b) 小车的加速度数值有多大？

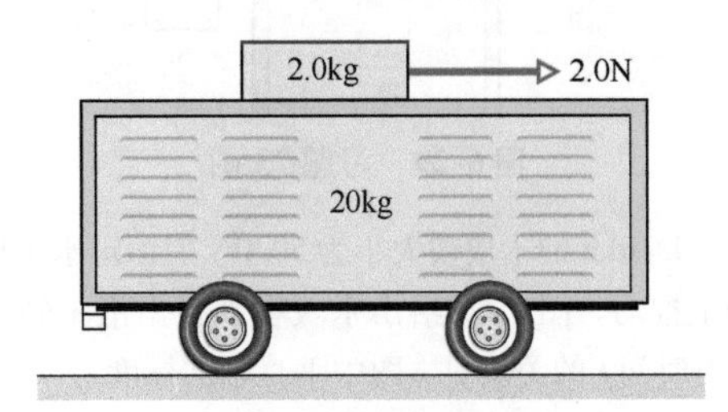

图6-33 习题27图

28. 图6-34中，两个木块通过滑轮相连。木块 A 的质量是15kg，A 和斜面的动摩擦系数是0.20，斜面倾斜角 θ 是30°。木块 A 以恒定速率滑下斜面。木块 B 的质量是多少？

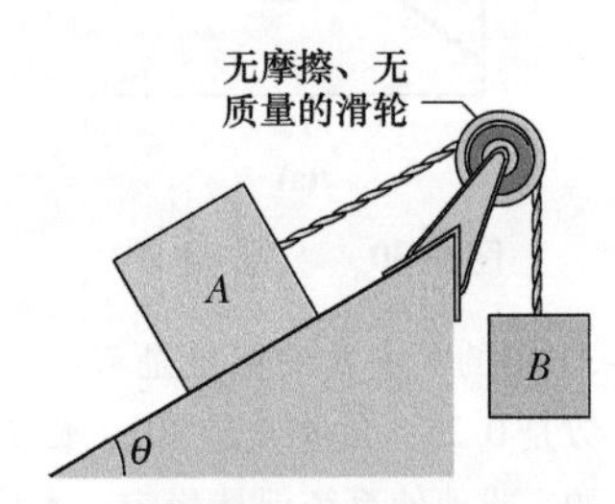

图6-34 习题28图

29. 在图6-35中，质量为2.0kg的木块 A，质量为3.0kg的木块 B，以及质量为6.0kg的木块 C 用绕过质量和摩擦都可忽略不计的滑轮的绳子连接。绳子的质量也可忽略。木块 B 和桌面间的动摩擦系数为0.40。系统放开后，木块开始移动，它们加速度大小是多少？

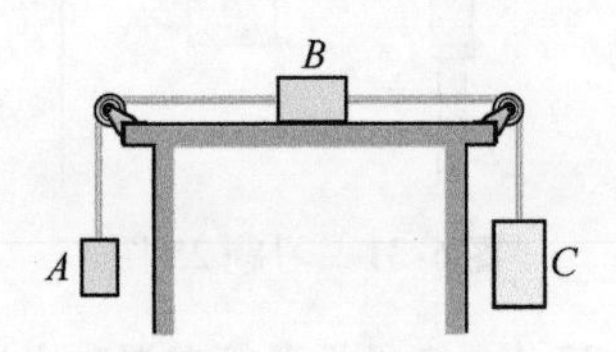

图6-35 习题29图

30. 一只装玩具的箱子和里面装的玩具的总重量是200N。玩具箱和地面的静摩擦系数是0.47。图6-36中的孩子用连接在箱子上的绳子拉玩具箱，想使箱子在地板上滑动。(a) 如 θ 是42°，孩子拉绳子的力 $\vec{F}$ 的数值必须有多大才能使箱子达到要开始运动的临界状态？(b) 写出需要使箱子处在正要开始移动的临界状态的力 F 的数值作为角度 θ 的函数的表达式。求 (c) F 为最小时的 θ 值，以及 (d) 该最小值的数值。

图6-36 习题30图

31. 图6-37中，两个互相接触的木块从倾斜30°的斜面 AC 上滑下。2.0kg木块和斜面间的动摩擦系数 $\mu_1=0.20$，4.0kg的木块和斜面间的动摩擦系数 $\mu_2=0.30$。求加速度的大小。

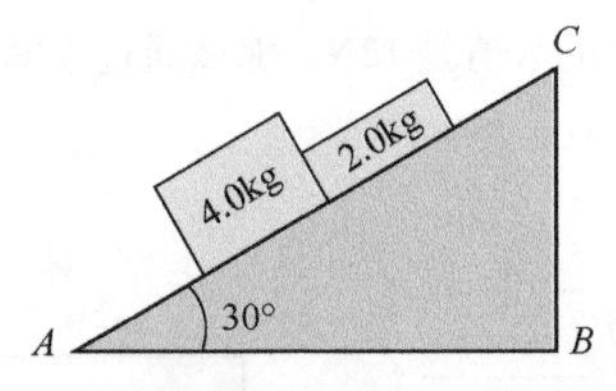

图6-37 习题31图

32. 一块木块被大小恒定的、方向偏向下方 θ 角（见图6-17）的力推着在地板上运动。图6-38给出加速度的数值 a 对木块和地板间的动摩擦系数 μ_k 在一定数值范围内的关系作图：$a_1=3.0\text{m/s}^2$，$\mu_{k2}=0.20$，$\mu_{k3}=0.40$。问 θ 角多大？

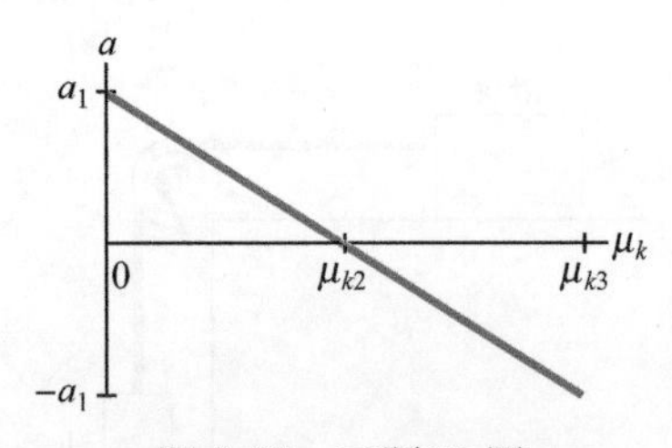

图6-38 习题32图

33. 当一艘1000kg的小船的发动机关闭时它正以100km/h的速率航行。小船与水流之间摩擦力 $\vec{f}_k$ 的大小正比于小船的速率 v：$f_k=70v$，其中 v 的单位是m/s，f_k 的单位是N。求小船慢到45km/h所需的时间。

34. 在图6-39中，一块质量 $m_1=40\text{kg}$ 的木板静止放在无摩擦的地板上，一块质量 $m_2=12\text{kg}$ 的木块静止放在木板上面。木块和木板之间的静摩擦系数是0.60，动摩擦系数是 0.40。大小为 120N 的水平力 $\vec{F}$ 开始直接拉木块，如图所示。以单位矢量表示（a）木块和（b）木板最终的加速度各是多少？

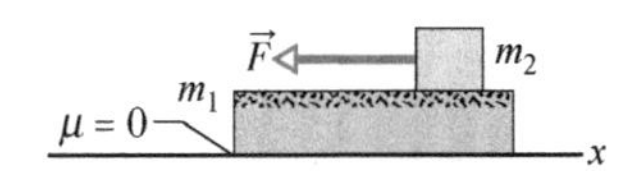

图 6-39　习题 34 图

35. 图 6-40 中的两个木块（$m=16\text{kg}$，$M=88\text{kg}$）是相互不粘连的。木块间的静摩擦系数是 $\mu_s=0.33$，但较大的木块的下表面是无摩擦的。要使较小的木块不从较大的木块上滑下所需要的水平力的最小值是多少？

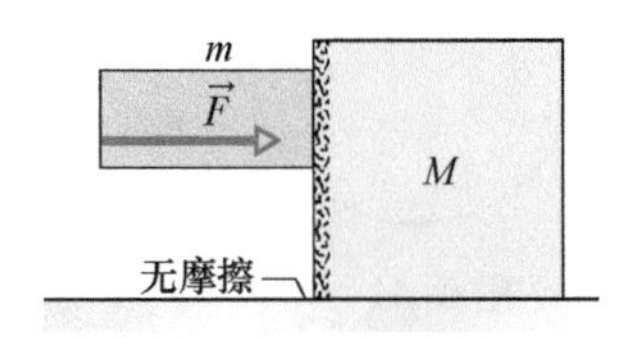

图 6-40　习题 35 图

36. 直径 4.0mm 的水滴在高度 20km 处以速率10km/h 下落。另一直径 6.0mm 的水滴在上述高度的 25% 处并以上述速率的 25% 下落。在高度 20km 处大气密度是 0.20kg/m^3，在 5.0km 高度处是 0.70kg/m^3。设两雨滴的曳引系数 C 相同。求在较高处的雨滴和较低处的雨滴受到的阻力之比。

37. 习题 8 的继续。现在假设式（6-14）给出作用在垂直于风向的截面积为 0.040m^2、曳引系数 C 为 0.80 的典型的 20kg 石块上空气阻力的数值。取大气密度为 1.21kg/m^3，动摩擦系数为 0.80。（a）一旦石块开始运动后，沿地面的风的速率 V 需要多大才能保持石块继续运动？（以千米每小时为单位）因为靠近地面的风要被地面减速，通常报道的暴风雨的风速是在高度 10m 处测得的。设报道的风速是地面附近的 2.00 倍。（b）对于（a）问中的答案，报道的暴风雨的风速是多少？（c）将这个数值作为暴风雨中的高风速是否合理？

38. 设式（6-14）可以表示作用在飞行员加上弹射坐椅上的阻力。正当飞机以速率 1300km/h 水平飞行时，飞行员和弹射坐椅从飞机上被弹出。还假设坐椅的质量和飞行员的质量相等，并且曳引系数和对特技跳伞运动员的相同。对飞行员的质量做一个合理的猜测，并从表 6-1 中选择适当的 v_t 值，估计（a）作用在飞行员 + 坐椅的阻力大小，（b）它们水平方向减速度的大小（用 g 表示），以上两小问都是在刚被弹出后的情形。[（a）问的答案指出工程上的要求：坐椅必须安装防护罩将弹出时飞行员头部突然受到的一阵狂风挡开。]

39. 计算以 1200km/h 速率，在 15km 高度飞行的喷气式飞机受到的阻力与只有上述速率和高度一半飞行的螺旋桨运输机受到的阻力的比例。大气的密度在 10km 高度是 0.38kg/m^3，在 5.0km 高度是 0.67kg/m^3。设两种飞机有同样的有效截面和曳引系数。

40. 一位滑雪运动员在下坡速度滑雪中被空气对身体的阻力和作用于滑雪板上的动摩擦力阻滞。设坡度角 $\theta=40°$，雪是动摩擦系数为 $\mu_k=0.0380$ 的干雪。滑雪运动员和装备的质量 $m=85.0\text{kg}$，运动员（蜷曲状态下的）截面积 $A=1.30\text{m}^2$，曳引系数 $C=0.150$，空气密度是 1.20kg/m^3。（a）终极速率有多大？（b）如果滑雪运动员可以调节例如手的位置来使 C 改变一个微小量 $\mathrm{d}C$，则终极速率相应地改变多少？

41. 一只猫躺在停着的旋转木马上距离旋转中心 6m 的地方打瞌睡。操作人员开动旋转木马并使其达到正常的转速，每 6s 转一圈。猫和旋转木马地板之间的静摩擦系数最小应该多大才能使猫在转动时仍停留在原地而不滑动？

42. 设路面和汽车轮胎间的静摩擦系数是 0.60，并且汽车行驶时没有负升力，汽车在半径为 32.0m 的水平圆弧形道路上以多大的速率行驶时才会达到会引起滑动的临界状态。

43. 没有倾斜的（平坦的）自行车赛道最小的半径应是多少才能使自行车运动员可以在上面驰骋？假定这位自行车运动员的速率是 35km/h，车胎和赛道间的 μ_s 为 0.40。

44. 在奥运会的长雪橇比赛中，牙买加队在做半径 7.6m 的转弯时的速率为 96.6km/h。用 g 表示他们的加速度是多少？

45. 一个重 667N 的学生乘坐匀速旋转的摩天轮（学生竖直坐着）。在最高点，座位作用在学生上的法向力 $\vec{F}_N$ 的数值为 556N。（a）在这一点上学生感觉到“轻了”还是“重了”？（b）在最低点 $\vec{F}_N$ 的数值为何？如果轮子的速率加倍，在（c）最高点和（d）最低点处 $\vec{F}_N$ 的数值各是多大？

46. 一位女警官在一次驾车猛追过程中，以恒定的速率 75.0km/h 经过一个半径为 300m 的圆弧弯道。她的质量是 55.0kg。问：警官作用在汽车座位上的净力的（a）大小和（b）相对于竖直方向的角度各是多少？（提示：分别考虑水平力和竖直力。）

47. 一位质量为 80kg 的热爱圆周运动的发烧友乘坐摩天轮以恒定速率 5.5m/s 绕半径为 12m 的竖直圆周转动。（a）运动的周期是多少？当这位发烧友经过圆形轨道的（b）最高点和（c）最低点时，坐椅作用在他身上的法向力各是多大？

48. 坐满游客的过山车总质量 1300kg。过山车经过半径为 20m 的圆环形小山顶点时的速率不变。过山车在小山顶部的速率是 $v=11\text{m/s}$，轨道作用在过山车上的法向力的（a）数值 F_N 和（b）方向（向上或向下）为何？如果 $v=14\text{m/s}$，则上述（c）F_N 的大小和（d）方向各是什么？

49. 在图 6-41 中，一辆汽车以恒定的速率驶上圆形的小山丘，然后驶入同样半径的圆形山谷。在小山顶上，汽车坐椅作用在驾驶员的法向力为零。驾驶员质量是80.0kg。当汽车通过山谷底部时坐椅对驾驶员的法向力为多大？

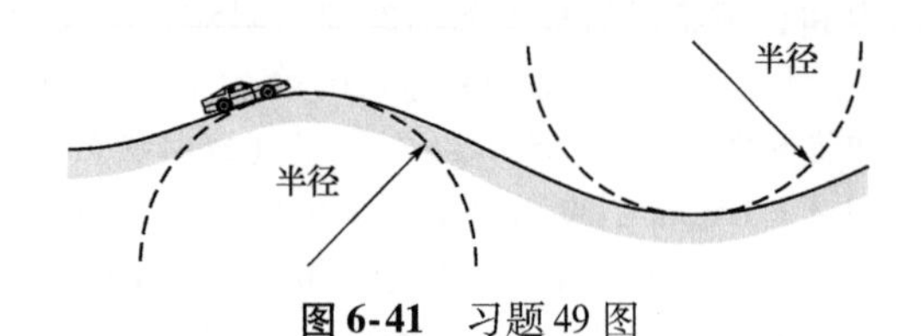

图6-41　习题49图

50. 一位85.0kg的行人沿半径$r=3.50$m的圆形路径做匀速圆周运动。(a) 图6-42a是净向心力的数值对行人速率v的可能数值范围的标绘图。在$v=8.30$m/s时曲线的斜率是多少？(b) 图6-42b是F对可能的运动周期T范围的数值的标绘图。在$T=2.50$s处，标绘图上的斜率是多少？

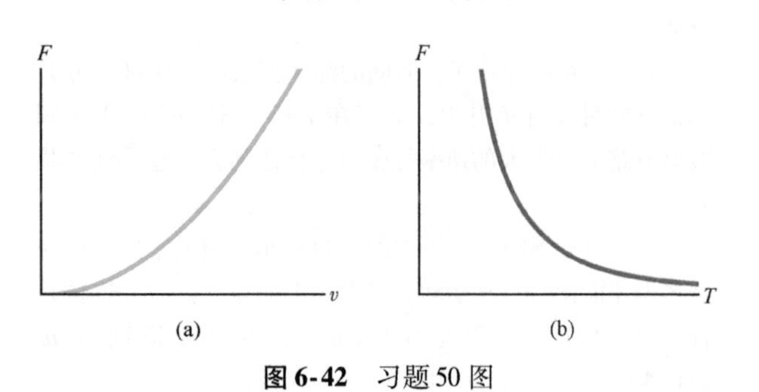

图6-42　习题50图

51. 一架飞机以600km/h的速率沿水平的圆周飞行（见图6-43）。如果机翼与水平线倾斜角度$\theta=40°$，飞机飞行的圆形轨道的半径是多少？设所需的力全部由垂直于机翼表面的“气动升力”提供。

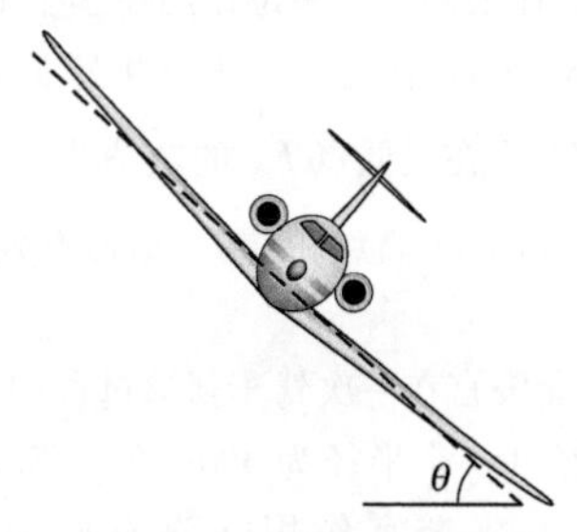

图6-43　习题51图

52. 公共游乐场的游乐项目中有一项是乘坐在质量可以忽略不计的刚性吊杆一端的车厢中沿竖直的圆周运动。车厢和乘客的总重量是6.0kN，圆的半径是10m。如果车厢速率是$v=5.0$m/s，在圆周顶部时刚性吊杆作用在车厢上的力的 (a) 大小F_B和 (b) 方向（向上或向下）为何？如$v=12$m/s，则 (c) F_B的数值和 (d) 方向如何？

53. 一辆老式的有轨电车以16km/h的速率转过半径为10.5m的平坦的街角弯道。车上悬挂的拉手皮带和竖直方向会成何角度？

54. 机械工程师在设计公共游乐场的圆形行车路线时必须考虑到某些参量有多么小的变化就会改变作用在乘客上的净力。考虑一个质量为m的乘客乘坐以速率v沿半径为r的水平圆周运动的器械。(a) v保持常量而半径r改变dr，(b) r保持不变而速率改变dv，(c) r不变而周期改变dT。在以上三种情况中，净力数值的改变dF是什么？

55. 一个螺栓穿在水平放置的细杆的一端，细杆绕它的另一端在水平面上转动。一位工程师用频闪灯照射螺栓和杆子以观察它们的运动。调节频闪灯的频率直到杆子每转一圈，螺栓就稳定地出现在同样的8个位置（见图6-44）。频闪率是每秒2000次闪光；螺栓质量为33g，转动半径为4.0cm。杆作用在螺栓上的力的大小是多少？

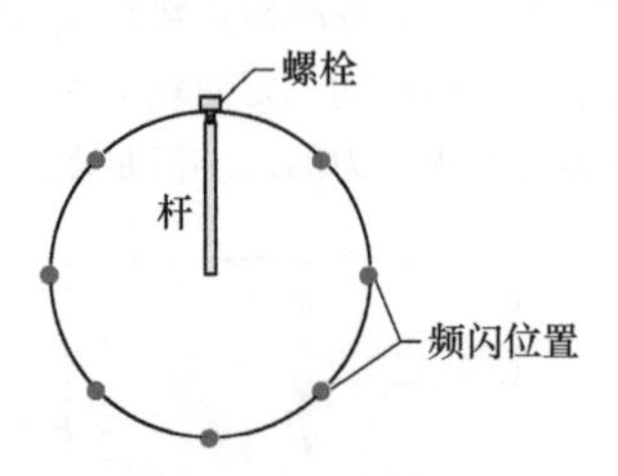

图6-44　习题55图

56. 倾斜的圆形公路弯道是为以65km/h速率行驶的车辆而设计的。曲线半径是200m，下雨天车辆在公路上行驶的速率是40km/h。要使车辆转弯时不滑出道路，车胎和路面之间的最小摩擦系数应是多大？（设汽车没有负升力。）

57. 质量$m=1.50$kg的小球沿半径$r=25.0$cm的圆周在无摩擦的桌上滑动，它用绳子穿过桌上一个小孔连接到悬挂着的、质量$M=2.50$kg的圆柱体上（见图6-45）。要保持圆柱体静止，小球运动的速率应该多大？

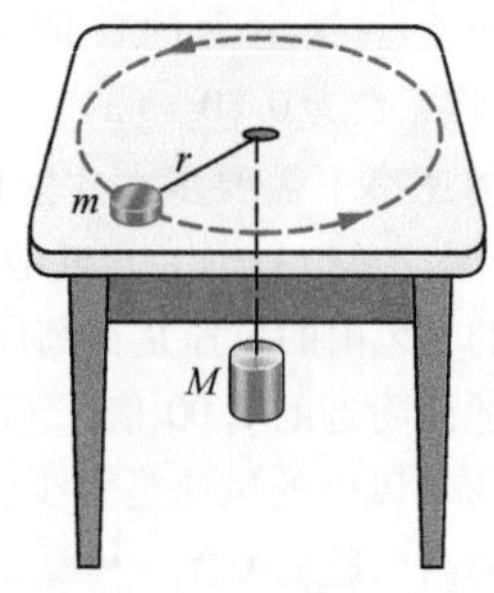

图6-45　习题57图

58. 制动还是拐弯？图6-46是汽车轨迹的俯视图，这时汽车正驶向一堵墙。当汽车驶离墙的距离$d=107$m时，驾驶员开始制动汽车。汽车质量$m=1400$kg，它的初速度$v_0=35$m/s，静摩擦系数$\mu_s=0.50$。假设汽车的重量即使在制动时也均匀分布在四只车轮上。(a) 要想让汽车在正好到达墙边时停下，需要多大的静摩擦力（在车胎和路面之间）？(b) 可能的最大静摩擦力$f_{s,\max}$是多少？(c) 如果（滑动的）车胎和路面的动摩擦系数是$\mu_k=0.40$，汽车会以多大的速率撞墙？为了避免撞击，驾驶员可以选择拐弯使汽车刚好躲开墙壁，如图6-46所示。(d) 要有多大的摩擦力才可以使以速率v_D行驶的汽车沿半径为d的圆形路径行驶四分之一圆周，结果平行于墙壁前进？(e) 所需要的力是不是小于$f_{s,\max}$，从而圆形路径成为可以实现的？

59. 在图6-47中，一个1.34kg的球用两根长度各为$L=1.70\text{m}$的无质量的绳子分别连接到竖直的、旋转着的杆上。绳子系在杆上的位置相距$d=1.7\text{m}$，并且是拉紧的。上面一根绳中的张力是35N。求（a）下面一根绳中的张力。（b）作用在球上的净力$\vec{F}_{net}$的数值。（c）球的速率。（d）$\vec{F}_{net}$的方向。

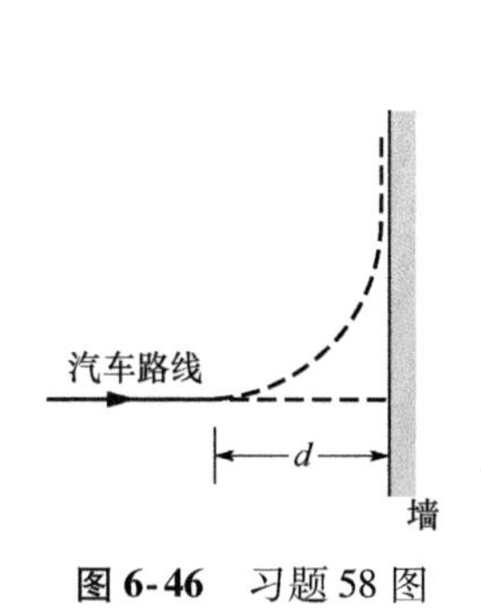

图6-46　习题58图

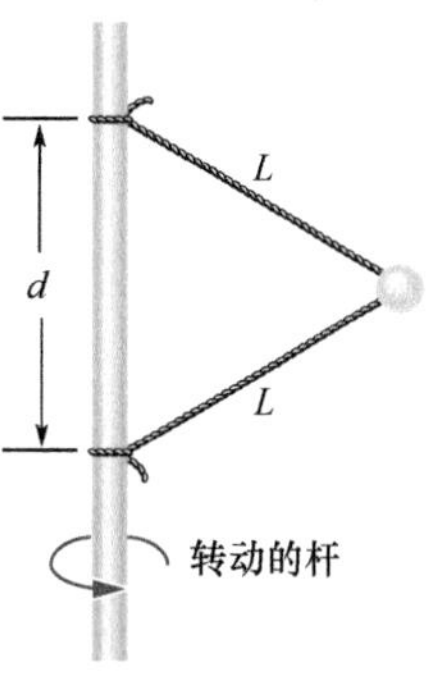

图6-47　习题59图

CHAPTER 7

第7章 动能和功

7-1 动能

学习目标

学完这一单元后，你应当能够……

7.01 应用质点的动能、质量和速率之间的关系。

7.02 懂得动能是标量。

关键概念

- 质量为 m，以远低于光速的速率 v 运动的质点与该质点的动能 K 的关系如右式所示。

$$K = \frac{1}{2}mv^2 \qquad (\text{动能})$$

什么是物理学?

物理学的基本目的之一是研究每个人都要谈论的某种东西：能量。这个论题显然是很重要的。的确，我们的文明正是建立在获得和有效地使用能量的基础之上的。

例如，人人都知道，任何形式的运动都需要能量：横穿太平洋的飞行需要能量。把材料运送到办公大楼的顶层或者送到在轨道上运行的空间站也都需要它。（棒球比赛中）抛掷一个快球需要它。人们花大量的精力和财力去获得和应用能量。每个人都知道许多能量及其应用的例子。但是能量这个词究竟是什么意思呢?

什么是能量?

能量这个词的意义是如此广泛，所以很难给出一个明确的定义。技术上讲，能量是与一个或多个物体的状态（或条件）相关的标量。然而，这个意义太含糊，对我们现在毫无帮助。

一个不太严格的定义至少可以作为我们的起点。能量是我们将它和一个或多个物体组成的体系相联系的一个数。如果力使物体中的一个发生变化，譬如说使该物体动起来，那么能量的数量就改变了。经过无数次的实验以后，科学家们和工程师们领悟到，如果在一个我们指定的能量数值是仔细计划好的方案中，这个能量数值可以用来预料实验的结果，更为重要的是，在建造像飞行器等各种机器的方案中。这些成功是基于我们宇宙的奇妙性质：能量可以从一种形态转变为另一种形态，可以从一个物体传送到另一物体上，但总的数量总是相同（能量是守恒的）。目前，人们还没有发现这个能量守恒原理例外的情况。

货币 可以把许多形态的能量看作许多类型的银行账户中表示的货币数目。关于这些货币数目的意义以及它们怎样兑换必须制定规则。你可以把货币从一个账户转到另一个账户，或者从一个系统转到另一个，也可以用电子方法而不必借助实在的物质运动。然而，总数（货币的全部数目）始终是可以算出来的：它总是保持不变。我们在本章中只讨论一种类型的能量（动能），并且只有一种能量转移的方式（功）。

动能

动能 K 是和物体的运动状态相关的能量。物体运动得快，它的动能就大。物体静止时，它的动能是零。

一个质量是 m 的物体，当它的速率 v 比光速小得多时，有

$$K=\frac{1}{2}mv^2 \text{（动能）} \tag{7-1}$$

例如，一只 3.0kg 的野鸭以 2.0m/s 的速率飞过我们面前，它具有动能 $6.0\text{kg}\cdot\text{m}^2/\text{s}^2$；也就是说，我们把这个数和野鸭的运动联系起来了。

动能（以及所有形式的能量）的国际单位制（SI）单位是**焦耳**（J），是以 19 世纪的英国科学家詹姆斯·普雷斯科特·焦耳（James Prescott Joule）的名字命名的。焦耳的定义为

$$1\text{ 焦耳}=1\text{J}=1\text{kg}\cdot\text{m}^2/\text{s}^2 \tag{7-2}$$

于是，飞行的野鸭具有动能 6.0J。

例题 7.01 动能，列车撞击

1896 年，得克萨斯州韦科（Waco）市的威廉·克鲁许（William Crush）在 6.4km 长的铁轨两端分别停放两台机车，将它们点火发动起来，将机车的节流阀打开并拧紧，然后让机车在 30000 位观众面前以全速迎头相撞（见图 7-1）。数百人被飞出的碎片击伤，有几个人被击毙。设每一台机车的重量是 1.2×10^6N，并且它们的加速度是常量 0.26m/s^2，两台机车在刚要碰撞前的总动能有多大？

Courtesy Library of Congress

图 7-1 1896 年两台机车撞击之后。

【关键概念】

（1）我们要根据式（7-1）求每台机车的动能，这意味着我们需要得到每台机车正好在碰撞前的速率和它们的质量。（2）因为我们可以设每台机车有恒定的加速度，我们可以用表 2-1 中的方程式求正好在碰撞前的速率。

解：我们选用式（2-16），因为我们已知除速率 v 以外的所有数值：

$$v^2=v_0^2+2a(x-x_0)$$

代入 $v_0=0$，$x-x_0=3.2\times10^3\text{m}$（开始时距离的一半），得到：

$$v^2=0+2(0.26\text{m/s}^2)(3.2\times10^3\text{m})$$

或

$$v=40.8\text{m/s}=147\text{km/h}$$

我们将机车的重量除以 g 求出每台机车的质量：

$$m=\frac{1.2\times10^6\text{N}}{9.8\text{m/s}^2}=1.22\times10^5\text{kg}$$

现在用式（7-1），我们求出两台机车在正要碰撞前的总动能：

$$K=2\left(\frac{1}{2}mv^2\right)=(1.22\times10^5\text{kg})(40.8\text{m/s})^2$$

$$=2.0\times10^8\text{J} \quad \text{（答案）}$$

这次碰撞就像一颗炸弹的爆炸。

7-2 功和动能

学习目标

学完这一单元后，你应当能够…

7.03 应用质点经历位移的过程中力（大小和方向）和该力对质点所做的功之间的关系。

7.04 用力矢量和位移矢量的点积来计算功，既会用数值-角度记号法，也要用单位矢量记号法。

7.05 如有多个力作用在一个质点上，计算这些力所做的净功。

7.06 应用功-动能定理将力做的功（或多个力做的净功）和造成的动能改变联系起来。

关键概念

- 功 W 是通过作用在物体上的力将能量转移到该物体或将能量从该物体转移出去。能量转移给物体是做正功，从物体转移出去是做负功。
- 恒定的力 $\vec{F}$ 作用于一个质点经过了位移 $\vec{d}$，对该质点做的功为

$$W = Fd\cos\phi = \vec{F}\cdot\vec{d}\ （功，恒定力）$$

其中 ϕ 是 $\vec{F}$ 的方向和 $\vec{d}$ 的方向之间恒定的夹角。

- 只有 $\vec{F}$ 沿位移 $\vec{d}$ 的分量才能对物体做功。
- 当两个或更多的力作用在同一个物体上时，它们的净功是各个力分别做的功之和，这也等于这些力的净力（合力）$\vec{F}_{\text{net}}$ 对该物体做的功。
- 一个质点的动能的改变 ΔK 等于作用于该质点的净功 W：

$$\Delta K = K_f - K_i = W\ （功-动能定理），$$

其中，K_i 是质点的初始动能；K_f 是做完功以后的动能。将这方程式重新整理，给出：

$$K_f = K_i + W$$

功

如果你通过对一个物体施加作用力使该物体加速到更高的速率，你就增加了该物体的动能 $K\left(=\frac{1}{2}mv^2\right)$。同理，你用力使物体减速到较小的速率，你就减少了该物体的动能。为解释这些动能的变化，我们说，你的力把能量从你自己转移到了物体上，或从物体转移给了你自己。就这样，通过施力引起的能量转移，就说力对物体做了**功 W**。更为规范地说，我们将功定义如下：

> 功 W 是通过作用于物体的力转移给该物体，或者从该物体转移出来的能量。转移给物体的能量是正功，从物体转移出的能量是负功。

因此，“功”是被转移的能量；“做功”是转移能量的行为。功的单位和能量的单位相同，并且也是标量。

转移这个用词可能会被误解。它并不表示有任何物质流入或流出物体；就是说，转移并不像水流。而它更像两个银行账户之间货币的电子转账：一个账户中的数目增加，同时另一个账户中的数目减少，两个账户之间并没有物质的传递。

注意，我们这里并不涉及“功”这个词的一般意义，就是

说任何体力或智力的劳动是功。例如，如果你用力推一堵墙，因为这需要肌肉不断、反复地收缩，你会感到累，按通常的意义来说，你在工作。然而，这样的努力并没有造成能量转移给墙壁，或从墙壁转移出能量，因此，按照这里的定义你并没有对墙做功。

为了不致混淆，在这一章中我们只用符号 W 表示功，而重量则用与它等价的符号 mg 表示。

功和动能

导出功的表达式

为了导出功的表达式，我们考察一颗可沿无摩擦的金属线滑动的珠子，金属线沿水平的 x 轴绷紧（见图 7-2）。一恒定的、与金属线成 ϕ 角的力 $\vec{F}$ 使珠子沿金属线加速。我们可以用牛顿第二定律把力和加速度联系起来，写出沿 x 轴的分量：

$$F_x = ma_x \tag{7-3}$$

其中，m 是珠子的质量。珠子运动经过位移 $\vec{d}$，力改变了珠子的速度，从初始值 $\vec{v}_0$ 到另外一个数值 $\vec{v}$。因为力是常量，从而我们知道加速度也是常量。于是，我们可以用式（2-16）对 x 轴的分量写下：

$$v^2 = v_0^2 + 2a_x d \tag{7-4}$$

从上式解出 a_x，代入式（7-3），重新整理以后得到：

$$\frac{1}{2}mv^2 - \frac{1}{2}mv_0^2 = F_x d \tag{7-5}$$

其中，第一项是珠子在位移 d 的终点的动能 K_f；第二项是珠子在开始时的动能 K_i。式（7-5）的左边告诉我们动能因力的作用改变了，式子右边告诉我们动能的改变量等于 $F_x d$。从而，力对珠子做的功（由于力产生的能量转移）是：

$$W = F_x d \tag{7-6}$$

如果我们已知 F_x 和 d 的数值，就可以用这个公式计算功 W。

要计算物体运动经过某个位移的过程中力对该物体所做的功，我们只用到力沿物体位移的分量。垂直于位移的力的分量做功为零。

在图 7-2 中我们看到，可以把 F_x 写成 $F\cos\phi$，ϕ 是位移 $\vec{d}$ 和力 $\vec{F}$ 二者的方向之间的夹角。于是

$$W = Fd\cos\phi \text{（恒定力做的功）} \tag{7-7}$$

我们可以用标（点）积的定义［式（3-20）］将上式写成：

$$W = \vec{F} \cdot \vec{d} \text{（恒定力做的功）} \tag{7-8}$$

其中，F 是 $\vec{F}$ 的大小。（你或许要复习一下 3-3 单元中关于标积的讨论。）式（7-8）在 $\vec{F}$ 和 $\vec{d}$ 都以单位矢量记号给出的情况中计算功时特别有用。

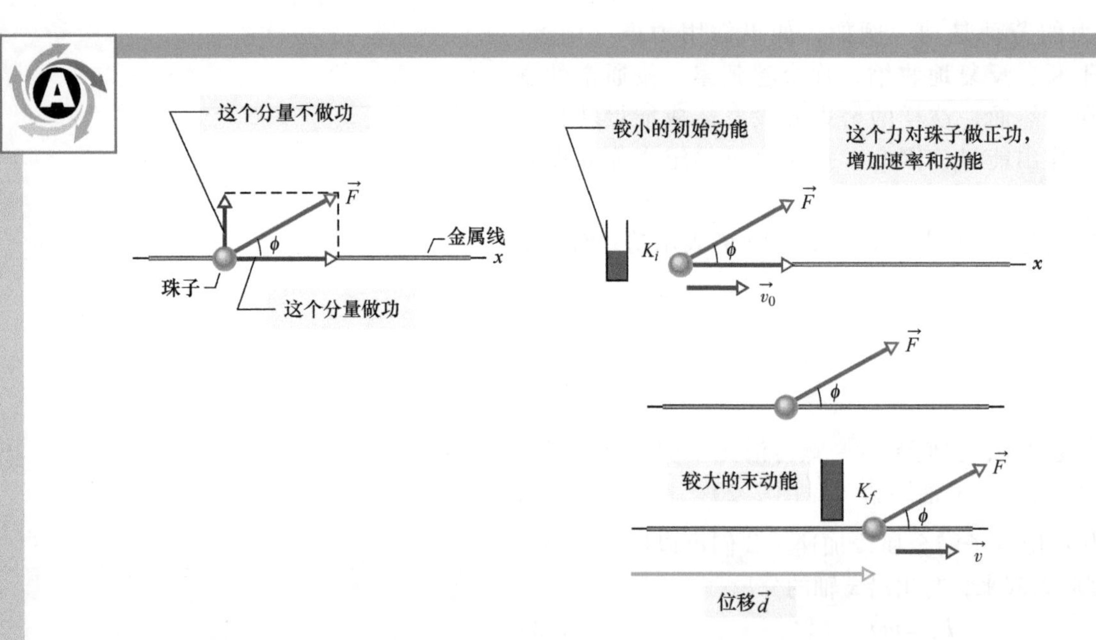

图7-2 和吊在金属线上珠子的位移 $\vec{d}$ 成角度 ϕ 的恒定的力 $\vec{F}$ 使珠子沿金属线加速，珠子的速率从 $\vec{v}_0$ 改变到 $\vec{v}$。一台“动能计”指示珠子的动能从数值 K_i 改变到数值 K_f。**在 WileyPLUS 中可以找到这些图，是有声的动画。**

图7-3 推床比赛的参加者。为了计算参加者用力所做的功，我们把床和床上的东西近似地当作质点。

注意：用式（7-6）~式（7-8）计算力对物体所做的功有两个限制。第一，力必须是*恒定的力*；就是说在物体运动过程中力的数值和方向都必须不变。（以后我们会讨论遇到大小在改变的*变力*时该怎么办。）其次，物体必须*可以看作质点*。这意味着该物体必须是*刚性的*，它的各部分必须沿同一方向一同运动。在这一章里我们只考虑可以看作质点的物体，像图7-3中被推动的床和床上的东西。

功的符号。力对物体做的功可以是正功，也可以是负功。例如，如果式（7-7）中的 ϕ 小于90°，则 $\cos\phi$ 为正，从而功也是正数。然而，如果 ϕ 大于90°（小于180°），那么 $\cos\phi$ 为负，从而功也是负的。（你能不能看出当 $\phi=90°$时功为零?）从这些结果可以得到一个简单的定则。要知道力做的功的符号，只要考虑力矢量平行于位移的分量。

力的矢量分量和位移方向相同时力做正功；当力的矢量分量与位移方向相反时，力做负功。当力没有这样的矢量分量时，力做功为零。

功的单位。功的国际单位制（SI）单位是焦耳，和动能的单位相同。不过，从式（7-6）和式（7-7）我们可以看到，等价的单位是牛顿米（N·m），英制单位中相应的单位是英尺磅（ft·lb）。扩展式（7-2），我们得到：

$$1\,\mathrm{J}=1\,\mathrm{kg}\cdot\mathrm{m}^2/\mathrm{s}^2=1\,\mathrm{N}\cdot\mathrm{m}=0.738\,\mathrm{ft}\cdot\mathrm{lb} \qquad (7\text{-}9)$$

净功。当有两个或更多的力作用于同一个物体上时，作用于该物体的**净功**是各个力做功之和。我们有两种求净功的方法：(1) 我们可以先求出各个力做的功，然后将这些功相加。(2) 另一种方法，我们先求出这些力的净力 $\vec{F}_{net}$，然后用式 (7-7)，将 F_{net}的数值代入 F，并将 $\vec{F}_{net}$和 $\vec{d}$ 两个方向之间的夹角 ϕ 代入。同样，我们在式 (7-8) 中用 $\vec{F}_{net}$代替 $\vec{F}$。

功-动能定理

式 (7-5) 将珠子动能的改变（从初始动能 $K_i = \frac{1}{2}mv_0^2$ 变成终了动能 $K_f = \frac{1}{2}mv^2$）和作用在珠子上的功 W（$=F_x d$）联系起来了，对于这样的可看作质点的物体，我们可以把这个方程式推广，令 ΔK 是物体动能的改变，W 是对该物体做的功。于是：

$$\Delta K = K_f - K_i = W \tag{7-10}$$

这个式子说的是：

（质点动能的改变）=（对该质点做的净功）

我们也可写成：

$$K_f = K_i + W \tag{7-11}$$

这说的是：

（做过净功后的动能）=（做净功以前的动能）+（所做的净功）

这些表述传统上称为质点的**功-动能定理**。它们对正功和负功都成立。如作用于质点的功是正的，那么质点动能增加等于做功的数量，如做的净功是负的，则质点动能减少了相当于所做功的数量。

例如，质点动能原来是 5J，有 2J 的净功转移到该质点上（正的净功），最后的动能就是 7J。相反的情况，有 2J 净功从质点转移出去（负的净功），质点的末动能是 3J。

检查点 1

一个质点沿 x 轴运动。如果质点的速度发生以下所说的几种改变，该质点的动能增加，减少还是保持不变：(a) 从 -3m/s到 -2m/s，(b) 从 -2m/s 到 2m/s？(c) 在上述各种情况中，对质点所做的功是正的、负的，还是零？

例题 7.02 两个恒定力做功，工业间谍

图 7-4a 画出两个工业间谍正在推动一个原来静止的 225kg 的落地保险柜，保险柜滑过位移 $\vec{d}$（数值为 8.5m）。间谍 001 的推力 $\vec{F}_1$ 是 12.0N，方向沿水平线向下 30°角；间谍 002 的拉力 $\vec{F}_2$ 是 10.0N，沿水线向上 40°角。在保险柜运动过程中，两个力的大小和方向都不变，地板和保险柜之间是无摩擦接触。

(a) 经过位移 $\vec{d}$ 的过程中力 $\vec{F}_1$ 和 $\vec{F}_2$ 所做的净功是多少？

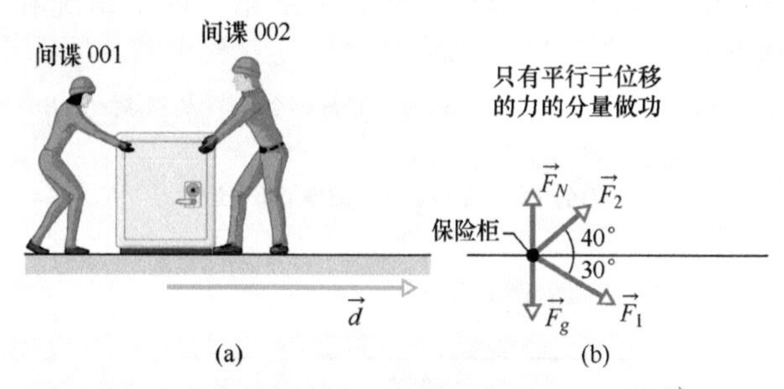

图 7-4 (a) 两个间谍将一落地保险柜移过位移 $\vec{d}$。(b) 保险柜的受力图。

【关键概念】

(1) 两个力作用在保险柜上的净功 W 是它们分别做的功之和。

(2) 因为我们可以把保险柜当作质点处理，两个力的大小和方向都是常量，所以我们可以用式 (7-7)：$W = Fd\cos\phi$ 或式 (7-8)：$W = \vec{F} \cdot \vec{d}$ 来计算这些功。我们选用式 (7-7)。

解：由式 (7-7) 及图 7-4b 中保险柜的受力图，$\vec{F}_1$ 做的功是

$$W_1 = F_1 d\cos\phi_1 = (12.0\text{N})(8.5\text{m})(\cos 30.0°) = 88.33\text{J}$$

$\vec{F}_2$ 做的功是

$$W_2 = F_2 d\cos\phi_2 = (10.0\text{N})(8.5\text{m})(\cos 40.0°) = 65.11\text{J}$$

于是得到净功 W：

$$W = W_1 + W_2 = 88.33\text{J} + 65.11\text{J} = 153.4\text{J} \approx 153\text{J} \quad \text{(答案)}$$

经过 8.50m 的位移，两个间谍转移了 153J 的能量成为保险柜的动能。

(b) 在位移过程中，重力 $\vec{F}_g$ 对保险柜做的功 W_g 是多少？地板对保险柜的法向力 $\vec{F}_N$ 做的功 W_N 是多少？

【关键概念】

因为这两个力的大小和方向都是常量，我们可以用式 (7-7) 计算功。

解：由重力的数值是 mg，我们写出：

$$W_g = mgd\cos 90° = mgd(0) = 0 \quad \text{(答案)}$$

以及 $$W_N = F_N d\cos 90° = F_N d(0) = 0 \quad \text{(答案)}$$

其实我们早就应当知道这个结果。因为这两个力垂直于保险柜的位移，它们对保险柜做功为零，没有将能量传递给它或转移出来。

(c) 保险柜最初是静止的，在 8.50m 位移的末了它的速率是多少？

【关键概念】

保险柜的速率改变是因为力 $\vec{F}_1$ 和 $\vec{F}_2$ 将能量传递给它，改变了它的动能。

解：我们通过将式 (7-10) (功-动能定理) 和式 (7-1) (动能的定义) 结合起来，把速率和所做的功相联系：

$$W = K_f - K_i = \frac{1}{2}mv_f^2 - \frac{1}{2}mv_i^2$$

初速率 v_i 是零，我现在已经知道所做的功是 153.4J。解出 v_f，代入已知的数据，我们求出：

$$v_f = \sqrt{\frac{2W}{m}} = \sqrt{\frac{2(153.4\text{J})}{225\text{kg}}} = 1.17\text{m/s} \quad \text{(答案)}$$

例题 7.03 以单位矢量表示的恒定的力做的功

在一次风暴中，一只装纺织物的板条箱在油腻的、滑溜的露天停车场上滑动，在位移 $\vec{d} = (-3.0\text{m})\vec{i}$ 过程中，同时有稳定的风以力 $\vec{F} = (2.0\text{N})\vec{i} + (-6.0\text{N})\vec{j}$ 推着板条箱。这个情况和坐标系表示在图 7-5 中。

(a) 在该位移过程中风力对箱子做了多少功？

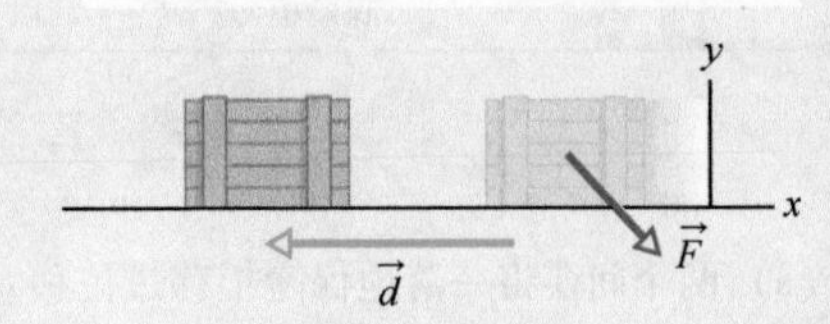

图 7-5 在位移 $\vec{d}$ 过程中，恒力 $\vec{F}$ 使板条箱减速。

【关键概念】

因为我们可以把箱子当作质点来处理，并且在移动过程中风力的大小和方向都是常量（"稳定的"），所以我们可以用式 (7-7)：$W = Fd\cos\phi$ 或式 (7-8)：$W = \vec{F} \cdot \vec{d}$ 来计算功。因为我们已知用单位矢量表示的 $\vec{F}$ 和 $\vec{d}$，所以我们选用式 (7-8)。

解：我们写下

$$W = \vec{F} \cdot \vec{d} = [(2.0\text{N})\vec{i} + (-6.0\text{N})\vec{j}] \cdot [(-3.0\text{m})\vec{i}]$$

可能得出的单位矢量点积中只有 $\vec{i}\cdot\vec{i}$、$\vec{j}\cdot\vec{j}$ 和 $\vec{k}\cdot\vec{k}$ 非零（参见附录 E）。因此，我们得到：

$$W=(2.0\text{N})(-3.0\text{m})\vec{i}\cdot\vec{i}+(-6.0\text{N})(-3.0\text{m})\vec{j}\cdot\vec{i}$$
$$=(-6.0\text{J})(1)+0=-6.0\text{J} \quad \text{（答案）}$$

由此，力对箱子做了负功 6.0J，箱子的动能转移出能量 6.0J。

（b）如果在位移 $\vec{d}$ 开始时箱子已有动能 10J，位移 $\vec{d}$ 末了箱子动能是多少？

【关键概念】

由于风力对箱子做负功，所以减少了箱子的动能。

解：应用式（7-11）形式的功-动能定理，我们有：

$$K_f=K_i+W=10\text{J}+(-6.0\text{J})=4.0\text{J} \quad \text{（答案）}$$

较小的动能意味着箱子慢下来了。

WILEY PLUS 在 WileyPLUS 中可以找到附加的例题、视频和练习。

7-3 重力做的功

学习目标

学完这一单元后，你应当能够……

7.07 计算物体升高或降低时重力所做的功。

7.08 将功-动能定理用于物体升高或降低的情况。

关键概念

- 重力 $\vec{F}_g$ 作用于质量为 m 的、可以当作质点的物体，在该物体移动经过距离 $\vec{d}$ 过程中所做的功 W_g 由下式给出：

$$W_g=mgd\cos\phi$$

其中，ϕ 是 $\vec{F}_g$ 和 $\vec{d}$ 之间的角度。

- 当一个可当作质点的物体上升或下降时，对物体作用的力所做的功 W_a 和重力对该物体所做的功 W_g 以及物体动能的改变 ΔK 三者的关系为

$$\Delta K=K_f-K_i=W_a+W_g$$

如果 $K_f=K_i$，则上式约化为

$$W_a=-W_g$$

这个式子告诉我们转移给物体多少能量，重力就从该物体转移出多少能量。

重力做的功

接下来我们考察作用在物体上的重力对该物体所做的功。如图 7-6 所示，一只质量为 m 的、可以当作质点的番茄被以初速率 v_0 向上抛掷，它的初动能就是 $K_i=\frac{1}{2}mv_0^2$。在番茄升高的过程中，它由于受到重力 $\vec{F}_g$ 作用而减慢；就是说，因为番茄上升时重力 $\vec{F}_g$ 对它做功使它的动能减少。因为我们可以将番茄当作质点处理，我们就可以用式（7-7）：$W=Fd\cos\phi$ 表示在位移 $\vec{d}$ 的过程中所做的功。至于力 F 的数值，我们用 mg 作为 $\vec{F}_g$ 的数值。因而，重力 $\vec{F}_g$ 做的功 W_g 为

$$W_g=mgd\cos\phi \quad \text{（重力做的功）} \tag{7-12}$$

对上升的物体，$\vec{F}_g$ 的指向和位移 $\vec{d}$ 相反，就如图 7-6 中表示的那样。于是 $\phi=180°$，

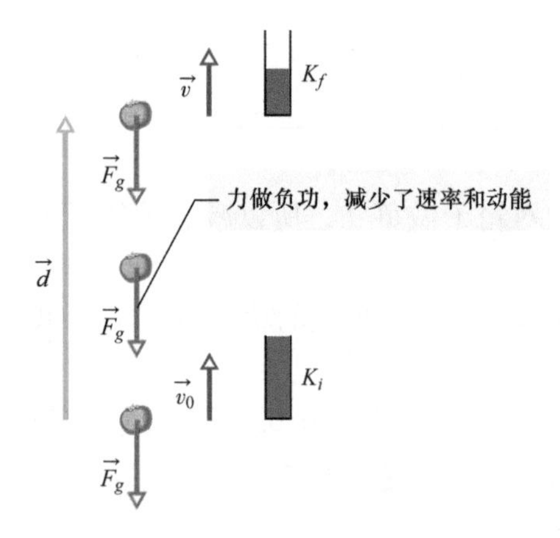

图7-6 由于重力 $\vec{F}_g$ 的作用，将质量为 m 的可当作质点的番茄向上抛掷经过位移 $\vec{d}$ 的过程中，从速度 $\vec{v}_0$ 减慢到速度 $\vec{v}$。动能计指示番茄的动能改变，从 $K_i\left(=\frac{1}{2}mv_0^2\right)$ 到 $K_f\left(=\frac{1}{2}mv^2\right)$。

$$W_g=md\cos180°=mgd(-1)=-mgd \quad (7\text{-}13)$$

负号告诉我们在物体上升过程中；作用于该物体的重力将数值为 mgd 的能量从物体的动能中转移出来了。这和物体上升过程中变慢相一致。

物体到达最高点后就回落下来，这时力 $\vec{F}_g$ 和位移 $\vec{d}$ 之间的角度 ϕ 为零。于是：

$$W_g=mgd\cos0°=mgd(+1)=+mgd \quad (7\text{-}14)$$

正号告诉我们，现在是重力将数量为 mgd 的能量转化为下落物体的动能（显然它加速了）。

抬高和降低物体所做的功

假定我们用竖直力作用于可以当作质点的物体上，将它抬高。经过向上的位移，我们用的力对这个物体做正功 W_a，同时重力对它做负功 W_g。我们要通过力将能量转移给这个物体，同时重力又要将能量从它转移出来。由式（7-10），考虑到这两项能量的转移。该物体动能的改变 ΔK 为

$$\Delta K=K_f-K_i=W_a+W_g \quad (7\text{-}15)$$

其中，K_f 是位移终了时的动能；K_i 是位移开始时的动能，如我们使物体下降这个式子也成立，但这时重力就会将能量转移给物体，而我们用的力就要从物体转移出能量。

如果物体在被抬高以前和以后都是静止的（例如你把一本书从地板上拿到书架上），这种情况中 K_f 和 K_i 都是零，式（7-15）就简化为

$$W_a+W_g=0$$

或

$$W_a=-W_g \quad (7\text{-}16)$$

注意，如果 K_f 和 K_i 虽不为零但还是相等时，我们也会得到同样的结果。两种情况中无论是哪一种，这个结果都意味着，我们施加的力所做的功等于重力做的功的负值，或者说我们用的力把和重力从物体转移出的相同的能量转移给了物体。应用式（7-12），我们可以把式（7-16）重写成：

$$W_a=-mgd\cos\phi(\text{抬高和降低物体做的功；}K_f=K_i) \quad (7\text{-}17)$$

其中，ϕ 是 $\vec{F}_g$ 和 $\vec{d}$ 的夹角。如果位移竖直向上（见图7-7a），$\phi=180°$，我们用的力做的功等于 mgd。如位移竖直向下（见图7-7b），则 $\phi=0°$，我们用的力做的功等于 $-mgd$。

式（7-16）和式（7-17）可用于在升降前后都是静止的物体升高或降低的任何情况。它们不依赖于所用力的大小。例如，你从地板上拿起一只杯子并把它举过你的头顶，你施加在杯子上的力在举起杯子的过程中有相当大的变化，但因为杯子在上升前后都是静止的，你对杯子做的功仍旧由式（7-16）和式（7-17）给出，在式（7-17）中，mg 是杯子的重量，d 是你把它抬高的距离。

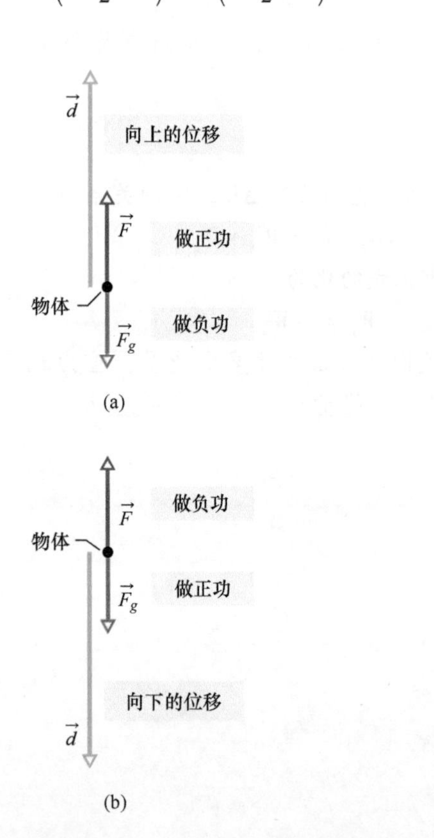

图7-7 （a）我们用力 $\vec{F}$ 抬高物体，物体的位移 $\vec{d}$ 和作用在物体上的重力 $\vec{F}_g$ 成角度 $\phi=180°$。我们用的力做正功。（b）在力 $\vec{F}$ 作用过程中物体下降。物体位移 $\vec{d}$ 和重力 $\vec{F}_g$ 成角度 $\phi=0°$，力 $\vec{F}$ 做负功。

例题 7.04 将雪橇拉上积雪的斜坡

在这个问题中，物体沿斜坡拉动，但是物体在开始和终了时都是静止的，它的动能总的说来没有变化（这是很重要的）。图 7-8a 表示这种情况。一根绳子拉着 200kg 的雪橇（你可以看到）沿 $\theta=30°$角的斜坡往上，经过距离 $d=20\text{m}$。雪橇和它的载重的总质量为 200kg。积雪的斜坡非常滑，可以把它当作无摩擦的。问作用在雪橇上的各种力做了多少功？

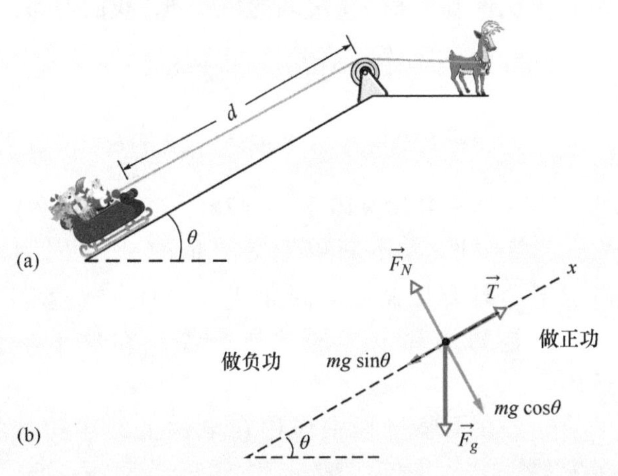

图 7-8 （a）雪橇被拉上积雪的斜坡。（b）雪橇的受力图。

【关键概念】

（1）在运动过程中，力的数值和方向都是常量，因此我们可以用这两个数根据式（7-7）：$W=Fd\cos\phi$计算功，其中 ϕ 是力和位移之间的角度。我们用式（7-8）：$W=\vec{F}\cdot\vec{d}$ 也可得到同样的结果，在这个式子中需要写成力矢量和位移矢量的点积。

（2）我们可以把力做的净功和动能的改变（或没有发生动能改变，就像在这道题中）用功-动能定理，即式（7-10）：$\Delta K=W$ 联系起来。

解： 处理包含多个力的大多数物理问题要做的第一件事就是画出受力图以理清我们的思路。图 7-8b是本题的受力图，图中画出了雪橇受到的重力 $\vec{F}_g$、绳子的拉力 $\vec{T}$ 和斜面对它的法向力 $\vec{F}_N$。

法向力做的功 W_N。 我们从这个容易的计算开始。法向力垂直于斜面因而也垂直于雪橇的位移。从而法向力不影响雪橇的运动也就不做功。更为正规地表达，我们用式（7-7）：

$$W_N=F_N d\cos 90°=0 \qquad \text{（答案）}$$

重力做的功 W_g。 我们用两种方法中的任何一种来求重力做的功（你可以用你喜欢的方法）。从以前关于斜面的讨论（例题 5.04 和图 5-15），我们知道重力沿斜面的分量具有数值 $mg\sin\theta$，并且方向沿斜面向下。因此，重力的分量是

$$F_{gx}=mg\sin\theta=(200\text{kg})(9.8\text{m/s}^2)\sin 30°=980\text{N}$$

位移和这个力的分量之间的角度是 180°，所以我们可用式（7-7），有

$$W_g=F_{gx}d\cos 180°=(980\text{N})(20\text{m})(-1)=-1.96\times10^4\text{J} \qquad \text{（答案）}$$

负的结果表示重力从雪橇移出能量。

第二种（等效的）方法是用全部重力 $\vec{F}_g$ 而不是用它的分量来求这个结果。$\vec{F}_g$ 和 $\vec{d}$ 之间的角度是 120°（斜倾角 30°加上 90°）。于是式（7-7）给出：

$$W_g=F_g d\cos 120°=mgd\cos 120°=(200\text{kg})(9.8\text{m/s}^2)(20\text{m})\cos 120°=-1.96\times10^4\text{J} \qquad \text{（答案）}$$

绳子用力做的功 W_T。 我们有两种方法求这个功。最快的方法是利用式（7-10）：$\Delta K=W$ 中的功-动能定理，这里多个力做的净功 W 是 $W_N+W_g+W_T$，并且动能的改变 ΔK 正好是零（因为初始和末了的动能相等都是零）。所以式（7-10）给出：

$$0=W_N+W_g+W_T=0-1.96\times10^4\text{J}+W_T$$

$$W_T=1.96\times10^4\text{J} \qquad \text{（答案）}$$

另一种方法，我们可以对沿 x 轴的运动用牛顿第二定律求绳子用力 F_T 的大小，设沿斜面的加速度为零（除了短暂的起动和停止），我们可以写出：

$$F_{\text{net},x}=ma_x$$

$$F_T-mg\sin 30°=m(0)$$

求得

$$F_T=mg\sin 30°$$

这就是要求的数值。因为力和位移都沿斜坡向上，这两个矢量之间的角度为零。所以，我们现在可以写出式（7-7）来求绳子用力做的功：

$$W_T=F_T d\cos 0°=(mg\sin 30°)d\cos 0°=(200\text{kg})(9.8\text{m/s}^2)(\sin 30°)(20\text{m})\cos 0°=1.96\times10^4\text{J} \qquad \text{（答案）}$$

例题 7.05　在加速的电梯中做的功

质量 $m=500\text{kg}$ 的电梯以速率 $v_i=4.0\text{m/s}$ 下降，突然吊住它的缆绳开始滑动，于是它以恒定加速度 $\vec{a}=\vec{g}/5$ 下坠（见图7-9a）。

（a）电梯下坠经过的距离 $d=12\text{m}$，重力 $\vec{F}_g$ 对电梯做的功 W_g 是多少？

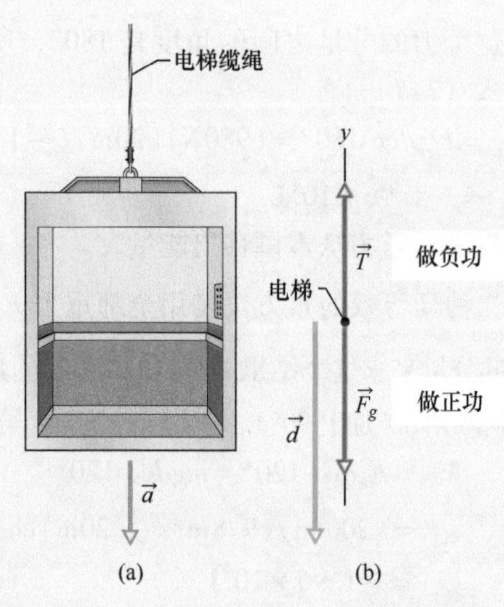

图7-9　以速率 v_i 下降的电梯突然开始向下加速。（a）它以恒定加速度 $\vec{a}=\vec{g}/5$ 运动，经过位移 $\vec{d}$。（b）电梯的受力图，其中包括位移。

【关键概念】

我们可以把电梯看作质点，从而利用式（7-12）：$W_g=mgd\cos\phi$ 求功 W_g。

解： 从图7-9b，我们看到 $\vec{F}_g$ 的方向和电梯位移 $\vec{d}$ 之间的角度为0°。所以：

$$W_g=mgd\cos0°=(500\text{kg})(9.8\text{m/s}^2)(12\text{m})(1)$$
$$=5.88\times10^4\text{J}\approx59\text{kJ}\qquad\text{（答案）}$$

（b）在12m的下坠过程中，缆绳对电梯的向上拉力 $\vec{T}$ 做功多少？

【关键概念】

我们可以先对图7-9b中的 y 分量写出 $F_{\text{net},y}=ma_y$，再用式（7-7）：$W=Fd\cos\phi$ 求功 W_T。

解： 我们得到

$$T-F_g=ma\qquad(7\text{-}18)$$

用 mg 代 F_g，解出 T，然后代入式（7-7）中，得到

$$W_T=Td\cos\phi=m(a+g)d\cos\phi\qquad(7\text{-}19)$$

下一步，用 $-g/5$ 代替（方向向下的）加速度 a，用180°代替力 $\vec{T}$ 和 $m\vec{g}$ 之间的角度 ϕ，我们得到：

$$W_T=m\left(-\frac{g}{5}+g\right)d\cos\phi=\frac{4}{5}mgd\cos\phi$$
$$=\frac{4}{5}(500\text{kg})(9.8\text{m/s}^2)(12\text{m})\cos180°$$
$$=-4.70\times10^4\text{J}\approx-47\text{kJ}\qquad\text{（答案）}$$

注意　W_T 并不简单地等于负的 W_g，因为电梯下坠时有加速度。因此式（7-16）（这个式子假定初始和末了的动能相等）在这里不适用。

（c）在下坠过程中作用在电梯上的净功是多少？

解： 净功是作用在电梯上的两个力做的功之和：

$$W=W_g+W_T=5.88\times10^4\text{J}-4.70\times10^4\text{J}$$
$$=1.18\times10^4\text{J}\approx12\text{kJ}\qquad\text{（答案）}$$

（d）电梯下坠到12m终端时的动能是多少？

【关键概念】

由于作用在电梯上的净功，按照式（7-11）：$K_f=K_i+W$，电梯的动能改变了。

解： 由式（7-1），我们写出初始动能为 $K_i=\frac{1}{2}mv_i^2$，于是我们将式（7-11）写成：

$$K_f=K_i+W=\frac{1}{2}mv_i^2+W$$
$$=\frac{1}{2}(500\text{kg})(4.0\text{m/s})^2+1.18\times10^4\text{J}$$
$$=1.58\times10^4\text{J}\approx16\text{kJ}\qquad\text{（答案）}$$

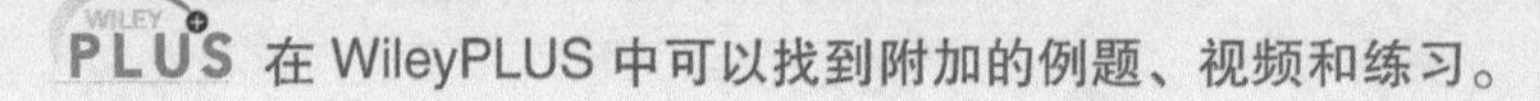

在 WileyPLUS 中可以找到附加的例题、视频和练习。

7-4 弹簧力做的功

学习目标

学完这一单元后，你应当能够……

7.09 应用作用在连接到一根弹簧一端的物体上的力，弹簧的伸长或压缩，以及该弹簧的弹簧常量之间的关系（胡克定律）。

7.10 知道弹簧力是可变力。

7.11 通过对物体从初始位置到末了位置作用力求积分来计算弹簧力对物体做的功，或者使用这个积分已知的一般结果。

7.12 根据力对物体位置的曲线图，用图解法积分来计算功。

7.13 对物体在弹簧力作用下运动的情况，应用功-动能定律。

关键概念

- 弹簧产生的力 $\vec{F}_s$ 是

$$\vec{F}_s = -k\vec{d} \qquad \text{(胡克定律)}$$

其中，$\vec{d}$ 是弹簧的自由端离开弹簧在松弛状态下（既没有被压缩也不伸长）的位置的位移，k 是弹簧常量（弹簧劲度的量度）。如果 x 轴沿弹簧放置，原点取在弹簧松弛状态下自由端的位置，我们可以写出

$$F_x = -kx \qquad \text{(胡克定律)}$$

- 因此弹簧力是变力：它随弹簧自由端的位移而改变。

- 将一个物体连接到弹簧的自由端上，物体从初始位置 x_i 运动到最终位置 x_f，弹簧力对物体做的功是

$$W_s = \frac{1}{2}kx_i^2 - \frac{1}{2}kx_f^2$$

如果 $x_i = 0$，$x_f = x$，则上式成为

$$W_s = \frac{1}{2}kx^2$$

弹簧力做的功

接下来我们要讨论一种特殊类型的变力对可以看作质点的物体做的功，这种力是弹簧力，就是来自弹簧的力。自然界中的许多力都具有与弹簧力相同的数学形式。因此，对这一种力的考察，可得到其他许多力的知识。

弹簧力

图 7-10a 表示一个处于**松弛状态**的弹簧——即未被压缩也没有伸长。它的一端固定，一个可以看作质点的物体，——譬如木块——连接在另一端，即自由端。如果我们如图 7-10b 那样向右拉动木块使弹簧伸长，弹簧则会向左拉木块（因为弹簧的力是要恢复其松弛状态，有时称这种力为回复力）。如果我们如图 7-10c 那样向左推木块使弹簧压缩，现在弹簧就会向右推木块。

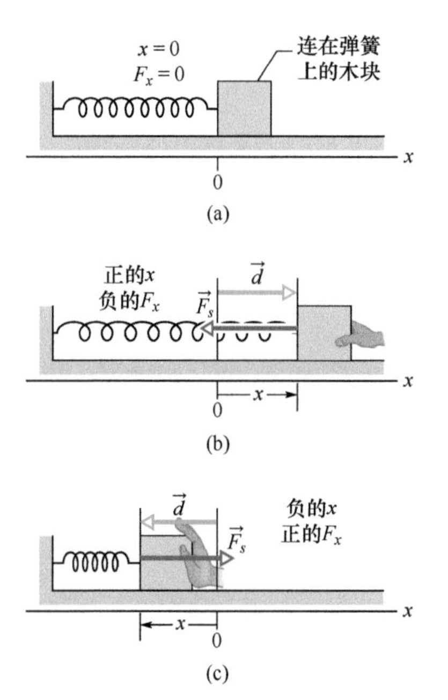

图 7-10 （a）弹簧处于松弛状态。x 轴的原点取在与木块相连的弹簧末端。（b）木块位移 $\vec{d}$，弹簧伸长一段正的数量 x。注意弹簧施加的回复力 $\vec{F}_s$。（c）弹簧被压缩一段负的数值 x。仍要注意回复力。

作为对许多弹簧适用的一个很好的近似，来自弹簧的力 $\vec{F}_s$ 与其自由端离开弹簧松弛状态时位置的位移 $\vec{d}$ 成正比。**弹簧力**由下式给出

$$\vec{F}_s = -k\vec{d} \text{（胡克定律）} \tag{7-20}$$

此式称作**胡克定律**，因 17 世纪末的英国科学家罗伯特·胡克（Robert Hooke）得名。式（7-20）中的负号表示弹簧力总是与自由端的位移方向相反。常数 k 称作**弹簧常量**（或**力常量**），是弹簧劲度的量度。k 越大，弹簧越硬；也就是说对于一段给定的位移，

k 越大，它的拉力或推力更强。k 的 SI 单位是 N/m（牛顿每米）。

在图7-10中，x 轴已经取在平行于弹簧长度的方向，原点（$x=0$）取在弹簧处于松弛状态时自由端的位置。对这种通常的安排，可将式（7-20）写作

$$F_x = -kx \text{（胡克定律）} \tag{7-21}$$

我们在这里已经改变了下标。如果 x 是正的（弹簧沿 x 轴被向右拉长），则 F_x 是负的（它是向左的拉力）；如果 x 是负的（弹簧被向左压缩），则 F_x 是正的（向右的推力）。注意到弹簧力是一个**变力**，因为它是自由端位置 x 的函数。因此，F_x 可以用符号 $F(x)$ 表示。还应注意到胡克定律是 F_x 与 x 之间的线性关系。

弹簧力做的功

为了求出在图7-10a中的木块运动过程中弹簧力做的功，我们对弹簧做两个简化的假设。①它是**无**质量的，即弹簧质量与木块的质量相比可以忽略；②它是一个**理想**弹簧；也就是说，它严格遵守胡克定律。我们还假设木块与地板间的接触是无摩擦的，并且可以把木块看作质点。

我们向右猛拉一下木块，使它动起来，然后放手让它自己运动。当木块向右运动时，弹簧力 $\vec{F}_x$ 对木块做功，减少动能，使木块减慢。然而，我们**不能**由式（7-7）：$W=Fd\cos\phi$ 求出这个功，因为没有一个 F 的数值可代入这个方程式——木块把弹簧拉长，F 的数值就增大。

围绕这个问题有一个简洁的方法。①我们把木块的位移分解成许多小段，小到我们可以忽略每一小段中 F 的变化；②在每一小段中，力（近似地）有单一的数值。从而我们可以用式（7-7）求这一小段中的功；③然后我们将所有的小段中求出的功相加，得到总功。好了，这就是我们的意图，但实际上我们不用去花好几天的时间去把许许多多的结果加起来，并且这些结果都还只是近似的。代替这个方法，我们把各个小段取得无限小，这样求得的每一小段的功的误差趋近于零。然后我们用积分法把这些结果加起来，而不是直接做加法。用这样的简单积分运算，我们可以在几分钟内求出结果而不需几天时间。

设木块的初始位置为 x_i，最终位置为 x_f。然后将这两个位置之间的距离分为许多小段，每一小段的长度为 Δx。将这些小段从 x_i 开始编号为小段1，2，等等。当木块移过其中一个小段时，因为一小段的长度如此短，x 几乎不变，所以弹簧力也基本不变。因此，可将这个小段内的力的大小近似定为常量。我们把小段1内力的数值记作 F_{x1}，小段2内的力记作 F_{x2}，等等。

现在，由于各小段内力是恒定的，我们可以用式（7-7）求各小段内所做的功。此处 $\phi=180°$，所以 $\cos\phi=-1$。于是在小段1内做的功为 $-F_{x1}\Delta x$，在小段2内做的功为 $-F_{x2}\Delta x$，等等。从 x_i 到 x_f 弹簧力做的净功 W_s 为所有这些功的和：

$$W_s = \sum(-F_{xj}\Delta x) \tag{7-22}$$

其中，下角标j为小段的编号。在Δx趋于零时，式（7-22）成为

$$W_s = \int_{x_i}^{x_f}(-F_x)\ \mathrm{d}x \tag{7-23}$$

将式（7-21）中力F_x的数值kx代入，我们有

$$W_s = \int_{x_i}^{x_f}(-kx)\mathrm{d}x = -k\int_{x_i}^{x_f}x\mathrm{d}x$$
$$= \left(-\frac{1}{2}k\right)[x^2]_{x_i}^{x_f} = \left(-\frac{1}{2}k\right)(x_f^2 - x_i^2) \tag{7-24}$$

相乘后得到

$$W_s = \frac{1}{2}kx_i^2 - \frac{1}{2}kx_f^2 \text{（弹簧力做的功）} \tag{7-25}$$

弹簧力做的功W_s可为正值也可为负值，这取决于木块从x_i移动到x_f的过程中，所传递的净能量是转移给木块还是由木块转移出去。

小心：末位置x_f出现在式（7-25）右端的第二项。因此，式（7-25）告诉我们：

如果木块的最终位置比初始位置更靠近松弛的位置（$x=0$），功W_s为正；若终了位置比初始位置更远离$x=0$，W_s为负；末位置与初位置距$x=0$相同时，W_s则为零。

若$x_i=0$，而末了位置记作x，则式（7-25）成为

$$W_s = -\frac{1}{2}kx^2 \text{（弹簧力做的功）} \tag{7-26}$$

外加力做的功

现在假设对木块连续施加一个力$\vec{F}_a$使它沿x轴方向移动。在此位移期间，外加力对木块做功W_a，同时弹簧力做功W_s。由式（7-10），这两项能量转移引起的木块动能的变化ΔK为

$$\Delta K = K_f - K_i = W_a + W_s \tag{7-27}$$

其中，K_f是在位移末了的动能，而K_i是在位移起点的动能。如果木块在位移前后都静止，则K_f和K_i都是零，因而式（7-27）可简化为

$$W_a = -W_s \tag{7-28}$$

如果与弹簧相连的木块在一段位移前后都静止，则外加力移动它所做的功是弹簧力对它做的功的负值。

小心：若该木块在位移前后不是静止的，则这个表述不正确。

检查点 2

在三种情形中，图7-10所示沿x轴运动的木块的初、末位置分别为：（a）−3cm，2cm；（b）2cm，3cm；和（c）−2cm，2cm。在各情形中，弹簧力对木块做的功是正、负还是零？

例题 7.06 弹簧做功使动能改变

当弹簧对一个物体做功时，我们不能简单地将一个恒定不变的弹簧力乘以物体的位移来计算功。原因是在弹簧做功的过程中每一个弹簧力的数值都是在不断改变的。然而我们可以将位移分解成无限多的细小部分，然后把每一小部分位移中的力近似地作为常量。将所有这些部分的功积分求和。这里我们用积分法的一般结果。

在图 7-11 中，一个装有孜然的罐头，质量 $m = 0.40\text{kg}$，在水平无摩擦的台面上以速率 $v = 0.50\text{m/s}$ 滑动。罐头撞上一根弹簧常量为 $k = 750\text{N/m}$ 的弹簧并将它压缩。罐头被弹簧阻挡而瞬时停止时，弹簧压缩的距离 d 是多少？

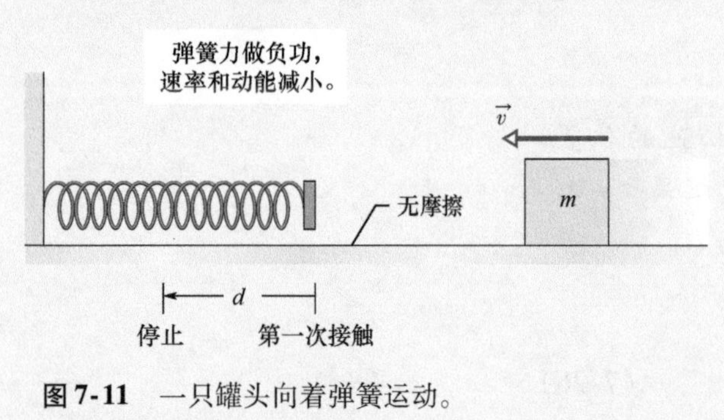

图 7-11 一只罐头向着弹簧运动。

【关键概念】

1. 弹簧对罐头做的功 W_s 与要求的距离 d 由式 (7-26)：$W_s = -\frac{1}{2}kx^2$ 联系起来，式中用 d 替代 x。

2. 功 W_s 和罐头的动能通过式 (7-10)：$K_f - K_i = W_s$ 相联系。

3. 罐头动能有一个初始值 $K = \frac{1}{2}mv^2$，当罐头瞬时停止时动能数值为零。

解：将前面两个概念联系在一起，我们写出罐头的功-动能定理

$$K_f - K_i = -\frac{1}{2}kd^2$$

按照第三条关键概念，我们得到表达式：

$$0 - \frac{1}{2}mv^2 = -\frac{1}{2}kd^2$$

化简并解出 d，代入已知的数据，得到：

$$d = v\sqrt{\frac{m}{k}} = (0.50\text{m/s})\sqrt{\frac{0.40\text{kg}}{750\text{N/m}}}$$

$$= 1.2 \times 10^{-2}\text{m} = 1.2\text{cm}$$ （答案）

PLUS 在 WileyPLUS 中可以找到附加的例题、视频和练习。

7-5 一般变力做的功

学习目标

学完这一单元后，你应当能够……

7.14 给出作为位置函数的变力，在一维或多维情况中，从物体的初始位置到终端位置对该函数积分，计算变力对物体做的功。

7.15 给出力对位置关系的曲线图，用图解积分法计算物体从初始位置到终了位置，力对物体所做的功。

7.16 从加速度对位置的曲线图转换为力对位置的曲线图。

7.17 将功-动能定理用于物体在变力作用下运动的情况。

关键概念

- 当作用在可以当作质点的物体上的力 $\vec{F}$ 依赖于物体位置时，物体从坐标 (x_i, y_i, z_i) 的初始位置 r_i 运动到坐标为 (x_f, y_f, z_f) 的末了位置 r_f，$\vec{F}$ 所做的功必须对力的积分来求出。如我们设分量 F_x 依赖于 x 但不依赖于 y 和 z，分量 F_y 只依赖 y 而不依赖 x 和 z，分量 F_z 只依赖于 z，而不依赖 x 和 y，则功就是

$$W = \int_{x_i}^{x_f} F_x \mathrm{d}x + \int_{y_i}^{y_f} F_y \mathrm{d}y + \int_{z_i}^{z_f} F_z \mathrm{d}z$$

- 如果 $\vec{F}$ 只有 x 分量，上式简化为

$$W = \int_{x_i}^{x_f} F(x) \mathrm{d}x$$

一般变力做的功

一维情形的分析

让我们回到图7－2所示情形，但现在考虑的是沿 x 轴正方向而大小随位置 x 变化的力。因此，珠子（质点）移动时，对它做功的力的大小 $F(x)$ 在不断地改变。不过这个变力只是大小改变，方向并不变，而且在任一给定位置上力的大小也不随时间改变。

图7-12a 给出了这样的一个**一维变力**的曲线图。我们要找出质点从起始点 x_i 移动到终点 x_f 过程中这个力对质点做功的表达式。不过，**不能**用式（7-7）：$W = Fd\cos\phi$，因为它只对恒定力 $\vec{F}$ 才适用。在此，我们将再一次应用积分方法。将图7-12a 中曲线下的面积划分为许多宽为 Δx 的窄带（见图7-12b）。选取 Δx 足够小以致能将该区间内的力 $F(x)$ 合理地当作恒定。令 $F_{j,\text{avg}}$ 为第 j 个区间中 $F(x)$ 的平均值。这样在图7-12b 中，$F_{j,\text{avg}}$ 也就是第 j 个窄带的高度。

考虑到在第 j 个区间中 $F_{j,\text{avg}}$ 恒定，力做的元（小量）功 ΔW_j 现可近似地由式（7-7）给出为

$$\Delta W_j = F_{j,\text{avg}}\Delta x \tag{7-29}$$

在图7-12b 中，ΔW_j 就等于第 j 个矩形阴影窄带的面积。

为了近似地求出质点从 x_i 移到 x_f 过程中，力所做的总功，将图7-12b 中 x_i 到 x_f 之间所有窄带的面积相加：

$$W = \sum \Delta W_j = \sum F_{j,\text{avg}}\Delta x \tag{7-30}$$

式（7-30）是一个近似，因为图7-12b 中各矩形窄带的顶端形成的阶梯状“轮廓”只近似于 $F(x)$ 的实际曲线。

可以缩小窄带的宽度 Δx 并用更多的窄带（见图7-12c）以得到更好的近似。在极限的情况下，令窄带的宽度趋近于零；窄带的数目就变成无限大，这就得到一个精确结果，

$$W = \lim_{\Delta x \to 0} \sum F_{j,\text{avg}}\Delta x \tag{7-31}$$

这个极限正是我们说的函数 $F(x)$ 在区间 x_i 和 x_f 之间的积分。因此，式（7-31）变为

$$W = \int_{x_i}^{x_f} F(x)\,\mathrm{d}x \quad (\text{功:变力}) \tag{7-32}$$

如果我们知道了函数 $F(x)$，就可将它代入式（7-32），取积分的适当界限，进行积分，从而求出功（附录E中包含一个常用的积分表）。从几何上说，功等于 $F(x)$ 曲线与 x_i 和 x_f 两个极限之间的 x 轴所包围的面积（见图7-12d 中的阴影）。

三维情形的分析

现在考虑一个质点受三维力

$$\vec{F} = F_x\vec{i} + F_y\vec{j} + F_z\vec{k} \tag{7-33}$$

的作用，式中分量 F_x、F_y 和 F_z 与质点的位置有关；即，它们可以是位置的函数。不过，我们做三个简化：F_x 只与 x 有关，而与 y 或 z 无关；F_y 与 y 有关，而与 x 或 z 无关；F_z 与 z 有关，而与 x 或 y 无关。现在让这个质点运动通过一段元位移

$$\mathrm{d}\vec{r} = \mathrm{d}x\,\vec{i} + \mathrm{d}y\,\vec{j} + \mathrm{d}z\,\vec{k} \tag{7-34}$$

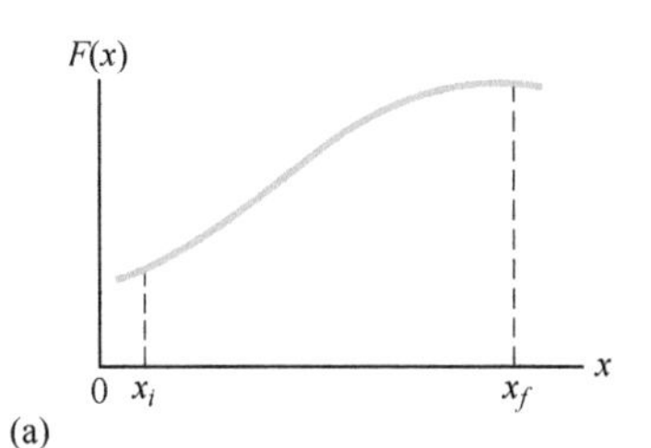

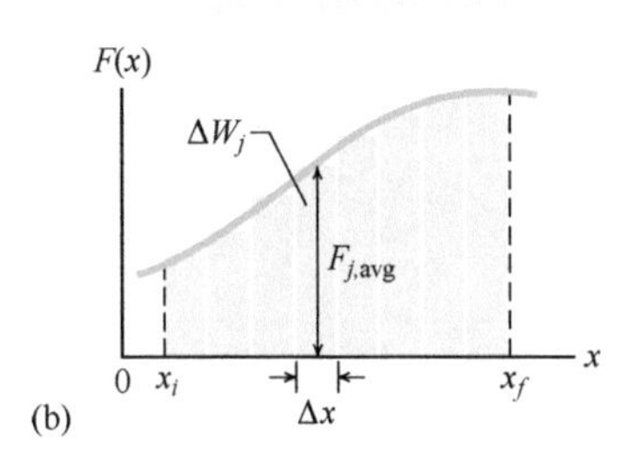

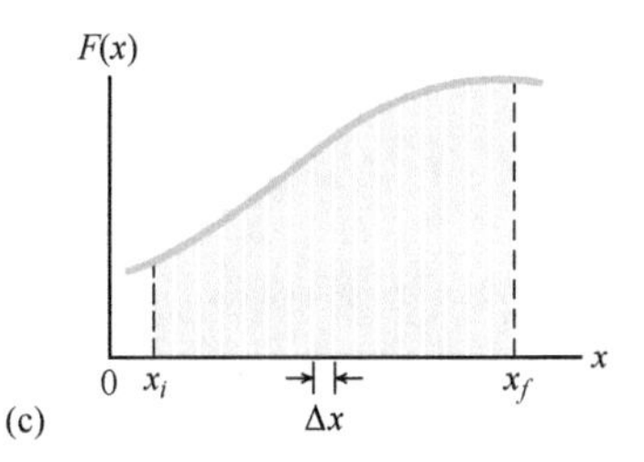

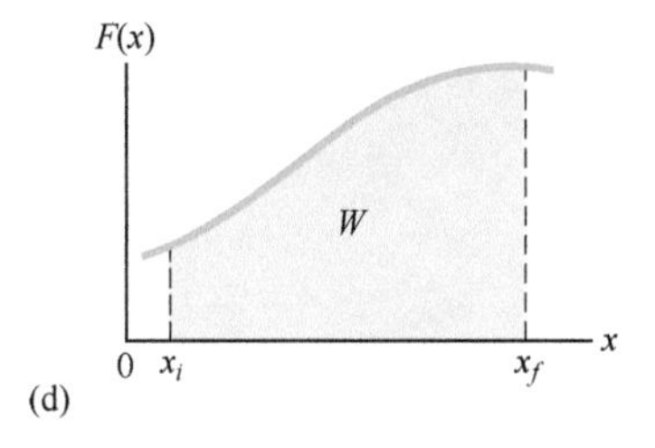

图7-12 （a）一维力 $\vec{F}(x)$ 对受它作用的质点位移 x 的曲线图。质点由 x_i 移动到 x_f。（b）同于（a），只是曲线下的面积划分为窄带。（c）同于（b），但将面积划分为更窄的带。（d）极限情形。此力做的功由式（7-32）给定，而且可由曲线与 x_i 到 x_f 之间的 x 轴所围的阴影面积表示。

由式（7-8）知，在这段位移 $d\vec{r}$ 里，力 $\vec{F}$ 对质点所做的元功 dW 为

$$dW = \vec{F} \cdot d\vec{r} = F_x dx + F_y dy + F_z dz \tag{7-35}$$

于是，质点从坐标为 (x_i, y_i, z_i) 的初始位置 r_i 运动到坐标为 (x_f, y_f, z_f) 的末了位置 r_f 期间力 $\vec{F}$ 做的功 W 为

$$W = \int_{r_i}^{r_f} dW = \int_{x_i}^{x_f} F_x dx + \int_{y_i}^{y_f} F_y dy + \int_{z_i}^{z_f} F_z dz \tag{7-36}$$

如果 $\vec{F}$ 只有 x 分量，式（7-36）中的 y 和 z 项就为零，式（7-36）就还原为式（7-32）。

变力的功-动能定理

式（7-32）给出一维情形中变力对质点所做的功。我们现在来确证一下，就像功-动能定理所表述的那样，功等于质点动能的变化。

考虑一个质量为 m 的质点，在沿 x 轴的净力 $F(x)$ 的作用下沿该轴运动。这个质点从初始位置 x_i 运动到终了位置 x_f 的过程中，该力对质点做的功由式（7-32）给出为

$$W = \int_{x_i}^{x_f} F(x) dx = \int_{x_i}^{x_f} ma dx \tag{7-37}$$

式中，我们应用牛顿第二定律以 ma 代替 $F(x)$。式（7-37）中的量 $madx$ 可写作

$$madx = m\frac{dv}{dt}dx \tag{7-38}$$

由微积分的“链式规则”，有

$$\frac{dv}{dt} = \frac{dv}{dx}\frac{dx}{dt} = \frac{dv}{dx}v \tag{7-39}$$

式（7-38）成为

$$madx = m\frac{dv}{dx}vdx = mvdv \tag{7-40}$$

将式（7-40）代入式（7-37）得出

$$W = \int_{v_i}^{v_f} mvdv = m\int_{v_i}^{v_f} vdv = \frac{1}{2}mv_f^2 - \frac{1}{2}mv_i^2 \tag{7-41}$$

注意：当我们将变量由 x 转换为 v 时，积分限要用新变量来表示。还应注意因为 m 是常量，所以可将它移到积分号的外面。

认识到式（7-41）右侧各项都是动能，此式可写作

$$W = K_f - K_i = \Delta K$$

这就是功-动能定理。

例题 7.07　通过曲线图积分计算功

在图 7-13b 中，一块 8.0kg 的木块沿无摩擦的地板滑动，木块从 $x_1 = 0$ 开始滑动到 $x_3 = 6.5\text{m}$ 处终止，在这个过程中有一个力作用于它。木块滑动时，力的大小和方向按图 7-13a 所表示的曲线改变着。例如，从 $x = 0$ 到 $x = 1\text{m}$，力是正的（沿 x 轴的正方向），并且它的大小从 0 增加到 40N。从 $x = 4\text{m}$ 到 $x = 5\text{m}$，力是负的，它的数值从 0 增加到 20N。（注意，后一个数值应表示为 −20N。）木块在 x_1 位置的动能为 $K_1 = 280\text{J}$。木块在 $x_1 = 0$，$x_2 = 4.0\text{m}$ 和 $x_3 = 6.5\text{m}$ 处的速率分别是多少？

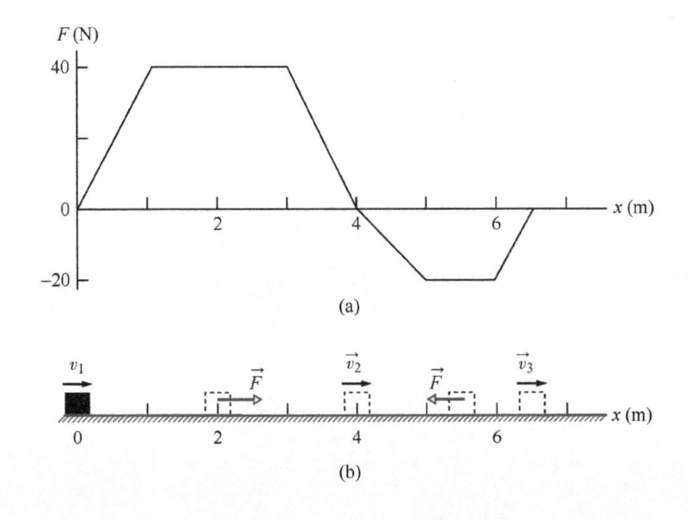

图 7-13 (a) 表示作用于地板上沿 x 轴运动的木块的变力的大小和方向的曲线图。(b) 木块在几个不同时刻的位置。

【关键概念】

(1) 在任何位置我们都可以把木块的速率和它的动能用式 (7-1): $K=\frac{1}{2}mv^2$ 联系起来。(2) 我们可以把以后的位置上的动能 K_f 和初始动能 K_i,以及对木块做的功用式 (7-10): $K_f-K_i=W$ 表示的功-动能定理联系起来。(3) 我们可以通过力对位置 x 积分来计算变力 $F(x)$ 做的功。式 (7-32) 告诉我们:

$$W=\int_{x_i}^{x_f}F(x)\,\mathrm{d}x$$

如果我们没有求积分的函数表达式 $F(x)$,但有 $F(x)$ 的曲线图就可以计算图上曲线和 x 轴之间的面积代替做积分。曲线在 x 轴的上面,功(等于面积)是正的。曲线在 x 轴下面,功是负的。

解:要求在 $x=0$ 位置时的速率很容易,因为我们已经知道动能。所以我们只要把动能代入动能的公式:

$$K_1=\frac{1}{2}mv_1^2$$

$$280\text{J}=\frac{1}{2}(8.0\text{kg})v_1^2$$

于是 $v_1=8.37\text{m/s}\approx 8.4\text{m/s}$ (答案)

在木块从 $x_1=0$ 移动到 $x=4.0\text{m}$ 的过程中,图 7-13a 中的曲线在 x 轴上面,这意味着对木块做的是正功。我们把曲线下的面积分解为左边的三角形、中间的矩形和右边的三角形。它们的总面积是:

$$\frac{1}{2}(40\text{N})(1\text{m})+(40\text{N})(2\text{m})+$$

$$\frac{1}{2}(40\text{N})(1\text{m})=120\text{N}\cdot\text{m}=120\text{J}$$

这说明在 $x=0$ 和 $x=4.0\text{m}$ 之间力对木块做功为 120J,木块的动能和速率增大。所以,当木块到达 4.0m 处时,功-动能定理告诉我们,木块的动能是

$$K_2=K_1+W=280\text{J}+120\text{J}=400\text{J}$$

再用一次动能的定义,我们求得:

$$K_2=\frac{1}{2}mv_2^2$$

$$400\text{J}=\frac{1}{2}(8.0\text{kg})v_2^2$$

于是得到 $v_2=10\text{m/s}$ (答案)

这是木块的最大速率,因为从 $x=4.0\text{m}$ 到 $x=6.5\text{m}$,力是负的,就是说力反抗木块的运动,对木块做负功,从而使木块的动能和速率减小。在这个区间内,曲线和 x 轴之间的面积是

$$\frac{1}{2}(20\text{N})(1\text{m})+(20\text{N})(1\text{m})+$$

$$\frac{1}{2}(20\text{N})(0.5\text{m})=35\text{N}\cdot\text{m}=35\text{J}$$

这意味着在这个区间内力做的功为 −35J。在 $x=4.0\text{m}$ 处,木块的 $K_2=400\text{J}$。在 $x=6.5\text{m}$ 处,由功-动能定理求出动能是

$$K_3=K_2+W=400\text{J}-35\text{J}=365\text{J}$$

再根据动能的定义,我们求得

$$K_3=\frac{1}{2}mv_3^2$$

$$365\text{J}=\frac{1}{2}(8.0\text{kg})v_3^2$$

于是 $v_3=9.55\text{m/s}\approx 9.6\text{m/s}$ (答案)

木块仍旧向 x 轴正方向运动,比开始时略快一些。

例题 7.08　功，二维积分

当作用在物体上的力依赖于物体的位置时，我们不能简单地将位移乘上一个恒力的方法来求力对物体做的功。理由是力没有一个确定的数值——力在改变。所以，我们只能求出微小位移中的功，然后将求出的功加起来。我们可以说："是的，在任何一小段位移中力都在改变，但这些改变是如此之小，我们可以把这段位移中的力看作近似于一个常量。" 确实，这是不精确的，但如果我们使位移无限缩小，我们的误差也变得无限小，结果就成为精确的了。但是，如果用手算来把无限数目的功的贡献加起来，就要一直做很长时间，甚至比一个学期还长。所以，我们用积分法把它们加起来，这使我们可以在几分钟时间内把所有这些都求出来。

力 $\vec{F}=(3x^2\mathrm{N})\vec{i}+(4\mathrm{N})\vec{j}$，$x$ 的单位是 m，这个力作用在一个质点上，只改变质点的动能。质点坐标从（2m，3m）改变到（3m，0m），力对质点做功多少？质点的速率增大、减小还是保持不变？

【关键概念】

因为力的 x 分量依赖于随 x 而变化的值，所以是变力。因此我们不能再用式（7-7）和式（7-8）来求功。我们要用式（7-36）对力求积分：

解：我们分别对每一坐标轴写出积分式：

$$W=\int_2^3 3x^2\mathrm{d}x+\int_3^0 4\mathrm{d}y=3\int_2^3 x^2\mathrm{d}x+4\int_3^0\mathrm{d}y$$

$$=3\left[\frac{1}{3}x^3\right]_2^3+4[y]_3^0=[3^3-2^3]+4[0-3]$$

$$=7.0\mathrm{J}$$（答案）

正的结果意味着力 $\vec{F}$ 将能量转移到质点上，因此，质点的动能增大，并且因为 $K=\frac{1}{2}mv^2$，所以质点的速率也增大。如果求出的功是负数，动能和速率都要减少。

WILEY PLUS 在 WileyPLUS 中可以找到附加的例题、视频和练习。

7-6　功率

学习目标

学完这一单元后，你应当能够……

7.18　应用平均功率、力做的功和做功所用的时间之间的关系。

7.19　根据功的时间函数，求瞬时功率。

7.20　用数值-角度记法和单位矢量记号法，通过取力矢量和物体的速度矢量的点积确定瞬时功率。

关键概念

- 一个力产生的功率是该力对物体在单位时间内做的功。
- 如在 Δt 时间间隔内，力做了功 W，在这段时间间隔内这个力做功的平均功率为

$$P_{\mathrm{avg}}=\frac{W}{\Delta t}$$

- 瞬时功率是做功的瞬时速率：

$$P=\frac{\mathrm{d}W}{\mathrm{d}t}$$

- 力 $\vec{F}$ 和运动的瞬时速度 $\vec{v}$ 的方向间夹角为 ϕ，则瞬时功率是

$$P=Fv\cos\phi=\vec{F}\cdot\vec{v}$$

功率

力在单位时间内做的功称为该力做功的**功率**。如果在时间 Δt 内，力做的功为 W，则在此时间间隔内，该力的**平均功率**为

$$P_{\text{avg}} = \frac{W}{\Delta t} \quad (\text{平均功率}) \tag{7-42}$$

瞬时功率 P 是某一瞬间做功的功率，可写作

$$P = \frac{\mathrm{d}W}{\mathrm{d}t} \quad (\text{瞬时功率}) \tag{7-43}$$

假设我们知道一个力做的功是时间的函数 $W(t)$，若要求做功期间某一时刻（譬如说，$t=3.0\text{s}$）的瞬时功率 P，就可先求 $W(t)$ 的时间导数，然后再算出 $t=3.0\text{s}$ 的结果。

功率的 SI 单位是焦耳每秒（J/s）。因为这个单位较常用，所以有一特定名称——**瓦［特］**（W），名称来自詹姆斯·瓦特（James Watt），他对蒸汽机做功的速率做了很大改进。在英制中，功率的单位是英尺磅力每秒，也常用马力（hp）。这些单位间的关系如下

$$1\ \text{瓦特} = 1\text{W} = 1\text{J/s} = 0.738\text{ft}\cdot\text{lb/s} \tag{7-44}$$

和

$$1\ \text{马力} = 1\text{hp} = 550\text{ft}\cdot\text{lb/s} = 746\text{W} \tag{7-45}$$

由式（7-42）可看出，功可表示为功率与时间的乘积，就像以常用的单位，千瓦小时（kW·h）。因而

$$1\ \text{千瓦小时} = 1\text{kW}\cdot\text{h} = (10^3\text{W})(3600\text{s}) = 3.60\times10^6\text{J} = 3.60\text{MJ} \tag{7-46}$$

或许因为它们出现在电费单中，所以人们已将它们视为电学单位。其实在其他情况中它们作为功率和能量的单位也同样适用。如果你从地板上拿起一本书放到桌子上，你就可以说，你已经做了 $4\times10^{-6}\text{kW}\cdot\text{h}$ 的功（或更方便地说是 $4\text{mW}\cdot\text{h}$ 的功）。

我们还可将力对质点（或可以看作质点的物体）做功的功率用力和质点的速度来表示。对沿直线（设为 x 轴）运动的质点来说，若所受的作用力为与该直线成夹角 ϕ 的恒力 $\vec{F}$，则式（7-43）变为

$$P = \frac{\mathrm{d}W}{\mathrm{d}t} = \frac{F\cos\phi\,\mathrm{d}x}{\mathrm{d}t} = F\cos\phi\left(\frac{\mathrm{d}x}{\mathrm{d}t}\right)$$

或

$$P = Fv\cos\phi \tag{7-47}$$

认识到式（7-47）的右侧就是点积 $\vec{F}\cdot\vec{v}$，也可将式（7-47）写为

$$P = \vec{F}\cdot\vec{v} \quad (\text{瞬时功率}) \tag{7-48}$$

例如，如果图 7-14 中的货车对负载加力 $\vec{F}$，在某一时刻负载的速度为 $\vec{v}$，$\vec{F}$ 产生的瞬时功率就是该时刻 $\vec{F}$ 对负载做功的功率，由式（7-47）和式（7-48）给出。人们常把此功率说成是“货车的功率”，不过我们应记住它的含义：功率为所加力在单位时间内做的功。

图 7-14 货车对拖着的负载作用力产生的功率是单位时间内力对负载做的功。

检查点3

系在一木块上的绳子将木块锚定在圆周中心而使它做匀速圆周运动。问绳对木块作用力的功率是正的、负的还是零？

例题7.09　功率，力和速度

这里我们来计算瞬时功率——就是在任一给定时刻的单位时间所做的功而不是在某时间间隔内做功的平均值。图7-15表示两个恒定的力 $\vec{F}_1$ 和 $\vec{F}_2$ 作用在一个盒子上，盒子在无摩擦的地板上向右滑动。力 $\vec{F}_1$ 沿水平方向，数值为2.0N；力 $\vec{F}_2$ 和地板成60°角向上，数值为4.0N。盒子在某个时刻的速率 v 是3.0m/s。在这个时刻作用在盒子上的两个力的功率各是多少？在这一时刻的净功率在改变吗？

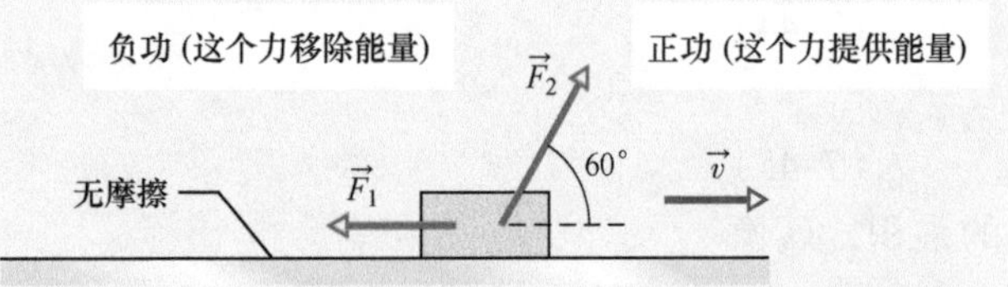

图7-15　作用在无摩擦的地板上向右滑动的盒子上的两个力 $\vec{F}_1$ 和 $\vec{F}_2$。盒子速度为 $\vec{v}$。

【关键概念】

我们要求的是瞬时功率而不是在一段时间中的平均功率。我们还知道盒子的速度（不是作用于它的功）。

解：我们对每一个力应用式（7-47）。$\vec{F}_1$ 和速度 $\vec{v}$ 之间的夹角为180°，我们有：

$$P_1 = F_1 v\cos\phi_1 = (2.0\text{N})(3.0\text{m/s})\cos 180° = -6.0\text{W} \quad \text{（答案）}$$

负的结果告诉我们力 $\vec{F}_1$ 将能量从盒子中以6.0J/s的速率转移出去。

$\vec{F}_2$ 和速度 $\vec{v}$ 成角度 $\phi_2 = 60°$，于是我们有

$$P_2 = F_2 v\cos\phi_2 = (4.0\text{N})(3.0\text{m/s})\cos 60° = 6.0\text{W}$$

正的结果告诉我们，力 $\vec{F}_2$ 以6.0J/s的速率将能量转移给盒子。

净功率是各个功率之和（包括它们的代数符号在内）：

$$P_{\text{net}} = P_1 + P_2 = -6.0\text{W} + 6.0\text{W} = 0 \quad \text{（答案）}$$

这说明传递给盒子或从盒子传递出去的能量转移的净率是零，因此盒子的动能 $\left(K=\frac{1}{2}mv^2\right)$ 不改变，所以盒子的速率保持3.0m/s不变。无论力 $\vec{F}_1$ 和 $\vec{F}_2$ 还是速率 $\vec{v}$ 都不变，从式（7-48）看出 P_1 和 P_2 都是常量，因而 P 也是常量。

PLUS 在WileyPLUS中可以找到附加的例题、视频和练习。

复习和总结

动能　质量为 m、速率为 v 的质点的**动能**的表达式为

$$K = \frac{1}{2}mv^2 \quad \text{（动能）}$$

这里的速率 v 比光速低很多。

功　功 W 是通过作用于物体的力转移给该物体或从该物体转移出去的能量。转移给物体能量是正功，从物体将能量转移出去是负功。

恒定力做功　恒定力 $\vec{F}$ 作用于质点经过了位移 $\vec{d}$，力做的功为

$$W = Fd\cos\phi = \vec{F}\cdot\vec{d} \quad \text{（功，恒力）} \quad (7\text{-}7,\ 7\text{-}8)$$

其中，ϕ 是 $\vec{F}$ 和 $\vec{d}$ 方向间的恒定夹角。只有 $\vec{F}$ 沿位移 $\vec{d}$ 的分量对物体做功。有两个或更多的力作用于同一个物体时，这些力的**净功**是各个力分别做功之和，也等于这些力的合力 $\vec{F}_{\text{net}}$（净力）对该物体做的功。

功和动能　对一个质点，动能的改变 ΔK 等于作用在该质点上的净功：

$$\Delta K = K_f - K_i = W \quad \text{（功-动能定理）} \quad (7\text{-}10)$$

其中，K_i 是质点的初始动能；K_f 是做完功后的动能。整理式（7-10）得到：

$$K_f = K_i + W \quad (7\text{-}11)$$

重力作功 质量为 m 的、可以看作质点的物体受到的重力 $\vec{F}_g$。在该物体运动经过位移 $\vec{d}$ 过程中所做的功由下式给出：

$$W_g = mgd\cos\phi \quad (7\text{-}12)$$

其中，ϕ 是 $\vec{F}_g$ 和 $\vec{d}$ 之间的夹角。

抬高或降低物体所做的功 当一个可以当作质点的物体被用力抬高或降低时作用力做的功 W_a 与重力做的功 W_g，以及物体动能的改变 ΔK 三者的关系为

$$\Delta K = K_f - K_i = W_a + W_g \quad (7\text{-}15)$$

如果 $K_f = K_i$，式（7-15）简化为

$$W_a = -W_g \quad (7\text{-}16)$$

这个公式告诉我们，作用力转移给物体的能量就是重力从物体转移出的能量。

弹簧力 弹簧作用的力是

$$\vec{F}_s = -k\vec{d} \quad \text{（胡克定律）} \quad (7\text{-}20)$$

其中，$\vec{d}$ 是弹簧的自由端离开弹簧处在**松弛状态**（既没有被压缩，也没有被拉长）下的位置的位移；k 是**弹簧常量**（弹簧劲度的量度）。如果 x 轴沿弹簧放置，原点取在弹簧处于松弛状态时自由端的位置，式（7-20）可以写成：

$$F_x = -kx \quad \text{（胡克定律）} \quad (7\text{-}21)$$

可见弹簧力是一个变力：它随弹簧自由端的位移改变。

弹簧力做功 如果有一物体连接到弹簧的自由端，当物体从初始位置 x_i 移动到终了位置 x_f，弹簧力对物体做功 W_s 为

$$W_s = \frac{1}{2}kx_i^2 - \frac{1}{2}kx_f^2 \quad (7\text{-}25)$$

如果 $x_i = 0$，$x_f = x$，于是式（7-25）成为

$$W_s = -\frac{1}{2}kx^2 \quad (7\text{-}26)$$

变力做功 如果作用于可以当作质点的物体上的力 $\vec{F}$ 依赖于物体的位置，物体从坐标为（x_i，y_i，z_i）的初始位置 r_i 运动到坐标为（x_f，y_f，z_f）的终了位置 r_f，作用于物体上的力 $\vec{F}$ 所做的功必须通过对力积分求出。我们假设分量 F_x 只依赖于 x 而不依赖于 y 或 z，分量 F_y 只依赖于 y 而不依赖于 x 或 z，分量 F_z 只依赖于 z 而不依赖于 x 或 y，功就是：

$$W = \int_{x_i}^{x_f} F_x \mathrm{d}x + \int_{y_i}^{y_f} F_y \mathrm{d}y + \int_{z_i}^{z_f} F_z \mathrm{d}z \quad (7\text{-}36)$$

如 $\vec{F}$ 只有 x 分量，则式（7-36）简化为

$$W = \int_{x_i}^{x_f} F(x)\mathrm{d}x \quad (7\text{-}32)$$

功率 力做功的**功率**是力对物体单位时间所做的功。如果力在时间间隔 Δt 内做功 W，在该时间间隔内力做功的**平均功率**为

$$P_{\text{avg}} = \frac{W}{\Delta t} \quad (7\text{-}42)$$

瞬时功率是做功的瞬时率

$$P = \frac{\mathrm{d}W}{\mathrm{d}t}$$

对于和物体的瞬时速度 $\vec{v}$ 方向的夹角为 ϕ 的力，它的瞬时功率是

$$P = Fv\cos\phi = \vec{F}\cdot\vec{v} \quad (7\text{-}47,\ 7\text{-}48)$$

习题

1. 一个电子（质量 $m = 9.1\times10^{-31}$ kg）的初速率为 1.4×10^7 m/s，在加速器中的直线加速度为 2.8×10^{15} m/s^2，经过了 5.8cm 的路程。求（a）电子末速率，（b）它的动能的增加量。

2. 如果土星五号火箭和附在它上面的阿波罗宇宙飞船的总质量为 2.9×10^5 kg，达到 11.2km/s 的速率时它有多大的动能？

3. 1972 年 8 月 10 日，一颗巨大的陨石划过美国西部和加拿大西部天空，就像一块石子飞掠过水面。伴随着它的火球是如此的亮，以致可以在白昼天空中看到，它比常见的陨石径迹亮得多。这颗陨石的质量约为 4×10^6 kg；它的速率大约为 15km/s。它垂直地进入大气层，假设它以大约同样的速率撞击地面。（a）假设发生竖直撞击时，相应陨石的动能损失（以焦耳为单位）是多大？（b）把这些能量用 10^6 t 的 TNT 爆炸能量（4.2×10^{15} J）的倍数来表示。（c）在广岛爆炸的原子弹相当于 13×10^3 t 的 TNT 爆炸能量。这颗陨石的撞击等价于多少颗广岛爆炸的原子弹？

4. 力 $\vec{F}_a$ 作用于一题珠子上，珠子沿直的金属线运动，位移为 +5.0m。$\vec{F}_a$ 的大小是一个不变的数值，但 $\vec{F}_a$ 和珠子位移的角度 ϕ 可以选择。图 7-16 给出对于 ϕ 的一定数值范围内，$\vec{F}_a$ 对珠子做的功 W。图中 $W_0 = 25$J。如果 ϕ 是（a）64°和（b）147°，$\vec{F}_a$ 做的功各是多少？

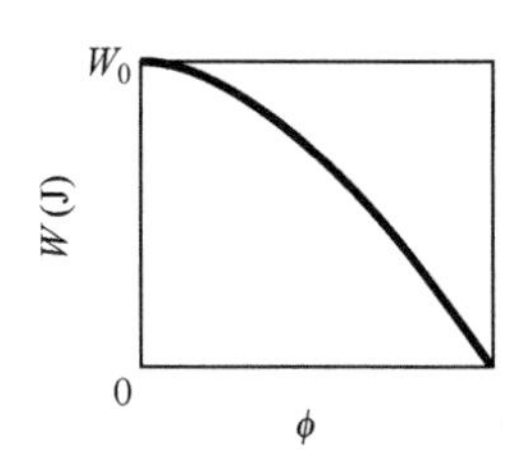

图 7-16 习题 4 图

5. 一位父亲以他的儿子的动能的一半追赶儿子，儿子的质量是父亲质量的一半。父亲的速率再增加 1.0m/s

他就和儿子的动能相同。(a) 父亲和 (b) 儿子原来的速率各有多大?

6. 一颗质量为 1.8×10^{-2}kg 的珠子沿金属线向 x 轴的正方向运动。开始时间 $t=0$，珠子正以 12m/s 的速率通过 $x=0$ 的位置，有一不变的力作用在珠子上。图 7-17 标出珠子在以下四个时刻的位置：$t_0=0$，$t_1=1.0$s，$t_2=2.0$s，$t_3=3.0$s。珠子在 $t=3.0$s 短暂停止。$t=10$s 时珠子的动能是多大?

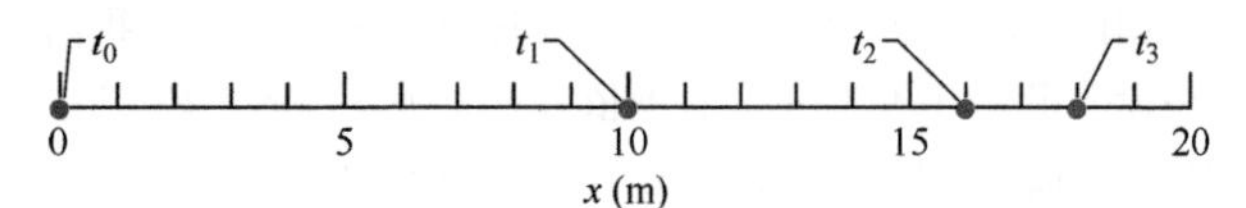

图 7-17　习题6图

7. 一个 3.0kg 的物体静止在无摩擦的气垫导轨上，这时一个恒定的水平力 $\vec{F}$ 沿导轨的 x 轴的正方向作用在该物体上。物体向右滑动过程中位置的频闪图在图 7-18 中标出。力在 $t=0$ 时开始作用到物体上，图中标出了每隔 0.50s 物体的位置。作用的力 $\vec{F}$ 在 $t=0$ 到 $t=2.0$s 之间对物体做了多少功?

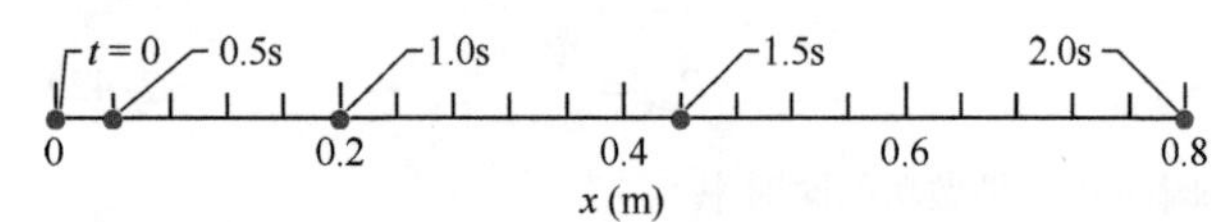

图 7-18　习题7图

8. 浮在水中的冰块被水流推动，沿直的河岸的位移为 $\vec{d}=(20\text{m})\vec{i}-(16\text{m})\vec{j}$，水流作用于冰块的力 $\vec{F}=(210\text{N})\vec{i}-(150\text{N})\vec{j}$。在这段位移中力对冰块做了多少功?

9. 作用在 xy 平面中运动的 2.0kg 的罐头上唯一的力的大小是 5.0N。起初罐头的速度沿正 x 方向，为 4.0m/s。经过一定的时间后它的速度为沿正 y 方向 6.0m/s。在这段时间中这 5.0N 的力对罐头做功多少?

10. 一枚硬币在无摩擦的平面上滑动，在恒定力作用下从 xy 坐标系的原点滑动到 xy 坐标为 (3.0m, 4.0m) 的点。力的大小为 2.5N，方向为从正 x 轴逆时针旋转 100°，在这段位移中力对硬币做功多少?

11. 一个质点的三维位移为：$\vec{d}=(5.00\vec{i}-3.00\vec{j}+4.00\vec{k})$m。有一个大小为 22.0N、方向不变的力作用在该质点上，如果质点动能的改变为 (a) 45.0J 和 (b) −45.0J，求力和位移间的角度。

12. 一只装有螺栓和螺母的铁桶在修车店的油腻的（无摩擦的）地板上被一把扫帚沿 x 轴推动 2.00m。图 7-19 给出扫帚的恒定水平力对铁桶做的功 W 和铁桶位置 x 的曲线图。图中纵坐标的标度用 $W_s=6.0$J 标出。(a) 力的大小是多少? (b) 如果铁桶的初始动能为 3.00J，沿 x 轴正方向运动，在 2.00m 终点处的动能是多少?

13. 总质量为 85kg 的雪橇和乘坐者从下山坡道以初速率 37m/s 进入水平的直道上。如果有一个力使他们以恒定的加速度 2.0m/s^2 减慢到停止。(a) 需要多大的力 F，(b) 在减速过程中他们走了多少距离 d? (c) 力对他们做了多少功 W? 如果他们以 4.0m/s^2 减速，(d) F、(e) d 和 (f) W 又各是多少?

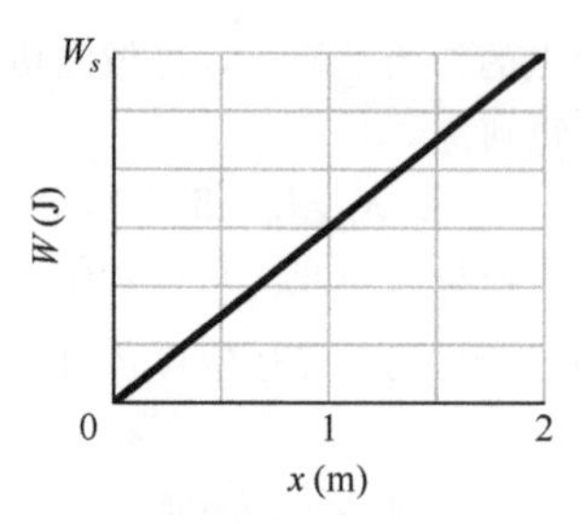

图 7-19　习题12图

14. 图 7-20 是一个俯视图，表示三个水平力作用于原来静止的盒子上，但是现在盒子正在无摩擦的地板上运动。力的数值分别是：$F_1=3.00$N，$F_2=4.00$N，$F_3=9.00$N。图中的角度 $\theta_2=50.0°$，$\theta_3=35.0°$，在最初的位移 4.00m 内，三个力对盒子做了多少净功?

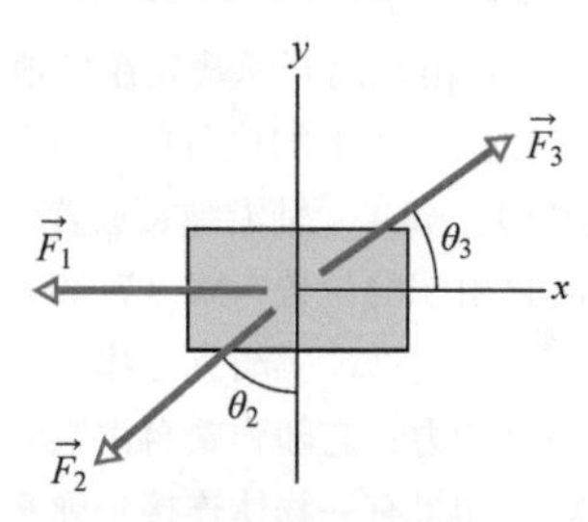

图 7-20　习题14图

15. 图 7-21 表示三个力作用在一只大箱子上，箱子在无摩擦的地板上向左移动了 3.00m。力的大小分别是 $F_1=5.00$N，$F_2=9.00$N 及 $F_3=3.00$N，标出的角度 $\theta=60°$，经过这段位移，(a) 三个力对箱子做了多少净功? (b) 箱子的动能是增加了还是减小了?

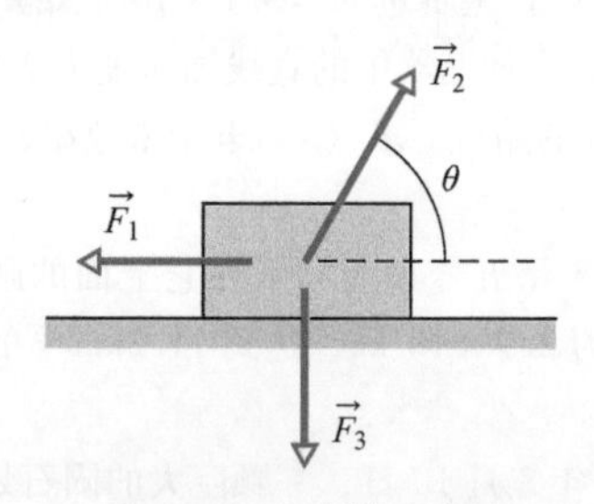

图 7-21　习题15图

16. 一个 7.0kg 的物体沿正 x 轴方向运动。当它经过 $x=0$ 时，一个方向沿着 x 轴的恒定力开始作用于该物体，图 7-22 给出它的动能 K 在位置 x 从 $x=0$ 运动到 $x=5.0$m 区间内变化的曲线图；$K_0=30.0$J。力继续作用下去。当物体反方向运动经过 $x=-3.0$m 时，速度 v 的数值是多少?

17. 一架军用直升机将 75kg 的洪水幸存者用绳子从河面垂直提高 16m。如果幸存者的加速度是 $g/10$，求：

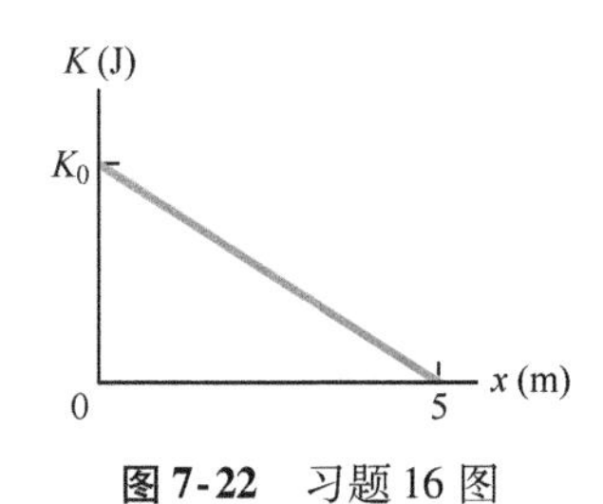

图 7-22 习题 16 图

（a）直升机上施加的力对她做的功和（b）重力对她做的功。在她刚到达直升机之前，她的（c）动能和（d）速率各是多少？

18. （a）1975 年，蒙特利尔赛车场的重达 360kN 的屋顶被抬高 10cm 使它能够位于中心。抬起屋顶的力对它做了多大的功？（b）1960 年，报道说佛罗里达州坦帕有一位母亲抬起了一辆汽车的一端，这辆汽车因千斤顶失效落下而压住了她的儿子。如果她近乎疯狂的行动有效地将 4000N 的重量（大约汽车 1/4 的重量）抬起了 5cm，她的力对汽车做了多少功？

19. 图 7-23 中，一块冰块沿无摩擦的斜面滑下，斜面倾斜角 $\theta=50°$，同时一位制冰工人用大小为 50N、沿斜面向上的力 $\vec{F}_r$（用绳）拉住冰块。冰块沿斜面滑下距离 $d=0.50$m后动能增加了 80J。如果没有用绳子拉着冰块，它的动能增大多少？

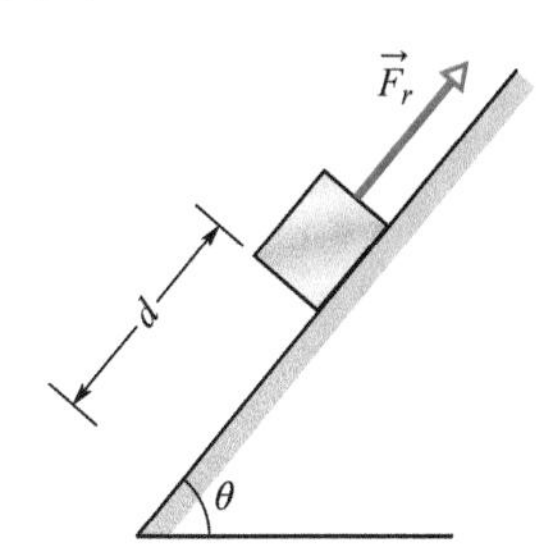

图 7-23 习题 19 图

20. 一木块沿无摩擦的斜面向上滑动，x 轴沿斜面向上。图 7-24 给出作为位置 x 的函数的木块动能曲线；图中纵坐标的标度 $K_s=50.0$J。如果木块的初速率为 5.00m/s，作用在木块上的法向力有多大？

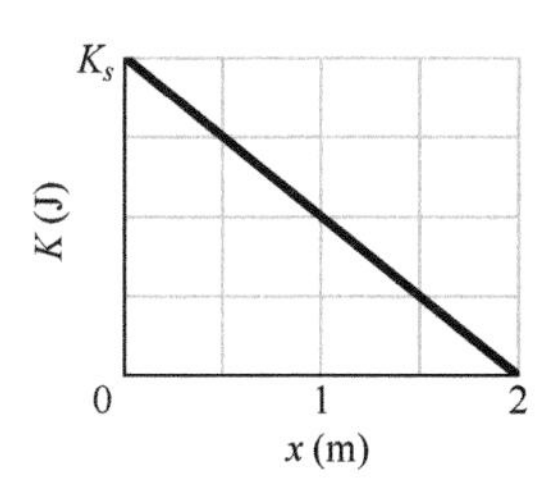

图 7-24 习题 20 图

21. 用一根绳子将质量为 M 的、起初静止的物体以 $g/4$ 的恒定向下加速度垂直地下放。物体下降距离 d 后，求（a）绳子的力对物体做的功，（b）重力对物体做的功，（c）物体的动能，（d）物体的速率。

22. 洞穴营救队用电动机驱动的缆绳将一位受伤的洞穴探险家直接向上吊出岩洞，起吊分三个阶段完成，每一个阶段都经过 12.0m 的竖直距离。（a）原来静止的洞穴探险家被加速到速率 5.00m/s；（b）然后他以恒定速率 5.00m/s 上升；（c）最后他减速到速度零。在每一阶段中，提举他的力对这位 85.0kg 的被救者做了多少功？

23. 图 7-25 中，大小为 82.0N 的力 $\vec{F}_a$ 以角度 $\phi=53.0°$作用在 3.00kg 的鞋盒子上，使盒子以恒定的速率沿无摩擦的斜面向上运动。盒子经过竖直距离 $h=0.150$m后，力 $\vec{F}_a$ 对盒子做了多少功？

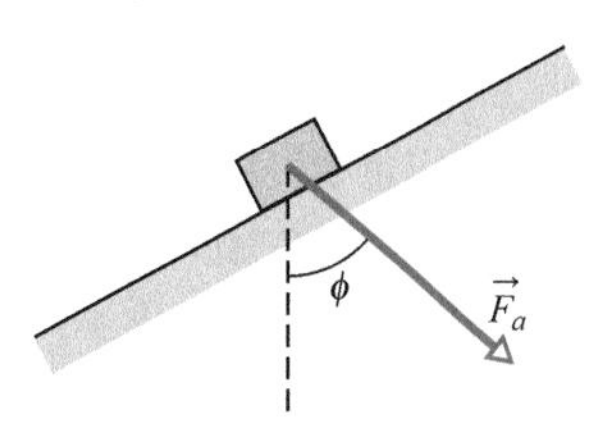

图 7-25 习题 23 图

24. 在图 7-26 中，大小为 23.0N 的水平力作用在一本 3.00kg 的心理学书上，书沿无摩擦的、角度为 $\theta=30.0°$的斜坡向上滑动距离 $d=0.580$m。（a）在这段位移过程中，力 $\vec{F}_a$、作用在书上的重力和作用在书上的法向力做的净功是多少？（b）如果位移开始时书的动能为零，则在位移终点它的速率为多少？

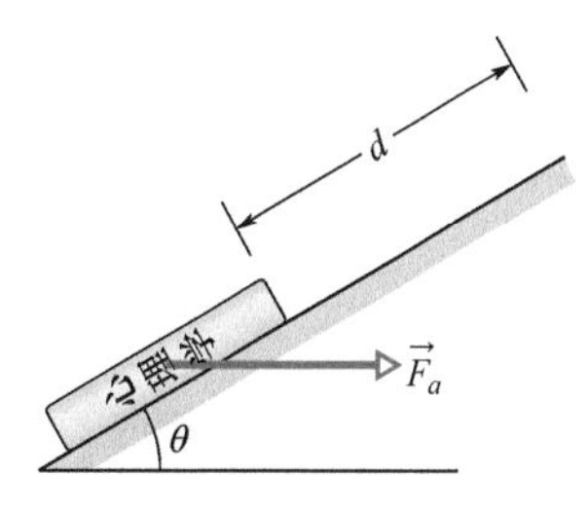

图 7-26 习题 24 题

25. 在图 7-27 中，一块 0.250kg 的乳酪放在 900kg 电梯的地板上，电梯正被钢缆向上拉，经过距离 $d_1=2.40$m，然后又经过 $d_2=10.5$m。（a）在经过 d_1 过程中，如果地板对乳酪块的法向力的大小恒定为 $F_N=3.00$N，钢缆的拉力对电梯做了多少功？（b）在 d_2 中，如果钢缆对电梯的（恒定）力做功 92.61kJ，力 F_N 的大小是多少？

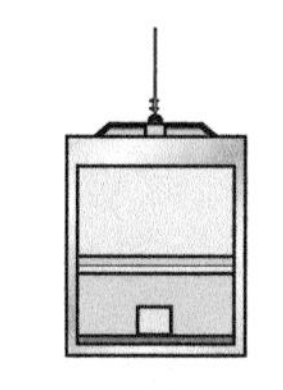

图 7-27 习题 25 题

26. 一根弹簧常量为 5.0×10^3N/m 的弹簧最初从未伸长的松弛位置伸长了 5.0cm，如果再把它拉长 5.0cm 需要做多少功？

27. 将弹簧和木块按图 7-10 的方式放置。当木块被拉到 $x=+4.0$cm 的位置时，我们必须用大小为 360N 的力拉住它，我们把木块拉到 $x=11\text{cm}$ 的位置，然后放手。在下述情况中弹簧对木块做了多少功：木块从 $x_i=+5.0\text{cm}$ 运动到（a）$x=+3.0\text{cm}$，（b）$x=-3.0\text{cm}$，（c）$x=-5.0\text{cm}$，（d）$x=-9.0\text{cm}$？

28. 在麻省理工学院的春季学期，住在东校区学生宿舍的相互平行的大楼内的学生将医用橡皮管装在窗框上制成大弹弓相互对射。将装有颜料的水球放在橡皮管制成的弹弓兜中，可以把橡皮管拉长到房间的宽度弹出。设橡皮管的拉伸遵从胡克定律，弹簧常量为110N/m。设橡皮管被拉长到5.00m然后放开，问橡皮管弹回它松弛的位置的时候，橡皮管的弹力对弹弓兜中的水球做了多少功？

29. 在图7-10的安排中，我们慢慢地把木块从 $x=0$ 拉到 $x=+3.0\text{cm}$，木块就停在这里。图7-28表示我们用的力对木块做的功。图的纵轴的标度 $W_s=1.0\text{J}$。然后我们把木块拉到 $x_i=+5.0\text{cm}$ 处并将它从静止释放。当木块从 $x_i=+5.0\text{cm}$ 分别移动到（a）$x=+4.0\text{cm}$，（b）$x=-2.0\text{cm}$，（c）$x=-5.0\text{cm}$ 时弹簧对木块做了多少功？

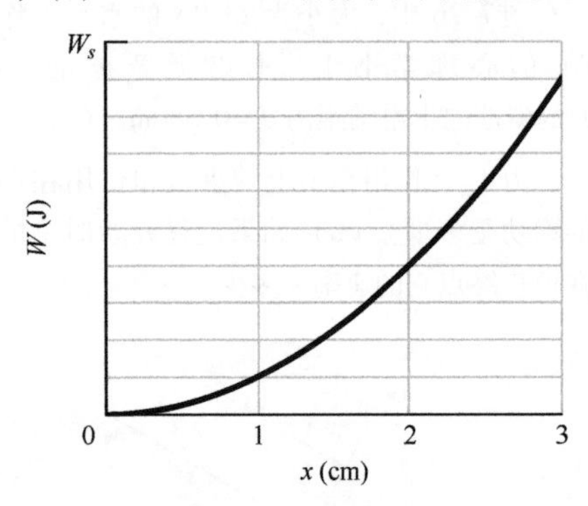

图7-28　习题29图

30. 在图7-10a中，放在无摩擦的水平表面上的质量为 m 的木块被连接到水平放置的弹簧一端（弹簧常量为 k），弹簧的另一端固定。木块原来静止在弹簧没有被拉长的位置（$x=0$）。开始时有一个指向 x 轴正方向的恒定水平力作用在木块上。木块得到的动能对它的位置关系的曲线图画在图7-29中。纵轴的标度用 $K_s=6.0\text{J}$ 标出。（a）$\vec{F}$的大小是多少？（b）k 的数值是多少？

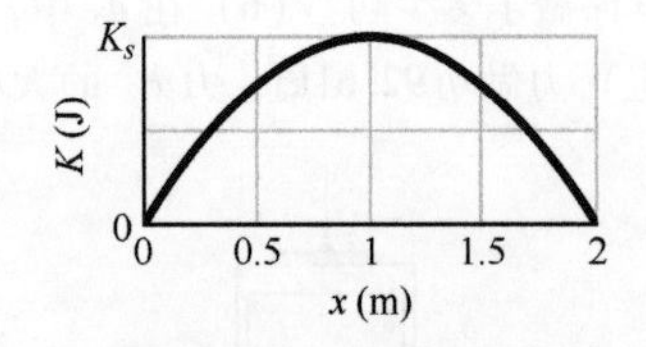

图7-29　习题30图

31. 当一个2.5kg的物体沿 x 轴正方向运动时有一个力作用于它。力由方程式 $F_x=-6x\text{N}$ 给出，x 的单位是m。物体在 $x=3.5\text{m}$ 处的速度是8.5m/s。（a）求物体在 $x=4.5\text{m}$处的速度。（b）求物体速度为5.5m/s时所在的正 x 值的位置。

32. 图7-30给出了图7-10的弹簧-木块系统的弹簧力 F_x 对位置 x 的曲线图。标度为 $F_s=160.0\text{N}$。我们在 $x=12\text{cm}$处将木块释放。求木块从 $x_i=+8.0\text{cm}$ 开始移动分别到（a）$x=+5.0\text{cm}$，（b）$x=-5.0\text{cm}$，（c）$x=-8.0\text{cm}$及（d）$x=-10.0\text{cm}$ 各处时，弹簧对木块所做的功。

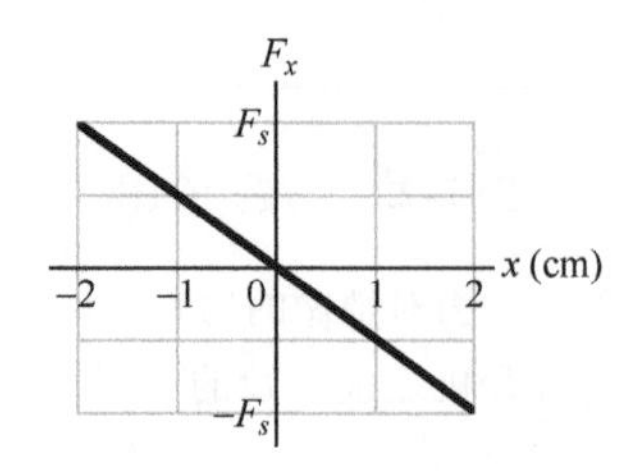

图7-30　习题32图

33. 图7-10a中的木块放在水平无摩擦的表面上，弹簧常量是50N/m。起初，弹簧处在松弛的状态下，木块静止在 $x=0$ 的位置。然后，一个恒定大小为3.0N的作用力将木块拉向 x 轴的正方向，把弹簧拉长直到木块停止。木块停止时，求：（a）木块的位置；（b）作用力对木块做的功；（c）弹簧力对木块所做的功。问：在木块位移过程中（d）木块动能最大时的位置在哪里？（e）这个最大动能的数值是多少？

34. 一15kg的砖块沿 x 轴运动。它的作为位置函数的加速度表示在图7-31中。图的纵轴标度 $a_s=24\text{m/s}^2$。在砖块从 $x=0$ 移动到 $x=8.0\text{m}$ 的过程中引起加速度的力对砖块所做的净功是多少？

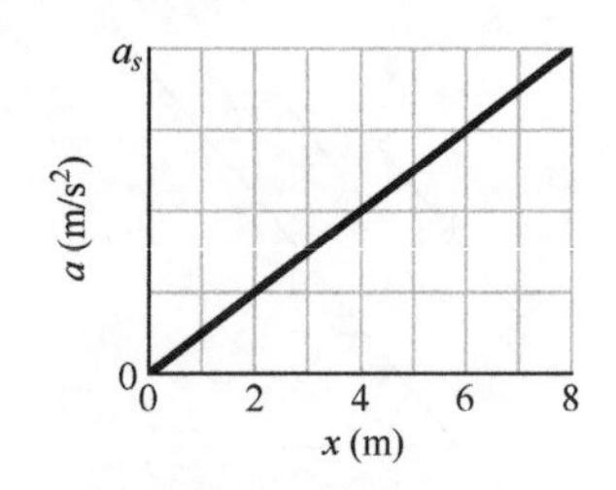

图7-31　习题34图

35. 作用在质点上的力沿 x 轴并由下式给出：$F=F_0(x/x_0-1)$。求质点从 $x=0$ 移动到 $x=2x_0$ 的行程中力做的功，用两种方法：（a）画出 $F(x)$ 曲线图，根据曲线图测量功；（b）将 $F(x)$ 积分。

36. 2.5kg的木块在图7-32所示的随位置而变的力的作用下在无摩擦的水平表面上沿直线运动。图上纵轴的标度由 $F_s=10.0\text{N}$ 标定。木块从原点移动到 $x=8.0\text{m}$ 处力做了多少功？

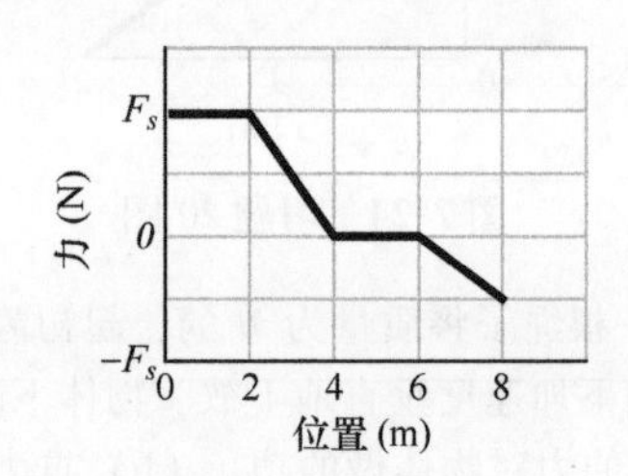

图7-32　习题36图

37. 图7-33给出2.00kg的质点在力$\vec{F}_a$作用下从静止开始沿x轴运动，从$x=0$到$x=9.0$m的行程中的加速度曲线。图的纵坐标的标度由$a_s=6.0\text{m/s}^2$标定。在下列情况中，力对质点做了多少功：当质点分别到达（a）$x=4.0$m，（b）$x=7.0$m，以及（c）$x=9.0$m等各个位置？当质点到达下列位置时运动的速率和方向为何：（d）$x=4.0$m，（e）$x=7.0$m，（f）$x=9.0$m？

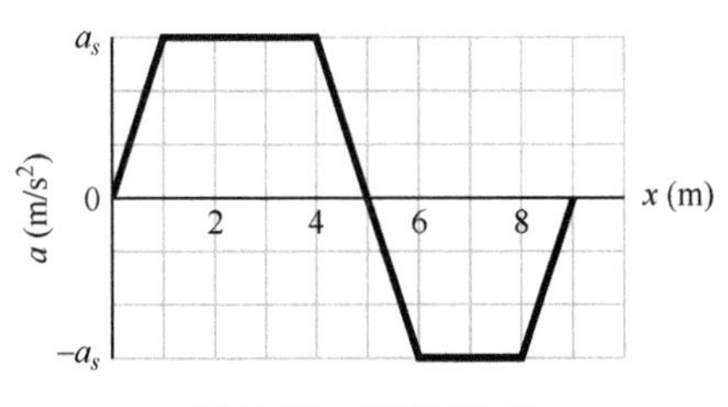

图7-33　习题37图

38. 1.0kg的木块原来静止在水平无摩擦的表面上，有一个沿x轴的水平力作用到木块上，力的方程是$\vec{F}(x)=(2.5-x^2)\vec{i}$N，其中$x$的单位是m，木块的初始位置$x=0$。（a）木块经过$x=2.0$m时动能多大？（b）在$x=0$到$x=2.0$m之间，木块的最大动能是多少？

39. 质量为0.020kg的质点以速度$(5.0\vec{i}+18\vec{k})$m/s做曲线运动。经过一段时间，由于一个力的作用速度变为$(9.0\vec{i}+22\vec{j})$ m/s。求这个时间段内力对质点做的功。

40. 一个沙丁鱼罐头被驱动沿x轴从$x=0.25$m移动到$x=2.25$m，驱动力的大小为$F=\exp(-4x^2)$，x的单位是m，F的单位是N。（这里的exp是以e为底的指数型函数。）力对罐头做了多少功？

41. 只有一个力作用在可以看作质点的2.8kg的物体上，它的位置$x=4.0t-5.0t^2+2.0t^3$，x的单位是m，t的单位是s。从$t=0$到$t=6.0$s，力做的功是多少？

42. 图7-34画的是一根绳子连接到一辆小车，小车可以沿着与x轴成一线的无摩擦水平轨道滑动。绳子的左端绕过一个质量和摩擦都可忽略不计的滑轮，绳子的高度差$h=1.25$m，小车从$x_1=3.00$m滑到$x_2=1.00$m。在运动过程中绳子上的张力是常量28.0N。在这个运动过程中小车动能的改变是多少？

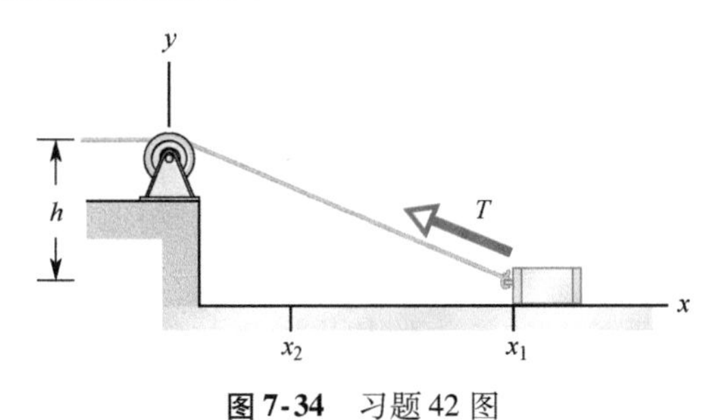

图7-34　习题42图

43. 5.0N的力作用在原来静止的15kg物体上。计算力做的功：（a）在第一秒内，（b）第二秒内，（c）第三秒内。（d）求力在第三秒钟末的瞬时功率。

44. 一位滑雪者被一根拖缆拉上无摩擦的滑雪斜坡，斜坡和水平成12°角。缆绳以1.0m/s的恒定速率平行于斜坡运动。在滑雪者沿斜坡往上移动距离7.0m的过程中缆绳的力对滑雪者做功880J。（a）如果缆绳以恒定速率2.0m/s移动，使滑雪者沿斜面向上移动8.0m的距离，则缆绳的力对滑雪者做功多少？当缆绳以（b）1.0m/s及（c）2.0m/s的速率运动时，缆绳的力对滑雪者做功的功率有多大？

45. 一块102kg的木块被一个大小为125N、方向为水平向上38°的力拉动，在水平的地板上以5.5m/s的恒定速率移动。计算力对木块做功的功率。

46. 装有货物的电梯质量为5.0×10^3kg。它在电梯井中以恒定速率向上升。在23s内上升了210m。缆绳的力以多大的平均功率对电梯做功？

47. 一台机器将4.0kg的包裹从$t=0$时的初始位置$\vec{d}_i=(0.50\text{m})\vec{i}+(0.75\text{m})\vec{j}+(0.20\text{m})\vec{k}$移动到$t=12$s时的终了位置$\vec{d}_f=(7.50\text{m})\vec{i}+(12.0\text{m})\vec{j}+(7.20\text{m})\vec{k}$。机器作用在包裹上的恒定力是$\vec{F}=(2.00\text{N})\vec{i}+(4.00\text{N})\vec{j}+(6.00\text{N})\vec{k}$。求在这段位移中的（a）机器的力对包裹做的功及（b）机器的力对包裹的平均功率。

48. 一只在水平无摩擦的表面上滑动的0.35kg的勺子连接在水平放置的弹簧（$k=450$N/m）的一端，弹簧另一端固定。勺子经过它的平衡位置（弹簧力在这一点上为零）时具有动能10J。（a）勺子经过平衡位置时弹簧对勺子做功的功率是多少？（b）弹簧被压缩0.10m，并且勺子向离开平衡位置的方向运动时弹簧对勺子做功的功率是多少？

49. 一辆满载的慢速货运电梯的总质量为1200kg，它要在3.0min的时间内上升54m，起始和终了时都静止。电梯的平衡锤质量只有950kg，所以电梯的电动机必须协助用力。电动机通过缆绳对电梯用力的平均功率多大？

50. （a）一个可以当作质点的物体在某一瞬间受到作用力$F=(4.0\text{N})\vec{i}-(2.0\text{N})\vec{j}+(9.0\text{N})\vec{k}$，这时物体的速度是$\vec{v}=-(2.0\text{m/s})\vec{i}+(4.0\text{m/s})\vec{k}$。力对物体做功的瞬时功率有多大？（b）在另一时刻，速度只有y分量。如果力不变并且瞬时功率是-15W，物体的速度是多少？

51. 力$\vec{F}=(3.00\text{N})\vec{i}+(7.00\text{N})\vec{j}+(7.00\text{N})\vec{k}$作用于质量为2.00kg的可移动的物体上，该物体在4.00s内从初始位置$\vec{d}_i=(3.00\text{m})\vec{i}-(2.00\text{m})\vec{j}+(5.00\text{m})\vec{k}$运动到终了位置$\vec{d}_f=-(5.00\text{m})\vec{i}+(4.00\text{m})\vec{j}+(7.00\text{m})\vec{k}$。求：（a）在这4.00s时间内力对该物体做的功。（b）在这段时间内力的平均功率。（c）矢量$\vec{d}_i$和$\vec{d}_f$之间的角度。

52. 一辆特种高速赛车从静止开始加速，在时间T内通过一段标准的距离，发动机以恒定的功率P运行。如果技术人员可以使发动机的功率增加一个小量dP，通过这个标准距离所需的时间将有何改变？

CHAPTER 8

第8章　势能和能量守恒

8-1　势能

学习目标

学完这一单元后，你应当能够……

8.01　区别保守力和非保守力。

8.02　对一个在两点之间运动的质点，明白保守力做的功不依赖于质点的运动路径。

8.03　计算质点的重力势能（或者更具体地说，质点-地球系统）。

8.04　计算木块-弹簧系统的弹性势能。

关键概念

- 对一个沿任一闭合路径运动，即从一点出发又回到这一点的质点所做净功为零的力叫作保守力。也可以说，对一个在两点间运动的质点做的净功不依赖于质点所走的路径的力称为保守力。重力和弹簧力都是保守力，而动摩擦力是非保守力。
- 势能是和其中保守力作用的系统的组态相关的能量。保守力对系统中的一个质点做功 W，系统势能的改变为 ΔU：
$$\Delta U=-W$$
如果该质点从 x_i 点运动到 x_f 点，系统势能的改变是
$$\Delta U=-\int_{x_i}^{x_f}F(x)\,\mathrm{d}x$$
- 与包括地球及其附近质点在内的系统相联系的势能是重力势能。如果质点从高度 y_i 运动到高度 y_f，质点-地球系统的重力势能的改变是
$$\Delta U=mg(y_f-y_i)=mg\Delta y$$
- 如将质点的参考点设为 $y_i=0$，系统相应的重力势能设为 $U_i=0$，则质点在任一高度 y 时的重力势能为
$$U(y)=mgy$$
- 弹性势能是与弹性物体压缩或拉伸状态相关的能量。对于自由端位移为 x 产生弹性力 $F=-kx$ 的弹簧，其弹性势能为
$$U(x)=\frac{1}{2}kx^2$$
- 弹簧的参考组态是弹簧处在松弛状态时的长度，在这种状态下，$x=0$，$U=0$。

什么是物理学？

物理学的任务之一是识别世界上各种类型的能量，特别是那些具有普遍重要性的能量。能量的一种常见形式是**势能** U。从技术上讲，势能是和相互施加作用力的物体组成的系统的组态（安排）相联系的能量。

这实际上是你很熟悉的某些事物的相当正规的定义。举一个例子可能比定义更有助于理解。蹦极者从平台上跳下（见图8-1）。系统由地球和蹦极者这两个物体组成。物体间的力是重力。系统的组态在变化（蹦极者和地球间的距离在减少，当然这就是蹦极惊险之所在）。我们通过定义**重力势能** U 来说明蹦极者的运动和动

能的增加。这就是和通过重力相互吸引的两个物体之间的分离状态有关的能量，这里的物体是蹦极者和地球。

从蹦极者跳下后开始拉长橡皮带直到下落的终点，这个系统是由橡皮带和蹦极者这两个物体组成。物体间的力是弹性（类似于弹簧）力。系统的组态在改变（橡皮带拉长）。我们可以定义**弹性势能** U 来解释蹦极者动能的减少和橡皮带长度的增加。这是和弹性物体压缩或伸长状态相联系的能量，这里的弹性物体是蹦极橡皮带。

物理学研究如何计算系统的势能，这样就可以将能量储存起来或者取出来应用。例如，在蹦极者实现蹦极之前，人们（可能是机械工程师）一定要计算可以预料的重力势能和弹性势能以采用正确合适的橡皮带。这样，才能保证蹦极既刺激又安全，不会有生命危险。

Rough Guides/Greg Roden/Getty Images, Inc.

图 8-1 蹦极者的动能在自由下落过程中增大，橡皮带开始拉长，使蹦极者下落减慢。

功与势能

在第 7 章中，我们曾讨论了功与动能的变化之间的关系。此处，我们要讨论功与势能的变化之间的关系。

向上扔一个番茄（见图 8-2）。我们已经知道随着番茄上升，重力对番茄做的功 W_g 是负的，因为重力转移了番茄的动能。现在我们可以把话说完，就是重力将此能量转化为番茄-地球系统的重力势能。

番茄由于重力的作用而慢下来，停止，接着开始向下回落。下落期间，能量的转移反过来了：此时重力对番茄做的功 W_g 是正的——重力将番茄-地球系统的重力势能转化为番茄的动能。

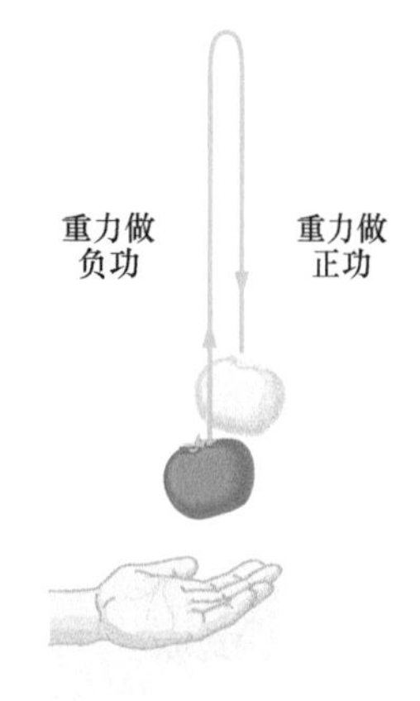

图 8-2 将一只番茄上抛。它上升时，重力对它做负功，减少它的动能。当它下降时，重力对它做正功，使它的动能增加。

不论上升或下落，重力势能的变化量 ΔU 定义为重力对番茄所做功的负值。用功的常用符号 W 表示，此定义写作

$$\Delta U = -W \tag{8-1}$$

此式也适用于图 8-3 所示的木块-弹簧系统。如果我们猛推一下木块，使它向右运动，弹簧力向左因而对木块做负功，将木块的动能转化为弹簧-木块系统的弹性势能。木块慢下来，最终停下，由于弹簧力仍向左，它开始向左移动。能量的转化倒过来，于是——弹簧-木块系统的势能转化为木块的动能。

保守力与非保守力

现在我们列出刚讨论过的两种情形的关键因素：

1）系统包含两个或两个以上的物体。

2）系统中的一个可以看作质点的物体（番茄或木块）和系统的其余部分之间有力作用着。

3）当系统的位形改变时，该力对可以看作质点的物体做功（称为 W_1），使物体的动能 K 和系统其他形式的能量相互转化。

4）位形的改变逆转，该力使能量的转化逆转，在过程中做功 W_2。

在 $W_1 = -W_2$ 总是成立的情形中，这种其他形式的能量就是势能，而这种力称为**保守力**。你可能想得到，重力和弹簧力都是保守的（否则，我们就不能如前边那样谈论重力势能和弹性势能）。

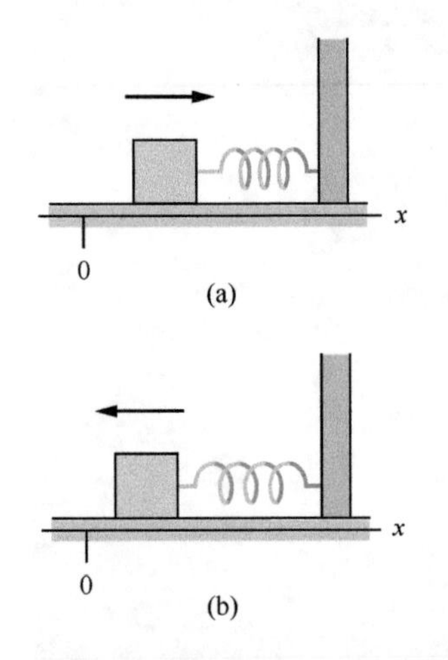

图 8-3　原来静止在 $x=0$ 的与弹簧连接在一起的木块被推向右运动。(a) 随着木块向右运动 (如箭头所示)，弹簧力对它做负功。(b) 接着，随着木块返回向着 $x=0$ 运动，弹簧力对它做正功。

一个不是保守的力，称为**非保守力**。动摩擦力和阻力都是非保守的。比如，让我们使物体在有摩擦的地板上滑动。滑动过程中，地板对物体的动摩擦力使物体减速，将它的动能转化为称为热能的能量形式（与原子和分子的无规则运动有关）。我们从实验知道，这种能量转化不能逆转（热能不能靠动摩擦力重新转化为物体的动能）。所以，虽然我们有一个系统（由物体与地板组成），有力作用在系统内各部分之间，而且有该力引起的能量转化，可是这个力不是保守的。因此，热能不是势能。

只有当保守力作用于可以看作质点的物体上时，我们才可以大大简化用其他方法很难解决的，包括物体运动的问题。下面我们提出辨别保守力的检验方法，这将提供简化这类问题的一种方法。

保守力与路径无关

确定一个力是保守力还是非保守力的基本鉴别方法是：让这个力作用在沿任一闭合路径运动的一个质点上，从某一初始位置开始最后又返回到这个位置（使该质点做了一个起点和终点都在同一地点的来回绕行）。只有质点在沿这个闭合路径或沿任意其他闭合路径绕行一周时，力转移给质点以及由质点转移出的总能量为零，这种力才是保守的。换言之：

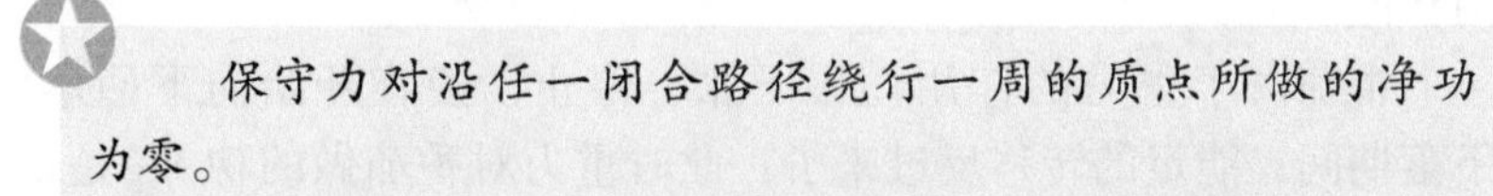
保守力对沿任一闭合路径绕行一周的质点所做的净功为零。

我们由实验知道重力能够通过这样的闭合路径检验。例证之一就是图 8-2 中上抛的番茄。番茄以速率 v_0 和动能$\frac{1}{2}mv_0^2$ 离开抛出点。作用于番茄的重力使它慢下来，到最高点停止，接着又使它向下回落。当番茄返回到抛出点时，它又具有了速率 v_0 和动能 $\frac{1}{2}mv_0^2$。因此，重力在番茄上升过程中从番茄转移出的那些能量，在番茄回落到抛出点的过程中又还给了番茄。在这来回一周的过程中，重力对番茄做的净功为零。

闭合路径检验的一个重要结果是：

保守力对在两点之间运动的质点所做的功，与质点的运动路径无关。

例如，图 8-4a 中，设质点沿路径 1 或路径 2 由 a 点移动到 b 点。如果只有保守力作用在质点上，则沿两条路径对质点做功都相同。可用符号将此结果写为

$$W_{ab,1}=W_{ab,2} \tag{8-2}$$

其中，下标 ab 分别代表初始和末了的点，下标 1 和 2 表示路径。

这个结果非常重要，因为它能简化那些只涉及保守力的难题。假设需要计算保守力对沿两点间的给定路径运动的质点所做的功，而没有附加的条件，计算可能很困难，甚至不可能。这时，就可

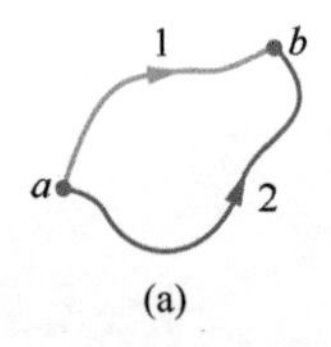

力是保守的，两点之间选择任一条路径，给出同样数量的功。

(a)

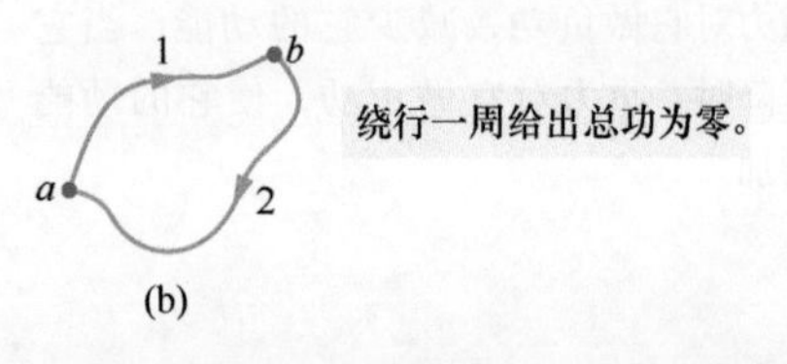

(b)

图 8-4　(a) 质点在保守力的作用下沿路径 1 或路径 2 由 a 点移动到 b 点。(b) 质点绕行一周沿路径 1 由 a 点到达 b 点，然后沿路径 2 返回到 a 点。

以用在同样两点间的另一条路径来计算，使计算较为便捷并且可以进行。

式（8-2）的证明

图 8-4b 表示受单个力作用的质点的任意一个来回路径。质点由起点 a 沿路径 1 运动到 b 点，然后沿路径 2 返回到 a 点。质点沿每个路径运动时，该力都对它做功。不去考虑在何处做正功，在何处做负功，我们只用 $W_{ab,1}$ 来代表沿路径 1 由 a 到 b 过程中做的功，而以 $W_{ba,2}$ 表示沿路径 2 由 b 回到 a 做的功。如果力是保守力，则一来一回做的净功一定为零：

$$W_{ab,1}+W_{ba,2}=0$$

因而

$$W_{ab,1}=-W_{ba,2} \tag{8-3}$$

用语言表达，沿出去路径所做的功一定是沿返回路径所做的功的负值。

现在考虑质点沿图 8-4a 所示的路径 2 由 a 运动到 b 时，该力对质点做的功 $W_{ab,2}$。如果力是保守的，所做之功就应是 $W_{ba,2}$ 的负值

$$W_{ab,2}=-W_{ba,2} \tag{8-4}$$

将 $W_{ab,2}$ 代入式（8-3）中的 $-W_{ba,2}$，得到

$$W_{ab,1}=W_{ab,2}$$

这正是我们要证明的。

检查点 1

右图为连接 a 点和 b 点的三条路径。力 $\vec{F}$ 对按所示方向沿各条路径运动的一个质点做的功标在图中。基于这些信息判断，力 $\vec{F}$ 是保守的吗？

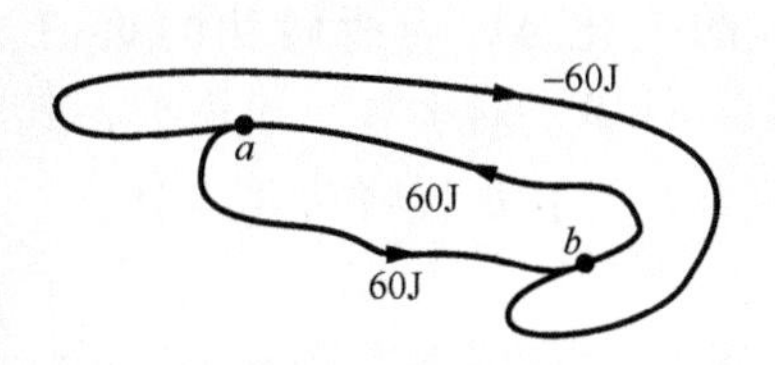

例题 8.01 计算功的等效路径，滑溜的奶酪

这个例题要教你们的主要内容是：选择容易的路径而不选难解的路径是完全可行的。如图 8-5a所示，一块 2.0kg 滑溜溜的奶酪，由 a 点沿着无摩擦的轨道滑到 b 点。奶酪沿轨道经过的总路程为 2.0m，净竖直距离为 0.80m。在奶酪下滑期间，重力对它做了多少功？

【关键概念】

（1）我们不能应用式（7-12）：$W_g=mgd\cos\phi$ 来计算功。理由是重力 $\vec{F}_g$ 与位移 $\vec{d}$ 方向之间的角度 ϕ 沿轨道的变化方式不知道（即使我们知道了轨道的形状而且能够计算出沿着它的 ϕ 角，计算也是非常复杂的）。（2）由于 $\vec{F}_g$ 为保守力，计算功时可以选取 a 与 b 之间的其他路径——一条使计算容易的路径。

解： 我们选取图 8-5b 中的虚线路径，它包含两段直线。沿水平路段，角度 ϕ 是常量 90°。即使我们不知道这段水平路径的位移，式（7-12）告诉我们，水平路段上重力做的功 W_h 为

$$W_h=mgd\cos 90°=0$$

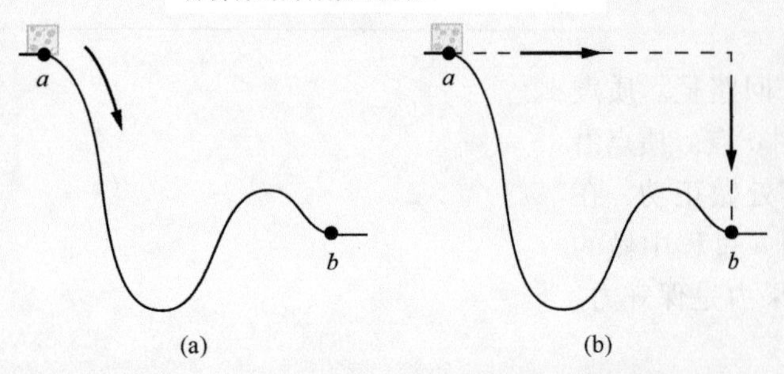

图 8-5 (a) 一块奶酪由 a 点沿无摩擦的轨道滑到 b 点。(b) 沿虚线所示路径求重力对奶酪做的功要比沿实际路径来求容易；两条路径的结果相同。

沿竖直路径，位移的大小 d 为 0.80m，$\vec{F}_g$ 与 $\vec{d}$ 都向下，角度 ϕ 是常量 0°。所以，式 (7-12) 给出，重力沿虚线的竖直部分做的功 W_v 为

$$W_v = mgd\cos 0°$$
$$= (2.0\text{kg})(9.8\text{m/s}^2)(0.80\text{m})(1) = 15.7\text{J}$$

于是，奶酪沿虚线路径由 a 点运动到 b 点，$\vec{F}_g$ 对它所做的总功为

$$W = W_h + W_v = 0 + 15.7\text{J} \approx 16\text{J} \quad (\text{答案})$$

这也就是奶酪沿轨道由 a 滑到 b 时重力做的功。

在 WileyPLUS 中可以找到附加的例题、视频和练习。

确定势能值

这里，我们要找出计算本章讨论的两种类型的势能——重力势能和弹性势能——数值的方程式。不过，我们必须先找出保守力与相关势能的一般关系。

考虑一个可以当作质点的物体，它属于保守力 $\vec{F}$ 在其中作用的系统的一部分。当力对此物体做功 W 时，与这个系统相关的势能的变化 ΔU 为所做功的负值。我们将此事实写作式 (8-1)：$\Delta U = -W$。对多数一般情形，其中力会随位置而改变，我们可像式 (7-32) 那样将功 W 写作

$$W = \int_{x_i}^{x_f} F(x)\,\mathrm{d}x \tag{8-5}$$

此式给出物体由点 x_i 运动到点 x_f 造成系统的组态发生变化时力所做的功（由于力是保守力，所以对这两点之间的所有路径做的功均相同）。

将式 (8-5) 代入式 (8-1)，我们可求出由于组态改变而引起的势能变化的普遍关系为

$$\Delta U = -\int_{x_i}^{x_f} F(x)\,\mathrm{d}x \tag{8-6}$$

重力势能

我们首先考虑一个质量为 m 的质点，它沿 y 轴（向上为正）方向竖直运动。随着质点由点 y_i 运动到点 y_f，重力 $\vec{F}_g$ 对它做功。为了求质点-地球系统的重力势能的相应的变化，我们应用式 (8-6)，但做两点改变：①因为重力沿竖直方向，所以不沿 x 轴而沿 y 轴积分；②因为 $\vec{F}_g$ 的大小为 mg，方向沿 y 轴向下，所以将力的符号 F 用 $-mg$ 代入。于是就有

$$\Delta U = -\int_{y_i}^{y_f}(-mg)\,\mathrm{d}y = mg\int_{y_i}^{y_f}\mathrm{d}y = mg[y]_{y_i}^{y_f}$$

由此可得

$$\Delta U = mg(y_f - y_i) = mg\Delta y \tag{8-7}$$

只有重力势能（或任何其他类型的势能）的变化 ΔU 才有物理意义。不过，为简化计算或讨论，有时喜欢说，当质点位于某一高度 y 时，一定的重力势能值 U 与一定的质点-地球系统相联系。为此，将式（8-7）重写作

$$U - U_i = mg(y - y_i) \tag{8-8}$$

然后，我们将 U_i 取作系统在某一**参考组态**时的重力势能，在此参考组态中质点位于某一**参考点** y_i。通常我们取 $U_i = 0$ 和 $y_i = 0$。这样，式（8-8）变为

$$U(y) = mgy \quad (\text{重力势能}) \tag{8-9}$$

此式告诉我们：

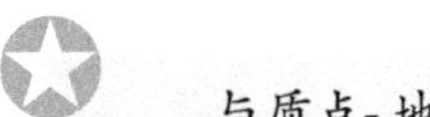

与质点-地球系统相联系的重力势能仅依赖于质点相对于参考位置 $y=0$ 而言的竖直位置 y（或高度），而与水平位置无关。

弹性势能

我们接下来讨论如图 8-3 所示的木块-弹簧系统，连接在弹簧常量为 k 的弹簧一端的木块在运动。随着木块从点 x_i 运动到点 x_f，弹簧弹力 $F = -kx$ 对它做功。为了求木块-弹簧系统的弹性势能相应的变化，在式（8-6）中将 $F(x)$ 以 $-kx$ 代入，于是有

$$\Delta U = -\int_{x_i}^{x_f}(-kx)\,\mathrm{d}x = k\int_{x_i}^{x_f}x\,\mathrm{d}x = \frac{1}{2}k[x^2]_{x_i}^{x_f}$$

或

$$\Delta U = \frac{1}{2}kx_f^2 - \frac{1}{2}kx_i^2 \tag{8-10}$$

为了将势能值 U 与在位置 x 的木块相联系，我们将弹簧在其松弛长度且木块在 $x_i = 0$ 时选为参考组态。于是，弹性势能 U_i 为零，式（8-10）成为

$$U - 0 = \frac{1}{2}kx^2 - 0$$

由此给出

$$U(x) = \frac{1}{2}kx^2 \quad (\text{弹性势能}) \tag{8-11}$$

检查点 2

一个质点在一个沿 x 轴方向的保守力作用下沿 x 轴从 $x=0$ 运动到 x_1。下图所示为这个力的 x 分量随 x 变化的三种情形。在三种情形里该力都具有相同的最大值 F_1。按照质点运动过程中相关势能的变化将这些情形从最大正值开始排序。

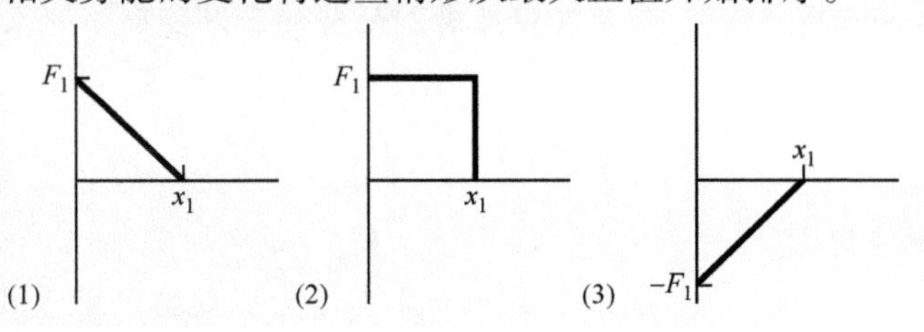

例题 8.02 **选择重力势能的参考水平，树懒**

这是一个与这个课程内容有关的例子：一般说来你们可以选择任何水平线作为参考水平，但一经选定，就必须始终如一。一只2.0kg的树懒吊在距地面5.0m的树枝上（见图8-6）。

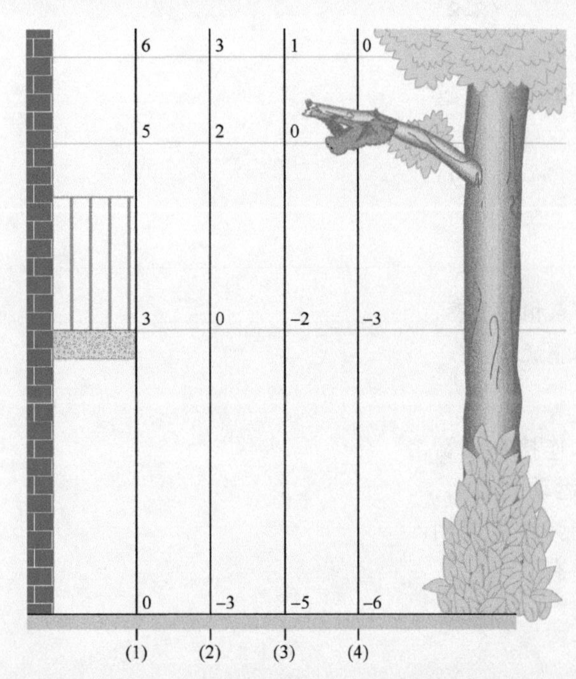

图8-6 参考点 $y=0$ 的四种选择。各 y 轴都用单位 m 标记。不同的选择会影响树懒-地球系统的势能 U 的值。然而，如果树懒移动，比如，下落，不同的选择不会影响该系统的势能的变化 ΔU。

（a）树懒-地球系统的重力势能 U 是多少？如果将参考点 $y=0$ 选在（1）地面；（2）地面上方3.0m高的阳台地板上；（3）树枝上；及(4)树枝上方1.0m处。令 $y=0$ 处的重力势能为零。

【关键概念】

一旦我们选定了 $y=0$ 的参考点，我们可以相对于这个参考点用式（8-9）计算重力势能 U。

解：例如，对选择（1）来说，树懒在 $y=5.0\text{m}$ 处，而

$$U=mgy=(2.0\text{kg})(9.8\text{m/s}^2)(5.0\text{m})=98\text{J} \quad \text{（答案）}$$

对其他选择，U 值分别为

（2）$U=mgy=mg(2.0\text{m})=39\text{J}$

（3）$U=mgy=mg(0)=0\text{J}$

（4）$U=mgy=mg(-1.0\text{m})=-19.6\text{J}\approx-20\text{J}$ （答案）

（b）树懒落到了地面上。由于它的下落，对各种参考点的选择，树懒-地球系统的势能变化 ΔU 为何？

【关键概念】

势能的变化不依赖于对参考点 $y=0$ 的选择；只依赖于高度的变化 Δy。

解：对所有四种情形，都有相同的 $\Delta y=-5.0\text{m}$，因而对（1）～(4)，式（8-7）给出

$$\Delta U=mg\Delta y=(2.0\text{kg})(9.8\text{m/s}^2)(-5.0\text{m})=-98\text{J} \quad \text{（答案）}$$

 在 WileyPLUS 中可以找到附加的例题、视频和练习。

8-2 机械能守恒

学习目标

学完这一单元后，你应当能够……

8.05 首先，要明确地定义哪些物体组成一个系统，明白系统的机械能是这些物体的动能和势能的总和。

8.06 对一个其中只有保守力作用的孤立系统，将机械能守恒应用于将初始势能和动能以及以后时刻的势能和动能联系起来。

关键概念

● 系统的机械能 E_{mec} 是该系统的动能 K 和势能 U 之和：

$$E_{mec}=K+U$$

● 孤立系是一个没有外力引起它的能量变化的系

统。如在孤立系内部只有保守力做功，那么系统的机械能不变。这个机械能守恒原理写成：

$$K_2+U_2=K_1+U_1$$

其中的下标表示能量传递过程中的不同时刻。这个守恒原理也可以写作：

$$\Delta E_{mec}=\Delta K+\Delta U=0$$

机械能守恒

系统的机械能 E_{mec} 是其势能 U 与系统内物体的动能 K 的总和：

$$E_{mec}=K+U \quad (机械能) \tag{8-12}$$

本节中，我们讨论只有保守力引起系统内能量的转移——即当系统内的物体不受摩擦力和阻力作用时，这机械能会怎样变化。同时，我们还假设系统从它的环境中被孤立出来，也就是没有来自系统外的物体作用的外力引起系统内的能量改变。

当一个保守力对系统内的一个物体做功 W 时，它使该物体的动能与系统的势能相互转化。由式（7-10）知，动能的变化 ΔK 为

$$\Delta K = W \tag{8-13}$$

而且，由式（8-1），势能的变化 ΔU 为

$$\Delta U = -W \tag{8-14}$$

结合式（8-13）和式（8-14）可得

$$\Delta K = -\Delta U \tag{8-15}$$

用文字表述，这两种能量中的一种的增加严格地与另一种的减少一样多。

可将式（8-15）写作

$$K_2-K_1=-(U_2-U_1) \tag{8-16}$$

其中下标表示两个不同的瞬时，因而也就是表示系统内物体的两种不同安排。重新整理式（8-16）得

$$K_2+U_2=K_1+U_1 \quad (机械能守恒) \tag{8-17}$$

用文字表述，此式告诉我们

（系统在任一状态的 K 与 U 之和）

=（该系统在其他任何状态的 K 与 U 之和）

系统是孤立的并且只有保守力作用在系统中的物体上，换言之：

> 在一个只有保守力引起能量变化的孤立系统内，动能与势能可以改变，但它们的总和，系统的机械能 E_{mec}，不会改变。

这个结果称为**机械能守恒原理**（现在你可以知道保守力这个名字的出处了）[⊖]。借助于式（8-15）的帮助，可将此原理用另一种形式表示为

$$\Delta E_{mec}=\Delta K+\Delta U=0 \tag{8-18}$$

机械能守恒原理使我们可以解那些只用牛顿定律会很难解的问题：

©AP/Wide World Photos

从前为了能在平坦的地面上看得更远，用一块毯子将人抛起。如今这样做只是为了取乐。照片中的人上升时，能量由动能转化为重力势能。动能全部转化完时达到最高点。接着在下落过程中，能量转化逆向进行。

⊖ “守恒”的英文是 conservation，“保守的”英文是 conservative，二者有相同的词根。——译者注

当系统的机械能守恒时，我们可将两个不同时刻的动能与势能之和联系起来，而不必考虑中间的运动，也不用去求所涉及的力做的功。

图8-7给出一个可以应用机械能守恒定律的例子：随着摆锤的摆动，摆-地球系统的能量在动能 K 与重力势能 U 之间来回转化，而它们的和 $K+U$ 恒定。如果知道了摆锤在其最高点（见图8-7c）的重力势能，式（8-17）给出摆锤在最低点（见图8-7e）的动能。

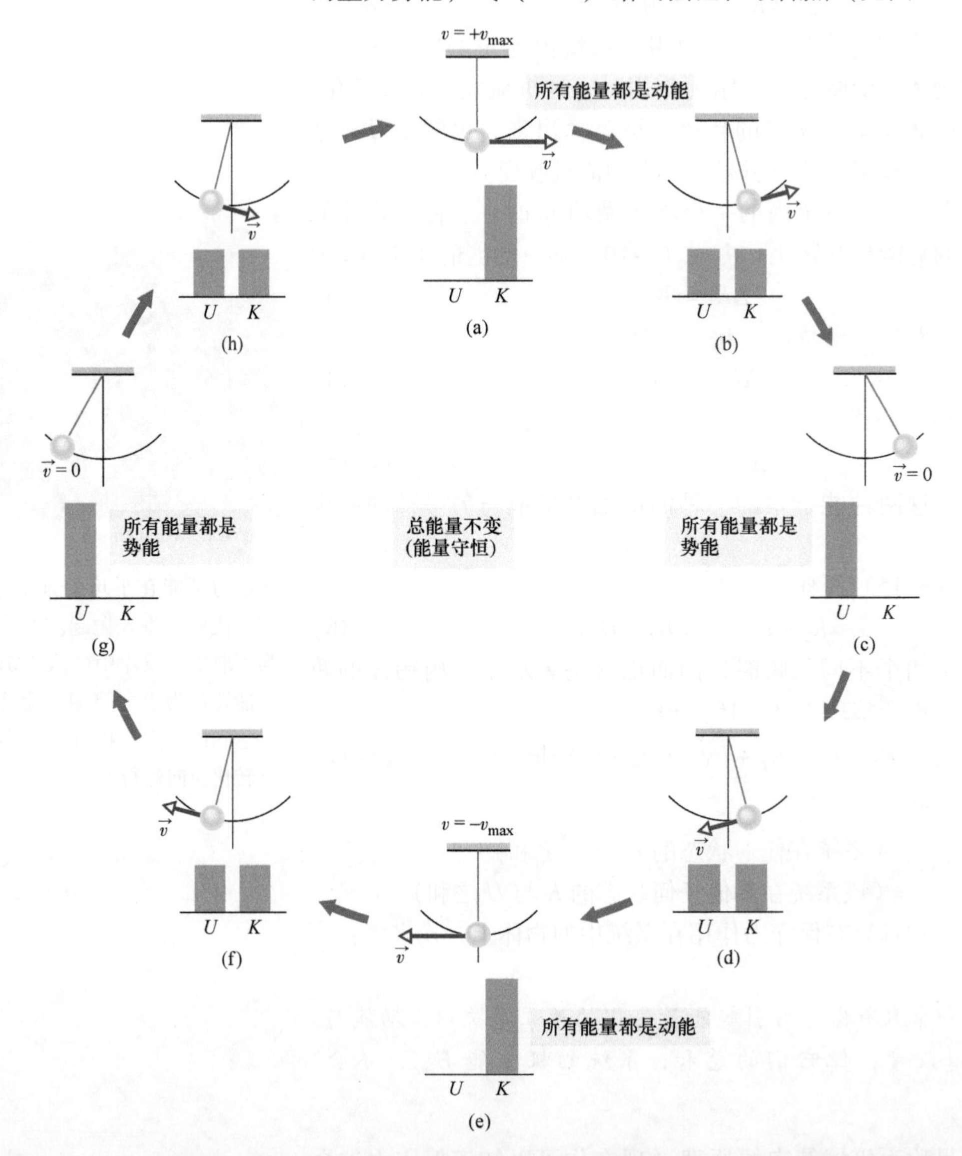

图8-7 质量集中在下端的摆锤上的摆在来回摆动。图示运动的一个完整的循环。在来回摆动周期中，摆-地球系统的势能和动能的数值，随着摆锤的上升和下降而改变，但系统的机械能 E_{mec} 保持恒定。能量 E_{mec} 可用动能和势能之间的连续转移来描述。在（a）与（e）的位置，能量都是动能。这时，摆锤有最大速率并且在最低点。在（c）与（g）时，能量均为势能，摆锤有零速率，且在其最高点。在（b）（d）（f）和（h）各个位置，动能和势能各为总能量的一半。如果摆动中摆悬挂在天花板位置上的摩擦力，或空气阻力需考虑，则 E_{mec} 就不守恒，最终摆要停止。

例如，我们选取最低点为参考点，对应重力势能 $U_2=0$。假设相对于参考点最高点的势能为 $U_1=20\mathrm{J}$。由于摆锤在最高点处瞬时静止，动能为 $K_1=0$。将此值代入式（8-17），就可得到它在最低

点处的动能 K_2 为

$$K_2+0=0+20\text{J} \quad 或 \quad K_2=20\text{J}$$

注意求得这个结果并没有去考虑最高点与最低点（见图8-7d）之间的运动过程，也没有计算在此运动过程中涉及的任何力做的功。

检查点3

如图所示四种情形——其中一种是原来静止的木块落下，而另外三种情形中该木块是沿无摩擦的斜面滑下。(a) 按照木块在 B 点的动能从大到小将四种情形排序。(b) 按照木块在 B 点的速率，将它们从大到小排序。

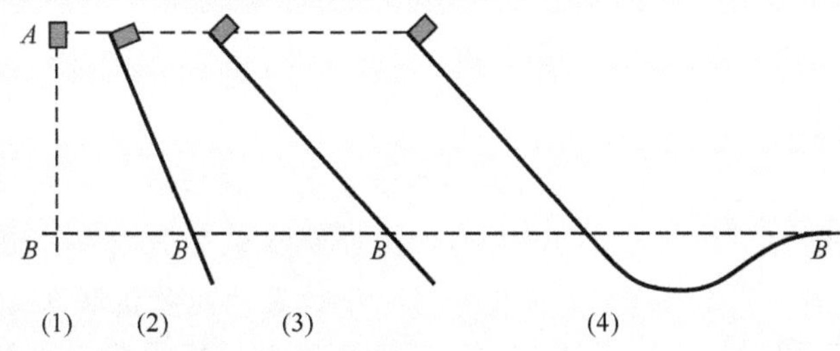

例题 8.03 机械能守恒，水滑道

用能量守恒代替牛顿运动定律的主要优点是我们可以从初态直接跳到末态而不必考虑所有中间的运动过程。这里是一个例子。

在图8-8中，一个质量为 m 的小孩从水滑道顶部由静止开始滑下，顶部距滑道底部的高度 $h=8.5\text{m}$。设滑道由于其上的水而无摩擦，求小孩滑到底部时的速率。

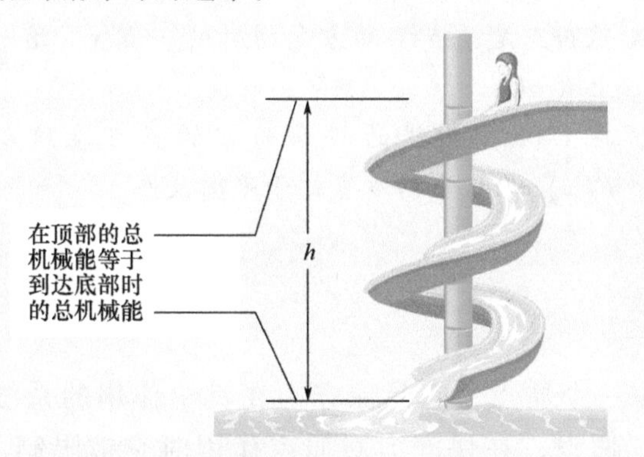

图8-8 一个小孩沿水滑道滑下，下降高度为 h。

【关键概念】

(1) 由于我们不知道滑道的斜度（倾角），因此不能像前几章那样利用她沿滑道的加速度求出她到达底部时的速率。然而，因为速率与她的动能相关，也许我们可用机械能守恒原理求得速率。这样，我们就不需要知道倾角。

(2) 只有在孤立系中，并且只有保守力引致能量传递时，机械能才守恒。我们现在就来验证一下。

力：有两个力作用于小孩。重力，是保守力，对小孩做功；滑道对她的法向力不做功，因为在下滑的任一点它的方向总是垂直于小孩运动的方向。

系统：因为唯一对小孩做功的力是重力，我们选取小孩-地球系统作为我们的系统，我们可以把它当作孤立系统。

这样，我们就有了一个只有保守力做功的孤立系统，所以可以应用机械能守恒原理。

解：令小孩在滑道顶部的机械能为 $E_{\text{mec},t}$，在底部的机械能为 $E_{\text{mec},b}$。守恒原理告诉我们

$$E_{\text{mec},b}=E_{\text{mec},t} \tag{8-19}$$

将其表示成机械能的两种形式，有

$$K_b+U_b=K_t+U_t \tag{8-20}$$

或

$$\frac{1}{2}mv_b^2+mgy_b=\frac{1}{2}mv_t^2+mgy_t$$

除以 m，整理后得

$$v_b^2=v_t^2+2g(y_t-y_b)$$

将 $v_t=0$ 及 $y_t-y_b=h$ 代入，推出

$$v_b = \sqrt{2gh} = \sqrt{(2)(9.8\text{m/s}^2)(8.5\text{m})}$$
$$= 13\text{m/s}$$（答案）

这是小孩假如竖直落下高度8.5m达到的相同的速率。实际滑下时，有摩擦力作用于孩子，不会运动得这样快。

注释：虽然这个问题难于直接用牛顿定律求解，而用机械能守恒会使求解容易许多。然而，如果要我们计算小孩到达滑道底部所需的时间，能量方法就无用了；这需要知道滑道的形状，我们也就遇到难题了。

在 WileyPLUS 中可以找到附加的例题、视频和练习。

8-3　解读势能曲线

学习目标

学完这一单元后，你应当能够……

8.07　给出质点的作为位置 x 的函数的势能，求出作用在质点上的力。

8.08　给出势能对 x 的曲线图，求作用于质点的力。

8.09　在一条势能对 x 的曲线上，叠加一条质点的机械能曲线并求得到质点在任意 x 值处的动能。

8.10　如果一个质点沿 x 轴运动，利用对这根轴的势能曲线和机械能守恒将一个位置的能量值和另一个位置的能量值联系起来。

8.11　在一条势能曲线上，辨明每一个转折点以及由于能量的要求不允许质点存在的各个区域。

8.12　说明中性平衡、稳定平衡和不稳定平衡。

关键概念

- 如果我们已知其中的质点受到一维力 $F(x)$ 作用的系统的势能函数 $U(x)$，我们可以由下式求出力：

$$F(x) = -\frac{\mathrm{d}U(x)}{\mathrm{d}x}$$

- 如果 $U(x)$ 的曲线图已给出，那么在任何一个 x 的位置，力 $F(x)$ 是曲线在这一点的斜率的负值，质点的动能由下式给出：

$$K(x) = E_{\text{mec}} - U(x)$$

其中，E_{mec} 是该系统的机械能。

- 转折点是质点运动方向逆转的一点 x（这一点上 $K=0$）。
- 在 $U(x)$ 曲线的斜率为零的点［在这些点 $F(x)=0$］上的质点处于平衡状态。

解读势能曲线

我们再来考虑一个质点，它是保守力在其中作用的系统的一部分。这次还要假设，在保守力对质点作用时它被限制沿 x 轴运动。我们要画出把力和力做的功联系起来的势能 $U(x)$ 曲线，然后我们要考虑如何将图反过来把力和质点的动能联系起来。不过，在讨论这样作图之前，我们还需要力和势能之间的另一个关系。

用解析法求力

式（8-6）告诉我们，在一维情形中，如果我们已知力 $F(x)$，如何求出两点之间的势能变化 ΔU。现在要做相反的事情；即，已知势能函数 $U(x)$，求出相应的力。

对一维运动，当质点运动通过一段距离 Δx 时，力对质点所做

的功为 $F(x)\Delta x$。于是，我们可将式（8-1）写为

$$\Delta U(x) = -W = -F(x)\Delta x \tag{8-21}$$

解出 $F(x)$ 并过渡到微分极限，得

$$F(x) = -\frac{\mathrm{d}U(x)}{\mathrm{d}x} \quad \text{（一维运动）} \tag{8-22}$$

这就是我们要找的关系。

可将弹簧力的弹性势能函数 $U(x)=\frac{1}{2}kx^2$ 代入，来检查这个结果。正如所希望的，由式（8-22）可得 $F(x)=-kx$，这就是胡克定律。同理，还可代入 $U(x)=mgx$，它是质点-地球系统的重力势能函数，其中质点的质量为 m，位于地面上方高 x 处。于是，式（8-22）给出 $F=-mg$，它正是作用于质点的重力。

势能曲线

图 8-9a 是一个系统的势能函数 $U(x)$ 的曲线图，其中的质点在做一维运动时，保守力 $F(x)$ 对它做功。我们可（由作图法）通过求 $U(x)$ 曲线上各点的斜率很容易求出 $F(x)$。[式（8-22）告诉我们 $F(x)$ 是 $U(x)$ 曲线的斜率的负值]。图 8-9b 就是用这种方法作出的 $F(x)$ 的曲线。

转折点

在没有非保守力作用时，系统的机械能 E 具有下式给出的恒定值：

$$U(x)+K(x)=E_{\text{mec}} \tag{8-23}$$

其中，$K(x)$ 为系统中质点的动能函数 [这里的 $K(x)$ 是作为质点位置 x 的函数的动能]。可将式（8-23）改写为

$$K(x)=E_{\text{mec}}-U(x) \tag{8-24}$$

假如 E_{mec}（记住，它是一个恒定值）正好是 5.0J。在图 8-9c 中，它用一条通过能量轴上数值 5.0J 的水平线表示（实际上，此线已画在图中）。

式（8-24）和图 8-9d 说明如何确定质点在任何位置 x 的动能 K：在 $U(x)$ 曲线上，找到位置 x 的 U，然后从 E_{mec} 中减去 U。例如在图 8-9e 中，如果质点在 x_5 右边任意点，则 $K=1.0\text{J}$。当质点在 x_2 时，K 值最大（5.0J），而在 x_1 点，K 值最小（0J）。

因为 K 绝对不可能为负值（由于 v^2 总是正的），而 x_1 左边 $E_{\text{mec}}-U$ 是负的，所以质点绝对不可能运动到那里。随着质点由 x_2 向 x_1 运动，K 减小（质点变慢）直至到达 $x_1 K=0$（质点停在那儿）。

注意到当质点到达 x_1 时，由式（8-22）可知，质点受到的力是正的（因为斜率 $\mathrm{d}U/\mathrm{d}x$ 是负的）。这就说明该质点不会停留在 x_1 处，而要开始向右运动，与它此前的运动方向相反。因此，x_1 是个**转折点**，在该处 $K=0$（因为 $U=E$）且质点改变运动方向的点。图中右边没有转折点（$K=0$ 的点）。向右运动的质点会永不停歇地继续运动下去。

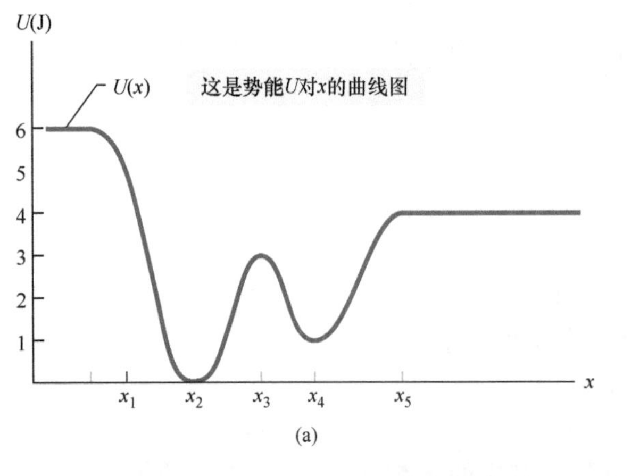

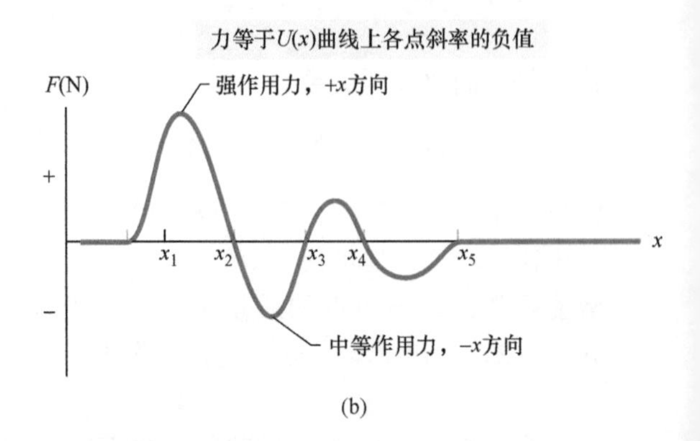

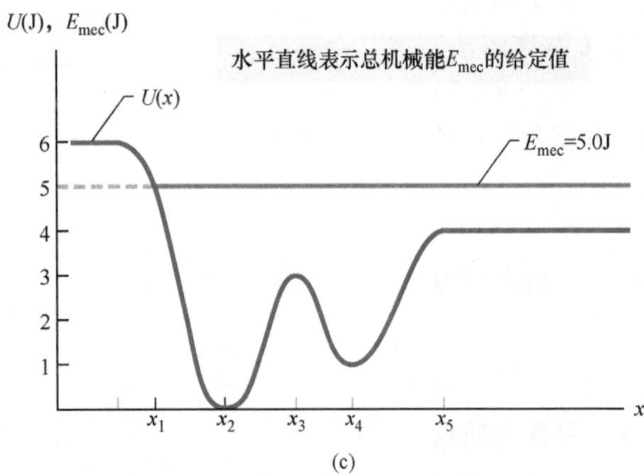

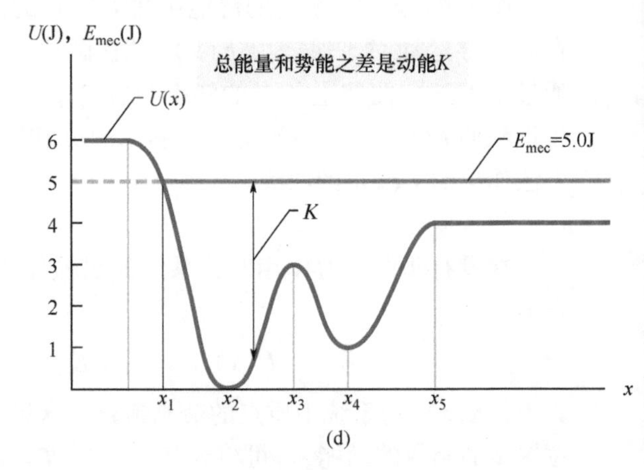

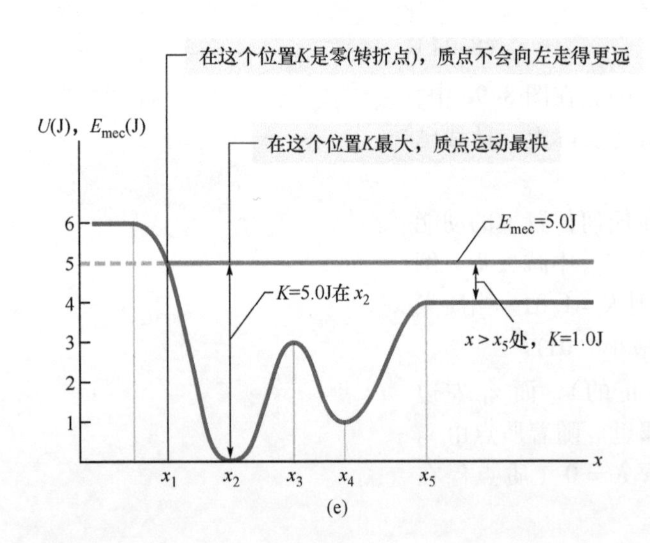

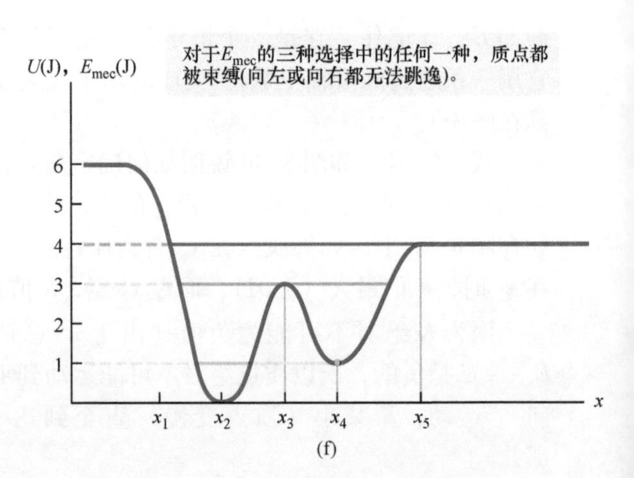

图 8-9 （a）被限制只能沿 x 轴运动的一个质点的系统的势能函数 $U(x)$ 的曲线图。因为没有摩擦力所以机械能守恒。（b）作用于质点的力 $F(x)$ 的曲线图，$F(x)$ 由势能曲线在各个点上求斜率导出。（c）~（e）如何确定动能。（f）有三个可能的 E_{mec} 数值的（a）图中 $U(x)$ 的曲线。**在 WileyPLUS 中可以找到这张图，是有声的动画。**

平衡点

图 8-9f 表示叠画在图 8-9a 中势能函数 $U(x)$ 曲线上的 E_{mec} 的三个不同的值。让我们来看看它们的情况会有什么不同。如果 $E_{mec}=4.0\mathrm{J}$（紫色线），转折点由 x_1 移到 x_1 与 x_2 之间的一点。还有，在 x_5 右边任一点，系统机械能都等于其势能；因而质点没有动能，而且（由式 8-22）不受力的作用，所以它一定静止。位于这样的位置的质点被说成是处于**中性平衡**状态（放在水平桌面上的弹球就处于这种状态）。

如 $E_{mec}=3.0\mathrm{J}$（粉红色线），则有两个转折点：一个在 x_1 与 x_2 之间；另一个在 x_4 与 x_5 之间。另外，x_3 是一个 $K=0$ 的点。假若质点刚好位于那里，对它的作用力也是零而质点保持静止。然而，假若它向任何一个方向即使只偏离一点点，一个非零的力就会将它向这一方向推得更远，质点就要继续运动下去。位于这样的位置的质点就说它是处于**不稳定平衡**（平衡在保龄球顶上的弹球是一个例子）。

接下来考虑 $E_{mec}=1.0\mathrm{J}$（绿色线）的质点的行为。如果我们将它放在 x_4 处，它就停在那里。它自己不可能向左或右运动，因为那样的话动能就成了负的。假若将它向左或右稍稍推一点，会出现回复力使它回到 x_4。位于这样的位置的质点被说成是处于**稳定平衡**。（放在半球形碗底部的弹球是一个例子。）假若我们将质点放在中心位于 x_2 的杯形势阱中，它位于两个转折点之间。它仍然能运动，但只能运动到 x_1 或 x_3 的半途。

☑ 检查点 4

右图为质点在其中做一维运动的系统的势能函数 $U(x)$。(a) 按照质点受力的大小，由大到小将区域 AB、BC 和 CD 排序。(b) 质点在 AB 区域时力的方向为何？

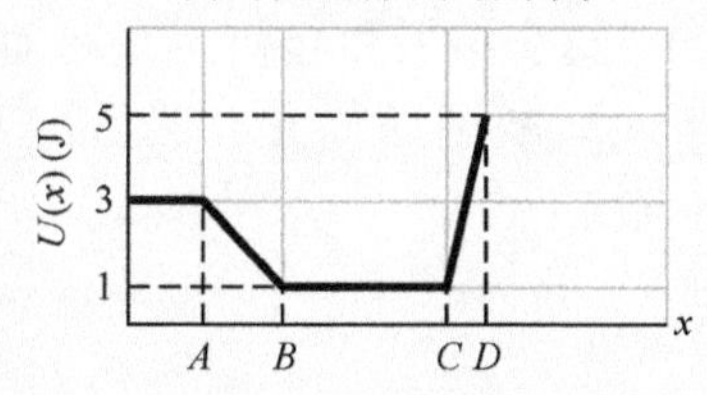

例题 8.04　解读势能曲线图

2.00kg 的质点沿 x 轴做一维运动。同时有沿 x 轴的保守力作用于它。和这个力相关的势能 $U(x)$ 在图 8-10a 中画出。这图表示，如果质点在 $x=0$ 和 $x=7.00\mathrm{m}$ 之间的任何位置，它就具有曲线表示的势能数值。质点在 $x=6.5\mathrm{m}$ 的初速率为 $\vec{v}_0=(-4.00\mathrm{m/s})\vec{i}$。

(a) 由图 8-10a 求该质点在 $x_1=4.5\mathrm{m}$ 处的速率。

【关键概念】

(1) 质点的动能由式（7-1）：$K=\frac{1}{2}mv^2$ 给出。(2) 因为只有保守力作用于质点，在质点运动过程中机械能 $E_{mec}(=K+U)$ 守恒。(3) 从而在图 8-10a 中画出的 $U(x)$ 曲线图上动能等于 E_{mec} 和 U 之间的差。

解：质点在 $x=6.5\text{m}$ 处的动能是

$$K_0=\frac{1}{2}mv_0^2=\frac{1}{2}(2.00\text{kg})(4.00\text{m/s})^2=16.0\text{J}$$

因为在这一点势能 $U=0$，故机械能为

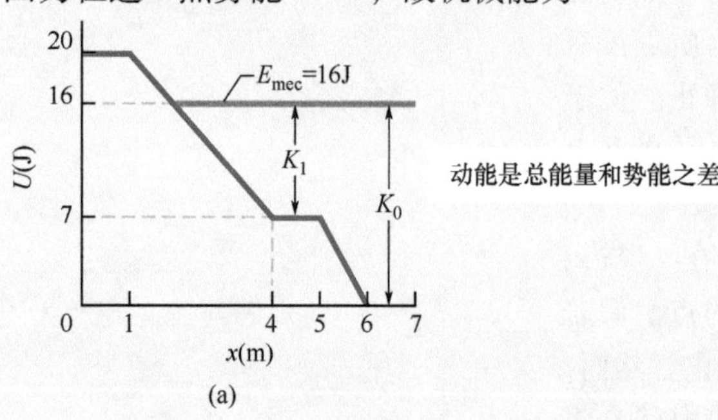

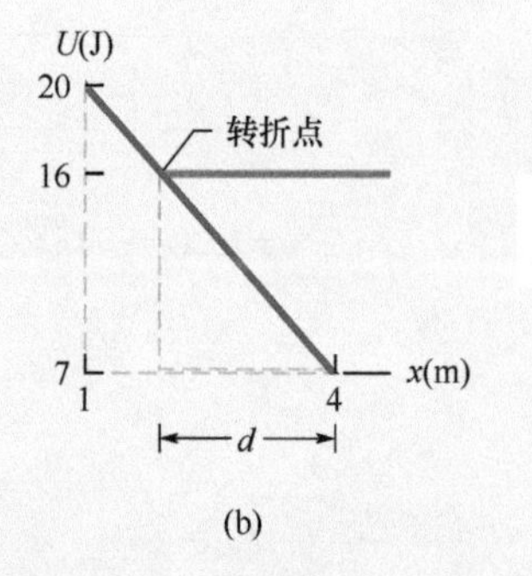

图8-10 （a）势能 U 对位置 x 的曲线图。（b）曲线图的一部分，用来找出质点的转折点在什么地方。

$$E_{\text{mec}}=K_0+U_0=16.0\text{J}+0=16.0\text{J}$$

在图8-10a中 E_{mec} 的这个值用水平直线画出。我们从图上看到在 $x=4.5\text{m}$ 处，势能 $U_1=7.0\text{J}$。动能 K_1 是 E_{mec} 和 U_1 之差：

$$K_1=E_{\text{mec}}-U_1=16.0\text{J}-7.0\text{J}=9.0\text{J}$$

因为 $K_1=\frac{1}{2}mv_1^2$，我们求得：

$$v_1=3.0\text{m/s} \qquad \text{（答案）}$$

（b）这个质点的转折点在什么地方？

【关键概念】

转折点是：在这一点上由于力的作用使质点瞬间停止并接着向相反方向运动。就是说，质点在这一点处的一瞬间 $v=0$，因而 $K=0$。

解：因为 K 是 E_{mec} 和 U 之差，我们要在图8-10a中找到 U 的曲线升高到与 E_{mec} 的水平直线相交的点。如图8-10b所示。因为图8-10b中 U 的曲线是一条直线。我们可以画一个套在里面的直角三角形，如图所示。然后写出距离的比例关系：

$$\frac{16-7.0}{d}=\frac{20-7.0}{4.0-1.0}$$

这个方程式给出 $d=2.08\text{m}$。因此，转折点位于

$$x=4.0\text{m}-d=1.9\text{m} \qquad \text{（答案）}$$

（c）估算质点在 $1.9\text{m}<x<4.0\text{m}$ 间的范围内，作用在它上面的力。

【关键概念】

力由式（8-22）：$F(x)=-\text{d}U(x)/\text{d}x$ 给出：力等于 $U(x)$ 曲线斜率的负数。

解：从图8-10b中，我们看到在 $1.0\text{m}<x<4.0\text{m}$ 的范围内的力是

$$F=-\frac{20\text{J}-7.0\text{J}}{1.0\text{m}-4.0\text{m}}=4.3\text{N} \qquad \text{（答案）}$$

于是得到，力的数值是4.3N，方向沿正 x 轴方向。这个结果和起初向左运动的质点在力的作用下逐渐减慢而停止，然后向左运动这样的事实一致。

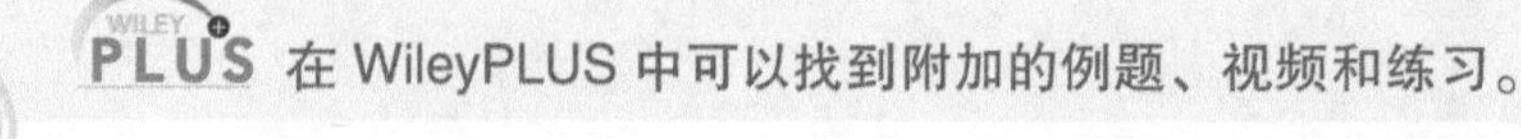

在WileyPLUS中可以找到附加的例题、视频和练习。

8-4 外力对系统做功

学习目标

学完这一单元后，你应当能够……

8.13 在没有摩擦力的情况下，求出当外力对系统做功时动能和势能的改变。

8.14 在外力对系统做功并包含摩擦力的情况下，将做功和动能、势能及热能的改变联系起来。

关键概念

- 功 W 是通过作用于系统的外力转移给系统或从系统转移出去的能量。

- 当一个以上的外力作用于系统时，它们的净功就是转移的能量。
- 不包含摩擦力时，对系统做的功和系统机械能的改变 ΔE_{mec} 相等：
  $$W = \Delta E_{mec} = \Delta K + \Delta U$$
- 动摩擦力在系统中起作用时，系统的热能 E_{th} 改变。（这种能量是和系统中的原子和分子的无规则运动相关联的能量。）于是，对系统做的功为
  $$W = \Delta E_{mec} + \Delta E_{th}$$
- 热能的改变 ΔE_{th} 与摩擦力的大小 f_k 和外力引起的位移的大小 d 的关系为
  $$\Delta E_{th} = f_k d$$

外力对系统做功

在第 7 章中，我们将功定义为通过作用于物体的力，转移给物体或由物体转移出去的能量。我们现在可将此定义推广到作用于物体系统的外力。

功为通过作用于系统的外力转移给系统或由系统转移出去的能量。

图 8-11a 表示正功（能量转移给系统），图 8-11b 表示负功（从系统转移出能量）。如果有几个力作用在系统上，则它们的净功为转入或转出系统的能量。

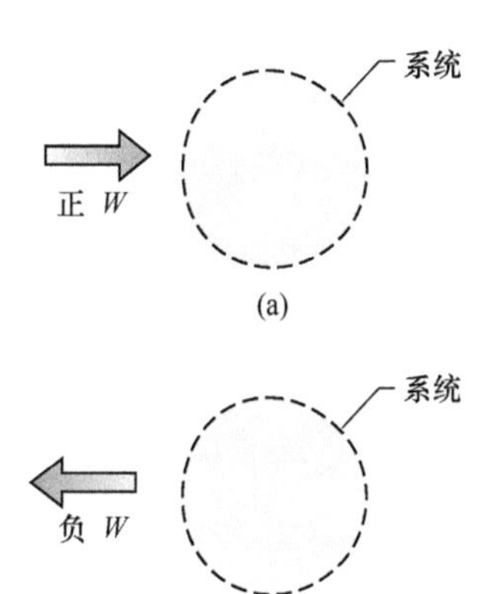

图 8-11 （a）对一个任意系统做正功 W 意味着将能量转移到系统。（b）负功 W 意即自系统转移出能量。

这种转移，很像向银行账户存钱或从它取钱。如果一个系统只包含一个单个质点或可看作质点的物体，如第 7 章中所讨论的，力对系统做的功只改变该系统的动能。这种转移的能量表述为式（7-10）：$\Delta K = W$ 的功-动能定理；即，单个质点只有一个称为动能的能量账户。外力可以将能量转入或转出那个账户。然而，如果系统更复杂些，外力还能改变其他形式的能量（譬如势能）；也就是说，一个更复杂的系统可以拥有多个能量账户。

让我们通过考察两种基本情形，一种没有摩擦，另一种有，找出对这两种系统的能量表述。

没有摩擦的情形

你参加保龄球投掷竞赛，你先蹲下，并用手抠住在地板上的球。接着，迅速挺直身体，手及时地向上用力甩，在大约脸的高度将球投出。在身体上挺的过程中，你对球的作用力明显地做了功。也就是说，它是一个转移能量的外力，但是转移给哪个系统呢？

要回答这个问题，我们检查看看是哪些能量改变了。球的动能有了变化 ΔK，而且由于球与地球离开得更远，保龄球-地球系统的重力势能变化 ΔU。包括这两种变化，就需要考虑保龄球-地球系统。于是，你的力是对系统做功的外力，而功为

$$W = \Delta K + \Delta U \tag{8-25}$$

或

$$W = \Delta E_{mec} \quad \text{（对系统做的功，没有摩擦）} \tag{8-26}$$

其中，ΔE_{mec} 为系统机械能的改变。如图 8-12 所示，这两个方程是没有摩擦时外力对系统做功等效的能量表述。

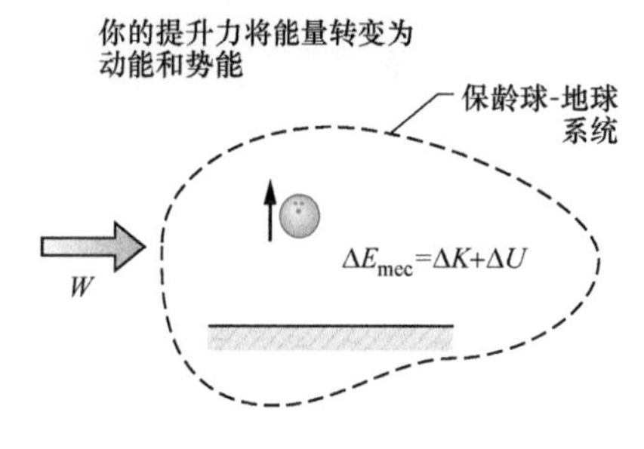

图 8-12 对保龄球和地球的系统做正功 W，造成该系统机械能改变 ΔE_{mec}，其中包含球的动能改变 ΔK 和系统的重力势能改变 ΔU。

有摩擦的情形

接下来，我们讨论图8-13a的例子。恒定的水平力$\vec{F}$沿x轴拉动木块，通过大小为d的位移，木块的速度由$\vec{v}_0$增加到$\vec{v}$。在运动过程中，地板的恒定动摩擦力$\vec{f}_k$作用在木块上。我们先选定木块作为我们的系统，并应用牛顿第二定律。我们将它沿x轴方向的分量式（$F_{\text{net},x}=ma_x$）写作

$$F-f_k=ma \tag{8-27}$$

因为这两个力是常量，所以加速度也是恒定的。因此，可应用式（2-16），得

$$v^2=v_0^2+2ad$$

由此式解出a，将所得结果代入式（8-27），整理后得

$$Fd=\frac{1}{2}mv^2-\frac{1}{2}mv_0^2+f_kd \tag{8-28}$$

因为对木块$\frac{1}{2}mv^2-\frac{1}{2}mv_0^2=\Delta K$，所以有

$$Fd=\Delta K+f_kd \tag{8-29}$$

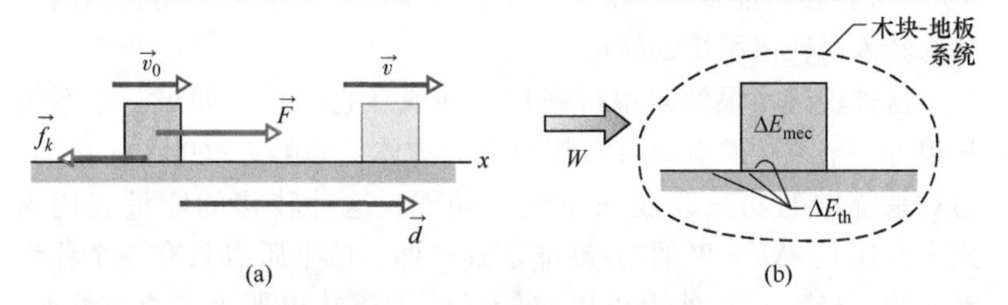

图8-13 （a）力$\vec{F}$将木块在地板上拖动，同时动摩擦力$\vec{f}_k$阻碍其运动。木块在位移$\vec{d}$开始的时候速度为$\vec{v}_0$，在位移的终点速度为$\vec{v}$。（b）力$\vec{F}$对木块-地板系统做正功W，导致木块的机械能改变ΔE_{mec}，以及木块与地板的热能改变ΔE_{th}。

在更一般的情形中（如木块沿斜面向上运动），会有势能的改变。为了包括这种可能发生的变化，我们将式（8-29）推广写作

$$Fd=\Delta E_{\text{mec}}+f_kd \tag{8-30}$$

我们由实验中发现，随着木块的滑动，木块与地板上它滑过的地方变热了。如我们在第18章中将要讨论的，物体的温度与物体的热能E_{th}（与物体中的分子和原子的无规则运动相联系的能量）有关系。此处，木块与地板的热能增加是因为：①它们之间有摩擦力；②有滑动。回想一下摩擦是由于两表面间的冷焊造成的。木块滑过地板时，滑动引起木块与地板之间焊接点的不断的撕裂和再焊接，这使木块和地板变热。就这样，滑动增加了它们的热能E_{th}。

通过实验，我们发现热能的增加ΔE_{th}等于f_k与d的数值的乘积：

$$\Delta E_{\text{th}}=f_kd \quad \text{（滑动引起的热能增加）} \tag{8-31}$$

于是，我们可将式（8-30）重新写作

$$Fd = \Delta E_{mec} + \Delta E_{th} \quad (8\text{-}32)$$

Fd 为外力 $\vec{F}$ 做的功 W（外力转移的能量），可是功是对哪个系统做的呢（能量转移到哪里去了）？要回答这个问题，我们检查一下哪种能量改变了。木块的机械能改变了，并且木块与地板的热能也改变了。因此，力 $\vec{F}$ 是对木块-地球系统做了功，所做功为

$$W = \Delta E_{mec} + \Delta E_{th} \quad \text{(对系统做功,有摩擦)} \quad (8\text{-}33)$$

这个方程式（示意于图 8-13b 中）为有摩擦时外力对系统做功的能量表述。

检查点 5

在三个测试中，水平外力将木块推着滑过有摩擦的地板，如图 8-13a 所示。外力的大小 F 与其推动木块引起的木块速率的结果都列在表中。在这三个测试中，木块被推过同样距离 d。按照在距离 d 中产生的木块与地板热能的变化，由大到小，将三个测试排序。

测试	F	木块速率产生的结果
a	5.0N	减小
b	7.0N	不变
c	8.0N	增大

例题 8.05　功，摩擦，热能的改变，卷心菜

一个食品发货人用大小为 40N 的恒定水平力 $\vec{F}$ 推动一只装卷心菜的木箱（总质量 $m = 14\text{kg}$）滑过混凝土地面。在大小为 $d = 0.50\text{m}$ 的直线位移中，箱子的速率由 $v_0 = 0.60\text{m/s}$ 减小到 $v = 0.20\text{m/s}$。

（a）力 $\vec{F}$ 做了多少功，它对什么系统做的这些功？

【关键概念】

因为外加力是常量，我们可以用式（7-7）：$W = Fd\cos\phi$ 计算它做的功。

解： 代入给出的数据，考虑到力 $\vec{F}$ 和位移 $\vec{d}$ 都在同一方向上。

我们得到：

$$W = Fd\cos\phi = (40\text{N})(0.50\text{m})\cos 0° = 20\text{J} \quad \text{(答案)}$$

论证 要确定对什么系统做功，我们要检查一下哪些能量改变了。由于箱子的速率改变了，箱子的动能肯定有一定的变化 ΔK。是否因为地面与箱子之间有摩擦力，从而发生热能的变化？注意到 $\vec{F}$ 与箱子的速度方向相同。因此，假如没有摩擦，$\vec{F}$ 应该把箱子加速到*更大*的速率。然而，这个箱子*减速*了，所以一定有摩擦，而箱子和地面的热能也一定有变化 ΔE_{th}。所以是对箱子-地板系统做了功，因为两种能量的变化都发生在这个系统中。

（b）问箱子与地板的热能增量 ΔE_{th} 为多少？

【关键概念】

我们应用有摩擦的系统的能量表达式（8-33），将 ΔE_{th} 与 $\vec{F}$ 做的功 W 联系起来：

$$W = \Delta E_{mec} + \Delta E_{th} \quad (8\text{-}34)$$

解： 我们由（a）已知 W 的值。由于没有势能变化发生，所以箱子机械能的变化 ΔE_{mec} 就是它的动能的变化，因此有

$$\Delta E_{mec} = \Delta K = \frac{1}{2}mv^2 - \frac{1}{2}mv_0^2$$

将此代入式（8-34）并解出 ΔE_{th}，可得

$$\Delta E_{th} = W - \left(\frac{1}{2}mv^2 - \frac{1}{2}mv_0^2\right) = W - \frac{1}{2}m(v^2 - v_0^2)$$
$$= 20J - \frac{1}{2}(14kg)[(0.20m/s)^2 - (0.60m/s)^2]$$
$$= 22.2J \approx 22J \quad \text{(答案)}$$

没有进一步的实验，我们说不出有多少热能被箱子吸收，有多少在地板里，我们只知道热能的总量。

在 WileyPLUS 中可以找到附加的例题、视频和练习。

8-5 能量守恒

学习目标

学完这一单元后，你应当能够……

8.15 对一个孤立系统（没有净外力）应用能量守恒把初始总能量（各种能量）和以后时刻的总能量联系起来。

8.16 对于非孤立系统。将净外力对系统做的功和系统内部各种形式的能量的改变联系起来。

8.17 应用平均功率、相关的能量转移以及产生能量转移的时间间隔之间的关系。

8.18 给出作为时间函数的能量转移（方程式或曲线图），求出瞬时功率（在任何给定时刻的转移）。

关键概念

- 系统的总能量 E（它的机械能和它的内能，包括热能的总和）只能改变转移给系统或从系统转移出去的能量同样的数量。这个实验事实就是我们熟知的能量守恒定律。
- 如有功 W 作用于系统，那么
$$W = \Delta E = \Delta E_{mec} + \Delta E_{th} + \Delta E_{int}$$
如果系统是孤立的（$W=0$），由此给出
$$\Delta E_{mec} + \Delta E_{th} + \Delta E_{int} = 0$$
及
$$E_{mec,2} = E_{mec,1} - \Delta E_{th} - \Delta E_{int}$$
其中的下标1和2指两个不同的时刻。
- 力产生的功率是力转移能量的速率。如果有一个力在一定的时间间隔 Δt 内转移了一定数量的能量 ΔE，该力的平均功率为
$$P_{avg} = \frac{\Delta E}{\Delta t}$$
- 力的瞬时功率为
$$P = \frac{dE}{dt}$$
在能量 E 对时间 t 的曲线图上，功率是在任何给定时刻曲线的斜率。

能量守恒

我们已经讨论了能量转移给物体和系统或者从物体和系统转移出去的几种情况，这很像银行账户之间转账。

在每种情形中，我们认为对涉及的能量总能给出合理的解释；也就是说能量不会像变魔术那样出现或消失。用更正式的语言说就是我们（正确地）假设了能量遵从一个称为**能量守恒定律**的定律，它涉及系统的**总能量** E。这个总能量是系统的机械能、热能及热能以外的任何形式的**内能**的总和。（我们还没有讨论过其他内能形式）。此定律的表述为

一个系统的总能量 E 只能改变等于传入或传出该系统的能量同样多的数值。

我们已经考虑过的能量转移的唯一方式是外力对系统做功 W。因此，就我们目前的知识来说，此定律表述为

$$W=\Delta E=\Delta E_{\mathrm{mec}}+\Delta E_{\mathrm{th}}+\Delta E_{\mathrm{int}} \tag{8-35}$$

其中，ΔE_{mec}为系统机械能的改变；ΔE_{th}为系统热能的改变；ΔE_{int}为系统任何其他形式的内能的任何变化。包括在 ΔE_{mec} 中的有动能的变化 ΔK 与势能（弹性的、重力的或可能发现的任何其他形式的）的变化 ΔU。

这个能量守恒定律不是从基本物理原理推导出来的。事实上，它是以无数实验为基础的定律。科学家和工程师们还从未发现它的例外。能量是不可能魔术般地出现或消失的。

孤立系统

如果将一个系统从其环境孤立出来，就不可能有能量传入或传出该系统。对这种情形，能量守恒定律的表述为：

孤立系统的总能量 E 不可能改变。

在孤立系统内部可能进行许多能量转换，例如，在动能与势能之间或动能与热能之间。然而，系统内所有形式的能量的总和不可能改变。再说一遍：能量不可能魔术般地出现或消失。

我们可以图 8-14 所示的攀岩运动员作为例子，近似将他、装备以及地球看作一个孤立系。随着他拉着绳子沿岩面下降，系统的位形改变，他需要控制系统的重力势能的能量转换（这些能量不会消失）。重力势能的一部分转化为他的动能。不过，很明显他不希望很多势能转化为那种形式，否则，他将下降得太快，因此他把绳子缠到几个金属环上，以使他下降时在绳子与环之间产生摩擦。这样，这些环在绳上的滑动就以他能控制的方式将系统的重力势能转化为环与绳的热能。攀岩运动员-装备-地球系统的总能量（重力势能、动能与热能的总和）在他下降的过程中不变。

Tyler Stableford/The Image Bank/Getty Images

图 8-14 攀岩运动员在下降过程中必须转化由他、他的装备及地球构成的系统的重力势能。他把绳子缠在金属环上，使绳子摩擦金属环。这样就可使大部分转化的能量成为绳与环的热能，而不是成为他的动能。

对于孤立系统，能量守恒定律可以用两种方式写出。第一种，在式（8-35）中令 $W=0$，得到

$$\Delta E_{\mathrm{mec}}+\Delta E_{\mathrm{th}}+\Delta E_{\mathrm{int}}=0 \quad \text{（孤立系统）} \tag{8-36}$$

我们也可以令 $\Delta E_{\mathrm{mec}}=E_{\mathrm{mec},2}-E_{\mathrm{mec},1}$，其中下标 1 和 2 指的两个不同的时刻——譬如说是某一过程发生的前、后两个不同时刻。这样，式（8-36）成为

$$E_{\mathrm{mec},2}=E_{\mathrm{mec},1}-\Delta E_{\mathrm{th}}-\Delta E_{\mathrm{int}} \tag{8-37}$$

式（8-37）告诉我们：

在一个孤立系统中，我们可以把在某一时刻的总能量与另一时刻的总能量联系起来，不必考虑中间时刻的能量。

在解孤立系统的某些问题中，你需要把系统中发生的某种过程前、后的系统能量联系起来，在这种情况下这个事实就是非常有力的工具。

在第 8-2 单元中，我们曾讨论过孤立系统的一个特例——系

统内没有非保守力（例如动摩擦力）作用的情形。在这种特殊情形中，ΔE_{th}和ΔE_{int}均为零，因此式（8-37）还原为式（8-18）。换句话说，孤立系统内没有非保守力作用时，它的机械能是守恒的。

外力和内能转移

外力可以改变物体的动能或势能而不对该物体做功——就是说不会把能量转移给物体。力只是负责将物体内部一种形式的能量转换为另一种。

图8-15给出一个例子。一个起初静止的滑冰女孩把自己推离栏杆，然后在冰上滑行（见图8-15a、b）。由于栏杆对她作用了外力$\vec{F}$，她的动能增加。然而，这个力并没有通过栏杆把能量转移给她。因此，这个力没有对她做功。她的动能增加是由于肌肉中的生物化学能量发生内部转换的结果。

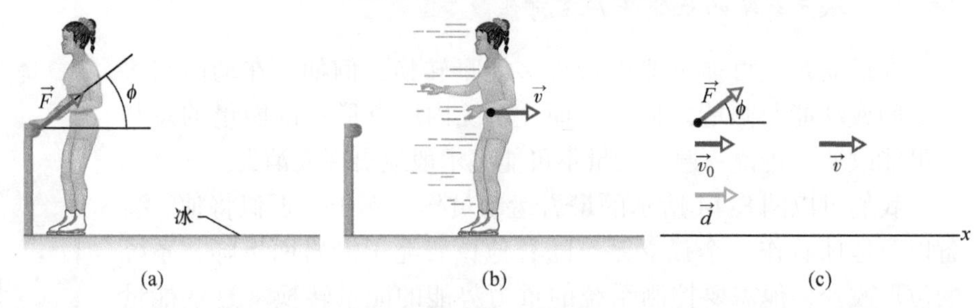

图8-15 （a）滑冰的女孩把她自己推离栏杆时，栏杆作用于她的力是$\vec{F}$。（b）滑冰的女孩离开栏杆后速度是$\vec{v}$。（c）以与水平的x轴成ϕ角的外力$\vec{F}$作用于滑冰的女孩，女孩在力$\vec{F}$的水平分量作用下，经过位移$\vec{d}$，她的速度从$\vec{v}_0$（=0）改变到$\vec{v}$。

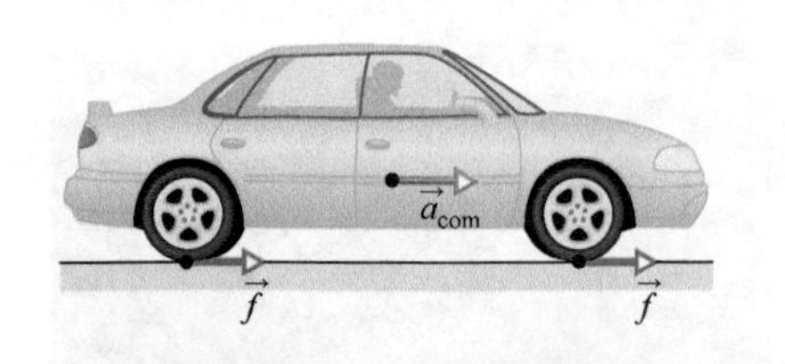

图8-16 汽车靠四个轮子驱动向右加速。路面对轮胎底部的表面有四个摩擦力（图中画出其中两个）作用。这四个力共同作用合成净外力$\vec{F}$作用于汽车上。

图8-16是另一个例子。发动机使四轮驱动的汽车（所有四个车轮都被发动机驱动）的速率增加。在加速过程中，发动机转动轮胎把路面向后推。这种推力产生了作用在每一只轮胎上向前方的摩擦力$\vec{f}$。这些摩擦力的总和就是路面对汽车作用的净外力$\vec{F}$，这个净外力加速汽车并增大汽车动能。不过，$\vec{F}$并没有把能量从道路转移到汽车上，所以没有对汽车做功。确切地说，汽车的动能增加是储存在燃油中的能量内部转换的结果。

在类似于这两个例子的情况中，如果我们可以使情况简化，我们有时就可以把作用于物体上的外力$\vec{F}$和物体的机械能联系起来。考虑滑冰女孩的例子。在图8-15c中，女孩用力推的距离为d。为了使问题简化，我们假设加速度是常量。经过距离d，她的速率从$v_0=0$改变到v。（这就是说$\vec{F}$的数值F和角度ϕ都是常量。）推完以后，我们把滑冰女孩简化为一个质点并且忽略这样的事实：就是女孩的肌肉用力也会增加她的肌肉中的热能并改变其他生理特征。然后我们可以应用式（7-5）：$\frac{1}{2}mv^2-\frac{1}{2}mv_0^2=F_xd$，写下：

$$K - K_0 = (F\cos\phi)d$$

或
$$\Delta K = Fd\cos\phi \tag{8-38}$$

如果在这种情形中还包括物体高度的改变，我们就要加入重力势能的改变 ΔU 并写成：

$$\Delta U + \Delta K = Fd\cos\phi \tag{8-39}$$

这个方程式的右边的力不对物体做功但仍旧对方程式左边的能量改变负责。

功率

现在我们已经知道能量怎样可以从一种形式转换为另一种形式。我们可以推广7-6单元中给出的功率的定义。那一单元中功率定义为力做功的速率（单位时间内做的功）。在更一般的意义上。功率 P 是能量在力的作用下从一种形式转换为另一种形式的速率。如果在时间间隔 Δt 内，有数量为 ΔE 的能量发生转换，力作用下的**平均功率**为

$$P_{\text{avg}} = \frac{\Delta E}{\Delta t} \tag{8-40}$$

同理，力做功的**瞬时功率**为

$$P = \frac{\mathrm{d}E}{\mathrm{d}t} \tag{8-41}$$

例题 8.06 在公共游乐场的水滑道上有许多种能量

图8-17表示一条水滑道，上面一艘用弹簧弹射的滑艇沿浸水（无摩擦）的滑道从高度 h 的水平区域开始滑下，最后到地面。当滑艇到达地面的水平滑道后，在摩擦力的作用下逐渐停止。滑艇和乘客的总质量 $m = 200\text{kg}$，弹簧的初始压缩距离 $d = 5.00\text{m}$，弹簧常量 $k = 3.20\times10^3\text{N/m}$，开始时的高度 $h = 35.0\text{m}$，地面滑道的动摩擦系数 $\mu_k = 0.800$。滑艇在地面水平滑道上滑行多少距离 L 后停止？

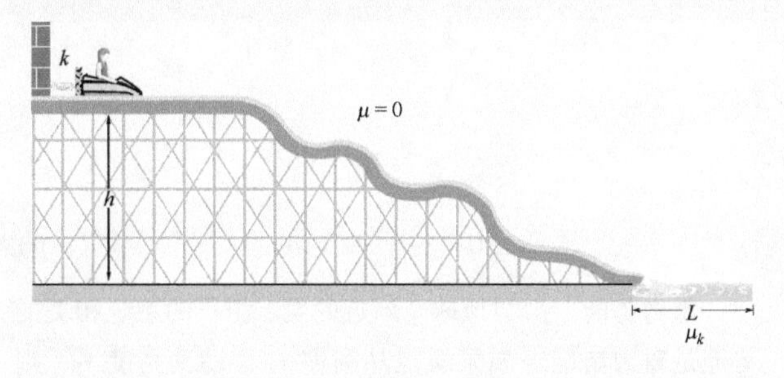

图 8-17 用弹簧发射的游乐场的水滑道。

【关键概念】

在我们拿起计算器并将数字输入方程式里以前，我们必须考察所有的力然后确定我们的系统应该是什么。只有这样我们才能决定用哪一个方程式。我们是不是有一个孤立系统（我们的方程式就满足能量守恒），还是有一个外力对它做功的系统（我们的方程式涉及功和系统的能量变化）？

力：滑道对滑艇的法向力对滑艇不做功，因为这个力的方向总是垂直于滑艇位移的方向。重力对滑艇做了功，因为重力是保守力所以我们可以考虑它的势能。当弹簧推动滑艇时，弹簧力对它做功，将压缩弹簧的弹性势能转换为滑艇的动能。弹簧力也推向坚固的墙壁。因为在滑艇和地面水平滑道间有摩擦力。滑艇沿水平滑道滑动增加了它们的热能。

系统：我们选取的系统要包含所有相互作用的物体，如滑艇、滑道、弹簧、地球和墙。这样一来，因为所有力的相互作用都在系统内部，所以系统就是孤立系统，从而它的总能量不变。所以，我们要用的方程式不是有某些外力对系统做功的方程式，而是能量守恒的方程式。我们用式（8-37）的形式写出这个方程式：

$$E_{mec,2}=E_{mec,1}-\Delta E_{th} \quad (8\text{-}42)$$

这像钱的方程式。最后钱的数量等于原有的钱减去被花费的钱的数量。在这里，最后的机械能等于原有的机械能减去被摩擦力消耗掉的一部分能量。能量不会魔术般地产生或消失。

解：现在我们已经有了一个方程式，我们来求距离 L。令下标1对应于滑艇的初始状态（这时它还在被压缩的弹簧上），下标2对应于滑艇的末了状态（这时它停在地面滑道上）。在这两个状态中，系统的机械能都是势能和动能之和。

我们有两种势能：和压缩的弹簧有关的弹性势能$\left(U_e=\frac{1}{2}Kx^2\right)$以及和滑艇的高度有关的重力势能（$U_g=mgy$），对后者，我们取地平线作为参考水平线。这意味着，滑艇起始高度 $y=h$，最后在高度 $y=0$ 处。

在初始状态中，滑艇静止，但它在高处并且弹簧被压缩，它的能量是

$$E_{mec,1}=K_1+U_{e1}+U_{g1}=0+\frac{1}{2}kd^2+mgh \quad (8\text{-}43)$$

在终了状态中，弹簧在松弛状态，滑艇又静止且不再有高度，系统最终的机械能是

$$E_{mec,2}=K_2+U_{e2}+U_{g2}=0+0+0 \quad (8\text{-}44)$$

接着我们来讨论滑艇和地平面上滑道的热能的改变 ΔE_{th}。在式（8-31）中，我们可以用 f_kL 代入 ΔE_{th}（摩擦力的数值和摩擦的距离的乘积）。由式（6-2），我们知道 $f_k=\mu_kF_N$，这里的 F_N 是法向力。因为滑艇经过有摩擦力的区域时水平地运动，F_N 的数值等于 mg（向上的力和向下的力对等）。所以，摩擦力从机械能中消耗掉的能量总数为

$$\Delta E_{th}=\mu_kmgL \quad (8\text{-}45)$$

（顺便说一下，没有进一步的实验，我们无法说这些热能中有多少热能最后被滑艇吸收，多少留在滑道中。我们只知道总量。）将式（8-43）~式（8-45）三个式子代入式（8-42），我们得到：

$$0=\frac{1}{2}kd^2+mgh-\mu_kmgL \quad (8\text{-}46)$$

$$\begin{aligned}L&=\frac{kd^2}{2\mu_kmg}+\frac{h}{\mu_k}\\&=\frac{(3.20\times10^3\,\text{N/m})(5.00\,\text{m})^2}{2(0.800)(200\,\text{kg})(9.8\,\text{m/s}^2)}+\frac{35\,\text{m}}{0.800}\\&=69.3\,\text{m}\end{aligned}$$

（答案）

最后，要注意我们的解在代数上是多么简单。通过仔细定义系统并且看清楚我们有一个孤立系统，我们就可以应用能量守恒定律。这意味着我们可以把系统的末态和初态联系起来，而不必考虑居间态。特别是，我们不需要考虑滑艇在不平的滑道上滑下时的情况。相反，如果我们将牛顿第二定律用于它的运动，我们就不得不知道滑道的细节，这样就要面对难得多的计算。

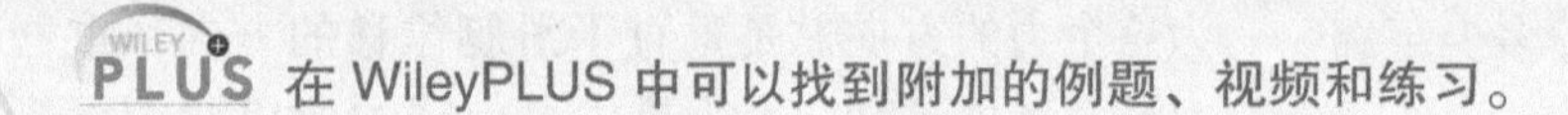

在 WileyPLUS 中可以找到附加的例题、视频和练习。

复习和总结

保守力 对一个从起点沿闭合路径运动又回到起点的质点所做净功为零的力称为**保守力**。等价地，对两点之间运动的质点做的净功不依赖于质点所走路径的力称为保守力。重力和弹簧力是保守力，而动摩擦力是**非保守力**。

势能 **势能**是其中保守力作用着的与系统的组态相关的能量。保守力对系统中的质点做功 W，系统势能改变 ΔU：

$$\Delta U=-W \quad (8\text{-}1)$$

如果质点从点 x_i 移动到点 x_f，系统势能的改变为

$$\Delta U=-\int_{x_i}^{x_f}F(x)\,dx \quad (8\text{-}6)$$

重力势能 由与地球及附近的质点组成的系统相关的势能是**重力势能**。如果质点从高度 y_i 移动到高度 y_f，则质点-地球系统的重力势能的改变为

$$\Delta U=mg(y_f-y_i)=mg\Delta y \quad (8\text{-}7)$$

如果质点的**参考点**设为 $y_i=0$，并且相应系统的重力势能设为 $U_i=0$，当质点在任意高度 y 时的重力势能 U 为

$$U(y)=mgy \quad (8\text{-}9)$$

弹性势能 **弹性势能**是和弹性物体的压缩或拉伸状态

相关的能量。一根弹簧的自由端位移 x，它施加弹性力 $F=-kx$，弹性势能是

$$U(x)=\frac{1}{2}kx^2 \tag{8-11}$$

参考组态是弹簧松弛时的长度，这时 $x=0$ 以及 $U=0$。

机械能　系统的**机械能** E_{mec} 是它的动能 K 和势能 U 之和：

$$E_{mec}=K+U \tag{8-12}$$

孤立系统是没有外力引起其中能量变化的系统。如果在孤立系统内部只有保守力做功，那么系统的机械能不会改变。这个**机械能守恒原理**写作：

$$K_2+U_2=K_1+U_1 \tag{8-17}$$

其中的下标表示能量转换过程中不同的时刻。这个守恒原理也可以写作：

$$\Delta E_{mec}=\Delta K+\Delta U=0 \tag{8-18}$$

势能曲线　假如我们已知一维力 $F(x)$ 作用在质点上的系统的势能函数 $U(x)$，我们可以求力：

$$F(x)=-\frac{dU(x)}{dx} \tag{8-22}$$

如果 $U(x)$ 在曲线图上给出，则任何 x 位置的力 $F(x)$ 是该处曲线斜率的负数，质点在该处的动能为：

$$K(x)=E_{mec}-U(x) \tag{8-24}$$

其中，E_{mec} 是系统的机械能。**转折点**是质点从这一点 x 开始运动向相反方向进行的点（在这一点上 $K=0$）。$U(x)$ 曲线上斜率为零的点处的质点处在**平衡状态**［此处 $F(x)=0$］。

外力对系统做的功　功 W 是通过作用于系统的外力转移给系统的或从系统转移出来的能量。当一个以上的力作用于一个系统时，它们的净功就是转移的能量。没有摩擦力时，对系统做的功和系统机械能的改变 ΔE_{mec} 相等：

$$W=\Delta E_{mec}=\Delta K+\Delta U \tag{8-26, 8-25}$$

系统中有动摩擦力作用时，系统的热能 E_{th} 改变。（热能是与系统中的原子和分子的无规则运动相关的能量。）于是作用于系统的功

$$W=\Delta E_{mec}+\Delta E_{th} \tag{8-33}$$

热能的改变 ΔE_{th} 与摩擦力的数值 f_k 以及外力引起的位移大小 d 之间的关系为

$$\Delta E_{th}=f_k d \tag{8-31}$$

能量守恒　系统的**总能量** E（它的机械能及包含热能在内的内能的总和）的改变必定等于转移给系统或从系统转移出去的能量同样的数量。这个实验事实称为**能量守恒定律**，设作用于系统的功为 W，则

$$W=\Delta E=\Delta E_{mec}+\Delta E_{th}+\Delta E_{int} \tag{8-35}$$

如系统是孤立系统（$W=0$），给出：

$$\Delta E_{mec}+\Delta E_{th}+\Delta E_{int}=0 \tag{8-36}$$

$$E_{mec,2}=E_{mec,1}-\Delta E_{th}-\Delta E_{int} \tag{8-37}$$

其中下标 1 和 2 表示不同的时刻。

功率　力的**功率**是力转移能量的速率。如在时间间隔 Δt 内，力转移了一定数量的能量 ΔE，则力的**平均功率**为

$$P_{avg}=\frac{\Delta E}{\Delta t} \tag{8-40}$$

力的**瞬时功率**为

$$P=\frac{dE}{dt} \tag{8-41}$$

习题

1. 亚当把弹簧拉长了某一长度。后来约翰把同一根弹簧拉长到了亚当所拉长度的三倍。求第一次拉长和第二次拉长弹簧中储存的能量之比。

2. 图 8-18 中，一辆质量 $m=825\text{kg}$ 的无摩擦的过山车在高度 $h=50.0\text{m}$ 的第一座小山顶上时的速率为 $v_0=20.0\text{m/s}$。从这一点运动到以下各点时，重力对过山车做了多少功：(a) A 点，(b) B 点，(c) C 点？设过山车-地球系统的重力势能在 C 点为零，过山车在 (d) B 点和 (e) A 点时重力势能各多大？(f) 如果质量 m 加倍，A 点到 B 点系统的重力势能的改变是增大、减小还是不变？

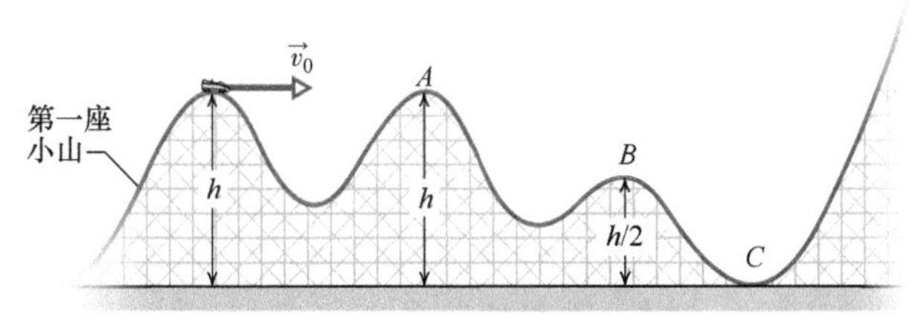

图 8-18　习题 2 和习题 9 图

3. 你在楼上将一本 2.00kg 的书丢给站在楼下地面上的朋友，你距地面的高度差 $D=10\text{m}$。你的朋友伸出他的手在比地面高 $d=1.5\text{m}$ 的位置（见图 8-19）。(a) 书落到朋友的手上时，重力做了多少功？(b) 书落到朋友手里时，书-地球系统的重力势能改变 ΔU 是多少？如地面上这个系统的势能 U 取为零，(c) 当刚把书放手时，(d) 书刚到朋友的手上时，这两个时刻 U 各是多少？现在取地面的 U 为 100J，求 (e) W_g，(f) ΔU，(g) 书在放手的位置的 U 以及 (h) 在朋友手上的 U。

4. 图 8-20 表示一个质量 $m=0.382\text{kg}$ 的小球连接在长度 $L=0.498\text{m}$，质量可以忽略不计的细杆一端。细杆的另一端插在转轴上，所以小球可以在竖直圆周上转动。细杆先放在如图所示的水平位置，然后给小球足够的向下推力，使小球向下摆荡再沿圆周向上绕行并正好到达竖直向上的最高点，到这一点时小球速率为零。问，小球从初始位置到 (a) 最低点，(b) 最高点，以及 (c) 右边和初始位置同一水平的点时，重力各做多少功？设小球-地球系统在起始位置的重力势能为零，当小球到达 (d) 最低

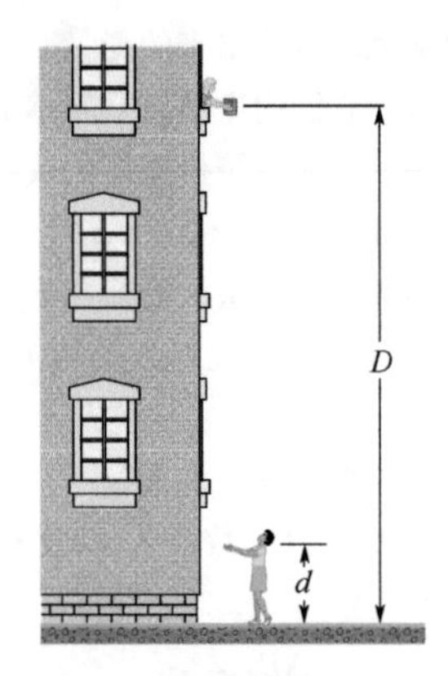

图8-19　习题3和习题10图

点，（e）最高点，以及（f）右边和起始点同一水平的位置时重力势能各是多少？（g）如果用更大的力推细杆，使得小球经过最高点时速率不为零，从最低点到最高点的重力势能的差值 ΔU_g 较之于停在最高点的情况是更大、更小还是相同？

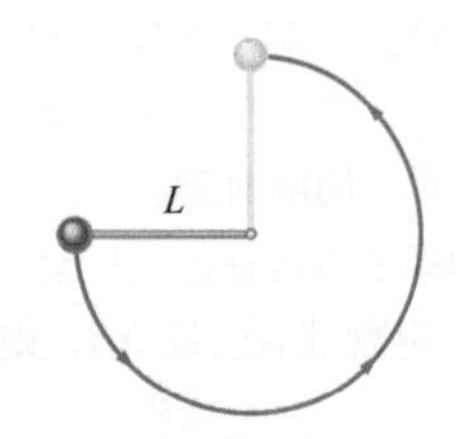

图8-20　习题4和习题14图

5. 在图8-21中，将一质量为2.00g的冰块从一个半径 r 为22.0cm的半球形碗的边缘释放。冰块与碗的接触是无摩擦的。（a）当冰块滑落到碗底时，重力对冰块做的功是多少？（b）滑落过程中冰块-地球系统的势能改变多少？（c）如果在碗底时该势能取为零，冰块释放时势能是多少？（d）如果将势能取为零的点改为冰块的释放点，当冰块到达碗底时它的值是多少？（e）如果冰块的质量加倍，则（a）~（d）的答案的大小会增大，减小还是不变？

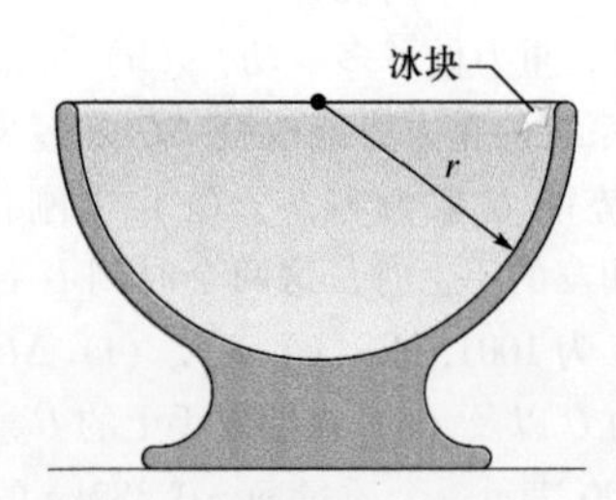

图8-21　习题5和习题11图

6. 在图8-22中，质量 $m=0.032$kg的小木块可以沿环半径 $R=10$cm的无摩擦的绕环轨道滑行。木块在高于环道底部高度 $h=5.0R$ 的 P 点从静止释放。问木块从 P 点运动到下述几个位置时重力对木块做了多少功：（a）Q 点和（b）环道的顶点。设木块-地球系统的重力势能在环道底部为零。木块在（c）P 点，（d）Q 点及（e）环道的顶点各个位置上的势能各是多少？（f）如果木块不是释放，而是给它一个沿滑道向下的初速率，（a）~（e）的各个答案是增大、减少还是保持不变？

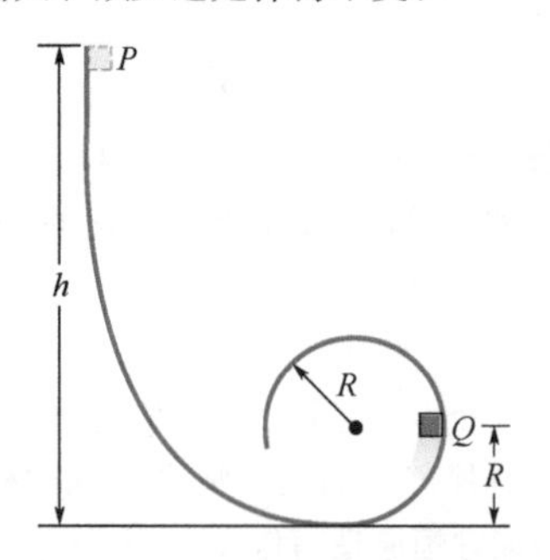

图8-22　习题6和习题17图

7. 图8-23中画出一根长 $L=2.00$m、质量可以忽略的细棒，它可以绕细棒的一端沿竖直的圆周转动。一个质量为 $m=5.00$kg的小球连接在棒的另一端。细棒被拉向一边的角度为 $\theta_0=30.0°$ 并以初速度 $\vec{v}_0=0$ 释放。当小球下降到最低点时，（a）重力对它做了多少功？（b）小球-地球系统的重力势能改变了多少？（c）如果将最低点的重力势能取为零，它在小球刚释放时的数值是多少？（d）如角度 θ_0 增大从（a）~（c）各个答案的数值是增大，减少还是不变？

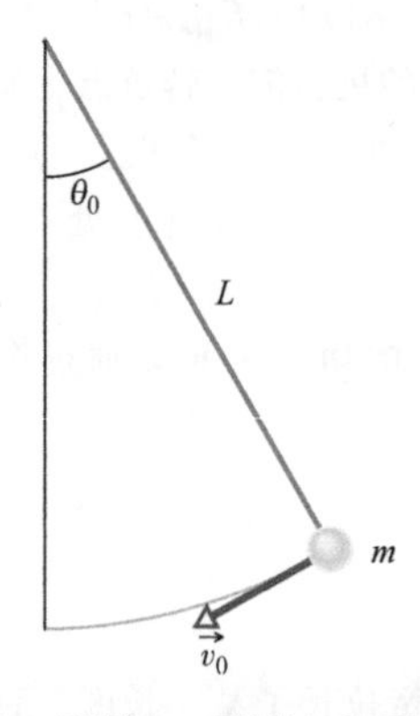

图8-23　习题7、习题8和习题21图

8. 一个1.50kg的雪球从11.5m高的悬崖边上以初速度16.0m/s，水平线向上41.0°的方向抛出。（a）在雪球飞落到悬崖下地面的过程中重力对雪球做了多少功？（b）在下落过程中，雪球-地球系统的重力势能改变了多少？（c）如果取悬崖的高度的重力势能为零，当雪球落到地面后它的重力势能数值是多少？

9. 在习题2中，过山车在（a）A 点，（b）B 点和（c）C 点处的速率各是多大？（d）如果最后一座小山太高以致过山车不能越过它，这最后一座小山至少有多高？（e）如果用另一辆两倍质量的过山车，那么（a）~（d）小题的各个答案会又是怎样？

10. （a）在习题3中，当书落到你朋友手中时，它的速率是多少？（b）如果用另一本两倍质量的书，这个速率有多大？（c）如果你把书用力向下抛掷，那么（a）的答案是增大，减少还是相同？

11. （a）在习题5中，冰块到达碗底时速率有多大？

（b）如果我们改用另一块两倍质量的冰块，它到达碗底时的速率有多大？（c）如果我们给冰块沿碗向下的初速率，（a）问的答案是增大，减小还是保持不变？

12.（a）在习题8中，用能量方法而不用第4章中的方法求雪球到达悬崖下地面时的速率。（b）如果发射角改为水平线以下41.0°，（c）如果质量变成3.00kg，这两种情况下到达地面时的速率各是多少？

13. 一个5.0g的弹子用弹簧枪竖直向上发射。如果要使弹子正好到达高于放在被压缩的弹簧上的弹子位置20m处的靶，弹簧必须被压缩8.0cm。（a）在弹子上升了这20m，弹子-地球系统的重力势能的改变ΔU_g是多少？（b）在弹簧弹射弹子的过程中弹性势能改变ΔU_s是多少？（c）弹簧的弹簧常量多大？

14. 在习题4中，必须给小球多大的速率才能使细杆到达竖直向上的位置时小球速度正好为零？这种情况下，（b）小球在最低位置和（c）小球在右边和初始位置位于同一高度上，在这两点上小球的速率各有多大？（d）如果小球的质量加倍，（a）~（c）的答案增大、减小还是保持不变？

15. 图8-24中，一辆货车因制动失效而失去控制，驾驶员要将货车驶上倾斜度为$\theta=15°$、无摩擦的紧急避险坡道上，这时货车正以130km/h的速率下坡。货车的质量是1.2×10^4kg。（a）若要使货车在坡道上停下来（暂时地），坡道最小长度L必须有多长？（设货车是一个质点，并说明这样假设是合理的）。如果（b）货车的质量减小，（c）它的速率减小，则最小长度L是要增大、减小还是不变？

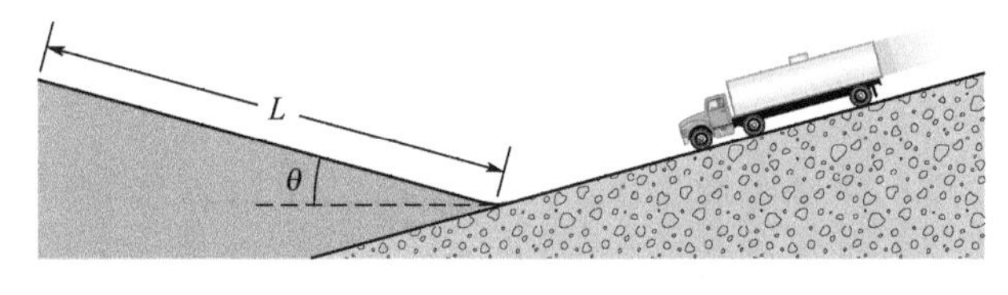

图8-24　习题15图

16. 一块700g的木块在一竖直放置的弹簧正上方高度h_0处由静止释放，弹簧常量$k=450$N/m并且质量可以忽略不计。木块落到弹簧上并将弹簧压缩19.0cm后暂时停止。问（a）木块对弹簧，（b）弹簧对木块各做多少功？（c）h_0的数值为多少？（d）如果木块从弹簧上方高度$2.00h_0$处释放，弹簧最大压缩距离达到多少？

17. 习题6中，作用于在Q点的木块的净力的（a）水平分量和（b）竖直分量各是多少？（c）木块应在什么高度h从静止释放，使得它到绕环轨道顶部时正好处在和轨道要脱离接触的临界状态？（脱离轨道的临界状态的意思是轨道对木块的法向力正好为零。）（d）画出环道顶部对木块法向力的数值对初始高度h从$h=0$到$h=6R$的曲线图。

18.（a）在习题7中，小球在最低点的速率有多大？（b）如果小球质量增大，这个速率是增大，减小还是保持不变？

19. 以8.0m/s的速率运动的1.0kg质量的木块撞击一端固定在墙上的弹簧并将弹簧压缩了0.40m，这时它的速率降低为2.0m/s。这个事件以后，弹簧被重新安放成竖直放置。底部固定在地板上，并将一块质量为2.0kg的石头放在它上面；现在把弹簧从它静止时的长度再压缩0.50m。然后释放，石头被弹起后距离弹簧静止时的高度位置多远？

20. 一个单摆由2.0kg的石块系在长4.5m、质量忽略不计的细绳上摆动。石块经过最低点时的速率为8.0m/s。（a）当绳子与竖直线成60°角时，石块速率有多大？（b）在石块运动过程中，绳子与竖直线达到的最大角度是多少？（c）单摆-地球系统在石块最低点时势能为零，系统的总机械能是多少？

21. 图8-23表示长$L=1.25$m的摆。它的摆锤（可以认为摆的所有质量都集中在摆锤上）在绳子与竖直线成角度$\theta_0=40.0°$时速率为v_0。（a）如果$v_0=8.00$m/s，摆锤在最低位置时的速率有多大？v_0的最小值必须是多大才能使摆从向下摆动然后向上（b）达到水平位置和（c）达到竖直位置而绳子仍旧保持为直线？（d）如果θ_0增大若干度（b）和（c）的答案是增大、减小还是保持不变？

22. 70kg的跳台滑雪运动员在高于滑雪斜坡终端高度为$H=22$m的位置从静止开始下滑（见图8-25）并以角度$\theta=28°$离开斜坡。忽略阻力的效应，并假设斜坡是无摩擦的。（a）他跳起高于斜坡终端的最大高度h是多少？（b）如果他因背起一个背包而增加了重量，h会增大，减小还是不变？

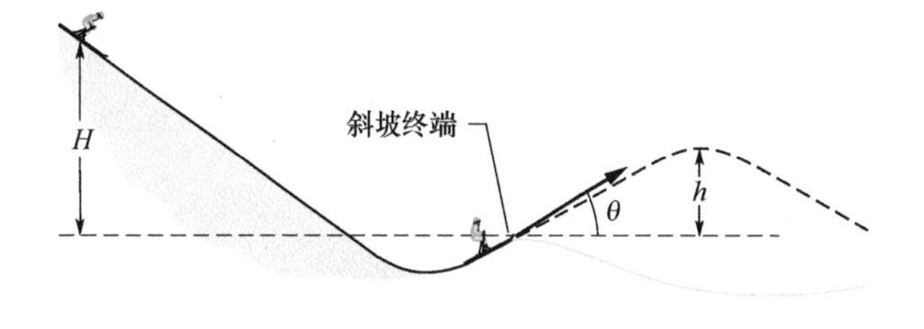

图8-25　习题22图

23. 图8-26中的细绳长$L=120$cm，一端连接一个球，另一端固定。到P处的销钉的距离d为75.0cm。当静止的球从图中所示细绳水平的位置释放，它就要沿虚弧线向下运动。当球到达（a）它的最低点时和（b）细绳被销钉绊住后到达的最高点时，它的速率是多少？

24. 一2.0kg的木块从$h=50$cm高处掉落到弹簧常量为$k=1960$N/m的弹簧上（见图8-27）。求弹簧被压缩的最大距离。

25. 在$t=0$时，一个1.0kg的球以速度$\vec{v}=(18\text{m/s})\vec{i}+(24\text{m/s})\vec{j}$从高塔上抛出。在$t=0$和$t=6.00$s（球仍旧在自由下落）之间球-地球系统的$\Delta U$是多少？

26. 保守力$\vec{F}=(6.0x-12)\vec{i}$N作用在沿x轴运动着的质点上，这里x以m为单位。和这个力相关的势能U

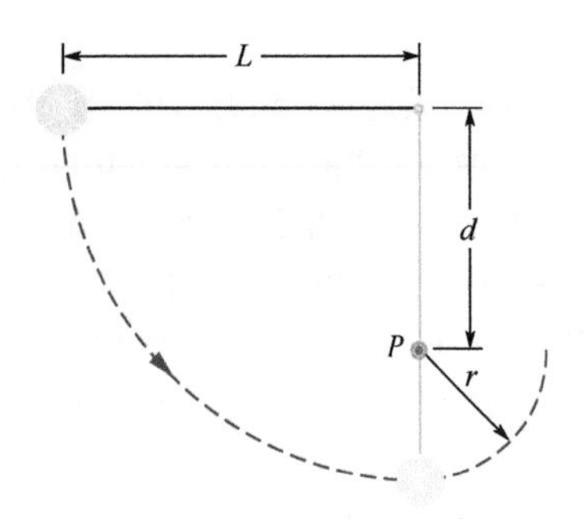

图8-26　习题23图

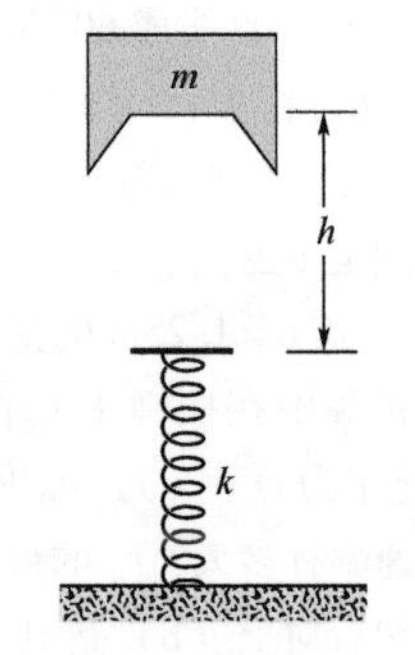

图8-27　习题24图

在$x=0$处设定为27J。(a) 写出作为x的函数的$U(x)$表达式，这里U的单位用J，x的单位用m。(b) 最大的正势能是多少？在x分别是 (c) 负的和 (d) 正的什么数值时势能等于零？

27. 重688N的人猿泰山抓住18m长藤条的一端从悬崖荡开（见图8-28）。从悬崖顶部到摆荡的最低点，他下降3.2m。如果藤条中张力超过950N就要断掉。(a) 藤条会不会断？(b) 如果藤条没有断，在摆荡过程中作用于藤条上最大的力是多少？如果它断掉，它是在和竖直线成什么角度时断掉的？

图8-28　习题27图

28. 图8-29a适用于软木塞枪（见图8-29b）的弹簧；图中表明弹性力是弹簧伸长和压缩的函数。弹簧被压缩5.5cm用来推动枪膛中的4.2g的软木塞。(a) 弹簧被释放后，当它通过松弛位置时软木塞的速率是多大？(b) 假设另一种情况，软木塞被钉牢在弹簧上，在它们分开前软木塞将弹簧拉长1.5cm，在分开时软木塞的速率有多大？

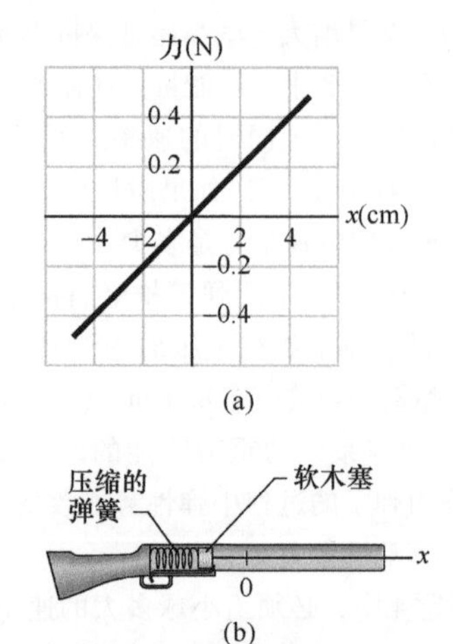

图8-29　习题28图

29. 4.00kg的木块在无摩擦的水平表面上运动并和另一端固定在墙上的、弹簧常量为k的弹簧碰撞。当木块暂时停止时弹簧被压缩了0.20m。反弹后木块速率为4.00m/s，下一步，将弹簧放在斜面上。它的下端固定（见图8-30）。同一木块在斜面上距离弹簧的自由端5.00m处释放。当木块暂时停止时弹簧被压缩了0.30m。(a) 木块和斜面间的动摩擦系数是多少？(b) 然后木块从停止的位置沿斜面向上可以走多少距离？

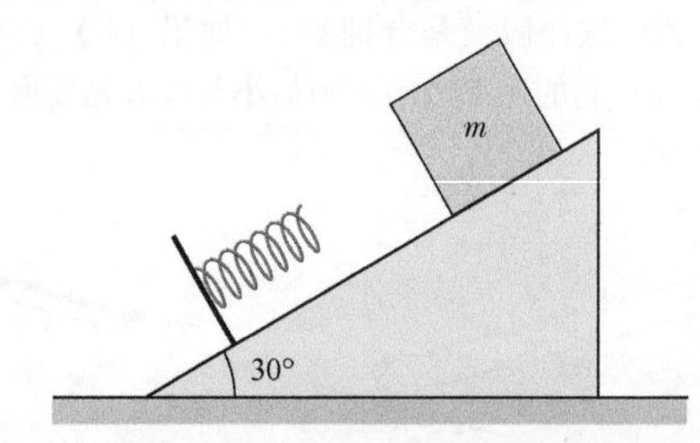

图8-30　习题29和习题35图

30. 2.0kg的面包盒放在角度$\theta=40°$的无摩擦的斜面上，用绳子通过滑轮连接到弹簧常量$k=105$N/m的轻弹簧上，如图8-31所示。在弹簧没有伸长的时候将盒子从静止释放。设滑轮没有质量且无摩擦。(a) 盒子在斜面上向下运动10cm后的速率是多少？(b) 截止到暂时停止前，盒子从它的释放点开始在斜面上移动了多少距离？在暂时停止的瞬间，盒子的加速度的 (c) 大小和 (d) 方向（沿斜面向上或向下）各是什么？

31. 如图8-32所示，一根弹簧的右端固定在墙上。一块1.00kg的木块被推向弹簧自由端，使弹簧压缩0.25m。木块被释放后，沿水平地板滑行并（在离开弹簧后）滑上一个斜坡；地板和斜坡都是无摩擦的。它在斜坡上达到的最大（竖直）高度是5.00m。求：(a) 弹簧常量和 (b) 最大速率。(c) 如果斜坡的角度增大，最大（竖直）高度有何变化？

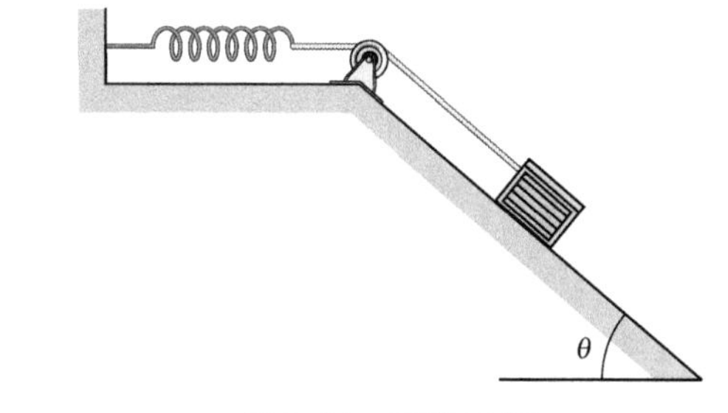

图 8-31　习题 30 图

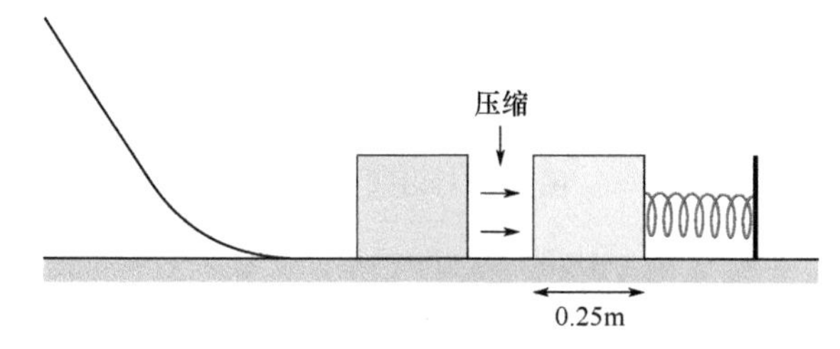

图 8-32　习题 31 图

32. 在图 8-33 中，一条链子被按在无摩擦的桌子上，它的长度的四分之一悬挂在桌子边缘外。如果链子长度 $L=24\text{cm}$，质量 $m=0.016\text{kg}$，要将悬挂的部分拉回桌面需做多少功？

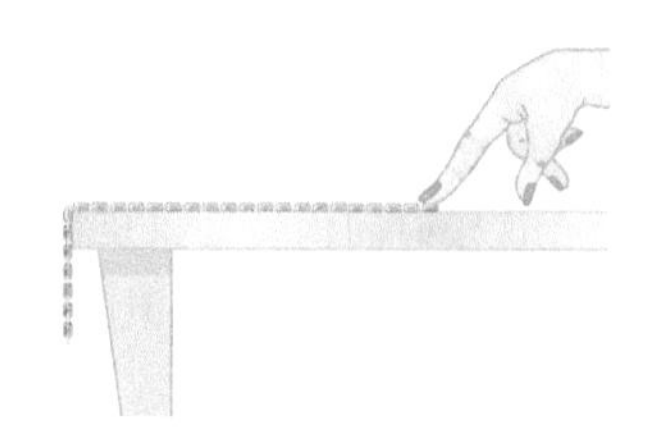

图 8-33　习题 32 图

33. 在图 8-34 中，$k=170\text{N/m}$ 的弹簧一端固定在倾斜角度 $\theta=37.0°$ 的无摩擦斜面顶部。弹簧松弛时另一端到斜面下端距离 $D=1.00\text{m}$。一个 2.00kg 的罐头被推向弹簧。直到弹簧被压缩了 0.200m，然后从静止释放。(a) 弹簧回到它的松弛长度的瞬间（这时罐头和弹簧正好脱离接触）罐头的速率有多大？(b) 当罐头到达斜面底端时速率是多少？

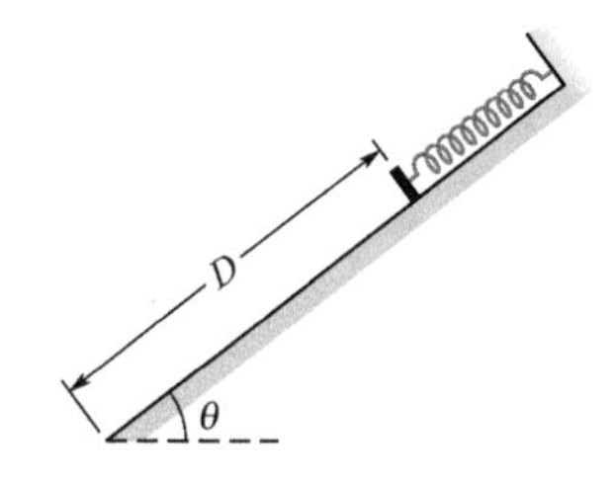

图 8-34　习题 33 图

34. 一个小孩开始时坐在半径 $R=12.8\text{m}$ 的半球形冰墩顶上。他开始从冰上滑下。初速度可以忽略不计（见图 8-35），近似地设冰是无摩擦的。孩子到多大高度时开始和冰脱离接触？

35. 在图 8-30 中，质量为 $m=3.20\text{kg}$ 的木块由静止

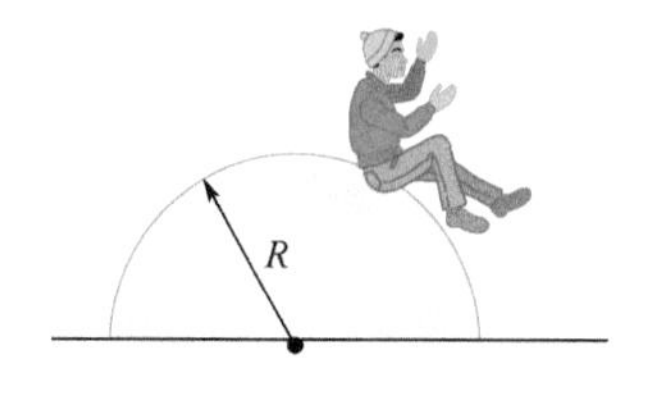

图 8-35　习题 34 图

从倾角 $\theta=30.0°$ 的无摩擦斜面上滑下，经过距离 d 与弹簧常量为 $k=431\text{N/m}$ 的弹簧碰撞。当木块暂时停止时，弹簧被压缩了 21.0cm。求：(a) 距离 d 是多少？(b) 从弹簧与木块第一次接触到木块速率达到最大值，这两点之间的距离是多少？

36. 两位小朋友做游戏，他们要用水平地固定在桌子上的弹簧枪发射石弹子射击放在地板上的小盒子。作为靶的小盒子距桌子边缘的水平距离 $D=2.20\text{m}$，（见图 8-36）。博比（Bobby）将弹簧压缩 1.10cm，但弹子落在离盒子中心不远的 26.3cm 处。罗达（Rhoda）要想把弹子直接射中小盒子，他应把弹簧压缩多少距离？设弹簧和弹子在枪管中都不受到摩擦力。

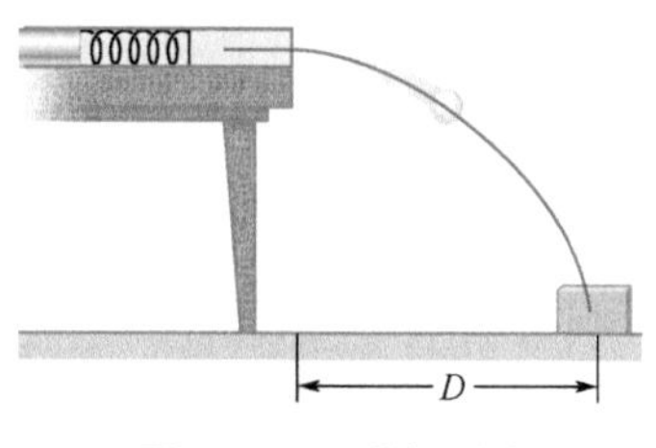

图 8-36　习题 36 图

37. 在月球的基地上，一条均匀的链条挂在水平的平台边缘。一台机器做了 1.0J 的功将链条的其余部分拉上平台。链条质量为 2.0kg，长度为 3.0m。原来在平台边缘悬挂着的长度是多少？在月球上的重力加速度是 9.8m/s^2 的 1/6。

38. 图 8-37 表示一个在保守力影响下只能沿 x 轴运动的 0.200kg 的质点的势能 U 对位置 x 的曲线图。图中的数值是：$U_A=9.00\text{J}$，$U_C=20.00\text{J}$，$U_D=24.00\text{J}$。质点在 U 形成一个"高度"为 $U_B=12.00\text{J}$ 的"势能山"顶点处释放，这时它的动能为 4.00J。求质点在以下位置的速率，(a) $x=3.5\text{m}$，(b) $x=6.5\text{m}$ 处。转折点的位置在(c) 右边还是 (d) 左边？

39. 图 8-38 是只能沿 x 轴运动的一个 0.90kg 的质点的势能 U 对位置 x 的曲线图（没有非保守力作用）。图中的三个数值是：$U_A=15.0\text{J}$，$U_B=35.0\text{J}$，$U_C=45.0\text{J}$。质点在 $x=4.5\text{m}$ 处释放，它以初速度 7.0m/s 向负 x 方向开始运动。(a) 如果质点可以到达 $x=1.0\text{m}$ 处，它到达那里时的速率是多少？如果质点不能到那一点，则转折点在哪里？当质点开始向 $x=4.0\text{m}$ 左方运动时，作用在它上面的力的 (b) 数值和 (c) 方向为何？另外，如质点在 $x=4.5\text{m}$ 处释放时以速率 7.0m/s 向正 x 方向运动。(d) 如果质点能够到达 $x=7.0\text{m}$ 处，则它在这个位置的

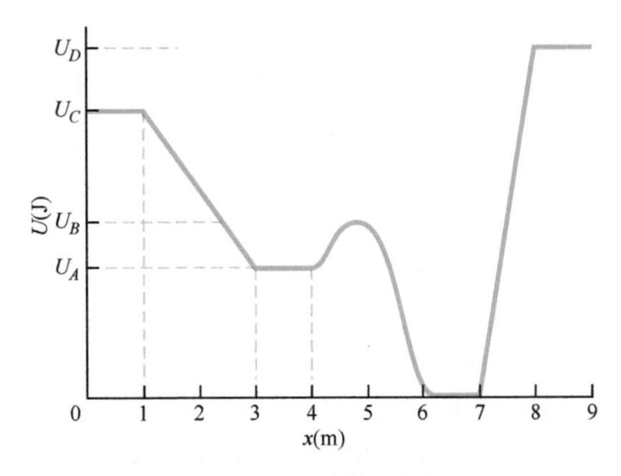

图 8-37　习题 38 图

速率有多大？如果它不能到达，则转折点在何处？当质点开始向 $x=5.0\text{m}$ 右边运动时，作用在它上面的力的（e）数值和（f）方向为何？

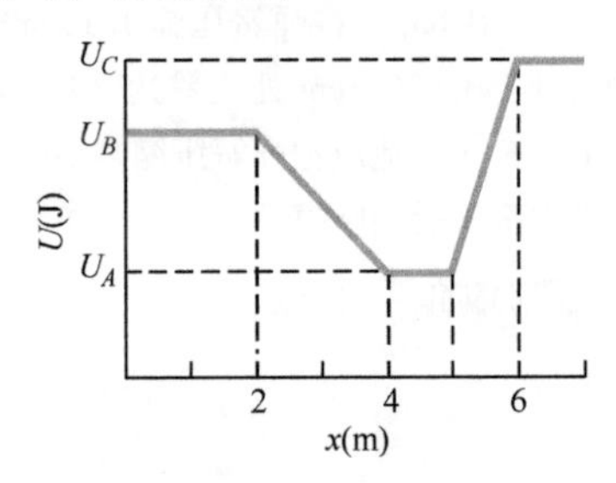

图 8-38　习题 39 图

40. 双原子分子（像 H_2 或 O_2 这样的由两个原子组成的分子）的势能由下式给出：

$$U=\frac{A}{r^{12}}-\frac{B}{r^{6}}$$

其中，r 是分子中的两个原子间的距离；A 和 B 是正的常数，这个势能和将两个原子结合在一起的力有关。（a）求平衡间距——即两个原子分开这个距离时作用在各个原子上的力都是零。如果两个原子的间距（b）小于和（c）大于这个平衡间距，则原子间的力是排斥（两个原子互相推开）还是吸引（它们互相拉拢）？

41. 一个保守力 $F(x)$ 作用在沿 x 轴运动的 1.0kg 的质点上。和 $F(x)$ 相联系的势能 $U(x)$ 由下式给出：

$$U(x)=-4xe^{-x/4}\text{J}$$

其中，x 的单位是 m。在 $x=5.0\text{m}$ 处质点具有动能 2.0J。（a）系统的机械能是多少？（b）画出在 $0\leqslant x\leqslant 10\text{m}$ 范围内 $U(x)$ 作为 x 的函数曲线图，并在同一图上画出表示系统机械能的曲线。利用（b）问来确定（c）质点可以到达的 x 的最小值。（d）质点可到达的 x 的最大值。利用（b）确定（e）质点的最大动能，（f）质点具有最大动能的位置 x。（g）写出以牛顿和米为单位的，作为 x 的函数的 $F(x)$ 表达式。（h）x 是什么数值（有限的）时 $F(x)=0$？

42. 工人推动 23kg 的木块沿水平地板以恒定的速率前进了 8.4m，他用力的方向是水平向下 32°。如果木块和地板间的动摩擦系数是 0.20。（a）工人的力做功多少？（b）木块-地板系统的热能增加多少？

43. 在图 8-39 中，3.5kg 的木块在弹簧常量为 640N/m 的压缩弹簧的作用下从静止开始加速。木块在弹簧的松弛长度位置离开弹簧并在动摩擦系数 $\mu_k=0.25$ 的水平地板上滑动。摩擦力使木块走过距离 $D=7.8\text{m}$ 后停止。求：（a）木块-地板系统的热能增加，（b）木块的最大动能，（c）弹簧原来被压缩的距离。

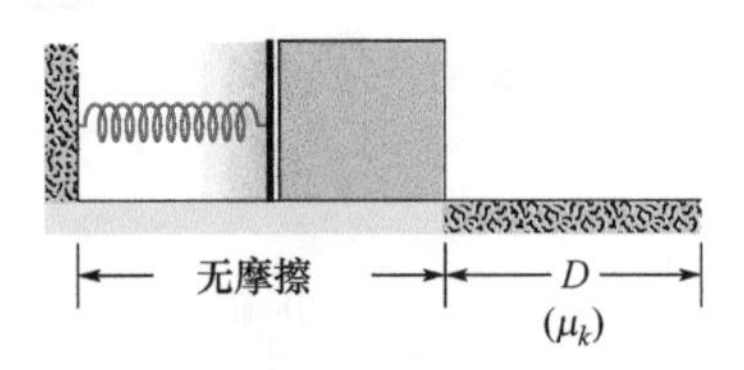

图 8-39　习题 43 图

44. 大小为 41.0N 的水平力推动质量为 4.00kg 的木块在动摩擦系数为 0.600 的地板上滑动。（a）木块在地板上滑动经过位移 2.00m，作用力对木块-地板系统做了多少功？（b）在位移中，木块的热能增加了 40.0J。地板的热能增加了多少？（c）木块的动能增加了多少？

45. 一辆载有货物的、质量为 3000kg 的卡车在水平道路上以恒定的速率 6.000m/s 行驶。路面对卡车的摩擦力为 1000N。设空气阻力可以忽略。（a）在 10.00min 时间内卡车发动机做了多少功？（b）10.00min 后，卡车进入丘陵地带，山坡斜度为 30°，它继续以同样的速率继续行驶 10.00min。在这段时间内发动机反抗重力和摩擦力总共做了多少功？（c）在整个 20min 时间内发动机总共做了多少功？

46. 一个外场手以初速率 83.2mile/h 抛出棒球。内场手正好在同样的水平高度，在他接住棒球前球的速率是 110ft/s。用英尺-磅表示棒球-地球系统的机械能由于空气阻力减少了多少？（棒球的重量是 9.0oz。）（1mile = 1.61km = 5280ft，1ft = 0.3048m，1oz = 28.35g，1lb = 0.4536kg）

47. 质量为 1/4kg 的小木块在图 8-40 所示的无摩擦的表面上运动时初始动能为 500J。（a）求木块在 Q 点的动能。（b）如果我们设在 P 点的势能为零，木块在 R 处的势能是多少？（c）求木块在 R 点的速率。（d）求木块从 Q 运动到 R 的过程中势能的改变。

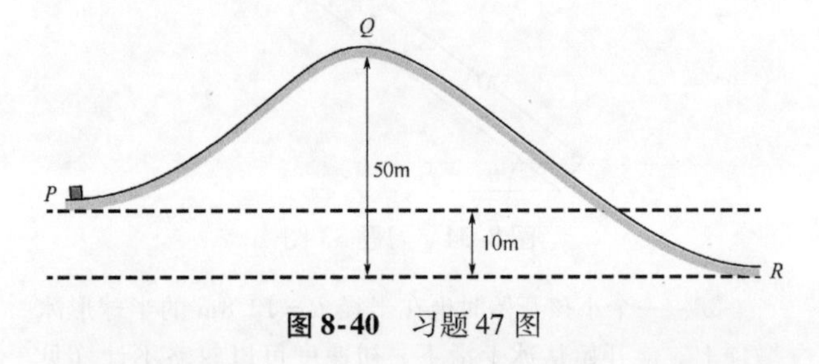

图 8-40　习题 47 图

48. 在图 8-41 中，一木块沿斜面滑下，它从 A 点移动到相距 5.9m 的 B 点时，数值为 2.0N、沿斜面指向下的力 $\vec{F}$ 作用于木块上。作用于木块的摩擦力大小是 10N。如

果木块从 A 到 B 动能增加了 35J，则木块从 A 到 B 过程中重力对它做了多少功？

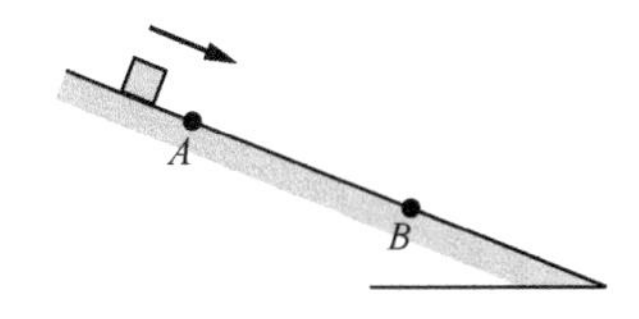

图 8-41 习题 48 图

49. 在图 8-42 中，一个 50kg 的孩子坐在椅子上从 7.0m 高处沿无摩擦的斜坡滑下。到达地板后，孩子和坐椅就沿地板滑动。动摩擦系数 0.30。他在地板上能滑多远？

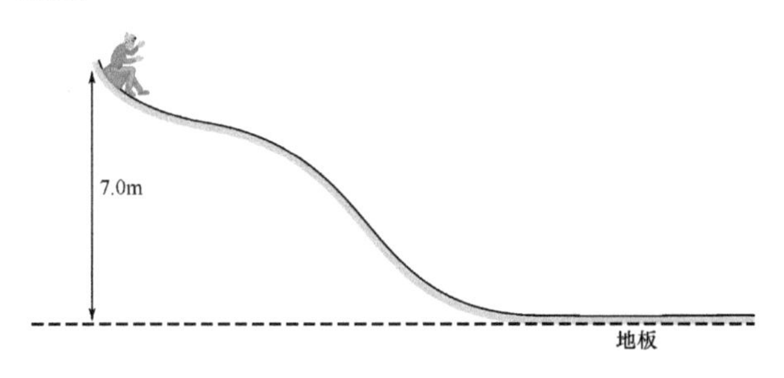

图 8-42 习题 49 图

50. 60kg 的滑雪运动员以速率 27m/s，方向水平向上 25°离开跳台滑雪斜坡的终端。设由于空气的阻力，滑雪运动员以 22m/s 的速率落回低于斜坡终端竖直距离 14m 的地面。从跳起到返回地面，由于空气阻力滑雪运动员-地球系统的机械能减少了多少？

51. 在图 8-43 中，质量为 m 的木块沿三种不同的滑坡滑下，每次都从高度 H 开始，每一滑坡的动摩擦系数都是 μ。用 m、H、μ 和 g 表示木块分别从（a）滑坡 a，（b）滑坡 b 和（c）滑坡 c 滑下，三种情况中最后的动能。

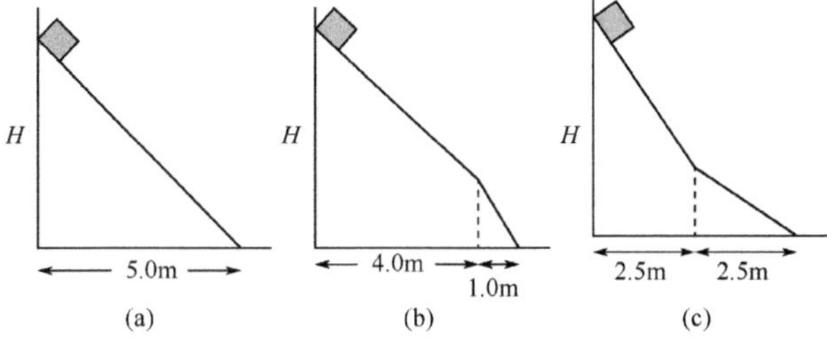

图 8-43 习题 51 图

52. 将水平的表面上滑动的一块很大的假甜饼连接在水平放置的弹簧一端，弹簧常量为 $k = 360\text{N/m}$，弹簧的另一端固定。甜饼经过弹簧的平衡位置时动能为 20.0J。甜饼滑动时有效值为 10.0N 的摩擦力作用于它。（a）到暂时停止以前，甜饼从平衡位置滑过多少路程？（b）甜饼滑回去再经过平衡位置时的动能有多大？

53. 游泳运动员以平均速率 0.22m/s 在水中游动。平均阻力是 110N。游泳运动员需要多大的平均功率？

54. 重量为 267N 的儿童从游乐场的 6.5m 长的滑梯滑下，滑梯和水平成 20°角。滑梯和儿童之间的动摩擦系数是 0.10。（a）多少能量转换成了热能？（b）如果她从滑梯顶部以速率 0.457m/s 开始下滑，到达底部时她的速率是多大？

55. 沿 x 轴运动的 2.00kg 的质点的总机械能是 5.00J。势能由公式 $U(x) = (x^4 - 2.00x^2)\text{J}$ 给出，x 的单位为 m。求最大速度。

56. 你将 2.0kg 的木块推向水平的弹簧，使弹簧压缩了 12cm，然后你释放木块，弹簧推着它在桌面上滑动。木块停止在离你释放的位置 75cm 处。弹簧常量是 170N/m，木块-桌面的动摩擦系数多大？

57. 质量 6.0kg 的木块被人推上斜面的顶端，然后让它自行滑到底部。斜面的长度是 10m，高度是 5.0m。木块和斜面间的摩擦系数是 0.40。求（a）重力在木块整个来回运动过程中做的功。（b）在向上运动过程中人做的功。（c）来回运动过程中由于摩擦力造成的机械能损失。（d）木块回到底部时的速率。

58. 一个饼干盒沿 40°的斜面向上运动。到离斜面底部 45cm 的位置（沿斜面测量），饼干盒具有速率 1.4m/s。饼干盒与斜面间的动摩擦系数是 0.15。（a）饼干盒能够再往上走多远？（b）当它滑回到斜面底部时运动得有多快？（c）如果我们减少动摩擦系数（但不改变所给的速率和位置），（a）和（b）问的答案是增大、减小还是保持不变？

59. 重 5.29N 的一块石子以初速率 20.0m/s 从地面竖直上抛，在整个飞行过程中空气对它的阻力是 0.265N。（a）石子达到的最大高度是多少？（b）它刚接触地面前的速率是多少？

60. 4.0kg 的包裹以动能 150J 开始沿 30°的斜面向上运动。如果包裹和斜面间的动摩擦系数是 0.36，包裹向斜坡上能滑动多少距离？

61. 10.0kg 的砖块落下 30.0m，落到竖直放置的弹簧上。弹簧的下端固定在平台上。当弹簧到达最大压缩距离 0.200m 时，将它锁定在这个位置。然后把砖块拿走并把弹簧装置运到月球上，那里的重力加速度是 $g/6$。一位 50.0kg 的宇航员坐到弹簧上，然后将弹簧解开，于是弹簧将宇航员向上弹出。宇航员从最初的位置向上弹起多高？

62. 在图 8-44 中，木块沿没有摩擦的轨道滑行（向左）并爬上斜坡，它到达长度 $L = 0.65\text{m}$ 的一段，这段轨道从角度 $\theta = 30°$ 的斜坡、高度 $h = 2.0\text{m}$ 处开始向上延伸。这段路上的动摩擦系数是 0.40。木块通过 A 点时的速率为 8.0m/s。如果木块能够到达 B 点（这是摩擦终止的一点），木块到这里时的速率有多大？如果木块不能到达 B 点，它到达 A 点以上的最大高度多少？

63. 如图 8-45 所示，一部 1800kg 的电梯的钢缆在电梯停在一楼时突然断掉，在电梯地板的下面距离 $d = 3.7\text{m}$ 处有一个弹簧常量为 $k = 0.15\text{MN/m}$ 的缓冲弹簧。一套安全装置将电梯夹在导轨上，对电梯施加阻碍其运动的

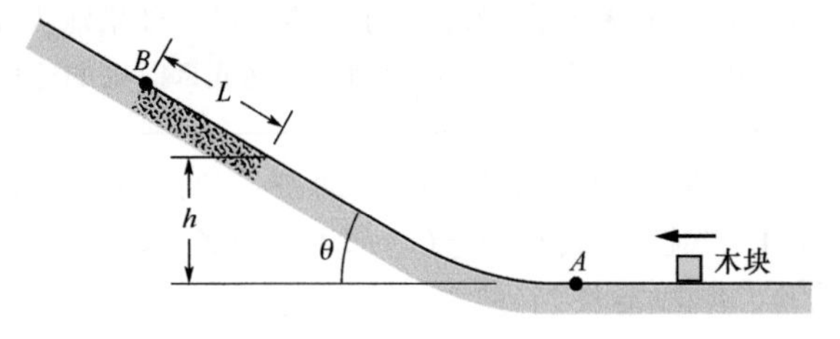

图 8-44 习题 62 图

4.4kN 的摩擦力。(a) 求电梯在接触到缓冲弹簧前的速率。(b) 求弹簧被压缩的最大距离(压缩过程中摩擦力仍旧起作用)。(c) 求电梯被弹回时它在电梯井中上升的高度。(d) 应用能量守恒，求电梯停止之前运动的近似总距离。(假定电梯静止时作用于它的摩擦力可忽略。)

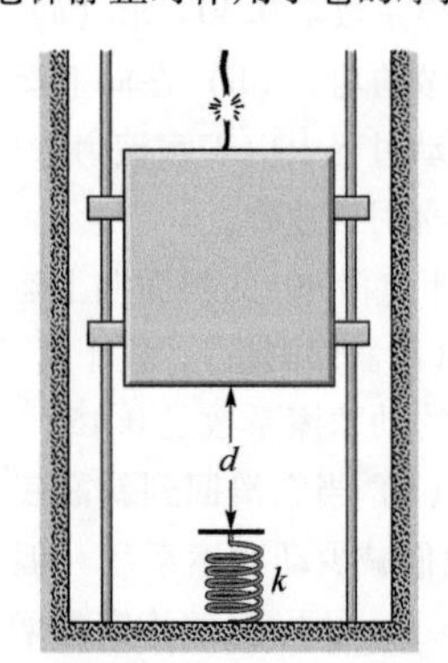

图 8-45 习题 63 图

64. 在图 8-46 中，木块在高度 $d = 40\text{cm}$ 处从静止释放，沿无摩擦的斜面下滑到第一个平台。此平台的长度为 d，上面的动摩擦系数是 0.50。如果木块继续运动，它就沿高度为 $d/2$ 的第二个无摩擦的斜面滑下并到达更低的一个平台上。这个平台的长度为 $d/2$，动摩擦系数也是 0.50。如果木块还在运动，它就会滑上无摩擦的斜面直到(暂时)停止。木块停在什么位置？如果木块最后停在一个平台上，指出是哪一个平台并给出从这个平台左面边缘量起的距离 L，如果木块到达最后的斜面，求出从较低的平台算起，木块暂时停止的高度 H。

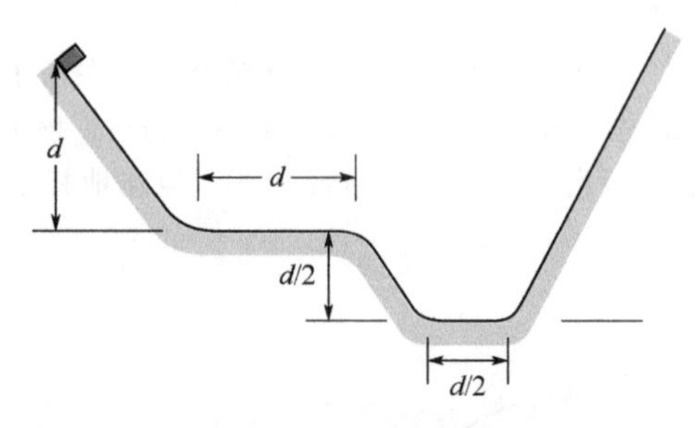

图 8-46 习题 64 图

65. 一质点可沿着一条中间平坦、两端升高的轨道滑动，如图 8-47 所示。轨道平坦部分长 $L = 40\text{cm}$，动摩擦系数为 $\mu_k = 0.20$。轨道的弯曲部分无摩擦。质点在 A 点由静止释放，高度 $h = L/2$。质点最后会停止在距离平坦区域左面边缘多远处？

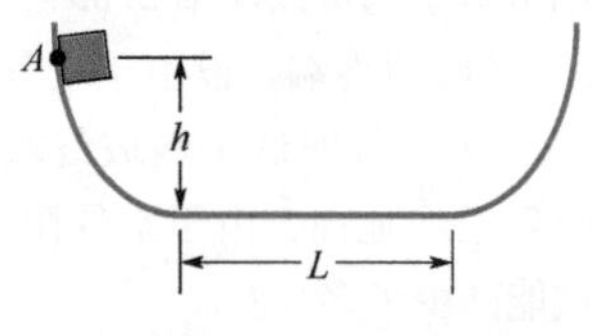

图 8-47 习题 65 图

CHAPTER 9

第9章 质心和线动量

9-1 质心

学习目标

学完这一单元后，你应当能够……

9.01 给定在一根轴上或在一平面上的几个质点的位置，确定它们质心的位置。

9.02 利用广延的对称物体的对称性确定物体的质心。

9.03 对质量均匀分布的、二维或三维广延的物体，可用以下两个步骤求质心：(a) 想象把物体分解为简单的几何图形，它们每一个都可以用位于它中心的质点来代替。(b) 找出这些质点的质心。

关键概念

- n 个质点的系统的质心可以定义为其坐标由下面式子给出的点：

$$x_{\text{com}}=\frac{1}{M}\sum_{i=1}^{n}m_ix_i,y_{\text{com}}=\frac{1}{M}\sum_{i=1}^{n}m_iy_i,z_{\text{com}}=\frac{1}{M}\sum_{i=1}^{n}m_iz_i$$

或

$$\vec{r}_{\text{com}}=\frac{1}{M}\sum_{i=1}^{n}m_i\vec{r}_i$$

其中，M 是系统的总质量。

什么是物理学?

每一位受聘为法庭专家证人的机械工程师在重现交通事故时就要用到物理学。每一位舞蹈教练在指导芭蕾舞演员如何跳跃时也要用到物理学。的确，分析任何一种复杂的运动都需要借助物理学的知识予以简化。在这一章中我们讨论物体系统（像汽车或芭蕾舞演员）的复杂运动如何可以简化，只要我们确定一个特殊的点——系统的质心。

这里有一个简单的例子。你把一只小球抛到空中，并且使小球无法自转（见图9-1a），小球的运动是简单的——它沿抛物线轨道运动，如我们在第4章中讨论过的，小球可以当作质点处理。如果你把一根棒球棒抛向空中，（见图9-1b），它的运动就复杂得多了。因为棒的每一部分都以不同的方式运动，沿着许多不同形状的轨道，你不能把棒看作一个质点。相反，它是由许多质点组成的系统，每一个质点各自沿着自己的轨道在空气中运动。然而，球棒有一个特殊的点——质心——这一点确实沿简单的抛物线轨道运动。球棒的其他部分绕着质心运动。（为了确定质心的位置，可使球棒平衡在伸出的手指上，质心就在你的手指上面，球棒的中心轴上。）

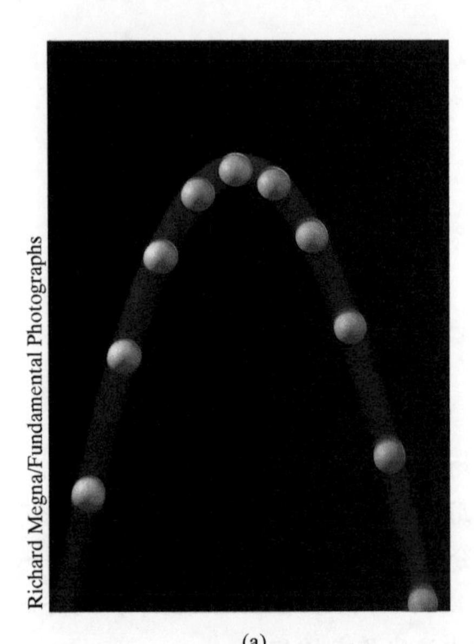

(a)

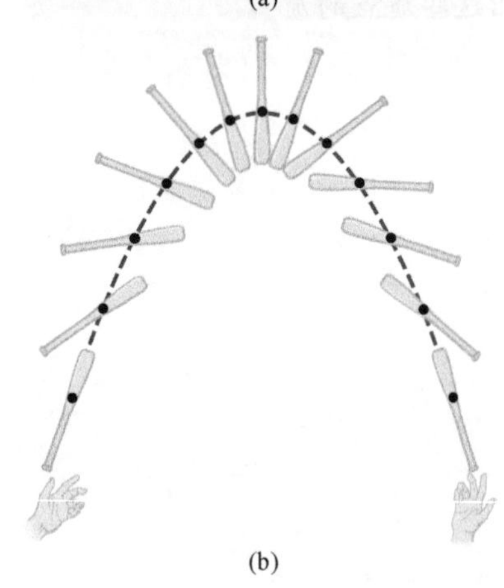

(b)

图9-1　(a) 被抛到空中的小球沿抛物线轨道运行。(b) 棒球棒被抛向空中做翻转运动，它的质心（黑点）沿抛物线轨道运动，球棒的其余各点沿更复杂的曲线运动。

你不会把抛掷棒球棒作为职业，但你可能把指导跳远运动员或舞蹈演员作为职业，教他们如何正确地跳到空中，如何同时运动他们的双臂或双腿，或者转动他们的身躯。你们的出发点应该是确定人的质心，因为质心的运动简单。

质心

我们定义质点系（譬如说一个人）的**质心**（com）是为了预言该系统可能的运动。

质点系的质心是这样的一点，它运动时仿佛①系统的所有质量都集中在这一点上；②所有外力都作用在这一点。

我们在这里讨论怎样确定质点系质心的位置。我们从只有少数几个质点的系统开始，然后考虑包含大量质点的系统（如棒球棒一类的固体）。在这一章的后面部分我们将会讨论外力作用于系统时系统的质心如何运动。

质点系

两个质点。图9-2a表示质量分别为 m_1 和 m_2 的两个质点，分开距离 d。我们把 x 轴的原点选择为和质量 m_1 的质点重合。我们定义两个质点的系统的质心的位置是

$$x_{com}=\frac{m_2}{m_1+m_2}d \tag{9-1}$$

作为一个例子，设 $m_2=0$。这样一来，只有一个质量 m_1 的质点，质心肯定就在这个质点的位置上；式（9-1）自然地简化成 $x_{com}=0$。如果 $m_1=0$，则又是只有一个质点（质量 m_2）。正如我们预期的，我们得到 $x_{com}=d$。如果 $m_1=m_2$，则质心应当在两个质点连线的中点；由式（9-1）得到 $x_{com}=\frac{1}{2}d$，这也是可以预料到的。最后，式（9-1）告诉我们，如果 m_1 和 m_2 都不等于零，x_{com} 只可能取零到 d 之间的数值；即质心必定在两个质点之间的某个地方。

我们并不一定要将坐标系的原点放在一个质点上，图9-2b表示更加一般的情况，其中的坐标系被移向左边。现在质心位置定义为

$$x_{com}=\frac{m_1x_1+m_2x_2}{m_1+m_2} \tag{9-2}$$

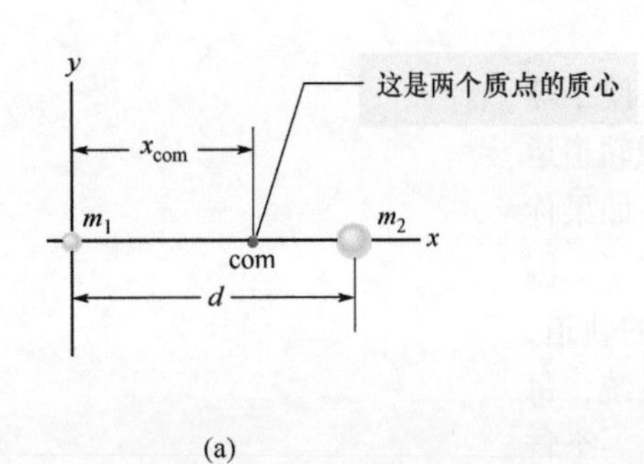

(a)

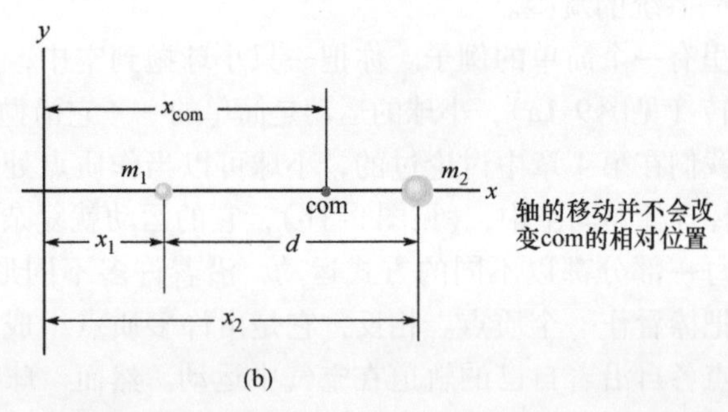

(b)

图9-2　(a) 质量分别为 m_1 和 m_2 的两个质点分开距离 d。标记com的点表示由式（9-1）求得的质心的位置。(b) 和 (a) 是同样的图，只是原点的位置距离两个质点很远。在两种情况中，由式（9-2）算出质心的位置相对于这两个质点都是相同的。

注意，如果我们令 $x_1=0$，则 x_2 成为 d，式（9-2）简化为式（9-1），这正是必然的结果。还要注意，质心相对于系统的位置是由系统本身决定的，与选取的坐标系无关。

我们可以把式（9-2）重写成

$$x_{com}=\frac{m_1x_1+m_2x_2}{M} \tag{9-3}$$

其中，M 是系统的总质量。（这里，$M=m_1+m_2$）

多个质点。我们可以把这个方程式推广到更为普遍的情况，其中有 n 个质点沿 x 轴排成一串。总质量 $M=m_1+m_2+\cdots+m_n$，质心的位置是

$$\begin{aligned}x_{com}&=\frac{m_1x_1+m_2x_2+m_3x_3+\cdots+m_nx_n}{M}\\&=\frac{1}{M}\sum_{i=1}^{n}m_ix_i\end{aligned} \tag{9-4}$$

其中，下标 $i=1$，2，…，n 是相应质点的序号。

三维。如果质点是三维分布，则质心必须用三个坐标来表示。将式（9-4）推广后，三维质心坐标就是

$$x_{com}=\frac{1}{M}\sum_{i=1}^{n}m_ix_i, y_{com}=\frac{1}{M}\sum_{i=1}^{n}m_iy_i, z_{com}=\frac{1}{M}\sum_{i=1}^{n}m_iz_i \tag{9-5}$$

我们可以用矢量符号来定义质心。先回想一下，坐标为 x_i、y_i 和 z_i 的质点的位置也可以用位置矢量（从原点指向该质点）表示为

$$\vec{r}_i=x_i\vec{i}+y_i\vec{j}+z_i\vec{k} \tag{9-6}$$

其中，下标 i 代表质点，$\vec{i}$、$\vec{j}$ 和 $\vec{k}$ 是分别指向 x、y 和 z 轴正方向的单位矢量。同理，质点系质心的位置可用位置矢量给出：

$$\vec{r}_{com}=x_{com}\vec{i}+y_{com}\vec{j}+z_{com}\vec{k} \tag{9-7}$$

如果你是一个简洁符号的爱好者，式（9-5）的三个标量方程现在可以用一个矢量方程代替：

$$\vec{r}_{com}=\frac{1}{M}\sum_{i=1}^{n}m_i\vec{r}_i \tag{9-8}$$

其中，M 仍旧是系统的总质量。你可以把式（9-6）和式（9-7）代入上式，并将 x、y 和 z 分量分开，以此证明这个方程是正确的。结果得到式（9-5）中的标量关系式。

固体

一般的物体，譬如棒球棒，包含如此多的粒子（原子），我们最好把它作为连续分布的物质来处理。“质点”成为微分质量元 dm，式（9-5）中的求和变成积分，质心的坐标定义为

$$x_{com}=\frac{1}{M}\int x\mathrm{d}m,\ y_{com}=\frac{1}{M}\int y\mathrm{d}m,\ z_{com}=\frac{1}{M}\int z\mathrm{d}m \tag{9-9}$$

其中的 M 现在是物体的质量。积分使我们可以把式（9-5）有效地用于数目极其巨大的质点，不然的话就要耗费好几年的时间进行计算。

对大多数常见的物体（如电视机或一头驼鹿）来说，做这个积分是很难的，所以我们这里只考虑均匀的物体。这类物体具有

均匀的密度，或单位体积的质量，也就是说，密度ρ（希腊字母）对物体中任何一个给定的单元和对整个物体都是相同的。由式(1-8)，我们可以写出：

$$\rho = \frac{dm}{dV} = \frac{M}{V} \tag{9-10}$$

其中，dV是质量元dm占据的体积；V是物体的总体积。利用式(9-10)将$dm = (M/V)\,dV$代入式(9-9)，得到

$$x_{com} = \frac{1}{V}\int x dV,\ y_{com} = \frac{1}{V}\int y dV,\ z_{com} = \frac{1}{V}\int z dV \tag{9-11}$$

作为捷径的对称性。如果物体有对称的一个点、一条直线或一个平面，你不用做积分就能确定质心。这种物体的质心就在这一点上，这条直线或这个平面上。例如，均匀的球体（它有一个对称点）的质心就在球心的位置（这就是对称点）。均匀的锥体（它的轴是对称线）的质心在锥体的轴上。香蕉（把香蕉分割为相等的两半的平面是对称平面）的质心在对称平面上的某个地方。

物体的质心并不一定在物体内部，面包圈的质心处并没有面包，马蹄铁的质心处也没有铁。

例题 9.01 三个质点的质心

质量分别为$m_1 = 1.2kg$、$m_2 = 2.5kg$和$m_3 = 3.4kg$的三个质点排列成边长为$a = 140cm$的等边三角形。这个系统的质心在哪里？

【关键概念】

我们处理的是质点而不是固体，所以可以用式(9-5)来求它们质心的位置。这些质点都是在等边三角形的平面上，所以我们只需要前面两个方程式。

解：我们通过选择适当的x和y轴来简化计算，将一个质点放在原点，并且x轴和三角形的一条边重合（见图9-3）。这三个质点的坐标是

质点	质量/kg	x/cm	y/cm
1	1.2	0	0
2	2.5	140	0
3	3.4	70	120

系统的总质量M是7.1kg。

由式(9-5)，质心的坐标是

$$x_{com} = \frac{1}{M}\sum_{i=1}^{3} m_i x_i = \frac{m_1x_1 + m_2x_2 + m_3x_3}{M}$$

$$= \frac{(1.2kg)(0) + (2.5kg)(140cm) + (3.4kg)(70cm)}{7.1kg}$$

$$= 83cm \quad \text{（答案）}$$

$$y_{com} = \frac{1}{M}\sum_{i=1}^{3} m_i y_i = \frac{m_1y_1 + m_2y_2 + m_3y_3}{M}$$

$$= \frac{(1.2kg)(0) + (2.5kg)(0) + (3.4kg)(120cm)}{7.1kg}$$

$$= 58cm \quad \text{（答案）}$$

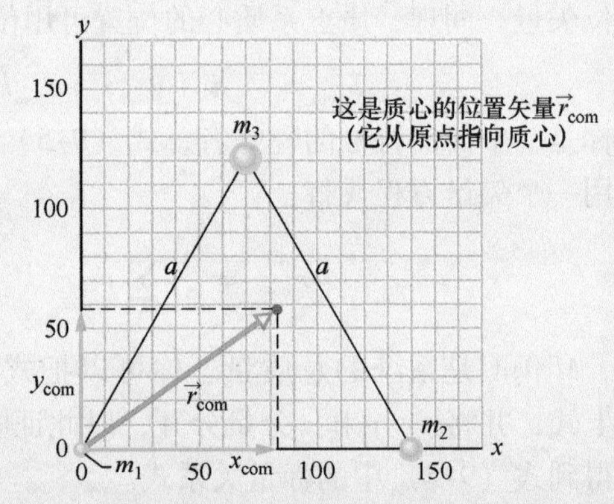

图9-3 组成边长为a的等边三角形的三个质点，质心用位置矢量$\vec{r}_{com}$标记。

在图9-3中，质心的位置用位置矢量$\vec{r}_{com}$确定，它的分量是x_{com}和y_{com}。如果我们把坐标系定在其他的方向上，这些坐标就会不同，但是相对于各个质点，质心的位置还是不变。

PLUS 在WileyPLUS中可以找到附加的例题、视频和练习。

例题 9.02 缺少一部分的平板的质心

关于这个例题有许多话要讲，这些能帮你用简单的代数求出质心位置而不必应对积分运算的挑战。图 9-4a 表示半径为 $2R$ 的均匀金属圆板 P，在装配线上被冲压掉了（去掉）半径为 R 的圆盘。圆盘画在图 9-4b 中，用 xy 坐标系表示，剩下的板 P 的质心 com_P 的位置。

【关键概念】

（1）我们利用对称性粗略地确定 P 板中心的位置。我们注意到这块板对 x 轴是对称的（我们把 x 轴上面这一半绕 x 轴翻转就可以得到下一半）。因此 com_P 必定在 x 轴上。）（挖去圆盘后的）板对 y 轴是不对称的。不过，因为在 y 轴右边质量多了一些，com_P 肯定在 y 轴的右边某处。因此，com_P 的位置应当大致上在图 9-4a 中标记出来的位置。

（2）板 P 是扩展的固体，所以原则上我们可以用式（9-11）求板 P 质心的实际坐标。这里我们只要求质心的 xy 坐标，因为板是薄而均匀的。如果它有任何可觉察到的厚度，我们只要指出，质心在横跨整个厚度的中点。用式（9-11）仍旧有麻烦，因为我们需要带有圆洞的板的形状的函数，然后我们要对二维函数积分。

（3）这里有一个简便得多的方法：为找出质心的位置，我们可以假设一个均匀物体（就像我们这里的物体）的质量都集中在物体质心处的一个质点上。这样一来，我们就可以把这个物体当作质点来处理，还避免了任何二维积分。

解：首先，将冲压下来的圆盘（称它为圆盘 S）放回原位（见图 9-4c），形成原来样子的复合板（称它为板 C）。由于其圆对称性，圆盘 S 的质心 com_S 在 S 的中心，$x=-R$ 处（如图所示）。同理，复合板 C 的质心 com_C 在 C 的中心，即在原点（如图所示）。然后我们得到下面的表格：

板	质心	质心位置	质量
P	com_P	$x_P=?$	m_P
S	com_S	$x_S=-R$	m_S
C	com_C	$x_C=0$	$m_C=m_S+m_P$

设圆盘 S 的质量 m_S 集中在 $x_S=-R$ 的质点上，质量 m_P 集中在 x_P 处（见图 9-4d）的质点上。下一步，我们用式（9-2）来求两个质点系统的质心 x_{S+P}：

$$x_{S+P}=\frac{m_Sx_S+m_Px_P}{m_S+m_P} \tag{9-12}$$

要注意，圆盘 S 和板 P 的组合成了复合板 C。因此，com_{S+P} 的位置 x_{S+P} 必定和 com_C 的位置 x_C 重合，这位置在原点；所以 $x_{S+P}=x_C=0$。将这代入（9-12），我们得到：

$$x_P=-x_S\frac{m_S}{m_P} \tag{9-13}$$

我们可以把这两个质量和 S 及 P 的面积联系起来：

$$\text{质量}=\text{密度}\times\text{体积}$$

$$=\text{密度}\times\text{厚度}\times\text{面积}$$

于是 $$\frac{m_S}{m_P}=\frac{\text{密度}_S}{\text{密度}_P}\times\frac{\text{厚度}_S}{\text{厚度}_P}\times\frac{\text{面积}_S}{\text{面积}_P}$$

因为板是均匀的，密度和厚度都相等；只留下：

$$\frac{m_S}{m_P}=\frac{\text{面积}_S}{\text{面积}_P}=\frac{\text{面积}_S}{\text{面积}_C-\text{面积}_S}$$

$$=\frac{\pi R^2}{\pi(2R)^2-\pi R^2}=\frac{1}{3}$$

将这个结果和 $x_S=-R$ 代入式（9-13），得到：

$$x_P=\frac{1}{3}R \qquad \text{（答案）}$$

PLUS 在 WileyPLUS 中可以找到附加的例题、视频和练习。

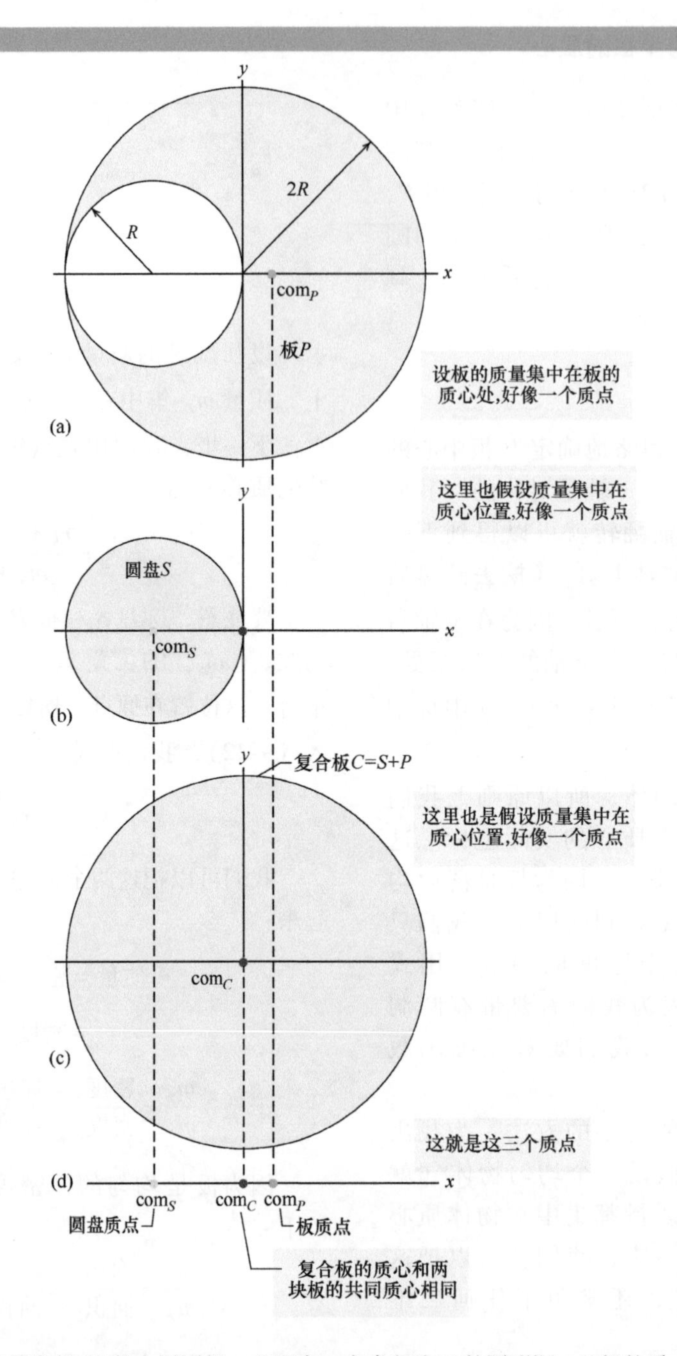

图9-4 （a）板 P 是半径 $2R$ 的金属圆板，上面有一个半径为 R 的圆形洞，P 板的质心在 com_P。（b）圆盘 S，（c）圆盘 S 被放回原位，组成复合板 C。圆盘 S 的质心 com_S 和复合板 C 的质心 com_C 都表示在图上。（d）S 和 P 组合后的质心 com_{S+P} 和 com_C 重合，位于 $x=0$ 处。

检查点1

图中所示为一块均匀的正方形平板，它的四个角处的四块相等的正方形部分将要被剪去。（a）原来平板的质心在哪里？当剪去（b）正方形1；（c）正方形1和2；（d）正方形1和3；（e）正方形1、2和3；（f）所有四块正方形时，它的质心各在何处？只要答出质心所在的象限、轴、或点（当然不用计算）。

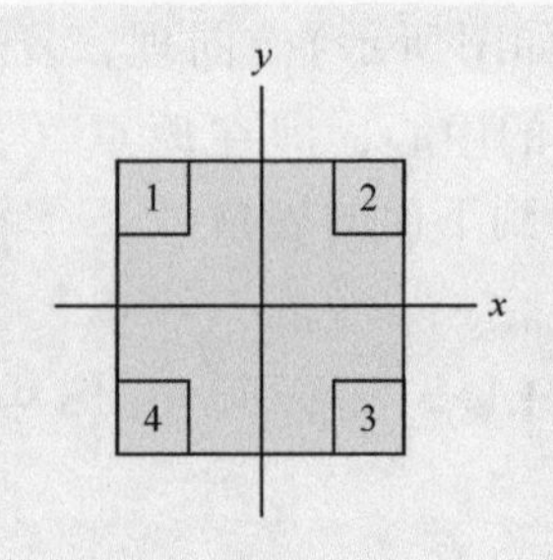

9-2 质点系的牛顿第二定律

学习目标

学完这一单元后，你应当能够……

9.04 将牛顿第二定律应用于质点系：把（作用于各个质点的力的）合力和系统质心的加速度联系起来。

9.05 将恒加速方程应用于系统中个别质点的运动以及系统质心的运动。

9.06 根据系统中各个质点的质量和速度，求系统质心的速度。

9.07 根据系统中各质点的质量和加速度，求系统质心的加速度。

9.08 根据系统质心的位置的时间函数，求质心的速度。

9.09 根据系统质心的速度的时间函数，求质心的加速度。

9.10 通过把质心的加速度函数对时间积分计算质心速度的变化。

9.11 将质心的速度函数对时间积分计算质心的位移。

9.12 在双质点系统中的两个质点在运动而系统的质心不动的情况下，把两个质点的位移和它们的速度联系起来。

关键概念

- 任何质点系的质心的运动由质点系的牛顿第二定律描述：

$$\vec{F}_{net} = M\vec{a}_{com}$$

其中，$\vec{F}_{net}$是作用于系统的所有外力的合力（净力）；M是系统的总质量；$\vec{a}_{com}$是系统质心的加速度。

质点系的牛顿第二定律

我们知道了怎样确定质点系质心的位置，现在我们讨论外力怎样使质心运动。我们从两个台球的简单系统着手。

假如你推动主球去撞击第二个静止的台球，你会预料两个球组成的系统在碰撞后还会继续做某种向前的运动。如果两个球都回头向你滚过来，或者两个球都一同往右方，或都向左方运动，你一定会感到吃惊。你已经有了某种东西要继续往前运动的直觉。

继续向前运动的是两个球的系统的质心，它平稳地运动完全不受碰撞的影响。如果你注视这一点——因为二者的质量相等，这一点一直在这两个物体中间距离一半的地方——你可以在台球桌上试一下，很容易使自己确信确实如此。无论碰撞是擦边，对头，还是二者之间的任何位置，质心都将继续向前运动，就像碰撞从来没有发生过一样。我们要更仔细地考察这种质心运动。

系统质心的运动。为此，我们把一对台球换成（可能是）不同质量的 n 个质点的系统。我们感兴趣的不是这些质点各自的运动，而只是系统质心的运动，虽然这个质心只是一个几何点，但它的运动就像一个质点，它的质量等于系统的总质量；我们可以确定它的位置、速度和加速度。我们把支配这种质点系统的质心的运动的矢量方程表述如下（接下来就要证明）：

$$\vec{F}_{\text{net}} = M\vec{a}_{\text{com}} \text{（质点系）} \tag{9-14}$$

这是质点系质心运动的牛顿第二定律。要注意，它和单个质点运动方程式（$\vec{F}_{\text{net}} = m\vec{a}$）有相同的形式。不过，式（9-14）中出现的三个量必须小心地确定它们的数值。

1. $\vec{F}_{\text{net}}$是作用于系统的所有外力的净力（合力）、系统内的一部分作用于另一部分的力（内力）不包含在（9-14）式中。

2. M 是系统的总质量，我们假定在系统运动的时候没有另外的质量进入或离开该系统，所以 M 始终是常量。这种系统称为**封闭的**。

3. $\vec{a}_{\text{com}}$是系统质心的加速度，式（9-14）没有给出关于系统中其他任何点的加速度的信息。

式（9-14）等价于包含 $\vec{F}_{\text{net}}$和 $\vec{a}_{\text{com}}$沿三个坐标轴的分量的三个方程式，这三个方程是

$$F_{\text{net},x} = Ma_{\text{com},x}，\ F_{\text{net},y} = Ma_{\text{com},y}，\ F_{\text{net},z} = Ma_{\text{com},z} \tag{9-15}$$

台球。现在我们可以回去研究台球的行为，主球一旦开始滚动后就再也没有净外力作用在此（两个球）系统上。因为 $\vec{F}_{\text{net}} = \vec{0}$，式（9-14）告诉我们 $\vec{a}_{\text{com}} = \vec{0}$。因为加速度是单位时间内速度的变化，我们得出结论，两个球组成的系统的质心的速度不变。在两个球碰撞时，起作用的力是一个球作用于另一个球的内力，这种力对净力没有贡献。$\vec{F}_{\text{net}}$保持为零。同此，在碰撞前向前运动的系统质心在碰撞后也必定继续向前运动，速率和方向都和以前的相同。

固体。式（9-14）不仅可应用于质点系，而且也可以应用于固体，像图9-1b中的棒球棒。在那种情况中，式（9-14）中的 M 是棒的质量，$\vec{F}_{\text{net}}$是作用于棒的重力。式（9-14）告诉我们 $\vec{a}_{\text{com}} = \vec{g}$。换言之，棒的质心就好像棒是质量为 M、力 $\vec{F}_g$ 作用于它的单个质点那样运动。

爆炸的物体。图9-5表示另一种有趣的情形。假如在一次烟火表演中，一枚火箭被发射沿抛物线轨道运动。它在空中某一点爆炸成碎片。如果没有发生爆炸，火箭会沿着图上所画的抛物线轨道继续前进。爆炸的力是系统内部的力（开始时的系统只是火箭，后来就是它的所有碎片）；也就是说，这些力是系统本身的一部分作用于另一部分的力。如果我们忽略空气阻力，作用于系统的净外力 $\vec{F}_{\text{net}}$是对系统的重力。这与火箭是否爆炸无关。因此，由式（9-14），碎片（当它们在飞行中）的质心的加速度 $\vec{a}_{\text{com}}$始终等于 $\vec{g}$。这就是说，碎片的质心所走的抛物线轨道和如果火箭不爆炸所走的轨道完全相同。

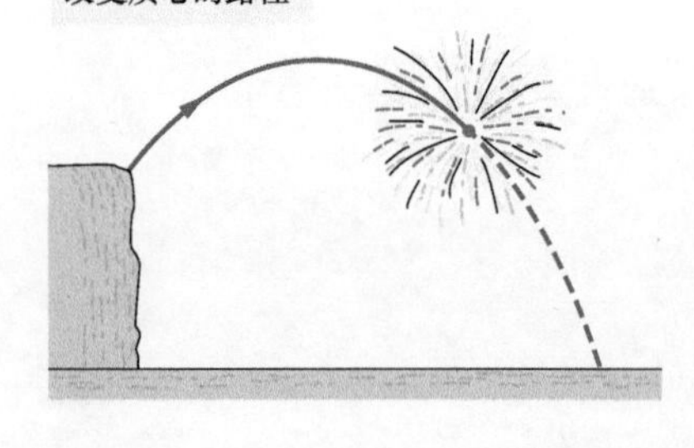

图9-5　火箭烟火在飞行中爆炸。在没有空气阻力的情况下，碎片的质心会继续沿原来的抛物线轨道运动，直到碎片开始落到地面。

芭蕾跳跃。当一位芭蕾舞演员在舞台上跳起完成一个大跃步时，她扬起双臂，并且当她双脚刚离地时就水平地伸展双腿（见图9-6）。这些动作使她的质心相对她的身体升高，虽然升高的质心在舞台上前进时仍旧一点不差地沿抛物线路径运动，但由于质

心相对于身体的运动使得头部和身躯所达到的高度比通常的跳跃所达到的高度更低一些。其结果是头部和身躯沿近于水平的路径前进，给人以舞蹈演员漂浮着前进的错觉。

图9-6 大跃步（取自 *The Physics of Dance*, by Kenneth Laws, Schirmer Books, 1984.）。

式（9-14）的证明

现在我们证明这个重要的方程式。由式（9-8），对一个包括 n 个质点的系统，我们有：

$$M\vec{r}_{\text{com}}=m_1\vec{r}_1+m_2\vec{r}_2+m_3\vec{r}_3+\cdots+m_n\vec{r}_n \qquad (9\text{-}16)$$

其中，M 是系统的总质量；$\vec{r}_{\text{com}}$是系统质心的位置矢量。

将式（9-16）对时间求导得到：

$$M\vec{v}_{\text{com}}=m_1\vec{v}_1+m_2\vec{v}_2+m_3\vec{v}_3+\cdots+m_n\vec{v}_n \qquad (9\text{-}17)$$

其中，$\vec{v}_i(=\mathrm{d}\vec{r}_i/\mathrm{d}t)$ 是第 i 个质点的速度；$\vec{v}_{\text{com}}(=\mathrm{d}\vec{r}_{\text{com}}/\mathrm{d}t)$ 是质心的速度。

式（9-17）对时间求导得到：

$$M\vec{a}_{\text{com}}=m_1\vec{a}_1+m_2\vec{a}_2+m_3\vec{a}_3+\cdots+m_n\vec{a}_n \qquad (9\text{-}18)$$

其中，$\vec{a}_i(=\mathrm{d}v_i/\mathrm{d}t)$ 是第 i 个质点的加速度；$\vec{a}_{\text{com}}(=\mathrm{d}\vec{v}_{\text{com}}/\mathrm{d}t)$ 是质心的加速度。虽然质心只是一个几何点，但它却像一个质点一样具有位置、速度和加速度。

由牛顿第二定律，$m_i\vec{a}_i$ 等于作用于第 i 个质点上的合力 $\vec{F}_i$。于是，我们可以把式（9-18）重新写成：

$$M\vec{a}_{\text{com}}=\vec{F}_1+\vec{F}_2+\vec{F}_3+\cdots+\vec{F}_n \qquad (9\text{-}19)$$

在式（9-19）右边做出贡献的力中包括系统中的质点相互作用的力（内力）和从系统外部作用到各质点上的力（外力），根据牛顿第三定律，内力形成第三定律的力对，因而在式（9-19）右边的求和中抵消。剩下来的是作用于系统的所有外力的矢量和。于是式（9-19）简化为式（9-14），这就是我们要证明的关系式。

检查点 2

两位滑冰者在无摩擦的冰上分别握住质量可以忽略的长杆的两端。沿着长杆的坐标轴的原点位于两个滑冰者组成的系统的质心位置。一个滑冰者弗雷德（Fred）的体重是另一位滑冰者埃塞尔（Ethel）体重的两倍。在下述情况中两位滑冰者会在什么地方相遇：（a）弗雷德一把一把地拉杆子，把自己拉向埃塞尔。（b）埃塞尔一把一把地拉杆子，把她自己拉向弗雷德。（c）两位滑冰者都同时拉杆子。

例题 9.03　三个质点质心的运动

如果系统中的质点一起运动——毫无疑问质心也随它们一起运动。但当它们以不同的加速度向不同的方向运动时会出现什么情况呢？这里是一个例子。

图 9-7a 中的三个质点原来是静止的，每个质点受到来自三个质点系统以外的物体的外力作用。力的方向表示在图中，它们的大小分别是：$F_1 = 6.0\text{N}$，$F_2 = 12\text{N}$，$F_3 = 14\text{N}$。系统质心的加速度有多大，它沿哪个方向运动？

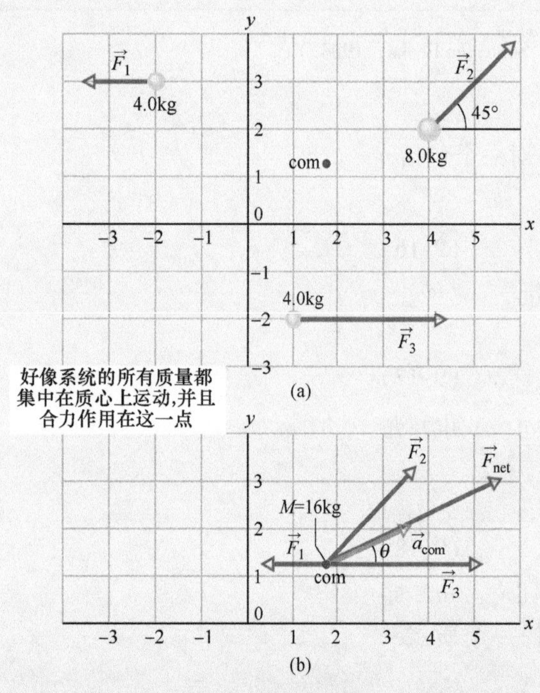

图 9-7　（a）表示三个质点的初始静止位置，以及外力作用的情况。系统的质心（com）标在图上。（b）外力被移到系统的质心处，质心的行为就像一个质量 M 等于系统总质量的质点。合外力 $\vec{F}_{net}$ 以及质心的加速度 $\vec{a}_{com}$ 表示在图中。

【关键概念】

质心的位置在图中用一个点表示。我们可以把质心当作一个真实的质点来处理，它的质量等于系统的总质量 $M = 16\text{kg}$。我们也可以把三个外力当作作用在质心上的力来处理（见图 9-7b）。

解： 我们现在可以把牛顿第二定律（$\vec{F}_{net} = m\vec{a}$）应用到质心上，写下：

$$\vec{F}_{net} = M\vec{a}_{com} \tag{9-20}$$

或

$$\vec{F}_1 + \vec{F}_2 + \vec{F}_3 = M\vec{a}_{com}$$

所以

$$\vec{a}_{com} = \frac{\vec{F}_1 + \vec{F}_2 + \vec{F}_3}{M} \tag{9-21}$$

式（9-20）告诉我们，质心的加速度 $\vec{a}_{com}$ 和作用于系统的净外力 $\vec{F}_{net}$ 同方向（见图 9-7b）。因为这些质点起初是静止的，所以质心肯定也是静止的。当质心开始加速时，它必定在 $\vec{a}_{com}$ 和 $\vec{F}_{net}$ 共同的方向上运动。

我们可以直接用矢量功能计算器计算式（9-21）的右边部分，或者我们把式（9-21）重写成分量形式，先求 $\vec{a}_{com}$ 的分量，然后求 $\vec{a}_{com}$。沿 x 轴，有：

$$a_{com,x} = \frac{F_{1x} + F_{2x} + F_{3x}}{M} = \frac{-6.0\text{N} + (12\text{N})\cos 45° + 14\text{N}}{16\text{kg}} = 1.03\text{m/s}^2$$

沿 y 轴，有：

$$a_{com,y} = \frac{F_{1y} + F_{2y} + F_{3y}}{M} = \frac{0 + (12\text{N})\sin 45° + 0}{16\text{kg}} = 0.530\text{m/s}^2$$

从这两个分量我们求出 $\vec{a}_{com}$ 的数值：

$$\vec{a}_{com} = \sqrt{(a_{com,x})^2 + (a_{com,y})^2} = 1.16\text{m/s}^2 \approx 1.2\text{m/s}^2 \quad \text{（答案）}$$

（从正 x 轴方向算起的）角度

$$\theta = \arctan\frac{a_{com,y}}{a_{com,x}} = 27° \quad \text{（答案）}$$

WileyPLUS 在 WileyPLUS 中可以找到附加的例题、视频和练习。

9-3 线动量

学习目标

学完这一单元后，你应当能够……

9.13 懂得动量是矢量，因而它有数值和方向，并且也有分量。

9.14 用质点的质量和速度的乘积来计算（线）动量。

9.15 当质点运动的速率和方向改变时求动量（数值和方向）的改变。

9.16 应用质点的动量和作用于该质点的（净）力之间的关系。

9.17 由质点系的总质量和它的质心的速度计算质点系的动量。

9.18 应用系统质心的动量和作用于该系统的力之间的关系。

关键概念

- 对于单个质点，我们定义线动量 $\vec{p}$ 为

$$\vec{p}=m\vec{v}$$

这是一个矢量，它和质点的速度有同样的方向。我们用这个动量来表示牛顿第二定律：

$$\vec{F}_{\text{net}}=\frac{\mathrm{d}\vec{p}}{\mathrm{d}t}$$

- 对于质点系，上述关系式变为

$$\vec{P}=M\vec{v}_{\text{com}}，\quad \vec{F}_{\text{net}}=\frac{\mathrm{d}\vec{P}}{\mathrm{d}t}$$

线动量

为了定义两个重要的量，我们这里只讨论单个质点而不讨论质点系。以后我们会把这些定义推广到多质点系统。

第一个定义涉及一个我们熟悉的词——动量——在日常话语中它有几个意义，但在物理学和工程学中只有一个精确的意义，质点的**线动量**是由下式定义的矢量 $\vec{p}$：

$$\vec{p}=m\vec{v}\text{（质点的线动量）}\tag{9-22}$$

其中，m 是质点的质量；$\vec{v}$ 是它的速度。（形容词线常常被略去，它用来将 $\vec{p}$ 和角动量区别开来，角动量将在第 11 章中介绍，它和转动有关。）因为 m 总是正的标量，式（9-22）告诉我们 $\vec{p}$ 和 $\vec{v}$ 有同样的方向。由式（9-22），动量的国际单位制单位是千克米每秒（kg · m/s）。

力和动量。牛顿原本是用动量表述他的第二运动定律：

质点动量的时间变化率等于作用于质点的净力并且在该力的方向上。

用方程式的形式写出来：

$$\vec{F}_{\text{net}}=\frac{\mathrm{d}\vec{p}}{\mathrm{d}t}\tag{9-23}$$

用文字表述，式（9-23）说的是作用于质点的净外力 $\vec{F}_{\text{net}}$ 改变质点的线动量 $\vec{p}$。反过来说，线动量只能被净外力改变。如果没有净外

力，$\vec{p}$ 不会改变。正如我们将要在 9-5 单元中看到的，后面说到的事实可能是解题过程中极其有力的工具。

将式（9-22）中的 $\vec{p}$ 代入式（9-23）中，对于恒定的质量 m，得到：

$$\vec{F}_{\text{net}}=\frac{\mathrm{d}\vec{p}}{\mathrm{d}t}=\frac{\mathrm{d}}{\mathrm{d}t}(m\vec{v})=m\frac{\mathrm{d}\vec{v}}{\mathrm{d}t}=m\vec{a}$$

从而得知，$\vec{F}_{\text{net}}=\mathrm{d}\vec{p}/\mathrm{d}t$ 和 $\vec{F}_{\text{net}}=m\vec{a}$ 这两个关系式是质点的牛顿第二运动定律的等价表述。

检查点 3

图中给出沿 x 轴运动的一个质点的线动量的数值 p 对时间的曲线图。一个沿轴的力作用于质点。（a）按照力从大到小将四个区域排序。（b）质点会在哪个区域中慢下来？

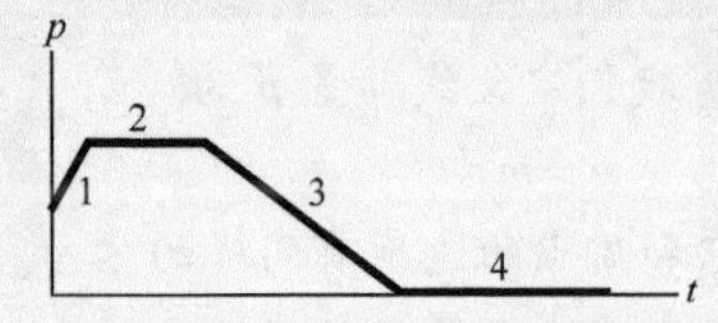

质点系的线动量

我们把线动量的定义推广到质点系。考虑 n 个质点的系统。每个质点都有自己的质量、速度和线动量。质点可以相互作用，也可以有外力作用于它们。系统作为整体具有总的线动量 $\vec{P}$，它定义为各个质点的线动量的矢量和。于是有：

$$\begin{aligned}\vec{P}&=\vec{p}_1+\vec{p}_2+\vec{p}_3+\cdots+\vec{p}_n\\&=m_1\vec{v}_1+m_2\vec{v}_2+m_3\vec{v}_3+\cdots+m_n\vec{v}_n\end{aligned}\qquad(9\text{-}24)$$

如果我们把这个方程和式（9-17）比较，我们发现：

$$\vec{P}=M\vec{v}_{\text{com}}\ （线动量，质点系）\qquad(9\text{-}25)$$

这是定义质点系的线动量的另一种方式：

质点系的线动量等于系统的总质量和质心的速度的乘积。

力和动量。我们取式（9-25）的时间微商（速度可以改变但质量不变），我们得到：

$$\frac{\mathrm{d}\vec{P}}{\mathrm{d}t}=M\frac{\mathrm{d}\vec{v}_{\text{com}}}{\mathrm{d}t}=M\vec{a}_{\text{com}}\qquad(9\text{-}26)$$

比较式（9-14）和式（9-26），我们可以写出质点系的牛顿第二定律的等价形式：

$$\vec{F}_{\text{net}}=\frac{\mathrm{d}\vec{P}}{\mathrm{d}t}\ （质点系）\qquad(9\text{-}27)$$

其中，$\vec{F}_{\text{net}}$ 是作用于系统的外力。这个方程式是单个质点方程式 $\vec{F}_{\text{net}}=\mathrm{d}\vec{P}/\mathrm{d}t$ 向许多质点系统的推广。用文字表述，这个方程式说的是：作用于质点系的净外力 $\vec{F}_{\text{net}}$ 改变了该系统的线动量 $\vec{P}$。反过来说，线动量只可能被净外力的作用改变。如果没有净外力，$\vec{P}$ 不可能改变。这个事实给我们提供了一个极其有力的解题工具。

9-4 碰撞和冲量

学习目标

学完这一单元后，你应当能够……

9.19 懂得冲量是矢量，因此具有数值和方向，并且也有分量。

9.20 应用冲量和动量改变的关系。

9.21 应用冲量、平均力以及冲量作用的时间间隔之间的关系。

9.22 应用恒加速度方程联系冲量和平均力。

9.23 给定作为时间函数的力，通过将函数积分计算冲量（以及动量的改变）。

9.24 给出力对时间的曲线图，用图解积分计算冲量（以及动量的改变）。

9.25 在抛射体的一系列连续碰撞过程中，通过将单位时间内碰撞总数和每次撞击引起的速度改变联系起来计算作用于靶上的平均力。

关键概念

● 将动量形式的牛顿第二定律应用于发生碰撞的且可以被看作质点的物体，从而得出冲量-线动量定理：

$$\vec{p}_f - \vec{p}_i = \Delta\vec{p} = \vec{J}$$

其中，$\vec{p}_f - \vec{p}_i = \Delta\vec{p}$ 是该物体线动量的改变；$\vec{J}$ 是碰撞中另一个物体作用于该物体的力 $\vec{F}(t)$ 所产生的冲量：

$$\vec{J} = \int_{t_i}^{t_f} \vec{F}(t)\,\mathrm{d}t$$

● 如果 F_{avg} 是碰撞过程中 $F(t)$ 的平均数值，Δt 是碰撞经历的时间，对一维运动有：

$$J = F_{\text{avg}}\Delta t$$

● 每个都具有质量 m 和速率 v 的一连串物体组成的稳定流与位置固定的一个物体碰撞，作用在该固定物体上的平均力是

$$F_{\text{avg}} = -\frac{n}{\Delta t}\Delta p = -\frac{n}{\Delta t}m\Delta v$$

其中，$n/\Delta t$ 是这些众多物体和固定物体的碰撞时率（单位时间内碰撞的数目），Δv 是每个碰撞物体速度的改变。这个平均力也可写成：

$$F_{\text{avg}} = -\frac{\Delta m}{\Delta t}\Delta v$$

其中，$\Delta m/\Delta t$ 是和固定物体碰撞的质量的时率（单位时间内发生碰撞的质量）。如果碰撞时撞上去的物体停下来，则速度的改变是 $\Delta v = -v$，如果它们直接弹回去并且速率不变，则 $\Delta v = -2v$。

碰撞和冲量

任何可以看作质点的物体的动量 $\vec{p}$ 绝不会改变，除非有净外力改变它。例如，我们可以推一个物体，改变它的动量。为了更显著一些，我们可以使这个物体和棒球棒碰撞。这种碰撞（或撞击）中作用于物体的外力是短暂的。力的数值很大，会突然改变物体的动量。碰撞在我们的世界里常常发生。但在讨论它们之前，我们要考虑一种简单的碰撞，其中一个运动着的可以看作质点的物体（抛射体）和另外某个物体（靶）碰撞。

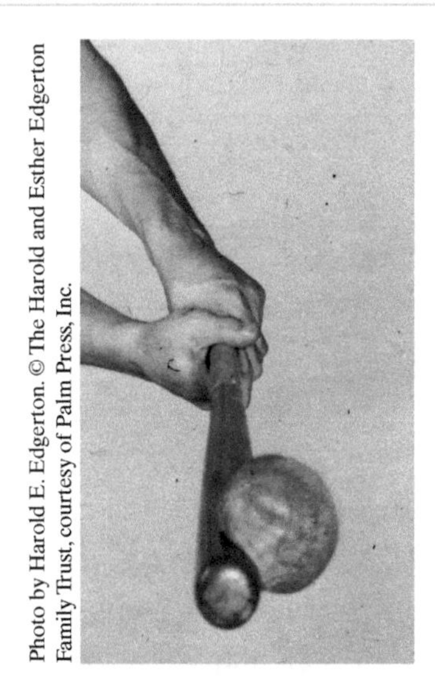

棒球和球棒碰撞使球的部分被压扁。

单个碰撞

设抛射体是棒球，靶是球棒。碰撞是短暂的，并且球受到的力足以使它减速、停止直到运动的方向反转。图 9-8 描绘碰撞的一瞬间。棒球经受到碰撞过程中变化着的力 $\vec{F}(t)$ 作用，这个力改变

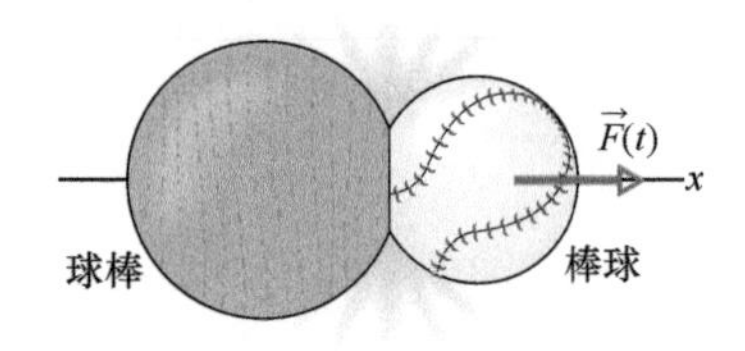

图9-8 球棒和棒球碰撞时力 $\vec{F}(t)$ 作用于球上。

了球的线动量 $\vec{p}$。这个变化与 $\vec{F}=d\vec{p}/dt$ 形式的牛顿第二定律的力相关。重新整理这个第二定律的表达式，我们得知，在时间间隔 dt 内球的动量的变化为

$$d\vec{p}=\vec{F}(t)\ dt \tag{9-28}$$

将式（9-28）的两边积分，从碰撞前的一刹那 t_i 积到碰撞结束的时刻 t_f，我们可以求出棒球动量由于碰撞而发生的净变化：

$$\int_{t_i}^{t_f} d\vec{p} = \int_{t_i}^{t_f}\vec{F}(t)\,dt \tag{9-29}$$

上式的左边给出动量的改变 $\vec{p}_f-\vec{p}_i=\Delta\vec{p}$。右边是碰撞力的数值和持续时间二者的量度，它被称作碰撞的**冲量** $\vec{J}$：

$$\vec{J} = \int_{t_i}^{t_f}\vec{F}(t)\,dt \quad（冲量定义） \tag{9-30}$$

由此，物体动量的改变等于作用于该物体的冲量：

$$\Delta\vec{p} = \vec{J}\,（线动量-冲量定理） \tag{9-31}$$

这个表式也可以用矢量形式写为

$$\vec{p}_f-\vec{p}_i=\vec{J} \tag{9-32}$$

也可以写成分量式：

$$\Delta p_x = J_x \tag{9-33}$$

以及

$$p_{f_x} - p_{i_x} = \int_{t_i}^{t_f}F_x dt \tag{9-34}$$

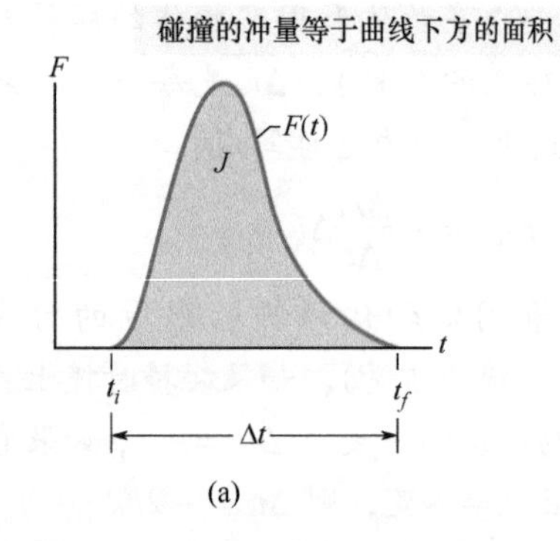

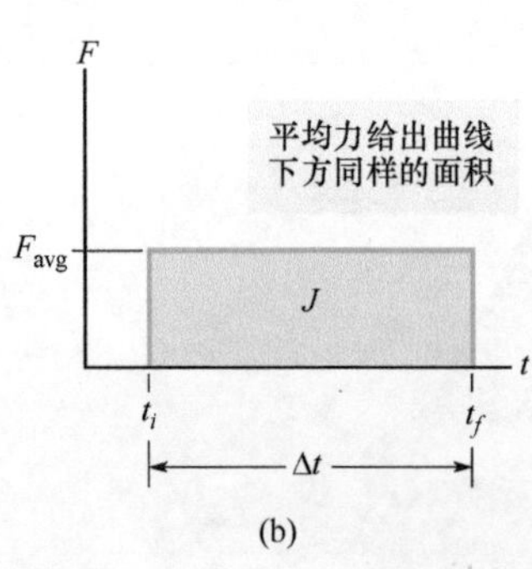

图9-9 （a）曲线表示在图9-8的碰撞中作用于球的、随时间变化的力 $F(t)$ 的数值。曲线下的面积等于碰撞中对球的冲量 $\vec{J}$ 的数值。（b）矩形的高度表示在时间间隔 Δt 内作用于球的平均力 F_{avg}。矩形面积等于（a）中曲线下方的面积，因此也等于碰撞中冲量 $\vec{J}$ 的数值。

力的积分。如果我们有了函数 $\vec{F}(t)$，我们可以把这个函数积分求出 $\vec{J}$（也就是动量的改变）。如果我们有 $\vec{F}$ 对时间 t 的曲线，我们就可以通过计算曲线和 t 轴之间的面积来求 $\vec{J}$，像图9-9a中那样。在许多情况下我们并不知道力如何随时间变化，但我们知道力的平均数值 F_{avg} 和碰撞的持续时间 $\Delta t(=t_f-t_i)$。于是我们可以把冲量的数值写作

$$J = F_{avg}\Delta t \tag{9-35}$$

平均力对时间的曲线图表示在图9-9b中。曲线下方的面积等于图9-9a中真实的力 $F(t)$ 曲线下方的面积，因为这两个面积都等于冲量的数值 J。

我们也可以关注于图9-8中的球棒而不是球。在任何时刻，由牛顿第三定律知道作用在球棒上的力和作用在球上的力大小相等，方向相反。由式（9-30）可知，这意味着作用在球棒上的冲量和球上的冲量有相同的数值，但是方向相反。

检查点4

落在雪地上的一位伞兵的降落伞未能打开，但他只受了点轻伤。如果他在没有雪的硬地上着陆，停止时间就只有雪地上的1/10，这样的碰撞是致命的。由于雪的存在，下列数值增大、减小还是保持不变：（a）伞兵动量的改变，（b）使伞兵停下来的冲量，（c）使伞兵停止的力。

一系列碰撞

现在，我们来考虑当一个物体受到完全相同的、重复的碰撞时该物体所受到的力。例如，为了好玩，我们可以调节一台发射网球的机器使它以很高的速率向一堵墙发射网球。每一次碰撞都会对墙产生作用力，但这并不是我们要寻找的力。我们要的是在轰击过程中作用在墙上的平均力 F_{avg}——就是说，多次碰撞的平均力。

在图9-10中，稳定的一连串具有相同质量和线动量 $m\vec{v}$ 的抛射体稳定流沿 x 轴运动，并和一个位置固定的靶碰撞。设 n 是在时间间隔 Δt 内碰撞的抛射体的数目。因为运动只沿 x 轴，我们可以用沿这个轴的动量分量。从而，每一个抛射体具有初始动量 mv，并且由于碰撞导致线动量发生了变化 Δp。在时间间隔 Δt 内，n 个抛射体的线动量的改变为 $n\Delta p$。在 Δt 时间内，靶沿 x 轴的总冲量 $\vec{J}$ 和 $n\Delta p$ 的数量相同，但方向相反。我们可以用分量形式写下这个关系：

$$J = -n\Delta p \tag{9-36}$$

其中，负号表示 J 和 Δp 的方向相反。

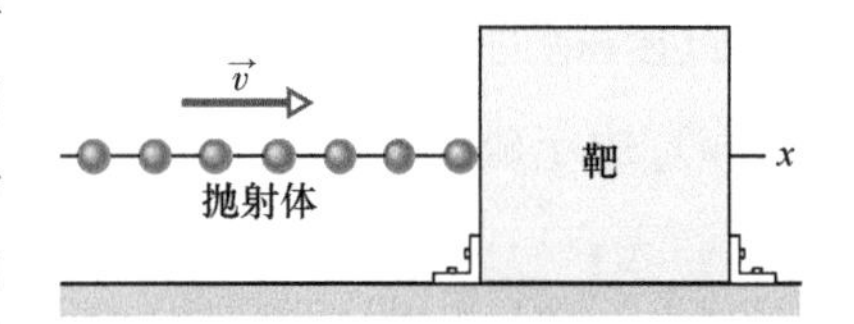

图9-10 一连串具有同样线动量的抛射体的稳定流和位置固定的靶碰撞。作用在靶上的平均力 F_{avg} 指向右方，力的大小取决于抛射体撞击靶的速率，或等价地，靶的群体撞击率。

平均力。重新整理式（9-35）并代入式（9-36），我们得到在碰撞过程中作用在靶上的平均力 F_{avg}：

$$F_{avg} = \frac{J}{\Delta t} = -\frac{n}{\Delta t}\Delta p = -\frac{n}{\Delta t}m\Delta v \tag{9-37}$$

这个方程式给出用抛射体撞击靶的速率 $n/\Delta t$ 以及这些抛射体的速度改变 Δv 表示的 F_{avg}。

速度改变。如果抛射体撞击后停了下来，那么我们可以在式（9-37）中代入 Δv：

$$\Delta v = v_f - v_i = 0 - v = -v \tag{9-38}$$

其中，$v_i(=v)$ 和 $v_f(=0)$ 分别是碰撞前和碰撞后的速度。另一种情况，如果抛射体从靶上直接弹回来（反弹），并且速率不变，则 $v_f = -v_i$，我们可以代入：

$$\Delta v = v_f - v_i = -v - v = -2v \tag{9-39}$$

在时间间隔 Δt 内，数量为 $\Delta m = nm$ 的质量与靶碰撞。利用这个结果，我们重写式（9-37）为

$$F_{avg} = -\frac{\Delta m}{\Delta t}\Delta v \tag{9-40}$$

这个方程式用撞击靶的质量的速率 $\Delta m/\Delta t$ 来表示平均力 F_{avg}。还有，根据抛射体的行为，我们可以从式（9-38）或式（9-39）中的 Δv 代入。

检查点5

右图是一个球从竖直的墙上反弹并且速率不变的俯视图。考虑球的线动量的改变。（a）Δp_x 是正的、负的还是零？（b）Δp_y 是正的、负的，还是零？（c）$\Delta\vec{p}$ 的方向为何？

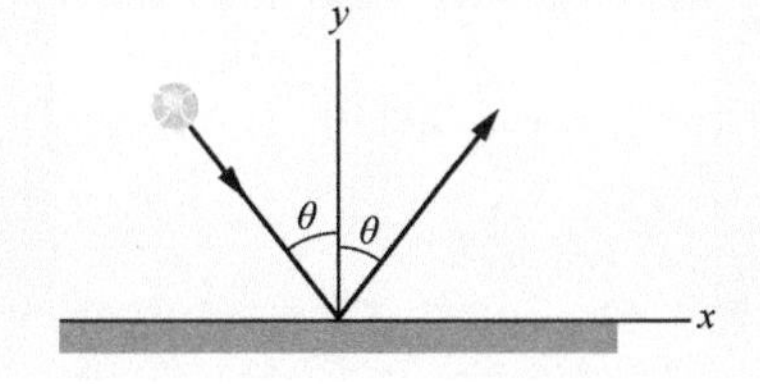

例题 9.04　二维冲量，赛车-墙壁碰撞

图 9-11a 是赛车和赛道防护墙碰撞时赛车驾驶员所走路径的俯视图。在碰撞前，他正好以速率 $v_i=70\text{m/s}$ 沿着与墙成 30°角的直线行驶。刚碰撞完后，他以 $v_f=50\text{m/s}$ 的速率沿与墙成 10°角的直线行进。他的质量 m 是 80kg。

（a）由于碰撞，对驾驶员的冲量 $\vec{J}$ 是多大？

【关键概念】

我们可以把驾驶员当作质点处理，所以可应用这一单元的物理学原理。然而我们不能直接用式（9-30）计算 $\vec{J}$，因为我们并不知道碰撞过程中与作用在驾驶员身上的力 $\vec{F}(t)$ 有关的任何条件。也就是我们没有函数 $\vec{F}(t)$ 或它的曲线图，因此无法积分求 $\vec{J}$。然而我们可以利用式（9-32）：$\vec{J}=\vec{p}_f-\vec{p}_i$，根据驾驶员线动量的改变求 $\vec{J}$。

解：图 9-11b 画出了碰撞前驾驶员的动量 $\vec{p}_i$（和正 x 轴成 30°角）和碰撞后他的动量 $\vec{p}_f$（成 −10°角）。由式（9-32）和式（9-22）：$\vec{p}=m\vec{v}$，我们可以写出：

$$\vec{J}=\vec{p}_f-\vec{p}_i=m\,\vec{v}_f-m\,\vec{v}_i=m(\vec{v}_f-\vec{v}_i) \qquad (9\text{-}41)$$

我们可以直接用矢量功能计算器计算这个方程式右边，因为我们已知 m 是 80kg，$\vec{v}_f$ 在 −10°角方向，大小为 50m/s；$\vec{v}_f$ 在 30°角方向，大小为 70m/s。我们这里用另一种方法，用分量式计算式（9-41）。

x 分量：沿 x 轴，我们有

$$\begin{aligned}J_x&=m(v_{fx}-v_{ix})\\&=(80\text{kg})[(50\text{m/s})\cos(-10°)-(70\text{m/s})\cos30°]\\&=-910\text{kg}\cdot\text{m/s}\end{aligned}$$

y 分量：沿 y 轴

$$\begin{aligned}J_y&=m(v_{fy}-v_{iy})\\&=(80\text{kg})[(50\text{m/s})\sin(-10°)-(70\text{m/s})\sin30°]\\&=-3495\text{kg}\cdot\text{m/s}\approx-3500\text{kg}\cdot\text{m/s}\end{aligned}$$

冲量：求出冲量为

$$\vec{J}=(-910\,\vec{i}-3500\,\vec{j})\,\text{kg}\cdot\text{m/s} \qquad \text{（答案）}$$

这意味着冲量的大小为

$$J=\sqrt{J_x^2+J_y^2}=3616\text{kg}\cdot\text{m/s}\approx3600\text{kg}\cdot\text{m/s}$$

$\vec{J}$ 的角度由下式给出：

$$\theta=\arctan\frac{J_y}{J_x} \qquad \text{（答案）}$$

用计算器求出 75.4°，回想到反正切的物理上正确的结果也可以等于显示的答案加 180°。我们可以通过画出 $\vec{J}$ 的分量（见图 9-11c）知道哪一个答案是正确的，我们发现 θ 实际上应该是 75.4° + 180° = 255.4°，我们可以把它写成：

$$\theta=-105° \qquad \text{（答案）}$$

（b）碰撞延续时间 14ms。在碰撞过程中作用于驾驶员的平均力大小是多少？

【关键概念】

由式（9-35）：$J=F_{\text{avg}}\Delta t$，平均力的大小 F_{avg} 是冲量的大小 J 和碰撞延续时间 Δt 的比值。

解：我们有

$$\begin{aligned}F_{\text{avg}}&=\frac{J}{\Delta t}=\frac{3616\text{kg}\cdot\text{m/s}}{0.014\text{s}}\\&=2.583\times10^5\text{N}\approx2.6\times10^5\text{N}\end{aligned} \qquad \text{（答案）}$$

利用 $F=ma$，$m=80\text{kg}$，你可以证明在碰撞过程中驾驶员的平均加速度的数值大约是 $3.22\times10^3\text{m/s}^2=329g$，这是致命的。

逃生：机械工程师通过设计和建造"弹性"更好的赛道防护墙来降低死亡的概率。例如，如果这里碰撞的延续时间加长 10 倍，而其他数据相同，平均力和平均加速度就相应地变为原来的 1/10，从而车手有可能幸存下来。

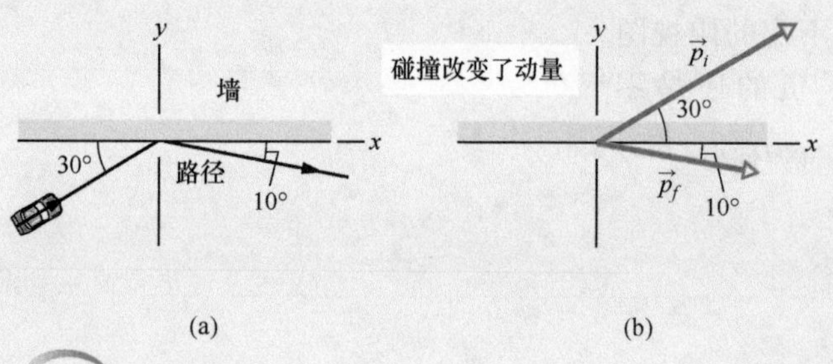

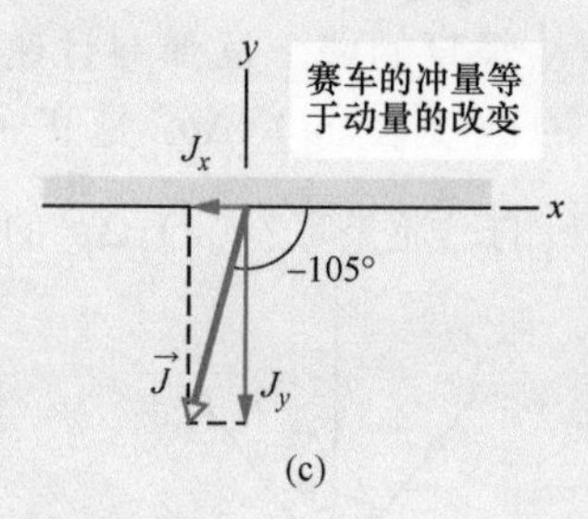

图 9-11　(a)赛车猛撞赛道防护墙时赛车和驾驶员所走路径的俯视图。(b)驾驶员的初始动量 $\vec{p}_i$，末动量 $\vec{p}_f$。(c)在碰撞过程中对驾驶员的冲量 $\vec{J}$。

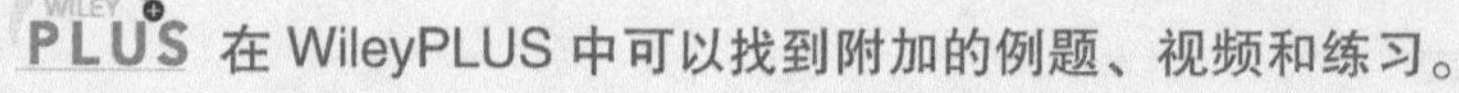

在 WileyPLUS 中可以找到附加的例题、视频和练习。

9-5 线动量守恒

学习目标

学完这一单元后，你应该能够……

9.26 对孤立的质点系。应用线动量守恒把这些质点的初始动量和它们以后时刻的动量联系起来。

9.27 懂得对各个坐标轴，沿该轴的分量的线动量守恒也成立，只要沿该轴没有净外力的分量。

关键概念

- 假如一个系统是封闭且孤立的，则没有净外力对它作用，即使有内部的变化，线动量 $\vec{P}$ 也必定是常量：

$$\vec{P}=\text{常量}\quad(\text{封闭、孤立的系统})$$

- 这个线动量守恒也可以用系统的初始动量和它在以后某个时刻的动量来表示：

$$\vec{P}_i=\vec{P}_f\quad(\text{封闭、孤立的系统})$$

线动量守恒

设作用于质点系的净外力 $\vec{F}_{\text{net}}$（从而净冲量为 $\vec{J}$）为零（系统是孤立的），并且没有质点离开或进入系统（系统是封闭的）。在式（9-27）中 $\vec{F}_{\text{net}}=\vec{0}$，于是得到 $\mathrm{d}\vec{P}/\mathrm{d}t=0$，这说明：

$$\vec{P}=\text{常量（封闭、孤立的系统）}\tag{9-42}$$

用文字表述：

如果没有净力作用于质点系，则该质点系的总线动量 $\vec{P}$ 不变。

这个结果称为**线动量守恒定律**，在解题中它是极其重要的工具。在课后作业中，我们通常把这个定律写作

$$\vec{P}_i=\vec{P}_f\text{（封闭、孤立的系统）}\tag{9-43}$$

用文字表达：

（在某个初始时刻 t_i 总的线动量）=（在以后某个时刻 t_f 总的线动量）

注意：不应把动量和能量混淆。在本单元的有些例题中，动量是守恒的，但能量肯定不守恒。

式（9-42）和式（9-43）是矢量方程，它们中的每一个都等价于三个方程式，各自对应于三个正交坐标系，譬如说 xyz 坐标系的线动量守恒。线动量可能只在一个或两个方向上守恒，而不是在所有方向上都守恒，这决定于作用于系统上的力。

如果作用于封闭系统的净外力沿某个坐标轴的分量为零，则该系统沿这个轴的线动量的分量不会改变。

在课后作业的习题中，你怎么能知道沿某个轴（譬如说 x 轴）的线动量守恒呢？只要检查一下沿这个轴的力的分量，如果任何

净力沿这个轴的分量是零，就可以应用线动量守恒。作为一个例子，如你在房间里抛掷一个葡萄柚。在它飞行的过程中，作用于葡萄柚（我们把它取作系统）的唯一外力是重力 $\vec{F}_g$，它的方向是竖直向下的。因此。葡萄柚的线动量的竖直分量在改变。但因为没有水平外力作用于葡萄柚，所以线动量的水平分量不变。

注意：我们重点关注作用于封闭系统的外力。虽然内力能改变系统中一些部分的线动量，但它们不会改变整个系统的总线动量。例如，在你身体内的器官之间有大量的力相互作用着，但它们不能推动你穿过房间（我们要感到欣慰）。

这一单元中包括爆炸的例题，或者是一维的（意思是说爆炸以前和以后，都是沿着同一个轴运动），或者是二维的（意思是它们在包含两个坐标轴的平面上）。在下面几个单元中我们要考虑碰撞。

检查点6

一个原来静止在无摩擦的地板上的装置爆炸成两块，两块都在地板上滑行，其中一块沿着正 x 方向。(a) 爆炸以后这两部分的动量之和是什么？(b) 第二块的运动方向是否有可能和 x 轴成一个角度？(c) 第二块的动量的方向是什么？

例题 9.05 一维爆炸，相对速度，空间运载火箭

一维爆炸：图 9-12a 表示一枚空间运载火箭和货物舱，总质量为 M，在外太空沿 x 轴航行。它们相对于太阳的初速度 $\vec{v}_i$ 的数值为 2100km/h。一次小小的爆炸，运载火箭释放质量为 0.20M 的货物舱（见图 9-12b）。然后运载火箭以比货物舱快 500km/h 的速度沿 x 轴运行；即运载火箭和货物舱的相对速率 $\vec{v}_{rel}$ 是 500km/h。运载火箭相对于太阳的速度 $\vec{v}_{HS}$ 是多大？

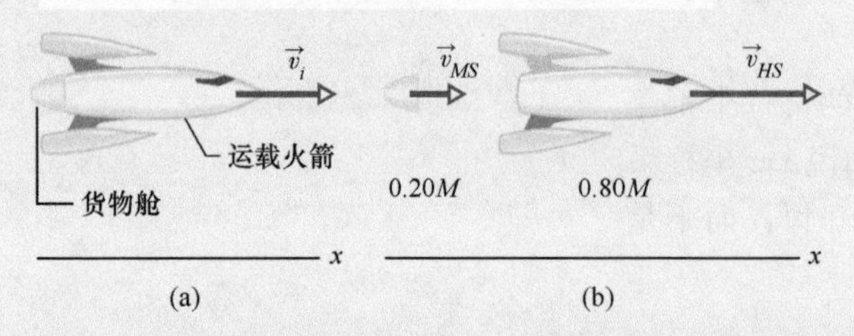

图 9-12 带有货物舱的空间运载火箭以初速度 $\vec{v}_i$ 运行。(b) 运载火箭释放货物舱，现在相对于太阳的速度，货物舱是 $\vec{v}_{MS}$，运载火箭是 $\vec{v}_{HS}$。

【关键概念】

因为运载火箭-货物舱系统是封闭的并且是孤立的，它的总线动量守恒，即

$$\vec{P}_i = \vec{P}_f \tag{9-44}$$

其中，下标 i 和 f 分别表示释放货物舱以前和以后。（这里我们要小心；虽然系统的总动量不变，但是运输船的动量和货物舱的动量确实都改变了。）

解：因为运动是沿着一个轴，我们可以用它们的 x 分量来写出动量和速度，并用符号表示它们的方向。在释放以前，我们有：

$$P_i = Mv_i \tag{9-45}$$

令 v_{MS} 是放开的货物舱相对于太阳的速度。释放以后系统的总线动量是

$$P_f = (0.20M)v_{MS} + (0.80M)v_{HS} \tag{9-46}$$

其中，右边第一项是货物舱的线动量；第二项是运载火箭的线动量。

我们可以把 v_{MS} 和已知的几个速度用下面的公式联系起来：

（运载火箭相对于太阳的速度）
=（运载火箭相对于货物舱的速度）+（货物舱相对于太阳的速度）
用符号表示：

$$v_{HS}=v_{\rm rel}+v_{MS} \tag{9-47}$$

或 $$v_{MS}=v_{HS}-v_{\rm rel}$$

把这个表达式代入式（9-46）中的 v_{MS}，然后将式（9-45）和式（9-46）代入式（9-44），我们得到：

$$Mv_i=0.20M(v_{HS}-v_{\rm rel})+0.80Mv_{HS}$$

由这个式子给出：

$$v_{HS}=v_i+0.20v_{\rm rel}$$

或 $$v_{HS}=2100\text{km/h}+(0.20)(500\text{km/h})$$
$$=2200\text{km/h}$$ （答案）

例题 9.06 二维爆炸，动量，椰子

二维爆炸：放在质量为 M、起初静止在无摩擦地板上的椰子里面的鞭炮发生爆炸，把椰子炸成三块，爆炸后它们在地板上分开滑行。俯视图表示在图 9-13a 中。质量为 0.30M 的碎片 C 的末速率为 $v_{fC}=5.0\text{m/s}$。

（a）求质量为 0.20M 的碎片 B 的速率。

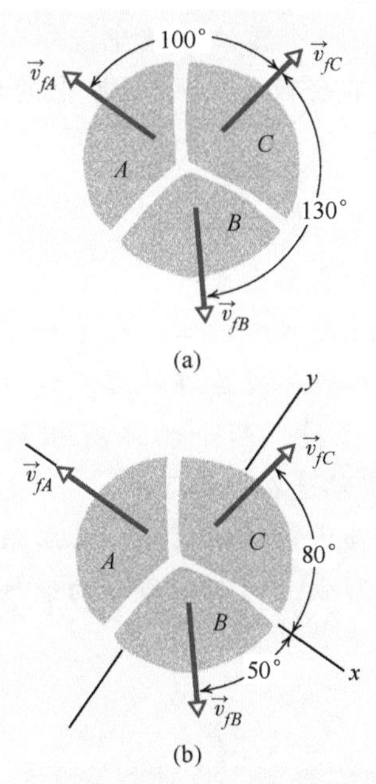

图 9-13 椰子爆炸后分成三块，并在无摩擦的地板上沿三个方向分开。（a）事件的俯视图。（b）同一张图，加上了二维坐标系。

【关键概念】

首先，我们要看一看线动量是否守恒。我们注意到①椰子和它的碎片组成封闭系统。②对这个系统来说，爆炸力是内力；③没有净外力作用在系统上。因此，系统的线动量是守恒的。（这里我们要小心；虽然系统的总动量不变，但各个碎片的动量无疑是改变了。）

解：一开始我们加上 xy 坐标系如图 9-13b 所示，并使 x 轴的负方向和 v_{fA} 的方向重合。x 轴和 $\vec{v}_{fC}$ 的方向成 80°角，和 $\vec{v}_{fB}$ 成 50°角。

沿各个轴的线动量各自是守恒的，我们考虑 y 分量，并写出

$$P_{iy}=P_{fy} \tag{9-48}$$

其中，下标 i 表示初始值（爆炸前）；下标 y 表示 $\vec{P}_i$ 或 $\vec{P}_f$ 的 y 分量。

初始线动量的分量 P_{iy} 为零，因为椰子最初是静止的。为得到 P_{fy} 的表达式，我们利用式（9-22）：$p_y=mv_y$ 求每一块碎片最后的线动量的 y 分量：

$$p_{fA,y}=0$$
$$p_{fB,y}=-0.20Mv_{fB,y}=-0.20Mv_{fB}\sin 50°$$
$$p_{fC,y}=0.30Mv_{fC,y}=0.30Mv_{fC}\sin 80°$$

（注意 $p_{fA,y}=0$ 是因为我们的坐标轴选得合适。）

式（9-48）现在可以写成

$$P_{iy}=P_{fy}=p_{fA,y}+p_{fB,y}+p_{fC,y}$$

已知 $v_{fC}=5.0\text{m/s}$，得到

$$0=0-0.20Mv_{fB}\sin 50°+(0.30M)(0.50\text{m/s})\sin 80°$$

由上式，我们求出

$$v_{fB}=9.64\text{m/s}\approx 9.6\text{m/s}$$ （答案）

（b）碎片 A 的速率是多大？

解：沿 x 轴的线动量也守恒，因为沿 x 轴没有净外力作用在椰子和各个碎片上。因此，我们有

$$P_{ix}=P_{fx} \tag{9-49}$$

其中，$P_{ix}=0$，因为椰子起初静止。求末动量的 x 分量时我们要用到碎片 A 具有质量 $0.50M$（$=M-0.20M-0.30M$）这个事实

$$p_{fA,x}=-0.50Mv_{fA}$$

$$p_{fB,x}=0.20Mv_{fB,x}=0.20Mv_{fB}\cos50°$$

$$p_{fC,x}=0.30Mv_{fC,x}=0.30Mv_{fC}\cos80°$$

沿 x 轴的动量守恒方程式（9-49）现在可以写成

$$P_{ix}=P_{fx}=p_{fA,x}+p_{fB,x}+p_{fC,x}$$

已知 $v_{fC}=5.0\text{m/s}$，$v_{fB}=9.64\text{m/s}$，我们有：

$$0=-5.0Mv_{fA}+0.20M(9.64\text{m/s})\cos50°+0.30M(5.0\text{m/s})\cos80°$$

从而我们求得

$$v_{fA}=3.0\text{m/s} \quad \text{（答案）}$$

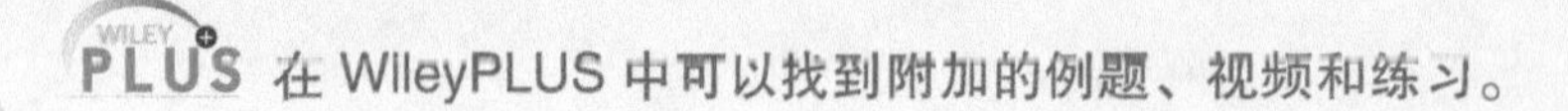

在 WileyPLUS 中可以找到附加的例题、视频和练习。

9-6 碰撞中的动量和动能

学习目标

学完这一单元后，你应当能够……

9.28 区别弹性碰撞、非弹性碰撞和完全非弹性碰撞。

9.29 懂得一维碰撞是这样一种碰撞，碰撞前和碰撞后，碰撞的物体都沿同一个轴运动。

9.30 对孤立的一维碰撞，应用动量守恒将物体原来的动量和它们碰撞后的动量联系起来。

9.31 懂得在一个孤立系统中，质心的动量和速度都不会改变，即使其中的物体发生了碰撞。

关键概念

- 在两个物体的非弹性碰撞中，二体系统的动能不守恒。如果系统是封闭和孤立的，系统的总线动量必定守恒。我们可以用矢量式写出：

$$\vec{p}_{1i}+\vec{p}_{2i}=\vec{p}_{1f}+\vec{p}_{2f}$$

其中，下标 i 和 f 分别表示刚好在碰撞前和刚好碰撞后的数值。

- 如果物体的运动都沿一个轴，碰撞就是一维的，于是我们就可以把这个方程式用沿这个轴的速度分量表示出来：

$$m_1v_{1i}+m_2v_{2i}=m_1v_{1f}+m_2v_{2f}$$

- 如果碰撞后物体粘连在一起，这种碰撞称为完全非弹性碰撞，两个物体有相同的末速度 V（因为它们粘连在一起了）。
- 两个碰撞物体组成的封闭、孤立系统的质心不受碰撞的影响，特别是质心的速度 $\vec{v}_{\text{com}}$ 不会因碰撞而改变。

碰撞中的动量和动能

在 9-4 单元中我们考虑了两个可以看作质点的物体的碰撞，但每次只关注其中一个物体。在以下几个单元里，我们把注意力转移到系统本身，并假设系统是封闭的和孤立的。在第 9-5 单元中，我们讨论这种系统的规律：由于没有净外力改变它，系统的总线动量不会改变。这是非常强有力的规则，因为它能使我们确定碰撞的结果而不需要知道碰撞的细节（譬如造成怎样的破坏）。

我们也对两个碰撞物体的系统的总动能感兴趣。如果在碰撞中总动能恰好是不变的，那么系统的动能是守恒的（碰撞前后相同）。这种碰撞称为**弹性碰撞**。在日常见到的普通物体的碰撞中，就像两辆车或球和球棒的碰撞，总有一些能量从动能转化为其他形式的能量。如热能或声音的能量，从而系统的动能并不守恒，这种碰撞称为**非弹性碰撞**。

然而，在某些情况中，我们也可以把普通物体的碰撞近似为弹性碰撞。假定你将一只超级球[㊀]抛到坚硬的地板上，如果球和地板（或地面）的碰撞是弹性的，球不会因碰撞损失能量，并且能反弹到起始的高度。不过，真实反弹的高度还是低一些，这表示至少有一些动能在碰撞中损失了，因而碰撞还是有点非弹性的。但我们仍旧可以忽略动能小小的损失，近似地把碰撞看作弹性的。

两个物体的非弹性碰撞总是包含一些系统动能的损失。最大的损失发生在两物体粘连在一起的情况中，这种情形称为**完全非弹性碰撞**。棒球和球棒的碰撞是非弹性的。但湿的油灰球和球棒的碰撞是完全非弹性的，因为油灰球会粘牢在棒上。

一维情况下的非弹性碰撞

一维非弹性碰撞。

图 9-14 表示发生一维碰撞的两个物体在刚要碰撞前和碰撞刚结束后的情形。碰撞前的速度（下标 i）和碰撞后的速度（下标 f）画在图中。这两个物体组成了我们的系统，此系统是封闭并孤立的。我们可以写下对此二体系统的线动量守恒定律：

$$(\text{碰撞前总线动量 } \vec{P}_i) = (\text{碰撞后总线动量 } \vec{P}_f)$$

也可以将它用符号表示为

$$\vec{p}_{1i} + \vec{p}_{2i} = \vec{p}_{1f} + \vec{p}_{2f} \text{（线动量守恒）} \tag{9-50}$$

因为运动是一维的，我们可以去掉表示矢量的箭头只留下沿轴的分量，用正负号表示方向。于是，由 $p = mv$，我们重写式（9-50）：

$$m_1 v_{1i} + m_2 v_{2i} = m_1 v_{1f} + m_2 v_{2f} \tag{9-51}$$

如果我们知道几个参数，例如质量、初速度、末速度中的一个，我们就可以用式（9-51）求出另一个末速度。

一维完全非弹性碰撞

图 9-15 表示两个物体发生完全非弹性碰撞（意味着它们粘连在一起）之前和之后的情形。质量为 m_2 的物体最初静止（$v_{2i} = 0$）。我们可以把这个物体当作靶，而将射入的物体作为抛射体。碰撞以后，粘连在一起的物体以速度 V 运动。对这种情况，我们重写式（9-51）为

$$m_1 v_{1i} = (m_1 + m_2) V \tag{9-52}$$

或

$$V = \frac{m_1}{m_1 + m_2} v_{1i} \tag{9-53}$$

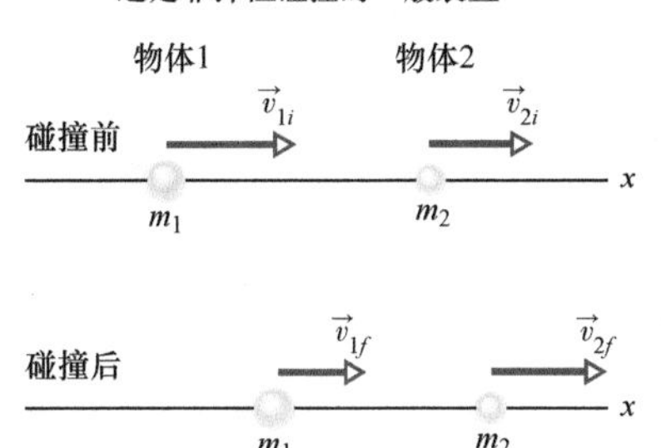

图 9-14 物体 1 和 2 沿 x 轴运动，在一次非弹性碰撞的前后。

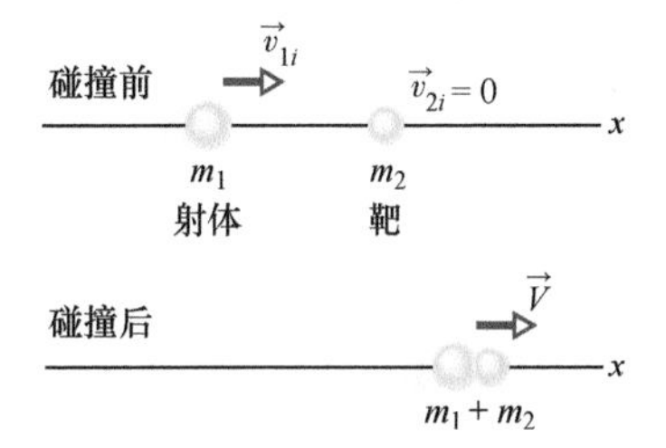

图 9-15 两物体间的完全非弹性碰撞。在碰撞前，质量为 m_2 的物体静止而质量为 m_1 的物体向着它运动；碰撞后粘连在一起的两物体以同一速度 $\vec{V}$ 运动。

㊀ 超级球（Super ball）是一种用合成橡胶或合成聚合物制成的玩具小球，有非常好的弹性。在物理教学中可用作演示实验的教具。——译者注

如果我们已知，譬如二者的质量和抛射体的初速度 v_{1i}，我们就可以用式（9-53）求出末速度 V。注意，V 必定小于 v_{1i}，因为质量比 $m_1/(m_1+m_2)$ 必定小于1。

质心速度

在一个封闭且孤立的系统中，系统质心的速度 $\vec{v}_{com}$ 不会因碰撞而改变，系统是孤立的，没有净外力改变它。为得出 $\vec{v}_{com}$ 的表达式，我们回到二体系统和图9-14的一维碰撞。由式（9-25）：$\vec{P}=M\vec{v}_{com}$，我们可以把二体系统的总线动量 $\vec{P}$ 和 $\vec{v}_{com}$ 用下式联系起来：

$$\vec{P}=M\vec{v}_{com}=(m_1+m_2)\vec{v}_{com} \tag{9-54}$$

在碰撞过程中，总线动量 $\vec{P}$ 是守恒的；所以它就等于式（9-50）的任何一边。我们写下该式的左边：

$$\vec{P}=\vec{p}_{1i}+\vec{p}_{2i} \tag{9-55}$$

代入式（9-54）的 $\vec{P}$ 的表达式，并解出 $\vec{v}_{com}$：

$$\vec{v}_{com}=\frac{\vec{P}}{m_1+m_2}=\frac{\vec{p}_{1i}+\vec{p}_{2i}}{m_1+m_2} \tag{9-56}$$

这个方程式的右边是常量，碰撞前和碰撞后 $\vec{v}_{com}$ 是同一常量。

例如，图9-16中用一系列的定格画面表示图9-15中的完全非弹性碰撞的质心的运动。物体2是靶。在式（9-56）中它的初始线动量是 $\vec{p}_{2i}=m_2\vec{v}_{2i}=0$。物体1是抛射体，在式（9-56）中它的初始线动量 $\vec{p}_{1i}=m_1\vec{v}_{1i}$。要注意一系列定格画面的进展，从碰撞前到碰撞后质心始终以恒定的速度向右运动。碰撞后，两物体共同的末速率 V 等于 $\vec{v}_{com}$，因为这时质心和粘连在一起的两个物体一同运动。

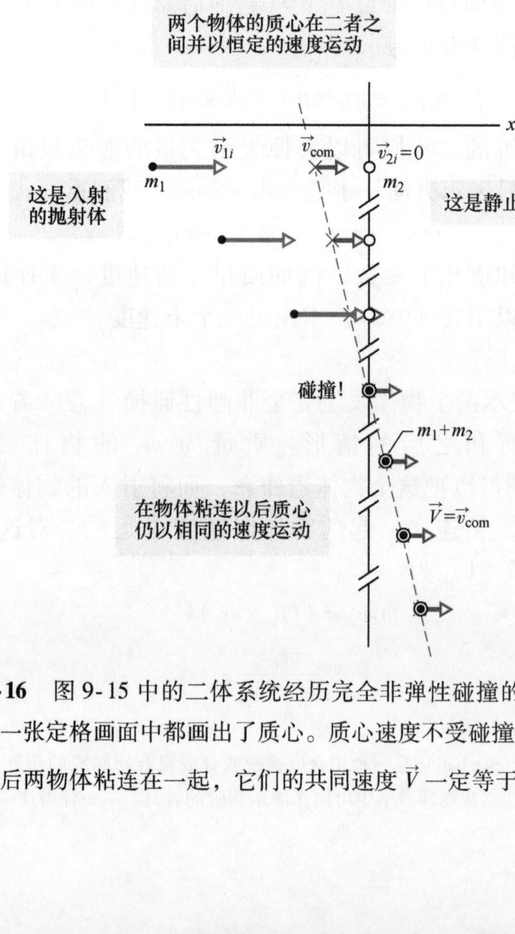

两个物体的质心在二者之间并以恒定的速度运动

这是入射的抛射体

这是静止的靶

碰撞!

在物体粘连以后质心仍以相同的速度运动

图9-16　图9-15中的二体系统经历完全非弹性碰撞的定格画面。在每一张定格画面中都画出了质心。质心速度不受碰撞影响，由于碰撞后两物体粘连在一起，它们的共同速度 $\vec{V}$ 一定等于 $\vec{v}_{com}$。

检查点 7

物体 1 和物体 2 经历完全非弹性的一维碰撞，如果它们的初动量分别是（a）10kg · m/s 和 0；（b）10kg · m/s 和 4kg · m/s；（c）10kg · m/s 和 −4kg · m/s，那么它们的末动量是多少？

例题 9.07 动量守恒，冲击摆

这是物理学中常用的解题技巧的一个例子，我们给出一个范例，它无法作为一个整体求出答案（我们没有关于它的可用的公式）。所以，我们把它分解为几个步骤，可以分别求出解答（我们已经有了这些方程式）。

冲击摆是在电子计时器发明以前用来测量子弹速率的。图 9-17 中画出的一种类型的冲击摆是质量 $M=5.4\text{kg}$ 的大木块，用两根长绳挂起。质量为 $m=9.5\text{g}$ 的子弹射入木块后很快就停在木块中。木块 + 子弹一同向上摆荡，它们的质心在摆瞬时停在弧线的最高端点的一刹那上升了竖直高度 $h=6.3\text{cm}$。问子弹在正好碰撞前的速率是多少？

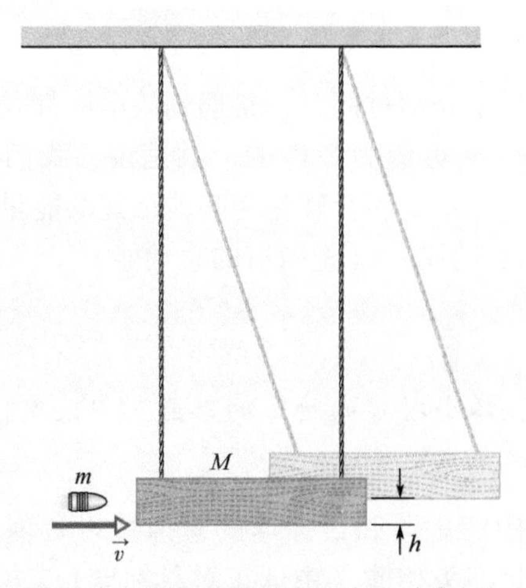

图 9-17 用来测量子弹速率的冲击摆。

【关键概念】

我们知道子弹的速率 v 决定了冲击摆上升的高度 h。然而我们并不能用机械能守恒把这两个量联系起来，因为肯定在子弹穿入木块时有部分能量从机械能转换成其他形式（像热能和冲进木块的能量）。然而，我们可以把这种复杂的运动分解为两步来分析：①子弹-木块碰撞；②子弹-木块升高。在第②步过程中机械能守恒。

推理步骤 1：由于在子弹-木块系统中的碰撞是短暂的，我们可以做两个重要的假设。

（1）在碰撞过程中作用于木块的重力和绳子对木块的力仍旧平衡，从而在碰撞过程中对子弹-木块系统的外来净冲量为零。因此，系统是孤立的并且它的总线动量守恒：

$$(\text{碰撞前的总线动量})=(\text{碰撞后的总线动量}) \tag{9-57}$$

（2）从下面这个意义上说，碰撞是一维的，即刚刚碰撞后子弹和木块的运动方向就是在子弹原来的运动方向上。

因为碰撞是一维的，木块原来静止，并且子弹嵌在木块中，我们用式（9-53）表达线动量守恒。用对应于现在这里用的符号代替那个式子原来的符号：

$$V=\frac{m}{m+M}v \tag{9-58}$$

推理步骤 2：当子弹和木块一同摆动上升时，子弹-木块-地球系统的机械能守恒：

$$(\text{在底部的机械能})=(\text{在顶部的机械能}) \tag{9-59}$$

（此机械能不会因绳子作用在木块上的力而改变，因为这个力的方向总是垂直于木块的运动方向）。我们取木块初始位置作为重力势能零的参考水平线。于是机械能守恒的意思是在摆动开始时系统的动能等于在摆动的最高点处的重力势能。因为在碰撞刚结束、摆动刚开始的时候子弹和木块的速率是 V，我们可以把该守恒定律写作

$$\frac{1}{2}(m+M)V^2=(m+M)gh \tag{9-60}$$

两个步骤结合起来：将式（9-58）中的 V 代入，推出：

$$v = \frac{m+M}{m}\sqrt{2gh} \tag{9-61}$$

$$= \left(\frac{0.0095\text{kg}+5.4\text{kg}}{0.0095\text{kg}}\right)\sqrt{(2)(9.8\text{m/s}^2)(0.063\text{m})}$$

$$= 630\text{m/s} \quad \text{（答案）}$$

冲击摆是一种“变换器”，它能够将轻的物体（子弹）的高速率变换为大质量物体（木块）的低速率——因此更容易测量。

PLUS 在 WileyPLUS 中可以找到附加的例题、视频和练习。

9-7 一维弹性碰撞

学习目标

学完这一单元后，你应当能够……

9.32 对一维的孤立、弹性碰撞，应用碰撞物体的总能量和净动量守恒定律把初始值和碰撞后的数值联系起来。

9.33 在抛射体撞击静止靶的情况中，识别三种普遍情况：二者质量相等，靶比抛射体质量大得多，抛射体质量比靶大得多。

关键概念

- 弹性碰撞是一种特殊类型的碰撞，其中碰撞物体组成的系统的动能守恒。如果系统是封闭且孤立的，那么它的线动量也守恒。在一维碰撞中，物体2是靶，物体1是入射的抛射体，由动能守恒和线动量守恒，对碰撞后瞬间的速度可得出以下表达式：

$$v_{1f} = \frac{m_1 - m_2}{m_1 + m_2} v_{1i}$$

及

$$v_{2f} = \frac{2m_1}{m_1 + m_2} v_{1i}$$

一维弹性碰撞

正如我们在9-6单元中介绍过的，日常遇到的碰撞都是非弹性的，但我们可以把其中一些近似为弹性的；就是说，我们可以把碰撞物体的总动能近似为守恒、不会转化为其他形式的能量：

$$(\text{碰撞前的总动能}) = (\text{碰撞后的总动能}) \tag{9-62}$$

它的意思是：

> 在弹性碰撞中，各个碰撞的物体的动能可以改变，但系统的总动能不变。

例如，在台球比赛中的主球和目标球的碰撞可以近似地看作是弹性碰撞。如果碰撞是迎头相撞（主球正对目标球），主球的动能可能会全部都转移给目标球。（碰撞中还是有一些能量会转化为你听到的声音的能量，我们在这里忽略不计。）

静止的靶

图9-18表示一维碰撞前后的两个物体，就像在台球比赛中两个台球的对头碰撞。一个质量为 m_1 的抛射体以初速度 v_{1i} 向着质量为 m_2 的靶物体运动，靶起初静止（$v_{2i}=0$）。我们假设这个二体系统是封闭和孤立的。因此，系统的净线动量守恒，由式（9-51），我们可以把线动量守恒写下来：

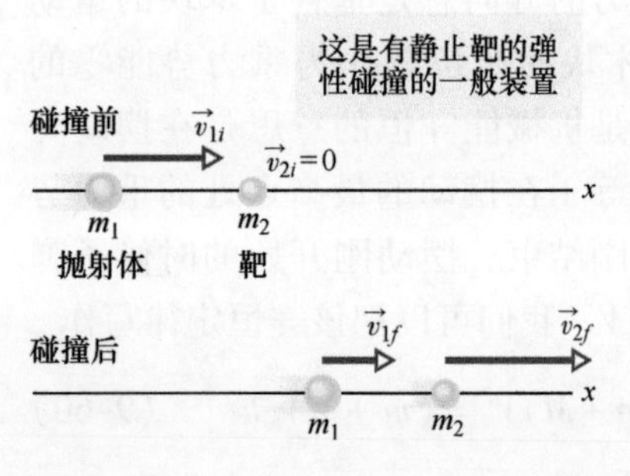

图9-18 物体1在和起初静止的物体2做弹性碰撞前沿 x 轴运动。碰撞后两个物体也都沿这个轴运动。

$$m_1 v_{1i} = m_1 v_{1f} + m_2 v_{2f} \quad （线动量） \quad (9\text{-}63)$$

如果碰撞也是弹性的，那么总动能守恒，我们可以把动能守恒写作：

$$\frac{1}{2}m_1 v_{1i}^2 = \frac{1}{2}m_1 v_{1f}^2 + \frac{1}{2}m_2 v_{2f}^2 \quad （动能） \quad (9\text{-}64)$$

在这两个方程式中，下标 i 表示物体的初速度，下标 f 表示物体的末速度。如果我们已知两个物体的质量并且也知道物体 1 的初速度 v_{1i}，剩下未知的量是两个物体的末速度 v_{1f}和 v_{2f}。有了我们得到的这两个方程式，我们就可以求出这两个未知数。

为此，我们把式（9-63）重写作：

$$m_1(v_{1i} - v_{1f}) = m_2 v_{2f} \quad (9\text{-}65)$$

并把式（9-64）写成[⊖]：

$$m_1(v_{1i} - v_{1f})(v_{1i} + v_{1f}) = m_2 v_{2f}^2 \quad (9\text{-}66)$$

将式（9-66）除以式（9-65）后，再做一些代数运算，我们得到

$$v_{1f} = \frac{m_1 - m_2}{m_1 + m_2} v_{1i} \quad (9\text{-}67)$$

及

$$v_{2f} = \frac{2m_1}{m_1 + m_2} v_{1i} \quad (9\text{-}68)$$

注意，v_{2f}总是正数（质量为 m_2、起初静止的靶物体总是向前运动）。我们从式（9-67）看到，v_{1f}可以有任一种符号（如 $m_1 > m_2$，则质量为 m_1 的抛射体向前运动；如 $m_1 < m_2$，则质量为 m_1 的抛射体被弹回）。

让我们来看几种特殊情况。

1. 质量相等。如 $m_1 = m_2$，则式（9-67）和式（9-68）简化为

$$v_{1f} = 0 \text{ 及 } v_{2f} = v_{1i}$$

我们可以把上式称为台球玩家的结果。这个结果预言，质量相等的两个物体对头碰撞后，物体 1（起初在运动）完全停止，物体 2（原来静止）以物体 1 的初速率开始运动。在对头碰撞中，质量相等的两个物体简单地交换速度。即使物体 2 起初不是静止的，这个结果也是正确的。

2. 质量巨大的靶。在图 9-18 中，质量巨大的靶意思是 $m_2 \gg m_1$。例如，我们可以把一个高尔夫球抛向一颗炮弹。式（9-67）和式（9-68）简化为：

$$v_{1f} \approx -v_{1i} \text{ 及 } v_{2f} \approx \left(\frac{2m_1}{m_2}\right) v_{1i} \quad (9\text{-}69)$$

这告诉我们，物体 1（高尔夫球）沿着它的入射路径直接被弹回，它的速率基本上不变。起初静止的物体 2（炮弹）则以很小的速度向前运动，这是因为式（9-69）中括号里的数量比 1 小得多。所有这些都在我们的预料之中。

3. 质量巨大的抛射体。这是相反的情况；即 $m_1 \gg m_2$。这一次我们发射一发炮弹，将其射向高尔夫球。式（9-67）和式（9-68）简化为

⊖ 在这一步中，我们用到恒等式 $a^2 - b^2 = (a-b)(a+b)$。这减少了需要解联立式（9-65）和式（9-66）的代数运算量。

$$v_{1f} \approx v_{1i}, \quad v_{2f} \approx 2v_{1i} \tag{9-70}$$

式（9-70）告诉我们：物体1（炮弹）还是一直前进，几乎没有因碰撞而减速。物体2（高尔夫球）则以两倍于炮弹的速率向前冲。为什么会有两倍的速率？回忆一下式（9-69）描述的碰撞，其中入射的轻物体（高尔夫球）的速度从 $+v$ 改变为 $-v$，速度改变 $2v$。在这个例子中速度也发生了同样的改变（但现在是从零到 $2v$）。

运动的靶

我们已经研究过了一个抛射体和一个静止靶的弹性碰撞，现在我们来研究两个物体在经历弹性碰撞前都在运动的情况。

这是有运动的靶的弹性碰撞的一般装置

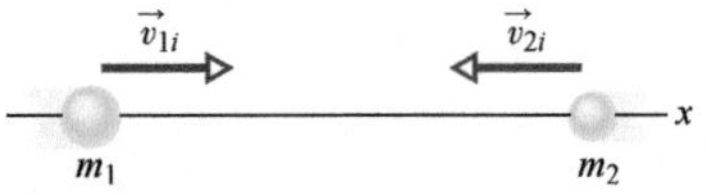

$\vec{v}_{1i}$　$\vec{v}_{2i}$　x　m_1　m_2

图9-19　两个物体正要发生一维弹性碰撞。

对图9-19中的情况，线动量守恒写作：

$$m_1 v_{1i} + m_2 v_{2i} = m_1 v_{1f} + m_2 v_{2f} \tag{9-71}$$

动能守恒写成：

$$\frac{1}{2}m_1 v_{1i}^2 + \frac{1}{2}m_2 v_{2i}^2 = \frac{1}{2}m_1 v_{1f}^2 + \frac{1}{2}m_2 v_{2f}^2 \tag{9-72}$$

要解这两个 v_{1f} 和 v_{2f} 的联立方程，我们先把式（9-71）重写为

$$m_1(v_{1i} - v_{1f}) = -m_2(v_{2i} - v_{2f}) \tag{9-73}$$

式（9-72）写成

$$m_1(v_{1i} - v_{1f})(v_{1i} + v_{1f}) = -m_2(v_{2i} - v_{2f})(v_{2i} + v_{2f}) \tag{9-74}$$

用式（9-73）除式（9-74）后，经过一些代数运算得到：

$$v_{1f} = \frac{m_1 - m_2}{m_1 + m_2} v_{1i} + \frac{2m_2}{m_1 + m_2} v_{2i} \tag{9-75}$$

$$v_{2f} = \frac{2m_1}{m_1 + m_2} v_{1i} + \frac{m_2 - m_1}{m_1 + m_2} v_{2i} \tag{9-76}$$

注意，下标1和2分配给物体是任意的，如果我们改变图9-19和式（9-75）以及式（9-76）中的下标，我们得到的还是一组同样的方程式。还要注意，如果我们设 $v_{2i} = 0$，物体2就变成静止的靶，就像图9-18中那样，并且式（9-75）和式（9-76）就分别简化为式（9-67）和式（9-68）。

检查点8

在图9-18中，如果抛射体的初始线动量是6kg·m/s以及抛射体的末了线动量是（a）2kg·m/s，（b）−2kg·m/s，则靶的末线动量有多大？（c）如果抛射体初始和末了的动能分别是5J和2J，靶的末动能是多少？

例题9.08　弹性碰撞的链式反应

图9-20中，木块1以速度 $v_{1i} = 10\text{m/s}$ 向排成一直线的两块静止的木块运动。它和木块2碰撞，木块2又和质量为 $m_3 = 6.0\text{kg}$ 的木块3碰撞。第二次碰撞后，木块2又停了下来，木块3有了速度 $v_{3f} = 5.0\text{m/s}$（见图9-20b）。设每次碰撞都是弹性碰撞。木块1和2的质量各是多少？木块1的末速度 v_{1f} 是多少？

【关键概念】

因为我们假设碰撞都是弹性的，所以机械能守恒（能量在声音、加热和木块振动方面的损耗都可以忽略不计）。因为没有外来的水平力作用

于木块，所以沿 x 轴的线动量守恒。由于这两个理由，我们可以应用式（9-67）和式（9-68）于每次碰撞。

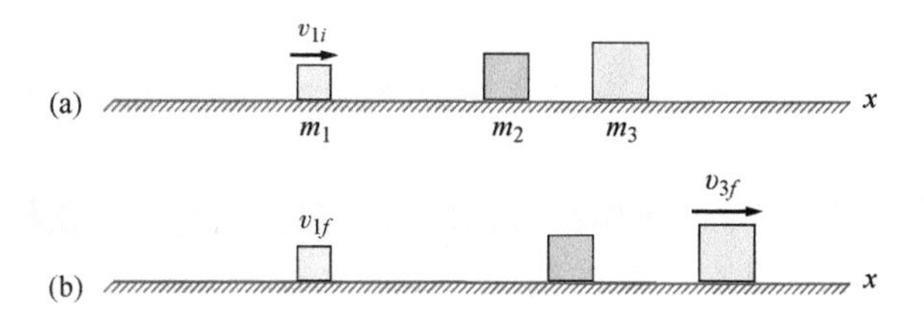

图 9-20 木块 1 和静止的木块 2 碰撞，然后木块 2 又和静止的木块 3 碰撞。

解： 如果我们从第一次碰撞开始，往下做就会遇到太多的未知数：我们不知道木块的质量或末速度。所以我们从第二次碰撞开始，这次碰撞中木块 2 因为和木块 3 的碰撞而停止。把式（9-67）用到这次碰撞，把符号改变一下，我们有：

$$v_{2f} = \frac{m_2 - m_3}{m_2 + m_3} v_{2i}$$

其中，v_{2i}是木块 2 在碰撞前的速度；v_{2f}是木块 2 在碰撞后的速度。代入 $v_{2f}=0$（木块 2 停止）和 $m_3=6.0\text{kg}$ 后，得到

$$m_2 = m_3 = 6.00\ \text{kg} \qquad \text{（答案）}$$

利用同样的符号改变。对第二次碰撞，我们将式（9-68）重写为

$$v_{3f} = \frac{2m_2}{m_2 + m_3} v_{2i}$$

其中，v_{3f}是木块 3 的末速度。代入 $m_2=m_3$ 和给出的 $v_{3f}=5.0\text{m/s}$，我们求得：

$$v_{2i} = v_{3f} = 5.0\text{m/s}$$

接着我们再来考虑第一次碰撞，但我们必须注意木块 2 的记号。它第一次碰撞后的速度 v_{2f}就是第二次碰撞前的速度 v_{2i}（$=5.0\text{m/s}$）。把式（9-68）用于第一次碰撞，并用到给出的$v_{1i}=10\text{m/s}$，我们有：

$$v_{2f} = \frac{2m_1}{m_1 + m_2} v_{1i}$$

$$5.0\text{m/s} = \frac{2m_1}{m_1 + m_2}(10\text{m/s})$$

由此得出：

$$m_1 = \frac{1}{3}m_2 = \frac{1}{3}(6.0\text{kg}) = 2.0\text{kg} \quad \text{（答案）}$$

最后，将式（9-67）和这个结果以及给定的 v_{1i}用于第一次碰撞，我们写出：

$$v_{1f} = \frac{m_1 - m_2}{m_1 + m_2} v_{1i}$$

$$= \frac{\frac{1}{3}m_2 - m_2}{\frac{1}{3}m_2 + m_2}(10\text{m/s}) = -5.0\text{m/s} \qquad \text{（答案）}$$

9-8 二维中的碰撞

学习目标

学完这一单元后，你应当能够……

9.34 对一个发生二维碰撞的孤立系统，应用沿坐标系的各个轴的动量守恒定律将碰撞前沿某一坐标轴的动量分量和碰撞后同一坐标轴上的动量分量联系起来。

9.35 对一个其中发生二维弹性碰撞的孤立系统，(a) 应用沿坐标系的各个轴的动量守恒定律将碰撞前沿一个坐标轴的动量分量和碰撞后在此同一坐标轴上动量的分量联系起来。(b) 应用总动能守恒定律把碰撞前后的动能联系起来。

关键概念

- 如果两个物体发生碰撞并且它们不是沿单一的轴线运动（不是对头碰撞），碰撞就是二维的。如果二体系统是封闭且孤立的，动量守恒定律可用于碰撞，可写出：

$$\vec{P}_{1i}+\vec{P}_{2i}=\vec{P}_{1f}+\vec{P}_{2f}$$

在分量形式中，这个定律给出两个描述碰撞的方程式（每个方程对应于二维中的一维）。如果碰撞也是弹性的（一种特殊情况），则碰撞过程中的动能守恒给出第三个方程式：

$$K_{1i}+K_{2i}=K_{1f}+K_{2f}$$

二维中的碰撞

两个物体碰撞时，它们之间的冲量决定了它们以后的运动方向。特别是在碰撞不是对头碰撞的情况中，两个物体最后不再沿原来的轴线运动。对这种发生在封闭的、孤立的系统内的二维碰撞，总线动量肯定仍然守恒：

$$\vec{P}_{1i}+\vec{P}_{2i}=\vec{P}_{1f}+\vec{P}_{2f} \tag{9-77}$$

如果碰撞也是弹性的（一种特殊情况），那么总动能也守恒：

$$K_{1i}+K_{2i}=K_{1f}+K_{2f} \tag{9-78}$$

如果我们用 xy 坐标系的分量来表示，式（9-77）对分析二维碰撞常常更加有用。例如，图9-21表示抛射物体和原来静止的靶物体之间的一次*偏斜碰撞*（不是对头碰撞）。两个物体之间的冲量把两物体分别沿着与抛射体原来的运动方向一致的 x 轴成 θ_1 和 θ_2 角度射出。在此情形中，我们对 x 轴的分量重写式（9-77）：

$$m_1v_{1i}=m_1v_{1f}\cos\theta_1+m_2v_{2f}\cos\theta_2 \tag{9-79}$$

沿 y 轴的分量

$$0=-m_1v_{1f}\sin\theta_1+m_2v_{2f}\sin\theta_2 \tag{9-80}$$

我们还可以用速率表示式（9-78）（对弹性碰撞的特殊情况）：

$$\frac{1}{2}m_1v_{1i}^2=\frac{1}{2}m_1v_{1f}^2+\frac{1}{2}m_2v_{2f}^2\text{（动能）} \tag{9-81}$$

图9-21 两个物体的弹性碰撞。这次不是对头碰撞。质量为 m_2 的物体（靶）起初静止。

式（9-79）~式（9-81）包含7个变量：两个质量 m_1 和 m_2，三个速率 v_{1i}、v_{1f}和 v_{2f}，以及两个角度。如果我们知道这些量中的任意四个，我们就可以由这三个方程式解出其余三个量。

检查点 9

在图9-21中，设抛射体的初始动量为6kg · m/s，末动量的 x 分量是4kg · m/s，末动量的 y 分量是 −3kg · m/s。求靶的末动量的（a）x 分量和（b）y 分量。

9-9 变质量系统：火箭

学习目标

学完这一单元后，你应当能够……

9.36 应用第一火箭方程把火箭损耗质量的速率、排出物相对于火箭的速率、火箭的质量和火箭的加速度联系起来。

9.37 应用第二火箭方程把火箭速率的改变和排出物的相对速率，以及火箭的初始和末了的质量联系起来。

9.38 对一个以给定速率改变质量的运动系统，把改变速率和动量的改变联系起来。

关键概念

- 不存在外力的情况下，火箭在某一瞬时的加速度由下式给出：

$$Rv_{\rm rel} = Ma \text{（第一火箭方程）}$$

其中，M 是火箭的瞬时质量（包括尚未消耗的燃料）；R 是燃料消耗速率；$v_{\rm rel}$ 是相对于火箭的燃料排放速率；$Rv_{\rm rel}$ 是火箭发动机的推力。

- 对于具有恒定的 R 和 $v_{\rm rel}$ 的火箭，如它的质量从 M_i 变到 M_f，它的速率就从 v_i 改变到 v_f：

$$v_f - v_i = v_{\rm rel}\ln\frac{M_i}{M_f} \text{（第二火箭方程）}$$

变质量系统：火箭

到现在为止，我们都假设系统的总质量是常量。有的时候，像在火箭中，就不是这样。火箭在发射台上时大部分的质量是燃料。所有这些燃料最终都要烧掉并且从火箭发动机的喷嘴喷射出去。我们应用牛顿第二定律求火箭的加速度时，由于火箭质量的变化，不能只考虑火箭，必须把火箭和它喷出的燃烧产物包含在内一同考虑。在火箭加速时，整个系统的质量不变。

求加速度

设我们相对于一个惯性系处于静止状态，这时我们观察一枚火箭在没有引力或大气阻力的作用下在太空中运行。对这样的一维运动，令 M 是火箭在某一时刻 t 的质量，v 是它在这一时刻 t 的速度（参见图 9-22a）。

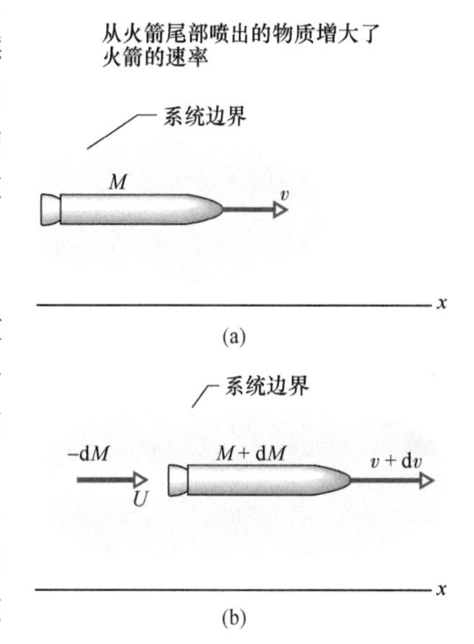

图 9-22 （a）在时刻 t 时从惯性系看到的正在加速的、质量为 M 的火箭。（b）在 $t+\mathrm{d}t$ 时刻看到的同一火箭。在 $\mathrm{d}t$ 时间内排放物的放出也在图上表示了出来。

图 9-22b 表示时间间隔 $\mathrm{d}t$ 以后的情况。火箭现在的速度为 $v+\mathrm{d}v$，质量为 $M+\mathrm{d}M$，其中质量的变化 $\mathrm{d}M$ 是一个负数，经过时间间隔 $\mathrm{d}t$，火箭排放出的喷射物的质量为 $-\mathrm{d}M$，相对于我们所在的惯性参考系的速度为 U。

动量守恒。我们的系统包括火箭和在时间间隔 $\mathrm{d}t$ 内喷射的物质。这个系统可以看作是封闭和孤立的，所以在 $\mathrm{d}t$ 时间内系统的线动量必定守恒，即

$$P_i = P_f \tag{9-82}$$

其中，下标 i 和 f 分别表示时间间隔 $\mathrm{d}t$ 的开始和终了时的数值。我们可以重写式（9-82）：

$$Mv = -\mathrm{d}MU + (M+\mathrm{d}M)(v+\mathrm{d}v) \tag{9-83}$$

其中，右边第一项是在时间 $\mathrm{d}t$ 内喷射物的线动量；第二项是在时间间隔 $\mathrm{d}t$ 末了火箭的线动量。

用相对速率。我们可以用火箭和喷射物之间的相对速率 $v_{\rm rel}$ 以及喷射物相对于惯性参考系的速率来简化式（9-83）：

（火箭相对于惯性参考系的速度）

=（火箭相对于喷射物的速度）+（喷射物相对于惯性参考系的速度）

用符号表示：

$$(v+\mathrm{d}v) = v_{\rm rel} + U$$

或

$$U = v + \mathrm{d}v - v_{\rm rel} \tag{9-84}$$

把这个 U 的结果代入式（9-83），经过一些代数运算后得到：

$$-\mathrm{d}Mv_{\rm rel} = M\mathrm{d}v \tag{9-85}$$

两边都除以 $\mathrm{d}t$：

$$-\frac{\mathrm{d}M}{\mathrm{d}t}v_{\mathrm{rel}} = M\frac{\mathrm{d}v}{\mathrm{d}t} \tag{9-86}$$

我们用 $-R$ 代替 $\mathrm{d}M/\mathrm{d}t$（火箭质量减少的速率），R 是单位时间内消耗的燃料质量（正数），我们知道 $\mathrm{d}v/\mathrm{d}t$ 是火箭的加速度。经过这些改变后，式（9-86）成为

$$Rv_{\mathrm{rel}} = Ma\text{（第一火箭方程）} \tag{9-87}$$

式（9-87）对任何给定时刻的数值都成立。

注意式（9-87）左边是力的量纲（$\mathrm{kg/s \cdot m/s = kg \cdot m/s^2 = N}$）并且只决定于火箭发动机的设计特性——即单位时间内消耗的燃料的质量和燃料相对于火箭的喷射速率。我们把 Rv_{rel} 这一项称为火箭发动机的**推力**并用 T 表示。如果我们把式（9-87）写成 $T=Ma$ 就出现牛顿第二定律，其中 a 是火箭在质量为 M 的时候的加速度。

求速度

在消耗燃料的过程中，火箭的速度会如何变化呢？由式（9-85）我们有

$$\mathrm{d}v = -v_{\mathrm{rel}}\frac{\mathrm{d}M}{M}$$

积分得到

$$\int_{v_i}^{v_f}\mathrm{d}v = -v_{\mathrm{rel}}\int_{M_i}^{M_f}\frac{\mathrm{d}M}{M}$$

其中，M_i 是火箭在初始时的质量；M_f 是火箭最后的质量。做出积分，得到：

$$v_f - v_i = v_{\mathrm{rel}}\ln\frac{M_i}{M_f}\text{（火箭第二方程）} \tag{9-88}$$

这个公式表示火箭质量从 M_i 变为 M_f 过程中火箭速率的增加。[式（9-88）中的符号 ln 是自然对数。] 我们从这里可以看出多级火箭的优点。通过丢弃燃料已耗尽的各分级火箭，M_f 将大大减小。理想的火箭到达目的地时只留下它的有效载荷。

例题 9.09 火箭发动机，推力，加速度

在这一章前面的所有例题中，系统的质量都是常量（一个不变的数值）。而这里却是一个质量不断减少的系统（火箭）的例子。初始质量 M_i 是 850kg 的火箭以速率 $R=2.3\mathrm{kg/s}$ 消耗燃料。喷出的气体相对于火箭发动机的速率是 2800m/s。(a) 火箭发动机能提供多大的推力？

【关键概念】

由式（9-87）给出：推力 T 等于燃料消耗率 R 和喷出气体的相对喷射速率 v_{rel} 的乘积。

解： 我们求出

$$T = Rv_{\mathrm{rel}} = (2.3\mathrm{kg/s})(2800\mathrm{m/s}) = 6440\mathrm{N} \approx 6400\mathrm{N} \quad\text{（答案）}$$

(b) 火箭最初的加速度有多大？

【关键概念】

我们可以把火箭的推力 T 和得到的加速度的数值 a 用公式 $T=Ma$ 联系起来，其中 M 是火箭的质量。然而，随着燃料被消耗，M 会减小而 a 会增大。因为我们这里要求的是 a 的初始值，我们也必须用质量 M 的初始值。

解： 我们求出

$$a = \frac{T}{M} = \frac{6400\mathrm{N}}{850\mathrm{kg}} = 7.6\mathrm{m/s^2} \quad\text{（答案）}$$

火箭要从地球表面发射初始加速度必须大于 $9.8\mathrm{m/s^2}$。就是说，必须大于地球表面的重力加速

度。用另一种表述，火箭发动机的推力 T 必须超过对火箭开始时的重力，这个数值是 $M_i g$，即

$$(850\text{kg})(9.8\text{m/s}^2) = 8330\text{N}$$

因为对加速度或推力的要求没有达到所需的数值（这里的 $T = 6400\text{N}$），我们的火箭不能从地球表面逃逸，这需要另一个更加强有力的火箭。

WILEY PLUS 在 WileyPLUS 中可以找到附加的例题、视频和练习。

复习和总结

质心 n 个质点的系统的**质心**可以定义为其坐标由下列公式给出的点：

$$x_{com} = \frac{1}{M}\sum_{i=1}^{n} m_i x_i,\ y_{com} = \frac{1}{M}\sum_{i=1}^{n} m_i y_i,\ z_{com} = \frac{1}{M}\sum_{i=1}^{n} m_i z_i \tag{9-5}$$

或

$$\vec{r}_{com} = \frac{1}{M}\sum_{i=1}^{n} m_i \vec{r}_i$$

其中，M 是系统的总质量。

质点系的牛顿第二定律 任何质点系的质心的运动都服从**质点系的牛顿第二定律**：

$$\vec{F}_{net} = M\vec{a}_{com} \tag{9-14}$$

其中，$\vec{F}_{net}$是作用于系统的所有外力的净力；M 是系统的总质量；$\vec{a}_{com}$是系统质心的加速度。

线动量和牛顿第二定律 对一个质点，我们定义称为**线动量**的量 $\vec{p}$：

$$\vec{p} = m\vec{v} \tag{9-22}$$

牛顿第二定律可以用动量表示：

$$\vec{F}_{net} = \frac{d\vec{p}}{dt} \tag{9-23}$$

对于质点系，这两个关系式分别写成：

$$\vec{P} = M\vec{v}_{com} \text{ 和 } \vec{F}_{net} = \frac{d\vec{P}}{dt} \tag{9-25, 9-27}$$

碰撞和冲量 把动量形式的牛顿第二定律应用于参与碰撞的、可以看作质点的物体，从而得出**冲量-线动量定理**：

$$\vec{p}_f - \vec{p}_i = \Delta\vec{p} = \vec{J} \tag{9-31, 9-32}$$

其中，$\vec{p}_f - \vec{p}_i = \Delta\vec{p}$ 是物体的线动量的改变；$\vec{J}$ 是碰撞中另一物体对此物体作用力 $\vec{F}(t)$ 的**冲量**：

$$\vec{J} = \int_{t_i}^{t_f} \vec{F}(t)\,dt \tag{9-30}$$

如果 F_{avg}是碰撞过程中 $\vec{F}(t)$ 的平均数值，Δt 是碰撞的延续时间，对于一维运动，有

$$J = F_{avg}\Delta t \tag{9-35}$$

当每个物体质量为 m、速度为 v 的一连串稳定入射的物体流和一个位置固定的物体碰撞时，作用在固定物体上的平均力是

$$F_{avg} = -\frac{n}{\Delta t}\Delta p = -\frac{n}{\Delta t}m\Delta v \tag{9-37}$$

其中，$n/\Delta t$ 是单位时间内撞击固定物体的入射物体的数目；Δv 是每一个撞击物体速度的改变。这个平均力也可以写成：

$$F_{avg} = -\frac{\Delta m}{\Delta t}\Delta v \tag{9-40}$$

其中，$\Delta m/\Delta t$ 是单位时间内和固定物体撞击的入射物体的质量。在式（9-37）和式（9-40）中，如果碰撞后物体都停下来，则 $\Delta v = -v$，如果入射物体直接弹回去并且它们的速率不改变，则 $\Delta v = -2v$。

线动量守恒 如果系统是孤立的，则没有净外力作用于它，系统的线动量 $\vec{P}$ 保持为常量，

$$\vec{P} = \text{常量（封闭、孤立系统）} \tag{9-42}$$

也可以写成：

$$\vec{P}_i = \vec{P}_f\text{（封闭、孤立系统）} \tag{9-43}$$

其中，下标指初始时刻和末了时刻 $\vec{P}$ 的数值。式（9-42）和式（9-43）是**线动量守恒定律**的等价表述。

一维中的非弹性碰撞 在两个物体的*非弹性碰撞*中，二体系统的动能不守恒（动能不是常量）。如果系统是封闭且孤立的，则系统的总线动量*必定*守恒（它是常量），我们可以把这写成矢量形式：

$$\vec{p}_{1i} + \vec{p}_{2i} = \vec{p}_{1f} + \vec{p}_{2f} \tag{9-50}$$

其中，下标 i 和 f 分别表示正好在碰撞前和正好在碰撞后的数值。

如果物体的运动都沿同一个轴，碰撞就是一维的。我们可以把式（9-50）用沿这个轴的速度分量表示：

$$m_1 v_{1i} + m_2 v_{2i} = m_1 v_{1f} + m_2 v_{2f} \tag{9-51}$$

如果两个物体粘连到一起，这种碰撞是*完全非弹性碰撞*，两个物体有相同的末速度 V（因为它们粘连在一起）。

质心的运动 两个碰撞的物体组成的封闭、孤立的系统的质心不受碰撞影响。特别是质心的速度 $\vec{v}_{com}$不因碰撞而改变。

一维中的弹性碰撞 *弹性碰撞*是一种特殊类型的碰撞，碰撞过程中碰撞物体组成的系统的动能守恒。如果系统是封闭且孤立的，它的线动量也守恒。对于一维碰撞，其中物体 2 是靶，物体 1 是入射的抛射体，由动能守恒和线动量守恒，对于刚好在碰撞以后的速度有以下表达式：

$$v_{1f} = \frac{m_1 - m_2}{m_1 + m_2}v_{1i} \tag{9-67}$$

和：
$$v_{2f}=\frac{2m_1}{m_1+m_2}v_{1i}\qquad(9\text{-}68)$$

二维中的碰撞　如果两个物体发生碰撞，并且它们的运动不是沿着单一的坐标轴（不是对头碰撞），这样的碰撞是二维的。如该二体系统是封闭和孤立的，动量守恒定律可应用于碰撞过程，可以写出：
$$\vec{P}_{1i}+\vec{P}_{2i}=\vec{P}_{1f}+\vec{P}_{2f}\qquad(9\text{-}77)$$
通过分量式，定律给出了描述碰撞的两个方程式（每个方程对应于二维中的一维）。如果碰撞是弹性的（特殊情况），碰撞过程中的动能守恒定律给出第三个方程式
$$K_{1i}+K_{2i}=K_{1f}+K_{2f}\qquad(9\text{-}78)$$

变质量系统　在没有外力的情况下，火箭以某一瞬时率加速
$$Rv_{rel}=Ma\ (\text{第一火箭方程})\qquad(9\text{-}87)$$
其中，M 是火箭的瞬时质量（包括还没有用掉的燃料）；R 是单位时间消耗燃料的数量；v_{rel}是燃料相对于火箭的喷射速率；Rv_{rel}是火箭发动机的推力。对于具有常量的 R 和 v_{rel}，在火箭的质量从 M_i 变到 M_f 的过程中，它的速率从 v_i 变为 v_f：
$$v_f-v_i=v_{rel}\ln\frac{M_i}{M_f}\ (\text{第二火箭方程})\qquad(9\text{-}88)$$

习题

1. 质量分别为 1.0kg、2.0kg 和 3.0kg 的三个质点分别放在边长 1.0m 的等边三角形 ABC 的三个顶点 A、B 和 C 上。（见图 9-23）。求它们的质心离开 A 点的距离。

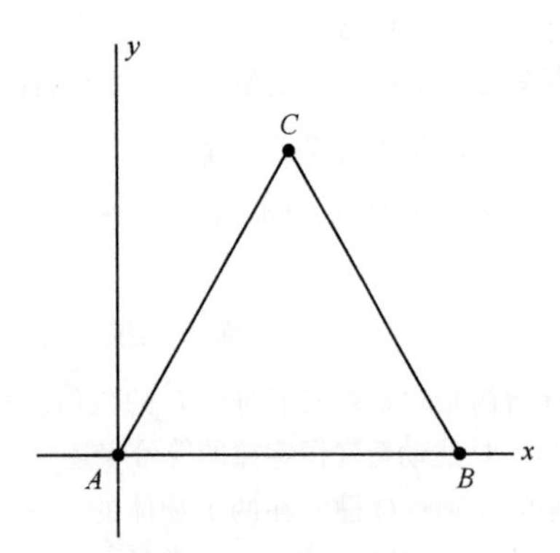

图 9-23　习题 1 图

2. 图 9-24 表示质量 $m_1=2.0\text{kg}$、$m_2=4.0\text{kg}$ 和 $m_3=8.0\text{kg}$的三个质点组成的系统。坐标轴上的尺度由 $x_s=2.0\text{m}$，$y_s=2.0\text{m}$ 标定。系统质心的（a）x 坐标和（b）y 坐标各是什么？（c）如果 m_3 逐渐增大，系统的质心会移向这个质点，还是会离开这个质点，或者保持不动。

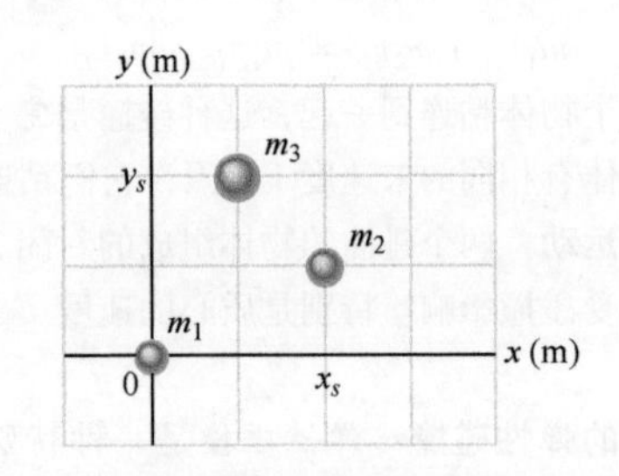

图 9-24　习题 2 图

3. 图 9-25 表示尺寸为 $d_1=11.0\text{cm}$，$d_2=2.80\text{cm}$ 和 $d_3=13.0\text{cm}$ 的厚板。板的一半由铝（密度 $=2.70\text{g/cm}^3$）制成，另一半是铁（密度 $=7.85\text{g/cm}^3$）。厚板质心的（a）x 坐标，（b）y 坐标和（c）z 坐标各是什么？

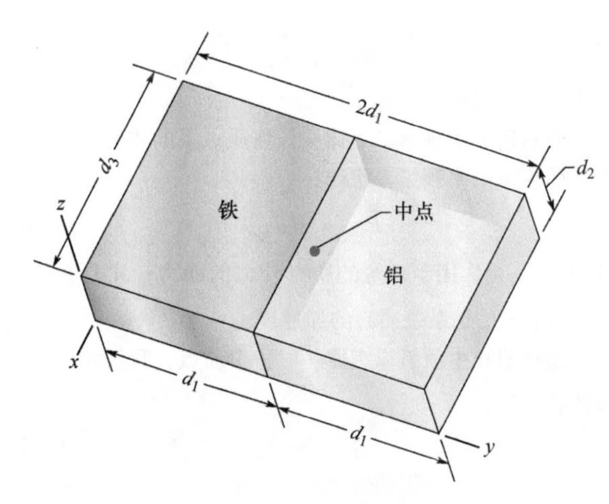

图 9-25　习题 3 图

4. 图 9-26 中三根长度都是 $L=24\text{cm}$ 的均匀细棒组成倒 U 形。垂直的两根细棒每根质量都是 14g，水平棒的质量是 42g。系统质心的（a）x 坐标和（b）y 坐标各是什么？

5. 图 9-27 中的均匀板的质心的（a）x 坐标和（b）y 坐标各是什么？设 $L=5.0\text{cm}$。

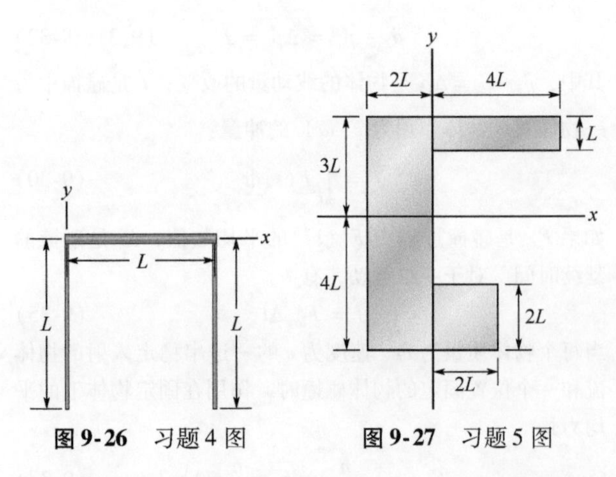

图 9-26　习题 4 图　　图 9-27　习题 5 图

6. 图 9-28 中有一个立方形的盒子，它由厚度可以忽

略不计的均匀金属板制成。盒子顶部敞开，边长 $L=50\text{cm}$。求盒子质心的（a）x 坐标，（b）y 坐标和（c）z坐标。

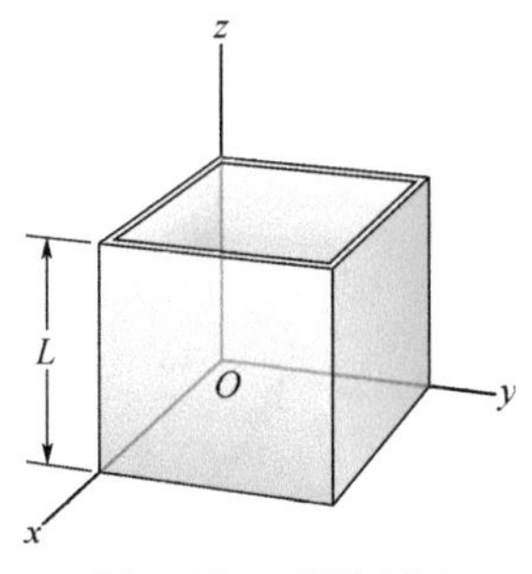

图 9-28　习题 6 图

7. 图 9-29 中表示的氨分子（NH_3）中，由三个氢（H）原子形成的等边三角形，三角形的中心到各个氢原子的距离 $d=9.40\times10^{-11}\text{m}$。氮原子（N）在棱锥的顶端，三个氢原子形成棱锥的底部。氮和氢的原子质量比是 13.9。氮原子到氢原子的距离 $L=10.14\times10^{-11}\text{m}$。分子质心的（a）$x$ 坐标和（b）y 坐标各是什么？

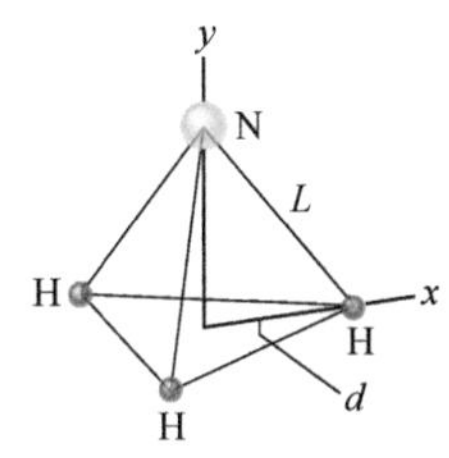

图 9-29　习题 7 图

8. 质量为 0.140kg 的均匀的汽水罐高 12.0cm，装满了 0.354kg 的汽水（见图 9-30）。在罐的顶部和底部各钻一个小孔（金属的损失可以忽略不计）使汽水流出。求以下情况中罐和里面的汽水的质心的高度 h：（a）开始的时候；（b）罐中汽水全部流完后。（c）在汽水流出过程中 h 会怎样变化？（d）如果 x 是在任一给定时刻罐中剩下的汽水的高度，那么当质心到达最低点时 x 的高度是多少？

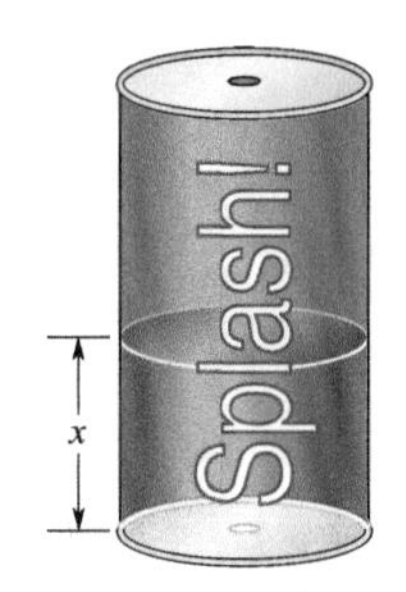

图 9-30　习题 8 图

9. 在图 9-31 所示的装置中，$m_A=2.0\text{kg}$，$m_B=1.0\text{kg}$。滑轮是没有质量的；绳子也没有质量并且足够长。系统在 $t=0\text{s}$ 时释放。求：（a）两木块的质心的加速度。（b）$t=2.0\text{s}$ 时质心的位移。（c）当 m_A 落到地板上时质心的速率。

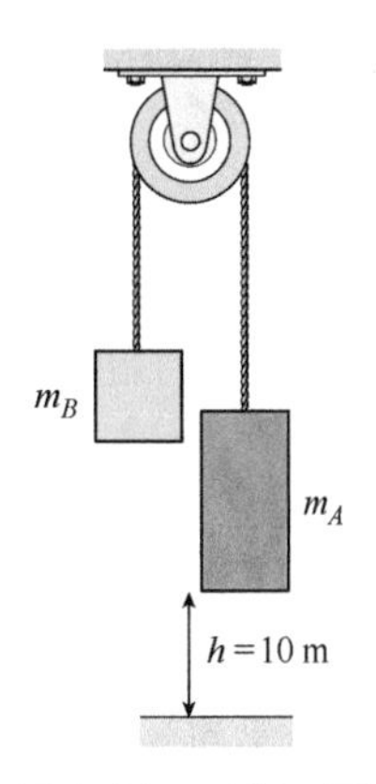

图 9-31　习题 9 图

10. 一辆 1000kg 的汽车停在交通信号灯前。这时转成绿灯，汽车以恒定加速度 3.0m/s^2 起动。与此同时，一辆 2000kg 的货车以恒定的速率 8.0m/s 追上并超过汽车。（a）在 $t=5.0\text{s}$ 时，汽车-货车系统的质心距离交通信号灯多远？（b）这时质心的速率有多大？

11. 一个大橄榄（$m=0.50\text{kg}$）位于 xy 坐标系的原点，一个大的巴西果（$M=1.5\text{kg}$）放在（1.0m，2.0m）的位置。在 $t=0$ 时，力 $\vec{F}_o=(2.0\vec{i}+3.0\vec{j})\text{N}$ 开始作用在橄榄上，力 $\vec{F}_n=(-3.0\vec{i}-2.0\vec{j})\text{N}$ 开始作用于巴西果。用单位矢量表示在 $t=4.0\text{s}$ 时，橄榄-巴西果系统的质心相对于 $t=0$ 时的位置的位移。

12. 两个滑冰的人，一个人质量为 75kg，另一人质量为 40kg，他们站在滑冰场上，各自抓住 10m 长的杆子的一端，杆子质量可以忽略不计。从长杆两端开始，二人用力拉杆子，把自己拉向对方，直至二人相遇。40kg 的滑冰的人走了多少距离？

13. 一发炮弹以 20m/s 和水平向上 60°的初速度 $\vec{v}_0$发射。在弹道的顶端，炮弹爆炸成质量相等的两个弹片（见图 9-32）。一片在爆炸刚结束时速度为零的弹片垂直落下。另一弹片落地时离开炮口多少距离？设地面是水平的并且空气阻力可以忽略不计。

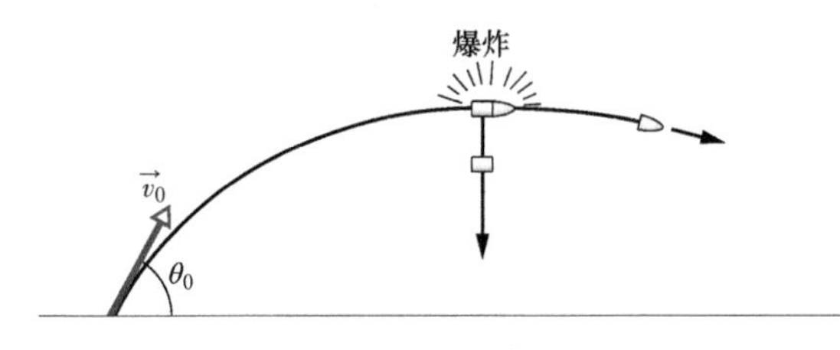

图 9-32　习题 13 图

14. 在图 9-33 中，两个质点在 $t=0$ 时从坐标系的原点发射。质量为 $m_1=5.00\text{g}$ 的质点 1 沿 x 轴在无摩擦的地板上以恒定速率 10.0m/s 运动。质量为 $m_2=3.00\text{g}$ 的质点以大小为 20.0m/s 的速度沿着某一向上角度运动，它总在质点 1 的正上方。（a）这个二质点系统的质心能到达的最大高度 $H_{\max}$ 是多少？用单位矢量表示，当质心到达 $H_{\max}$ 时，它的（b）速度和（c）加速度各是多少？

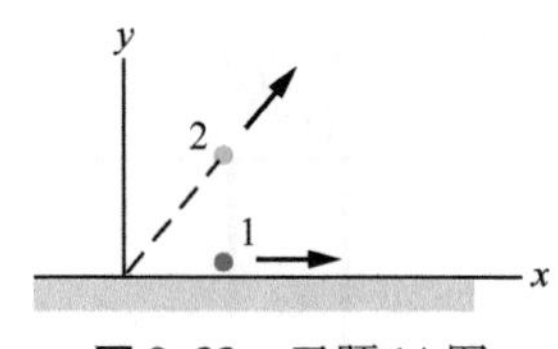

图9-33　习题14图

15. 图9-34表示一台气垫导轨的装置，其中一辆小车用一根绳子连接到悬挂的木块上。小车质量为 m_1 = 0.600kg，它的中心初始位置的 xy 坐标是（-0.500m，0m）；木块质量为 m_2 = 0.400kg，它的中心的初始 xy 坐标为（0，-0.100m）。绳子和滑轮的质量都可忽略不计。小车从静止释放，小车和木块一同运动直到小车撞到滑轮为止。小车和气垫导轨之间以及滑轮和它的轴之间的摩擦都可以忽略不计。(a) 用单位矢量记号写出小车-木块系统的质心的加速度。(b) 质心速度对时间 t 的函数是什么？(c) 画出质心所走的路径。(d) 如果路径是弯曲的，它是向上凸向右边，还是向下凸向左边，如果它是直线，求出它和 x 轴的夹角。

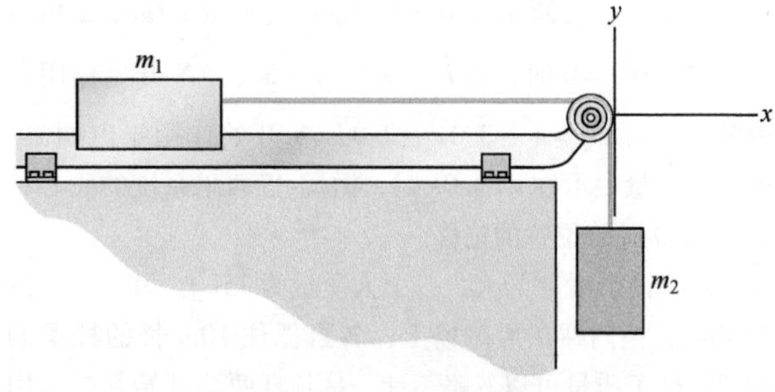

图9-34　习题15图

16. 80kg的里卡多和比他轻的卡梅丽塔乘坐一艘30kg的小船欣赏默西德湖（Lake Merced）的暮色。小船静止在平静的水面上时，他们交换座位。座位相距3.0m，对称于小船中心安放。如果小船相对于码头标杆水平地移动了45cm，卡梅丽塔的质量有多大？

17. 图9-35a中，一只4.5kg的狗站在18kg的平底船上，狗离岸距离 D = 6.1m。狗在船上向岸边走了2.4m然后停下。设船和水之间没有摩擦力，问这时狗离岸多远？（提示：见图9-35b）

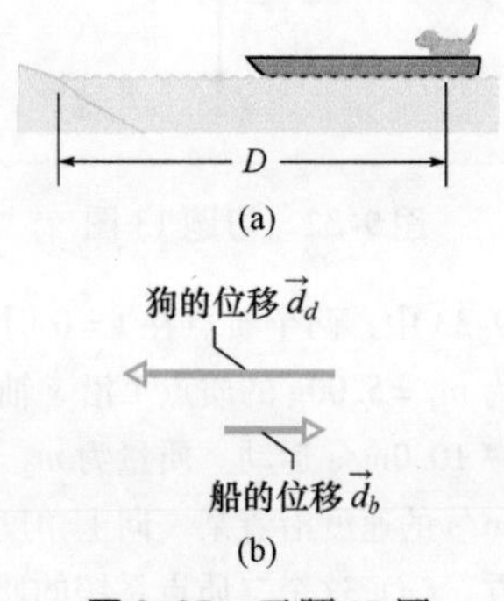

图9-35　习题17图

18. 一个0.70kg的球以速率6.0m/s水平地运动，撞上竖直的墙后球被弹回，速率变为3.5m/s。球的线动量改变了多少？

19. 一辆100kg的摩托车以10.0km/h的速率沿 AB 行驶，经过一定时间后，摩托车转向，并以同样的速率沿 BC 行驶，如图9-36所示。求：(a) 它的动能改变的数值，(b) 它的动量改变的数值和 (c) 方向（相对于 $+x$ 轴）。

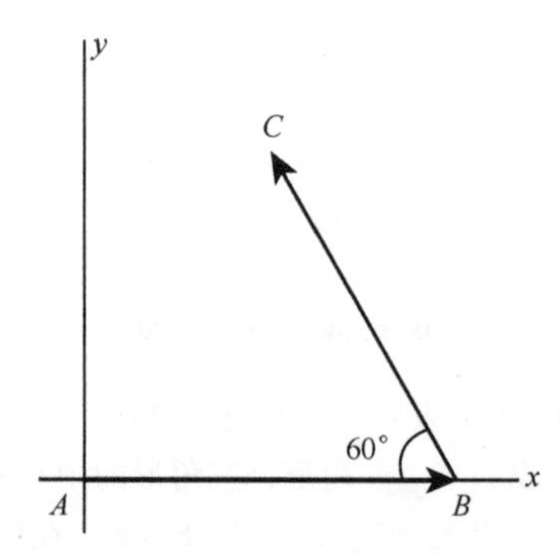

图9-36　习题19图

20. 在 $t=0$ 时，球撞击水平地面并从地面弹起。在飞行过程中的动量 p 对时间 t 的关系曲线画在图9-37中。(p_0 = 6.0kg·m/s，p_1 = 4.0kg·m/s) 球发射的初始角度是多少？（提示：你不需要读出图中对应于曲线最低点的时间就可以得到结果）。

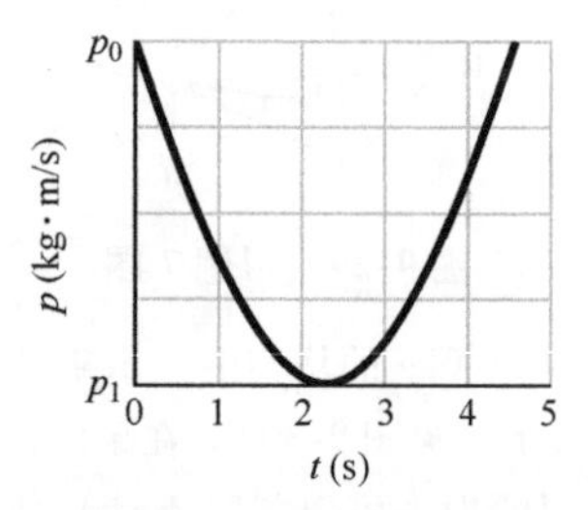

图9-37　习题20图

21. 一只质量50g的球，以速率2.0m/s和入射角45°撞击一堵墙并以同样的速率和同样的角度被弹开。参见俯视图9-38。求：(a) 球的动量改变 $\Delta\vec{p}$ 的数值；(b) 球的动量 $\vec{p}$ 的数值的改变；(c) 墙的动量大小的改变。

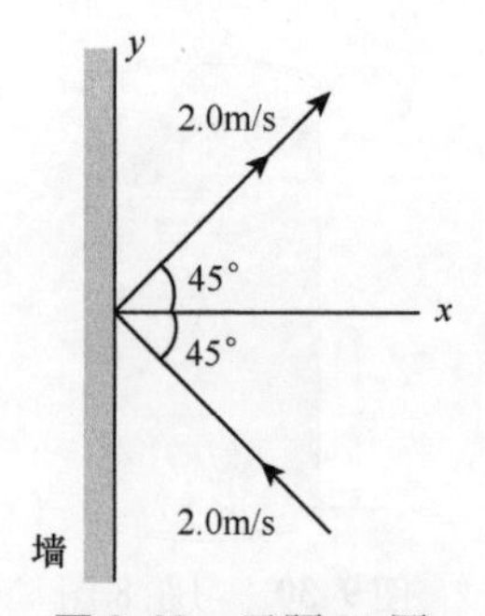

图9-38　习题21图

22. 图9-39是台球桌的俯视图。表示一个0.150kg的主球从桌子横档弹回的路径。球的初速率是2.00m/s，角度 θ_1 = 30°。反弹使球的速度的 y 分量反转，但并不影响 x 分量。求：(a) 角度 θ_2；(b) 用单位矢量表示的球的线动量的变化。(可以利用球的滚动与问题无关这一事实。)

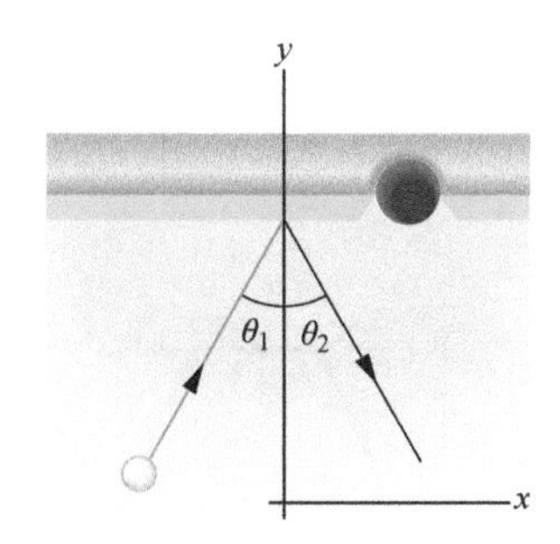

图 9-39　习题 22 图

23. 直到七十岁，亨利·拉莫特（Henri LaMothe）（见图 9-40）还在表演胸腹先着水地从 12m 高处跳入 30cm 深的水池中，以此使观众感到刺激。设他刚到达水的底部时正好停止，估算他的质量，求水对他的冲量的数值。

George Long/Getty Images, Inc.

图 9-40　习题 23 图，胸腹先着水地跳入 30cm 深的水池中

24. 1955 年 2 月，一位伞兵从 370m 高处飞机上跳伞但没能打开降落伞。碰巧他落到了雪地上，只受了点轻伤。设他和雪地碰撞时的速率为 56m/s（终极速率），他的质量（包括装备）是 85kg，雪地对他作用力的大小正好是可存活的极限值 1.2×10^5N。求：(a) 使他能安全地着陆的雪的最小厚度。(b) 雪地给他的冲量的数值。

25. 以 100m/s 运动的 5.00g 的子弹撞击一木块。设子弹均匀地减速，穿进木块 6.00cm 后停止。求：(a) 从子弹进入木块到停止的时间；(b) 作用于木块上的冲量；(c) 木块受到的平均力。

26. 在常见但是危险的恶作剧中，当一个人正在向下运动打算坐到一把椅子上时，突然把椅子撤掉，使得受害者重重地跌在地板上。设受害者落下 0.50m，向下的质量是 75kg，受害者和地板的碰撞延续时间为 0.088s。在碰撞过程中，地板作用于受害者的 (a) 冲量和 (b) 平均力的数量各是多少？

27. 一个 3.00kg 的木块在无摩擦的水平表面上滑动，起先向左以 50.0m/s 的速率运动，它和另一端固定在墙上的弹簧的自由端碰撞后将弹簧压缩并瞬时停止，然后它受到被压缩的弹簧的作用力开始向右加速。木块最后达到速率 40.0m/s。它和弹簧接触的时间为 0.020s。求弹簧力对木块的冲量的 (a) 数值和 (b) 方向。(c) 弹簧对木块的平均力的数值是多大？

28. 在跆拳道中，用一只手以 13m/s 的速率猛击目标，经过 5.5ms 碰撞后停止。设在撞击中，手与手臂无关，手的质量 0.7kg。求：(a) 冲量的大小；(b) 目标作用于手的平均力的大小。

29. 一只质量为 1.00kg 的球连接到一端固定在顶棚上松弛的弹簧上，球从静止释放后落下 2.00m，到这里时弹簧使它突然停止。求弹簧对它的冲量。

30. *两个平均力。*稳定的 0.250kg 雪球的束流以 4.00m/s 的速率垂直地打到墙上。雪球都粘在了墙上。图 9-41 给出两个雪球撞击对墙作用力的数值对时间 t 的函数图像。撞击经过时间间隔 $\Delta t_r = 50.0$ms 重复发生，每次碰撞经历时间间隔 $\Delta t_d = 10$ms。从图中可看到等腰三角形曲线，每次碰撞产生的力的最大值 $F_{max} = 160$N。在每次撞击中，(a) 冲量和 (b) 作用于墙的平均力的大小为何？(c) 在多次撞击的一段时间间隔中作用于墙的平均力为何？

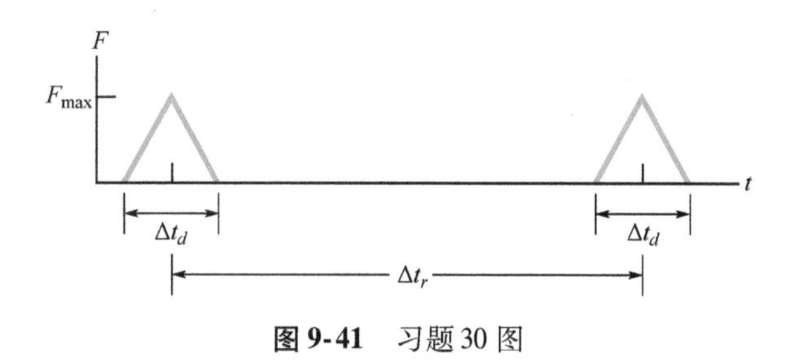

图 9-41　习题 30 图

31. *在电梯下坠撞击地面前向上跳起。*由于缆绳突然断裂并且安全系统失效，电梯从 36m 的高处自由下落。在电梯井底部的碰撞过程中，一位 90kg 的乘客经过 5.0ms 停止（设电梯和乘客都不反弹。）求碰撞过程中对乘客的 (a) 冲量和 (b) 平均力的数值。如果乘客在电梯刚撞到电梯井底部以前正以 7.0m/s 的速率相对于电梯地板向上跳起，则 (c) 冲量和 (d) 平均力的数值又是多少（设同样的停止时间）？

32. 一辆 2.5kg 的玩具车沿 x 轴运动；图 9-42 给出作用于小车的力 F_x，玩具车从 $t=0$ 时由静止开始运动。F_x 轴的标度由 $F_{xs}=5.0$N 标定。用单位矢量记号表示(a) $t=$

4.0s 和（b）$t=7.0$s 时的 $\vec{p}$，（c）在 $t=9.0$s 时的 $\vec{v}$。

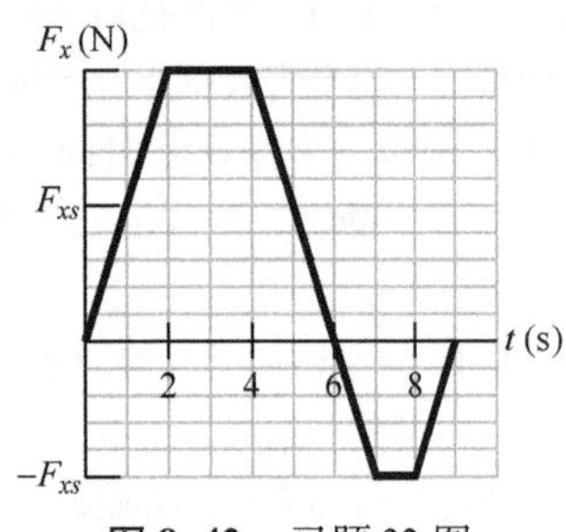

图 9-42　习题 32 图

33. 图 9-43 表示一个 0.300kg 的棒球在和球棒刚碰撞前和刚碰撞后的情况，刚碰撞前的速度 $\vec{v}_1$ 的大小为 12.0m/s，角度 $\theta_1=35°$。碰撞后以大小为 10.0m/s 的速度 $\vec{v}_2$ 向正上方运动。碰撞的延续时间是 2.00ms。求球棒对球的冲量的（a）大小和（b）方向（相对于 x 轴正方向）。球棒作用于球的平均力的（c）大小与（d）方向为何？

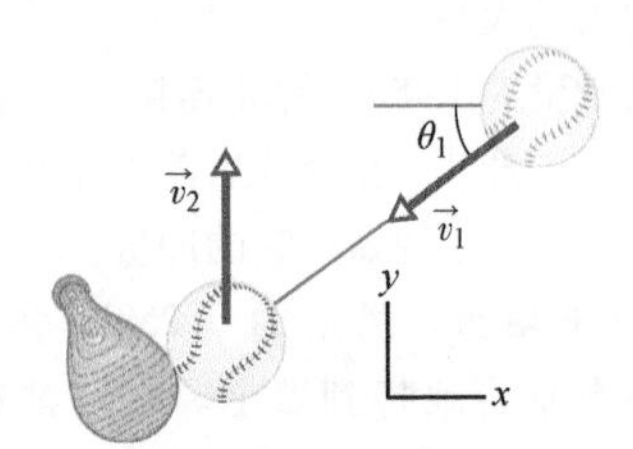

图 9-43　习题 33 图

34. 美洲蜥蜴能够在水面上跑动（见图 9-44）。每一步，蜥蜴先用它的脚掌拍打水面然后很快把脚掌推进水中，快到足以在脚掌顶部形成空气泡。要完成这一步蜥蜴必须克服水的阻力使脚掌离开水面，在水流入气泡以前蜥蜴就收回了这只脚掌。在整个拍水—向下推—又撤回的过程中，对蜥蜴的向上的冲量必须等于重力产生的向下的冲量才能使蜥蜴不致沉入水中。假设美洲蜥蜴的质量是 90.0g，每只脚掌的质量是 3.00g，脚掌拍打水面时的速率是 1.50m/s，跨一步的时间是 0.600s。（a）在拍打水面的过程中，对蜥蜴的冲量数值是多大？（设冲量竖直向上。）（b）在跨一步的 0.600s 时间中，重力对蜥蜴的向下冲量是多少？（c）拍水还是推水，哪一个行为为蜥蜴提供主要的支持，或者这两种动作的支持作用近似相等？

Stephen Dalton/Photo Researchers, Inc.

图 9-44　习题 34 图，蜥蜴在水面上跑过

35. 图 9-45 表示 58g 的超级球和墙壁碰撞过程中力 F 的数值对时间 t 的近似曲线。超级球的初速度是 34m/s，垂直于墙壁。球以近似相同的速率也垂直于墙壁直接弹回。在碰撞过程中，墙对球的作用力的最大数值 F_{max} 是多少？

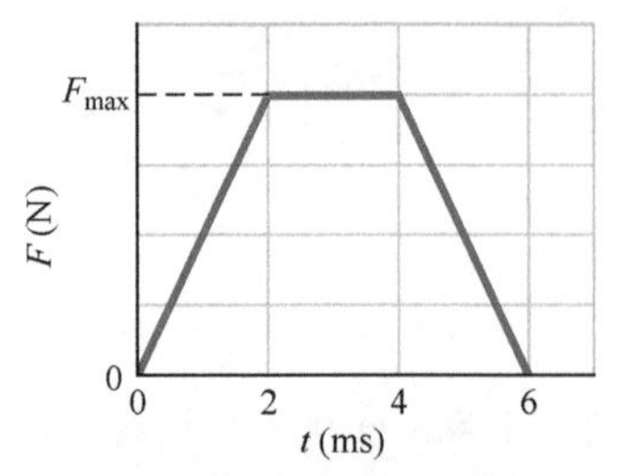

图 9-45　习题 35 图

36. 一个 0.25kg 的冰球最初静止在摩擦力可以忽略的冰面上。在 $t=0$ 时，一个水平力使冰球开始运动。力由公式 $\vec{F}=(12.0-3.00t^2)\,\vec{i}$ 给出，$\vec{F}$ 的单位是 N、t 的单位是 s，它作用到数值等于零为止。（a）在 $t=0.750$s 和 $t=1.25$s 之间力给冰球的冲量数值是多少？（b）在 $t=0$ 到 $F=0$ 的时刻之间冰球动量的变化是多少？

37. 一未知质量的质点受到力 $\vec{F}=(100e^{-2t}\vec{i})$ N 的作用。设 $t=0$ 时质点静止。求在时间间隔从 $t=0$s 到 $t=2.00$s之间（a）对质点的冲量和（b）作用于质点的平均力。

38. 图 9-46 是一张俯视图，一个 300g 的球以速率 $v=6.0$m/s并以角 $\theta=30°$撞击墙壁，然后以相同的速率和角度弹回，它和墙接触时间为 10ms。利用单位矢量记号，求（a）墙对球的冲量，（b）球对墙的平均力。

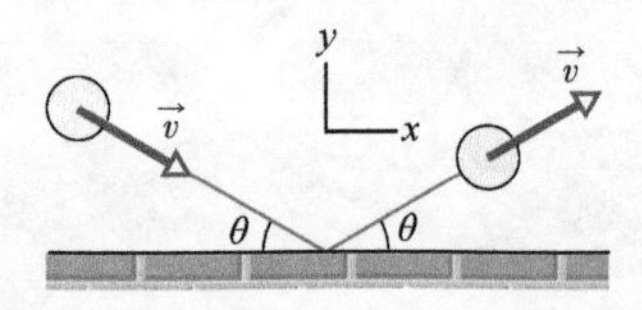

图 9-46　习题 38 图

39. 一个质量 $m_1=80$kg 的人站在质量 20kg 的平板上。平板放在无摩擦的水平表面上。人在板上开始走动，相对于板的速度 $v_r=10$m/s，求平板的反冲速率。

40. 航天器以 4800km/h 的速率相对于地球运行，这时燃料用尽的火箭发动机（质量 4m）被分离出去并以相对于指挥舱（质量 m）以 82km/h 的速率推向后面，分离以后指挥舱相对于地球的速率是多少？

41. 图 9-47 中是一枚两端“火箭”。它原来静止在无摩擦的地板上。中心位于 x 轴的原点。火箭包括中央木块 C（质量 $M=6.00$kg），它的左边和右边各有一木块 L 和 R（每块质量都是 $m=2.00$kg），小的爆炸可以把任何一边的木块炸离木块 C 并沿 x 轴运动。下面是一连串爆炸：（1）在$t=0$，爆炸将木块 L 射向左方并以相对于其余两木块 3.00m/s 的速率沿 x 轴运动。（2）下一次爆炸发生在 $t=0.80$s，木块 R 被射向右方，这次爆炸引起 R 相对于木

块 C 的速率 3.00m/s。到 $t=2.80$s 时，(a) 木块 C 的速度是什么？(b) 它的中心位置在哪里？

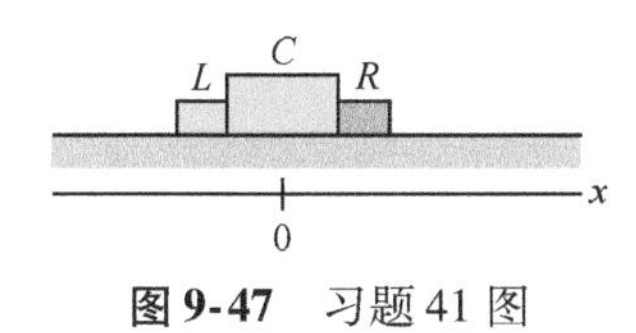

图 9-47 习题 41 图

42. 一个 15.0kg 的包裹以 10.0m/s 的速率沿 y 轴竖直向上运动的时候爆炸成三块碎片：一块 2.00kg 的碎片以初速率 20.0m/s 竖直向上飞去，一块 3.00kg 的碎片以初速率 5.00m/s 沿水平的 x 轴正方向射出。求 (a) 第三块碎片在刚爆炸后的速率，(b) 爆炸产生的总动能。

43. 在公元前 708 年举行的一次奥林匹克运动会上，一些参加立定跳远比赛的运动员手里拿着称为"*haltereos*"的重物以增加他们跳远的距离（见图 9-48）。在他刚起跳前，将重物向前摆荡。跳起在空中的过程中，重物摆荡向下并向后抛出。假设现代一位 78kg 的跳远运动员，同样拿着两个 5.50kg 的"*haltereos*"，在跳起到最高点时，他把两个"*haltereos*"水平地向后抛出，它们相对于地面的水平速度为零。设运动员无论拿着或不拿这两个"*haltereos*"起跳的速度都是 $\vec{v}=(9.5\vec{i}+4.0\vec{j})$m/s，并设他的落地和起跳都在同样的水平上。有了"*haltereos*"的帮助，他跳远的距离能增加多少？

Réunion des Musées Nationaux/
Art Resource

图 9-48 习题 43 图

44. 在图 9-49 中，一静止的木块发生爆炸后分为 L 和 R 两块，它们开始在无摩擦的地板上滑动，后来它们各自进入有摩擦的地方，并且都停了下来。质量 2.0kg 的 L 块进入动摩擦系数 $\mu_L=0.35$ 的区域，并在滑行 $d_L=0.15$m 后停下。R 块进入动摩擦系数 $\mu_R=0.50$ 的区域，经过距离 $d_R=0.30$m 后停止。木块的质量是多少？

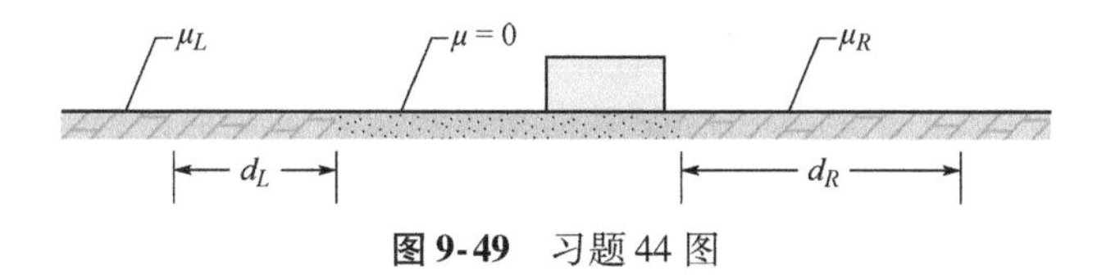

图 9-49 习题 44 图

45. 一个质量为 m 的花瓶落到地板上，碎成三片，然后它们在无摩擦的地板上滑行，质量为 $0.25m$ 的一片以速率 v 沿 x 轴运动。同样质量和速率的第二片沿 y 轴运动，求第三片的速率。

46. 一个 4.0kg 的餐具箱沿无摩擦的表面滑动时破裂成各 2.0kg 的两部分：一部分以 3.0m/s 的速率向北，另一部分以 6.0m/s 的速率向东偏北 30°。餐具箱原来的速率为何？

47. 质量 2.0kg 的质点沿和水平成 45°的角度和 $20\sqrt{2}$ m/s 的速率射出。1.0s 后发生爆炸，质点裂成相等的两块。一块在下落前暂时静止，求另一块到达的最大高度。

48. 质点 A 和质点 B 用一个压缩的弹簧连接在一起。把它们放开，弹簧就把它们弹出去，它们脱离弹簧飞向相反的方向。A 的质量是 B 的质量的 2.00 倍，储存在弹簧里的能量是 80J。设弹簧的质量可以忽略不计，它储存的所有能量都转移给了质点。能量转移完成后 (a) 质点 A 和 (b) 质点 B 的动能各是多少？

49. 质量 10g 的子弹击中质量 2.0kg 的冲击摆。摆的质心升高垂直距离 12cm。设子弹留在摆里面，求子弹的初速度。

50. 一颗 5.20g 的子弹以 700m/s 的速率运动，并击中了放在无摩擦表面上 700g 的静止木块。子弹从木块穿出。运动方向不变但速率减小到 450m/s。(a) 木块最后的速率有多大？(b) 子弹-木块系统质心的速率有多大？

51. 图 9-50a 中，一颗 3.50g 的子弹水平地射击静止在无摩擦桌面上的两块木块。子弹穿透木块 1（质量 1.20kg）后嵌入木块 2（质量 1.80kg）。最后两块木块的速率分别为 $v_1=0.630$m/s，$v_2=1.40$m/s（见图 9-50b）。忽略子弹从木块 1 上去掉的物质，求子弹的速率 (a) 当它离开木块 1 时，(b) 进入木块 1 时。

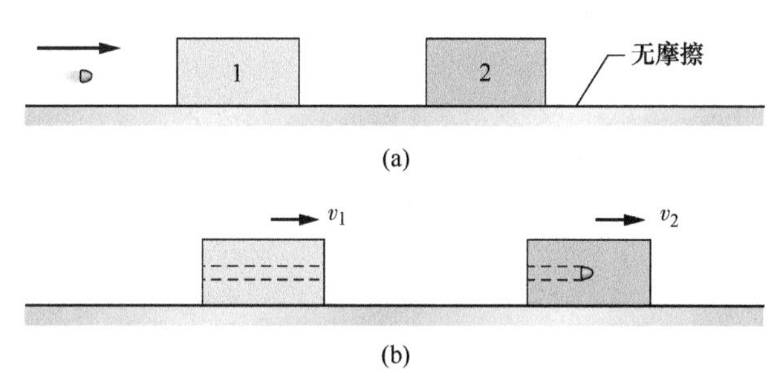

图 9-50 习题 51 图

52. 在图 9-51 中，10g 的子弹以 1000m/s 的速率竖直向上击中并穿透原来静止的 5.0kg 的木块的质心。子弹又以 300m/s 的速率竖直向上地穿出木块。木块从它原来的位置上升的最大高度是多少？

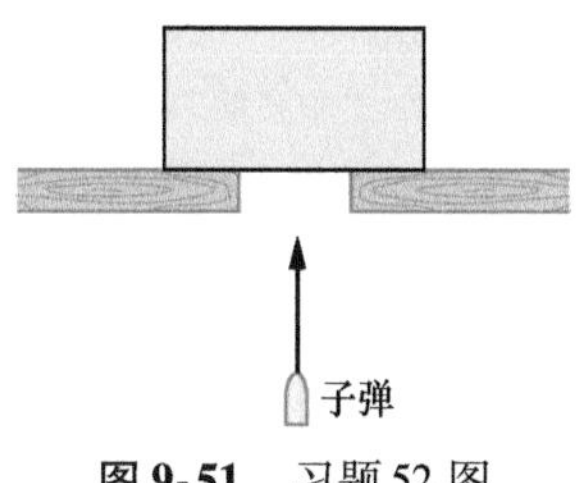

图 9-51 习题 52 图

53. 在阿拉斯加的安克雷奇，驼鹿和汽车碰撞（Moose-Vehicle Collisions）是常见的事，因此常用缩写MVC来表示。设一辆1000kg的汽车在非常滑的道路上不经意地撞上一头500kg静止的驼鹿。驼鹿被抛起并撞上汽车的风窗玻璃（常见的MVC结果）。(a) 在碰撞中原来动能转换成其他形式能量的百分比是多少？类似的危险也发生在沙特阿拉伯，只不过是变成骆驼与汽车碰撞，因此称为骆驼-汽车碰撞（CVC，Camel-Vehicle Collisions）。(b) 如果汽车撞上一头300kg的骆驼，损失原来动能的百分之几？(c) 一般说来，如果动物的质量减少，则动能损失的百分比是增大还是减少？

54. 两个湿的油灰球沿竖直的坐标轴相向运动，发生完全非弹性碰撞。在刚发生碰撞前，质量3.0kg的球以20m/s的速率向上运动，另一个质量2.0kg的球以10m/s的速率向下运动。两个油灰球粘合成一个球以后，从碰撞点能上升多少高度？(忽略空气阻力。)

55. 质量3.0kg的木块1以速率$v_1=2.0\text{m/s}$在地板上滑动时，和质量2.0kg的静止木块发生一维的对头弹性碰撞。两木块和地板之间的动摩擦系数是$\mu_k=0.30$。求(a) 木块1和(b) 木块2在刚碰撞结束后的速率。(c) 求因摩擦力使它们停止后二者最后的距离。(d) 求因摩擦引起的转变为热的能量。

56. 在图9-52的“前”部分图中，汽车A（质量1100kg）正停在交通信号灯前，这时它被汽车B（质量1400kg）追尾相撞。两辆车的车轮都已锁死，只能在路上滑动，直到滑溜路面的摩擦力（动摩擦系数很低$\mu_k=0.10$）使车停止。两车滑行的距离分别是$d_A=8.2\text{m}$，$d_B=6.1\text{m}$。问(a) A车和(b) B车在碰撞结束后、开始滑动时的速率各是多少？(c) 设在碰撞过程中线动量守恒，求正好在碰撞前B车的速率。(d) 说明为什么这个假设有可能是无效的。

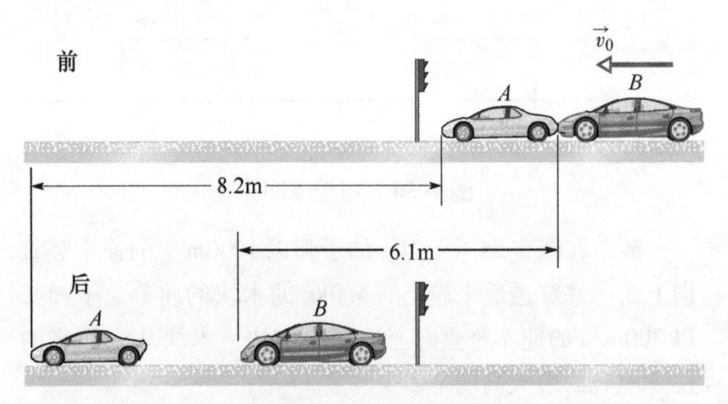

图9-52 习题56图

57. 在图9-53中，一个质量$m=60\text{g}$的球以速率$v_i=22\text{m/s}$进入质量$M=240\text{g}$、原来静止在无摩擦表面上的弹簧枪的枪管。球停留在枪管中弹簧的最大压缩位置。设由于球和枪管的摩擦产生的热能可以忽略。(a) 球在枪管中停止后弹簧枪的速率有多大？(b) 球原来的动能中有多大的比例存储在弹簧中？

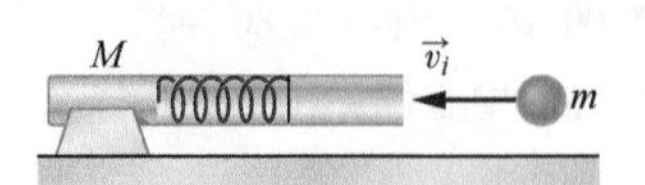

图9-53 习题57图

58. 在图9-54中，木块2（质量1.0kg）静止在无摩擦的表面上并和弹簧常量为230N/m的松弛弹簧一端接触。弹簧的另一端固定在墙上。以速率$v_1=4.0\text{m/s}$运动的木块1（质量2.0kg）撞击木块2，两木块粘在一起。当两木块暂时停止时，弹簧被压缩了多少距离？

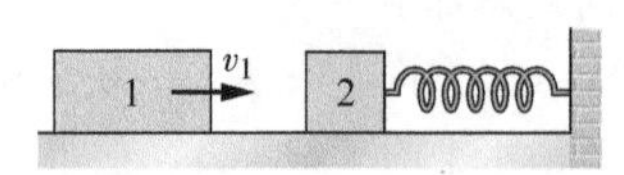

图9-54 习题58图

59. 在图9-55中，木块1（质量2.0kg）以10m/s的速率向右运动，木块2（质量5.0kg）以3m/s的速率向右运动。表面是无摩擦的，弹簧常量为1120N/m的弹簧固定在木块2上。当两木块相撞时，在两木块有相同速度的瞬间弹簧的压缩最大。求最大压缩长度。

图9-55 习题59图

60. 在图9-56中，木块A（质量1.6kg）在无摩擦的表面上滑向木块B（质量2.4kg）。碰撞前(i)和碰撞后(f)的三个速度方向已在图中标出，相应的速率是$v_{Ai}=5.5\text{m/s}$，$v_{Bi}=2.5\text{m/s}$，$v_{Bf}=4.9\text{m/s}$。$\vec{v}_{Af}$的(a)速率和(b)方向（左或右）是什么？(c) 碰撞是弹性的吗？

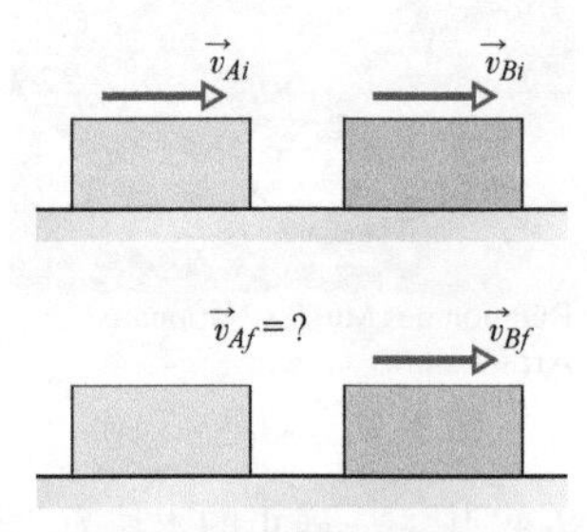

图9-56 习题60图

61. 质量分别为$m=0.30\text{kg}$和$2m$的两个物体用一根质量忽略不计的长绳连接起来。绳子绕过一个滑轮并且拉紧悬挂起来。两个物体在$t=0$时同时被释放，于是较重的物体下降，较轻的物体上升。在时间$t=4.0\text{s}$时，较轻的物体和第三个质量为m的物体发生完全非弹性碰撞。因为前面两个物体以刚性的方式运动，碰撞在效果上等同于第三个物体和前面两个物体组成的系统的碰撞。(a) 刚碰撞完后三个物体的速率为何？(b) 由于碰撞，下降的物体减少了多少动能？

62. 两只钛球以同样的速率相向运动，发生弹性对头碰撞。碰撞后一个质量是250g的球停了下来，(a) 另一个球的质量是多大？(b) 如果每个球的初始速率都是

2.00m/s，则两个球的质心的速率是多少？

63. 质量为 m_1 的木块 1 在无摩擦的地板上滑动，接着和质量为 $m_2=3m_1$ 的静止木块 2 发生一维弹性碰撞。碰撞前，两个木块组成的系统的质心速率为 3.00m/s。碰撞后（a）质心的速率和（b）木块 2 的速率各是多少？

64. 质量 0.600kg 的钢球系在长 70.0cm 的绳子的一端，绳的另一端固定。在绳子水平的时候将球释放（见图 9-57）。球到达路程底部时撞击一块原来静止在无摩擦的表面上、质量为 2.80kg 的钢块。碰撞是弹性的。求在刚碰撞之后（a）球的速率和（b）钢块的速率。

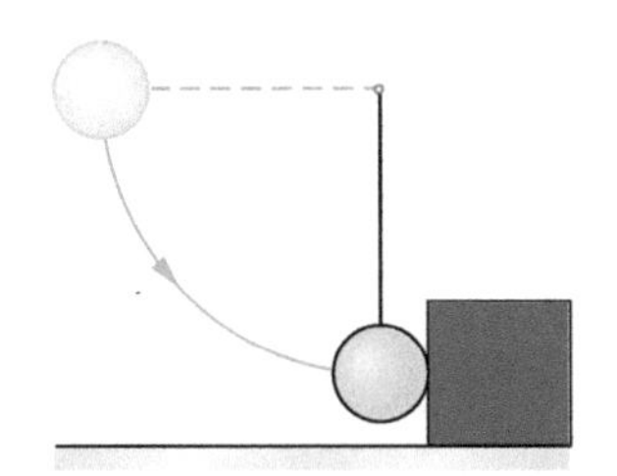

图 9-57　习题 64 图

65. 质量为 m、速度为 v 的质点 1 与质量为 $2m$、速度为 $-2v$ 的质点 2 沿 x 轴相向运动，发生一维弹性碰撞。碰撞后，（a）质点 1 和（b）质点 2 的速度各是多大？二质点系统的质心的速度在（c）碰撞前和（d）碰撞后分别是多大？

66. 质量为 m_1、以速率 3.0m/s 沿 x 轴在无摩擦的地板上滑动的木块 1 和质量为 $m_2=0.40m_1$ 的静止木块 2 发生一维弹性碰撞。然后两木块滑到动摩擦系数为 0.50 的区域，它们终于停了下来。（a）木块 1 和（b）木块 2 在这个区域中各自滑行了多远？

67. 在图 9-58 中，质量为 $m_1=0.30$kg 的质点 1 在无摩擦的地板上以速率 2.0m/s 沿 x 轴向右滑行。当它到达 $x=0$位置时与一个质量 $m_2=0.40$kg 的静止质点 2 发生一维弹性碰撞。当质点 2 到达在 $x=70$cm 处的一堵墙时，它被墙弹回但速率不变。在 x 轴的什么位置质点 2 和质点 1 会再次发生碰撞？

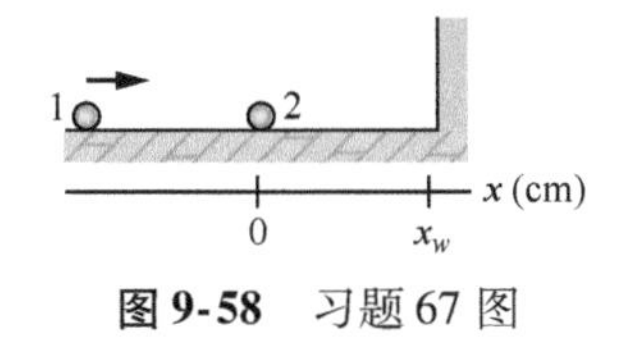

图 9-58　习题 67 图

68. 在图 9-59 中，质量为 m_1 的木块 1 从静止高度 $h=3.00$m处开始沿无摩擦的斜面滑下，然后和质量为 $m_2=2.00m_1$的静止木块 2 碰撞。碰撞后，木块 2 滑到动摩擦系数 $\mu_k=0.450$ 的区域，并在这个区域内经过距离 d 后停止。如果碰撞是（a）弹性的，（b）完全非弹性的，则 d 的数值分别是多少？

69. 质量为 m 的小球在质量 $M=0.63$kg 的大球正上方（好比图 9-60a 中的棒球和篮球，但它们还是分开很小的距离）。这两个球同时从高度 $h=1.8$m 处下落。（设每个球的半径较之于高度都可以忽略。）（a）如果大球从地板上弹性地回跳，然后小球又从大球上弹性地回跳。如要大球和小球碰撞后大球停止，m 的数值应该多大？（b）在这种情况下小球可以弹到多高（见图 9-60b）？

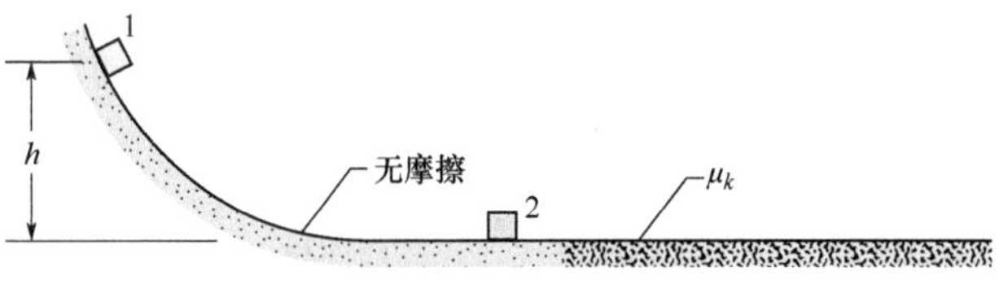

图 9-59　习题 68 图

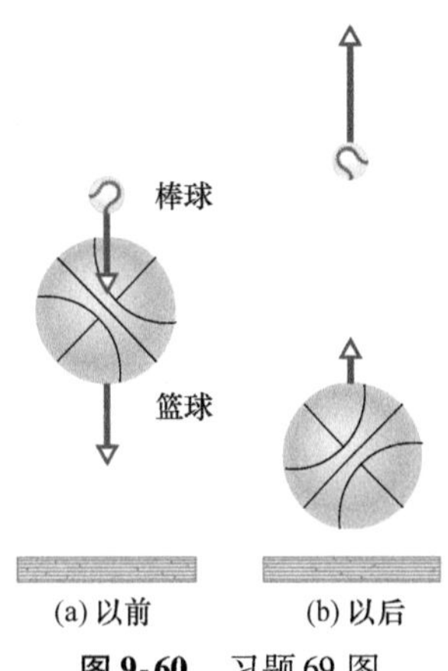

图 9-60　习题 69 图

70. 图 9-61 中，质量 $m_1=0.25$kg 的冰球 1 在无摩擦的实验台上滑动并和静止的冰球 2 发生一维弹性碰撞，然后冰球 2 滑落实验台并落到离实验台基础距离 d 处。冰球 1 在碰撞中弹回并在实验台的另一边滑落，掉在实验台基础 $2d$ 距离处。冰球 2 的质量是多少？（提示：注意符号。）

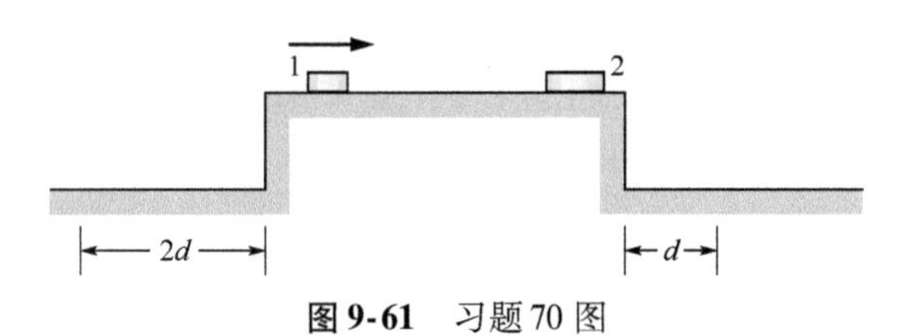

图 9-61　习题 70 图

71. 图 9-21 中，抛射质点 1 是 α 粒子，靶质点是氧原子核。α 粒子被散射到角度 $\theta_1=64.0°$，氧原子核以速率 1.20×10^5m/s 和角度 $\theta_2=51.0°$反冲。以原子质量单位，α 粒子的质量是 4.00u，氧原子核质量是 16.0u。α 粒子的（a）最终速率和（b）初速率是多大？

72. 在图 9-21 的二维碰撞中，抛射粒子质量 $m=m_1$，速率 $v_{1i}=3v_0$，以及末速率 $v_{1f}=\sqrt{5}v_0$。起初静止的靶粒子质量 $m_2=2m$，末速率 $v_{2f}=v_2$。抛射粒子被散射到 $\tan\theta_1=2.0$ 给出的角度。（a）求角度 θ_2。（b）求 v_0 表示的 v_2。（c）这种碰撞是弹性的吗？

73. 两个同样质量和相同初速率的物体经历完全非弹性碰撞后一同以它们初速率的一半离开。求这两个物体的初速度之间的角度。

74. 力 $\vec{F}$ 作用于两个质量分别为 m 和 $4.0m$ 的质点上，它们以相同的速率但互成直角的方向上运动，如图9-62所示。力作用于两个质点经历时间 T。结果，质量为 m 的质点以速度 $4v$ 沿原来的方向运动。(a) 求另一个质点新的速率 v'。(b) 求系统动能的变化。

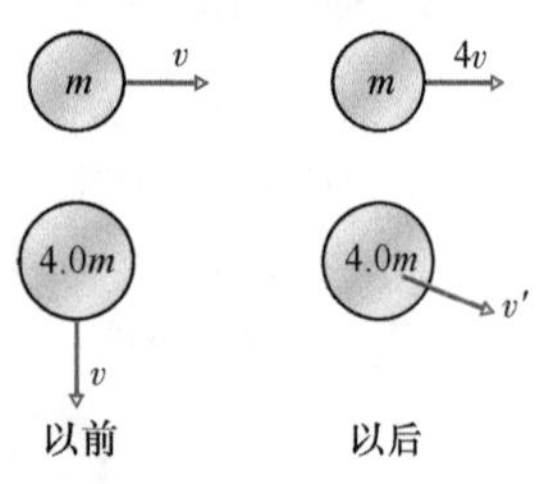

图9-62 习题74图

75. 在图9-63中，质量 $10m$ 的摆锤用一根质量可忽略、不能伸长的细绳悬挂起来。摆锤在平衡状态下（静止）时，质量都是 m 的两个质点同时以图上所示的速率和方向撞击它。质点粘在摆锤上。求：(a) 碰撞对细绳产生的净冲量的数值；(b) 碰撞后系统的速度；(c) 碰撞中机械能的损失。

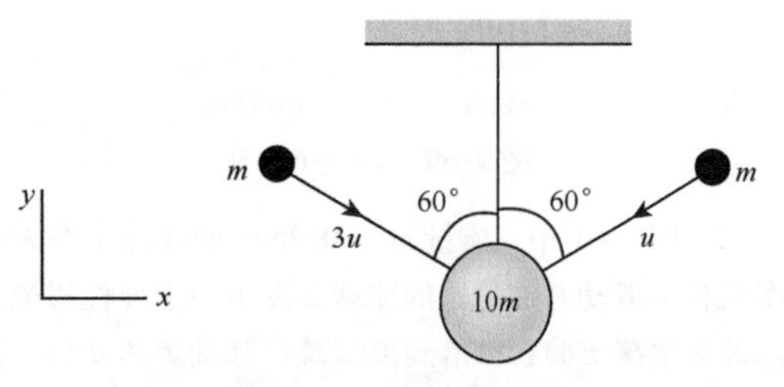

图9-63 习题75图

76. 6090kg 的太空探测火箭以相对于太阳 120m/s 的速率前端向着木星飞行时，点燃火箭发动机，以相对于太空探测火箭 253m/s 的速率喷射出 70.0kg 的气体。探测火箭最后的速度为何？

77. 在图9-64中，两艘长的驳船在平静的水中同方向行驶。一艘船的速率为 10km/h，另一艘速率为20km/h。当它们互相越过时，从较慢的船上将煤以 1000kg/min 的速率铲到较快的船上。问：如果两船的速率都不改变，它们的发动机必须提供多大的附加力？(a) 较快的驳船，(b) 较慢的驳船。设铲煤过程都是完全侧向的，并且驳船和水之间的摩擦力不依赖于驳船质量。

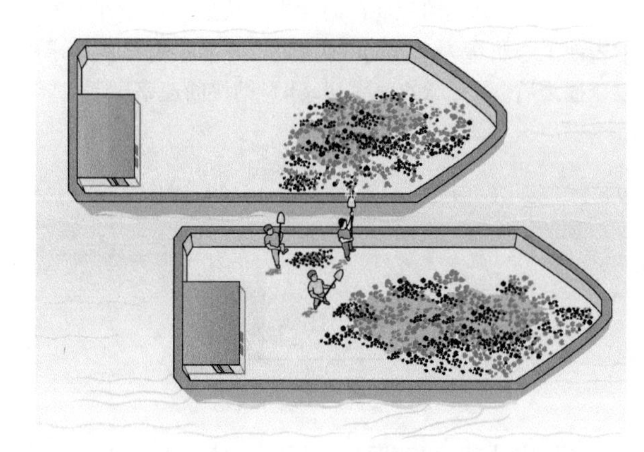

图9-64 习题77图

78. 考虑太空中的一枚火箭，它相对于某一惯性坐标系是静止的。在一定的时间段内发动机被点燃。在这段时间中火箭的质量比（最初的和末了的质量之比）应该是多少才能使火箭的相对于惯性参考系的速率等于 (a) 排气速率（喷出气体相对于火箭的速率）和 (b) 2.0 倍的排气速率。

79. 竖直发射的火箭质量为 50.0kg，它还载有 450kg 的燃料。火箭可以获得的最高排气速率为 2.00km/s。在以下情况下燃料消耗的最小速率分别是多少？(a) 正好使它从发射台起飞，(b) 给它加速度 $20.0\mathrm{m/s^2}$？(c) 如果把燃料消耗速率设置为 10.0kg/s，在燃料用完的时刻火箭的速率是多大？

CHAPTER 10

第10章 转动

10-1 转动变量

学习目标

学完这一单元后，你应当能够……

10.01 懂得如果一个绕定轴转动的物体的所有部分都是相对固定地紧密锁定在一起，这种物体就是刚体。（这一章是有关这种物体的运动。）

10.02 懂得转动的刚体的角位置是一条内部参考线和一条固定的外部参考线所成的角度。

10.03 应用角位移和初始及末了角位置之间的关系。

10.04 应用平均角速度、角位移和发生这个位移的时间间隔之间的关系。

10.05 应用平均角加速度、角速度的改变和发生这些改变的时间间隔之间的关系。

10.06 知道逆时针运动是正方向，顺时针运动是负方向。

10.07 给出作为时间函数的角位置，计算任一特定时刻的瞬时角速度以及任何两个特定时刻之间的平均角速度。

10.08 给出角位置对时间的曲线图，确定某一特定时刻的瞬时角速度及任意两个时刻之间的平均角速度。

10.09 懂得瞬时角速率是瞬时角速度的数值。

10.10 给定作为时间函数的角速度，并计算任一特定时刻的瞬时角加速度以及任何两个时刻间的平均角加速度。

10.11 给出角速度对时间的曲线图，确定任一特定时刻的瞬时角加速度及两个特定时刻间的平均角加速度。

10.12 通过角加速度函数对时间积分求物体角速度的改变。

10.13 通过物体的角速度函数对时间的积分求物体角位置的改变。

关键概念

- 为描述刚体绕称为转动轴的固定轴的转动，我们假想一条固定在物体上的参考线，这条参考线和转动轴互相垂直且和物体一同转动。我们测量这条直线相对于固定方向的角位置θ。（θ用弧度量度）：

$$\theta=\frac{s}{r}\ （弧度量度）$$

其中，s是半径为r及角度θ的圆弧长度。

- 绕转一周（1rev）的角度量度和弧度量度之间的关系：

$$1\,\text{rev}=360^\circ=2\pi\,\text{rad}$$

- 绕转动轴转动的物体的角位置从θ_1变到θ_2，经历角位移

$$\Delta\theta=\theta_2-\theta_1$$

其中，$\Delta\theta$在逆时针转动时为正，顺时针转动时为负。

- 一个物体转动，在时间间隔Δt内经过角位移$\Delta\theta$，平均角速度ω_{avg}为

$$\Delta\omega_{avg}=\frac{\Delta\theta}{\Delta t}$$

物体的（瞬时）角速度ω是

$$\omega=\frac{d\theta}{dt}$$

ω_{avg}和ω都是矢量，方向由右手定则确定。逆时针转动为正，顺时针转动为负。物体角速度的数值是角速率。

- 如果物体的角速度在时间间隔$\Delta t=t_2-t_1$内从ω_1改变到ω_2，则物体的平均角加速度α_{avg}为

$$\alpha_{avg}=\frac{\omega_2-\omega_1}{t_2-t_1}=\frac{\Delta\omega}{\Delta t}$$

物体的（瞬时）角加速度α是

$$\alpha=\frac{d\omega}{dt}$$

α_{avg}和α都是矢量。

什么是物理学?

正如我们已经讨论过的，物理学的焦点之一是运动。然而，到现在为止我们只研究过**平移**运动，平移是物体沿直线或曲线运动，如图10-1a所示。我们现在转到研究**转动**，转动是物体绕一根轴旋转。

差不多在每一台机器中你都会看到转动，每一次你利用拉环打开易拉罐时你用到转动，你每次去游乐场就要花钱去体验转动。在许多娱乐活动中转动是关键，例如在高尔夫运动中要打出一个远射球（球必须旋转，这样空气才会使其保持更长的时间向上飞），以及在棒球运动中抛出曲线球（球必须旋转，这样空气才能将它推向左或向右）。在更加严重的事情中转动也是关键问题，例如在老旧的飞机中金属的失效。

我们关于转动的讨论从定义运动的变量开始，就像我们在第2章中讨论平移时所做的那样。正如我们将要看到的，转动的变量类似于一维运动的变量，并且就像在第2章中那样，一种重要的特殊情况是加速度。（这里是转动的加速度）是常量。我们也将知道，对转动也可以写出牛顿第二定律，但我们必须用一个称为*转矩*的新的量来代替力。功和功-动能定理也可应用于转动，但我们必须用一个称作*转动惯量*的新的量来代替质量。简言之，迄今为止我们讨论过的许多东西只要稍做改变就可以用于转动。

(a)

(b)

图10-1 花样滑冰运动员萨莎·科恩（Sacha Cohen）（a）沿固定方向的纯粹平移。（b）绕垂直轴的纯粹转动。

注意：尽管有这些物理概念上的重复，许多学生还是会觉得这一章和下一章非常难。教师们有各种理由来说明为什么如此。但有两个理由最突出：①要分清许多符号（用希腊字母）；②虽然你们非常熟悉直线运动（你能穿过房间走到马路上，很顺利），但你可能非常不熟悉转动（这就是为什么你愿意付那么多的钱到游乐场去玩的一个理由）。如果一道课后作业的习题对你来说好像外语，那么知道怎样把它翻译成第 2 章中的一维直线运动应该会是有帮助的。例如，如果你是要求角距离，可以暂时去掉角这个字并且看看你是不是能用第 2 章中的符号和概念来处理这个问题。

转动变量

我们要研究刚体的定轴转动。**刚体**是这样一种物体，它所有的部分锁定在一起并且形状不会改变。**定轴**的意思是转动绕着一根固定不动的轴。所以我们不去研究像太阳这样的物体，因为太阳（气体的球）的各部分并不是相对固定地紧密结合在一起的。我们也不去研究保龄球沿球道的滚动，因为保龄球是绕运动着的轴转动（球的运动是转动和平移的混合）。

图 10-2 表示一个绕定轴转动的任意形状的刚体，这个轴称为**转动轴**。在纯粹转动（角运动）中，物体上的每一点都沿中心在转动轴上的圆形轨道运动，并且在一定的时间间隔中每一点都转过同样的角度。而在纯粹平移（线性运动）中，物体的每一点都沿直线运动，在一定的时间间隔中每一点都经过同样的直线距离。

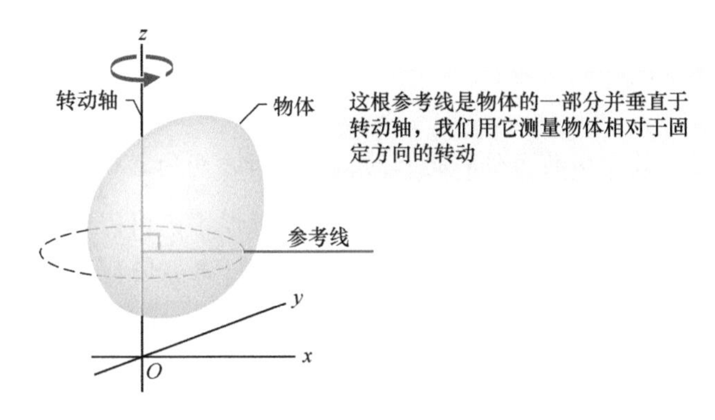

图 10-2 任意形状的刚体绕坐标系 z 轴的纯粹转动。参考线的位置相对于刚体是任意的，但它垂直于转动轴。它固定在刚体中并随物体一同转动。

我们现在来分别讨论位置、位移、速度和加速度等线性量对应的角度量。

角位置

图 10-2 表示固定在物体中、垂直于转动轴并随物体一同转动的参考线。这条直线的**角位置**是该直线相对于固定方向的角度，这个固定方向取作**零角位置**。在图 10-3 中，角位置 θ 是相对于 x 轴的正方向测量的。我们从几何学知道 θ 由下式给定：

$$\theta=\frac{s}{r}\text{（弧度量度）}\tag{10-1}$$

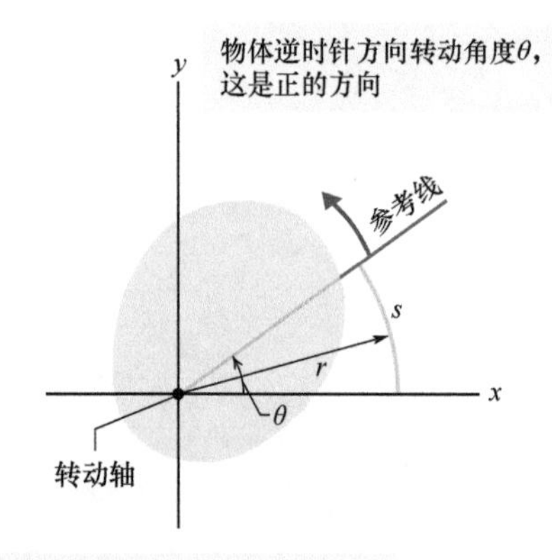

图10-3 图10-2中的转动的刚体截面的俯视图。截面垂直于转动轴，转动轴从页面向外伸出指向读者。物体在这个位置上，参考线和x轴成θ角。

其中，s是从x轴（零角位置）到参考线所张的圆弧长度；r是圆的半径。

用这种方法定义的角度通过**弧度**（rad）计量，而不是用转（rev）或度。作为两个长度之比的弧度是一个纯数，所以没有量纲。因为半径为r的圆的圆周长是$2\pi r$，整个圆有2πrad：

$$1\text{rev}=360°=\frac{2\pi r}{r}=2\pi\text{rad} \tag{10-2}$$

由此
$$1\text{rad}=57.3°=0.159\text{rev} \tag{10-3}$$

我们不把参考线绕转动轴每旋转一周重新取为零，如果参考线从零角位置开始完成两周转动，那么参考线的角位置$\theta=4\pi$rad。

对于沿x轴的纯粹平移，如果我们已知$x(t)$，即作为时间函数的位置，我们就可以知道关于运动物体所有要知道的条件。同样，对于纯粹的转动，如果我们知道了作为时间函数的物体参考线的角位置$\theta(t)$，我们就可以知道所有关于转动物体的情况。

角位移

如果图10-3中的物体绕转动轴像在图10-4中那样转动，参考线的角位置从θ_1改变到θ_2，则该物体经历的**角位移**$\Delta\theta$由下式给出：

$$\Delta\theta=\theta_2-\theta_1 \tag{10-4}$$

这个角位移的定义不仅对刚体作为一个整体的情况适用，并且也适用于刚体中的每一个质点。

钟是负的。如果一个物体沿x轴做平移运动，它的位移Δx可以是正的也可以是负的，这决定于物体是沿轴的正方向还是沿轴的负方向运动。同样，转动物体的角位移$\Delta\theta$可以是正也可以是负的，这由下面的法则决定：

逆时针方向的角位移是正的，顺时针方向的角位移为负。

"钟是负的"（*Clocks are negative*）这个习惯用语可以帮助你记住这个法则，一清早闹钟把你吵醒的时候它们确实是有否定的意思。（*negative*有"否定"和"负数"两种含义——译者注。）

检查点1

一只圆盘可以像旋转木马那样绕它的中心轴转动。下面的几对数值分别给出初始和末了的角位置，指出哪些是负的角位移：(a) −3rad，+5rad，(b) −3rad，−7rad，(c) 7rad，−3rad。

角速度

设我们有一转动的物体，时刻t_1在角位置θ_1，时刻t_2在角位置θ_2，像在图10-4中表示的那样。我们定义从t_1到t_2的时间间隔中物体的**平均角速度**是

$$\omega_{\text{avg}}=\frac{\theta_2-\theta_1}{t_2-t_1}=\frac{\Delta\theta}{\Delta t} \tag{10-5}$$

其中，$\Delta\theta$是Δt时间中的角位移（ω是Ω的小写）。

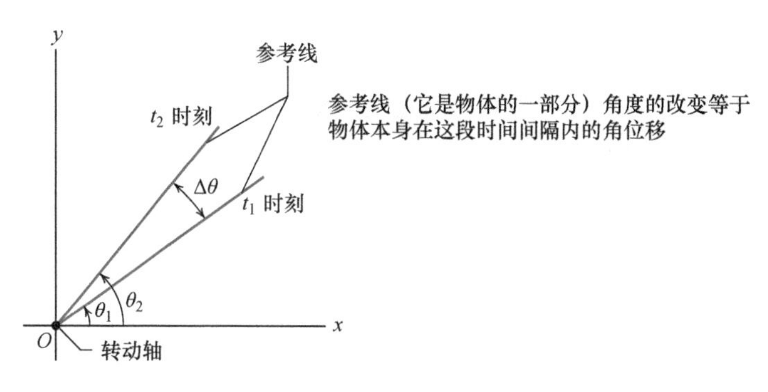

图 10-4 图 10-2 和图 10-3 中的刚体的参考线 t_1 时刻在角位置 θ_1，晚一些的 t_2 时刻在角位置 θ_2，数量 $\Delta\theta$（$=\theta_2-\theta_1$）是时间间隔 Δt（$=t_2-t_1$）内发生的角位移。物体本身并没有画出来。

我们最关心的（**瞬时**）**角速度**是式（10-5）中的比值在 Δt 趋近于零时的极限。因此：

$$\omega=\lim_{\Delta t\to 0}\frac{\Delta\theta}{\Delta t}=\frac{\mathrm{d}\theta}{\mathrm{d}t} \tag{10-6}$$

如果我们已知 $\theta(t)$，就可以通过微商求出角速度 ω。

式（10-5）和式（10-6）不仅适用于转动的整个刚体，也适用物体上的每一个质点，因为这些质点都固定地紧密结合在一起。角速度的单位通常用弧度每秒（rad/s）或转数每秒（rev/s）。还有一种角速度的量度单位，它至少在摇滚乐的最初三十年中普遍使用：当时音乐是用黑胶唱片记录，唱片放在唱机转盘上以“$33\frac{1}{3}$rpm”或“45rpm”转动，意思是 $33\frac{1}{3}$rev/min 或 45rev/min。

如果一个质点沿 x 轴移动，它的线速度 v 或者是正，或者是负，决定于它沿轴移动的方向。同理，转动的刚体的角速度 ω 有正有负，视刚体逆时针转动（正）还是顺时针转动（负）而定。（“钟是负的”仍旧适用。）角速度的数值称为**角速率**，也用 ω 表示。

角加速度

如果转动物体的角速度不是常量，那么物体就有角加速度。令 ω_2 和 ω_1 分别是 t_2 和 t_1 时刻它的角速度。在 t_1 到 t_2 的时间内转动物体的**平均角加速度**定义为

$$\alpha_{\text{avg}}=\frac{\omega_2-\omega_1}{t_2-t_1}=\frac{\Delta\omega}{\Delta t} \tag{10-7}$$

其中，$\Delta\omega$ 是在时间间隔 Δt 内发生的角速度的改变。我们最关心的（**瞬时**）**角加速度** α 是这个量在 Δt 趋近于零时的极限。由此：

$$\alpha=\lim_{\Delta t\to 0}\frac{\Delta\omega}{\Delta t}=\frac{\mathrm{d}\omega}{\mathrm{d}t} \tag{10-8}$$

正如这个名称表明的，这是物体在指定瞬间的角加速度。式（10-7）和式（10-8）对物体的每一个质点都适用。角加速度的单位通常是弧度每二次方秒（rad/s^2）或转每二次方秒（rev/s^2）。

例题 10.01　从角位置导出角速度

图10-5a中的圆盘好像旋转木马那样绕它的中心轴转动。盘上参考线的角位置 $\theta(t)$ 由下式给出：

$$\theta = -1.00 - 0.600t + 0.250t^2 \qquad (10\text{-}9)$$

其中，t 的单位为 s；θ 的单位为 rad；零角位置表示在图上。（如果你喜欢，你可以在“角位置”中暂时去掉“角”字并把符号 θ 用符号 x 代替，你就可以把所有这些都翻译成第2章中的符号。结果你得到了第2章中给出的一维运动的作为时间函数的位置方程式。）

（a）画出从 $t=-3.0\text{s}$ 到 $t=5.4\text{s}$ 的圆盘角位置对时间的曲线图。描绘在 $t=-2.0\text{s}$、0s 和 4.0s 时刻的参考线的角位置，并指出曲线穿过 t 轴的时间。

【关键概念】

圆盘的角位置就是式（10-9）给出的参考线的角位置 $\theta(t)$。它是时间的函数，我们将式（10-9）的曲线画在图10-5b上。

解：要画出特定时刻的圆盘及其参考线，我们需要确定那个时刻的 θ。为此，我们把时间代入式（10-9）。对 $t=-2.0\text{s}$，我们得到：

$$\theta = -1.00 - (0.600)(-2.0) + (0.250)(-2.0)^2$$

$$= 1.2\text{rad} = 1.2\text{rad}\,\frac{360°}{2\pi} = 69°$$

这就是说在 $t=-2.0\text{s}$ 时，圆盘上的参考线的角位置在零位置逆时针转动 1.2rad = 69°处（因为 θ 是正数所以是逆时针）。图10-5b中的小图1表示参考线这时的位置。

同理，对 $t=0$，我们得到 $\theta=-1.00\text{rad}=-57°$，这说明参考线从零角位置顺时针转动 1.0rad 或 57°，如图10-5b中的小图3上所画的那样。对 $t=4.0\text{s}$，我们求得 $\theta=0.60\text{rad}=34°$（见图10-5b中的小图5）。画出曲线穿过 t 轴的图很容易，因为 $\theta=0$，参考线瞬时和零角位置重合成一条线（见图10-5b中的小图2和小图4）。

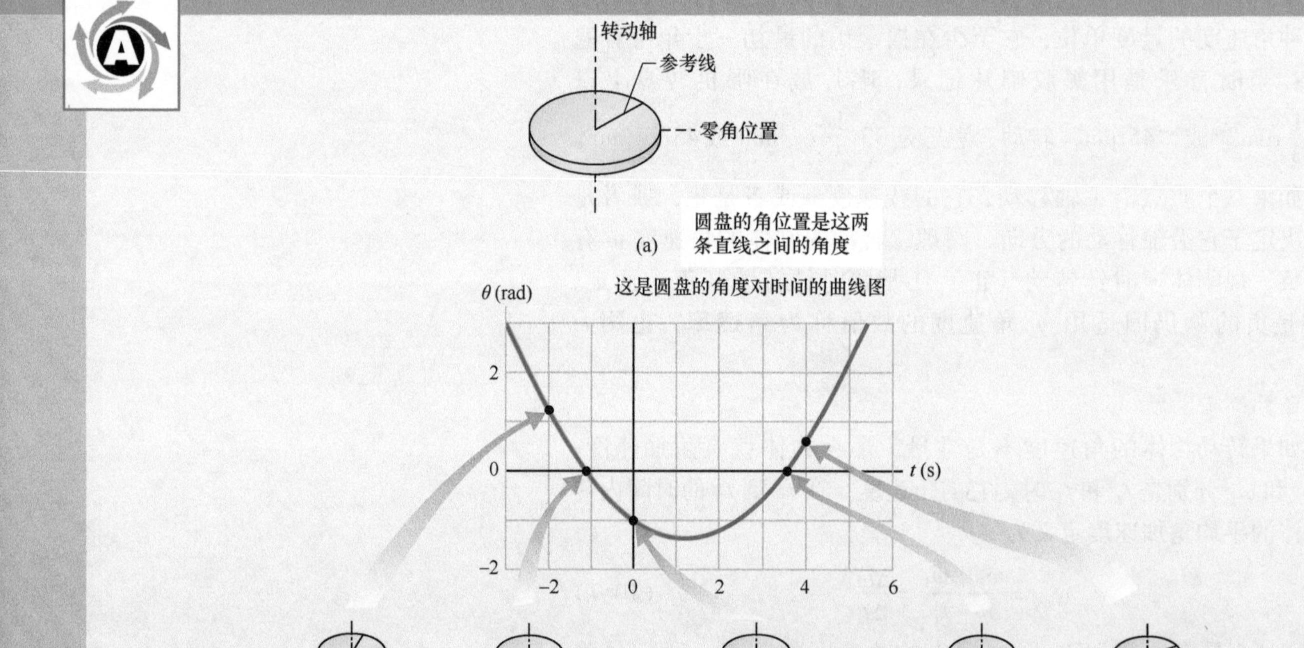

图10-5　（a）转动的圆盘。（b）圆盘角位置 $\theta(t)$ 的曲线图。五张小图表示对应于曲线上5个点的圆盘上的参考线的角位置。（c）圆盘角速度 $\omega(t)$ 的曲线图。ω 的正值对应于逆时针转动，负值对应于顺时针转动。

(b) 在什么时刻 t_{min}，$\theta(t)$ 达到图 10-5b 中所示的最小值？最小值的数值是多少？

【关键概念】

要求函数的极值（这里是最小值）我们取函数的一阶导数并令其等于零。

解：$\theta(t)$ 的一阶导数是

$$\frac{d\theta}{dt} = -0.600 + 0.500t \qquad (10\text{-}10)$$

令这个式子等于零，解出 t，就得到 $\theta(t)$ 是最小值的时间

$$t_{min} = 1.20\text{s} \qquad \text{(答案)}$$

要得到 θ 的最小值，我们接着把 t_{min} 代入式 (10-9)，求得

$$\theta = -1.36\text{rad} \approx -77.9° \qquad \text{(答案)}$$

$\theta(t)$ 的这个最小值（见图 10-5b 中曲线的底部）对应于圆盘从零角位置顺时针转过的最大角度。这比图 10-5b 中的小图 3 中所画的位置还稍多一些。

(c) 画出 $t = -3.0\text{s}$ 到 $t = 6.0\text{s}$ 之间圆盘角速度 ω 对时间的曲线图。画出圆盘并标出在 $t = -2.0\text{s}$、4.0s 和 t_{min} 时刻的转动方向和 ω 的符号。

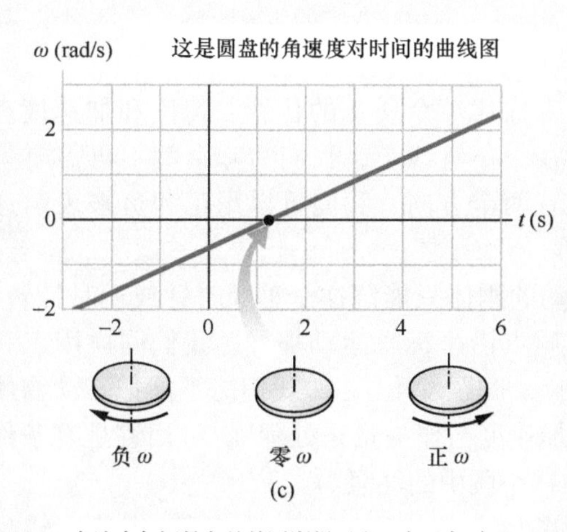

图 10-5（续）

【关键概念】

由式 (10-6)，角速度 ω 等于式 (10-10) 给出的 $\frac{d\theta}{dt}$。所以我们有：

$$\omega = -0.600 + 0.500t \qquad (10\text{-}11)$$

函数 $\omega(t)$ 的曲线画在图 10-5c 中。因为这个函数是线性的，图上是一条直线，斜率是 0.500rad/s^2，和垂直轴的截距（没有标出来）是 -0.600rad/s。

解：要画 $t = -2.0\text{s}$ 时的圆盘，我们把这个 t 值代入式 (10-11)，得到：

$$\omega = -1.6\text{rad/s} \qquad \text{(答案)}$$

负号告诉我们在 $t = -2.0\text{s}$ 时圆盘顺时针转动（如图 10-5c 中左边的小图表示的那样）。

将 $t = 4.0\text{s}$ 代入式 (10-11)，给出：

$$\omega = 1.4\text{rad/s} \qquad \text{(答案)}$$

没有明显写出来的正号告诉我们现在圆盘是逆时针转动（见图 10-5c 右边的小图）。

对 t_{min}，我们已经知道 $d\theta/dt = 0$，所以必定有 $\omega = 0$。就是说，当参考线到达图 10-5b 中 θ 的最小值时圆盘瞬间停止，就像图 10-5c 当中的小图所画出的那样。在图 10-5c 中 ω 对 t 的曲线上，瞬时停止是发生在曲线从负的顺时针转动变为正的逆时针转动的零点。

(d) 应用 (a)～(c) 各小题的结果描述圆盘从 $t = -3.0\text{s}$ 到 $t = 6.0\text{s}$ 的运动。

描述：我们首先观察在 $t = -3.0\text{s}$ 时，圆盘的角位置是正的，并且顺时针转动，但正在慢下来。它在角位置 $\theta = -1.36\text{rad}$ 处停止，然后开始逆时针转动，它的角位置最后又成为正的。

WILEY PLUS 在 WileyPLUS 中可以找到附加的例题、视频和练习。

例题 10.02 **从角加速度导出角速度**

儿童玩具陀螺自旋的角加速度为

$$\alpha = 5t^3 - 4t$$

其中，t 的单位是 s；α 的单位是 rad/s^2。在 $t=0$ 时陀螺的角速度是 5rad/s，陀螺上的参考线的角位置 $\theta = 2rad$。

(a) 求陀螺角速度 $\omega(t)$ 的表达式。就是说明显表示角速度如何依赖于时间的表达式。(我们可以肯定存在着这种依赖关系，因为陀螺正在做角加速转动，这意味着角速度确实是改变的。)

【关键概念】

根据定义，$\alpha(t)$ 是 $\omega(t)$ 对时间的导数。因此，我们可以将 $\alpha(t)$ 对时间积分求 $\omega(t)$。

解：式（10-8）告诉我们

$$d\omega = \alpha dt$$

所以

$$\int d\omega = \int \alpha dt$$

由这个式子我们求出：

$$\omega = \int (5t^3 - 4t)\,dt = \frac{5}{4}t^4 - 2t^2 + C$$

为求积分常数 C，我们注意到在 $t=0$ 时 $\omega = 5rad/s$。把这些数值代入 ω 的表达式，得到：

$$5rad/s = 0 - 0 + C$$

所以 $C = 5rad/s$，于是

$$\omega = \frac{5}{4}t^4 - 2t^2 + 5 \quad \text{（答案）}$$

(b) 求陀螺角位置 $\theta(t)$ 的表达式。

【关键概念】

由定义，$\omega(t)$ 是 $\theta(t)$ 对时间的导数。因此，我们可以将 $\omega(t)$ 对时间积分求 $\theta(t)$。

解：式（10-6）告诉我们

$$d\theta = \omega dt$$

我们可以写出：

$$\theta = \int \omega dt = \int \left(\frac{5}{4}t^4 - 2t^2 + 5\right)dt$$

$$= \frac{1}{4}t^5 - \frac{2}{3}t^3 + 5t + C'$$

$$= \frac{1}{4}t^5 - \frac{2}{3}t^3 + 5t + 2 \quad \text{（答案）}$$

其中，C' 是根据 $t=0$ 时 $\theta = 2rad$ 得到的。

WILEY PLUS 在 WileyPLUS 中可以找到附加的例题、视频和练习。

角量是矢量吗？

我们可以用矢量来描述单个质点的位置、速度和加速度。但是，如果质点被约束在一条直线上，我们实际上就不再需要矢量记法。这样的质点只有两个方向，我们可以用正和负来表示这两个方向。

同样，绕定轴转动的刚体只能绕这个轴顺时针或逆时针转动，如我们前面所看到的质点沿坐标轴运动那样，我们同样用正和负在两个方向间做出选择。问题发生了：“我们能不能把转动物体的角位移、角速度和角加速度当作矢量来处理呢？”回答是有条件的“是”（参见下面角位移小段中的注意。）

角速度。我们考虑角速度。图 10-6a 表示黑胶唱片在转盘上转动。唱片具有恒定的顺时针方向角速率 $\omega\left(=33\frac{1}{3}rev/min\right)$。我们可以用沿转动轴指向的矢量 $\vec{\omega}$ 来表示角速度，如图 10-6b 所示。现在告诉你怎样做：我们按照某个方便的尺度确定该矢量的长度，例如，1cm 相当于 10rev/min。然后我们用**右手定则**确定矢量 $\vec{\omega}$ 的方向。图 10-6c 表示：顺着转动的唱片卷曲你的右手，你的四指指向转动的方向。你伸出的拇指就指向角速度矢量的方

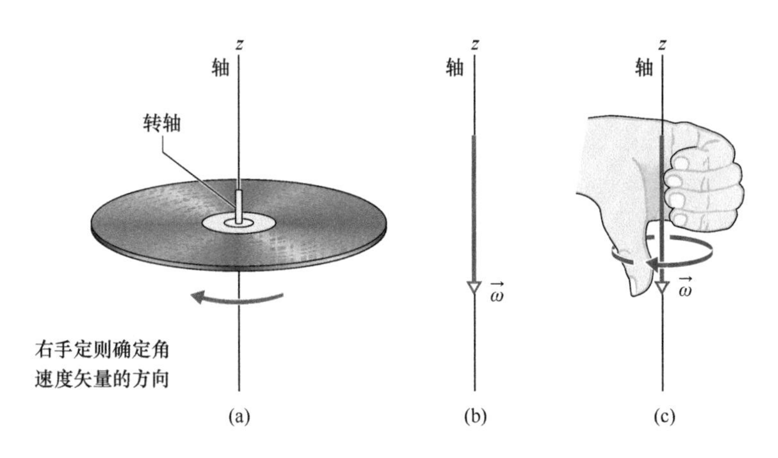

图 10-6 （a）绕和转轴重合的垂直轴线转动的唱片。（b）转动着的唱片的角速度可以用沿转动轴并指向下的矢量 $\vec{\omega}$ 表示，如图所示。（c）我们用右手定则决定角速度矢量的方向。右手的四个手指顺着唱片向它的运动方向卷曲，伸出的拇指指向 $\vec{\omega}$ 的方向。

向。如唱片沿相反方向转动，右手定则就告诉你角速度矢量指向相反的方向。

要习惯于把角量表示成矢量并不容易。我们本能地预期应当有某种东西沿着矢量的方向运动。这里却不是这种情况。这里是某个东西（刚体）绕矢量的方向转动。在纯粹转动的世界中，矢量定义了转动轴而不是某种东西运动的方向。然而，矢量还是定义了运动。再者，它也服从第 3 章中讨论的矢量运算的规则。角加速度 $\vec{\alpha}$ 是另一个矢量，它也服从这些规则。

在这一章里，我们只考虑绕定轴转动。在这种情况中我们不需要考虑矢量——我们可以用 ω 表示角速度，用 α 表示角加速度，我们可以用不直接写出来的正号表示逆时针转动或用标明的负号表示顺时针转动。

角位移。现在给你们一个警告：角位移（除非它们非常小）不能做矢量处理。为什么不？我们肯定可以既给它们数值也给它们方向，就像我们在图 10-6 中对角速度所做的那样。然而，一个量要用矢量来表示就必须服从矢量相加法则，一个法则是说，如果你把两个矢量相加，矢量相加的先后次序没有关系。但角位移不能通过这项测试。

图 10-7 给出一个例子，使一本原来平放着的书做两次 90°的角位移，先按图 10-7a 的次序，再按图 10-7b 的次序。虽然两次角位移的数值都是相同的，但因它们的次序不同，所以这本书最后的取向也不同。这里还有另外一个例子，把你的右臂下垂，手掌贴着你的右侧大腿，保持你的腕关节固定不动。（1）把手臂向前举起到水平位置，（2）将手臂水平运动直到它指向右面，（3）然后把手臂下垂到你身体侧面。现在你的手掌心是向前的。如果你重新开始，但把步骤颠倒过来。最终你的手掌心会朝向哪一边？通过上面随便哪一个例子，我们都必须做出结论，两个角位移相加的结果依赖于相加的次序，所以角位移不是矢量。

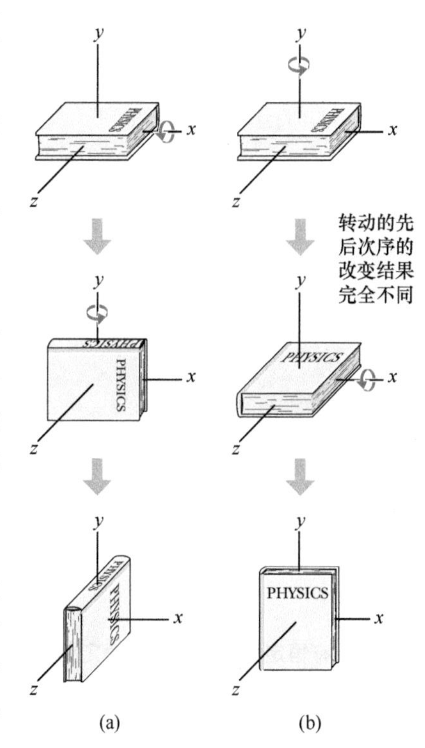

图 10-7 （a）书从画在顶部的初始位置开始，使它先后两次做 90°转动，第一次绕（水平的）x 轴，然后绕（垂直的）y 轴。（b）将书做同样的两次转动，但次序颠倒。

10-2　恒定角加速度的转动

学习目标

学完这一单元后，你应当能够……

10.14　对恒定的角加速度，应用角位置、角位移、角速度、角加速度及经历的时间之间的关系式（见表10-1）。

关键概念

- 恒定角加速度（α = 常量）是转动的一种重要的特殊情况。相应的运动学方程有：

$$\omega=\omega_0+\alpha t$$

$$\theta-\theta_0=\omega_0 t+\frac{1}{2}\alpha t^2$$

$$\omega^2=\omega_0^2+2\alpha(\theta-\theta_0)$$

$$\theta-\theta_0=\frac{1}{2}(\omega_0+\omega)t$$

$$\theta-\theta_0=\omega t-\frac{1}{2}\alpha t^2$$

恒角加速度的转动

在纯粹平移中，恒定线加速运动（例如落体）是一种重要的特殊情况。在表2-1中，我们列出一组适用于这种运动的方程式。

在纯粹转动中，恒定角加速度的情况也是重要的。也有类似的一组方程式适用于这种情况。我们在这里不去推导这些方程，而是根据对应的线性方程式直接把它们写出来，把线量用对应的角量代替。表10-1就是这样得出的，表中列出两组方程式［式(2-11)，式(2-15)~式(2-18)，式(10-12)~式(10-16)］。

回想一下，式(2-11)和式(2-15)是恒定线加速度的基本方程式——在线量的方程式表中其他一些方程也可以从它们推导出来。同理，式(10-12)和式(10-13)是恒定角加速转动的基本方程式，在角量的列表中其他的方程式都可以从它们推导出来。要求解包含恒定角加速度的简单习题，你们通常可以用角量表中(假如你们有这个表格)的一个方程式。选取方程式中的唯一未知变量是习题中要求的变量。更好的方法是只要记住式(10-12)和式(10-13)两式，需要的时候把它们作为联立方程去解。

检查点2

在4种情形中，一个转动物体的角位置$\theta(t)$由下列公式给出：(a) $\theta=3t-4$；(b) $\theta=-5t^3+4t^2+6$；(c) $\theta=2/t^2-4/t$；(d) $\theta=5t^2-3$。表10-1中的角变量公式适用于哪一种情况？

表10-1　有恒定线加速度和有恒定角加速度的运动方程式

方程式序号	线量方程式	未出现的变量		角量方程式	方程式序号
(2-11)	$v=v_0+at$	$x-x_0$	$\theta-\theta_0$	$\omega=\omega_0+\alpha t$	(10-12)
(2-15)	$x-x_0=v_0t+\frac{1}{2}at^2$	v	ω	$\theta-\theta_0=\omega_0t+\frac{1}{2}\alpha t^2$	(10-13)
(2-16)	$v^2=v_0^2+2a(x-x_0)$	t	t	$\omega^2=\omega_0^2+2\alpha(\theta-\theta_0)$	(10-14)
(2-17)	$x-x_0=\frac{1}{2}(v_0+v)t$	a	α	$\theta-\theta_0=\frac{1}{2}(\omega_0+\omega)t$	(10-15)
(2-18)	$x-x_0=vt-\frac{1}{2}at^2$	v_0	ω_0	$\theta-\theta_0=\omega t-\frac{1}{2}\alpha t^2$	(10-16)

例题 10.03　恒定角加速度，石磨盘

石磨盘（见图 10-8）以恒定的角加速度 $\alpha = 0.35\text{rad/s}^2$ 转动。在 $t=0$ 时刻，它的角速度 $\omega_0 = -4.6\text{rad/s}$ 并且参考线在水平位置，角位置 $\theta_0=0$。

（a）在 $t=0$ 以后什么时候参考线在角位置 $\theta = 5.0\text{rev}$？

【关键概念】

角加速度是常量，所以我们可以用表 10-1 中的转动方程式。我们选择式（10-13）：

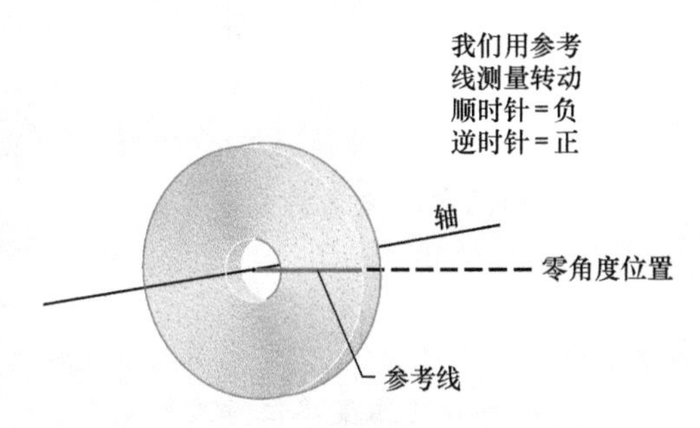

图 10-8　石磨盘。$t=0$ 时参考线（我们想象它标记在石磨盘上）在水平位置。

$$\theta - \theta_0 = \omega_0 t + \frac{1}{2}\alpha t^2$$

因为它包含的唯一未知变量就是所要求的 t。

解：代入已知的数值：$\theta_0=0$，$\theta = 5\text{rev} = 10\pi\,\text{rad}$，由此得到：

$$10\pi\text{rad} = (-4.6\text{rad/s})t + \frac{1}{2}(0.35\text{rad/s}^2)t^2$$

（我们将 5.0rev 换为 10πrad 以使单位一致。）解这个二次方程，我们求出 t：

$$t = 32\text{s} \qquad \text{（答案）}$$

现在注意到有点奇怪的事情。我们首先看到在负的方向上转动的轮子通过 $\theta=0$ 的位置。我们还发现 32s 后它在 $\theta=5.0\text{rev}$ 的正方向。在这段时间内发生了什么事使得它会在正的方向？

（b）描述在 $t=0$ 和 $t=32\text{s}$ 间石磨盘的转动。

描述：石磨盘最初以角速度 $\omega_0 = -4.6\text{rad/s}$ 沿负的方向（顺时针）转动，但它的角加速度是正的。角速度和角加速度的符号在开始的时候相反的意思是石磨盘的负方向转动变慢，逐渐停止，然后反转成为正方向转动。参考线返回经过它起始的方向 $\theta=0$，石磨盘在 $t=32\text{s}$ 中又多转了 5 圈。

（c）在什么时刻 t，石磨盘瞬时停止。

解：我们再回到恒定角加速度方程式的表格，我们还是需要一个只包含未知变量 t 的方程式。然而，现在的方程式必须也包含变量 ω，所以设它为 0 来解出相应的 t。我们选择式（10-12），从这个方程得到

$$t = \frac{\omega - \omega_0}{\alpha} = \frac{0-(-4.6\text{rad/s})}{0.35\text{rad/s}^2} = 13\text{s} \qquad \text{（答案）}$$

例题 10.04　恒定角加速度，乘坐旋筒

当你操纵一个旋筒（在游乐场中看到的巨大竖直的旋转圆柱体）时，你注意到一位乘客感到非常难受，就将圆筒的角速度在 20.0rev 内以恒定角加速度从 3.40rad/s 降到 2.00rad/s。（这位乘客显然是一个只“适应平移的人”，而不是一个“适应转动的人”。）

（a）在角速率减少的过程中，恒定角加速度是多大？

【关键概念】

因为旋筒的角加速度是常量，我们可以用恒角加速度的基本方程［式（10-12）和式（10-13）］把角速度和角位移联系起来。

解：我们先做一次快速检查，看看是否能够解这两个基本方程。初始角速度是 $\omega_0 = 3.40\text{rad/s}$，角位移 $\theta - \theta_0 = 20.0\text{rev}$，经过这个角位移后的角速度 $\omega = 2.00\text{rad/s}$。除了我们要求的角加速度 α 外，两个基本方程中还包含时间 t，这不是我们所要求的。

为消除未知的 t，我们利用式（10-12），写下：

$$t = \frac{\omega - \omega_0}{\alpha}$$

然后我们把它代入式（10-13），得到：

$$\theta - \theta_0 = \omega_0\left(\frac{\omega-\omega_0}{\alpha}\right) + \frac{1}{2}\alpha\left(\frac{\omega-\omega_0}{\alpha}\right)^2$$

代入已知的数据，把 20.0rev 换算成 125.7rad，我们求出：

$$\alpha = \frac{\omega^2 - \omega_0^2}{2(\theta-\theta_0)} = \frac{(2.00\text{rad/s})^2 - (3.40\text{rad/s})^2}{2(125.7\text{rad})}$$

$$= -0.0301\text{rad/s}^2 \qquad \text{（答案）}$$

(b) 角速率的减少用了多少时间?

解:现在我们知道了 α,可以用式(10-12)解出 t:

$$t = \frac{\omega - \omega_0}{\alpha} = \frac{2.00\text{rad/s} - 3.40\text{rad/s}}{-0.0301\text{rad/s}^2} = 46.5\text{s} \quad \text{(答案)}$$

WILEY PLUS 在 WileyPLUS 中可以找到附加的例题、视频和练习。

10-3 把线变量和角变量联系起来

学习目标

学完这一单元后,你应当能够……

10.15 对于绕定轴转动的刚体,把刚体的角变量(角位置、角速度和角加速度)和这个刚体上任何给定半径的位置上的质点的线变量(位置、速度和加速度)联系起来。

10.16 区别切向加速度和径向加速度,对绕定轴转动的物体上的一个点,在角速率增加和减少这两种情况下,用简略图画出切向和径向加速度矢量。

关键概念

- 在转动的刚体上,离转动轴垂直距离为 r 的一点,在半径为 r 的圆周上运动。如果物体转过角度 θ,这个点沿圆弧运动的长度为 s:

$$s = \theta r \text{(弧度为单位量度)}$$

其中,θ 以弧度为单位。

- 这一点的线速度 $\vec{v}$ 和圆周相切;该点的线速度由下式给出:

$$v = \omega r \text{(弧度单位量度)}$$

其中,ω 是物体的角速率(rad/s),因而也是该点的角速率。

- 该点的线加速度 $\vec{a}$ 有切向和径向两个分量。切向分量是

$$a_t = \alpha r \text{(弧度单位量度)}$$

其中,α 是该物体角加速度的数值(rad/s^2)。$\vec{a}$ 的径向分量为

$$a_r = \frac{v^2}{r} = \omega^2 r \text{(弧度单位量度)}$$

- 如果这个点做匀速圆周运动,则这一点和物体转动的周期是

$$T = \frac{2\pi r}{v} = \frac{2\pi}{\omega} \text{(弧度单位量度)}$$

把线变量和角变量联系起来

在4-5单元中我们讨论了匀速圆周运动。在那里,质点以恒定的线速率 v 沿圆周绕转动轴运动。一个刚体,例如旋转木马,绕轴转动时,刚体上每一个质点沿自己的圆周轨道绕轴转动。因为物体是刚性的,所有质点以同样的时间旋转一周;即,它们都有相同的角速率 ω。

然而,质点离轴越远,它的圆轨道的圆周越大,所以它的线速率必定越大。在旋转木马上你们可以注意到这点。无论你到离开中心的距离是多少,你都以同样的角速率 ω 转动,但如果你向旋转木马的边缘移动,你的线速率就会明显增大。

我们常常需要将转动物体上特定点的线变量(s、v 和 a)同该物体的角变量(θ、ω 和 α)联系起来。两组变量通过该点到转动轴的垂直距离 r 联系起来。所谓垂直距离是沿垂直于转动轴的直线测得的转动轴到该点的距离。这也是该点绕转动轴运动的圆的半径。

位置

假如刚体上一条参考线转过一个角度 θ，刚体上距离转动轴 r 的一点沿圆弧移动距离 s，则 s 由式（10-1）给出：

$$s=\theta r \text{（弧度单位量度）} \tag{10-17}$$

这是我们的线-角关系的第一个。*注意*：这里的角度 θ 必须用弧度为单位测量，因为式（10-17）本身就是用弧度量度角度的定义。

速率

将式（10-17）对时间求微商——r 为常量——得到

$$\frac{ds}{dt}=\frac{d\theta}{dt}r$$

然而，ds/dt 是我们讨论的点的线速率（线速度的数值），$d\theta/dt$ 是转动物体的角速率 ω。所以

$$v=\omega r \text{（弧度单位量度）} \tag{10-18}$$

注意：角速率必须以弧度作为单位。

式（10-18）告诉我们：因为刚体上所有的点都有相同的角速率 ω，有较大半径 r 的点就有较大的线速率 v。图 10-9a 提醒我们线速度总是与所讨论的点的圆形轨道相切。

假如刚体的角速率 ω 是常量，那么式（10-18）告诉我们：在刚体上任一点的线速率 v 也是常量。因此刚体上的每一点都在做匀速圆周运动。每一点以及刚体本身的运动的旋转周期 T 由式（4-35）给出：

$$T=\frac{2\pi r}{v} \tag{10-19}$$

上式告诉我们，旋转一圈的时间是旋转一圈走过的距离 $2\pi r$ 除以这段距离中运动的速率。将从式（10-18）得到的 v 代入此式并消去 r，我们又得到：

$$T=\frac{2\pi}{\omega} \quad \text{（弧度单位量度）} \tag{10-20}$$

这个等价的方程式说的是：旋转一圈的时间就是转一圈走过的角距离 2πrad 除以角速率，即以这个速率扫过角度。

加速度

求式（10-18）对时间的微商——r 再次取为常量——得到：

$$\frac{dv}{dt}=\frac{d\omega}{dt}r \tag{10-21}$$

这里我们遭遇一个复杂的情况。在式（10-21）中，dv/dt 只代表线加速度的一部分，它只是负责线速度 $\vec{v}$ 的*数值* v 的改变。像 $\vec{v}$ 一样，线加速度这部分是与所考察的点的路径相切的部分。我们把它称作该点线加速度的*切向分量* a_t，我们写出：

$$a_t=\alpha r \tag{10-22}$$

其中，$\alpha=d\omega/dt$。*注意*：式（10-22）中的角加速度 α 必须用弧度单位表示。

此外，如式（4-34）告诉我们的那样，质点（或点）在圆轨道上运动时还有线加速度的*径向分量*，$a_r=v^2/r$（沿半径指向内），它负责线速度 $\vec{v}$ 的*方向*改变。代入式（10-18）中的 v，我们写出

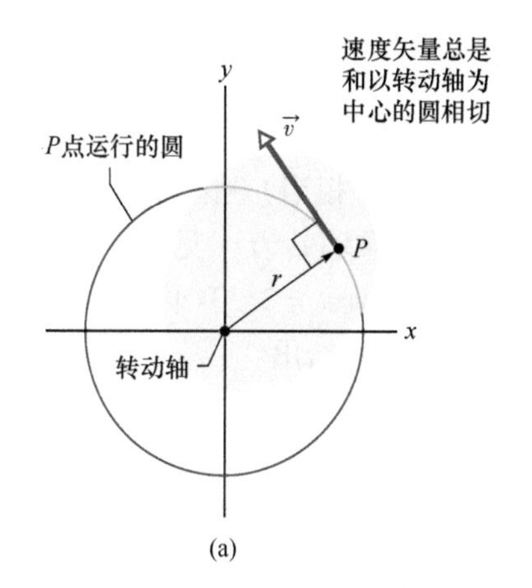

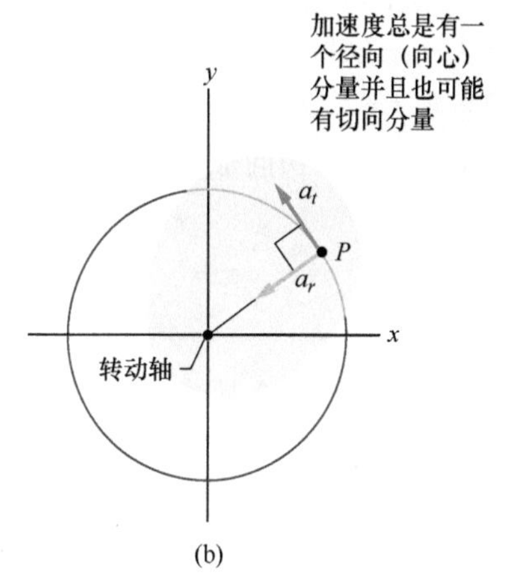

图 10-9 图 10-2 中的转动的刚体表示从上面观察的俯视截面。物体上的每一点（如 P 点）沿绕转动轴的圆周运动。(a) 每一点的线速度 $\vec{v}$ 和该点运动的圆相切。(b) 该点的线加速度 $\vec{a}$ 有两个分量（一般情况下）：切向的 a_t 和径向的 a_r。

这个分量为

$$a_r = \frac{v^2}{r} = \omega^2 r \text{（弧度单位量度）} \tag{10-23}$$

于是，图10-9b表示，转动着的刚体上一点的线加速度一般说来有两个分量。向内的径向分量 a_r［由式（10-23）给出］在物体的角速度不为零的时候出现。切向分量［由式（10-22）给出］则在角加速度不为零时出现。

检查点3

一只蟑螂在旋转木马边缘。如这个系统（旋转木马+蟑螂）的角速度是常量，蟑螂是否具有（a）径向加速度和（b）切向加速度？如果 ω 在减小，蟑螂是否具有（c）径向加速度和（b）切向加速度？

例题10.05　设计大环，一种大尺度的游乐场乘坐装置

我们得到一项任务，设计一台大型的水平圆环，它绕竖直的轴转动，要求它的半径为 $r=33.1\text{m}$（和世界上最大的摩天轮之一，即北京的观景摩天轮相当）。乘客通过环的外墙上的门进入，然后靠墙站着（见图10-10a）。我们选定在时间 $t=0$ 到 $t=2.30\text{s}$ 内，环上参考线的角位置 $\theta(t)$ 由下式给出：

$$\theta = ct^3 \tag{10-24}$$

其中，$c=6.39\times10^{-2}\text{rad/s}^3$。$t=2.30\text{s}$ 后，角速率保持常量直到结束。一旦圆环转动稳定，乘客脚下环的地板就要被抽去，但乘客不会落下去——实际上，他们觉得好像被钉在墙上。我们来求 $t=2.20\text{s}$ 时，乘客的角速率 ω、线速率 v、角加速度 α、切向加速度 a_t、径向加速度 a_r 以及加速度 $\vec{a}$。

【关键概念】

（1）角速率 ω 由式（10-6）：$\omega=\mathrm{d}\theta/\mathrm{d}t$ 给出。（2）线速率 v（沿圆周路径）由式（10-18）：$v=\omega r$ 与角速率（绕转动轴）相联系。（3）角加速度 α 由式（10-8）：$\alpha=\mathrm{d}\omega/\mathrm{d}t$ 给出。（4）切向加速度 a_t（沿圆周路径）与角加速度（绕转动轴）通过式（10-22）：$a_t=\alpha r$ 相联系。（5）径向加速度 a_r 由式（10-23）：$a_r=\omega^2 r$ 给出。（6）切向加速度和径向加速度是（整个）加速度 $\vec{a}$ 的两个（互相垂直）的分量。

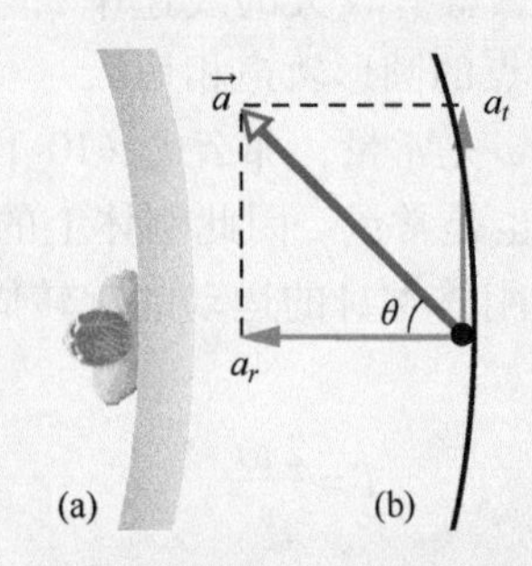

图10-10　（a）一位乘客乘坐大环的俯视图。（b）（总）加速度的径向和切向的加速度分量。

解： 我们按上面的步骤一步步做。我们首先对给定的角位置函数对时间微商，求出角速度，然后代入所给的时间 $t=2.20\text{s}$：

$$\omega = \frac{\mathrm{d}\theta}{\mathrm{d}t} = \frac{\mathrm{d}}{\mathrm{d}t}(ct^3) = 3ct^2 \tag{10-25}$$

$$= 3(6.39\times10^{-2}\text{rad/s}^3)(2.20\text{s})^2$$

$$= 0.928\text{rad/s} \quad \text{（答案）}$$

由式（10-18），这时的线速率是

$$v = \omega r = 3ct^2 r \tag{10-26}$$

$$= 3(6.39\times10^{-2}\text{rad/s}^3)(2.20\text{s})^2(33.1\text{m})$$

$$= 30.7\text{m/s} \quad \text{（答案）}$$

虽然这是很快的（111km/h 或 68.7mile/h），但在游乐场里这样的速率却是常见的，不会令人惊恐。因为（如第2章中所说）你的身体是对加速度有反应而不是对速度有反应。（身体是加速度计而不是速率计。）我们从式（10-26）知道线速率按时间二次方增加（但到 $t=2.30\text{s}$ 就停止增加）。

下一步，我们求式（10-25）的时间微商来得到角加速度：

$$\alpha = \frac{d\omega}{dt} = \frac{d}{dt}(3ct^2) = 6ct$$
$$= 6(6.39 \times 10^{-2}\text{rad/s}^3)(2.20\text{s})$$
$$= 0.843\text{rad/s}^2 \quad \text{(答案)}$$

切向加速度由式（10-22）得到

$$a_t = \alpha r = 6ctr \quad (10\text{-}27)$$
$$= 6(6.39 \times 10^{-2}\text{rad/s}^3)(2.20\text{s})(33.1\text{m})$$
$$= 27.91\text{m/s}^2 \approx 27.9\text{m/s}^2 \quad \text{(答案)}$$

或2.8g（这是合理的并且有点刺激）。式（10-27）告诉我们，切向加速度随时间增加（但到t = 2.30s时停止增加）。由式（10-23），我们写出径向加速度：

$$a_r = \omega^2 r \quad (10\text{-}28)$$

将式（10-25）代入，得到：

$$a_r = (3ct^2)^2 r = 9c^2t^4r$$
$$= 9(6.39 \times 10^{-2}\text{rad/s}^3)^2(2.20\text{s})^4(33.1\text{m})$$
$$= 28.49\text{m/s}^2 \approx 28.5\text{m/s}^2 \quad \text{(答案)}$$

或2.9g（这也合理，并且有点刺激）。

径向和切向加速度是相互垂直的，分别是乘客的加速度$\vec{a}$的分量（见图10-10b）。$\vec{a}$的数值为

$$a = \sqrt{a_r^2 + a_t^2} \quad (10\text{-}29)$$
$$= \sqrt{(28.49\text{m/s}^2)^2 + (27.91\text{m/s}^2)^2}$$
$$\approx 39.9\text{m/s}^2 \quad \text{(答案)}$$

或4.1g（确实刺激!）。所有这些数值都可以接受。

要求$\vec{a}$的方向，我们求图10-10b中所示的角度θ：

$$\tan\theta = \frac{a_t}{a_r}$$

然而，我们不必把求出的数值代进去计算，而是将式（10-27）和式（10-28）两式代入，利用它的代数结果：

$$\theta = \arctan\left(\frac{6ctr}{9c^2t^4r}\right) = \arctan\left(\frac{2}{3ct^3}\right) \quad (10\text{-}30)$$

用代数方法求角度的巨大优点是，我们可以知道角度（1）不依赖于圆环的半径，（2）随着t从0到2.220s而减小。就是说，加速度矢量$\vec{a}$向内沿着径向方向靠近，因为径向加速度（依赖于t^4）很快超出切向加速度（只依赖于t）而占了优势。对我们给定的时间t = 2.20s，有

$$\theta = \arctan\frac{2}{3(3.39 \times 10^{-2}\text{rad/s}^3)(2.20\text{s})^3}$$
$$= 44.4° \quad \text{(答案)}$$

WILEY PLUS 在WileyPLUS中可以找到附加的例题、视频和练习。

10-4 转动动能

学习目标

学完这一单元后，你应当能够……

10.17 求一个质点对于某一点的转动惯量。

10.18 求绕同一固定轴转动的许多质点的总转动惯量。

10.19 用物体的转动惯量和角速率来计算它的转动动能。

关键概念

- 刚体绕定轴转动的动能K由下式给出：

$$K = \frac{1}{2}I\omega^2 \text{（弧度单位量度）}$$

其中，I是物体的转动惯量，对离散质点系统定义为

$$I = \sum m_i r_i^2$$

转动动能

迅速转动的台锯的锯片由于它在转动无疑具有动能。我们如何表示这种动能？我们不能把熟悉的公式$K = \frac{1}{2}mv^2$用于作为整体的锯片，因为它只会给出锯片质心的动能，而这个动能是零。

从另一个角度，我们可以把台锯的锯片（以及任何其他的转

动的刚体）当作不同速率的许多质点的集合来对待。然后我们可以把所有质点的动能相加求整个物体的动能。用这种方法我们得到转动物体的动能：

$$K = \frac{1}{2}m_1v_1^2 + \frac{1}{2}m_2v_2^2 + \frac{1}{2}m_3v_3^2 + \cdots$$
$$= \sum \frac{1}{2}m_iv_i^2 \qquad (10\text{-}31)$$

其中，m_i 是第 i 个质点的质量；v_i 是它的速率。求和遍及物体的所有质点。

式（10-31）中的问题是 v_i 对各个质点都是不相同的。我们从式（10-18）：$v = \omega r$，代入 v 来解这个问题：

$$K = \sum \frac{1}{2}m_iv_i^2 = \frac{1}{2}\sum(m_ir_i^2)\omega^2 \qquad (10\text{-}32)$$

其中，ω 对所有质点都是相同的。

式（10-32）右边括弧里的量告诉我们转动物体的质量相对于转动轴是如何分布的。我们把这个量称为物体相对于转动轴的**转动惯量** I。对于特定的刚体和特定的转动轴而言，这是一个常量。（注意：必须指明转动轴，I 的数值才有意义。）

现在我们可以写出

$$I = \sum m_ir_i^2 \quad （转动惯量） \qquad (10\text{-}33)$$

代入式（10-32），得到

$$K = \frac{1}{2}I\omega^2 \quad （弧度单位量度） \qquad (10\text{-}34)$$

这就是我们要求的表达式。因为我们在推导式（10-34）的过程中用过关系式：$v = \omega r$，ω 必须用弧度为单位。I 的国际单位制单位是千克二次方米（$kg \cdot m^2$）。

方法。如果我们有可数的几个质点和指定的转动轴，我们对每一质点求出 mr^2，然后按式（10-33）求出相加的结果就得到总的转动惯量 I。如果我们要求总转动动能，我们可以把这个 I 代入式（10-34）。这是对几个质点的方法，但假如我们有大量的质点，譬如一根棒。在下一单元中我们将会看到怎样处理这种连续的物体，只要花几分钟就能算出来。

给出纯转动的刚体，动能的式（10-34）是纯平移的刚体动能 $K = \frac{1}{2}Mv_{com}^2$ 的角变量对应式。在两个公式中都有因子 $\frac{1}{2}$。一个公式中出现质量 M，另一个公式中出现 I（包含质量和质量分布）。最后，每个公式都包含速率二次方的因子——根据情况是平移或转动。平移动能和转动动能并不是不同种类的能量，它们都是动能，只不过是用适合于特定运动方式的表达式来表示而已。

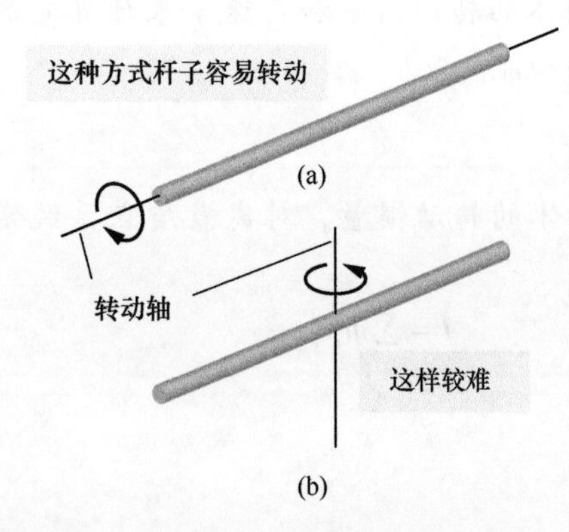

图 10-11　(a) 长杆绕中心（纵）轴转动比之于 (b) 绕通过中心并且垂直于它的纵长方向的轴转动容易得多。这种差别的原因是 (a) 中的质量分布比 (b) 中更靠近转动轴。

我们前面就已知道，转动物体的转动惯量不仅包含它的质量，还与质量如何分布有关。这里有一个例子可以帮你切实地感受一下。转动一根长的、相当重的杆子（旗杆、长木棍或者类似的东西）。先绕它的中心（纵）轴（见图 10-11a）转动，再使它绕垂直于杆子并通过中心（见图 10-11b）的轴转动。两次转动都包含完全相同的质量，但前一种转动比第二种容易得多。原因是在第一种情况中，质量分布在非常靠近转动轴的地方。结果是，杆在图 10-11a 情况中的转动惯量比图 10-11b 情况中的转动惯量要小得多。一般说来，较小的转动惯量意味着更容易转动。

检查点 4

右图表明三个绕一根竖直轴转动的小球。轴和每个小球中心的垂直距离已给出。根据它们对该轴的转动惯量由大到小对三个球排序。

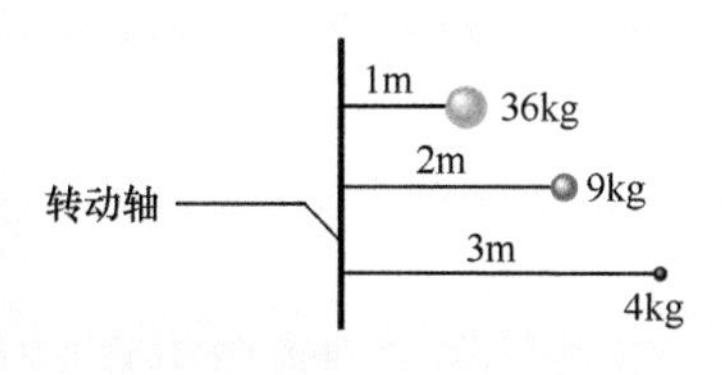

10-5 计算转动惯量

学习目标

学完这一单元后，你应当能够……

10.20 确定表 10-2 中给出的物体的转动惯量。

10.21 通过对物体的质量元积分计算该物体的转动惯量。

10.22 应用平行轴定理，即对于与通过物体质心的轴相平行但移动一定距离的转动轴求转动惯量。

关键概念

● 对分离的质点系，物体的转动惯量 I 定义为

$$I=\sum m_i r_i^2$$

对质量连续分布的物体，转动惯量定义为

$$I=\int r^2 \mathrm{d}m$$

这两个表式中的 r 和 r_i 表示从转动轴到物体的各个质量元的垂直距离，积分遍及整个物体，因而包含了每一个质量元。

● 平行轴定理把物体对任何轴的转动惯量和同一物体的经过质心的与其平行的轴的转动惯量联系起来：

$$I=I_{com}+Mh^2$$

其中，h 是两个轴之间的垂直距离；I_{com} 是物体对通过质心的轴的转动惯量。我们可以把 h 描述为实际转动轴从通过质心的转动轴平行移动的距离。

计算转动惯量

如果刚体由可数的几个质点组成，我们可以用式（10-33）：$I=\sum m_i r_i^2$ 计算它对于指定轴的转动惯量。即我们可以对每一个质点求出乘积 mr^2，然后把这些乘积相加。（记住 r 是质点到指定的转动轴的垂直距离。）

如果刚体由大量毗连的质点组成（它是连续的，比如飞碟），要利用式（10-33）就需要计算机。因此，我们将式（10-33）中的求和用积分代替，并定义物体的转动惯量为

$$I=\int r^2 \mathrm{d}m \quad \text{（转动惯量，连续物体）} \tag{10-35}$$

表 10-2 给出常见的 9 种形状的物体对图上标出的转轴的转动惯量。

表 10-2 一些常见形状物体的转动惯量

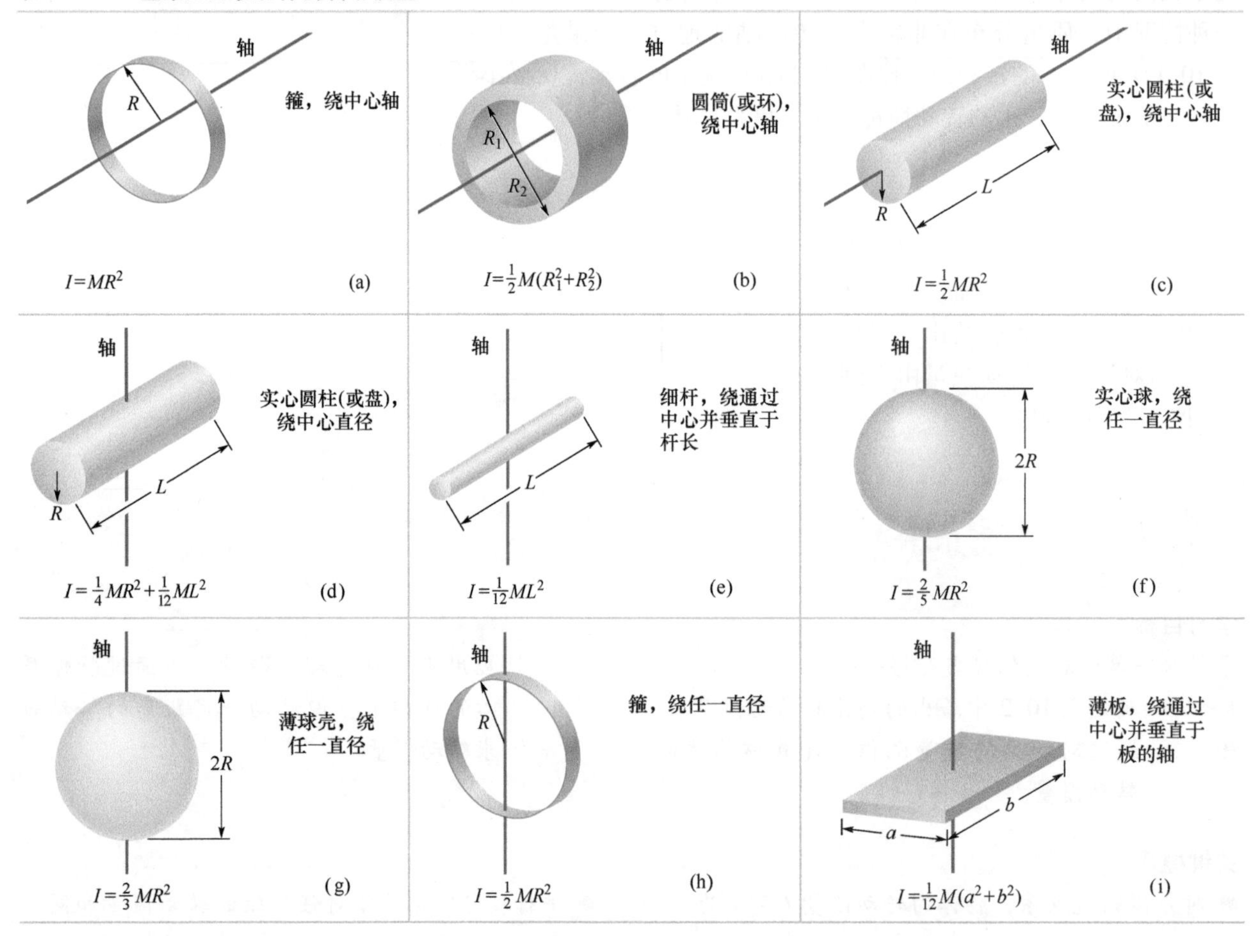

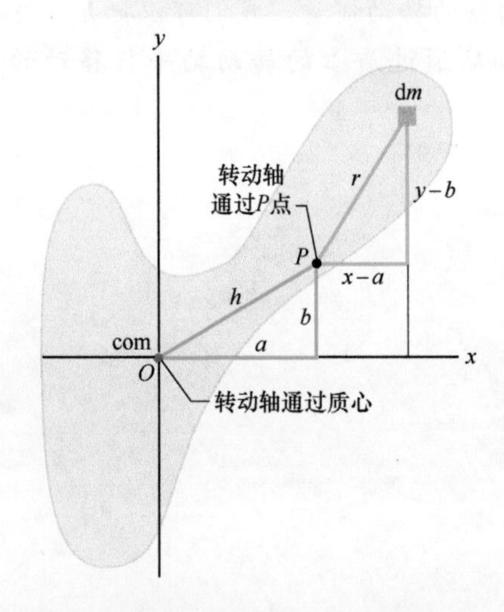

图 10-12 刚体的截面，它的质心在 O 点。平行轴定理［式（10-36）］把物体绕通过 O 点的轴的转动惯量和绕与它平行、通过例如 P 点的轴的转动惯量联系起来。P 点到物体的质心的距离为 h。

平行轴定理

如果我们要求质量 M 的物体绕给定轴的转动惯量，原则上我们总是可以用式（10-35）的积分求出 I。然而，如果恰巧我们已经知道对于通过物体质心并且与其平行的轴的转动惯量 I_{com}，就有一条方便的途径。令 h 是给定轴和通过质心的轴（要牢记这两个轴必须互相平行）之间的垂直距离。绕此给定轴的转动惯量是

$$I = I_{com} + Mh^2 \quad \text{（平行轴定理）} \qquad (10\text{-}36)$$

记住 h 是从通过质心的转动轴平移的距离。这个方程式称为**平行轴定理**。我们下面来证明它。

平行轴定理的证明

图 10-12 中表示任意形状物体的截面，O 是该物体的质心，坐标系的原点也放在 O 点。考虑通过 O 并且垂直于图面的轴和通过 P 点的另一个轴，这两个轴平行。设 P 点的 x 和 y 坐标是 a 和 b。

令 dm 是坐标为 x 和 y 的质量元。由式（10-35），物体绕通过 P 点的轴的转动惯量为

$$I = \int r^2 \mathrm{d}m = \int [(x-a)^2 + (y-b)^2] \mathrm{d}m$$

我们把这个式子重新整理：

$$I = \int (x^2 + y^2) \mathrm{d}m - 2a\int x \mathrm{d}m - 2b\int y \mathrm{d}m + \int (a^2 + b^2) \mathrm{d}m \qquad (10\text{-}37)$$

由质心的定义式（9-9），式（10-37）中间的两个积分给出质心的

坐标（乘一个常量），因此必定为零。因为 x^2+y^2 等于 R^2，R 是从 O 到 $\mathrm{d}m$ 的距离，所以第一个积分就是 I_{com}，即物体对通过它的质心的轴的转动惯量。检查一下图 10-12 可以看出式（10-37）的最后一项就是 Mh^2，M 是物体的总质量。于是，式（10-37）简化成式（10-36），这就是我们要证明的关系式。

检查点 5

图示像一本书的物体（长方形物体）和转动轴的四种选择，轴都垂直于物体表面。按物体绕各个轴的转动惯量排序，大的在先。

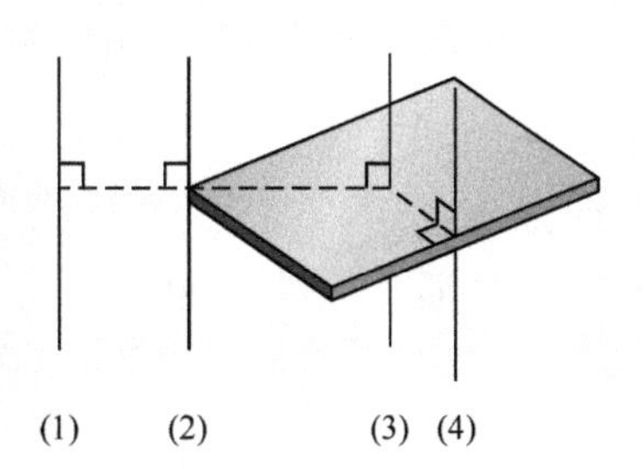

例题 10.06 两个质点系统的转动惯量

图 10-13a 表示用长度 L、质量可以忽略不计的细杆连接起来的两个质量都是 m 的质点组成的刚体。

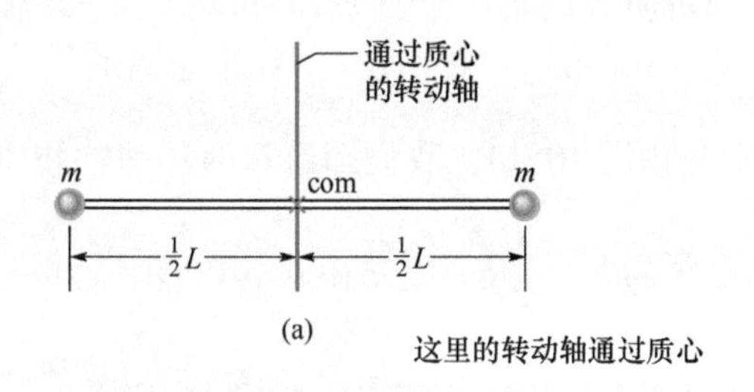

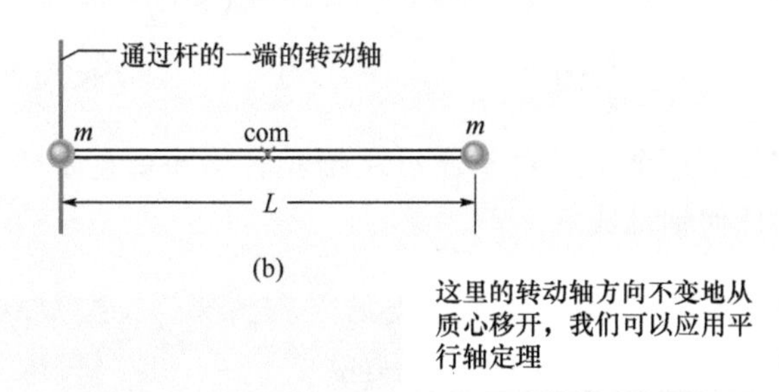

图 10-13 用质量可以忽略的细杆连接的、质量都是 m 的两个质点组成的刚体。

（a）通过质心并且垂直于细杆的轴的转动惯量是什么？

【关键概念】

因为只有两个有质量的质点，所以我们可以用式（10-33）求物体的转动惯量而不必求积分。就是说，我们求出各个质点的转动惯量然后将所得结果加起来。

解： 对于两个到转动轴的垂直距离都是 $\frac{1}{2}L$ 的质点，我们有

$$I=\sum m_i r_i^2=m\left(\frac{1}{2}L\right)^2+m\left(\frac{1}{2}L\right)^2=\frac{1}{2}mL^2 \quad \text{（答案）}$$

（b）对于通过细杆的左端并与第一个轴平行的轴（见图 10-13b），物体的转动惯量是什么？

【关键概念】

这个情况十分简单，我们可以从两种方法中随便选一种来求解 I。第一种方法和（a）小题中用的方法相同，另一种更好的方法就是用平行轴定理。

第一种方法： 我们像（a）小题中那样计算 I，只是这里的垂直距离 r_i 对左边质点为零，右边的质点为 L，现在由式（10-33）得

$$I=m(0)^2+mL^2=mL^2 \quad \text{（答案）}$$

第二种方法： 因为我们已经知道对通过质心的轴的 I_{com}，并且因为这里的轴平行于“通过质心的轴”，我们可以应用平行轴定理［式（10-36）］。求得：

$$I=I_{com}+Mh^2=\frac{1}{2}mL^2+(2m)\left(\frac{1}{2}L\right)^2=mL^2 \quad \text{（答案）}$$

例题10.07 均匀棒的转动惯量，积分

图10-14画出一根质量M、长度L的细棒，它放在x轴上，原点在棒的中心。

(a) 棒对通过中心的垂直转动轴的转动惯量是什么？

【关键概念】

(1) 棒由大量的、离转动轴距离都不相同的质点组成，我们肯定不用对各个质点的转动惯量求和。所以我们首先写出离开转动轴距离r的质量元dm的转动惯量的普遍表达式：r^2dm。

(2) 然后我们对这个表达式积分（而不是把它们一个一个加起来）以求得这些转动惯量的总和。由式(10-35)，我们写出：

$$I=\int r^2 dm \tag{10-38}$$

(3) 因为棒是均匀的，并且转动轴在中心，我们实际上是对质心计算转动惯量I_{com}。

解：我们要对坐标x求积分（不是像积分式中表示的对m积分），所以我们必须把棒的单元质量dm和它沿棒的长度单元dx联系起来。（这样的单元画在图10-14中。）因为棒是均匀的，质量对长度之比对于所有的单元和对于整个棒来说都是相同的。因此我们可以写出：

$$\frac{\text{单元的质量 } dm}{\text{单元的长度 } dx}=\frac{\text{棒的质量 } M}{\text{棒的长度 } L}$$

或

$$dm=\frac{M}{L}dx$$

我们现在可以把这个dm的结果代入式(10-38)，并用x代替r。然后我们从棒的左端到右端积分，（从$x=-L/2$到$x=L/2$），这样就包含了所有单元。我们得到：

$$I=\int_{x=-L/2}^{x=L/2}x^2\left(\frac{M}{L}\right)dx=\frac{M}{3L}\left[x^3\right]_{-L/2}^{L/2}$$

$$=\frac{M}{3L}\left[\left(\frac{L}{2}\right)^3-\left(-\frac{L}{2}\right)^3\right]=\frac{1}{12}ML^2 \quad \text{（答案）}$$

(b) 棒绕垂直于棒并通过其左端的一个新的转动轴的转动惯量是什么？

【关键概念】

我们可以把x轴的原点移到棒的左端，然后从$x=0$到$x=L$积分。然而，我们这里可以用更加有效的（也是更容易的）方法，利用平行轴定理[式(10-36)]，我们可以把转动轴方向不变地平移一下。

解：如果我们把轴放在棒的端点，并使其平行于通过质心的轴，于是我们可以应用平行轴定理[式(10-36)]。我们从(a)小题知道，$I_{com}=\frac{1}{12}ML^2$。由图10-14，我们知道新的转动轴和质心的垂直距离h是$\frac{1}{2}L$。于是由式(10-36)，得

$$I=I_{com}+Mh^2=\frac{1}{12}ML^2+(M)\left(\frac{1}{2}L\right)^2$$

$$=\frac{1}{3}ML^2 \quad \text{（答案）}$$

实际上这个结果对于通过左端或右端并垂直于棒的任何轴都成立。

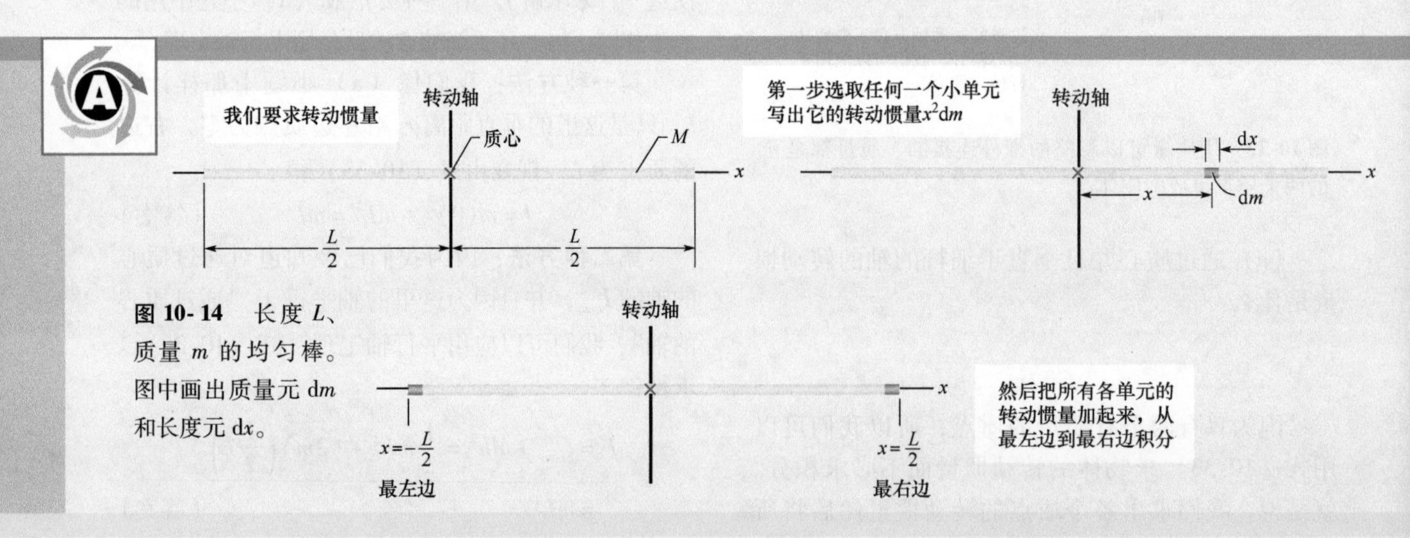

图10-14 长度L、质量m的均匀棒。图中画出质量元dm和长度元dx。

例题 10.08 **转动动能，旋转测试中发生的爆炸**

长时间高速转动的大型机器的部件先要放在旋转测试系统中检查其失效的可能性。在这个系统中，测试部件放在由铅块和防护衬垫组成的圆筒装置里旋转（达到很高的速率），所有装置都封闭在钢制外壳中固定并用盖子关紧。如果旋转致使部件碎裂，软的铅块就会捕获这些碎片，供以后分析之用。

1985 年，Test Devices 公司（www.testdevices.com）做了一个质量 $M=272\text{kg}$、半径 $R=38.0\text{cm}$ 的钢制实心转子（盘）样品的旋转测试。当样品角速率 ω 达到 14000rev/min 时，试验工程师们听到测试系统中发出冲击的闷响，测试系统位于下面隔开的一层楼，并且隔开一间房间。他们检查后发现，铅块已被抛到通向测试房间的走廊里。房间的一扇门被抛掷到旁边的停车场上，一块铅块从测试位置射出，并穿透邻居厨房的墙壁。测试建筑的结构梁已经损坏，旋转台下面的水泥地面被推挤下降了 0.5cm，900kg 的盖子被冲击向上，穿过顶棚后又回落砸在测试设备上（见图 10-15）。爆炸碎片没有穿透测试工程师的房间只是运气。

转子爆炸中释放了多少能量？

图 10-15 高速旋转的钢制圆盘爆炸造成的破坏场面。

Courtesy Test Devices, Inc.

【关键概念】

释放的能量 K 等于转子正好达到角速率 14000rev/min 时的转动动能。

解： 我们用式（10-34）：$K=\frac{1}{2}I\omega^2$ 求 K。但首先我们需要转动惯量 I 的表式。因为转子是一个像旋转木马一样转动的圆盘，I 由表 10-2c $\left(I=\frac{1}{2}MR^2\right)$ 给出。于是

$$I=\frac{1}{2}MR^2=\frac{1}{2}(272\text{kg})(0.38\text{m})^2=19.64\text{kg}\cdot\text{m}^2$$

转子的角速率是

$$\omega=(14000\text{rev/min})(2\pi\text{rad/rev})\left(\frac{1\text{min}}{60\text{s}}\right)=1.466\times10^3\text{rad/s}$$

利用式（10-34），我们求出释放的（巨大）能量：

$$K=\frac{1}{2}I\omega^2=\frac{1}{2}(19.64\text{kg}\cdot\text{m}^2)(1.466\times10^3\text{rad/s})^2=2.1\times10^7\text{J} \quad \text{（答案）}$$

10-6 转矩

学习目标

学完这一单元后，你应当能够……

10.23 懂得作用于物体上的转矩包括力和从转动轴指向力的作用点的位置矢量。

10.24 计算转矩，用到：(a) 位置矢量和力矢量之间的角度，(b) 作用线和力的矩臂，(c) 垂直于位置矢量的力的分量。

10.25 懂得要计算转矩，一定要指明转动轴。

10.26 懂得转矩有正或负的符号，取决于它倾向于使物体绕指定的转动轴转动的方向："钟是负的。"

10.27 对一个转动轴当有多个转矩作用在一个物体上时，要计算净转矩。

关键概念

- 转矩是由于力 $\vec{F}$ 作用，物体对于一个转动轴的旋转或扭转作用。$\vec{F}$ 作用在相对于轴的位置矢量 $\vec{r}$ 给出的点上，则转矩的数值是

$$\tau=rF_t=r_\perp F=rF\sin\phi$$

其中，F_t 是 $\vec{F}$ 垂直于 $\vec{r}$ 的分量；ϕ 是 $\vec{r}$ 和 $\vec{F}$ 间的角度；数量 $r_\perp$ 是转动轴和 $\vec{F}$ 矢量的延长线之间的垂直距离。这条延长线称为 $\vec{F}$ 的作用线，$r_\perp$ 称为 $\vec{F}$ 的矩臂。同理，r 是 F_t 的矩臂。

- 转矩的国际单位制单位是牛顿米（N·m）。如果转矩使静止的物体逆时针转动，则转矩 τ 为正。如果它要使物体顺时针转动就是负的。

转矩

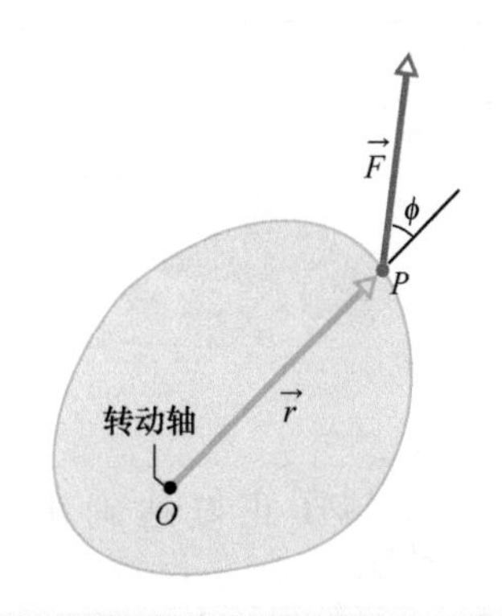

转矩，由于力$\vec{F}$引起绕转动轴转动（轴向外指着你）

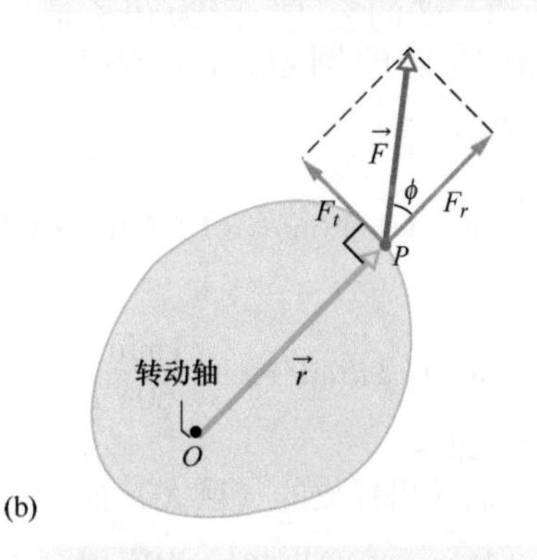

但实际上只有力的切向分量引起转动

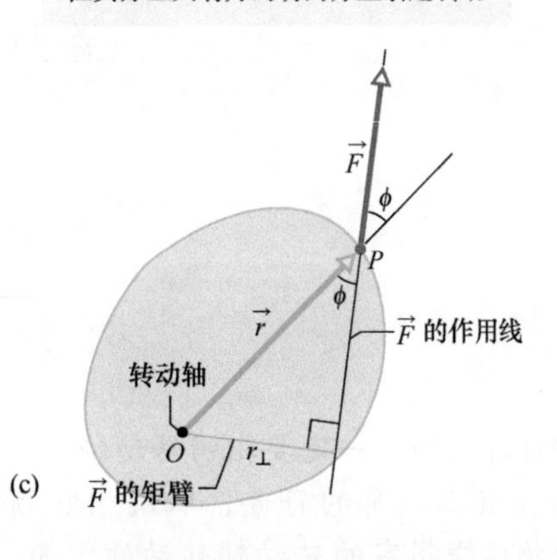

你也可以用矩臂和整个力的大小计算同一转矩

图 10-16　(a) 作用于刚体上的力 $\vec{F}$，转动轴垂直于页面。转矩可以用 (a) 角度 ϕ。(b) 力的切向分量 F_t 或 (c) 矩臂 $r_\perp$ 计算。

门把手要安放在离门的铰链尽可能远的地方是有充分理由的。如果你要打开一扇很重的门，你肯定要用力，但这还不够。你在哪个地方用力以及你推的方向是什么也是重要的。如果你把力作用在靠近铰链的地方而不是门把手上，或者作用力和门的平面不是90°角，那么你用的力必须比作用在门把手上并且垂直于门的平面所用的力更大。

图 10-16a 表示一个物体的截面，这个物体可以绕通过 O 点并且垂直于截面的轴自由地转动。力 $\vec{F}$ 作用于 P 点，P 点相对于 O 的位置由位置矢量 $\vec{r}$ 决定。矢量 $\vec{F}$ 和 $\vec{r}$ 互成 ϕ 角。（为简单起见，我们只考虑没有平行于转动轴的分量的力；所以 $\vec{F}$ 在页面上。）

为搞清楚 $\vec{F}$ 如何使物体绕转动轴转动，我们把 $\vec{F}$ 分解成两个分量（见图 10-16b）。一个分量称作*径向分量* F_r，沿着 $\vec{r}$ 的方向，这个分量不会引起转动，因为它沿着通过 O 点的直线作用。（如果你平行于门的平面拉门，你不可能使门转动。）$\vec{F}$ 的另一个分量称为*切向分量* F_t，它垂直于 $\vec{r}$，数值为 $F_t = F\sin\phi$。就是这个分量引起转动。

计算转矩。 $\vec{F}$ 转动物体的能力不仅依赖于它的切向分量的大小 F_t，还依赖于力作用点的位置离 O 有多远。要包含这两个因子，我们定义称为**转矩**的量为这两个因子的乘积，并写成：

$$\tau = (r)(F\sin\phi) \tag{10-39}$$

计算转矩的两种等价方法：

$$\tau = (r)(F\sin\phi) = rF_t \tag{10-40}$$

和

$$\tau = (r\sin\phi)(F) = r_\perp F \tag{10-41}$$

其中，$r_\perp$ 是通过 O 的转动轴和矢量 $\vec{F}$ 的延长线之间的垂直距离（见图 10-16c）。这条延长线称为 $\vec{F}$ 的**作用线**，$r_\perp$ 称为 $\vec{F}$ 的**矩臂**。图 10-16b 表示，我们可以把 $\vec{r}$ 的大小 r 看作是力的分量 F_t 的矩臂。

转矩（torque）一词来自拉丁文，意思是"扭曲"。转矩可近似地理解为力 $\vec{F}$ 的转动或扭转的作用。当你用力于一个物体——如旋具（俗称螺丝刀）或扳手——使它转动时，你作用一个转矩。转矩的国际单位制单位是牛顿米（N · m）。*注意*：牛顿米在量纲上与功相同。不过，转矩和功是完全不同的量，决不能混淆。功常常用焦耳（1J = 1N · m）表示，而转矩则从来不用。

钟是负的。 在第 11 章中我们将要用到转矩的矢量记号，但在这里讨论的是绕单一轴转动，我们只要用代数符号。如果转矩引起逆时针转动，则它是正的。如果它引起顺时针转动，就是负的。（10-1 单元中"钟是负的"的说法仍旧适用。）

转矩遵从我们在第 5 章中讨论的力的叠加原理：几个转矩作用于同一物体，**净转矩**（或**合转矩**）是各个转矩之和。净转矩的符号是 τ_{net}。

☑ 检查点 6

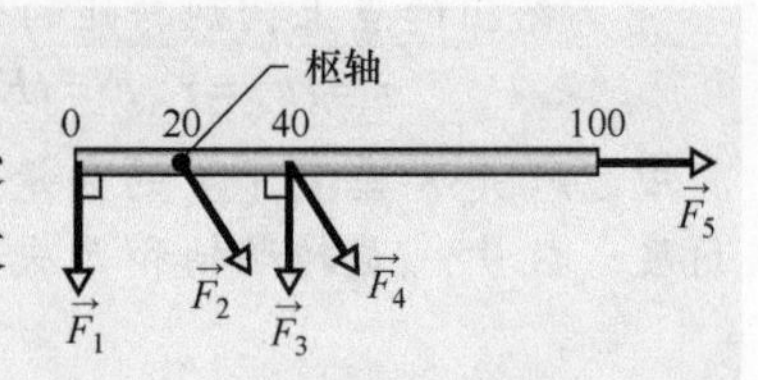

右图是一把米尺的俯视图，米尺可以绕刻度 20（20cm）的点处的枢轴转动。作用在米尺上的所有 5 个力都是水平的并且有同样的大小，按这些力产生转矩的大小排序，最大的排第一。

10-7 转动的牛顿第二定律

学习目标

学完这一单元后，你应当能够……

10.28 将牛顿第二定律应用于转动，把作用于物体的净转矩和物体的转动惯量以及转动加速度联系起来。所有计算都相对于特定的转动轴。

关键概念

- 和牛顿第二定律类似的转动定律是

$$\tau_{net}=I\alpha$$

其中，τ_{net}是作用于质点或刚体的净转矩（合转矩）；I是质点或物体绕转动轴的转动惯量；α是绕这个轴的合成角加速度。

转动的牛顿第二定律

转矩能导致刚体转动，比如你利用转矩转动一扇门。现在我们要把作用于刚体的净转矩τ_{net}和这个转矩产生的绕转动轴转动的角加速度α联系起来。我们通过类比沿坐标轴的净力F_{net}使质量为m的物体得到加速度a的牛顿第二定律（$F_{net}=ma$）来表述这件事。我们把F_{net}用τ_{net}来代替，m用I来代替，a用弧度单位的α来代替，写出：

$$\tau_{net}=I\alpha\text{（转动的牛顿第二定律）}\tag{10-42}$$

式（10-42）的证明

我们来证明式（10-42），先考虑图10-17中所示的简单情形。刚体是由质量为m的质点固定在长度为r的无质量的细杆的一端构成。细杆只能绕另一端的转动轴（枢轴）转动，枢轴垂直于页面。因此质点只能沿中心在转动轴的圆形轨道上运动。

力$\vec{F}$作用在质点上，不过因为质点只能沿圆形轨道运动，只有力的切向分量F_t（和圆形轨道相切的分量）可以使质点沿圆形轨道加速。我们可以用牛顿第二定律把F_t和质点沿圆形轨道的切向加速度联系起来，写出

$$F_t=ma_t$$

根据式（10-40），作用于质点的转矩为：

$$\tau=F_tr=ma_tr$$

由式（10-22）：$a_t=\alpha r$，我们可以把上式写成：

$$\tau=m(\alpha r)r=(mr^2)\alpha\tag{10-43}$$

右边括弧中的量是质点绕转动轴的转动惯量［参见式（10-33），但这里我们只有一个质点］。于是，用I表示转动惯量，式（10-43）简化成

$$\tau=I\alpha\text{（弧度单位量度）}\tag{10-44}$$

如果作用于质点上的力不止一个，式（10-44）成为

$$\tau_{net}=I\alpha\text{（弧度单位量度）}\tag{10-45}$$

这就是我们要证明的。我们可以把这个方程式推广到任何绕定轴转动的刚体，因为任何这样的物体都可以分解成单个质点的集合。

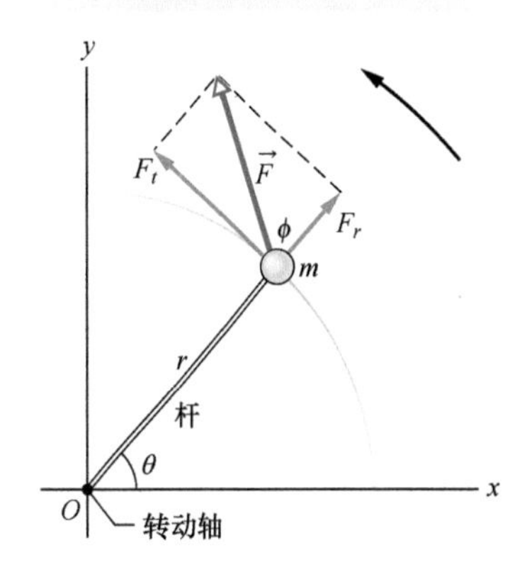

图10-17 可绕通过O的轴自由转动的一个简单刚体。它由固定在长r且无质量的杆的一端质量为m的质点构成。作用力$\vec{F}$使它转动。

检查点 7

右图所示是一把可以绕标出的在其中点左方的点转动的米尺的俯视图。两个水平力 $\vec{F}_1$ 和 $\vec{F}_2$ 作用在米尺上，图中只画出了 $\vec{F}_1$，$\vec{F}_2$ 垂直于米尺并作用在尺的右端。如果要使尺不转动，（a）$\vec{F}_2$ 的方向应如何？（b）F_2 应大于，小于，还是等于 F_1？

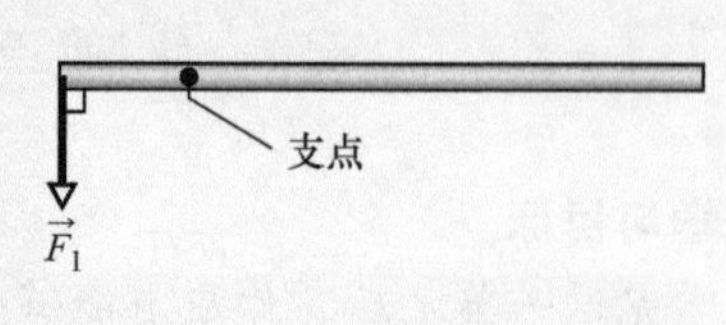

例题 10.09 在基本柔道技术“过臂摔”中应用牛顿第二定律

为了用柔道中的基本技术“过臂摔”把 80kg 的对手摔倒，你要用力 $\vec{F}$ 拉他的柔道服以矩臂 $d_1=0.30\text{m}$ 绕你右臀部的支点（转动轴）转动（见图 10-18）。你想把他以角加速度 $\alpha=-6.0\text{rad/s}^2$——即图上顺时针方向的角加速度——绕支点转动。设他对支点的转动惯量 I 是 $15\text{kg}\cdot\text{m}^2$。

（a）在你把他摔倒以前，你要使你的对手身体向前弯曲，把他的质心放在你的臀部（见图 10-18a），你用的力 $\vec{F}$ 必须有多大？

【关键概念】

根据转动的牛顿第二定律（$\tau_{\text{net}}=I\alpha$），我们可以把你作用于对手的拉力 $\vec{F}$ 和给定的加速度联系起来。

解：当对手的脚离地时，我们可以假设只有三个力作用在他身上：你的拉力 $\vec{F}$，在支点处你作用于他的力 $\vec{N}$（这个力在图 10-18 中没有画出来），以及重力 $\vec{F}_g$。要应用公式 $\tau_{\text{net}}=I\alpha$，我们需要相应的三个转矩，各自对于同一支点。

由式（10-41）：$\tau=r_\perp F$，你的拉力 $\vec{F}$ 产生的转矩等于 $-d_1F$，d_1 就是矩臂 $r_\perp$，负号表示这个转矩要引起顺时针转动。$\vec{N}$ 的转矩为零，因为 $\vec{N}$ 作用于支点，因而 N 的矩臂 $r_\perp=0$。

要计算 $\vec{F}_g$ 产生的转矩，我们可以假设 $\vec{F}_g$ 作用于你的对手的质心。他的质心在支点上时，$\vec{F}_g$ 的矩臂 $r_\perp=0$，所以 $\vec{F}_g$ 的转矩也是零。所以作用于你的对手身上的唯一转矩是来自你的拉力 $\vec{F}$，于是，我们可以把 $\tau_{\text{net}}=I\alpha$ 写成

$$-d_1F=I\alpha$$

我们求出：

$$F=\frac{-I\alpha}{d_1}=\frac{-(15\text{kg}\cdot\text{m}^2)(-6.0\text{rad/s}^2)}{0.30\text{m}}$$

$$=300\text{N} \qquad \text{（答案）}$$

（b）如果你的对手在你摔倒他以前保持直立，这样 $\vec{F}_g$ 就有矩臂 $d_2=0.12\text{m}$（见图 10-18b），你用力 $\vec{F}$ 的大小必须有多大？

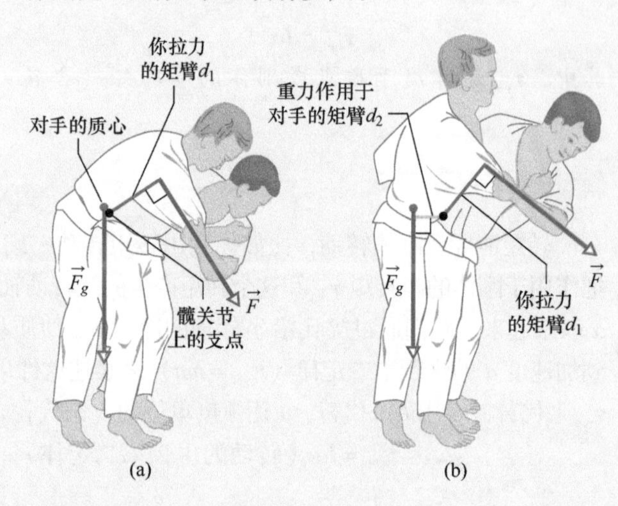

图 10-18 柔道中的“过臂摔”：（a）正确做法和（b）不正确做法。

【关键概念】

因为 $\vec{F}_g$ 的矩臂不再是零，$\vec{F}_g$ 的转矩现在等于 d_2mg，并且转矩要使他逆时针转动所以符号是正的。

解：现在我们把 $\tau_{\text{net}}=I\alpha$ 写成

$$-d_1F+d_2mg=I\alpha$$

由此得到

$$F=-\frac{I\alpha}{d_1}+\frac{d_2mg}{d_1}$$

我们从（a）小题知道，右边第一项等于 300N。将这个条件和所给的数据代入，我们得到：

$$F=300\text{N}+\frac{(0.12\text{m})(80\text{kg})(9.8\text{m/s}^2)}{0.30\text{m}}$$

$$=613.6\text{N}\approx 610\text{N} \qquad \text{（答案）}$$

这个结果表示，如果你原来没有使你的对手屈起身体，使他的质心落在你的臀部，那么你就不得不用更大的力来拉他。柔道高手从物理学中学到了这一课。确实，物理学是大多数武术的基础，人们经过许多世纪的无数次的反复试验才领会到。

例题 10.10 牛顿第二定律，转动，转矩，圆盘

图 10-19 表示一个装在水平固定轴上的均匀圆盘，它的质量为 $M=2.5\text{kg}$，半径 $R=20\text{cm}$。质量 $m=1.2\text{kg}$ 的木块用无质量的细绳绕过圆盘边缘悬挂着。求木块下落的加速度、圆盘的角加速度和绳中的张力。假设绳子没有滑动，并且轴上没有摩擦力。

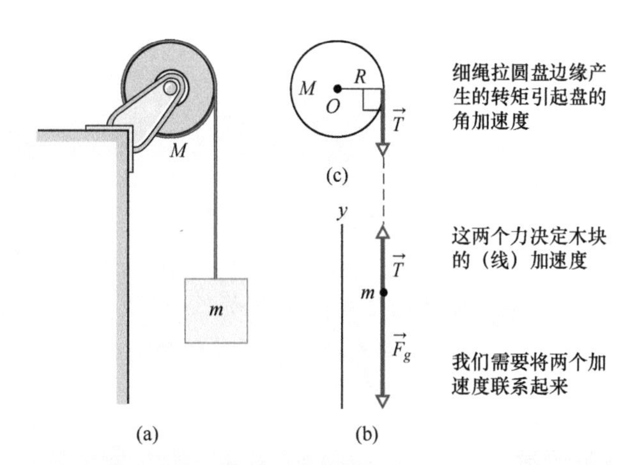

图 10-19 （a）下落的木块使圆盘转动。（b）木块的受力图。（c）圆盘不完全的受力图。

【关键概念】

（1）取木块作为一个系统，我们可以把它的加速度 a 和作用于它的力用牛顿第二定律（$\vec{F}_{net}=m\vec{a}$）联系起来。（2）取圆盘作为系统，我们可以把它的角加速度 α 和作用于它的转矩用转动的牛顿第二定律（$\tau_{net}=I\alpha$）联系起来。（3）为把木块和圆盘的运动结合起来，我们用到木块的线加速度 a 和圆盘边缘的（切向）线加速度 a_t 相等这个事实。（为了避免符号上的混淆，我们用加速度的数值和明确的代数符号。）

作用于木块上的力：这几个力表示在图 10-19b 的木块受力图中：绳的作用力是 $\vec{T}$，数值为 mg 的重力是 $\vec{F}_g$。我们现在写出沿竖直的 y 轴分量的牛顿第二定律（$F_{net,y}=ma_y$）：

$$T-mg=m(-a) \qquad (10\text{-}46)$$

其中，a 是加速度的数值（沿 y 轴向下）。不过我们不能对 a 解这个方程，因为其中还包含未知的 T。

作用于圆盘上的转矩：前面我们关注于 y 轴，现在我们转向 x 轴。这里我们讨论圆盘的转动并应用角度形式的牛顿第二定律。为计算转矩和转动惯量 I，我们取转动轴垂直于圆盘并通过它的中心，即图 10-19c 中的 O 点。

转矩由式（10-40）：$\tau=rF_t$ 给出。作用于圆盘的重力和轴作用于圆盘的力都作用在圆盘中心，因而距离 $r=0$，所以它们的转矩都是零。细绳对圆盘的力 $\vec{T}$ 作用在距离 $r=R$ 处并和圆盘边缘相切。因此，它的转矩是 $-RT$，负号是因为转矩使圆盘从静止开始顺时针转动。令 α 是负（顺时针）角加速度的数值。由表 10-2c，圆盘的转动惯量 I 是 $\frac{1}{2}MR^2$。从而我们可以把一般的方程 $\tau_{net}=I\alpha$ 写成

$$-RT=\frac{1}{2}MR^2(-\alpha) \qquad (10\text{-}47)$$

上式看上去好像没有用处，因为它有两个未知数 α 和 T，没有一个是所要求的 a。然而，考虑到下面的事实就能使它变为有用：因为细绳不会滑动，木块的线加速度数值 a 和圆盘边缘的（切向）线加速度的数值 a_t 相等。于是，由式（10-22）：$a_t=\alpha r$，我们知道这里 $\alpha=a/R$，代入式（10-47）中，得到：

$$T=\frac{1}{2}Ma \qquad (10\text{-}48)$$

综合的结果：把式（10-46）和式（10-48）两式结合起来得到

$$a=g\frac{2m}{M+2m}=(9.8\text{m/s}^2)\frac{(2)(1.2\text{kg})}{2.5\text{kg}+(2)(1.2\text{kg})}$$
$$=4.8\text{m/s}^2 \qquad \text{（答案）}$$

然后用式（10-48）求 T：

$$T=\frac{1}{2}Ma=\frac{1}{2}(2.5\text{kg})(4.8\text{m/s}^2)$$
$$=6.0\text{N} \qquad \text{（答案）}$$

正如我们预期的，下落的木块的加速度 a 小于 g，绳中的张力 T（$=6.0\text{N}$）小于悬挂着的木块受到的重力（$=mg=11.8\text{N}$）。我们还知道 a 和 T 依赖于圆盘的质量但不依赖于它的半径。

作为验算，我们注意到上面导出的公式预言对于无质量的圆盘（$M=0$）$a=g$ 和 $T=0$。这正是我们预料中的，木块像自由落体一样下落。由式（10-22），圆盘角加速度的数值是

$$\alpha=\frac{a}{R}=\frac{4.8\text{m/s}^2}{0.20\text{m}}=24\text{rad/s}^2 \qquad \text{（答案）}$$

10-8 功和转动动能

学习目标

学完这一单元后，你应当能够……

10.29 通过转矩对转动的角度积分计算作用于转动物体的转矩所做的功。

10.30 应用功-动能定理把转矩做的功和物体转动动能的改变联系起来。

10.31 将功和物体转动的角度联系起来计算恒定转矩做的功。

10.32 通过求做功的速率计算转矩的功率。

10.33 利用转矩在给定时刻的角速度计算这一时刻转矩的功率。

关键概念

- 与用于平移运动的方程式相对应的计算转动的功和功率的方程式是

$$W = \int_{\theta_i}^{\theta_f} \tau \mathrm{d}\theta$$

和

$$P = \frac{\mathrm{d}W}{\mathrm{d}t} = \tau\omega$$

- 如果 τ 是常量，上面的积分简化为

$$W = \tau(\theta_f - \theta_i)$$

- 用于转动物体的功——动能定理的形式是

$$\Delta K = K_f - K_i = \frac{1}{2}I\omega_f^2 - \frac{1}{2}I\omega_i^2 = W$$

功和转动动能

我们在第 7 章中讨论过，当力 F 使质量为 m 的刚体沿一坐标轴加速运动的时候，该力对物体做功 W。从而物体的动能 $\left(K = \frac{1}{2}mv^2\right)$ 改变。设这是物体唯一改变的能量。我们把功 W 和动能的改变 ΔK 用功-动能定理［式（7-10）］联系起来，写出：

$$\Delta K = K_f - K_i = \frac{1}{2}mv_f^2 - \frac{1}{2}mv_i^2 = W \quad (\text{功-动能定理}) \tag{10-49}$$

对于约束在 x 轴上的运动，我们可以用式（7-32）计算功：

$$W = \int_{x_i}^{x_f} F\mathrm{d}x \quad (\text{功,一维运动}) \tag{10-50}$$

当 F 是常量并且物体的位移为 d 时，这个式子简化成 $W = Fd$。做功的速率是功率，由式（7-43）和式（7-48），我们得到

$$P = \frac{\mathrm{d}W}{\mathrm{d}t} = Fv \quad (\text{功率，一维运动}) \tag{10-51}$$

我们现在来考虑与之类似的转动的情况。转矩使绕定轴转动的刚体加速转动的时候，转矩对物体做功 W。因此，物体的转动动能 $\left(K = \frac{1}{2}I\omega^2\right)$ 会改变。设这是物体唯一改变的能量。然后我们仍旧用功-动能定理把动能的改变和功联系起来，只是现在动能是转动动能：

$$\Delta K = K_f - K_i = \frac{1}{2}I\omega_f^2 - \frac{1}{2}I\omega_i^2 = W \quad (\text{功-动能定理}) \tag{10-52}$$

其中，I 是物体对固定轴的转动惯量。ω_i 和 ω_f 分别是做功前和做功后物体的角速率。

我们也可以利用与式（10-50）对应的转动公式：

$$W = \int_{\theta_i}^{\theta_f} \tau \mathrm{d}\theta \text{（功，绕定轴转动）} \quad (10\text{-}53)$$

其中，τ 是做功 W 的转矩；θ_i 和 θ_f 分别是做功以前和以后物体的角位置。如果 τ 是常量，式（10-53）简化成：

$$W = \tau(\theta_f - \theta_i) \text{（功，恒定转矩）} \quad (10\text{-}54)$$

做功的速率就是功率，我们可以用对应于转动的式（10-51）求出：

$$P = \frac{\mathrm{d}W}{\mathrm{d}t} = \tau\omega \text{（功率，绕定轴转动）} \quad (10\text{-}55)$$

表 10-3 总结了应用于刚体绕定轴转动的方程式和对应的平移运动的方程式。

表 10-3 **平移和转动的一些相对应的公式**

纯平移（固定方向）		纯转动（固定轴）	
位置	x	角位置	θ
速度	$v = \mathrm{d}x/\mathrm{d}t$	角速度	$\omega = \mathrm{d}\theta/\mathrm{d}t$
加速度	$a = \mathrm{d}v/\mathrm{d}t$	角加速度	$\alpha = \mathrm{d}\omega/\mathrm{d}t$
质量	m	转动惯量	I
牛顿第二定律	$F_{\text{net}} = ma$	牛顿第二定律	$\tau_{\text{net}} = I\alpha$
功	$W = \int F\mathrm{d}x$	功	$W = \int \tau \mathrm{d}\theta$
动能	$K = \frac{1}{2}mv^2$	动能	$K = \frac{1}{2}I\omega^2$
功率（恒定力）	$P = Fv$	功率（恒定转矩）	$P = \tau\omega$
功-动能定理	$W = \Delta K$	功-动能定理	$W = \Delta K$

式（10-52）~式（10-55）的证明

让我们再来考虑图 10-17 中的情形，其中力 $\vec{F}$ 转动一个由质量为 m 并且固定在无质量的细杆一端的单个质点组成的刚体。在转动过程中，力对该物体做功。我们假设被力 $\vec{F}$ 改变的唯一的物体能量是动能。于是我们可以应用功-动能定理公式（10-49）：

$$\Delta K = K_f - K_i = W \quad (10\text{-}56)$$

用 $K = \frac{1}{2}mv^2$ 和式（10-18）：$v = \omega r$，我们重写式（10-56）：

$$\Delta K = \frac{1}{2}mr^2\omega_f^2 - \frac{1}{2}mr^2\omega_i^2 = W \quad (10\text{-}57)$$

由式（10-33），这一个质点的物体的转动惯量是 $I = mr^2$，将它代入式（10-57），得到

$$\Delta K = \frac{1}{2}I\omega_f^2 - \frac{1}{2}I\omega_i^2 = W$$

这就是式（10-52）。虽然我们是针对一个质点的刚体导出了它，但它对于任何绕定轴转动的刚体都成立。

下面我们把图 10-17 中对物体做的功 W 和力 $\vec{F}$ 的转矩 τ 联系起来。质点在沿着它的圆形轨道移动距离 $\mathrm{d}s$ 的过程中，只有力的切向分量 F_t 使质点沿轨道加速。因此，只有 F_t 对质点做功。我们将功 $\mathrm{d}W$ 写成 $F_t\mathrm{d}s$。然而，我们可以用 $r\mathrm{d}\theta$ 代替 $\mathrm{d}s$，$\mathrm{d}\theta$ 是质点运动扫过的角度。于是我们有

$$dW = F_t r d\theta \quad (10\text{-}58)$$

由式（10-40），我们知道乘积 $F_t r$ 就等于转矩 τ，所以我们可以把式（10-58）重写为

$$dW = \tau d\theta \quad (10\text{-}59)$$

在从 θ_i 到 θ_f 的有限角位移过程中所做的功是

$$W = \int_{\theta_i}^{\theta_f} \tau d\theta$$

这就是式（10-53）。它对任何绕定轴转动的刚体都成立。式（10-54）直接来自式（10-53）。

我们可以从式（10-59）求出转动的功率：

$$P = \frac{dW}{dt} = \tau \frac{d\theta}{dt} = \tau\omega$$

这就是式（10-55）。

例题 10.11 功，转动动能，转矩，圆盘

令图10-19中的圆盘在时间 $t=0$ 时从静止开始运动，无质量的细绳中的张力是6.0N，圆盘的角加速度是 -24rad/s^2。在 $t=2.5\text{s}$ 时它的转动动能是多大？

【关键概念】

我们可以用式（10-34）：$K=I\omega^2$ 求 K。我们已经知道了 $I=\frac{1}{2}MR^2$，但我们还不知道 $t=2.5\text{s}$ 时的 ω。然而，因为角加速度 α 是常量 -24rad/s^2，我们可以用表10-1中恒定角加速度的方程式。

解： 因为我们要求 ω，而已知 α 和 $\omega_0(=0)$。我们用式（10-12），有

$$\omega = \omega_0 + \alpha t = 0 + \alpha t = \alpha t$$

将 $\omega = \alpha t$ 和 $I=\frac{1}{2}MR^2$ 代入式（10-34），我们得到

$$K = \frac{1}{2}I\omega^2 = \frac{1}{2}\left(\frac{1}{2}MR^2\right)(\alpha t)^2 = \frac{1}{4}M(R\alpha t)^2$$

$$= \frac{1}{4}(2.5\text{kg})[(0.20\text{m})(-24\text{rad/s}^2)(2.5\text{s})]^2$$

$$= 90\text{J} \quad \text{（答案）}$$

【关键概念】

我们也可以从对圆盘所做的功来求圆盘的动能，从而得到这个答案。

解： 首先，我们把圆盘动能的改变和作用于圆盘的净功 W 联系起来，利用式（10-52）的功-动能定理（$K_f - K_i = W$）。用 K 替代 K_f，0替代 K_i，我们得到

$$K = K_i + W = 0 + W = W \quad (10\text{-}60)$$

下一步我们求功 W。我们可以把 W 和作用于圆盘的转矩用式（10-53）或式（10-54）联系起来。引起角加速度并做功的唯一转矩是细绳作用于圆盘的力 $\vec{T}$ 产生的转矩，它等于 $-TR$。因为 α 是常量，这个转矩一定也是常量。于是我们可以用式（10-54）写下：

$$W = \tau(\theta_f - \theta_i) = -TR(\theta_f - \theta_i) \quad (10\text{-}61)$$

因为 α 是常量，我们可以用式（10-13）求 $\theta_f - \theta_i$。考虑到 $\omega_i = 0$，我们有

$$\theta_f - \theta_i = \omega_i t + \frac{1}{2}\alpha t^2 = 0 + \frac{1}{2}\alpha t^2 = \frac{1}{2}\alpha t^2$$

现在我们把这个表达式代入式（10-61），并把结果代入式（10-60）。代入数值 $T=6.0\text{N}$ 和 $\alpha = -24\text{rad/s}^2$，得到

$$K = W = -TR(\theta_f - \theta_i) = -TR\left(\frac{1}{2}\alpha t^2\right) = -\frac{1}{2}TR\alpha t^2$$

$$= -\frac{1}{2}(6.0\text{N})(0.20\text{m})(-24\text{rad/s}^2)(2.5\text{s})^2$$

$$= 90\text{J} \quad \text{（答案）}$$

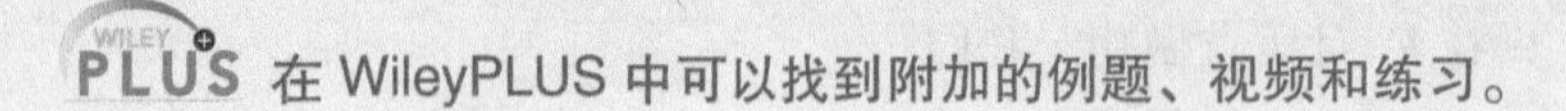

在WileyPLUS中可以找到附加的例题、视频和练习。

复习和总结

角位置 为描述刚体绕称为**转动轴**的固定轴转动，我们想象一条固定在刚体上的**参考线**，它垂直于转动轴并和物体一同转动。我们相对于固定的方向测量参考线的**角位置** θ，θ 用**弧度**为单位测量时：

$$\theta = \frac{s}{r}\ （弧度单位量度） \qquad (10\text{-}1)$$

其中，s 是半径为 r 的圆周上相对角度 θ 的一段弧长。弧度（rad）和转（rev）及度的关系为

$$1\,\text{rev} = 360° = 2\pi\,\text{rad} \qquad (10\text{-}2)$$

角位移 绕转动轴转动的物体的角位置从 θ_1 改变到 θ_2，经过的**角位移**为

$$\Delta\theta = \theta_2 - \theta_1 \qquad (10\text{-}4)$$

逆时针转动时 $\Delta\theta$ 为正，顺时针转动时则为负。

角速度和速率 在时间间隔 Δt 内物体转过角位移 $\Delta\theta$，它的**平均角速度** ω_{avg} 是

$$\omega_{avg} = \frac{\Delta\theta}{\Delta t} \qquad (10\text{-}5)$$

该物体的**（瞬时）角速度** ω 是

$$\omega = \frac{d\theta}{dt} \qquad (10\text{-}6)$$

ω_{avg} 和 ω 都是矢量，方向由图 10-6 的**右手定则**决定。逆时针转动它们是正的，顺时针转动是负的。物体角速度的数值是**角速率**。

角加速度 在时间间隔 $\Delta t = t_2 - t_1$ 内，物体的角速度从 ω_1 改变到 ω_2，物体的**平均角加速度** α_{avg} 是

$$\alpha_{avg} = \frac{\omega_2 - \omega_1}{t_2 - t_1} = \frac{\Delta\omega}{\Delta t} \qquad (10\text{-}7)$$

物体的**（瞬时）角加速度**是

$$\alpha = \frac{d\omega}{dt} \qquad (10\text{-}8)$$

α_{avg} 和 α 都是矢量。

恒定角加速度的运动学方程 恒定角加速度（α = 常量）是转动的一种重要的特殊情况。在表 10-1 中给出了相应的运动学方程：

$$\omega = \omega_0 + \alpha t \qquad (10\text{-}12)$$

$$\theta - \theta_0 = \omega_0 t + \frac{1}{2}\alpha t^2 \qquad (10\text{-}13)$$

$$\omega^2 = \omega_0^2 + 2\alpha(\theta - \theta_0) \qquad (10\text{-}14)$$

$$\theta - \theta_0 = \frac{1}{2}(\omega_0 + \omega)t \qquad (10\text{-}15)$$

$$\theta - \theta_0 = \omega t - \frac{1}{2}\alpha t^2 \qquad (10\text{-}16)$$

线变量和角变量的关系 转动的刚体上，到转动轴垂直距离为 r 的一点在半径为 r 的圆周上运动。如果刚体转过角度 θ，则该点沿圆弧运动距离 s 由下式给出：

$$s = \theta r\ （弧度单位量度） \qquad (10\text{-}17)$$

其中，θ 以弧度为单位。

该点的线速度 $\vec{v}$ 和圆相切，这一点的线速率由下式给出：

$$v = \omega r\ （弧度单位量度） \qquad (10\text{-}18)$$

该点的线加速度 $\vec{a}$ 具有切向分量和径向分量。切向分量是

$$a_t = \alpha r\ （弧度单位量度） \qquad (10\text{-}22)$$

其中，α 是物体角加速度的数值（以弧度每二次方秒为单位）。$\vec{a}$ 的径向分量为

$$a_r = \frac{v^2}{r} = \omega^2 r\ （弧度单位量度） \qquad (10\text{-}23)$$

如果该点做匀速圆周运动，该点和物体运动的周期 T 为

$$T = \frac{2\pi r}{v} = \frac{2\pi}{\omega}\ （弧度单位量度） \qquad (10\text{-}19,\ 10\text{-}20)$$

转动动能和转动惯量 绕定轴转动的刚体的动能 K 为

$$K = \frac{1}{2}I\omega^2\ （弧度单位量度） \qquad (10\text{-}34)$$

其中，I 是物体的**转动惯量**，对分立质点系统定义为

$$I = \sum m_i r_i^2 \qquad (10\text{-}33)$$

对质量连续分布的物体定义为

$$I = \int r^2\,dm \qquad (10\text{-}35)$$

这两个表式中的 r 和 r_i 表示从转动轴到物体中各个质量元的垂直距离，积分遍及整个物体从而包含每一个质量元。

平行轴定理 平行轴定理联系着物体对任一个轴的转动惯量和同一物体绕与这个轴平行并通过质心的轴的转动惯量：

$$I = I_{com} + Mh^2 \qquad (10\text{-}36)$$

其中，h 是两个轴之间的垂直距离；I_{com} 是这个物体绕通过质心的轴的转动惯量。我们可以把 h 描述为实际的转动轴从通过质心的轴移开的距离。

转矩 转矩是力 $\vec{F}$ 产生的使物体绕一转动轴转动或扭转的作用。如果 $\vec{F}$ 作用于由相对于轴的位置矢量 $\vec{r}$ 给定的点上，那么转矩的数值为

$$\tau = rF_t = r_\perp F = rF\sin\phi \qquad (10\text{-}40,\ 10\text{-}41,\ 10\text{-}39)$$

其中，F_t 是 $\vec{F}$ 垂直于 $\vec{r}$ 的分量；ϕ 是 $\vec{r}$ 和 $\vec{F}$ 间的角度；量 $r_\perp$ 是转动轴和通过矢量 $\vec{F}$ 的延长线之间的垂直距离。这条延长线称为 $\vec{F}$ 的**作用线**，$r_\perp$ 称为 $\vec{F}$ 的**矩臂**。同理，r 是 F_t 的矩臂。

在国际单位制中转矩的单位是牛顿米（N · m）。如果转矩倾向于使静止物体逆时针转动就是正的，如果它倾向于使物体顺时针转动就为负。

角度形式的牛顿第二定律 在转动的情形中牛顿第二

定律可表示为

$$\tau_{\text{net}} = I\alpha \quad (10\text{-}45)$$

其中，τ_{net}是作用于质点或刚体的净转矩；I是质点或物体对于转动轴的转动惯量；α是绕这个转动轴的角加速度。

功和转动动能 在转动中用来计算功和功率的公式和用于平移的公式相对应：

$$W = \int_{\theta_i}^{\theta_f} \tau \mathrm{d}\theta \quad (10\text{-}53)$$

及

$$P = \frac{\mathrm{d}W}{\mathrm{d}t} = \tau\omega \quad (10\text{-}55)$$

当τ是常量时，式（10-53）简化为

$$W = \tau\ (\theta_f - \theta_i) \quad (10\text{-}54)$$

适用于转动物体的功——动能定理的形式是

$$\Delta K = K_f - K_i = \frac{1}{2}I\omega_f^2 - \frac{1}{2}I\omega_i^2 = W \quad (10\text{-}52)$$

习题

1. 拖拉机的后轮半径为1.00m，前轮半径为0.250m。后轮以100rev/min的转速转动。求（a）前轮以每分钟转数表示的角速率。（b）拖拉机在10.0min内经过的距离。

2. 直升机在着陆的时候，它的旋翼从30rev/s以恒定的速率减慢，如果旋翼在2.00min内停止，它们旋转了多少次？

3. 一面涂了奶油的一片面包不小心被推出柜台边缘，它转动着下落，如果台面到地板的距离是76cm，面包片转动不到一圈就落到地面。要使涂奶油的一面朝下落到地上，面包片转动的（a）最大和（b）最小速率各是多少？

4. 转动的轮子上一点的角位置是$\theta = 2.0 + 4.0t^2 + 2.0t^3$，其中$\theta$的单位是rad，$t$的单位是s。$t = 0$时，（a）该点的角位置和（b）它的角速度各是多少？（c）$t = 3.0$s时的角速度是多大？（d）求$t = 4.0$s时的角加速度。（e）它的角加速度是常量吗？

5. 在$t = 0$时，一只旋转着的自行车车轮从屋顶上以49m/s的速率被水平地抛出。到它的竖直速率也达到49m/s时，它转了整40圈。落到这一点时它的平均角速率是多少？

6. 半径30.0cm的水平陶轮（水平放置的盘）可以绕竖直的轴转动，摩擦力可以忽略。它原来是静止的。半径2.00cm的橡胶轮子水平地贴着陶轮的边缘放置。橡胶轮装在电动机上。在$t = 0$时，电动机接通电源，橡胶轮得到恒定角加速度5.00rad/s²。由于它和陶轮相接触，所以带动陶轮也得到角加速度。当陶轮达到角速率5.00rev/s时，橡胶轮被拿开，脱离接触。此后，陶轮以5.00rev/s的转速转动。从$t = 0$到$t = 2.00$min，陶轮转动了多少整圈？

7. 图10-20中半径为30cm的轮子有8条等间距的轮辐，它安装在固定的轴上以2.5rev/s的速率旋转。你要平行于转轴射出一支20cm长的箭，使箭穿过轮子而不碰到任何一条轮辐。设箭和轮辐都非常细。（a）箭所需的最小速率为何？（b）你瞄准的转轴与轮的边缘之间的位置有什么关系？如果有关系，瞄准的最佳位置在哪里？

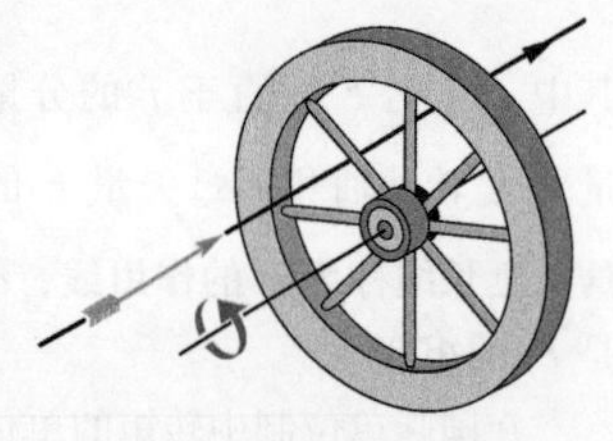

图10-20 习题7图

8. 一只轮子的角加速度是$\alpha = 6.0t^4 - 4.0t^2$，α的单位是rad/s²，t的单位是s。$t = 0$时轮子的角速度为+2.5rad/s，角位置为+1.5rad。写出以下时间（单位：s）函数的表达式：（a）角速度（rad/s）和（b）角位置（rad）。

9. 沿半径为2.00m的水平圆周运动的2.00kg的石块从静止开始经过5.00s达到角速率4.00rad/s。求石块的（a）平均角加速度，（b）对圆心的转动惯量。

10. 一只圆盘从静止开始绕它的中心轴做恒角加速度的转动。在5.0s内，它转过20rad。在这段时间里，它的（a）角加速度和（b）平均角速度的大小分别是什么？（c）在5.0s末，盘的瞬时角速度是多大？（d）在角加速度保持不变的情况下，圆盘在下一个5s时间内又转了多少角度？

11. 两只相同的圆盘A和B都可以绕垂直于盘面的轴自转。当盘A的边缘和原来静止的盘B边缘接触时，A盘的转动角速度为40rev/s，于是推动B盘开始自转。两盘接触点的摩擦使B盘加速，同时A减慢。两个盘的角速率的改变率都是2.0rev/s²。求两个盘达到相同的角速率所需的时间。

12. 一辆汽车的发动机的角速率在12s内以恒定的速率从1200rev/min增加到3200rev/min。（a）以rev/min²表示的角加速度是多少？（b）在这12s时间间隔中发动机转了多少转？

13. 一个飞轮从角速率1.5rad/s开始，转动40转后停止。（a）假设角加速度是常量，求从开始到停止总共花费的时间。（b）角加速度是多少？（c）飞轮完成40转中的前20转用了多少时间？

14. 一个圆盘绕它的中心轴从静止开始以恒角加速度转动。到某一时刻它以10rev/s的速率转动，再转60转后它的角速率是15rev/s。计算：（a）角加速度；（b）完成60转所用的时间；（c）达到角速率10rev/s所需的时间；（d）盘从静止到角速率达到10rev/s的时候转了多少转？

15. 从静止开始转动的轮子具有恒定的角加速度$\alpha = 3.0$rad/s²。在后来的某个4.0s的时间间隔中，它转过了120rad。到达这4.0s的时间间隔前经过了多少时间？

16. 一台旋转木马从静止开始以角加速度 1.20rad/s^2 转动。(a) 经过最初的 2.00rev 以及 (b) 下一个 2.00rev，各花了多少时间？

17. 一个飞轮在 $t=0$ 时有角速度 4.7rad/s 和恒角加速度 −0.25rad/s^2，而且它在 $\theta_0=0$ 处有一条参考线。(a) 转到最大角度 θ_{max} 后参考线改变转动方向，θ_{max} 是多大？参考线 (b) 第一次和 (c) 第二次通过 $\theta=\frac{1}{2}\theta_{max}$ 角度位置的时间是什么？参考线通过角位置 $\theta=10.5$rad 时的 (d) 负的时间和 (e) 正的时间各是什么？(f) 画出 θ 对 t 的曲线图，并标出你的答案。

18. 脉冲星是高速旋转的中子星，它像灯塔发射光束那样发射射电波束。星体每旋转一周我们就收到一个射电脉冲。测量脉冲之间的时间就可以知道旋转周期 T。蟹状星云中的脉冲星的旋转周期 $T=0.033$s，它以 1.26×10^{-5}s/y 的速率增加。(a) 这颗脉冲星的角加速度 α 是多大？(b) 如果 α 是常量，从现在起多少年后这颗脉冲星停止转动？(c) 这颗脉冲星是在 1054 年见到的一次超新星爆炸中产生的。设 α 是常量，求最初的 T。

19. 一只开口的水壶在半径为 0.50m 的竖直圆形轨道上运动，当转动频率小到壶在圆周顶部时，壶中的水正好处在要从壶中洒出的边缘状态。如果在火星上重复做这样的演示，火星上的重力加速度只有 3.7m/s^2，要使壶在顶部位置时壶中的水正好在要洒出壶口的边缘状态，转动频率应改变多少？

20. 一个物体绕固定轴转动，物体上的参考线的角位置由 $\theta=0.40e^{2t}$ 给出，θ 用 rad，t 用 s 为单位。考虑物体上距转动轴 6.0cm 的一点。在 $t=0$ 时，这一点的 (a) 加速度的切向分量和 (b) 加速度的径向分量各是多少？

21. 在 1911 年至 1990 年间，意大利比萨斜塔的顶部以平均速率 1.2mm/y 向南移动，塔高 55m。用 rad/s 为单位，塔顶对塔基的平均角速率是多少？

22. 一位马戏团的杂技演员驾驶一辆摩托车在半径 10.0m 的水平圆形轨道上行驶。$t=0$ 时从静止开始运动。他的速率由 $v=ct^2$ 给出，其中 $c=1.00$m/s^3。在 $t=2.00$s 时，他的总加速度矢量和他的径向加速度矢量之间的夹角是多少？

23. 直径 1.20m 的飞轮以角速率 200rev/min 旋转。(a) 用 rad/s 表示的飞轮角速率是多少？(b) 飞轮边缘上一点的线速率是多少？(c) 要使飞轮在 60.0s 内角速率增大到 1000rev/min 需要的恒定角加速度 (rev/min^2) 有多大？(d) 在这 60.0s 中飞轮旋转了多少转？

24. 播黑胶唱片的方法是把唱片放在转台上转动，唱针在唱片上近似于圆形的沟纹上滑动。沟纹上的起伏推动唱针，引起唱针上下振动。适当的装置将这些振动转换为电信号，再转换成声音。设唱片以 $33\frac{1}{3}$rev/min 的速率转动，正在放送的沟纹半径是 10.0cm，沟纹中的隆起均匀地分开距离 1.85mm。沟纹中的隆起以什么样的速率（每秒撞击数）推动唱针？

25. (a) 地球表面上位于北纬 40°处的一点绕极轴（地球绕这个轴转动）转动的角速率 ω 有多大？(b) 该点的线速率 v 是多少？赤道上一点的 (c) 角速度 ω 和 (d) 线速率 v 各是多少？

26. 蒸汽机的飞轮以恒定角速率 160rev/min 转动。关掉蒸汽供应，飞轮在轴承和空气的摩擦力作用下经过 2.2h 停止。(a) 在减慢过程中，飞轮的恒定角加速度是多大？用 rev/min^2 表示。(b) 到停止时飞轮转了多少转？(c) 在飞轮以速率 75rev/min 转动的瞬间，飞轮上距离转动轴 50cm 处的一质点的线加速度的切向分量多大？(d) 小题 (c) 中质点的净线加速度的数值是多少？

27. 放在以 $33\frac{1}{3}$rev/min 的唱机转盘上的一粒种子距离转轴 6.0cm。(a) 种子的加速度和 (b) 使它不致滑动所需的最小静摩擦系数各是多少？(c) 如转盘从静止开始在 0.25s 内以恒定的角加速度达到正常转速，为了不使种子滑动最小的静摩擦系数应该是多大？

28. 图 10-21 中，半径 $r_A=10$cm 的轮子 A 通过皮带 B 和半径 $r_C=25$cm 的轮子 C 连接起来。轮 A 的角速率从零开始以恒定的角加速度 2.0rad/s^2 增加。设皮带不打滑，求轮 C 达到角速率 100rev/min 所需的时间。（提示：如果皮带不打滑，则两个轮子边缘的线速率必定相等。）

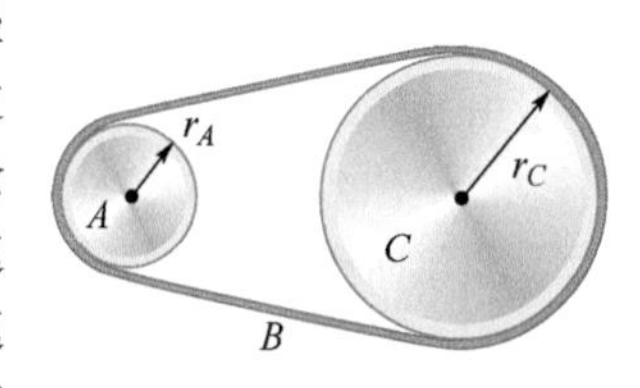

图 10-21　习题 28 图

29. 图 10-22 表示一个开有狭槽的旋转的轮子，这是早期测量光速的一种方法。光束穿过轮子外缘上的一个狭槽，射到远处的平面镜，当光束被反射回来时正好通过轮子上的下一个狭槽。有一个这种带有狭槽的轮子，它的半径为 5.0cm，边缘开有 500 个狭槽。平面镜到轮子的距离 $L=500$m，测量得到光的速率为 3.0×10^5km/s，(a) 轮子的（恒定）角速率是多少？(b) 轮子边缘上一点的线速率有多大？

30. 半径 2.62cm 的陀螺仪飞轮从静止开始以 14.2rad/s^2 的角加速度加速到角速率 2760rev/min。(a) 在此加速旋转过程中，飞轮边缘上一点的切向加速度是多少？(b) 当飞轮全速转动时这一点的径向加速度是多少？(c) 边缘上一点在加速过程中走过多少距离？

31. 半径为 0.25m 的圆盘从静止开始像旋转木马那样转动，共转过 800rad。在第一个 400rad 中，以恒定的角加速度 α_1 获得一定的角速率，然后角速率以恒定的变化率 $-\alpha_1$ 减少到重新静止。盘上任何部分的向心加速度大小都不超过 400m/s^2。(a) 转动所用的最少时间是多少？(b) 相应的 α_1 的数值有多大？

32. 一辆汽车从静止起动沿半径为 32.0m 的圆形道路

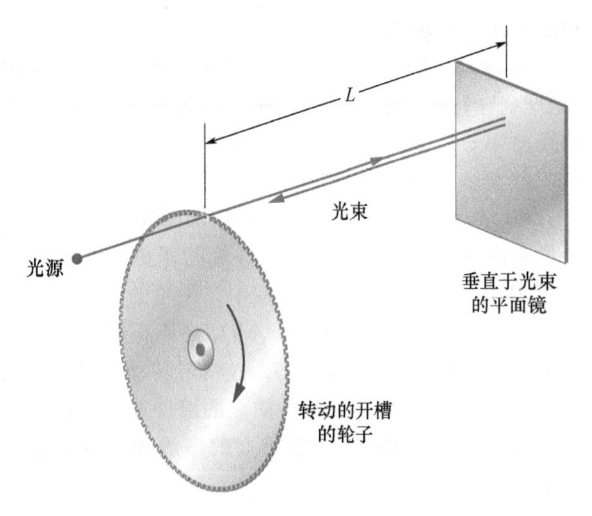

图 10-22 习题29图

行驶。它的速率以恒定的变化率 $0.600\mathrm{m/s^2}$ 增加。(a) 15.0s 后它的净线加速度数值是多少?(b) 这个净加速度矢量和这时汽车的速度之间成多大的角度?

33. (a) 一只半径 0.300m、质量 2.00kg 的均匀圆盘可以绕它的中心轴像旋转木马那样转动。它在 $t=0$ 时从静止开始转动,并得到恒定的角加速度 $30.0\mathrm{rad/s^2}$。它的转动能量什么时候等于 2000J? (b) 用同样质量和半径的圆环重复同样的计算,并假设轮辐的质量可以忽略。

34. 图 10-23 给出一根细杆绕其一端转动的角速度对时间的变化曲线。ω 轴的标度由 $\omega_s=6.0\mathrm{rad/s}$ 标定。(a) 求杆的角加速度大小。(b) $t=4.0\mathrm{s}$ 时,杆的转动动能是 1.60J。$t=0$ 时,它的动能有多大?

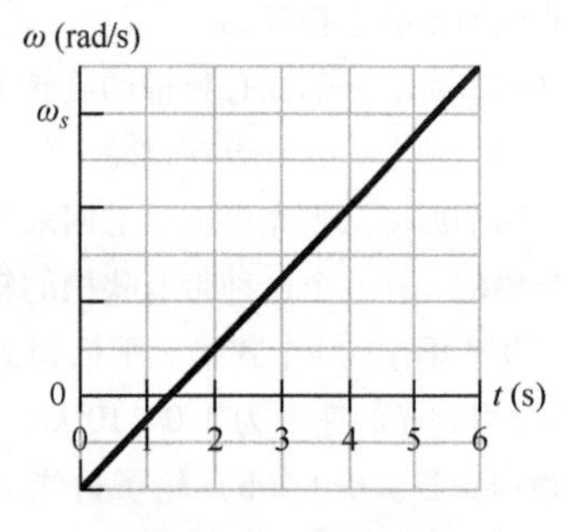

图 10-23 习题34图

35. 一把质量忽略不计的米尺可以绕距标记为"0"的点的距离为 x 的垂直轴转动。质量为 0.100kg 的小木块粘在标记为"0"的位置,质量为 0.500kg 的小木块粘在另一端标记为"1"的位置。米尺和两个木块一同以角速率 5.00rad/min 转动。(a) 如何选择 x 使整个系统的转动动能最小? (b) 最小能量是多少?

36. 图 10-24a 表示一个圆盘可以绕离中心径向距离 h 的轴转动。图 10-24b 给出圆盘绕轴的转动惯量 I 作为距离 h 的函数,h 的范围从圆心到圆盘边缘。I 轴的标度由 $I_A=0.050\mathrm{kg\cdot m^2}$ 和 $I_B=0.150\mathrm{kg\cdot m^2}$ 标出。圆盘质量是多少?

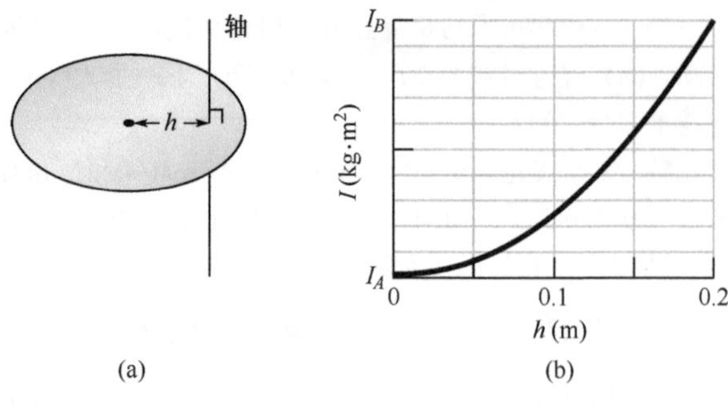

图 10-24 习题36图

37. 一把 0.5kg 的米尺可以绕垂直于米尺的轴转动。求在以下两种情况中米尺绕轴的转动惯量的差:米尺原来绕标记为"40cm"的点的垂直轴转动,然后绕标记为"10cm"点的垂直轴转动。

38. 图 10-25 中三个 0.0100kg 的质点粘牢在长度 $L=8.00\mathrm{cm}$、质量可以忽略的细杆上。这个组合可绕通过左端 O 点的垂直轴转动。我们可以拿去任一个质点(即质量的33%),如果我们拿掉的质点是 (a) 最里边的一个和 (b) 最外边的一个,这个组合绕轴的转动惯量各减少百分之几?

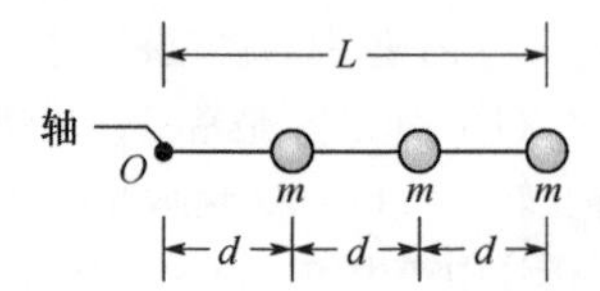

图 10-25 习题38和习题62图

39. 一个绕中心轴的、转动惯量为 $0.50\mathrm{kg\cdot m^2}$ 的轮子起初以角速率 15rad/s 转动。在 $t=0$ 时,一个人使它开始以均匀的变化率在 $t=5.0\mathrm{s}$ 时停止。(a) 到 $t=3.0\mathrm{s}$ 时,这个人做了多少功? (b) 在整个 5.0s 时间内这个人平均每秒做了多少功?

40. 图 10-26 表示 15 个相同的圆盘的排列,它们被用胶水粘接成长度为 $L=1.0000\mathrm{m}$ 的一长串,总质量 $M=100.0\mathrm{mg}$。这些盘都是均匀的,整个圆盘排列可以绕通过中央盘中心点 O 的垂直轴转动。(a) 整个圆盘排列绕这个轴的转动惯量为何? (b) 如果我们把这个排列近似地看作质量为 M、长度为 L 的均匀细杆,我们用表 10-2e 的公式计算转动惯量会造成多大的百分误差?

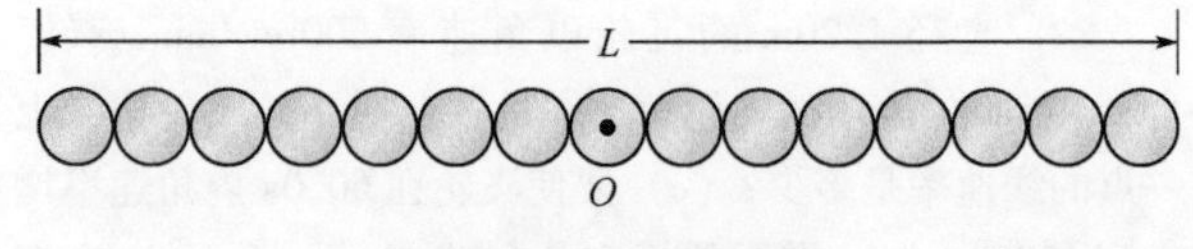

图 10-26 习题40图

41. 在图 10-27 中,两个质量都是 $m=0.85\mathrm{kg}$ 的质点用一根质量是 $M=1.2\mathrm{kg}$ 且长度 $d=5.6\mathrm{cm}$ 的细棒相互连接。并用另一根相同的棒连接到转动轴 O。这个组合系统绕转动

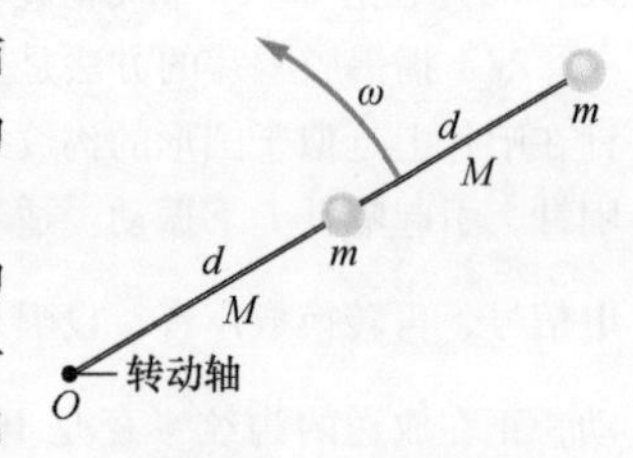

图 10-27 习题41图

轴以角速率 $\omega = 0.30 \mathrm{rad/s}$ 转动。相对于 O 点测量，(a) 组合系统的转动惯量和 (b) 动能各是多少？

42. 图 10-28 是长度为 1.0m、质量为 1.0kg 的细棒的俯视图。它静止地放在无摩擦的表面上，三颗子弹同时击中它。子弹轨道和细棒在同一平面上，并且都垂直于细棒。子弹 1 的质量是 10g，速率是 2.0m/s。子弹 2 的质量为 20g，速率是 3.0m/s，子弹 3 的质量是 30g，速率是 5.0m/s。图中标出的距离是：$a = 10\mathrm{cm}$，$b = 60\mathrm{cm}$，$c = 80\mathrm{cm}$。碰撞的结果使细棒-子弹系统绕系统的质心转动，同时质心在无摩擦的表面上做直线运动。(a) 系统质心的线速率是多少？(b) 细棒中心和系统质心之间的距离是多少？(c) 系统绕它的质心的转动惯量是多少？

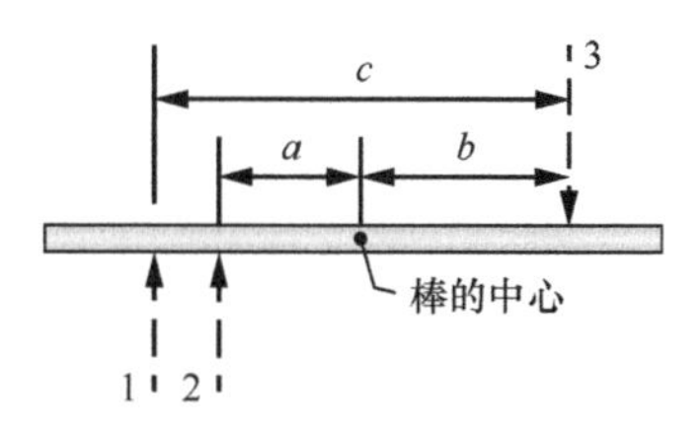

图 10-28 习题 42 图

43. 图 10-29 中的均匀木块的质量为 0.172kg，边长分别为 $a = 3.5\mathrm{cm}$，$b = 8.4\mathrm{cm}$，$c = 1.4\mathrm{cm}$。求它绕通过一个角并垂直于最大的表面的轴的转动惯量。

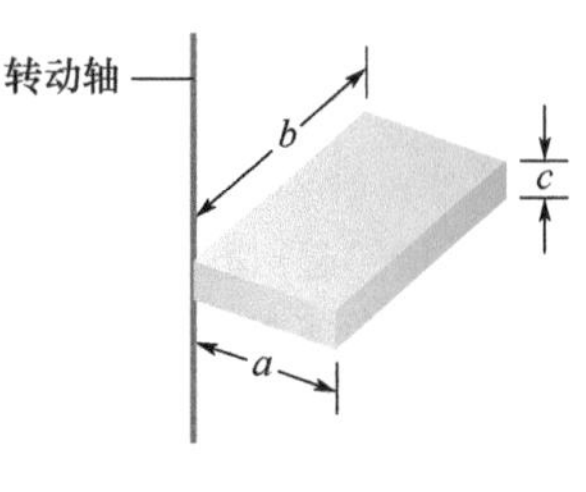

图 10-29 习题 43 图

44. 四个质量都是 0.75kg 的相同质点安放在 2.0m×2.0m 的正方形顶点，用组成正方形四条边的四根质量忽略不计的细棒把它们固定。求这个刚体的转动惯量：(a) 对于通过相对两边的中点并在正方形所在平面内的轴。(b) 通过一条边的中点并垂直于正方形所在平面的轴。(c) 在正方形所在平面内并通过对角线上相对两点的转动轴。

45. 图 10-30 中的物体的枢轴在 O 点，有两个力作用在它上面，如图所示。设 $r_1 = 1.30\mathrm{m}$，$r_2 = 2.15\mathrm{m}$，$F_1 = 4.20\mathrm{N}$，$F_2 = 4.90\mathrm{N}$，$\theta_1 = 75.0°$，以及 $\theta_2 = 60.0°$。求对枢轴的净转矩。

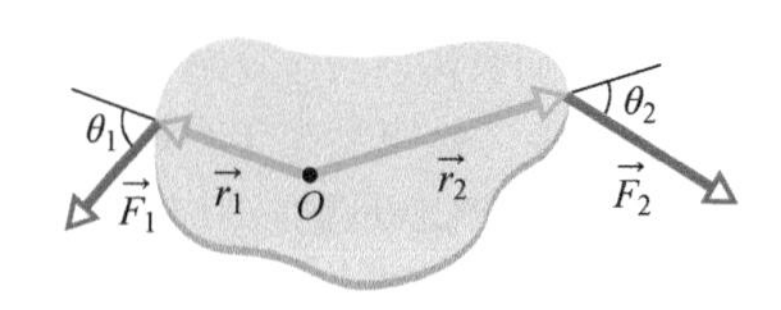

图 10-30 习题 45 图

46. 图 10-31 中的物体的枢轴在 O 点。三个力作用于其上：$F_A = 12\mathrm{N}$，作用在 A 点，距 O 点 8.0m；$F_B = 14\mathrm{N}$，作用在 B 点，离 O 点 4.0m；$F_C = 23\mathrm{N}$，作用在 C 点，距离 O 点 3.0m。求对于 O 点的净转矩。

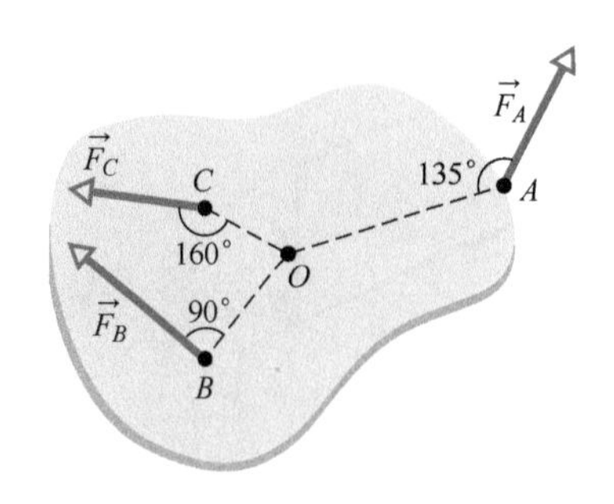

图 10-31 习题 46 图

47. 60kg 的父亲和 20kg 的孩子分坐在长 4.0m 并且质量可以忽略的跷跷板两端，枢轴可以放在父亲和孩子之间的任何位置。要把枢轴放在距孩子多远距离处才能使静止的父亲和孩子在跷跷板上保持平衡？

48. 一只 100kg 的立方体箱子放在地板上。一个孩子水平地用力推顶部边缘。如果在立方体和地板间有足够的摩擦力阻止箱子滑动，要使箱子处于翻转的临界状态，所用力的大小是多少？

49. 一根质量可以忽略的绳子缠绕在一个滑轮上，滑轮是一个质量 5.00kg、半径 0.300m 的均匀圆盘，并且可以绕中心轴无摩擦地转动。一个 1.0kg 的吊桶系在绳的自由端并悬挂在滑轮的下方。在 $t = 0$ 时放开吊桶。绕在滑轮上的绳子随着吊桶的下落开始从滑轮上松开。到 $t = 5.00\mathrm{s}$ 时，滑轮转了多少圈（吊桶还在下落）？

50. 设有 42.0N·m 的转矩作用在轮子上，产生 $25.0 \mathrm{rad/s^2}$ 的角加速度，轮子的转动惯量是多少？

51. 图 10-32 中，木块 1 质量为 $m_1 = 460\mathrm{g}$，木块 2 质量为 $m_2 = 500\mathrm{g}$，装在水平轴上的滑轮受到的摩擦力可以忽略不计，滑轮的半径 $R = 5.00\mathrm{cm}$。滑轮从静止放开，木块 2 在 5.00s 内下降 75cm。这个过程中绳子在滑轮上没有滑动。(a) 木块加速度的数值是多少？(b) 张力 T_2 和 (c) 张力 T_1 各是多少？(d) 滑轮的角加速度的数值是多少？(e) 它的转动惯量有多大？

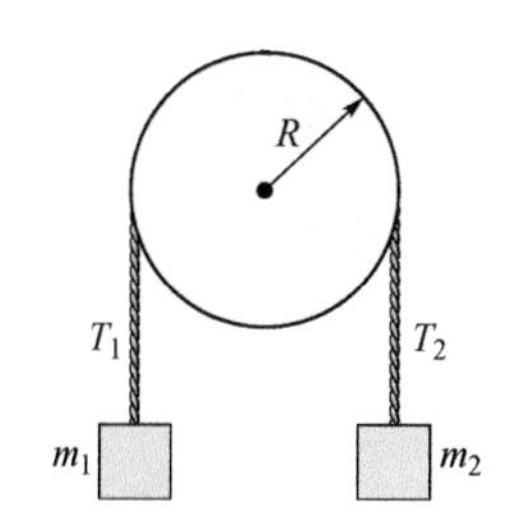

图 10-32 习题 51 图

52. 在图 10-33 中，质量 3.0kg 的圆柱体可以绕经过 O 点的中心轴转动。它受到如下力的作用：$F_1 = 6.0\mathrm{N}$，$F_2 = 4.0\mathrm{N}$，$F_3 = 2.0\mathrm{N}$，$F_4 = 5.0\mathrm{N}$。还有，$r = 5.0\mathrm{cm}$，$R = 12\mathrm{cm}$。求圆柱体的角加速度的 (a) 数值和 (b) 方向。（在转动过程中，力对圆柱体保持同样的角度。）

53. 图 10-34 是一个均匀的圆盘，它可以像旋转木马那样绕它的中心转动。圆盘半径 2.00cm，质量 20.0g，起初静止。从 $t = 0$ 时开始，两个力沿切线方向作用于盘的边缘如图所示。因此，在 $t = 1.25\mathrm{s}$ 时，圆盘具有逆时针角速度 250rad/s。力 $\vec{F}_1$ 的数值为 0.100N。$\vec{F}_2$ 的数值是多少？

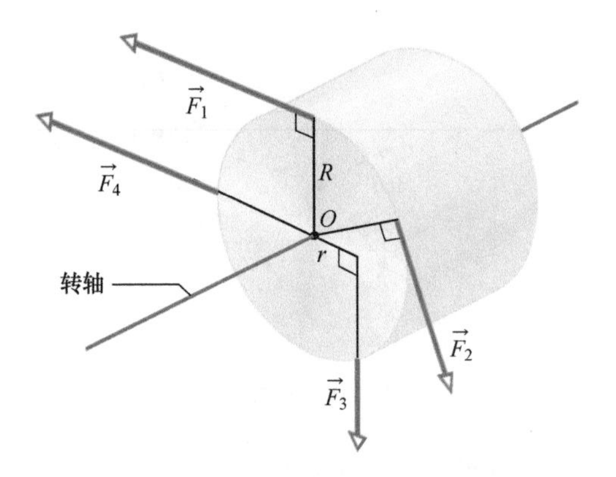

图 10-33　习题 52 图

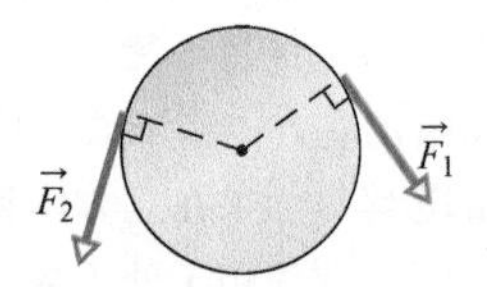

图 10-34　习题 53 图

54. 在柔道的扫脚攻击中，在你拉扯对手的柔道服的同时，用你的脚猛扫他的左脚。结果，你的对手因绕他的右脚转动而摔倒在垫子上。图 10-35 是描绘你的对手在你面对他并且左脚被击离地面时的略图。转动轴通过 O 点。重力 $\vec{F}_g$ 有效地作用在他的质心位置，质心到 O 点的水平距离 $d=28\text{cm}$。他的质量为 75kg，他绕 O 点的转动惯量是 $65\text{kg}\cdot\text{m}^2$。如果你拉他的柔道服的力 $\vec{F}_a$ 分别是（a）忽略不计，（b）在高度 $h=1.4\text{m}$，沿水平方向，大小为 300N，在这两种情况下他起初的加速度数值为何？

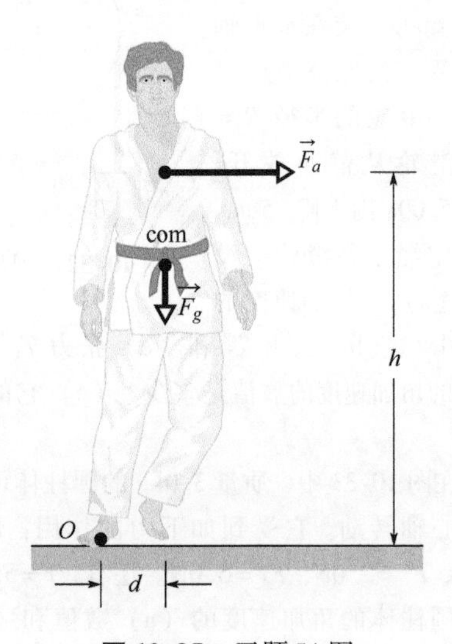

图 10-35　习题 54 图

55. 在图 10-36a 中，一块厚度和密度（单位体积的质量）都是均匀的不规则形状的塑料板绕通过 O 点并垂直于板面的轴转动。板绕这个轴的转动惯量可用以下方法测量。将一块质量 0.500kg、半径 2.00cm 的小圆盘粘到板上，圆盘中心和 O 点重合（见图 10-36b）。将一根细绳

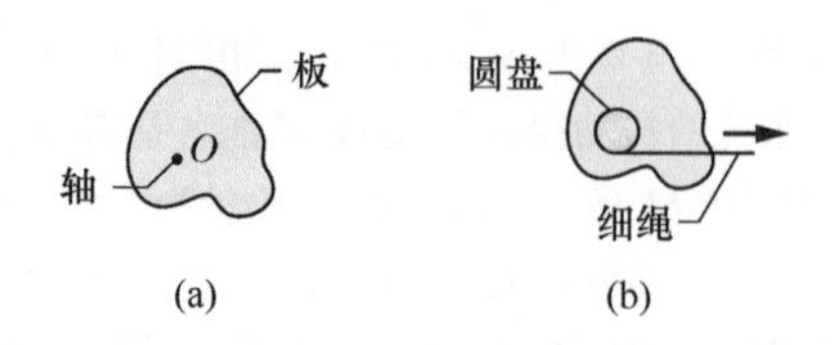

图 10-36　习题 55 图

绕在圆盘边缘，就像细绳绕在陀螺上那样。然后拉细绳 5.00s。就是用恒定的力 0.400N 通过细绳沿切线方向作用在圆盘边缘，使板和圆盘一起转动。产生的角速率是 114rad/s。板绕这根轴的转动惯量是多少？

56. 在图 10-37 中，质量都是 m 的两个质点固定在刚性、无质量的棒的两端。棒长 L_1+L_2，其中，$L_1=20\text{cm}$，$L_2=80\text{cm}$。将棒水平地放在支点上，然后放手。（a）质点 1 和（b）质点 2 的初始加速度的数值多大？

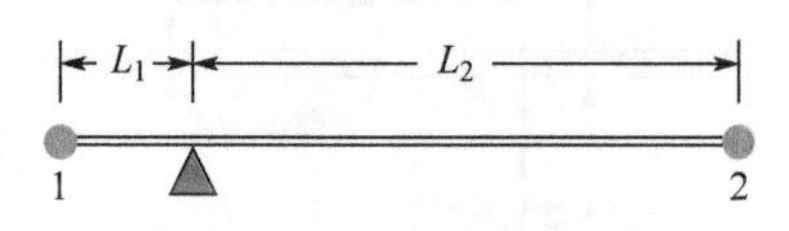

图 10-37　习题 56 图

57. 半径为 10cm、绕轴转动惯量为 $1.0\times10^{-3}\text{kg}\cdot\text{m}^2$ 的滑轮受到沿它的边缘切线方向的力的作用。力的大小随时间改变：$F=0.50t+0.30t^2$，其中 F 的单位为 N；t 的单位为 s。滑轮起初静止。在 $t=3.0\text{s}$ 时，它的（a）角加速度和（b）角速率各是多少？

58.（a）假如图 10-19 中的 $R=15\text{cm}$，$M=350\text{g}$，$m=50\text{g}$，求木块从静止开始下落 50cm 后的速率。用能量守恒原理解这个问题。（b）用 $R=5.0\text{cm}$ 重复（a）小题的计算。

59. 高 30.0m、质量 100kg 的均匀金属旗杆原来垂直竖立，突然向一边倒下。它的底端没有滑动也没有离开地面。旗杆顶端在刚撞击地面时的线速度为多少？

60. 长 0.75m、质量为 0.42kg 的细棒从一端自由地悬挂起来。它被拉向一边，放手后让它像钟摆一样摆动。经过最低位置时角速率为 3.5rad/s。忽略摩擦和空气阻力，求（a）棒在最低位置时的动能，（b）它的质心的位置最多升高到比最底位置高多少？

61. 圆盘 A 和 B 都有绕各自中心轴的转动惯量 $0.300\text{kg}\cdot\text{m}^2$ 和半径 20.0cm，它们以通过各自中心的棒为轴自由转动。为使它们绕棒以同一方向转动，每个盘都绕上细绳然后拉拽 10.0s（结束后绳子自动脱离）。拉绳的力的大小对 A 盘是 30.0N，B 盘是 20.0N。绳子脱离后，两个盘正巧撞在一起，它们之间的摩擦力使它们经过 6.00s 后有相同的角速率。（a）使它们最后都有同样角速率的平均摩擦转矩数值是多大？（b）这个转矩作用于它们所造成的动能损失是多少？（c）“损失”的能量到哪里去了？

62. 在图 10-25 中，三个质量均为 0.0100kg 的质点粘在长度为 $L=6.00\text{cm}$ 并且质量可以忽略的棒上，它们可以

绕通过一端 O 点的垂直轴转动。以下情况中改变转动角速率各需要做多大的功：(a) 从 0 到 20.0rad/s；(b) 从 20.0rad/s 到 40.0rad/s；(c) 从 40.0rad/s 到 60.0rad/s。(d) 整个系统的动能 (J) 对转动角速率的二次方 (rad^2/s^2) 作图的斜率有多大？

63. 使一把米尺一端在地板上垂直地站立。放手后任其倒下。求另一端刚好撞到地板时的速率。假定米尺在地板上的一端没有滑动。(提示：把米尺当作细棒并应用能量守恒原理。)

64. 半径 12cm、质量 25kg 的均匀圆柱体被这样安装：它可以绕和圆柱的中心长轴平行但相距 5.0cm 的水平轴自由地转动。(a) 圆柱体对这个转动轴的转动惯量是多大？(b) 如果圆柱体静止在它的中心长轴，并从与圆柱体绕之转动的轴同样高度的位置处释放，当圆柱体经过最低位置时它的角速率是多大？

65. 圆柱形的高烟囱因其基础断裂而倒下。把烟囱当作长 55.0m 的细棒。在它倒下过程中与竖直线成 35°角时，顶部的 (a) 径向加速度和 (b) 切向加速度各是多少？(提示：考虑能量，不考虑转矩。) (c) 在什么角度 θ 时切向加速度等于 g？

66. 质量 $M = 4.5$kg、半径 $R = 8.5$cm 的均匀球壳可以绕竖直的轴在无摩擦的轴承上转动 (见图 10-38)。球壳的赤道上缠绕着一根无质量的细绳，细绳通过转动惯量 $I = 3.0 \times 10^{-3}\,\text{kg}\cdot\text{m}^2$、半径 $r = 5.0$cm 的滑轮后连接到质量 $m = 0.60$kg 的小物体上。滑轮的轴上没有摩擦；细绳在滑轮上不滑动。根据能量来考虑，小物体从静止释放落下 82cm 后的速率是多大？

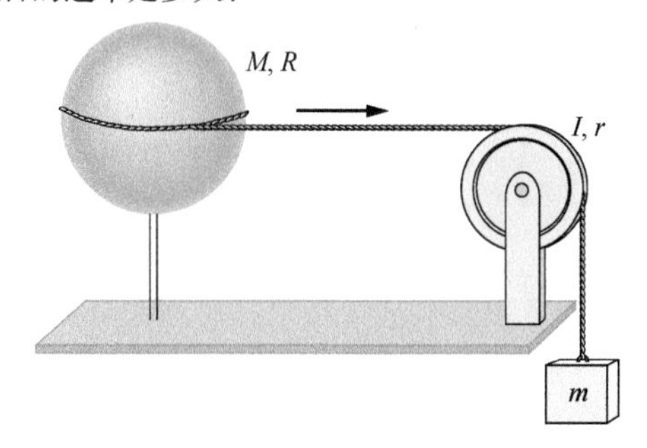

图 10-38　习题 66 图

67. 图 10-39 表示一个细箍 (质量为 m、半径 $R = 0.150$m) 和一根沿着箍的直径放置的细棒 (质量是 m，长度 $L = 2.00R$) 的刚性组合。这个组合竖直安放。如果我们轻轻地推它一下，它 (位于棒和箍所在的平面) 就会绕通过棒的下端的水平轴转动。设轻推施加给这个组合的能量可以忽略不计，当整个组合经过上下翻转 (颠倒) 的位置时，它绕转动轴的角速率有多大？

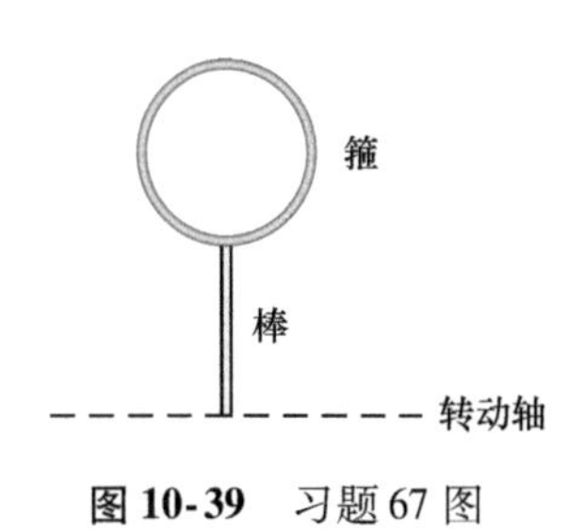

图 10-39　习题 67 图

CHAPTER 11

第 11 章 滚动、转矩和角动量

11-1 作为平移和转动组合的滚动

学习目标

学完这一单元后，你应当能够……

11.01 理解平稳的滚动可以看作纯粹的平移和纯粹的转动的组合。

11.02 应用质心速率和平稳滚动的角速率之间的关系。

关键概念

● 对一个半径为 R 的平稳滚动的轮子：

$$v_{\rm com}=\omega R$$

其中，$v_{\rm com}$是轮子质心的线速率；ω 是轮子绕其中心的角速率。

● 轮子也可以看作瞬时绕“道路”上和轮子接触的一点 P 的转动。绕这一点的角速率和轮子绕它的中心的角速率相同。

什么是物理学？

如我们在第 10 章中讨论的，物理学包括对转动的研究。可以说，有关这方面的物理学的最重要的应用是轮子或像轮子之类的物体的滚动，这样的应用物理学也已经有了很长的历史。例如，复活节岛上的史前人类把他们的巨大石雕像从采石场穿过岛屿移动很远的距离。他们把圆木作为滚子将石像放在上面拖动。到 19 世纪初，横穿美洲大陆向西迁徙的移民把他们的财产先是用马车，后来是用火车，车轮滚滚向西运送。今天，不管你喜欢还是不喜欢，世界上充满了汽车、运货车、摩托车、自行车和其他各种利用车轮滚动的运载工具。

滚动的物理学和工程学已经有了这样长的历史，你可能会想人们再也不可能发展出新的思想了。然而，不久前发明并制造出的滑板和直排轮滑鞋却获得了巨大的经济利益。街头雪撬现在很流行，自动平衡车（Segway 赛格威）（见图 11-1）有可能改变大城市中人们的出行方式。应用滚动的物理学仍有可能还会产生惊喜并得到回报。我们探究滚动物理学的起点是简化滚动。

Justin Sullivan/Getty Images, Inc.

图 11-1 会自动平衡的赛格威载人运输车。

作为平移和转动组合的滚动

这里我们只考虑在表面上平稳地滚动的物体；就是说，物体在表面上滚动而没有滑移和弹跳。图 11-2 表示平稳滚动可能是怎样的复杂：虽然物体的中心沿一平行于表面的直线运动，物体边

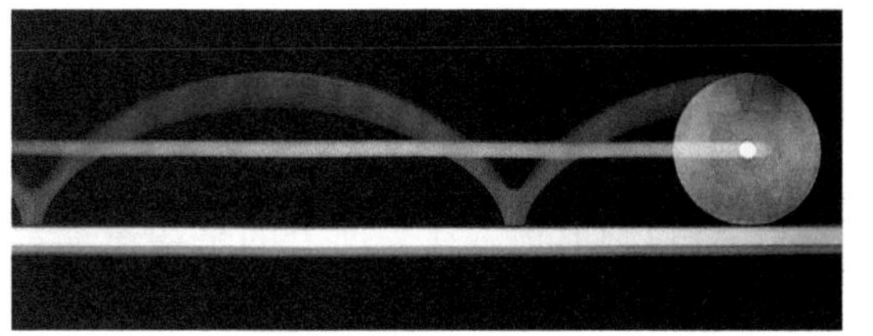

图 11-2 滚动圆盘的定时曝光照片。圆盘上固定两个小的光源，一个在圆盘中心，另一个在它的边缘。后者描绘出一条曲线，称为*旋轮线*。

缘上的一点则肯定不是。不过，我们可以把这种运动看作质心的平移和物体其余部分绕质心转动两部分的组合来研究。

要知道我们是怎样实现这些的，假设你站在人行道上观察图 11-3 的自行车轮沿马路滚动。如图所示，你看到轮子的质心以恒定的速率 v_{com} 向前运动。马路上轮子和路面接触的 P 点也以速率 v_{com} 向前移动。所以 P 始终在 O 点的正下方。

经过时间 t，你看到 O 和 P 都向前移动了距离 s。骑自行车的人看到车轮绕车轮中心转过角度 θ，在 t 开始时车轮和路面接触的点走过了弧长 s。式（10-17）把弧长 s 和转过的角度 θ 联系了起来：

$$s = \theta R \quad (11\text{-}1)$$

其中，R 是车轮半径。车轮中心（这个均匀的车轮的质心）的线速率 v_{com} 是 ds/dt。车轮绕中心的角速率 ω 是 $d\theta/dt$。将式（11-1）对时间微商（R 是常量），得到：

$$v_{com} = \omega R \text{（平稳滚动）} \quad (11\text{-}2)$$

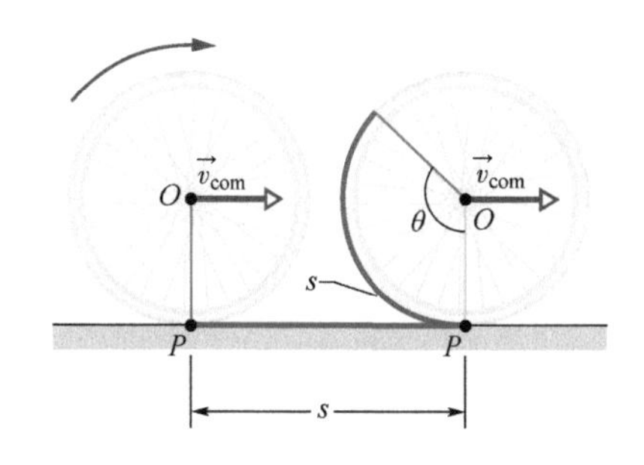

图 11-3 滚动车轮的质心以速度 $\vec{v}_{com}$ 运动，经过距离 s，同时车轮转过角度 θ。车轮和车轮在其上滚动的表面接触的 P 点也移动距离 s。

组合。图 11-4 表示车轮的滚动是纯平移和纯转动的组合。图 11-4a 表示纯转动（好像通过中心的转动轴是不动的）；车轮上的每一点都绕中心以角速度 ω 转动。（这是我们在第 10 章中讨论过的运动形式。）车轮外缘上的每一点都具有式（11-2）给出的线速率 v_{com}。图 11-4b 表示纯平移（好像车轮完全没有转动）：车轮上的每一点都一同向右以速率 v_{com} 运动。

图 11-4a 和图 11-4b 的组合得到车轮的真实滚动，即图 11-4c。注意，在这个运动的组合中，车轮底下的一点（P 点）是不动的，最高的一点（T 点）以速率 $2v_{com}$ 运动，这比车轮的其他部分都更

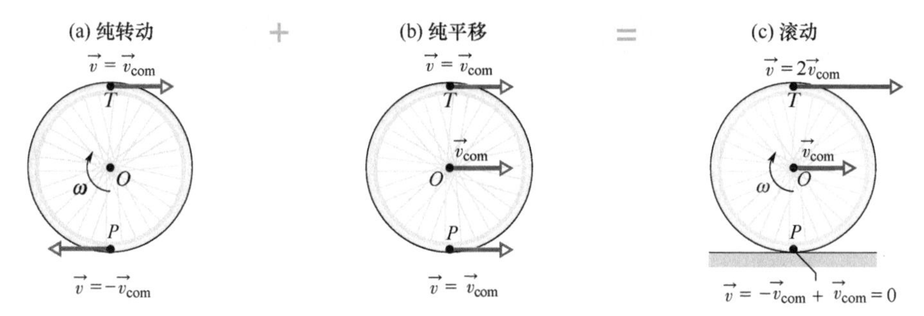

图 11-4 作为纯转动和纯平移组合的车轮滚动。（a）纯转动：车轮上所有的点都以相同的角速率 ω 转动。车轮外缘的点都以同样的线速率 $v = v_{com}$ 运动。车轮顶部（T）和底部（P）的两个这种边缘上的点的线速度 $\vec{v}$ 画在图上。（b）纯平移：车轮上所有的点都以相同的线速度 $\vec{v}_{com}$ 向右运动。（c）车轮的滚动是（a）和（b）的组合。

快。这些结论在图 11-5 中演示了出来，这张照片是滚动着的自行车轮的延时曝光照片。你们可以看出车轮最高点附近比底部附近运动得更快，因为上部的轮辐比底部的轮辐更模糊。

任何圆形物体在表面上的平稳滚动都可以分解为纯转动和纯平移，如图 11-4a 和图 11-4b 所示。

Courtesy Alice Halliday

图 11-5　滚动的自行车轮子的照片。车轮顶部附近的轮辐比车轮底部附近的轮辐显得更模糊，这是因为靠近顶部的一些轮辐运动得更快，如图 11-4c 表示的那样。

作为纯粹转动的滚动

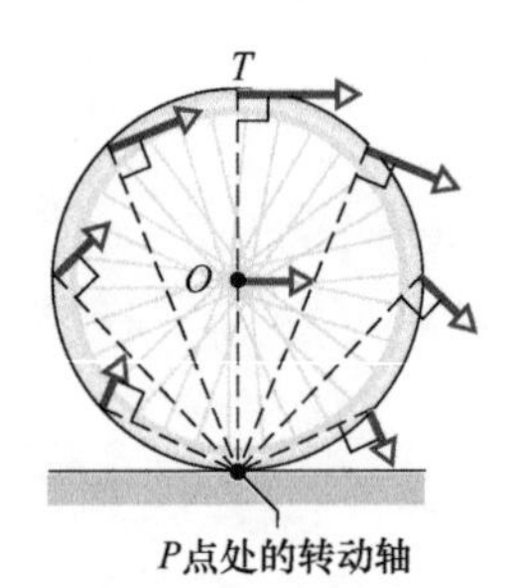

图 11-6　滚动可看作始终绕通过 P 点延伸的轴且角速率为 ω 的纯粹转动。图上的许多矢量表示在滚动的车轮上选出的一些点的瞬时线速度。你可以像图 11-4 中那样将平移和转动组合起来得到这些矢量。

图 11-6 表示用另一种方式来看车轮的滚动——即在车轮运动时始终绕通过车轮和路面接触的点延伸的轴的纯粹转动。我们把滚动看作绕着通过图 11-4c 中的 P 点并垂直于图的平面的转轴的纯转动。图 11-6 中的矢量表示滚动的车轮上一些点的瞬时速度。

问题：静止的观察者观察到滚动的自行车车轮绕这个新的转轴的角速率是多少？

答案：和骑自行车的人观察到的是同一个 ω，她或他观察到的是车轮绕通过它的质心的轴做纯粹转动。

要证明这个答案，我们从静止观察者的观点来计算滚动着的车轮顶端的线速度。我们令车轮半径为 R，车轮顶端到通过图 11-6 中 P 点的转轴的距离是 $2R$，所以顶端的线速率应该是［用式（11-2）］：

$$v_{\text{top}} = (\omega)(2R) = 2(\omega R) = 2v_{\text{com}}$$

这个结果和图 11-4c 完全一致。你们可以同样证明图 11-4c 中车轮上 O 点和 P 点位置的线速率。

检查点 1

马戏团小丑的自行车的后轮半径是前轮半径的两倍。(a) 当自行车在运动时，后轮顶端的线速率大于，小于，还是等于前轮顶端的线速率？(b) 后轮的角速率大于，小于，还是等于前轮的角速率。

11-2 滚动的力和动能

学习目标

学完这一单元后，你应当能够……

11.03 物体平稳滚动的动能等于物体质心的平移动能及物体绕质心的转动动能之和。

11.04 应用对平稳滚动的物体做的功和它的动能的改变之间的关系。

11.05 对平稳的滚动（没有滑动），机械能守恒将初始的能量数值和以后的能量数值联系起来。

11.06 画出在水平面上或者上坡或者下坡的平稳滚动的加速物体的受力图。

11.07 应用质心加速度和角加速度之间的关系。

11.08 对物体上坡或下坡的平稳滚动，应用物体的加速度，它的转动惯量和斜坡的角度之间的关系。

关键概念

- 一个平稳滚动的轮子具有动能：

$$K=\frac{1}{2}I_{com}\omega^2+\frac{1}{2}Mv_{com}^2$$

其中，I_{com}是轮子对其质心的转动惯量；M是轮子的质量。

- 如果轮子被加速但仍是平稳地滚动，质心的加速度$\vec{a}_{com}$与对质心的角加速度α之间的关系为

$$a_{com}=\alpha R$$

- 如果轮子平稳地滚下角度为θ的斜面，那么它沿斜面向上延伸的x轴的加速度为

$$a_{com,x}=-\frac{g\sin\theta}{1+I_{com}/(MR^2)}$$

滚动的动能

现在我们来计算静止的观察者测量滚动的轮子时的动能。假如我们把图11-6中的滚动看作绕通过P点的轴的纯粹转动，那么由式（10-34），我们有

$$K=\frac{1}{2}I_P\omega^2 \tag{11-3}$$

其中，ω是车轮的角速率；I_P是车轮绕通过P点的轴的转动惯量。由平行轴定理，即式（10-36）：$I=I_{com}+Mh^2$，我们有

$$I_P=I_{com}+MR^2 \tag{11-4}$$

其中，M是车轮的质量；I_{com}是它绕通过质心的轴的转动惯量；R（轮的半径）就是垂直距离h。将式（11-4）代入式（11-3），我们得到：

$$K=\frac{1}{2}I_{com}\omega^2+\frac{1}{2}MR^2\omega^2$$

利用关系式$v_{com}=\omega R$［式（11-2）］，得到

$$K=\frac{1}{2}I_{com}\omega^2+\frac{1}{2}Mv_{com}^2 \tag{11-5}$$

我们可以把$\frac{1}{2}I_{com}\omega^2$这一项解释为车轮绕通过它的质心的轴的转动动能（见图11-4a），$\frac{1}{2}Mv_{com}^2$这一项是和车轮质心平移相关的动能（见图11-4b）。从而我们得到下面的定则：

滚动的物体具有两种类型的动能：来自绕它的质心转动的转动动能$\left(\frac{1}{2}I_{com}\omega^2\right)$以及它的质心平移的平移动能$\left(\frac{1}{2}Mv_{com}^2\right)$。

滚动的力

摩擦和滚动

如果一个车轮以恒定速率滚动，如像图 11-3 中那样，它在接触点 P 处没有滑动的倾向，因此这一点上没有摩擦力作用。然而，如有净力作用在滚动的车轮上使它加快或减慢，于是这个净力使得质心沿运动方向得到加速度 $\vec{a}_{com}$。它也会使车轮的转动加快或减慢，这意味着它也引起角加速度 α。这些加速度要使车轮在 P 点处发生滑动。因此，必定要有摩擦力作用在车轮上的 P 点以对抗滑动的趋势。

如果车轮没有滑动，这个力是静摩擦力 $\vec{f}_s$，运动就是平稳滚动。这样通过把式（11-2）对时间求微商（R 是常量），我们就可以把线加速度 $\vec{a}_{com}$ 的数值和角加速度 α 联系起来。左边的 dv_{com}/dt 是 a_{com}，右边的 $d\omega/dt$ 是 α。对于平稳滚动，我们有：

$$a_{com} = \alpha R \text{（平稳滚动）} \tag{11-6}$$

如有净力作用于车轮时它实际上滑动了，则作用在图 11-3 中 P 点的摩擦力就是动摩擦力 $\vec{f}_k$。这时运动就不再是平稳滚动，式（11-6）不能应用于这种运动。在这一章里我们只讨论平稳滚动。

图 11-7 给出一个例子，图上的车轮正在平面上向右滚动时被推动越转越快，就像自行车在比赛开始时的情形。加速的转动倾向于使车轮底部的 P 点向左方滑动。P 点有一个向右方的摩擦力抵抗这个滑动的倾向。如果车轮没有滑动，这个摩擦力是静摩擦力 $\vec{f}_s$（如图所示），运动是平稳滚动，式（11-6）适用于这种运动（假如没有摩擦力，自行车竞赛就会是静止不动的，一点趣味也没有。）

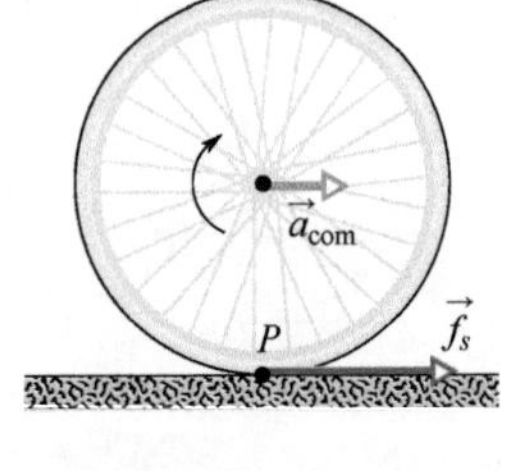

图 11-7 在比赛开始的时候自行车以线加速度 $\vec{a}_{com}$ 加速运动，车轮无滑动地水平滚动。静摩擦力 $\vec{f}_s$ 在 P 点作用于车轮，反抗它的滑动倾向。

如果图 11-7 中的车轮越转越慢，像减速的自行车上的车轮，我们就从两方面改变这个图像：质心加速度 $\vec{a}_{com}$ 的方向和 P 点摩擦力 $\vec{f}_s$ 的方向现在都要向左。

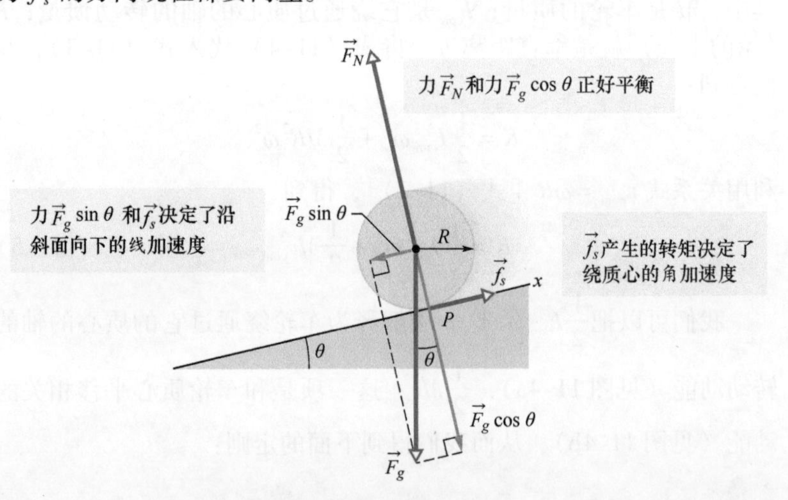

图 11-8 半径为 R 的均匀圆形物体沿斜面向下滚动。作用于它的力是重力 $\vec{F}_g$，法向力 $\vec{F}_N$ 和沿斜面指向上方的摩擦力 $\vec{f}_s$。（为清楚起见，矢量 $\vec{F}_N$ 被沿它自身的方向平移到它的尾端落在物体的中心。）

沿斜面滚下

图 11-8 画出一个质量为 M、半径为 R 的均匀圆形物体平稳地沿 x 轴从角度为 θ 的斜面上滚下。我们要导出物体从斜面上滚下的加速度 $a_{com,x}$ 的表达式。我们从牛顿第二定律的线量式（$F_{net}=Ma$）和它的角量式（$\tau_{net}=I\alpha$）来推导这个式子。

我们从画出作用在物体上的各个力开始，如图 11-8 所示：

1. 作用于物体的重力 $\vec{F}_g$ 方向向下。这个矢量的尾端被放在物体的质心上。沿斜面的分量是 $F_g\sin\theta$，它等于 $Mg\sin\theta$。

2. 法向力 $\vec{F}_N$ 垂直于斜面。它作用于接触点 P，但在图 11-8 中，这个矢量被沿着它自己的方向平移到尾端放在质心上的位置。

3. 静摩擦力 $\vec{f}_s$ 作用于接触点 P，方向沿斜面向上。（你知道为什么吗？如物体在 P 点发生滑动，它就要沿斜面滑下来。所以，抵抗滑动的摩擦力必须向着斜面的上方。）

我们可以写出沿图 11-8 中 x 轴的分量的牛顿第二定律（$F_{net,x}=ma_x$）：

$$f_s-Mg\sin\theta=Ma_{com,x} \tag{11-7}$$

上式包含两个未知数，f_s 和 $a_{com,x}$。（我们不应该假设 f_s 是它的最大值 $f_{s,max}$，我们知道的只是 f_s 的数值正好使物体能平稳地滚下斜坡而没有滑动。）

我们现在要将牛顿第二定律的角量形式用到物体绕它的质心的转动。首先，我们利用式（10-41）：$\tau=r_\perp F$ 写出作用在物体上的对这一点的转矩。摩擦力 f_s 的矩臂为 R，从而得到转矩 Rf_s，这是正的，因为从图 11-8 中看出它要使物体逆时针转动。力 $\vec{F}_g$ 和 $\vec{F}_N$ 对于质心的矩臂为零，从而产生零转矩。所以，我们可以写出对于通过物体质心的转轴的牛顿第二定律的角量形式（$\tau_{net}=I\alpha$）

$$Rf_s=I_{com}\alpha \tag{11-8}$$

上式包含两个未知数，f_s 和 α。

因为物体平稳地滚动，我们可以用式（11-6）：$a_{com}=\alpha R$ 把未知的 $a_{com,x}$ 和 α 联系起来，但我们必须小心，这里的 $a_{com,x}$ 是负数（沿 x 轴的负方向）而 α 是正数（逆时针）。因此，我们用 $-a_{com,x}/R$ 代替式（11-8）中的 α。然后解出 f_s，我们得到：

$$f_s=-I_{com}\frac{a_{com,x}}{R^2} \tag{11-9}$$

将式（11-9）的右边代入式（11-7）中的 f_s，我们得到：

$$a_{com,x}=-\frac{g\sin\theta}{1+I_{com}/(MR^2)} \tag{11-10}$$

我们可以用这个方程式求任何物体在与水平面成 θ 角的斜面上滚动的线加速度 $a_{com,x}$。

注意，由于重力的拉动使物体从斜面上往下运动，但由于摩擦力使得物体转动而滚下。如果你设法消除摩擦（譬如用冰或涂润滑油使斜面变滑），或者使得 $Mg\sin\theta$ 超过 $f_{s,max}$，这样你就使物体不再稳定地滚动，物体就要从斜面上滑下来。

检查点2

完全相同圆盘A和B，它们都以同样的速率在地板上滚动。然后圆盘A滚上斜坡，到达最大高度h，圆盘B滚上除了没有摩擦力外其他都相同的另一斜坡。圆盘B达到的最大高度是大于，小于还是等于h？

例题11.01 斜面上滚下的球

一个质量$M=6.00\text{kg}$、半径为R的均匀球体从静止开始平稳地从角度$\theta=30.0°$的斜面滚下（见图11.8）。

(a) 球下降竖直高度$h=1.20\text{m}$到达斜面底部，它到达底部时的速率为多少？

【关键概念】

球在斜面上滚下的过程中，球-地球系统的机械能E守恒。其理由是对球做功的唯一的力是重力，重力是保守力。斜面对球的法向力做功为零，因为它总是垂直于球的轨道。斜面作用在球上的摩擦力不会把任何能量转换为热能，这是因为球不滑动（它平稳地滚动）。

于是，我们可应用机械能守恒（$E_f=E_i$）：

$$K_f+U_f=K_i+U_i \tag{11-11}$$

其中，下标f和i分别表示最后的数值（在底部）和最初的数值（静止）。开始的时候重力势能是$U_i=Mgh$（M是球的质量），最后$U_f=0$；初始动能$K_i=0$。为求最后的动能K_f，我们需要加上一个概念：因为球在滚动，动能包含平移和滚动两种。所以我们用式（11-5），公式右边包含这两种能量。

解：代入式（11-11）后给出

$$\left(\frac{1}{2}I_{com}\omega^2+\frac{1}{2}Mv_{com}^2\right)+0=0+Mgh \tag{11-12}$$

其中，I_{com}是球对通过其质心的轴的转动惯量；v_{com}是要求的球到达底部时的速率；ω是球到达底部时的角速率。

因为球平稳地滚动，我们可以将式（11-2）求出的v_{com}/R代替式（11-12）中的ω以减少一个未知数。再将I_{com}用$\frac{2}{5}MR^2$（来自表10-2f）代入，解出v_{com}：

$$v_{com}=\sqrt{\left(\frac{10}{7}\right)gh}=\sqrt{\left(\frac{10}{7}\right)(9.8\text{m/s}^2)(1.20\text{m})}$$

$$=4.10\text{m/s} \qquad \text{（答案）}$$

注意，这个答案不依赖于M或R。

(b) 球在滚下斜面的时候，摩擦力的数值和方向为何？

【关键概念】

因为球平稳地滚动，式（11-9）给出对球的摩擦力。

解：在我们用式（11-9）以前，我们需要从式（11-10）求出球的加速度$a_{com,x}$：

$$a_{com,x}=-\frac{g\sin\theta}{1+I_{com}/(MR^2)}=-\frac{g\sin\theta}{1+\frac{2}{5}MR^2/(MR^2)}$$

$$=-\frac{(9.8\text{m/s}^2)\sin30°}{1+\frac{2}{5}}=-3.50\text{m/s}^2$$

注意，要求$a_{com,x}$，我们既不需要M，也不需要R。因此，有任何数量的均匀质量和任何大小的球从30°斜面滚下时都有这个平稳滚动加速度。

现在我们可以解式（11-9）：

$$f_s=-I_{com}\frac{a_{com,x}}{R^2}=-\frac{2}{5}MR^2\frac{a_{com,x}}{R^2}=-\frac{2}{5}Ma_{com,x}$$

$$=\left(-\frac{2}{5}6.00\text{kg}\right)(-3.50\text{m/s}^2)=8.40\text{N}$$

（答案）

注意，我们需要质量M但不需要半径R。因此，作用在平稳地滚下30.0°的斜面的任何6.00kg的球上的摩擦力是8.40N，与球的半径无关，但对于更大质量的球体，摩擦力就更大。

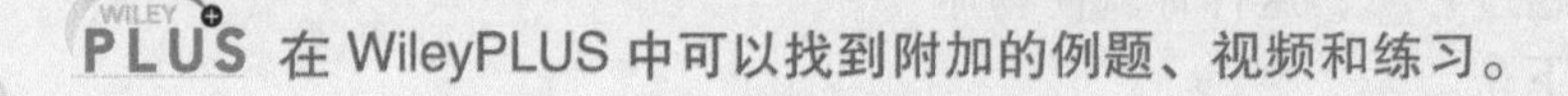

11-3 溜溜球

学习目标

学完这一单元后，你应当能够……

11.09 画出沿悬挂它的线向上或向下运动的溜溜球的受力图。

11.10 懂得溜溜球实际上是沿倾斜角90°的斜面平稳地上下滚动的物体。

11.11 对一个沿悬挂它的绳子向上或向下运动的溜溜球，应用溜溜球的加速度和它的转动惯量之间的关系。

11.12 确定溜溜球向上或向下运动时悬挂溜溜球的绳子上的张力。

关键概念

- 沿悬挂的绳子竖直向上或向下运动的溜溜球可以看作是在90°角倾斜的平面上滚动的轮子。

溜溜球

溜溜球是个你可以把它放在口袋里的物理实验室。如果一只溜溜球在绳上滚下一段距离 h，它失去了数量为 mgh 的势能，但得到了平移$\left(\frac{1}{2}Mv_{com}^2\right)$和转动$\left(\frac{1}{2}I_{com}\omega^2\right)$两种形式的动能。它回升后，又失去了动能并重新获得势能。

现代的溜溜球中，绳子不是紧紧系在轴上而是做成绳圈套在轴上。当溜溜球“冲击”绳的底端时，绳子作用在轴上的一个向上的力使溜溜球停止下降，然后溜溜球的轴套在绳圈里面做自转，这时只有转动动能。溜溜球保持自旋状态（“睡眠”）直到你突然猛扯绳子“唤醒它”，这使绳子缠住转轴，溜溜球就顺着绳子往上爬回去。可以在开始时将溜溜球用力往下抛掷，从而使溜溜球在绳子底部（就是“睡眠”的时候）的转动动能量大大地增加，这样它沿绳子下降就有初速率 v_{com} 和 ω 而不是从静止开始滚下。

为求溜溜球沿绳子滚下的线加速度 a_{com} 的表达式，我们可以用牛顿第二定律（线量和角量形式），就如同我们对图 11-8 中物体从斜面上滚下的情形那样。除了以下几点，其余的分析和前面相同：

1. 代替沿和水平成 θ 角的斜面滚下，溜溜球沿和水平成 $\theta=90°$角的绳子滚下。

2. 代替半径为 R 的圆形物体的外表面上滚动，溜溜球在半径 R_0 的轴上滚动（见图 11-9a）。

3. 代替摩擦力 $\vec{f}_s$ 造成的减速，溜溜球受到绳子对它的力 T 的作用而减速（见图 11-9b）。

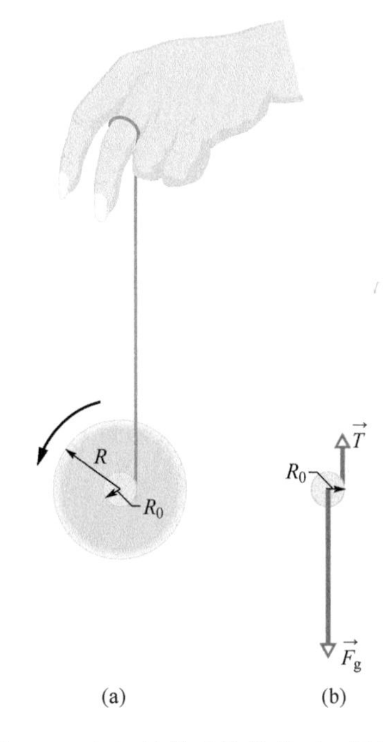

图 11-9 （a）溜溜球的横截面。粗细可以忽略的绳子绕在半径为 R_0 的轴上。（b）下落的溜溜球的受力图。只画出了它的轴。

以上分析把我们再次引导到式（11-10）。因此，我们只要改变式（11-10）中的记号并令 $\theta=90°$，得到线加速度为

$$a_{com}=-\frac{g}{1+I_{com}/(MR_0^{\ 2})} \tag{11-13}$$

其中，I_{com}是溜溜球对中心轴的转动惯量；M 是它的质量。溜溜球向上回升时同样具有向下加速度。

11-4 再论转矩

学习目标

学完这一单元后，你应当能够……

11.13 懂得转矩是矢量。

11.14 懂得计算转矩的参考点总是必须指明。

11.15 用质点的位置矢量和力矢量的叉积计算作用在该质点上的力产生的转矩，用单位-矢量记号或数值-角度记号都可。

11.16 用叉积的右手定则确定转矩矢量的方向。

关键概念

- 在三维空间中，转矩 $\vec{\tau}$ 是相对于一固定点（通常是原点）定义的矢量，它是

$$\vec{\tau}=\vec{r}\times\vec{F}$$

其中，$\vec{F}$ 是作用于质点的力；$\vec{r}$ 是相对于固定点标定质点位置的位置矢量。

- $\vec{\tau}$ 的数值由下式给出：

$$\tau=rF\sin\phi=rF_{\perp}=r_{\perp}F$$

其中，ϕ 是 $\vec{F}$ 和 $\vec{r}$ 之间的夹角；$F_{\perp}$ 是垂直于 $\vec{r}$ 的 $\vec{F}$ 的分量；$r_{\perp}$ 是 $\vec{F}$ 的矩臂。

- $\vec{\tau}$ 的方向由叉积的右手定则给定。

再论转矩

在第 10 章中，我们对绕定轴转动的刚体定义了转矩。我们现在把转矩的定义推广到应用于沿任意路径运动的个别质点相对于某一固定点（而不是固定轴）的情形。质点运动的路径不再要求是圆，并且我们必须把转矩写作可以有任何方向的矢量 $\vec{\tau}$。我们可以用公式计算转矩的数值并用叉积的右手定则确定它的方向。

图 11-10a 画出 xy 平面上位于 A 点的这样一个质点。这个平面上的一个力作用在该质点上，质点关于原点 O 的位置可由位置矢量 $\vec{r}$ 给出。作用于质点关于固定点 O 的转矩 $\vec{\tau}$ 是下式定义的矢量：

$$\vec{\tau}=\vec{r}\times\vec{F}\text{（转矩定义）}\tag{11-14}$$

我们可以用 3-3 单元中的法则计算这个 $\vec{\tau}$ 的定义中的矢（叉）积，我们平移矢量 $\vec{F}$（方向不变）使它的尾端位于原点 O。这样，矢积的两个矢量的尾端就重合在一起，如图 11-10b 所示。然后我

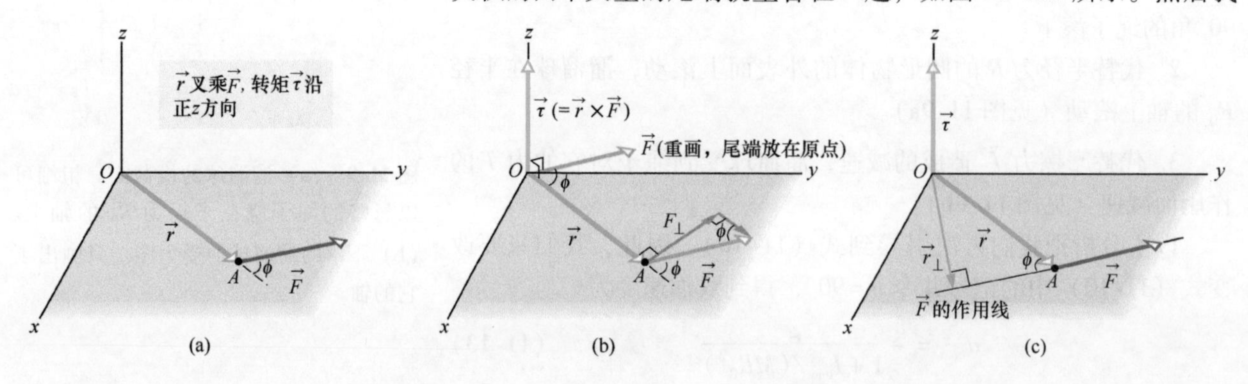

图 11-10 定义转矩。(a) xy 平面上的力 $\vec{F}$ 作用于位于 A 的质点。(b) 作用在质点上的力相对于原点 O 产生转矩 $\vec{\tau}$ (= $\vec{r}\times\vec{F}$)。根据矢（叉）积的右手定则，转矩矢量指向正 z 方向。它的数值由 (b) 图中 $rF_{\perp}$ 或 (c) 图中 $r_{\perp}F$ 给出。

们用图 3-19a 中的右手定则，右手四指从 $\vec{r}$（乘积中的第一个矢量）扫向 $\vec{F}$（第二个矢量）。伸出的右手大拇指就给出 $\vec{\tau}$ 的方向。在图 11-10b 中，它在 z 轴的正方向。

要确定 $\vec{\tau}$ 的大小，我们应用式（3-27）的一般结果（$c = ab\sin\phi$），求得

$$\tau = rF\sin\phi \tag{11-15}$$

其中，ϕ 是当两个矢量 $\vec{r}$ 和 $\vec{F}$ 的尾端相接时，二者之间所成的较小的角度。从图 11-10b，我们看出式（11-15）可以重写成

$$\tau = rF_{\perp} \tag{11-16}$$

其中，$F_{\perp}(=F\sin\phi)$ 是 $\vec{F}$ 垂直于 $\vec{r}$ 的分量。我们从图 11-10c 看到，式（11-15）也可以写成

$$\tau = r_{\perp}F \tag{11-17}$$

其中，$r_{\perp}(=r\sin\phi)$ 是 $\vec{F}$ 的矩臂（O 和 $\vec{F}$ 的作用线之间的垂直矩离）。

检查点 3

质点的位置矢量 $\vec{r}$ 指向 z 轴正方向。如果作用在质点上的转矩是（a）零，（b）在 x 的负方向，（c）在 y 的负方向，产生转矩的力在哪个方向上？

例题 11.02 作用在质点上的力产生的转矩

在图 11-11a 中，大小都是 2.0N 的三个力作用在同一个质点上。质点位于 xz 平面上由位置矢量 $\vec{r}$ 给定的 A 点，$r=3.0\text{m}$，$\theta=30°$。各个力对原点 O 的转矩各是什么？

【关键概念】

因为这三个力矢量不在一个平面上，我们必须用叉积，其数值由式（11-15）：$\tau = rF\sin\phi$ 给出，方向由右手定则确定。

解：因为我们要求对原点 O 的转矩，每一次叉积所用到的矢量 $\vec{r}$ 就是给定的位置矢量。为确定 $\vec{r}$ 和各个力之间的角度 ϕ，我们依次将图 11-11a 中的三个力矢量平移，把它们的尾端移到原点。图 11-11b、c、d 是 xz 平面的正视图，这些图分别表示平移后的力矢量 $\vec{F}_1$、$\vec{F}_2$ 和 $\vec{F}_3$。（这样力矢量和位置矢量之间的夹角可以更容易地看出来。）在图 11-11d 中，$\vec{r}$ 和 $\vec{F}_3$ 之间的角度是 90°，符号⊗表示 $\vec{F}_3$ 垂直纸面向里。（垂直纸面向外，我们就用⊙表示。）

现在用式（11-15），我们得到：

$$\tau_1 = rF_1\sin\phi_1 = (3.0\text{m})(2.0\text{N})(\sin150°) = 3.0\text{N}\cdot\text{m}$$

$$\tau_2 = rF_2\sin\phi_2 = (3.0\text{m})(2.0\text{N})(\sin120°) = 5.2\text{N}\cdot\text{m}$$

$$\tau_3 = rF_3\sin\phi_3 = (3.0\text{m})(2.0\text{N})(\sin90°) = 6.0\text{N}\cdot\text{m}$$

（答案）

接下来我们用右手定则，把右手的四个手指经过它们的方向所成的两个角度中较小的那个角从 $\vec{r}$ 转到 $\vec{F}$。大拇指指向转矩的方向。所以图 11-11b 中 $\vec{\tau}_1$ 指向书页里边；图 11-11c 中 $\vec{\tau}_2$ 指向书页外；$\vec{\tau}_3$ 的方向如图 11-11d 中所示。所有三个转矩矢量都画在图 11-11e 中。

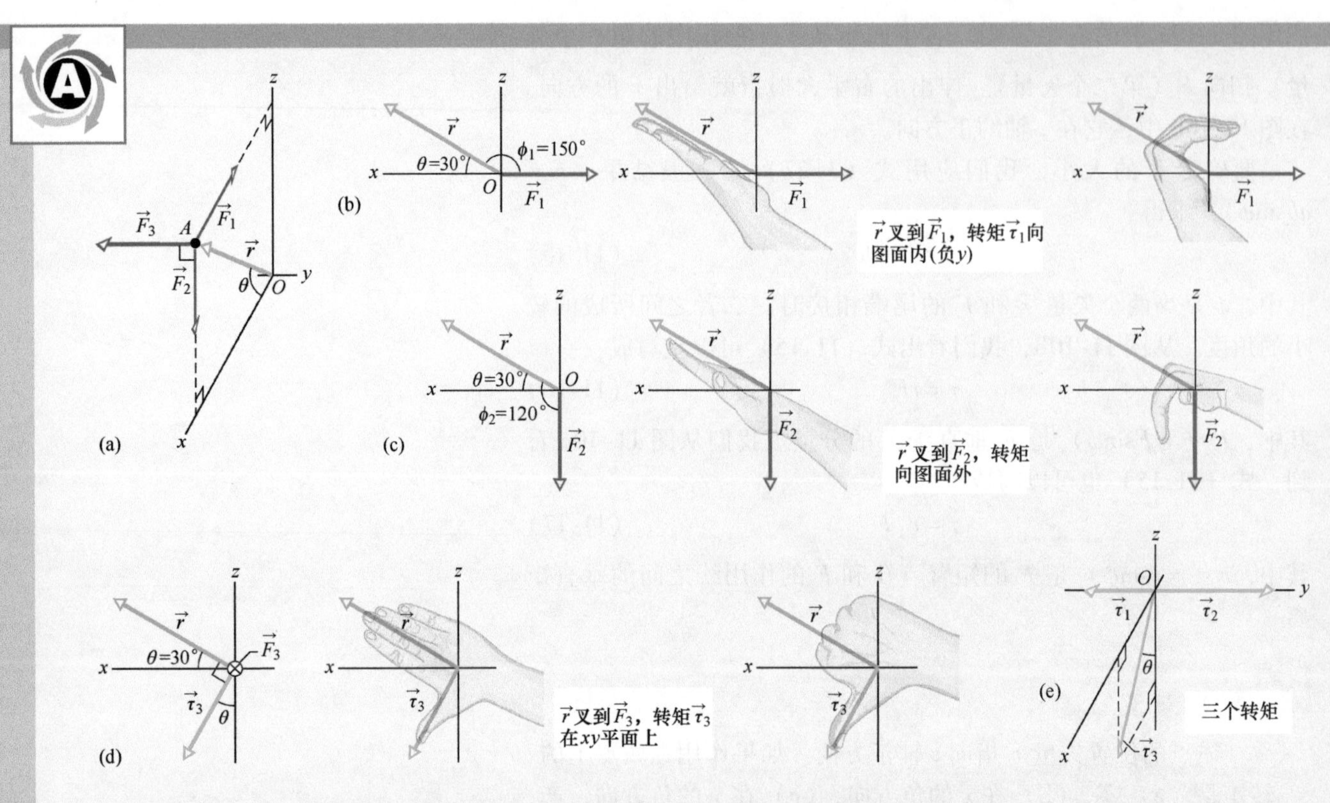

图 11-11 (a) 位于 A 点的一个质点受到三个力的作用。每个力都分别平行于一条坐标轴。角度 ϕ（用于求转矩）表示在图中（b）对 $\vec{F}_1$，（c）对 $\vec{F}_2$，（d）转矩 $\vec{\tau}_3$ 垂直于 $\vec{r}$ 和 $\vec{F}_3$（力 $\vec{F}_3$ 垂直图面指向内），（e）三个转矩。

在 WileyPLUS 中可以找到附加的例题、视频和练习。

11-5 角动量

学习目标

学完这一单元后，你应当能够……

11.17 懂得角动量是矢量。

11.18 懂得每次必须指明计算角动量参考的固定点。

11.19 用质点的位置矢量和它的动量矢量的叉积计算质点的角动量，用单位矢量记号或数值-角度记号都可。

11.20 用叉积的右手定则确定角动量矢量的方向。

关键概念

- 具有线动量 $\vec{p}$，质量 m 和线速度 $\vec{v}$ 的质点的角动量 $\vec{\ell}$ 定义为相对于一固定点（通常是坐标原点）由下式决定的矢量：

$$\vec{\ell} = \vec{r} \times \vec{p} = m(\vec{r} \times \vec{v})$$

- $\vec{\ell}$ 的数值由下式给出，

$$\begin{aligned}\ell &= rmv\sin\phi = rp_{\perp} = rmv_{\perp} \\ &= r_{\perp}p = r_{\perp}mv\end{aligned}$$

其中，ϕ 是 $\vec{r}$ 和 $\vec{p}$ 之间的夹角；$p_{\perp}$ 和 $v_{\perp}$ 分别是 $\vec{p}$ 和 $\vec{v}$ 垂直于 $\vec{r}$ 的分量；$r_{\perp}$ 是固定点和 $\vec{p}$ 的延长线的垂直矩离。

- $\vec{\ell}$ 的方向由右手定则决定：把你的右手这样安放，四个手指指向 $\vec{r}$ 的方向，然后绕手掌转到 $\vec{p}$ 的方向。伸出的大拇指给出 $\vec{\ell}$ 的方向。

角动量

我们还记得线动量 $\vec{p}$ 的概念和线动量守恒原理是极其重要的工具。这些使我们可以预料，譬如说，两辆汽车碰撞的后果而不需要知道碰撞过程的细节。现在我们开始讨论和 $\vec{p}$ 对应的角量，到 11-8 单元我们就会得到对应的角量守恒原理，这能产生出芭蕾舞美妙的（几乎是魔术般的）舞姿、花式跳水、滑冰和其他许多活动。

图 11-12 表示质量为 m 且具有线动量 $\vec{p}$（$=m\vec{v}$）的一个质点经过 xy 平面上的 A 点。这个质点相对于原点 O 的**角动量** $\vec{\ell}$ 是由下式定义的矢量：

$$\vec{\ell}=\vec{r}\times\vec{p}=m(\vec{r}\times\vec{v})\text{（角动量定义）} \tag{11-18}$$

其中，$\vec{r}$ 是该质点相对于 O 的位置矢量，当质点相对于 O 点沿动量 $\vec{p}(=m\vec{v})$ 的方向运动时位置矢量 $\vec{r}$ 绕着 O 转动。要特别注意，具有对 O 点的角动量的质点本身并不一定要绕 O 点转动。比较式（11-14）和式（11-18）看出，角动量和动量的关系与转矩和力的关系相同。国际单位制（SI）中角动量的单位是千克二次方米每秒（$kg\cdot m^2/s$），等价于焦耳秒（$J\cdot s$）。

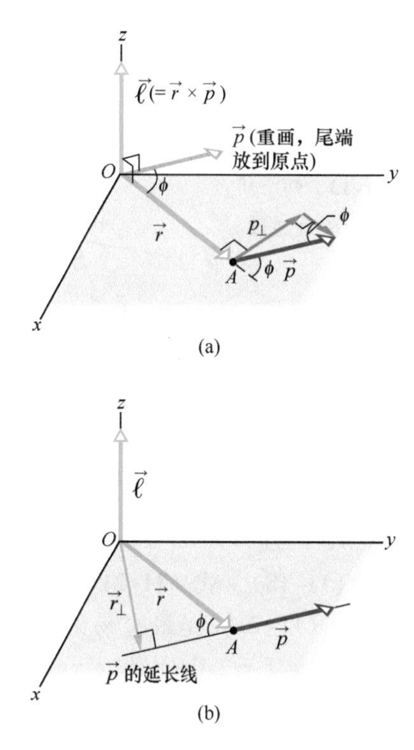

图 11-12 定义角动量。经过 A 点的一个质点具有线动量 $\vec{p}$（$=m\vec{v}$），这个矢量 $\vec{p}$ 在 xy 平面上。质点相对于原点 O 的角动量为 $\vec{\ell}$（$=\vec{r}\times\vec{p}$）。根据右手定则，角动量矢量指向正 z 方向。（a）$\vec{\ell}$ 的数值由 $\ell=rp_\perp=rmv_\perp$ 给出。（b）$\vec{\ell}$ 的数值也可由 $\ell=r_\perp p=r_\perp mv$ 得出。

方向。图 11-12 中确定角动量矢量 $\vec{\ell}$ 的方向，我们将矢量 $\vec{p}$ 平移到它的尾端和原点 O 重合。然后我们用矢积的右手定则，四指从 $\vec{r}$ 扫到 $\vec{p}$。伸出的大拇指表示 $\vec{\ell}$ 的方向就沿着图 11-12 中的 z 轴的正方向。这个正方向和质点的位置矢量 $\vec{r}$ 在运动时绕 z 轴做逆时针转动相一致。（$\vec{\ell}$ 的负方向和 $\vec{r}$ 绕 z 轴做顺时针转动一致。）

数值。要求 $\vec{\ell}$ 的数值，我们用式（3-27）的一般结果写出：

$$\ell=rmv\sin\phi \tag{11-19}$$

其中，ϕ 是 $\vec{r}$ 和 $\vec{p}$ 两个矢量的尾端重合在一起时，二者之间较小的那个角度。由图 11-12a 看出，式（11-19）可以写成：

$$\ell=rp_\perp=rmv_\perp \tag{11-20}$$

其中，$p_\perp$ 是 $\vec{p}$ 垂直于 $\vec{r}$ 的分量；$v_\perp$ 是 $\vec{v}$ 垂直于 $\vec{r}$ 的分量。由图 11-12b看出，式（11-19）也可以写成：

$$\ell=r_\perp p=r_\perp mv \tag{11-21}$$

其中，$r_\perp$ 是 O 和 $\vec{p}$ 的延长线之间的垂直距离。

重要提示。注意这里有两个特点：（1）角动量只对于指定的原点才有意义，（2）它的方向总是垂直于位置矢量 $\vec{r}$ 和线动量 $\vec{p}$ 形成的平面。

检查点 4

右图 a 中，质点 1 和 2 分别以半径 4m 和 2m 绕 O 点做圆周运动。

图 b 中，质点 3 和 4 分别沿着到 O 点垂直距离为 4m 和 2m 的直线运动。质点 5 直接离开 O 点。所有 5 个质点都有相同的质量和恒定的速率。（a）按照各个质点对 O 点角动量的大小排序，最大的放第一位。（b）哪一个质点对 O 点有负的角动量。

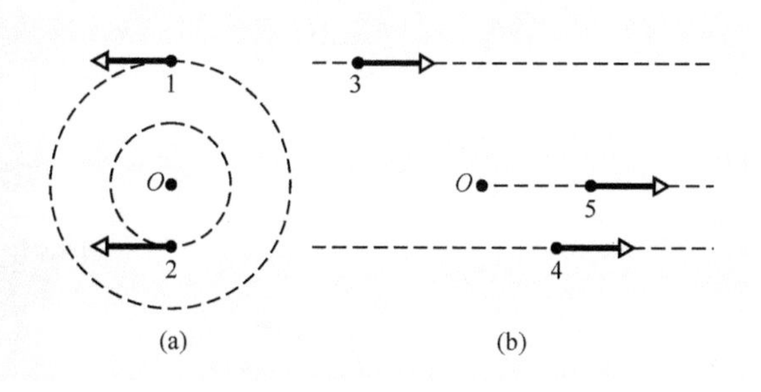

例题 11.03 两个质点系统的角动量

图11-13表示两个质点以恒定的动量沿水平路径运动的俯视图。动量数值 $p_1=5.0\text{kg}\cdot\text{m/s}$ 的质点1的位置矢量为 $\vec{r}_1$，它将经过距离 O 点2.0m的位置。质点2的动量为 $p_2=2.0\text{kg}\cdot\text{m/s}$。它的位置矢量为 $\vec{r}_2$，要通过离 O 点4m的位置。两个质点的系统对 O 点的总角动量 $\vec{L}$ 的数值和方向为何？

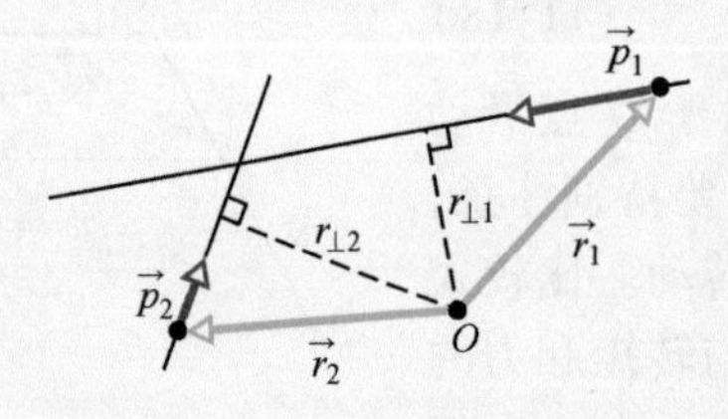

图 11-13 两个质点在 O 点附近通过。

【关键概念】

要求 $\vec{L}$，我们先求出各个质点的角动量 $\vec{\ell}_1$ 和 $\vec{\ell}_2$ 然后将它们相加。要求它们的数值，我们可以用式（11-18）~式（11-21）中的任何一个公式。不过式（11-21）是最容易的，因为我们有了垂直距离 $r_{\perp 1}$（$=2.0\text{m}$）和 $r_{\perp 2}$（$=4.0\text{m}$）以及动量 p_1 和 p_2。

解：对质点1，由式（11-21）：

$$\ell_1=r_{\perp 1}p_1=(2.0\text{m})(5.0\text{kg}\cdot\text{m/s})=10\text{kg}\cdot\text{m}^2/\text{s}$$

要求矢量 $\vec{\ell}_1$ 的方向，我们用式（11-18）和矢积的右手定则。对 $\vec{r}_1\times\vec{p}_1$，矢积垂直于图11-13的图面向外。这是正方向，和质点1运动时它的位置矢量 $\vec{r}_1$ 绕 O 点逆时针转动的方向相一致。所以，质点1的角动量矢量是

$$\ell_1=+10\text{kg}\cdot\text{m}^2/\text{s}$$

同理，$\vec{\ell}_2$ 的数值为

$$\ell_2=r_{\perp 2}p_2=(4.0\text{m})(2.0\text{kg}\cdot\text{m/s})=8.0\text{kg}\cdot\text{m}^2/\text{s}$$

矢积 $\vec{r}_2\times\vec{p}_2$ 向着书页的里面，这是负方向，这和质点2运动时 $\vec{r}_2$ 绕 O 做顺时针转动时的方向相一致。于是，质点2的角动量矢量是

$$\ell_2=-8.0\text{kg}\cdot\text{m}^2/\text{s}$$

这两个质点系统的总角动量是：

$$L=\ell_1+\ell_2=+10\text{kg}\cdot\text{m}^2/\text{s}+(-8.0\text{kg}\cdot\text{m}^2/\text{s})=+2.0\text{kg}\cdot\text{m}^2/\text{s} \quad\text{（答案）}$$

正号表示系统对 O 点的总角动量向着书页外面。

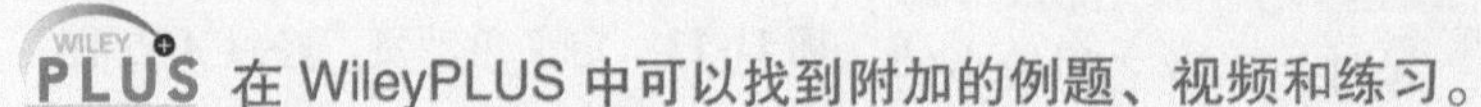
WILEY PLUS 在 WileyPLUS 中可以找到附加的例题、视频和练习。

11-6 牛顿第二定律的角量形式

学习目标

学完这一单元后，你应当能够……

11.21 用牛顿第二定律的角量形式将作用于质点上的转矩和质点角动量改变的速率联系起来，这些都相对于指定的一点。

关键概念

- 质点的牛顿第二定律可以写成角量形式：

$$\vec{\tau}_{\text{net}}=\frac{\text{d}\vec{\ell}}{\text{d}t}$$

其中，$\vec{\tau}_{\text{net}}$ 是作用于质点的净转矩；$\vec{\ell}$ 是该质点的角动量。

牛顿第二定律的角量形式

牛顿第二定律写成

$$\vec{F}_{\text{net}}=\frac{\text{d}\vec{p}}{\text{d}t}\ \text{（单个质点）} \qquad (11\text{-}22)$$

的形式，表示单个质点受到的力和线动量的密切关系。我们对线量和角量之间的对应已经知道了很多，有足够的理由肯定转矩和角动量之间也有一个密切的关系。在式（11-22）的指引下，我们甚至可以猜出必定有这样的关系：

$$\vec{\tau}_{net} = \frac{d\vec{\ell}}{dt} \text{（单个质点）} \tag{11-23}$$

式（11-23）确实是单个质点的牛顿第二定律角量形式：

作用于一个质点上的所有转矩的（矢量）和等于这个质点的角动量单位时间内的改变。

转矩 $\vec{\tau}$ 和角动量 $\vec{\ell}$ 都要对于同一个点来定义，否则式（11-23）就没有意义。通常坐标系的原点被用作这个特定点。

式（11-23）的证明

我们从质点的角动量定义式（11-18）开始：

$$\vec{\ell} = m(\vec{r} \times \vec{v})$$

其中，$\vec{r}$ 是质点的位置矢量；$\vec{v}$ 是质点的速度。把式子两边对时间求微商[⊖]，得到：

$$\frac{d\vec{\ell}}{dt} = m\left(\vec{r} \times \frac{d\vec{v}}{dt} + \frac{d\vec{r}}{dt} \times \vec{v}\right) \tag{11-24}$$

其中，$\frac{d\vec{v}}{dt}$是质点的加速度 $\vec{a}$；$\frac{d\vec{r}}{dt}$就是它的速度 $\vec{v}$。于是，我们可以把式（11-24）写成

$$\frac{d\vec{\ell}}{dt} = m(\vec{r} \times \vec{a} + \vec{v} \times \vec{v})$$

其中，$\vec{v} \times \vec{v} = \vec{0}$。(任何矢量和自己的矢积都是零，因为这时两个矢量间的夹角必定是零。）因此，上式最后一项被消除，于是我们得到：

$$\frac{d\vec{\ell}}{dt} = m(\vec{r} \times \vec{a}) = \vec{r} \times m\vec{a}$$

现在我们通过牛顿第二定律（$\vec{F}_{net} = m\vec{a}$）用 $\vec{F}_{net}$ 代替 $m\vec{a}$，$\vec{F}_{net}$ 是作用于质点的力的矢量和，得到：

$$\frac{d\vec{\ell}}{dt} = \vec{r} \times \vec{F}_{net} = \sum(\vec{r} \times \vec{F}) \tag{11-25}$$

其中，符号 $\sum$ 表示我们必须对所有的力求矢积 $\vec{r} \times \vec{F}$ 的和。不过，从式（11-14）我们知道，这些矢积的每一个都是和一个力相联系的转矩，式（11-25）告诉我们：

$$\vec{\tau}_{net} = \frac{d\vec{\ell}}{dt}$$

这就是式（11-23），是我们要证明的关系式。

⊖ 对矢积求微商时，决不能改变求矢积的两个矢量（这里是 $\vec{r}$ 和 $\vec{v}$）的顺序。

检查点5

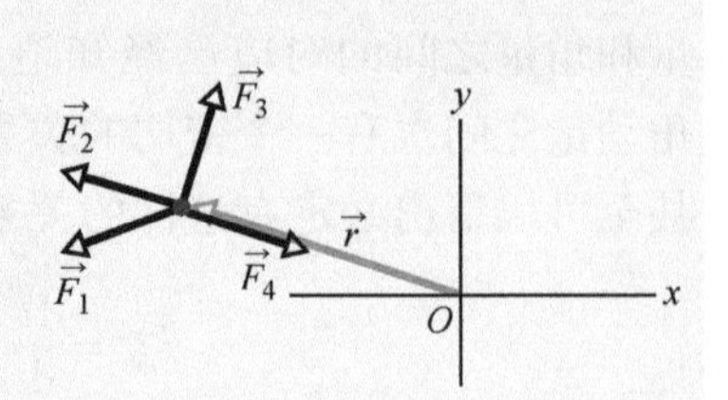

右图所示为一个质点在某一时刻的位置矢量 $\vec{r}$ 和加速它的一个力，力有四个方向可供选择。四种选择都在 xy 平面内，（a）根据它们产生的质点对 O 点的角动量的时间变率（$d\vec{\ell}/dt$）的大小由大到小对这四种选择排序。（b）哪一种选择产生对 O 的负变化率？

例题 11.04 转矩和角动量的时间微商

图 11-14a 是沿直线运动的一个 0.500kg 的质点的定格照相，它的位置矢量由下式给出：

$$\vec{r}=(-2.00t^2-t)\vec{i}+5.00\vec{j}$$

其中，$\vec{r}$ 的单位为 m；t 的单位为 s，t=0 时开始。位置矢量从原点指向质点。用单位矢量表示，求出质点的角动量 $\vec{\ell}$ 和作用于质点的转矩 $\vec{\tau}$ 的表达式。二者都相对于原点。根据质点的运动说明它们的代数符号。

【关键概念】

（1）对之计算质点的角动量的点在任何时候都必须指明。这里这个点是原点。（2）质点的角动量 $\vec{\ell}$ 由式（11-18）：$\vec{\ell}=\vec{r}\times\vec{p}=m(\vec{r}\times\vec{v})$ 给出。（3）质点角动量的符号取决于质点运动时该质点的位置矢量（绕转动轴）转动的方向：顺时针是负的，逆时针是正的。（4）如果作用于质点的转矩和该质点的角动量都对同一点计算，那么转矩和角动量的关系由式（11-23）：$\vec{\tau}=d\vec{\ell}/dt$ 联系起来。

解：为了用式（11-18）求相对于原点的角动量，我们必须先将质点的位置矢量对时间微商以求出它的速度表达式。按照式（4-10）：$\vec{v}=d\vec{r}/dt$，我们写下

$$\vec{v}=\frac{d}{dt}((-2.00t^2-t)\vec{i}+5.00\vec{j})$$

$$=(-4.00t-1.00)\vec{i}$$

$\vec{v}$ 的单位是 m/s。

下一步，我们按照叉积的公式（3-27）：

$$\vec{a}\times\vec{b}=(a_yb_z-b_ya_z)\vec{i}+(a_zb_x-b_za_x)\vec{j}+(a_xb_y-b_xa_y)\vec{k}$$

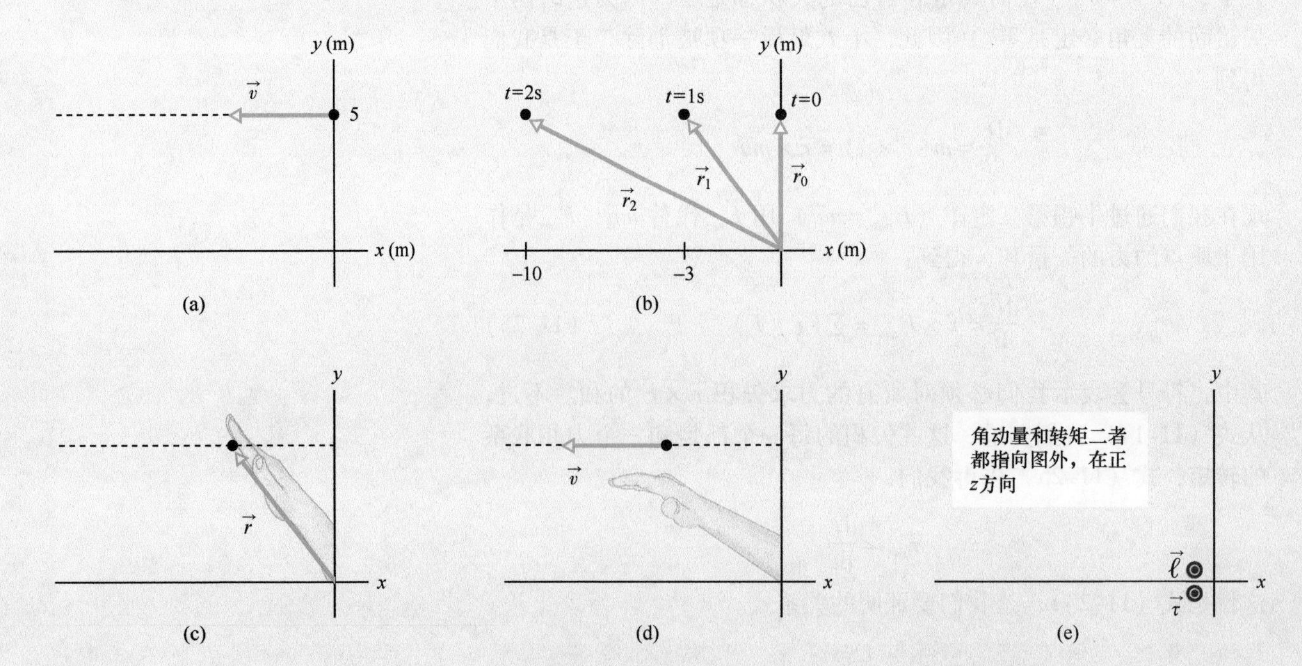

图 11-14 （a）表示一个沿直线运动的质点，在 t=0 时刻。（b）t=0、1.00s 和 2.00s 时刻的位置矢量。（c）用叉积的右手定则的第一步。（d）第二步。（e）角动量矢量和转矩矢量都沿 z 轴，从图面向外指。

来求 $\vec{r}$ 和 $\vec{v}$ 的叉积。这个公式里的一般符号 $\vec{a}$ 用 $\vec{r}$ 代替，$\vec{b}$ 用 $\vec{v}$ 代替。不过，我们实际上并不需要做很多运算。我们只要先想一想在一般的叉积公式中要代入什么。因为 $\vec{r}$ 没有 z 分量，并且 $\vec{v}$ 没有 y 和 z 分量，在一般的叉乘公式中唯一的非零项是末了一项 $(-b_x a_y)\vec{k}$。所以，我们可以走一条（数学的）捷径，写出

$$\vec{r}\times\vec{v} = -(-4.00t-1.00)(5.00)\vec{k} = (20.0t+5.00)\vec{k}\ \mathrm{m^2/s}$$

注意，叉积得到的矢量总是垂直于原来的两个矢量。

要完成式（11-18），我们还要乘上质量，求出

$$\vec{\ell} = (0.500\mathrm{kg})[(20.0t+5.00)\vec{k}\ \mathrm{m^2/s}] = (10.0t+2.50)\vec{k}\ \mathrm{kg\cdot m^2/s} \quad \text{（答案）}$$

从式（11-23）直接得到对原点的转矩为

$$\vec{\tau} = \frac{\mathrm{d}}{\mathrm{d}t}(10.0t+2.50)\vec{k}\ \mathrm{kg\cdot m^2/s} = 10.0\vec{k}\ \mathrm{kg\cdot m^2/s^2} = 10.0\vec{k}\ \mathrm{N\cdot m} \quad \text{（答案）}$$

它在 z 轴的正方向。

我们得到的 $\vec{\ell}$ 的结果说明角动量在 z 轴的正方向。要懂得用位置矢量转动的正的结果的意义，我们对几个特定时刻计算这个矢量：

$$t=0,\ \vec{r}_0 = 5.00\vec{j}\ \mathrm{m}$$

$$t=1.00\mathrm{s},\ \vec{r}_1 = -3.00\vec{i}+5.00\vec{j}\ \mathrm{m}$$

$$t=2.00\mathrm{s},\ \vec{r}_2 = -10.0\vec{i}+5.00\vec{j}\ \mathrm{m}$$

从图 11-14b 中画出的这些结果我们看到，为了跟上质点，$\vec{r}$ 要逆时针转动。这就是转动的正方向。所以，即使质点是沿直线运动，它仍旧绕原点逆时针转动，从而有正的角动量。

我们也可以应用叉积的右手定则来理解 $\vec{\ell}$ 的方向（就是 $\vec{r}\times\vec{v}$，你喜欢的话也可以写成 $m\vec{r}\times\vec{v}$，它们有同样的方向。）在质点运动的任何时刻，右手的四个手指先沿着叉积的第一个矢量（$\vec{r}$）的方向伸出，如图 11-14c 所示。然后手指的指向（在页面或观察屏上）按下面方式调整，让四个手指自然地绕手掌转向叉积中的第二个矢量（$\vec{v}$）的方向，如图 11-14d 所示。伸出的大拇指就指向叉积的结果的方向。如图 11-14e 所示，这个矢量沿 z 轴的正方向（指向图面的外边），这和我们前面的结果一致。图 11-14e 也画出了 $\vec{\tau}$ 的方向，它也沿 z 轴的正方向。因为角动量也在这个方向上，并且数值不断增加。

WILEY PLUS 在 WileyPLUS 中可以找到附加的例题、视频和练习。

11-7 刚体的角动量

学习目标

学完这一单元后，你应当能够……

11.22 对于质点系，应用牛顿第二定律的角量形式把作用于系统的净转矩和系统的角动量单位时间的总变化联系起来。

11.23 应用刚体绕定轴转动的角动量和物体的转动惯量及绕这个轴转动的角速率联系起来。

11.24 如果有两个刚体绕同一轴转动，计算它们的总角动量。

关键概念

- 质点系的角动量 $\vec{L}$ 是各个质点的角动量的矢量和：

$$\vec{L} = \vec{\ell}_1 + \vec{\ell}_2 + \cdots + \vec{\ell}_n = \sum_{i=1}^{n}\vec{\ell}_i$$

- 单位时间角动量的改变等于作用于系统的净外转矩（系统内的质点和系统外的质点间的相互作用产生的转矩的矢量和）：

$$\vec{\tau}_{\mathrm{net}} = \frac{\mathrm{d}\vec{L}}{\mathrm{d}t} \quad \text{（质点系）}$$

- 对于绕定轴转动的刚体，它的角动量的平行于转动轴的分量是

$$L = I\omega \quad \text{（刚体，定轴）}$$

质点系的角动量

现在我们把注意力转到质点系相对于原点的角动量。系统的总角动量 $\vec{L}$ 是各个质点（这里用 i 标记）的角动量 $\vec{\ell}$ 的矢量和：

$$\vec{L} = \vec{\ell}_1 + \vec{\ell}_2 + \vec{\ell}_3 + \cdots + \vec{\ell}_n = \sum_{i=1}^{n} \vec{\ell}_i \tag{11-26}$$

各个质点的角动量可能随时间变化，这是因为质点之间或者它们和外界有相互作用。我们可以通过取式(11-26)的时间微商来求 $\vec{L}$ 的变化。于是：

$$\frac{d\vec{L}}{dt} = \sum_{i=1}^{n} \frac{d\vec{\ell}_i}{dt} \tag{11-27}$$

由式(11-23)我们知道，$d\vec{\ell}_i/dt$ 等于作用于第 i 个质点的净转矩 $\vec{\tau}_{net,i}$。我们可以将式(11-27)写成

$$\frac{d\vec{L}}{dt} = \sum_{i=1}^{n} \vec{\tau}_{net,i} \tag{11-28}$$

这个式子表明，系统角动量 $\vec{L}$ 在单位时间内的变化等于作用在各个质点上的转矩的矢量和。这些转矩包括*内转矩*（来自系统内质点的作用力）和*外转矩*（来自系统外的物体作用于系统各质点的力）。不过，系统内质点之间的作用力都组成第三定律的力对，所以它们的转矩和为零。只有作用于系统的外转矩才会改变系统的总角动量 $\vec{L}$。

净外转矩。 令 $\vec{\tau}_{net}$ 表示净外转矩，即作用于系统中所有质点上的所有外转矩的矢量和。于是我们可以把式（11-28）写成：

$$\vec{\tau}_{net} = \frac{d\vec{L}}{dt} \quad (\text{质点系}) \tag{11-29}$$

这是牛顿第二定律的角量形式。它说：

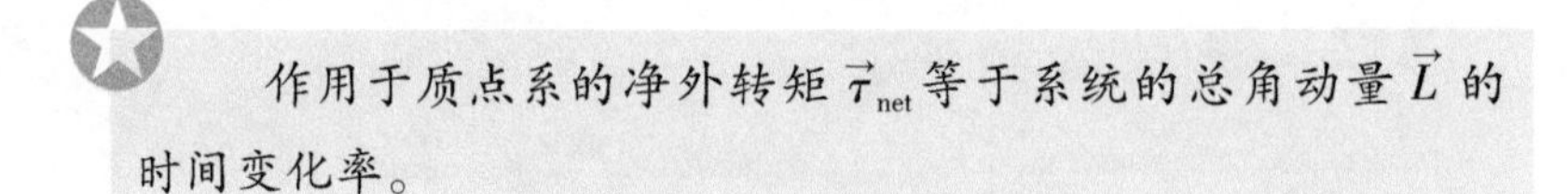

作用于质点系的净外转矩 $\vec{\tau}_{net}$ 等于系统的总角动量 $\vec{L}$ 的时间变化率。

式（11-29）类似于 $\vec{F}_{net} = d\vec{P}/dt$ [式(9-27)]，但是要格外小心：转矩和系统的角动量必须相对于同一原点测量。如果系统的质心对于惯性系没有加速度，则原点可以取任何一点。然而，如果质心在做加速运动，那么就必须把原点取在质心上。例如，考虑一个轮子作为质点系。如果它绕相对于地面固定的轴转动，这时用于式（11-29）的原点可以是相对于地面静止的任何一点。不过，如果它是绕做加速运动的轴转动（例如在它从斜面上滚下的情况中），那么原点只能取在它的质心上。

绕定轴转动的刚体角动量

我们接着计算组成刚体的质点系绕定轴转动时的角动量。图 11-15a 表示这样一个刚体。固定的转动轴是 z 轴，刚体以恒定的角速率 ω 绕它转动。我们要求物体对该轴的角动量。

我们可以对刚体上各质元的角动量的 z 分量求和来计算刚体的

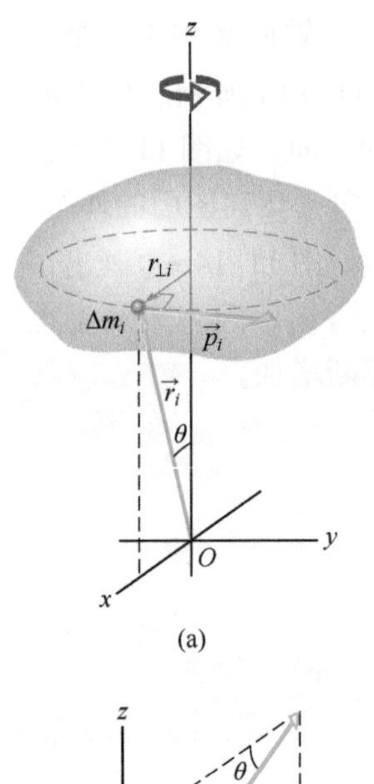

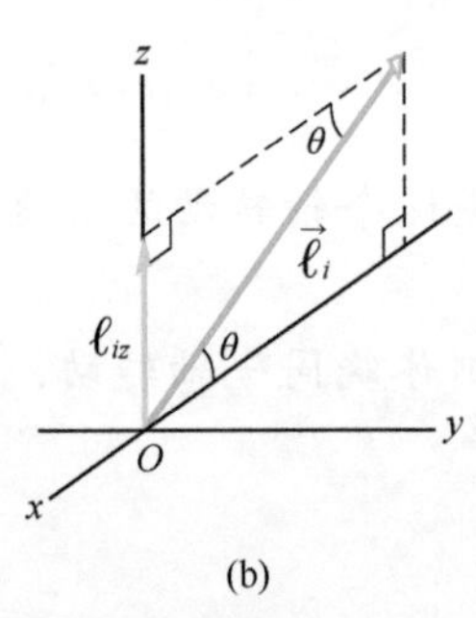

图 11-15 （a）以角速率 ω 绕 z 轴转动的刚体。物体上一个质量为 Δm_i 的质元在半径为 $r_{\perp i}$、绕 z 轴的圆周上运动。质元的线动量为 $\vec{p}_i$，它在相对于原点的位置矢量 $\vec{r}_i$ 处。这里画出的质元的 $r_{\perp i}$ 是正好平行于 x 轴的时候。（b）在（a）小图中的质元相对于原点 O 的角动量为 $\vec{\ell}_i$，角动量的 z 分量 ℓ_{iz} 也画在图上。

角动量。在图 11-15a 中，一个典型的质元，质量为 Δm_i，在圆形轨道上绕 z 轴运动。质元在相对于原点 O 的位置矢量 $\vec{r}_i$ 的地方。质元的圆形轨道的半径为 $r_{\perp i}$，即质元和 z 轴的垂直距离。

这个质元相对于 O 的角动量 $\vec{\ell}_i$ 的数值由式（11-19）给出：

$$\ell_i = (r_i)(p_i)(\sin 90°) = (r_i)(\Delta m_i v_i)$$

其中，p_i 和 v_i 分别是质元的线动量和线速率；90°是 $\vec{r}_i$ 和 $\vec{p}_i$ 之间的角度。图 11-15a 中的质元的角动量矢量 $\vec{\ell}_i$ 画在图 11-15b 中，它的方向必定垂直于 $\vec{r}_i$ 和 $\vec{p}_i$ 的方向。

z 分量。我们对 $\vec{\ell}_i$ 平行于转动轴（这里是 z 轴）的分量感兴趣。它的 z 分量是：

$$\ell_{iz} = \ell_i \sin\theta = (r_i \sin\theta)(\Delta m_i v_i) = r_{\perp i}\Delta m_i v_i$$

转动着的刚体作为一个整体的角动量的 z 分量由构成刚体的所有质元的贡献相加求得。因为 $v = \omega r_{\perp}$，我们可以写出：

$$L_z = \sum_{i=1}^{n} \ell_{iz} = \sum_{i=1}^{n} \Delta m_i v_i r_{\perp i} = \sum_{i=1}^{n} \Delta m_i (\omega r_{\perp i}) r_{\perp i}$$
$$= \omega \sum_{i=1}^{n} \Delta m_i r_{\perp i}^2 \qquad (11\text{-}30)$$

这里我们把 ω 从求和号里面提取出来，因为它对于转动的刚体上所有的点都有相同的数值。

式（11-30）中的量 $\sum \Delta m_i r_{\perp i}^2$ 就是绕定轴转动的物体的转动惯量 I［式（10-33）］。从而式（11-30）简化为

$$L = I\omega \text{（刚体，定轴）} \qquad (11\text{-}31)$$

我们略去了下标 z，但必须记住由式（11-31）定义的角动量是对转动轴的角动量。式中的 I 也是对这同一轴的转动惯量。

表 11-1 补充了表 10-3，增加一些对应的线量和角量的关系式。

表 11-1 平移和转动相对应的变量和关系的补充①

平移		转动	
力	$\vec{F}$	转矩	$\vec{\tau}(=\vec{r}\times\vec{F})$
线动量	$\vec{p}$	角动量	$\vec{\ell}(=\vec{r}\times\vec{p})$
线动量②	$\vec{P}(=\sum\vec{p}_i)$	角动量②	$\vec{L}(=\sum\vec{\ell}_i)$
线动量②	$\vec{P}=M\vec{v}_{com}$	角动量③	$L=I\omega$
牛顿第二定律②	$\vec{F}_{net}=\frac{d\vec{P}}{dt}$	牛顿第二定律②	$\vec{\tau}_{net}=\frac{d\vec{L}}{dt}$
守恒定律④	$\vec{P}=$ 常量	守恒定律④	$\vec{L}=$ 常量

① 参见表 10-3。
② 对质点系，包括刚体。
③ 对绕固定轴的刚体，其中 L 是沿该轴的分量。
④ 对封闭的孤立系统。

检查点 6

图中有一个圆盘、一个箍和一个实心球体，它们都由绕在它们上面的绳拉动，绕固定的中心轴旋转（像陀螺那样）。绳子对三个物体作用相同的恒定切向力 $\vec{F}$。三个物体的质量和半径相同，原来都静止。绳子拉动一段时间 t 后，将（a）它们对各自中心轴的角动量和（b）它们的角速率，由大到小排序。

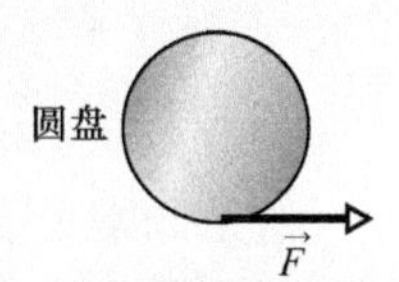

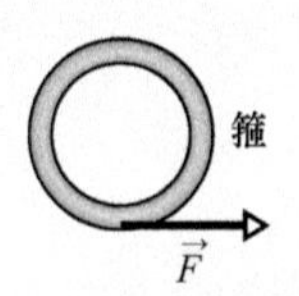

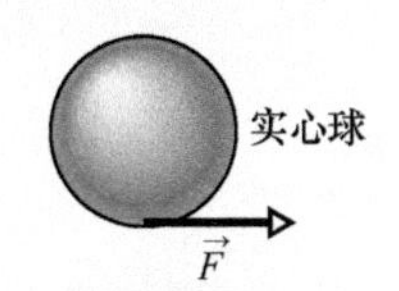

11-8 角动量守恒

学习目标

学完这一单元后，你应当能够……

11.25 对于特定轴，没有外来净转矩作用于一个系统时，应用角动量守恒将对这个轴的初始角动量数值和以后某一时刻的数值联系起来。

关键概念

- 如果作用于系统的净外转矩为零，则系统的角动量 $\vec{L}$ 恒定不变：

$$\vec{L}=\text{常量（孤立系）}$$

或

$$\vec{L}_i=\vec{L}_f\text{（孤立系）}$$

这就是角动量守恒定律。

角动量守恒

到现在为止，我们已经讨论过两个非常重要的守恒定律，能量守恒和线动量守恒。现在我们遇到第三个这类定律，就是角动量守恒，我们从式（11-29）：$\vec{\tau}_{\text{net}}=\mathrm{d}\vec{L}/\mathrm{d}t$ 开始，这是牛顿第二定律的角量形式。假如没有净外转矩作用于系统，这个方程式变成 $\mathrm{d}\vec{L}/\mathrm{d}t=\vec{0}$，或

$$\vec{L}=\text{常量（孤立系）}\tag{11-32}$$

这个结果称为**角动量守恒定律**，也可以写成：

$$\begin{pmatrix}\text{在某一初始时刻}\\ t_i\text{ 的净角动量}\end{pmatrix}=\begin{pmatrix}\text{在以后某个时刻}\\ t_f\text{ 的净角动量}\end{pmatrix}$$

或

$$\vec{L}_i=\vec{L}_f\text{（孤立系）}\tag{11-33}$$

式（11-32）和式（11-33）告诉我们：

> 如果作用于系统的净外力矩为零，则无论系统内发生什么变化，该系统的角动量 $\vec{L}$ 保持常量。

式（11-32）和式（11-33）都是矢量方程；所以它们各自等价于与三个互相垂直的方向对应的角动量守恒的分量方程式。系统的角动量可以只在一个或两个方向上守恒，而不要求在所有方向上都同时守恒，这依赖于作用在系统上的转矩：

> 如果作用于一个系统的净外转矩在某个轴上的分量为零，则该系统沿这个轴的角动量分量不变，无论在此系统内部发生什么变化。

这是非常重要的表述：在这种情况中，我们只关心系统的初始和终了状态，而不需要考虑任何中间状态。

我们可以把这条定律应用到图 11-15 中绕 z 轴转动的孤立物体上。假设这个原来的刚体以某种方式使它的质量相对于转轴进行

重新分布以改变它对这个轴的转动惯量。式（11-32）和式（11-33）表明，物体的角动量不会改变。将式（11-31）（对于转动轴的角动量）代入式（11-33），我们写出这个守恒定律：

$$I_i\omega_i = I_f\omega_f \tag{11-34}$$

其中，下标分别指质量重新分布前和分布后的转动惯量 I 和角动量 ω 的数值。

就像我们讨论过的另外两个守恒定律一样，式（11-32）和式（11-33）超出牛顿力学的范围也成立。它们对速率接近于光速（这属于狭义相对论的范畴）的粒子也成立，并且在亚原子粒子世界中（这属于量子力学的范畴）也有效。目前，人们还没有发现角动量守恒例外的情形。

我们现在讨论有关这条定律的四个例子。

1. *自旋的志愿者*。图 11-16 表示一个学生坐在可以绕竖直轴自由旋转的凳子上。学生用他伸出手臂的两手各握住一只哑铃，他被推动以中等的初角速度 ω_i 旋转。他的角动量矢量 $\vec{L}$ 沿竖直的转动轴向上。

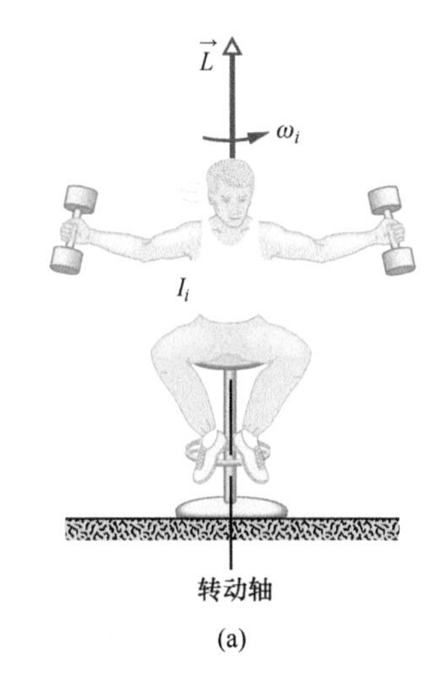

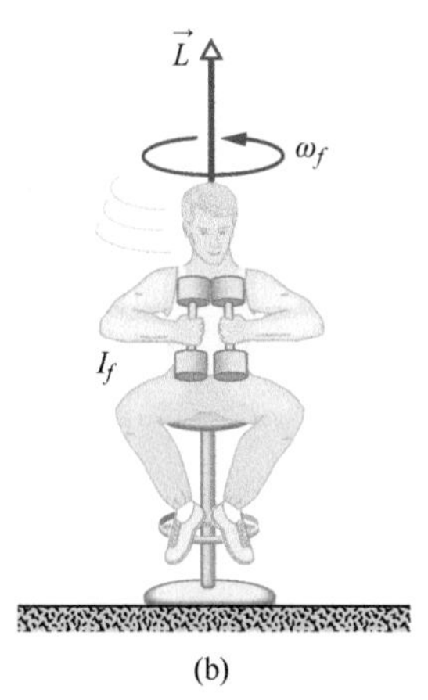

图 11-16 （a）学生对转轴有相对较大的转动惯量和相对较小的角速率。（b）通过减小他的转动惯量，学生自动地增大他的角速率。转动系统的角动量保持不变。

现在老师叫这位学生收拢他的双臂；这个动作使他的转动惯量从初始值 I_i 减少到较小的数值 I_f，这是因为他使质量更靠近转动轴的缘故。他的转动速率显著地增大，从 ω_i 到 ω_f，学生可以再伸出他的双臂，将哑铃向外推，这样他又会慢下来。

没有净外力矩作用于包括学生、凳子和哑铃的系统。所以无论学生用什么方法移动哑铃，这个系统对转动轴的角动量必定保持为常量。在图 11-16a 中，学生的角速率 ω_i 相对较慢，他的转动惯量 I_i 相对较高。按照式（11-34），图 11-16b 中，他的角速率必须增大以补偿 I_f 的减小。

2. *跳板跳水运动员*。图 11-17 表示一位跳水运动员做向前翻腾一周半的跳水动作。正如你所预料的，她的质心沿抛物线路径运动。她离开跳板时具有一定的、绕通过她的质心的轴的角动量 $\vec{L}$，该角动量用图 11-17 中垂直于页面指向里边的矢量表示。她在空中时，没有绕她的质心的净外转矩作用于她，所以对她的质心的角动量不会改变。通过把她的双臂和双腿拉近成抱膝姿势，可以相当大地减少她的对同一轴的转动惯量，因此，按照式（11-34），这样做会相当大地增加她的角速率。到跳水终点前，她改变抱膝姿势（成为直体姿势），使她的转动惯量增大，从而减小她的旋转速率，这样她入水时就可以溅起较小的水花。即使是在包括转体和翻腾在内的更加复杂的跳水动作中，跳水运动员的角动量的大小和方向在整个跳水过程中也都必定守恒。

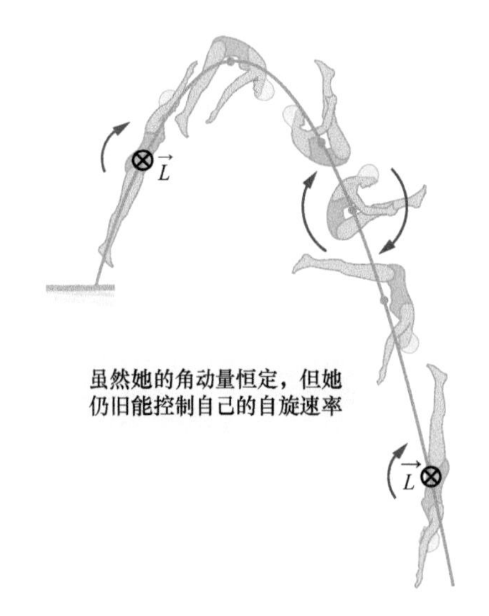

图 11-17 在整个跳水过程中，跳水运动员的角动量 $\vec{L}$ 是常量，用垂直于图面的箭矢的尾端⊗表示。还要注意她的质心（看那些点）沿一条抛物线路径。

3. *跳远*。运动员在急行跳远中从地面跳起时，作用于发力脚的力会使运动员得到绕水平轴向前转动的角动量。这样的转动使跳远运动员不能正确地着地：落地时双腿应当并拢以一定的角度前伸，使得脚跟以最远的距离在沙上留下痕迹。一旦离开地面，角动量就不再会改变了（它是守恒的），这是因为没有使它改变的外转矩。不过，跳远运动员可以像风车一样转动双臂把大部分角动量转移到手臂上（见图 11-18）。这样身体就可以保持向上的姿态并以合适的方向落地。

图 11-18 在跳远过程中双臂像风车般转动帮助运动员保持身体方向，从而正确着地。

4. *转身跳*（Tour jeté）。在芭蕾舞的转身跳中，芭蕾舞演员在地板上带着很小的扭转运动单足跳起，同时将另一条腿抬举到与身体垂直（见图 11-19a）。这时角速率是如此的小，以致观众可能感觉不出来。当演员跳起时，伸出的腿放下，另一条腿停住，最后两条腿都和身体成 θ 角（见图 11-19b）。这个动作十分优雅，但这样做也是为了使转动加快，因为将原来伸出的腿放下会减小演员的转动惯量。因为没有外转矩作用在腾空的演员身上，所以角动量不会改变。因此，随着转动惯量的减小，角速率必定增大。完美的跳跃看上去就像演员突然开始自转，到恢复原来腿的方向准备着陆时她已经转了 180°。而一旦腿再伸出时，看上去转动就停止了。

图 11-19 （a）转身跳的起始姿势：大的转动惯量和小的角速率。（b）后来的姿势：较小的转动惯量和更大的角速率。

检查点 7

一只独角仙（甲虫）爬在像旋转木马那样转动的小圆盘的边缘。假如这只甲虫向圆盘中心爬去，对甲虫-圆盘系统而言，下面的量（每个都对于圆盘中心）是增大、减小还是保持不变：（a）转动惯量，（b）角动量，（c）角速率？

例题 11.05 **角动量守恒，转动着的轮子的演示**

图11-20中的一位学生也是坐在可以自由绕竖直轴旋转的凳子上。手持边缘灌了铅的自行车轮的学生起初是静止的，车轮对它的中央轴的转动惯量 I_{wh} 是 $1.2\text{kg}\cdot\text{m}^2$。（边缘灌上铅是为了使 I_{wh} 的数值加大。）

从上面俯视，车轮以 $\omega_{wh}=3.9\text{rev/s}$ 的角速率逆时针旋转。车轮的转动轴位于竖直位置，车轮的角动量 $\vec{L}_{wh}$ 竖直向上。

这位学生用力把车轮颠倒过来（见图11-20b），这样，从上面俯视就看到车轮顺时针旋转。它的角动量现在成为 $-\vec{L}_{wh}$。这样倒转的结果是学生、凳子和车轮的中心组成的复合刚体绕凳子的转轴旋转，总的转动惯量 $I_b=6.8\text{kg}\cdot\text{m}^2$。（车轮还在绕它的中心轴转动这个事实并不影响这个复合物体的质量分布；所以无论车轮是否在旋转，I_b 都有同样的数值。）将车轮颠倒以后，这个复合物体的角速率 ω_b 及其方向为何？

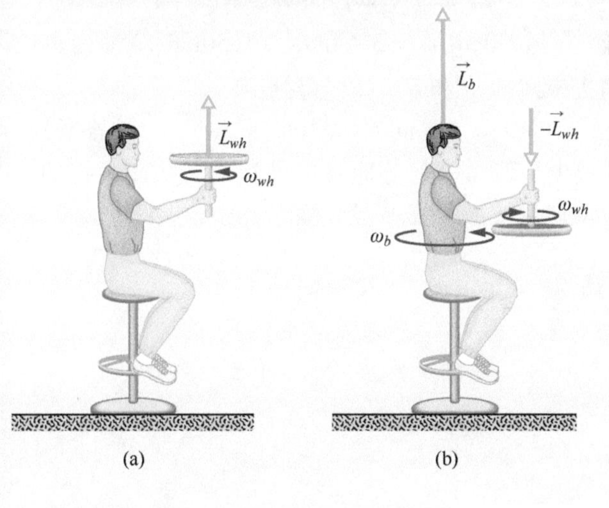

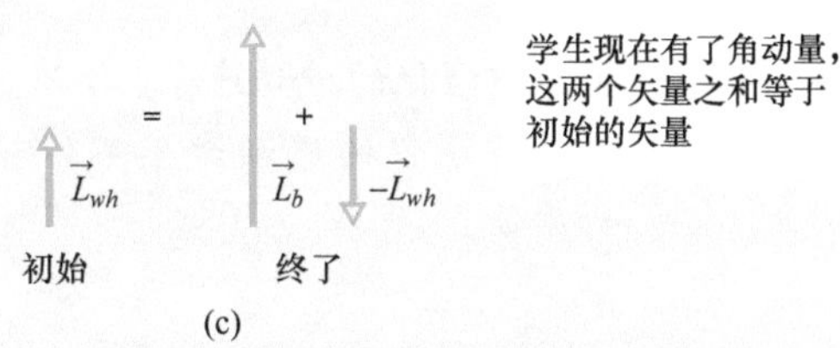

图11-20 （a）一位学生手持绕竖直轴旋转的自行车轮。（b）这位学生把车轮颠倒过来，这使得他自己也开始转动。（c）无论车轮是不是颠倒了，系统的静角动量保持不变。

【关键概念】

1. 我们要求的角速率 ω_b 与复合物体绕凳子的转动轴的最终角动量 $\vec{L}_b$ 由式（11-31）：$L=I\omega$ 联系起来。

2. 车轮的初始角速率 ω_{wh} 与车轮绕其中心轴旋转的角动量 $\vec{L}_{wh}$ 由同一公式联系起来。

3. $\vec{L}_b$ 和 $\vec{L}_{wh}$ 的矢量和给出学生、凳子和车轮系统的总角动量 $\vec{L}_{tot}$。

4. 在将车轮颠倒的过程中，没有净外转矩作用于系统来改变系统对竖直轴的总角动量 $\vec{L}_{tot}$。（学生用力使车轮颠倒的转矩对系统来说是内转矩。）所以，系统的总角动量对任何竖直的轴是守恒的，也包括凳子的转动轴。

解： $\vec{L}_{tot}$ 的守恒在图11-20c中用矢量表示出来。我们也可以用沿竖直轴的分量来写出这个守恒定律：

$$L_{b,f}+L_{wh,f}=L_{b,i}+L_{wh,i} \tag{11-35}$$

其中，下标 i 和 f 分别表示初始状态（在车轮颠倒前）和终了状态（车轮颠倒后）。因为在车轮颠倒过程中，车轮转动的角动量矢量颠倒了，我们用 $-L_{wh,i}$ 代入 $L_{wh,f}$。然后我们令 $L_{b,i}=0$（因为学生、凳子和车轮中心起初都是静止的），由式（11-35）得到：

$$L_{b,f}=2L_{wh,i}$$

根据式（11-31），我们用 $I_b\omega_b$ 代替 $L_{b,f}$，$I_{wh}\omega_{wh}$ 代替 $L_{wh,i}$，解出 ω_b，求得：

$$\omega_b=\frac{2I_{wh}}{I_b}\omega_{wh}$$

$$=\frac{(2)(1.2\text{kg}\cdot\text{m}^2)(3.9\text{rev/s})}{6.8\text{kg}\cdot\text{m}^2}$$

$$=1.4\text{rev/s} \quad \text{（答案）}$$

这个正的结果告诉我们上面俯视学生逆时针绕凳子的转轴转动，如果学生想停止转动，他只要把车轮再颠倒过来。

例题 11.06 角动量守恒，圆盘上的蟑螂

在图 11-21 中，一只质量为 m 的蟑螂在质量为 $6.00m$、半径为 R 的圆盘上爬行。圆盘像旋转木马般绕中心轴以角速率 $\omega_i = 1.50\text{rad/s}$ 旋转。蟑螂起初在半径 $r = 0.800R$ 的位置，后来它向外爬到圆盘边缘。把蟑螂当作质点。最后的角速率是多少？

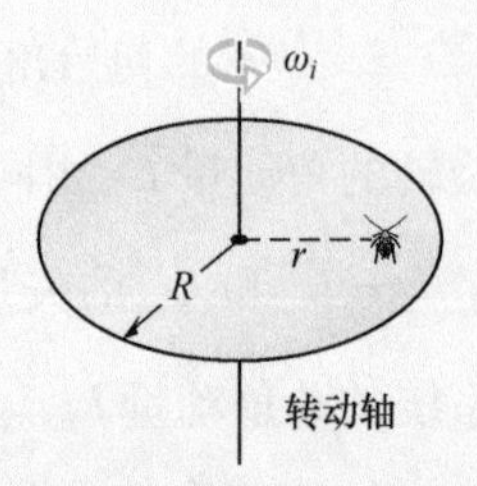

图 11-21 一只蟑螂在像旋转木马般转动的圆盘上位于半径 r 的位置爬动。

【关键概念】

(1) 蟑螂的爬行改变了蟑螂-圆盘系统的质量分布（因而改变了转动惯量）。(2) 系统的角动量不变，因为没有外来转矩改变它。（蟑螂爬动产生的力和转矩对系统来说是内部的。）(3) 刚体或质点角动量的数值由式（11-31）：$L = I\omega$ 给出。

解：我们要求的是最终的角速率。这里的关键是使最终的角动量 L_f 和起初的角动量 L_i 相等，因为二者都包含角速率，其中也包含转动惯量 I。所以，我们从计算蟑螂和圆盘组成的系统在爬行前、后的转动惯量开始。

圆盘对其中心轴的转动惯量在表 10-2c 中给出为 $\frac{1}{2}MR^2$。将质量 $6.00m$ 代入 M，圆盘的转动惯量为

$$I_d = 3.00mR^2 \tag{11-36}$$

（虽然并不知道 m 和 R 的数值，但我们还是继续往下做。）

由式（10-33），我们知道蟑螂（一个质点）的转动惯量等于 mr^2。把蟑螂起始位置的半径（$r = 0.800R$）和最后位置的半径（$r = R$）代入，我们得到开始时对转动轴的转动惯量是

$$I_{ci} = 0.64mR^2 \tag{11-37}$$

蟑螂最后对转动轴的转动惯量为

$$I_{cf} = mR^2 \tag{11-38}$$

所以，蟑螂-圆盘系统最初具有转动惯量：

$$I_i = I_d + I_{ci} = 3.64mR^2 \tag{11-39}$$

最后的转动惯量为

$$I_f = I_d + I_{cf} = 4.00mR^2 \tag{11-40}$$

接着我们用式（11-31）：$L = I\omega$ 写出系统最终的角动量 L_f 等于系统最初的角动量 L_i 这个事实：

$$I_f\omega_f = I_i\omega_i$$

或

$$4.00mR^2\omega_f = 3.64mR^2\ (1.50\text{rad/s})$$

消去未知的 m 和 R，我们得到

$$\omega_f = 1.37\text{rad/s} \quad \text{（答案）}$$

ω 减少是因为一部分质量向外运动，从而系统的转动惯量增加所致。

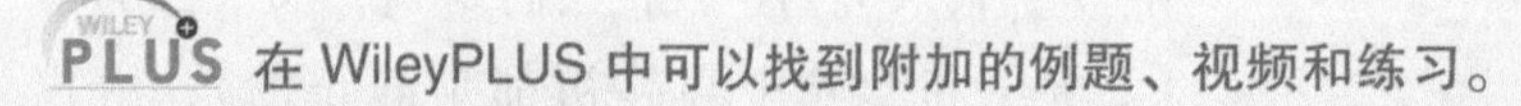

在 WileyPLUS 中可以找到附加的例题、视频和练习。

11-9 陀螺仪的进动

学习目标

学完这一单元后，你应当能够……

11.26 懂得重力作用于自旋的陀螺仪时会引起自旋的角动量矢量（以及陀螺仪本身）绕竖直轴做所谓进动的运动。

11.27 计算陀螺仪的进动速率。

11.28 明白陀螺仪的进动速率不依赖于陀螺仪的质量。

关键概念

- 自旋的陀螺仪能够绕通过它的支点的竖直轴以如下角速率进动：

$$\Omega = \frac{Mgr}{I\omega}$$

其中，M 是陀螺仪的质量；r 是矩臂；I 是转动惯量；ω 是自旋角速率。

陀螺仪的进动

简单的陀螺仪包括固定在轴杆上的一个轮子，它可以绕轴自由地自转。若一个没有自旋的陀螺仪轴杆的一端放在支座上，如图 11-22a 所示的那样，并将陀螺仪放开，陀螺仪绕支座顶端向下转动而落下。因为下落过程包含了转动，它受角量形式的牛顿第二定律支配，由式（11-29）得到：

$$\vec{\tau}=\frac{\mathrm{d}\vec{L}}{\mathrm{d}t} \tag{11-41}$$

上式告诉我们，引起向下转动（落下）的转矩改变了原来为零的陀螺仪的角动量 $\vec{L}$。转矩 $\vec{\tau}$ 来自作用于陀螺仪质心的重力 $M\vec{g}$，陀螺仪的质心在轮子的中心。对于图 11-22a 中位于 O 的支点的矩臂是 $\vec{r}$。$\vec{\tau}$ 的数值是

$$\tau=Mgr\sin 90°=Mgr \tag{11-42}$$

（因为 $M\vec{g}$ 和 $\vec{r}$ 之间的角度是 90°）它的方向如图 11-22a 所示。

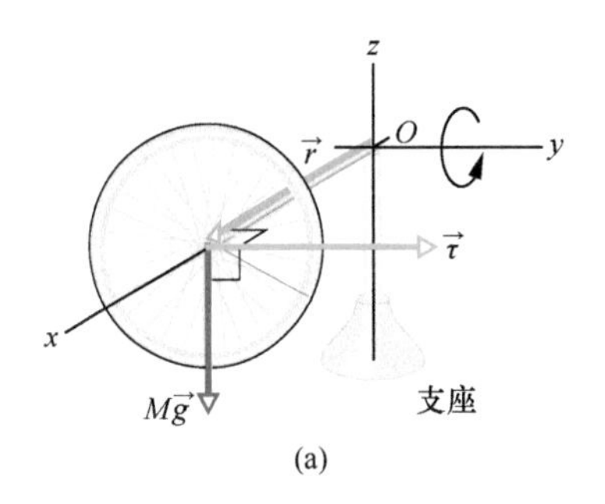

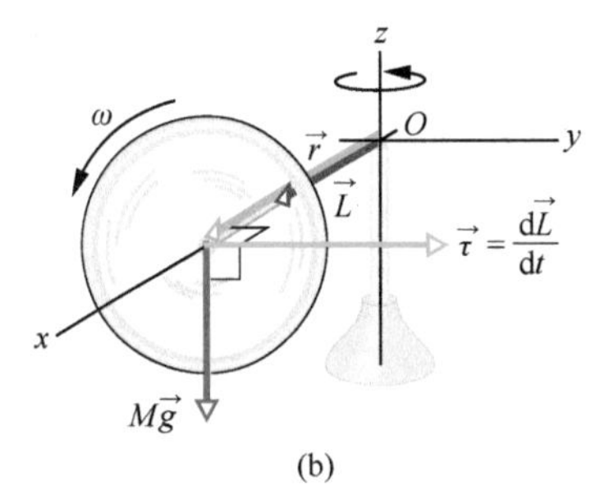

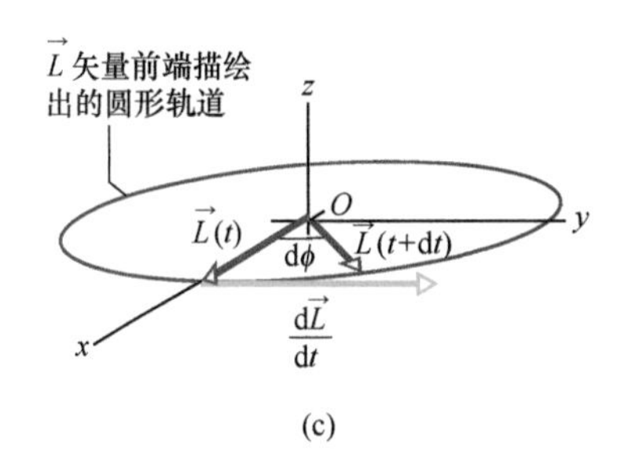

图 11-22 （a）没有自旋的陀螺仪因为转矩 $\vec{\tau}$ 作用发生在 xz 平面中的转动而落下。（b）以角动量 $\vec{L}$ 快速自旋的陀螺仪绕 z 轴进动。它的进动发生在 xy 平面内。（c）角动量的改变 $\frac{\mathrm{d}\vec{L}}{\mathrm{d}t}$ 导致 $\vec{L}$ 绕 O 点转动。

快速自旋的陀螺仪的行为完全不同。假定它被释放时轴杆的角度稍稍偏向上。它先稍微向下转动，但后来，这时它仍旧绕它的轴自旋，它开始水平地绕通过支点 O 的竖直轴转动，做称为**进动**的运动。

陀螺为什么不会掉下来？ 为什么自旋的陀螺仪会悬在上面而不会像不转的陀螺仪那样掉下来呢？解答的线索在于当自旋的陀螺被释放时，$M\vec{g}$ 产生的转矩要改变的不是原来是零的角动量，而是原来已经存在着的自旋产生的非零角动量。

要知道原有的非零角动量怎样引起进动，我们首先考虑由于自旋产生的陀螺仪角动量 $\vec{L}$。为使情况简单一些，我们假设自旋速率是如此之快因而由于进动产生的角动量比之于 $\vec{L}$ 可以忽略不计。我们还假设，当进动开始时轴杆是水平的，像图 11-22b 中那样。$\vec{L}$ 的数值由式（11-31）给出：

$$L=I\omega \tag{11-43}$$

其中，I 是陀螺仪对它的轴的转动惯量；ω 是轮子绕轴自旋的角速率。矢量 $\vec{L}$ 方向沿着转动轴，如图 11-22b 所示。因为 $\vec{L}$ 平行于 $\vec{r}$，所以转矩必定垂直于 $\vec{L}$。

按照式（11-41），由于转矩 $\vec{\tau}$ 的作用在时间增量 $\mathrm{d}t$ 内引起陀螺仪的角动量增量 $\mathrm{d}\vec{L}$；即：

$$\mathrm{d}\vec{L}=\vec{\tau}\mathrm{d}t \tag{11-44}$$

然而，对快速自旋的陀螺仪而言，$\vec{L}$ 的数值由式（11-43）确定。因此，转矩只改变 $\vec{L}$ 的方向而不是它的大小。

由式（11-44）我们知道，$\mathrm{d}\vec{L}$ 的方向就是 $\vec{\tau}$ 的方向，它垂直于 $\vec{L}$。$\vec{L}$ 能沿 $\vec{\tau}$ 的方向改变但 L 的数值不变的唯一变化方式是 $\vec{L}$ 绕 z 轴转动，如图 11-22c 中画出的那样。$\vec{L}$ 保持它的大小不变，$\vec{L}$ 矢量的端点沿圆形轨道运动，$\vec{\tau}$ 始终和这个圆形轨道相切。因为 $\vec{L}$ 必

须始终沿着转动轴，轴杆必定绕 z 轴沿 $\vec{\tau}$ 的方向转动。就这样产生了进动。因为自旋的陀螺仪必定服从牛顿第二定律的角量形式以响应初始角动量的任何变化，所以它必须进动而不是简单地落下。

进动。我们求**进动速率** Ω，先用式（11-44）和式（11-42）求出 $d\vec{L}$ 的数值：

$$dL = \tau dt = Mgrdt \quad (11\text{-}45)$$

当时间间隔增加 dt，$\vec{L}$ 改变了一个小量，轴杆和 $\vec{L}$ 绕 z 轴进动，经过了角度 $d\phi$（在图 11-22c 中，为清楚起见角度被夸大了。）在式（11-43）和式（11-45）的帮助下，我们求得 $d\phi$ 由下式给出：

$$d\phi = \frac{dL}{L} = \frac{Mgrdt}{I\omega}$$

将这个式子除以 dt 并令 $\Omega = d\phi/dt$，我们得到：

$$\Omega = \frac{Mgr}{I\omega} \quad \text{（进动角速率）} \quad (11\text{-}46)$$

这个结果对自旋速率 ω 非常快的假设有效。要注意 Ω 随着 ω 增大而减小。还要注意，如果没有重力 $M\vec{g}$ 作用于陀螺仪就不会有进动，但因为 I 是 M 的函数，在式（11-46）中质量正好消去；所以 Ω 不依赖于质量。

若自旋陀螺仪的转动轴与水平成一个角度，式（11-46）也成立。它对自旋的玩具陀螺也完全有效，陀螺实际上是与水平成一个角度的自旋着的陀螺仪。

复习和总结

滚动的物体 对于平稳滚动半径为 R 的轮子：

$$v_{com} = \omega R \quad (11\text{-}2)$$

其中，v_{com} 是轮子质心的线速率；ω 是轮子绕其中心的角速率。也可看作轮子瞬时绕"道路"上和轮子接触的 P 点的转动。轮子绕这一点的角速率和轮子绕它的中心的角速率相同，滚动的轮子具有动能：

$$K = \frac{1}{2}I_{com}\omega^2 + \frac{1}{2}Mv_{com}^2 \quad (11\text{-}5)$$

其中，I_{com} 是轮子对它的质心的转动惯量；M 是轮子的质量。如果轮子正在加速但仍旧平稳滚动，则质心的加速度 $\vec{a}_{com}$ 与绕质心的角加速度 α 之间的关系为

$$a_{com} = \alpha R \quad (11\text{-}6)$$

如果轮子平稳地从角度为 θ 的斜面上滚下，则沿斜面向上延伸的 x 轴的加速度分量为

$$a_{com,x} = -\frac{g\sin\theta}{1 + I_{com}/(MR^2)} \quad (11\text{-}10)$$

作为矢量的转矩 在三维空间中，相对于一固定点（通常是原点）定义的*转矩* $\vec{\tau}$ 是一个矢量，就是：

$$\vec{\tau} = \vec{r} \times \vec{F} \quad (11\text{-}14)$$

其中，$\vec{F}$ 是作用于质点的力；$\vec{r}$ 是相对于固定点的质点位置矢量。$\vec{\tau}$ 的数值是

$$\tau = rF\sin\theta = rF_{\perp} = r_{\perp}F \quad (11\text{-}15, 11\text{-}16, 11\text{-}17)$$

其中，ϕ 是 $\vec{F}$ 和 $\vec{r}$ 之间的夹角；$F_{\perp}$ 是 $\vec{F}$ 垂直于 $\vec{r}$ 的分量；$r_{\perp}$ 是 $\vec{F}$ 的矩臂。$\vec{\tau}$ 的方向用右手定则决定。

质点的角动量 具有线动量 $\vec{p}$、质量 m 和线速度 $\vec{v}$ 的质点的*角动量* $\vec{\ell}$ 是相对于固定点（通常是原点）定义的矢量：

$$\vec{\ell} = \vec{r} \times \vec{p} = m(\vec{r} \times \vec{v}) \quad (11\text{-}18)$$

$\vec{\ell}$ 的数值由下式给出：

$$\ell = rmv\sin\phi \quad (11\text{-}19)$$

$$= rp_{\perp} = rmv_{\perp} \quad (11\text{-}20)$$

$$= r_{\perp}p = r_{\perp}mv \quad (11\text{-}21)$$

其中，ϕ 是 $\vec{r}$ 和 $\vec{p}$ 之间的角度；$p_{\perp}$ 和 $v_{\perp}$ 分别是 $\vec{p}$ 和 $\vec{v}$ 垂直于 $\vec{r}$ 的分量；$r_{\perp}$ 是固定点和 $\vec{p}$ 的延长线之间的垂直距离。$\vec{\ell}$ 的方向由叉积的右手定则决定。

牛顿第二定律的角量形式 对于质点，牛顿第二定律可以写成角量形式：

$$\vec{\tau}_{net}=\frac{d\vec{\ell}}{dt} \quad (11\text{-}23)$$

其中，$\vec{\tau}_{net}$是作用于质点的净转矩；$\vec{\ell}$ 是质点的角动量。

质点系的角动量 质点系的角动量$\vec{L}$是各个质点角动量的矢量和：

$$\vec{L}=\vec{\ell}_1+\vec{\ell}_2+\cdots+\vec{\ell}_n=\sum_{i=1}^{n}\vec{\ell}_i \quad (11\text{-}26)$$

这个角动量的时间变化率等于作用于系统的净外转矩（来自和系统外质点的相互作用转矩的矢量和）：

$$\vec{\tau}_{net}=\frac{d\vec{L}}{dt}\text{（质点系）} \quad (11\text{-}29)$$

刚体的角动量 对于绕定轴转动的刚体，它的平行于转轴的角动量分量是

$$L=I\omega\text{（刚体，定轴）} \quad (11\text{-}31)$$

角动量守恒 如果作用于系统的净外转矩为零，则系统的角动量$\vec{L}$始终是常量：

$$\vec{L}=\text{常量（孤立系）} \quad (11\text{-}32)$$

或

$$\vec{L}_i=\vec{L}_f\text{（孤立系）} \quad (11\text{-}33)$$

这就是**角动量守恒定律**。

陀螺仪的进动 自旋的陀螺仪会绕通过它的支点的竖直轴转动，转动速率为

$$\Omega=\frac{Mgr}{I\omega} \quad (11\text{-}46)$$

其中，M是陀螺仪的质量；r是矩臂；I是转动惯量；ω是自旋角速率。

习题

1. 一辆汽车在水平的道路上以80km/h的速率沿x轴的正方向行驶。每只车胎的直径为66cm。相对于车内的一位女乘客，用单位矢量记号表示，车胎的（a）中心，（b）顶端和（c）底端的速度$\vec{v}$各是什么？每只车胎（d）中心，（e）顶端和（f）底端的加速度a的数值各是多少？对于一个坐在路边的搭车者来说，用单位矢量记号表示，轮胎的（g）中心、（h）顶端和（i）底端的速度$\vec{v}$各是什么？每个轮胎的（j）中心，（k）顶端和（l）底部的加速度数值各是多大？

2. 以80.0km/h行驶的汽车的车胎直径为70.0cm。（a）车胎绕轴的角速率有多大？（b）如果汽车在匀减速停止的过程中车轮正好转了整30转（没有滑动），车轮的角加速度的数值为何？（c）在制动过程中汽车前进了多少距离？

3. 半径为6.0cm的一个实心球体起初以10m/s的速率平稳地在水平地板上滚动，然后平稳地滚上斜面直到暂时停止，它达到的离地板的最大高度是多少？

4. 一个均匀的实心球从斜面上滚下。（a）如果要使球的质心的线加速度的大小为0.15g，倾斜的角度应该多大？（b）如果有一无摩擦的木块从这个角度倾斜的斜面上滑下，它的加速度的数值是大于、小于或等于0.15g？为什么？

5. 一个实心球从初始高度h沿U形斜坡的一边平稳地滚下，接着又从无摩擦的另一边上去。球到达的最大高度是多少？

6. 图11-23给出半径为5.75cm、0.500kg的物体平稳地滚下30°斜坡的速率v对时间t的曲线图。速度轴的标度由$v_s=4.0$m/s标定，该物体的转动惯量是多少？

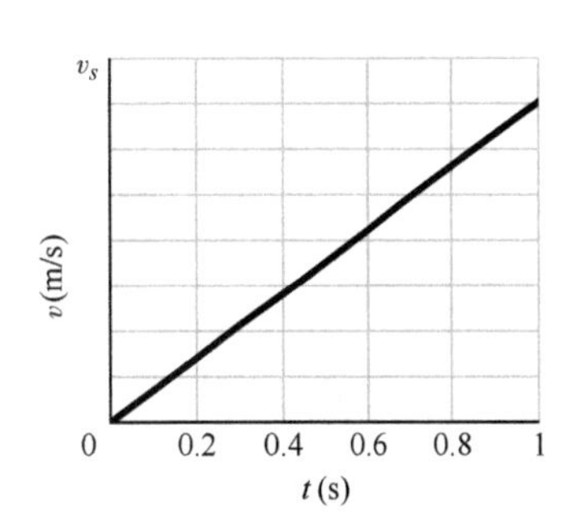

图11-23 习题6图

7. 图11-24中，一个半径为10cm、质量为12kg的实心圆柱体从静止开始在$\theta=30°$的屋顶上无滑动地滚动，经过距离$L=6.0$m后离开屋顶落下。（a）圆柱体在离开屋顶的时候绕它的中心轴的角速率为何？（b）屋顶边缘的高度是$H=5.0$m。圆柱体落到水平地面上时的位置离屋顶边缘的水平距离是多少？

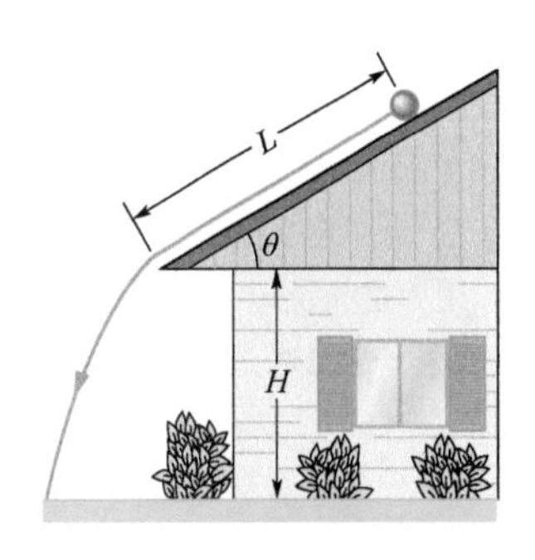

图11-24 习题7图

8. 图11-25是可以沿x轴滚动的实心球的势能$U(x)$。U轴上的标度由$U_s=100$J标定。球是均匀的，滚动是平稳的，球的质量为0.400kg。它在$x=7.0$m处被释放，它具有75J的机械能并向着x轴的负方向运动。（a）如果球能够到达$x=0$处，它在该点的速率为何；如果它不能到达该点，转折点在哪里？另一种情况，当它以75J的机械能在$x=7.0$m的位置被释放后，向着正x轴的方向滚动。

(b) 如果球可以到达 $x=13\text{m}$ 处，它在这里的速率有多大？如果不能，则转折点在何处？

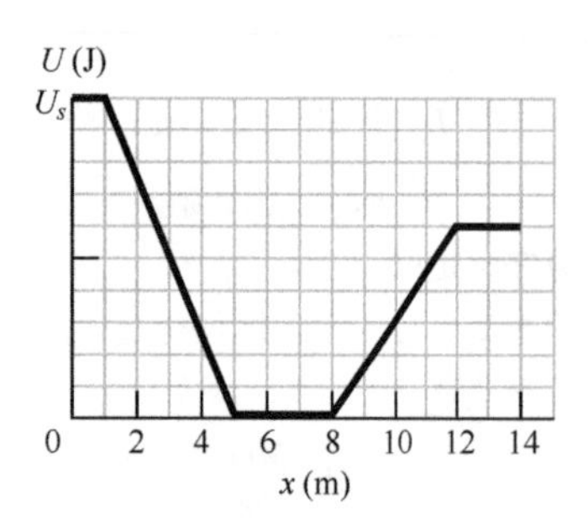

图 11-25　习题8图

9. 图 11-26 中，一个实心球从静止开始（高度 $H=6.0\text{m}$）平稳地滚动直到它离开高度 $h=2.0\text{m}$ 的轨道水平部分的端点。球撞击地板上的位置与 A 点的水平距离是多少？

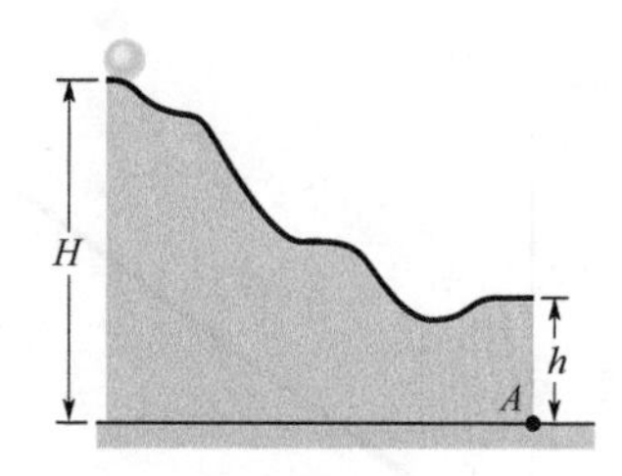

图 11-26　习题9图

10. 一个半径为 0.15m，绕通过它的质心的直线的转动惯量 $I=0.048\text{kg}\cdot\text{m}^2$ 的空心球体无摩擦地在与水平成 30°角的斜面上向上滚动。在某一初始位置，球的总动能是 20J。(a) 在此初始动能中有多少是转动能量？(b) 在初始位置上球的质心的速率是多少？当球从初始位置沿斜面向上运动 1.0m 后，(c) 它的总动能和 (d) 它的质心的速率各是多大？

11. 图 11-27 中，数值为 10N 的恒定水平力 $\vec{F}_{app}$ 作用在质量为 10kg、半径为 0.30m 的车轮上。车轮在水平的表面上平稳地滚动，它的质心的加速度的数值为 0.60m/s^2。(a) 用单位矢量记号表示，作用在车轮上的摩擦力是多大？(b) 车轮绕通过它的质心的转动轴的转动惯量是多少？

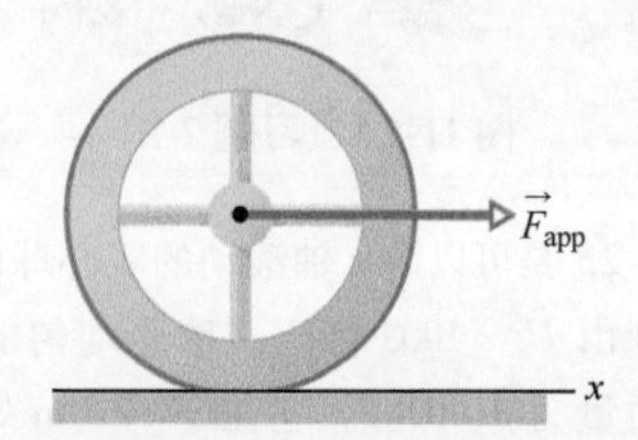

图 11-27　习题11图

12. 在图 11-28 中，一个质量为 0.328g 的实心铜球沿绕环轨道平稳地滚动，它沿轨道的直线区域从静止释放。圆环的半径 $R=12.0\text{cm}$，球的半径 $r\ll R$。(a) 如果球在到达圆环顶点时正好处在离开轨道的边缘状态，高度 h 应该多大？如果球在高度 $h=6.00R$ 处被释放，球到 Q 点时，作用于球上水平的力的分量的 (b) 数值和 (c) 方向是什么？

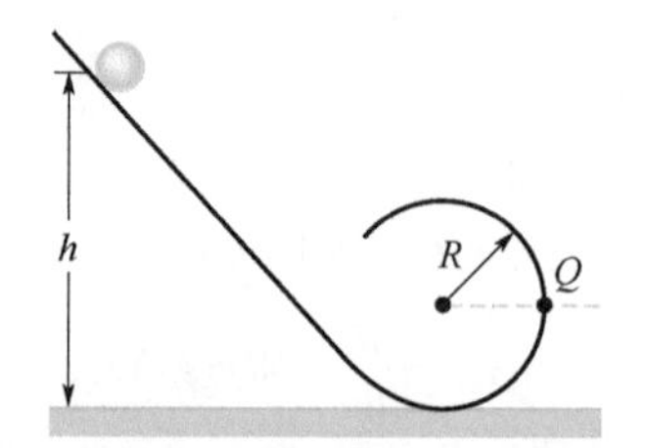

图 11-28　习题12图

13. 非均匀球。图 11-29 中，一个质量为 M、半径为 R 的小球从静止开始沿斜面平稳地滚下，并进入半径为 0.48m 的圆环形轨道。小球的起始高度 $h=0.36\text{m}$。在圆环形轨道底部，作用于小球的法向力的数值为 $2.00Mg$。小球由（有一定的均匀密度）外层球壳包着（有均匀的另一个不同的密度）的中央球体组成。小球的转动惯量可以用一般的形式表述为 $I=\beta MR^2$，但 β 并不是均匀密度球体的数值 0.4。求 β。

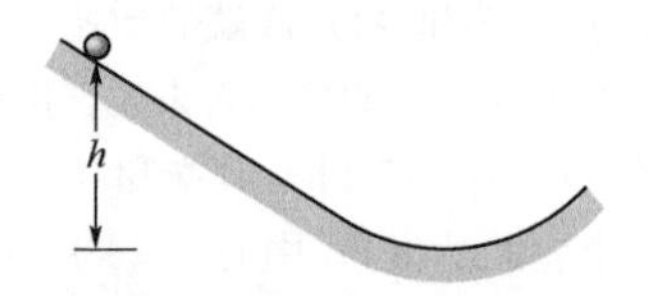

图 11-29　习题13图

14. 图 11-30 中，一个小的、均匀实心球从 P 点被射出，它沿水平的轨道平稳地滚动，然后滚上斜坡到达一个高地。小球水平地飞离高地落在游戏板上，落地点在高地边缘右边水平距离为 d 处。竖直高度 $h_1=5.00\text{cm}$，$h_2=1.60\text{cm}$。小球在 P 点需要以多大的速率被射出才能使它在 $d=7.50\text{cm}$ 处落地。

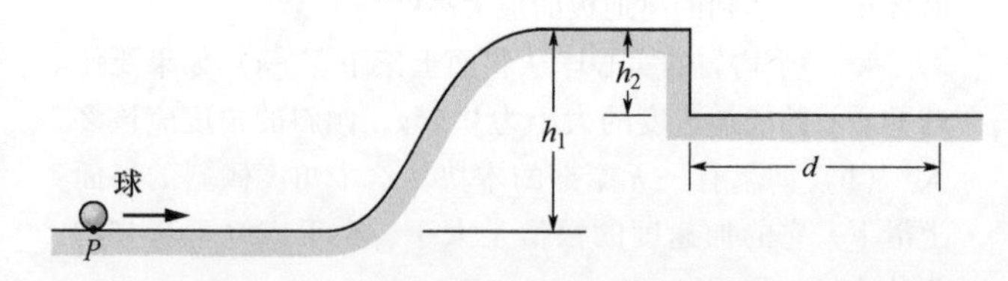

图 11-30　习题14图

15. 玩保龄球的人对着球道抛出半径 $R=11\text{cm}$ 的保龄球。球以初速率 $v_{com,0}=8.5\text{m/s}$ 及初角速率 $\omega_0=0$ 在球道上滑动（见图 11-31）。球和滑道间的动摩擦系数是 0.21。作用于球的动摩擦力 $\vec{f}_k$ 引起球做线加速运动，同时产生引起球的角加速度的转矩。当速率 v_{com} 减到足够小而角速率 ω 增加到足够大时，球就停止滑动并开始平稳滚动。(a) 这时用 ω 表示的 v_{com} 是什么？在滑动过程中，球的

(b) 线加速度和 (c) 角加速度各是多大? (d) 球滑动多长时间? (e) 球滑动多少距离? (f) 球在开始平稳滚动时线速率有多大?

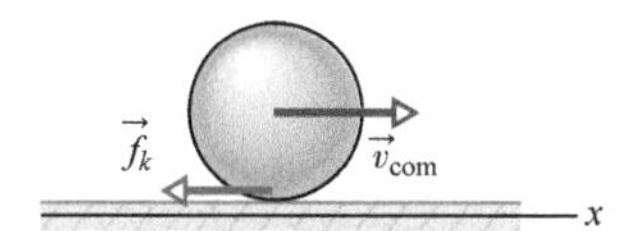

图 11-31　习题 15 图

16. 非均匀圆柱体。在图 11-32 中，质量为 M、半径为 R 的圆柱体从静止开始平滑地滚下斜坡到达水平的区域。它在这里滚离斜坡后落到地板上。落地点在距斜坡终端水平距离 $d = 0.506\text{m}$ 处。圆柱体的起始高度 $H = 0.90\text{m}$；斜坡终端高度 $h = 0.10\text{m}$。这个物体由 (一定的密度均匀的) 圆柱形外壳套在 (另一种不同的均匀密度的) 圆柱形芯子上组成。该圆柱体的转动惯量可用一般性的公式 $I = \beta MR^2$ 表示。但 β 不是适用于均匀密度圆柱体的 0.5。求 β。

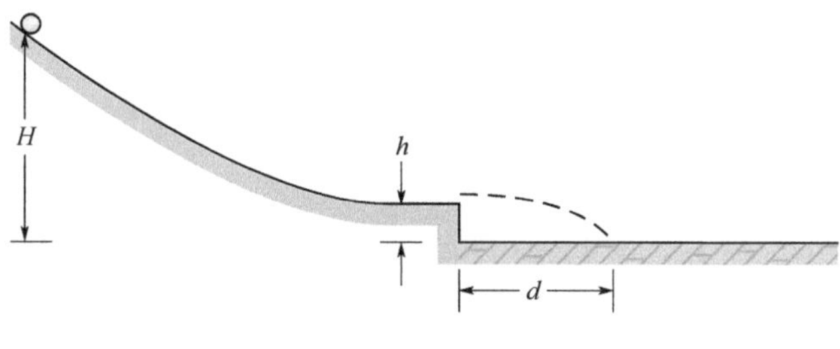

图 11-32　习题 16 图

17. 溜溜球的转动惯量为 $950\text{g}\cdot\text{cm}^2$，质量为 120g。它们轮轴半径是 3.2mm，绳的长度是 120cm。溜溜球从静止开始向下滚动到绳子的端点。(a) 它的线加速度的数值是多少? (b) 它到达绳子终端需多长时间? 当它到达绳子终端时，它的 (c) 线速率，(d) 平移动能，(e) 转动动能和 (f) 角速率各是多少?

18. 1980 年在旧金山湾，一个巨大的溜溜球从一台起重机上被放下。这个 116kg 的溜溜球是用半径 3.2cm 的轴连接起来的两个半径为 32cm 的均匀圆盘组成的。在它 (a) 落下和 (b) 上升的过程中加速度的数值各是多少? (c) 它在其上滚动的绳子中的张力是多少? (d) 这个张力是不是接近于这根绳的极限 52kN? 假设你制造出了这个溜溜球的放大的版本 (同样的形状和材料但更大)。(e) 你的溜溜球下落时加速度的数值比旧金山的溜溜球更大、更小还是相等? (f) 绳中的张力又是如何?

19. 用单位矢量记号表示，求位于 (2.0m，-2.0m，-6.0m) 的一个质点对于原点的转矩。该质点分别受到以下三个力的作用：$\vec{F}_1 = (6.0\text{N})\vec{j}$，$\vec{F}_2 = (1.0\text{N})\vec{i} - (2.0\text{N})\vec{j}$，$\vec{F}_3 = (4.0\text{N})\vec{i} + (2.0\text{N})\vec{j} - (3.0\text{N})\vec{k}$。

20. 用单位矢量记号表示，求位于 (3.0m，1.0m，2.0m) 的质点相对于坐标为 (2.0m，1.0m，3.0m) 的一点的转矩。质点受力 $\vec{F} = (1.0\text{N})\vec{i} - (3.0\text{N})\vec{k}$。

21. 用单位矢量记号表示，位于坐标 (0，-4.0m，3.0m) 的质点对原点的转矩，转矩分别是由 (a) 具有分量 $F_{1x} = 2.0\text{N}$，$F_{1y} = F_{1z} = 0$ 的力 $\vec{F}_1$ 产生的，(b) 分量为 $F_{2x} = 0$，$F_{2y} = 2.0\text{N}$，$F_{2z} = 4.0\text{N}$ 的力 $\vec{F}_2$ 产生。

22. 一个质点在 xyz 坐标系中运动的时候，有力作用于其上。当质点位置矢量为 $\vec{r} = (2.00\text{m})\vec{i} - (3.00\text{m})\vec{j} + (2.00\text{m})\vec{k}$ 时，受到的力为 $\vec{F} = F_x\vec{i} + (7.00\text{N})\vec{j} - (6.00\text{N})\vec{k}$，对原点相应的转矩为 $\vec{\tau} = (4.00\text{N}\cdot\text{m})\vec{i} + (2.00\text{N}\cdot\text{m})\vec{j} - (1.00\text{N}\cdot\text{m})\vec{k}$。求 F_x。

23. 力 $\vec{F} = (2.0\text{N})\vec{i} - (3.0\text{N})\vec{k}$ 作用于相对于原点的位置矢量为 $\vec{r} = (0.50\text{m})\vec{j} - (2.0\text{m})\vec{k}$ 的卵石上。用单位矢量记号表示以下情况中作用于卵石上的转矩：(a) 对原点，(b) 对 (2.0m，0，-3.0m) 的一点。

24. 用单位矢量记号表示位于坐标 (3.0m，-2.0m，4.0m) 的质点关于一个墨西哥辣椒瓶上的相对于原点的转矩。作用于小瓶上的力分别为 (a) $\vec{F}_1 = (3.0\text{N})\vec{i} - (4.0\text{N})\vec{j} + (5.0\text{N})\vec{k}$，(b) $\vec{F}_2 = (-3.0\text{N})\vec{i} - (4.0\text{N})\vec{j} - (5.0\text{N})\vec{k}$，(c) $\vec{F}_1$ 和 $\vec{F}_2$ 的矢量和。(d) 再用 (c) 小题的力，求其对坐标 (3.0m，2.0m，4.0m) 的一点的转矩。

25. 力 $\vec{F} = (6.00\vec{i} - 4.00\vec{j})$ N 作用在位置矢量 $\vec{r} = (-3.00\vec{i} + 1.00\vec{j})$ m 的质点上。求 (a) 对于原点作用在质点上的转矩。(b) $\vec{r}$ 和 $\vec{F}$ 之间的角度。

26. 在图 11-33 所示的时刻，一个 2.0kg 的质点 P 的位置矢量 $\vec{r}$ 的数值是 5.0m，角度 $\theta_1 = 45°$，它的速度矢量 $\vec{v}$ 的数值是 4.0m/s，角度 $\theta_2 = 30°$。数值为 2.0N 和角度 $\theta_3 = 30°$ 的力 $\vec{F}$ 作用于点 P。所有三个矢量都在 xy 平面内。对于原点，求 P 的角动量的 (a) 数值和 (b) 方向，并求作用于 P 的转矩的 (c) 数值和 (d) 方向。

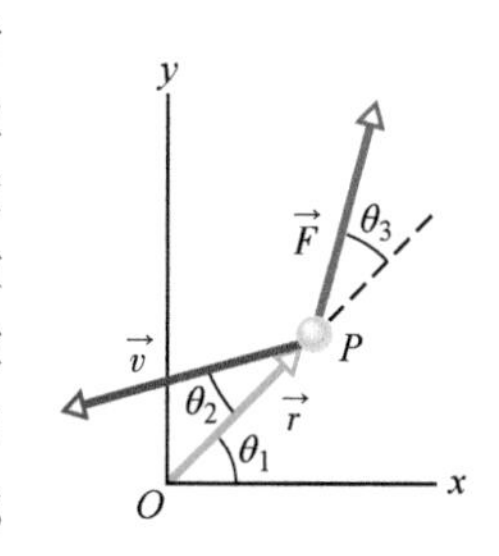

图 11-33　习题 26 图

27. 质量为 m 的质点从地平线上以初速率 u 和相对于水平线的初始角度 θ 被射出。当它在地面以上飞行达到最高点时，(a) 重力作用于它的转矩是多大? (b) 它的角动量是多少? 以上都是相对于发射点测量。

28. 一个 3.0kg 的可以当作质点的物体、在平面上以速度分量 $v_x = 30\text{m/s}$ 和 $v_y = 60\text{m/s}$ 运动，正通过 (xy) 坐标为 (3.0，-4.0) m 的一点。用单位矢量记号表示，这时它相对于 (a) 原点，(b) 位置为 (-2.0，-2.0) m 的一点的角动量各是多少?

29. 两个质量都是 m 且速率都是 v 的质点以相反方向各自在相互平行的两条距离都为 d 的直线上运动。证明：

这两个质点系统的角动量对任何取作原点的点来说都是相同的。

30. 在1.50kg的一个物体相对于原点的位移为 $\vec{d}=(2.00\text{m})\vec{i}+(4.00\text{m})\vec{j}-(3.00\text{m})\vec{k}$ 的瞬间，它的速度 $\vec{v}=-(6.00\text{m/s})\vec{i}+(3.00\text{m/s})\vec{j}+(3.00\text{m/s})\vec{k}$，同时它受到作用力 $\vec{F}=(6.00\text{N})\vec{i}-(8.00\text{N})\vec{j}+(4.00\text{N})\vec{k}$。求（a）物体的加速度，（b）该物体对原点的角动量，（c）对于原点，作用于物体的转矩，（d）物体的速度与作用于其上的力之间的角度。

31. 在图11-34中，一个0.400kg的小球以初速率40.0m/s向正上方射出。对于离发射点水平距离2.00m的 P 点，当（a）球在最高点时，（b）球落回地面的半路上时，小球的角动量各是多少？

当（c）球在最大高度时，（d）落回地面的半路上时，作用于小球的重力关于 P 点的转矩各是多少？

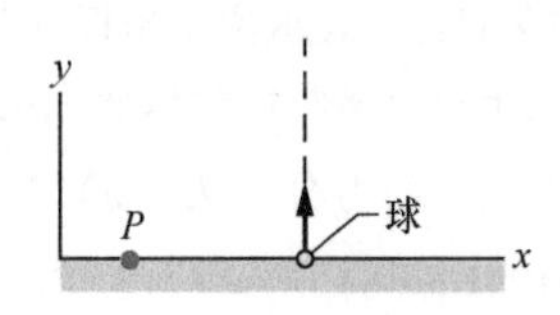

图11-34 习题31图

32. 一个质点受到两个相对于原点的转矩的作用：$\vec{\tau}_1$ 的数值为2.0N·m，指向 x 轴正方向。$\vec{\tau}_2$ 的数值为3.0N·m，向着 y 轴负方向。用单位矢量记号，求 $d\vec{\ell}/dt$，其中 $\vec{\ell}$ 是质点对原点的角动量。

33. 图11-35中，质量为 m 的质点在距离原点 b 的 A 点从静止被释放，质点平行于竖直的 y 轴下落。对于原点写出以下物理量的时间 t 的函数表达式：（a）重力引起的作用于质点的转矩 τ 的数值函数，（b）质点角动量 L 的数值函数。（c）由这些结果证明：$\tau=dL/dt$。

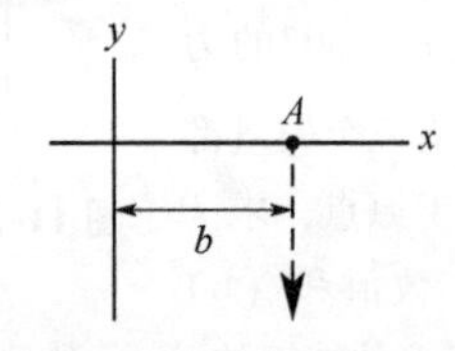

图11-35 习题33图

34. 图11-36是长度为 l、质量忽略不计的细杆的俯视图。细杆以角速率 ω 在水平面上绕通过 O 点的竖直轴旋转。质量为 m 的质点 A 在杆的中点，同样质量的质点 B 在远端。求质点 B 相对于质点 A 的角动量。

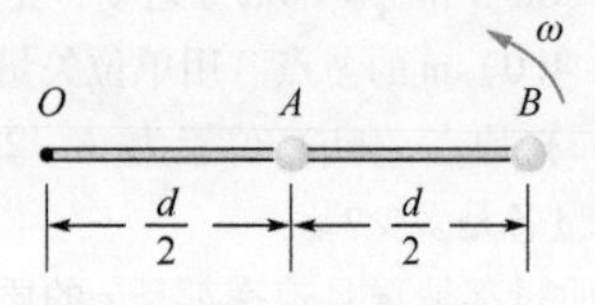

图11-36 习题34图

35. 力 $(2.00\vec{i}-4.00\vec{j}+2.00\vec{k})$ N 作用在位于 $(3.00\vec{i}+2.00\vec{j}-4.00\vec{k})$ m 的质点上。相对于原点作用于质点的转矩数值为何？

36. 图11-37画出三个用带连接起来的转动着的均匀圆盘。一根带绕着盘 A 和盘 C 的边缘。另一根带连接盘 A 同心的小盘和盘 B 的边缘。带不打滑地绕着边缘平稳运动。盘 A 半径为 R，它中间的小盘半径为 $0.5000R$；盘 B 半径为 $0.2500R$；盘 C 半径为 $2.000R$。盘 B 和盘 C 有同样的密度（单位体积的质量）和厚度。盘 C 对盘 B 的角动量数值之比为多少？

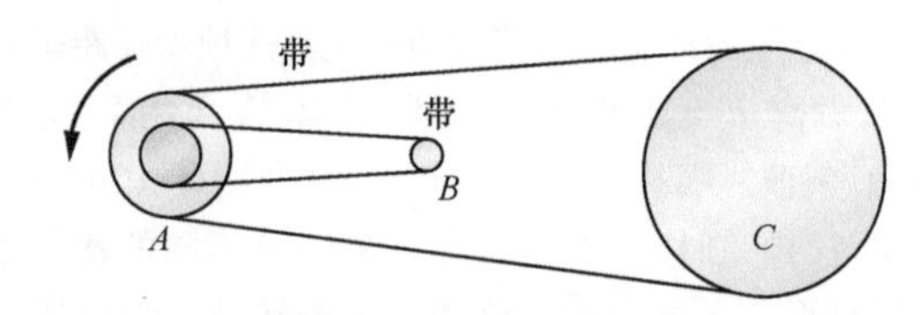

图11-37 习题36图

37. 图11-38中，三个质量都是 $m=23$g 的质点连接在三根长度都是 $d=12$cm、质量忽略不计的细杆上。这个刚性的组合以角速度 $\omega=0.85$rad/s 绕 O 点转动。求：（a）组合的转动惯量，（b）中间的质点的角动量数值，以及（c）整个组合的角动量数值。

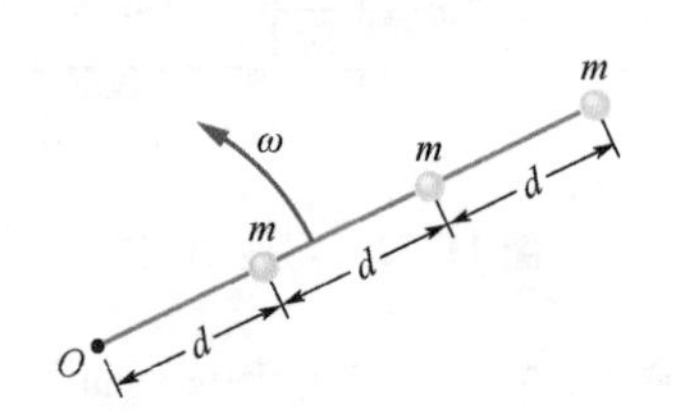

图11-38 习题37图

38. 转动惯量为 8.6×10^{-3}kg·m² 的砂轮装在电钻上，电钻的电动机能对原来静止的圆盘绕中心轴产生数值为16N·m转矩。用这样的转矩对轴作用33ms后，圆盘的（a）角动量和（b）角速度的数值各是多少？

39. 绕其中心轴的转动惯量为0.800kg·m² 的飞轮的角动量，在1.50s内从3.00kg·m²/s减少到0.800kg·m²/s。（a）在这段时间内作用于飞轮的、对它的中心轴的平均转矩的数值是多大？（b）假设角加速度恒定，这个飞轮转过多大角度？（c）对飞轮做了多少功？（d）飞轮的平均功率有多大？

40. 转动惯量为7.00kg·m² 的圆盘像旋转木马那样转动，它受到可变转矩 $\tau=(5.00+2.00t)$ N·m 的作用。在 $t=1.00$s 时刻，它的角动量是5.00kg·m²/s。$t=5.00$s 时它的角动量是多少？

41. 图11-39中所示的刚性结构包含半径为 R、质量为 m 的圆箍，以及四根长度都是 R 且质量都是 m 的细棒组成的正方形。这个刚性结构以恒定的速率绕竖直轴转动，转动周期为2.5s。设 $R=0.50$m，$m=2.0$kg，求：（a）这个结构绕转动轴的转动惯量，（b）它对这个轴的角动量。

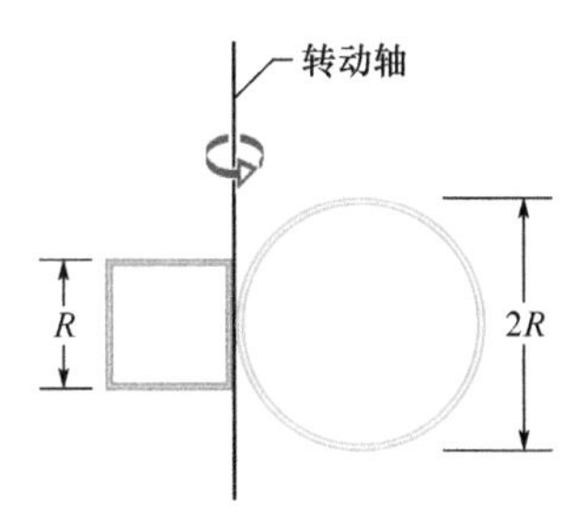

图 11-39 习题 41 图

42. 图 11-40 给出作用于原来静止的圆盘上的转矩 τ 的时间函数曲线，圆盘可以像旋转木马那样转动。τ 轴的标度由 $\tau_s = 4.0\text{N}\cdot\text{m}$ 标定。在（a）$t = 7.0\text{s}$ 和（b）$t = 20\text{s}$ 时刻圆盘绕转动轴的角动量各是多少？

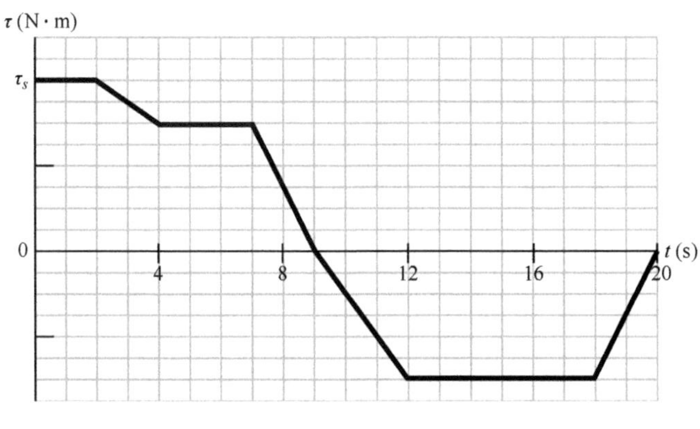

图 11-40 习题 42 图

43. 在图 11-41 中，质量都是 50kg 的两位滑冰运动员沿着距离 3.0m 的平行的滑道相向滑行，两人互相靠近。她们的速度都是 1.4m/s，但方向相反。一位运动员横握一根质量可以忽略的长杆的一端，另一位在经过两者最靠近的位置时抓住长杆另一端。于是两位运动员开始绕长杆中心旋转。设运动员和冰之间的摩擦力可以忽略不计。求（a）旋转半径，（b）滑冰运动员的角速率，（c）两个运动员系统的动能。下一步，两位滑冰运动员都用力拉长杆，直到她们分开距离 1.0m。（d）她们的角速率和（e）系统的动能各是多少？（f）动能的增加来自何处？

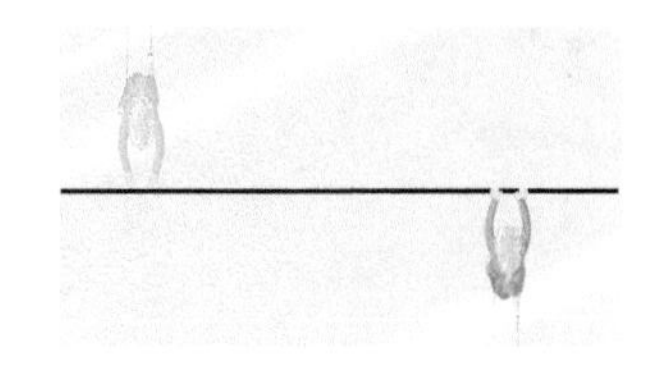

图 11-41 习题 43 图

44. 一只质量为 0.20kg 的蟑螂沿着餐桌圆盘（安装在竖直转动轴上的圆盘）边缘逆时针爬行。圆盘半径 18cm，转动惯量为 $5.0\times10^{-3}\text{kg}\cdot\text{m}^2$，并且安装在无摩擦的轴承上。蟑螂（相对于地面）的速率为 2.0m/s，餐桌圆盘以角速率 $\omega_0 = 2.8\text{rad/s}$ 顺时针转动。蟑螂发现盘边上的一块面包屑，于是就停下来。（a）蟑螂停下来后餐桌圆盘的角速率有多大？（b）在它停止时机械能是否守恒？

45. 一个人站在以角速率 1.2rev/s（无摩擦地）旋转着的平台上；他的双臂伸出，每只手各拿一块砖块。包括人、砖块和转台在内的整个系统对转台的竖直轴的转动惯量是 $6.0\text{kg}\cdot\text{m}^2$。如果这个人借助于运动砖块使系统的转动惯量减少为 $2.0\text{kg}\cdot\text{m}^2$。求（a）转台的最终角速率，（b）系统的新动能和原有动能之比，（c）什么能源提供了增加的动能？

46. 自旋的星球坍缩后的转动惯量减少到它原有值的 1/4。新的转动能和原来的转动能之比是多少？

47. 质量为 m 的玩具火车放在轨道上，轨道安装在可以无摩擦地绕竖直轴自由转动的轮子上（见图 11-42）。整个系统起初静止。接通火车的电源，火车达到相对于轨道 0.15m/s 的速率，设轮子的质量是 1.1m，半径为 0.43m（把它看作圆箍并忽略车辐和轮毂的质量），轮子得到的角速率是多少？

图 11-42 习题 47 图

48. 一只蟑螂从圆盘（像旋转木马般，没有外转矩作用）中心爬向半径为 R 的圆盘边缘。在爬行中，蟑螂-圆盘系统的角速率在图 11-43 中给出（$\omega_a = 5.0\text{rad/s}$，$\omega_b = 6.0\text{rad/s}$）。蟑螂到达 R 的位置后，它在盘的转动惯量中占多少比例？

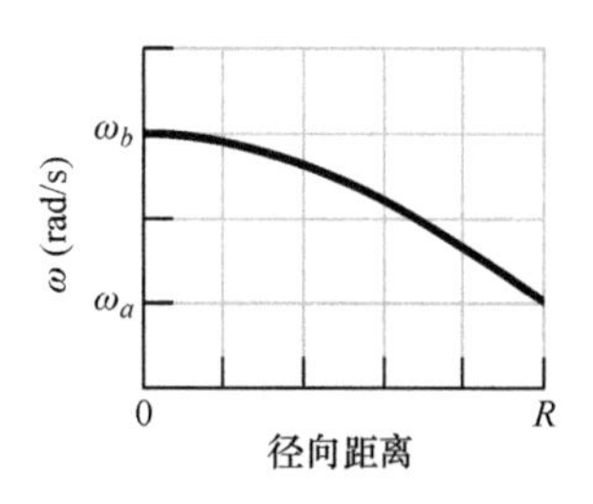

图 11-43 习题 48 图

49. 两只圆盘（像旋转木马那样）安装在摩擦力很小的轴承的同一个轴上，它们可以耦合成一个单位一起转动。第一个盘绕其中心轴的转动惯量是 $3.30\text{kg}\cdot\text{m}^2$，使它以 450rev/min 的角速率逆时针自转。对其中心轴的转动惯量是 $6.60\text{kg}\cdot\text{m}^2$ 的第二个圆盘以 900rev/min 的角速率逆时针自转，然后它们耦合在一起，（a）耦合后它们的角速率多少？若使第二个圆盘以 900rev/min 顺时针转动，而不是逆时针转动，则它们耦合后的（b）角速率和（c）转动方向各是什么？

50. 电动机的转子对它的中心轴的转动惯量是 $I_m = 2.0\times10^{-3}\text{kg}\cdot\text{m}^2$。这个电动机是用来改变它安装在其中的航天探测器的方向的。电动机的轴沿着探测器的中心轴；探测器对这个轴的转动惯量 $I_p = 10\text{kg}\cdot\text{m}^2$。求要使探测器绕它的中心轴转过30°转子需要转动的转数。

51. 转动惯量为 $0.100\text{kg}\cdot\text{m}^2$ 的轮子绕轴以角速率160rev/min转动。第二个轮子装在同一个轴上以300rev/min的角速率转动，于是两只轮子耦合在一起。它们最终的角速率是200rev/min。求（a）第二个轮子的转动惯量和（b）由于轮子和轮子的摩擦导致的系统转动动能的改变。

52. 质量为 m 的蟑螂停在质量 $4.00m$ 的均匀圆盘边缘上，圆盘可以自由地绕它的中心轴像旋转木马那样转动。起初蟑螂和圆盘一同以大小为0.320rad/s的角速度转动。后来蟑螂爬行到圆盘中心的半路上。（a）这时蟑螂-圆盘系统的角速度为何？（b）系统的新动能和它原来的动能之比 K/K_0 是多少？（c）怎样解释动能的改变？

53. 图11-44是长度为 $2L$、质量忽略不计的细杆的俯视图，细杆放在无摩擦的表面上。两颗质量都是 m、速率都是 v 的子弹平行于 x 轴运动，它们分别同时撞击杆的两端并嵌入细杆中。碰撞以后，（a）系统的角速率及（b）系统质心的速率各是多少？（c）碰撞中总动能的改变有多大？

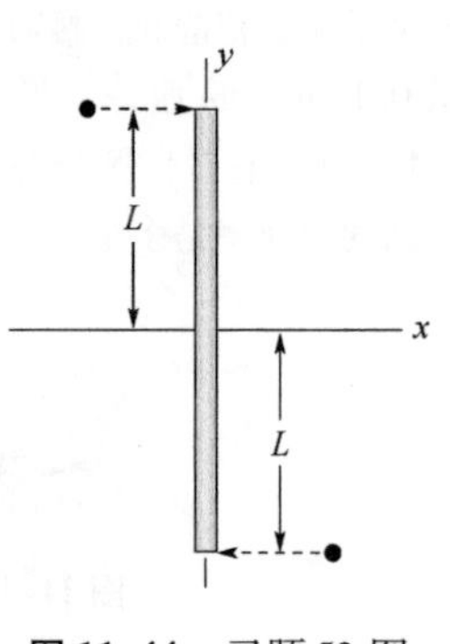

图11-44　习题53图

54. 图11-45是一个可以绕其中心像旋转木马般转动的圆环的俯视图。它的外圆半径 R_2 是0.800m，内圆半径 R_1 是 $R_2/2.00$，它的质量 M 是6.00kg，中央的横杆的质量可以忽略。它开始以角速率8.00rad/s转动，这时有一只质量 $m = M/4.00$ 的猫扒在半径 R_2 处的外缘上。如果这只猫爬到半径 R_1 处的内缘，猫-圆环系统的动能增加多少？

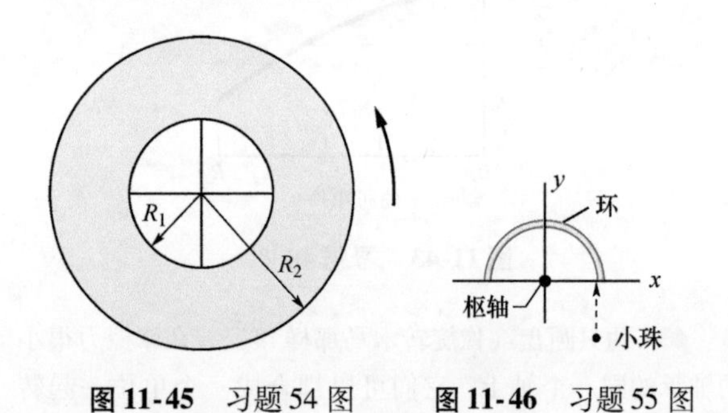

图11-45　习题54图　　图11-46　习题55图

55. 图11-46是放在无摩擦表面上的一个质量为 m、半径为 R 的半圆环的俯视图。半圆环连接着支撑起它的轮辐（图中没有显示）安装在位于它的圆心的枢轴上。环可以绕枢轴转动，但它原来是静止的。一颗质量为 m、速率为 v 的小珠从枢轴下方沿相切于环的方向射入环中，并沿着环滑动。结果环和小珠绕枢轴一起转动。求它们的角速率。

56. 一位女运动员在一次跳远中，离地时的初始角动量会使她的身体向前转动，这可能使她不能以正确姿势落地。为了抵消这种趋势，她转动自己伸出的双臂以“吸收”这个角动量（见图11-18）。在0.700s时，一条手臂转过0.500rev，另一条手臂扫过1.000rev。将每条手臂当作质量4.0kg和长0.60m的、绕一端转动的细棒。在运动员的参考系中，双臂绕通过肩膀的共同转轴的总角动量是多大？

57. 质量为 $10m$、半径为 $3.0r$ 的均匀圆盘可以像旋转木马般绕其固定中心轴自由旋转。一个较小的、质量为 m、半径为 r 的均匀圆盘放在较大的盘上，并且二者同轴。起初两个圆盘以大小为20rad/s的角速度一同转动。后来一个微小的扰动使较小的圆盘在大盘上向外滑动，直到小盘的外缘碰到大盘的外缘。以后两个盘又一同转动（没有进一步滑动）。（a）它们对大盘中心的角速度为何？（b）两个盘组成的系统的新的动能和这个系统原来的动能之比 K/K_0 是多少？

58. 圆盘形状的、水平的平台在无摩擦的轴承上绕通过圆盘中心的竖直轴转动。平台具有质量180kg，半径2.0m及绕转动轴的转动惯量 $350\text{kg}\cdot\text{m}^2$。一个60kg的学生慢慢地从平台边缘向中心走去。如果学生位于边缘时系统的角速率为1.5rad/s，当她离中心0.5m时角速率是多大？

59. 图11-47是平放在无摩擦的表面上的一根弹簧的俯视图，弹簧右端连接在一个枢轴上。弹簧松弛长度为 $l_0 = 1.00\text{m}$，质量可忽略不计。0.100kg的小圆盘连接在左边的自由端。然后给圆盘大小为11.0m/s并垂直于弹簧长度的速度 $\vec{v}_0$。圆盘和弹簧就会绕着枢轴旋转。（a）当弹簧的拉伸达到它的最大值 $0.100l_0$ 时，圆盘的速率是多少？（b）弹簧常量是多少？

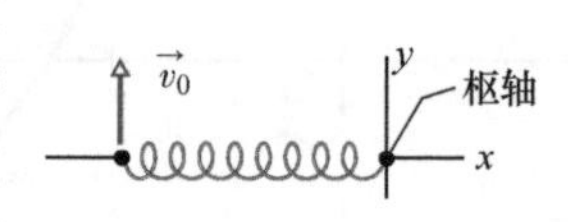

图11-47　习题59图

60. 图11-48中，一颗1.0g的子弹射向0.60kg的木块，木块装在质量为0.50kg、长度为0.75m的棒的下端。木块-棒-子弹系统在图面上绕固定在 A 点的轴转动。棒本身对位于 A 点的轴的转动惯量是 $0.060\text{kg}\cdot\text{m}^2$。把木块看作质点。（a）木块-棒-子弹系统对 A 点的转动惯量是多少？（b）在子弹刚撞击后系统对 A 点的角速率是4.5rad/s，在撞击前子弹的速率是多大？

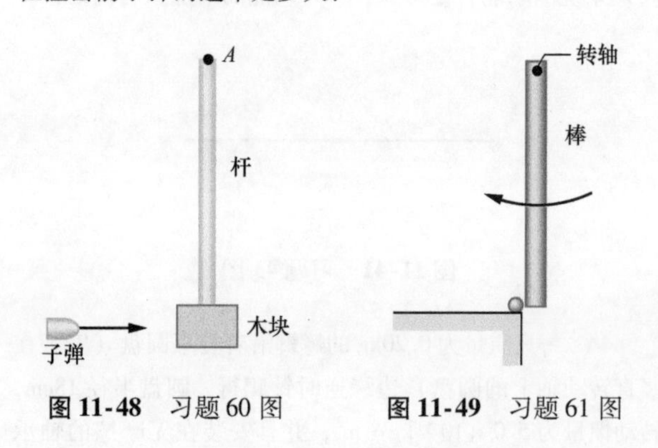

图11-48　习题60图　　图11-49　习题61图

61. 图11-49中的均匀棒（长为0.60m、质量为

1.0kg）在图面上绕通过其一端的转轴旋转，转动惯量为0.12kg·m²。当棒摆到它的最低位置时，撞上0.20kg的一小块油灰，并且油灰粘在棒的下端。如果棒在碰撞前的角速率正好是2.4rad/s，碰撞后瞬间棒-油灰系统的角速率是多少？

62. 高空杂技演员（空中飞人）飞向他的伙伴的过程中做了翻腾四周的动作，持续的时间是 $t=1.87s$。第一个和末了的两个四分之一周中，他处在伸展的状态，如图11-50所示。这时绕他的质心（黑点）的转动惯量 $I_1=19.9kg\cdot m^2$。在其余飞行过程中他紧抱双膝，转动惯量是 $I_2=4.17kg\cdot m^2$。在抱膝阶段，他绕质心的角速率 ω_2 必须有多大？

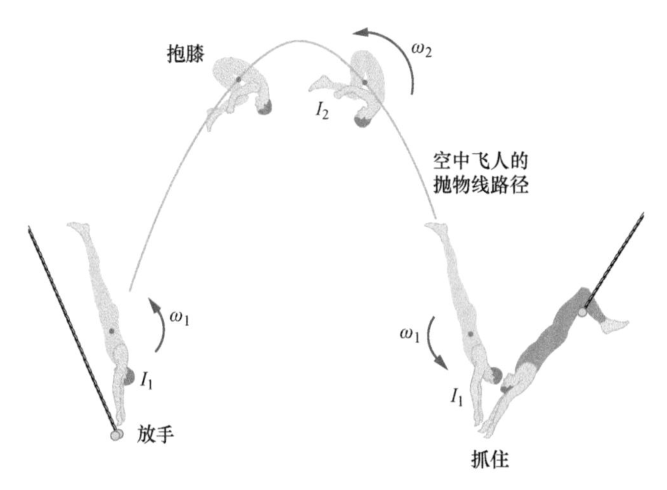

图11-50　习题62图

63. 在图11-51中，30kg的小孩站在半径为2.0m的静止的旋转木马边缘。旋转木马绕它的转动轴的转动惯量是150kg·m²。小孩接到他的朋友抛给他的质量为1.0kg的球。球刚被接住时具有的水平速度 $\vec{v}$ 的数值为12m/s，方向是与旋转木马边缘切线成 $\phi=37°$ 角，如图中所示。球刚被接住后旋转木马得到的角速率有多大？

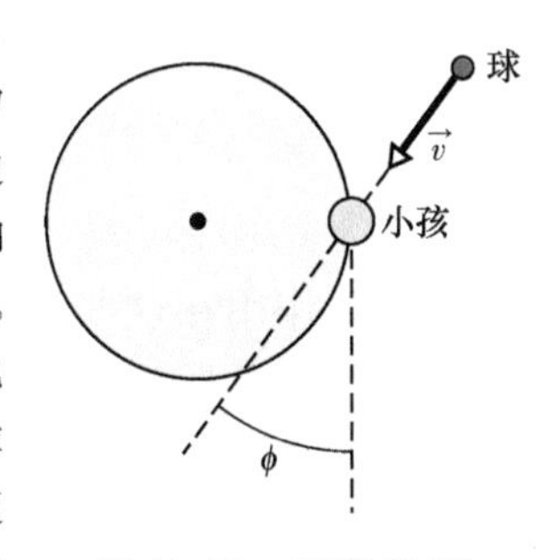

图11-51　习题63图

64. 芭蕾舞女演员以角速率 ω_i 开始做转身跳（见图11-19a），她的转动惯量包括两个部分：与身体成角度 $\theta=90°$ 的向外伸展的腿的转动惯量 $I_{leg}=1.36kg\cdot m^2$，以及她身体的其余部分（主要是她的躯干）$I_{trunk}=0.620kg\cdot m^2$。接近她的最大高度时，她收起自己的双腿使其与身体成 $\theta=30.0°$ 角，这时她的角速率为 ω_f（见图11-19b）。设 I_{trunk} 没有变化，比 ω_f/ω_i 为何？

65. 两个都是2.00kg的球连接在长50.0cm、质量可以忽略的细杆两端。细杆可以在竖直平面上绕通过它的中心的水平轴自由地转动。杆子起始水平安置（见图11-52），一小块湿的油灰落到一个球上，以速率3.00m/s冲击该球并粘在它上面。（a）在油灰块刚撞击后系统的角速率有多大？（b）碰撞后系统的动能和油灰小块正好撞击前的动能之比是多少？（c）直到瞬时停止，系统将转过多大角度？

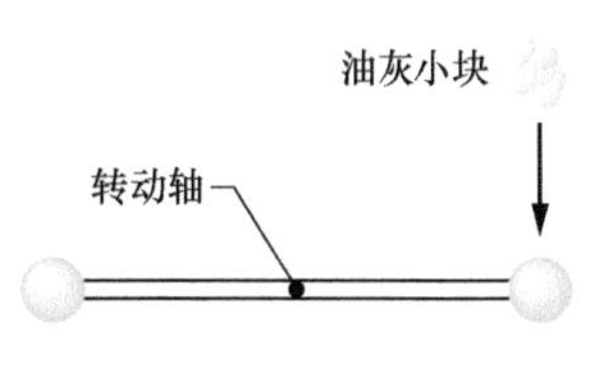

图11-52　习题65图

66. 图11-53中，一个50g的小木块从高度 $h=15cm$ 处沿无摩擦的表面滑下，然后粘在质量为100g、长度为35cm的均匀棒的下端。棒的转轴在 O 点，求棒到暂时停止前转过的角度 θ。

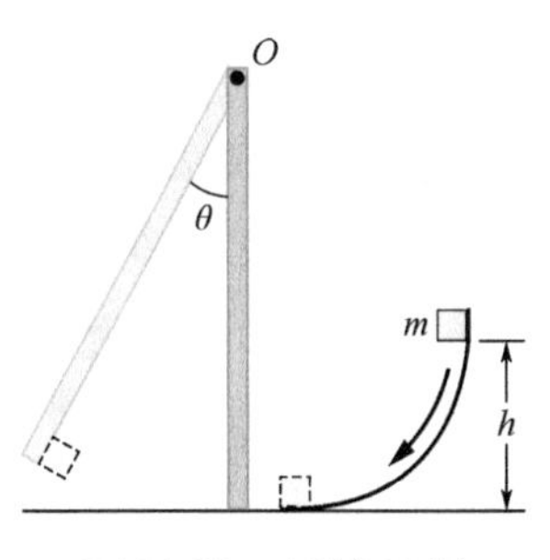

图11-53　习题66图

67. 图11-54是长为0.600m、质量为 M 的均匀细杆的俯视图。细杆以80.0rad/s的角速率绕通过它的中心的轴水平地逆时针转动。质量为 $M/3.00$ 并以速率40.0m/s水平运动的质点撞击并粘在细杆上。质点撞击时的路径垂直于杆子，撞击位置在到杆子中心的距离 d 处。（a）要使撞击后细杆和质点都停下来，d 的数值应是多少？（b）如果 d 大于这个数值，细杆和质点就要向哪个方向转动？

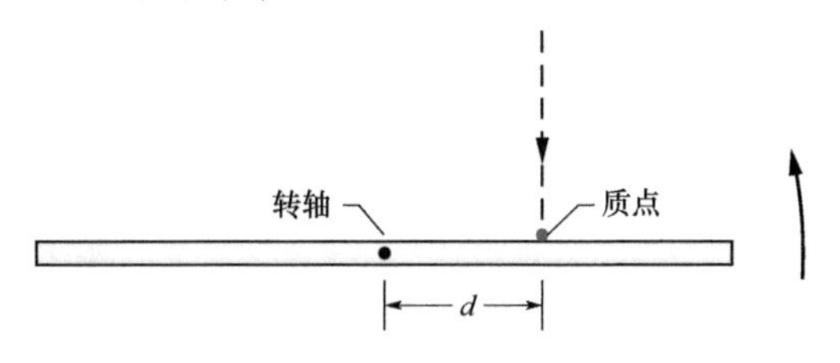

图11-54　习题67图

68. 一只陀螺绕与竖直方向成30°角的轴以25rev/s的角速率自转。陀螺的质量是0.50kg，绕它的中心轴的转动惯量是 $5.0\times10^{-4}kg\cdot m^2$，它的质心离支点4.2cm。俯视观察，自转是顺时针的。（a）进动速率和（b）俯视观察的进动方向各是什么？

69. 某种陀螺仪是将半径为50cm的圆盘安装在长度为11cm而质量可以忽略的轴杆的中央构成。轴水平放置并被支持在其一端。如果自旋速率是1000rev/min，则其进动速率为何？

CHAPTER 12

第12章 平衡与弹性

12-1 平衡

学习目标

学完这一单元后，你应当能够……

12.01 区分平衡和静力平衡。

12.02 详细说明静力平衡的四种条件。

12.03 说明重心以及它和质心的关系。

12.04 对给定的质点和分布，计算重心和质心的坐标。

关键概念

- 对于静止的刚体，就说它是在静力平衡状态中。对这样的物体，作用于它的外力矢量和等于零：

$$\vec{F}_{\text{net}}=\vec{0}\text{（力的平衡）}$$

如果所有的力都在 xy 平面上，这个矢量方程式就等价于两个分量方程式：

$$F_{\text{net},x}=0 \text{ 和 } F_{\text{net},y}=0\text{（力的平衡）}$$

- 静力平衡也暗示对于任何一点，作用于该物体的外转矩的矢量和为零，或

$$\vec{\tau}_{\text{net}}=\vec{0}\text{（转矩的平衡）}$$

假如力都在 xy 平面上，则所有的转矩矢量都平行于 z 轴，则转矩的平衡方程式等价于单个分量方程式：

$$\tau_{\text{net},z}=0\text{（转矩的平衡）}$$

- 重力分别作用于物体的每个单元。所有各个作用的净效应可以通过将其等价于作用在重心上的总重力 $\vec{F}_g$ 来计算。如果对物体上所有单元的重力加速度 $\vec{g}$ 都相同，则重心就在质心上。

什么是物理学?

人类的建筑物要求无论作用在这些建筑物上的力如何，都应当保持其稳定。例如，房屋在重力和风力作用下都应当保持稳定，桥梁应该承受把它往下拉的重力以及汽车和货车通过时对它的反复冲击和摇晃而保持稳定。

物理学的一个聚焦点在于，是什么原因使得无论有多少力作用于一个物体而它仍旧能保持平衡。在这一章中，我们研究稳定性的两个主要方面，作用于刚体的力和转矩的平衡以及非刚性物体的弹性，弹性是决定这种非刚性物体如何变形的性质。如果有关这些问题的物理学做得正确，它就会成为物理学和工程学杂志中无数论文的主题，如果当它做错时，也会成为报纸和正规的杂志上无数文章的主题。

平衡

考虑以下这些物体：①放在桌上的书；②以恒定速度在无摩擦的冰面上滑动的冰球；③吊扇旋转着的叶片；④沿笔直的道路以恒定的速率行驶的自行车的车轮。这四种物体的每一个都满足：

1. 质心的线动量 $\vec{P}$ 是常量。

2. 绕各自的质心，或绕其他任何一点的角动量 $\vec{L}$ 也是常量。

我们说这些物体是在**平衡**状态中。平衡的两个必要条件是：

$$\vec{P} = 常量 \quad 以及 \vec{L} = 常量 \tag{12-1}$$

在这一章里我们要讨论的是式（12-1）中的常量为零的情况；就是说，我们考虑的是在我们观察的参考系中这些物体大多不以任何方式运动——无论是平移还是转动。这种物体是在**静力平衡**状态中。前面讲到的四种物体中只有一种——放在桌上的书——是处在静力平衡状态中。

图 12-1 中的平衡的岩石是静力平衡中的物体（至少是现在）的另一个例子。它和无数其他的结构，像大教堂、房屋、文件柜，以及小吃摊柜等，它们都具有长时间保持静力平衡的性质。

Kanwarjit Singh Boparai/Shutterstock

图 12-1 平衡的岩石。虽然它悬在高高的位置上，危如累卵，但这块岩石却是处在稳定平衡的状态。

正如我们在 8-3 单元中讨论的，假如一个物体受到力的作用离开原来的状态后又回到原来的静力平衡状态，我们就说这个物体处在稳定静力平衡状态中。半球形碗底的一个弹子就是一个例子。但如果一个很小的力就能够使物体移动并结束它的平衡状态，该物体就处在不稳定静力平衡状态中。

多米诺骨牌。再举一个例子。若我们使一块多米诺骨牌稳定站立，它的质心在支持它的棱边的竖直正上方，如图 12-2 所示。作用于骨牌上的重力 $\vec{F}_g$ 对支持棱边的转矩等于零，这是因为 $\vec{F}_g$ 的作用线通过这条棱边。于是，多米诺骨牌处在平稳状态。当然，只要有一点偶然的扰动，产生的哪怕是很小的力也会破坏这种平衡。当 $\vec{F}_g$ 的作用线移到支持棱边的外面时（见图 12-2b），$\vec{F}_g$ 产生的转矩增大了多米诺骨牌的转动。所以，图 12-2a 中的多米诺骨牌是不稳定的静力平衡。

图 12-2c 中的多米诺骨牌并不是完全不稳定。要推倒骨牌，必须用一个力使它超过图 12-2a 中的平衡位置，就是超过质心正好在支持棱边正上方的位置。微小的力不会推倒骨牌，但用手指猛弹骨牌肯定会使骨牌倒下。（如果我们把这样站立的骨牌排成一串，用手指弹击第一块牌就会引起所有的牌一连串地倒下。）

木块。图 12-2d 中的儿童玩的立方形积木就更加稳定了，因为它的质心必须被移过更远得多的距离才能通过一条支持棱边。用手指弹击不会使积木块翻倒。（这就是你从来没有见过一串翻倒的

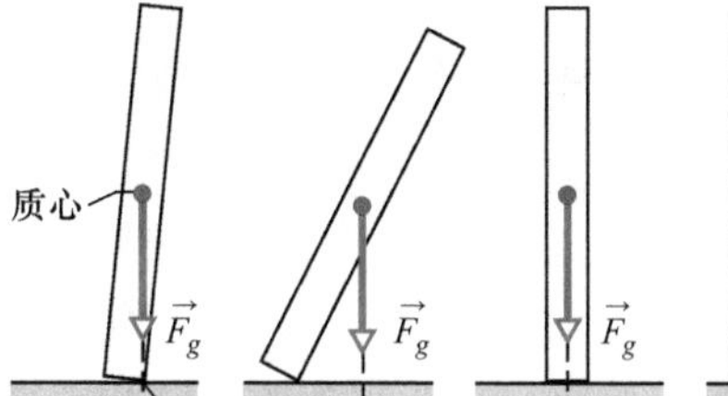
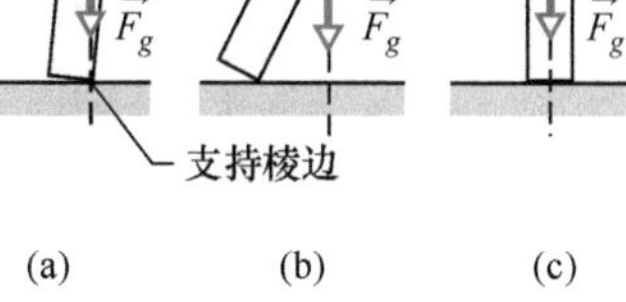
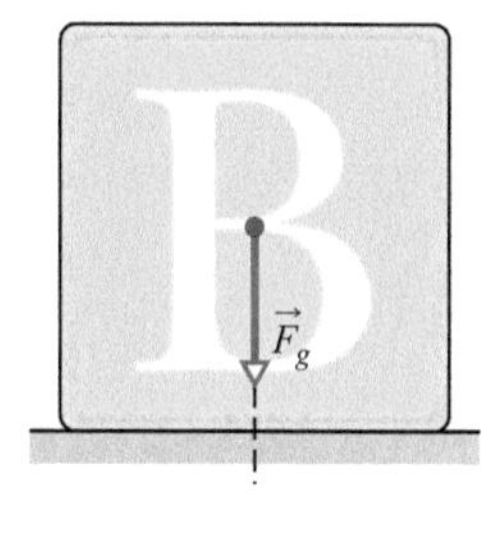

图 12-2 （a）一张多米诺骨牌在一条棱边上平衡，这时它的质心正好在这条棱边竖直正上方。作用在骨牌上的重力 $\vec{F}_g$ 正好通过支持的棱边。（b）若这张多米诺骨牌离开平衡位置，即使转动很少，$\vec{F}_g$ 也会产生一个转矩，使转动增大。（c）多米诺骨牌竖直立在窄的一边上，比（a）图中的骨牌更稳定。（d）立方块更加稳定。

立方体木块的缘故。）图12-3中的工人有点像多米诺骨牌也像立方积木。双脚平行于钢梁，他站立的姿势所占的面积宽，他是稳定的。垂直于钢梁方向时，他的脚下所占的面积窄，他是不稳定的（他容易受阵风的影响。）

Robert Brenner/PhotoEdit

图12-3 一位建筑工人在钢梁上平衡是静力平衡，但双脚平行于钢梁方向比垂直于梁更加稳定。

在工程实践中静力平衡的分析是非常重要的。设计师必须分离出并分辨明白作用于建筑物上所有的外力和转矩，通过合理的设计和材料的选择，保证建筑物在各种负荷下保持稳定。这样的分析是必要的，这样才能保证，例如桥梁在繁重交通和风力的负荷下不致坍塌，以及飞机在剧烈的着陆冲击下起落架依然有效。

平衡的必要条件

物体的平动服从式（9-27）给出的牛顿第二定律的线动量形式：

$$\vec{F}_{\text{net}}=\frac{\mathrm{d}\vec{P}}{\mathrm{d}t} \tag{12-2}$$

如果物体是在平移平衡状态中——即$\vec{P}$是常量——则$\frac{\mathrm{d}\vec{P}}{\mathrm{d}t}=0$，我们必定有：

$$\vec{F}_{\text{net}}=\vec{0}\ （力的平衡） \tag{12-3}$$

物体的转动服从由式（11-29）给出的牛顿第二定律的角动量形式：

$$\vec{\tau}_{\text{net}}=\frac{\mathrm{d}\vec{L}}{\mathrm{d}t} \tag{12-4}$$

如果物体是在转动平衡状态中——即$\vec{L}$是常量——则$\frac{\mathrm{d}\vec{L}}{\mathrm{d}t}=\vec{0}$，我们就有：

$$\vec{\tau}_{\text{net}}=\vec{0}\ （转矩平衡） \tag{12-5}$$

于是，物体在平衡状态中的两个必要条件是：

1. 作用于物体的所有外力的矢量和必须为零。

2. 作用于物体的所有外转矩的矢量和，对任何可选取的点，也都必须是零。

这些必要条件对于静力平衡显然也成立。它们对于更为一般的平衡，其中$\vec{P}$和$\vec{L}$是常量但不为零的情况，也成立。

作为矢量方程，式（12-3）和式（12-5）也都各等价于三个独立的分量方程，每个方程对应于坐标轴的一个方向：

力的平衡	转矩的平衡
$F_{\text{net},x}=0$	$\tau_{\text{net},x}=0$
$F_{\text{net},y}=0$	$\tau_{\text{net},y}=0$
$F_{\text{net},z}=0$	$\tau_{\text{net},z}=0$

(12-6)

主方程。我们只考虑作用于物体上的力都在xy平面上的情况，这样可以把问题简化。这意味着作用于物体上的转矩必定引起绕

平行于 z 轴的轴转动。根据这一假定，我们可以从式（12-6）中消去一个力。方程式和两个转矩方程，剩下：

$$F_{\text{net},x}=0\ \text{（力的平衡）} \tag{12-7}$$

$$F_{\text{net},y}=0\ \text{（力的平衡）} \tag{12-8}$$

$$\tau_{\text{net},z}=0\ \text{（转矩的平衡）} \tag{12-9}$$

其中，$\tau_{\text{net},z}$是外力产生的绕 z 轴或绕平行于它的任何轴的净转矩。

以恒定速度在冰上滑动的冰球满足式（12-7）~式（12-9），因此处于平衡状态，但不是静力平衡。如果是静力平衡，冰球的线动量 $\vec{P}$ 不仅是常量，而且一定要等于零；冰球必须静止在冰面上。于是，对于静力平衡还有另一个必要条件：

3. 物体的线动量 $\vec{P}$ 必须是零。

检查点 1

图中是一根均匀棒的 6 张俯视图，每张图表示有两个或更多的力垂直地作用于棒上。适当调节力的大小（但不能为零），在哪一种情况下可以使棒处在静力平衡中？

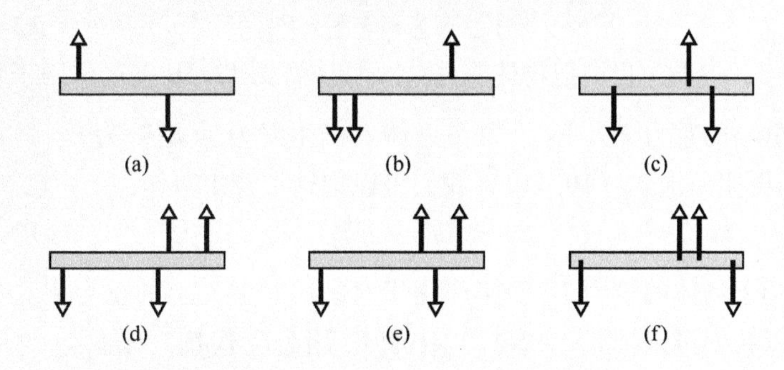

重心

作用在扩展的物体上的重力是作用在物体各个单元（原子）上重力的矢量和。我们不用去考虑所有这些个别的单元，取而代之的是以下说法：

作用在一个物体上的重力 $\vec{F}_g$ 等效于作用在称为物体的重心（cog）的一点上。

这里“等效”一词意味着如果作用于各个单元的重力不知什么原因被取消，而作用在重心的重力 $\vec{F}_g$ 又恢复了，则作用于物体的净力和净转矩（对任何一点）不会改变。

到现在为止，我们已经假设了作用于物体质心（com）上的重力 $\vec{F}_g$。这等同于假设重心是在质心上。回忆一下，对于质量为 M 的物体，$\vec{F}_g$ 等于 $M\vec{g}$，其中 $\vec{g}$ 是假如物体自由下落时力产生的加速度。接下来我们要证明：

> 如果物体上所有单元的 $\vec{g}$ 都相同，那么该物体的重心（cog）和这个物体的质心（com）重合。

这对日常见到的物体都近似正确，因为在地球表面附近 $\vec{g}$ 变化很小，并且随高度增加而减小的数值也很小。所以，对像老鼠和驼鹿这样的物体我们已经证明假设重力作用于质心是合理的。经过下面的证明之后我们就可以应用这个假设了。

证明

首先，我们考虑物体的各个单元。图 12-4a 表示一个扩展的质量为 M 的物体以及它上面的质量为 m_i 的一个单元。重力 $\vec{F}_{gi}$ 作用于这个单元上，并等于 $m_i\vec{g}_i$。$\vec{g}_i$ 的下标表明 $\vec{g}_i$ 是在单元 i 位置的重力加速度（对其他单元可能不同）。

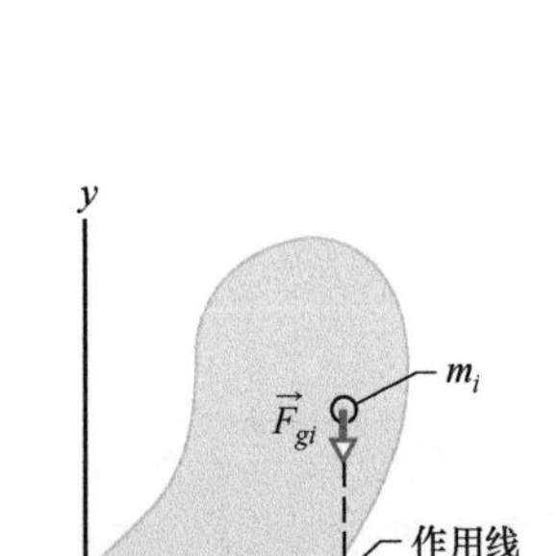

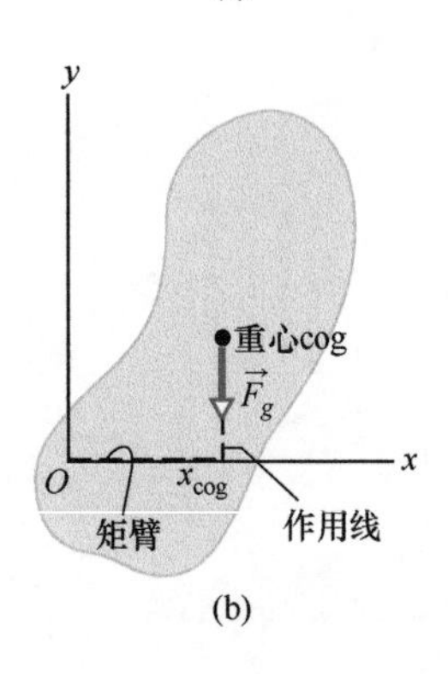

图 12-4　(a) 扩展物体中的一个单元 m_i。作用在该单元上的重力对坐标系的原点 O 的矩臂为 x_i。(b) 作用在物体上的重力 $\vec{F}_g$ 可看作作用在物体重心上，这里 $\vec{F}_g$ 对原点 O 的矩臂为 x_{cog}。

对于图 12-4a 中的物体，作用于各个单元的每个力 $\vec{F}_{gi}$ 在这个单元上产生相对于原点 O 矩臂为 x_i 的转矩 τ_i。应用式（10-41）：$\tau = r_\perp F$，我们可以将每个 τ_i 写成：

$$\tau_i = x_i F_{gi} \tag{12-10}$$

于是，作用于物体所有单元上的净转矩是

$$\tau_{net} = \sum \tau_i = \sum x_i F_{gi} \tag{12-11}$$

下一步，我们把物体当作一个整体。图 12-4b 表示作用于物体的重心的重力 $\vec{F}_g$。这个力在物体上产生对 O 点矩臂为 x_{cog} 的转矩 τ。再用一次式（10-41），我们可以把这个转矩写作：

$$\tau = x_{cog} F_g \tag{12-12}$$

作用于物体的重力 $\vec{F}_g$ 等于作用于它的所有单元上的重力 $\vec{F}_{gi}$ 之和，所以我们可以把式（12-12）中的 F_g 用 $\sum F_{gi}$ 代替，写下：

$$\tau = x_{cog} \sum F_{gi} \tag{12-13}$$

现在再重复一遍，作用于重心的力 $\vec{F}_g$ 产生的转矩等于作用于物体上所有单元的所有力 $\vec{F}_{gi}$ 产生的净转矩。（我们就是从这里定义重心的。）因此，式（12-13）中的 τ 等于式（12-11）中的 τ_{net}。把这两个方程式放在一起，我们可以写出：

$$x_{cog} \sum F_{gi} = \sum x_i F_{gi}$$

将 $m_i g_i$ 代替 F_{gi}，给出

$$x_{cog} \sum m_i g_i = \sum x_i m_i g_i \tag{12-14}$$

现在这里是一个关键的概念：如果在所有各单元的位置上加速度 g_i 都相同，我们就可以在这个方程式中消去 g_i，得到

$$x_{cog} \sum m_i = \sum x_i m_i \tag{12-15}$$

所有单元的质量求和 $\sum m_i$ 就是物体的质量 M。所以，我们可以重写式（12-15）：

$$x_{cog} = \frac{1}{M} \sum x_i m_i \tag{12-16}$$

上式的右边就是物体质心的坐标 x_{com}［式（9-4）］。我们现在得

到了我们想要证明的结果。如果重力加速度在物体所有各单元的位置上都相同，那么物体的质心（com）和重心（cog）的坐标重合：

$$x_{cog}=x_{com} \tag{12-17}$$

12-2 静力平衡的几个例子

学习目标

学完这一单元后，你应当能够……

12.05 应用静力平衡的力和转矩的条件。

12.06 知道聪明地选择原点的位置（对它计算转矩），就可以消除转矩方程式中一个或更多未知的力以简化计算。

关键概念

- 静止的刚体处在静力平衡状态中。对这样的物体，作用于它的外力的矢量和为零：

$$\vec{F}_{net}=\vec{0}\ （力的平衡）$$

假如所有的力都在 xy 平面上，这个矢量方程等价于两个分量方程：

$$F_{net,x}=0\ 和\ F_{net,y}=0\ （力的平衡）$$

- 静力平衡也意味着作用于物体的对任何一点的外转矩的矢量和为零，或

$$\tau_{net}=0\ （转矩的平衡）$$

假如力在 xy 平面上，则所有转矩矢量都平行于 z 轴，转矩平衡方程式等效于单个分量方程：

$$\tau_{net,z}=0\ （转矩的平衡）$$

静力平衡的一些例子

这里我们考察几个有关静力平衡的例子。在每一个例子中，我们选择一个或多个物体组成的系统，并将平衡方程式［式（12-7）~式（12-9）］应用于这些系统。平衡方程式中涉及的力都在 xy 平面上。这意味着相关的转矩都平行于 z 轴。因此，在应用转矩平衡的式（12-9）时，我们选择平行于 z 轴的轴来计算转矩。虽然选择任何一个轴都可满足式（12-9），但你们将会看到，某种选择会使一个或更多的未知力的项消失，从而简化式（12-9）的应用。

检查点 2

下图是处于静力平衡中的一根均匀杆的俯视图。（a）要使这些力平衡，你能否求出未知力 $\vec{F}_1$ 和 $\vec{F}_2$ 的数值。（b）如果你想用转矩平衡方程式来求力 $\vec{F}_2$ 的数值，你应当把转动轴放在什么地方才能从方程式中消去 $\vec{F}_1$？（c）若求出 $\vec{F}_2$ 的大小是 65N，则 $\vec{F}_1$ 的数值是多少？

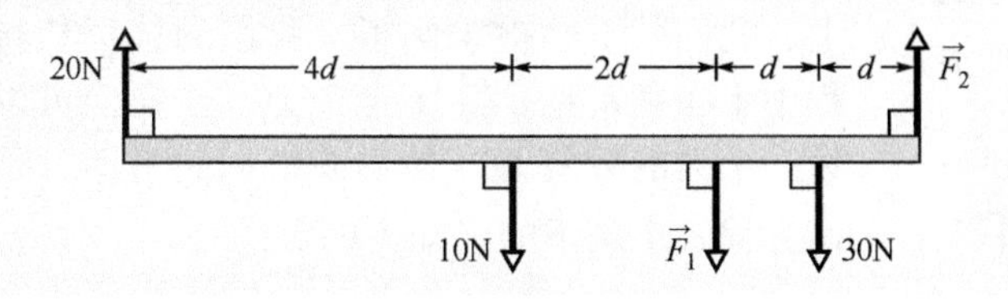

例题 12.01 水平梁的平衡

图 12-5a 中，一根长度为 L、质量 $m=1.8\text{kg}$ 的梁静止放在两个台秤上。质量 $M=2.7\text{kg}$ 的均匀木块静止放在梁上，木块的中心到梁的左端距离为 $L/4$。两个台秤的读数分别是多少？

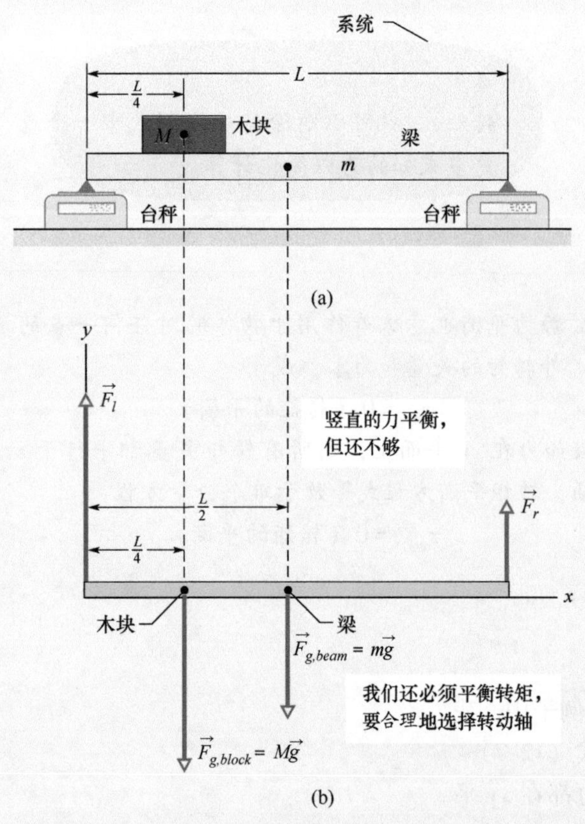

图 12-5 （a）质量 m 的梁支持质量为 M 的木块。（b）表示作用于梁 + 木块系统的力的受力图。

【关键概念】

解任何静力平衡问题的最初几步是：明确地定义要分析的系统，然后画出表示作用在系统上所有的力的受力图。这里我们把梁和木块一同选作系统。作用于系统的力在图 12-5b 的受力图中表示出来。（选择系统要根据经验，并且常常会有几种适当的选择。）因为系统是处在静力平衡中，我们可以对它应用力的平衡方程式［式（12-7）和式（12-8）］以及转矩的平衡方程式［式（12-9）］。

解：台秤作用在梁上的法向力，左边的是 $\vec{F}_l$，右边的是 $\vec{F}_r$。台秤读数等于我们要求的两个力的数值。梁受到的重力 $\vec{F}_{g,beam}$ 作用于梁的质心，等于 $m\vec{g}$。同理，木块受到的重力 $\vec{F}_{g,block}$ 作用于木块的质心，等于 $M\vec{g}$。然而，为使图 12-5b 简化，木块用梁的边界内的一点表示，矢量 $\vec{F}_{g,block}$ 的尾端就在这一点上。（矢量 $\vec{F}_{g,block}$ 沿它的作用线做这样的平移并不会改变 $\vec{F}_{g,block}$ 对任何垂直于图面的转轴的转矩。）

这两个力没有 x 分量，所以式（12-7）：$F_{\text{net},x}=0$ 没有提供任何信息。对 y 分量，由式（12-8）：$F_{\text{net},y}=0$，得

$$F_l+F_r-Mg-mg=0 \tag{12-18}$$

上式中包含两个未知数，力 F_l 和 F_r，所以我们还需要用转矩平衡方程式（12-9）。我们可以把它用于任何与图 12-5 中的平面垂直的转动轴。我们选择通过梁的左端的转动轴。我们还要用到确定转矩符号的一般规则：如果一个转矩要使原来静止的物体绕转轴做顺时针转动，则转矩是负的。如果转动是逆时针的，转矩就是正的。最后，我们将转矩写成 $r_\perp F$ 的形式。其中的矩臂对 $\vec{F}_l$ 是 0，对 $M\vec{g}$ 是 $L/4$，对 $m\vec{g}$ 为 $L/2$，对 F_r 则是 L。

我们现在可以把平衡方程（$\tau_{\text{net},z}=0$）写成：

$$(0)(F_l)-(L/4)(Mg)-(L/2)(mg)+(L)(F_r)=0$$

这个方程式给我们：

$$\begin{aligned}F_r&=\frac{1}{4}Mg+\frac{1}{2}mg\\&=\frac{1}{4}(2.7\text{kg})(9.8\text{m/s}^2)+\frac{1}{2}(1.8\text{kg})(9.8\text{m/s}^2)\\&=15.44\text{N}\approx15\text{N}\end{aligned} \quad \text{（答案）}$$

现在，将这个结果代入式（12-18），并解出 F_l：

$$\begin{aligned}F_l&=(M+m)g-F_r\\&=(2.7\text{kg}+1.8\text{kg})(9.8\text{m/s}^2)-15.44\text{N}\\&=28.66\text{N}\approx29\text{N}\end{aligned} \quad \text{（答案）}$$

注意求解的策略：当我们写出力分量的平衡方程式时，我们被两个未知数难住了。假如我们写出绕某个任意轴的转矩的平衡的方程式，我们又要被这两个未知数难住。然而，因为我们把轴选在通过其中一个未知力（这里是 $\vec{F}_l$）的作用点上，我们就不会被难倒了。我们的选择从转矩方程中干净利落地消除了这个力，使我们可以解出另一个力的数值 F_r。然后我们回到力的分量的平衡方程式求剩下的未知力的数值。

例题 12.02 **倾斜吊臂的平衡**

图 12-6a 表示一个保险箱（质量 $M=430\text{kg}$）用一根绳子（质量可以忽略）挂在由装在铰链上的均匀梁柱（$m=85\text{kg}$）和水平的钢缆（质量可以忽略）组成的吊臂上（图中尺寸为 $a=1.9\text{m}$ 和 $b=2.5\text{m}$）。

（a）钢缆上的张力 T_c 是多少？换句话说，钢缆作用在梁柱上的力 $\vec{T}_c$ 的数值是多大？

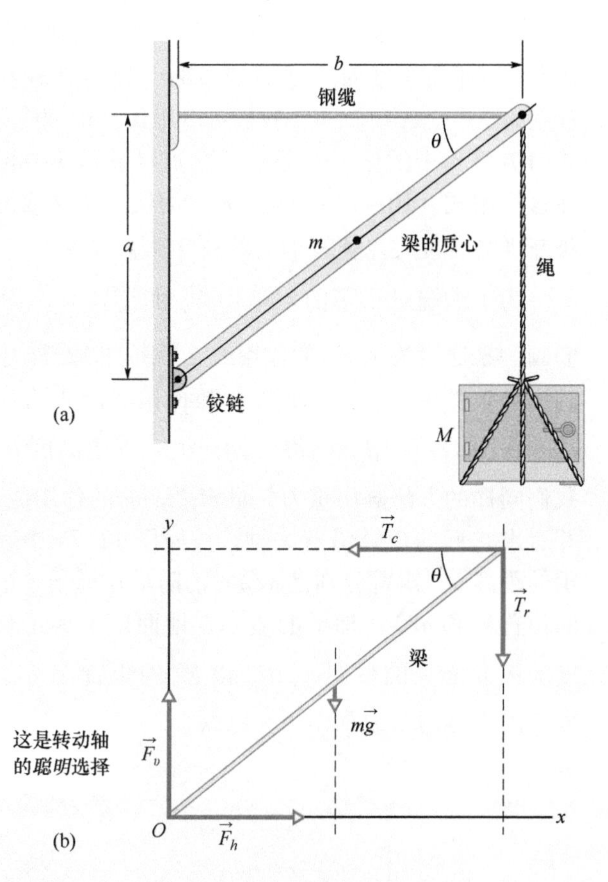

图 12-6 （a）一个重的保险箱挂在水平钢缆和均匀的梁组成的吊臂上。（b）梁的受力图。

【关键概念】

这里的系统只有梁柱，作用在它上面的力在图 12-6b 的受力图中表示出来。钢缆给它的力是 $\vec{T}_c$。梁柱受到的重力作用于它的质心（在梁的中心）并用与它等效的力 $m\vec{g}$ 表示。铰链对梁柱的作用力的竖直分量是 $\vec{F}_v$，铰链给它的力的水平分量是 $\vec{F}_h$。绳子支持保险箱的力是 $\vec{T}_r$。因为梁柱、绳子和保险箱都是静止的，所以 $\vec{T}_r$ 的大小等于保险箱的重量：$T_r=Mg$。我们把 xy 坐标的原点放在铰链的位置。因为系统是在静力平衡状态中，所以平衡方程式可以应用于它。

解： 我们从式（12-9）：$\tau_{\text{net},z}=0$ 开始。注意，我们要求的是力 $\vec{T}_c$ 的数值而不是 O 点作用在铰链上的力 $\vec{F}_h$ 和 $\vec{F}_v$。要从转矩计算中消去 $\vec{F}_h$ 和 $\vec{F}_v$，我们就应当对通过 O 点且垂直于图面的轴来计算转矩。这样 $\vec{F}_h$ 和 $\vec{F}_v$ 的矩臂为零。$\vec{T}_c$、$\vec{T}_r$ 和 $m\vec{g}$ 的作用线在图 12-6b 中用虚线表示，相应的矩臂分别是 a、b 和 $b/2$。

用 $r_\perp F$ 的形式并用我们关于转矩符号的规则写出转矩，平衡方程式 $\tau_{\text{net},z}=0$ 成为

$$(a)(T_c)-(b)(T_r)-\left(\frac{1}{2}b\right)(mg)=0 \quad (12\text{-}19)$$

将 Mg 代入 T_r，解出 T_c，我们求得

$$T_c=\frac{gb\left(M+\frac{1}{2}m\right)}{a}$$

$$=\frac{(9.8\text{m/s}^2)(2.5\text{m})(430\text{kg}+85/2\text{kg})}{1.9\text{m}}$$

$$=6093\text{N}\approx 6100\text{N} \quad \text{（答案）}$$

（b）求铰链作用于梁柱上净力的数值 F。

【关键概念】

现在我们要求水平分量 F_h 和竖直分量 F_v，这样我们就可以把它们组合起来求出净力 F 的数值。因为已知 T_c，所以可以对梁柱应用力的平衡方程式。

解： 对水平的平衡，我们可以把 $F_{\text{net},x}=0$ 重写成

$$F_h-T_c=0 \quad (12\text{-}20)$$

所以 $$F_h=T_c=6093\text{N}$$

对竖直平衡，我们把 $F_{\text{net},y}=0$ 写成

$$F_v-mg-T_r=0$$

将 Mg 代入 T_r，解出 F_v，我们得到

$$F_v=(m+M)g=(85\text{kg}+430\text{kg})(9.8\text{m/s}^2)$$
$$=5047\text{N}$$

根据勾股定理，现在我们得出：

$$F=\sqrt{F_h^2+F_v^2}$$
$$=\sqrt{(6093\text{N})^2+(5047\text{N})^2}\approx 7900\text{N} \quad \text{（答案）}$$

注意，F 实际上既大于保险箱和梁柱共同的重量，也大于水平钢缆上的张力 6100N。

例题 12.03　使斜靠着的梯子平衡

在图 12-7a 中，一架长 $L=12\text{m}$、质量 $m=45\text{kg}$ 的梯子斜靠在光滑的墙上（就是说梯子和墙壁之间没有摩擦力）。梯子的顶端高于支持梯子下端地面的高度 $h=9.3\text{m}$（地面不是无摩擦的）。梯子的质心在距离其下端沿梯子的长度 $L/3$ 处。质量 $M=72\text{kg}$ 的消防员爬上梯子，他的质心位于距梯子的下端 $L/2$ 处，墙和地面作用于梯子的力的大小是多少？

【关键概念】

首先，我们选择消防员加梯子作为我们的系统，然后我们画出受力图（见图 12-7b）表示出作用于系统的各个力。因为系统是处在静力平衡状态中，力和转矩的平衡方程式［式（12-7）~式（12-9）］都适用于这个系统。

解：在图 12-7b 中，消防员用代表梯子的界线内的一点表示。作用于他的重力用等价的表达式 $M\vec{g}$ 表示。这个矢量已经被沿它的作用线（力矢量的延长线）移动，使它的尾端在点上。（这种移动不影响 $M\vec{g}$ 对任何垂直于图面的轴的转矩。因此，这样的移动不影响我们要用到的转矩平衡方程式。）

墙作用在梯子上唯一的力是水平力 $\vec{F}_w$。（在无摩擦的墙上不会有沿墙壁的摩擦力），所以墙对梯子没有竖直方向的力。）地面对梯子的力 $\vec{F}_p$ 有两个分量：水平分量 $\vec{F}_{px}$ 是静摩擦力，竖直分量 $\vec{F}_{py}$ 是法向力。

要应用平衡方程，我们从转矩平衡式（12-9）（$\tau_{\text{net},z}=0$）开始。为了选择能够对它计算转矩的转轴，我们注意到有两个在梯子两端的未知力（$\vec{F}_w$ 和 $\vec{F}_p$）。为了能够在计算中消除 $\vec{F}_p$，我们把轴放在 O 点，并垂直于纸面（见图 12-7b）。我们把 xy 坐标系的原点也放在 O 点。我们可以用式（10-39）~式(10-41）中的任何一个来对 O 点计算转矩，但在这里用式（10-41）：$\tau=r_\perp F$ 最简便。明智地选择原点的位置可以使我们的转矩计算容易得多。

为了求墙对梯子的水平力 $\vec{F}_w$ 的矩臂 $r_\perp$，我们画一条通过矢量 $\vec{F}_w$ 的作用线（就是图 12-7c 中画出的水平虚线）。$r_\perp$ 就是 O 和作用线的垂直距离。在图 12-7c 中，$r_\perp$ 沿 y 轴向上，等于高度 h。我们同样的方法画出重力矢量 $M\vec{g}$ 和 $m\vec{g}$ 的作用线，并看出它们的矩臂沿着 x 轴。按照图 12-7a 中表示的距离 a，矩臂分别是 $a/2$（消防员在梯子一半的位置）和 $a/3$（梯子的质心在地面以上梯子长度的三分之一的位置）。$\vec{F}_{px}$ 和 $\vec{F}_{py}$ 的矩臂都等于零，因为这两个力都作用在原点。

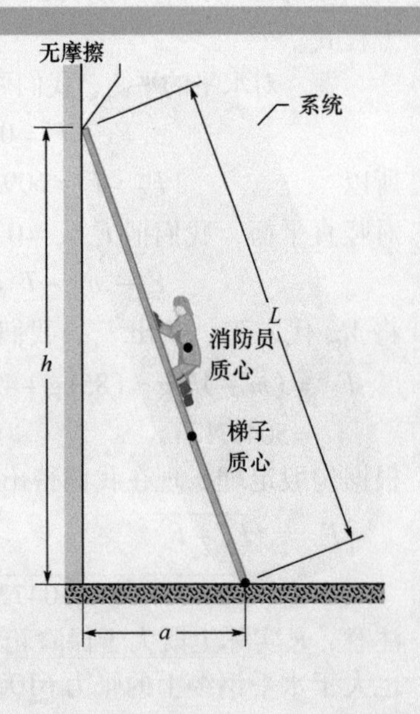

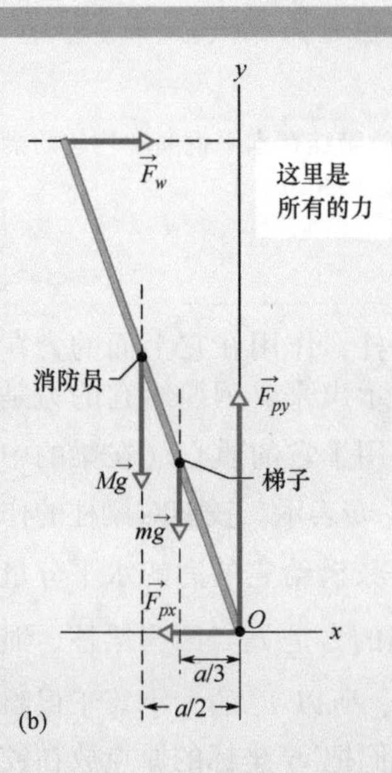

图 12-7　(a) 一位消防员爬到靠在无摩擦的墙上的梯子一半位置，梯子下面的地面不是无摩擦的。(b) 受力图。表示作用于消防员 + 梯子系统的力。坐标原点放在未知力 $\vec{F}_p$ 作用的点上（图上画出 $\vec{F}_p$ 的分量 $\vec{F}_{px}$ 和 $\vec{F}_{py}$）。

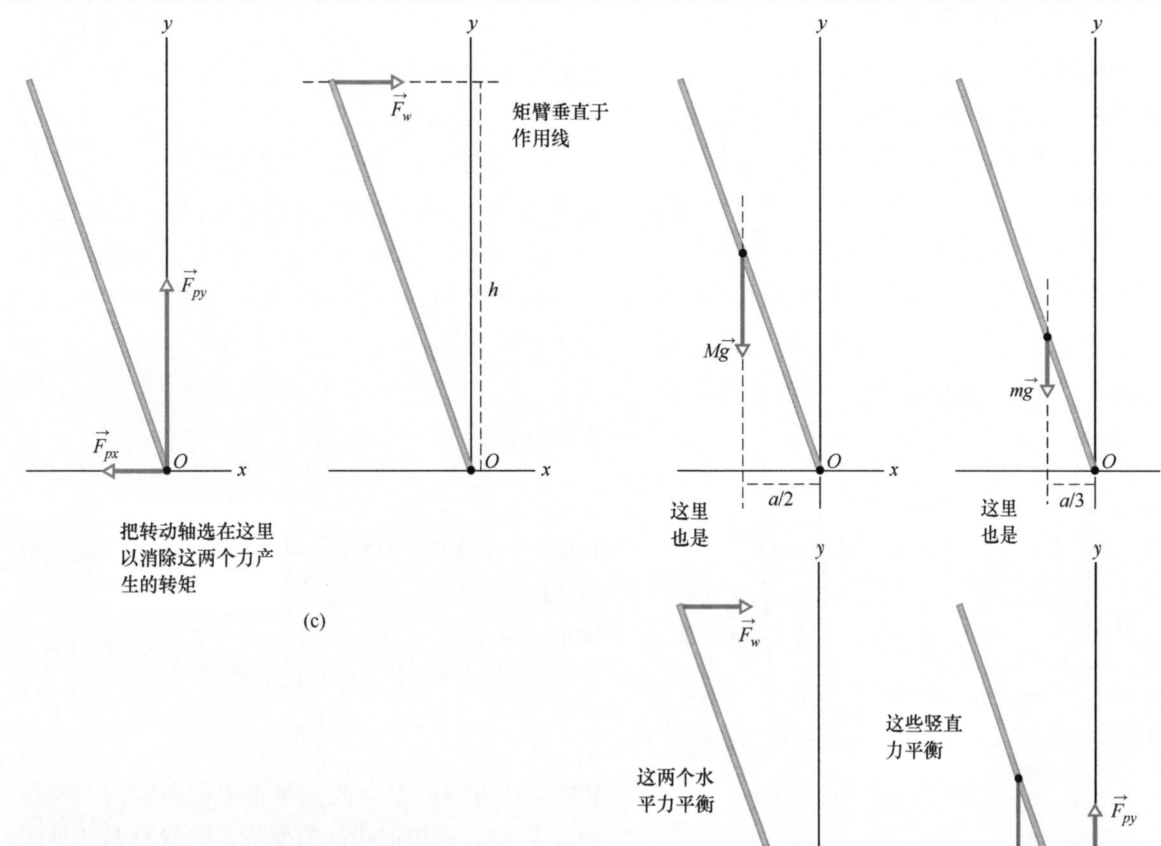

图 12-7（续）（c）计算转矩。（d）力的平衡。在 WileyPLUS 中，这张图是有声动画。

现在，用 $r_{\perp}F$ 的形式写出转矩，平衡方程 $\tau_{\mathrm{net},z}=0$ 写成

$$-(h)(F_w)+(a/2)(Mg)+(a/3)(mg)+(0)(F_{px})+(0)(F_{py})=0 \quad (12\text{-}21)$$

（正的转矩对应于逆时针旋转，负的转矩对应于顺时针转动。）

对图 12-7a 中梯子形成的直角三角形应用勾股定理，我们得到：

$$a=\sqrt{L^2-h^2}=7.58\mathrm{m}$$

于是由式（12-21）可知

$$F_w=\frac{ga(M/2+m/3)}{h}$$

$$=\frac{(9.8\mathrm{m/s^2})(7.58\mathrm{m})(72/2\mathrm{kg}+45/3\mathrm{kg})}{9.3\mathrm{m}}$$

$$=407\mathrm{N}\approx 410\mathrm{N} \quad \text{（答案）}$$

现在我们需要用力的平衡方程及图 12-7d，由 $F_{\mathrm{net},x}=0$ 可知：

$$F_w-F_{px}=0$$

所以

$$F_{px}=F_w=410\mathrm{N} \quad \text{（答案）}$$

由 $F_{\mathrm{net},y}=0$ 可知

$$F_{py}-Mg-mg=0$$

所以

$$F_{py}=(M+m)g=(72\mathrm{kg}+45\mathrm{kg})(9.8\mathrm{m/s^2})$$

$$=1146.6\mathrm{N}\approx 1100\mathrm{N} \quad \text{（答案）}$$

WILEY PLUS 在 WileyPLUS 中可以找到附加的例题、视频和练习。

例题 12.04　比萨斜塔的平衡

让我们假设比萨斜塔是一个半径 $R=9.8\text{m}$、高度 $h=60\text{m}$ 的空心均匀圆柱体。其质心（com）位于圆柱体中心轴上高度 $h/2$ 处。在图 12-8a 中，圆柱体竖直耸立。在图 12-8b 中，它向右倾斜（向着塔的南墙）$\theta=5.5°$，这使质心移动距离 d。设地面只有两个力作用在塔上。法向力 $\vec{F}_{NL}$ 作用在左边（北面）的墙上，法向力 $\vec{F}_{NR}$ 作用在右边（南面）的墙上。由于塔的倾斜，F_{NR} 的数值增大百分比是多少？

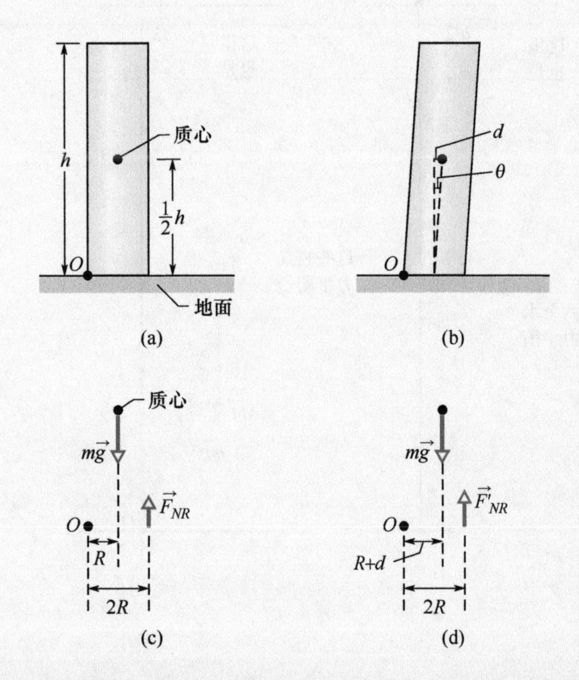

图 12-8　将圆柱体作为比萨斜塔的模型：（a）竖直的和（b）倾斜的情形，倾斜时的质心向右移动了。求圆柱体对支点 O 受到的转矩的力和矩臂。（c）竖直的情况和（d）倾斜的情形。

【关键概念】

因为塔仍旧耸立着，它处在平衡状态中，所以绕任何一点计算的转矩之和必定等于零。

解： 因为我们要求右边的 F_{NR}，并且不需要知道或不需要求左边的 F_{NL}，所以我们用左边的支点 O 计算转矩。直立的塔受到的力在图 12-8c中表示出来。重力 $m\vec{g}$ 作用在质心上，它有一条竖直的作用线和矩臂 R（从支点到作用线的垂直距离）。这个重力对于支点产生的转矩引起顺时针转动，因此是负的。对南墙的法向力 $\vec{F}_{NR}$ 也有一条竖直的作用线，它的矩臂是 $2R$。和这个力相联系的对于支点的转矩要引起逆时针转动，所以是正的。我们现在写出转矩平衡方程（$\tau_{\text{net},z}=0$）：

$$-(R)(mg)+(2R)(F_{NR})=0$$

由此得到

$$F_{NR}=\frac{1}{2}mg$$

我们应当猜到这个结果：因为质心在中心轴（圆柱体的对称线）上，所以右边支持圆柱体一半的重量。

在图 12-8b 中，质心向右移动了距离

$$d=\frac{1}{2}h\tan\theta$$

转矩平衡方程的唯一改变是重力的矩臂，它现在变成 $R+d$，右边的法向力变成新的数值 F'_{NR}（见图 12-8d），于是我们写出：

$$-(R+d)(mg)+(2R)(F'_{NR})=0$$

由这个式子得到：

$$F'_{NR}=\frac{(R+d)}{2R}mg$$

把上式右边法向力的新结果除以原来的结果，并代入 d，我们得到：

$$\frac{F'_{NR}}{F_{NR}}=\frac{R+d}{R}=1+\frac{d}{R}=1+\frac{0.5h\tan\theta}{R}$$

代入数值：$h=60\text{m}$，$R=9.8\text{m}$，以及 $\theta=5.5°$，得到

$$\frac{F'_{NR}}{F_{NR}}=1.29$$

因此，我们的简单模型预料，塔的倾斜虽然不大，但作用在塔的南墙的法向力却增大了近 30%。对塔的一个危害是这个力会引起南墙弯曲并向外爆裂。倾斜的原因是塔下面的可压缩的土壤在每次下雨后变得更糟。最近，工程师设法使塔稳定并且安置排水系统部分地扶正了斜塔。

WILEY PLUS 在 WileyPLUS 中可以找到附加的例题、视频和练习。

12-3 弹性

学习目标

学完这一单元后，你应当能够……

12.07 说明什么是超静定情况。

12.08 对拉伸和压缩的情况，应用将应力、应变和弹性模量联系起来的方程式。

12.09 区别屈服强度和极限强度。

12.10 对于剪切，应用联系应力、应变和剪切模量的方程式。

12.11 对液压应力，应用联系流体压强、应变和体积弹性模量的方程式。

关键概念

- 有三种弹性模量被用来描述物体对作用于其上力的响应的弹性行为（形变）。应变（长度变化的比率）通过特定的模量线性地联系着所作用的应力（单位面积的力），普遍的应力-应变关系是

$$应力=模量\times应变$$

- 物体在张力或压力作用下，应力-应变关系写作

$$\frac{F}{A}=E\frac{\Delta L}{L}$$

其中，$\Delta L/L$ 是物体的拉伸应变或压缩应变；F 是引起应变的作用力 $\vec{F}$ 的数值；A 是（垂直于 A 的力）$\vec{F}$ 作用于其上的截面积；E 是物体的弹性模量。应力是 F/A。

- 当物体受到剪应力时，应力-应变关系写成：

$$\frac{F}{A}=G\frac{\Delta x}{L}$$

其中，$\Delta x/L$ 是物体的剪应变；Δx 是物体的一个端面在作用力 $\vec{F}$ 方向上的位移；G 是物体的剪切模量，应力是 F/A。

- 当物体受到周围的流体施加的应力而受到压缩时，应力-应变关系写成：

$$p=B\frac{\Delta V}{V}$$

其中，p 是流体作用于物体的压强（液压应力）；$\Delta V/V$（应变）是压力引起的物体体积变化的比率；B 是该物体的体积弹性模量。

超静定结构

对于本章中的问题，我们只有三个独立的方程式可供使用，通常是两个力的平衡的方程式和一个对于给定转轴的转矩平衡方程式。所以，如果一个问题有多于三个未知数的情况，我们就不能解了。

考虑一辆不对称载重的汽车。四只轮胎上受到的力——都不相同——各是多大？我们也无法求出这几个力，因为我们只有三个独立的方程式。同理，我们能够解三条腿的桌子的平衡问题，但却解不出四条腿的桌子的问题。像这样一些其中有比方程式数目更多的未知数的问题我们称之为超静定问题。

然而要求解的超静定问题的确在真实世界中是存在的。如你将汽车的轮子分别停放在四台地磅上，每一台地磅显示一个读数，这些读数之和就是汽车的重量。我们通过解方程式求各个力时所遇到的困难是什么呢？

问题在于我们已经假设——没有特别强调指出——我们对之应用静力平衡方程式的物体都是理想的刚体。我们依此暗示当力作用于这些物体时，它们不发生形变。严格说来，实际上并不存

在这种物体。例如，汽车轮胎在负荷下很容易变形，直到汽车达到静力平衡的位置。

我们都有过在餐厅里遇到一张摇晃不平的餐桌的经历，通常只要在桌子的一条腿下面适当垫一些折叠起来的纸片就可以使桌子保持水平稳定。可是，假如让一头大象坐在这张桌子上，你可以肯定，只要桌子不坍塌，它就会像汽车轮胎那样因重压而变形。它的四条腿都会接触地面，而向上作用在桌子腿上的力都是一定的（但是不同的），因而桌子不再摇晃。如图 12-9 所示的那样。如果我们真的做这样的事的话，肯定会（和大象一起）被轰出门外。不过，实际上我们要讨论的是，在这种或者发生类似形变的情况下，原则上我们该怎样求出作用在各条腿上的力的数值。

为解决这种超静定平衡问题，我们必须根据某些弹性力学的知识补充一些平衡方程式。弹性力学是描述真实物体在力的作用下变形的物理学和工程学的分支。

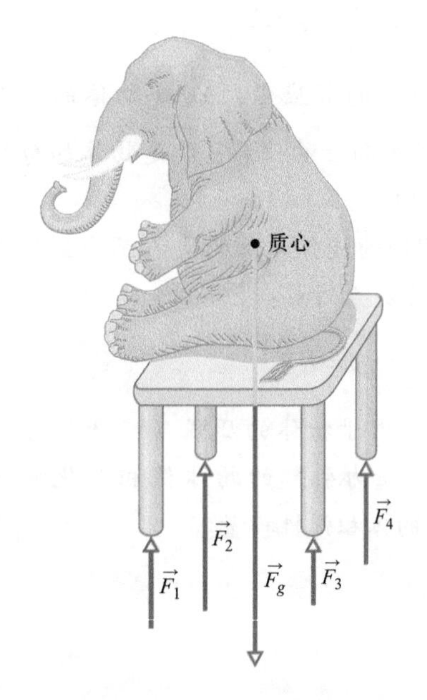

图 12-9　桌子处在超静定结构状态中。作用于桌子腿上的四个力的数值都不相同，并且无法仅用静力平衡定律求出来。

检查点 3

重量为 10N 的均匀棒用两根绳子水平地悬挂在顶棚上，绳子对棒施加向上的力 $\vec{F}_1$ 和 $\vec{F}_2$。下图表示绳子的四种放置位置，如果有的话，哪一种放置位置是超静定的（因而使我们无法解出 $\vec{F}_1$ 和 $\vec{F}_2$ 的数值）？

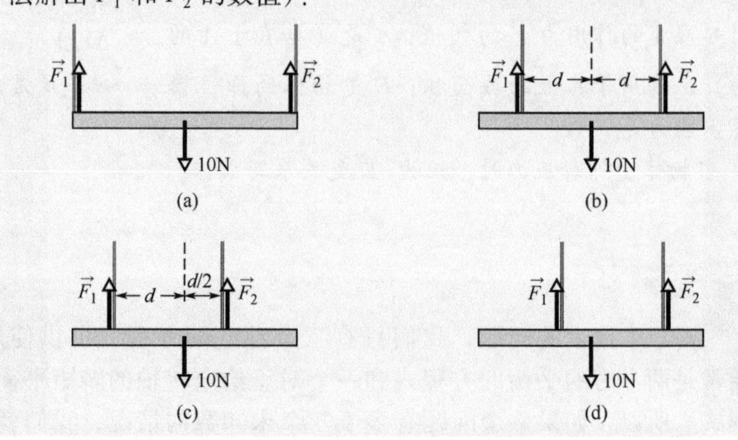

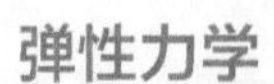

弹性力学

图 12-10　固体金属的原子分布在重复的三维晶格上。弹簧表示原子间的作用力。

大量的原子聚集在一起形成像铁钉那样的固体金属，这些原子在三维格点上的平衡位置，格点是原子的重复排列，其中每个原子都在离它最近的相邻原子确定的平衡距离上。这些原子由原子间的力结合在一起。图 12-10 中，用小弹簧作为这种力的模型。格点是非常坚固的，这是用另一种方式说明“原子间的弹簧”是极其强劲的。就是这个原因，我们觉察到许多普通的物体，像金属的梯子、桌子和汤匙是十分坚硬的。当然，像花园中用的软管、橡皮手套等给我们的感觉则是一点刚性也没有。组成这些物体的原子并不会形成图 12-10 中表示的刚性的格点，而是排列成长而容易弯曲的分子链，每条链只是很松散地和它相邻的分子键合。

所有实际的“刚”体在某种程度上都有**弹性**，这意味着通过把它们推、拉、扭或压缩，我们就能使它们的线度发生微小的变化。为得到有关数量级的感性认识，考虑竖直地悬挂在厂房顶棚上的一根长度为1m、直径为1cm的钢棒。如你在这根棒的自由端挂上一辆超小型汽车，棒就会伸长，但只伸长0.5mm，或0.05%。而且，把汽车卸下后钢棒就会恢复原来的长度。

如果你在钢棒上挂两辆汽车，钢棒就可能会永久地伸长，你拿去这些负荷以后棒也不会恢复它原来的长度。如果你在棒上挂三辆汽车，棒就要断裂。在刚要裂断前，钢棒的伸长不到0.2%。虽然变形的大小看上去很小，但这些在工程学实践中却非常重要。(在负载下机翼是否还在飞机上显然是非常重要的。)

三种方式。图12-11表示力作用于固体时它的线度可能发生改变的三种方式。图12-11a中，圆柱体伸长。图12-11b中，圆柱体受垂直于它的长轴的力作用而变形，这种情况很像我们使一叠扑克牌或一本书变形。图12-11c中，放在流体中的一个固体物在高压下，所有各边都被均匀地压缩。这三种类型的形变共同具有的是**应力**（或单位面积的形变力）引起的**应变**（或单位形变）。在图12-11中，拉伸应力（和拉伸相联系）画在（a）中，剪应力画在（b）中，液压应力画在（c）中。

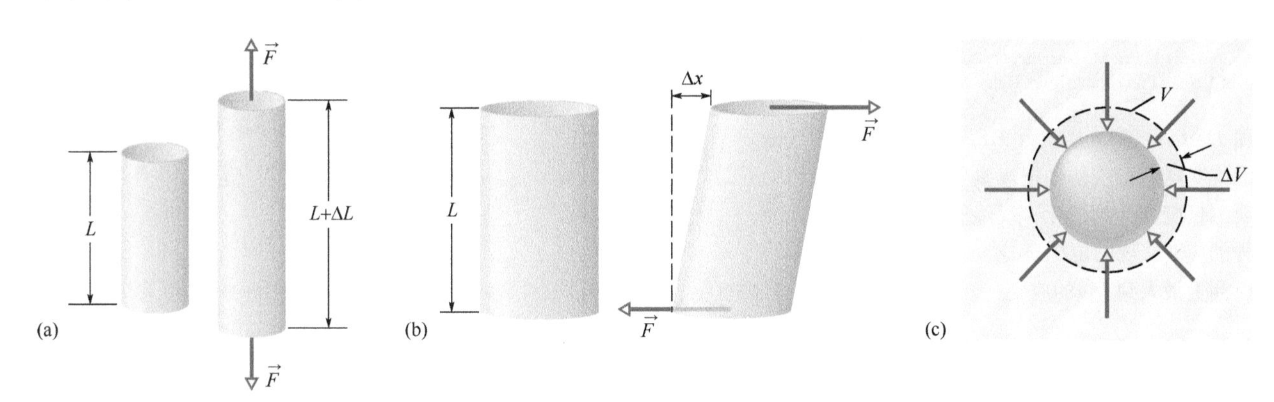

图12-11 （a）圆柱体受到拉伸应力而伸长ΔL。（b）圆柱体受到剪应力而变形的数量为Δx，这有点像一叠扑克牌。（c）刚性球体受到流体均匀的液压应力，体积收缩的数量为ΔV。图上表示的所有形变都大大地被夸大了。

在图12-11的三种情况中，应力和应变有不同的形式，但——在工程应用的范围内——应力和应变互成正比关系。其中的比例常量称为**模量**，所以

$$\text{应力} = \text{模量} \times \text{应变} \tag{12-22}$$

在拉伸性质的标准测试中，被测圆柱体（像图12-12中那样的）受到的拉伸应力从零开始缓慢地增加到圆柱体断裂的一点，应变被仔细测定并作图。结果就得到图12-13那样的应力对应变的曲线图。在应力作用的一定范围内应力-应变关系是线性的，当应力消除后样品会恢复到它原来的线度；这就是式（12-22）应用的范围。如果应力增大到超过样品的**屈服强度**S_y，样品就会产生永久形变。如果应力继续增大，样品最终会断裂，这时应力达到所谓的**极限强度**S_u。

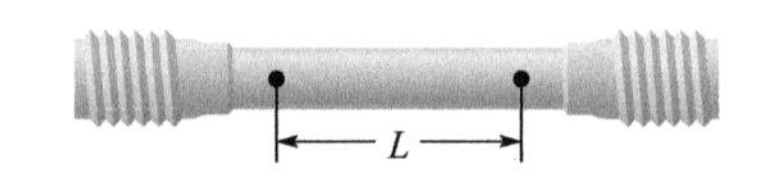

图12-12 用于确定图12-13中的应力-应变曲线的测试样品。一定长度L产生的改变ΔL通过拉伸应力-应变试验测定。

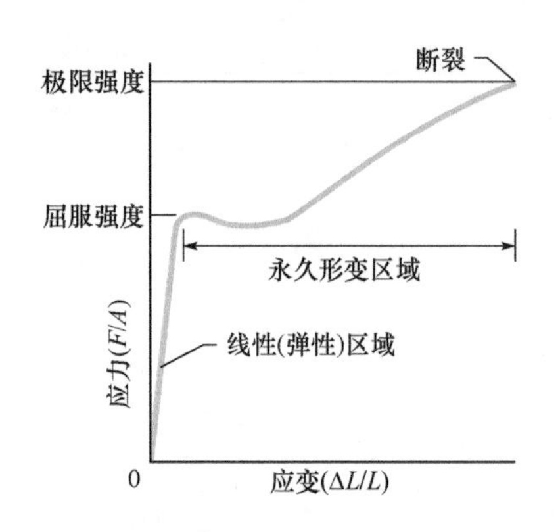

图 12-13 像图 12-12 中那样的钢制测试样品的应力-应变曲线。当应力等于样品的屈服强度时，样品产生永久形变。当应力等于材料的极限强度时它就会断裂。

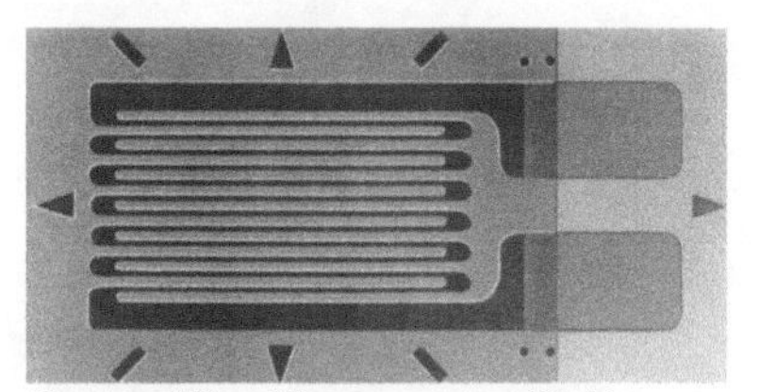

Courtesy Micro Measurements, a Division of Vishay Precision Group, Raleigh, NC

图 12-14 整个大小为 9.8mm × 4.6mm 的应变规。用胶粘剂把规紧紧地粘附在要测量应变的物体上；规经受到物体同样的应变，规的电阻随应变而变化，可以测量最大到 3% 的应变。

拉伸与压缩

对于简单的拉伸和压缩，物体上的应力定义为 F/A，F 是垂直作用于物体面积 A 上的力。应变或单位变形，就是无量纲的量 $\Delta L/L$，它是样品长度的变化比率（有时用百分比）。如果样品是长棒并且应力没有超过屈服强度，当一个给定的应力作用于棒上时，不仅是整条棒就连它的每一段都会经受同样的应变。因为应变是无量纲的，所以式（12-22）中的模量和应力——即单位面积的力——具有同样的量纲。

拉伸和压缩的模量称为**弹性模量**，在工程学实践中用符号 E 表示，式（12-22）成为

$$\frac{F}{A}=E\frac{\Delta L}{L} \tag{12-23}$$

一个样品的应变 $\Delta L/L$ 常常可以用*应变规*（见图 12-14）测量，它可以用胶粘剂直接粘附在所操作的机械上，它的电性质依赖于它受到的应变。

虽然物体拉伸和压缩的弹性模量几乎完全相同，但物体的极限强度对这两种应力却可能大大不相同。例如，混凝土受压缩时非常强，但受到拉伸时又是如此的弱，所以它几乎从来不用在受拉力的情况中。表 12-1 中列出了工程上常用的一些材料的弹性模量和其他的弹性性质。

表 12-1 一些工程上常用的材料的弹性性质

材料	密度 ρ / (kg/m³)	弹性模量 E / (10^9 N/m²)	极限强度 S_u / (10^6 N/m²)	屈服强度 S_y / (10^6 N/m²)
钢①	7860	200	400	250
铝	2710	70	110	95
玻璃	2190	65	50②	—
混凝土③	2320	30	40②	—
木材④	525	13	50②	—
骨	1900	9②	170②	—
聚苯乙烯	1050	3	48	—

① 结构钢（ASTM-A36）。
② 压缩时。
③ 高强度。
④ 花旗松。

剪切

在剪切的情况中，应力也是单位面积的力，但这个力矢量沿着作用面积的平面而不是垂直于该面积。应变是无量纲的比例 $\Delta x/L$，这些数量的定义在图 12-11b 中表示出来。相应的模量称为**切变模量**，在工程学实践中用符号 G 表示。对于剪切，式（12-22）写成：

$$\frac{F}{A}=G\frac{\Delta x}{L} \tag{12-24}$$

剪切发生在有负载的转动轴杆以及因弯曲引起骨折的情形中。

液压应力

在图 12-11c 中，应力是作用在物体上的液体压强 p，在 14 章

中将会看到，压强是单位面积的力。应变是 $\Delta V/V$，V 是样品原来的体积，ΔV 是体积改变的绝对值。相应的模量称为材料的**体积模量**，用符号 B 表示。这个物体被说成是在*液压中*。这个压强可以称为*液压应力*，在这种情况中，我们把式（12-22）写作：

$$p = B\frac{\Delta V}{V} \tag{12-25}$$

水的体积模量是 $2.2\times10^{9}\mathrm{N/m^2}$，钢是 $1.6\times10^{11}\mathrm{N/m^2}$。在平均深度为4000m 的太平洋底，压强是 $4.0\times10^{7}\mathrm{N/m^2}$。在这样的压强下，水的体积的压缩比 $\Delta V/V$ 是 1.8%；钢制物体只有 0.025%。一般说来，固体——有刚性的原子格点——比液体更不易压缩，液体中的原子或分子与各自相邻的原子或分子的耦合程度不太紧密。

例题 12.05 被拉长的棒的应力和应变

半径 $R=9.5\mathrm{mm}$、长度 $L=81\mathrm{cm}$ 的钢棒的一端用台虎钳夹紧，大小为 $F=62\mathrm{kN}$ 的力垂直地作用于另一端的端面上（均匀分布在面上），直接背向台虎钳的方向用力拉，作用在棒上的应力、拉长的距离 ΔL 和棒的应变各是多少？

【关键概念】

（1）因为力垂直于端面并且是均匀的，所以应力就是力的数值 F 和面积之比。这个比值是式（12-23）的右边。（2）伸长距离 ΔL 和应力及弹性模量 E 由式（12-23）（$F/A=E\Delta L/L$）联系起来。（3）应变是伸长的量和原来的长度 L 之比。

解：为求应力，我们写出

$$\text{应力}=\frac{F}{A}=\frac{F}{\pi R^2}=\frac{6.2\times10^{4}\mathrm{N}}{\pi(9.5\times10^{-3}\mathrm{m})^2}$$

$$=2.2\times10^{8}\mathrm{N/m^2} \quad \text{（答案）}$$

结构钢的屈服强度是 $2.5\times10^{8}\mathrm{N/m^2}$，所以这根棒已经很危险地接近于它的屈服强度了。

我们从表 12-1 中找到钢的弹性模量的数值。然后用式（12-23），我们求得伸长量为

$$\Delta L=\frac{(F/A)L}{E}=\frac{(2.2\times10^{8}\mathrm{N/m^2})(0.81\mathrm{m})}{2.0\times10^{11}\mathrm{N/m^2}}$$

$$=8.9\times10^{-4}\mathrm{m}=0.89\mathrm{mm} \quad \text{（答案）}$$

至于应变，我们有

$$\frac{\Delta L}{L}=\frac{8.9\times10^{-4}\mathrm{m}}{0.81\mathrm{m}}$$

$$=1.1\times10^{-3}=0.11\% \quad \text{（答案）}$$

例题 12.06 摇晃的桌子的平衡

一张桌子有三条腿的长度都是 1.00m，第四条腿长了 0.50mm，所以这张桌子稍微有些摇晃。质量 $M=290\mathrm{kg}$ 的钢制圆柱体放在这张桌子上（桌子的质量比 M 小得多），所以四条腿都受到压力但没有被压垮，桌子是水平放置的但不再摇晃。四条腿都是截面积 $A=1.0\mathrm{cm^2}$ 的木制圆柱体；弹性模量是 $E=1.3\times10^{10}\mathrm{N/m^2}$。地板对四条腿的作用力的数值为何？

【关键概念】

我们把桌子加钢制圆柱取作我们的系统，这个情况像图 12-9 中的情况，只是现在桌子上是钢柱。如果桌面保持水平，四条腿必定以下面的方式被压缩：每条较短的腿肯定被压短同样的数量（称其为 ΔL_3）因而受到同样大小的力 F_3。一条长腿必定被压缩较大的数量 ΔL_4，因而受到数值较大的力 F_4。换言之，对一张水平的桌子，我们必须有

$$\Delta L_4=\Delta L_3+d \tag{12-26}$$

由式（12-23），我们可以把长度的改变和引起这个改变的力用公式 $\Delta L=FL/(AE)$ 联系起来，其中 L 是桌腿原来的长度。我们可以将这个关系式代入式（12-26）中的 ΔL_4 和 ΔL_3。不过要注意，我们可以近似地认为所有四条桌腿原来的长度都

是相同的 L。

解：把这些量以及近似值都代入式（12-26）后，结果得到：

$$\frac{F_4L}{AE}=\frac{F_3L}{AE}+d \qquad (12\text{-}27)$$

我们无法解这个方程式，因为里面有两个未知数 F_3 和 F_4。

要找到包含 F_3 和 F_4 的第二个方程，我们用竖直的 y 轴，然后写出竖直力的平衡方程（$F_{net,y}=0$）：

$$3F_3+F_4-Mg=0 \qquad (12\text{-}28)$$

其中，Mg 等于作用在系统上重力的数值。（三条桌腿各有力 F_3 作用于其上。）联立方程式（12-27）和式（12-28）解 F_3，我们先由式（12-28）得到 $F_4=Mg-3F_3$，把它代入式（12-27），经过一些代数运算后得到

$$F_3=\frac{Mg}{4}-\frac{dAE}{4L}$$
$$=\frac{(290\text{kg})(9.8\text{m/s}^2)}{4}-\frac{(5.0\times10^{-4}\text{m})(10^{-4}\text{m}^2)(1.3\times10^{10}\text{N/m}^2)}{4(1.00\text{m})}$$
$$=548\text{N}\approx5.5\times10^2\text{N} \qquad \text{（答案）}$$

由式（12-28），我们求出

$$F_4=Mg-3F_3$$
$$=(290\text{kg})(9.8\text{m/s}^2)-3(548\text{N})$$
$$\approx1.2\text{kN} \qquad \text{（答案）}$$

我们可以证明，三条短桌腿各自被压缩了 0.42mm，一条长桌腿被压缩 0.92mm。

在 WileyPLUS 中可以找到附加的例题、视频和练习。

复习和总结

静力平衡 静止的刚体被说成是在**静力平衡**状态中。对这样的物体，作用于它的外力的矢量和为零：

$$\vec{F}_{net}=\vec{0}\ \text{（力的平衡）} \qquad (12\text{-}3)$$

如果所有的力都在 xy 平面上，则这个矢量方程等价于两个分量方程：

$$F_{net,x}=0\ \text{及}\ F_{net,y}=0\ \text{（力的平衡）} \qquad (12\text{-}7,\ 12\text{-}8)$$

静力平衡也暗示，对于任何一点，作用于物体的外转矩的矢量和为零，或

$$\vec{\tau}_{net}=\vec{0}\ \text{（转矩的平衡）} \qquad (12\text{-}5)$$

假如力在 xy 平面上，则所有的转矩矢量都平行于 z 轴，式（12-5）等价于一个分量方程：

$$\tau_{net,z}=0\ \text{（转矩的平衡）} \qquad (12\text{-}9)$$

重心 重力分别作用于物体的每一个单元。所有各个作用力的净效应可以想象为一个等效的总重力 $\vec{F}_g$ 作用在**重心**上。如果对物体的所有单元的重力加速度 $\vec{g}$ 都相同，重心就在质心的位置上。

模量 三个**模量**被用来描述物体对作用于其上的力的反应的弹性行为（形变）。**应变**（长度改变的比率）通过专门的模量与所施加的**应力**（单位面积的力）线性地关联，根据普遍的关系：

$$\text{应力}=\text{模量}\times\text{应变} \qquad (12\text{-}22)$$

拉伸和压缩 一个物体受到拉伸或压缩时，式（12-22）写作：

$$\frac{F}{A}=E\frac{\Delta L}{L} \qquad (12\text{-}23)$$

其中，$\Delta L/L$ 是物体的拉伸或压缩应变；F 是引起这个应变的作用力 $\vec{F}$ 的数值；A 是 $\vec{F}$（垂直于 A，如图 12-11a 所示）作用于其上的截面积；E 是物体的**弹性模量**；应力是 F/A。

剪切 当物体在剪应力作用下时，式（12-22）写作：

$$\frac{F}{A}=G\frac{\Delta x}{L} \qquad (12\text{-}24)$$

其中，$\Delta x/L$ 是物体的剪切应变；Δx 是物体的一端沿作用力 $\vec{F}$ 的方向上的位移（见图 12-11b）；G 是物体的**切变模量**；应力是 F/A。

液压应力 当物体受到液体压力压缩时，由于周围流体作用的应力，式（12-22）写作

$$p=B\frac{\Delta V}{V} \qquad (12\text{-}25)$$

其中，p 是流体作用于物体的压强（液压应力）；$\Delta V/V$（应变）是由于这个压力造成的物体体积的变化率；B 是物体的**体积模量**。

习题

1. 一个贼打算爬上梯子进入公寓房间，但他愚蠢地将梯子上端搁在一扇玻璃窗上，当他沿梯子爬上 3.00m 距离，窗户玻璃已到要碎裂的临界边缘。他的质量是 90.0kg，梯子的质量为 20.0kg，梯子长度为 5.00m，梯脚离墙基 2.5m 并放在不滑动的地上。求（a）梯子作用在窗户玻璃上力的大小，（b）地面作用在梯子上力的大小，（c）地面的作用力和水平方向的角度。

2. 在图 12-15 中，一块边长 $L=2.50\text{m}$、质量 50.0kg 的均匀正方形广告牌悬挂在长度为 $d_h=3.00\text{m}$、质量忽略不计的水平杆上。一根缆绳连接在杆的一端，绳的另一端固定在墙上一点，该点高于墙上固定杆子的铰链的距离 $d_v=4.00\text{m}$。（a）缆绳中的拉力为何？求墙作用于杆上的力的水平分量（b）大小和（c）方向（向左还是向右），以及这个力的竖直分量的（d）大小和（e）方向（向上或向下）为何？

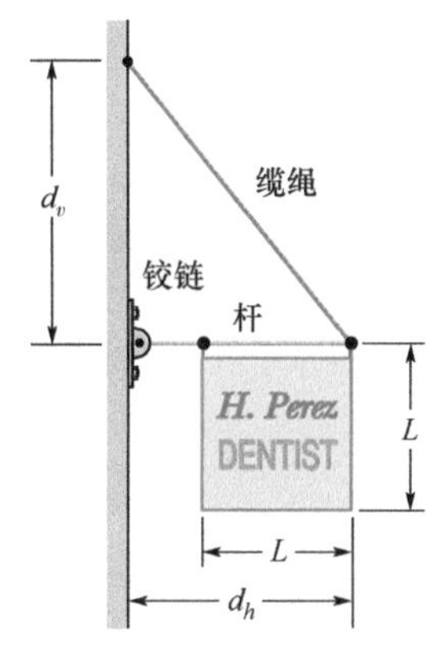

图 12-15　习题 2 图

3. 图 12-16 所示的系统处在平衡状态，中间一段绳子严格水平。木块 A 重 35N，木块 B 重 45N，角度 ϕ 是 35°。求（a）张力 T_1，（b）张力 T_2，（c）张力 T_3 和（d）角度 θ。

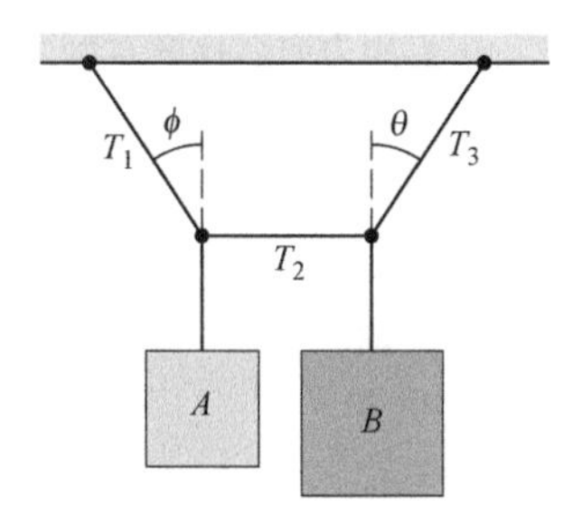

图 12-16　习题 3 图

4. 在图 12-17 中，设均匀杆的长度 L 是 2.75m，它的重量是 185N。并设木块重量 $W=300\text{N}$，角度 $\theta=30.0°$。金属线可承受的最大张力为 500N。（a）在金属线断裂前，可能的最大距离 x 是多少？木块放在这最大距离 x 处，铰链在 A 点作用于杆的力的（b）水平和（c）竖直分量各多大？

5. 图 12-18a 中是一根质量为 m_b、长度为 L 的均匀梁柱，它用左端固定在墙上的铰链和右端与水平成 θ 角的缆绳支持。一只质量为 m_p 的包裹放在梁上，它到梁的左端距离为 x，总质量 $m_b+m_p=79.30\text{kg}$。图 12-18b 画出缆绳中的张力 T 关于用梁长度 L 的分数比例 x/L 表示的包裹位置的函数。T 轴的标度由 $T_a=500\text{N}$ 和 $T_b=700\text{N}$ 标定。计算（a）角度 θ，（b）质量 m_b 和（c）质量 m_p。

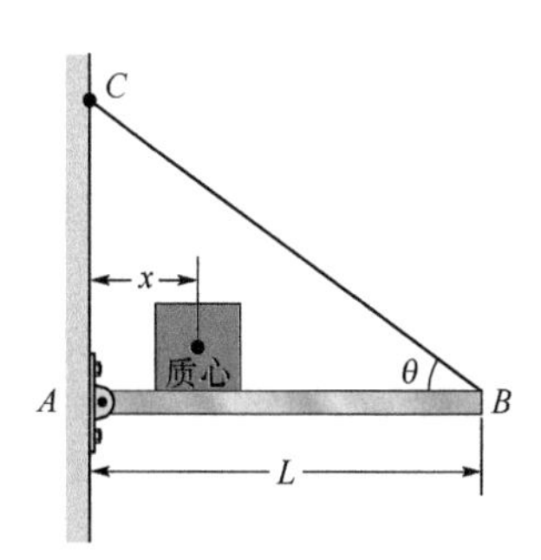

图 12-17　习题 4 和习题 21 图

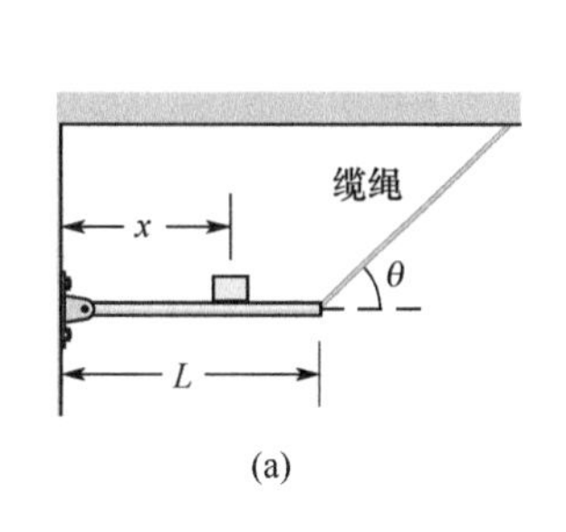

(a)

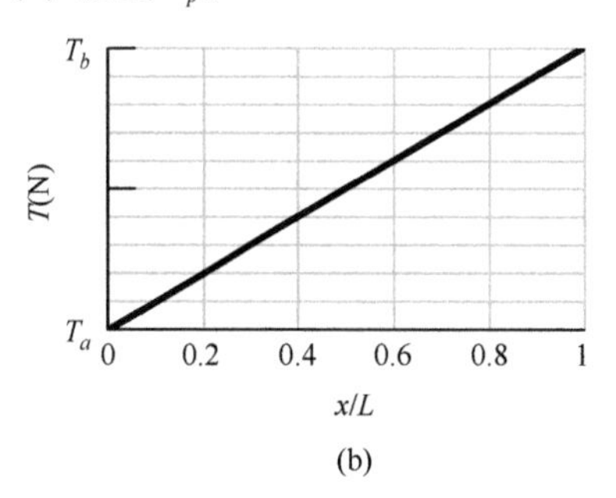

(b)

图 12-18　习题 5 图

6. 在图 12-19 中，将一块 25kg 的砖块通过一个滑轮系统用手拉住停留不动。人的上臂竖直，前臂与水平成角度 $\theta=30°$。前臂和手总共质量 2.0kg，共同的质心在前臂骨和上臂骨（肱骨）的连接点的距离 $d_1=15\text{cm}$ 的位置。三头肌在连接点后面 $d_2=2.5\text{cm}$ 处用力竖直地向上拉前臂。距离 d_3 是 35cm。求三头肌作用在前臂上的力的（a）大小和（b）方向（向上或向下），肱骨作用在前臂上的力的（c）大小和（d）方向（向上或向下）。

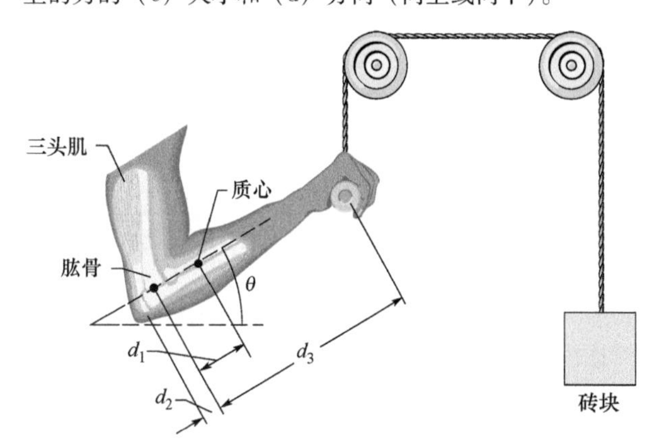

图 12-19　习题 6 图

7. 立方体的板条箱的边长为 1.2m，里面装有一台机器；板条箱和里面的机器的共同质心位于板条箱的几何中心以上 0.30m 处。板条箱放在和水平成 θ 角的斜面上。当 θ 从 0 开始逐渐增大，将会到达一个角度，在这个角度上板条箱就要翻倒，不然就要开始从斜坡上滑下。如果斜面和板条箱之间的静摩擦系数 μ_s 是 0.30，(a) 板条箱会翻倒还是会滑动，(b) 这发生在多大的 θ 角？若 $\mu_s=0.70$，(c) 板条箱会翻倒还是会滑动，(d) 这发生在多大的 θ 角？(提示：在突然开始翻倒的时候法向力在什么位置?)

8. 图 12-20 中表示一位体重 580N 的跳水运动员站在长度为 $L=5.70$m、质量可以忽略的跳板边缘。跳板固定在两个柱脚（支柱）上，二者距离 $d=1.50$m。左边柱脚作用在跳板上的力的 (a) 数值和 (b) 方向（向上或向下）以及右边柱脚的作用力的 (c) 数值和 (d) 方向（向上还是向下）各是什么？(e) 哪一个柱脚（左边还是右边的）是被拉伸？(f) 哪一个柱脚是被压缩?

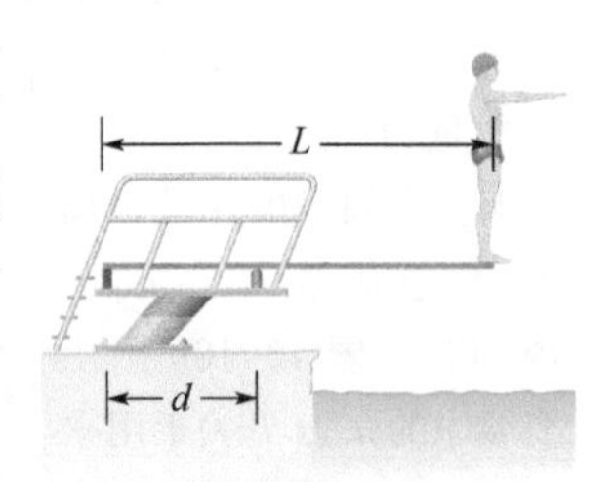

图 12-20 习题 8 图

9. 质量为 65kg、长度为 5.2m 的脚手架两端各用一根竖直的绳子将它水平地悬挂着。质量 80kg 的擦窗工人站在离架子一端 1.5m 处。(a) 离他较近的绳子和 (b) 较远的绳子上的张力各为多少?

10. 在图 12-21 中，一根不均匀的棒用两根无质量的绳子静止地悬挂在水平的位置。一根绳和竖直方向成角度 $\theta=30.0°$，另一根和竖直方向成角度 $\phi=60.0°$。设棒长 L 是 9.50m，求棒的质心到它的左端的距离。

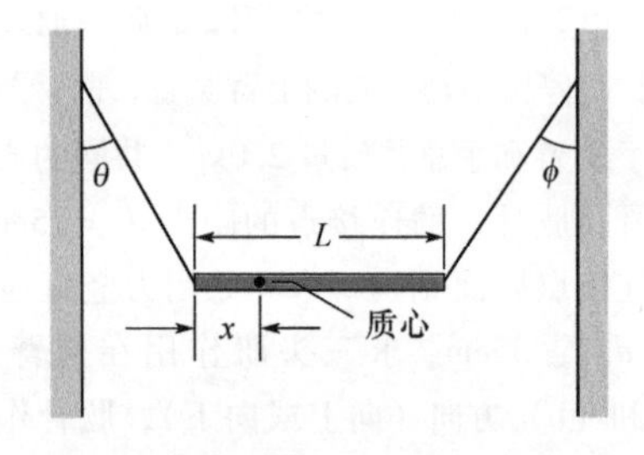

图 12-21 习题 10 图

11. 图 12-22 中，一位爬山者斜靠在摩擦可以忽略的竖直冰墙上。距离 a 是 0.914m，距离 L 是 2.10m。他的质心位于离脚和地面接触点距离 $d=0.948$m 处。如果他正好在滑动的临界状态，脚和地面的静摩擦系数多大?

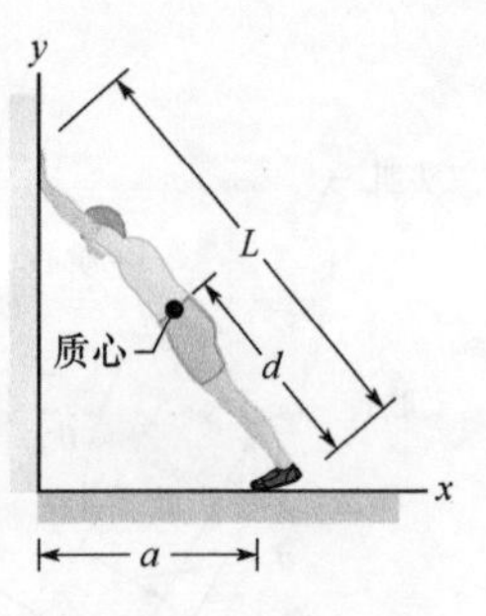

图 12-22 习题 11 图

12. 在图 12-23 中，一个人为了试图将他的汽车拉出泥浆地，他把一根绳索的一端栓在车的前保险杠上，绳索另一端系在 15m 外的一根电线杆上。然后他在绳的中点用 520N 的力横向推绳索，使绳索中央移动 0.30m，汽车勉强开始移动。绳索作用在汽车上的力是多大？(绳索稍稍有点伸长。)

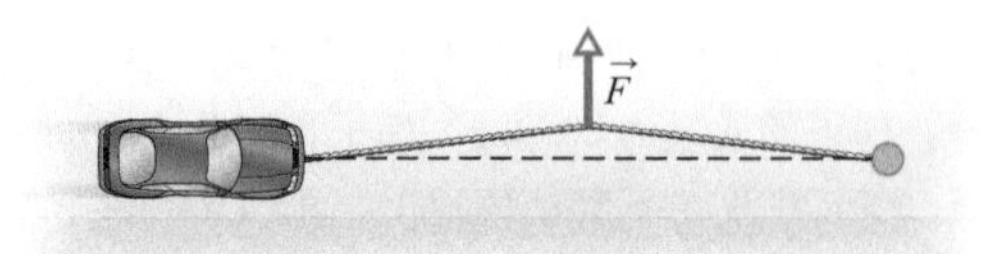

图 12-23 习题 12 图

13. 在图 12-7 和相关的例题中，令梯子和地面之间的静摩擦系数 μ_s 是 0.40。消防员在梯子上爬多远（百分比），梯子就会达到开始滑动的极限。

14. 14.0m 长、质量可以忽略的绳子在两根支柱之间水平地拉直。一位重量为 900N 的攀岩运动员悬挂在绳子的中间，绳子中点下垂 0.85m。绳中张力有多大?

15. 水平道路上行驶的汽车的驾驶员紧急制动汽车，四个车轮都被紧锁并沿路面擦过，如图 12-24 所示。车胎和路面间的动摩擦系数是 0.37。前、后轮间的距离是 $L=4.0$m，汽车的质心位于前轮轴后面 $d=1.9$m 且高于路面 $h=0.75$m 的位置。汽车重 11kN。求 (a) 汽车的制动加速度，(b) 作用在每个后轮上的法向力，(c) 每个前轮上的法向力，(d) 作用在每个后轮上的制动力，(e) 每个前轮上的制动力。(提示：汽车虽然不是处于平移平衡状态，但是它却处于转动平衡状态。)

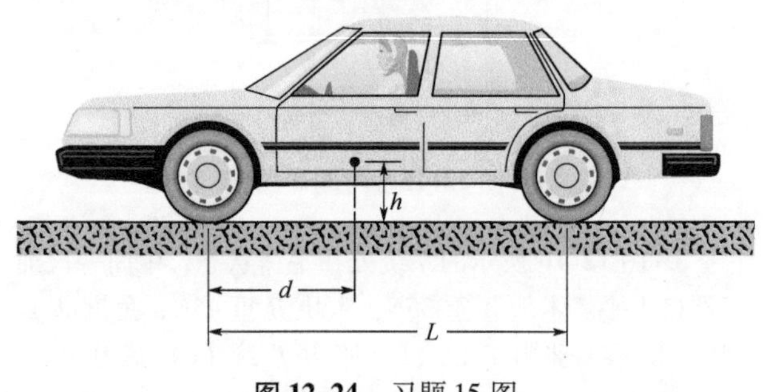

图 12-24 习题 15 图

16. 在弓弦的中点用力向后拉弦直到弦的张力两倍于你拉弓弦所用力的大小。两半弓弦之间的角度是多大?

17. 在图 12-25 中，需要多大的（恒定）力 $\vec{F}$ 水平地作用在车轮的轴上才能使车轮滚上高度 $h=3.00$cm 的台阶？车轮的半径 $r=8.00$cm，它的质量 $m=0.600$kg。

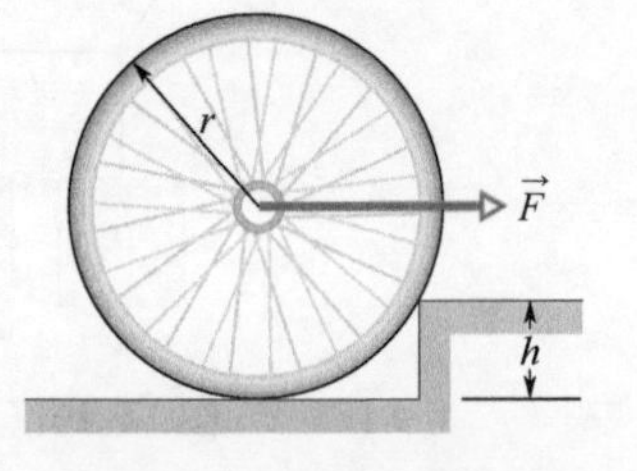

图 12-25 习题 17 图

18. 图 12-26a 表示长度为 L 的竖直均匀梁柱，它的下端装在铰链上。水平力 $\vec{F}_a$ 作用在距离下端 y

的梁柱上的一点。由于连接在梁柱顶端与水平成 θ 角的缆绳的作用使梁柱保持竖直状态。图 12-26b 给出缆绳中的张力作为力作用点的位置的函数，力的位置用梁柱长度的比率 y/L 表示。T 轴的标度由 $T_s=800\text{N}$ 标定。图 12-26c 给出铰链作用在梁柱上的水平力 F_h 的数值作为 y/L 的函数，求角度 θ 和 $\vec{F}_a$ 的数值。

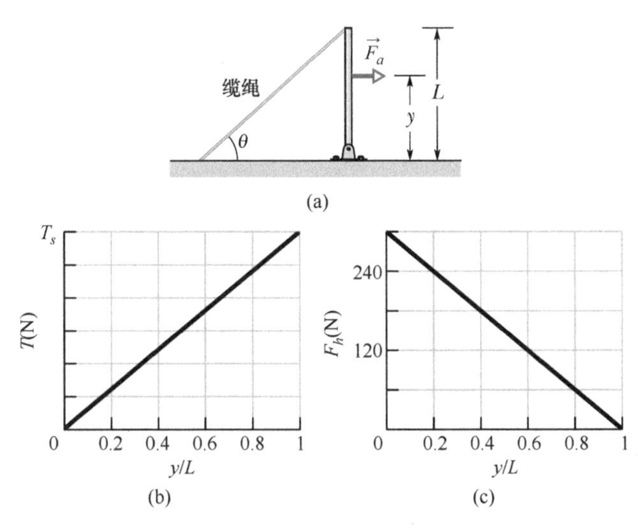

图 12-26 习题 18 图

19. 图 12-27 表示腿的下部和脚的解剖结构，图中一只脚踮着站立，脚跟提起，稍稍离开地面，所以脚和地板只在 P 点有效接触。设距离 $a=5.0\text{cm}$，$b=15\text{cm}$，人的重量 $W=1200\text{N}$。求作用在脚上的力：小腿肌肉作用在 A 点的力的（a）数值和（b）方向（向上或向下），下部腿骨作用在 B 点的力（c）数值和（d）方向（向上或向下）各是什么？（e）如果这个人减少质量 22.0kg，则这个力会相应减少多少？

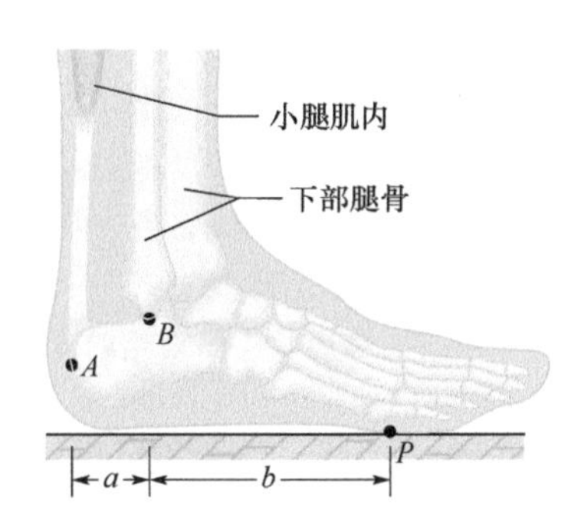

图 12-27 习题 19 图

20. 图 12-28 表示一种材料的应力-应变曲线。应力轴的标度由 $s=400$ 标定，单位是 10^6N/m^2。求（a）弹性模量，（b）这种材料的屈服强度的近似值。

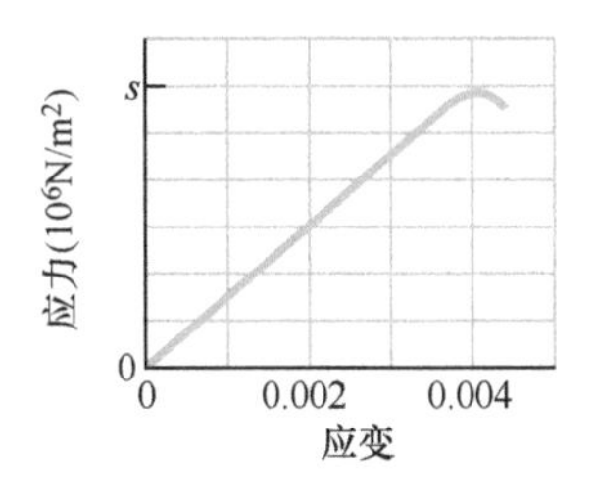

图 12-28 习题 20 图

21. 图 12-17 中，金属细线 BC 的质量可以忽略不计，铰链 A 支持长度为 L 且质量可以忽略不计的水平杆。金属线和杆之间的角度是 θ。质量为 m 的木块沿杆运动；设 x 是铰链和木块质心间的距离。作为 x 的函数，求（a）金属线中的张力，铰链作用在杆上的力的（b）水平分量和（c）竖直分量。

22. 在图 12-29 中，长度为 2.00m，质量均匀的 60.0kg 的水平脚手架用两根绳子悬挂在建筑物上。脚手架上有几十只油漆罐堆放在不同的位置，油漆罐的总质量是 70.0kg。右边绳上的张力是 722N，由这堆油漆罐组成的系统的质心距离这根绳子的水平距离是多少？

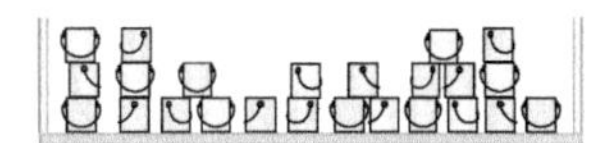

图 12-29 习题 22 图

23. 图 12-30 表示一只昆虫在蜘蛛网上一根蜘蛛丝的中点被困住，蜘蛛丝在应力为 $8.60\times10^8\text{N/m}^2$ 和应变为 2.00 的情形下就要断裂。原来这根蜘蛛丝是水平的，长度为 2.00cm，截面面积为 $8.00\times10^{-12}\text{m}^2$。当蜘蛛丝在昆虫的重力作用下拉长时它的体积保持不变。假如昆虫的质量使蜘蛛丝达到断裂的临界状态，昆虫的质量是多少？［蜘蛛在构造网时就有所准备，如果有潜在危险的昆虫（如野蜂）陷入时蜘蛛网就要断裂］

图 12-30 习题 23 图

24. 图 12-31 中，一位重 533.8N 的登山者用一根登山绳连接到她的攀岩安全带和保护器，绳子作用于她的力的作用线通过她的质心。图上所示的角度 $\theta=38.0°$，$\phi=30.0°$。如果她的双脚在竖直的墙上正好处于滑动的临界状态，那么她的登山鞋和墙之间的静摩擦系数是多少？

图 12-31 习题 24 图

25. 在图 12-32 中，一块铅砖水平地放在圆柱体 A 和 B 上。两个圆柱体顶部面积的关系是 $A_A=2.2A_B$；两个圆柱体材料的弹性模量的关系是 $E_A=2.2E_B$。在将铅砖放到圆柱上以前，两个圆柱体的高度相同。铅砖质量中有多少是由（a）圆柱体 A 承担，（b）圆柱体 B 承担？铅砖质心和圆柱体 A 的中心线的距离是 d_A，和圆柱体 B 的中心线距离是 d_B。（c）比例 d_A/d_B 是多少？

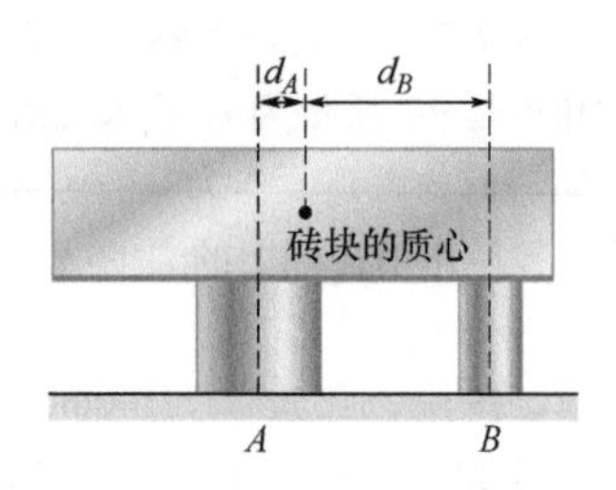

图 12-32 习题25图

26. 在图12-33中，质量为40.0kg的均匀梁柱用铰链固定在墙上；另一端用钢缆拉住，钢缆与墙和梁柱两边的角度都是$\theta=30.0°$。求（a）钢缆中的张力，（b）铰链作用在梁柱上的力的数值以及（c）该力和水平的角度。

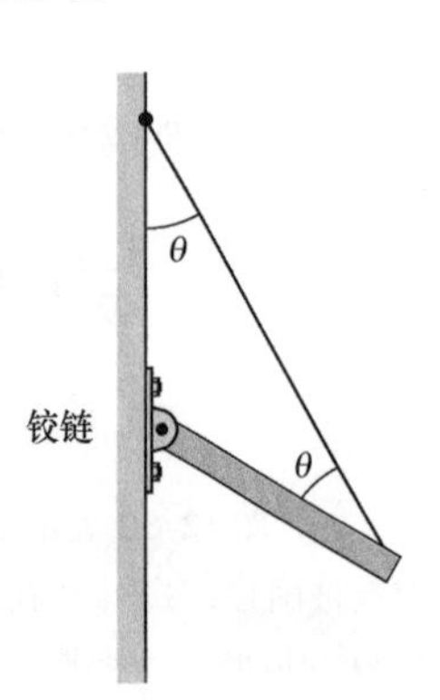

图 12-33 习题26图

27. 1500kg的负荷挂在长7.0cm、直径9.6cm、质量可以忽略的铝制圆棒的自由端。棒的另一端固定，棒水平放置。铝的剪切模量是$3.0\times10^{10}\text{N/m}^2$，求（a）棒上的剪应力和（b）棒自由端的竖直偏斜。

28. 在图12-34中，一根质量忽略不计的绳子下端悬挂着紧靠竖直无摩擦墙壁的均匀球体；球的质量是0.250kg，它的半径是4.20cm，球心和绳子连接在墙上的点的竖直距离L是8.00cm。求（a）绳子的张力及（b）球对墙法向力的数值。

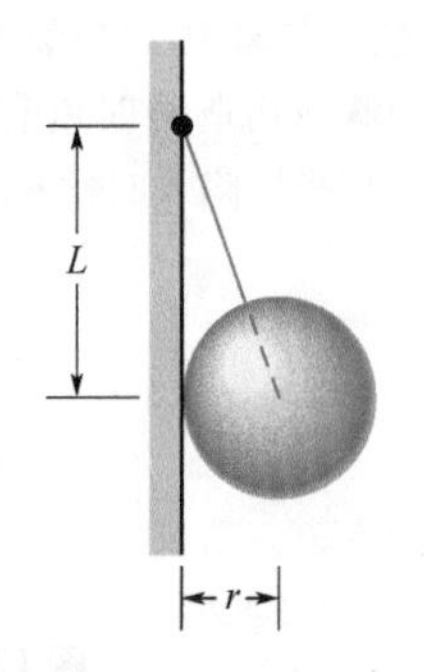

图 12-34 习题28图

29. 一只装满沙的立方形盒子重520N。我们想用水平力推盒子上缘使它"翻滚"。（a）需要的最小力有多大？（b）盒子和地板间的最小静摩擦系数应该是多大？（c）如果有更加有效的方法使盒子翻滚，求使盒子翻滚时作用在它上面的最小的可能力。（提示：在开始翻倒的时候，法向力作用于什么位置？）

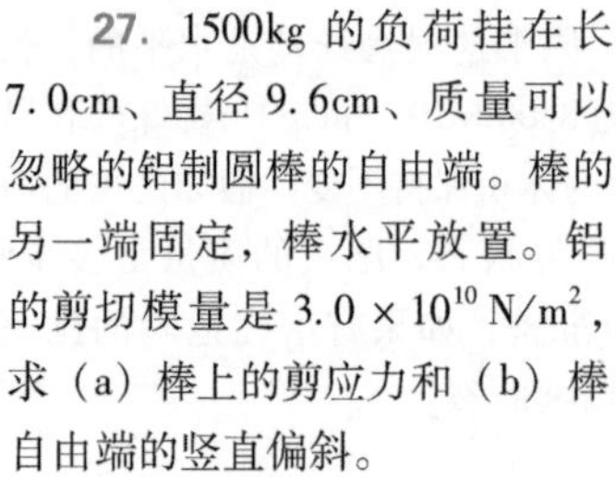

30. 力$\vec{F}_1$、$\vec{F}_2$和$\vec{F}_3$作用于图12-35所示的结构上，这是俯视图。我们想用第四个力作用在P点使结构平衡，第四个力的矢量分量是$\vec{F}_h$和$\vec{F}_v$。已知$a=2.0\text{m}$，$b=3.0\text{m}$，$c=1.0\text{m}$，$F_1=30\text{N}$，$F_2=10\text{N}$，$F_3=5.0\text{N}$。求（a）F_h，（b）F_v和（c）d。

31. 质量为1360kg的汽车前后轴之间的距离是3.35m，它的重心在前轴后面1.85m处，汽车在水平道路上行驶时，地面对（a）每个前轮（设作用在两个前轮上的力相等）和（b）每个后轮（设作用在两个后轮上的力相等）的作用力数值各是多少？

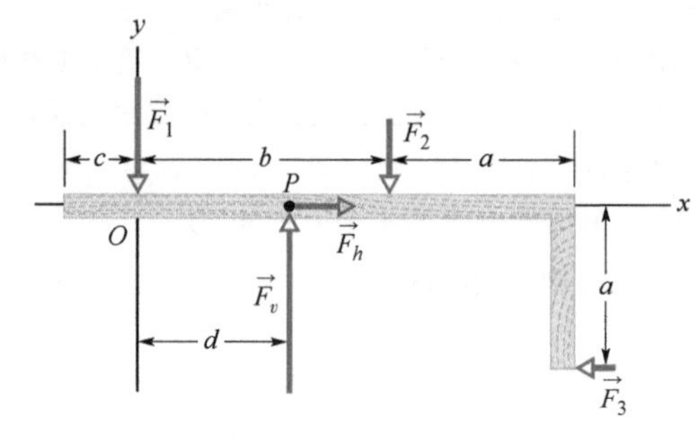

图 12-35 习题30图

32. 在图12-36中，一位55kg的攀岩者正沿着一条裂缝做后靠攀爬，双手拉住裂缝的一边，双脚顶住裂缝的相对一边，裂缝宽度$w=0.20\text{m}$，攀岩者的质心到裂缝水平距离$d=0.40\text{m}$。手和岩石间的静摩擦系数是$\mu_1=0.45$，靴子和岩石间的静摩擦系数是$\mu_2=1.2$。（a）攀岩者要想保持稳定，双手最小的水平拉力和双脚的蹬力应是多少？（b）在（a）小题的水平拉力的作用下，双手和双脚之间的竖直距离h必须是多少？如果攀岩者遇到湿滑的岩石，那么μ_1和μ_2就要变小，（c）这样的话（a）小题的答案将有何改变？（d）小题（b）的答案又如何？

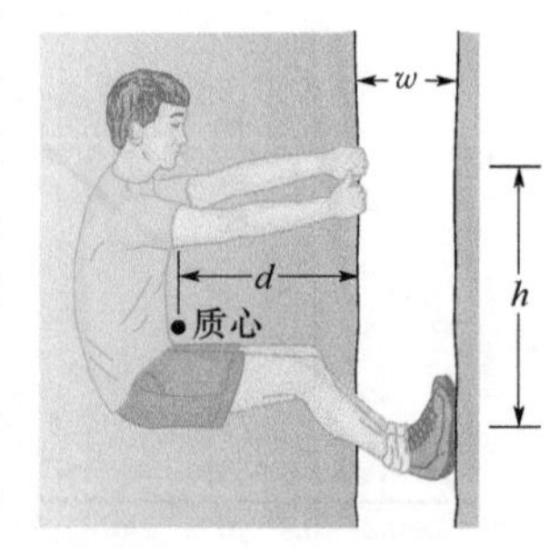

图 12-36 习题32图

33. 图12-37中画出蜘蛛网蛛丝的应力-应变的近似曲线，曲线只画到应变等于2.00的断裂点。纵轴的标度由$a=0.10\text{GN/m}^2$，$b=0.30\text{GN/m}^2$，以及$c=0.85\text{GN/m}^2$标定。设蛛丝原来的长度是0.80cm，原来的截面积是$8.0\times10^{-12}\text{m}^2$，并且（在拉伸过程中）体积不变。蛛丝的应变是蛛丝长度的改变和原来长度的比值，蛛丝上的应力是碰撞力和原来的截面面积之比。设碰撞力对蛛丝做的功等于图中曲线下方的面积。还假设，当一根蛛丝捕获一只飞行的昆虫时，昆虫的动能转换为蛛丝伸长所需的能量。（a）使蛛丝达到断裂的临界状态需要给蛛丝多大的动能？（b）质量为6.00mg、速率为1.70m/s的一只果蝇的动能是多大？（c）质量为0.388g、速率为0.420m/s的野蜂的动能是多大？（d）果蝇和（e）野蜂会不会弄断蛛丝？

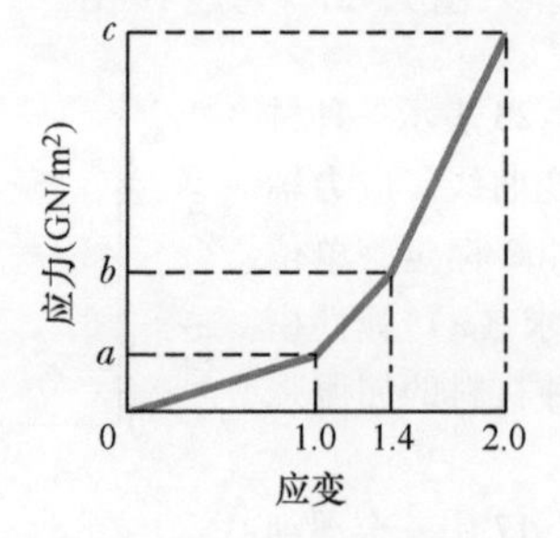

图 12-37 习题33图

34. 图 12-38 表示体重 75kg 的攀岩者只用一只手就能抓住浅的水平岩壁突出部。(手指用力向下压，得以稳住。) 她的双脚在她抓紧的手指的正下方距离 $H = 2.0\text{m}$ 处和岩壁接触，但没有提供任何支撑。她的质心距墙 $a = 0.18\text{m}$。设岩壁突出部作用于她的手指的支持力平均地分配在四根手指上。作用于每根手指的指尖上的力的 (a) 水平分量 F_h 和 (b) 竖直分量 F_v 各是多大?

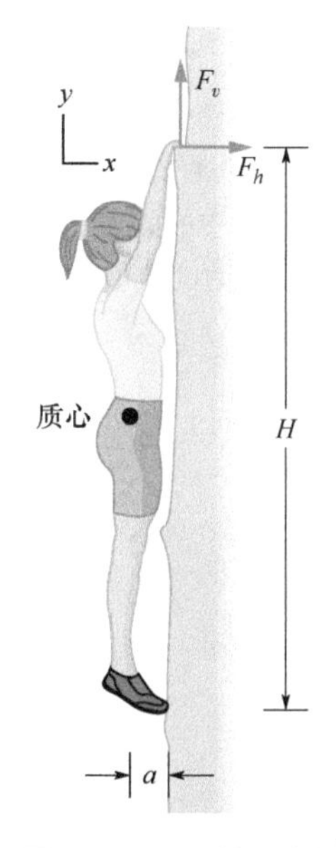

图 12-38　习题 34 图

35. 一只均匀的立方形板条箱的每一边长 0.850m，重量 500N。它静止在地板上，一边靠着固定的、很小的障碍物。数值为 400N 的水平力作用在板条箱上，要使箱子翻倒，作用力的位置至少要离开地板多少高度?

36. 图 12-39 的系统处于平衡状态中。质量 300kg 的水泥块挂在质量 45.0kg 的均匀撑杆顶端。一根缆绳从地面经过撑杆顶端后向下连接到水泥块并将水泥块吊住。角度 $\phi = 30.0°$，$\theta = 45.0°$。求 (a) 缆绳中的张力 T，铰链作用在撑杆上的力的 (b) 数值和 (c) 方向 (相对于水平)。

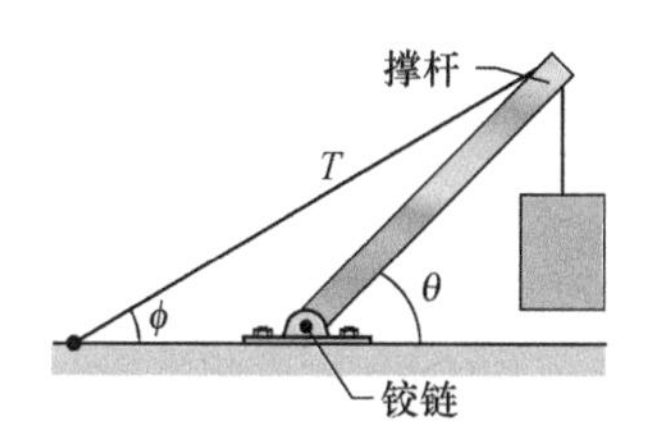

图 12-39　习题 36 图

37. 图 12-40 是铝线的应力-应变曲线，铝线被机器从两端向相反方向用力拉伸。应力轴的标度由 $s = 7.0$ 标定，单位是 10^7N/m^2。铝线原来的长度是 0.800m，原来的截面面积是 $2.30 \times 10^{-6}\text{m}^2$。使铝线产生 1.00×10^{-3} 的应变，机器对它做了多少功?

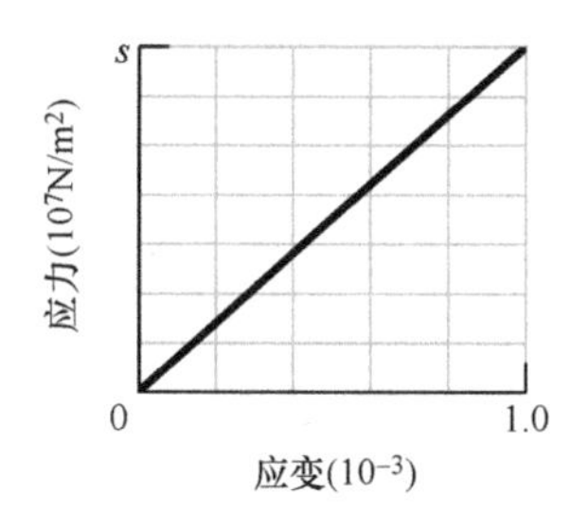

图 12-40　习题 37 图

38. 在图 12-41 中，一块长度 L 为 10.5m，重量为 445N 的均匀厚板放在地上并斜靠在一堵高 $h = 3.05\text{m}$ 的墙顶部的无摩擦的滚子上。对于 $\theta \geq 70°$ 的任何值，板都保持平衡。但如果 $\theta < 70°$，板就要滑动。求板和地面间的静摩擦系数。

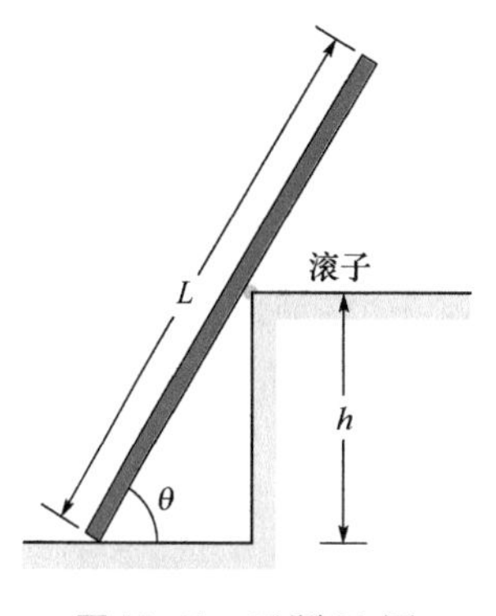

图 12-41　习题 38 图

39. 图 12-42 中，质量可以忽略的缆绳吊挂在重 750N、长 3.00m 的水平梁柱的一端。梁的另一端用铰链固定在墙上。缆绳的张力是 800N。(a) 铰链和缆绳在墙上的连接点之间的距离 D 是多少? (b) 如果 D 加大，缆绳的张力会变大、减小还是不变?

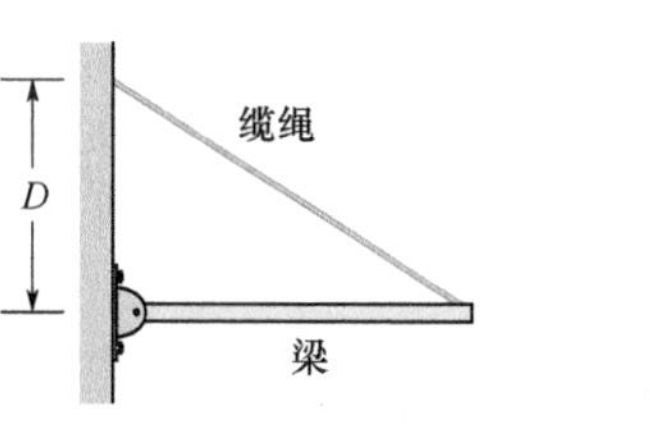

图 12-42　习题 39 图

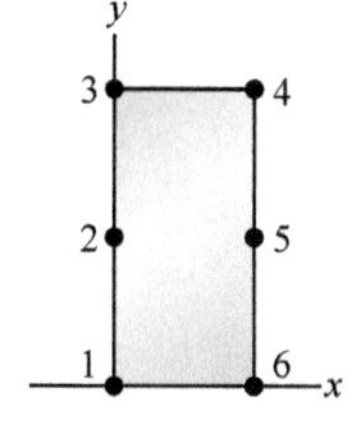

图 12-43　习题 40 图

40. 因为 g 在大多数建筑物空间范围内的变化是如此的小，所以任何建筑物的重心和它的质心实际上重合。这里是一个假想的例子，g 的变化很显著。图 12-43 表示 6 个质点的阵列，每个质量都是 m，它们分别固定在质量可以忽略的刚性建筑物的边上。沿边上的相邻质点的距离是 4.00m。下面的表给出 g (m/s^2) 在每一个质点位置的数值。用图示的坐标系，求 6 个质点系统质心的 (a) x 坐标 x_{com} 和 (b) y 坐标 y_{com}。然后求 6 个质点系统的重心的 (c) x 坐标 x_{cog}，(d) y 坐标 y_{cog}。

质点	g	质点	g
1	8.00	4	7.40
2	7.80	5	7.60
3	7.60	6	7.80

41. 用胡桃夹子夹碎一只坚果，至少要用数值为 20N 的力从两边作用在果壳上。对图 12-44 中的胡桃夹子，距离 $L = 12\text{cm}$，$d = 1.8\text{cm}$，对应于这 20N 的力所施的 (垂直于手柄) 力 $F_\perp$ 有多大?

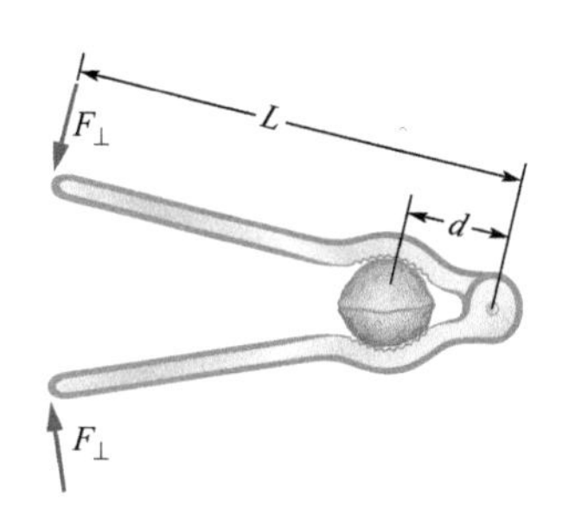

图 12-44　习题 41 图

42. 在课堂演示实验中，一把米尺中点用很窄的（刀口般的）支架平衡在它的中点。将一块23.0g的糖果放在25.0cm的记号位置上，要使米尺平衡就要把支架移动到45.5cm标记处。米尺的质量是多少？

43. 在图12-45中，一根103kg的均匀圆木用两根钢丝A和B悬挂起来，二者的半径都是0.600mm。最初，钢丝A是2.50m长并且比钢丝B短2.00mm，圆木现在是水平的。作用在圆木上力的数值是多少，(a) 从钢丝A和 (b) 从钢丝B？(c) 比例d_A/d_B是多大？

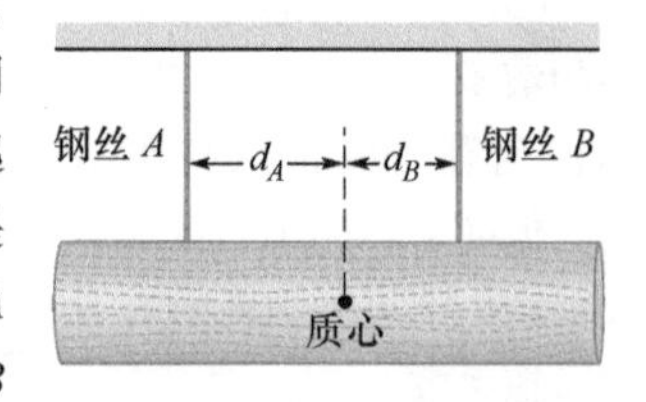

图12-45 习题43图

44. 质量为35.0kg的均匀木板用装在边缘的两个铰链垂直地固定在墙上。一个铰链离板的顶部0.300m，另一个离它的底部0.300m。木板2.10m高，0.910m宽。y轴通过两个铰链竖直向上，x轴沿板的宽度向外伸出。设每个铰链各支持木板一半的重量，用单位矢量记号表示，(a) 上面的铰链和 (b) 下面的铰链作用在木板上的力各是多少？

45. 图12-46中，均匀的梁A和B各用铰链挂在墙上并松弛地用插销连接（相互间没有转矩）。梁A的长度为$L_A=2.4\text{m}$，质量58.0kg；梁B的质量为70.0kg。两个的转动点相距$d=1.80\text{m}$。用单位矢量记号表示 (a) 铰链对梁A，(b) 插销对梁A，(c) 铰链对梁B和 (d) 插销对梁B的力。

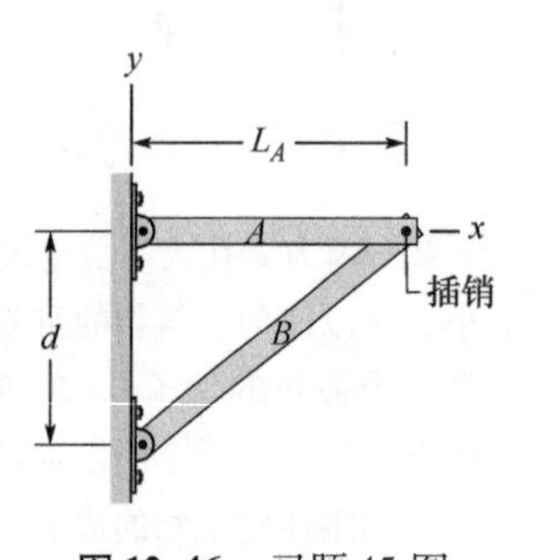

图12-46 习题45图

46. 图12-47是一张俯视图。一根刚性杆可绕竖直的轴转动，刚性的墙上有两个相同的橡皮制动器，它们到转轴的距离分别是$r_A=5.0\text{cm}$和$r_B=2.0\text{cm}$。开始时制动器和墙壁接触且没有被压缩。后来，数值为150N的力$\vec{F}$在离轴$R=5.0\text{cm}$的位置上垂直地作用于杆。求压缩 (a) 制动器A和 (b) 制动器B的力的数值。

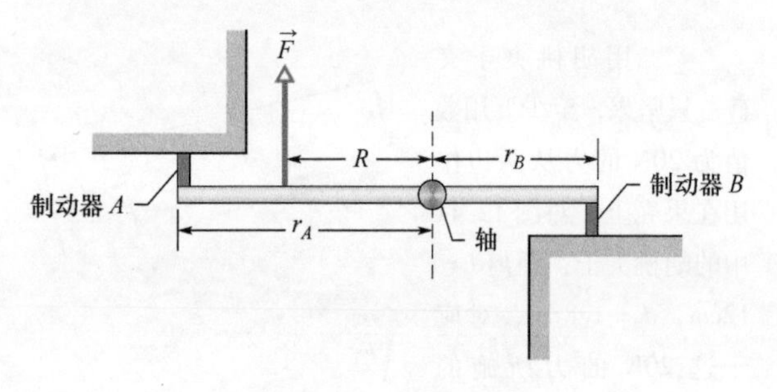

图12-47 习题46图

47. 图12-48中的活动梯子的两边AC和CE各长2.44m，在C点用铰链连接。杆子BD是长0.762m的连杆，装在梯子一半的高度。重1045N的人沿梯子爬上1.80m。设地板是无摩擦的并且忽略梯子的质量，求 (a) 连杆中的张力及 (b) 在A点和 (c) E点地板作用在梯子上力的数值。（提示：应用平衡条件将梯子各部分孤立起来。）

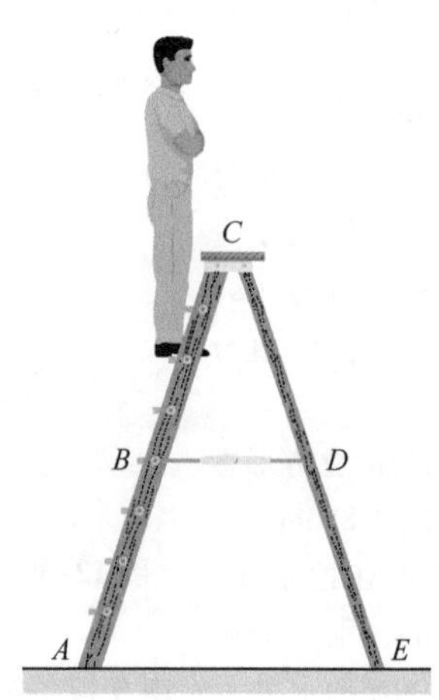

图12-48 习题47图

48. 长度$L=200\text{m}$、高度$H=7.2\text{m}$和宽度6.3m（顶部是平的）的隧道建在地面以下距离$d=70\text{m}$深处（见图12-49）。隧道顶全部都用每个截面积都是960cm^{2}的方形钢柱支撑。每1.0cm^{3}的泥土的质量是2.8g。(a) 这些钢柱要支撑的泥土总重量是多少？(b) 需要多少钢柱才可以保证每根钢柱上的压缩应力是极限强度的一半？

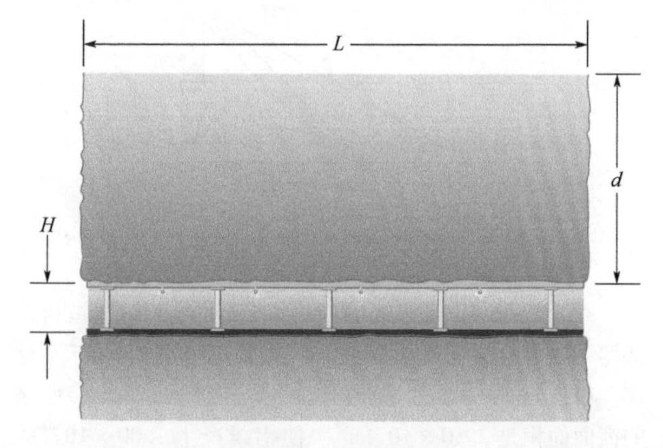

图12-49 习题48图

49. 图12-50中，质量$m_2=30.0\text{kg}$，长度$L_2=2.00\text{m}$的均匀支架2挂在质量$m_1=50.0\text{kg}$的均匀支架下面。支架2上面有一个18.0kg的装钉子的箱子，它的中心在距左端$d=0.500\text{m}$处。图中指出的绳子上张力T是多大？

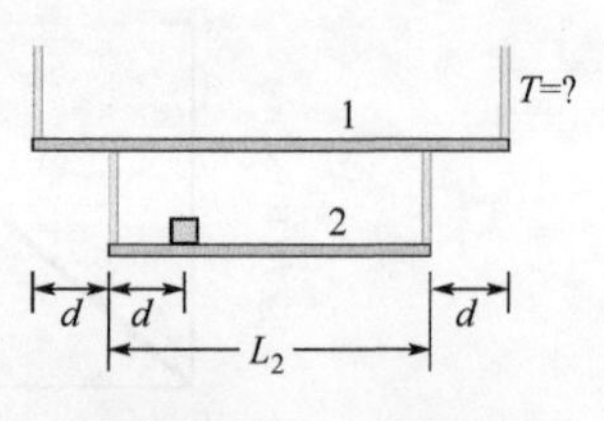

图12-50 习题49图

50. 物理学的脱线家族（Brady Bunch）[⊖]平衡在跷跷板上。他们各自的重量以牛顿为单位在图 12-51 下方标出。对于支点 f 处的转动轴产生最小转矩的人的编号是几：(a) 向页面外的转矩，(b) 向页面内的转矩。

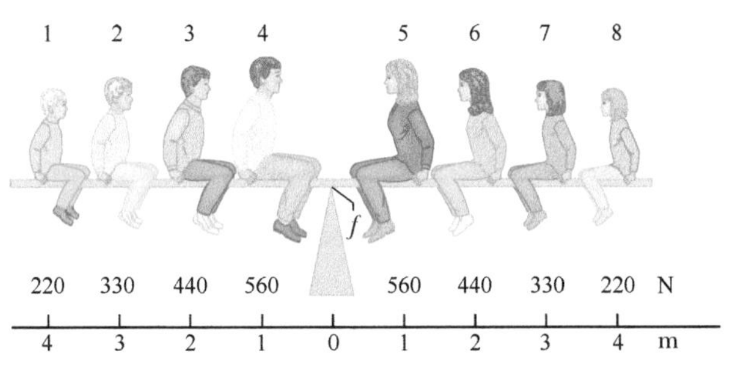

图 12-51　习题 50 图

51. 玩保龄球的人在手掌上托着一个保龄球（$M =$ 7.6kg）（见图 12-52）。他的上臂竖直；小臂（1.9kg）水平。(a) 二头肌作用在小臂上的力的数值有多大？(b) 作用在肘接触点的骨结构之间的力的数值有多大？

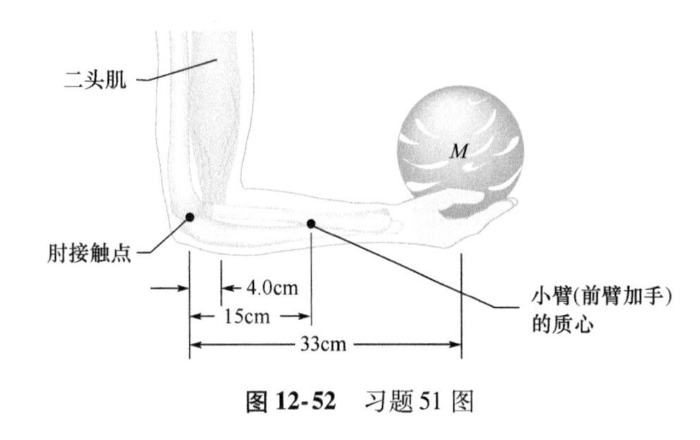

图 12-52　习题 51 图

⊖ 《脱线家族》（*Brady Bunch*）是美国的家庭情景喜剧。描述一对各带着三个孩子的再婚父母所组成的新家庭的趣事，该剧于 1969 ~ 1974 年期间在电视上连续播出。——译者注

CHAPTER 13

第13章 引力

13-1 牛顿引力定律

学习目标

学完这一单元后，你应当能够……

13.01 应用牛顿引力定律把两个质点间的引力和它们的质量以及它们之间的距离联系起来。

13.02 懂得物质构成的均匀球壳吸引球壳外部的质点就像球壳的所有质量都集中在位于球心的一个质点一样。

13.03 画出表示一个质点受到另外的质点或均匀的球形分布的物质的引力的受力图。

关键概念

● 宇宙中任何一个质点对其他任何质点都有引力作用，引力的数值是：

$$F = G\frac{m_1 m_2}{r^2} \quad \text{（牛顿引力定律）}$$

其中，m_1 和 m_2 是质点的质量；r 是二者间的距离；$G(=6.67\times10^{-11}\text{N}\cdot\text{m}^2/\text{kg}^2)$ 是引力常量。

● 广延物体间的引力是将物体中每个质点各自受到的引力相加（积分）求得。然而，如果其中一个物体是均匀的球壳或球形对称的固体，那么它作用于外部物体的净引力可以当作球壳或球体的所有质量都集中在球心来计算。

什么是物理学?

物理学中恒久的目标之一是解释引力——这个力把你吸引在地球上，使月球保持在绕地球的轨道上，使地球保持在绕太阳的轨道上。它也伸展到我们的整个银河系，把银河系中多少亿个星体和星体间无数的分子和尘埃粒子团聚在一起。我们处在星体和其他物质集合而成的这个圆盘形的聚集体中靠近边缘的地方，距离银河系中心2.6×10^4光年（2.5×10^{20}m），并且我们绕着银河系中心缓慢地旋转。

Courtesy NASA

图13-1 仙女星系，离我们2.3×10^6光年，肉眼看上去非常暗淡，它非常像我们的家，银河星系。

引力还穿透星系际空间把本星系群聚集在一起，本星系群除了包括银河系以及距离地球2.3×10^6光年的仙女星系（见图13-1）外，还包括像大麦哲伦云等好几个靠近的矮星系。本星系群是星系的本超星系团的一部分，这些星系受到向着称为大吸引子（Great Attractor）的空间中超大质量的区域的引力作用。这个区域出现在银河系的另一边，离地球大约3×10^8光年的地方。引力甚至达到更远的地方，因为它要把正在膨胀着的整个宇宙都聚在一起。

这个力也与宇宙中某种最神秘的结构，黑洞有关。当一个比我们的太阳大得多的星体烧尽时，它的所有粒子间的引力会引起本身坍缩从而形成黑洞。这种坍缩的星体表面的引力是如此之强，以致没有粒子也没有光可以从表面逃逸出去（因此就有了“黑洞”这个词）。和一个黑洞走得太近的任何星体都会被其强大的引力撕碎并被吸进黑洞。像这样俘获了足够的物质就会产生*超质量黑洞*。宇宙中这种神秘的怪物似乎很普遍。确实，这样的一个怪物就潜伏在银河星系的中心——那里的称作人马座 A* 的黑洞的质量大约是 3.7×10^6 个太阳的质量。靠近这个黑洞的引力如此之强，使得在轨道上绕行的星体被鞭策着绕黑洞在少到只有 15.2 年的时间就沿轨道运行一周。

虽然对引力还没有完全理解，但我们对它认识的起点是艾萨克·牛顿（Isaac Newton）的*引力定律*。

牛顿引力定律

在讨论这个定律之前，让我们想一下某些我们认为理所当然的事情。我们恰到好处地被约束在地面上，没有强到我们不得不爬行到学校（虽然或许一次偶然的考验要你爬行回家），也没有弱到我们每走一步不小心脑袋就会撞到顶棚。我们也是恰到好处地被约束在地面上而不互相吸在一起（在课堂上我们都被互相吸引而团聚在一起就糟糕了）或者被我们周围的物体吸住（不然"赶上公共汽车"这个短语就有另外的意思了）。显然，吸引力取决于我们自己和其他物体中有多少"东西"：地球有大量的"东西"，产生强大的吸引力，但是另一个人却只有很少的"东西"，产生很弱的（甚至可以忽略）吸引力。进而言之，这种"东西"总是吸引其他的"东西"，从来不排斥（不然打一个大喷嚏就可以把我们送到轨道上）。

过去，显然人们知道他们一直被拉向地面（特别是在他们绊倒和跌跤的时候），但他们相信这种向下的力只存在于地球上，和天体在天空中的表观运动无关。但是到 1665 年，23 岁的艾萨克·牛顿领悟到就是这个力使月亮维持在轨道上运行。事实上，他证明了宇宙中每一个物体吸引每一个其他物体。这种物体具有相向运动的趋势称为**引力**（或万有引力），牵涉的"东西"就是每个物体的质量。如果下落的苹果促使牛顿引发**引力定律**的灵感这个故事是真的话，那么这里的吸引力是在苹果的质量和地球的质量之间，可以估计出来。因为地球的质量非常之大，但即使如此这个力也只有 0.8N。公共汽车上互相站得很靠近的两个人之间的吸引力（很欣慰）是非常之小（小于 1μN）并且感觉不到。

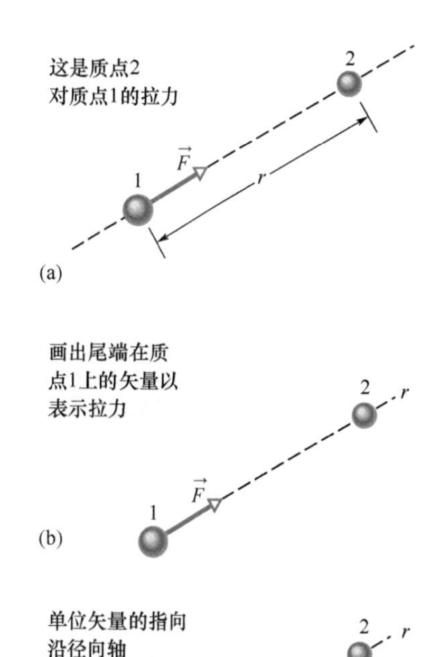

图 13-2 （a）质点 1 受到质点 2 对它作用的引力 $\vec{F}$，因为质点 1 也吸引质点 2。（b）力 $\vec{F}$ 的指向是沿质点 1 延伸到质点 2 的径向坐标轴 r。（c）$\vec{F}$ 是沿 r 轴的单位矢量 $\hat{r}$ 的方向。

扩展的物体，譬如两个人之间的引力很难计算。我们在这里关注两个*质点*（没有大小）之间的牛顿引力定律。设它们的质量是 m_1 和 m_2，它们间的距离是 r。一个质点受到另一个质点作用的引力数值由下式给出：

$$F=G\frac{m_1m_2}{r^2}\quad（牛顿引力定律）\quad(13\text{-}1)$$

其中，G 是**引力常量**：

$$\begin{aligned}G&=6.67\times10^{-11}\mathrm{N\cdot m^2/kg^2}\\&=6.67\times10^{-11}\mathrm{m^3/(kg\cdot s^2)}\end{aligned}\quad(13\text{-}2)$$

在图 13-2a 中，$\vec{F}$ 是质点 2（质量 m_2）作用于质点 1（质量 m_1）的引力。这个力指向质点 2，我们说它是*吸引力*，因为质点 1 被吸向质点2。这个力的数值由式（13-1）给出。我们可以把$\vec{F}$表示为在从质点1径向延伸并通过质点2的r轴（见图13-2b）的正方向上。我们也可以用径向单位矢量$\vec{r}$（数值等于1的无量纲矢量）来表示$\vec{F}$，$\vec{r}$的指向沿r轴背离质点1（见图13-2c）由式（13-1），作用在质点1上的力就是

$$\vec{F}=G\frac{m_1m_2}{r^2}\vec{r} \tag{13-3}$$

质点1作用在质点2上的引力和作用在质点1上的力有同样的数值，但方向相反。这两个力形成第三定律的力对，我们可以说两个质点之间的引力具有式（13-1）给出的数值。两个质点间的作用力不会受其他物体影响，即使这些物体在两个质点之间。另一种说法，没有物体能够遮蔽一个质点受到的另一个质点对它的引力作用。

引力的强度——即两个给定质量的质点相距一定的距离时相互吸引力有多强——依赖于引力常量G的值。假如G——由于某种奇迹——突然增大为10倍，你就要被地球的吸引力压碎在地板上。假如用G除以这个因子，那么地球的吸引力就弱到可以使你跃过大楼。

非质点。虽然牛顿引力定律严格地应用于质点，但我们也可以把它应用于真实的物体，只要物体的尺寸比它们间的距离小得多。月球和地球间的距离足够远，作为很好的近似，我们可以把它们都当作质点处理——但苹果和地球又是怎样呢？从苹果的观点看，广阔而又平坦的地球在苹果下面延伸到地平线以外，肯定不能看作质点。

牛顿用*壳层定理*解决了苹果-地球问题：

> *均匀的物质球壳对壳外质点的吸引好像球壳的所有质量都集中在它的中心的作用一样。*

可以把地球想象成一个从地球表面从外到里叠放的一整套球壳组成，每一个球壳吸引地球表面以外的质点就好像球壳的质量都集中在球壳中心一样，因此，从苹果的观点看，地球的确像一个质点般起作用。这个质点位于地球中心，它的质量等于地球的质量。

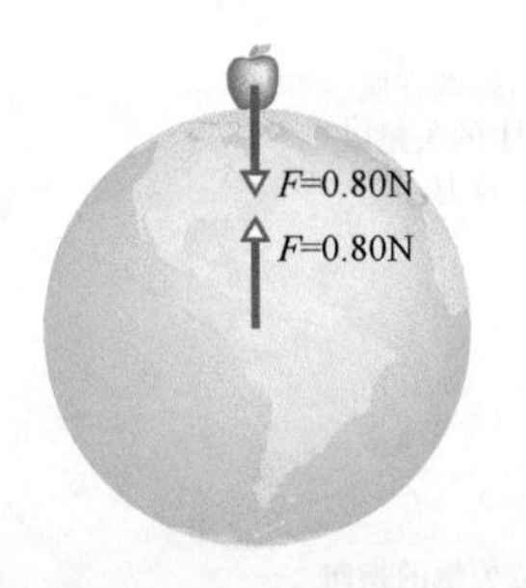

图13-3 苹果向上拉地球的力和地球向下拉苹果的力正好一样大。

第三定律力对。在图13-3中假设，地球用大小为0.80N的力向下拉苹果。苹果也必定用大小为0.80N的力向上拉地球，我们认为这个力作用在地球中心，用第5章的语言，这两个力形成牛顿第三定律的力对。虽然它们的大小相等，但当苹果被释放时它们却会引起不同的加速度。苹果的加速度大约是$9.8\mathrm{m/s^2}$，这就是我们熟悉的地球表面附近自由落体的加速度。然而，从附着在苹果-地球系统的质心上的参考系中测量，地球的加速度大约只有$1\times10^{-25}\mathrm{m/s^2}$。

检查点1

一个质点被轮流放在每个质量都是m的四个物体外面，四个物体分别是：（1）大的均匀实心球，（2）大的均匀球壳；（3）小的均匀实心球，（4）小的均匀球壳。在各个情况中，质点和物体中心之间的距离均为d。按照作用于质点的引力大小排序，最大的排第一。

13-2 引力和叠加原理

学习目标

学完这一单元后，你应当能够……

13.04 如果有一个以上的引力作用于一个质点上，画出表示这些力的受力图，力矢量的尾端都放在该质点上。

13.05 如果有一个以上的引力作用于一个质点上，通过各个力的矢量和求净（合）力。

关键概念

- 引力服从叠加原理；就是说，若有 n 个质点相互作用，作用在编号为 1 的质点上的净力 $\vec{F}_{1,\text{net}}$ 是所有其他质点对它的力一个个地相加的总和：

$$\vec{F}_{1,\text{net}} = \sum_{i=2}^{n} \vec{F}_{1i}$$

其中的求和是质点 2，3，…，n 对质点 1 的引力 $\vec{F}_{1i}$ 的矢量和。

- 要求广延物体作用于一个质点的引力 $\vec{F}_1$，首先将物体分解成不同质量的单元 dm，每一个质量单元都会对质点产生不同的引力 $d\vec{F}$，然后对所有这些单元积分求出这些力的和：

$$\vec{F}_1 = \int d\vec{F}$$

引力和叠加原理

给出一群质点，我们用**叠加原理**求其中任何一个质点受到其他质点作用的净引力（合力）。叠加原理是一个普遍的原理，它断言净效应是各个效应的总和。在这里，这一原理的意思是，我们先计算我们挑选出的质点受到其他各个质点分别对它的引力，然后把这些力矢量相加求出净力，就像我们在前几章中把几个力相加时所做的那样。

我们来考察一下上面这句话（你可能是匆匆忙忙地读过）中重要的两点。①力是矢量，各个力有不同的方向，因而我们必须将它们作为矢量相加，求和时要考虑到它们的方向。（如果有两个人向相反的方向拉你，他们作用于你的净力显然不同于以同样的方向拉你。）②我们把各个力加起来。想象一下，假如净力是由位置决定的，不同的力有不同的某个乘积因子，或者假如一个力的存在会使另一个力的大小变大，这些是多么地难以想象。不过，很幸运，世界只需要简单的力的矢量相加。

对 n 个相互作用的质点，我们可以写下对质点 1 的引力的叠加原理：

$$\vec{F}_{1,\text{net}} = \vec{F}_{12} + \vec{F}_{13} + \vec{F}_{14} + \vec{F}_{15} + \cdots + \vec{F}_{1n} \tag{13-4}$$

其中，$\vec{F}_{1,\text{net}}$ 是其他的质点作用于质点 1 的净力。例如，$\vec{F}_{13}$ 是质点 3 作用于质点 1 的力。我们可以用更加紧凑的矢量和的形式表达这个方程式：

$$\vec{F}_{1,\text{net}} = \sum_{i=2}^{n} \vec{F}_{1i} \tag{13-5}$$

真实物体。真实的（扩展的）物体对一个质点的引力又是如何的呢？把这个物体分成可以当成质点的足够小的单元，然后按照式（13-5）求所有各单元对质点作用力的矢量和。用这样的方法求真实物体对一个质点的引力。在极限情况下，我们可以将扩展的物体分解成每个质量是 dm 的微分单元，每个单元对质点作用微分力

$d\vec{F}$。在这样的极限下，式（13-5）的求和变成积分，我们得到

$$\vec{F}_1 = \int d\vec{F} \tag{13-6}$$

其中的积分遍及整个扩展物体，并且我们省略了下标"net"。如果扩展物体是均匀的球或球壳，我们可以假设物体的质量都集中在该物体的中心并应用式（13-1），这样我们就可以避免计算式（13-6）的积分。

检查点2

右图表示三个相同质量的质点的四种排列方式。(a) 按作用在标记为 m 的质点上的净引力的数值将各种排列方式排序，最大的放在第一位。(b) 在排列方式2中，净力的方向是更靠近直线 d 还是更靠近直线 D?

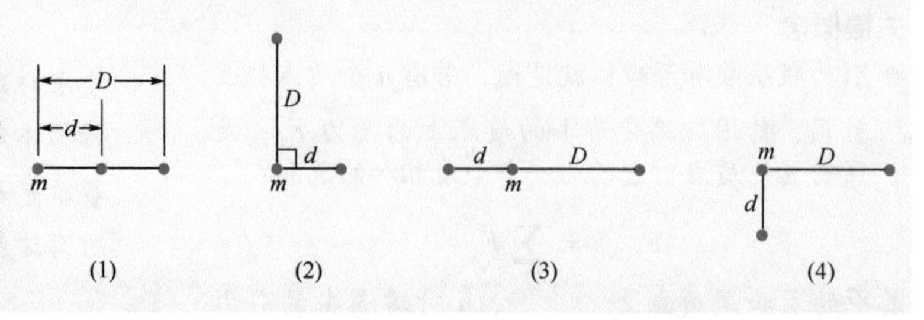

例题 13.01 净引力，二维，三个质点

图13-4a表示三个质点的排列，质点1的质量 $m_1 = 6.0\text{kg}$，质点2和3的质量 $m_2 = m_3 = 4.0\text{kg}$，距离 $a = 2.0\text{cm}$。质点1受到其他两个质点作用的净引力 $\vec{F}_{1,\text{net}}$ 为何?

【关键概念】

(1) 由于我们有几个质点，质点1受到另外两个质点的每一个大小都由式（13-1）：$F = Gm_1m_2/r^2$ 给出的引力。(2) 作用于质点1的各个引力的方向分别向着施力的质点。(3) 因为这两个力并不沿着同一个轴，所以我们不能简单地把它们的数值或分量相加或相减以得出净力。我们必须求它们的矢量和。

解： 由式（13-1），质点1受到质点2的作用力 $\vec{F}_{12}$ 的数值是

$$\vec{F}_{12} = \frac{Gm_1m_3}{a^2}$$
$$= \frac{[6.67\times10^{-11}\text{m}^3/(\text{kg}\cdot\text{s}^2)](6.0\text{kg})(4.0\text{kg})}{(0.020\text{m})^2}$$
$$= 4.00\times10^{-6}\text{N} \tag{13-7}$$

同理，质点1受到质点3的作用力 $\vec{F}_{13}$ 的数值是

$$\vec{F}_{13} = \frac{Gm_1m_3}{(2a)^2}$$
$$= \frac{[6.67\times10^{-11}\text{m}^3/(\text{kg}\cdot\text{s}^2)](6.0\text{kg})(4.0\text{kg})}{(0.040\text{m})^2}$$
$$= 1.00\times10^{-6}\text{N} \tag{13-8}$$

力 $\vec{F}_{12}$ 指向 y 轴正方向（见图13-4b）并且只有 y 分量 $\vec{F}_{12}$。同理，$\vec{F}_{13}$ 指向 x 轴的负方向，只有 x 分量 $-\vec{F}_{13}$（见图13-4c）。(注意重要的事项：我们把受力图上力矢量的尾端放在受到力的质点上。用其他方式画图容易产生错误，特别是在考试的时候。)

为求作用于质点1上的净力，我们必须把这两个力作为矢量相加（见图13-4d和图13-4e）。我们可以用能进行矢量运算的计算器来完成这项计算。不过，这里我们必须注意，$-F_{13}$ 和 F_{12} 实际上是 $\vec{F}_{1,\text{net}}$ 的 x 和 y 分量。因此，我们可以利用式（3-6）先求 $\vec{F}_{1,\text{net}}$ 的数值，然后再求它的方向。它的数值是

$$F_{1,\text{net}} = \sqrt{(F_{12})^2 + (-F_{13})^2}$$
$$= \sqrt{(4.00\times10^{-6}\text{N})^2 + (-1.00\times10^{-6}\text{N})^2}$$
$$= 4.1\times10^{-6}\text{N} \quad \text{（答案）}$$

相对于 x 轴的正方向，式（3-6）给出 $\vec{F}_{1,\text{net}}$ 的方向：

$$\theta = \arctan\frac{F_{12}}{-F_{13}} = \arctan\frac{4.00\times10^{-6}\text{N}}{-1.00\times10^{-6}\text{N}} = -76°$$

这是合理的方向吗（见图13-4f）? 不，因为 $\vec{F}_{1,\text{net}}$ 的方向必须在 $\vec{F}_{12}$ 和 $\vec{F}_{13}$ 二者的方向之间。回忆第3章，计算器只能显示 arctan 函数的两个可能的答案中的一个。我们加上180°求出另一个答案：

$$-76° + 180° = 104° \quad \text{（答案）}$$

这才是 $\vec{F}_{1,\text{net}}$ 合理的方向（见图13-4g）。

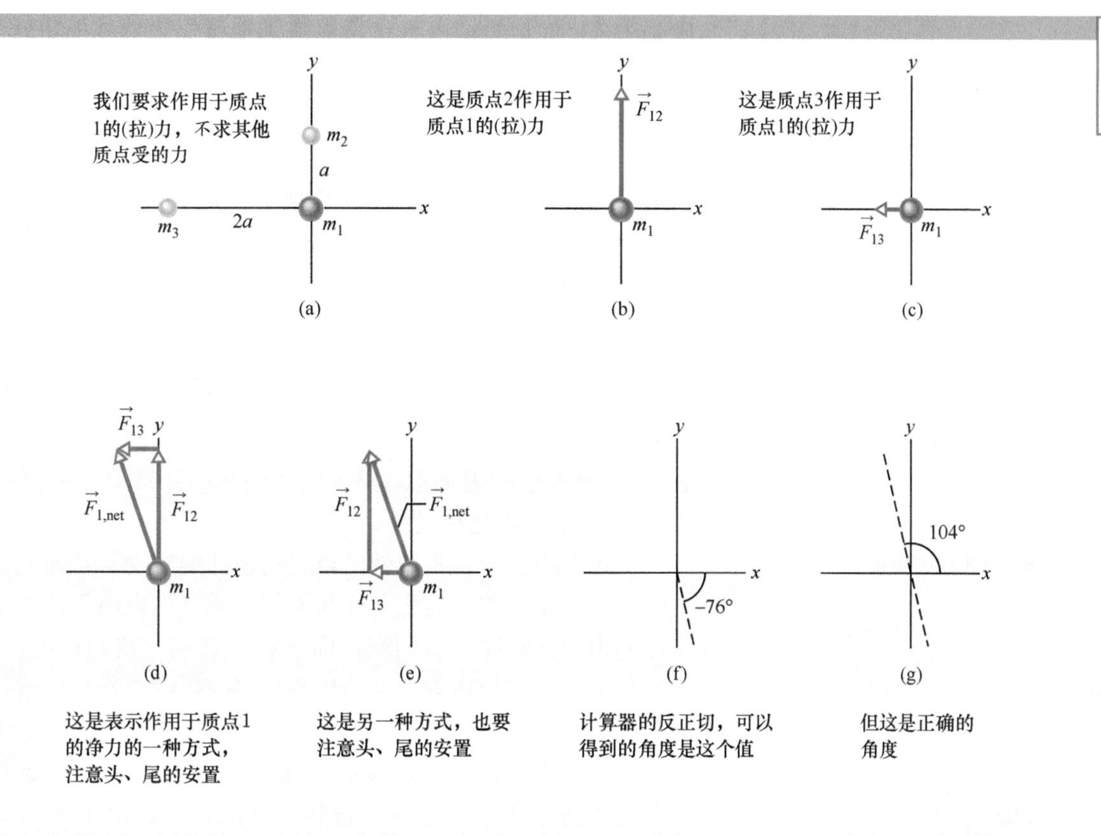

图 13-4 （a）三个质点的排列。（b）质点 2 和（c）质点 3 作用于质点 1 的力。（d）~（g）把这两个力组合起来，求净力的数值和方向的几种方法。**在 WileyPLUS 中可找到带有画外音的动画。**

13-3 地球表面附近的引力

学习目标

学完这一单元后，你应当能够……

13.06 区别自由下落加速度和引力加速度。

13.07 计算均匀的球形天体附近且在它外面的引力加速度。

13.08 区别测得的重量和引力的数值。

关键概念

- （质量为 m 的）质点的引力加速度 a_g 仅仅来自作用于它的引力。质点到质量为 M 的均匀球体的中心的距离为 r，作用于该质点引力的数值由式（13-1）给出。因此，根据牛顿第二定律

$$F = ma_g$$

由此得出

$$a_g = \frac{GM}{r^2}$$

- 地球的质量不是均匀分布的，这是因为行星不是完美的球体，并且它在自转，所以地球附近质点实际的自由下落加速度 $\vec{g}$ 与引力加速度 $\vec{a}_g$ 稍有不同，质点的重量（等于 mg）与作用于其上引力的大小不同。

地球表面附近的引力

我们假设地球是质量为 M 的均匀球体。在地球外面、到地球

中心距离 r 处、质量为 m 的质点受到地球引力的数值由式（13-1）给出：

$$F = G\frac{Mm}{r^2} \tag{13-9}$$

如果把质点释放，引力 $\vec{F}$ 的作用使质点以我们称为**引力加速度** $\vec{a}_g$ 的加速度向着地球中心落下。牛顿第二定律告诉我们 F 和 a_g 的数值由下面的公式联系起来：

$$F = ma_g \tag{13-10}$$

现在，把式（13-9）中的 F 代入式（13-10），并解出 a_g，我们求得：

$$a_g = \frac{GM}{r^2} \tag{13-11}$$

表13-1表示地球表面以上不同高度的 a_g 计算值。注意，即使在400km高处 a_g 也是很大的。

表13-1　a_g 随高度的变化

高度（km）	a_g（m/s^2）	这样高度的例子
0	9.83	平均地球表面
8.8	9.80	珠穆朗玛峰顶
36.6	9.71	载人气球上升的最大高度
400	8.70	航天飞机轨道
35700	0.225	通信卫星

从5-1单元起，我们就已经忽略地球的转动，从而假定它是一个惯性参考系。这一简化允许我们假设质点的自由下落加速度 g 和质点的引力加速度（我们现在称作 a_g）相同。我们还进一步假设，在地球表面上任何地方 g 是数值为9.8m/s^2 的常量。然而，在任何地点测得的 g 值与用式（13-11）算出的这个地点的 a_g 数值有所不同。这有三个原因：①地球的质量不是均匀分布的；②地球不是一个完美的球体；③地球在自转。进而言之，由于 g 与 a_g 不同，这同样的三个理由意味着测得的质点重量 mg 也与式（13-9）给出的作用于该质点的引力的数值不同。我们现在考察一下这三个原因。

1. **地球的质量不是均匀分布的**。如图13-5所表示，地球的密度（单位体积的质量）沿半径改变着，并且地壳（最外层）的密度在各个地区也是不同的。因此，在地球表面上从一个区域到另一区域的 g 在变化。

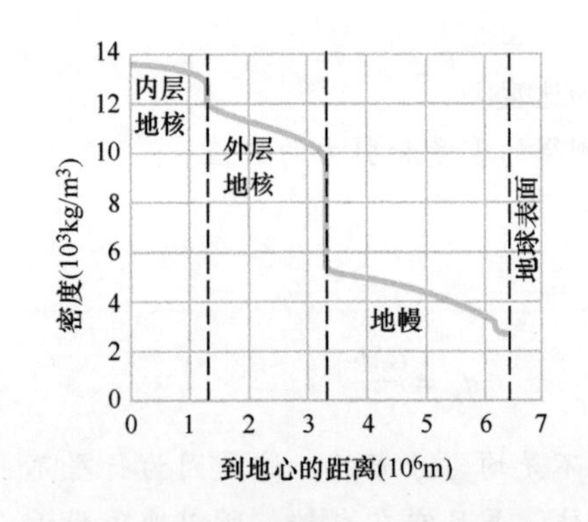

图13-5　地球的密度作为到地心距离的函数。固体内层地核，大的液状外层地核，以及固体地幔的界线都显示出来。但地壳太薄，以致在图中无法清楚地表示出来。

2. **地球不是一个球**。地球近似地是一个椭球，两极扁平，赤道处凸出，它的赤道半径（从地心向外指向赤道）比它的极半径（从地心向外到北极或南极）大21km。所以，两极上的点比赤道上的点距离地球密度大的地核更近一些。这是你在海平面高度从赤道走向北极或南极测量自由下落加速度 g 逐渐增大的原因之一。在你走动的时候，你离地心实际上越来越近，根据牛顿引力定律，g 就要增大。

3. **地球在自转**。自转轴通过地球的北极和南极，除了两极以外地球表面任何地方的物体都一定在绕自转轴的圆周上运动，从而一定有指向圆心的向心加速度。产生这一向心加速度需要方向向着圆心的净向心力。

为了说明地球的自转如何导致 g 与 a_g 的不同，我们来分析一个简单的情况，其中一只质量为 m 的板条箱放在赤道处的台秤上。图13-6a表示从北极上方空间的一点看到的情况。

图13-6b是板条箱的受力图，图上表示作用于板条箱的两个力，这两个力的作用都沿着从地心向外延伸的径向轴 r。台秤作用于板条箱的法向力 $\vec{F}_N$ 方向向上，沿 r 轴的正方向。用其等价式 $m\vec{a}_g$ 表

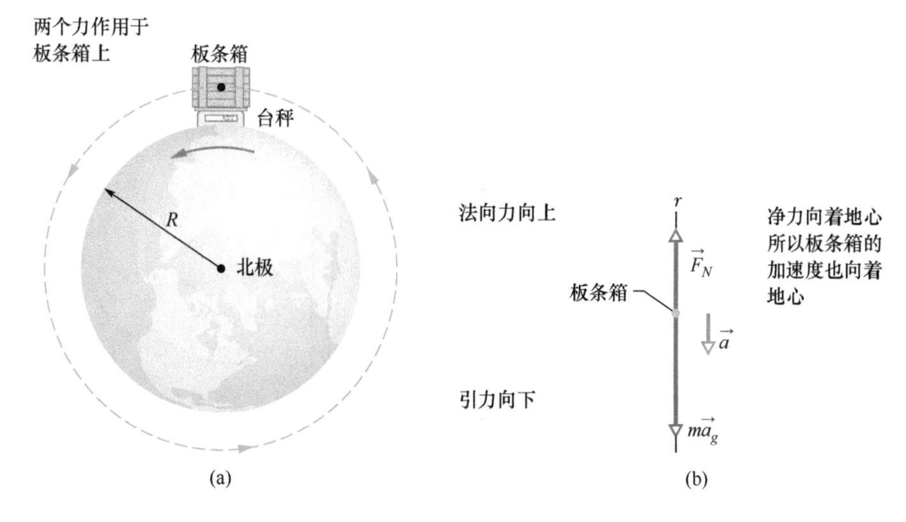

图 13-6 （a）板条箱放在地球赤道处的台秤上，这是从位于北极上方地球自转轴上一点的观察者看到的情形。（b）板条箱的受力图。径向轴从地心向外延伸。作用于板条箱上的引力用它的等价表达式 $m\vec{a}_g$ 表示。台秤作用在板条箱上的法向力是 $\vec{F}_N$，因为地球的自转，板条箱受到指向地心的向心加速度 $\vec{a}$。

示的引力向着中心。因为在地球自转的时候，板条箱在绕地心的圆周上运动，它有向着地球中心的向心加速度 $\vec{a}$。由式（10-23）：$a_r=\omega^2 r$，我们得知这个加速度等于 $\omega^2 R$，其中，ω 是地球的角速率；R 是圆半径（近似于地球半径）。于是，我们可以对沿 r 轴的力写出牛顿第二定律（$F_{\text{net},r}=ma_r$）：

$$F_N-ma_g=m(-\omega^2 R) \tag{13-12}$$

法向力的数值等于台秤上读出的重量 mg。用 mg 代替 F_N，式（13-12）变为

$$mg=ma_g-m(\omega^2 R) \tag{13-13}$$

这个式子说明：

（测到的重量）=（引力的数值）-（质量乘以向心力）

于是，测得的重量小于板条箱受到的引力的数值，这是因为地球的自转。

加速度之差。要求相应的 g 和 a_g 的表式，我们在式（13-13）中消去 m，写成：

$$g=a_g-\omega^2 R \tag{13-14}$$

这个式子说明：

（自由下落加速度）=（引力加速度）-（向心加速度）

所以，由于地球的自转，测得的自由下落加速度小于引力加速度。

赤道。加速度 g 和 a_g 之差等于 $\omega^2 R$，所以在赤道上最大（一个理由是板条箱在这里作圆周运动的半径最大）。要求出这个差别，我们可以应用式（10-5）：$\omega=\Delta\theta/\Delta t$ 和地球半径 $R=6.37\times10^6\text{m}$。地球自转一次 θ 是 $2\pi\text{rad}$，时间周期 Δt 大约是 24h。用这些数值（将 h 化作 s），我们求得 g 比 a_g 小了只有大约 0.034m/s^2（比之于 9.8m/s^2 小得多）。因此，忽略加速度 g 和 a_g 的这个差别常常是正当的。同理，忽略重量和引力数值的差别常常也是合理的。

例题 13.02 **头部和脚部加速度的差**

(a) 身高1.70m的宇航员“双脚在下”地飘浮在宇宙飞船中，飞船在离地心 $r=6.77\times10^{6}$m 的轨道上运行。她的脚和她的头的引力加速度的差别是多少？

【关键概念】

我们可以把地球近似地当作质量为 M_E 的均匀球体。从而，由（式13-11），在离地心距离 r 处的引力加速度为

$$a_g=\frac{GM_E}{r^2} \tag{13-15}$$

我们可以简单地用两次这个方程式，第一次把 $r=6.77\times10^{6}$m 用于脚的位置，再一次把 $r=6.77\times10^{6}\text{m}+1.70\text{m}$ 用于头的位置。然而，计算器两次都会给出同样的 a_g 数值。这样，差别就是零：这是因为 h 比 r 小得实在太多。这里有一个更合适的方法：因为宇航员的脚和头之间的 r 有微分变化 dr，我们求式（13-15）对 r 的微分。

解：式（13-15）的微分给出：

$$da_g=-2\frac{GM_E}{r^3}dr \tag{13-16}$$

其中，da_g 是由于 r 的微分变化 dr 引起的引力加速度的微分变化。对这位宇航员来说，$dr=h$，$r=6.77\times10^{6}$m。将数据代入式（13-16），我们求得：

$$da_g=-2\frac{[6.67\times10^{-11}\text{m}^3/(\text{kg}\cdot\text{s}^2)](5.98\times10^{24}\text{kg})}{(6.77\times10^{-6}\text{m})^3}(1.70\text{m})$$
$$=-4.37\times10^{-6}\text{m/s}^2 \quad \text{（答案）}$$

其中，M_E 的数值取自附录C。这个结果的意思是：宇航员的双脚向地球的引力加速度稍微大于她的头向地球的引力加速度。这个加速度的差别（常常称作*潮汐效应*）倾向于把她的身体拉长，但这个差别是如此的小以致她永远也不会感觉到这种拉长，同样一点也不会感到疼痛。

(b) 假如现在宇航员“双脚在下”地在同样半径 $r=6.77\times10^{6}$m 的轨道上绕质量 $M_h=1.99\times10^{31}$kg（10倍于太阳的质量）运行，此时她的脚和她的头的引力加速度之差是多少？黑洞的数学意义上的表面（*事件视界*）半径为 $R_h=2.95\times10^{4}$m，没有任何东西（包括光）可以从这个表面或从它里面任何地方逃逸出来。注意，宇航员原来就幸运地在这个表面的外面（在 $r=229R_h$ 处）。

解：我们再来求宇航员的脚和头之间 r 的微分变化 dr，再用式（13-16）。不过，我们现在用 $M_h=1.99\times10^{31}$kg 代替 M_E。我们求出：

$$da_g=-2\frac{[6.67\times10^{-11}\text{m}^3/(\text{kg}\cdot\text{s}^2)](1.99\times10^{31}\text{kg})}{(6.77\times10^{-6}\text{m})^3}(1.70\text{m})$$
$$=-14.5\text{m/s}^2 \quad \text{（答案）}$$

这意味着这位宇航员的双脚向着黑洞的引力加速度比她的头的加速度明显大得多。这产生的效果是拉长她的身体，即使可以忍受但也会感到非常难受。假如她更靠近黑洞，拉伸的趋势会猛烈增加。

WILEY PLUS 在 WileyPLUS 中可以找到附加的例题、视频和练习。

13-4 地球内部的引力

学习目标

学完这一单元后，你应当能够……

13.09 懂得物质的均匀球壳对于位于它内部的质点没有净引力。

13.10 计算没有旋转的均匀物质实心球体作用于其内部给定半径处一个质点上的引力。

关键概念

- 均匀的物质球壳对位于它的内部的质点没有净引力作用。
- 在均匀的实心球内部，距球心距离 r 的一个质点只受到来自半径 r 的“内球”的质量 M_{ins} 的

引力作用：

$$M_{ins}=\frac{4}{3}\pi r^3\rho=\frac{M}{R^3}r^3$$

其中，ρ 是实心球的密度；R 是它的半径；M 是它的质量。我们可以认为内球的质量集中在实心球中心的一个质点上，然后应用质点的牛顿引力定律。我们求出作用于质量 m 的质点上力的数值为

$$F=\frac{GmM}{R^3}r$$

地球内部的引力

牛顿的球壳定理也可以应用于质点在均匀球壳内部的情况，其表述如下：

物质均匀分布的球壳对在它内部的质点没有净引力。

注意：这个表述并不是说球壳的各个单元对质点的引力魔术般地消失了。这只是因为所有单元对质点的引力的矢量和为零。

假定地球的质量是均匀分布的，作用于质点的引力在地球表面最大，当质点向外运动离开地球时就要减少。假如质点向里面运动，可能下到很深的矿井，由于两个原因引力会改变。①它要增加，这是因为质点越来越靠近地球中心。②它要变小，因为质点的径向位置外面越来越厚的物质壳层对质点没有任何净引力作用。

要求均匀的地球内部引力的表达式，我们会用到乔治·格里菲思（George Griffith）的早期科幻小说中的极点到极点的图。三位探险家要乘坐封闭小舱通过自然形成的（当然是假想的）隧道直接从南极落到北极。图 13-7 表示这个小舱（质量 m）正好下落到距离地心 r 的位置。在这一时刻，作用于小舱的净引力来自半径 r 的球体内部的质量 M_{ins}（虚线轮廓内包含的质量），而不是来自外部球壳（虚线轮廓外面）。我们进一步假设，内部的质量 M_{ins} 集中在地球中心像一个质点。于是，我们可以根据式（13-1）将作用于小舱的引力数值写出：

$$F=\frac{GmM_{ins}}{r^2} \tag{13-17}$$

因为我们假设均匀的密度 ρ，我们就可以用地球的总质量 M 和它的半径 R 表示其内部的质量：

$$\text{密度}=\frac{\text{内部的质量}}{\text{内部的体积}}=\frac{\text{总质量}}{\text{总体积}}$$

$$\rho=\frac{M_{ins}}{\frac{4}{3}\pi r^3}=\frac{M}{\frac{4}{3}\pi R^3}$$

解出 M_{ins}，我们得到：

$$M_{ins}=\frac{4}{3}\pi r^3\rho=\frac{M}{R^3}r^3 \tag{13-18}$$

把关于 M_{ins} 的第二个表式代入式（13-17），我们便得到作用在小舱上引力的数值作为小舱到地心距离 r 的函数：

$$F=\frac{GmM}{R^3}r \tag{13-19}$$

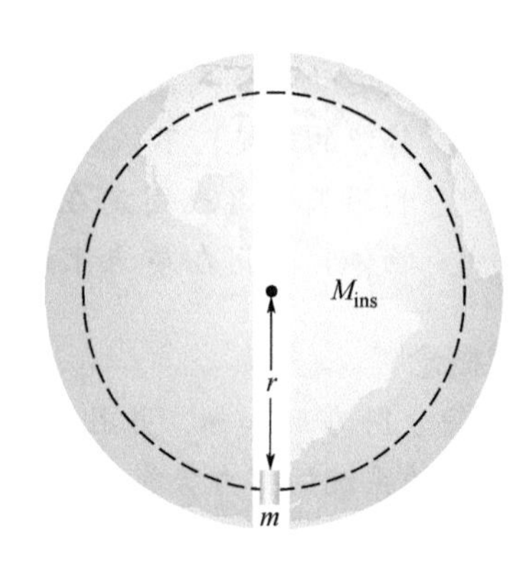

图 13-7 质量为 m 的封闭小舱从静止下落，通过连通着地球南极到北极的隧道。小舱在距离地球中心 r 的位置时，包含在这个半径的球体内的这一部分地球的质量是 M_{ins}。

根据格里菲思的小说，当小舱接近地球中心时，作用于探险家的引力会惊人地增大，但在正中心，引力会突然短暂地消失。由式(13-19)我们得知，事实上，当小舱向中心运动时，力的大小线性地减小，直到达到地球中心位置时为零。至少，格里菲思得到在地心位置为零这个细节是正确的。

式（13-19）也可以用力矢量 $\vec{F}$ 和从地心延伸的径向轴矢量 $\vec{r}$ 表示小舱的位置，设 K 代表式（13-19）中所有常量的集合，我们用矢量形式重新写出力的表式：

$$\vec{F}=-K\vec{r} \tag{13-20}$$

其中，我们加入负号表示 $\vec{F}$ 和 $\vec{r}$ 方向相反，式（19-20）具有胡克定律［式（7-20）：$\vec{F}=-k\vec{d}$］的形式。因此，在小说的理想条件下，小舱会像弹簧上的木块一样振荡，振荡中心就在地球中心。小舱从地球的南极下落到达地心后，它从地心向北极运动（如格里菲思所说的那样），然后又重新回落，不断重复这个循环。

对于真实的地球，质量分布肯定是不均匀的（见图13-5），小舱下落时作用于小舱的引力开始不断增大。到达某个深度后，引力达到最大值，自此以后，小舱继续下降，引力才开始减小。

13-5 引力势能

学习目标

学完这一单元后，你应当能够……

13.11 计算质点系（或者可以当作质点处理的均匀球体）的引力势能。

13.12 懂得假如受到引力作用的一个质点从起点运动到终点，引力做的功（就是引力势能的改变）不依赖于所走的路径。

13.13 利用天体（或固定在位置上的某第二个物体）作用在质点上的引力，计算这个物体运动时引力做的功。

13.14 把机械能守恒（包括引力势能）用于相对于一个天体（或固定在位置上的某第二个物体）运动的质点。

13.15 说明从一个天体（通常假设是一个均匀的球体）逃逸的质点需要的能量。

13.16 计算质点离开一个天体的逃逸速率。

关键概念

- 质量分别为 M 和 m，并且分开距离为 r 的两个质点的系统的引力势能 $U(r)$ 是两个质点间距离从无限远（非常大）改变到 r 的过程中任一个质点作用于另一个质点的引力所做的功的负值。这个势能是

$$U=-\frac{GMm}{r} \quad \text{（引力势能）}$$

- 如果一个系统包含多于两个的质点，系统总的引力势能 U 是所有各质点对的势能项之和。例如，对于质量为 m_1，m_2 和 m_3 的三个质点系统：

$$U=-\left(\frac{Gm_1m_2}{r_{12}}+\frac{Gm_1m_3}{r_{13}}+\frac{Gm_2m_3}{r_{23}}\right)$$

- 当一个物体在某一天体表面附近的速率至少等于逃逸速率时，这个物体就可以克服这个天体的吸引而逃逸（就是说物体会飞到无限远的距离之外）。设天体的质量为 M，半径为 R。逃逸速率为

$$v=\sqrt{\frac{2GM}{R}}$$

引力势能

在 8-1 单元中，我们讨论过质点-地球系统的引力势能。那时我们小心地使质点保持在地球表面附近，因而我们可以把引力当作常量，从而我们可以选择系统的某个参考组态，把它的引力势能定为零。在这种组态中，质点常常是在地球表面。对于不在地球表面的质点，随着质点和地球间的距离减少，引力势能也减小。

这里，我们开阔一下我们的视野。考虑质量 m 和 M、分开距离 r 的两个质点的引力势能 U。我们重新选择一个 U 等于零的参考组态。然而，为使方程式简化，现在这个参考组态中分开的距离要足够大，近似地当作无穷大。像以前一样，引力势能随距离减少而减小。因为 $r=\infty$ 时 $U=0$，在有限的距离上势能是负的，并且随着两质点相对靠近，负的程度也越来越大。

记住这个事实，我们后面接着就要证明它，我们取两个质点系统的引力势能是

$$U=-\frac{GMm}{r}\ \text{（引力势能）} \tag{13-21}$$

注意，当 r 趋向无穷大时，$U(r)$ 趋近于零，对任何有限的 r 值，$U(r)$ 的数值是负的。

语言。式（13-21）给出的势能是两个质点系统的性质，而不是任何一个单独质点的性质。没有办法可以把这个能量分开并且说这些是属于这个质点，另一些属于另一个质点。不过，例如 $M\gg m$，就像地球（质量 M）和棒球（质量 m）就是这种情况，我们常常说"棒球的势能"。严格说来这是不正确的，勉强可以这么说是因为棒球在地球附近运动时，棒球-地球系统的势能的改变看上去几乎完全是由于棒球动能的改变，因为地球动能的改变实在太小而无法测出。同理，在 13-7 单元中，我们说沿着绕地球轨道运动的"人造卫星的势能"，因为人造卫星的质量比地球的质量小了非常之多。不过，当我们讨论质量可以相比较的物体的势能时，我们必须小心，把它们作为整个系统处理。

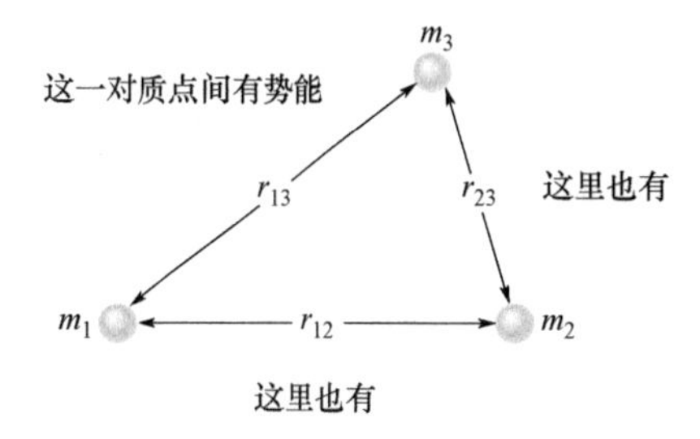

图 13-8 包含三个质点的系统。系统的引力势能是所有三对质点的引力势能之和。

多个质点。如果我们的系统包含两个以上质点，我们要依次考虑每一对质点，用式（13-21）计算每一对的引力势能，就好像其他质点都不存在一样，然后求出这些结果的代数和。例如，将式（13-21）用于图 13-8 中三对质点的每一对，给出系统的势能：

$$U=-\left(\frac{Gm_1m_2}{r_{12}}+\frac{Gm_1m_3}{r_{13}}+\frac{Gm_2m_3}{r_{23}}\right) \tag{13-22}$$

式（13-21）的证明

我们从地球上直接向上抛出一个棒球，球沿图 13-9 中所示的路径离开地球。我们要求球沿路到达离地球中心径向距离 R 的一点 P 处的引力势能 U 的表达式。为此，我们首先求出棒球从 P 点到离地球很大（无穷远）的距离时引力对球所做的功 W。因为引力 $\vec{F}(r)$ 是变力（它的数值依赖于 r），我们必须用 7-5 单元的方法求功。用矢量记号，我们可以写出：

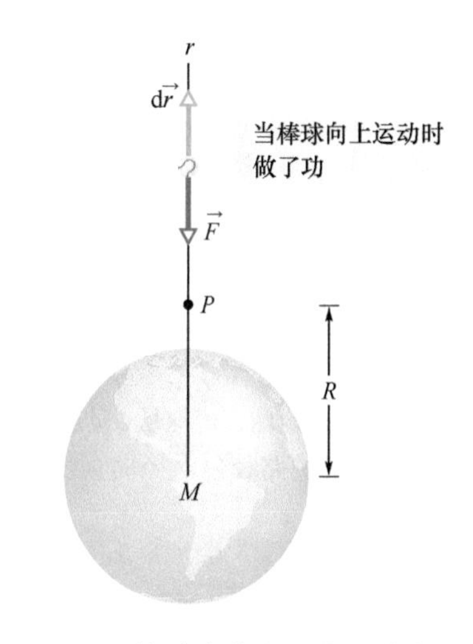

图 13-9 棒球直接向上抛，背离地球，经过到地心的径向距离为 R 的 P 点。图中表示出作用于球上的引力 $\vec{F}$ 和微分位移矢量 $d\vec{r}$，二者都沿径向轴 r。

$$W = \int_R^{+\infty} \vec{F}(r) \cdot d\vec{r} \tag{13-23}$$

这个积分包含力 $\vec{F}(r)$ 和沿球的路径的微分位移矢量 $d\vec{r}$的标（或点）积。我们可以把这乘积展开为

$$\vec{F}(r) \cdot d\vec{r} = F(r)\,dr\cos\phi \tag{13-24}$$

其中，ϕ 是 $\vec{F}(r)$ 的方向和 $d\vec{r}$的方向间的角度。我们将 180°代入 ϕ 并将式（13-1）代入 $F(r)$，式（13-24）成为

$$\vec{F}(r) \cdot d\vec{r} = -\frac{GMm}{r^2}dr$$

其中，M 是地球的质量；m 是棒球的质量。

把这个式子代入式（13-23）并积分，给出：

$$W = -GMm\int_R^{+\infty} \frac{1}{r^2}dr = \left[\frac{GMm}{r}\right]_R^{+\infty}$$

$$= 0 - \frac{GMm}{R} = -\frac{GMm}{R} \tag{13-25}$$

其中，W 是把棒球从 P 点（在距离 R 处）移动到无穷远需要做的功。式（8-1）：$\Delta U = -W$ 告诉我们，我们也可以用势能表示功：

$$U_\infty - U = -W$$

因为势能 U_∞ 在无穷大处为零，U 就是在 P 点的势能，W 由式（13-25）给出，这个方程式写成：

$$U = W = -\frac{GMm}{R}$$

将 R 换成 r 就得到了式（13-21），这就是我们要证明的公式。

与路径无关

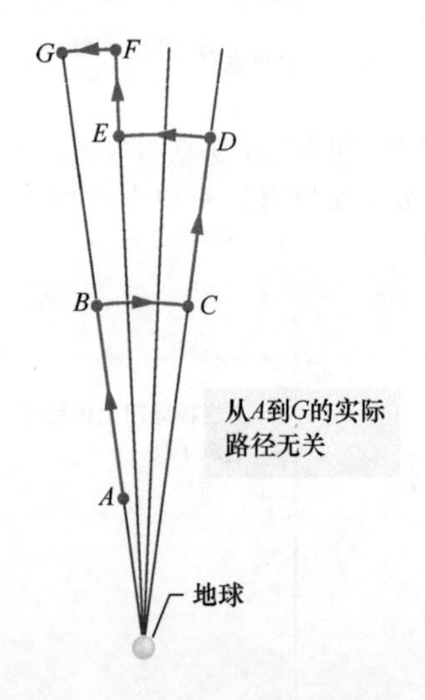

图 13-10　靠近地球，棒球从 A 点运动到 G 点，所走的路径包含径向直线和圆弧。

在图 13-10 中，我们将一个棒球从 A 点移到 G 点，沿着包含三段径向直线和三段（中心在地球的）圆弧形路径。我们感兴趣的是棒球从 A 移动到 G 的过程中地球引力 $\vec{F}$ 对它做的总功 W。沿每一段圆弧做的功是零，因为在圆弧上每一点 $\vec{F}$ 的方向都垂直于圆弧。因此 W 只是 $\vec{F}$ 沿三段径向直线做的功之和。

现在假设，我们想象将三段圆弧都缩到零。然后我们把棒球直接沿一条径向直线移动到 G。这样是不是改变了 W? 没有。因为沿圆弧移动不做功，把它们取消并没有改变功。现在从 A 到 G 的路径显然不同了，但 $\vec{F}$ 所做的功却没有变。

我们用 8-1 单元中的一般的方法来讨论这个结果。这里的问题是：引力是保守力。因此，引力作用使质点从起点 i 移动到终点 f 所做的功不依赖于两点间所走的路径。由式（8-1），从 i 点到 f 点引力势能的改变 ΔU 由下式给出：

$$\Delta U = U_f - U_i = -W \tag{13-26}$$

因为保守力所做的功不依赖于实际所走的路径，所以引力势能的变化也不依赖于所走的路径。

势能和力

在式（13-21）的证明中，我们从力函数 $\vec{F}(r)$ 推导出势能函数 $U(r)$。我们应该可以走另一条道——就是从势能函数推导出力函数。

在式（8-22）：$F(x) = -\mathrm{d}U(x)/\mathrm{d}x$ 的引导下，我们可以写出：

$$F = -\frac{\mathrm{d}U}{\mathrm{d}r} = -\frac{\mathrm{d}}{\mathrm{d}r}\left(-\frac{GMm}{r}\right) = -\frac{GMm}{r^2} \tag{13-27}$$

这就是牛顿引力定律［式（13-1）］。负号表示作用在 m 上的力沿径向向内，指向质量 M。

逃逸速率

如果你向天空发射一个抛射体（如火箭），通常它会逐渐慢下来，瞬时停止，然后落回地球。不过，有某一最小的初速率会使抛射体永远向上运动，理论上要到无穷远才停下来。这个最小的初速率称为（地球的）**逃逸速率**。

考虑一个质量为 m 的抛射体，它以逃逸速率 v 离开行星（或其他某个天体或系统）表面。抛射体具有 $\frac{1}{2}mv^2$ 给出的动能 K 和式（13-21）给出的势能：

$$U = -\frac{GMm}{R}$$

其中，M 是行星的质量；R 是它的半径。

当抛射体到达无穷远时，它停下来因而没有动能。这时它也没有势能，因为两个物体之间分开距离无限大是我们的零势能组态。它在无穷远处的总能量因而是零。根据能量守恒原理，它在行星表面上的时候总能量必定也是零。所以：

$$K + U = \frac{1}{2}mv^2 + \left(-\frac{GMm}{R}\right) = 0$$

从此得到

$$v = \sqrt{\frac{2GM}{R}} \tag{13-28}$$

注意，v 不依赖于抛射体从行星上发射的方向，然而，如果抛射体发射的方向沿着发射位置处行星绕它的轴自转的方向，那么抛射体要达到逃逸速度就更容易些。例如，在卡纳维拉尔角的火箭向东发射，正是利用了当地因自转而得到的向东 1500km/h 的速率。

式（13-28）可以用来计算任何天体上抛射体的逃逸速率，我们只要把天体的质量 M 和天体的半径 R 代入该式。表 13-2 中列出了一些逃逸速率。

表 13-2 **一些逃逸速率**

天体	质量/kg	半径/m	逃逸速率/(km/s)
谷神星①	1.17×10^{21}	3.8×10^{5}	0.64
地球的月亮	7.36×10^{22}	1.74×10^{6}	2.38
地球	5.98×10^{24}	6.37×10^{6}	11.2
木星	1.90×10^{27}	7.15×10^{7}	59.5
太阳	1.99×10^{30}	6.96×10^{8}	618
天狼 B②	2×10^{30}	1×10^{7}	5200
中子星③	2×10^{30}	1×10^{4}	2×10^{5}

① 质量最大的小行星。
② 白矮星（演化最后阶段的星体），它是明亮的天狼星的伴星。
③ 超新星事件中爆发后残留星体的坍缩核心。

检查点3

你把质量为 m 的小球从质量为 M 的球体移开。(a) 小球和球体系统的引力势能增大还是减小了？(b) 小球和球体之间的引力做了正功还是负功？

例题 13.03　**小行星从天外落下，机械能**

一颗小行星直接朝着地球奔来。当这颗小行星距地球中心10个地球半径时相对于地球的速率为12km/s。忽略地球大气层对小行星的影响，求小行星到达地球表面时的速率 v_f。

【关键概念】

因为我们忽略了大气层对小行星的影响，小行星-地球系统的机械能在下落过程中守恒。因而最后的机械能（小行星到达地球表面时）等于起初的机械能。我们可以写出动能和引力势能的关系式：

$$K_f + U_f = K_i + U_i \qquad (13\text{-}29)$$

还有，如我们假设系统是孤立的，在下落过程中系统的线动量必定守恒。因此小行星动量的改变和地球动量的改变必定大小相等、符号相反。然而，因为地球的质量比之于小行星的质量是如此之大，地球速率的改变相对于小行星速率的改变可以忽略不计。所以地球动能的变化也可以忽略。于是我们可以假设式（13-29）中的动能只是小行星的动能。

解：设 m 表示小行星的质量，M 表示地球的质量（5.98×10^{24} kg）。小行星最初在距离 $10R_E$ 处，最后在距离 R_E 处，这里的 R_E 是地球的半径（6.37×10^6m）。用式（13-21）代替 U，用 $\frac{1}{2}mv^2$ 代替 K，重写式（13-29）：

$$\frac{1}{2}mv_f^2 - \frac{GMm}{R_E} = \frac{1}{2}mv_i^2 - \frac{GMm}{10R_E}$$

重新整理并代入已知的数值，我们得到

$$\begin{aligned} v_f^2 &= v_i^2 + \frac{2GM}{R_E}\left(1-\frac{1}{10}\right) \\ &= (12\times10^3\,\text{m/s})^2 + \\ &\quad \frac{2[6.67\times10^{-11}\,\text{m}^3/(\text{kg}\cdot\text{s}^2)](5.98\times10^{24}\,\text{kg})}{6.37\times10^6\,\text{m}}0.9 \\ &= 2.567\times10^8\,\text{m}^2/\text{s}^2 \end{aligned}$$

$$v_f = 1.60\times10^4\,\text{m/s} \qquad \text{（答案）}$$

对于这样速度的小行星，不需要有很大的质量撞击的时候就会造成很大的破坏。如果它只有5m宽，撞击时会释放相当于广岛原子弹爆炸的能量。令人不安的是，在地球轨道附近有大约5亿颗这样大小的小行星。1994年，其中之一明显进入了地球大气层，在南太平洋上空20km高处爆炸（已有六颗军事卫星发出核爆炸的警告）。

在 WileyPLUS 中可以找到附加的例题、视频和练习。

13-6　行星和卫星：开普勒定律

学习目标

学完这一单元后，你应当能够……

13.17　懂得开普勒的三条定律。

13.18　懂得哪一条开普勒定律等同于角动量守恒定律。

13.19　在椭圆轨道的图中认出长半轴、偏心率、近日点、远日点，以及焦点。

13.20　对一个椭圆轨道，应用长半轴、偏心率、近日点和远日点之间的关系。

13.21　对自然的或人造的卫星的轨道，应用开普勒的轨道周期和半径，以及在轨道上运行的天体质量之间的关系。

关键概念

- 卫星的运动，包括自然的和人造的卫星，服从开普勒定律：

  1. 轨道定律。所有行星都在椭圆轨道上运行。太阳在椭圆的一个焦点上。

  2. 面积定律。任何一颗行星到太阳的连线在相同的时间间隔内扫过相同的面积。（这一表述等同于角动量守恒。）

  3. 周期定律。任何一颗行星的周期 T 的二次方正比于它的轨道的长半轴 a 的三次方。对于半径为 r 的圆轨道

$$T^2=\left(\frac{4\pi^2}{GM}\right)r^3 \qquad \text{（周期定律）}$$

其中，M 是吸引的物体（在太阳系的情况中就是太阳）的质量。对椭圆行星轨道，用长半轴 a 代替 r。

行星和卫星：开普勒定律

从人类文明史的黎明时期开始，看上去好像在恒星背景上游荡着的行星的运动一直是一个谜。图 13-11 中所表示的火星的“绕环”运动[㊀]是特别令人困惑的。约翰尼斯·开普勒（Johannes Kepler，1571—1630）穷毕生之精力，研究发现了支配行星运动的经验定律。第谷·布拉赫（Tycho Brahe，1546—1601），最后一位没有借助望远镜进行天文观察的伟大的天文学家，积累了大量的数据。开普勒根据这些数据才能推导出现在以开普勒命名的行星运动的三条定律。后来，牛顿（1642—1727）证明了他的引力定律能导出开普勒定律。

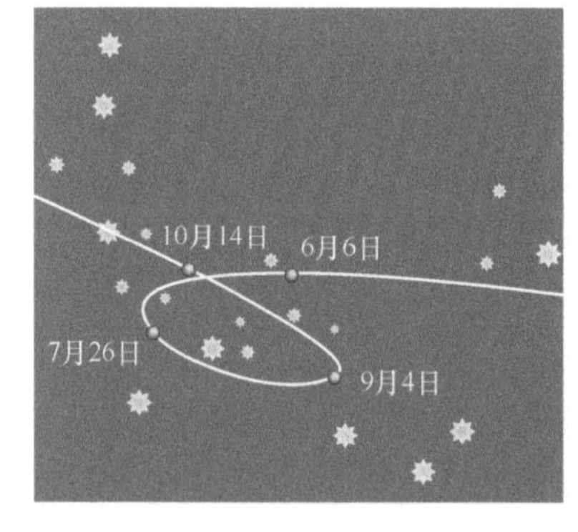

图 13-11 1971 年，地球上看到的在摩羯座背景上运动的火星的路径，图上标出行星四天的位置。火星和地球都在绕太阳的轨道上运动，这是我们看到的火星相对于我们的位置。这种相对运动有时会出现火星路径外观上的环。

在这一单元中我们逐条讨论开普勒三定律。虽然这里我们把这三条定律应用于行星绕太阳的轨道运动，它们同样也可以应用于绕地球或其他大质量的中心物体的自然或人造卫星的运动。

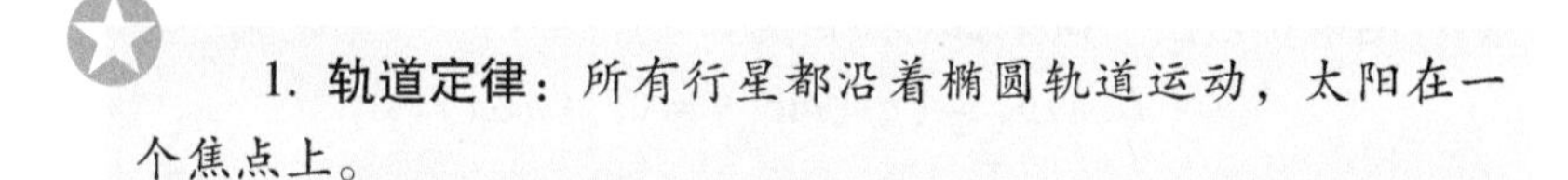

1. **轨道定律**：所有行星都沿着椭圆轨道运动，太阳在一个焦点上。

图 13-12 表示质量为 m 的行星在椭圆轨道上绕质量为 M 的太阳运行。我们设 $M \gg m$，因此行星-太阳系统的质心近似地位于太阳中心。

图 13-12 中的轨道用**长半轴** a 和它的**偏心率** e 描写。偏心率定义为：从椭圆中心到任一个焦点 F 或 F' 的距离是 ea。零偏心率就是一个圆，其中两个焦点合并为一个圆心。行星的偏心率一般都不大；如果将行星轨道按比例画出，它们看上去都像圆。为清楚起见图 13-12 中被大大地夸大的椭圆轨道的偏心率是 0.74。地球轨道的偏心率只有 0.0167。

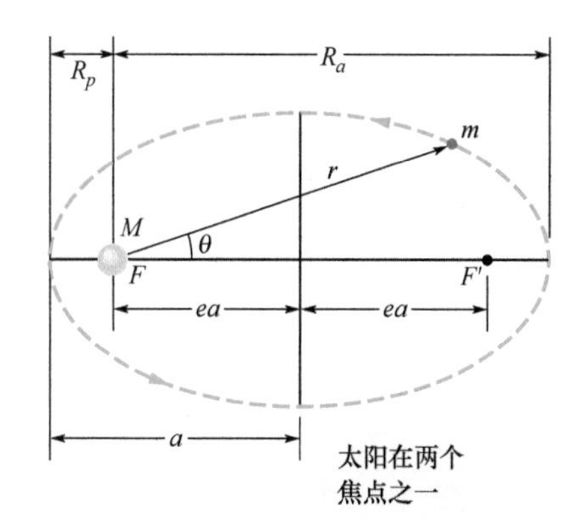

图 13-12 质量为 m 的行星在绕太阳的椭圆轨道上运行。质量为 M 的太阳在椭圆的一个焦点 F 的位置。另一个焦点在空间 F' 的位置。椭圆的长半轴为 a，近日点（离太阳最近）的距离为 R_p，远日点（离太阳最远）的距离为 R_a，也都在图上标出。

2. **面积定律**：连接行星和太阳的直线在相等的时间间隔内在行星轨道平面上扫过相等的面积；即单位时间扫过面积 A 的速率 dA/dt 是常量。

第二定律定量地告诉我们，行星离开太阳最远的时候运动最慢，离太阳最近时运动最快。可以证明，开普勒第二定律和角动

㊀ 天文学上称为“逆行”。——译者注

量守恒定律完全等价。我们现在就来证明它。

图13-13a中有阴影的劈尖的面积近似等于Δt时间内连接太阳和行星的直线扫过的面积，行星和太阳的距离是r。劈的面积ΔA近似等于底为$r\Delta\theta$及高为r的三角形的面积。因为三角形面积等于底乘高的一半，$\Delta A \approx \frac{1}{2}r^2\Delta\theta$。这个表达式在$\Delta t$（因而$\Delta\theta$也是）趋近于零时成为更精确的表达式。扫过面积的瞬时速率是

$$\frac{\mathrm{d}A}{\mathrm{d}t}=\frac{1}{2}r^2\frac{\mathrm{d}\theta}{\mathrm{d}t}=\frac{1}{2}r^2\omega \tag{13-30}$$

其中，ω是连接太阳和行星的直线绕太阳转动的角速率。

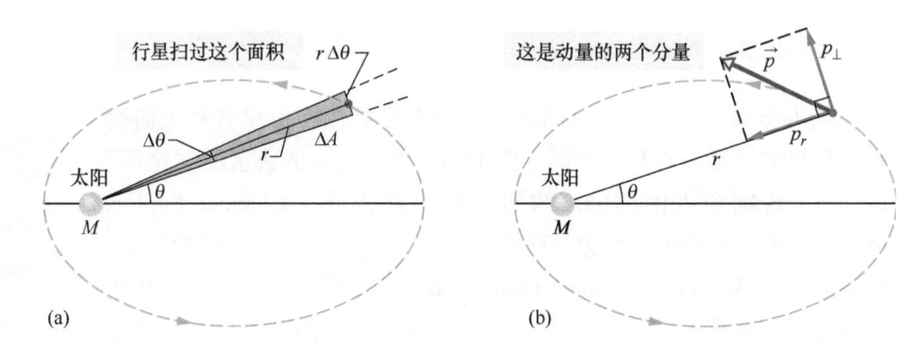

图13-13 （a）在时间Δt内，连接行星和太阳的直线r经过角度$\Delta\theta$，扫过面积ΔA（阴影）。（b）行星的线动量$\vec{p}$和$\vec{p}$的分量。

图13-13b表示行星的线动量$\vec{p}$以及$\vec{p}$的径向和垂直方向的分量。由$L=rp_\perp$，行星绕太阳角动量$\vec{L}$的数值由r和$\vec{p}$垂直于r的分量$p_\perp$的乘积给出。这里，对质量为m的行星：

$$\begin{aligned}L&=rp_\perp=(r)(mv_\perp)=(r)(m\omega r)\\&=mr^2\omega\end{aligned} \tag{13-31}$$

其中，我们将$v_\perp$用它的等价表达式ωr替代［式（10-18）］。将式（13-30）和式（13-31）联立消去$r^2\omega$，得到

$$\frac{\mathrm{d}A}{\mathrm{d}t}=\frac{L}{2m} \tag{13-32}$$

如果$\mathrm{d}A/\mathrm{d}t$是常量，则正如开普勒所说的那样，式（13-32）意味着L也必定是常量——角动量守恒。开普勒第二定律确实等价于角动量守恒定律。

3. **周期定律**：任一行星周期的二次方正比于它的长半轴的三次方。

为了说明这条定律，考虑图13-14中的圆形轨道，它的半径是r（圆的半径相当于椭圆的长半轴）。将牛顿第二定律（$F=ma$）应用于在图13-14中的轨道上绕行的行星，得到

$$\frac{GMm}{r^2}=(m)(\omega^2 r) \tag{13-33}$$

这里我们代入式（13-1）表示的力F的数值，并应用式（10-23）将向心加速度用$\omega^2 r$代入。现在用式（10-20）将ω代以$2\pi/T$，

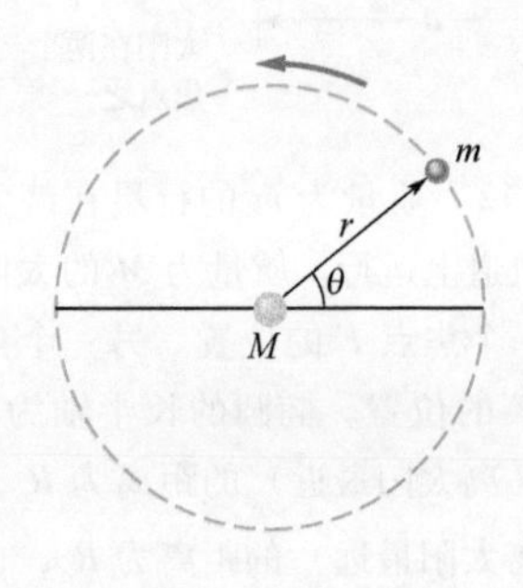

图13-14 质量为m的行星在半径为r的圆轨道上绕太阳运行。

T 是运动周期，我们得到开普勒第三定律：

$$T^2=\left(\frac{4\pi^2}{GM}\right)r^3 \text{（周期定律）} \tag{13-34}$$

括号里的量是一个常量，它只取决于行星围绕它运行的中心物体的质量 M。

式（13-34）对于椭圆轨道也成立，只要我们用椭圆的长半轴 a 代替 r。这条定律预言，比值 T^2/a^3 对绕同一个大质量物体运行的每一行星轨道基本上都相同。表 13-3 表示这个定律对太阳系的各行星轨道的符合情况。

表 13-3 按开普勒定律计算的太阳系的周期

行星	长半轴 a/ 10^{10}m	周期 T/ y	T^2/a^3/ ($10^{-34}y^2/m^2$)
水星	5.79	0.241	2.99
金星	10.8	0.615	3.00
地球	15.0	1.00	2.96
火星	22.8	1.88	2.98
木星	77.8	11.9	3.01
土星	143	29.5	2.98
天王星	287	84.0	2.98
海王星	450	165	2.99
冥王星①	590	248	2.99

① 国际天文联合会于 2006 年正式定义行星概念。新定义将冥王星从行星范围内排除，将其划为矮行星。按照行星新的定义冥王星不是行星，但它仍满足开普勒定律。——译者注

检查点 4

卫星 1 在绕行星的某个圆轨道上运行，卫星 2 在较大的圆轨道上运行。哪一个卫星具有（a）较长的周期和（b）较大的速率？

例题 13.04 周期的开普勒定律，哈雷彗星

哈雷彗星以 76 年的周期在绕太阳的轨道上运行，1986 年到达离太阳最近的距离，即近日点距离 R_p 为 8.9×10^{10}m。从表 13-3 看出这是在水星和金星之间。

（a）这颗彗星离太阳最远的距离，即所谓远日点距离 R_a 是多少？

【关键概念】

由图 13-12 我们得知 $R_a+R_p=2a$，这里的 a 是轨道的长半轴。于是如果我们先求出 a 就可以求出 R_a。如果我们简单地把长半轴 a 代替 r 就可以将 a 和已知的周期通过周期定律联系起来。

解： 做上述代换，然后解出 a，我们得到

$$a=\left(\frac{GMT^2}{4\pi^2}\right)^{1/3} \tag{13-35}$$

我们将太阳的质量 $M=1.99\times10^{30}$ kg，彗星周期 $T=76$ 年或 2.4×10^9s 代入式（13-35），求得 $a=2.7\times10^{12}$m，现在我们有

$$R_a=2a-R_p=(2)(2.7\times10^{12}\text{m})-8.9\times10^{10}\text{m}$$
$$=5.3\times10^{12}\text{m} \quad \text{（答案）}$$

从表 13-3 看出，这个数值稍小于冥王星轨道的长半轴。可见这颗彗星并不比冥王星离太阳更远。

（b）哈雷彗星轨道的偏心率 e 是多大？

【关键概念】

我们把 e、a 和 R_p 通过图 13-12 联系起来，由图 13-12 我们得知 $ea=a-R_p$。

解： 我们有

$$e=\frac{a-R_p}{a}=1-\frac{R_p}{a} \tag{13-36}$$

$$=1-\frac{8.9\times10^{10}\text{m}}{2.7\times10^{12}\text{m}}=0.97 \quad \text{（答案）}$$

这告诉我们偏心率近于 1，这个轨道是一个瘦长的椭圆。

WILEY PLUS 在 WileyPLUS 中可以找到附加的例题、视频和练习。

13-7 卫星：轨道和能量

学习目标

学完这一单元后，你应当能够……

13.22 对绕一个天体的圆形轨道上的卫星，计算引力势能、动能和总能量。

13.23 对于在椭圆轨道上的卫星，计算总能量。

关键概念

- 当一颗质量为 m 的行星或卫星在半径为 r 的圆形轨道上运行时，它的势能 U 和动能 K 分别是

$$U=-\frac{GMm}{r},\ K=\frac{GMm}{2r}$$

机械能 $E=K+U$ 就是：

$$E=-\frac{GMm}{2r}$$

对于长半轴为 a 的椭圆轨道：

$$E=-\frac{GMm}{2a}$$

卫星：轨道和能量

作为在绕地球的椭圆轨道上运行的一颗卫星，决定它的动能的速率和决定它的引力势能的离地球中心的距离，在固定的周期内二者都在起伏变化。然而，卫星的机械能 E 保持为常量。（因为卫星的质量比起地球来是如此的小，我们把地球-卫星系统的 U 和 E 都归属于卫星。）

系统的势能由式（13-21）给出：

$$U=-\frac{GMm}{r}$$

（分开无穷远时 $U=0$）。其中，r 是暂时假定卫星在圆轨道上运行的轨道半径；M 和 m 分别是地球和卫星的质量。

为求卫星在圆轨道上的动能，我们把牛顿第二定律（$F=ma$）写作：

$$\frac{GMm}{r^2}=m\frac{v^2}{r} \tag{13-37}$$

其中，v^2/r 是卫星的向心加速度。由式（13-37），动能就是

$$K=\frac{1}{2}mv^2=\frac{GMm}{2r} \tag{13-38}$$

这个方程式告诉我们，对一个在圆轨道上运行的卫星：

$$K=-\frac{U}{2}\text{（圆轨道）} \tag{13-39}$$

在轨道上运行的卫星的总机械能是

$$E=K+U=\frac{GMm}{2r}-\frac{GMm}{r}$$

或

$$E=-\frac{GMm}{2r}\text{（圆轨道）} \tag{13-40}$$

这个式子告诉我们，对圆轨道上运行的卫星总能量 E 是动能的负值：

$$E=-K\text{（圆轨道）} \tag{13-41}$$

对于在长半轴为 a 的椭圆轨道上运行的卫星，我们可以将式（13-40）中的 r 代替为 a 以得出机械能：

$$E=-\frac{GMm}{2a}\text{（椭圆轨道）} \tag{13-42}$$

式（13-42）告诉我们，在轨道上运行的卫星的总能量只依赖于轨道的长半轴而与它的偏心率 e 无关。例如，图13-15中画出有同样长半轴的四条轨道；在所有四条轨道上的同样的卫星有相同的总机械能 E。图13-16表示绕大质量的中心物体在圆轨道上运行的卫星的 K、U 和 E 随 r 的变化。注意，若 r 增加则动能（因而轨道上运动的速率）减少。

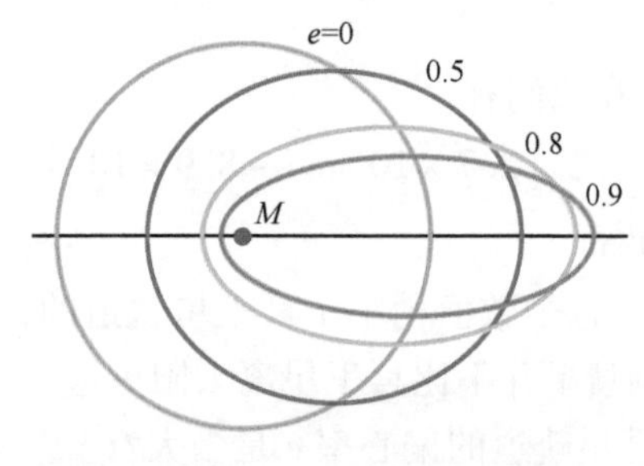

图13-15 绕质量为 M 的一个物体的四条不同偏心率 e 的轨道。所有四条轨道都有同样的长半轴 a，对应于同样的总机械能 E。

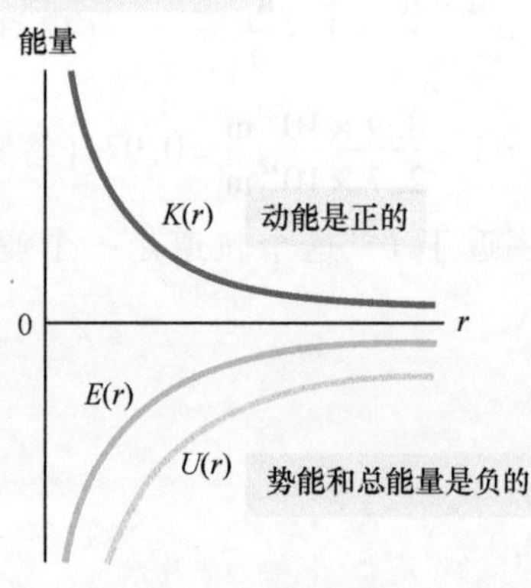

图13-16 圆轨道上的一颗卫星的动能为 K，势能 U 和总能量 E 随半径 r 的变化。对任意的 r 值，U 和 E 的数值都是负的，K 的数值是正的，并且 $E=-K$。当 $r\to\infty$ 时，所有三个能量曲线都趋近于零值。

检查点 5

在右图中一架航天飞机原来在半径为 r 的圆形轨道上绕地球运行。在 P 点，宇航员短暂地起动了指向前方的助推器以减小航天飞机的动能 K 和机械能 E。(a) 这以后航天飞机要进入图上所示的哪一条虚线椭圆轨道？(b) 航天飞机的轨道周期 T（回到 P 点的时间）就要大于，小于还是和圆形轨道的相同？

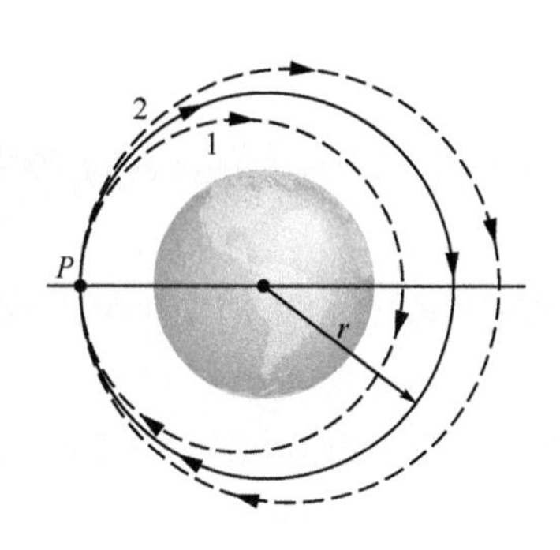

例题 13.05 在轨道上运行的保龄球的机械能

一位顽皮的宇航员在高度 h 为 350km 处释放一个质量 $m=7.2\text{kg}$ 的保龄球到绕地球运行的圆轨道上。(a) 保龄球在圆轨道上运行的机械能为何？

【关键概念】

如果首先求出轨道的半径 r，并非是给出的高度那么简单我们就可以按式（13-40）：$E=-GMm/(2r)$ 得到轨道运动的能量。

解：轨道半径必定是：

$$r=R+h=6370\text{km}+350\text{km}=6.72\times10^6\text{m}$$

其中，R 是地球的半径。然后，将地球质量 $M=5.98\times10^{24}\text{kg}$ 代入式（13-40），得到机械能：

$$E=-\frac{GMm}{2r}$$
$$=-\frac{(6.67\times10^{-11}\text{N}\cdot\text{m}^2/\text{kg}^2)(5.98\times10^{24}\text{kg})(7.20\text{kg})}{(2)(6.72\times10^6\text{m})}$$
$$=-2.14\times10^8\text{J}$$
$$=-214\text{MJ} \qquad \text{(答案)}$$

(b) 保龄球在肯尼迪航天中心的发射台上（发射前）的机械能 E_0 是多大？从这里到轨道上，保龄球机械能的变化 ΔE 是多少？

【关键概念】

保龄球在发射台上时不在轨道上运行，所以式（13-40）不能应用。我们要求 $E_0=K_0+U_0$，K_0 是保龄球的动能，U_0 是保龄球-地球系统的引力势能。

解：为求 U_0，我们利用式（13-21），写出

$$U_0=-\frac{GMm}{R}$$
$$=-\frac{(6.67\times10^{-11}\text{N}\cdot\text{m}^2/\text{kg}^2)(5.98\times10^{24}\text{kg})(7.20\text{kg})}{6.37\times10^6\text{m}}$$
$$=-4.51\times10^8\text{J}=-451\text{MJ}$$

保龄球的动能 K_0 来自保龄球随地球自转而一同运动。你可以证明 K_0 小于 1MJ，相对于 U_0 可以忽略不计。于是，保龄球在发射台上的机械能是

$$E_0=K_0+U_0\approx0-451\text{MJ}$$
$$=-451\text{MJ} \qquad \text{(答案)}$$

从发射台到轨道上保龄球机械能的增加：

$$\Delta E=E-E_0=(-214\text{MJ})-(-451\text{MJ})$$
$$=237\text{MJ} \qquad \text{(答案)}$$

在你的公共事业公司的账单上这些能量只值几个美元。显然，把物体送到轨道上的高昂费用并不是由于它所需要的机械能。

例题 13.06 从圆轨道转换到椭圆轨道

质量 $m=4.50\times10^3\text{kg}$ 的宇宙飞船在半径 $r=8.00\times10^6\text{m}$ 的绕地球的圆轨道上运行，周期 $T_0=118.6\text{min}=7.119\times10^3\text{s}$。某一时刻宇航员短时起动了向前方的助推器使速率减少到原来速率的 96%，最后椭圆轨道（见图 13-17）的周期是多少？

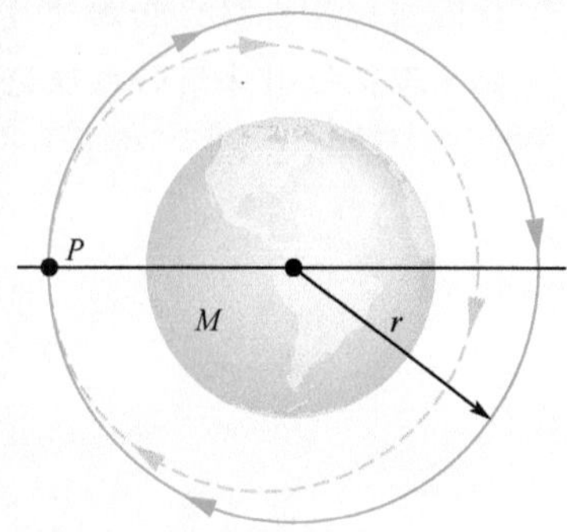

图 13-17 在 P 点起动助推器，宇宙飞船的轨道从圆形转换为椭圆。

【关键概念】

(1) 椭圆轨道的周期和长半轴由开普勒第三定律联系起来。即式 (13-34)：$T^2=4\pi^2r^3/(GM)$，但这里要用 a 代替 r。(2) 长半轴 a 和飞船的总机械能通过式 (13-42)：$E=-GMm/(2a)$ 联系起来，其中地球的质量 $M=5.98\times10^{24}$ kg。(3) 飞船在离地球中心距离 r 的势能由式 (13-21)：$U=-GMm/r$ 给出。

解：检查一下关键概念，我们看到我们需要计算总能量，从而求长半轴 a，这样我们就可以确定椭圆轨道的周期。我们从动能开始，计算助推器刚停止后的动能。那时的速率 v 正好是原来速率 v_0 的 96%，v_0 等于原来圆周轨道的周长和原来的周期之比。于是，助推器作用后的动能是

$$K=\frac{1}{2}mv^2=\frac{1}{2}m(0.96v_0)^2$$

$$=\frac{1}{2}m(0.96)^2\left(\frac{2\pi r}{T_0}\right)^2$$

$$=\frac{1}{2}(4.50\times10^3\text{kg})(0.96)^2\left(\frac{2\pi(8.00\times10^6\text{m})}{7.119\times10^3\text{s}}\right)^2$$

$$=1.0338\times10^{11}\text{J}$$

正好在助推器短暂作用完以后，飞船还在半径 r 的轨道上，所以它的引力势能是

$$U=-\frac{GMm}{r}$$

$$=-\frac{(6.67\times10^{-11}\text{N}\cdot\text{m}^2/\text{kg}^2)(5.98\times10^{24}\text{kg})(4.50\times10^3\text{kg})}{8.00\times10^6\text{m}}$$

$$=-2.2436\times10^{11}\text{J}$$

我们现在可以重新整理式 (13-42) 来求长半轴，用 a 代替 r，然后将我们求出的能量代入：

$$a=-\frac{GMm}{2E}=-\frac{GMm}{2(K+U)}$$

$$=-\frac{(6.67\times10^{-11}\text{N}\cdot\text{m}^2/\text{kg}^2)(5.98\times10^{24}\text{kg})(4.50\times10^3\text{kg})}{2(1.0338\times10^{11}\text{J}-2.2436\times10^{11}\text{J})}$$

$$=7.418\times10^6\text{m}$$

好！还有一步，在式 (13-34) 中我们用 a 代替 r，然后解出周期 T，把上述结果代入 a：

$$T=\left(\frac{4\pi^2a^3}{GM}\right)^{1/2}$$

$$=\left(\frac{4\pi^2\ (7.418\times10^6\text{m})^3}{(6.67\times10^{-11}\text{N}\cdot\text{m}^2/\text{kg}^2)\ (5.98\times10^{24}\text{kg})}\right)^{1/2}$$

$$=6.356\times10^3\text{s}=106\text{min}$$ (答案)

这就是助推器短暂起动结束以后飞船运行的椭圆轨道的周期。有两个原因使它比圆轨道周期 T_0 来得小：①轨道路程的长度现在变短了；②椭圆轨道使飞船在所有位置，除了起动的那一点 (见图 13-13) 外，都更靠近地球。这个结果是引力势能减少，而动能增大，从而飞船的速度增大了。

PLUS 在 WileyPLUS 中可以找到附加的例题、视频和练习。

13-8 爱因斯坦与引力

学习目标

学完这一单元后，你应当能够……

13.24 说明爱因斯坦的等效原理。

13.25 懂得爱因斯坦的引力模型是由于时空弯曲所致。

关键概念

- 爱因斯坦指出引力和加速度是等效的。这个等效原理把他引导到引力理论 (广义相对论的)，这个理论用空间弯曲来解释引力效应。

爱因斯坦与引力

等效原理

阿尔伯特·爱因斯坦有一次说："我……当时在伯尔尼的专利局工作，突然出现一个想法：'如果一个人自由下落，他不会感觉到自己的重量。'我大吃一惊，这个简单的想法给我深刻的印象，

它促使我导出引力理论。”

这就是爱因斯坦告诉我们的他是怎样开始形成他的**广义相对论的**。这个关于引力（物体相互吸引）理论的基本假设称为**等效原理**，这个原理说引力和加速度是等效的。如果有一位物理学家封闭在一个箱子里面（见图13-18），他无法判断箱子是静止在地球上（只受到地球的引力），如图13-18a所示，还是在星际空间以9.8m/s^{2}的加速度上升（只受到产生这个加速度的力），如图13-18b所示。在两种情况中他的感觉是相同的，并且在台秤上会读出他相同的体重数值。还有，如果他观看在他旁边下落的物体，在两种情况中，该物体相对于他有相同的加速度。

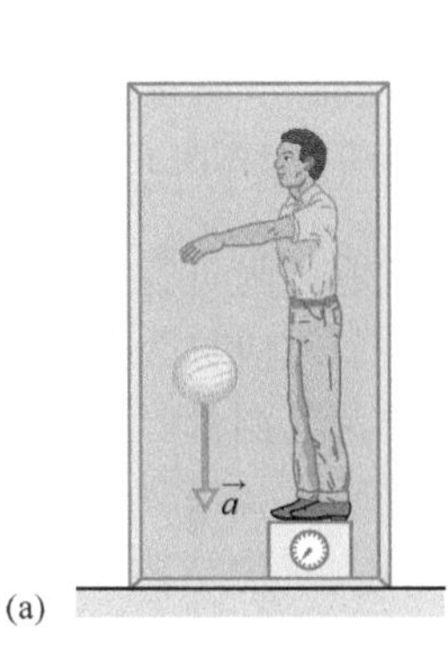

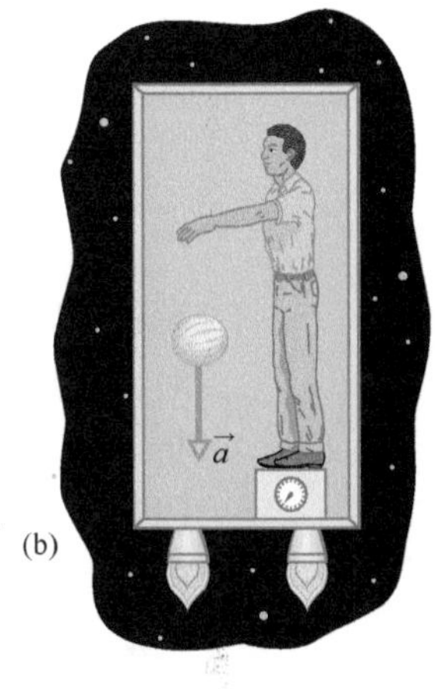

图13-18 (a) 静止在地球上的箱子中的一位物理学家看到甜瓜以加速度$a=9.8\text{m/s}^2$下落。(b) 如果他和箱子在深度空间中以9.8m/s^{2}向上加速，甜瓜相对于他有同样的加速度。这位物理学家不可能在箱子中通过做实验得知他处在哪一种情况中。例如，在两种情况中，他站在其上的台秤的读数都是一样的。

空间弯曲

迄今为止，我们把引力解释为质量之间的作用力。与此不同，爱因斯坦指出，引力是由于质量引起的空间的弯曲（正如本书以后要讨论的，空间和时间是纠缠在一起的，所以爱因斯坦所说的弯曲实际上是时空的弯曲，即我们宇宙的四维组合。）

要画出空间（譬如真空）如何弯曲是很难的。做一个类比可能会有帮助：假设我们在绕地卫星轨道上观看一场竞赛：地球赤道上两艘相距20km向着正南方向行驶的船的竞赛（图13-19a）。从水手看来，两艘船都沿着笔直且平行的航线行驶。然而，随着时间的推移，两艘船逐渐靠近，到达南极时两船相遇。两艘船上的水手可以用作用于船上的力来解释这种互相靠近的原因。然而，从太空中观察，我们可以看出两艘船之所以逐渐靠近仅仅是因为地球表面的弯曲。我们可以看出这些是因为我们是从地球表面的“外面”观看这场竞赛。

图13-19b表示类似的竞赛：两只水平地分开的苹果从地球以上同样的高度下落。虽然两只苹果看上去是沿着相互平行的路径落下，可实际上它们是相向而行的，因为它们都向着地球中心下落。我们可以用地球对苹果的引力来解释苹果的这种运动。我们也可以用地球附近空间的弯曲来解释这种运动，即由于地球质量的存在而导致的弯曲。这一次我们无法看出这种弯曲，因为我们无法像我们在船的例子中飞到弯曲的地球外面那样到弯曲空间的“外面”。然而，我们可以画出像图13-19c中那样的空间弯曲的图；在图中苹果沿着由于地球的质量造成的向着地球弯曲的表面运动。

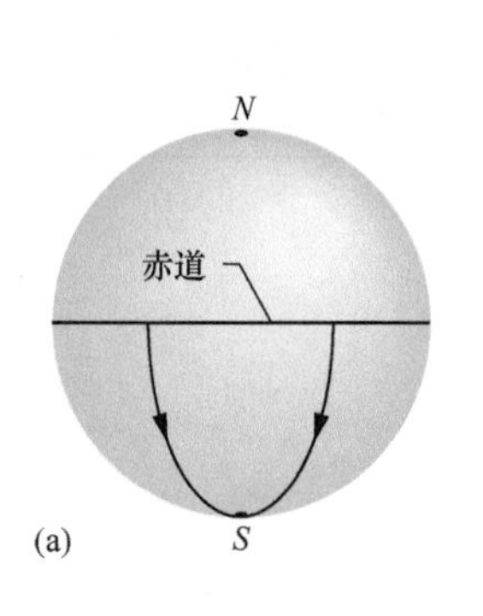

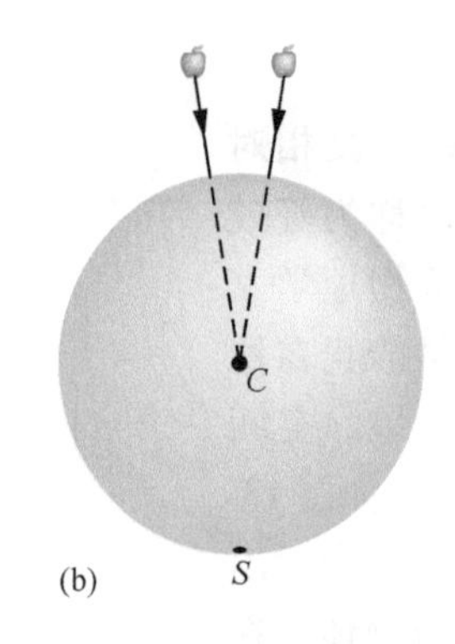

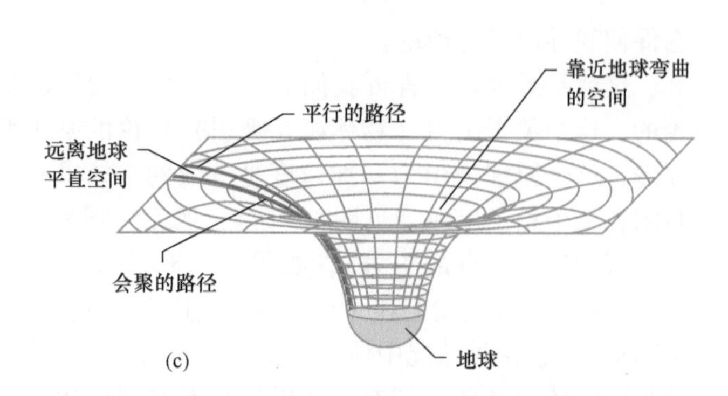

图13-19 (a) 沿径线向南极运动的两个物体最终汇合。这是由于地球表面的弯曲。(b) 靠近地球自由下落的两个物体沿直线运动，两直线在地球中心汇合，这是因为靠近地球空间的弯曲。(c) 远离地球（和其他有质量的物体)，空间是平直的，平行路径保持平行，靠近地球，平行的路径开始会聚，因为空间被地球的质量弯曲了。

当光线在地球附近通过时，由于那里空间的弯曲，光的路径稍稍偏转，这个效应称为*引力透镜*。当光线经过质量更大的结构时，像星系或者黑洞都具有很大的质量，光的路径会有更大的偏折。如果在类星体（极其明亮且距我们非常远的光源）和我们之间存在这样的大质量结构，从类星体射来的光线会在大质量结构附近偏折，然后向我们射来（见图13-20a)。这样，因为看上去光线从天空中许多稍微不同的方向来到我们这里，我们在所有这些不同的方向上都会看到同一个类星体。在某些情况下，我们看到许多类星体混合起来形成巨大的发光圆弧，这称为*爱因斯坦环*（见图13-20b)。

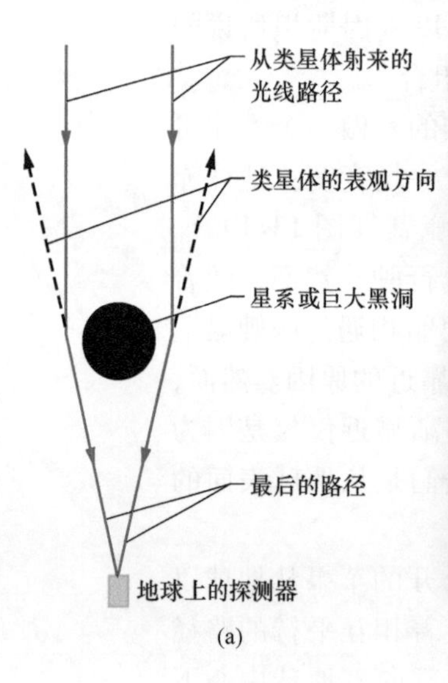

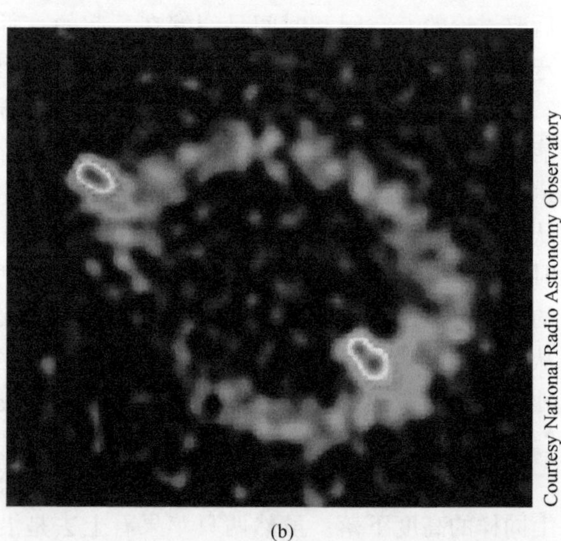

图13-20 (a) 从远距离类星体射来的光沿着绕过星系或巨大黑洞的弯曲路径传播，这是因为星系或黑洞的质量使附近的空间弯曲。如果光被探测到，它看上去好像是从最后一段路径向后延长线（虚线）上的某个光源发出。(b) 望远镜的计算机屏幕上的称作MG11-31+0456的星体的爱因斯坦环。光源（实际上是射电波，它是不可见光的一种）远远地在产生这个环的，看不到的巨大星系的后面；光源的一部分在环上形成看到的两个亮斑。

我们应该把引力归因于质量的存在而引起的时空弯曲，还是质量之间的一种力？还是像某些近代物理理论中推测的那样，把它归因于一种叫作引力子的基本粒子的作用？虽然我们关于引力的理论在描述从下落的苹果到行星和恒星的运动等各种事物方面获得了巨大的成功，但无论在宇宙的尺度上还是在量子物理学的尺度上我们对它仍旧没有彻底理解。

复习和总结

引力定律 宇宙中任何质点都有**引力**以吸引其他质点，引力的数值是

$$F=G\frac{m_1m_2}{r^2}\text{（牛顿引力定律）}\qquad(13\text{-}1)$$

其中，m_1 和 m_2 是质点的质量；r 是二者间的距离；G（$=6.67\times10^{-11}\mathrm{N\cdot m^2/kg^2}$）是引力常量。

均匀球壳的引力行为 延展的物体间的引力通过对物体的各个质点分别受到的各个作用力求和（积分）得到。不过，如二者中任一个物体是均匀的球壳或球对称的固体，它对外部物体的作用可以当作这个球壳或球体的质量都集中在它的中心的质点来计算。

叠加 引力服从**叠加原理**；即，如有 n 个质点相互作用，作用在标记为质点 1 的质点上的净力 $\vec{F}_{1,\mathrm{net}}$ 是所有其他质点分别作用在它上面的力之总和：

$$\vec{F}_{1,\mathrm{net}}=\sum_{i=2}^{n}\vec{F}_{1i}\qquad(13\text{-}5)$$

其中的求和是各个质点 2，3，…，n 作用于质点 1 的力 $\vec{F}_{1i}$ 的矢量和。求一个延展物体作用在一个质点上的引力 $\vec{F}_1$ 是通过把物体分解成微分质量为 dm 的小单元，每一个单元对质点作用一个微分力 d$\vec{F}$，然后积分求这些力之和：

$$\vec{F}_1=\int\mathrm{d}\vec{F}\qquad(13\text{-}6)$$

引力加速度 一个质点（质量 m）的引力加速度 a_g 仅仅来自作用于它的引力。当一个质点在离质量为 M 的均匀球体中心距离 r 处时，作用于该质点引力的数值 F 由式（13-1）给出，由牛顿第二定律：

$$F=ma_g\qquad(13\text{-}10)$$

由此得出：

$$a_g=\frac{GM}{r^2}\qquad(13\text{-}11)$$

自由下落加速度和重量 因为地球的质量不是均匀分布的，加之行星不是完美的球体，并且它在自转，所以地球附近质点的实际自由下落加速度 $\vec{g}$ 和引力加速度 $\vec{a}_g$ 会稍有不同，并且质点的重量（等于 mg）与由牛顿引力定律［式（13-1）］算出的引力的大小相比，也会有所不同。

球壳里边的引力 均匀物质的球壳对它内部的质点没有净引力作用。这意味着，如果有一个质点位于均匀球体内部，则离球心距离 r 处，作用于该质点的引力只有来自半径为 r 的球体内部（内球）的质量。力的数值由下式给出：

$$F=\frac{GmM}{R^3}r\qquad(13\text{-}19)$$

其中，M 是球的质量；R 是球的半径。

引力势能 质量分别为 M 和 m 及分开距离为 r 的两个质点组成的系统的引力势能 $U(r)$ 就是假设两个质点之间的距离从无穷远（非常大）改变到 r 的过程中，一个质点作用于另一个质点的引力所做的功的负值。这个势能是

$$U=-\frac{GMm}{r}\text{（引力势能）}\qquad(13\text{-}21)$$

系统的势能 如果一个系统包含多于两个的质点，则它的总引力势能 U 是表示所有质点对的各势能项之和。例如，对质量分别为 m_1、m_2 和 m_3 的三个质点：

$$U=-\left(\frac{Gm_1m_2}{r_{12}}+\frac{Gm_1m_3}{r_{13}}+\frac{Gm_2m_3}{r_{23}}\right)\qquad(13\text{-}22)$$

逃逸速率 如果在某一质量为 M、半径为 R 的天体表面附近的一个物体的速率等于（或大于）**逃逸速率**时，这个物体就能克服该天体的引力而逃离（即，它会到达离天体无穷远的距离）。逃逸速率由下式给出：

$$v=\sqrt{\frac{2GM}{R}}\qquad(13\text{-}28)$$

开普勒定律 行星以及自然的和人造的卫星的运动受以下定律支配：

1. **轨道定律**。所有的行星都在椭圆轨道上运行，太阳在一个焦点上。

2. **面积定律**。连接任一颗行星和太阳的直线在相等的时间间隔内扫过相等的面积。（这一表述等价于角动量守恒。）

3. **周期定律**。任一行星的周期 T 的二次方正比于它的轨道的长半轴 a 的三次方。对半径为 r 的圆轨道：

$$T^2=\left(\frac{4\pi^2}{GM}\right)r^3\text{（周期定律）}\qquad(13\text{-}34)$$

其中，M 是吸引物体——在太阳系的案例中就是太阳——的质量。对于椭圆行星轨道，用长半轴 a 代替 r。

行星运动的能量 当一个质量为 m 的行星或卫星在半径为 r 的圆轨道上运行时，势能 U 和动能 K 分别由下两式给出：

$$U=-\frac{GMm}{r}\quad\text{及}\quad K=\frac{GMm}{2r}\qquad(13\text{-}21,\ 13\text{-}38)$$

它的机械能是：

$$E=-\frac{GMm}{2r}\qquad(13\text{-}40)$$

对于长半轴为 a 的椭圆轨道：

$$E=-\frac{GMm}{2a}\qquad(13\text{-}42)$$

爱因斯坦引力的观念 爱因斯坦指出，引力和加速度等效。这个**等效原理**把他引导到引力理论（**广义相对论**），用空间弯曲说明引力效应。

习题

1. 图13-21中，质量 $m_1=0.67\text{kg}$ 的质点距离长度 $L=2.5\text{m}$ 及质量 $M=4.0\text{kg}$ 的均匀棒的一端 $d=23\text{cm}$。棒对质点引力 $\vec{F}$ 的数值为多少？

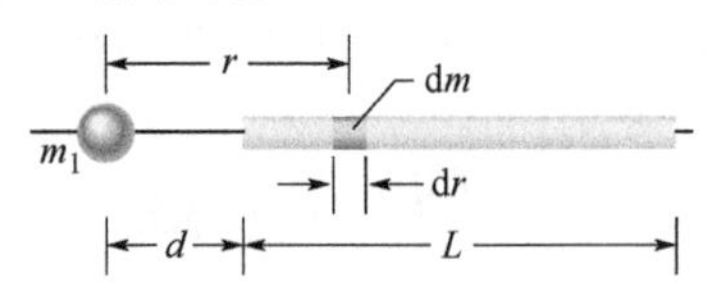

图13-21　习题1图

2. 两颗中子星相距 $1.0\times10^{11}\text{m}$。每颗星都有质量 $1.0\times10^{30}\text{kg}$ 和半径 $2.0\times10^{5}\text{m}$。它们原来相对静止。从静止的参考系测量（a）当它的距离减少到原来的一半时，（b）当它们即将碰撞的时候，它们运动得有多快？

3. 在某个双星系统中，每颗星都具有和我们的太阳同样的质量，它们绕着共同的质心旋转，它们之间的距离与地球到太阳的距离相同。用地球年表示的它们的周期是多少？

4. 小型黑洞。宇宙大爆炸开始阶段残留的微小黑洞可能仍旧在宇宙中游荡。如果有一个质量为 $5.0\times10^{11}\text{kg}$（半径只有 $5.0\times10^{-16}\text{m}$）的小型黑洞到达地球，它在你头顶上方多少距离时，它对你的引力就可以和地球对你的引力相同。

5. 一枚火箭从地球表面径向向外发射。忽略地球的自转，求火箭能够到达的从地心算起的径向距离。假如它发射时的初始条件是：（a）从地球逃逸速率的0.400倍，（b）从地球逃逸所需动能的0.400倍。（c）要使它能从地球逃逸，发射的最小机械能为多少？

6. 两个同心球壳安放成图13-22所示的状态，它们有均匀分布的质量 $M_1=5.00\times10^{3}\text{kg}$ 及 $M_2=9.00\times10^{3}\text{kg}$。求两个球壳作用在质量 $m=2.00\text{kg}$ 的质点上净引力的数值。质点所在的径向距离为（a）$a=11.0\text{m}$，（b）$b=6.00\text{m}$，（c）$c=2.00\text{m}$。

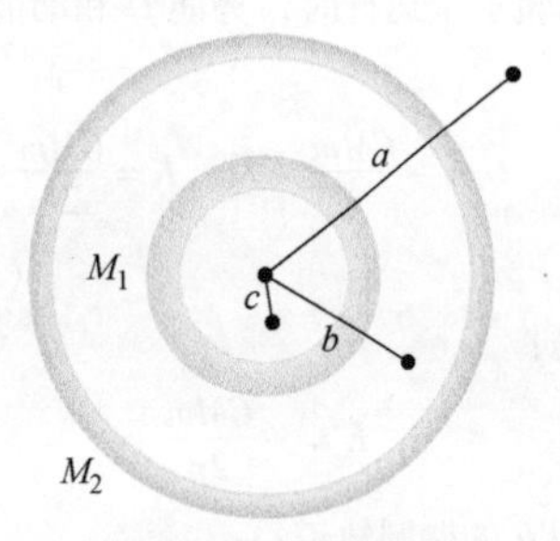

图13-22　习题6图

7. （a）地面以上多少高度是把一颗人造卫星提升到这个高度所需的能量等于这颗卫星在这个高度的轨道上运行的动能？（b）对于更高的高度，是提升到此高度的能量更大，还是在此高度的轨道上运行的动能更大？

8. 为了监视太阳耀斑我们把一个空间探测器放在地球到太阳的直接连线上的某一位置。要使探测器上太阳的引力和地球的引力平衡，这个位置应离地球中心多远？

9. 图13-23中，两颗质量都是 $m=150\text{kg}$ 的卫星 A 和 B 在同一条半径为 $r=7.87\times10^{6}\text{m}$ 的圆轨道上绕地球运行，但转动方向相反，因而在碰撞的路线上。（a）求碰撞前两个卫星＋地球系统的总机械能 E_A+E_B。（b）如果碰撞是完全非弹性的，碰撞残骸结合成一块物体（质量＝$2m$）。求刚碰撞后的总机械能。（c）碰撞结束后的残骸直接落向地球中心还是在绕地球的轨道上运行？

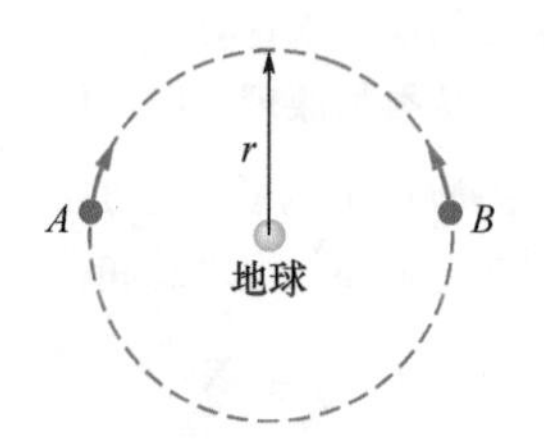

图13-23　习题9图

10. 一颗卫星在半径为 r 的圆形地球轨道上运行。轨道包含的面积 A 取决于 r^2，因为 $A=\pi r^2$。证明卫星的下面几种性质是如何依赖于 r 的：（a）周期，（b）动能，（c）角动量，（d）速率。

11. 三维。三个质点安放在 xyz 坐标系的固定位置上。质点 A 在原点，质量为 m_A。质点 B 的 xyz 坐标是（$2.00d$，$1.00d$，$2.00d$），质量为 $2.00m_A$。质点 C 的坐标（$-1.00d$，$2.00d$，$-3.00d$），质量为 $3.00m_A$。第四个质点 D，质量为 $4.00m_A$。放在其他几个质点附近。用距离 d 表示，如要使 B、C 和 D 作用于 A 的净引力为零，D 安放在坐标（a）x，（b）y 和（c）z 各是什么？

12. 574年4月，中国天文学家在他们所说的戊午日（Woo Woo day）那天看到的彗星在1994年5月又被看到了。设两次观察之间的时间是这颗戊午日彗星的周期，它的偏心率是0.9932。（a）这颗彗星轨道的长半轴以及（b）用冥王星的平均轨道半径 R_p 表示的它离太阳最远的距离各是多少？

13. 某个行星的一个模型包括半径为 R、质量为 M 的内核和被内半径为 R、外半径为 $2R$、质量为 $4M$ 的外壳层包裹。如 $M=3.00\times10^{24}\text{kg}$，$R=12\times10^{6}\text{m}$。在离行星中心的距离为（a）$R$ 及（b）$3R$ 处质点的引力加速度各是多大？

14. 图13-24中有三个球，它们的质量 $m_A=80\text{g}$，$m_B=10\text{g}$，$m_C=20\text{g}$。它们的中心在同一直线上，$L=14\text{cm}$，$d=2.0\text{cm}$。你将球 B 沿直线移动，直到它和 C 球之间中心到中心的距离是 $d=2.0\text{cm}$。（a）求你对 B 球做了多少功？（b）求 A 和 C 两个球对 B 球的净引力做的功？

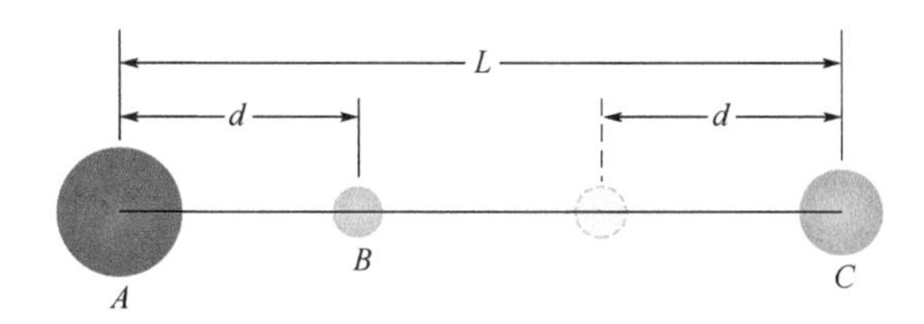

图 13-24　习题 14 图

15. 太阳和地球对月球都有引力作用，这两个力的比 $F_{\mathrm{Sun}}/F_{\mathrm{Earth}}$ 为多少？（太阳-月球平均距离等于太阳-地球距离。）

16. 我们知道的第一次太空碎片和运行中的卫星碰撞发生在 1996 年：在 700km 的高度，发射才一年的一枚法国侦察卫星受到阿里安（Ariane）火箭的碎片撞击。卫星上的稳定臂架被破坏，卫星失去控制而自转起来。在刚碰撞前，用千米每小时为单位表示的火箭碎片相对于卫星的速率是多大，假如它们都在圆轨道上运行，而碰撞是（a）对头碰撞，（b）沿垂直路径？

17. 太阳的中心在地球轨道的一个焦点上，另一个焦点离这个焦点有多远？分别用（a）米及（b）太阳的半径 6.96×10^{8}m 表示。取偏心率是 0.0167，长半轴是 1.50×10^{11}m。

18. 在图 13-25 中可以看到，两个质量均为 m 的球和第三个质量为 M 的球组成等边三角形，质量为 m_4 的第四个球在三角形中心。在中心的球受到的其他三个球的净引力为零。(a) 用 m 表示的 M 是什么？(b) 如果我们把 m_4 的数值加倍，作用于中心球的净引力又会怎样？

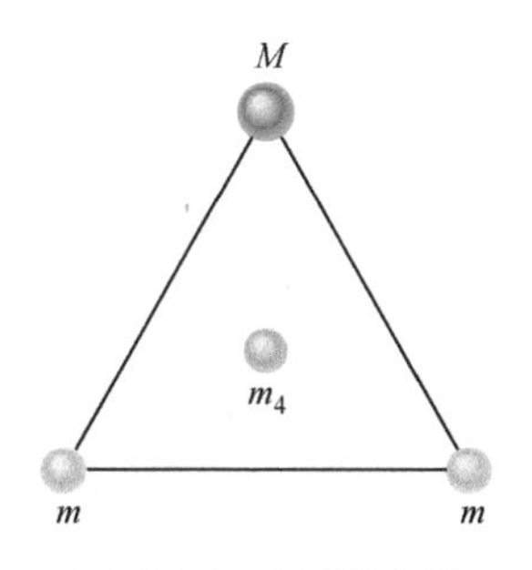

图 13-25　习题 18 图

19. 高度为 300km 的一颗卫星在绕地球的圆轨道上运行。求它的（a）轨道周期，（b）轨道频率，（c）线速率。

20. 一颗在轨道上运行的卫星停留在（自转着的）地球的赤道上空一固定位置。这个轨道（称为地球同步轨道）的高度是多少？

21. 图 13-26a 表示质点 A 可以从无穷远沿 y 轴移动到原点。原点在有相同质量的质点 B 和 C 连线的中间，y 轴是直线 BC 的垂直平分线。距离 D 是 0.3057m。图 13-26b 表示三个质点系统的势能 U 作为质点 A 在 y 轴上位置的函数。曲线实际上可以向右延长并在 $y\to\infty$ 时趋近于渐近线 -2.0×10^{-11}J。求：(a) 质点 B 和 C，(b) 质点 A 的质量。

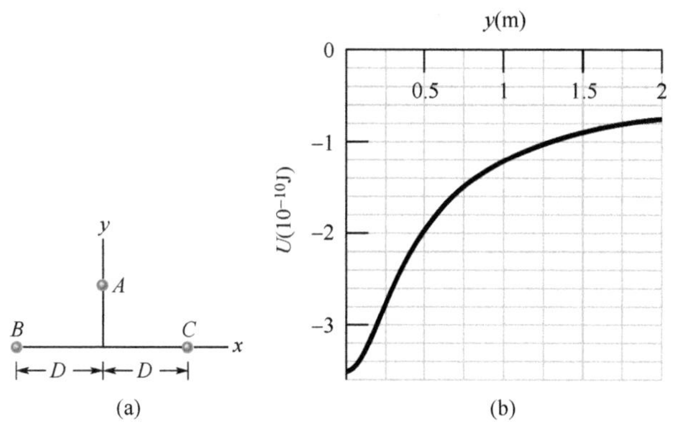

图 13-26　习题 21 图

22. 从（a）质量为 1.472×10^{23}kg 和半径为 3.840×10^{6}m 的卫星，以及从（b）木星逃逸需要的能量是从地球逃逸所需能量的几倍？（提示：参考表 13-2）

23. 当两个质点分开距离 19m 时，它们之间引力的大小是 4.0×10^{-12}N。如果质点 1 的质量是 5.2kg，质点 2 的质量是多少？

24. 图 13-27 画出半径为 R_s 的行星表面向上发射的一个抛射体的势能函数曲线 $U(r)$。要使该抛射体从这个行星“逃逸”，则抛射体从行星表面发射所需要的最小动能是多少？

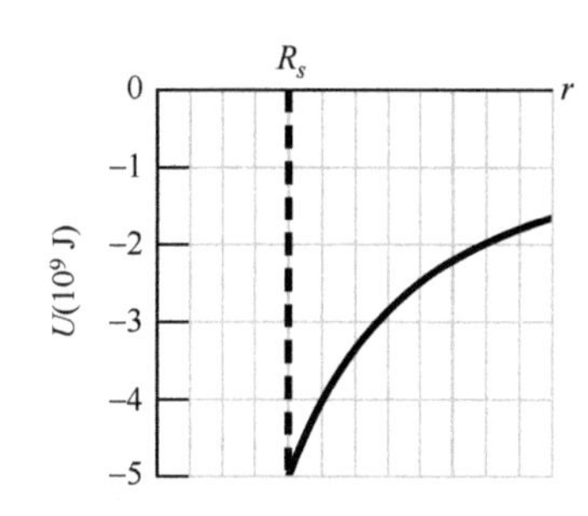

图 13-27　习题 24 和习题 25 图

25. 图 13-27 画出从半径 R_s 的行星表面向上发射的一个抛射体的势能函数 $U(r)$ 的曲线。如抛射体是以机械能 -2.0×10^{9}J 沿径向往上抛射。求（a）它在半径 $r=1.15R_s$ 处的动能以及（b）它的转折点（见单元8-3），用 R_s 表示。

26. 图 13-28 中，三个 8.00kg 的球位于距离 $d_1=0.300$m 和 $d_2=0.400$m 的位置上。求 A 球和 C 球作用于 B 球的净引力的（a）数值和（b）方向（相对于 x 轴正方向）。

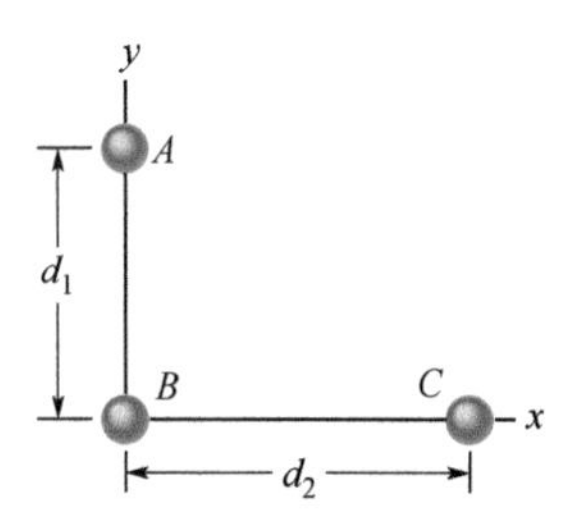

图 13-28　习题 26 图

27. 在图13-29中，以四个质量分别为 $m_1=5.00\text{g}$，$m_2=3.00\text{g}$，$m_3=1.0\text{g}$，$m_4=5.00\text{g}$ 的球为顶点组成边长为20.0cm的正方形。用单位矢量记号表示，它们对位于正方形中央质量为 $m_5=2.00\text{g}$ 的球净引力是多少？

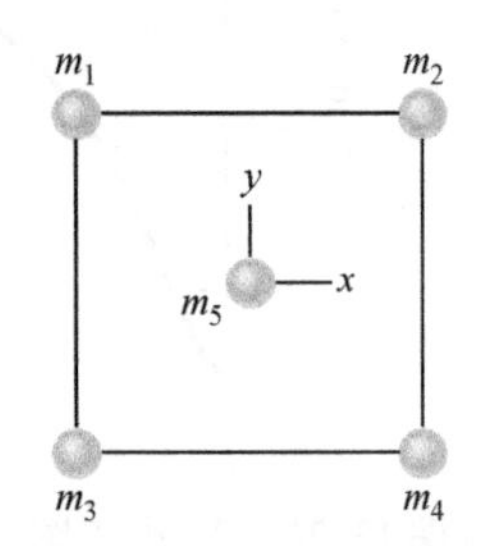

图13-29 习题27图

28. 在深度空间，质量20kg的球A位于x轴的原点，质量10kg的球B位于x轴上$x=0.95\text{m}$处。球B从静止释放而球A固定在原点。(a) 正当B被释放时，两个球组成的系统的引力势能如何？(b) 当B向A运动了0.15m时，它的动能有多大？

29. 考虑一个质量为M的物体，它是足够地小，小到可以把它看作质点，但它又足够大，所以它质量为m的一部分可以取走并放在离剩余部分3.0mm的地方。要使拿下的部分和剩余部分之间的引力数值最大，比值m/M应该是多少？

30. 火星的卫星火卫一（Phobos）以7h 39min的周期在半径为$9.4\times10^6\text{m}$的近似圆轨道上运行。试根据这个信息计算火星的质量。

31. 1610年，伽利略用他的望远镜发现有四颗卫星绕木星运行，它们的平均轨道半径a和周期T如下：

名　称	$a/(10^8\text{m})$	T/天
木卫一（Io）	4.22	1.77
木卫二（Europa）	6.71	3.55
木卫三（Ganymede）	10.7	7.16
木卫四（Callisto）	18.8	16.7

(a) 画出 $\lg a$（y轴）对 $\lg T$（x轴）曲线图并证明你得到的是一条直线。(b) 测量这条直线的斜率并把这个数值和你根据开普勒第三定律所期望的值比较。(c) 通过这条曲线和y轴的截点求木星质量。

32. 三颗相同的、质量都是M的星球形成一等边三角形，三颗星在同一圆周上绕三角形的中心转动。三角形边长为L。三颗星的速率为何？

33. 三个质点固定在xy平面上各自的位置。其中两个画在图13-30上，质点A的质量为6.00g，质点B的质量为12.0g，它们的连线在$\theta=30°$方向上距离$d_{AB}=0.500\text{m}$。质量为10.0g的质点C没有画出来。质点B和C作用于质点A的净引力是$2.77\times10^{-14}\text{N}$，其方向与正$x$轴成角度$-163.8°$。质点$C$的(a) x坐标和(b) y坐标是什么？

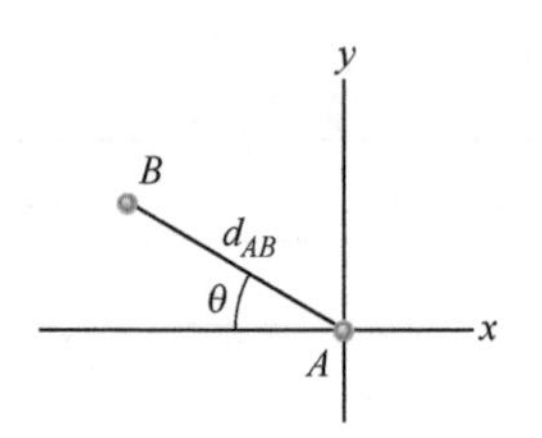

图13-30 习题33图

34. 在椭圆轨道上运行的一颗卫星的最远点在地球表面以上1440km处，最近点在地面上空180km位置。求轨道的(a) 长半轴和(b) 偏心率。

35. 搜寻黑洞。对来自某个星体的光的观察表明它是双星（两颗星）系统中的一部分。这个可见的星球的轨道速率$v=270\text{km/s}$，轨道周期$T=1.70$天，质量近似为$m_1=6M_s$。其中，M_s是太阳的质量$1.99\times10^{30}\text{kg}$。设可见的星和它的伴星（看不见的暗星）都在圆轨道上运行（见图13-31）。这个暗星的近似质量m_2约为M_s的多少整数倍？

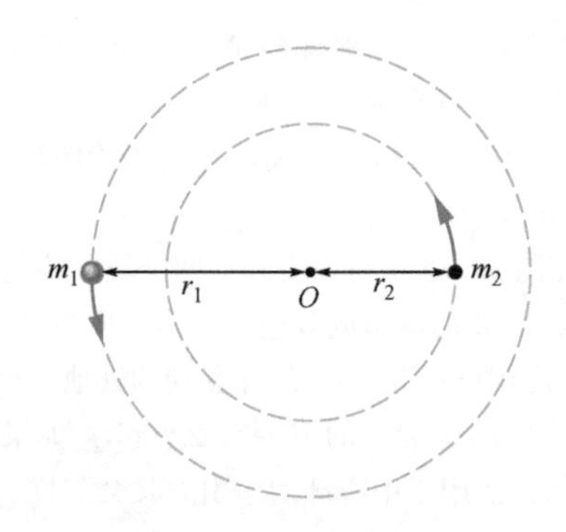

图13-31 习题35图

36. (a) 半径为700km且表面的引力加速度为4.5m/s^2的球形小行星上的逃逸速率是多大？(b) 假如一个质点以径向速率1000m/s离开该小行星表面，这个质点离开表面可以走多远？(c) 如果一个物体从表面以上1000km高度下落，它将会以多大速率撞击小行星？

37. 在地球表面以上多少高度引力加速度是2.0m/s^2？

38. 一颗小行星的质量是地球质量的$1/(2.0\times10^4)$。这颗小行星在绕太阳的圆轨道上运行，它到太阳的距离为地球到太阳距离的3.0倍。(a) 求这颗小行星以年为单位表示的公转周期。(b) 该小行星的动能与地球动能的比例是多少？

39. 黑洞的半径R_h和质量M_h的关系为$R_h=2GM_h/c^2$，其中，c是光速。设在离黑体中心距离$r_o=1.001R_h$处物体的引力加速度a_g由式(13-11)给出（这是针对巨大的黑洞）。(a) 求用M_h表示的在r_o处的a_g。(b) 当M_h增大时，r_o处的a_g是增大还是减小？(c) 对一个质量等于1.55×10^{12}倍太阳质量$1.99\times10^{30}\text{kg}$的非常大的黑洞，$r_o$处的$a_g$是多大？(d) 假如有一位身高1.66m的宇航员脚朝下站在r_o处，他的头和脚的引力加速度之差是多少？(e) 拉伸这位宇航员的趋势是否很严重？

40. 攻击地球轨道卫星的一种方法是发射一群子弹到与卫星相同的轨道上，但运行方向相反。假设在地球表面以上高度500km的圆轨道上运行的一颗卫星与一颗质量5.0g的子弹碰撞。(a) 在卫星参考系上观察，碰撞前子弹的动能有多大？(b) 这个动能和现代军用步枪射出的枪口速率为950m/s质量为5.0g的子弹的动能的比例是多少？

41. 1993年“伽利略”号宇宙飞船发回小行星243Ida（艾达）和在轨道上运行的小型卫星（现在称为Dactyl）的图像（见图13-32），这是第一个被证实的小行星-卫星系统的例子。在图片上，1.5km宽的卫星距离55km长的小行星中心100km。设卫星的轨道是周期27h的圆形轨道。(a) 小行星的质量有多大？(b) 从“伽利略”号的图片上测量，小行星的体积是$14100km^3$。小行星的密度（单位体积的质量）是多少？

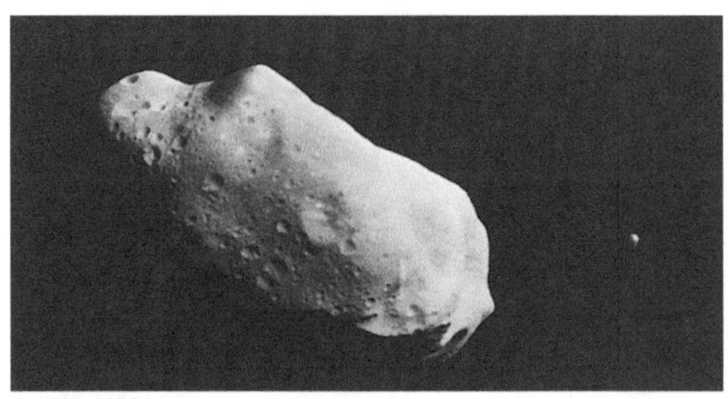
Courtesy NASA

图13-32　习题41图。小型卫星（右边）绕小行星243Ida运行

42. 图13-33是（不按比例）地球内部的截面图，整个地球是不均匀的。地球内部分成三个区域：地壳、地幔和地核。这些区域的线度和质量都在图上标了出来，地球总的质量是5.98×10^{24}kg，半径是6370km。忽略地球自转并设地球是球形。(a) 求地球表面的a_g。(b) 假设一个钻孔（莫霍钻探）达到深度为25.0km的地壳-地幔界面；在钻孔底部a_g的数值是多少？(c) 假如地球是一个均匀、有同样总质量和大小的球。在深度25.0km处a_g的值是多少？（a_g的精确测量是灵敏的地球内部结构的探测方法，虽然得到的结果可能会被质量分布的局部变化所掩盖。）

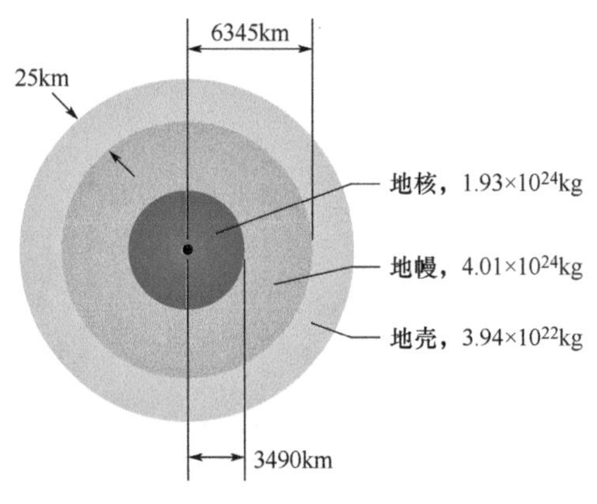

图13-33　习题42图

43. 在图13-18b中，80kg的物理学家站在其上的台秤读数是205N。如果物理学家把手中的甜瓜在高于地板3.0m处放下（从相对于他自己静止的状态），甜瓜到达地板需多长时间？

44. 月亮效应。有些人相信月亮能控制他们的行为。如果月亮从你在地球上正好相对的一面运行到你头顶正上方。(a) 月亮对你的引力增加了多少百分比？(b) 你的重量（在台秤上测量）减少多少百分比？设地球-月亮（中心到中心）的距离是3.82×10^8m，地球半径是6.37×10^6m。

45. 在习题29中，什么样的m/M比例会得到系统最小的引力势能？

46. 半径1.0m的实心球具有均匀分布的质量1.0×10^4kg。这个球对质量为$m=2.0$kg的质点的引力数值有多大，如果质点的位置距离球的中心分别是(a) 1.5m，(b) 0.50m？(c) 写出到球心距离$r\leqslant1.0$m的质点受到球的引力大小的一般表达式。

47. 质量都是m的两颗地球人造卫星A和B被发射到绕地球中心的圆轨道上。卫星A在高度为6370km的轨道上运行。卫星B在高度为19850km的轨道上运行。地球半径R_E是6370km。(a) 求卫星B对卫星A在轨道上的势能之比。(b) 求卫星B对卫星A在轨道上的动能之比。(c) 假如每颗卫星的质量都是14.6kg，哪颗卫星的总能量较大？(d) 相差多少？

48. 图13-34中有四个质点，每个质量都是20.0g，它们形成边长为$d=0.600$m的正方形。如果d增加到1.20m，这四个质点系统的引力势能将改变多少？

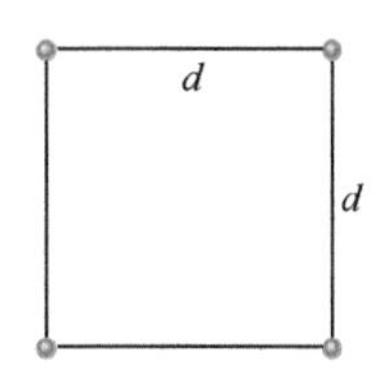

图13-34　习题48图

49. 二维。图13-35中有三个质点放置在xy平面内固定位置上。质点A的质量为m_A，质点B的质量为$2.00m_A$，质点C的质量为$3.00m_A$。第四个质量为$12.0m_A$的质点D放在另外三个质点附近。为了使其他三个质点作用在质点A上的净力为零，质点D应该放在哪里？给出(a) 用d表示的到A的距离。(b) 相对于x轴的正方向的角度。

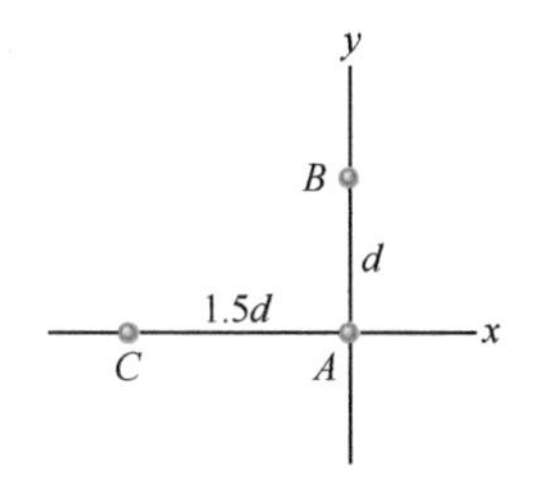

图13-35　习题49图

50. 一颗400kg的卫星在地球表面以上高度900km的近似圆轨道上运行的（a）速率和（b）周期各是多少？设这颗卫星在轨道上平均每转一圈失去机械能1.4×10^5J。取合理的近似：卫星的轨道是"半径逐渐减小的圆"。求卫星在完成第1500圈后的（c）高度，（d）速率及（e）周期。（f）作用在卫星上的平均减速力的大小是多少？（g）卫星及（h）卫星-地球系统（假设系统是孤立的）绕地球中心的角动量是否守恒？

51. 一颗假设的行星"零"的质量是5.0×10^{23}kg，半径为3.5×10^6m，并且没有大气。一台10kg的空间探测器从它的表面垂直发射。（a）如果探测器发射的初始能量为5.0×10^7J，当它到达距零行星中心4.0×10^6m的位置时它的动能是多少？（b）如要使探测器到达距零行星中心的最大距离8.0×10^6m，则它从零行星表面发射的初始动能必须多大？

52. 两艘小型宇宙飞船，质量都是$m=1500$kg，在高度$h=400$km的圆轨道上运行（见图13-36），一艘飞船上的指挥官伊哥尔（Igor）比另一艘飞船上的指挥官皮卡德（Picard）总是提前90s到达轨道上任一固定点。两艘飞船的（a）周期T_0和（b）速率v_0为何？在图13-36中的P点，皮卡德起动向前方向的瞬时喷射使他的飞船速率减少1%。在喷射以后，他沿图上虚线画出的椭圆轨道运行。他的飞船在喷射刚结束时的（c）动能及（d）势能是多少？在皮卡德的新的椭圆轨道上，（e）总能量E，（f）长半轴a和（g）轨道周期各是多少？（h）在这以后伊哥尔回到P点将比皮卡德早多少时间？

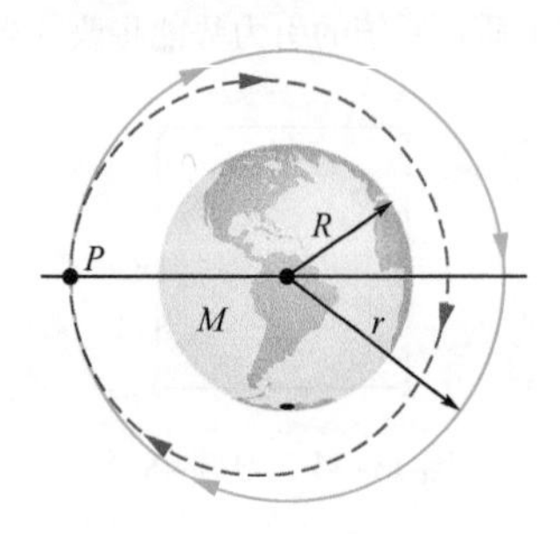

图13-36 习题52图

53. 一维。图13-37中，两个质点固定在x轴上，分开距离为d。质点A的质量为m_A，质点B的质量为$25.0m_A$。第三个质量为$75.0m_A$的质点C放在x轴上，并靠近质点A和B。用距离d表示，C应该放在什么位置才会使B和C两个质点作用于质点A的净引力为零。

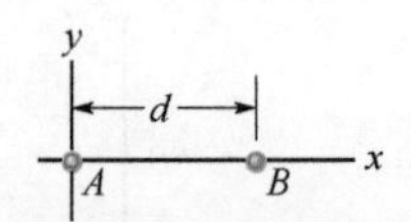

图13-37 习题53图

54. 火星到太阳的平均距离是地球到太阳平均距离的1.52倍。用开普勒周期定律计算火星绕太阳一周所需的年数；把你的答案和附录C中的数值比较一下。

55. （a）如果一个物体在月球表面上重160N，它在地球表面上重多少？（b）若想使同一物体的重量和它在月球上的一样，那么该物体到地球中心的径向距离必须有多大？

56. 如有一颗看不见的行星在绕遥远距离恒星的轨道上运行，这常常会干扰我们见到的这颗恒星的运动。恒星和行星绕着恒星-行星系统的质心在各自的轨道上运行时，恒星视线速度向着我们和背着我们的运动是可以探测出来的。图13-38是武仙座14星的视线速度关于时间的曲线图。这颗恒星的质量被认为是太阳质量的0.90。假设只有一颗行星在绕恒星的轨道上运行，并且我们的视线沿着轨道平面。粗略估计：（a）用木星质量m_J表示的行星的质量。（b）用地球轨道半径r_E表示的行星轨道半径。

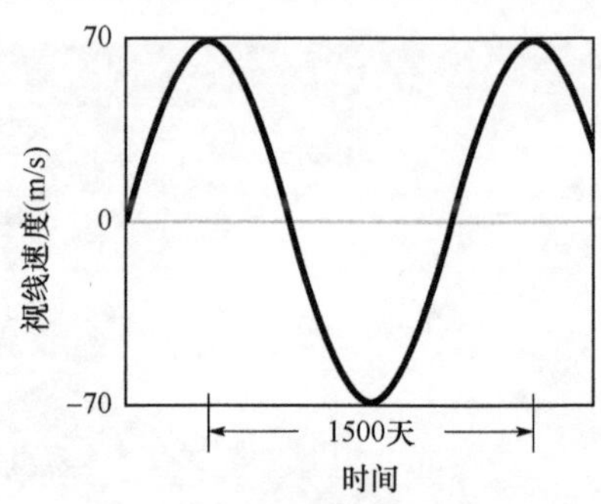

图13-38 习题56图

57. 图13-39a中，质点A放在x轴上$x=-0.20$m的位置，质量为1.5kg的质点B放在原点。质点C（没有画出来）可以沿x轴在质点B和$x=\infty$间移动。图13-39b画出质点A和C作用于质点B的净引力的x分量$F_{net,x}$作为质点C的x位置的函数。图上的曲线实际上向右延伸，在$x\to\infty$时趋近于渐近线-4.17×10^{-10}N。（a）质点A和（b）质点C的质量各是多少？

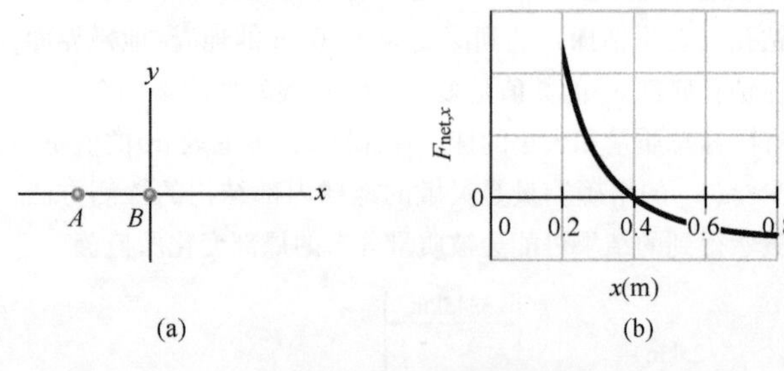

图13-39 习题57图

58. 半径为R的均匀实心球在它的表面产生引力加速度a_g。在（a）球的内部和（b）球的外部离球心多少距离的位置引力加速度等于$a_g/2$？

59. 一英里高的建筑。1956年，弗兰克·劳埃德·赖特（Frank Lloyd Wright）建议在芝加哥建造一座1mile（1mile=1.61km）高的建筑。假定这座建筑物已经建造完成。忽略地球自转，如果你在马路的高度，在这里你的重量是630N，乘坐电梯到达大楼的顶层后，你的重量改变了多少？

60. 把一颗人造卫星送到绕地球的圆轨道上，轨道半径等于月球轨道半径的三分之二，用月份表示它的转动周期的多少？（月份是月球轨道运动的周期。）

61. 火星和地球的平均直径分别是 6.9×10^3km 和 1.3×10^4km。火星质量是地球质量的 0.11。(a) 火星和地球的平均密度（单位体积的质量）之比为何？(b) 火星上的引力加速度数值为何？(c) 火星上的逃逸速率多大？

62. 图 13-40 表示一个半径 $R=2.00$cm 的铅球，铅球里面有一个球形空洞，空洞的表面经过铅球中心并和铅球的右边表面“接触”。铅球在挖掉空洞前的质量是 $M=2.95$kg。求这个有空洞的铅球对质量 $m=0.950$kg 的小球的引力。小球位于距铅球中心 $d=9.00$cm，并在连接铅球中心和空洞中心的直线的延长线上。

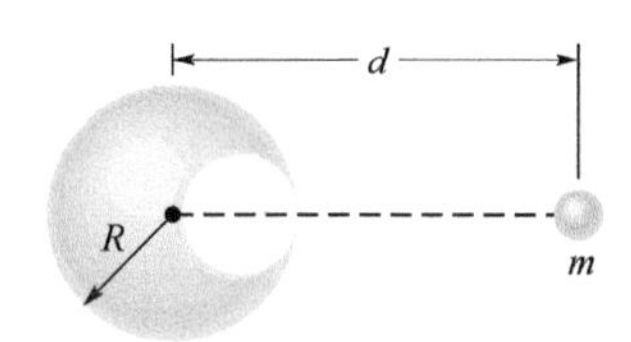

图 13-40 习题 62 图

63. 中子星有多大的自转角速率可以使它表面赤道上的物质正好保持在飞离中子星的临界状态？设中子星是半径为 18.0km 的球，其质量为 7.72×10^{24}kg。

64. *山岳的拉力*。巨大的山岳会稍稍影响用铅垂线测出的“向下”的方向。假设我们可以把半径 $R=1.80$km 和密度（单位体积的质量）为 2.6×10^3km/m^3 的球作为山岳的模型。还假设我们在距球心 $3R$ 处悬挂 0.50m 长的铅垂线，使球水平地吸引铅垂线下端。问铅垂线下端将向球移动多少？

65. 距银河星系中心 2.2×10^{20}m 的太阳每隔 2.5×10^8 年会绕银河系中心旋转一次。假设银河系中每一颗恒星都有和太阳同样的质量 2.0×10^{30}kg，恒星均匀分布在以银河系中心为中心的球体中，太阳在球的边缘，估计银河系中恒星的数目。

66. 设一个行星是半径为 R 的均匀球体，（以某种方法）打通一条经过它的中心的径向隧道（见图 13-7）。还假设我们可以把一个苹果放在隧道内或球外面任何地方。设 F_R 是苹果在球的表面受到的引力的数值。我们把苹果移动到 (a) 行星外面和 (b) 隧道里面，离表面多远的位置苹果受到的引力是 $\frac{1}{3}F_R$。

67. (a) 习题 23 中的两个质点系统的引力势能有多大？如果你将两质点间距离增加到原来的三倍，问，(b) 质点间的引力和 (c) 你各做了多少功？

68. 一颗卫星绕未知质量的行星在半径为 3.0×10^7m 的圆轨道上运行。行星作用于卫星的引力数值为 $F=80$N。(a) 卫星在轨道上运行的动能多大？(b) 如果轨道半径增大到 4.0×10^7m，则 F 是多大？

69. 一颗 30kg 的卫星以周期 2.0h 在半径为 9.0×10^6m 的圆轨道上绕未知质量的行星运行。如果行星表面的重力加速度数值为 6.0m/s^2，则行星半径有多大？

CHAPTER 14

第 14 章　流体

14-1　流体，密度和压强

学习目标

学完这一单元后，你应当能够……

14.01　区别流体和固体。

14.02　在质量是均匀分布的情况下，把密度与质量和体积联系起来。

14.03　应用流体静压强，力和力作用于其上的表面积之间的关系。

关键概念

- 任何材料的密度ρ定义为单位体积材料的质量：

$$\rho=\frac{\Delta m}{\Delta V}$$

通常在材料样品比原子线度大得多的情况下，我们可以把这个式子写成

$$\rho=\frac{m}{V}$$

- 流体是会流动的物质，它能适应它的容器的边界，因为它不能承受切应力，不过，它能施加垂直于它表面的力。这个力用压强p表示：

$$p=\frac{\Delta F}{\Delta A}$$

其中，ΔF是作用于面积为ΔA的表面元的力。如果力在整个平面上是均匀的，这个式子可以写成：

$$p=\frac{F}{A}$$

- 流体压强在流体中某一定点作用的力在所有方向上都有相同的数值。

什么是物理学?

流体物理是水力工程学的基础，而水力工程学又是工程学的一个分支，它应用于许多领域。核工程师可能要研究老化的核反应堆的水力系统中流体的流动，医学工程师可能要研究老年病人动脉中的血液流动。环境工程师可能要考虑废物堆场的排水或农田的水利设施。造船工程师可能要考虑深海潜水员面临的危险或者船员从被击沉的潜水艇中逃生的可能性。航空工程师可能要设计控制副翼的液压系统保证喷气式飞机安全着陆。在许多百老汇和拉斯维加斯的表演中水力工程学也有应用，在那里有巨大的装置用水力系统快速地抬升和下降。

在我们学习流体物理的这些应用以前，我们首先必须回答"什么是流体"这个问题。

什么是流体

和固体不同，**流体**是会流动的物质。流体可以适应我们将之放入的任何形状容器的边界。它们之所以是这个样子是因为流体不能承受和它的表面相切的力（用 12-3 单元中更为正式的语言，流体是流动的物质，因为它不能经受剪应力。不过，它能承受垂

直作用于它表面上的力。）有些物质，像沥青，需要很长的时间来适应容器的边界，但它们最终还是能够做到；所以，我们把这些物质也都归类为流体。

你们会感到惊奇，我们为什么要把液体和气体归在一起，并把它们称作流体。总之，（你们会说），液态水与蒸汽不同，好像它和冰不同一样。实际上，不是这样，冰像其他的晶态固体一样，组成它的原子可以组织成十分坚硬、称为晶格的三维阵列。而液态的水和蒸汽都没有这种长距离的有序排列。

密度和压强

在讨论刚体时，我们考虑特定的大块物体，像木块、棒球或金属棒。我们认为有用并用它们来表达牛顿第二定律的物理量是质量和力。例如我们可以说 3.6kg 的木块受到 25N 的力的作用。

对于流体，我们更感兴趣的是广延的物体以及在该物体中的不同点上不相同的一些性质。在这里讨论**密度**和**压强**比质量和力更有用处。

密度

要求任何一点流体的密度 ρ，我们在这一点周围分出一个小体积元 ΔV，测量包含在该体积元内的流体的质量 Δm。于是得到**密度**：

$$\rho=\frac{\Delta m}{\Delta V} \tag{14-1}$$

理论上，流体中任何一点的密度是该点的体积元取得小之更小，直到趋近于零的极限情况下的这个比值。在实际中，我们假设流体样品相对于原子线度很大，因而是“均匀连续的”（有均匀的密度），而不是“一块块的”原子。这一假设允许我们用样品的质量 m 和体积 V 来表示密度：

$$\rho=\frac{m}{V} \tag{14-2}$$

密度是标量；在国际单位制中是千克每立方米。表 14-1 中列出了一些物质的密度和一些物体的平均密度。注意气体密度（见表中的空气）随压强的变化会有相当大的变化，而液体（见水）的密度却不是这样，即气体容易被压缩，而液体却不。

表 14-1 **一些密度**

材料或物体	密度/（kg/m³）
星际空间	10^{-20}
最好的实验室真空	10^{-17}
空气：20℃和 1 标准大气压	1.21
20℃和 50 标准大气压	60.5
泡沫聚苯乙烯	1×10^{2}
冰	0.917×10^{3}
水：20℃和 1 标准大气压	0.998×10^{3}
20℃和 50 标准大气压	1.000×10^{3}
海水：20℃和 1 标准大气压	1.024×10^{3}
全血	1.060×10^{3}
铁	7.9×10^{3}
汞（金属）	13.6×10^{3}
地球：平均	5.5×10^{3}
地核	9.5×10^{3}
地壳	2.8×10^{3}
太阳：平均	1.4×10^{3}
核心	1.6×10^{5}
白矮星（核心）	10^{10}
铀原子核	3×10^{17}
中子星（核心）	10^{18}

压强

把一个小型的压力传感器悬浮在充满流体的容器中如图 14-1a 所示。传感器结构（见图 14-1b）包含一个表面积 ΔA 放在弹簧上的紧密装配在圆柱体上的活塞。一个读出装置使我们可以记录（已定标的）弹簧受到周围流体压缩的数量，从而指示出作用于活塞的法向力的数值 ΔF。我们定义作用在活塞上**压强**为

$$p=\frac{\Delta F}{\Delta A} \tag{14-3}$$

理论上，流体中任何一点的压强是这个比值在以这一点为中心的活塞面积 ΔA 不断缩小的极限。然而，如果这个压力在整个平面 A 上是均匀的，（力均匀分布在面积的每一点上），我们就可以把式

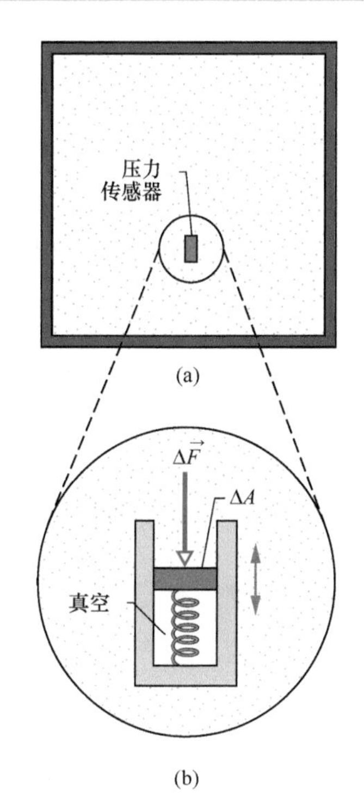

图 14-1 （a）在充满流体的容器中安放一个如（b）图所示的压力传感器。压强利用传感器中可移动的活塞的相对位置测量。

(14-3) 写作：

$$p=\frac{F}{A}\quad（平面上均匀受力时的压强）\qquad(14\text{-}4)$$

其中，F 是作用于面积 A 的法向力的数值。

我们通过实验发现在静止流体中某一给定点，由式（14-4）定义的压强 p 无论传感器面向什么方向都是相同的。压强是一个标量，没有方向性。作用于我们的压力传感器的活塞上的力实际上是矢量，但式（14-4）中只包含这个力的数值，一个标量。

国际单位制中压强的单位是牛顿每平方米，还有一个专门的名词，**帕斯卡**（Pa）。在用米制的国家，车胎的压强计用千帕（kilopascals）标定。帕斯卡和其他一些常用的（非国际单位制）压强单位的关系如下：

$$1\text{atm}=1.01\times10^5\text{Pa}=760\text{Torr}=14.7\text{lbf/in}^2$$

标准大气压（atm）就像它的名字表示的那样是在海平面高度大气的近似平均压强。托（Torr）［由伊万杰利斯塔·托里切里（Evangelista Torricelli）得名，他在1674年发明了水银气压计］以前称为毫米汞柱（mmHg）。磅每平方英寸常常简写作 psi。表14-2中列出一些压强。

表14-2　**一些压强**

	压强/Pa
太阳中心	2×10^{16}
地球中心	2×10^{11}
实验室能够维持的最高压强	1.5×10^{10}
最深的海沟（底部）	1.1×10^{8}
高跟鞋鞋跟对舞池地板	10^{6}
汽车轮胎	2×10^{5}
海平面的大气压	1.0×10^{5}
正常血压的收缩压①,②	1.6×10^{4}
最好的实验室真空	10^{-12}

① 超过大气压的压强。
② 在医生的血压计上相当于120Torr。

例题14.01　大气压和力

起居室地板的尺寸是3.5m和4.2m，高度为2.4m。(a) 在1.0atm的气压下房间里的空气有多重？

【关键概念】

(1) 空气重量等于 mg，m 是它的质量。

(2) 质量 m 通过式（14-2）：$\rho=m/V$ 与空气密度 ρ 和空气体积 V 相联系。

解：将这两个概念结合在一起，从表14-1得到空气压在1.0atm时的密度，我们求出：

$$\begin{aligned}mg&=(\rho V)g\\&=(1.21\text{kg/m}^3)(3.5\text{m}\times4.2\text{m}\times2.4\text{m})(9.8\text{m/s}^2)\\&=418\text{N}\approx420\text{N}\end{aligned}\qquad（答案）$$

这大约是110罐可乐的重量。

(b) 大气对你头顶的向下压力有多大？我们把你头顶的面积取为 0.040m^2。

【关键概念】

当面积 A 上的流体压强 p 是均匀的时候，流体作用在该表面上的压力可由式（14-4）：$p=F/A$ 求出。

解：虽然大气压每天都在变化，但我们近似地取 $p=1.0\text{atm}$。于是由式（14-4），得

$$\begin{aligned}F&=pA\\&=(1.0\text{atm})\left(\frac{1.01\times10^5\text{N/m}^2}{1.0\text{atm}}\right)(0.040\text{m}^2)\\&=4.0\times10^3\text{N}\end{aligned}\qquad（答案）$$

这是个很大的力，等于从你的头顶到大气的顶端整个空气柱的重量。

WILEY PLUS 在WileyPLUS中可以找到附加的例题、视频和练习。

14-2　静止的流体

学习目标

学完这一单元后，你应当能够……

14.04　应用流体静压强、流体密度和高于或低于参考水平面的高度之间的关系。

14.05　区分总压强（绝对压强）和计示压强。

关键概念

- 静止流体中的压强随竖直位置 y 而变，对于向上为正的 y 坐标进行测量，

$$p_2 = p_1 + \rho g(y_1 - y_2)$$

如果 h 是流体样品中低于某个压强为 p_0 的参考水平面的深度，上式变为

$$p = p_0 + \rho gh$$

其中，p 是样品中的压强。

- 流体中同样水平高度上的所有点的压强都相等。
- 计示压强是一点的真实压强（或绝对压强）与大气压强之间的差。

静止的流体

图 14-2a 表示一个装满了水——或其他液体——的水箱，它敞开在大气中。每一个潜过水的人都知道，压强随空气-水界面以下的深度增加而增大。实际上，潜水者身上的深度计就是像图 14-1b 中那样的压力传感器。正如每位登山者都知道的那样，压强随着在大气中上升的高度的增加而减小。潜水员和登山者遇到的压强通常称为流体静压强，因为它们都来自静止的（不流动的）流体。我们这里要导出流体静压强作为深度或高度函数的表达式。

我们先来看看压强随水面下深度增加而增大。我们在水箱中设置一个竖直的 y 轴，它的原点在空气-水界面上，并且正方向向上。接着我们考虑一个想象的水平底面积为 A 的正圆柱形样品，圆柱体的上底和下底分别在水面下深度为 y_1 和 y_2（两个都是负数）的位置。

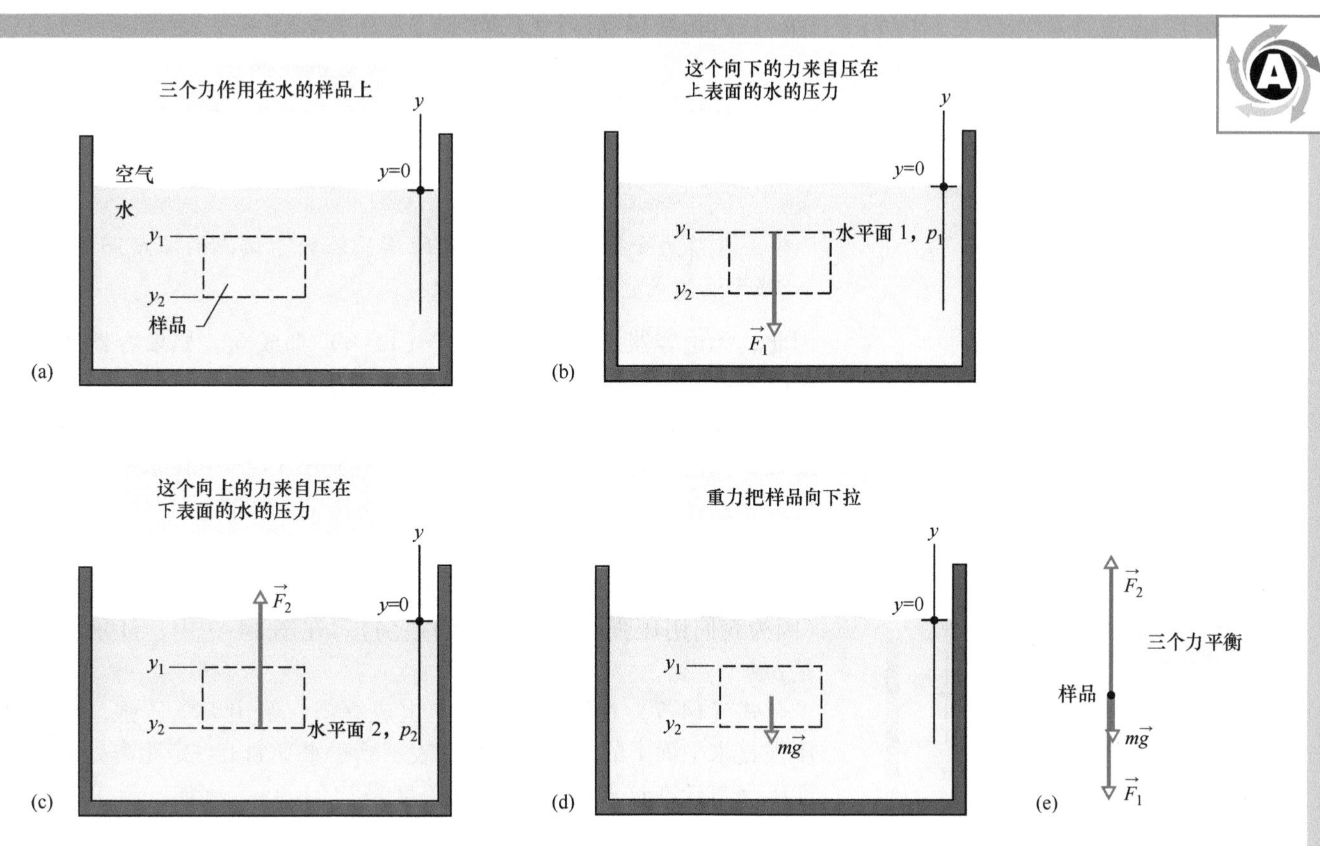

图 14-2 (a) 箱子里的水中有一个想象的水平底面积为 A 的圆柱体。(b) ~ (d) 力 $\vec{F}_1$ 作用于圆柱体的上表面；力 $\vec{F}_2$ 作用于圆柱体的下表面；圆柱体中水的重力用 $m\vec{g}$ 表示。(e) 水样品的受力图。在 WileyPLUS 中，可以得到这张图的带画外音的动画。

图 14-2e 是圆柱体中水的受力图。水处在静力平衡中；即，它是稳定的并且作用在它上面的力是平衡的。三个力竖直地作用在它上面：力 $\vec{F}_1$ 作用在圆柱体的上表面，它来自圆柱体上表面的水（见图 14-2b）。力 $\vec{F}_2$ 作用于圆柱体的下表面，来自在圆柱体下表面的水（见图 14-2c）。作用于水的重力是 $m\vec{g}$，m 是圆柱体内水的质量（见图 14-2d）。这些力的平衡写作：

$$F_2 = F_1 + mg \tag{14-5}$$

用压强表示，我们利用式（14-4），写出：

$$F_1 = p_1 A \quad 及 \quad F_2 = p_2 A \tag{14-6}$$

圆柱体内水的质量是 m。由式（14-2）可得 $m = \rho V$，其中圆柱体的体积 V 是它的面积 A 和高度 $y_1 - y_2$ 的乘积。因此，m 等于 $\rho A(y_1 - y_2)$。将这些和式（14-6）一同代入式（14-5），我们得到：

$$p_2 A = p_1 A + \rho A g(y_1 - y_2)$$

或

$$p_2 = p_1 + \rho g(y_1 - y_2) \tag{14-7}$$

上式可以用来计算液体中（作为深度的函数）以及大气中（作为高度的函数）的压强。对于前者，如果我们要求液面以下深度 h 处的压强 p。我们就可以选择水平面 1 在表面上，水平面 2 在表面以下距离 h 处（见图 14-3），p_0 表示水面上的大气压。我们可以把

$$y_1 = 0,\ p_1 = p_0,\quad 以及\ y_2 = -h,\ p_2 = p$$

代入式（14-7），该式成为

$$p = p_0 + \rho g h \quad （深度\ h\ 处的压强） \tag{14-8}$$

注意，液体中给定深度的压强依赖于这个深度而不依赖于任何水平的尺寸大小。

静力平衡的液体中一点的压强依赖于该点的深度而不依赖于液体或它的容器的水平尺寸。

因此，无论容器是什么形状，式（14-8）都成立。如果容器底面积的深度是 h，则式（14-8）给出那里的压强。

在式（14-8）中，p 被称作在水平面 2 位置的总压强，或**绝对压强**。我们来看看为什么这么说，注意到图 14-3 中在水平面 2 处压强 p 包含两个因素的贡献：（1）p_0，这是大气的压强，它向下压迫液体表面；（2）$\rho g h$，水平面 2 上面的液体产生的压强，它向下压迫水平面 2。一般说来，绝对压强和大气压强之差称为**计示压强**（因为我们用压强计测量压强的差别）。在图 14-3 中，计示压强是 $\rho g h$。

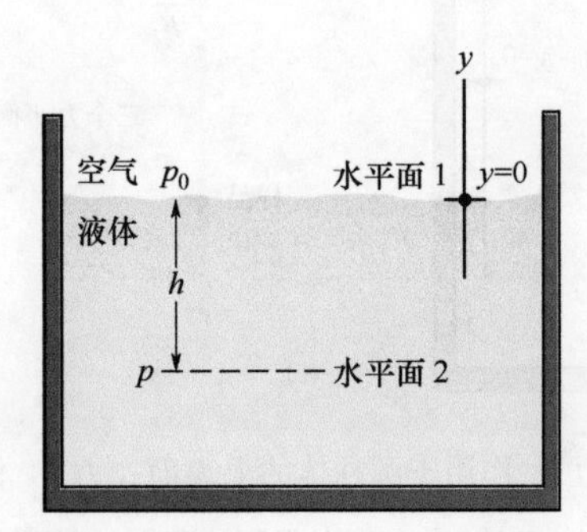

图 14-3　由式（14-8）压强 p 随水面下深度 h 增加而增加。

式（14-7）在液体表面以上也成立：它给出大气压强，这个压强是水平面 1 的气压 p_1，用它表示高于水平面 1 一定距离处的大气压（假设在这段距离中大气密度是均匀的）。例如，要求高于图 14-3中水平面 1 距离 d 处的气压，我们将

$$y_1 = 0,\ p_1 = p_0,\ 及\ y_2 = d,\ p_2 = p$$

代入。再由 $\rho = \rho_{air}$，我们得到：

$$p = p_0 - \rho_{air} g d$$

检查点 1

图示四种不同形状的橄榄油容器。将它们按深度 h 处的压强大小排序，最大的排第一。

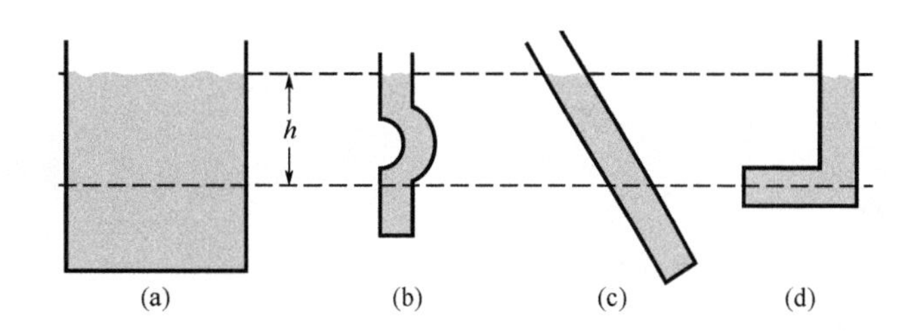

例题 14.02 （水肺）潜水员上的计示压强

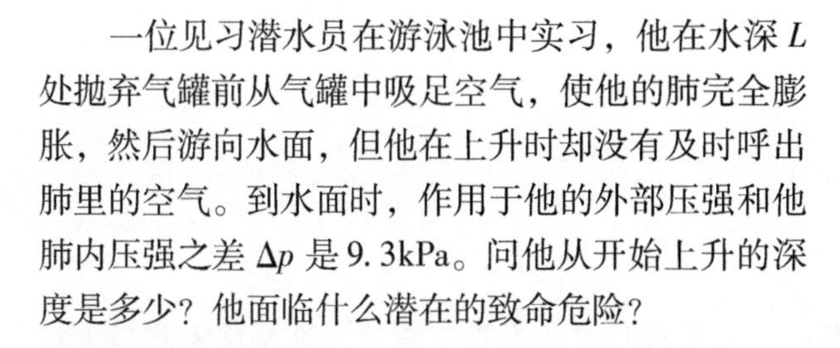

一位见习潜水员在游泳池中实习，他在水深 L 处抛弃气罐前从气罐中吸足空气，使他的肺完全膨胀，然后游向水面，但他在上升时却没有及时呼出肺里的空气。到水面时，作用于他的外部压强和他肺内压强之差 Δp 是 9.3kPa。问他从开始上升的深度是多少？他面临什么潜在的致命危险？

【关键概念】

密度为 ρ 的液体中深度 h 处的压强由式（14-8）：$p=p_0+\rho gh$ 给出，其中计示压强 ρgh 要加到大气压 p_0 上。

解： 此处，当潜水员在深度 L 处使空气充满他的肺时，作用于他的外部压强（就是他肺内的气压）大于正常值，并由式（14-8）给出

$$p=p_0+\rho gL$$

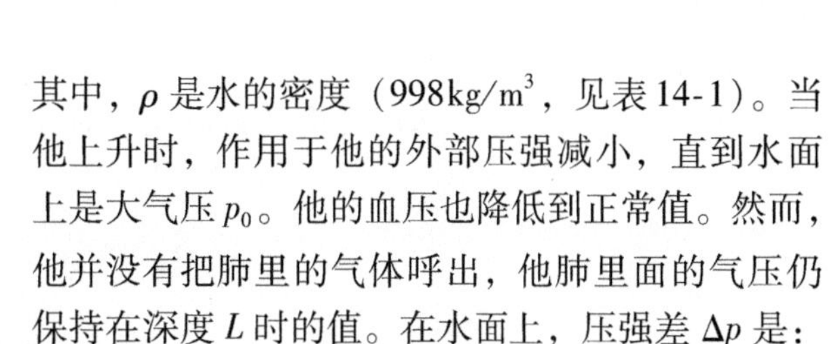

其中，ρ 是水的密度（998kg/m^3，见表 14-1）。当他上升时，作用于他的外部压强减小，直到水面上是大气压 p_0。他的血压也降低到正常值。然而，他并没有把肺里的气体呼出，他肺里面的气压仍保持在深度 L 时的值。在水面上，压强差 Δp 是：

$$\Delta p=p-p_0=\rho gL$$

所以 $$L=\frac{\Delta p}{\rho g}=\frac{9300\text{Pa}}{(998\text{kg/m}^3)(9.8\text{m/s}^2)}=0.95\text{m} \quad \text{（答案）}$$

这并不很深！但 9.3kPa 的压强差（约 9% 的大气压）足以使潜水员的肺破裂并迫使肺内空气进入已减压的血液，然后血液又将空气带到心脏而导致潜水员死亡。如果潜水员遵从指导，在他上升时逐步呼出空气，他就可以使他肺内的压强和外部压强相等，这样就不会有危险了。

例题 14.03 U 管中压强的平衡

图 14-4 中处于静力平衡中的 U 管包含两种液体：右边管中是密度为 ρ_w（$=998\text{kg/m}^3$）的水，未知密度 ρ_x 的油装在左边管中。测量给出：$l=135\text{mm}$，$d=12.3\text{mm}$。油的密度是多少？

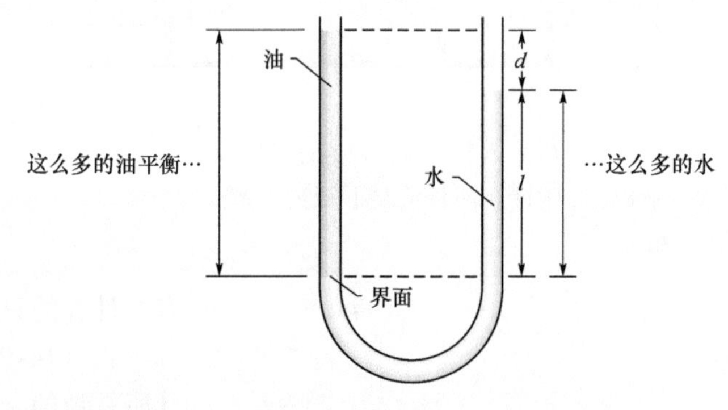

图 14-4 左管中的油面停在比水面更高的位置。

【关键概念】

（1）左管中油-水界面水平处的压强 p_{int} 依赖于界面上面的油的密度 ρ_x 和高度。（2）右管中同样水平处的水必定有同样的压强 p_{int}。理由是水在静力平衡状态下，水中同样水平的点的位置处压强必定相等。

解： 在右管中，分界面位于水的自由表面以下的距离 l 处，由式（14-8），我们有

$$p_{int}=p_0+\rho_w gl \quad \text{（右管）}$$

在左管中，分界面在油的自由表面以下的距离 $l+d$ 处，再次用式（14-8），我们有

$$p_{int}=p_0+\rho_x g(l+d) \quad \text{（左管）}$$

令这两个表达式相等，解出未知的密度：

$$\rho_x=\rho_w\frac{l}{l+d}=(998\text{kg/m}^3)\frac{135\text{mm}}{135\text{mm}+12.3\text{mm}}=915\text{kg/m}^3 \quad \text{（答案）}$$

注意，这个答案不依赖于大气压强 p_0 或自由下落加速度 g。

14-3 测量压强

学习目标

学完这一单元后，你应当能够……

14.06 说明气压计怎样测量大气压。

14.07 说明开管流体压强计是怎样测量气体的计示压强的。

关键概念

- 水银气压计可以用来测量大气压。
- 开管流体压强计可用来测量受约束的气体的计示压强。

测量压强

水银气压计

图14-5a表示一个非常基本的水银气压计，这是用来测量大气压强的仪器。如图中所画的那样，使一根长的玻璃管充满水银，然后颠倒过来，开口的一端放在盛有水银的盘中。水银柱上面的空间只有水银蒸气，水银蒸气的压强如此之低，在常温下可以忽略不计。

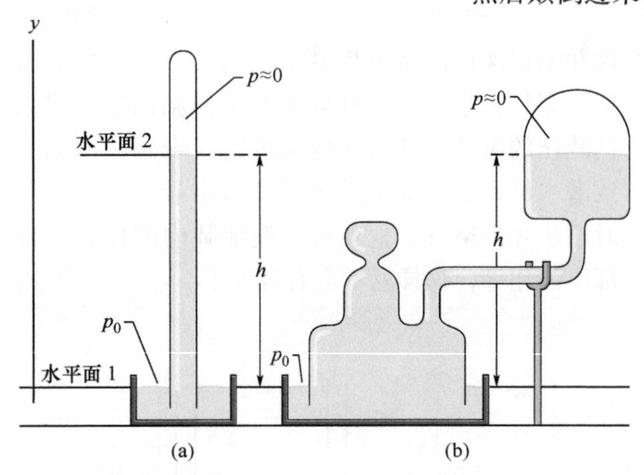

图14-5 （a）水银气压计。（b）另一种水银气压计在两种情况下距离 h 都相等。

我们可以用式（14-7）求出用水银柱高度 h 表示的大气压强 p_0。我们选择空气-水银界面作为图14-2中的水平面1，水银柱的顶端作为水平面2。像图14-5a中标记的那样。然后我们在式（14-7）中代入

$$y_1=0,\ p_1=p_0 \quad 及 \quad y_2=h,\ p_2=0$$

得到：

$$p_0=\rho gh \tag{14-9}$$

其中，ρ 是水银的密度。

对于一定的压强，水银柱高度 h 不依赖于竖直管子的截面积。图14-5b中的怪样子的水银气压计给出和图14-5a中的气压计相同的读数；所有要计算的只是水银的水平面之间的竖直距离。

式（14-9）表明，对一定的压强，水银柱的高度依赖于气压计所在地的 g 的数值及水银的密度（水银密度随温度而变）。（用mm为单位的）水银柱高度在数值上等于（用Torr为单位的）压强的这种情况，只有在气压计所在地的 g 有公认的标准值 9.80665m/s^2 并且水银温度是0℃时才出现。如果这些条件不被满足（它们难以做到），在将水银柱高度转换为压强时必须做少许校正。

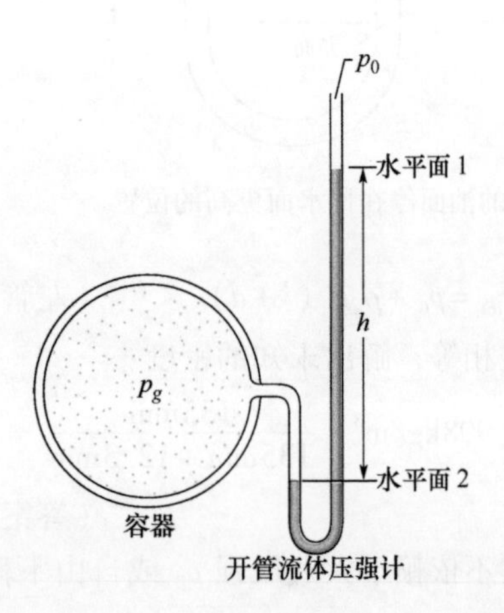

图14-6 开管流体压强计的一只开口连接到左侧容器上，以便测量其中气体的压强。管的右边开放到大气中。

开管流体压强计

开管流体压强计（见图14-6）用于测量气体的计示压强 p_g。它由盛有液体的U管构成，U管的一端连接到要测量其计示压强的容器，另一端开向大气。我们利用式（14-7）求用图14-6中的高度 h 表示的计示压强。我们选择的水平面1和2在图14-6中表

示出来。将

$$y_1=0,\ p_1=p_0 \quad 及 \quad y_2=-h,\ p_2=p$$

代入式（14-7）中，我们得到：

$$p_g=p-p_0=\rho gh \tag{14-10}$$

其中，ρ 是液体的密度。计示压强 p_g 直接正比于 h。计示压强可以是正的，也可以是负的，依赖于 $p>p_0$ 还是 $p<p_0$。在充满气的车胎或人的循环系统中，（绝对）压强大于大气压，所以计示压强是正数，有时称为超压。如果你吮吸一根吸管，把液体从吸管吸出，你肺里的（绝对）压强实际上小于大气压强。这时你的肺里的计示压强是负数。

14-4 帕斯卡原理

学习目标

学完这一单元后，你应当能够……

14.08 懂得帕斯卡原理。

14.09 对水力起重机，应用输入面积和位移相对于输出面积和位移之间的关系。

关键概念

- 帕斯卡原理表述为：作用于封闭的流体的压强的改变将会毫无保留地传递到液体的每一部分以及容器的壁上。

帕斯卡原理

当你挤压牙膏管的一端将牙膏从另一端挤出时，你正在观看**帕斯卡原理**起到的作用。这个原理也是海姆利克氏操作法的基础，这种方法是将急剧增大的压强适当地作用在腹部并传输到喉部，迫使阻塞在喉部的食物喷出。这个原理是布莱斯·帕斯卡（Blaise Pascal）于1652年首先明确表述的（压强的单位就是以他命名的）：

作用于封闭的不可压缩的液体的压强变化毫无保留地传递到流体的各个部分以及它的容器壁上。

演示帕斯卡原理

考虑这样一种情况，其中不可压缩的流体是装在高的圆柱体中的液体，如图14-7所示。圆柱体和活塞密配，活塞上放着一个装铅弹的容器。大气、容器和铅弹作用于活塞的压强为 p_{ext}，并且这个压强也作用在液体上。液体中任何一点 P 的压强 p 是

$$p=p_{ext}+\rho gh \tag{14-11}$$

我们在容器内稍微多加一些铅弹使 p_{ext} 增加一个数量 Δp_{ext}。式（14-11）中的量 p、g 和 h 都不变，所以压强的改变

$$\Delta p=\Delta p_{ext} \tag{14-12}$$

这个压强改变不依赖于 h，正如帕斯卡原理所说的，这个改变对液体中所有的点都成立。

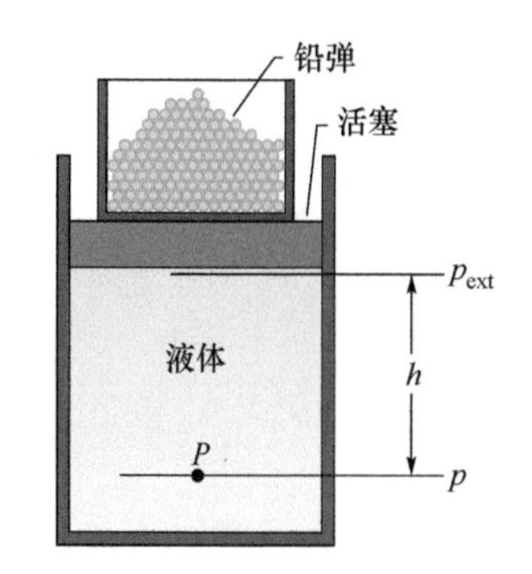

图14-7 压在活塞上的铅弹（铅制小球）对密封的（不可压缩的）液体的顶部产生压强 p_{ext}。p_{ext} 随着加上更多的铅弹而增大，则在液体中所有点的压强也增加同样的数量。

帕斯卡原理和液压杠杆

图14-8表示帕斯卡原理是液压杠杆的基础。在操作中，数值

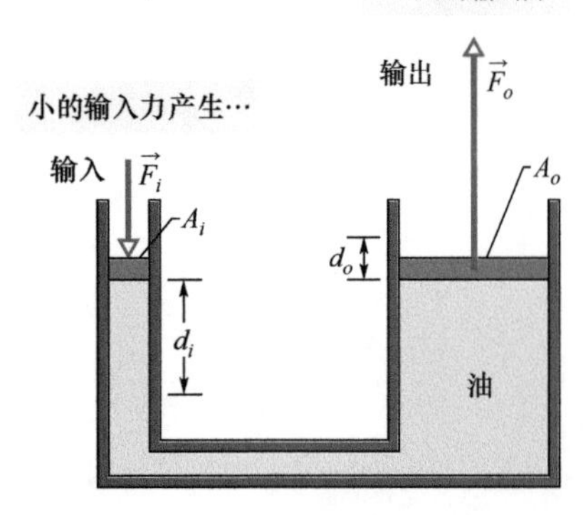

图14-8 可以用来放大力 $\vec{F}_i$ 的液压装置。然而所做的功并不会放大，对输入力和输出力而言，做功都是相同的。

为 F_i 的外力方向向下作用在左边的（或输入）活塞上，活塞面积是 A_i。装置中不可压缩的液体对右边（输出）活塞产生数值为 F_o 的向上压力，这个活塞的面积为 A_o。为保持系统平衡，在输出活塞上必须有一个由外加负载（图中没有画出）产生的大小为 F_o 的向下的力。作用在左边的力 $\vec{F}_i$ 和负载作用在右边向下的力 $\vec{F}_o$ 使液体压强产生的变化 Δp 由下式给出：

$$\Delta p = \frac{F_i}{A_i} = \frac{F_o}{A_o}$$

所以

$$F_o = F_i \frac{A_o}{A_i} \tag{14-13}$$

式（14-13）表明，如果 $A_o > A_i$，就像在图14-8的情况那样，负载上的输出力 F_o 必定大于输入力 F_i。

如果我们将输入活塞向下移动距离 d_i，输出活塞就要相应向上移动距离 d_o，则在两个活塞下面都有同样体积 V 的不可压缩的流体发生转移，从而

$$V = A_i d_i = A_o d_o$$

我们可以把这个式子写成

$$d_o = d_i \frac{A_i}{A_o} \tag{14-14}$$

这表明，如果 $A_o > A_i$（见图14-8），则输出活塞移动的距离就要比输入活塞移动的距离小。

由式（14-13）和式（14-14），我们可以写出输出功：

$$W = F_o d_o = \left(F_i \frac{A_o}{A_i}\right)\left(d_i \frac{A_i}{A_o}\right) = F_i d_i \tag{14-15}$$

这个式子表明，作用力对输入活塞做的功 W 等于输出活塞举起放在它上面的负荷所做的功。

液压千斤顶的优点是：

> 利用液压千斤顶，在一定的力的作用下经过一定距离可以转换为较大的力作用较小的距离。

力和距离的乘积保持不变，所以做了同样的功。然而，能够产生更大的力常常有巨大的优势。例如，我们大多数人不能直接抬起一辆汽车，但用一台液压起重机就可以，虽然我们不得不通过一连串的推拉动作来驱动手柄，所经过的距离比汽车上升的距离大得多。

14-5 阿基米德原理

学习目标

学完这一单元后，你应当能够……

- **14.10** 描述阿基米德原理。
- **14.11** 应用作用于物体上的浮力和被该物体置换的液体的质量之间的关系。
- **14.12** 对于浮体，把浮力和重力联系起来。
- **14.13** 对于浮体，把重力和被浮体置换的流体的质量联系起来。
- **14.14** 区分表观重量和真实重量。
- **14.15** 计算完全浸没和部分浸没的物体的表观重量。

关键概念

- 阿基米德原理是：当一个物体完全或部分浸没在流体中时，流体将以数值为

$$F_b = m_f g$$

的浮力向上推该物体，其中，m_f 是被这个物体置换的流体的质量。

- 当物体漂浮在流体中时，作用于物体（向上）的浮力的数值 F_b 等于作用于该物体（向下）的重力的数值 F_g。
- 受到浮力作用在物体的表观重量和真实重量的关系为

$$重量_{app} = 重量 - F_b$$

阿基米德原理

图 14-9 表示一个学生在游泳池中摆弄很薄的塑料袋（质量可以忽略不计），塑料袋里充满了水。她发现塑料袋和里面的水都处在静力平衡状态中，既不上升也不下沉。塑料袋里面的水受到的向下的重力 $\vec{F}_g$ 必定和袋子周围的水对它的向上的净力平衡。

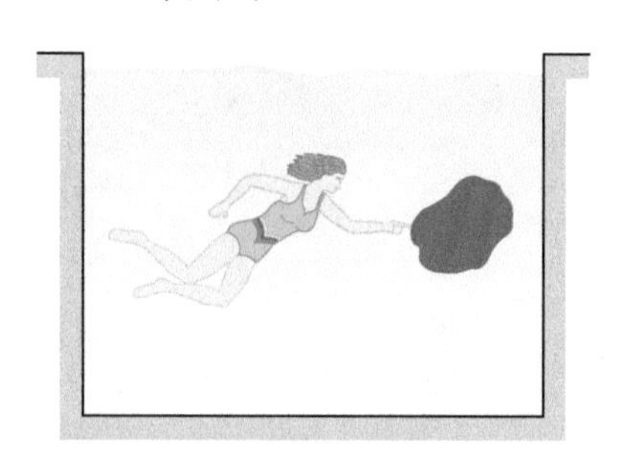

图 14-9 装满水的薄塑料袋在游泳池中处于静力平衡状态，装水袋子的重力必定被周围的水作用于它的向上净力所平衡。

这个向上的净力就是**浮力** $\vec{F}_b$，它的出现是由于周围水的压强随着水面以下深度的增加而增加。于是，靠近塑料袋底部的压强大于靠近袋子顶部的压强，这意味着由压强产生的力在塑料袋底部附近的数值比袋子顶部的数值更大。这个力的某一些画在图 14-10a 中，图中塑料袋占据的空间用留下的空白表示。注意空白底部附近画的力矢量（有向上的分量）的长度比袋子顶部附近的力矢量（有向下的分量）更长一些。如果我们把水作用于袋子上的所有力矢量相加。水平分量都相互抵消，竖直分量相加就得到袋子受到的向上浮力 $\vec{F}_b$。（在图 14-10a 中力 $\vec{F}_b$ 画在游泳池的右边。）

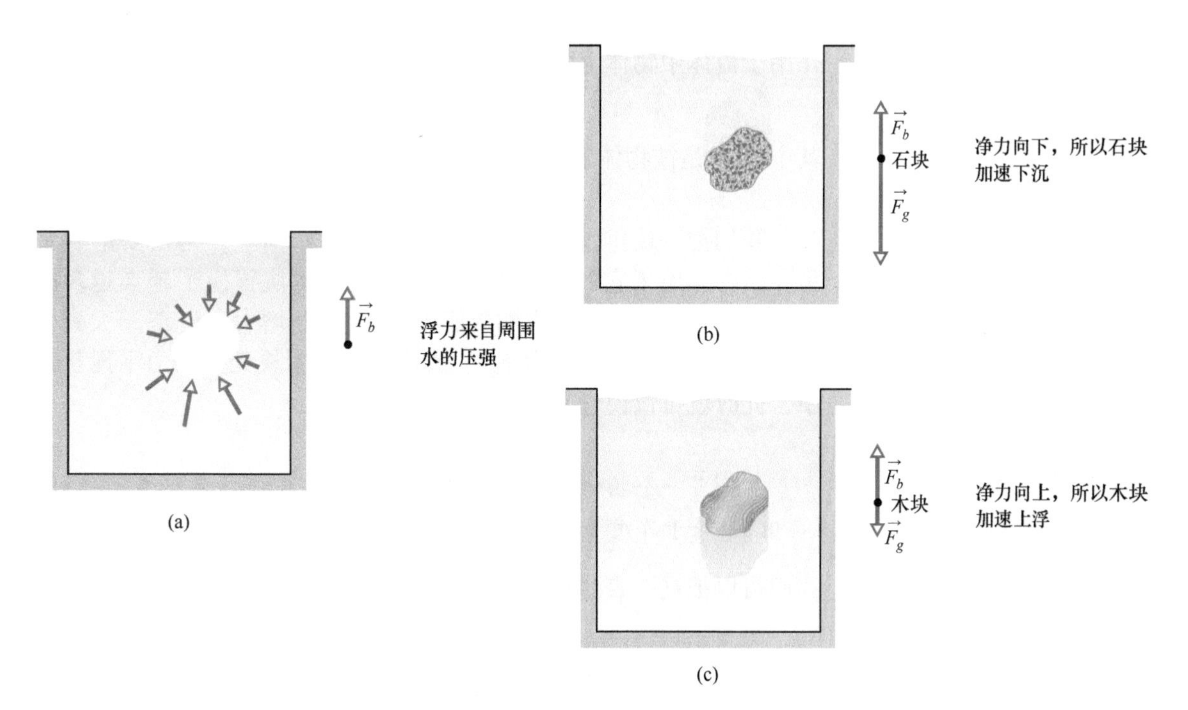

图 14-10 (a) 无论空洞内是由何种物质填充，空洞周围的水都会对其产生一个向上的净浮力。(b) 对于和空洞相同体积的石块来说，在数值上重力超过了浮力。(c) 对同样体积的一块木头，在数值上重力小于浮力。

因为充满水的袋子处于静平衡状态中，所以 $\vec{F}_b$ 的数值等于装满水的袋子的重力 $\vec{F}_g$ 的数值 $m_f g$：即 $F_b = m_f g$。（下标 f 是指流体，这里是水。）用文字表述，浮力的大小等于袋子中水的重量。

在图14-10b中，我们用正好填满图14-10a中空洞的石块置换装水的塑料袋。说用石块置换水的意思是石块占据了原来水占据的空间。我们没有改变空洞的形状，所以作用在空洞表面上的力必定和放入充满水的塑料袋时的相同。于是，作用在充满水的袋子上同样的向上的浮力现在也作用在石块上了；就是说，浮力的大小 F_b 等于 $m_f g$，而水的重量要用石块的重量代替。

和充满水的塑料袋不同，石块不处于静力平衡状态中。石块受到向下的重力 $\vec{F}_g$ 在数值上大于向上的浮力（见图14-10b）。因此，石块向下加速下沉。

接着我们把图14-10a中的空洞用一块重量轻的木块完全填满，如图14-10c所示。作用在空洞表面的力还是一点也没有改变，所以浮力的数值 F_b 仍旧等于 $m_f g$，就是被置换的水的重量。和石块的情况一样，木块也不处于静力平衡状态中。然而，这一次重力的数值小于浮力（如图上游泳池右边所示），所以木块要加速上浮，升到水面上。

我们将盛满水的塑料袋、石块和木块的结果应用于所有流体，总结成**阿基米德原理**：

> 当物体完全或部分浸没在流体中时，周围的流体对该物体有浮力 $\vec{F}_b$ 作用。浮力方向向上，它的数值等于被该物体置换的流体的重量 $m_f g$。

作用于流体中物体上的浮力的数值为

$$F_b = m_f g \text{（浮力）} \tag{14-16}$$

其中，m_f 是被物体置换的流体的质量。

漂浮

我们把一块重量轻的木块放在池塘的水面上，木块要落到水里，因为作用于它的重力把它往下拉。当木块置换了越来越多的水时，它受到向上的浮力的数值 F_b 就会不断增大。F_b 终于大到等于作用于木块的向下重力 F_g 的数值，这时木块处在静力平衡状态中，此时就可以说它是漂浮在水中。一般说来：

> 当一个物体漂浮在流体中时，作用在该物体上浮力的数值 F_b 等于作用于物体上重力的数值 F_g。

我们可以把这一表述写成：

$$F_b = F_g \text{（漂浮）} \tag{14-17}$$

从式（14-16），我们知道 $F_g = m_f g$。于是

> 当一个物体漂浮在流体中时，作用于该物体重力的数值 F_g 等于被该物体置换的流体的重量 $m_f g$。

我们可以把这个表述写作：

$$F_g = m_f g \text{（漂浮）} \tag{14-18}$$

换言之，漂浮着的物体置换了相当于它本身重量的流体。

流体中的表观重量

如果我们把一块石头放在台秤上，台秤标定用于测量重量。台秤上的读数就是石块的重量。不过，如果我们在水下做这测量，水给石块的向上浮力减小了读数。这个读数就是表观重量。一般说来，**表观重量**（或视重量）和物体的真实重量及作用于物体的浮力的关系为

（表观重量）=（真实重量）-（浮力的数值）

我们可以把它写成

$$\text{重量}_{app} = \text{重量} - F_b \text{（表观重量）} \tag{14-19}$$

在某些力量测试中，你必须举起很重的石块。如果石块在水下，你就会更容易地举起它。这时你用的力只需超过石块的表观重量而不是更大的真实重量。

作用于漂浮着的物体的浮力数值等于物体的重量。式（14-19）告诉我们，漂浮着的物体的表观重量是零——这个物体在台秤上产生零的读数。例如，当宇航员准备在太空中执行一项复杂的任务，他们会先在水下练习这项工作，他们的宇航服被调节到使他们的表观重量为零。

检查点 2

一只企鹅先是浮在密度为 ρ_0 的水中，然后到密度为 $0.95\rho_0$ 的水中，最后到密度为 $1.1\rho_0$ 的水中。（a）按照对企鹅浮力的大小排列这些密度，最大的排第一。（b）按照水被企鹅置换的数量排列这些密度，最多的排第一。

例题 14.04 漂浮、浮力和密度

在图 14-11 中，密度 $\rho = 800\text{kg/m}^3$ 的木块面朝下地漂浮在密度为 $\rho_f = 1200\text{kg/m}^3$ 的流体中。木块高度 $H = 6.0\text{cm}$。

（a）木块浸没的高度 h 多少？

【关键概念】

（1）漂浮要求作用于木块的向上浮力和木块受到的向下重力相等。（2）浮力等于被木块的浸没部分置换的流体的重量 $m_f g$。

解：由式（14-16）我们得知浮力的大小为 $F_b = m_f g$，其中 m_f 是被木块浸没的体积 V_f 置换的流体的质量。由式（14-2）：$\rho = m/V$，我们得知被置换的流体的质量是 $m_f = \rho_f V_f$。我们不知道 V_f。

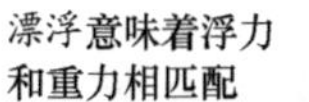

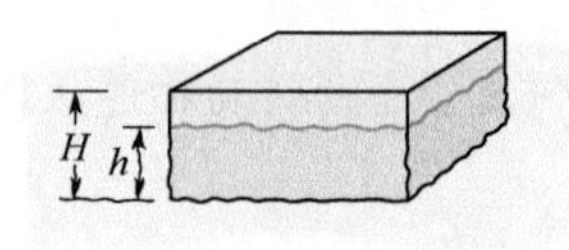

图 14-11 高度为 H 的木块浮在流体中，浸没在水中的深度为 h。

如果我们用符号 L 表示木块表面的长度，用 W 表示它的宽度，从图 14-11 我们看出木块浸没在水中的体积必定是 $V_f = LWh$。我们现在把三个式子结合起来，得到向上的浮力的数值是

$$F_b = m_f g = \rho_f V_f g = \rho_f LWhg \tag{14-20}$$

同理，我们可以写出作用于木块的重力 F_g 的数值。先用木块的质量 m 表示，然后用木块的密度

ρ 和（全部）体积 V 表示，再用木块的尺寸 L、W 和 H（整个高度）表示：

$$F_g = mg = \rho Vg = \rho LWHg \qquad (14\text{-}21)$$

漂浮着的木块是静止的，于是，写出沿竖直的 y 轴的牛顿第二定律分量式（$F_{\text{net},y} = ma_y$），y 轴向上为正，我们得到：

$$F_b - F_g = m(0)$$

或由式（14-20）和式（14-21）：

$$\rho_f LWhg - \rho LWHg = 0$$

由上式给出：

$$h = \frac{\rho}{\rho_f}H = \frac{800\text{kg/m}^3}{1200\text{kg/m}^3}(6.0\text{cm})$$
$$= 4.0\text{cm} \qquad \text{（答案）}$$

（b）如果将木块完全浸没在流体中然后释放，它的加速度大小为何？

解：作用于木块的重力和上面完全相同，但现在木块是完全浸没在流体中，置换水的体积是 $V = LWH$。（用到木块整个高度。）这意味着现在 F_b 的数值更大了，木块不再保持静止而要向上加速，现在的牛顿第二定律写作：

$$F_b - F_g = ma$$

或

$$\rho_f LWHg - \rho LWHg = \rho LWHa$$

其中，木块的质量 m 用 ρLWH 代入。解出 a：

$$a = \left(\frac{\rho_f}{\rho} - 1\right)g = \left(\frac{1200\text{kg/m}^3}{800\text{kg/m}^3} - 1\right)(9.8\text{m/s}^2)$$
$$= 4.9\text{m/s}^2 \qquad \text{（答案）}$$

WILEY PLUS 在 WileyPLUS 中可以找到附加的例题、视频和练习。

14-6　连续性方程

学习目标

学完这一单元后，你应当能够……

14.16　描述定常流，不可压缩流、无黏性流和无旋流。

14.17　解释流线这个词。

14.18　应用连续性方程把管道中一点的截面积和流速与另一不同点的这两个量联系起来。

14.19　懂得并计算体积流率。

14.20　懂得并计算质量流率。

关键概念

- 理想流体是不可压缩的并且没有黏性，它的流是稳定并且无旋的。
- 流线是跟随流体中个别粒子流动的路径。
- 流管是一束流线。
- 任何流管中的流动都遵从连续性方程：

$$R_V = Av = \text{常量}$$

其中，R_V 是体积流率；A 是任何一点流管的截面积；v 是这一点流动的速率。

- 质量流率 R_m 是

$$R_m = \rho R_V = \rho Av = \text{常量}$$

运动中的理想流体

真实流体的运动是非常复杂的，现在还没有完全弄明白。代替真实的流体，我们讨论**理想流体**的运动，这在数学上比较容易处理并且也能提供有用的结果。这里我们提出与理想流体有关的四个假设；它们都涉及流。

1. 定常流　在定常流（或层流）中，任何一点上运动的流体的速度都不随时间改变。平稳的小溪中心附近和平缓的水流是定常流；一连串的急流则不是。图 14-12 表示烟的上升流从定常流到非定常流（或非层流或湍流）的变换。烟的微粒在上升过程中速率增大，达到某个临界速率定常流变成非定常流。

2. 不可压缩流　就像静止的流体，我们假设理想流体是不可压缩的；即，它的密度是恒定的、始终不变的数值。

3. *无黏性流* 粗略地说，流体的黏性是流体的流动受到多大阻滞的量度。例如，稠的蜂蜜比水更加难流动，所以说蜂蜜比水黏性更大。黏性是固体之间的摩擦在流体中的类似性质。两者的机理都是运动物体的动能转换为热能。在没有摩擦的情况下，木块可以沿水平表面以恒定的速率滑动。以同样的方式，物体通过无黏性流体运动时不会受到*黏性阻力*——就是说不存在由于黏性产生的阻力；它能以恒定的速率穿过流体运动。英国科学家瑞利勋爵（Lord Rayleigh）注意到船的螺旋桨在理想流体中不起作用，但另一方面，船在理想流体中（一经推动）就不需要螺旋桨。

4. *无旋流* 虽然这不需要我们去深入考虑，我们还是要假设流是*无旋的*。要检验这一性质，把微小的尘埃粒子放入流体中一起运动。这个用来测试的物体可能（或者可能不是）沿圆形轨道运动，在无旋流中，测试物体不会绕通过它自己的质心的轴转动。做一个不严格的比喻；摩天轮的运动是有旋的，而它上面的乘客的运动是无旋的。

Will McIntyre/Photo Researchers, Inc.

图 14-12 上升的烟流和被加热的气体在某一位置从定常流变成湍流。

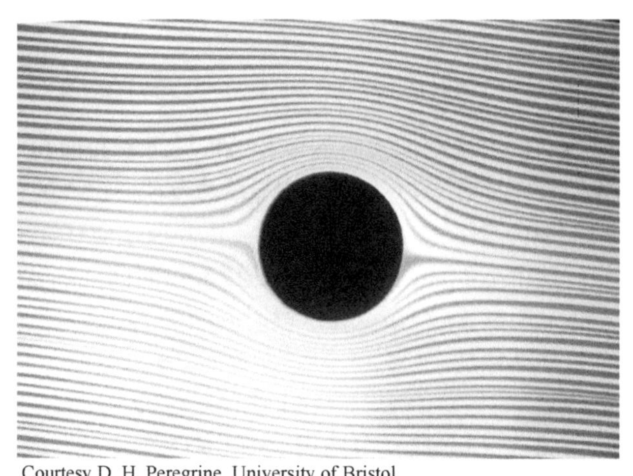

Courtesy D. H. Peregrine, University of Bristol

图 14-13 流体绕过一个圆柱体的定常流，这一现象可通过在圆柱体上游注入流体的染料示踪物显示出来。

我们可以加一些**示踪物**使流体的流动可以被看见。可以在液流横截面不同点上加进一些染料（见图 14-13）或在气流中加入烟雾粒子（见图 14-12）。每一个示踪物的微小粒子沿着*流线*运动，流线是流体流动时流体的微小单元运动的路径。回忆一下第 4 章中所说，质点的速度方向总是和该质点运动的路径相切。这里的质点是流体的小单元，它的速度 $\vec{v}$ 的方向总是和流线相切（见图 14-14）。由于这个原因，两条流线永远不会相交；假如它们会相交的话，那么，流到它们的交点的流体微小单元就会同时有两种不同的速度——这是不可能的。

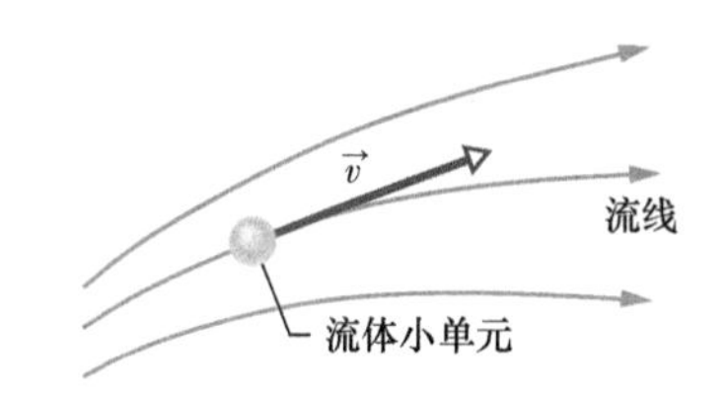

图 14-14 一个流体小单元的运动描出一条流线。单元的速度矢量的方向在每一点都和流线相切。

连续性方程

读者可能已经注意到，在花园中浇水时为了增加从浇水的软管中喷出的水的速率，可以用拇指堵住一部分管口来实现。显然，水的速率 v 依赖于水流的截面积 A。

这里我们要推导理想流体通过像在图 14-15 中表示的，截面积改变着的管子中定常流的 v 和 A 之间关系的表达式。这里的流向着右方，画在图中的一段管子（长管子的一部分）的长度为 L。在这一段管子的左端，流体的速率是 v_1，右端是 v_2。管子左端的截面积是 A_1，右端是 A_2。设在时间间隔 Δt 内，有体积为 ΔV 的流体从左端进入这一段管子（图 14-15 中这块体积用紫色表示）。因为流体是不可压缩的，同时，必定有同样体积 ΔV 的流体从这段管子的右端流出（图 14-15 中用绿色表示）。

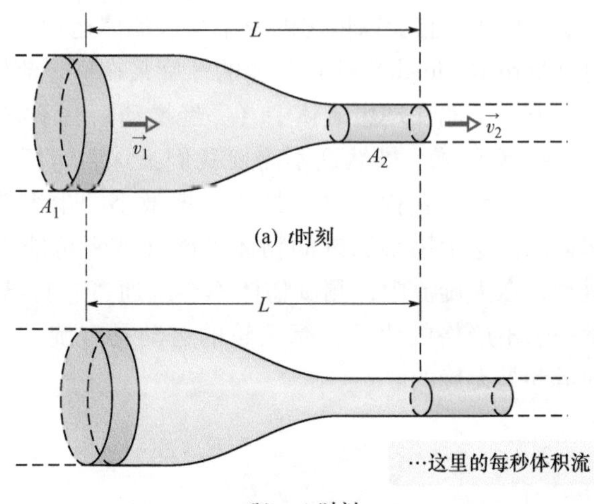

图 14-15　流体从左流向右以稳定的速率通过相距 L 的两段管子，左边流体的速率是 v_1，右边是 v_2。左边管子的截面积是 A_1，右边是 A_2。从时刻 t（a 小图）到时刻 $t+\Delta t$（b 小图），一定量的流体在左边入口用紫色表示，在右边出口用绿色表示。

我们可以把这共同的体积 ΔV 与速率和面积联系起来。为此，我们首先考虑图 14-16。图中显示均匀截面积 A 的管子的侧视图。在图 14-16a 中，一个流体小单元 e 正要通过横穿管子沿着宽度画的虚线。这个小单元的速率是 v，所以经过时间间隔 Δt 后小单元沿着管子运动距离 $\Delta x = v\Delta t$。在这段时间间隔 Δt 中，整个管子内通过虚线的流体体积是：

$$\Delta V = A\Delta x = Av\Delta t \tag{14-22}$$

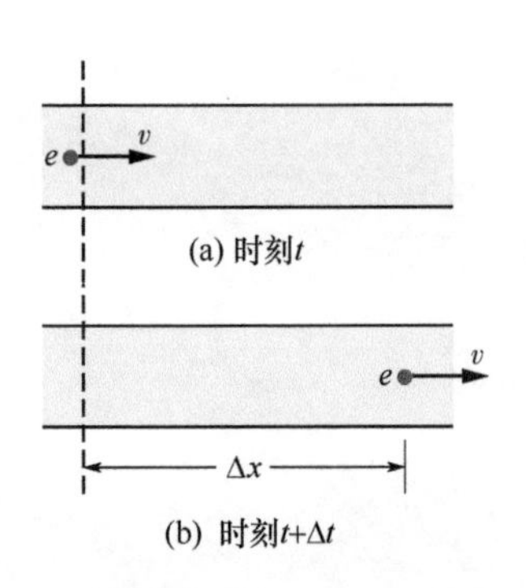

图 14-16　流体以恒定速率 v 流动，通过管道。(a) 在时刻 t，流体单元 e 正要通过虚线。(b) 时刻 $t+\Delta t$，流体单元 e 离虚线距离 $\Delta x = v\Delta t$。

将式（14-22）分别用于图 14-15 中左端一段和右端一段管子，我们有：

$$\Delta V = A_1 v_1 \Delta t = A_2 v_2 \Delta t$$

或

$$A_1 v_1 = A_2 v_2 \text{（连续性方程）} \tag{14-23}$$

这个速率和截面面积的关系式称为**连续性方程**，适用于理想流体的流动。它告诉我们，当流体流经的管道的截面面积减小时流速就要增大。

式（14-23）不仅适用于真实的管道，也适用于所谓的流管，或者边界由流线构成的假想管道。这种管道的作用像真实的管道一样，因为没有流体单元可以穿过流线；所以在流管内的所有的流体，必定始终保持在它的边界内。图 14-17 画出一条流管，其中截面积沿着流动方向从 A_1 增大到 A_2。我们从式（14-23）得知，随着面积增大，速率必定减小，就像图 14-17 中右边的流线的间隔变大所表示出来的那样。同理，我们可以看到在图 14-13 中流速在圆柱体的正上方和正下方最大。

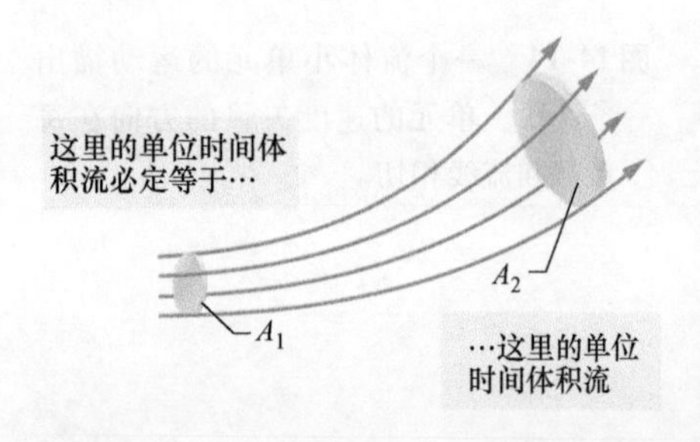

图 14-17　流管定义为形成管子边界的流线。体积流率在流管所有的截面积上必定都相同。

我们将式（14-23）重写为

$$R_V = Av = \text{常量（体积流率，连续性方程）} \tag{14-24}$$

其中，R_V 是流体的**体积流率**（单位时间内通过给定点的体积）。它的国际单位制单位是立方米每秒（m^3/s）。如果流体的密度 ρ 是均匀的，我们可以用密度乘式（14-24）得到**质量流率** R_m（单位时间的质量）：

$$R_m = \rho R_V = \rho A v = \text{常量}\ (\text{质量流率}) \qquad (14\text{-}25)$$

质量流率的国际单位制单位是千克每秒（kg/s）。式（14-25）说的是每秒内流入图 14-15 中的一段管子的质量必定等于每秒内流出这段管子的质量。

检查点 3

右图是一根输送管道，图中给出除了一段外各段的体积流率（用 cm^3/s）和流动方向。则剩下一段的体积流率和流动方向为何？

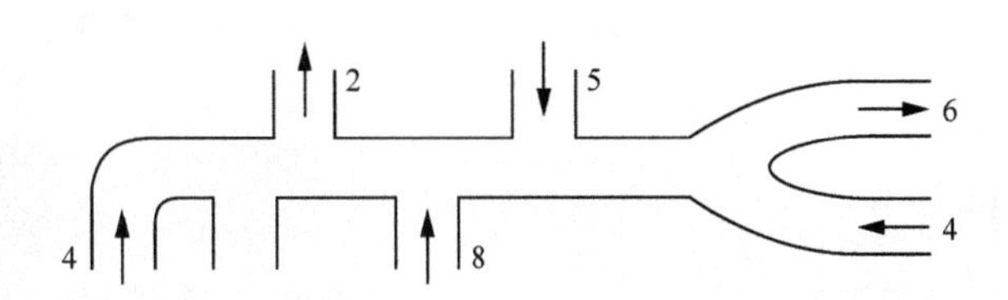

例题 14.05 **水流下落时变细**

图 14-18 表示从水龙头流出的水流在下落时“缩成瓶颈”。这种水平截面积的变化是任何下落水流的层流（非湍流）的特性，这是因为重力增大了水流的速率。图中标出的截面面积是 $A_0 = 1.2\text{cm}^2$ 及 $A = 0.35\text{cm}^2$。两个水平面分开的竖直距离 $h = 45\text{mm}$。从水龙头流出的体积流率是多大？

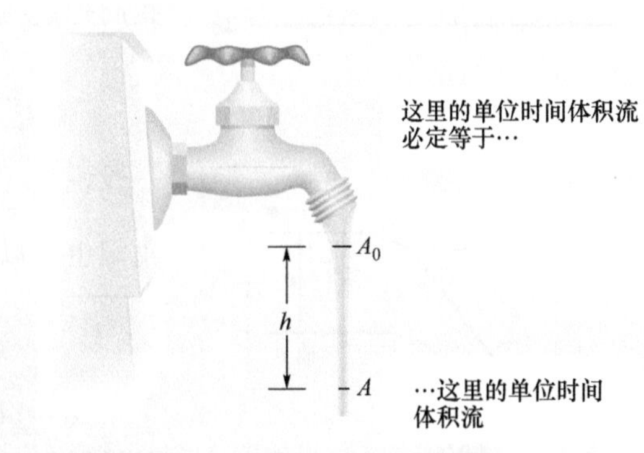

图 14-18 水从龙头流下，它的速率增加。因为体积流率在水流的所有水平横截面上都必须相同，水流必定“缩成瓶颈”（变细）。

【关键概念】

通过较高的截面的体积流率和通过较低的截面的体积流率必定相同。

解：由式（14-24），我们有

$$A_0 v_0 = A v \qquad (14\text{-}26)$$

其中，v_0 和 v 分别是对应于 A_0 和 A 的水流速率。由式（2-16），因为水以加速度 g 自由下落，我们也可以写出

$$v^2 = v_0^2 + 2gh \qquad (14\text{-}27)$$

在式（14-26）和式（14-27）这两个式子中消去 v 并解出 v_0，我们得到

$$v_0 = \sqrt{\frac{2ghA^2}{A_0^2 - A^2}}$$

$$= \sqrt{\frac{(2)(9.8\text{m/s}^2)(0.045\text{m})(0.35\text{cm}^2)^2}{(1.2\text{cm}^2)^2 - (0.35\text{cm}^2)^2}}$$

$$= 0.286\text{m/s} = 28.6\text{cm/s}$$

由式（14-24），体积流率 R_V 就是

$$R_V = A_0 v_0 = (1.2\text{cm}^2)(28.6\text{cm/s})$$

$$= 34\text{cm}^3/\text{s} \qquad (\text{答案})$$

14-7 伯努利方程

学习目标

学完这一单元后，你应当能够……

14.21 根据流体的密度和流速计算动能密度。

14.22 懂得流体压强是能量密度的一种类型。

14.23 计算重力势能密度。

14.24 应用伯努利方程把流线上一点的总能量密度和另外一点的数值联系起来。

14.25 懂得伯努利方程是能量守恒的一种表述。

关键概念

- 把机械能守恒原理应用于理想流体的流动，从而导出沿任何流管的伯努利方程：

$$p+\frac{1}{2}\rho v^2+\rho g y=常量$$

伯努利方程

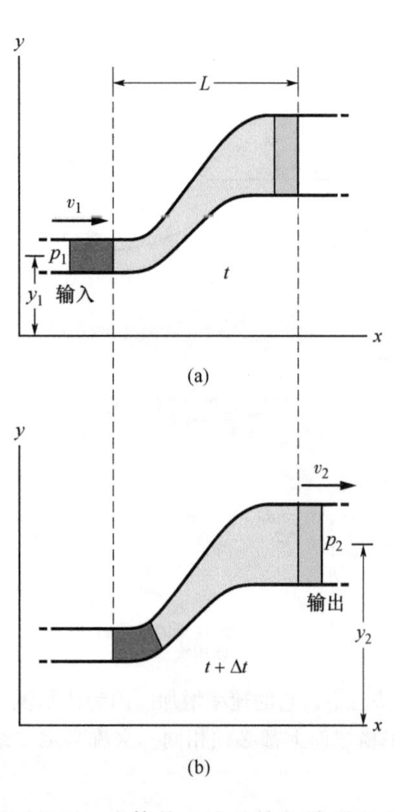

图 14-19 流体从左边的输入端到右边的输出端以恒定的流率通过长度为 L 的管道。从时刻 t（a 小图中）到时刻 $t+\Delta t$（b 小图中），输入端用紫色表示的流入流体的数量等于输出端用绿色表示的流出的流体数量。

图 14-19 表示的一段管道中有理想流体以稳定的流率在其中流过。假设在时间间隔 Δt 内，体积为 ΔV 的流体（见图 14-19 中紫色区域）从左边进入管道（输入），同时有同样体积（见图 14-19 中绿色区域）的流体从右端流出管道（输出）。流出的体积必定和流入的体积相等，这是因为流体是不可压缩的，具有恒定的密度 ρ。

令 y_1、v_1 和 p_1 是左边流入的流体的高度、速率和压强，y_2、v_2 和 p_2 是右边流出的流体相应的量。将能量守恒原理应用于此流体，我们把这些量的关系写出来：

$$p_1+\frac{1}{2}\rho v_1^2+\rho g y_1=p_2+\frac{1}{2}\rho v_2^2+\rho g y_2 \qquad (14\text{-}28)$$

一般说来，$\frac{1}{2}\rho v^2$ 这一项称为流体的**动能密度**（单位体积的动能）。我们也可以把式（14-28）写成

$$p+\frac{1}{2}\rho v^2+\rho g y=常量（伯努利方程） \qquad (14\text{-}29)$$

式（14-28）和式（14-29）是**伯努利方程**的两种等价形式，以丹尼尔·伯努利（Daniel Bernoulli）命名，他在 18 世纪研究了流体的流动[⊖]。像连续性方程［式（14-25）］一样，伯努利方程不是新的原理，只是将熟知的原理用更适合于流体力学的形式通过公式重新表述。作为检验，我们把伯努利方程用于静止的流体，令式（14-28）中 $v_1=v_2=0$，结果就得到式（14-7）：

$$p_2=p_1+\rho g(y_1-y_2)$$

如我们取 y 是常量（譬如说 $y=0$），这样流体流动中高度不变，于是可得出伯努利方程的一个重要预言。式（14-28）成为

$$p_1+\frac{1}{2}\rho v_1^2=p_2+\frac{1}{2}\rho v_2^2 \qquad (14\text{-}30)$$

这个方程式告诉我们：

> 当流体单元沿水平的流线运动时若单元的速率增大，则流体的压强必定减小，反之亦然。

用另一种表述，流线相对靠近的地方（这里的速度相对较大），压强相对低，反之亦然。

如果你考虑通过粗细在变化的管道的流体单元，速率的变化和压强的变化之间的关系就容易明白了。回忆一下，在管子细的

⊖ 对无旋流（我们做了这个假设），式（14-29）中的常量对流管中所有的点都有相同的值；这些点不一定在同一条流线上。同理，式（14-28）中的 1 和 2 两点可以在流管中的任何位置。

区域流体单元的速率快，在管子粗的区域速率慢。根据牛顿第二定律，力（或压强）必定引起速率改变（加速度）。当流体单元接近管子细的区域时，它后面较高的压强使它加速，所以它在细管中有较大的速率。当这个单元接近粗管区域时，它前面较高的压强使它减速，所以它在粗管的区域速率较小。

伯努利方程只对理想流体严格成立。如果有黏性力存在，就要引起热运动，我们这里把它忽略。

伯努利方程的证明

把图 14-19 中（理想）流体的整个体积取作我们的系统。把能量守恒原理应用到这个系统，它从初态（见图 14-19a）运动到终态（见图 14-19b）。流体包含在图 14-19 中所示的两个分开距离为 L 的竖直平面之间，在整个过程中流体的性质不变。我们只需要考虑输入端和输出端之间的变化。

首先，我们用功-动能定理形式的能量守恒，

$$W = \Delta K \tag{14-31}$$

这个式子告诉我们，系统动能的改变必定等于对系统所做的功。动能的改变是由于管道两端之间速率的改变，就是

$$\begin{aligned}\Delta K &= \frac{1}{2}\Delta m v_2^2 - \frac{1}{2}\Delta m v_1^2 \\ &= \frac{1}{2}\rho\Delta V(v_2^2 - v_1^2)\end{aligned} \tag{14-32}$$

其中，$\Delta m(=\rho\Delta V)$ 是在很小的时间间隔 Δt 内从输入端进入以及离开输出端的流体的质量。

作用于系统的功有两个来源。重力（$\Delta m\vec{g}$）对质量为 Δm 的流体做的功 W_g 是将这个质量的流体从输入水平面竖直提高到输出水平面所做的功。

$$\begin{aligned}W_g &= -\Delta mg(y_2 - y_1) \\ &= -\rho g\Delta V(y_2 - y_1)\end{aligned} \tag{14-33}$$

这个功是负的，因为向上的位移和向下的重力方向相反。

还必须（在输入端）对系统做功把进入的流体推进管道，并且系统（在输出端）要把它前面流出去的流体向前推。一般说来，数值为 F 的力作用在面积为 A 的管道中的流体样品使流体经过距离 Δx 所做的功是

$$F\Delta x = (pA)(\Delta x) = p(A\Delta x) = p\Delta V$$

于是得到对系统作用的功是 $p_1\Delta V$，系统对外做功是 $-p_2\Delta V$。二者之和为

$$\begin{aligned}W_p &= -p_2\Delta V + p_1\Delta V \\ &= -(p_2 - p_1)\Delta V\end{aligned} \tag{14-34}$$

式（14-31）的功-动能定理现在变成：

$$W = W_g + W_p = \Delta K$$

将式（14-32）~式（14-34）代入上式，得到

$$-\rho g\Delta V(y_2 - y_1) - \Delta V(p_2 - p_1) = \frac{1}{2}\rho\Delta V(v_2^2 - v_1^2)$$

将这个式子稍加整理后就得到式（14-28），这就是我们要证明的。

检查点4

水流平稳地流过图示的管道，流动过程中高度下降。将标有四个数的几段管道顺序排列：按照（a）通过它们的体积流率R_V，（b）通过它们的流动速率v，（c）在它们中水的压强p。最大的排第一。

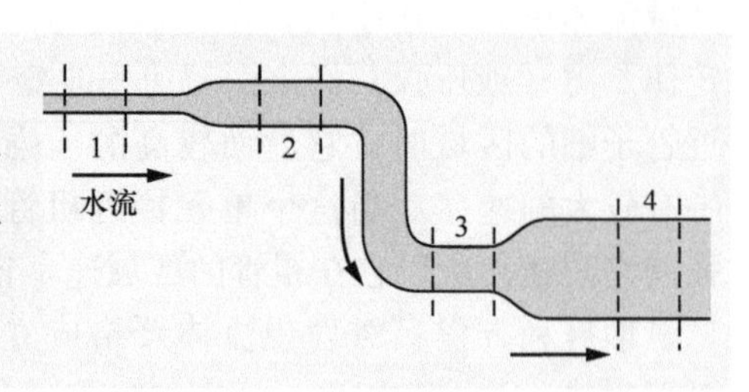

例题14.06 通过细管的流体的伯努利原理

密度为$\rho=791\text{kg/m}^3$的乙醇平稳地流过截面逐渐变细的水平管道，管道的截面积从$A_1=1.20\times10^{-3}\text{m}^2$减小到$A_2=A_1/2$。管道中粗的和细的部分的压强差是4120Pa。乙醇的体积流率R_V是多少？

【关键概念】

（1）因为流过管道粗的部分的流体必定要完全通过细的部分，在两段管道中体积流率R_V一定相同。于是，由式（14-24）：

$$R_V=v_1A_1=v_2A_2 \tag{14-35}$$

然而，我们不能从这个包含两个未知速率的方程式来求R_V。（2）因为流动是平稳的，所以我们可以用伯努利方程。由式（14-28），我们可以写出

$$p_1+\frac{1}{2}\rho v_1^2+\rho gy=p_2+\frac{1}{2}\rho v_2^2+\rho gy \tag{14-36}$$

这里的下标1和2分别指管道粗的和细的部分，y是它们共同的高度。这个方程式好像没有用处，因为它不包含要求的R_V，并且它也有两个未知的速率v_1和v_2。

解：有一个简捷的方法可以使式（14-36）对我们有用。首先，我们利用式（14-35）和$A_2=A_1/2$这个事实写出

$$v_1=\frac{R_V}{A_1}\text{和}v_2=\frac{R_V}{A_2}=\frac{2R_V}{A_1} \tag{14-37}$$

然后我们把这些表达式代入式（14-36）来计算未知的速率并引进要求的体积流率R_V。做这样的代入后解出

$$R_V=A_1\sqrt{\frac{2(p_1-p_2)}{3\rho}} \tag{14-38}$$

我们还要做一个决定：已知两个区域之间的压强差是4120Pa，但这意味着p_1-p_2是4120Pa还是-4120Pa？我们可以猜出前者是对的，不然的话式（14-38）中的平方根就会是虚数。然而，我们试着给出一些理由，从式（14-35）我们知道，细的部分（A_2）的速率v_2一定大于粗的部分（A_1）的速率v_1。回忆一下，当流体在水平的路径流动（像这里的情况）时，如流体的速率增加，则流体的压强必定减小。于是，p_1大于p_2，$p_1-p_2=4120\text{Pa}$，把这个条件和已知的数据代入式（14-38），给出

$$R_V=1.20\times10^{-3}\text{m}^2\sqrt{\frac{(2)(4120\text{Pa})}{(3)(791\text{kg/m}^3)}}$$

$$=2.24\times10^{-3}\text{m}^3/\text{s} \quad \text{（答案）}$$

例题14.07 漏水的水槽的伯努利原理

在昔日的西部，一个亡命之徒对着一只敞开的水箱开了一枪（见图14-20），子弹在水箱的水面以下距离h的位置打出一个小孔。从水箱流出的水的速率为何？

【关键概念】

（1）这个情况实质上是水以速率v_0通过截面积为A的粗管（水箱）流动（向下），然后以速率v通过截面积为a的细管（小孔）（水平地）流动。（2）因为流过粗管的水必定全部流经细管，所以在这两段“管子”中体积流率R_V必定相同。（3）我们还要将速率v和v_0（还包括h）用伯努利方程［式（14-28）］联系起来。

解：由式（14-24），得

$$R_V=av=Av_0$$

由此

$$v_0=\frac{a}{A}v$$

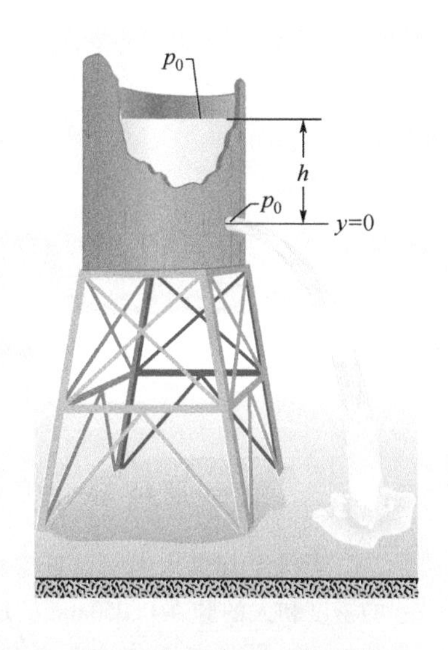

图 14-20 水箱中的水通过水面以下距离 h 的小孔涌出。水面和小孔处的压强都是大气压强 p_0。

因为 $a \ll A$，我们看出 $v_0 \ll v$。为应用伯努利方程，我们取小孔所在的水平面作为我们测量高度（也是重力势能）的参考平面。注意，水箱顶部和弹孔处的压强都是大气压强 p_0（因为这两个地方都暴露在大气中），我们把式（14-28）写成

$$p_0 + \frac{1}{2}\rho v_0^2 + \rho gh = p_0 + \frac{1}{2}\rho v^2 + \rho g(0) \quad (14\text{-}39)$$

（这里水箱顶部写在方程式左边，小孔写在右边。右边的零指出小孔在我们的参考水平面上。）在我们解式（14-39）求出 v 之前，我们可以利用 $v_0 \ll v$ 的结论使方程式简化：我们设 v_0^2 也满足这个条件，从而式（14-39）中的 $\frac{1}{2}\rho v_0^2$ 项相对于其他项可以忽略不计，因而我们可以舍弃这一项。从余下的方程式中解出

$$v = \sqrt{2gh} \quad \text{（答案）}$$

这和一个物体从静止下落高度 h 的速率相同。

WILEY PLUS 在 WileyPLUS 中可以找到附加的例题、视频和练习。

复习和总结

密度 任一种材料的**密度**定义为单位体积该材料的质量：

$$\rho = \frac{\Delta m}{\Delta V} \quad (14\text{-}1)$$

通常材料的样品比原子的线度大得多，我们可以把式（14-1）写成

$$\rho = \frac{m}{V} \quad (14\text{-}2)$$

流体压强 **流体**是会流动的物质；它能适应容器的边界，这是因为它不能承受切应力。然而，它能承受垂直于它的表面的力。这个力用**压强**描述：

$$p = \frac{\Delta F}{\Delta A} \quad (14\text{-}3)$$

其中，ΔF 是作用于面积为 ΔA 的面积单元上的力。如力在整个平面上是均匀的，式（14-3）可以写成：

$$p = \frac{F}{A} \quad (14\text{-}4)$$

流体压强产生的力对流体中特定点的所有方向上力的数值都相等。**计示压强**是某一点上真实的压强（或绝对压强）和大气压强之差。

压强随高度和深度的变化 静止的流体中的压强随竖直位置 y 而变，y 向上为正，

$$p_2 = p_1 + \rho g(y_1 - y_2) \quad (14\text{-}7)$$

流体中的压强在同一水平面上的所有点处都相等。如果 h 是流体样品中低于某个压强恒为 p_0 的参考水平面的深度，那么样品中的压强是

$$p = p_0 + \rho gh \quad (14\text{-}8)$$

帕斯卡原理 作用于封闭的流体上的压强的变化毫无保留地传递到流体的各个部分及容器壁。

阿基米德原理 当一个物体完全或部分浸在流体中时，周围流体对该物体有浮力 $\vec{F}_b$ 作用。力的方向向上，它的大小由下式给出：

$$F_b = m_f g \quad (14\text{-}16)$$

其中，m_f 是被该物体置换的流体（即被该物体排开的流体）的质量。

当物体漂浮在流体中时，作用于物体的（向上的）浮力的数值 F_b 等于物体受到的（向下的）重力的数值 F_g。受到浮力作用的物体的**表观重量**与它的真实重量的关系是

$$\text{重量}_{app} = \text{重量} - F_b \quad (14\text{-}19)$$

理想流体的流动 **理想流体**是不可压缩并且没有黏性的，它的流动是平稳且无旋的。流线是各个流体质点流动的路径。流管是一束流线。在任何流管中的流动都服从**连续性方程**：

$$R_V = Av = \text{常量} \quad (14\text{-}24)$$

其中，R_V 是**体积流率**；A 是任何一点流管的截面积；v 是流体在这一点的速率。**质量流率** R_m 是

$$R_m = \rho R_V = \rho Av = \text{常量} \quad (14\text{-}25)$$

伯努利方程 将能量守恒原理应用于理想流体的流动可得出沿任何流管的**伯努利方程**：

$$p + \frac{1}{2}\rho v^2 + \rho gy = \text{常量} \quad (14\text{-}29)$$

习题

1. 长颈鹿低头喝水。长颈鹿的头高于它的心脏1.8m，它的心脏又高于它的四脚2.0m。它心脏中血液的计示压强（流体静压）是250Torr。设长颈鹿直立着，血液密度是$1.06\times10^3\text{kg/m}^3$。以Torr（或mmHg）为单位，求以下部位中血液的计示压强：（a）大脑（压强足以使大脑充满血液以保证长颈鹿不致昏厥；（b）脚上（压强必须抵抗住像压力紧身袜一样的紧绷的皮肤。（c）如果长颈鹿要低下头从池塘中喝水而不张开它的腿并且慢慢地运动，大脑中血液压强将增加多少？（这个行为可能是致命的。）

2. 在图14-21中，水库堤坝内淡水的深度是$D=12\text{m}$。一条直径为4.0cm的水平管道在深度$d=6.0\text{m}$处穿过堤坝。一个塞子塞紧管口。（a）求塞子和管壁的摩擦力数值。（b）去掉塞子。在3.0h内将有多少体积的水从管子流出？

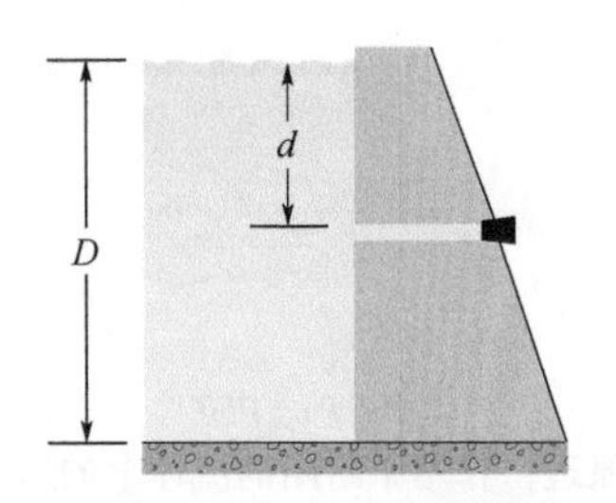

图14-21 习题2图

3. 在图14-22中，水流被挡在大坝上游面，在坝身竖直一侧的后面。水深$D=30.0\text{m}$，大坝宽度$W=250\text{m}$。求（a）水的计示压强作用在大坝上的净水平力，（b）力对于通过O点平行于大坝的（长的）宽度的水平直线的净转矩。这个转矩要使坝身绕这条线转动，这可能使大坝坍塌。（c）求这个转矩的力臂。

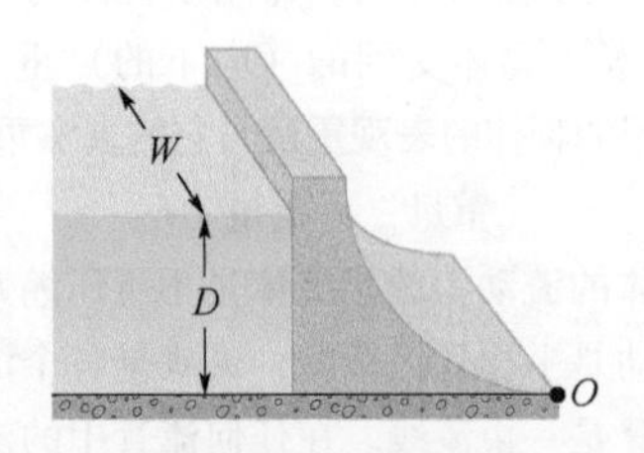

图14-22 习题3图

4. 一辆1800kg的轿车的乘客舱的空间是5.00m^3。发动机和前轮的体积为0.710m^3，后轮、油箱和行李箱的体积是0.800m^3；水不能进入到这两个部分。轿车掉进了湖里。(a) 起先没有水进入到乘客舱。汽车漂浮在水中时，轿车有多少立方米体积在水面以下（见图14-23)？(b) 水逐渐进入，轿车下沉。当车子消失在水面以下时有多少立方米的水进入了轿车？（行李箱中装有很重的负载使轿车始终保持水平。）

图14-23 习题4图

5. 潜水员用潜水通气管下潜的最大深度d_{max}取决于水的密度和人的肺在0.050atm的最大压强差（胸腔的里面和外面）下还能工作这个事实。淡水和死海里的水（世界上含盐最多的自然水，密度是$1.5\times10^3\text{kg/m}^3$）$d_{max}$的差是多少？

6. 完全浸没在液体中的一个小的实心球从静止释放，当它在液体中运动2cm后开始测量它的动能，图14-24给出使用多种液体的测量结果：动能K关于液体密度ρ_{liq}的图像，$K_s=2.4\text{J}$确定了纵标的标度。球的（a）密度和（b）体积为何？

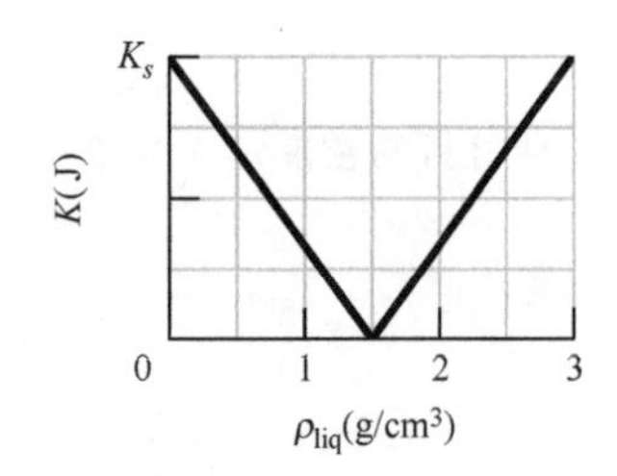

图14-24 习题6图

7. 淡水从第一段截面积为A_1的水管水平地流进面积为A_2的第二段水管。图14-25给出压强差p_2-p_1关于面积平方的倒数A_1^{-2}的曲线图。如果水流在所有情况下都是层流，可以预料会有一定值的体积流率。纵轴的标度由$\Delta p_s=600\text{kN/m}^2$标定。根据图中的条件，求（a）$A_2$和（b）体积流率的数值。

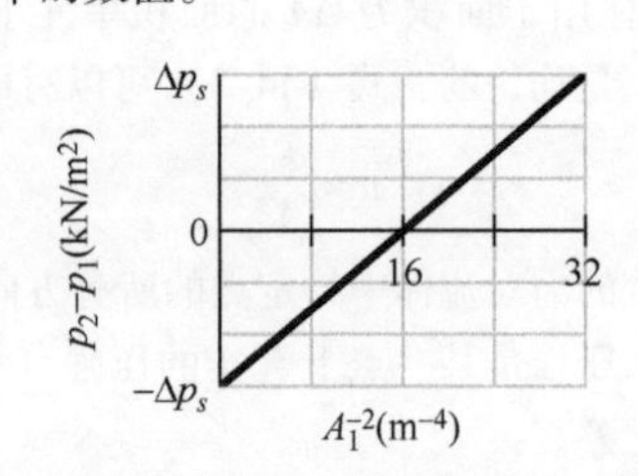

图14-25 习题7图

8. 在图14-26中，水流稳定地从左边的一段水管（半径$r_1=2.00R$）进入，在通过中间一段水管（半径R）后进入右边一段水管（半径$r_3=3.00R$）。中间一段管中水的速率是0.620m/s。有0.700m^3的水从左边流到右边，所做的净功是多少？

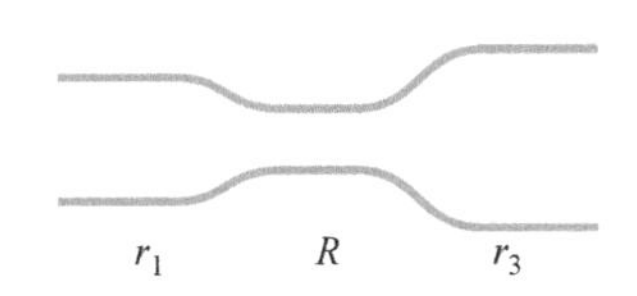

图 14-26　习题 8 图

9. 流体被推动流过半径为 0.56cm 的细管。作用力的大小为 120N，流体中的压强增加了多少？

10. 密度为 900kg/m^3 的液体流过水平的管道，管道的 A 段截面积为 1.80×10^{-2} m^2，B 段截面积为 9.50×10^{-2}m^2。两段的压强差是 7.20×10^3Pa。(a) 体积流率和 (b) 质量流率各是多少？

11. 图 14-27 中的塑料管的截面积是 5.00cm^2。向管中加水直到短臂（长度 $d=0.800$m）充满水为止。然后将短臂封闭，长臂中继续加水，当长臂中水的总高度达到 2.80m 时，封口处于爆裂的边缘。这时作用在封口上的力有多大？

图 14-27　习题 11 图

12. 研究人员发现一具恐龙的相当完整的化石，他们打算按照化石骨骼的尺寸，用塑料按比例做一个模型来确定活恐龙的质量和重量。模型的比例是 1/20；即，长度是真实长度的 1/20，面积是真实面积的 $(1/20)^2$，体积是真实体积的 $(1/20)^3$。首先，把模型挂在天平的一臂上，另一边放上砝码直到平衡，然后把模型完全浸没在水里面，从第二个臂挂的盘中取出一些砝码，重新建立平衡（见图 14-28）。对一个塑料霸王龙化石模型，减去 791.10g 后天平重新平衡。(a) 模型和 (b) 真实的霸王龙的体积各是多少？(c) 如果霸王龙的密度近似于水的密度，它的质量有多大？

图 14-28　习题 12 图

13. 在分析某种地质特征时，常常可以合理地假设地球深处某些水平面上的补偿层的压强在很大的区域内是相同的，并且等于压在上面的物质的重力。因此，补偿层上的压强可以由流体压强公式给出。这个模型首先要求山脉有延伸到较密地幔的大陆岩石的基础（见图 14-29）。考虑在厚度 $T=28$km 的大陆上有高度为 $H=6.0$km 的山脉。大陆岩石的密度为 2.9g/cm^3，岩石下面地幔的密度是 3.3g/cm^3。求基础的深度 D。（提示：令 a 和 b 两点位置的压强相等；补偿层的深度 y 就可以消去。）

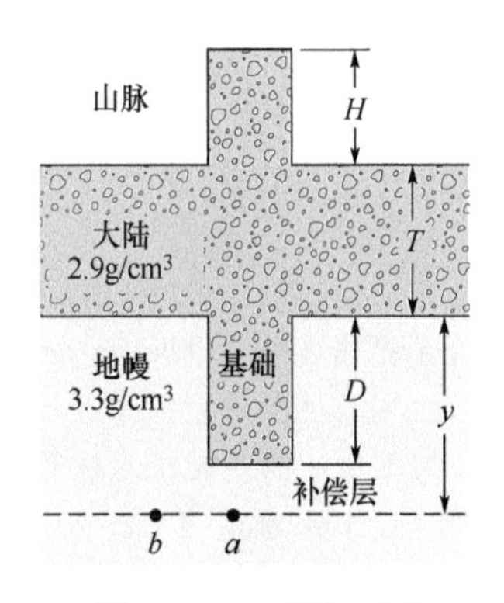

图 14-29　习题 13 图

14. 两条小溪汇流成河。一条小溪宽 8.2m，深 3.4m，流速 2.3m/s。另一条小溪宽 6.8m，深 3.2m，流速 2.6m/s。如果河的宽度为 10.5m，深 4.5m，则它的速率有多大？

15. 一个被抽去部分空气的密封容器有一个密封的盖子，盖子的表面积为 50m^2 并且质量可以忽略。如掀掉盖子要用的力是 480N，大气压强是 1.0×10^5Pa，则内部的空气压强是多少？

16. 完全浸没在液体中的 3.00kg 的物体从静止释放，浸没物体置换的液体质量是 5.00kg。设物体可以自由运动并且液体作用于它的阻力可以忽略，该物体在 0.200s 内移动了多少距离，沿哪个方向？

17. *阿根廷龙的血压*。(a) 如这种巨大的长颈蜥脚类动物头部所在位置的高度为 18m，心脏所在位置的高度为 8.0m，它心脏血液的（流体静力学的）计示压强需要多大才可以使大脑中的血压达到 80Torr（足够使大脑充满血液）？设血液密度 1.06×10^3kg/m^3。(b) 它脚部的血压有多大（用 Torr 或 mmHg 为单位）？

18. 一艘小船浮在淡水中置换重量 50.1kN 的水。(a) 当这艘小船浮在密度为 1.10×10^3kg/m^3 的咸水中时，它置换的水有多重？(b) 被置换的淡水的体积和被排开的咸水的体积之差有多少？

19. *人和象用呼吸管潜水*。当一个人用呼吸管潜水时，肺部通过呼吸管直接连接到大气，因此处在大气压强下。在大气中，若呼吸管的长度是 (a) 20cm（标准情况）；(b) 3.5m（可能会是致命的情况），体内的气压和水对身体的压强之差 Δp 有多大？在后一种情况中，压强差会引起肺壁上的血管破裂，使血液流入肺部。如图 14-30 所画的大象游泳时，它的肺在水面以下 3.5m，它可以用它的长鼻子安全地进行呼吸管潜泳，因为包围它的肺脏的膜包含结缔组织，支持并保护血管避免破裂。

20. 三个小孩：每人都重 356N，把直径 0.30m、长

图14-30 习题19图

2.00m的圆木捆绑成一艘木筏。至少需要多少根圆木才能保证他们能漂浮在淡水中？取圆木的密度为800kg/m³。

21. 为用管子把密度为1800kg/m³的烂泥吸到高度2.0m处，机器要产生多大的计示压强？

22. 内直径为1.9cm的花园浇水软管连接到（静止的）草坪洒水器上，洒水器是一个有20个小孔的容器，每个小孔的直径为0.15cm。如果软管中水的速率是0.91m/s，它将以怎样的速率离开洒水器的小孔？

23. 空战缠斗中加速度引起的意识丧失（g-LOC）。现代战斗机飞行员在高速飞行中急转弯时，大脑中的血压会下降，血液不再能充满大脑，使大脑中的血液枯竭。如果当飞行员经受的水平向心加速度为$4.5g$时，心脏保持主动脉中（流体静力学）计示压强为120Torr（或mmHg），这时大脑中的血压（以Torr为单位）是多大？这时大脑离心脏距离为径向向内30cm。这种情况下大脑中的血液少到视觉变成只见黑和白并出现"管状视觉"，甚至飞行员还可能经受g-LOC（"g引起的意识丧失"g-induced Loss Of Consciousness）。血液密度为1.6×10^3kg/m³。

24. 水压机中通过对一个截面积为a的活塞作用一个数值为f的小的力到密封的液体上。一根连通管道通到较大的截面积为A的活塞（见图14-31）。(a) 要使较大的活塞保持不动，在它上面要施加多大的力F？(b) 如果活塞直径分别是3.50cm和60.0cm，大活塞上要施加多大的力才能平衡小活塞上20.0N的力？

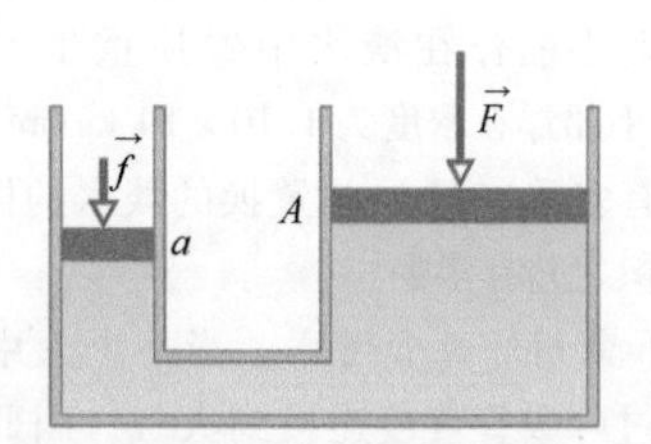

图14-31 习题24图

25. 求压强做了多少功：迫使2.0m³的水通过内直径为13mm的管道，管道两端压强差为1.0atm。

26. 求1.5m高的人的大脑和脚的血液的流体静压差。血液的密度是1.06×10^3kg/m³。

27. 图14-32表示一个铁球用一根质量可以忽略不计的线悬挂在部分浸没在水中漂浮着的直立圆柱体下面。圆柱体高度6.00cm，上、下底面积均为12.0cm²，密度为0.25g/cm³，水面以上圆柱体的高度为1.00cm。铁球的半径有多大？

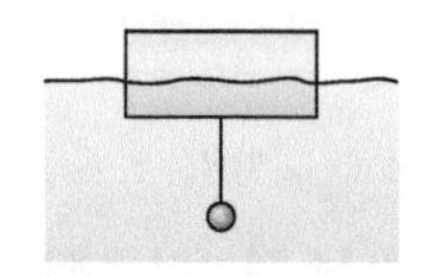

图14-32 习题27图

28. 一个漂浮设备的形状是正圆柱体，高度0.650m，上、下底面积均为4.00m²，它的密度是淡水的0.300。开始时使它完全浸没在淡水中，它的顶部和水面齐平。然后让它自己逐渐上升直到漂浮稳定。在设备上升过程中浮力对它做了多少功？

29. 设有两个容器1和2，每个顶上都有大的开口，它们装有不同的液体。在每个容器的液面以下同样深度h处的边上开有一个小孔，但容器1上小孔的截面积是容器2上小孔截面积的一半。(a) 如果两个小孔流出液体的质量流率相同，两种液体的密度比ρ_1/ρ_2是多少？(b) 从两个容器流出的体积流率之比R_{V_1}/R_{V_2}又是多少？(c) 在某个时刻，容器1中的液面在小孔以上16.0cm。如两个容器具有相等的体积流率，这时容器2中的液面在小孔以上的高度有多高？

30. 在图14-33中，在刚性的梁柱和水压杠杆的输出活塞之间有一根弹簧常量为3.75×10^4N/m的弹簧。一个质量可以忽略不计的空的容器放在输入活塞上。输入活塞的面积为A_i，输出活塞的面积为$18.0A_i$。开始时弹簧是在静止长度。需要在容器中（慢慢地）倒入多少千克的沙才能把弹簧压缩5.00cm？

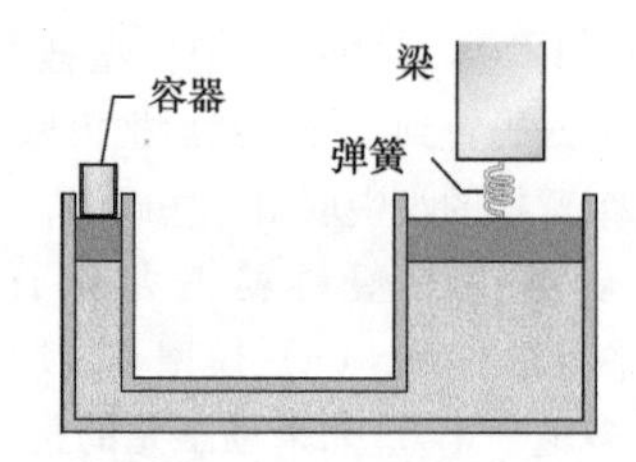

图14-33 习题30图

31. 两只同样的容器，它们放在同样的水平面上，每个都装有密度为1.30×10^3kg/m³的液体。每个容器的基底面积都是4.25cm²，但一个容器中的液体高度是0.854m，另一个中是1.560m。把两个容器连通，求重力使它们的液面相等所做的功。

32. 图14-34表示一条老旧的管道系统的两段，这个管道穿过一座小山，距离$d_A=d_B=40$m，$D=110$m。小山每一边管道的半径都是2.00cm。不过，小山里面管道的半径是未知的。水力工程师们为确定小山里面管道的半径，首先从左到右两段管道中通以流速为2.50m/s的水流。然后他们在A点的水中放一些染料，并发现染料经过88.8s后到达B点。在小山里面的管道的平均半径是多大？

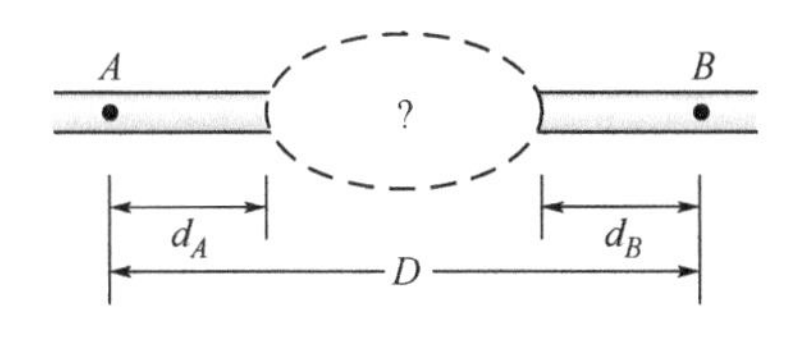

图 14-34　习题 32 图

33. 漂浮着的铁制空心球壳几乎完全浸没在水中。球的外直径是 50.0cm，铁的密度是 7.87g/cm^3。求内直径。

34. 办公室窗户的尺寸是 3.4m×2.1m。当暴风来临时，室外气压降到 0.93atm，但室内压强仍旧保持在 1.0atm。此时向外推窗户的净力多大？

35. *运河效应*。图 14-35 表示一艘停泊着的驳船，它在运河中的横向展宽距离 $d=30$m，吃水深度 $b=12$m。运河宽度 $D=55$m，水深 $H=14$m，均匀水流的速率 $v_i=1.2$m/s。设绕驳船的水流是均匀的。当水流经过船首时，水平面会突然下降，称为运河效应。如下降深度 $h=0.80$m，经过（a）a 点和（b）b 点的两个竖直截面沿驳船边上水的速率各是多大？由于速率增大产生的侵蚀是水力工程师都要考虑的问题。

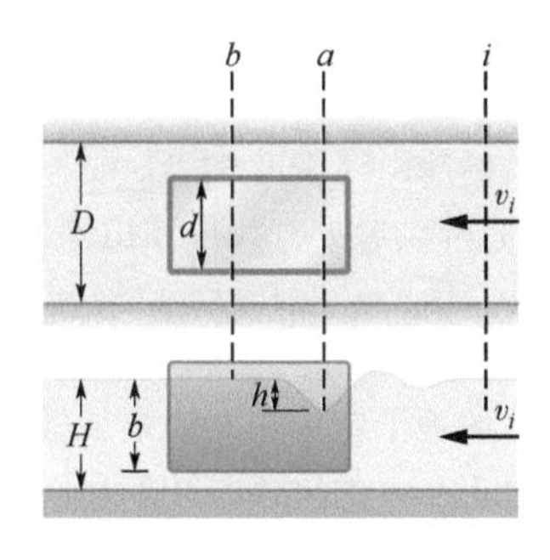

图 14-35　习题 35 图

36. 大气的高度会有多高，假如大气的密度是（a）均匀的，（b）线性地随高度减少到零？设海平面的大气压是 1.0atm，大气密度是 1.3kg/m^3。

37. 图 14-36 中的引入口的截面积为 0.740m^2，水的流速为 0.400m/s。出口的截面积小于入口，水以 9.50m/s 的流速流出。入口和出口之间的压强差是 3.00MPa。竖直距离 D 是多少？

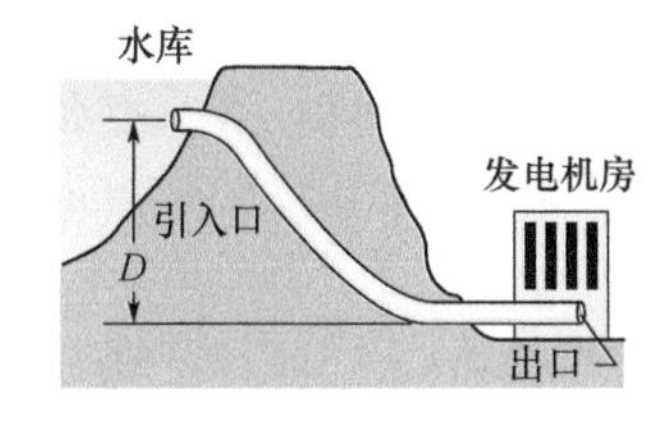

图 14-36　习题 37 图

38. 图 14-37 所示的 L 形鱼池充满了水，顶部开口。如果 $d=7.0$m，水作用于（a）A 面和（b）B 面的总压力各是多少？

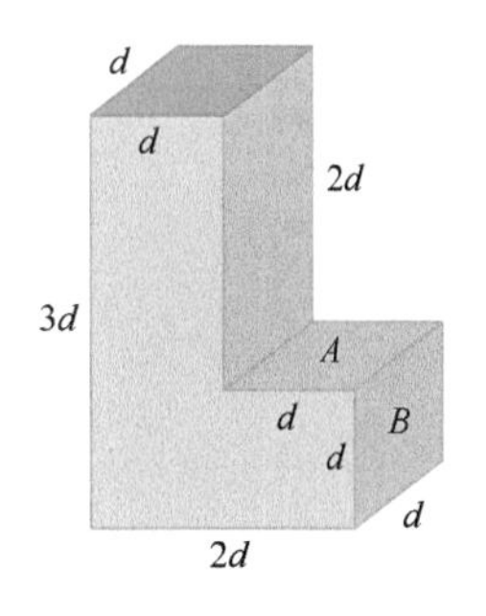

图 14-37　习题 38 图

39. 巨大直径的圆柱形水箱装水深度 $D=0.30$m。水箱底部有一个截面积为 $A=6.2$cm^2 的小孔，水可以从小孔流出。（a）以立方米每秒为单位，水流出的速率是多少？（b）水箱底部以下多少距离处水流的截面积等于小孔面积的一半？

40. 你把你的汽车前胎充气到 32psi（lbf/in^2）。后来你测量你的血压，得到读数 135/70，这个读数是以 mmHg 为单位的。在米制国家中（就是说世界上大多数国家），这些压强习惯上用千帕（kPa）。为单位报告，（a）你的车胎压强和（b）你的血压各是多少？

41. 如果在你的肺里面产生的最小计示压强为 -2.5×10^{-3}atm，那么你可以用吸管把茶（密度 1000kg/m^3）吸到的最大高度是多少？

42. *潜伏着的短吻鳄*。一条短吻鳄正浮在水中等待猎物，只有头顶露出水面，这样猎物才不容易发现它。可以调节它下沉程度的一个方法是控制它的肺的大小。另一种方法是吞下一些石块（*胃石*），石块会停留在胃中。图 14-38 中是一个高度简化的模型（“菱面体短吻鳄”）质量为 145kg，它把头顶部分地露在水面上游动。头顶面积为 0.15m^2，如果这条短吻鳄吞下它身体全部质量的 1.0% 的石块（典型的数量），它会下沉多深？

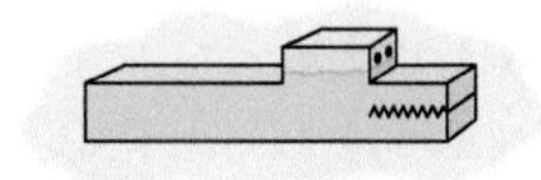

图 14-38　习题 42 图

43. 水流经 1.9cm（内直径）的管道后，又经过三个 1.5cm 的管道流出。（a）如果三个较小的管子内的流速分别是 26L/min、21L/min 和 16L/min，在 1.9cm 的管道内流速有多大？（b）在 1.9cm 管道内的流速和 26L/min 的管道的速率比值为何？

44. 在图 14-39a 中，一块长方形木块面朝下慢慢地被推进液体中，木块高度为 d；上、下底面积 $A=8.00$cm^2。图 14-39b 给出木块的表观重量 W_{app} 作为它的底面深度 h 的函数，纵轴的标度由 $W_s=0.20$N 标定。液体密度为何？

45. 一个可充气的装置的密度为 1.20g/cm^3，将它完

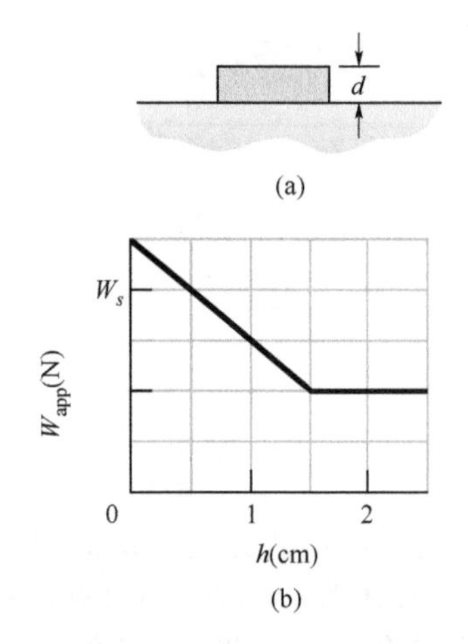

图14-39 习题44图

全沉浸在淡水中后充入气体，使它的密度和淡水的密度相同。膨胀后的体积和该装置整个体积之比是多少？

46. 图14-40表示水从盛水高度$H=40$cm的水箱上一个深度为$h=12$cm处的小孔中流出。(a) 水流落到地板上离水箱的距离x是多大？(b) 第二个孔要开在什么深度处会给出同样的x值？(c) 小孔应开在多深的位置会得到最大的x？

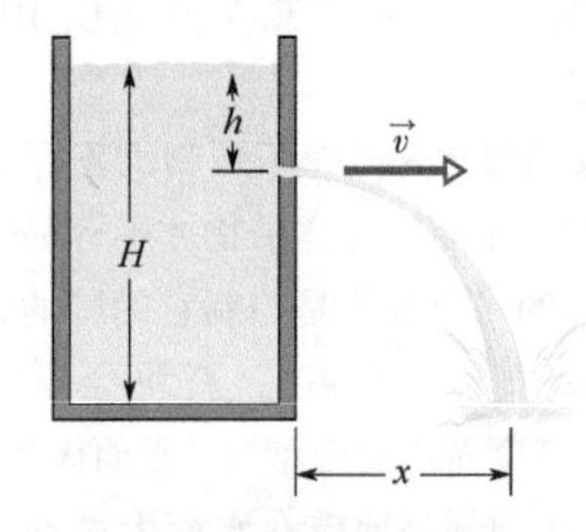

图14-40 习题46图

47. 大型鱼缸高5.00m，充以深度2.00m的淡水。鱼缸的一面墙是由9.00m宽的厚塑料制成。如果随后将水加到4.00m深，对这堵墙的总压力增加多少？

48. 皮托管（见图14-41）用于测定飞机的空速。它包含好几个小孔B（图上画出4个）的外管，小孔可以让空气进入管中。外管连接到U管的一臂。U管的另一臂连接到器件前端的小孔A，A面向飞机前进的方向。空气在A处停滞不动，所以$v_A=0$。然而在B点，空气速率可以假定等于飞机的空速。(a) 利用伯努利方程证明：

$$v=\sqrt{\frac{2\rho gh}{\rho_{air}}}$$

其中，ρ是U管中液体的密度；h是U管中两边液体水平面之差。(b) 设U管中装有酒精，两水平面之差h是20.0cm。飞机相对于空气的速率是多少？空气密度ρ_{air}是1.03kg/m³，酒精密度是810kg/m³。

49. 高空飞机上的皮托管（见习题48）测得压强差为150Pa。如果空气密度是0.031kg/m³，则飞机空速多大？

50. 鱼雷模型有时放在有流动的水的水平管道中试

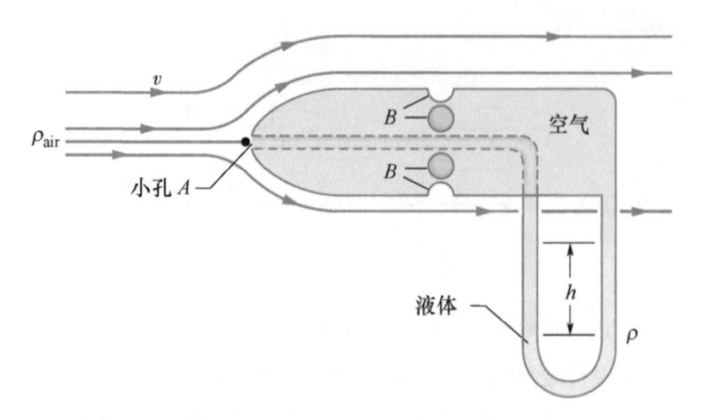

图14-41 习题48和习题49图

验，很像用来测试飞机模型的风洞。考虑内直径25.0cm的圆形管道，一个鱼雷模型沿着管道长轴安放。模型直径6.00cm，通过它的测试水流速率为2.00m/s。(a) 管道中受到模型限制而收缩的区域内水流速率必须多大？(b) 在管道中被限制和未被限制部分的压强差是多大？

51. 在一次观察中，水银气压计（如图14-5a所示）中测量到的水银柱高度h是740.35mm。温度是−5.0℃，这个温度下水银密度ρ是1.3608×10^4kg/m³。气压计所处位置的自由下落加速度是9.7828m/s²。这个地方的大气压强用帕斯卡和用托（Torr）（这是气压计读数常用的单位）为单位表示应是多少？

52. 漂浮着的冰山（密度917kg/m³）有多少比例的体积在水面以上可以看见？如果冰山漂浮在(a) 大洋（咸水，密度1024kg/m³）和(b) 河流（淡水，密度1000kg/m³）中？

53. 从淹水的地下室中用泵稳定地抽水，以4.5m/s的速率通过半径1.0cm的软管送到高于水线3.5m的窗户外。泵的功率是多少？

54. 太平洋的马里亚纳海沟中挑战者深渊的深度为10.9km，这是所有海洋中最深的地方。在1960年，唐纳德·沃尔什（Donald Walsh）和雅克·皮卡尔（Jaques Piccard）乘坐深海潜水艇的里雅斯特号（Trieste）到达挑战者深渊。设海水有均匀的密度1024kg/m³，的里雅斯特号必须承受的流体静压强（以大气压表示）的近似值多大？（即便是的里雅斯特号结构上的微小缺陷也有可能造成灾难。）

55. 内直径2.5cm的水管以0.90m/s的速率把水引进房屋的地下室，压强是190kPa。如果把水管直径缩小到1.2cm并且把水提高到比输入位置高7.6m的二楼。二楼上水流的(a) 速率和(b) 水压各是多少？

56. 一个空心球体，内半径8.0cm，外半径9.0cm，半浸没地漂浮在密度为820kg/m³的液体中。(a) 球的质量是多少？(b) 求制造这个球的材料的密度。

57. 在图14-42中，水流经水平的管道，然后以速率$v_1=23.0$m/s流到大气中。左段和右段管道的直径分别是5.00cm和3.00cm。(a) 经过20min时间，有多少体积的水流出去？左段管道中的（b）速率 v_2 和（c）计示压强各是多少？

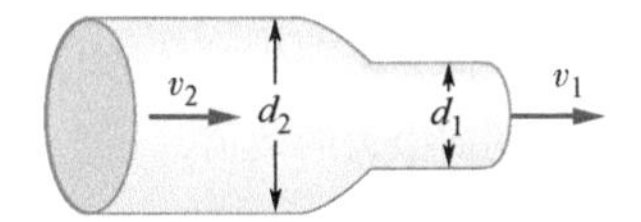

图 14-42 习题 57 图

58. 将三种不会混合的液体装入圆柱形容器。三种液体的体积和密度分别是：1.50L，2.6g/cm³；0.75L，1.0g/cm³ 及 0.60L，0.80g/cm³。这些液体共同作用在容器底部的压强有多大？1L = 1000cm³。（忽略大气的作用。）

59. 文丘里流量计用于测量管道中流体的流速。流量计串接在两段管道之间（见图 14-43）；流量计的入口和出口和管道的截面积 A 相同。在入口和出口，流体从管道以速率 V 流入和流出，其间以速率 v 经过一段面积为 a 的狭窄“咽喉”。一只流体压强计连接到流量计的粗管部分和细管部分。流体速率的改变伴随着流体中压强改变 Δp，压强的不同引起流体压强计两臂中的液体产生高度差 h。（这里的 Δp 意思是喉管部分的压强减去管道中的压强。）（a）在图 14-43 中的两点 1 和 2 之间应用伯努利方程和连续性方程证明：

$$V=\sqrt{\frac{2a^2\Delta p}{\rho(a^2-A^2)}}$$

其中，ρ 是流体密度。（b）设流体是淡水，管道的截面积是 60cm²，咽喉部分的截面积是 32cm²，管道中压强 55kPa，咽喉中压强 41kPa。以立方米每秒为单位的水流速率为多少？

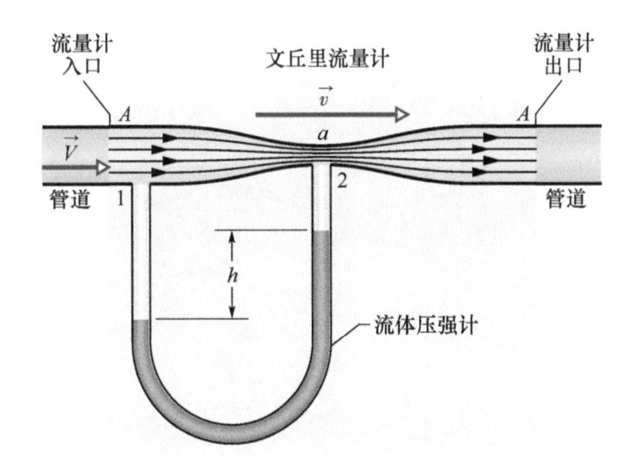

图 14-43 习题 59 和习题 60 图

60. 考虑习题 59 和图 14-43 中的文丘里管，但其中没有流体压强计。令 A 等于 $5a$。设 A 中的压强 p_1 = 3.0atm。求（a）在 A 处的速率 V，（b）使 a 处的压强 p_2 为零时 a 处的速率 v。（c）若 A 处直径为 5.0cm，计算相应的体积流率。当 p_2 减少到接近于零的时候 a 处发生的现象称为空穴化。此时水将蒸发成小泡。

61. 1654 年，抽气泵的发明者奥托·冯·盖里克，在神圣罗马帝国的一些贵族面前做了一项演示；两队各八匹马不能拉开里面被抽成真空的两半合并的铜球。（a）设两半球都有（坚硬的）薄壁，所以图 14-44 中的 R 既可以看作内半径，也可以看作外半径。证明将两半球拉开所需的力 $\vec{F}$ 的数值是 $F=\pi R^2\Delta p$，其中，Δp 是球内球外压强差。（b）取 R = 40cm，内部压强为 0.10atm，外部压强为 1.00atm。求两队马要拉开两半球所需要用力的大小。（c）如果将半球的一端连接到坚固的墙上，解释为什么用一队马也能同样地证明这个问题。

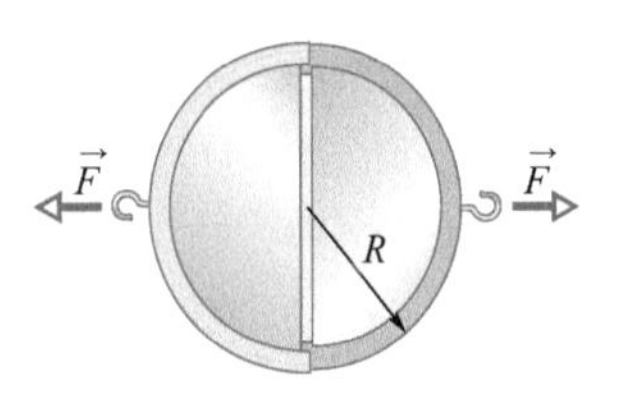

图 14-44 习题 61 图

62. 一块木块（质量 3.67kg，密度 600kg/m³）配上一块铅板（密度 1.14×10^4kg/m³），要使它浮在水上时的体积的 0.700 浸没在水中。把铅放在（a）顶部，（b）底部，各要多少质量的铅？

63. 一块木块浮在淡水中时，它体积 V 的三分之二浸在水中，浮在油中时有 $0.92V$ 的体积浸没。求（a）木头和（b）油的密度。

64. 水以 5.0m/s 的速率通过截面积为 4.0cm² 的管道。管道的截面面积逐渐增加到 8.0cm² 同时水流下降 12m。（a）较低处水的速率多大？（b）如果高的水位的压强是 1.5×10^5Pa，则较低水位处的压强多大？

65. 水手们要逃离水下 100m 深的一艘损坏的潜艇。在这个深度要将 15m × 0.60m 的弹出式舱口推出必须用多大的力？设海水密度是 1024kg/m³，内部气压是 1.00atm。

66. 房屋的雨水排水系统如图 14-45 所示。雨水落在倾斜的屋顶上，流到围绕在屋顶边缘的檐槽；然后雨水通过水落管（图上只画出一条）流到低于地下室的主下水道 M，再从这里流到马路下面更大的管道。在图 14-45 中，地下室的地板排水管也连接到下水道 M。假设以下数据：

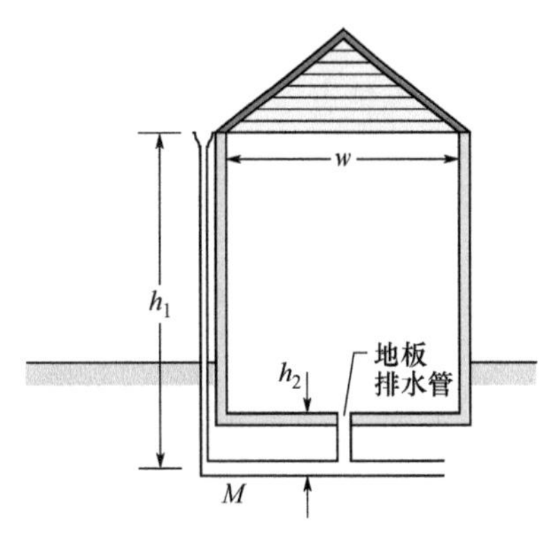

图 14-45 习题 66 图

（1）水落管的高度 $h_1=11\text{m}$，

（2）地板排水管高度 $h_2=1.2\text{m}$，

（3）管道 M 的半径 2.0cm，

（4）房屋的侧面宽度 $w=40\text{m}$，前面长度 $L=70\text{m}$，

（5）所有落到房顶上的水都流入管道 M，

（6）进入落水管中水的初速可以忽略不计，

（7）风速可以忽略（雨竖直落下）。

在降雨速率为每小时多少厘米时，管道 M 中的水会漫过地板排水管的高度从而使地下室有进水的危险？

67. 密度为 7870kg/m^3 的铁锚在水里面的表观重量比在空气中轻了 210N。（a）锚的体积多大？（b）它在空气中有多重？

68. 一个包含许多空洞的铁铸件在空气中重 6000N，在水中重 4200N，铸件中空洞的总体积有多大？固体铁的密度是 7.87g/cm^3。

69. 如果你在水池表面以下 0.400m 深处将一个小球从静止释放。设球的密度是水的密度的 0.450。设水对小球的阻力可以忽略。小球从水中上浮时可射出到水面以上多大高度？（忽略小球冒出时溅起水花和激起水波所损失的能量。）

70. 在图 14-46 中，长度 $L=2.3\text{m}$，截面积 $A=9.2\text{cm}^2$ 的开口管子装在直径 $D=1.2\text{m}$、高 $H=2.3\text{m}$ 的圆柱形桶的上面。桶和管子中都充满了水（装到管子顶部）。计算桶底部的流体静压力和桶中水的重力之比。为什么这个比值不等于 1.0？（你不需要考虑大气压力。）

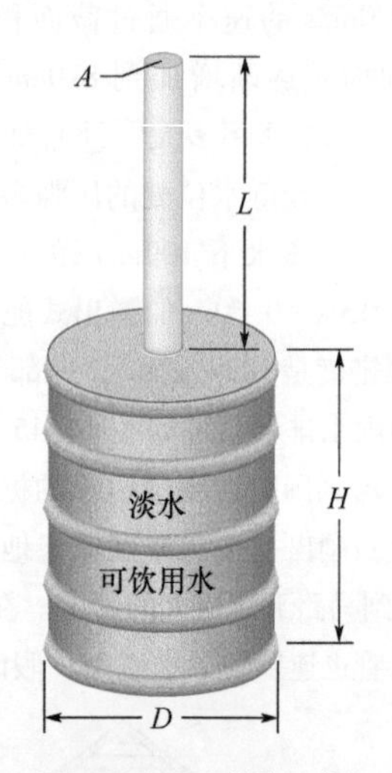

图 14-46 习题 70 图

71. 图 14-47 中，一块边长 $L=0.500\text{m}$，质量 450kg 的立方体用绳子挂在密度为 1030kg/m^3 的液体中，液体装在开口的储液罐中。（a）求液体和大气作用在立方体顶部总的向下压力的数值，设大气压强是 1.00atm，（b）立方体底部受到的总的向上力的数值，（c）绳子中的张力，（d）用阿基米德原理计算作用在立方体上的浮力。以上这些量之间有什么关系？

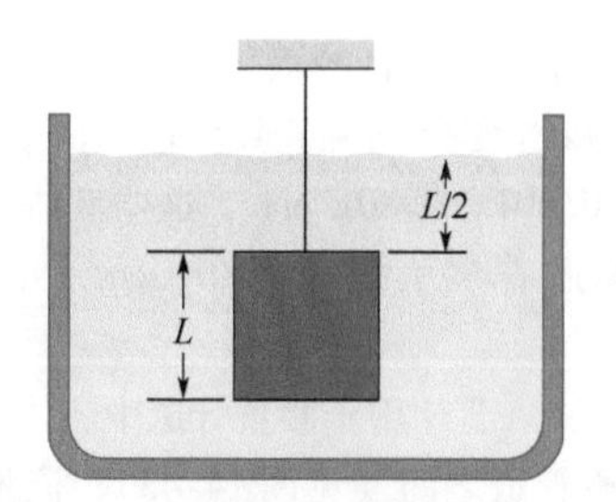

图 14-47 习题 71 图

72. 飞行中的减压病。每一位水肺潜水者都会受到告诫，在接下来的 24h 内不要乘飞机；因为潜水用的空气混合物会把氮引进血液。若没有把溶解在血液中的氮逐渐释放出去，任何气压的突然减少（像在飞机上升时）都会引起血液中的氮形成气泡，发生减压病，这会使人感到痛苦甚至有生命危险。尤其是特种部队战士可能会遇到这种危险。特种部队战士需要第一天水肺潜水到海水深度 25m 处，第二天又要进行高度为 8.1km 的高空跳伞，进行这种训练的特种部队战士的压强的变化有多大？设在这个高度的大气密度是 0.87kg/m^3。

CHAPTER 15

第 15 章　振动

15-1　简谐运动

学习目标

学完这一单元后，你应当能够……

15.01　把简谐运动和其他类型的周期性运动区别开来。

15.02　对于简谐振子，利用位置 x 和时间 t 的关系，由给定的其中一个的数值计算另一个数值。

15.03　把周期 T、频率 f 和角频率 ω 联系起来。

15.04　懂得（位移）振幅 x_m、相位常量（或相角）ϕ，以及相位 $\omega t+\phi$。

15.05　画出振子的位置 x 对时间 t 的曲线图，识别振幅 x_m 和周期 T。

15.06　在位置-时间、速度-时间或加速度-时间的曲线图上确定图上的振幅和相位常量 ϕ 的数值。

15.07　在位置 x 对时间 t 的曲线图上描绘改变周期 T、频率 f、振幅 x_m 或相位常量 ϕ 产生的效果。

15.08　对应于初始时刻（$t=0$）的相位常量 ϕ。$t=0$ 的初始时刻设定为做简谐运动的质点正好处在一个极端位置上或正好通过中心点的时刻。

15.09　给定作为时间函数的振子的位置 $x(t)$，求作为时间函数的速度 $v(t)$，确定得到的结果中的速度振幅 v_m 并计算任一给定时刻的速度。

15.10　画出振子的速度-时间曲线图，确定速度振幅 v_m。

15.11　应用速度振幅 v_m、角频率和（位移）振幅 x_m 之间的关系。

15.12　给出作为时间函数的振子速度 $v(t)$，计算作为时间函数的加速度 $a(t)$，确定结果中的加速度振幅 a_m，计算任何给定时刻的加速度。

15.13　画出振子的加速度 a 关于时间 t 的曲线图，确定加速度振幅。

15.14　懂得对于简谐振子，任一时刻的加速度 a 总是由一个负的常量和当时的位移 x 的乘积给出。

15.15　对振动中的给定的时刻，应用加速度 a、角频率 ω 和位移 x 的关系式。

15.16　给出某一时刻位置 x 和速度 v 的数值，确定相位 $\omega t+\phi$ 和相位常量 ϕ。

15.17　对一个弹簧-木块振子，应用弹簧常量 k、质量 m，以及周期 T 或者角频率（二者中的一个）之间的关系式。

15.18　应用胡克定律把任一时刻简谐振子受到的力 F 与这一时刻振子的位移 x 联系起来。

关键概念

- 周期性运动或振动的频率 f 是每秒振动的次数，在国际单位制中，它用赫兹为单位量度，$1\text{Hz}=1\text{s}^{-1}$。
- 周期 T 是一次完全振动或循环所经历的时间。它与频率的关系是 $T=1/f$。
- 在简谐运动（SHM）中，质点离开它的平衡位置的位移 $x(t)$ 用下面的方程式描述：

$$x=x_m\cos(\omega t+\phi)\ （位移）$$

其中，x_m 是位移的振幅；$\omega t+\phi$ 是运动的相位；ϕ 是相位常量。角频率 ω 与运动周期及频率的关系为 $\omega=2\pi/T=2\pi f$。

- 对 $x(t)$ 求微商得到质点的作为时间函数的简谐运动速度和加速度公式：

$$v=-\omega x_m\sin(\omega t+\phi)\ （速度）$$

和　　$a=-\omega^2 x_m\cos(\omega t+\phi)$（加速度）

在速度函数中，正的量 ωx_m 是速度的振幅 v_m。在加速度函数中，正的量 $\omega^2 x_m$ 是加加速度的振幅 a_m。

- 质量为 m 的质点在胡克定律给出的回复力 $F=-kx$ 的作用下的运动是线性简谐运动，它的角频率和周期分别为

$$\omega=\sqrt{\frac{k}{m}}\ （角频率）$$

和

$$T=2\pi\sqrt{\frac{m}{k}}\ （周期）$$

什么是物理学?

我们的世界充满了振动，就是物体重复地来回运动。许多振动只是使人感到有趣或者令人烦恼，但另外有些却是有危险的或是在财务上重要的。这里有几个例子：当一根球棒撞击棒球的时候，球棒的振动可能强烈到使击球手的手感到疼痛甚至裂开。当风吹过输电线时，会引起输电线产生如此激烈的振动［用电气工程的术语就是驰振（gallop）］以致撕裂，从而切断社区的电力供应。飞行的飞机因大气湍流经过机翼引起机翼振动，最后会导致金属疲劳，甚至断裂。当列车在弯道上运行时，它的轮子会水平地振动［用机械工程学的术语就是猎振（hunt）］，它们会被迫转向新的方向（你可以听到这种振动）。

在城市附近发生地震的时候，会造成建筑物发生非常剧烈的振动而裂开。当一支箭从弓上射出时，由于箭在振动，箭尾的羽毛绕过弓的杆身而不会碰到它。当一枚硬币落到（教堂中的）金属奉献盘中时，硬币以这样一种熟悉的回响振动，硬币的面值可以通过这声音来确定。当一位参加竞技的牛仔骑在一头公牛上时，随着公牛的跳跃和转身，牛仔会疯狂地振动（至少牛仔希望被牛振动）。

研究和控制振动是物理学和工程学的两个主要目标。在这一章中，我们讨论一种称为简谐运动的基本振动类型。

警告。这些材料对大多数学生来说具有相当的挑战性。一个理由是，这里会遇到一大堆的定义和符号，但主要的理由是，我们需要把物体的振动（我们看见过，甚至还经历过的一些事物）和振动方程式及曲线联系起来。把真实的、可见的运动和抽象的方程式或曲线图联系起来（需要大量的辛勤工作）。

简谐运动

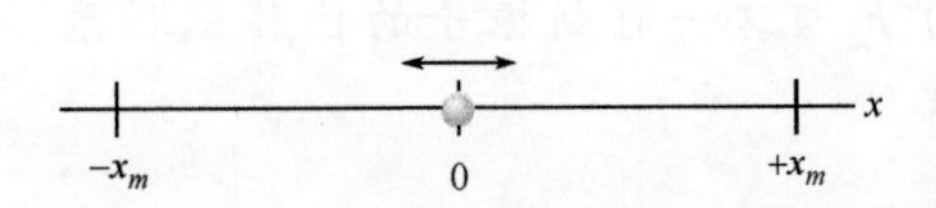

图 15-1　一个质点沿 x 轴在最远的两点 x_m 和 $-x_m$ 之间左右来回振动。

图 15-1 表示一个质点在 x 轴的原点附近重复地左右来回振动，移动的最大距离始终是同一数值。振动的**频率** f 是每秒内完成整个振动（一个循环）的数目，单位是赫兹（简写 Hz）：

$$1\ 赫兹=1\text{Hz}=每秒振动\ 1\ 次=1\text{s}^{-1} \tag{15-1}$$

一个完整循环的时间是振动**周期** T，它是

$$T=\frac{1}{f} \tag{15-2}$$

任何以一定的间隔重复的运动称为周期运动或谐运动。然而，我们这里感兴趣的是称为**简谐运动**（Simple Harmonic Motion，SHM）的一种特殊类型的周期性运动，这种运动是时间 t 的正弦函数。就是说，它可以写作时间 t 的正弦或余弦。这里我们随意地选择余弦函

数并把图 15-1 中的质点的位移（或位置）写作

$$x(t)=x_m\cos(\omega t+\phi)\quad（位移）\qquad (15\text{-}3)$$

其中，x_m、ω 和 ϕ 是我们将要定义的量。

定格照相。我们取运动的定格照相并在书页上一个接一个地从上往下排列（见图 15-2a）。我们的第一帧定格照相是 $t=0$ 时刻，这时质点在 x 轴上最右边的位置。我们把这个坐标记作 x_m（下标表示最大值）；这是式（15-3）中余弦函数前面的符号。下一

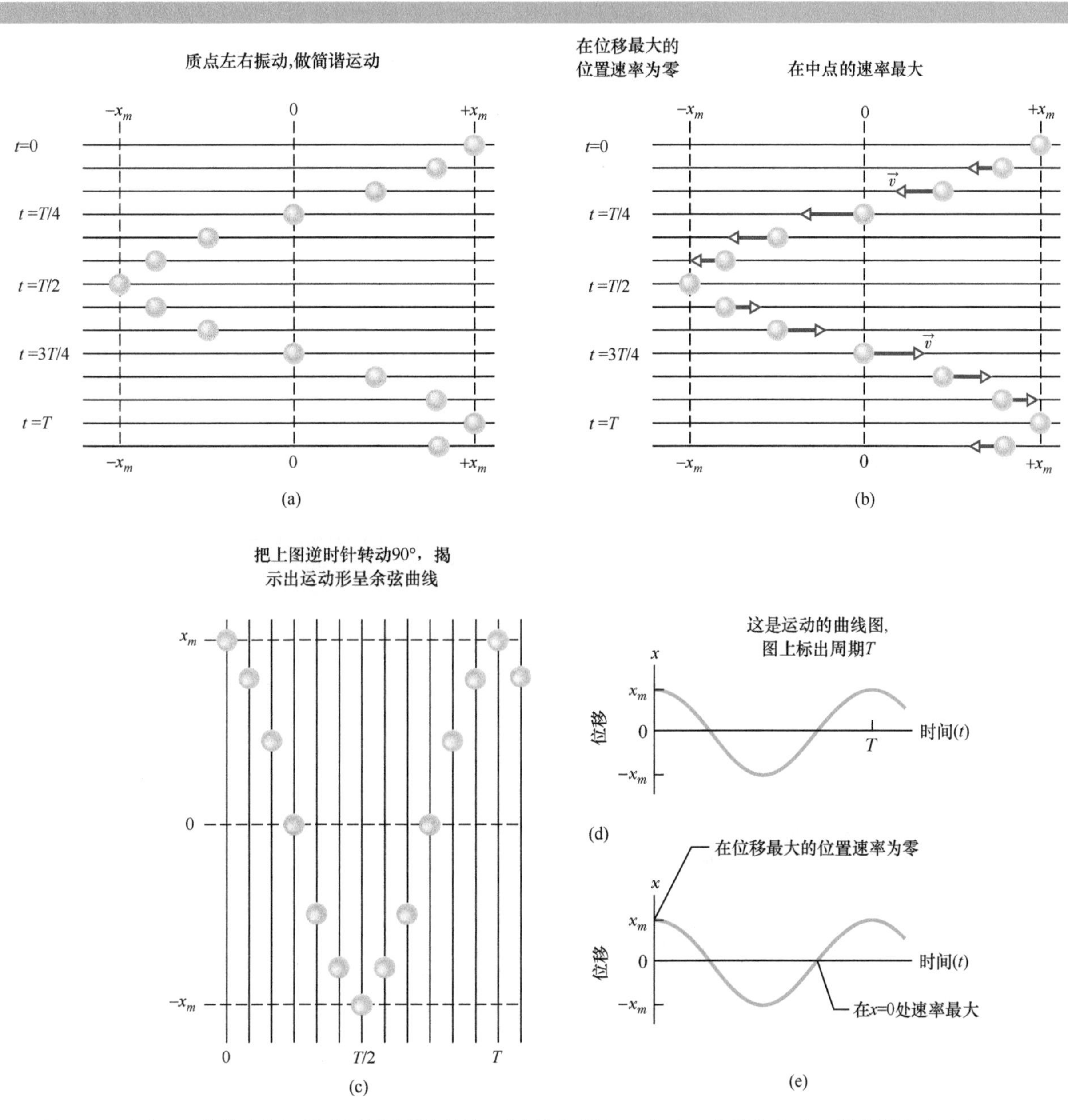

图 15-2 （a）一系列（在相等时间间隔拍摄的）"定格"照相，表示一个质点在以 x 轴的原点为中心，在 $+x_m$ 和 $-x_m$ 两极限值之间前后振动所在的位置。（b）矢量箭头的长度表示质点速率的大小。质点在原点时速率最大，在 $\pm x_m$ 位置时为零。如选定质点在 $+x_m$ 时的时间 t 为零，质点在 $t=T$ 时回到 $+x_m$，T 是运动周期，于是运动又重复进行。（c）把图逆时针转过 90°，揭露出运动形成时间的余弦函数，如（d）小图中所示。（e）速率（曲线的斜率）的变化。

帧定格照相，质点在 x_m 的稍稍往左边一点。质点继续向 x 轴的负方向运动直到到达最左边的位置，坐标为 $-x_m$ 的点，在这以后，我们按照时间次序继续在图上往下排列更多的定格照相，质点又回到 x_m，以后在 x_m 和 $-x_m$ 间反复振荡。在式（15-3）中，余弦函数本身在 +1 和 -1 之间振荡。x_m 的数值决定质点在振动中可以走得多远，它被称为振动的**振幅**（见图 15-3 中的旁注）。

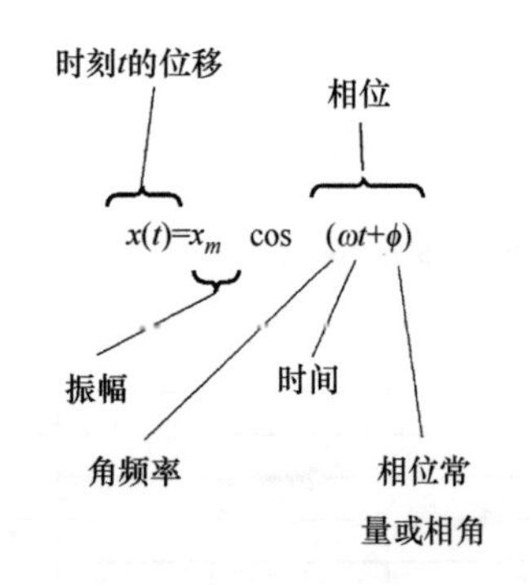

图 15-3　表示简谐振动的式（15-3）中各量意义的旁注。

图 15-2b 表示在一系列定格照相中质点速度随时间的改变。我们马上就要导出速度函数，但现在只要注意，质点在到最远的点上瞬时停止，而在它通过中心点时具有最大的速度（最长的速度矢量）。

想象一下把图 15-2a 逆时针旋转 90°，这样一来定格照相随时间向右进行，我们把质点到达 x_m 的时刻设定为 $t=0$。在 $t=T$（振动周期）时，质点回到 x_m，之后它开始下一个振动的循环。如果我们把大量中间的定格照相填充进去并通过质点的位置描绘一条曲线，我们就得到图 15-2d 中的余弦曲线。我们上面已经讲过的速率画在图 15-2e 中。我们在整个图 15-2 中表示的是把我们可以看见的东西（振动的质点的真实情况）转换为抽象的曲线图。（在 WileyPLUS 中可以找到图 15-2 变换为带画外音的动画。）图 15-3 是在方程式的抽象中理解实际运动的简捷方法。

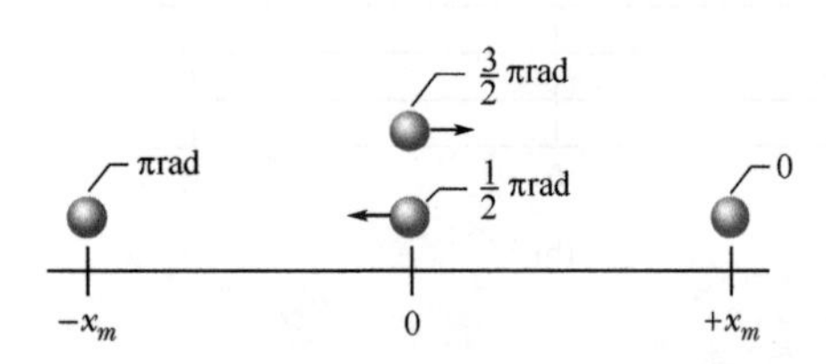

图 15-4　对应于 $t=0$ 时质点位置的 ϕ 值。

更多的物理量。图 15-3 中的旁注定义了关于这种运动的更多的物理量。余弦函数的幅角称为运动的**相位**。当相位随着时间变化时，余弦函数的值也会随着变化。常量 ϕ 称为**相角**或**相位常量**。它之所以在幅角里面出现，只是因为我们要用式（15-3）来描述运动，无论我们把钟设定为 0 的时刻质点正好振动到什么位置都没有关系。在图 15-2 中，质点在 x_m 时我们设 $t=0$。有了这样的选择，只要我们也设 $\phi=0$，式（15-3）就完全合适。不过，如果我们设 $t=0$ 时质点正好在另外一个位置，我们就要有另一个 ϕ 值，图 15-4 中指出几个不同的 ϕ 值。例如，当我们在 $t=0$ 打开计时钟的时候质点正好在最左边的位置。那么，如果 $\phi=\pi$，式（15-3）就描写这个运动。验证一下，把 $t=0$ 和 $\phi=\pi$rad 代入式（15-3）。它给出 $x=-x_m$，恰巧正好。现在检验图 15-4 中的另一个例子。

式（15-3）中的量 ω 是运动的**角频率**。为把它和频率 f 以及周期 T 联系起来，我们首先要注意质点的位置 $x(t)$（按定义）必定在一个周期结束时回到它的初始值。就是说，如果 $x(t)$ 是某选定时刻的位置，在 $t+T$ 时刻质点必定回到这同一位置。我们利用式（15-3）来说明这个条件，但我们还要令 $\phi=0$ 使情况简单一些。所说的回到原来的位置可以写成：

$$x_m\cos\omega t = x_m\cos\omega(t+T) \tag{15-4}$$

余弦函数在它的幅角（记住就是相位）增加 2π 时又重复它自己。所以，式（15-4）告诉我们：

$$\omega(t+T)=\omega t+2\pi$$

或

$$\omega T=2\pi$$

于是，由式（15-2）可知，角频率为

$$\omega=\frac{2\pi}{T}=2\pi f \tag{15-5}$$

在国际单位制中，角频率的单位是弧度每秒（rad/s）。

这里已经有了许多物理量，我们可以在实验中改变这些物理量看看它们对质点的简谐运动有什么效应。图15-5给出几个例子。图15-5a中的曲线表示改变振幅的效果。两条曲线都有相同的周期。（有没有看到两个“峰”是怎样整齐排列的？）两条曲线都是$\phi=0$。（有没有看到两条曲线的最大值都在$t=0$处？）在图15-5b中，两条曲线都有相同的振幅x_m，但一条曲线的周期是另一条的两倍（因而频率是另一条的一半）。图15-5c可能更难理解。两条曲线有相同的振幅和相同的频率，但由于ϕ值的不同，一条曲线相对于另一条有些移动。看出$\phi=0$的曲线正好是常见的余弦曲线没有？含负的ϕ值的曲线从该位置向右移动一些距离。一般的规则是：负的ϕ使常见的余弦曲线向右移动，正的ϕ值使曲线向左移动。（在作图计算器上试试这个规则。）

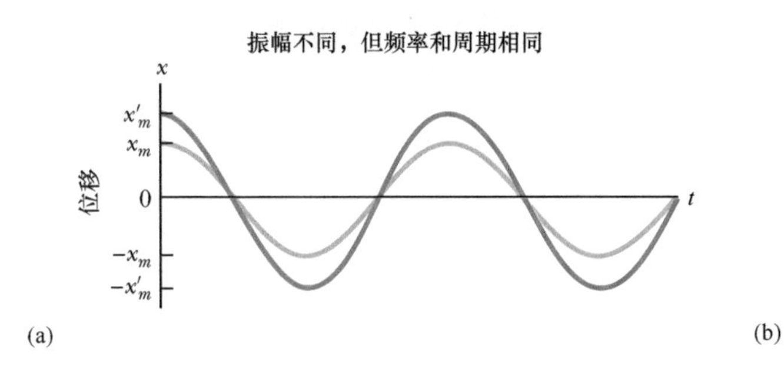

振幅相同，但频率和周期不同

x

T

x_m

位移

0

t

$-x_m$

T′

T′

(b)

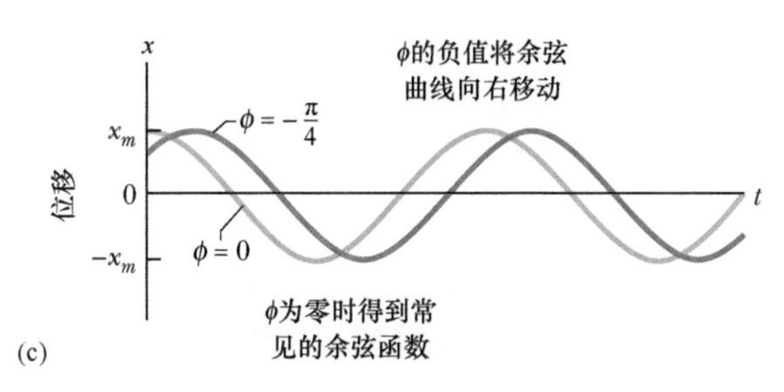

图15-5 在所有三种情况中，蓝色曲线是由式（15-3）得到的，其中$\phi=0$。（a）红色曲线和蓝色曲线的区别只在于红色曲线的振幅x'_m较大（红线的极值位移较高或较低）。（b）红色曲线和蓝色曲线的区别只是红线的周期是$T'=T/2$（红线在水平方向被压缩）。（c）红色曲线与蓝色曲线的区别只在于红色曲线的$\phi=-\pi/4$而不是零（ϕ的负值使红色曲线向右移动）。

检查点1

做周期为T的简谐振动的质点（像图15-2中那样）$t=0$时刻在$-x_m$位置处。当（a）$t=2.00T$，（b）$t=3.50T$，（c）$t=5.25T$各个时刻它是在$-x_m$，在$+x_m$，在0，在$-x_m$和0之间，还是在0和$+x_m$之间？

简谐运动的速度

我们扼要地讨论一下图15-2b中表示的速度，求出质点在最远的两个位置（速率在这里瞬时为零）及通过中心位置（速率在这一点最大）之间速度大小和方向的变化。为求出作为时间函数的速度$v(t)$，我们取式（15-3）中位置函数$x(t)$的时间微商：

$$v(t)=\frac{\mathrm{d}x(t)}{\mathrm{d}t}=\frac{\mathrm{d}}{\mathrm{d}t}[x_m\cos(\omega t+\phi)]$$

或

$$v(t)=-\omega x_m\sin(\omega t+\phi)\quad（速度）\qquad(15\text{-}6)$$

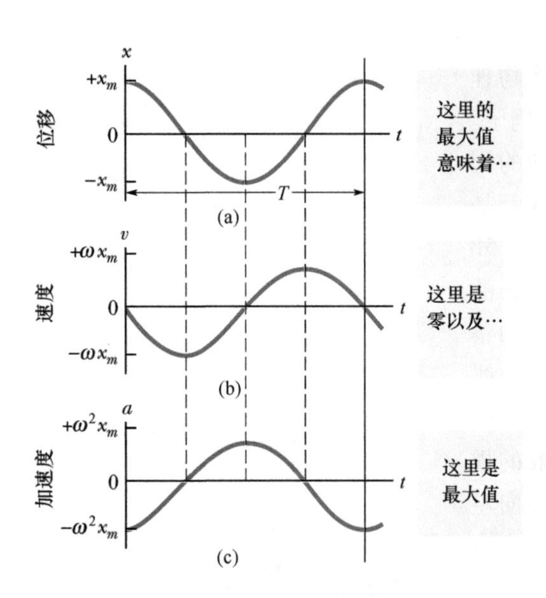

图15-6　(a) 在简谐运动中振动着的质点的位移 $x(t)$，相角 ϕ 等于零，周期 T 标志一次完全振动。(b) 质点的速度 $v(t)$。(c) 质点的加速度 $a(t)$。

速度依赖于时间，因为正弦函数随时间在 +1 和 −1 两个数值之间变化。正弦函数前面的量决定了速度改变的范围在 $+\omega x_m$ 和 $-\omega x_m$ 之间。我们说 ωx_m 是速度变化的**速度振幅** v_m。当质点向右运动经过 $x=0$ 时，速度是正的并且数值就是这个最大值。当它向左运动经过 $x=0$ 时，它的速度是负的并且数值又达到这个最大值。这个随时间的变化（负正弦函数）在图15-6b中用曲线图展示出来，这条曲线的相位常量 $\phi=0$。它与图15-6a中位移对时间的余弦函数相对应。

回想起无论 $t=0$ 时质点位于什么位置我们都可以用余弦函数表示 $x(t)$。我们只要选择适当的 ϕ 值，式（15-3）就可以给我们 $t=0$ 时正确的位置。这一关于余弦函数的决定使我们得到图15-6中速度是负的正弦函数，ϕ 的数值现在给出 $t=0$ 时的正确速度。

简谐运动的加速度

我们更进一步，把式（15-6）中的速度函数对时间求微商得到做简谐运动的质点的加速度函数：

$$a(t)=\frac{\mathrm{d}v(t)}{\mathrm{d}t}=\frac{\mathrm{d}}{\mathrm{d}t}[-\omega x_m\sin(\omega t+\phi)]$$

或
$$a(t)=-\omega^2 x_m\cos(\omega t+\phi)\text{（加速度）}\tag{15-7}$$

我们又回到余弦函数，但它前面有一个负号。现在我们知道了推导过程。加速度改变是因为余弦函数随时间在 +1 和 −1 之间变化。加速度数值的变化由**加速度振幅** a_m（就是 $\omega^2 x_m$）与余弦函数的乘积决定。

图15-6c描绘出相位常量 $\phi=0$ 时的式（15-7），它和图15-6a及图15-6b相对应。注意，当余弦值为零时加速度的数值也是零，这时质点位于 $x=0$。当余弦值最大时，加速度的数值也是最大，这时质点在最远的位置，质点逐渐减速到这里停止，所以质点的运动可以反转。确实，比较式（15-3）和式（15-7），我们可以看出一个极其简洁的关系式：

$$a(t)=-\omega^2 x(t)\tag{15-8}$$

以下是简谐运动的特点：①质点的加速度总是和位移方向相反（因此有这个负号）；②两个量总是由常量（ω^2）联系起来。只要你在振荡的情况中（例如像电路中的电流或潮汐的海湾中潮水的升高和下落）见到这样的关系，你立即可以指出，这种运动是简谐运动，并立即可以确定运动的角频率 ω。简括地说：

> 在简谐运动中，加速度 a 正比于位移 x，但符号相反，两个量用角频率的二次方（ω^2）相联系。

检查点2

质点的加速度 a 和它的位置 x 之间下列哪一个关系式是简谐振动的：(a) $a=3x^2$，(b) $a=5x$，(c) $a=-4x$，(d) $a=-2/x$？对简谐运动，角频率有多大（设用 rad/s 为单位）？

简谐运动的力的定律

现在，我们有了用位移表述的加速度的表达式（15-8），我们就可以用牛顿第二定律描写引起简谐运动的力：

$$F = ma = m(-\omega^2 x) = -(m\omega^2)x \qquad (15\text{-}9)$$

负号表示作用在质点上力的方向和质点位移的方向相反。就是说，在简谐运动中，力在抵抗位移的意义上是一种回复力，要使质点回到 $x=0$ 的中心位置。回到第 8 章，我们讨论像图 15-7 中的弹簧上的木块时已经看到式（15-9）的一般形式。在那里我们曾写出胡克定律：作用于木块上的力为

$$F = -kx \qquad (15\text{-}10)$$

比较式（15-9）和式（15-10），就可以把弹簧常量 k（弹簧劲度的量度）和木块的质量及简谐运动的角频率联系起来：

$$k = m\omega^2 \qquad (15\text{-}11)$$

式（15-10）是表示简谐运动特点方程式的另一种方式。

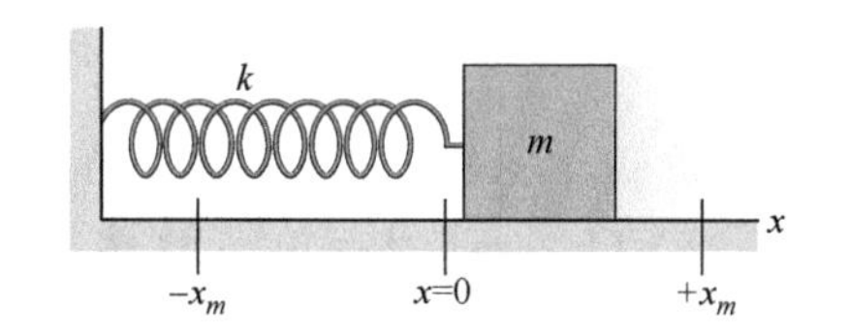

图 15-7 线性简谐振子，表面是无摩擦的，木块一旦受到拉力或推力而离开 $x=0$ 的位置然后被释放，它就会像图 15-2 中的质点那样做简谐运动，它的位移由式（15-3）给出。

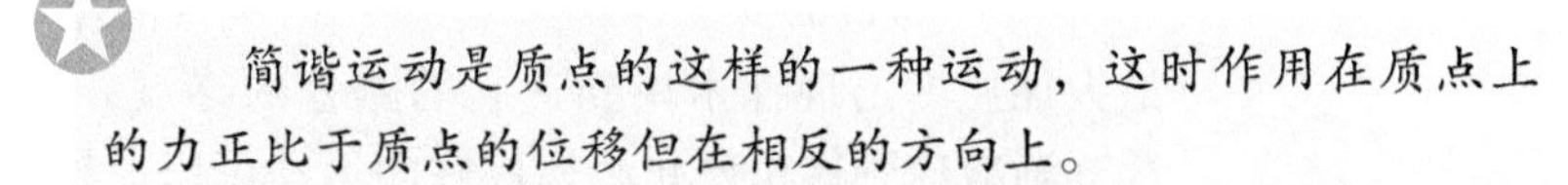

简谐运动是质点的这样的一种运动，这时作用在质点上的力正比于质点的位移但在相反的方向上。

图 15-7 的木块-弹簧系统称为**线性简谐振子**（简称为线性振子），其中的线性表示 F 正比于 x 的一次幂（不是其他幂次）。

如果看到一种情况，其中振动中的力总是正比于位移但在相反的方向上，你立即可以说这个振动是简谐运动。你也可以立即辨别出相关的弹簧常量 k。如果你还知道振动着的质量，你可以把式（15-11）写作如下形式来求运动的角频率：

$$\omega = \sqrt{\frac{k}{m}} \quad \text{（角频率）} \qquad (15\text{-}12)$$

（这通常比 k 的数值更重要。）进一步你可以把式（15-5）和式（15-12）结合起来得到运动的周期：

$$T = 2\pi\sqrt{\frac{m}{k}} \quad \text{（周期）} \qquad (15\text{-}13)$$

我们讨论一下式（15-12）和式（15-13）的物理意义。你能不能看出一个强劲的弹簧（k 大）会产生大的 ω（快速的振动）从而有小的周期？你还能不能看出大的质量 m 产生的结果是小的 ω（缓慢的振动）和大的周期 T？

每一个振动系统，它可以是跳水的跳板，或小提琴的琴弦，都有某个有“弹性”的部件和某个有“惯性”或质量的部件。在图 15-7 中，这些部件是分开的：弹性全都在弹簧中，我们假设它是没有质量的；惯性全都在木块中，我们假设它是刚性的。然而，在小提琴的琴弦中，两部分都在琴弦中。

检查点 3

下面作用于质点上的力 F 与质点的位置 x 的关系中哪一个给出的是简谐运动：(a) $F=-5x$，(b) $F=-400x^2$，(c) $F=10x$，(d) $F=3x^2$？

例题 15.01 木块-弹簧系统的简谐运动，振幅，加速度，相位常量

质量 $m=680\text{g}$ 的木块固定在弹簧一端，弹簧常量 $k=65\text{N/m}$。木块在无摩擦的表面上从 $x=0$ 的平衡位置被拉开距离 $x=11\text{cm}$。在 $t=0$ 时刻，它从静止被释放。

(a) 运动的角频率、频率和周期各是多大？

【关键概念】

木块-弹簧系统组成线性弹簧振子，木块做简谐运动。

解：角频率由式（15-12）给出：

$$\omega=\sqrt{\frac{k}{m}}=\sqrt{\frac{65\text{N/m}}{0.68\text{kg}}}=9.78\text{rad/s}$$
$$\approx 9.8\text{rad/s} \qquad \text{（答案）}$$

由式（15-5）得到频率为

$$f=\frac{\omega}{2\pi}=\frac{9.78\text{rad/s}}{2\pi\text{rad}}$$
$$=1.56\text{Hz}\approx 1.6\text{Hz} \qquad \text{（答案）}$$

由式（15-2），得到周期为

$$T=\frac{1}{f}=\frac{1}{1.56\text{Hz}}=0.64\text{s}$$
$$=640\text{ms} \qquad \text{（答案）}$$

(b) 振动的振幅是多大？

【关键概念】

因为没有摩擦力，所以弹簧-木块系统的机械能守恒。

论证：木块离平衡位置 11cm 处从静止释放，这时动能为零而弹性势能最大。所以，当木块重新回到离平衡位置 11cm 时它的动能又是零，这意味着它不可能走得比 11cm 更远，它的最大位移是 11cm：

$$x_m=11\text{cm} \qquad \text{（答案）}$$

(c) 什么是振动的木块的最大速率 v_m？当木块有这个速率时它在什么地方？

【关键概念】

最大速率就是式（15-6）中的速率振幅 ωx_m。

解：因此我们有

$$v_m=\omega x_m=(9.78\text{rad/s})(0.11\text{m})$$
$$=1.1\text{m/s} \qquad \text{（答案）}$$

这个最大速率出现在振动的木块冲过原点时；比较图 15-6a 和图 15-6b，你可以从图上看到当 $x=0$ 时速率最大。

(d) 木块的最大加速度 a_m 的数值是多少？

【关键概念】

最大加速度的数值就是式（15-7）中的加速度振幅 $\omega^2 x_m$。

解：所以，我们有

$$a_m=\omega^2 x_m=(9.78\text{rad/s})^2(0.11\text{m})$$
$$=11\text{m/s}^2 \qquad \text{（答案）}$$

最大加速度出现在木块到达它的路程的终点，木块逐渐减速到这里停止，所以它的运动可以反转。在这两个极端的位置，作用于木块的力达到最大值；比较图 15-6a 和图 15-6c，你在图上可以看到位移和加速度的数值同时达到最大，而这时速度是零，正好你在图 15-6b 中看到的那样。

(e) 运动的相位常量是多少？

解：式（15-3）给出木块的位移作为时间的函数。我们已知，在 $t=0$ 时木块位于 $x=x_m$。把这些初始条件代入式（15-3）并消去 x_m，我们得到

$$1=\cos\phi \qquad (15\text{-}14)$$

取反余弦得到

$$\phi=0\text{rad} \qquad \text{（答案）}$$

[任何 2π 整数倍的角度都满足式（15-14）；我们选取最小的角度。]

(f) 写出这个弹簧-木块系统的位移函数 $x(t)$。

解：式（15-3）给出函数 $x(t)$ 的一般形式。把已知的量代入这个方程式，得到

$$x(t)=x_m\cos(\omega t+\phi)$$
$$=(0.11\text{m})\cos[(9.8\text{rad/s})t+0]$$
$$=0.11\cos(9.8t) \qquad \text{（答案）}$$

其中，x 的单位是 m；t 的单位是 s。

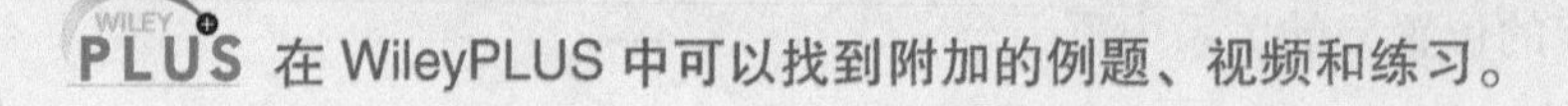

例题 15.02 根据位移和速度求简谐运动的相位常量

在 $t=0$ 时，一个像图 15-7 中那样的线性谐振子中的木块的位移 $x(0)$ 是 -8.50cm。[$x(0)$ 读作"零时刻的 x。"] 这时木块的速度 $v(0)$ 是 -0.920m/s，它的加速度 $a(0)$ 是 $+47.0\text{m/s}^2$。

（a）这个系统的角频率 ω 是多大？

【关键概念】

这个木块做简谐运动，式（15-3）、式（15-6）和式（15-7）分别给出位移、速度和加速度，每个方程式中都包含 ω。

解：我们把 $t=0$ 代入每一个方程式，看看是否能从其中任何一个式子中解出 ω。我们得到

$$x(0)=x_m\cos\phi \qquad (15\text{-}15)$$

$$v(0)=-\omega x_m\sin\phi \qquad (15\text{-}16)$$

和

$$a(0)=-\omega^2 x_m\cos\phi \qquad (15\text{-}17)$$

在式（15-15）中，ω 没有出现。在式（15-16）和式（15-17）中我们虽然知道左边的数值，但并不知道 x_m 和 ϕ。不过，只要我们把式（15-17）除以式（15-15），就可以简捷地消去 x_m 和 ϕ，然后就可以解出 ω：

$$\omega=\sqrt{-\frac{a(0)}{x(0)}}=\sqrt{-\frac{47.0\text{m/s}^2}{-0.0850\text{m}}}$$
$$=23.5\text{rad/s} \qquad \text{（答案）}$$

（b）相位常量 ϕ 和振幅 x_m 各是多少？

解：我们已知 ω，要求 ϕ 和 x_m。如果我们将式（15-16）用式（15-15）除，我们就可消去未知数中的一个，另一个简化成单个三角函数：

$$\frac{v(0)}{x(0)}=\frac{-\omega x_m\sin\phi}{x_m\cos\phi}=-\omega\tan\phi$$

解出 $\tan\phi$，我们得到

$$\tan\phi=-\frac{v(0)}{\omega x(0)}=\frac{-0.920\text{m/s}}{(23.5\text{rad/s})(-0.0850\text{m})}$$
$$=-0.461$$

这个方程式有两个解：

$$\phi=25°\text{和}\ \phi=180°+(-25°)=155°$$

正常情况下只有上面的第一个解能在计算器上显示出来，但它可能不是物理学上可能的解。为选择合适的解，我们试试用它们来计算振幅 x_m 的数值。根据式（15-15），如果 $\phi=-25°$，我们算出：

$$x_m=\frac{x(0)}{\cos\phi}=\frac{-0.0850\text{m}}{\cos(-25°)}=-0.094\text{m}$$

同理，如果 $\phi=155°$，我们算出 $x_m=0.094\text{m}$。因为简谐运动的振幅必定是正的常量，所以正确的相位常量和振幅应该是

$$\phi=155°\text{和}\ x_m=0.094\text{m}=9.4\text{cm} \qquad \text{（答案）}$$

WILEY PLUS 在 WileyPLUS 中可以找到附加的例题、视频和练习。

15-2 简谐运动中的能量

学习目标

学完这一单元后，你应当能够……

15.19 对弹簧-木块振子，计算任一给定时刻的动能和弹性势能。

15.20 应用能量守恒把某一时刻弹簧-木块振子的总能量和另一时刻的总能量联系起来。

15.21 画出弹簧-木块振子的动能、势能和总能量的曲线图，首先作为时间的函数，其次作为振子位置的函数。

15.22 对弹簧-木块振子，确定总能量全部是动能以及全部是势能两种情况下木块的位置。

关键概念

- 做简谐运动的一个质点，在任何时刻具有动能 $K=\frac{1}{2}mv^2$ 及势能 $U=\frac{1}{2}kx^2$。如果没有摩擦力，即使 K 和 U 都在改变，机械能 $E=K+U$ 也会保持为常量。

简谐运动中的能量

我们现在来研究第 8 章中的线性振子，在那里我们看到能量在动能和势能之间来回变换，同时二者之和——振子的机械能 E——保持为常量。像图 15-7 中那样的线性振子的势能完全来自弹簧。它的数值取决于弹簧被拉伸或压缩了多少——即取决于 $x(t)$。我们可以用式（8-11）和式（15-3）两式求出：

$$U(t)=\frac{1}{2}kx^2=\frac{1}{2}kx_m^2\cos^2(\omega t+\phi) \tag{15-18}$$

注意：式（15-18）中写成 $\cos^2 A$ 形式的函数的意思是 $(\cos A)^2$，它和 $\cos A^2$ 是不同的，后者的意思是 $\cos(A^2)$。

图 15-7 中的系统的动能完全在木块上。它的数值取决于木块运动得有多快——即取决于 $v(t)$。我们用式（15-6）可以得到

$$K(t)=\frac{1}{2}mv^2=\frac{1}{2}m\omega^2x_m^2\sin^2(\omega t+\phi) \tag{15-19}$$

如果我们利用式（15-12），用 k/m 代替 ω^2，式（15-19）可以写成

$$K(t)=\frac{1}{2}mv^2=\frac{1}{2}kx_m^2\sin^2(\omega t+\phi) \tag{15-20}$$

由式（15-18）和式（15-20）可知，机械能是

$$\begin{aligned}E&=U+K\\&=\frac{1}{2}kx_m^2\cos^2(\omega t+\phi)+\frac{1}{2}kx_m^2\sin^2(\omega t+\phi)\\&=\frac{1}{2}kx_m^2[\cos^2(\omega t+\phi)+\sin^2(\omega t+\phi)]\end{aligned}$$

对于任何角度 α，有

$$\cos^2\alpha+\sin^2\alpha=1$$

于是上面括弧里面的平方和等于 1，我们得到

$$E=U+K=\frac{1}{2}kx_m^2 \tag{15-21}$$

线性振子的机械能确实是常量且不依赖于时间。线性振子的势能和动能作为时间 t 的函数画在图 15-8a 中，作为位移 x 的函数在图 15-8b 中表示。在任何振动系统中，需要弹性元件储存势能，需要惯性元件储存动能。

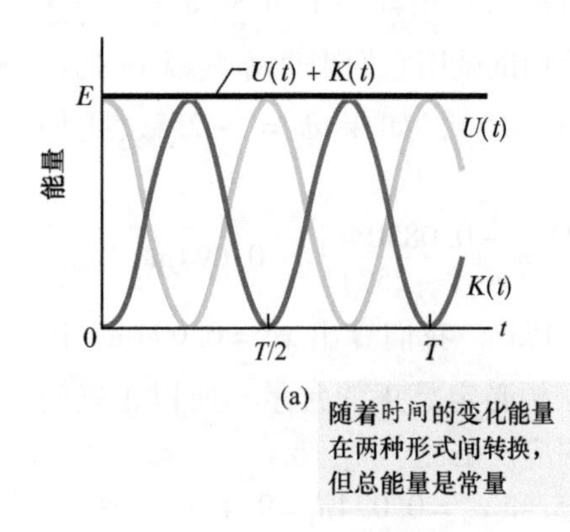

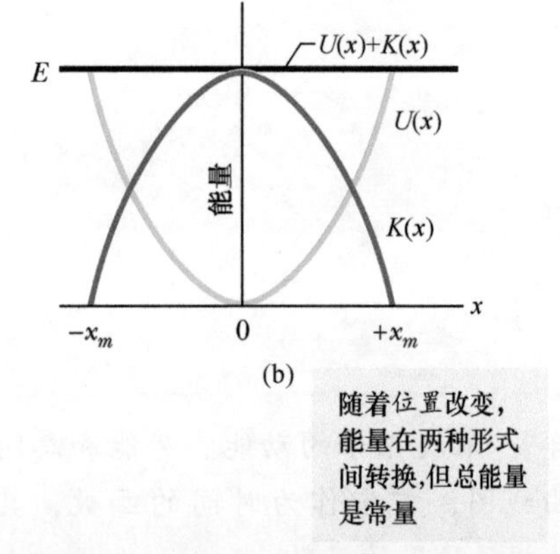

图 15-8 （a）线性谐振子的势能 $U(t)$。动能 $K(t)$ 和机械能 E 作为时间的函数。注意，所有的能量都是正的，在每一个周期中势能和动能的峰值都各出现两次。（b）振幅为 x_m 的线性谐振子的势能 $U(x)$、动能 $K(x)$ 和机械能 E 作为位置 x 的函数。在 $x=0$ 处，能量全部是动能，在 $x=\pm x_m$ 处，能量全部是势能。

检查点 4

图 15-7 中，当木块在 $x=+2.0\text{cm}$ 处时，木块具有动能 3J，弹簧具有弹性势能 2J。（a）当木块在 $x=0$ 时动能有多大？当木块在（b）$x=-2.0\text{cm}$ 及（c）$x=-x_m$ 的位置上时弹性势能有多大？

例题 15.03 **简谐运动势能、动能、质量阻尼器**

许多高层建筑都有质量阻尼器，这是阻止大楼在风中振动的防摇摆器件，这个器件是连接在弹簧一端并放置在润滑的轨道上振动的重物。如建筑物摇摆，譬如说向东，重物也向东运动，但有足够的延迟，所以当它最后开始运动时，建筑物已经回头向西运动了。这样，振子的运动和建筑物的运动就不会同步。

设重物质量 $m=2.72\times10^5$kg，并被设计成以频率 $f=10.0$Hz 以及振幅 $x_m=20.0$cm 振动。

（a）弹簧-重物的总机械能 E 是多少？

【关键概念】

机械能 E（重物的动能 $K=\frac{1}{2}mv^2$ 及弹簧的势能 $U=\frac{1}{2}kx^2$ 之和）在振子的整个运动过程中是一个常量。因此，我们可以在整个运动中的任何一点计算 E。

解：因为我们已经有了振动的振幅 x_m；我们来计算重物在位置 $x=x_m$ 时的 E，这时它的速度 $v=0$。不过，要计算在这一点的 U，我们先要求出弹簧常量 k。从式（15-12）：$\omega=\sqrt{k/m}$和式（15-5）：$\omega=2\pi f$，我们得到

$$\begin{aligned}k&=m\omega^2=m(2\pi f)^2\\&=(2.72\times10^5\text{kg})(2\pi)^2(10.0\text{Hz})^2\\&=1.073\times10^9\text{N/m}\end{aligned}$$

现在我们可以计算 E 了

$$\begin{aligned}E&=K+U=\frac{1}{2}mv^2+\frac{1}{2}kx^2\\&=0+\frac{1}{2}(1.073\times10^9\text{N/m})(0.20\text{m})^2\\&=2.147\times10^7\text{J}\approx2.1\times10^7\text{J}\end{aligned}$$ （答案）

（b）当重物通过平衡点的时候它的速率有多大？

解：我们要求在 $x=0$ 点的速率，重物在这一点上的势能 $U=\frac{1}{2}kx^2=0$，机械能全部是动能。所以，我们可以写出

$$E=K+U=\frac{1}{2}mv^2+\frac{1}{2}kx^2$$

$$2.147\times10^7\text{J}=\frac{1}{2}(2.72\times10^5\text{kg})v^2+0$$

或 $v=12.6$m/s （答案）

因为这时 E 全部都是动能，这就是最大速率 v_m。

WileyPLUS 在 WileyPLUS 中可以找到附加的例题、视频和练习。

15-3 角简谐振子

学习目标

学完这一单元后，你应当能够……

15.23 描述角简谐振子的运动。

15.24 对角简谐振子，应用转矩 τ 和角位移 θ（离开平衡位置的角度）之间的关系。

15.25 对角简谐振子，应用周期 T（或频率 f），转动惯量 I 及扭转常量 κ 之间的关系。

15.26 对于在任一时刻的角简谐振子，应用角加速度 α，角频率 ω 及角位移之间的关系。

关键概念

- 扭摆是一个悬挂在金属线上的物体。金属线被扭转然后被释放，物体以角简谐运动的形式振动，它的周期由下式给出：

$$T=2\pi\sqrt{\frac{I}{\kappa}}$$

其中，I 是物体绕转动轴的转动惯量；κ 是线的扭转常量。

角简谐振子

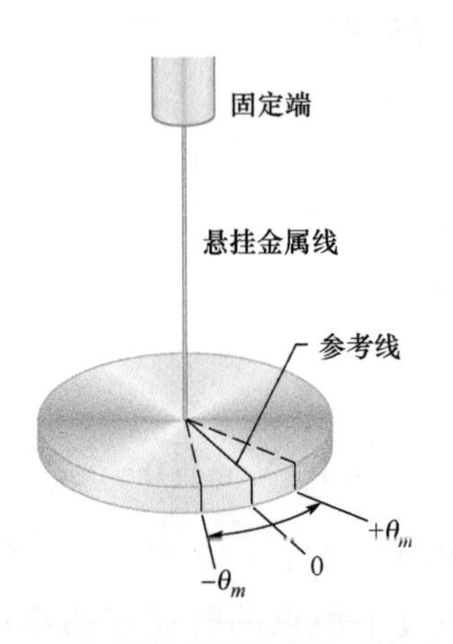

图15-9　扭摆是线性简谐振子的角度形式。圆盘在水平面上振动；参考线以角振幅 θ_m 振动。悬挂的金属线像弹簧那样储存势能并提供回复转矩。

图15-9是简谐振子的角度形式；弹性元件是金属悬线的扭转而不是我们以前用的弹簧的拉伸和压缩，这种装置称为**扭摆**，扭就是扭转运动。

如果我们使图15-9中的圆盘从它的静止位置（这个位置上的参考线在 $\theta=0$）转过某个角位移 θ 然后释放，圆盘就会从这个位置开始做**角简谐运动**。向随便哪个方向将圆盘转过角度 θ 就会产生一个由下式给出的回复转矩：

$$\tau=-\kappa\theta \tag{15-22}$$

其中，κ（希腊字母，读 kappa）是一个常量，称为**扭转常量**，它依赖于悬线的长度、直径和材料。

把式（15-22）和式（15-10）比较一下，我们认为式（15-22）就是胡克定律的角度形式。于是我们可以给出将线性简谐运动周期的公式（15-13）变换成角简谐运动周期的公式，我们把式（15-13）中的弹簧常量 k 改换成和它等价的式（15-22）中的扭转常量 κ，并把式（15-13）中的质量 m 用它的等价物理量，即振动的盘的转动惯量 I 代替。经过这些代换后得到：

$$T=2\pi\sqrt{\frac{I}{\kappa}}\ （扭摆） \tag{15-23}$$

例题15.04　角简谐振子，转动惯量，周期

图15-10a中是一根细棒，它的长度 L 是12.4cm，质量 m 是135g，用一根长条的金属线悬挂在它的中点。测出它的角简谐运动周期 T_a 是2.53s。一个不规则形状的物体，我们把它称作物体 X，挂在同样的金属线上，如图15-10b所示。测出它的周期 T_b 是4.76s。物体 X 绕它的悬挂轴的转动惯量是多大？

【关键概念】

无论细棒还是物体 X 的转动惯量和测得的周期的关系都由式（15-23）联系起来。

解：根据表10-2e，细棒绕通过它的中点的垂直轴的转动惯量是 $\frac{1}{12}mL^2$。因此，对于图15-10a中的细棒我们有

$$I_a=\frac{1}{12}mL^2=\left(\frac{1}{12}\right)(0.135\text{kg})(0.124\text{m})^2$$
$$=1.73\times10^{-4}\text{kg}\cdot\text{m}^2$$

现在把式（15-23）写两次，一次是对细棒，一次是对物体 X：

$$T_a=2\pi\sqrt{\frac{I_a}{\kappa}}\ 和\ T_b=\sqrt{\frac{I_b}{\kappa}}$$

常量 κ 是金属线的性质，在两个情况中都相同；二者只有周期和转动惯量不同。

我们将这两个方程式平方，第二个方程式用第一个除，解出 I_b 的方程式。其结果是

$$I_b=I_a\frac{T_b^2}{T_a^2}=(1.73\times10^{-4}\text{kg}\cdot\text{m}^2)\frac{(4.76\text{s})^2}{(2.53\text{s})^2}$$
$$=6.12\times10^{-4}\text{kg}\cdot\text{m}^2 \quad （答案）$$

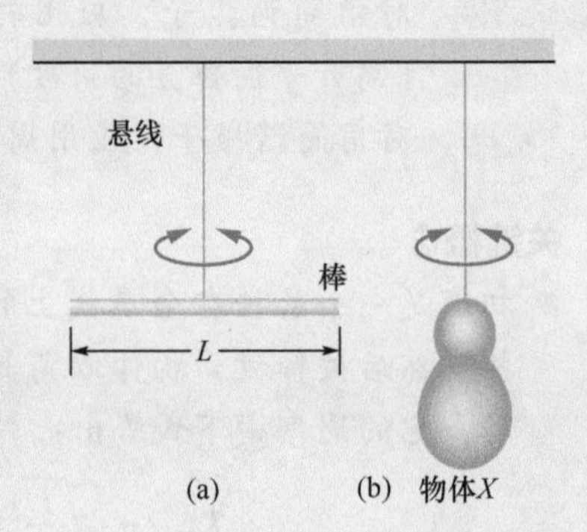

图15-10　两个扭摆，(a)一根棒和一根悬线。(b)同样的悬线和一个不规则形状的物体。

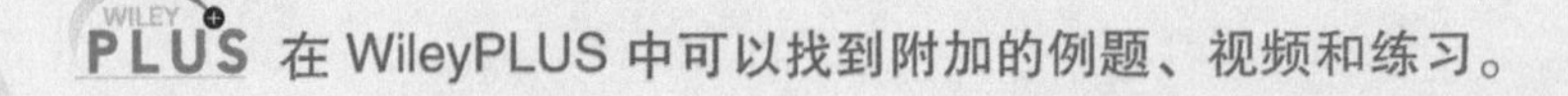

在WileyPLUS中可以找到附加的例题、视频和练习。

15-4 摆，圆周运动

学习目标

学完这一单元后，你应当能够……

15.27 描述振动的单摆的运动。

15.28 画出摆与竖直位置成 θ 角时摆锤的受力图。

15.29 对单摆的小角度振动，把周期 T（或频率 f）和摆长 L 联系起来。

15.30 区别单摆和物理摆。

15.31 对于物理摆的小角度振动，把周期 T（或频率 f）和支枢到质心的距离 h 联系起来。

15.32 对角振动系统，由联系转矩 τ 和角位移 θ 的方程式或由联系角加速度 α 和角位移 θ 的方程式确定角频率 ω。

15.33 区别摆的角频率 ω（和完成循环的速率有关）和它的 $d\theta/dt$（与竖直线所成角度的变化率有关）。

15.34 给定关于角位置 θ 和它在某一时刻的改变率 $d\theta/dt$ 的数据，确定相位常量 ϕ 和振幅 θ_m。

15.35 说明自由下落的加速度如何用单摆测定。

15.36 对给定的物理摆，确定振动中心的位置并用单摆的术语说明这个词的意义。

15.37 说明简谐运动和匀速圆周运动是如何联系起来的。

关键概念

- 单摆由质量可以忽略不计的一根细杆（它的顶端作为支枢）和连接在它末端的质点（摆锤）组成。如果细杆只以很小的角度摆动，则它的运动近似地是简谐运动，运动周期为

$$T=2\pi\sqrt{\frac{L}{g}} \quad (\text{单摆})$$

其中，L 是细杆的长度。

- 物理摆的质量分布更加复杂。对小的摆荡角度，它的运动是简谐运动，周期是

$$T=2\pi\sqrt{\frac{I}{mgh}} \quad (\text{物理摆})$$

其中，I 是摆对支枢的转动惯量；m 是摆的质量；h 是支枢到摆的质心的距离。

- 简谐运动对应于匀速圆周运动在圆的一条直径上的投影。

摆

现在我们转到另一类简谐振子，这种振子中的弹性和重力有关而不是像扭转的金属丝的弹性或者压缩或拉伸的弹簧。

单摆

如有一只苹果挂在长线下面摆动，它是不是在做简谐运动？如果是的话，周期又是多少？要回答这个问题，我们考虑**单摆**，它由一个质量为 m 的质点（称为摆锤）悬挂在长度为 L、且不可伸长的并且无质量的弦线的一端，线的另一端固定，如图 15-11a 所示。摆锤在图的平面上来回自由摆动，即它在通过摆的支枢的竖直线左右摆荡。

回复转矩。作用于摆锤的力是弦线对它的作用力 $\vec{T}$ 和重力 $\vec{F}_g$，如图 15-11b 中所示，图中弦线和竖直线的夹角为 θ。我们把 $\vec{F}_g$ 分解为径向分量 $F_g\cos\theta$ 以及与摆锤运动路径相切的分量 $F_g\sin\theta$。切向分量产生对于摆的支枢的回复转矩。因为这个分量的作用方向总是和摆锤位移的方向相反，所以它要使摆锤回到它的中心位置。这个位置称为平衡位置（$\theta=0$），因为如果摆没有摆动的话，摆锤

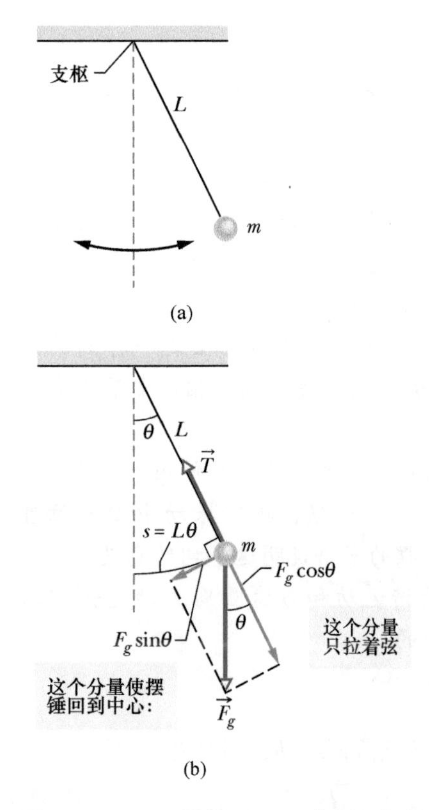

图 15-11　(a) 单摆。(b) 作用于摆锤上的力是重力 $\vec{F}_g$ 和来自弦的力 $\vec{T}$。重力的切向分量 $F_g\sin\theta$ 是使摆回到中心位置的回复力。

就会静止在这个位置。

由式 (10-41)：$\tau=r_{\perp}F$，我们可以写出回复转矩为

$$\tau=-L(F_g\sin\theta)\qquad(15\text{-}24)$$

其中，负号表示转矩的作用要使 θ 减小；L 是力的分量 $F_g\sin\theta$ 对支枢的矩臂。将式 (15-24) 代入式 (10-44)：$\tau=I\alpha$，然后用 mg 代入 F_g 的数值，我们得到

$$-L(mg\sin\theta)=I\alpha\qquad(15\text{-}25)$$

其中，I 是摆对支枢的转动惯量；α 是它对这一点的角加速度。如我们设角度 θ 很小，我们就可以简化式 (15-25)，这样我把 $\sin\theta$ 近似为 θ（用弧度表示）。（作为例子，如 $\theta=5.00°=0.0873\text{rad}$，则 $\sin\theta=0.0872$，只相差大约 0.1%。）取了这样的近似，经过重新整理，我们得到：

$$\alpha=-\frac{mgL}{I}\theta\qquad(15\text{-}26)$$

这个方程式是作为简谐运动标志的式 (15-8) 的角量等价式。这个式子告诉我们，摆的角加速度 α 正比于角位移 θ，但符号相反。所以，当摆锤向右运动时，如图 15-11a 中那样，它的加速度向左并增加到摆锤停止，接着开始向左运动，然后，当摆锤运动到平衡位置的左边时，它的加速度向右，要使摆锤回到右边。如此不断反复，就像它在简谐运动中来回振动一样。更加精确地说，*只以很小角度振荡的单摆的运动近似地是简谐运动*。我们可以用另一种方式表述这个小的角度的限制条件：运动的**角振幅** θ_m（最大摆动角）必须很小。

角频率。告诉你一个诀窍，因为式 (15-26) 和对简谐运动的式 (15-8) 有同样的形式，我们马上可以确定摆的角频率就是位移前面的常量的平方根：

$$\omega=\sqrt{\frac{mgL}{I}}$$

在课外作业中你可以看到看上去不像摆的一些振动系统。然而，如你能够把加速度（线或角的）和位移（线和角的）联系起来，你就能立即确定角频率，就像我们这里刚才做的那样。

周期。接着，我们把这个 ω 的表式代入式 (15-5)：$\omega=2\pi/T$，我们看到摆的周期可以写成

$$T=2\pi\sqrt{\frac{I}{mgL}}\qquad(15\text{-}27)$$

单摆的所有质量都集中在可以看作质点的摆锤的质量 m 上，摆锤在离支枢半径为 L 的位置。于是，我们可以利用式 (10-33)：$I=mr^2$ 写出摆的转动惯量 $I=mL^2$。把这些代入式 (15-27) 并且约化后得到：

$$T=2\pi\sqrt{\frac{L}{g}}\ \text{（单摆，小的振幅）}\qquad(15\text{-}28)$$

这一章中我们一律假设小角振荡。

物理摆

真实的摆，通常称为**物理摆**，有复杂的质量分布。它是不是

也能做简谐运动呢？如果能够，它的周期是多少？

图15-12表示一个向一边偏移一个角度 θ 的任意形状的物理摆。重力 $\vec{F}_g$ 作用于它的质心 C 上，质心到支枢的距离为 h。比较图15-12和图15-11b，发现任意形状的物理摆和单摆之间只有一个重要的差别。对于物理摆，重力的回复力分量 $F_g\sin\theta$ 对于支枢的矩臂是距离 h 而不是弦线的长度 L。在所有其他方面，物理摆的分析都重复我们对单摆的分析直到式（15-27）。（对小的 θ_m）我们又会发现这种运动近似地是简谐运动。

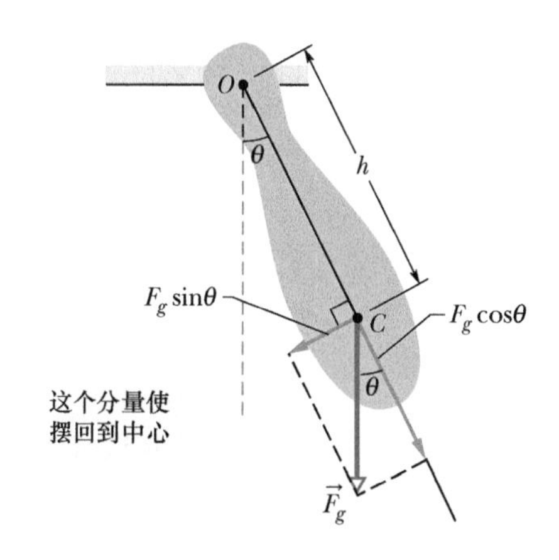

图15-12 物理摆。回复转矩是 $hF_g\sin\theta$。当 $\theta=0$ 时，质心 C 挂在支枢 O 正下方。

如果我们用 h 代替式（15-27）中的 L，我们就可写出周期

$$T=2\pi\sqrt{\frac{I}{mgh}}\text{（物理摆，小振幅）}\tag{15-29}$$

和单摆的情况一样，I 是摆对 O 点的转动惯量。不过，现在 I 不是简单的 mL^2（它取决于物理摆的形状），但它仍旧正比于 m。

如果物理摆的支枢位于它的质心位置，它就不会摆动。形式上这相当于式（15-29）中令 $h=0$。这个方程式就给出 $T\to\infty$，这意味着这样的摆永远不会完成一次振动。

对任何一个围绕给定的支枢 O 以周期 T 振动的物理摆，它都与长度为 L_0 且以同样周期 T 振动的单摆相对应。我们可以用式（15-28）求出 L_0。对于给定悬挂点的物理摆，物理摆上到 O 点距离为 L_0 的一点称为**振动中心**。

测量 g

我们可以利用物理摆测量地球表面上特定地域的自由下落加速度 g。（在地球物理勘探中已经做过无数次这种测量。）

现在分析一种简单的情况，取一根长度为 L 的均匀细杆作为摆，把它的一端悬挂起来。对这样的摆，式（15-29）中的支枢与质心的距离 h 是 $\frac{1}{2}L$。表10-2e告诉我们，这个摆绕通过它的质心并垂直于杆长的轴的转动惯量是 $\frac{1}{12}mL^2$。根据平行轴定理［式（10-36）：$I=I_{com}+Mh^2$］，我们求出对于通过细杆一端的垂直轴的转动惯量是

$$I=I_{com}+mh^2=\frac{1}{12}mL^2+m\left(\frac{1}{2}L\right)^2=\frac{1}{3}mL^2\tag{15-30}$$

我们把 $h=\frac{1}{2}L$ 和 $I=\frac{1}{3}mL^2$ 代入式（15-29）并解出 g，我们得到：

$$g=\frac{8\pi^2L}{3T^2}\tag{15-31}$$

于是，通过测量 L 和周期 T，我们就可以求出摆所在位置的 g 值。（如要做精确测量，就需要一系列的改进，例如将摆放在抽成真空的小室内。）

检查点5

三个质量分别为 m_0、$2m_0$ 和 $3m_0$ 的物理摆，它们有同样的形状和大小并悬挂在同一位置。按摆的周期排列各个质量，最大的排第一。

例题 15.05　物理摆，周期和长度

在图 15-13a 中，米尺绕着它一端的支枢摆动，支枢到米尺质心的距离为 h。

（a）振动周期 T 是多大?

【关键概念】

米尺不是单摆，因为它的质量不是集中在支枢另一端的摆锤上——所以米尺是一个物理摆。

解：物理摆的周期由式（15-29）给出，为此，我们要求出米尺对支枢的转动惯量 I。我们可以把米尺看作长度为 L、质量为 m 的均匀细棒。式（15-30）告诉我们 $I=\frac{1}{3}mL^2$，式（15-29）中的距离 h 是 $\frac{1}{2}L$。把这些数据代入式（15-29），我们得到

$$T=2\pi\sqrt{\frac{I}{mgh}}=2\pi\sqrt{\frac{\frac{1}{3}mL^2}{mg\left(\frac{1}{2}L\right)}} \quad (15\text{-}32)$$

$$=2\pi\sqrt{\frac{2L}{3g}} \quad (15\text{-}33)$$

$$=2\pi\sqrt{\frac{(2)(1.00\text{m})}{(3)(9.8\text{m/s}^2)}}=1.64\text{s} \text{（答案）}$$

注意，结果不依赖于摆的质量 m。

（b）米尺支枢 O 的位置到米尺的振动中心的距离 L_0 是多少?

解：我们要求和图 15-13a 中的物理摆（米尺）有相同的周期的单摆（见图 15-13b）的长度 L_0。令式（15-28）和式（15-33）相等，得到：

$$T=2\pi\sqrt{\frac{L_0}{g}}=2\pi\sqrt{\frac{2L}{3g}} \quad (15\text{-}34)$$

观察一下就可以看出

$$L_0=\frac{2}{3}L \quad (15\text{-}35)$$

$$=\left(\frac{2}{3}\right)(100\text{cm})=66.7\text{cm} \text{（答案）}$$

在图 15-13a 中，P 点标记了到悬挂点 O 的距离。因此，P 点就是米尺对给定悬挂点的振动中心。选择不同的悬挂位置，P 点的位置也会不同。

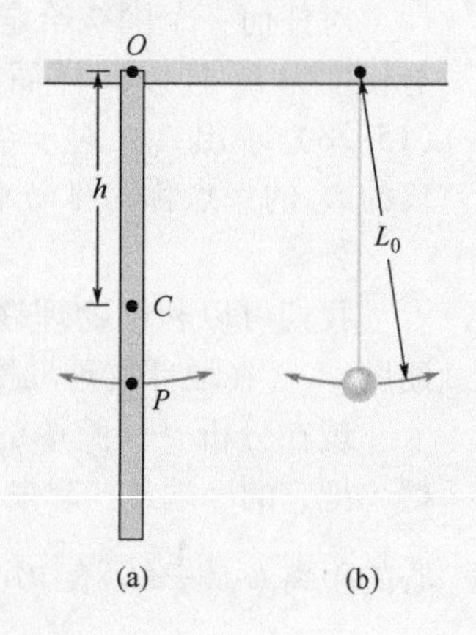

图 15-13　（a）将一把米尺的一端悬挂起来作为一个物理摆。（b）对于单摆，选择长度 L_0 使两个摆的周期相等。（a）图中摆上的 P 点标记振动中心。

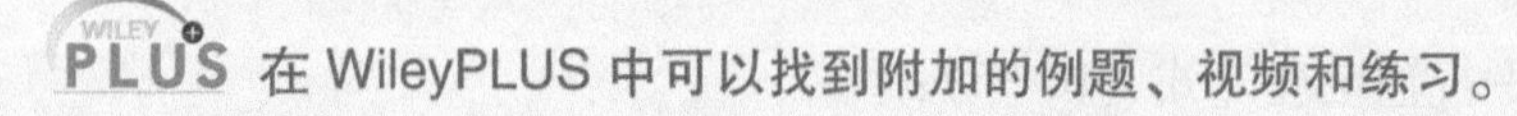

在 WileyPLUS 中可以找到附加的例题、视频和练习。

简谐运动和匀速圆周运动

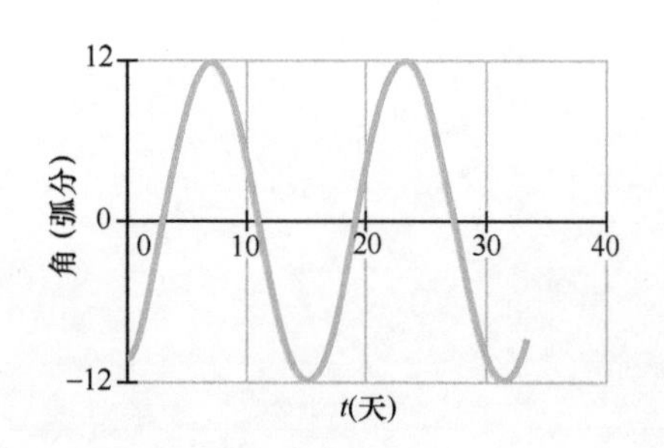

图 15-14　从地球上观察木星和它的卫星木卫四之间的角度。1610 年，伽利略的测量近似于这条曲线，使人联系到简谐运动。按木星到地球的平均距离，弧度 10′对应于大约 2×10^6km。（取自 A. P. French, *Newtonian Mechanics*, W. W. Norton & Company, New York, 1971, p. 288.）

1610 年，伽利略用他新造的望远镜发现了木星的四颗主要的卫星。经过几个星期的观察，他发现每颗卫星都相对于木星以我们今天所谓的简谐运动来回运动。行星的圆盘位于运动的中点。伽里略亲手写下的观察记录实际上现在仍旧有用。麻省理工学院的弗伦奇（A. P. French）用伽利略的数据计算得出了木卫四相对于木星的位置（实际上是从地球上观察的离木星的角距离），并发现这些数据近似于图 15-14 中的曲线。这条曲线清楚地提示简谐运动的位移函数式（15-3）。从图中可以测出周期大约为 16.8 天，但这个周期有多精确呢？总之，卫星不可能像挂在弹簧一端的木块那样来回振荡，所以式（15-3）对此有什么意义呢？

实际上，木卫四以基本上恒定的速率在基本上是圆形的轨道上绕木星运动。它的真实运动——完全不是简谐运动——是在轨道上做匀速圆周运动。伽利略看到的——也是你用优质的双目望

远镜再加一点耐心所看到的——是这个匀速圆周运动在运动平面中的一条直线上的投影。我们在伽利略著名的观察的指引下得出结论，简谐运动是从边缘观察到的匀速圆周运动。用正式的语言表述：

简谐运动是匀速圆周运动在沿着它做圆周运动的圆的直径上的投影。

图 15-15a 给出一个例子。它表示在一个参考圆上以（恒定的）角速率 ω 做匀速圆周运动的参考质点 P'。圆的半径 x_m 是质点位置矢量的数值。在任一时刻 t，质点的角位置是 $\omega t+\phi$，其中 ϕ 是在 $t=0$ 时的角位置。

位置。质点 P' 在 x 轴上的投影是 P，我们把它看作第二个质点。质点 P' 的位置矢量在 x 轴上的投影给出 P 的位置 $x(t)$。（你能不能看出图 15-15a 中的三角形中的 x 分量？）于是，我们得到

$$x(t)=x_m\cos(\omega t+\phi) \tag{15-36}$$

这恰恰就是式（15-3）。我们的结论是正确的。如参考点 P' 做匀速圆周运动，则它投影点 P 沿圆的直径做简谐运动。

速度。图 15-15b 表示参考质点的速度 $\vec{v}$。由式（10-18）：$v=\omega r$，速度矢量的大小是 ωx_m；它在 x 轴上的投影是

$$v(t)=-\omega x_m\sin(\omega t+\phi) \tag{15-37}$$

而这正好就是式（15-6）。负号的出现是因为图 15-15b 中的速度分量指向左方，即 x 轴的负方向。（负号和式（15-36）对时间的微商一致。）

加速度。图 15-15c 表示参考质点的径向加速度 $\vec{a}$，由式（10-23）：$a_r=\omega^2 r$，径向加速度的数值是 $\omega^2 x_m$；它在 x 轴上的投影是

$$a(t)=-\omega^2 x_m\cos(\omega t+\phi) \tag{15-38}$$

这正是式（15-7）。因此，无论我们考察位移、速度还是加速度，匀速圆周运动的投影确实就是简谐运动。

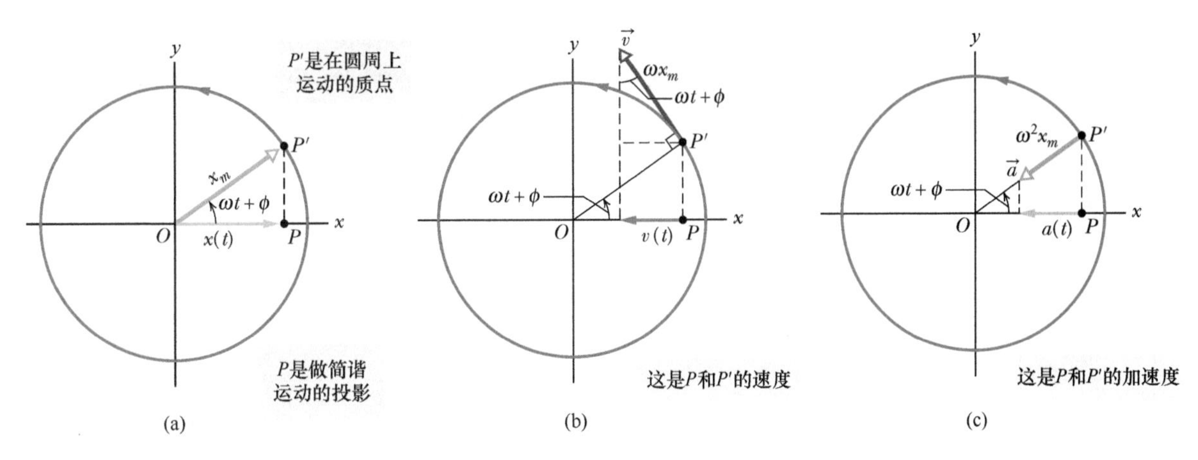

图 15-15 （a）在半径为 x_m 的参考圆上做均速圆周运动的参考质点 P'。它在 x 轴上的投影 P 做简谐运动。（b）参考质点速度 $\vec{v}$ 的投影就是简谐运动的速度。（c）参考质点的径向加速度 $\vec{a}$ 的投影就是简谐运动的加速度。

15-5 阻尼简谐运动

学习目标

学完这一单元后，你应当能够……

15.38 描述阻尼简谐振动并画出作为时间函数的振子位置的曲线图。

15.39 对任一特定时间，计算阻尼简谐振子的位置。

15.40 确定任一给定时刻的阻尼简谐振子的振幅。

15.41 求用弹簧常量、阻尼常量和质量表示的阻尼简谐振子的角频率，并计算阻尼常量很小时角频率的近似。

15.42 将已知（近似的）总能量的阻尼简谐振子作为时间函数的方程。

关键概念

- 真实的振动系统在振动过程中机械能 E 不断减小，这是因为有外力，譬如阻力，阻碍运动并且把机械能转变为热能。所以说真实的振子和它的运动都是有阻尼的。
- 若阻尼力是由 $\vec{F}_d=-b\vec{v}$ 给出，其中，$\vec{v}$ 是振子的速度，b 是阻尼常量。那么，振子的位移由下式给出：

$$x(t)=x_m e^{-bt/(2m)}\cos(\omega' t+\phi)$$

其中，ω' 是下式给出的阻尼振子的角频率：

$$\omega'=\sqrt{\frac{k}{m}-\frac{b^2}{4m^2}}$$

- 如果阻尼常量很小（$b\ll\sqrt{km}$），那么 $\omega'\approx\omega$，ω 是无阻尼振子的角频率。对于小的 b，振子的机械能 E 由下式给出：

$$E(t)\approx\frac{1}{2}kx_m^2 e^{-bt/m}$$

阻尼简谐运动

摆在水下面只能摆荡很短的时间，因为水对摆有阻力作用使运动很快停下来。摆在空气中摆动就好得多了，但运动最终还是要停止，因为空气对摆也有阻力（还有作用在支枢上的摩擦力），阻力转移了摆运动的能量。

当振子的运动由于外力而减小时，我们说这种振子和它的运动受到**阻尼**。理想化的阻尼振子的例子表示在图15-16中，其中质量为 m 的木块挂在弹簧常量为 k 的弹簧上竖直地振动。一根细杆从木块延伸连接到浸没在液体中的叶片（假设二者都没有质量）上。当叶片上下运动时，液体对它产生抑制运动的阻力，这个力也作用在整个振动系统上。木块-弹簧系统的机械能随着时间减少，能量转换为液体和叶片的热能。

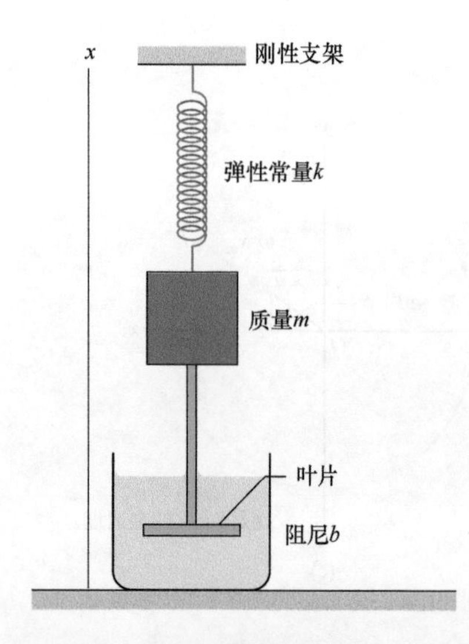

图15-16 理想的阻尼简谐振子。在木块平行于 x 轴振动的时候，浸没在液体中的叶片对木块产生阻力。

我们假设液体作用的**阻尼力** $\vec{F}_d$ 正比于叶片和木块的速度 $\vec{v}$（如果叶片运动得较慢，则这个假设是准确的）。对图15-16中的力和速度沿 x 轴的分量我们有：

$$F_d=-bv \tag{15-39}$$

其中，b 是**阻尼常量**，它取决于叶片和液体的性质，它的国际单位制单位是千克每秒。负号表示 $\vec{F}_d$ 和运动方向相反。

阻尼振动。弹簧作用在木块上的力是 $\vec{F}_s=-kx$。我们假设作用在木块上的重力比之于 F_d 和 F_s 可以忽略不计。然后我们写出沿 x 轴分量的牛顿第二定律（$F_x=ma_x$）：

$$-bv-kx=ma \tag{15-40}$$

用 dx/dt 代替 v，用 d^2x/dt^2 代替 a，经过整理后得到微分方程

$$m\frac{d^2x}{dt^2}+b\frac{dx}{dt}+kx=0 \tag{15-41}$$

这个方程的解是：

$$x(t)=x_m e^{-bt/(2m)}\cos(\omega' t+\phi) \tag{15-42}$$

其中，x_m 是振幅；ω'是阻尼振子的角频率。这个角频率由下式给出：

$$\omega'=\sqrt{\frac{k}{m}-\frac{b^2}{4m^2}} \tag{15-43}$$

如果 $b=0$（没有阻尼），于是式（15-43）简化为式（15-12）：$\omega=\sqrt{k/m}$，就是无阻尼的振子的角频率。并且式（15-42）简化为式（15-3），即无阻尼振子的位移。如阻尼常数很小，但不为零（即 $b \ll \sqrt{km}$），则 $\omega' \approx \omega$。

阻尼能量。我们可以把式（15-42）看作振幅 $x_m e^{-bt/(2m)}$ 随时间逐渐减小的余弦函数，如图 15-17 所画的那样。无阻尼的振子的机械能是常量，由式（15-21）：$E=\frac{1}{2}kx_m^2$ 给出。如果振子是有阻尼的，则机械能不再是常量而随时间减少。如果阻尼很小，我们可以将式（15-21）中的 x_m 用阻尼振动的振幅 $x_m e^{-bt/(2m)}$ 代替以求 $E(t)$。这样做后，我们得到：

$$E(t)\approx\frac{1}{2}kx_m^2 e^{-bt/m} \tag{15-44}$$

式（15-44）告诉我们，机械能像振幅一样随时间指数式地减小。

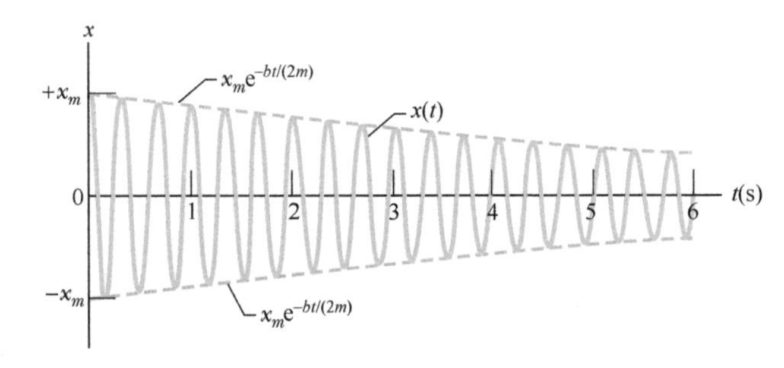

图 15-17 图 15-16 中的阻尼振子的位移函数 $x(t)$。振幅，就是 $x_m e^{-bt/(2m)}$，它随时间指数式减小。

检查点 6

这里有关于图 15-16 中的阻尼振子的三组数值：弹簧常量、阻尼常量和质量。按照机械能减少到初始值的四分之一所需时间的多少排列这三组数值，最大的在第一。

第一组	$2k_0$	b_0	m_0
第二组	k_0	$6b_0$	$4m_0$
第三组	$3k_0$	$3b_0$	m_0

例题 15.06 阻尼谐振子，衰减时间，能量

对图 15-16 中的阻尼振子，$m=250\text{g}$，$k=85\text{N/m}$，$b=70\text{g/s}$。

（a）运动周期是多少？

【关键概念】

因为 $b \ll \sqrt{km}=4.6\text{kg/s}$，这个阻尼振子的周期近似地等于无阻尼振子的周期。

解：由式（15-13），我们有

$$T=2\pi\sqrt{\frac{m}{k}}=2\pi\sqrt{\frac{0.25\text{kg}}{85\text{N/m}}}=0.34\text{s} \quad \text{（答案）}$$

（b）阻尼振动的振幅减少到它的初始值的一半需要经过多长的时间？

【关键概念】

t 时刻的振幅是在式（15-42）中的 $x_m e^{-bt/(2m)}$。

解：在 $t=0$ 时振幅的数值是 x_m，我们要求 t 时刻满足下式的振幅数值：

$$x_m e^{-bt/(2m)}=\frac{1}{2}x_m$$

消去 x_m，对余下的方程式取自然对数，式子右边是 $\ln\frac{1}{2}$，式子左边是：

$$\ln(e^{-bt/(2m)})=-bt/(2m)$$

于是得到

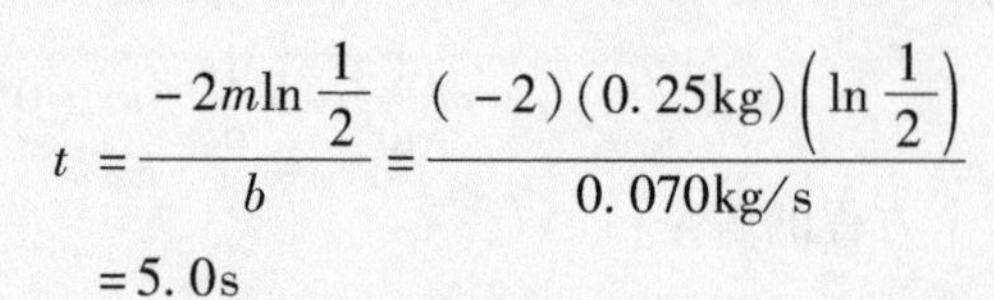

$$t=\frac{-2m\ln\frac{1}{2}}{b}=\frac{(-2)(0.25\text{kg})\left(\ln\frac{1}{2}\right)}{0.070\text{kg/s}}$$

$$=5.0\text{s}$$

因为 $T=0.34\text{s}$，所以这大约相当于 15 个振动周期。

（c）机械能减少到初始值的一半需要多长时间？

【关键概念】

由式（15-44），在 t 时刻的机械能为 $\frac{1}{2}kx_m^2 e^{-bt/m}$。

解：在 $t=0$ 时机械能的数值是 $\frac{1}{2}kx_m^2$。我们要求的是在 t 时刻满足下式的值

$$\frac{1}{2}kx_m^2 e^{-bt/m}=\frac{1}{2}\left(\frac{1}{2}kx_m^2\right)$$

如果我们把这个方程式的两边都除以 $\frac{1}{2}kx_m^2$ 并解出 t，就像我们前面所做的那样，我们求出

$$t=\frac{-m\ln\frac{1}{2}}{b}=\frac{-(0.25\text{kg})(\ln\frac{1}{2})}{0.070\text{kg/s}}$$

$$=2.5\text{s} \quad \text{（答案）}$$

这正好是我们在（b）中算出的数值的一半，或者说有 7.5 个振动周期。图 15-17 画的就是这个例题的曲线图。

在 WileyPLUS 中可以找到附加的例题、视频和练习。

15-6 受迫振动与共振

学习目标

学完这一单元后，你应当能够……

15.43 区分自然角频率 ω 和驱动角频率 ω_d。

15.44 对于受迫振子，画出振动的振幅对驱动角频率与自然角频率之比 ω_d/ω 的曲线图，辨认出共振的近似位置，并指出增大阻尼常量的效应。

15.45 对于给定的自然角频率 ω，确定产生共振的近似驱动角频率 ω_d。

关键概念

- 如果有一个以角频率 ω_d 驱动的外力作用于自然角频率为 ω 的振动系统，该系统就以角频率 ω_d 振动。
- 系统的速度振幅 v_m 达到最大是当

$$\omega_d=\omega$$

时，这个条件称作共振。在这同样的条件下，系统的振幅 x_m（近似地）达到最大。

受迫振动与共振

一个人在荡秋千的时候如果自己没有用力推动，也没有任何人推他，就是自由振动的例子。然而，如果自己或别人周期性地推动秋千，秋千就是受迫振动或受驱振荡，有两个角频率与做受驱振动的系统有关：①系统的自然角频率 ω。如果系统突然受到扰动然后让它自由振动，系统就以这个角频率振动；②引起受驱振荡的外来驱动力的角频率 ω_d。

如果我们使图 15-16 中标有“刚性支架”的结构部分以可以改变的角频率 ω_d 上下运动，那么这张图中的结构就代表一个理想的受迫简谐振子。这样的受迫振子以驱动力的角频率 ω_d 振动，它的位移 $x(t)$ 由下式给出：

$$x(t)=x_m\cos(\omega_d t+\phi) \qquad (15\text{-}45)$$

其中，x_m 是振动的振幅。

位移振幅 x_m 的大小依赖于 ω_d 和 ω 的复杂函数。振动的速度振幅 v_m 比较容易描述，它在

$$\omega_d=\omega \text{（共振）} \qquad (15\text{-}46)$$

时达到最大，这个条件称为**共振**。式（15-46）也近似地是振动的位移振幅 x_m 最大的条件。因此，如果你用秋千的自然角频率推它，位移和速度振幅都会增大到很大的数值，这个事实是孩子们通过反复几次试验就很容易知道的。如果你用另一个角频率推秋千，无论更高或更低的，位移和速度振幅都比较小。

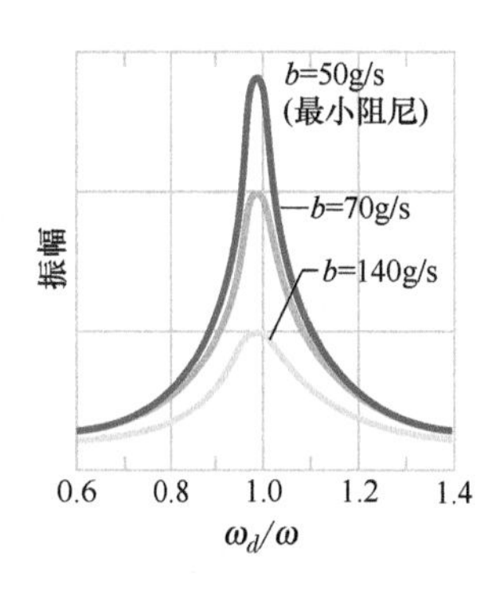

图 15-18 受迫振子的位移振幅随驱动力的角频率 ω_d 改变。这里的三条曲线对应于阻尼常量 b 的三个不同数值。

图 15-18 表示阻尼系数 b 取三个不同值时振子的位移振幅如何依赖于驱动力角频率 ω_d 的。注意，当 $\omega_d/\omega=1$ 时，三条曲线的振幅都近似最大［式（15-46）的共振条件］。图 15-18 中的曲线表示，较小的阻尼给出较高而较窄的共振峰。

例子。所有机械结构都有一个或更多的自然角频率，如果一个结构受到和这些角频率中的一个正相匹配的很强的外来驱动力时，结构产生的振动可能会破坏它本身。例如，飞机设计师必须确定，机翼没有一个自然角频率的振动会和飞行中发动机的角频率相匹配。在某些发动机速率下机翼剧烈抖动显然是非常危险的。

共振看起来是 1985 年 9 月发生在墨西哥西海岸一次强烈地震（里氏 8.1 级）引起的墨西哥城的一些建筑物坍塌的原因之一。地震波从震源到达 400km 外的墨西哥市时应该弱到不致引起广泛的破坏。不过，墨西哥城的大部分是建立在古代的河床上，这里是含水的松软泥土。虽然地震波在到墨西哥城的一路上沿着坚硬土地传播的振幅很小，但在城市的松软泥土中地震波的振幅却在大大增加。地震波的加速度振幅大到 $0.20g$，角频率（惊人地）集中在 3rad/s 附近。不仅地面剧烈振动，许多中等高度的建筑物的共振角频率也大约在 3rad/s 左右。这些建筑物的大多数在地震中坍塌（见图 15-19），而较矮的建筑物（有较高的共振角频率）和更高的建筑物（有较低的共振角频率）却都屹立不倒。

John T. Barr/Getty Images, Inc.

图 15-19 1985 年，墨西哥城一座中等高度的大楼在一次远离该市的地震中坍塌。而更高和更矮的建筑物却都屹立不倒。

在1989年旧金山-奥克兰地区的地震中，类似的共振使高速公路的一部分坍塌，较高一层道路落到较低一层路面上。这一段高速公路是建造在结构松散的淤泥上的。

复习和总结

频率　周期运动或振动的频率是每秒振动的次数。在国际单位制中，它用赫兹量度：

$$1\text{赫兹} = 1\text{Hz} = \text{每秒振动1次} = 1\text{s}^{-1} \quad (15\text{-}1)$$

周期　周期 T 是一次完全振动或**循环**所需的时间，它与频率的关系为

$$T = \frac{1}{f} \quad (15\text{-}2)$$

简谐运动　在简谐运动（SHM）中，质点离平衡位置的位移 $x(t)$ 由以下方程描述：

$$x = x_m\cos(\omega t + \phi)\ (\text{位移}) \quad (15\text{-}3)$$

其中，x_m 是位移的**振幅**；$\omega t + \phi$ 是运动的**相位**；ϕ 是**相位常量**。**角频率** ω 与运动的周期及频率的关系是

$$\omega = \frac{2\pi}{T} = 2\pi f\ (\text{角频率}) \quad (15\text{-}5)$$

对式（15-3）求微商得到质点做简谐运动的速度及加速度的时间函数方程式：

$$v = -\omega x_m\sin(\omega t + \phi)\ (\text{速度}) \quad (15\text{-}6)$$

以及

$$a = -\omega^2 x_m\cos(\omega t + \phi)\ (\text{加速度}) \quad (15\text{-}7)$$

在式（15-6）中，正的数量 ωx_m 是运动的**速度振幅** v_m。在式（15-7）中，正的数量 $\omega^2 x_m$ 是运动的**加速度振幅** a_m。

线性振子　质量为 m 的质点在胡克定律回复力 $F = -kx$ 的作用下做简谐运动，它的

$$\omega = \sqrt{\frac{k}{m}}\ (\text{角频率}) \quad (15\text{-}12)$$

和

$$T = 2\pi\sqrt{\frac{m}{k}}\ (\text{周期}) \quad (15\text{-}13)$$

这类系统称为**线性简谐振子**。

能量　做简谐运动的质点在任何时刻有动能 $K = \frac{1}{2}mv^2$ 和势能 $U = \frac{1}{2}kx^2$。如果没有摩擦力，虽然 K 和 U 都在变化，但机械能 $E = K + U$ 保持为常量。

摆　做简谐运动的器件的例子有图15-9中的**扭摆**，图15-11中的**单摆**和图15-12中的**物理摆**。它们做小振动的振动周期分别是

$$T = 2\pi\sqrt{I/\kappa}\ (\text{扭摆}) \quad (15\text{-}23)$$

$$T = 2\pi\sqrt{L/g}\ (\text{单摆}) \quad (15\text{-}28)$$

$$T = 2\pi\sqrt{I/(mgh)}\ (\text{物理摆}) \quad (15\text{-}29)$$

简谐运动和匀速圆周运动　简谐运动是匀速圆周运动在其直径方向上的投影。图15-15表示圆周运动的所有参量（位置、速度和加速度）投影到简谐运动相应的值。

阻尼谐运动　真实的振动系统中，由于存在像阻力一类的外力阻碍振动并把机械能转换为热能，系统的机械能 E 在振动过程中会不断减少。真实的振子和它的运动被说成是受到**阻尼**。**阻尼力**由公式 $\vec{F}_d = -b\vec{v}$ 给出，其中，$\vec{v}$ 是振子的速度；b 是**阻尼常量**，振子的位移由下式给出：

$$x(t) = x_m e^{-bt/(2m)}\cos(\omega' t + \phi) \quad (15\text{-}42)$$

其中，ω' 是阻尼振子的角频率，它由下式给出：

$$\omega' = \sqrt{\frac{k}{m} - \frac{b^2}{4m^2}} \quad (15\text{-}43)$$

如果阻尼常量很小（$b \ll \sqrt{km}$），则 $\omega' \approx \omega$，其中，ω 是无阻尼振子的角频率。对于小的 b，振子的机械能是

$$E(t) \approx \frac{1}{2}kx_m^2 e^{-bt/m} \quad (15\text{-}44)$$

受迫振动与共振　如果有角频率为 ω_d 的外来驱动力作用于自然频率为 ω 的振动系统，则系统以角频率 ω_d 振动。当

$$\omega_d = \omega$$

时，系统的速度振幅 v_m 最大，这个条件叫作**共振**。在同样条件下，系统的位移振幅 x_m（近似地）最大。

习题

1. 图15-20中，把两个弹簧常量都是7580N/m的、相同的弹簧连接在质量为0.270kg的木块上。木块放在无摩擦的地板上的振动频率有多大？

2. 在水平的梁上挂着9个单摆，它们的长度分别是：(a) 0.10m，(b) 0.30m，(c) 0.70m，(d) 0.80m，(e) 1.2m，(f) 2.6m，(g) 3.5m，(h) 5.0m以及 (i) 6.2m。设梁受到水平方向的振动，角频率在2.00rad/s和4.00rad/s之间。哪一个单摆会（强烈地）振动？

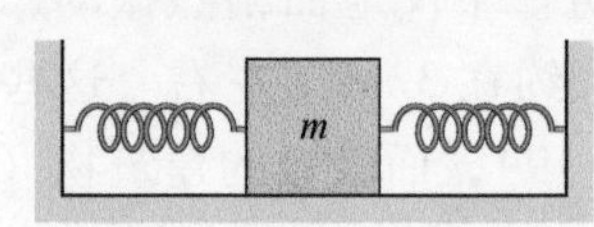

图15-20　习题1和习题3图

3. 在图 15-20 中，把两个弹簧连接到可以在无摩擦的地板上振动的弹簧上。如果把左边的弹簧拿掉，木块就会以频率 30Hz 振动。反过来，拿走右边的弹簧，木块就会以 50Hz 的频率振动。两个弹簧都连接着，木块会以什么频率振动？

4. 图 15-21 给出 4.0kg 的质点的一维势阱（函数 $U(x)$ 是 bx^2 的形式，纵轴由 $U_s = 2.0\text{J}$ 标定）。(a) 如果质点以速度 85cm/s 通过平衡位置，在它到达 $x = 15\text{cm}$ 之前会不会返回？(b) 如果会返回的话，在什么位置开始返回？如果不会返回，质点到 $x = 15\text{cm}$ 时速率有多大？

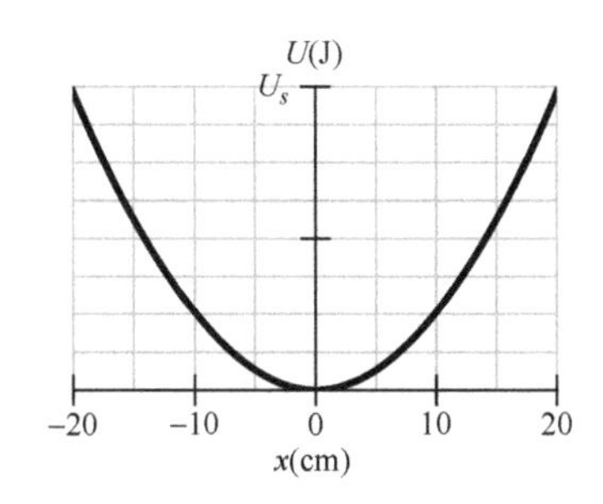

图 15-21　习题 4 图

5. 一个振子由质量为 0.500kg 的木块连接在弹簧上组成。使它以振幅 35.0cm 振动，振子每 0.350s 运动重复一次。求 (a) 周期，(b) 频率，(c) 角频率，(d) 弹簧常量，(e) 最大速率，(f) 弹簧作用于木块的最大力的数值。

6. 图 15-22 中，直径 $D = 42.0\text{cm}$ 的 5.00kg 的圆盘悬挂在长度 $L = 76.0\text{cm}$、质量忽略不计的细杆上，细杆的一端是支枢。(a) 没有连接上无质量的扭转弹簧时的振动周期是多少？(b) 连接上扭转弹簧，平衡位置细杆仍在竖直位置。如果振动周期减少了 0.500s，弹簧的扭转常量是多少？

7. 图 15-23 中的摆由半径 $r = 10.0\text{cm}$、质量为 500g 的均匀圆盘连接到长度 $L = 500\text{mm}$、质量为 250g 的均匀细杆组成。(a) 求摆对支枢的转动惯量。(b) 摆的质心和支枢之间的距离多少？(c) 计算摆荡周期。

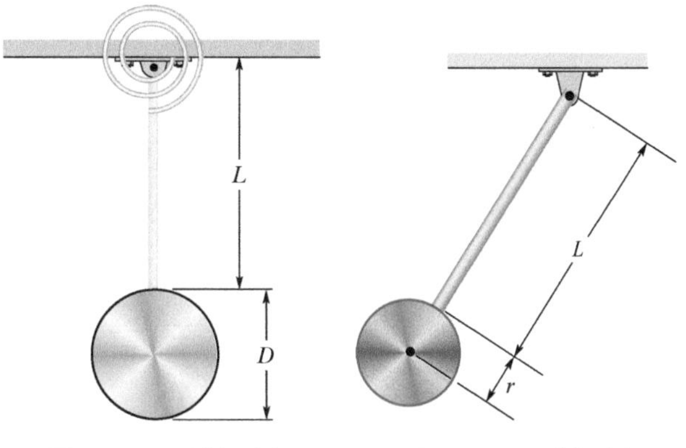

图 15-22　习题 6 图　　**图 15-23**　习题 7 图

8. 一个物理摆的振动中心距离它的悬挂点 $2L/3$，证明任何形式的物理摆的悬挂点和振动中心之间的距离是 $I/(mh)$，其中的 I 和 h 的意义和式 (15-29) 中的相同，m 是摆的质量。

9. 图 15-24 中，重 14.0N 并且可以在角度为 $\theta = 40.0°$ 的斜面上无摩擦地滑动的木块用没有拉伸时长度为 0.450m、弹簧常量为 135N/m 的无质量弹簧连接到斜面顶部。(a) 木块的平衡位置离斜面顶端多少距离？(b) 如果将木块沿斜面稍微向下拉一点然后放开，振动周期是多少？

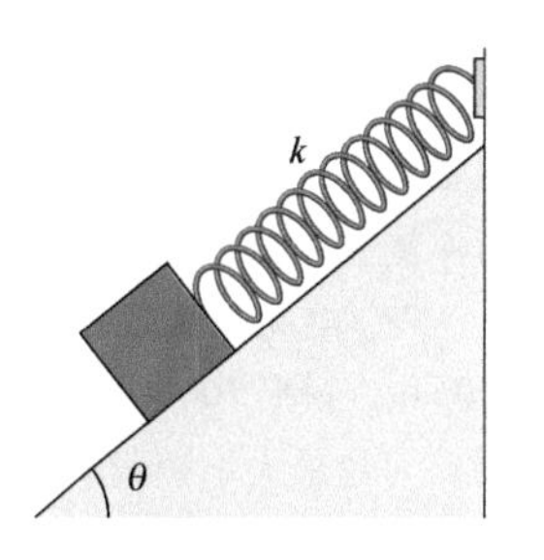

图 15-24　习题 9 图

10. 在图 15-25a 中，一块金属板安装在通过它的质心的轴上，一根 $k = 3600\text{N/m}$ 的弹簧将距离板中心 $r = 3.0\text{cm}$ 的板上边缘一点连接到墙上。起初，弹簧处于它的静止时的长度。如果将板转动 7°然后释放，它就会绕轴做简谐运动，其角位置由图 15-25b 给出。横轴标度由 $t_s = 30\text{ms}$ 标定。板绕它的质心的转动惯量是多少？

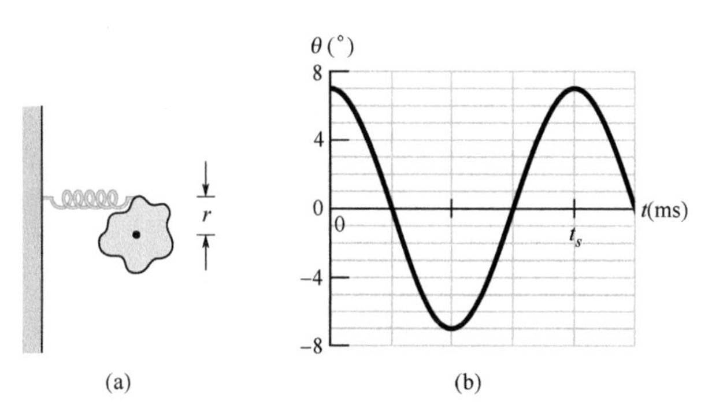

图 15-25　习题 10 图

11. 对式 (15-45)，设振幅 x_m 由下式给出：

$$x_m = \frac{F_m}{[m^2(\omega_d^2 - \omega^2)^2 + b^2\omega_d^2]^{1/2}}$$

其中，F_m 是图 15-16 中的刚性支架作用于弹簧上的外来振动力的振幅（常量）。在共振条件下，振动物体的 (a) 振幅和 (b) 速度振幅各是多少？

12. 2400kg 的汽车的悬挂系统，当底盘放在它上面的时候“下垂”10cm，振动的振幅每一周期减少 50%。估计一个车轮的弹簧和减振器系统的 (a) 弹簧常量 k 和 (b) 阻尼常量 b。设每个车轮负载 600kg。

13. 质量 $M = 5.4\text{kg}$ 的木块静止在水平无摩擦的桌面上，用一根弹簧常量 $k = 6000\text{N/m}$ 的弹簧连接在刚性的支架上，一颗质量 $m = 9.5\text{g}$ 的子弹以大小为 680m/s 的速度 $\vec{v}$ 射入木块并停留在其中（见图 15-26）。设在子弹埋入木块前弹簧的压缩可以忽略。求 (a) 刚刚

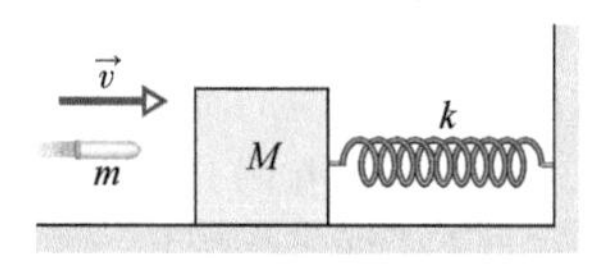

图 15-26　习题 13 图

撞击后木块的速率，(b) 所引起的简谐运动的振幅。

14. 图15-27中，两根弹簧串联然后连接到质量为0.490kg的木块上，木块放在无摩擦的地板上振动，每个弹簧的弹簧常量都是 $k = 5000\text{N/m}$。振动频率是多少？

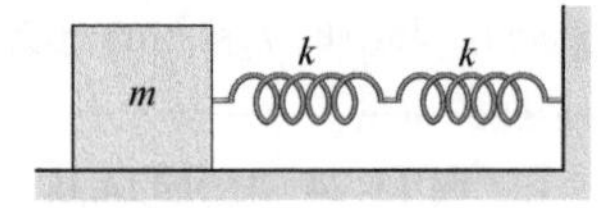

图15-27 习题14图

15. 电动剃须刀的刀片做简谐运动，前后移动距离2.0mm，频率100Hz。求 (a) 振幅，(b) 刀片最大速率，(c) 刀片最大加速度的数值。

16. 矩形木板的边为 $a = 35\text{cm}$ 和 $b = 45\text{cm}$，它被悬挂在穿过板上的一个小孔的水平细杆上。使木板绕细杆像摆那样以很小的角度摆荡，所以可以看作简谐运动。图15-28表示小孔的一个可能位置，小孔到木板中心的距离为 r，它沿着连接木板中心和一个顶角的直线。(a) 画出可以明显看出最小值的周期关于距离 r 的曲线，(b) 最小值出现在 r 值是多大的地方？假设绕木板中心的点形成一条曲线，把支枢位置放在曲线上任一点的振动周期都是同样的最小值，(c) 这条曲线是什么形状？

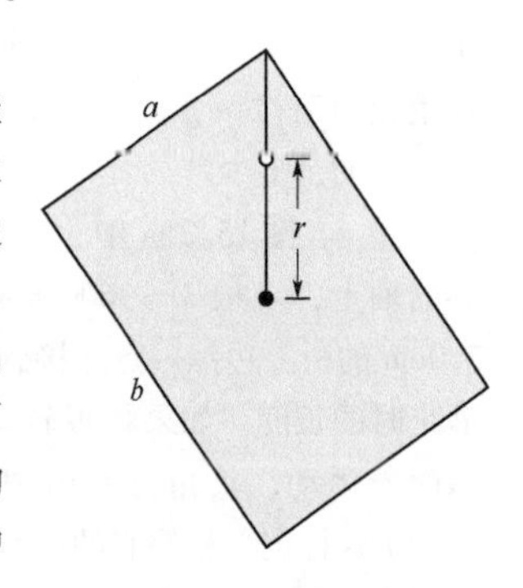

图15-28 习题16图

17. 一个无质量的弹簧一端挂在顶棚上，下端连接一个小的物体。开始时拿着物体，使它静止在位置 y_i，这时弹簧也在它的静止的长度，然后把物体从 y_i 位置释放，它开始上下振动，它的最低位置在 y_i 下方10cm处。(a) 振动频率为何？(b) 当物体在初始位置以下8.0cm时它的速率有多大？(c) 将一个质量600g的物体连接到第一个物体上，这样一来系统就以原来的一半频率振动。第一个物体的质量是多少？(d) 把两个物体都连接在弹簧上时，新的平衡（静止）位置在 y_i 以下多少距离？

18. 我们安排两块木块沿着相邻的平行路径以振幅 A 做简谐运动。当它们的位移是 $A/2$ 时，它们以相反的方向擦肩而过，它们的相位差是多少？

19. 求弹簧常量为1.8N/cm、振幅为2.4cm的木块—弹簧系统的机械能。

20. 一个振动着的木块—弹簧振动系统具有机械能2.00J，振幅10.0cm，最大速率0.800m/s。求 (a) 弹簧常量，(b) 木块的质量，(c) 振动频率。

21. (a) 在图15-13中的物理摆和相关的例题中，把摆倒过来，悬挂在 P 点，振动周期是多大？(b) 和原来的周期数值相比，现在是更大了，更小了，还是相等？

22. 我们在考虑汽车在竖直方向上的振动的时候，可以认为它被安装在四个同样的弹簧上。将某一辆汽车弹簧的振动频率调节成3.00Hz。(a) 如果汽车的质量是2110kg并且平均地由四个弹簧支承，每个弹簧的弹簧常量是多少？(b) 如果有五位平均质量为85.0kg的乘客坐在车上，且质量平均分布，振动频率又是多少？

23. 一个物体做简谐运动的位置函数是 $x = (6.0\text{m})\cos[(3\pi\text{rad/s})t + \pi/3\text{rad}]$。在 $t = 2.1\text{s}$ 时，(a) 位移，(b) 速度，(c) 加速度，(d) 运动的相位各是多少？还有，运动的 (e) 频率和 (f) 周期各是多少？

24. 直径10cm的75kg实心球用一根金属线竖直悬挂着。用0.35N·m的转矩使球转过0.85rad并保持这个方向。把球释放后振动的周期有多大？

25. 两个质点共同沿长度为 A 的线段做简谐运动。每个质点的振动周期都是1.5s，但它们有相位相差 $\pi/6$。(a) 落后的质点离开路径的一端后，经过0.60s二者相距多远（用 A 表示）？(b) 这时它们向着同一方向运动，相向运动还是相互离开？

26. 图15-29表示质量为0.200kg的木块1在较高的无摩擦的表面上以10.0m/s的速率向右滑动。这个木块与静止的木块2发生弹性碰撞，木块2连接到弹性常量为1208.5N/m的弹簧上。（设弹簧不影响碰撞。）碰撞后木块2以周期0.140s做简谐运动。木块1从较高的表面的另一端滑出，落在距较高的表面基底距离 d 处，落下高度 $h = 6.20\text{m}$，d 的数值是多少？

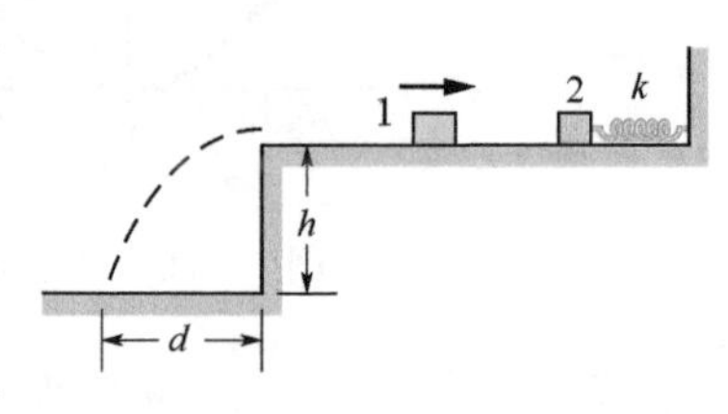

图15-29 习题26图

27. 一个10g的质点做简谐运动，振幅是2.0mm，最大加速度的数值是 $6.5 \times 10^3\text{m/s}^2$，相位常量 ϕ 未知。求 (a) 振动周期，(b) 质点的最大速率，(c) 振子的总机械能，当质点在 (d) 最大位移及 (e) 最大位移的一半时作用在质点上力各多大？

28. 物理摆是由一根米尺做成的，它的支枢装在到米尺的50cm标记距离 d 处的一个小孔中，振动周期是5.0s，求 d。

29. 载有四位82kg乘客的1000kg的汽车在"波浪状起伏"的泥土路上行驶，曲线路面上相邻起伏最高点的距离是5.0m。当汽车速率是16km/h时弹跳达到最大振幅。汽车停止并且乘客下车后，汽车车体在它的悬挂系统上升高了多少？

30. 图15-30a是一个简谐振子位置函数 $x(t)$

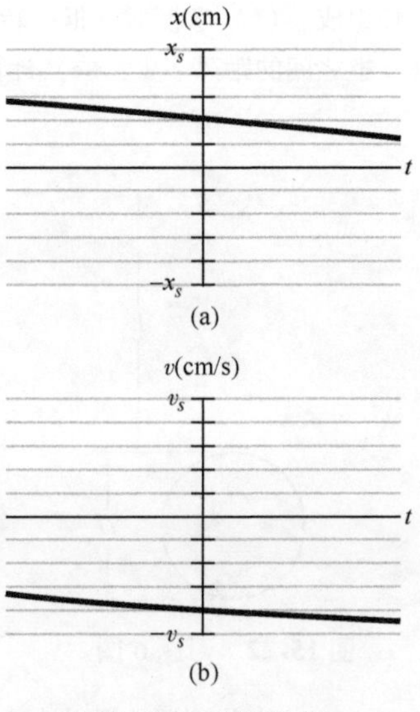

图15-30 习题30图

曲线图的一部分，振动角频率是 1.00rad/s；图 15-30b 是相应的速度函数 $v(t)$ 曲线的一部分。纵轴由 $x_s = 5.00\text{cm}$ 及 $v_s = 10.0\text{cm/s}$ 标定。如果位置函数的一般形式为 $x = x_m\cos(\omega t+\phi)$，则这个简谐振动的相位常量是多少？

31. 在图 15-31 中，一根长度 $L = 1.65\text{m}$ 的直尺作为物理摆振动。(a) 尺的质心和它的支枢位置 O 之间的距离 x 是什么数值的时候得到最小的周期？(b) 最小周期是多少？

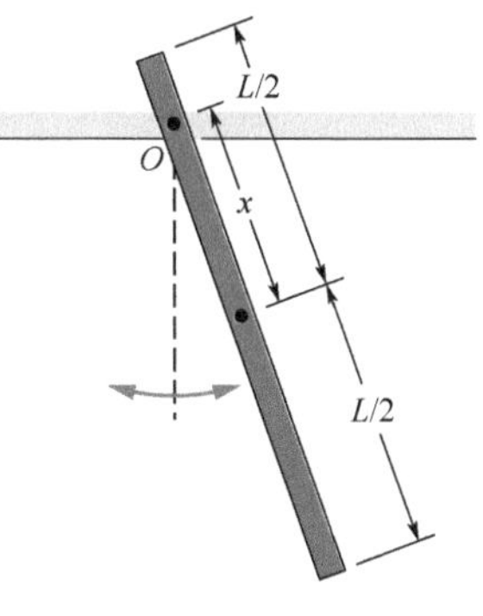

图 15-31　习题 31 图

32. 简谐振子的位置函数 $x(t)$ 为 $x = x_m\cos(\omega t+\phi)$，它的速度函数 $v(t)$ 画在图 15-32 中，它的相位常量是什么？纵轴的标度是 $v_s = 8.0\text{cm/s}$。

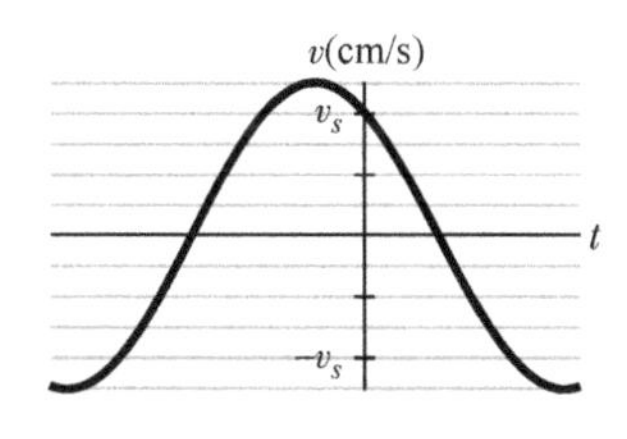

图 15-32　习题 32 图

33. 弱阻尼振子的振幅每一周期减小 4%。这个振子的机械能每一周期损失多少百分比？

34. (a) 求一个 4.00kg 的盒子连接在弹簧常量为 100N/m 的弹簧上振动的振幅。假设在 $t = 1.00\text{s}$ 时，位置 $x = 0.129\text{m}$ 并且速度 $v = 5.00\text{m/s}$。求 $t = 0$ 时 (b) 位置和 (c) 速度各是多大？

35. 在水平的无摩擦的表面上将一个质量为 5.00kg 的物体连接在 $k = 1000\text{N/m}$ 的弹簧上。物体从平衡位置水平移动 40.0cm 并获得使它回到平衡位置的初速度 10.0m/s。求 (a) 振动的频率，(b) 木块-弹簧系统的初始势能，(c) 初始动能，(d) 振动的振幅。

36. 在图 15-33 中，两块木块（$m = 1.8\text{kg}$ 和 $M = 5.0\text{kg}$）及一根弹簧（$k = 200\text{N/m}$）安放在水平无摩擦的表面上。两木块之间的静摩擦系数是 0.40。弹簧-木块系统做简谐运动的振幅是多大的时候，才能使较大木块上的较小木块处在滑动的临界状态？

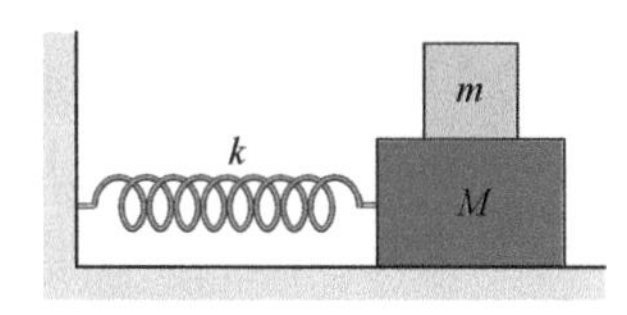

图 15-33　习题 36 图

37. 以振幅 2.50cm 和频率 6.60Hz 振动的平台的最大加速度是多少？

38. 由图 15-34 给出的简谐振子的位置函数 $x(t)$ 的相位常量是什么，如果位置函数的形式为 $x = x_m\cos(\omega t+\phi)$？纵轴定标 $x_s = 9.0\text{cm}$。

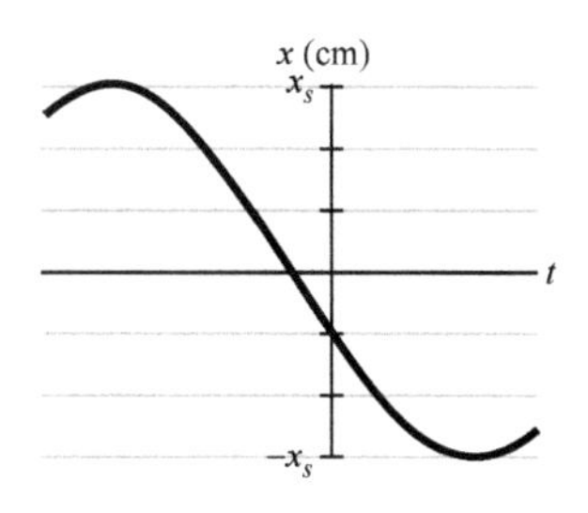

图 15-34　习题 38 图

39. 图 15-11b 中摆的角度 $\theta = \theta_m\cos[(5.63\text{rad/s})t+\phi]$。设 $t = 0$ 时，$\theta = 0.040\text{rad}$，$d\theta/dt = -0.200\text{rad/s}$。求 (a) 相位常量 ϕ；(b) 最大角度 θ_m。（提示：不要把 θ 改变的速率 $d\theta/dt$ 和简谐运动中的 ω 混淆。）

40. 在某个港口，潮汐引起海面上升和降落差距为 d 的（最高水平面和最低水平面之差）的简谐运动，周期是 12.5h。海平面从最高位下降距离 $0.15d$ 需要多少时间？

41. 扬声器用膜片振动的方法播放音乐，膜片的振幅限制在 4.00μm 以内。(a) 在什么频率下膜片的加速度 a 等于 g？(b) 对更大的频率，a 是大于还是小于 g？

42. 一个物体做振幅为 4.25cm、周期为 0.200s 的简谐运动。作用于该物体上力的最大数值是 10.0N。(a) 质量多大？(b) 如果振动是由弹簧引起，弹簧常量是多少？

43. 图 15-35 中是一个均匀的实心圆盘（半径 $R = 2.35\text{cm}$）构成的物理摆，用位于竖直平面上位于距离圆盘中心 $d = 1.50\text{cm}$ 的支枢悬挂着。圆盘被移过一个小角度后释放，发生的简谐运动周期是多少？

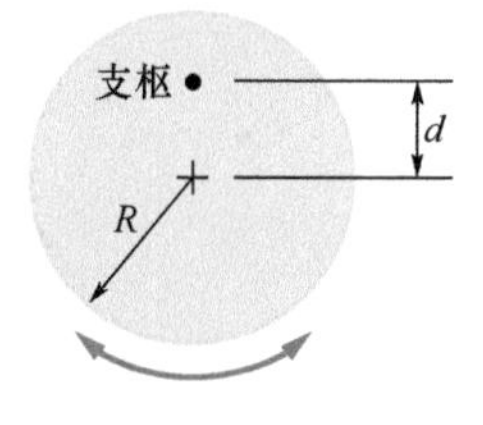

图 15-35　习题 43 图

44. 一根均匀细杆（质量为 0.90kg）绕道过细杆一端并垂直于摆荡平面的轴摆动。杆的摆动周期为 1.5s，角振幅为 10°。(a) 细杆长度多少？(b) 杆摆动的最大动能多少？

45. 在俯视图 15-36 中，质量为 0.600kg 的均匀长杆可以绕通过它的中心的垂直轴在水平面上自由转动。力常量为 $k = 1530\text{N/m}$ 的弹簧把杆的一端和固定的墙水平地连接起来。长杆在平衡状态下和墙平行。当长杆被稍稍转动并释放后，结果发生的小振动的周期是多少？

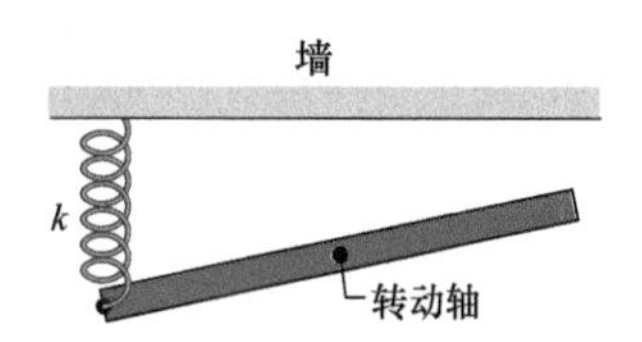

图 15-36　习题 45 图

46. 在如图15-16所示的阻尼振子系统中，$m=250\text{g}$，$k=85\text{N/m}$，$b=70\text{g/s}$，在第10个周期结束时的振幅和起初振幅之比是多少？

47. 将一根细长杆子做成摆，支枢位于杆子上的某一点。在一系列的实验中，测量周期作为支枢所在点到长杆的中心之间距离 x 的函数。(a) 如果细杆长度 $L=2.20\text{m}$，它的质量是 $m=20.5\text{g}$，则最小周期是多少？(b) 如果 x 选取有最小周期的位置，增加 L，周期是增大、减小还是不变？(c) 如果 L 不变而 m 增大，则周期是增加、减少还是不变？

48. 图15-37中0.800kg的立方体的边长 $d=6.00\text{cm}$，装在通过它的中心的轴上。一根弹簧 ($k=3600\text{N/m}$) 把立方体上角连接固定的墙上。开始时弹簧处于它的静止长度状态。如果将立方体转过3°并释放，发生的简谐运动的周期为何？

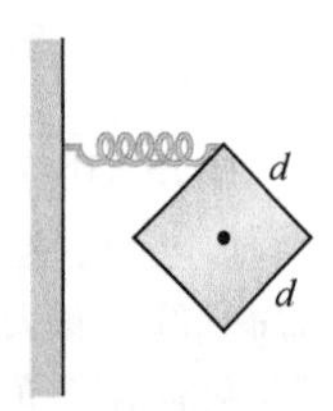

图15-37 习题48图

49. 在如图15-16所示的阻尼振子系统中，木块质量 m 是1.50kg，弹簧常量是9.50N/m。阻尼力表达式由 $-b(dx/dt)$ 给出，其中 $b=230\text{g/s}$。木块被往下拉12.0cm后被释放。(a) 计算振动的振幅减小到它的初始值的三分之一所需的时间。(b) 在这段时间内木块做了多少次振动？

50. 图15-38表示一个简谐振子的动能 K 对位置 x 的曲线。纵轴由 $K_s=8.0\text{J}$ 标定。弹簧常量是多少？

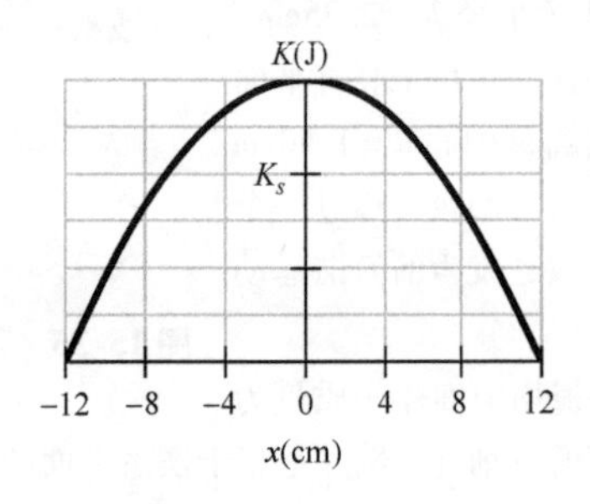

图15-38 习题50图

51. 一个物体做简谐运动，从速度为零的一点到下一个速度为零的点用去时间0.25s。这两点之间的距离是32cm。求运动的 (a) 周期，(b) 频率和 (c) 振幅。

52. 如果木块-弹簧系统做简谐运动的相角是 $\pi/8\text{rad}$，木块的位置是 $x=x_m\cos(\omega t+\phi)$，求 $t=0$ 时动能和势能之比。

53. 一块木块连接到弹簧 ($k=425\text{N/m}$) 上组成振子。在某一时刻，木块的位置（从系统的平衡位置算起）、速度和加速度分别是 $x=0.100\text{m}$、$v=-13.6\text{m/s}$、$a=-123\text{m/s}^2$。求 (a) 振动的频率，(b) 木块的质量及 (c) 运动的振幅。

54. 振动的木块-弹簧系统要用0.25s开始重复它的运动。求 (a) 周期，(b) 以赫兹为单位的频率，(c) 以弧度每秒为单位的角频率。

55. 一位表演者坐在秋千上前后摆荡，周期为8.85s。如果她站起来使秋千-表演者系统的质心上升40.0cm，系统新的周期是多少？把秋千-表演者系统看作单摆。

56. 质量为 $3.00\times10^{-2}\text{kg}$ 的粒子以 $2.00\times10^{-5}\text{s}$ 的周期做简谐运动，其最大速率为 $1.00\times10^3\text{m/s}$。求 (a) 角频率，(b) 粒子的最大位移。

57. 在简谐运动中，当位移是振幅 x_m 的0.40时，总能量中有多少比例分别是 (a) 动能及 (b) 势能？(c) 在用振幅表示的位移是多大时，系统能量的一半是动能，一半是势能？

58. 在图15-39中，质量2.0kg的木块2连接在弹簧一端做简谐运动，周期是14.1ms。木块的位置是 $x=(1.0\text{cm})\cos(\omega t+\pi/2)$。质量4.0kg的木块1以大小为6.0m/s的速度向木块2沿着弹簧长度的方向滑去。在 $t=5.0\text{ms}$ 时两木块做完全非弹性碰撞。（与运动周期相比，碰撞时间非常短暂）碰撞后简谐运动的周期是多少？

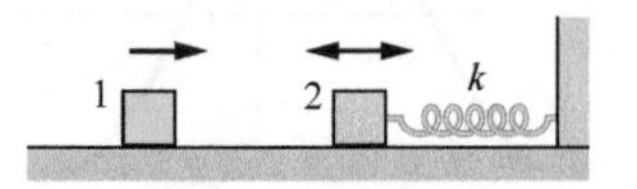

图15-39 习题58图

59. 老式表中的摆轮以角振幅 πrad 和周期0.600s振动。求 (a) 摆轮的最大角速率，(b) 位移 $\pi/2\text{rad}$ 时的角速率，(c) 位移为 $\pi/4\text{rad}$ 时角加速度的大小。

60. 物理摆是用两根一米长的米尺组成，如图15-40所示。这个摆对水平尺中心插入的大头针 A 的振动周期是多少？

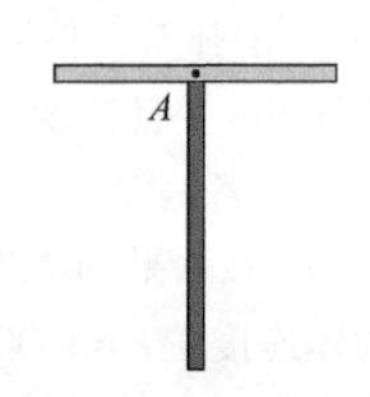

图15-40 习题60图

61. 在活塞（扁平的圆柱形物体）上放一木块，活塞竖直地做简谐运动。(a) 如果简谐运动的周期是1.0s，运动振幅达到多大时木块就要和活塞分离？(b) 如果活塞的振幅是3.0cm，使木块和活塞保持继续接触的最大频率是多少？

62. 设单摆由质量可以忽略的绳子一端连接在60.0g的小摆锤组成。绳子和竖直方向间的角度是

$$\theta=(0.0800\text{rad})\cos[(6.80\text{rad/s})t+\phi]$$

求 (a) 摆的长度，(b) 它的最大动能。

63. 木块放在水平面（振动平台）上，振动平台以2.0Hz的频率做水平的前后简谐运动。木块和表面间的静摩擦系数是0.45。如果要使木块不沿表面滑动，简谐运动的振幅最多可以达到多大？

CHAPTER 16

第16章 波

16-1 横波

学习目标

学完这一单元后，你应当能够……

16.01 识别三种主要类型的波。

16.02 区别横波和纵波。

16.03 给定横波的位移函数，确定振幅 y_m，角波数 k，角频率 ω，相位常量 ϕ，以及传播方向，计算任何时刻和位置的相位 $kx \pm \omega t + \phi$ 和位移。

16.04 给定横波的位移函数，计算两给定位移之间的时间。

16.05 画出作为位置的函数的横波曲线图，识别振幅 y_m，波长 λ，斜率最大的位置，斜率为零的位置，以及线元具有正的速度、负的速度和零速度的位置。

16.06 给出横波位移关于时间的曲线图，确定振幅 y_m 和周期 T。

16.07 描述改变相位常量 ϕ 对横波的效应。

16.08 应用波的速率 v，波传播的距离以及传播这些距离所需的时间之间的关系。

16.09 应用波的速率 v，角频率 ω，角波数 k，波长 λ，周期 T 和频率 f 之间的关系。

16.10 描述横波通过一个线元的位置时该线元的运动，辨别什么时候线元的横向速率是零，什么时候最大。

16.11 计算横波经过某一线元的位置时该线元的横向速度 $u(t)$。

16.12 计算横波通过一线元所在位置时，该线元的横向加速度 $a(t)$。

16.13 给出位移，横向速度或横向加速度的曲线图，确定相位常量。

关键概念

- 机械波只能存在于物质介质中并且服从牛顿定律。像在绷紧的绳子上传播的横向机械波是介质质元垂直于波的传播方向振动的波。介质的质元平行于波的传播方向振动的波是纵波。
- 沿 x 轴正方向传播的正弦波具有数学形式：

$$y(x,t)=y_m\sin(kx-\omega t)$$

其中，y_m 是波的振幅（最大位移的数值）；k 是角波数；ω 是角频率；$kx-\omega t$ 是相位。波长 λ 和 k 的关系为

$$k=\frac{2\pi}{\lambda}$$

- 波的周期 T 和频率 f 与以及角频率 ω 的关系由下式给出：

$$\frac{\omega}{2\pi}=f=\frac{1}{T}$$

- 波的速率 v（波沿绳子传播的速率）与其他参量的关系：

$$v=\frac{\omega}{k}=\frac{\lambda}{T}=\lambda f$$

- 以下形式的任意函数

$$y(x,t)=h(kx\pm\omega t)$$

都可以描写行波，波速由上面的式子给出，波的形状由 h 的数学形式给出。加号表示波沿 x 轴负方向传播，减号表示波沿 x 轴正方向传播。

什么是物理学?

物理学最主要的主题之一是波。要知道现代世界中波是多么重要，只要考虑一下音乐行业。你聆听的每一段音乐，从某些大学校园中的复古朋克（retro- punk）乐队到网上演奏的动人的协奏曲，都依赖于演奏者发出的波和你对这些波的探测。在产生和探测之间，波携带的信息需要传递出去（像网络上的实况演出）或者记录下来然后再现（如 CD、DVD，或者在全世界的工程实验室中正在研发的其他设备）。控制音乐波技术会有很好的市场效益，研发新的控制技术的工程师的回报可能非常丰厚。

这一章集中于沿绷紧的绳子传播的波，如吉他的弦上的波。下一章集中讨论声波，像弹奏吉他时吉他的弦上发出的声波。在我们做这些以前，首先把日常生活中各种各样的波分成几种基本的类型。

波的类型

波有三种主要类型:

1. **机械波**。这种波是我们最熟悉的，我们经常要遇到它们。常见的例子有水波、声波和地震波。所有这些波都有两个主要特征：它们受牛顿定律支配，并且它们只能够存在于物质介质中，如水、空气和岩石。

2. **电磁波**。我们对这种波不太熟悉，但却经常在利用它们，常见的例子包括可见光、紫外光、无线电波、电视波、微波、X 射线和雷达波。这些波不需要物质介质就能存在。例如，从星体来的光波通过空间的真空传播到我们这里。所有的电磁波都以相同的速率 $c = 299792458\mathrm{m/s}$ 在真空中传播。

3. **物质波**。虽然这种波在近代技术中普遍应用，但对你来说它们可能是最不熟悉的，这种波联系着电子、质子和其他基本粒子，甚至包括原子和分子。因为我们通常认为是这些粒子组成了物质，所以这种波称作物质波。

我们这一章中讨论的许多内容都可以用于各种波。不过，作为明确的例子我们讨论机械波。

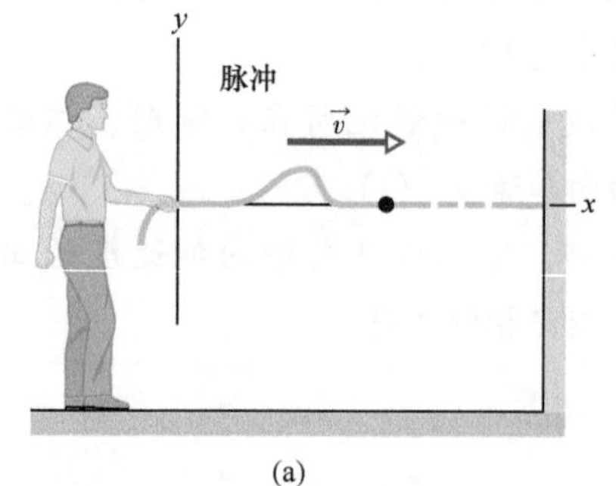

(a)

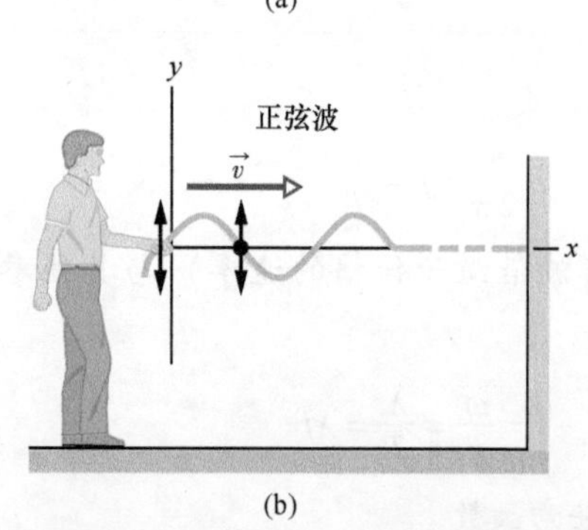

(b)

图16-1　(a) 单个脉冲沿绷紧的绳子传播。绳子上一个典型的线元（用黑点标记）在脉冲经过的时候向上运动一次，然后向下还原。线元的运动垂直于波的传播方向，所以这个脉冲是横波。(b) 正弦波沿绳子传播。典型的线元在波经过的时候会连续地上下运动，因此这也是横波。

横波和纵波

沿着伸展、绷紧的细长的绳子传播的波是最简单的机械波。如果你拉紧长绳的一端做一次急促的上下抖动，就会有一个脉冲状的波沿绳子传播。这个脉冲和它的运动之所以能够发生是因为绳子受到张力作用。当你把你这一端的绳头向上拉动时，它通过和相邻一段绳子之间的张力把这相邻的一段绳子也开始向上拉。当这相邻的一段绳子向上运动时，它开始把再下一段向上拉，如此继续下去。这时你已经把你这边一端的绳子向下拉动。每一段绳子一个接一个地向上运动时，它又开始被已经向下运动的相邻的一段绳子向下拉。最后的结果是绳子的扭曲形状（见图 16-1a 中的脉冲）沿着绳子以某个速度 $\vec{v}$ 传播。

如果你把你的手以简谐运动方式连续上下运动，就会产生一个以速度 $\vec{v}$ 沿绳子连续传播的波。因为你的手的运动是时间的正弦函数，所以任何时刻的波也是正弦形式，如图 16-1b 中那样，就是说，波具有正弦曲线（或余弦曲线）的形状。

这里我们只考虑“理想的”绳子，绳子中没有摩擦力之类的力造成波沿绳子传播的过程中逐渐消失。此外，我们还假设绳子是如此的长，以致可以不必考虑波从远端的反弹。

研究图 16-1 中的波的一个方法是，观察波在向右传播过程中的**波形**（波的形状）。另一种方法是，当波通过绳子上的一个线元时，观察作为上下振动单元的这个线元的运动。我们会发现，每一个这种振动着的线元的位移都垂直于波的传播方向。如图 16-1b 所示。这种运动被说成是**横向的**，这种波也被说成是**横波**。

纵波。图 16-2 表示如何用一个活塞在充满空气的长管子中产生声波。如果你使活塞突然向右然后向左运动，你就能够产生一个沿管子传播的声脉冲。活塞的向右运动使紧靠活塞的空气向右运动，改变了那里的气压。然后增大的气压又把管子中稍远一些的气体向右推动。接着，再使活塞向左运动就减少了紧靠它的气压。结果，首先是最靠近活塞的部分空气，然后是较远的部分空气向左运动。于是，空气的运动和气压的变化沿管子向右传播，形成脉冲。

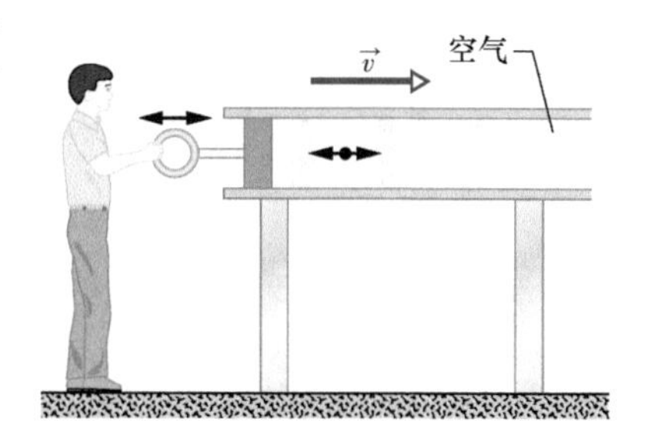

图 16-2 活塞来回运动产生的声波在充满空气的管子中传播。因为空气的单元（用黑点表示）的振动平行于波的传播方向，所以这种波是纵波。

如果你推拉活塞使它做简谐运动，像在图 16-2 中那样，这样就产生了沿管子传播的正弦波。因为空气的局部单元的运动平行于波的传播方向。这种运动被说成是**纵向**的，这种波就称作**纵波**。在这一章中，我们集中讨论横波，特别是绳波。在 17 章中我们集中讨论纵波，特别是声波。

横波和纵波都称为**行波**，因为它们都从一点传播到另一点，在图 16-1 中波从绳子的一端传播到另一端，在图 16-2 中波从管子的一端传播到另一端。要注意，从一端传播到另一端的是波，而不是波在其中传播的物质（绳子或空气）。

波长和频率

要完全描写绳子上的波（以及沿着整个绳子的长度上任何线元的运动），我们需要给出波的形状的函数。这意味着我们需要下面的形式的关系式：

$$y = h(x, t) \tag{16-1}$$

其中，y 是任一线元的横向位移，它是时间 t 以及线元在绳子上的位置 x 的函数 h。一般说来，像图 16-1b 中那样的正弦形状的波可以用正弦或余弦函数作为 h 来描写；二者都给出同样的普通形状的波。在这一章中，我们用正弦函数。

正弦函数。想象如图 16-1b 所示的沿 x 轴的正方向传播的正弦波。当波扫过绳子的后续线元（就是非常短的一小段绳子）时，线元平行于 y 轴振动。在 t 时刻，位置 x 处的线元的位移 y 由下式给出：

$$y(x, t) = y_m \sin(kx - \omega t) \tag{16-2}$$

因为这个方程是用位置 x 表示的函数，它可以用来求绳子上所有线元

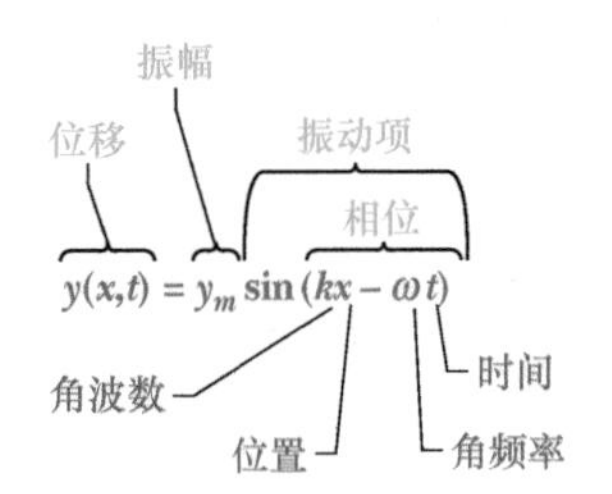

图 16-3 式（16-2）中正弦横波的各个物理量的名称。

的作为时间函数的位移。因此它也可以告诉我们任何时刻波的形状。

式（16-2）中物理量的名称都在图 16-3 中表示出来，接下来就要定义这些量。不过，在我们讨论这些量之前，我们先考察一下图 16-4，图中是沿 x 轴正方向传播的正弦波的五张“快照”。波的运动通过标记波的最高点的短箭头指示出来，这些短箭头依次向右前进。从一张快照到下一张快照，短箭头跟随波的形状向右进行，但绳子仅仅平行于 y 轴运动。要看出这一点，我们追踪在 $x=0$ 的一小段深色的线元。在第一张快照（见图 16-4a）中，这段线元位移为 $y=0$。在下一张快照中，它在向下位移的最低点。因为这时波谷（或最低点）正好经过它。然后它又向上返回到 $y=0$。在第四张快照中，深色小段在向上最大位移点，因为波峰（或最高点）正好经过它。在第五张快照中，这一线元又回到 $y=0$，完成了一次完全振动。

振幅和相位

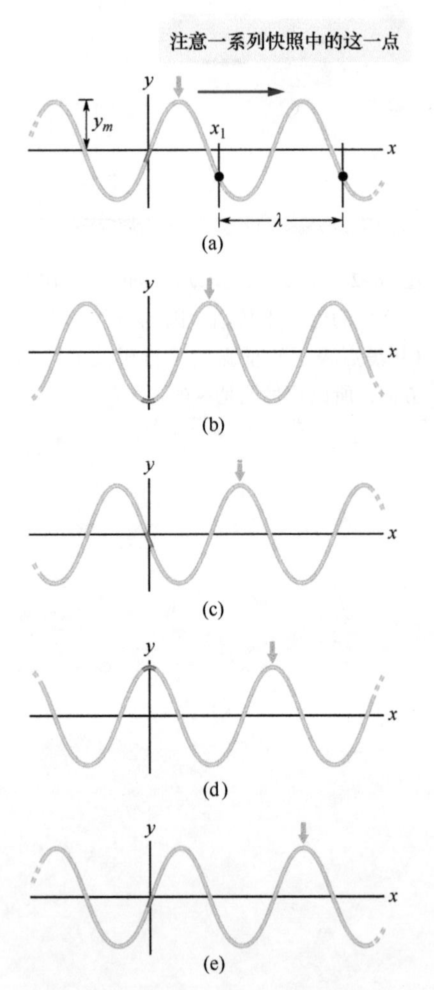

图 16-4 沿正 x 轴方向传播的绳波的五张“快照”。图上标出振幅 y_m，也画出了从任意位置 x_1 起测量的典型波长 λ。

波的**振幅** y_m，如图 16-4 所示，是波经过绳子上的线元时，线元离它们的平衡位置最大的位移。（下标 m 表示最大值。）因为 y_m 是一个数值，它总是正数，即使它是向下测量而不是像图 16-4a 中那样向上测量，它也是正数。

波的**相位**是式（16-2）中正弦函数的辐角 $kx-\omega t$。当波扫过特定位置 x 处的线元时，相位随时间 t 线性地变化。这意味着正弦函数的值也在变化，在 +1 和 -1 之间振荡。它最大的正值（+1）对应于波的峰正经过这个线元；在这一时刻，x 位置线元的 y 值就是 y_m。它的最大负值对应于经过这个线元的波的谷底，这一时刻 x 位置线元的 y 值是 $-y_m$。因此，正弦函数和波的依赖于时间的相位与线元的振动相对应。波的振幅决定线元位移的最大数值。

注意：在求相位的时候，计算正弦函数之前把相位的数值舍入化简可以大大减少计算的工作量。

波长和角波数

波的**波长** λ 是波的形状（或**波形**）连续两次重复之间的距离（沿着波的传播方向）。典型的波长标明在图 16-4a 中，这张图是波在 $t=0$ 时的快照。由式（16-2）得出描写这个时刻波形的方程式：

$$y(x,0) = y_m \sin kx \tag{16-3}$$

根据定义，在图上标出的波长两端——即在 $x=x_1$ 和 $x=x_1+\lambda$——的位移 y 相等。于是，由式（16-3）：

$$\begin{aligned} y_m \sin kx_1 &= y_m \sin k(x_1+\lambda) \\ &= y_m \sin(kx_1 + k\lambda) \end{aligned} \tag{16-4}$$

正弦函数的角度（或辐角）增加 2πrad，函数就要重复它自己，所以在式（16-4）中我们有 $k\lambda = 2\pi$，或

$$k = \frac{2\pi}{\lambda} \quad \text{（角波数）} \tag{16-5}$$

我们把 k 称为波的**角波数**；它的国际单位制单位是弧度每米，或米的倒数。（注意，这里的符号 k 不是以前那样表示弹簧常量。）

要注意，图 16-4 中的波从一张快照到下一张快照各向右移动 $\frac{1}{4}\lambda$。从而第五张快照比第一张向右移动了 1λ。

周期、角频率与频率

图 16-5 表示式（16-2）在绳子上 $x=0$ 位置的线元的位移 y 关于时间 t 的曲线图。假如你观察着绳子，你就会看到这个线元在自己的位置上做简谐式的上下运动，这种运动可在式（16-2）中代入 $x=0$ 予以描述：

$$y(0,t)=y_m\sin(-\omega t)$$
$$=-y_m\sin\omega t\,(x=0) \quad (16\text{-}6)$$

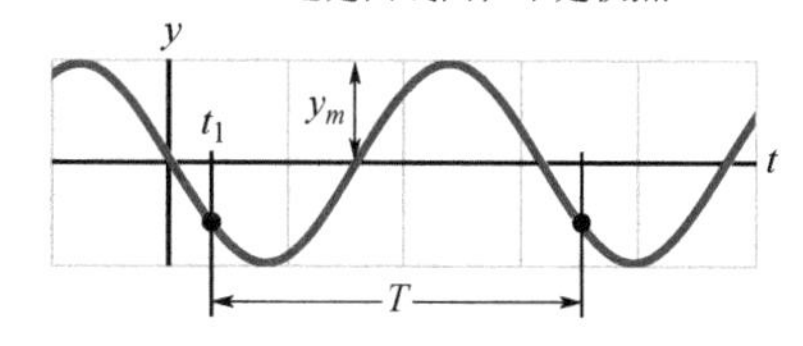

图 16-5 图 16-4 中的正弦波通过位于 $x=0$ 的线元时，这个线元的位移-时间的函数图。图上标出了振幅 y_m，也标出了从任一时刻 t_1 测量的典型周期。

这里我们用到 $\sin(-\alpha)=-\sin\alpha$ 这个事实，其中的 α 是任意角度。图 16-5 是这个方程式的曲线图，位移-时间的曲线；它并不表示波的形状。（图 16-4 表示波的形状，是真实世界的图像；而图 16-5 是曲线图，所以是抽象的图。）

我们定义波的振动**周期** T 是任一线元完成一次完全振动的时间。图 16-5 的曲线图上标记出典型的周期。把式（16-6）应用于这个时间间隔的前后两端并把两个结果画上等号：

$$-y_m\sin\omega t_1=-y_m\sin\omega(t_1+T)$$
$$=-y_m\sin(\omega t_1+\omega T) \quad (16\text{-}7)$$

这只对 $\omega T=2\pi$ 或

$$\omega=\frac{2\pi}{T}\ （角频率） \quad (16\text{-}8)$$

成立，我们称 ω 是波的**角频率**；国际单位制中它的单位是弧度每秒。

回头看看图 16-4 中行波的五张快照。每相邻两张快照之间的时间间隔是 $\frac{1}{4}T$。于是，到了第五张快照，每一个线元都完成了一次完全振动。

波的**频率**定义为 $1/T$，它与角频率的关系为

$$f=\frac{1}{T}=\frac{\omega}{2\pi}\ （频率） \quad (16\text{-}9)$$

就像第 15 章中的简谐运动的频率一样，这个频率 f 是单位时间内振动的次数——这里的次数是波通过线元时，线元振动的次数。和第 15 章中一样，f 通常用赫兹或赫兹的倍数来计量，如千赫兹。

检查点 1

右图由三张快照合成，每一张分别是沿特定的绳子传播的波。波的相位是（a）$2x-4t$，（b）$4x-8t$，（c）$8x-16t$。这三个相位各对应于图中的哪一个波？

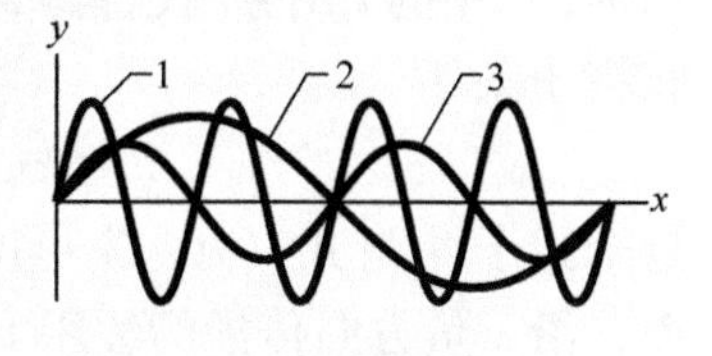

相位常量

当一正弦行波是由式（16-2）中的波动方程给出时，位于 $x=0$ 附近的波看上去像 $t=0$ 时的图 16-6a 那样。注意图中 $x=0$ 的位置上位移 $y=0$，斜率是最大的正值。我们可以在波函数中插入**相位常量** ϕ 将式（16-2）普遍化：

$$y=y_m\sin(kx-\omega t+\phi) \quad (16\text{-}10)$$

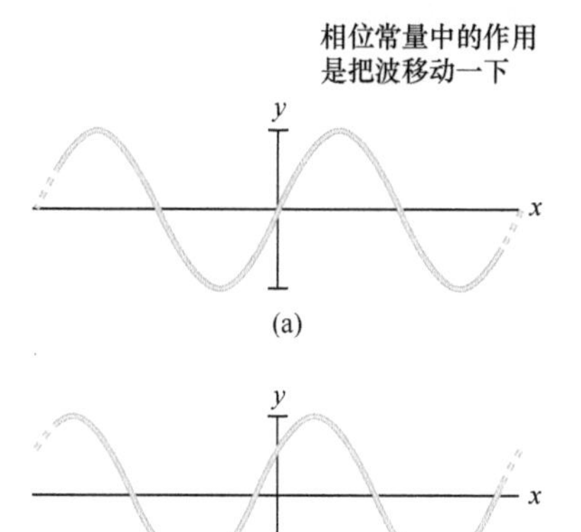

图 16-6 $t=0$ 时，两种相位常量 ϕ 的正弦形行波：（a）$\phi=0$，（b）$\phi=\pi/5\text{rad}$。

ϕ 的数值可以这样选择，$t=0$ 时位于 $x=0$ 位置上的位移和斜率具有另外某个数值。例如，选择$\phi=+\pi/5\text{rad}$ 给出 $t=0$ 时的图 16-6b 中所示的位移和斜率。波仍旧是有同样的 y_m、k 和 ω 值的正弦波，但现在比起我们在图 16-6a 中（其中 $\phi=0$）看到的图有一些移动，还要注意移动的方向，正的 ϕ 值将曲线向 x 轴负方向移动；负值将曲线向正方向移动。

行波的速率

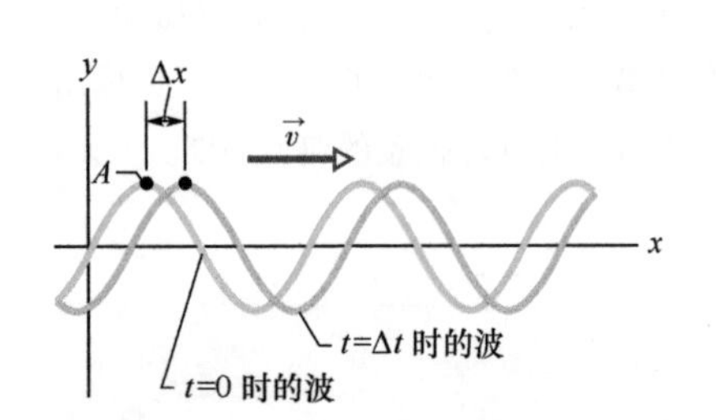

图 16-7　图 16-4 中的波的两张快照：分别在 $t=0$ 时和 $t=\Delta t$ 时，波以速度 $\vec{v}$ 向右运动，在 Δt 时间内整个曲线移动距离 Δx。A 点"骑"在波上面，但绳子上的线元只是上下运动。

图 16-7 表示式（16-2）的波的两张快照，它们是在相隔很小的时间 Δt 内拍摄的。波沿 x 的正方向传播（图 16-7 中向右），经过时间 Δt，整个波的图形在这个方向上移过距离 Δx。比值 $\Delta x/\Delta t$（或表示成微商极限 $\mathrm{d}x/\mathrm{d}t$）就是**波速** v。我们该怎样求它的值呢？

当图 16-7 中的波运动时，运动着的波形上的每一点，像波峰上标出的 A 点，都保持它的位移 y。（绳子上的点不保持它们的位移，但波形上的点能做到。）如 A 点在运动时保持它的位移不变，式（16-2）中给出这个位移的相位必须保持为常量：

$$kx-\omega t=\text{常量} \tag{16-11}$$

注意，虽然这个辐角是常量，但 x 和 t 都是改变着的。事实上，当 t 增加时 x 也必须增大以保持辐角为常量。这确定了波的图形沿正 x 方向运动。

为求波速 v，我们取式（16-11）的微商，得到

$$k\frac{\mathrm{d}x}{\mathrm{d}t}-\omega=0$$

或

$$\frac{\mathrm{d}x}{\mathrm{d}t}=v=\frac{\omega}{k} \tag{16-12}$$

利用式（16-5）：$k=2\pi/\lambda$ 和式（16-8）：$\omega=2\pi/T$，我们可以把波速重新表示成：

$$v=\frac{\omega}{k}=\frac{\lambda}{T}=\lambda f\ (\text{波速}) \tag{16-13}$$

方程式 $v=\lambda/T$ 告诉我们波速是每个周期一个波长；在一个振动周期内波前进了一个波长的距离。

方程式（16-2）描写在正 x 方向上运动的波。我们可以把式（16-2）中的 t 用 $-t$ 代替得到在相反方向上传播的波的方程式。这相当于条件

$$kx+\omega t=\text{常量} \tag{16-14}$$

这个式子［与式（16-11）比较］要求 x 随时间增加而减小。从而，沿 x 负方向传播的波用下列方程式描写：

$$y(x,t)=y_m\sin(kx+\omega t) \tag{16-15}$$

如果你像我们刚才对式（16-2）的波做过的分析那样来分析式（16-15）所表示的波，你会求出它的速度是

$$\frac{\mathrm{d}x}{\mathrm{d}t}=-\frac{\omega}{k} \tag{16-16}$$

这个负号［与式（16-12）比较］证实了波确实是向负 x 方向运动的，并且证明了我们改变时间变量的符号是合理的。

现在考虑下式表示的任意形状的波：

$$y(x,t)=h(kx\pm\omega t) \quad (16\text{-}17)$$

其中，h 是任何一个函数，正弦函数是一种可能。我们以前的分析表明，其中变量 x 和 t 进入 $kx\pm\omega t$ 组合的所有波都是行波。进而言之，所有的行波必定是式（16-17）的形式。所以，$y(x,t)=\sqrt{ax+bt}$代表可能的（虽然在物理上有点怪异）一种行波。另一方面，$y(x,t)=\sin(ax^2-bt)$则不是行波。

检查点 2

这里有三个波的方程式：

（1）$y(x,t)=2\sin(4x-2t)$，（2）$y(x,t)=\sin(3x-4t)$，（3）$y(x,t)=2\sin(3x-3t)$。按照波的（a）波速，（b）垂直于波的传播方向的最大速率（横向速率）把它们排序，最大的排第一。

例题 16.01 确定横波方程式中的一些量

沿 x 轴传播的横波具有下面给出的形式：

$$y=y_m\sin(kx\pm\omega t+\phi) \quad (16\text{-}18)$$

图 16-8a 给出在 $t=0$ 时作为 x 的函数的线元位移。图 16-18b 给出作为 t 的函数的位于 $x=0$ 的线元位移。求式（16-18）中各个量的数值，包括符号的正确选择。

【关键概念】

（1）图 16-8a 实际上是真实世界的快照（我们可以看见的东西）。是一张给我们演示沿着 x 轴展开的波的快照。我们通过这张图可以确定沿这条坐标轴的波长 λ，然后我们可以求出式（16-18）中的角波数 k（$=2\pi/\lambda$）。（2）图 16-8b 是抽象的曲线图。给我们展示运动在时间上的展开。我们可以通过这张图来确定线元做简谐运动的周期 T，这也是波的周期。然后我们可以根据式（16-18）由 T 求出角频率 ω（$=2\pi/T$）。（3）相位常量 ϕ 由绳子在 $t=0$ 时 $x=0$ 的位移确定。

振幅：无论从图 16-8a 还是图 16-8b 我们都可以看出最大的位移是 3.0mm。因此，波的振幅 $x_m=3.0\text{mm}$。

波长：在图 16-8a 中，波长 λ 是沿 x 轴相邻的重复图案间的距离，测量 λ 最方便的方法是找出绳子有相同斜率的一个交叉点到下一个交叉点的距离。我们可以用目视法根据 x 轴上的标度粗略地测量这个距离。另一种方法，我们将一张纸的边缘放在图上比较，把两个交叉点的位置标记在纸的边缘。移动纸张，将左边的记号对准原点，然后读出右边记号的位置。我们用这两种方法都可以求出 $\lambda=10\text{mm}$。由式（16-5），我们有

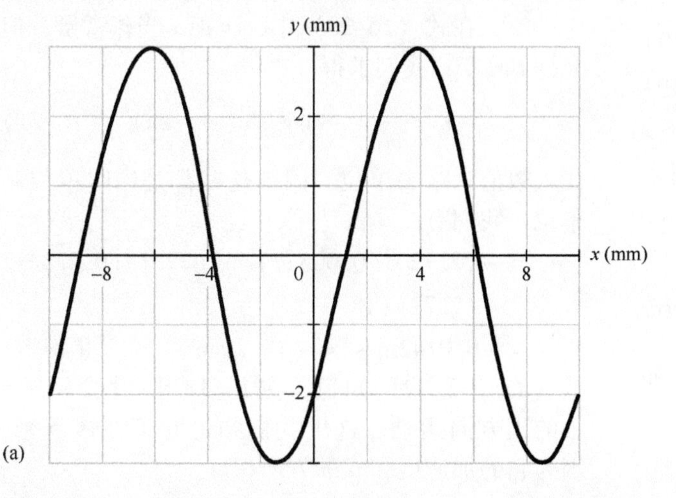

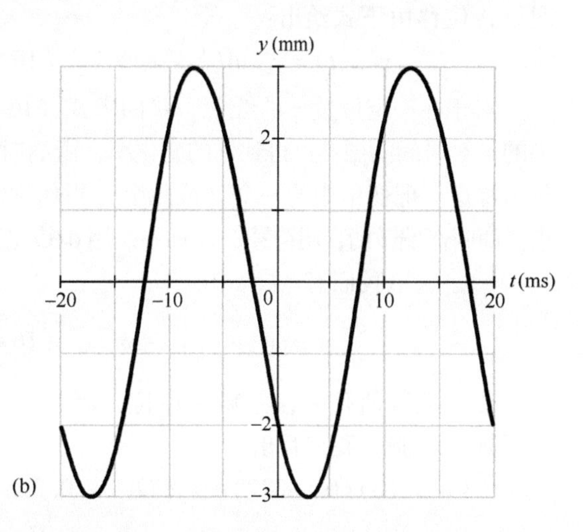

图 16-8 （a）时间 $t=0$ 时，位移 y 对绳子上的位置 x 的快照。（b）在 $x=0$ 处的线元的位移 y 对时间 t 的曲线图。

$$k=\frac{2\pi}{\lambda}=\frac{2\pi}{0.010\mathrm{m}}=200\pi\mathrm{rad/m}$$

周期：周期 T 是线元做简谐运动时开始重复它自己的运动所经历的时间间隔。在图16-8b中，T 是 t 轴上一个交叉点到下一个交叉点之间的距离，在这两点上曲线的斜率相同。目测或借助一张纸，我们求出 $T=20\mathrm{ms}$。由式（16-8），我们有

$$\omega=\frac{2\pi}{T}=\frac{2\pi}{0.020\mathrm{s}}=100\pi\mathrm{rad/s}$$

传播方向：为求方向，我们对两张图做一些推理。在图16-8a给出的 $t=0$ 时的快照中，注意如果波是向右运动，正好在这张快照以后短时间内，$x=0$ 处的波的深度应当增加（想象把曲线稍稍向右移动一些）。反之，如果波是向左方运动的，刚好在快照以后不久 $x=0$ 处的深度应当减少。现在我们检查一下图16-8b。它告诉我们，在 $t=0$ 以后短时间内深度增加，所以波是向右运动的，沿正 x 方向，我们选择式（16-18）中的负号。

相位常量：ϕ 的值由 $t=0$ 时刻的 $x=0$ 的情况决定。从这两张图上我们看到，在这个时间和位置 $y=-2.0\mathrm{mm}$。把这三个数值以及 $y_m=3.0\mathrm{mm}$ 一同代入式（16-18），得到

$$-2.0\mathrm{mm}=(3.0\mathrm{mm})\sin(0+0+\phi)$$

或
$$\phi=\arcsin\left(-\frac{2}{3}\right)=-0.73\mathrm{rad}$$

注意，这和 y 对 x 的曲线图上的规则一致，负的相位常量把正常的正弦函数向右移动，这就是我们在图16-8a中看到的。

方程式：现在我们把式（16-18）书写完整

$$y=(3.0\mathrm{mm})\sin(200\pi x-100\pi t-0.73\mathrm{rad})$$

（答案）

其中，x 的单位用m；t 用s。

例题16.02 线元的横向速度和横向加速度

沿一根绳子传播的波可用下式描写：

$$y(x,t)=(0.00327\mathrm{m})\sin(72.1x-2.72t)$$

其中的数值常量都用国际单位制单位（72.1rad/m及2.72rad/s）。

（a）在 $t=18.9\mathrm{s}$ 时，$x=22.5\mathrm{cm}$ 处的线元的横向速度 u 是多大？（这个和线元横向振动相关的速度平行于 y 轴，不要和波形沿 x 轴传播的恒定速度 v 混淆。）

【关键概念】

横向速度 u 是线元位移 y 的变化率。一般情况下，位移由下式给出：

$$y(x,t)=y_m\sin(kx-\omega t) \qquad (16\text{-}19)$$

对于在一定位置 x 的线元，我们求式（16-19）中的 y 对时间的微商以得到 y 的变化率，微商时把 x 作为常量。把变量中的一个（或几个）当作常量来求微商叫作偏微商，用符号 $\partial/\partial t$ 而不是用 $\mathrm{d}/\mathrm{d}t$ 表示。

解：这里我们有

$$u=\frac{\partial y}{\partial t}=-\omega y_m\cos(kx-\omega t) \qquad (16\text{-}20)$$

下一步，把数值代入，但略去单位，因为它们都用国际单位制。我们写出

$$u=(-2.72)(0.00327)\cos[(72.1)(0.225)-(2.72)(18.9)]$$
$$=0.00720\mathrm{m/s}=7.20\mathrm{mm/s} \qquad \text{（答案）}$$

可见，在 $t=18.9\mathrm{s}$ 时，我们的线元正沿 y 轴的正方向以速率7.20mm/s运动着。（小心：在计算余弦函数时，我们保留辐角中所有的有效数字，否则计算结果可能会有很大的偏离。例如，只保留两位有效数字，看看你得出的 u 是多少。）

（b）在 $t=18.9\mathrm{s}$ 时，我们的线元的横向加速度 a_y 是多少？

【关键概念】

横向加速度 a_y 是线元横向速度的改变率。

解：在式（16-20）中，再把 x 当作常量，但允许 t 改变，我们求得

$$a_y=\frac{\partial u}{\partial t}=-\omega^2 y_m\sin(kx-\omega t) \qquad (16\text{-}21)$$

代入数值，略去单位，因为这些都是国际单位制单位。我们有

$$a_y=-(2.72)^2(0.00327)\sin[(72.1)(0.225)-(2.72)(18.9)]$$
$$=-0.0142\mathrm{m/s^2}=-14.2\mathrm{mm/s^2} \qquad \text{（答案）}$$

从（a）小题我们知道，在 $t=18.9\mathrm{s}$ 时线元向 y 轴的正方向运动，这里我们知道它正在慢下来，因为它的加速度和 u 的方向相反。

16-2 绷紧的绳子上的波速

学习目标

学完这一单元后，你应当能够……

16.14 根据总质量和总长度，计算均匀绳子的线密度μ。

16.15 应用波速v、张力τ和线密度μ的关系。

关键概念

- 绷紧的绳子上的波的速率取决于绳子的性质而不依赖像频率或振幅之类波的性质。
- 张力为τ、线密度为μ的绳子上波的速率为

$$v=\sqrt{\frac{\tau}{\mu}}$$

绷紧的绳子上的波速

波的速率通过式（16-13）与波长及频率相联系，但它取决于介质的性质。如果波在水、空气、钢铁，或者绷紧的绳子等这些介质中传播，当波通过介质的时候必定引起介质中的粒子振动，这些粒子既有质量（有动能）也有弹性（有势能）。因此，质量和弹性决定了波能够传播多快。这里，我们用两种方法找出它们的依赖关系。

量纲分析

在量纲分析中我们仔细考察所有物理量的量纲，这些物理量在由它们导出的物理量的公式中都有一定的位置。举一个这种情况的例子，我们考察质量和弹性以求速率v，速率的量纲是长度除以时间，或LT^{-1}。

关于质量，我们用线元的质量，这就是绳子的质量m除以绳子的长度l。我们把这个比例称作绳子的线密度μ。于是，$\mu=m/l$，它的量纲是质量除以长度，或ML^{-1}。

如果绳子中没有张力，你就不可能使波沿绳子传播，这个意思是说它的两端一定要用力拉紧。绳子中的张力等于两个力共有的大小。波沿绳子传播的时候，附加的伸长引起了线元位移并且相邻的一段绳子会因张力而互相拉扯。于是我们可以把绳子中的张力和绳子的（弹性）拉伸联系起来，张力和拉力都有力的量纲——即MLT^{-2}（由$F=ma$得到）。

我们要把μ（量纲ML^{-1}）和τ（量纲MLT^{-2}）组合起来以求v（量纲LT^{-1}）。试几种不同的组合就可以猜出：

$$v=C\sqrt{\frac{\tau}{\mu}} \tag{16-22}$$

其中，C是无量纲的常量，它不能用量纲分析法求出。在我们的第二种求速率的方法中，你将看到，式（16-22）确实是对的，并且$C=1$。

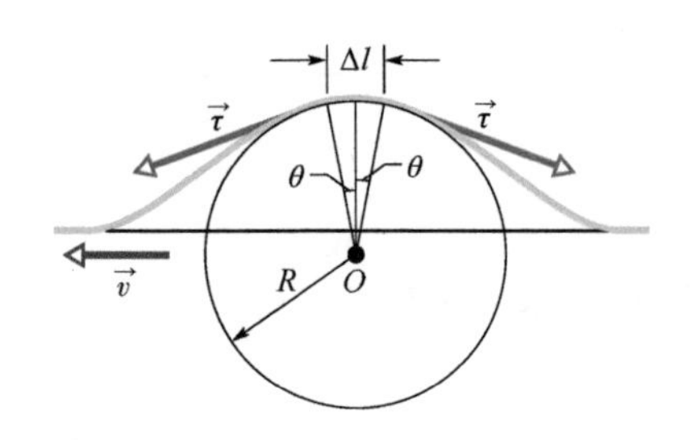

图 16-9　一个对称的脉冲，从脉冲静止的参考系中观察，因而绳子看上去以速率 v 从右向左运动。我们对位于脉冲顶部、长度为 Δl 的线元应用牛顿第二定律求速率 v。

从牛顿第二定律推导

我们不讨论图 16-1b 中的正弦波，而是考虑图 16-9 中的一个对称的脉冲，脉冲从左向右以速率 v 沿绳子传播，为方便起见，我们选择脉冲保持静止的参考系；即我们随着脉冲一同前进，使它保留在视野中不动。在这个参考系中，图 16-9 中的绳子以速率 v 从右向左在我们面前经过。

考虑脉冲上面长度为 Δl 的小线元，这段线元形成半径为 R 的圆弧，对圆心张角 2θ。数值等于绳子中张力的力 $\vec{\tau}$ 沿切线方向拉这个线元的两端。这两个力的水平分量互相抵消，但垂直的分量相加组成径向回复力 $\vec{F}$，它的数值为

$$F=2(\tau\sin\theta)\approx\tau(2\theta)=\tau\frac{\Delta l}{R}\text{（力）}\qquad(16\text{-}23)$$

其中，我们对图 16-9 中很小的角度 θ 取 $\sin\theta$ 的近似值 θ。我们还可以从这张图中看出 $2\theta=\Delta l/R$。线元的质量为

$$\Delta m=\mu\Delta l\text{（质量）}\qquad(16\text{-}24)$$

其中，μ 是绳子的线密度。

在图 16-9 所示的瞬间，线元在圆弧上运动。因此，它具有向着圆心的向心加速度：

$$a=\frac{v^2}{R}\text{（加速度）}\qquad(16\text{-}25)$$

式（16-23）~式（16-25）包含牛顿第二定律的各个元素。把它们按照如下形式组合起来：

力 = 质量 × 加速度

得到

$$\frac{\tau\Delta l}{R}=(\mu\Delta l)\frac{v^2}{R}$$

解上式求出速率 v，得到

$$v=\sqrt{\frac{\tau}{\mu}}\text{（速率）}\qquad(16\text{-}26)$$

它和式（16-22）完全一致，只要令那个式子中的常量 C 等于 1 就可以了。式（16-26）给出图 16-9 中脉冲的速率以及有同样张力的同样绳子上的任何波的速率。

式（16-26）告诉我们：

> 沿理想的绷紧绳子上波的传播速率只依赖于绳上的张力和绳子的线密度，而不依赖于波的频率。

波的频率完全取决于用何种方式生成波（例如图 16-1b 中的人）。波的波长由形式为 $\lambda=v/f$ 的式（16-13）决定。

检查点 3

你通过振动绳子一端在一根绳子上传播一列行波。如果你增大振动频率，(a) 波的速率和 (b) 波的波长是增大、减小还是保持不变？如你增加绳子中的张力，(c) 波的速率和 (d) 波的波长是增大、减小还是不变？

16-3 沿绳子传播的波的能量和功率

学习目标

学完这一单元后，你应当能够……

16.16 计算横波输送能量的平均速率。

关键概念

- 绷紧的绳子上的正弦波输送能量的平均速率，或平均功率由下式给出：

$$P_{avg} = \frac{1}{2}\mu v \omega^2 y_m^2$$

沿绳子传播的波的能量和功率

当我们在绷紧的绳子上送出一列波时，我们提供了绳子运动的能量。当波离开我们的时候，它输运的能量包括动能和弹性势能两种。让我们一一考虑这两种形式的能量。

动能

当波通过一个质量为 dm 的线元时，它以简谐运动的形式做横向振动。它具有和它的横向速度 $\vec{u}$ 相联系的动能。当这个线元通过 $y=0$ 的位置时（见图 16-10 中的线元 b），它的横向速度——因而它的动能也是——最大。当这个线元在最高位置 $y=y_m$ 时（就像图 16-10 中线元 a），它的横向速度——因而它的动能也是——为零。

弹性势能

要在上面所说的绳子上传播一列正弦波，波必定要拉伸这根绳子。当长度为 dx 的线元横向振动时，如果要使线元与正弦波的形式相适应，它的长度也必须周期性地伸长和缩短。弹性势能就要随这种长度的改变而改变，就像在一根弹簧中一样。

当线元在 $y=y_m$ 的位置时（见图 16-10 中的线元 a），它的长度是正常的、未受振动时的数值 dx，所以它的弹性势能是零。然而，当这个线元通过 $y=0$ 的位置时，它有最大的伸长，因而有最大的弹性势能。

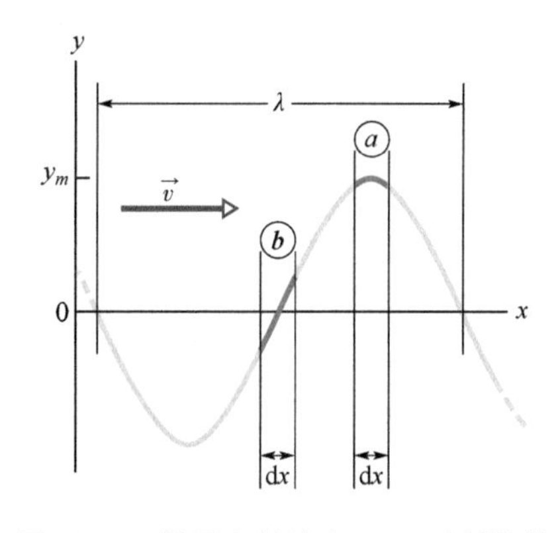

图 16-10 绳子上行波在 $t=0$ 时刻的快照，线元 a 的位移 $y=y_m$，线元 b 的位移 $y=0$。各个位置上的线元的动能取决于线元的横向速度。线元的势能依赖于波经过这个线元时它被拉伸的数量。

能量输运

振动着的线元因而在 $y=0$ 时具有最大的动能和最大的弹性势能。在图 16-10 的快照中，绳子在最大位移的区域没有能量，在零位移的区域有最大的能量。在波沿绳子传播的过程中，绳子中张力所产生的力连续做功将能量从有能量的区域传递到没有能量的区域。

如同在图 16-1b 中那样，我们在沿水平的 x 轴绷紧的绳子上建立一列如式（16-2）表示的正弦波。当我们振动绳子的一端时，我们连续地提供绳子运动和拉伸的能量——当绳子各段垂直于 x 轴振动时，它们具有动能和势能。当波传播到原来静止的区域时，能量输送到这些新的段落。于是，我们说波沿着绳子输运能量。

能量传输的速率

质量为 dm 的线元的动能 dK 由下式给出：

$$\mathrm{d}K = \frac{1}{2}\mathrm{d}m u^2 \quad (16\text{-}27)$$

其中，u 是振动的线元的横向速率。要求 u，我们把式（16-2）对时间求微商，同时取 x 为常量：

$$u = \frac{\partial y}{\partial t} = -\omega y_m \cos(kx - \omega t) \quad (16\text{-}28)$$

利用这个关系式并取 $dm = \mu dx$，把式（16-27）重写成：

$$dK = \frac{1}{2}(\mu dx)(-\omega y_m)^2 \cos^2(kx - \omega t) \quad (16\text{-}29)$$

将式（16-29）除以 dt 给出动能通过线元的速率，这也是波携带的动能通过的速率。这时式（16-29）右边出现的 dx/dt 是波的速率 v，所以

$$\frac{dK}{dt} = \frac{1}{2}\mu v \omega^2 y_m^2 \cos^2(kx - \omega t) \quad (16\text{-}30)$$

动能输运的平均速率是

$$\left(\frac{dK}{dt}\right)_{avg} = \frac{1}{2}\mu v \omega^2 y_m^2 [\cos^2(kx - \omega t)]_{avg} = \frac{1}{4}\mu v \omega^2 y_m^2 \quad (16\text{-}31)$$

这里我们对整数个波长取平均值并用到在整数周期中余弦函数的平方在整数周期中的平均值等于$\frac{1}{2}$这个事实。

弹性势能也随波传送，并以和式（16-31）相同的平均速率传播，我们这里不进行严格的证明，你们只要回忆一下，像摆或者弹簧-木块等振动系统的平均动能和平均势能确实是相等的。

平均功率是波传送两种能量的平均速率，平均功率是

$$P_{avg} = 2\left(\frac{dK}{dt}\right)_{avg} \quad (16\text{-}32)$$

或由式（16-31）：

$$P_{avg} = \frac{1}{2}\mu v \omega^2 y_m^2 \text{（平均功率）} \quad (16\text{-}33)$$

这个方程式中的 μ 和 v 取决于绳子的材料和张力，因子 ω 和 y_m 依赖于产生波的方式。波的平均功率依赖于它的振幅的二次方，也依赖于角频率的二次方是个普遍的结果，它对所有类型的波都正确。

例题 16.03　横波的平均功率

线密度 $\mu = 525\text{g/m}$ 的绳子受到张力 $\tau = 45\text{N}$。我们沿这根绳子发送频率 $f = 120\text{Hz}$ 和振幅 $y_m = 8.5\text{mm}$ 的正弦波。波传输能量的平均速率是多少?

【关键概念】

能量传输的平均速率就是式（16-33）给出的平均功率 P_{avg}。

解：要应用式（16-33），我们首先要求出角频率 ω 和波速 v。由式（16-9），有

$$\omega = 2\pi f = (2\pi)(120\text{Hz}) = 754\text{rad/s}$$

由式（16-26），我们有

$$v = \sqrt{\frac{\tau}{\mu}} = \sqrt{\frac{45\text{N}}{0.525\text{kg/m}}} = 9.26\text{m/s}$$

于是，式（16-33）成为

$$P_{avg} = \frac{1}{2}\mu v \omega^2 y_m^2 = \left(\frac{1}{2}\right)(0.525\text{kg/m})(9.26\text{m/s})(754\text{rad/s})^2(0.0085\text{m})^2 \approx 100\text{W} \quad \text{（答案）}$$

WILEY PLUS 在 WileyPLUS 中可以找到附加的例题、视频和练习。

16-4 波动方程

学习目标

学完这一单元后，你应当能够……

16.17 将给定的线元位移作为位置 x 和时间 t 的函数的方程式，应用对 x 的二次微商和对时间 t 的二次微商的关系。

关键概念

- 确定所有类型的波的传播的一般微分方程是

$$\frac{\partial^2 y}{\partial x^2}=\frac{1}{v^2}\frac{\partial^2 y}{\partial t^2}$$

这里的波沿 x 轴传播并且平行于 y 轴振动，它们沿正 x 方向或负 x 方向以速率 v 运动。

波动方程

当绷紧的绳子上的波通过任何线元的时候，线元垂直于波的传播方向运动（我们讨论横波）。把牛顿第二定律应用于线元的运动，我们可以导出称为*波动方程*的一般微分方程，由这个方程式可以确定任何形式的波的传播。

图 16-11a 表示一列波在线密度为μ、沿水平的x轴绷紧的绳上传播时，绳子上一段质量为 dm、长度为 l 的线元的快照。我们假设波的振幅很小，所以当波通过时线元相对于 x 轴的倾斜很小。作用在线元右端的力 $\vec{F}_2$ 的数值等于绳中的张力 τ 并且它的指向略微偏向上。作用在线元左端的力 $\vec{F}_1$ 的数值也等于张力 τ 但指向稍稍偏向下。由于线元有很小的曲率，因此这两个力并不会在相反的方向上简单地相互抵消。相反，它们的组合会产生一个净力，这个净力使线元得到向上的加速度 a_y。由牛顿第二定律的 y 分量式（$F_{\text{net},y}=ma_y$）得到：

$$F_{2y}-F_{1y}=\mathrm{d}ma_y \tag{16-34}$$

我们把这个方程式分成几个部分来分析，首先是质量 dm，其次是加速度分量 a_y，再次是各个力的分量 F_{2y}和 F_{1y}，最后是式（16-34）左边的净力。

质量。线元的质量 dm 可以用绳子的线密度μ 和线元的长度 l 表示为 dm =μl，因为线元只有很小的倾斜，所以 $l\approx$dx（见图 16-11a），我们有近似式：

$$\mathrm{d}m=\mu\mathrm{d}x \tag{16-35}$$

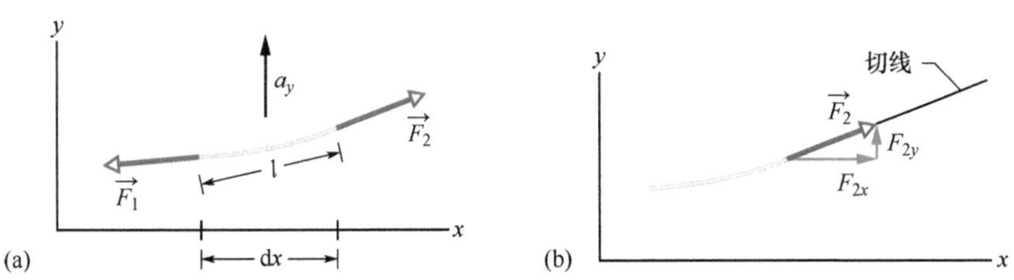

图 16-11 （a）正弦横波在绷紧的绳子上传播时，绳上的一个线元。作用于线元左端和右端的力 $\vec{F}_1$ 和 $\vec{F}_2$ 产生加速度 $\vec{a}$，它的垂直分量是 a_y。（b）线元右端的力沿着线元右边的切线方向。

加速度。式（16-34）中的加速度 a_y 是位移 y 对时间的二次微商：

$$a_y = \frac{d^2 y}{dt^2} \tag{16-36}$$

力。图16-11b表示，$\vec{F}_2$ 在线元的右端和绳子相切。于是我们可以将力的分量和线元右端的绳子的斜率 S_2 联系起来：

$$\frac{F_{2y}}{F_{2x}} = S_2 \tag{16-37}$$

我们还可以把这两个分量和 $F_2(=\tau)$ 的数值通过下式联系起来：

$$F_2 = \sqrt{F_{2x}^2 + F_{2y}^2}$$

或

$$\tau = \sqrt{F_{2x}^2 + F_{2y}^2} \tag{16-38}$$

然而，因为我们假设线元只有很小的倾斜，$F_{2y} \ll F_{2x}$，所以我们可以把式（16-38）重写成

$$\tau = F_{2x} \tag{16-39}$$

把这个式子代入式（16-37）并解出 F_{2y}，得到

$$F_{2y} = \tau S_2 \tag{16-40}$$

用同样的方法分析线元的左端，得到

$$F_{1y} = \tau S_1 \tag{16-41}$$

净力。现在我们可以把式（16-35）、式（16-36）、式（16-40）和式（16-41）这四个式子代入式（16-34），写出：

$$\tau S_2 - \tau S_1 = (\mu dx)\frac{d^2 y}{dt^2}$$

或

$$\frac{S_2 - S_1}{dx} = \frac{\mu}{\tau}\frac{d^2 y}{dt^2} \tag{16-42}$$

因为线元很短，斜率 S_2 和 S_1 只相差微分量 dS，其中，S 是任何位置的斜率：

$$S = \frac{dy}{dx} \tag{16-43}$$

先将式（16-42）中的 $S_2 - S_1$ 用 dS 代替，然后用式（16-43）中的 $\frac{dy}{dx}$ 代替 S，我们得到：

$$\frac{dS}{dx} = \frac{\mu}{\tau}\frac{d^2 y}{dt^2}$$

$$\frac{d(dy/dx)}{dx} = \frac{\mu}{\tau}\frac{dy^2}{dt^2}$$

得

$$\frac{\partial^2 y}{\partial x^2} = \frac{\mu}{\tau}\frac{\partial^2 y}{\partial t^2} \tag{16-44}$$

在最后一步中我们改换成偏微分符号，因为左边我们只对 x 求微商，右边我们只对 t 求微商。最后，将式（16-26）：$v = \sqrt{\tau/\mu}$ 代入，我们得到

$$\frac{\partial^2 y}{\partial x^2} = \frac{1}{v^2}\frac{\partial^2 y}{\partial t^2} \quad （波动方程） \tag{16-45}$$

这是一般的微分方程，由它可以确定各种类型的波的传播。

16-5 波的干涉

学习目标

学完这一单元后，你应当能够……

16.18 应用叠加原理说明两列重叠的波的代数和可以得到合成波（净波）。

16.19 对有同样振幅和波长并且同方向传播的两列横波求合成波的位移方程式并根据各个波的振幅及二者的相位差计算振幅。

16.20 描述相位不同的两列横波（有同样的振幅和波长）合成时如何才能产生完全相长干涉、完全相消干涉和中等干涉的结果。

16.21 根据用波长表示的两列相互干涉的波的相位差快速确定这两列波干涉的类型。

关键概念

- 当两列或更多的波在同一介质中传播时，任何一个介质质元的位移都是各列波独自引起这个质元的位移之和，这种效应称为波的叠加原理。
- 同一绳子上的两列正弦波会表现出相互干涉，根据叠加原理相加或相消。如果两列波在同一方向上传播，并且有同样的振幅 y_m 和频率（因而有同样的波长），但二者相位相差一个相位常量 ϕ，合成为同频率的一列波：

$$y'(x,t)=\left[2y_m\cos\frac{1}{2}\phi\right]\sin\left(kx-\omega t+\frac{1}{2}\phi\right)$$

如果 $\phi=0$，则两列波完全同相，它们的干涉是完全相长干涉；如果 $\phi=\pi\text{rad}$，则它们完全异相，它们的干涉是完全相消干涉。

波的叠加原理

常常会遇到两列或更多的波同时通过同一区域。例如，当我们听音乐的时候，从许多乐器中发出的声波会同时进入我们的耳鼓。我们的收音机和电视机天线中的电子受到许多来自不同的广播中心发射出来的电磁波的联合效应。湖泊或海港的水被许多船的尾波共同搅起波浪。

设有两列波同时在同一根绷紧的绳子上传播，令 $y_1(x,t)$ 和 $y_2(x,t)$ 是每一列波单独传播时绳子的位移。两列波叠加时的位移是二者的代数和：

$$y'(x,t)=y_1(x,t)+y_2(x,t) \tag{16-46}$$

这个沿着绳子的位移之和的意思是：

重叠的波的代数和得到**合成波**（或**净波**）。

这是**叠加原理**的另一个例子，它表达的是，当几个效应同时发生时，它们的净效应是各个单独的效应之和。（我们应该感激的是只需要简单相加就可以了。如果两个效应互相加强放大，那么由此产生的非线性世界将是非常难处理和理解的。）

图 16-12 表示在同一根绷紧的绳子上以相反方向传播的两个脉冲的一系列快照。当两个脉冲重叠时，合成的脉冲是它们的和。进而言之：

重叠的波不以任何方式影响各自的传播。

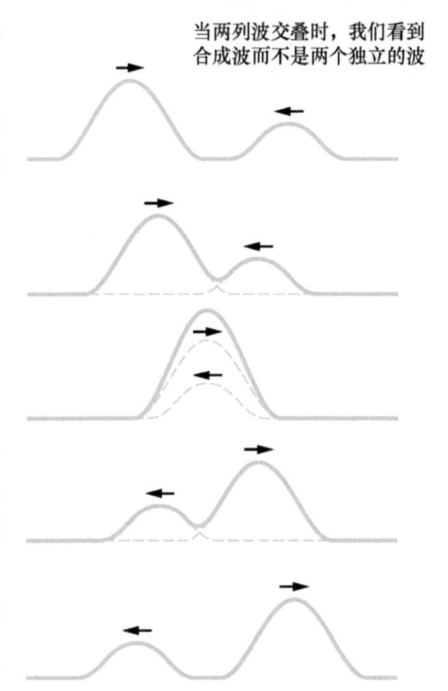

图 16-12 表示在一根绷紧的绳子上向相反方向传播的两个脉冲的一系列快照。当两个脉冲相遇时叠加原理适用。

波的干涉

假设我们在一条绷紧的绳子上沿同一方向送出两列有相同波长和振幅的正弦波，则叠加原理适用。我们可以预料在这根绳子上会得到怎样的合成波呢？

合成波取决于两列波相对的相位相同（同步）的程度——即一列波的轮廓相对于另一列波的轮廓偏移了多少。如果两列波准确地同相（所以一列波的波峰及波谷和另一列波的波峰及波谷完全重合），它们组合起来使任何一列波独立作用时的位移加倍。如果两列波完全异相（一列波的波峰正好和另一列波的波谷重合），则两列波组的合成在每一点上都相互抵消，绳子始终是一直线，我们把这称作组合波的**干涉**现象，两列波相互**干涉**。（这两个词只对波的位移而言；波的传播不受影响。）

令沿绷紧的绳子上的一列波是

$$y_1(x,t)=y_m\sin(kx-\omega t) \tag{16-47}$$

另一列波和第一列波错开一些：

$$y_2(x,t)=y_m\sin(kx-\omega t+\phi) \tag{16-48}$$

这两列波有相同的角频率ω（因而有相同的频率f），相同的角波数k（因而相同的波长λ），以及相同的振幅y_m。它们都以式（16-26）给出的相同的速率在x轴的正方向上传播。它们只相差一个恒定的角度，相位常量ϕ。这两列波被说成是ϕ异相或者有*相位差*ϕ，或者说一列波与另一列相比有*相移*ϕ。

由叠加原理［式（16-46）］，合成波是两相互干涉的波的代数和，合成波的位移为

$$\begin{aligned}y'(x,t)&=y_1(x,t)+y_2(x,t)\\&=y_m\sin(kx-\omega t)+y_m\sin(kx-\omega t+\phi)\end{aligned} \tag{16-49}$$

从附录E中我们知道，可以把两个角度α和β的正弦之和写成

$$\sin\alpha+\sin\beta=2\sin\frac{1}{2}(\alpha+\beta)\cos\frac{1}{2}(\alpha-\beta) \tag{16-50}$$

把这个公式用于式（16-49），得到

$$y'(x,t)=\left[2y_m\cos\frac{1}{2}\phi\right]\sin\left(kx-\omega t+\frac{1}{2}\phi\right) \tag{16-51}$$

如图16-13表示的，合成波也是沿x增大方向传播的正弦波。这是你实际上看到的绳子上唯一的波。［你不可能看见式（16-47）和式（16-48）表示的相互干涉的两列波。］

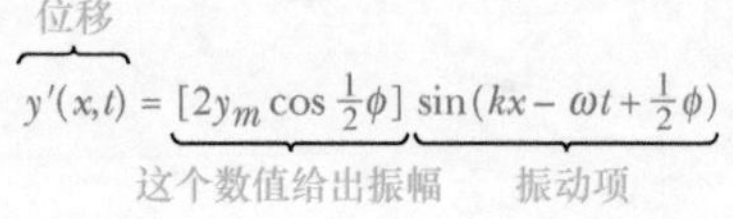

图16-13　式（16-51）的合成波，两列正弦横波的干涉得到的也是正弦横波，它包括振幅和振动项。

具有相同振幅和波长的两列正弦波在一条绷紧的绳上沿同一方向传播，它们互相干涉产生在这个方向上传播的合成正弦波。

合成波与产生干涉的两列波的不同之处有两个方面：①它的相位常量是$\frac{1}{2}\phi$；②它的振幅y'_m是式（16-51）的括弧中的量的数值：

$$y'_m=\left|2y_m\cos\frac{1}{2}\phi\right|\quad（振幅） \tag{16-52}$$

如果 $\phi=0\text{rad}$（或 0°），两列相互干涉的波的相位完全相同，则式（16-51）简化为

$$y'(x,t)=2y_m\sin(kx-\omega t)\quad(\phi=0)\qquad(16\text{-}53)$$

这两列波画在图 16-14a 上，合成波画在图 16-14d 上。从这两张图和式（16-53）看到合成波的振幅是两列相互干涉的波的任一列振幅的两倍。这就是合成波可能有的最大的振幅，因为在式（16-51）和式（16-52）中的余弦函数当 $\phi=0$ 时有最大值（等于 1）。产生最大可能振幅的干涉称为完全相长干涉。

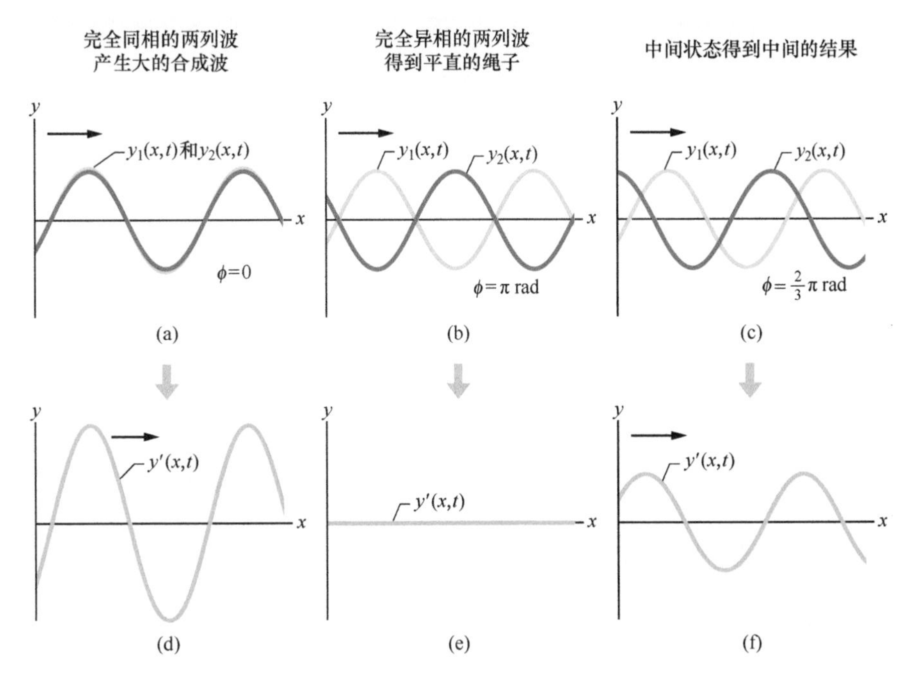

图 16-14 两列相同的正弦波 $y_1(x,t)$ 和 $y_2(x,t)$ 沿绳子在 x 轴正方向上传播，它们干涉得到合成波 $y'(x,t)$。合成波实际上是看到的绳上的波。两列相互干涉的波的相位差 ϕ 是（a）0rad 或 0°，（b）πrad 或 180°，（c）$\frac{2}{3}\pi$rad 或 120°。对应的合成波分别画在（d）、（e）和（f）中。

如果 $\phi=\pi\text{rad}$（或 180°），相互干涉的波完全异相，如图 16-14b 所示。这时 $\cos\phi$ 成为 $\cos\pi/2=0$，由式（16-52）给出的合成波的振幅是零。于是，对 x 和 t 的所有值，我们有：

$$y'(x,t)=0(\phi=\pi\text{rad})\qquad(16\text{-}54)$$

这个合成波画在图 16-14e 中，虽然我们沿着绳子送出两列波，但我们看不到绳子在运动。这种类型的干涉称为完全相消干涉。

因为正弦波每相隔 2π 波的形状会重复一次，$\phi=2\pi\text{rad}$（或 360°）的相位差相当于一列波相对于另一列波移动了一个波长的距离。因此，相位差既可用波长表示也可用角度表示。例如，在图 16-14b 中的两列波可以说是 0.50 个波长异相。表 16-1 表示相位差的另一些例子以及它们产生的干涉。注意，当干涉既不是完全相长也不是完全相消时，它就称为中等干涉。这种情况下，合成波的振幅在 0 和 $2y_m$ 之间。例如，从表 16-1 中看到，如两列相互干涉的波具有相位差 120°（$\phi=\frac{2}{3}\pi\text{rad}=0.33$ 波长），那么合成波具有和每一列干涉的波的振幅相同的振幅 y_m（见图 16-14c、f）。

如果两列波长相同的波的相位差是零或波长的任何整数倍，那么它们就是同相，于是，用波长表示的任何相位差的整数部分都可以抛弃。例如，0.40 个波长的相位差（中等干涉，接近于完

全相消干涉）在各方面都等价于2.40个波长的波。所以只要用两个数中较简单的一个来计算。于是，只要看看小数部分并把它和0、0.5或1.0个波长比较，你很快就可以说出两列波是哪一种类型的干涉。

表16-1 相位差与所产生的干涉类型①

相位差			合成波的振幅	干涉类型
度/(°)	弧度/rad	波长/λ		
0	0	0	$2y_m$	完全相长
120	$\frac{2}{3}\pi$	0.33	y_m	中等
180	π	0.50	0	完全相消
240	$\frac{4}{3}\pi$	0.67	y_m	中等
360	2π	1.00	$2y_m$	完全相长
865	15.1	2.40	$0.60y_m$	中等

① 相位差是对沿同方向传播、振幅都是 y_m 以及其他方面都完全相同的两列波而言的。

检查点4

完全相同的两列波之间有四种可能的相位差，用波长表示为：0.20、0.45、0.60和0.80。把它们的合成波按振幅大小排列，最大的排第一。

例题16.04 两列波的干涉，相同的方向，相同的振幅

沿绷紧的绳子在相同方向上传播的两列完全相同的正弦波互相干涉。每一列波的振幅 y_m 都是9.8mm，它们的相位差 ϕ 是100°。

（a）干涉产生的合成波的振幅 y'_m 多大？这种干涉是什么类型的？

【关键概念】

这两列波是沿一根绳子在相同方向上传播的、完全相同的正弦波，所以它们干涉也会产生正弦行波。

解： 因为它们完全相同，两列波有相同的振幅。于是，合成波的振幅 y'_m 由式（16-52）给出

$$y'_m = \left|2y_m\cos\frac{1}{2}\phi\right|$$
$$= |(2)(9.8\text{mm})\cos(100°/2)|$$
$$= 13\text{mm} \quad \text{（答案）}$$

我们可以通过两种方式来说明此干涉是中等的：相位差是在0°和180°之间，相应的振幅 y'_m 在0和 $2y_m$（19.6mm）之间。

（b）两列波的相位差是多少时才能得到振幅是4.9mm的合成波？分别用弧度和波长表示。

解： 现在我们由给定的 y'_m 求 ϕ。由式（16-52），得

$$y'_m = \left|2y_m\cos\frac{1}{2}\phi\right|$$

现在我们有

$$4.9\text{mm} = (2)(9.8\text{mm})\cos\frac{1}{2}\phi$$

这给出（利用计算器的弧度模式）

$$\phi = 2\arccos\frac{4.9\text{mm}}{(2)(9.8\text{mm})}$$
$$= \pm 2.636\text{rad} \approx \pm 2.6\text{rad} \quad \text{（答案）}$$

之所以有两个解是因为无论第一列波领先于（在前面传播）还是滞后于（在后面传播）第二列波2.6rad都能得到同样的合成波。用波长表示的相位差是

$$\frac{\phi}{2\pi\text{rad/波长}} = \frac{\pm 2.636\text{rad}}{2\pi\text{rad/波长}}$$
$$= \pm 0.42\text{ 波长} \quad \text{（答案）}$$

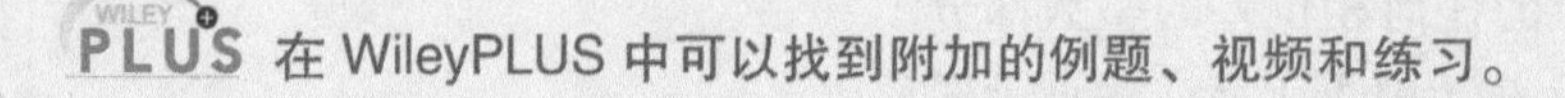

16-6 相矢量

学习目标

学完这一单元后，你应当能够……

16.22 利用图解说明怎样用相矢量描述波通过的某个线元的位置时这个线元的振动。

16.23 画出同在一根绳子上传播着的重叠的两列波的相矢量图，在图上标明它们的振幅和相位差。

16.24 利用相矢量求沿同一条绳子传播的两列横波的合成波，计算振幅和相位并写出位移方程式，然后在相矢量图上画出所有三个相矢量，在图上标出振幅，相位的超前或滞后以及相对的相位。

关键概念

- 波 $y(x, t)$ 可以用相矢量描写。这是一个矢量，它的数值等于波的振幅 y_m，它以等于波的角频率 ω 的角速度绕原点转动。转动的相矢量在纵轴上的投影给出波在传播路径上一点的位移 y。

相矢量

上一单元中讨论的两列波的相加严格局限于振幅完全相同的波。对于这样的波，用这种方法是相当容易的，但我们需要可以用于任何波的更为普遍的方法，无论这些波是不是有相同的振幅。一种简捷的方法是用相矢量来描写这些波。虽然一开始可能看上去有点怪异，但它实质上只是应用了第3章中的矢量相加定则的作图法，用它来代替麻烦的三角函数相加。

相矢量是绕它的尾端转动的矢量，尾端置于坐标系的原点。矢量的长短等于它所代表的波的振幅。转动的角速率等于波的角频率 ω。例如，我们把下式表示的波：

$$y_1(x,t)=y_{m1}\sin(kx-\omega t) \tag{16-55}$$

用图16-15a～d中的相矢量表示。相矢量的长度就是波的振幅 y_{m1}。当相矢量绕原点以角速度 ω 旋转时，它在纵坐标上的投影 y_1 将正弦式地变化，从最大值 y_{m1} 经过零再到最小值 $-y_{m1}$，然后又回到 y_{m1}。这个变化对应于绳子上的任一点在波通过它时，它的位移 y_1 的正弦变化。（所有这些在WileyPLUS中都用带画外音的动画表示。）

当两列波在同一根绳子上沿同一方向传播时，我们可以用相矢量图表示它们以及它们的合成波。图16-15e画出式（16-55）表示的波以及下式给出的第二列波：

$$y_2(x,t)=y_{m2}\sin(kx-\omega t+\phi) \tag{16-56}$$

第二列波与第一列波相比有相位常量 ϕ 的相移。因为这两个相矢量都以同样的角速率 ω 转动，所以两个相矢量间的角度总是 ϕ。如果 ϕ 是正数，那么在它们转动时波2的相矢量落后于波1的相矢量，如图16-15e中画出的那样。如果 ϕ 是负数，那么波2的相矢量超前波1的相矢量。

因为两列波 y_1 和 y_2 具有相同的角波数 k 和角频率 ω，由式（16-51）和式（16-52），我们知道它们的合成波是以下形式：

$$y'(x,t)=y'_m\sin(kx-\omega t+\beta) \tag{16-57}$$

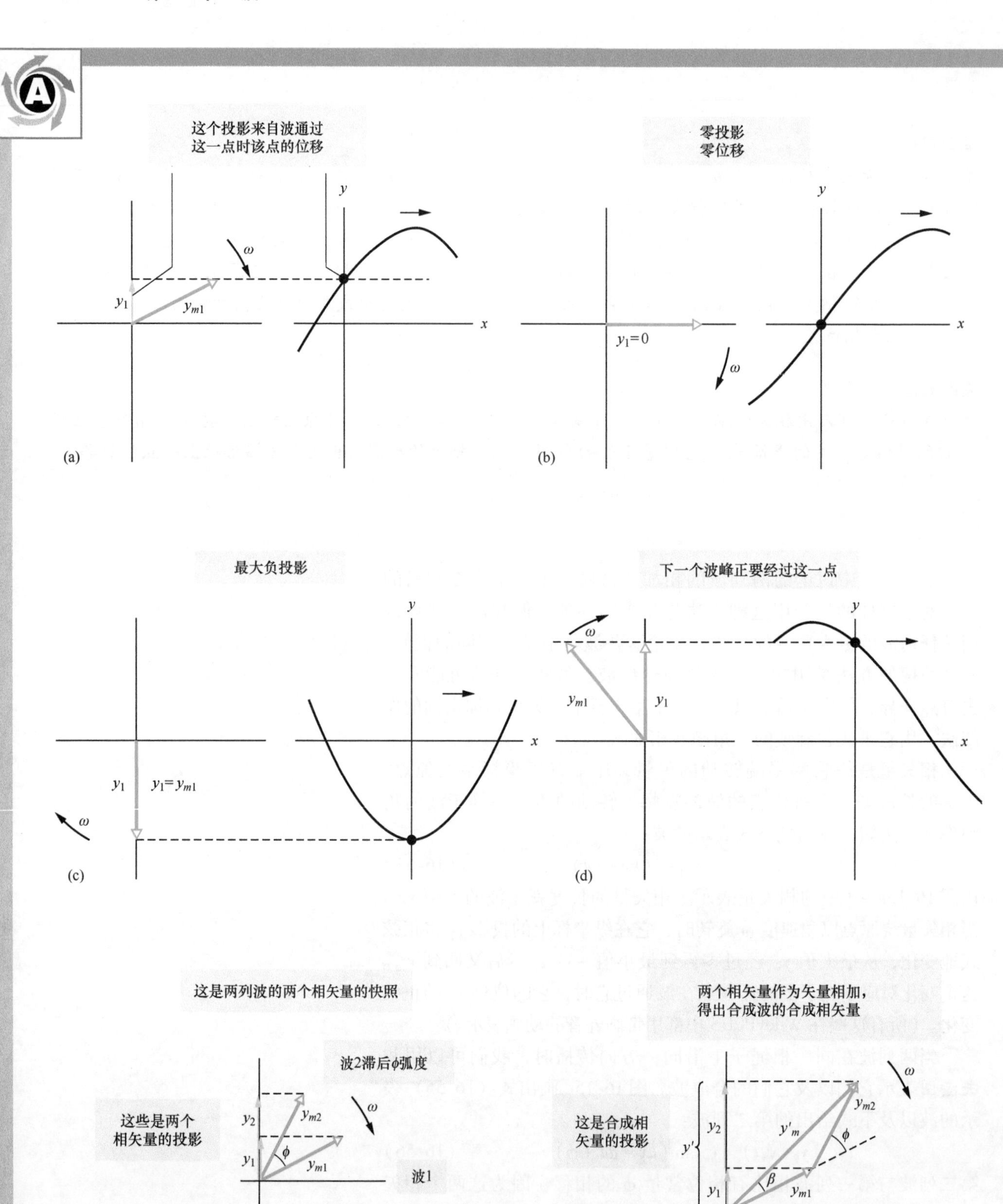

图16-15 (a)~(d) 长度为y_{m_1}、以角速率ω绕原点转动的相矢量代表一列正弦波。相矢量在纵轴上的投影y_1代表波通过的点的位移。(e) 第二个相矢量的角速率也是ω，但长度是y_{m_2}，转动时与第一个相矢量之间有一个恒定的角度ϕ，代表第二列有相位差ϕ的波。(f) 合成波用两个相矢量的矢量和y'_m表示。

其中，y'_m是合成波的振幅；β是相位常量，要求y'_m和β的数值，我们必须像得到式（16-51）所做的那样求两列组合波之和。要在相矢量图上做这项推导，我们把两个矢量在它们转动中的任何时刻用矢量法相加。在图16-15f中，相矢量y_{m2}已被移动到和相矢量y_{m1}首尾相接的位置。矢量和的数值就等于式（16-57）中的y'_m。矢量和与y_1的相矢量之间的角度等于式（16-57）中的相位常量β。

注意，与16-5单元中所用的方法比较：

我们可以用相矢量把几列波组合起来，即使它们的振幅都不相同。

例题16.05 两列波的干涉，相同的方向，相矢量，任何振幅

两列正弦波$y_1(x,t)$和$y_2(x,t)$有相同的波长并在一条绳子上沿同一方向传播，它们的振幅分别是$y_{m1}=4.0\text{mm}$和$y_{m2}=3.0\text{mm}$，它们的相位常量分别是0和$\pi/3\text{rad}$。合成波的振幅y'_m和相位常量β各是多少？用式（16-57）的形式写出合成波。

【关键概念】

（1）这两列波有许多性质是相同的：因为都沿同一条绳子传播，它们必定有相同的速率v；因为根据式（16-26），速率是由绳子的张力和线密度决定的。由于有同样的波长λ，它们就有相同的角波数k（$=2\pi/\lambda$）。再者，因为它们有相同的波数k和速率v，它们必定有相同的角频率ω（$=kv$）。

（2）两列波（称它们为波1和波2）可以用以相同的角速率ω绕原点旋转的相矢量表示。因为波2的相位常量比波1的大$\pi/3\text{rad}$，在它们顺时针旋转的时候相矢量2必定比相矢量1滞后$\pi/3\text{rad}$，如图16-16a所示。波1和波2干涉得到的合成波就可用相矢量1与相矢量2的矢量和得到的相矢量表示。

解： 为简化矢量相加，在图16-16a中我们画出相矢量1正好沿横轴的时刻的相矢量1和2，然后我们把滞后的相矢量2画成正$\pi/3\text{rad}$角的矢量。在图16-16b中，我们移动相矢量2，使它的尾端正好接在相矢量1的前端。然后我们从相矢量1的尾端到相矢量2的前端画一直线就得到合成波的相矢量y'_m。相位常量是相矢量y'_m和相矢量1所成的角度β。

要求y'_m和β的值，我们用可进行矢量运算的计算器把相矢量1和2矢量相加。然而，我们这里把它们的分量相加。（它们被称作横轴分量和纵轴分量，因为符号x和y已经用于波本身。）对于横轴上的分量我们有

$$y'_{mh}=y_{m1}\cos 0+y_{m2}\cos\pi/3$$
$$=4.0\text{mm}+(3.0\text{mm})\cos\pi/3=5.50\text{mm}$$

对于纵轴上的分量我们有

$$y'_{mv}=y_{m1}\sin 0+y_{m2}\sin\pi/3$$
$$=0+(3.0\text{mm})\sin\pi/3=2.60\text{mm}$$

于是，合成波的振幅为

$$y'_m=\sqrt{(5.50\text{mm})^2+(2.60\text{mm})^2}$$
$$=6.1\text{mm} \quad \text{（答案）}$$

相位常量：

$$\beta=\arctan\frac{2.60\text{mm}}{5.50\text{mm}}=0.44\text{rad} \quad \text{（答案）}$$

从图16-16b，相位常量β相对于相矢量1是正的角度。因此，传播中合成波滞后于波1相位常量$\beta=+0.44\text{rad}$。由式（16-57），我们可以写出合成波方程：

$$y'(x,t)=(6.1\text{mm})\sin(kx-\omega t+0.44\text{rad}) \quad \text{（答案）}$$

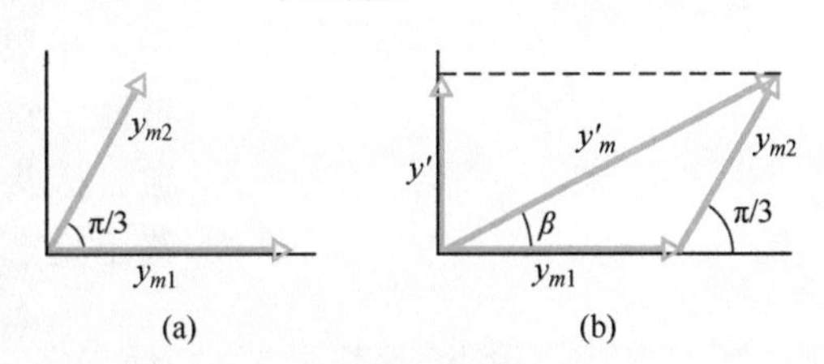

图16-16 （a）两个相矢量，数值为y_{m_1}和y_{m_2}，相位差为$\pi/3$。（b）在两个相矢量旋转的任何时刻求两个相矢量的矢量和，得到合成波的相矢量的数值y'_m。

16-7 驻波和共振

学习目标

学完这一单元后，你应当能够……

16.25 对以相反方向传播的两列重叠的波（相同的振幅和波长）画出合成波的快照图像，指出波节和波腹。

16.26 对以相反方向传播的两列重叠的波（相同的振幅和波长）导出合成波的位移方程并计算用单个波的振幅表示的合成波的振幅。

16.27 描述驻波的波腹处一个线元的简谐运动。

16.28 对于驻波波腹处的一个线元，写出位移、横向速度和横向加速度的时间函数方程式。

16.29 区别弦上的波在边界上的“硬”反射和“软”反射。

16.30 描写在两个支柱间紧绷的弦的共振，并画出最简单的几个驻波图样，指出波节和波腹。

16.31 用弦的长度表示并确定受到张力的弦上最简单的几个谐波的波长。

16.32 对任何给定的谐波，应用频率、波速和波长的关系。

关键概念

- 两列完全相同的沿相反方向传播的正弦波干涉产生驻波，对一根两端固定的弦，驻波由下式给出：

$$y'(x,t)=[2y_m\sin kx]\cos\omega t$$

驻波的特点是：具有固定的称为波节的零位移的位置和固定的称为波腹的最大位移的位置。

- 弦上的驻波可以通过行波在弦的两端被反射建立起来。如果弦的一端是固定的，固定端必定是一个波节的位置。这限制了在给定的弦上产生的驻波的频率。每一可能的频率都是共振频率，相应的驻波图形是一种振动模式，对一条长度为 L、两端固定的、绷紧的弦，共振频率是

$$f=\frac{v}{\lambda}=n\frac{v}{2L}，其中，n=1，2，3，\cdots$$

对应于 $n=1$ 的振动模式称为基模或一次谐波；对应于 $n=2$ 的是二次谐波，依此类推。

驻波

在16-5单元中，我们讨论了在一根绷紧的弦上的两列以相同方向传播、有相同波长和振幅的正弦波。如果两列波在相反的方向上传播情况又怎样呢？我们可以再次应用叠加原理求合成波。

图16-17是这种情况的图示。图上显示两列波的组合。图16-17a中的一列波向左传播，图16-17b中的另一列波向右传播。图16-17c是二者的和。这是用图表示的叠加原理。合成波的显著特征是弦上有一些称为**波节**的地方，这里的弦从来不振动。在图16-17c中，用黑点标记出四个这样的波节。相邻波节之间一半位置处是**波腹**，这里合成波的振幅最大。像图16-17c那样的波形称为**驻波**，因为波的图形既不向左也不向右运动；最大和最小的位置始终不变。

> 如果两列相同振幅和波长的正弦波沿一条紧绷的弦在相反方向传播，则它们相互的干涉会产生驻波。

要分析驻波，我们用下列方程式表示两列波：

$$y_1(x,t)=y_m\sin(kx-\omega t) \tag{16-58}$$

及

$$y_2(x,t)=y_m\sin(kx+\omega t) \tag{16-59}$$

波传播时相互穿过，一些点永远不动，一些点运动最大

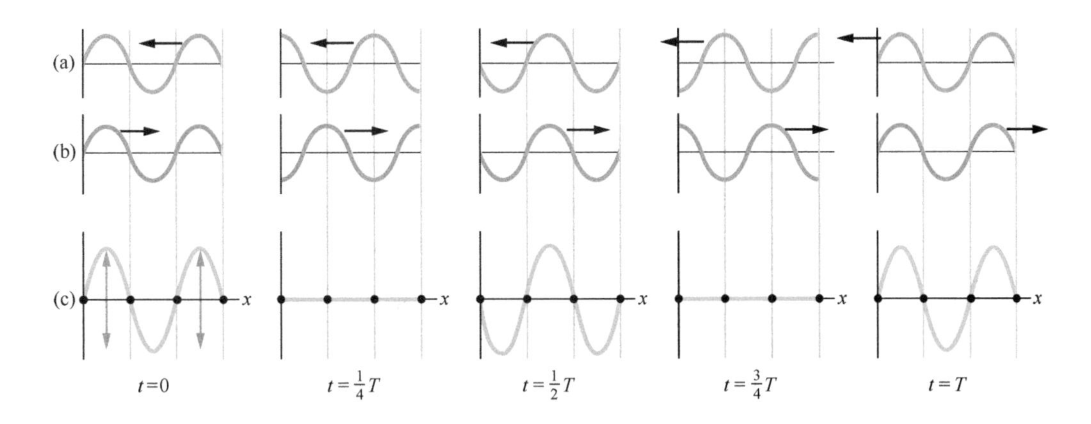

图 16-17 （a）向左传播的一列波的五张快照。图（c）下面标出的是拍照时间 t（T 是振动周期）。（b）和图（a）中完全相同但向右传播的一列波在同样的时间 t 的五张快照。（c）在同一弦上两列波叠加的相应的快照。在 $t=0$、$\frac{1}{2}T$ 和 T 发生完全相长干涉，因为这时波峰和波峰对齐，波谷和波谷对齐。在 $t=\frac{1}{4}T$ 和 $\frac{3}{4}T$ 时，发生完全相消干涉，因为这时波峰和波谷对齐。某些点（节点用黑点标记）永远不振动；某些点（波腹）振动最大。

对组合的波，叠加原理给出：

$$y'(x,t)=y_1(x,t)+y_2(x,t)=y_m\sin(kx-\omega t)+y_m\sin(kx+\omega t)$$

应用三角公式（16-50），得到下式：

$$y'(x,t)=[2y_m\sin kx]\cos\omega t \tag{16-60}$$

这个方程不描写行波，因为它不是式（16-17）的形式。相反，它描写驻波（见图 16-18）。

位移
$y'(x,t)=[2y_m\sin kx]\cos\omega t$
给出位于x的振幅数值　振动项

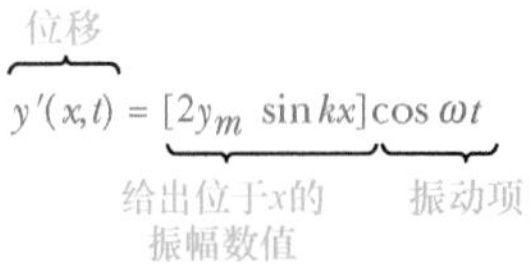

图 16-18 式（16-60）中的合成波是驻波，它是由以相反方向传播的两列相同振幅和波长的正弦波的干涉产生的。

式（16-60）的括号中的量 $2y_m\sin kx$ 可以看作位于 x 的线元振动的振幅。不过，振幅总是正数而 $\sin kx$ 有时却可以是负数，我们取 $2y_m\sin kx$ 的绝对值作为 x 处的振幅。㊀

在正弦行波中，所有线元的波振幅都相同。这对驻波来说就不对了，驻波的振幅*随位置而变化*。例如，在式（16-60）的驻波中，给出 $\sin kx=0$ 的 kx 值对应的振幅是零。这些值是

$$kx=n\pi,\ n=0,1,2,\cdots \tag{16-61}$$

将 $k=2\pi/\lambda$ 代入上式并重新整理，得到

$$x=n\frac{\lambda}{2},\ n=0,1,2,\cdots（波节） \tag{16-62}$$

这是式（16-60）表示的驻波的零振幅的位置——波节。

注意，相邻波节的距离是 $\lambda/2$，即半个波长。

式（16-60）的驻波振幅有最大值 $2y_m$，这发生在满足 $|\sin kx|=1$ 的 kx 值的情况下。这些值是：

㊀ $\sin kx$ 的正负另有意义。驻波中 $\sin kx$ 为负的一段弦的振动比 $\sin kx$ 为正的一段的振动有相位差 π。即一段向上运动时另一段向下运动。——译者注

$$kx=\frac{1}{2}\pi,\ \frac{3}{2}\pi,\ \frac{5}{2}\pi,\ \cdots$$
$$=\left(n+\frac{1}{2}\right)\pi,\ n=0,\ 1,\ 2,\ \cdots \qquad (16\text{-}63)$$

将 $k=2\pi/\lambda$ 代入式（16-63）并重新整理，得到

$$x=\left(n+\frac{1}{2}\right)\frac{\lambda}{2},\ n=0,\ 1,\ 2,\ \cdots\ (波腹) \qquad (16\text{-}64)$$

这是式（16-60）表示的驻波的最大振幅的位置——波腹。相邻波腹的距离为 $\lambda/2$，在两个波节之间一半距离的位置。

边界上的反射

我们使行波在弦的一端反射，反射回来的波又通过原来的波本身，这样就可以在紧绷的弦上建立起驻波。入射（原来的）波和反射波可以分别用式（16-58）和式（16-59）表示，它们组合起来形成驻波图样。

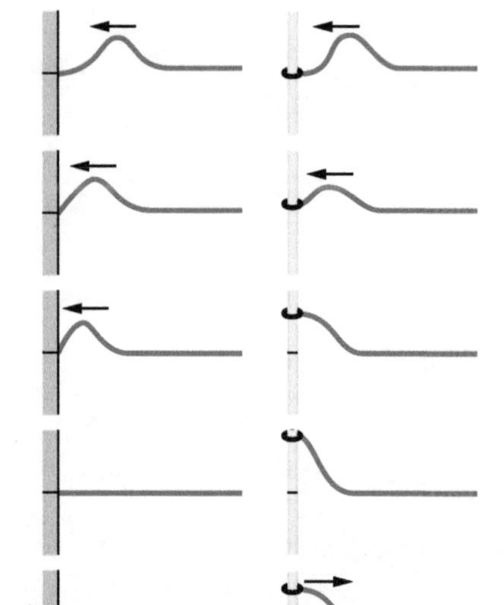

图 16-19　（a）脉冲从右边入射并在弦的左端反射，弦紧紧地固定在墙上。注意，反射脉冲从入射脉冲发生反转。（b）弦的左端系在一个环上，环可以无摩擦地沿细棒上下滑动，现在脉冲反射后并没有发生反向。

在图 16-19 中，我们用一个脉冲来表示这种反射是怎样发生的。在图 16-19a 中，弦的左端固定，当脉冲到达这一端时，它对支持点（墙）作用一个向上的力。根据牛顿第三定律，支持点对弦作用一个大小相等、方向相反的力。这第二个力在支持点产生一个脉冲，它在弦上沿着与入射波相反的方向传播。在这类“硬”反射中，支持点处必定有一个波节，因为弦在这点是固定的。反射脉冲和入射脉冲必定有相反的正负号，这样才能在这一点上相互抵消。

在图 16-19b 中，弦的左端栓紧在一个轻环上，环可以无摩擦地沿细棒上下自由滑动。当入射脉冲到达时，环沿细棒往上运动。环运动时一直拉着弦，它拉动弦并产生和入射波有相同的正负号以及振幅的反射脉冲。于是，在这种“软”反射中，入射脉冲和反射脉冲互相加强，在弦的端点形成波腹；环的最大位移是两个脉冲的任一个的振幅的两倍。

检查点 5

两列相同振幅和波长的波在三种不同情况下干涉产生以下方程表示的合成波：

（1）$y'(x,t)=4\sin(5x-4t)$

（2）$y'(x,t)=4\sin(5x)\cos(4t)$

（3）$y'(x,t)=4\sin(5x+4t)$

在哪一种情况中两列组合波的传播是（a）沿正 x 方向，（b）沿负 x 方向，（c）沿相对的方向？

驻波和共振

考虑一根弦，譬如像吉他的弦，它被绷紧在两个夹具之间。设我们沿弦送出确定频率的连续正弦波，波的方向，譬如说，向右方传播。当波到达右端时，它被反射，开始返回并向左传播。于是，向左传播的反射波与还在继续向右传播的波交叠。当向左传播的波到达左端时，它再次反射，新的反射波开始向右传播，

并和向左的以及向右的波重叠。简言之，我们很快就得到许多交叠的行波，这些波相互干涉。

对于某些频率来说，干涉会产生图 16-20 中那样的有波节及很大的波腹的驻波图样（或**振动模式**）。我们说这样的驻波产生在**共振**条件下，并且说这根弦对这些频率共振，这些频率称为**共振频率**。如果弦不是以共振频率振动，而是以其他频率振动，就不能产生驻波。这样，向右和向左传播的波的干涉只能在弦上形成很小的，短暂的（或许觉察不出来）的振动。

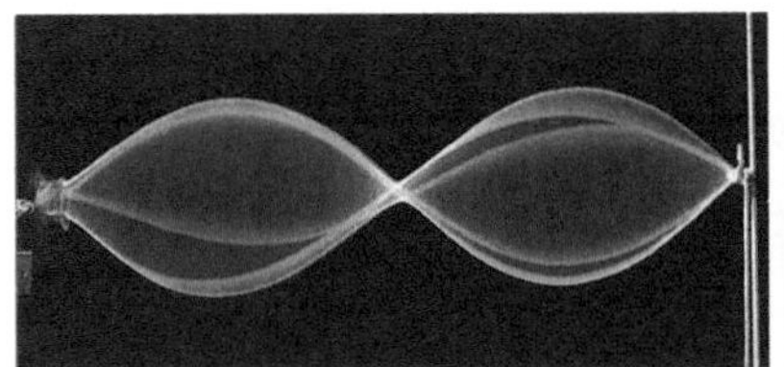
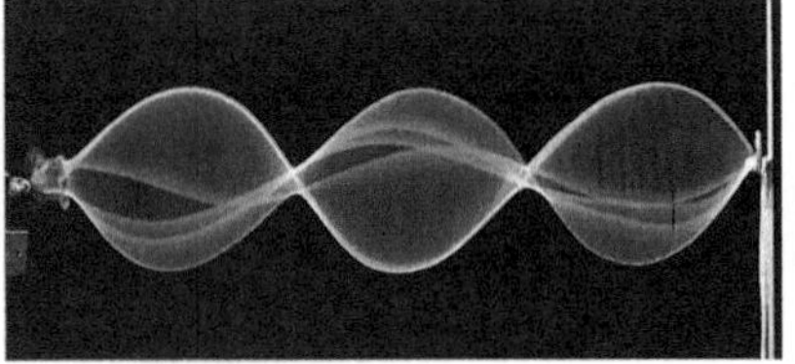
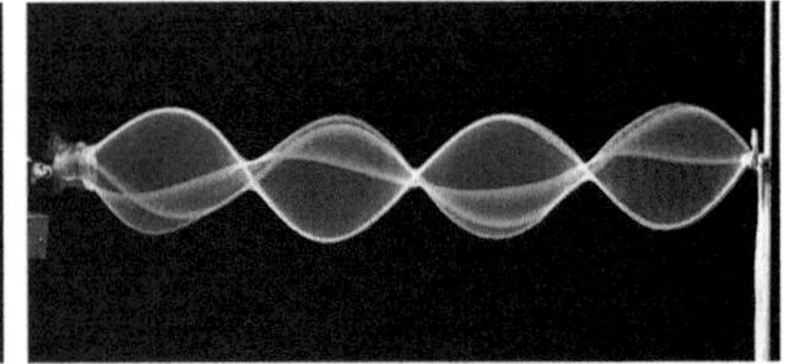

Richard Megna/Fundamental Photographs

图 16-20 频闪观测器的照片揭示了一根弦上（不完美的）驻波图样，波由左端的振子振动所产生，图像是某几个振动频率的驻波。

设一条弦紧绷在固定距离为 L 的两个夹具之间。要求弦的共振频率的表达式，我们注意到波节一定在两个端点，因为两个端点都固定，不能振动。满足这个关键要求的最简单的几种振动图样表示在图 16-21a 中，图中画出弦在两个最大位移的位置（一条实线和一条虚线，两条线共同形成一个“环”）。图上只有一个波腹，在弦的中央。注意，半个波长横跨了长度 L，这是我们所取的弦的长度。于是，这个图上 $\lambda/2=L$。这个条件告诉我们，向左传播的波和向右传播的波要通过相互干涉建立这样的图样，它们的波长必须满足 $\lambda=2L$。

满足波节位于固定两端的要求的第二简单的图像画在图 16-21b 中。这个图样有三个波节和两个波腹，可以说是双环图样。向左传播的波和向右传播的波要能建立这样的图样，它们必须具有波长 $\lambda=L$。第三个图表示在图 16-21c 中。它有四个波节、三个波腹和三个环，波长是$\frac{2}{3}L$。我们可以继续这样做下去，画出越来越复杂的图。每前进一步，图上就多一个波节和多一个波腹，在长度 L 中又增加 $\lambda/2$。

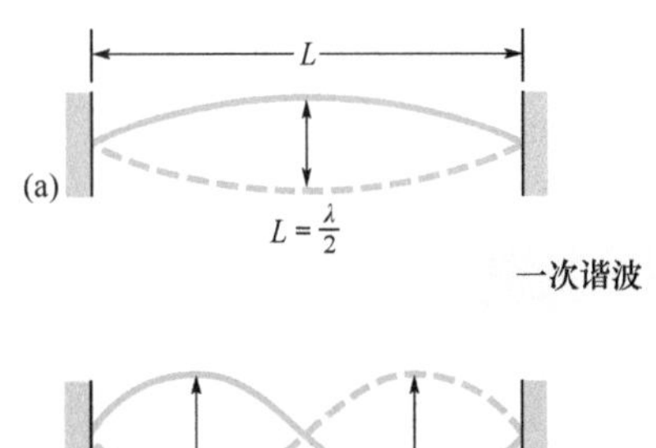

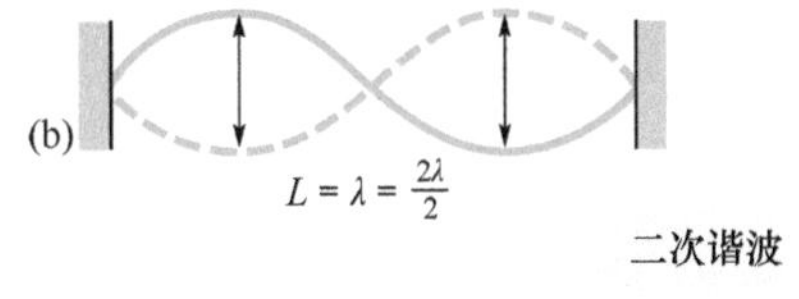

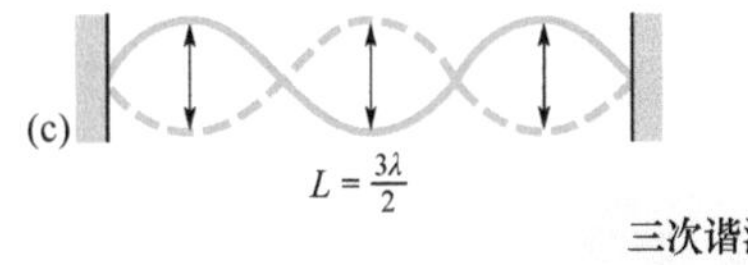

图 16-21 两个夹具间紧绷的弦的振动形成的驻波图样。(a) 可能的最简单图形只有一个环。这是弦做最大位移（实线和虚线）形成的组合图形。(b) 下一个最简单的图形有两个环。(c) 再下一个有三个环。

总之，在长度为 L 的弦上波长必须等于以下公式表示的数值之一的波才能建立起驻波：

$$\lambda=\frac{2L}{n},\quad n=1,\ 2,\ 3,\ \cdots \tag{16-65}$$

由式（16-13），对应于这些波长的共振频率为

$$f=\frac{v}{\lambda}=n\frac{v}{2L},\quad n=1,\ 2,\ 3,\ \cdots \tag{16-66}$$

其中，v 是弦上行波的速率。

式（16-66）告诉我们，共振频率是对应于 $n=1$ 的最低共振频率 $f=\frac{v}{2L}$的整数倍。这个最低频率的振动的模式称为基模或一次

谐波。二次谐波是 $n=2$ 的振动模式，三次谐波是 $n=3$ 的，依此类推。所有可能的振动模式的集合称为**谐波系列**，n 称为 n 次谐波的**谐波数**。

对于受到一定张力的弦，每一共振频率对应于一种特定的振动图形。因此，如果频率在可听见的范围内，你就可以听出弦的形状。共振也可以发生在二维膜片（像图16-22中定音鼓的鼓面）和三维物体（像很高的建筑物在风中摇晃和扭曲）。

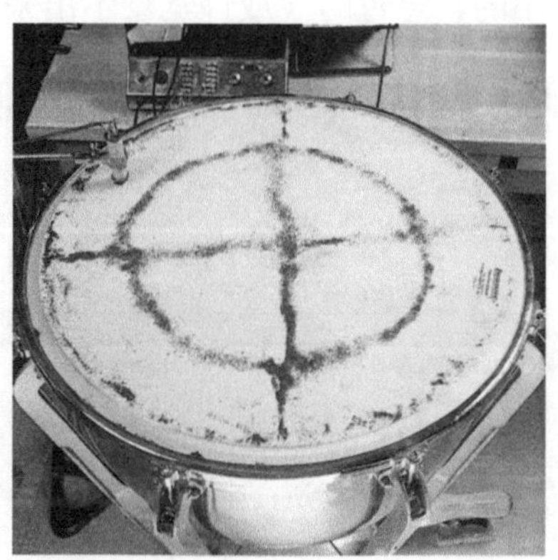

图16-22 定音鼓鼓面的许多可能的驻波图样之一，鼓面上撒有深色粉末使其可以看见。用照片上左方的机械振荡器激励鼓面以单一的频率振动，粉末聚集在波节处，在这个二维的例子中波节是两个圆和两条直线。

Courtesy Thomas D.Rossing, Northern Illinois University

检查点6

在以下一系列的共振频率中，缺少某一个（低于400Hz的）频率：150Hz，225Hz，300Hz，375Hz。（a）缺少的频率是什么？（b）七次谐波的频率是什么？

例题16.06 横波的共振、驻波、谐波

图16-23表示一根弦的共振振动，弦的质量 $m=2.500\text{g}$，长度 $L=0.800\text{m}$，它受到的张力 $\tau=325.0\text{N}$。产生驻波图形的横波波长 λ 多大？谐波数 n 是多少？横波和运动的线元的振动频率 f 是多少？在 $x=0.180\text{m}$ 处的线元振动的最大横向速度的数值 v_m 是多少？在哪一点上线元振动的横向速度最大？

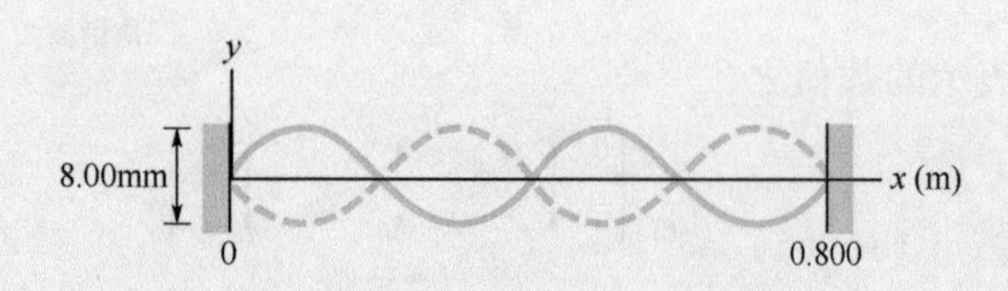

图16-23 张力下的弦的共振振动。

【关键概念】

（1）形成驻波图形的横波必须具有这样的波长，就是半波长的整数 n 倍正好等于长度 L。（2）这些波和线元的振动频率由式（16-66）：$f=nv/(2L)$ 给出。（3）作为位置 x 和时间 t 的函数的线元位移由式（16-60）给出：

$$y'(x,t)=[2y_m\sin kx]\cos\omega t \qquad (16\text{-}67)$$

波长和谐波数：在图16-23中，实线实际上是振动的快照（定格照相），它显示出在长度为 $L=0.800\text{m}$ 的弦上有两个完整的波长。于是我们有

$$2\lambda=L$$

或

$$\lambda=\frac{L}{2} \qquad (16\text{-}68)$$

$$=\frac{0.800\text{m}}{2}=0.400\text{m} \qquad (答案)$$

计算图16-23中环（或半波长）的数目，我们知道谐波数是

$$n=4 \qquad (答案)$$

我们也可以通过比较式（16-68）和式（16-65）：$\lambda=2L/n$ 来求出 $n=4$。于是得知，这根弦以它的四次谐波振动。

频率：如果我们先求出波的速率 v 就可以用式（16-13）：$v=\lambda f$ 求出横波的频率，速率则由式（16-26）给出，但我们必须用 m/L 代替未知的线密度 μ，得到

$$v=\sqrt{\frac{\tau}{\mu}}=\sqrt{\frac{\tau}{m/L}}=\sqrt{\frac{\tau L}{m}}$$

$$=\sqrt{\frac{(325\mathrm{N})(0.800\mathrm{m})}{2.50\times10^{-3}\mathrm{kg}}}=322.49\mathrm{m/s}$$

重新整理式（16-13）后得到

$$f=\frac{v}{\lambda}=\frac{322.49\mathrm{m/s}}{0.400\mathrm{m}}$$

$$=806.2\mathrm{Hz}\approx806\mathrm{Hz} \qquad \text{（答案）}$$

注意，代入式（16-66）也可以得到同样的答案

$$f=n\frac{v}{2L}=4\frac{322.49\mathrm{m/s}}{2(0.800\mathrm{m})}$$

$$=806\mathrm{Hz} \qquad \text{（答案）}$$

现在要注意，这个806Hz不仅是产生四次谐波的波的频率，也是所谓的四次谐波的频率，譬如我们可以说"这根振动的弦的四次谐波的频率是806Hz。"这也是线元在图面上做简谐运动时垂直振动的频率，这个线元就好像在垂直的弹簧上做简谐运动的木块一样。最后，这也是当这根振动的弦周期性地推动空气时产生的你所听见的声音的频率。

横向速度：在位置 x 上的线元的位移 y' 作为时间 t 的函数由式（16-67）给出。$\cos\omega t$ 这一项包含对时间的依赖关系，因而表示驻波的"运动"。$2y_m\sin kx$ 这一项决定运动的范围——就是振幅。最大的振幅出现在波腹处，在这些位置上 $\sin kx$ 是 $+1$ 或 -1，因而最大的振幅是 $2y_m$。由图16-23可知，我们看到 $2y_m=4.00\mathrm{mm}$，这告诉我们 $y_m=2.0\mathrm{mm}$。

我们要求横向速度——线元平行于 y 轴运动的速度。要求出这个速度，我们求式（16-67）关于时间 t 的微商：

$$u(x,t)=\frac{\partial y'}{\partial t}=\frac{\partial}{\partial t}[(2y_m\sin kx)\cos\omega t]$$

$$=[-2y_m\omega\sin kx]\sin\omega t \qquad (16\text{-}69)$$

$\sin\omega t$ 这一因子表示随时间的变化，$-2y_m\omega\sin kx$ 这一项规定了变化的范围㊀。我们要求这个范围的绝对值：

$$u_m=|-2y_m\omega\sin kx|$$

对 $x=0.180\mathrm{m}$ 处的线元计算这个数值，我们首先注意到 $y_m=2.00\mathrm{mm}$，$k=2\pi/\lambda=2\pi/(0.400\mathrm{m})$，以及 $\omega=2\pi f=2\pi(806.2\mathrm{Hz})$。于是在 $x=0.180\mathrm{m}$ 处的线元的最大速率是

$$u_m=\left|-2(2.00\times10^{-3}\mathrm{m})(2\pi)(806.2\mathrm{Hz})\sin\left(\frac{2\pi}{0.400\mathrm{m}}(0.180\mathrm{m})\right)\right|$$

$$=6.26\mathrm{m/s} \qquad \text{（答案）}$$

要确定线元什么时候有最大的速率，我们可以研究一下式（16-69）。不过，只要稍微想一想就可以节省大量工作，线元是做简谐运动，在最大的向上位置和最大的向下位置都有一个瞬时的停止。当它通过振动的中点时有最大的速率，就像在木块-弹簧振子中木块的行为那样。

WILEY PLUS 在WileyPLUS中可以找到附加的例题、视频和练习。

复习和总结

横波和纵波 机械波只能存在于物质介质中并服从牛顿定律。像绷紧的绳子上那样的机械**横**波是介质的质元垂直于波的传播方向振动的波。介质质元平行于波的传播方向振动的波是**纵**波。

正弦波 沿 x 轴正方向传播的正弦波的数学表达形式是

$$y(x,t)=y_m\sin(kx-\omega t) \qquad (16\text{-}2)$$

其中，y_m 是波的**振幅**；k 是**角波数**；ω 是**角频率**；$kx-\omega t$ 是**相位**。**波长** λ 与 k 的关系是

$$k=\frac{2\pi}{\lambda} \qquad (16\text{-}5)$$

波的**周期** T 和**频率** f 与 ω 的关系是

$$\frac{\omega}{2\pi}=f=\frac{1}{T} \qquad (16\text{-}9)$$

㊀ 因子 $\sin kx$ 有正也有负，弦上在 $\sin kx$ 是负的区域的线元在振动时与 $\sin kx$ 为正的区域的线元之间有相位差 π。节点两边，一边向上运动时另一边向下运动。——译者注

最后，**波速** v 与其他参量的关系是

$$v=\frac{\omega}{k}=\frac{\lambda}{T}=\lambda f \tag{16-13}$$

行波的方程式　以下形式的任何函数：

$$y(x,t)=h(kx\pm\omega t) \tag{16-17}$$

都可以用来描写**行波**，它的波形由 h 的数学形式描写，它的波速由式（16-13）中的波速 v 表示。加号表示波沿 x 轴的负方向传播，减号表示波沿 x 轴的正方向传播。

绷紧的绳子上的波　在绷紧的绳子上的波的速率取决于绳子的性质。张力为 τ、线密度为 μ 的绳子上的波的速率为

$$v=\sqrt{\frac{\tau}{\mu}} \tag{16-26}$$

功率　在绷紧的绳上的正弦波的**平均功率**或传递能量的平均速率由下式给出：

$$P_{\text{avg}}=\frac{1}{2}\mu v\omega^2 y_m^2 \tag{16-33}$$

波的叠加　当两列或更多的波在同一介质中传播时，介质的任一质元的位移是各列波独自给这个粒子的位移之和。

波的干涉　在同一条绳子上的两列正弦波表现出**干涉**，按照叠加原理加强或相消的现象。如果两列波沿同一方向传播，并有相同的振幅 y_m 和频率（因而波长相同），但相位相差一个**相位常量** ϕ，则合成的波是具有同样频率的一列波。

$$y'(x,t)=\left[2y_m\cos\frac{1}{2}\phi\right]\sin\left(kx-\omega t+\frac{1}{2}\phi\right) \tag{16-51}$$

如果 $\phi=0$，两列波完全同相，它们的干涉是完全相长的；如果 $\phi=\pi\text{rad}$，它们完全异相，干涉是完全相消的。

相矢量　波 $y(x,t)$ 可以用**相矢量**描写。相矢量是一个矢量，它的长度等于波的振幅 y_m，并以等于波的角频率 ω 的角速率绕原点转动。转动的相矢量在纵轴上的投影给出波传播路径上一点的位移 y。

驻波　沿相反方向传播的两列完全相同的正弦波的干涉产生**驻波**。两端固定的弦的驻波由下式给出：

$$y'(x,t)=[2y_m\sin kx]\cos\omega t \tag{16-60}$$

驻波以称为**波节**的固定的零位移的位置和称为**波腹**的固定的最大位移的位置为特征。

共振　弦上的驻波可以通过行波在弦的两端反射建立起来。固定端必定是波节的位置。这限定了在给定弦上产生的驻波的频率。每一可能的频率是**共振频率**，相应的驻波图样是**振动模式**。对于一根长度为 L、两端固定的紧绷的弦来说，它的共振频率是

$$f=\frac{v}{\lambda}=n\frac{v}{2L},\quad n=1,2,3,\cdots \tag{16-66}$$

对应于 $n=1$ 的振动模式称为*基模*或*一次谐波*，对应于 $n=2$ 的模式是*二次谐波*，依此类推。

习题

1. 一根紧绷的弦的单位长度质量为5.00g/cm，张力为10.0N。弦上传播的正弦波具有振幅0.16mm，频率100Hz，沿着 x 轴负方向传播。若波动方程是 $y(x,t)=y_m\sin(kx\pm\omega t)$。（a）$y_m$，（b）$k$，（c）$\omega$ 各是多少？（d）ω 前面的符号的正确选择应是什么？

2. 小提琴上最重的和最轻的弦的线密度分别是3.2g/cm和0.26g/cm。最重的弦和最轻的弦的直径比例是多少？设这两根弦是由相同的材料制成。

3. 两端固定的绳子的长度是7.50m，质量是0.120kg。它受到的张力大小为96.0N。使它振动起来。（a）绳子上波的速率多大？（b）绳上驻波的最长可能波长是多少？（c）给出波的频率。

4. 绳子上横波的方程式是

$$y=(2.0\text{mm})\sin[(15\text{m}^{-1})x-(900\text{s}^{-1})t]$$

线密度是4.17g/m。（a）波速多大？（b）绳中张力多大？

5. 两列波在4.0m长的绳子上形成振幅为1.0cm的三个环的驻波。波速为100m/s。设其中一列波方程的形式是 $y(x,t)=y_m\sin(kx+\omega t)$。另一列波的方程式中的（a）$y_m$，（b）$k$，（c）$\omega$，（d）$\omega$ 前的符号各是什么？

6. 两列沿一条紧绷的绳子在同样方向上传播的完全相同的行波合成后的波的振幅是两组合波共有的振幅的85.2%，这两列波的相位差是多少？把你的答案分别用（a）度、（b）弧度和（c）波长表示。

7. 在大小为220N的张力作用下，一根100g的金属线的一端位于 $x=0$ 另一端位于 $x=10.0\text{m}$ 的位置。在 $t=0$ 时，脉冲1从 $x=10.0\text{m}$ 的一端沿金属线送出。在 $t=30.0\text{ms}$ 时，脉冲2从 $x=0$ 的一端沿线送出。两脉冲首次相遇在什么位置？

8. 弦 A 在两个间距为 L 的两个夹子之间绷紧。和弦 A 有同样线密度并受到同样张力的弦 B 在间距为 $3L$ 的两个夹子之间绷紧。考虑弦 B 最前面的8个谐波。弦 B 的这8个谐波中哪一个（如果有的话）的频率和（a）弦 A 的一次谐波，（b）弦 A 的二次谐波，（c）弦 A 的三次谐波相同？

9. 两列有相同的6.00mm的振幅及相同波长的正弦波一同在沿 x 轴绷紧的绳子上传播。它们的合成波在图16-24中画出了两次，波谷 A 在8.0ms时间内向 x 轴的负方向移动了距离 $d=56.0\text{cm}$。沿 x 轴标记的距离是10cm，高度 H 是8.0mm。设一列波的方程式是 $y(x,t)=y_m\sin(kx\pm\omega t+\phi_1)$，其中，$\phi_1=0$，并且你需要选择 ω 前面正确的符号。另

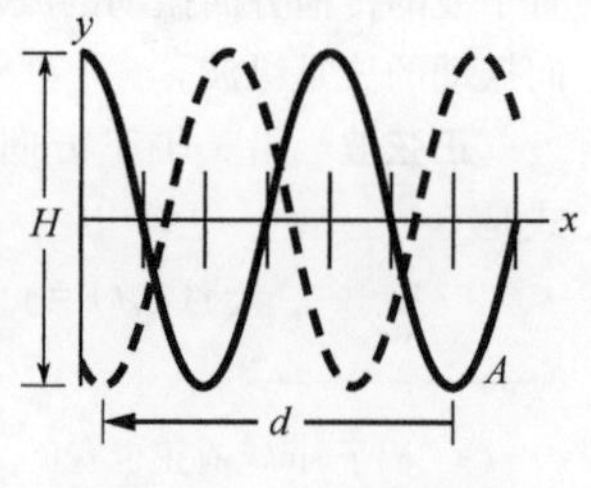

图16-24　习题9图

一列波的方程式的（a）y_m，（b）k，（c）ω，（d）ϕ_2 及（e）ω 前的符号各是什么？

10. 将两端夹紧的金属线中的张力减半而夹子之间的长度没有明显的变化。沿金属线传播的横波的新旧波速之比是多少？

11. 两列完全相同的行波沿相同的方向运动，相位差为 0.70πrad。用两组合波共有的振幅 y_m 表示的合成波振幅是多大？

12. 质量为 1.39kg 的绳子两端固定。它以二次谐波驻波的图样振动。绳子的位移由下式给出：

$$y=(0.10\mathrm{m})(\sin\pi x/2)\sin12\pi t$$

绳子一端的坐标为 $x=0$，x 的单位是 m，t 的单位是 s。问（a）绳子的长度，（b）绳上波的速率，（c）绳中的张力各是多少？（d）如果绳子以三次谐波驻波的图样振动，振动周期是多大？

13. 一列正弦波沿绳子传播，某一特定的点从最大位移运动到零经历时间 0.135s。求（a）周期和（b）频率。（c）若波长是 1.40m，波速多大？

14. 对于长绳上的横向驻波，一个波腹在 $x=0$ 的位置，相邻的波节在 $x=0.10$m 位置。$x=0$ 处线元的位移 $y(t)$ 表示在图 16-25 中，其中 y 轴的标度由 $y_s=4.0$cm 标定。当 $t=0.50$s 时，在（a）$x=0.20$m 和（b）$x=0.30$m 处的线元的位移各是多少？在（c）$t=0.50$s 和（d）$t=1.0$s 时 $x=0.20$m 处的线元的横向速度有多大？（e）画出 $t=0.50$s 时在 $x=0$ 到 $x=0.40$m 范围内的驻波图形。

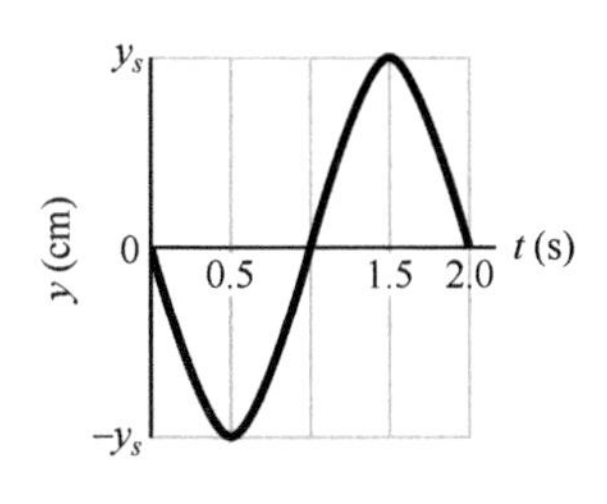

图 16-25 习题 14 图

15. 波长 18cm 的正弦横波沿绳子向正 x 轴方向传播。$x=0$ 处线元的位移 y 关于时间 t 的函数的曲线在图 16-26 上画出。纵轴的标度由 $y_s=4.0$cm 标定。波动方程的形式是 $y(x,t)=y_m\sin(kx\pm\omega t+\phi)$。（a）$t=0$ 时，y 对 x 的曲线图是正的正弦函数的形状还是负的正弦函数的形状？（b）y_m，（c）k，（d）ω，（e）ϕ，（f）ω 前的加减号如何？（g）波的速率是多少？（h）在 $t=5.0$s 时，线元在 $x=0$ 处的横向速度是多少？

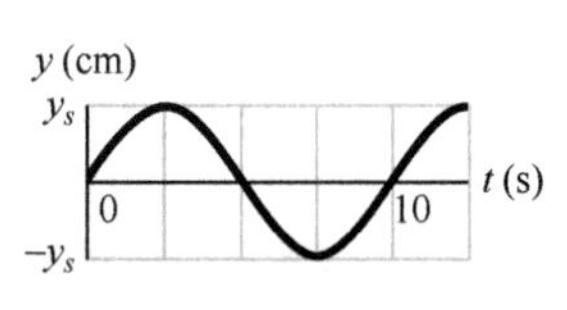

图 16-26 习题 15 图

16. 两列同样频率的正弦波沿紧绷的绳子在同一方向传播。一列波的振幅是 5.50mm，另一列是 12.0mm。（a）两列波之间的相位差 ϕ_1 是多少时合成波的振幅最小？（b）最小振幅是多大？（c）相位差 ϕ_2 是多少时合成波有最大振幅？（d）最大振幅是多少？（e）如果相位角是 $(\phi_1-\phi_2)/2$，合成振幅多大？

17. 尼龙吉他弦的线密度是 7.20g/m，它受到的张力大小为 180N。两固定支点距离 $D=90.0$cm。弦以图 16-27 中所示的驻波图样振动。求叠加形成这个驻波的行波的（a）速率，（b）波长和（d）频率。

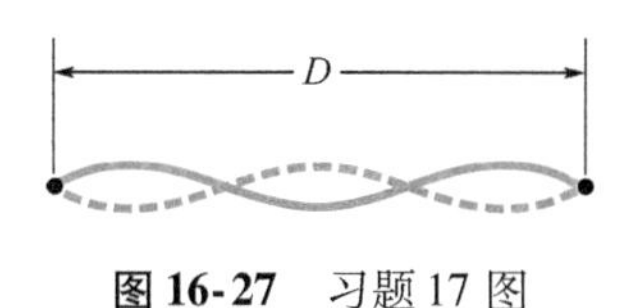

图 16-27 习题 17 图

18. 角频率为 1200rad/s、振幅为 3.00mm 的正弦波沿线密度为 4.00g/m、张力为 1200N 的绳子传播。（a）波传输到绳子另一端的能量的平均速率是多大？（b）假如同时有完全相同的一列波沿相邻的一条完全相同的绳子传播，两列波将能量传输到两根绳子的另一端总的平均速率是多少？如果两列波是沿同一条绳子同时送出，在它们的相位差分别是（c）0，（d）0.4πrad 及（e）πrad 的情况下，它们传输能量的总平均速率各是多大？

19. 位于很长的绳子一端的发生器能够产生下式给出的波：

$$y=(6.0\mathrm{cm})\cos\frac{\pi}{2}[(2.00\mathrm{m}^{-1})x+(6.00\mathrm{s}^{-1})t]$$

另一端的发生器产生波：

$$y=(6.0\mathrm{cm})\cos\frac{\pi}{2}[(2.00\mathrm{m}^{-1})x-(6.00\mathrm{s}^{-1})t]$$

求每一列波的（a）频率，（b）波长和（c）速率。对 $x\geqslant0$，（d）x 值最小的波节，（e）x 值第二小的及（f）第三小的波节的各个位置。对 $x\geqslant0$，求波腹的 x 数值（g）最小；（h）第二小及（i）第三小的位置。

20. 张力为 τ_i 的弦在频率为 f_3 的三次谐波下振动。弦上的波的波长为 λ_3。如果张力增大到 $\tau_f=8\tau_i$，再使弦在三次谐波下振动，（a）用 f_3 表示的振动频率以及（b）用 λ_3 表示的波长各为多少？

21. 在图 16-28 中，一根长度为 $L_1=60.0$cm、截面面积为 $1.25\times10^{-2}\mathrm{cm}^2$、密度为 $2.60\mathrm{g/cm}^3$ 的铝丝连接到密度为 $7.80\mathrm{g/cm}^3$ 且截面和铝丝相同的钢丝上。这根复合金属丝上挂着质量为 $m=10.0$kg 的重物。从两根金属丝的连接点到定滑轮的距离 L_2 是 86.6cm。用可变频率的外部振源在金属丝上建立横波，使一个波节位于滑轮处。（a）求产生驻波时，使连接点成为一个波节的最低频率。（b）在这个频率下可以观察到几个波节？

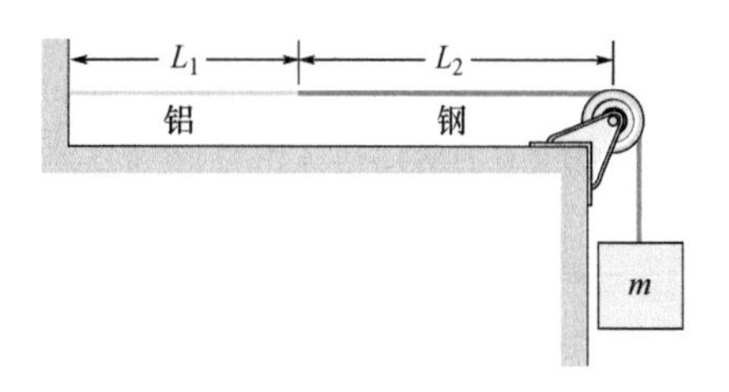

图 16-28 习题 21 图

22. 人浪。在举行盛大体育比赛的运动场的看台上座无虚席。观众们会发送一列脉冲波绕体育场传播（见图16-29）。当波到达一群观众时，他们会欢呼着站立起来然后坐下。在任一时刻，波的宽度 w 是前沿（人正要站起来）到后沿（人刚要坐下）的距离。设人浪在51s内绕运动场传播了853个座位的距离，每个观众从站起到坐下要用1.8s时间来响应人浪的通过。求（a）波速 v（每秒经过的座位数）和（b）脉冲的宽度 w（用座位数表示）。

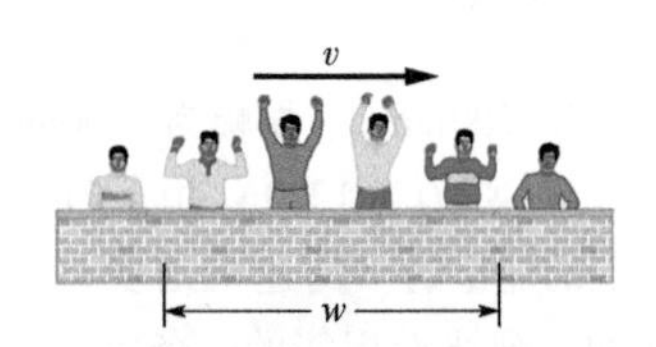

图16-29 习题22图

23. 弦的线密度是 1.9×10^{-4} kg/m，弦上的横波用下述方程式描述：

$$y=(0.021\text{m})\sin[(2.0\text{m}^{-1})x+(30\text{s}^{-1})t]$$

（a）波速和（b）弦上的张力各是多少？

24. 有完全相同的波长和振幅的两列正弦波以15cm/s的速率沿着相反的方向在一根弦上传播。弦连续两次成为平直的瞬间的时间间隔为0.20s，波长是多少？

25. 绷紧在距离为75.0cm的两个支柱之间的一根弦具有共振频率450Hz和308Hz，其间没有其他共振频率。求（a）最低的共振频率和（b）波速。

26. 如果有一条传输线在寒冷的气候下结满了冰，它直径的增大会引起风吹过时形成涡流。涡流中的气压变化会使传输线*振动*（gallop）。特别是在振动频率和传输线的共振频率相匹配时振动尤其强烈。在很长的传输线上，各共振频率如此接近，几乎任何风速都能建立共振模式，强到可以拉倒支撑的铁塔或和邻近的传输线发生*短路*。如果一条传输线的长度为310m，线密度3.35kg/m，张力的大小为90.1MN。求：（a）基模的频率，（b）依次的两个模式的频率之差。

27. 由下面的波动方程求波的速率

$$y(x,t)=(2.00\text{mm})[(15.0\text{m}^{-1})x-(8.00\text{s}^{-1})t]^{0.5}$$

28. 在图16-30中，弦的一端与正弦振荡器连接在 P 点，弦的另一端绕过位于 Q 点的支柱，并用质量为 m 的重物拉紧。距离 $L=1.20$m、线密度 $\mu=1.20$g/m，振荡器的频率 $f=120$Hz。P 点的振幅小到可以把该点当作波节。Q 点也是波节。（a）需要多大的质量 m 才能使振荡器在弦上建立四次谐波？（b）如果 $m=1.00$kg，可以建立怎样的驻波模式（如果有的话）。

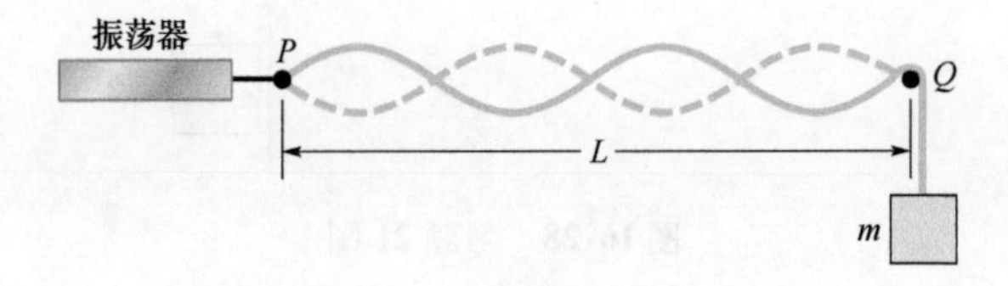

图16-30 习题28和习题30图

29. 在图16-31中，沿一根弦传播的正弦波被画了两次，在3.0ms时间内波峰 A 沿 x 轴正方向传播距离 $d=6.0$cm。沿轴的标记之间的距离为10cm，高度 $H=6.00$mm。波动方程的形式为 $y(x,t)=y_m\sin(kx\pm\omega t)$，（a）$y_m$，（b）$k$，（c）$\omega$ 各是多少？（d）ω 前的加减号应取哪一个？

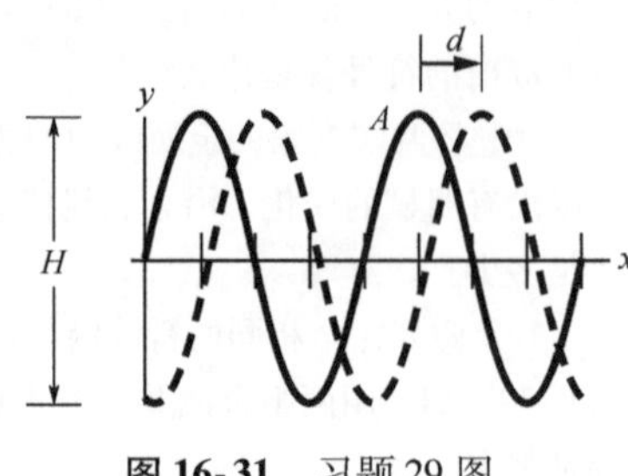

图16-31 习题29图

30. 在图16-30中，弦的一端与正弦振荡器连接在 P 点，弦的另一端绕过 Q 点的支柱，并用质量为 m 的重物拉紧。P 和 Q 间的距离是1.20m，振荡器的频率固定在120Hz。P 点运动的振幅小到可以把 P 点看作波节，Q 点也是波节。当悬挂的重物质量是286.1g或447.0g时出现驻波，这两个质量之间的任何质量都不会出现驻波，弦的线密度是多少？

31. 频率为500Hz的正弦波具有速率320m/s。（a）相位差为 π/3rad 的两点相距多远？（b）在某一确定点上相隔时间1.00ms的两次位移之间的相位差是多少？

32. 利用下列波动方程求波的速率：

$$y(x,t)=(3.00\text{mm})\sin[(3.00\text{m}^{-1})x-(8.00\text{s}^{-1})t]$$

33. 一列波具有角频率110rad/s及波长1.50m。求（a）角波数及（b）波的速率。

34. 一根弦具有质量2.00g，弦上波速为120m/s，弦中张力为7.00N。（a）弦的长度是多少，（b）这根弦的最低共振频率是多少？

35. 一根在张力作用下的弦的谐波频率是310Hz。下一个较高的谐波频率是400Hz。谐波频率为850Hz之后的下一个较高的谐波的频率是多少？

36. 在图16-32a中，绳子1的线密度是3.00g/m，绳子2的线密度是5.00g/m。它们受到的张力来自质量为 $M=800$g 的悬挂的重物。求（a）绳1和绳2上的波速。（提示：当绳子的一半绕过滑轮时，它用两倍于绳中张力的净力拉滑轮。）下一步，将重物分裂成两块（$M_1+M_2=M$）并且将设备重新安装成图16-32b的样子。求在使两根绳子中波速相等的情况下的（c）M_1 和（d）M_2。

37. 两列同样频率的正弦波沿一根绳子在同样的方向上传播。已知 $y_{m1}=$

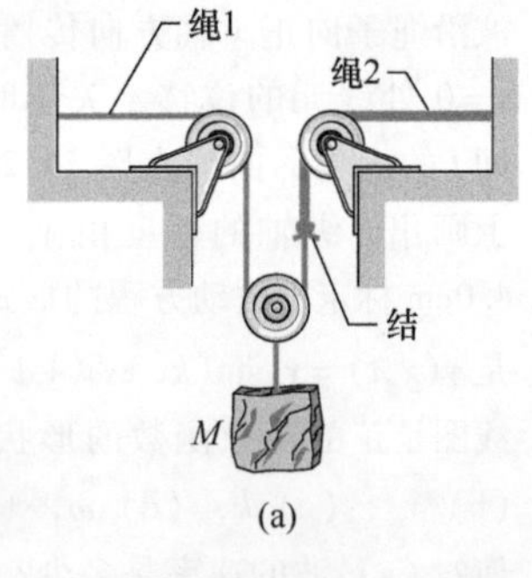

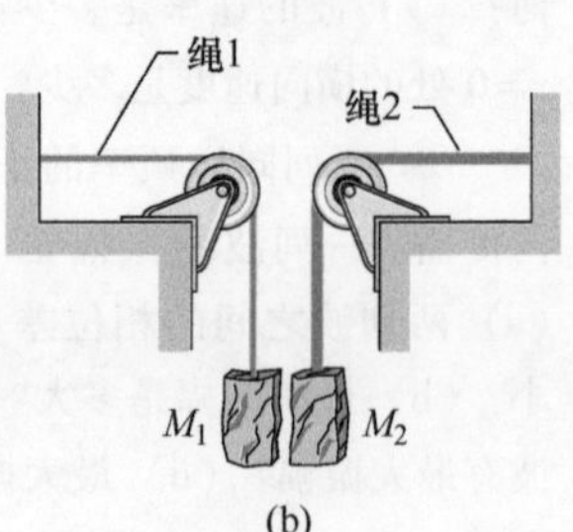

图16-32 习题36图

2.0cm，$y_{m2}=4.0\text{cm}$，$\phi_1=0$，$\phi_2=\pi/2\text{rad}$。求合成波的振幅。

38. 图16-33表示波经过一根弦上 $x=0$ 的位置上的一点时，该点的横向速度 u 关于时间 t 的函数曲线，纵轴的标度由 $u_s=12\text{m/s}$ 标定。波具有一般的形式：$y(x,t)=y_m\sin(kx-\omega t+\phi)$。$\phi$ 是多少？（注意：计算器并不总是能够给出合适的反正切函数，所以你要把你的答案代入 $y(x,t)$ 并假设一个 ω 值，然后画出函数图来验证一下。）

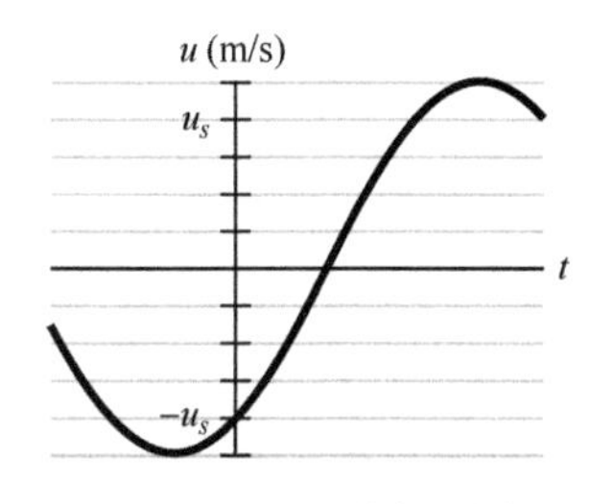

图16-33　习题38图

39. 两列波在同一条绳子上传播：

$$y_1(x,t)=(4.00\text{mm})\sin(2\pi x-650\pi t)$$

$$y_2(x,t)=(6.20\text{mm})\sin(2\pi x-650\pi t+0.60\pi\text{rad})$$

合成波的（a）振幅和（b）相位角（相对于波1）是多少？（c）如果有振幅为5.00mm的第三列波也朝着和前两列波同样的方向在这根绳子上传播，为了使新得到的合成波的振幅最大，它的相角应该是多少？

40. 弦上的驻波图形用下式描写：

$$y(x,t)=0.040(\sin 4\pi x)(\cos 40\pi t)$$

其中，x 和 y 的单位用m，t 的单位用s。对 $x\geqslant 0$，x 值（a）最小的，（b）第二小的及（c）第三小的三个波节的位置分别在哪里？（d）弦上任何一点（不是波节）的振动周期是多少？干涉产生的这个驻波的两列行波的（e）速率及（f）振幅是多少？对 $t\geqslant 0$，弦上所有点的横向速度都是零的（g）第一个，（h）第二个及（i）第三个时刻各是多少？

41. 一列正弦波沿线密度为5.0g/m的绳子传播。当波在传播时，质量元的动能沿着绳子变化。图16-34a给出在某一时刻通过线元的能量速率 dK/dt 关于沿绳子的坐标 x 的函数。图16-34b和图16-34a类似，但它却是通过一个质量元（在特定的位置）的动能的速率关于时间 t 的函数曲线图。对这两张图，纵轴（速率）的标度由 $R_s=10\text{W}$ 标定。波的振幅多大？

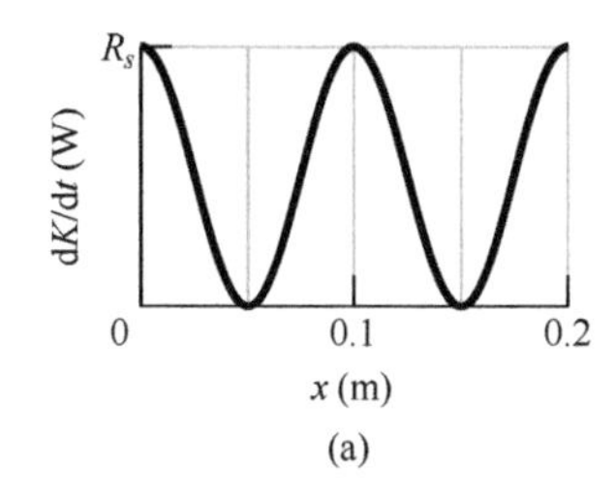

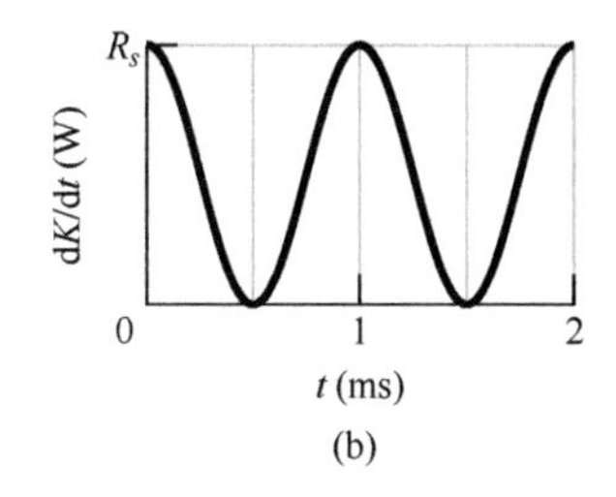

图16-34　习题41图

42. 沿非常长的绳子传播的横波的方程是 $y=3.0\sin(0.020\pi x-4.0\pi t)$，其中 x 和 y 用cm为单位，t 用s。求（a）振幅，（b）波长，（c）频率，（d）速率，（e）波的传播方向，（f）绳子上质点的最大横向速率。（g）$t=0.26\text{s}$ 时 $x=3.5\text{cm}$ 处的横向位移有多大？

43. 在长度为1.75m、质量为60.0g、张力大小为500N的绳子上横波的速率是多少？

44. 描写紧绷的绳子上的波的函数为 $y(x,t)=(15.0\text{cm})\cos(\pi x-15\pi t)$，$x$ 单位用m，t 用s。当绳子上一点的位移是 $y=+6.00\text{cm}$ 时，该点的横向速率有多大？

45. 长为10.0m、质量为100g的金属线在大小为275N的张力的作用下产生的驻波的（a）最低频率，（b）第二最低频率及（c）第三最低频率各是多少？

46. 沙漠蝎子可以探测出附近甲虫（它的猎物）的运动，它是利用甲虫运动所产生的沿沙漠表面传播的波（见图16-35）来探测的。波有两种类型：横波以速率 $v_t=50\text{m/s}$ 传播，纵波以 $v_l=150\text{m/s}$ 传播。如果一次突然的运动产生这样的波，蝎子就可以从它最接近甲虫的一条腿上感知到波先后两次到达的时间差 Δt，并由此知道它和甲虫之间的距离。如果蝎子到甲虫的距离是37.5cm，时间差是多少？

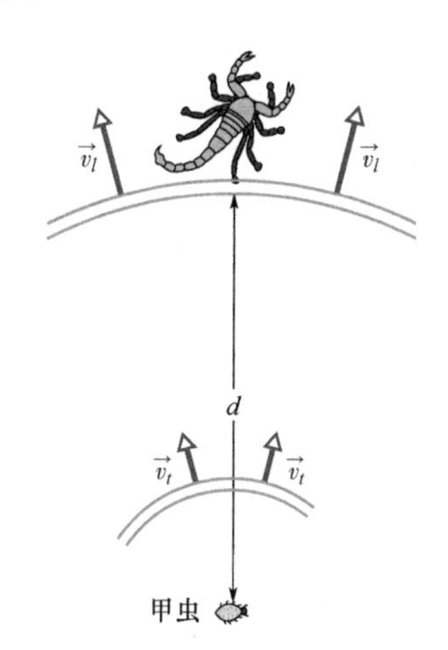

图16-35　习题46图

47. 两列同样周期的波，振幅分别是5.0mm和7.0mm，沿一根紧绷的绳子在相同的方向上传播；它们产生振幅为10.0mm的合成波。5.0mm波的相位常量是0。7.0mm波的相位常量是多少？

48. 正弦波以速率40cm/s沿一根绳子传播，绳子上位置 $x=10\text{cm}$ 处的粒子位移按照 $y=(4.0\text{cm})\sin[5.0-(4.0\text{s}^{-1})t]$ 的规律变化。绳子的线密度是4.0g/cm。波的（a）频率及（b）波长是多少？如果波动方程是这种形式：$y(x,t)=y_m\sin(kx\pm\omega t)$，什么是（c）$y_m$，（d）$k$，（e）$\omega$ 及（f）ω 前加减号是哪个？（g）绳子上的张力有多大？

49. 下面两列波在水平的弦上沿相反方向传播，在竖直平面上产生驻波：

$$y_1(x,t)=(6.00\text{mm})\sin(12.0\pi x-300\pi t)$$
$$y_2(x,t)=(6.00\text{mm})\sin(12.0\pi x+300\pi t)$$

x 单位用 m，t 用 s。波腹在 A 点。弦上一点从向上最大位移到向下最大位移的一段时间内每一列波向前传播了多远？

50. 四列波在同一根绳上沿同一方向传播：

$$y_1(x,t)=(5.00\text{mm})\sin(4\pi x-400\pi t)$$
$$y_2(x,t)=(5.00\text{mm})\sin(4\pi x-400\pi t+0.8\pi)$$
$$y_3(x,t)=(5.00\text{mm})\sin(4\pi x-400\pi t+\pi)$$
$$y_4(x,t)=(5.00\text{mm})\sin(4\pi x-400\pi t+1.8\pi)$$

合成波的振幅是多少？

51. 波 $y(x,t)=(5.0\text{mm})\sin(kx+(600\text{rad/s})t+\phi)$ 沿绳子传播。绳上任意一点从位移 $y=+2.0$mm 到 $y=-2.0$mm 要多长时间？

52. 波在其上传播的绳子有 2.70m 长，质量为 130g。绳中的张力是 36.0N，振幅为 7.70mm。如果行波的平均功率是 170W，波的频率应是多少？

53. 质量为 m、长度为 L 的均匀长绳从顶棚上挂下。(a) 证明绳上横波的速率是从下端算起的距离 y 的函数：$v=\sqrt{gy}$。(b) 证明横波通过整根绳子的长度所用时间 $t=2\sqrt{L/g}$。

54. 绳子上的张力是 200N 时，绳上横波的速率是 115m/s。要把波速提升到 223m/s，张力必须改变多少？

55. 一列正弦横波在一根绳子上沿 x 轴负方向传播。图 16-36 表示在 $t=0$ 时刻作为位置函数的位移的曲线图；y 轴的标度由 $y_s=4.0$cm 标定。绳子中张力是 3.6N，线密度是 28g/m。求 (a) 振幅，(b) 波长，(c) 波速和 (d) 波的周期。(e) 求绳子上质点的最大横向速率。如果波的形式是 $y(x,t)=y_m\sin(kx\pm\omega t+\phi)$，(f) k，(g) ω，(h) ϕ 及 (i) ω 前加减号的正确选择各是什么？

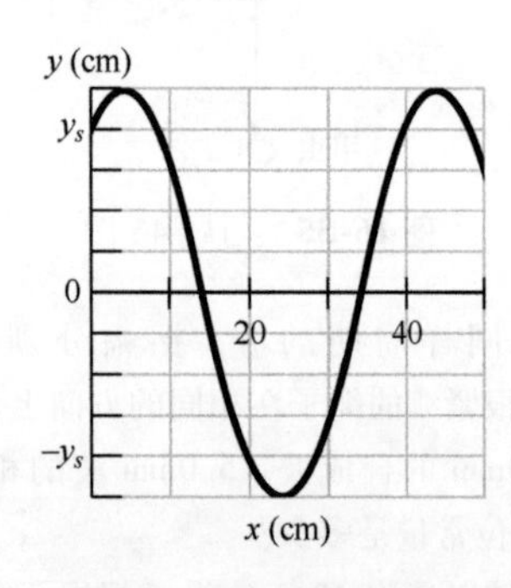

图 16-36 习题 55 图

56. 利用下面用一般函数表示的波动方程求波的速率：

$$y(x,t)=(4.00\text{mm})h[(22.0\text{m}^{-1})x+(8.00\text{s}^{-1})t]$$

57. 正弦横波以速率 70m/s 在绳子上沿 x 轴的正方向传播。在 $t=0$ 时刻，位于 $x=0$ 的绳子上的线元具有横向位移 4.0cm，并且不动。在 $x=0$ 处的线元的最大横向速率是 16m/s。(a) 波的频率是多少？(b) 波长是多少？如果波动方程形式是 $y(x,t)=y_m\sin(kx\pm\omega t+\phi)$，求 (c) y_m，(d) k，(e) ω，(f) ϕ，以及 (g) ω 前面正确的加减号。

58. 正弦波沿着有张力作用的绳子传播，图 16-37 给出 $t=0$ 时刻沿绳子的斜率。x 轴的标度由 $x_s=0.40$m 标定。波的振幅有多大？

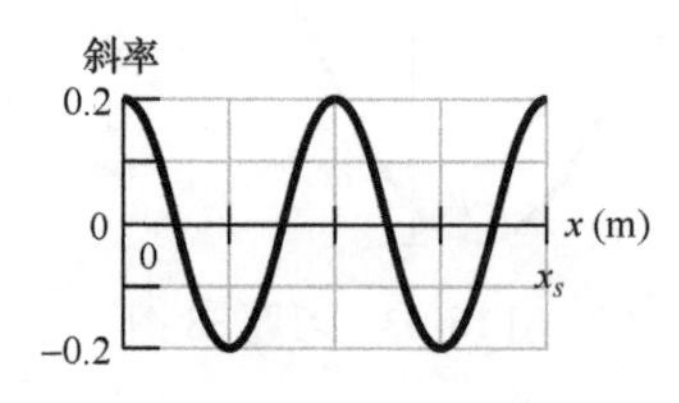

图 16-37 习题 58 图

59. 一根弦按下列方程式振动

$$y'=(0.80\text{cm})\sin\left[\left(\frac{\pi}{3}\text{cm}^{-1}\right)x\right]\cos[(40\pi\text{s}^{-1})t]$$

这个振动是（除传播方向以外其余都完全相同的）两列波叠加而成，问两列波各自的 (a) 振幅和 (b) 速率是多大？(c) 两个相邻波节之间的距离是多大？(d) $t=0.50$s 时，位于 $x=2.1$cm 处的绳子上的质点的横向速率是多少？

60. 两列相同波长和振幅的正弦波一同在沿 x 轴紧绷着的一根绳子上相对传播，它们互相穿过。它们的合成波在图 16-38 中画了两次。在 6.0ms 内，波腹 A 经历了从最高的位移到最低的位移的过程。沿 x 轴的标记分开 15cm；高度 H 是 1.20cm。设其中一列波的方程式是 $y(x,t)=y_m\sin(kx+\omega t)$。另一列波的波动方程中的 (a) y_m，(b) k，(c) ω 及 ω 前的加减号各是什么？

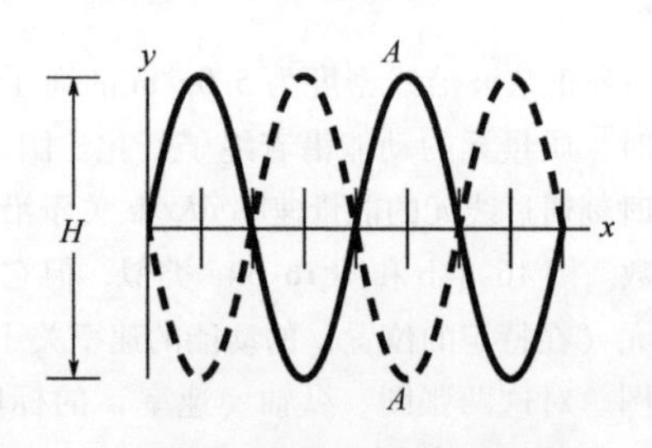

图 16-38 习题 60 图

CHAPTER 17

第 17 章　波 Ⅱ

17-1　声速

学习目标

学完这一单元后，你应当能够……

17.01　区别纵波和横波。

17.02　解释波前（波阵面）和波线。

17.03　应用材料中的声速与材料的体积模量和材料密度的关系。

17.04　应用声速、声波传播的距离及传播这段距离所需的时间之间的关系。

关键概念

● 声波是机械纵波，它可以在固体、液体和气体中传播。在体积模量为 K、密度为 ρ 的介质中，声波的速率 v 是

$$v=\sqrt{\frac{K}{\rho}}\quad(\text{声速})$$

在 20℃ 的空气中，声速是 343m/s。

什么是物理学?

声波的物理学是众多领域的研究杂志中各种研究的基础。这里只讲几个例子。一些生理学家关注说话能力是怎样产生的，如何矫正说话能力的损伤。听力丧失如何可以缓解，甚至包括打鼾是怎样产生的。一些声学工程师关心改进大教堂和音乐厅的声学效果，减少高速公路和道路建筑附近的噪声，以及通过扬声器系统再现音乐。一些航空工程师关心超声速飞机产生的冲击波以及在机场附近的社区中的飞机噪声。一些医学研究人员则关心心脏和肺产生的噪声如何反映病人患有哪些疾病。古生物学家关心怎样从恐龙的化石中揭露恐龙的发声方法。一些军事工程师关心士兵如何根据狙击手开火的声音精确给狙击手定位，在文雅的方面，有的生物学家关心猫是怎样发出呜呜的声音。

在开始讨论声波的物理学之前，我们首先要回答“什么是声波?”这个问题。

声波

我们在第 16 章中讨论过机械波是必须存在于物质介质中的波。有两种类型的机械波：振动垂直于波传播的方向的横波；振动平行于波传播的方向的纵波。

在本书中，**声波**粗略地用来代表任何的纵波。地震勘探队利用这种波来探测地壳，寻找石油。航船携带声波测距装置（声呐）探测水下障碍物。潜水艇利用声波搜索和追踪其他的潜艇，其原

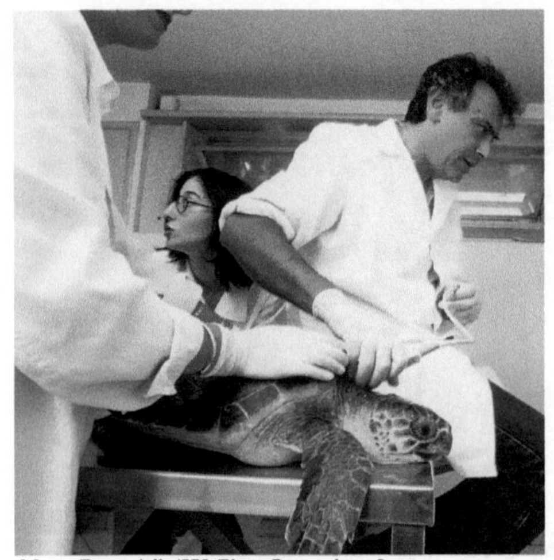

Mauro Fermariello/SPL/Photo Researchers, Inc.

图17-1　一只蠵龟接受超声波（其频率比你们可以听到的频率更高）检查；在图右方外面的监视器上产生它的内脏的图像。

理主要是通过收听螺旋桨产生的特殊的噪声。图17-1表示怎样用声波来检测动物或人体的软组织。在这一章中，我们要着重讨论，在空气中传播并且可以被人听见的声波。

图17-2用图说明在我们的讨论中将要用到的几个概念。点S表示很小的声源，称为*点源*。它向各个方向发射声波。波前和波线指出声波传播的展开的方向，**波前**是声波的振动有相同数值的表面；在点源的二维图中，这种表面用完整的或部分的圆来表示。**波线**是垂直于波面的指向线，它指明波前传播的方向。叠加在图17-2中波线上的双向短箭头表示空气的纵向振动平行于波线。

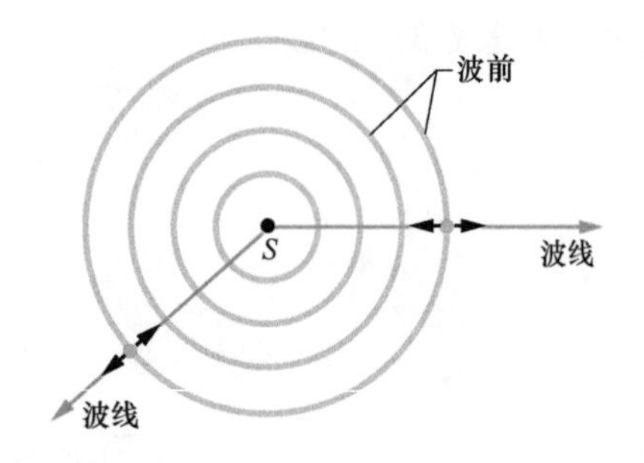

图17-2　从点源S发出的声波在三维介质中传播。波前形成中心在S的球面。波线从S径向发出。双向的短箭头表示平行于波线振动的介质单元。

在靠近点波源的地方，就像图17-2中那样，波前是*球形*，并在三维中扩展，这种波称为*球面波*。随着波前向外扩展，它们的半径变得越来越大，它们的曲率减小。离开点源很远的地方，我们近似地把波前看作平面（在二维图中就是直线），这样的波称为*平面波*。

声波的速率

任何机械波（横波或纵波）的速率都取决于两个因素：介质的惯性性质（储存动能）和介质的弹性性质（储存势能）。因此，我们可以推广式（16-26），这个式子给出沿紧绷的绳子传播的横波的速率：

$$v=\sqrt{\frac{\tau}{\mu}}=\sqrt{\frac{\text{弹性性质}}{\text{惯性性质}}}\qquad(17\text{-}1)$$

其中，（对于横波）τ是绳子上的张力；μ是绳子的线密度。如果介质是空气，波是纵波，我们可以猜出对应于μ的惯性性质是空气的体密度ρ。我们要用什么来代替弹性性质呢？

在绷紧的绳子中，势能与波经过线元时所产生的线元周期性的伸长有关。当声波通过空气的时候，势能与空气的微小体积元的周期性压缩及膨胀有关。当作用于介质上的压强（单位面积上的力）改变的时候，介质单元的体积改变的程度取决于介质的某个性质，这个性质称为**体积模量**B。体积模量［来自式（12-25）］的定义为

$$B=-\frac{\Delta p}{\Delta V/V}\quad\text{（体积模量的定义）}\qquad(17\text{-}2)$$

其中，$\Delta V/V$是压强改变Δp引起体积变化的比例。我们在14-1单元中已经说过，压强的国际单位制单位是牛顿每平方米，它有一个专门的名称帕［斯卡］（Pa）。我们在式（17-2）中看到，B的单位也是帕［斯卡］。Δp和ΔV的符号总是相反的：作用在体积元上的压强增大（Δp是正的），它的体积就要缩小（ΔV为负）。我们在式（17-2）中写上一个负号使得B总是正数。现在，在式（17-1）中用B代替τ，用ρ代替μ，得到：

$$v=\sqrt{\frac{B}{\rho}}\quad\text{（声波的速率）}\qquad(17\text{-}3)$$

这是在体积模量为B、密度为ρ的介质中声波的速率。表17-1列出在几种不同的介质中声波的速率。

水的密度比空气的密度几乎大了1000倍。如果这是唯一有关的因子，我们由式（17-3）就可以预测水中声速比空气中声速小很多。然而，我们从表17-1中看到实际情况正好相反。我们得出结论［也是从式（17-3）得到］，水的体积模量必定比空气的大了1000倍以上。实际情况也确实如此。水比空气更不容易压缩，这［参见式（17-2）］是说明水的体积模量比空气大得多的另一种方式。

表17-1 声速[①]

介质	速率/(m/s)
气体	
空气（0℃）	331
空气（20℃）	343
氦	965
氢	1284
液体	
水（0℃）	1402
水（20℃）	1482
海水[②]	1522
固体	
铝	6420
钢	5941
花岗岩	6000

① 除另外注明的以外，都是0℃和1atm。

② 温度为20℃、盐度为3.5%。

式（17-3）的正式推导

我们现在直接应用牛顿定律推导式（17-3）。设一个压缩空气的脉冲以速率 v 通过一根长管子中的空气（从右到左）传播，就好像在图16-2中那样。设我们跟随着这个脉冲以同样的速率奔跑，所以在我们的参考系中这个脉冲看上去是静止的。图17-3a表示从这个参考系中看到的情况。脉冲是静止的，空气以速率 v 从左到右运动。

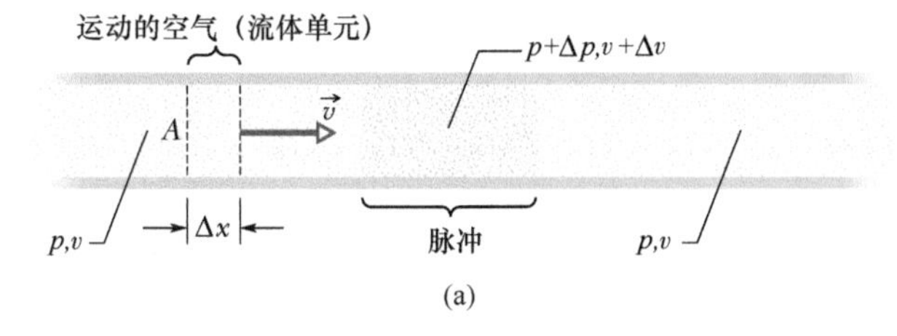

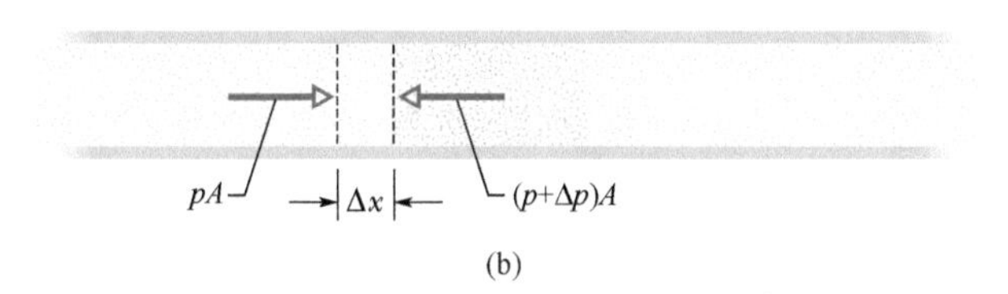

图17-3 一个压缩脉冲沿充满空气的长管子从右向左传播。这样来选择图中的参考系：就是脉冲在其中静止而空气从左向右运动。（a）宽度为 Δx 的空气单元以速率 v 向着脉冲运动。（b）空气单元领先的一面进入脉冲，图上表示出了作用于领先一面及尾部面上的压力（来自空气压力）。

设未被扰动的空气压强是 p，脉冲内部的压强是 $p+\Delta p$，由于空气被压缩，其中的 Δp 是正的。考虑厚度 Δx，面积为 A 的空气单元以速率 v 向着脉冲运动。当这个空气单元进入脉冲时，单元领先的一面进入压强较高的区域，较高的压强使单元的速率减小到 $v+\Delta v$，这里的 Δv 是负的。当单元的后表面到达脉冲时，减慢过程就完成了，这段时间间隔是

$$\Delta t=\frac{\Delta x}{v} \tag{17-4}$$

我们对这个空气单元应用牛顿第二定律。在 Δt 时间内，作用于空气单元后表面的平均力是 pA，方向向右；作用于领先的一面的平均力是 $(p+\Delta p)A$，方向向左（见图17-3b）。因此，在 Δt 时间内作用于空气单元的平均净力是

$$\begin{aligned}F&=pA-(p+\Delta p)A\\&=-\Delta pA \quad（净力）\end{aligned} \tag{17-5}$$

负号表示作用于空气单元上的净力在图17-3b中向左。空气单元的体积是 $A\Delta x$，所以考虑到式（17-4），我们可以把单元的质量写成

$$\Delta m=\rho\Delta V=\rho A\Delta x=\rho Av\Delta t \quad（质量） \tag{17-6}$$

在 Δt 时间内空气单元的平均加速度是

$$a=\frac{\Delta v}{\Delta t} \quad（加速度） \tag{17-7}$$

于是，应用牛顿第二定律（$F=ma$），由式（17-5）~式（17-7）得到

$$-\Delta pA=(\rho Av\Delta t)\frac{\Delta v}{\Delta t} \tag{17-8}$$

我们也可以把这个式子写成

$$\rho v^2=-\frac{\Delta p}{\Delta v/v} \tag{17-9}$$

在脉冲外面时空气单元的体积为 V（$=Av\Delta t$），当它进入脉冲后体积被压缩并减少 ΔV（$=A\Delta v\Delta t$）。于是

$$\frac{\Delta V}{V}=\frac{A\Delta v\Delta t}{Av\Delta t}=\frac{\Delta v}{v} \tag{17-10}$$

将式（17-10）代入式（17-9），然后代入式（17-2），得到

$$\rho v^2=-\frac{\Delta p}{\Delta v/v}=-\frac{\Delta p}{\Delta V/V}=B \tag{17-11}$$

解出 v 得到式（17-3），这是图 17-3 中空气向右运动的速率，也就是向左运动的脉冲的实际速率。

17-2 声波行波

学习目标

学完这一单元后，你应当能够……

- 17.05 计算一个特定位置的空气单元在某一特定时刻，声波经过它的位置时这个单元的位移 $s(x,t)$。
- 17.06 根据声波的位移函数 $s(x,t)$，计算两个给定位移之间的时间。
- 17.07 应用波速 v、角频率 ω、角波数 k、波长 λ、周期 T 和频率 f 之间的关系。
- 17.08 画出作为位置函数的空气元的位移 $s(x)$ 的曲线图，并辨认振幅 s_m 和波长 λ。
- 17.09 当声波经过某一特定位置上的空气元时，计算某一特定时刻这个单元压强的改变 Δp（与大气压的差别）。
- 17.10 画出一个空气元的作为位置函数的压强变化 $\Delta p(x)$ 的曲线图，辨认振幅 Δp_m 及波长 λ。
- 17.11 应用压强变化的振幅 Δp_m 和位移振幅 s_m 之间的关系。
- 17.12 给出声波的位置 s 对时间的曲线图，确定振幅 s_m 和周期 T。
- 17.13 给出声波的压强变化 Δp 对时间的曲线图，确定振幅 p_m 和周期 T。

关键概念

- 下式表示声波引起的介质中质量元的纵向位移 s：

$$s=s_m\cos(kx-\omega t)$$

其中，s_m 是离开平衡位置的位移振幅（最大位移）；$k=2\pi/\lambda$；$\omega=2\pi f$；λ 和 f 分别是声波的波长和频率。

- 声波也会造成介质中的压强离开平衡压强从而产生压强的变化 Δp：

$$\Delta p=\Delta p_m\sin(kx-\omega t)$$

其中，压强变化的振幅是

$$\Delta p_m=(v\rho\omega)s_m$$

声波行波

这里我们要讨论在空气中传播的正弦声波的位移和压强变化。图 17-4a 展示沿一根长的充满空气的管子向右方传播的这种波。回忆一下第 16 章中我们可以使这个管子左端的活塞正弦式

地运动来产生这样的波（见图 16-2）。活塞向右运动使得紧靠活塞面的空气元运动并压缩这部分空气。活塞向左运动使这部分空气元回头向左运动并使压强减小。每一空气元依次推动下一个空气元，空气元的左右运动以及它的压强变化沿着管子传播，形成声波。

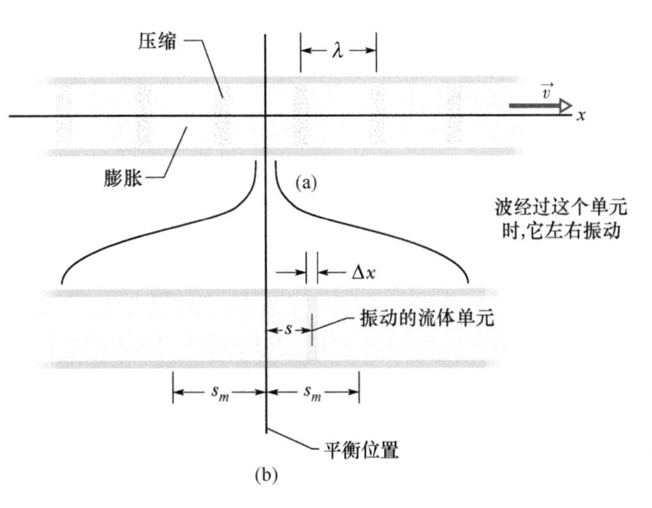

图 17-4 （a）沿着一根长的、充满空气的管子以速率 v 传播的声波由运动着的、空气中周期性地膨胀和压缩的图案组成。图上画的是任意时刻的波。（b）管子的一小段在水平方向放大的视图。当波经过时，厚度为 Δx 的空气单元以简谐运动的方式在它的平衡位置附近左右振动。在图（b）中所示的时刻，这个单元正好移动到距离平衡位置右边 s 的位置，它向左和向右的最大位移都是 s_m。

考虑图 17-4b 中厚度为 Δx 的一薄层空气元。当波传播经过管子的这个部分时，空气元以简谐运动的方式在它的平衡位置附近左右振动。于是，传播的声波引起的各个空气元的振动就像绳子上的横波引起的线元的振动一样，只是空气元是纵向振动而不是横向振动。因为线元的振动平行于 y 轴，我们把它们的位移写成 $y(x,t)$ 的形式。同理，空气元是平行于 x 轴振动的，照理我们应当把它们的位移写成 $x(x,t)$ 的形式，但是为了避免混淆，我们还是用 $s(x,t)$ 来代替更好。

位移。要表明位移 $s(x,t)$ 是 x 和 t 的正弦函数，我们用正弦函数或余弦函数都可以。在这一章中，我们用余弦函数，写成

$$s(x,t)=s_m\cos(kx-\omega t) \tag{17-12}$$

图 17-5a 标记出这个方程式的各部分。其中，s_m 是**位移振幅**——就是空气元在它的平衡位置两边的最大位移（见图 17-4b）。声波（纵波）的角波数 k，角频率 ω，频率 f，波长 λ，速率 v 和周期 T 的定义以及它们之间的关系与横波的完全一样，只是 λ 现在是波开始重复它自身的压缩和膨胀图样之间的距离（也是沿着波传播的方向）（见图 17-4a）。（我们设 s_m 比 λ 小得多。）

压强。波运动的时候，图 17-4a 中任何位置 x 处空气的压强按正弦变化，我们下面就要证明这一点。我们写出下面的公式来描写这个变化：

$$\Delta p(x,t)=\Delta p_m\sin(kx-\omega t) \tag{17-13}$$

图 17-5b 标出这个方程式的各个部分。式（17-13）中 Δp 的负值对应于空气的膨胀，正值对应于压缩。这里的 Δp_m 是**压强振幅**，是因声波产生的压强增加或减小的最大值；正常情况下，Δp_m 比之于没有波的时候的压强 p 小得多。正如我们要证明的，压强振幅与

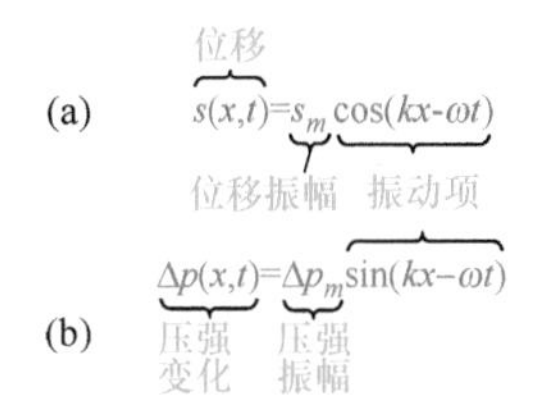

图 17-5 声波行波的（a）位移函数和（b）压强变化函数，由振幅和振动项组成。

Δp_m 与位移振幅，式（17-12）中的 s_m 的关系为

$$\Delta p_m = (v\rho\omega)s_m \tag{17-14}$$

图 17-6 画的是 $t=0$ 时刻的式（17-12）和式（17-13）的曲线图。这两条曲线随时间推移沿着水平轴向右运动。注意，位移和压强变化有相位差 $\pi/2\text{rad}$（或 90°）。例如，当沿着声波的任何一点的位移最大时，压强变化是零。

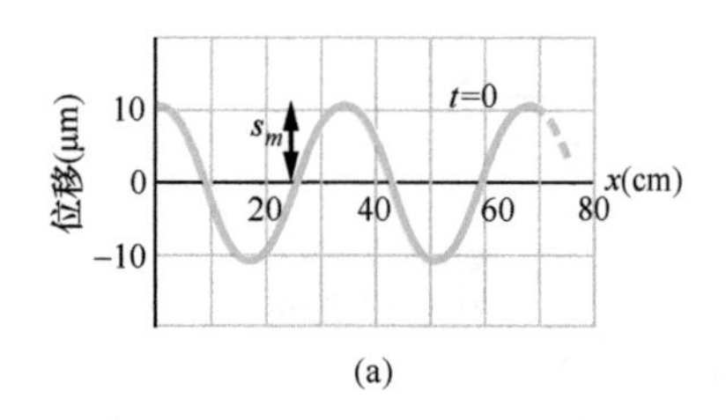

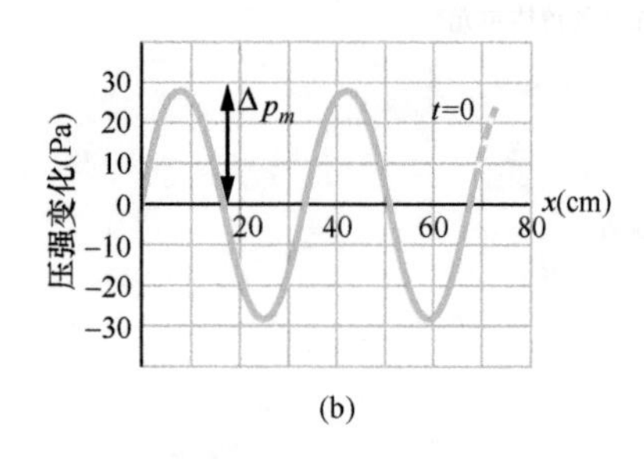

图 17-6　(a) $t=0$ 时位移函数［式 (17-12)］的曲线图。(b) 压强变化函数［式 (17-13)］的同样的图。两张图都是 1000Hz 的声波，它的压强振幅是疼痛阈。

检查点 1

图 17-4b 中振动着的空气元向右运动经过零位移的点时，空气元中的压强从它的平衡值正要开始减少，还是正要开始增大？

式（17-13）和式（17-14）的推导

图 17-4b 表示截面面积为 A 及厚度为 Δx 的振动着的空气元，它的中心从它的平衡位置移开距离 s。由式（17-2），我们可以把这个移动的空气元中的压强变化写作：

$$\Delta p = -B\frac{\Delta V}{V} \tag{17-15}$$

式（17-15）中的量 V 是空气元的体积：

$$V = A\Delta x \tag{17-16}$$

式（17-15）中的量 ΔV 是该空气元移动的时候产生的体积变化。这个体积变化之所以会产生是因为空气元的两个面的位移不完全相同，相差某一小量 Δs。因此，我们可以把这个体积的变化写成

$$\Delta V = A\Delta s \tag{17-17}$$

将式（17-16）和式（17-17）代入式（17-15）并变换成微商极限，得到：

$$\Delta p = -B\frac{\Delta s}{\Delta x} = -B\frac{\partial s}{\partial x} \tag{17-18}$$

符号 ∂ 表示式（17-18）中的微商是偏微商，它告诉我们当时间 t 固定不变时 s 如何随 x 变化。由式（17-12），把 t 当作常量，我们有：

$$\frac{\partial s}{\partial x} = \frac{\partial}{\partial x}[s_m\cos(kx-\omega t)] = -ks_m\sin(kx-\omega t)$$

把这个结果代入式（17-18）中的偏微商，得到：

$$\Delta p = Bks_m\sin(kx-\omega t)$$

这个式子告诉我们，压强的变化是时间的正弦函数，变化的振幅等于正弦函数前面的因子。令 $\Delta p_m = Bks_m$，这样就得到我们要证明的式（17-13）。

应用式（17-3），我们现在可以写出：

$$\Delta p_m = (Bk)s_m = (v^2\rho k)s_m$$

如果我们利用式（16-12）把 ω/v 代替 k，立即会得到我们想要证明的式（17-14）。

例题 17.01　压强振幅，位移振幅

人类耳朵能忍受的很响的声音的最大压强变化振幅 Δp_m 大约是 28Pa（这比正常的大约 10^5Pa 的大气压小了很多）。问在密度为 $\rho = 1.21\text{kg/m}^3$ 的空气中与这个压强变化振幅对应的位移振幅 s_m 是多大？设声波的频率是 1000Hz，声波在空气中的速度为 343m/s。

【关键概念】

声波的位移振幅 s_m 和声波压强变化振幅 Δp_m 可通过式（17-14）联系起来。

解：由式（17-14），得到

$$s_m = \frac{\Delta p_m}{v\rho\omega} = \frac{\Delta p_m}{v\rho(2\pi f)}$$

代入已知的数据，得到

$$s_m = \frac{28\text{Pa}}{(343\text{m/s})(1.21\text{kg/m}^3)(2\pi)(1000\text{Hz})}$$

$$= 1.1 \times 10^{-5}\text{m} = 11\mu\text{m} \qquad \text{（答案）}$$

这只有一张书页的七分之一厚度。显然，即使是人耳能够忍受的最响的声音的位移振幅也是非常小的。短时间暴露在这样响的声音中还会暂时丧失听觉，这可能是由于向内耳供应的血液减少所致。长时间的暴露会产生永久性的损害。

对 1000Hz 声音可探听到的最弱的压强变化振幅 Δp_m 是 2.8×10^{-5}Pa。按照上面的步骤可以求出 $s_m = 1.1 \times 10^{-11}$m 或 11pm。这大约是一个典型的原子的半径的十分之一。可见，耳朵确实是灵敏的声波探测器。

WILEY PLUS 在 WileyPLUS 中可以找到附加的例题、视频和练习。

17-3　干涉

学习目标

学完这一单元后，你应当能够……

17.14　如有相同波长的两列波以相同的相位开始，但沿不同的路径传播到同一点，通过把程长差 ΔL 和波长 λ 联系起来计算这两列波在这一点处的相位差 ϕ。

17.15　根据有相同振幅、波长及传播方向的两列声波之间的相位差，确定这两列波之间干涉的类型（完全相消干涉、完全相长干涉或中等干涉）。

17.16　把相位差在弧度、度和波长数目之间转换。

关键概念

- 通过同一点的相同波长的两列声波的干涉取决于它们在这一点的相位差 ϕ。如两列相位协调的声波发射时同相位，并且近似地在相同的方向上传播，则 ϕ 由下式给出：

$$\phi = \frac{\Delta L}{\lambda}2\pi$$

其中，ΔL 是两列声波的程长差。

- 完全相长干涉发生在 ϕ 是 2π 的整数倍时，即

$$\phi = m(2\pi),\ m = 0,\ 1,\ 2,\ \cdots$$

等价的条件是，ΔL 和波长 λ 的关系满足：

$$\frac{\Delta L}{\lambda} = 0,\ 1,\ 2,\ \cdots$$

- 完全相消干涉发生在 ϕ 是 π 的奇数倍时：

$$\phi = (2m+1)\pi,\ m = 0,\ 1,\ 2,\ \cdots$$

以及 $$\frac{\Delta L}{\lambda} = 0.5,\ 1.5,\ 2.5,\ \cdots$$

干涉

像横波一样，声波也会发生干涉。事实上，我们可以像 16-5 单元中对横波所做的那样写出干涉的方程式。设两列有相同振幅和波长的声波沿 x 轴的正方向传播，它们之间有相位差 ϕ。我们可

以用式（16-47）和式（16-48）的形式来表示波，但为了和式（17-12）一致起见，我们用余弦函数来代替正弦函数：

$$s_1(x,t)=s_m\cos(kx-\omega t)$$

和

$$s_2(x,t)=s_m\cos(kx-\omega t+\phi)$$

这两列波重叠并干涉。由式（16-51），我们可以写出合成波：

$$s'=\left[2s_m\cos\frac{1}{2}\phi\right]\cos\left(kx-\omega t+\frac{1}{2}\phi\right)$$

和我们讨论横波时一样，合成波本身也是行波，它的振幅的数值是

$$s'_m=\left|2s_m\cos\frac{1}{2}\phi\right| \tag{17-19}$$

和横波的情形一样，ϕ 的数值决定了各列波相互干涉是什么类型。

控制 ϕ 的一个方法是使波经过不同的路程。图 17-7a 表示我们怎样建立这样一种情况：两个点源 s_1 和 s_2 发射同相位的、波长 λ 完全相同的声波。因此，我们说这两个波源本身是同相位的。就是说两列波从波源发出的时候，它们的位移永远是完全相同的。我们感兴趣的是通过图 17-7a 中 P 点时的这两列波。我们假设波源到 P 点的距离比两个波源之间的距离大得多，从而我们可以近似地看作两列波沿同样的方向上传播到 P 点。

如果这两列波经过完全相同长度的路程到达 P 点，两列波在这一点的相位就相同。如果是横波，这意味着在这里两列波会产生完全相长干涉。然而在图 17-7a 中，从 S_2 发出的波经过的路程 L_2 比从 S_1 发出的波经过的路程 L_1 更长。路程上的差别意味着在 P 点的两列波可能不是同相位。换言之，它们在 P 点的相位差取决于它们的**程长差** $\Delta L=|L_2-L_1|$。

为把相位差 ϕ 和程长差 ΔL 联系起来，我们回忆一下（见 16-1 单元），2πrad 的相位差对应于一个波长。于是，我们可以写出比例关系：

$$\frac{\phi}{2\pi}=\frac{\Delta L}{\lambda} \tag{17-20}$$

由这个公式，可得

$$\phi=\frac{\Delta L}{\lambda}2\pi \tag{17-21}$$

完全相长干涉发生在 ϕ 是零、2π 或 2π 的任何整数倍的条件下。我们可以把这个条件写成

$$\phi=m(2\pi),\ m=0,\ 1,\ 2,\ \cdots\ （完全相长干涉） \tag{17-22}$$

由式（17-21）可知，这发生在比例 $\Delta L/\lambda$ 满足

$$\frac{\Delta L}{\lambda}=0,\ 1,\ 2,\ \cdots\ （完全相长干涉） \tag{17-23}$$

例如，若图 17-7a 中的程长差 $\Delta L=|L_2-L_1|$ 等于 2λ，则 $\Delta L/\lambda=2$，两列波在 P 点发生完全相长干涉（见图 17-7b）。干涉是完全相长的，这是因为从 S_2 发出的波相对于从 S_1 发出的波相位移动了 2λ，这使得两列波到 P 时完全同相位。

完全相消干涉发生在 ϕ 是 π 的奇数倍的条件下：

$$\phi=(2m+1)\pi,\ m=0,\ 1,\ 2,\ \cdots\ （完全相消干涉） \tag{17-24}$$

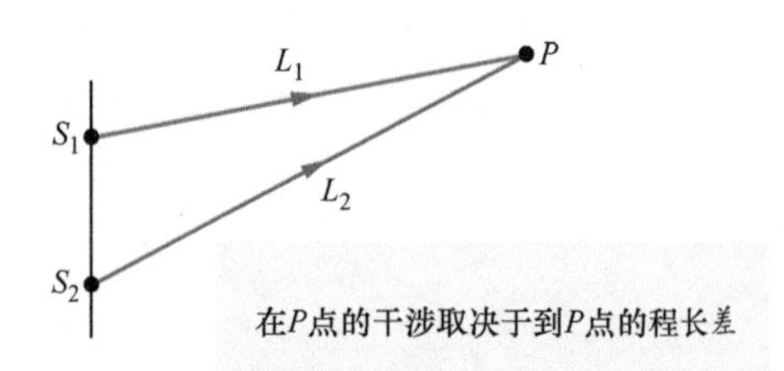

(a)

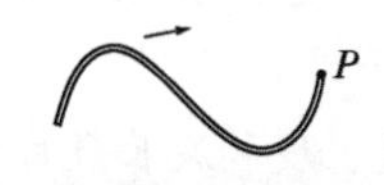

(b)

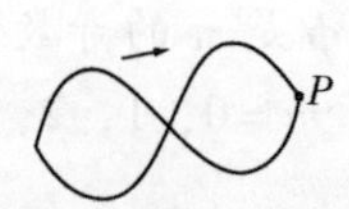

(c)

图 17-7 （a）两个点源 S_1 和 S_2 发射同相位的球面声波。波线表示两列波经过同一点 P。两列波（用横波代表）到达 P 点。（b）完全同相位。（c）完全异相位。

由式（17-21），这发生在比值 $\Delta L/\lambda$ 是以下数值时：

$$\frac{\Delta L}{\lambda}=0.5,\ 1.5,\ 2.5,\ \cdots \text{（完全相消干涉）} \qquad (17\text{-}25)$$

例如，如果图 17-7a 中的程长差等于 2.5λ，那么 $\Delta L/\lambda=2.5$，两列波在 P 点发生完全相消干涉（见图 17-7c）。干涉之所以是完全相消，这是因为从 S_2 来的波相对于从 S_1 来的波有 2.5 个波长的相位移动，这使得两列波在 P 点完全异相。

当然，两列波也可能发生中间的干涉，比如说当 $\Delta L/\lambda=1.2$ 时。比起完全相消干涉（$\Delta L/\lambda=1.5$）来，这更接近于完全相长干涉（$\Delta L/\lambda=1.0$）。

例题 17.02 大圆上的干涉点

在图 17-8a 中有两个点波源 S_1 和 S_2，相隔距离 $D=1.5\lambda$，发射相位和波长 λ 都完全相同的声波。

（a）从 S_1 和 S_2 到 P_1 点的程长差分别是多少？P_1 点在距离 D 的垂直平分线上，从波源到 P_1 点的距离大于 D（见图 17-8b）。（即要求从波源 S_1 到 P_1 点的距离与从波源 S_2 到 P_1 点的距离相差多少？）在 P_1 点发生的干涉属于哪种类型？

论证： 因为两列波经过完全相同的距离到达 P_1 点，所以它们的程长差是

$$\Delta L=0 \qquad \text{（答案）}$$

由式（17-23），这意味着两列波在 P_1 发生完全相长干涉，因为它们从波源发出时是同相位，并且到达 P_1 点时也是同相位。

（b）在图 17-8c 中 P_2 点的程长差和干涉类型是什么？

论证： 从 S_1 发出的波要通过额外的距离 D

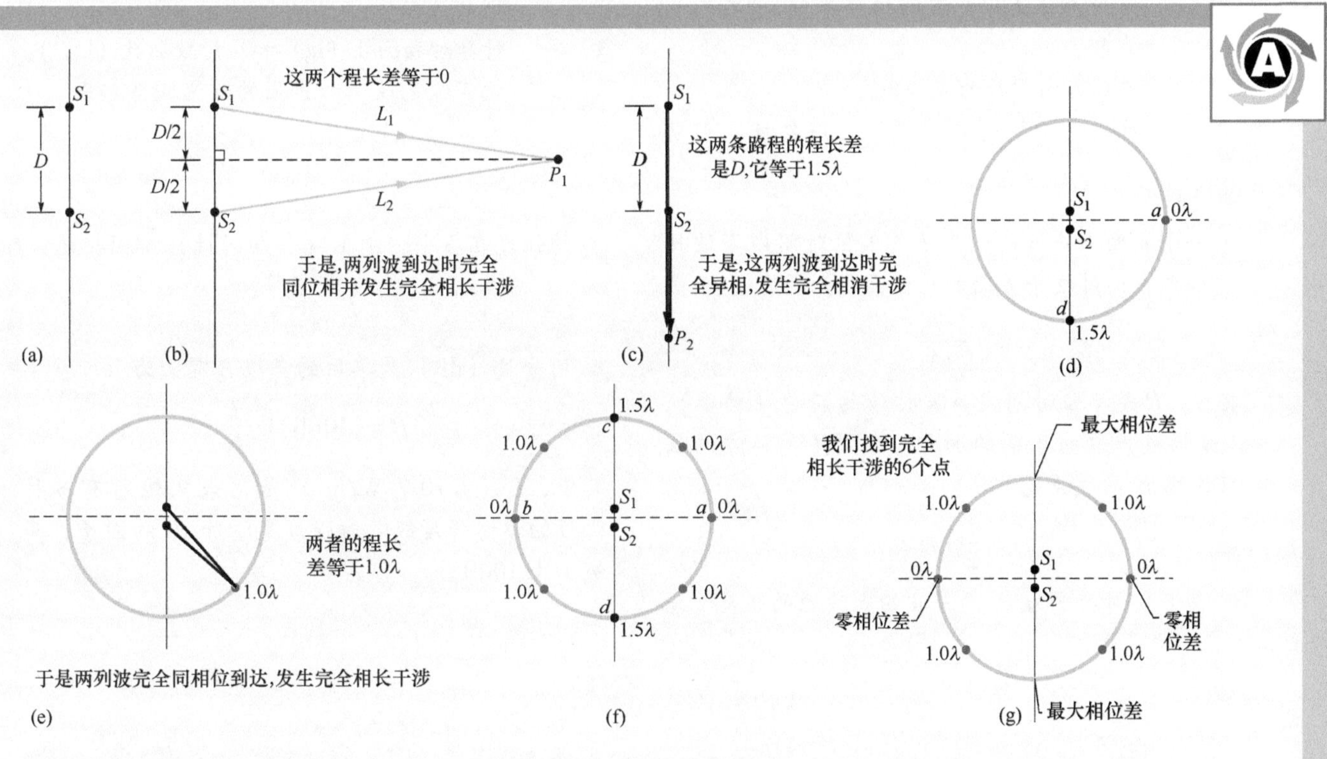

图 17-8 （a）两个点波源 S_1 和 S_2，相隔距离 D，发射同相位的球面声波。（b）两列波经过相同的距离到达 P_1 点。（c）P_2 点在通过 S_1 和 S_2 的直线延长线上。（d）我们沿大圆移动。（e）发生完全相长干涉的另一点。（f）应用对称性确定其他点。（g）发生完全相长干涉的 6 个点。

(=1.5λ) 才能到达 P_2 点。因此，程长差是

$$\Delta L = 1.5\lambda \qquad \text{(答案)}$$

由式 (17-25)，这表明在 P_2 点两列波完全异相，因而发生完全相消干涉。

(c) 图 17-8d 显示一个半径比 D 大得多的圆，圆心在波源 S_1 和 S_2 的中点。在这个圆上，干涉是完全相长的点的数目 N 是多少？(即有多少点上两列波到达时完全同相?)

论证：从 a 点开始，我们沿圆周做顺时针运动到 d 点。当我们运动时，程长差 ΔL 在不断增大，所以干涉类型就要改变。由 (a) 小问，我们知道在 a 点 $\Delta L = 0\lambda$。由 (b) 小问，我们知道 $\Delta L = 1.5\lambda$。于是，在 a 和 d 之间一定有 $\Delta L = \lambda$ 的一点 (见图 17-8e)。由式 (17-23)，完全相长干涉发生在这一点。因为在 a 点的 0 和 d 点的 1.5 之间除了 1 就没有其他的整数了。

我们现在可以利用对称性来确定其他完全相长或完全相消的位置 (见图 17-8f)。利用直线 cd 的对称性得到 b 点，这一点上 $\Delta L = 0\lambda$。另外还有三个点的位置上 $\Delta L = \lambda$。我们总共得到 (见图 17-8g)：

$$N = 6 \qquad \text{(答案)}$$

WILEY PLUS 在 WileyPLUS 中可以找到附加的例题、视频和练习。

17-4 强度和声级

学习目标

学完这一单元后，你应当能够……

17.17 计算作为功率 P 和表面积 A 之比的表面上的声强 I。

17.18 应用声强 I 和声波的位移振幅 s_m 之间的关系。

17.19 识别各向同性的点声源。

17.20 对各向同性的点声源，应用包括发射功率 P_s，到探测器的距离 r 以及探测器上的声强 I 之间的关系。

17.21 应用声级 β，声强 I 及标准参考强度 I_0 之间的关系。

17.22 计算对数函数 (lg) 和反对数函数 ($\lg^{-1}$)。

17.23 把声级的改变和声强的改变联系起来。

关键概念

● 一个表面上声波的强度 I 是单位时间内声波传输到或通过这个表面的单位面积上的能量：

$$I = \frac{P}{A}$$

其中，P 是单位时间内声波传输的能量 (功率)；A 是拦截声波的表面的面积。强度 I 和声波的位移振幅 s_m 的关系是

$$I = \frac{1}{2}\rho v \omega^2 s_m^2$$

● 离开发射功率为 P_s 的声波的点波源的距离 r 处的强度在各个方向上 (各向同性) 都同样是：

$$I = \frac{P_s}{4\pi r^2}$$

● 用分贝 (dB) 为单位的声级 β 定义为

$$\beta = (10\text{dB})\lg\frac{I}{I_0}$$

其中，I_0 ($=10^{-12}\,\text{W/m}^2$) 是用来比较所有各种强度的参考强度级。对强度每增加 10 的因子，声级加上 10dB。

强度和声级

当你正想要睡觉的时候，有人在你旁边高声演奏音乐，你清楚地意识到声音除了频率、波长和速率以外还有其他性质。这里还有强度。在一个表面上，声波的**强度** I 是通过或到达这个表面的单位面积上、在单位时间内声波传输的平均能量。我可以把它写成

$$I = \frac{P}{A} \tag{17-26}$$

其中，P 是声波在单位时间内传输的能量（功率）；A 是拦截声波的表面的面积。下面我们就要推导出声波的强度 I 和它的位移振幅 s_m 的关系为

$$I = \frac{1}{2}\rho v \omega^2 s_m^2 \tag{17-27}$$

强度可以用探测器测量，而响度是感觉，是你能感觉到的东西。这两个物理量是有区别的，因为你的感觉依赖于比如像你的听觉器官对不同频率的灵敏度等因素。

强度随距离的变化

实际声源发出的声波的强度随距离怎样变化常常是很复杂的。一些实际的声源（如扬声器）可能只在特定方向上传播声音，并且环境通常会产生回声（被反射的声波），回声又会叠加在原来的声波上。然而，在某些情况中，我们可以忽略回声并假设声源是点源，它各向同性地发射声波——即在所有方向上都有相等的强度。从这样的各向同性的点源 S 在某一特定时刻向外发射扩展的波前表示在图 17-9 中。

我们假设，在声波从这个点源向外扩展的过程中声波的机械能守恒。我们还把一个想象出来的、半径为 r 的球的中心放在这个点源上面，如图 17-9 所示。声源发出的所有能量必定通过这个球的表面。因此，单位时间内声波通过这个表面输送的能量必定等于单位时间内声源发射的能量（即声源的功率 P_s）。由式（17-26），球面上的强度必定等于：

$$I = \frac{P_s}{4\pi r^2} \tag{17-28}$$

其中，$4\pi r^2$ 是球的表面积。式（17-28）告诉我们，从一个各向同性的点源发射的声波的强度与距离的二次方成反比地减少。

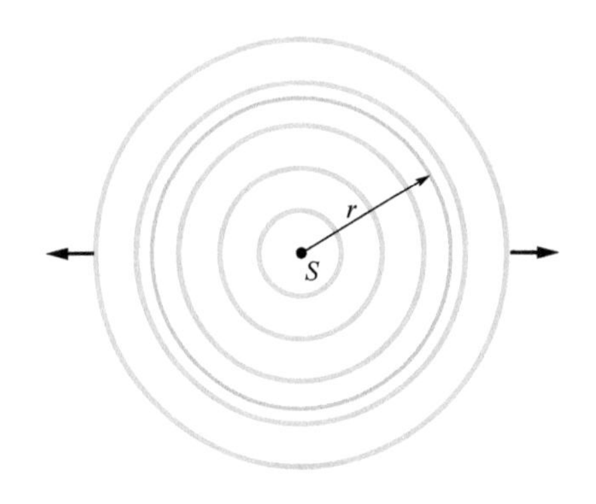

图 17-9 点源 S 向各方向均匀地发射声波，波通过中心在 S、半径为 r 的想象球面。

检查点 2

右图表示位于两个想象球面上的三个面 1、2 和 3，球面的中心在各向同性的声波点源 S 上。单位时间内声波通过这三小片面积传输的能量是相等的。请根据（a）声波的强度、（b）面积对这三个面进行排序，最大的排第一。

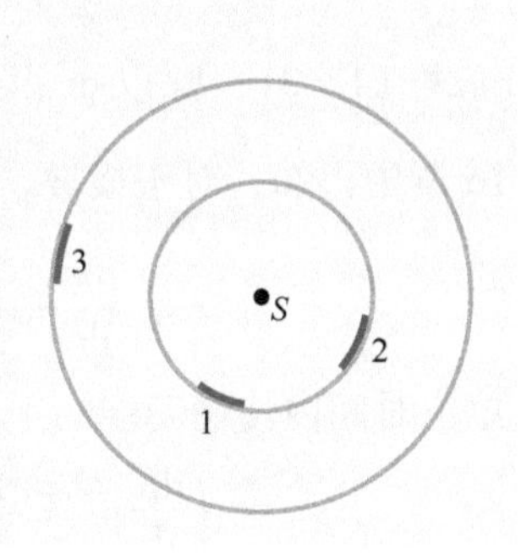

分贝标度

通常人的耳朵处理的声波的位移振幅的范围从最响的可以忍受的声音大约 10^{-5} m 到最弱的勉强可以听到的声音大约 10^{-11} m，跨度为 10^6。我们从式（17-27）看到，声波的强度随振幅的二次方改变。所以这两个人类听觉系统的极限强度比例是 10^{12}。人类可以听到非常宽广的强度范围。

我们用对数来处理这样宽广的数值范围。考虑关系式：

$$y = \lg x$$

其中，x 和 y 都是变量。这个方程式的一个性质是，如果我们把 x 乘10，那么 y 增加1。要明白这个，我们写下

$$y' = \lg(10x) = \lg 10 + \lg x = 1 + y$$

同理，如果我们将 x 乘以 10^{12}，则 y 只增加12。

因此，我们不说声波强度 I，我们改说声波的**声级** β 更为方便。声级的定义为

$$\beta = (10\text{dB})\lg\frac{I}{I_0} \tag{17-29}$$

这里的dB是**分贝**（decibel）的缩写，它是声级的单位，选用这个名称是为了纪念亚历山大·格雷厄姆·贝尔（Alexander Graham Bell）的工作。式（17-29）中的 I_0 是标准的参考强度（$=10^{-12}\text{W/m}^2$），之所以选择这个数值是因为它接近于人的听觉范围的最低极限。对 $I = I_0$，式（17-29）给出 $\beta = 10\lg 1 = 0$，所以我们的标准参考水平对应于零分贝。于是，β 每增加10dB，声音强度就会增大一个数量级（10的因子）。于是，$\beta = 40$ 相当于强度是标准参考水平的 10^4 倍。表17-2中列出了几种环境中的声级。

表17-2　一些声级/dB

听阈	0
树叶的沙沙声	10
谈话	60
摇滚音乐会	110
痛阈	120
喷气式发动机	130

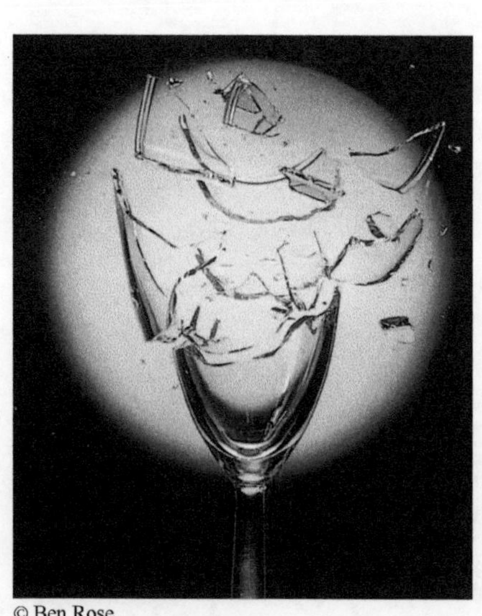

© Ben Rose

声波能使玻璃酒杯的杯壁振动，如果声波产生振动的驻波，并且声音的强度足够大，玻璃杯就会碎裂。

式（17-27）的推导

考虑图17-4a中一薄片空气，它的厚度为 $\mathrm{d}x$，面积为 A，质量为 $\mathrm{d}m$。当声波通过这一薄片空气时，它前后振动。声波的方程式用式（17-12）表示。这一薄片空气的动能 $\mathrm{d}K$ 是

$$\mathrm{d}K = \frac{1}{2}\mathrm{d}m v_s^2 \tag{17-30}$$

这里的 v_s 不是声波的速率，它是振动的空气元的速率。由式（17-12）可得：

$$v_s = \frac{\partial s}{\partial t} = -\omega s_m \sin(kx - \omega t)$$

利用这个关系式，并代入 $\mathrm{d}m = \rho A\mathrm{d}x$，我们可以把式（17-30）重写成

$$\mathrm{d}K = \frac{1}{2}(\rho A\mathrm{d}x)(-\omega s_m)^2\sin^2(kx - \omega t) \tag{17-31}$$

将式（17-31）除以 $\mathrm{d}t$ 得到波在单位时间内传输的动能。我们在第16章中得知，对于横波，$\frac{\mathrm{d}x}{\mathrm{d}t}$ 是波的速率 v，所以我们有

$$\frac{\mathrm{d}K}{\mathrm{d}t} = \frac{1}{2}\rho Av\omega^2 s_m^2\sin^2(kx - \omega t) \tag{17-32}$$

单位时间内传输动能的平均值是

$$\left(\frac{\mathrm{d}K}{\mathrm{d}t}\right)_{\text{avg}} = \frac{1}{2}\rho Av\omega^2 s_m^2[\sin^2(kx - \omega t)]_{\text{avg}}$$
$$= \frac{1}{4}\rho Av\omega^2 s_m^2 \tag{17-33}$$

在得到这个式子的过程中，我们应用了正弦（或余弦）函数平方在整个振动周期中的平均值是1/2这个事实。

我们设单位时间内声波携带的势能的平均值也相同。波的强度 I 是波在单位时间内、通过单位面积传输的两种能量的平均值。于是，由式（17-33），波的强度是

$$I=\frac{2(\mathrm{d}K/\mathrm{d}t)_{avg}}{A}=\frac{1}{2}\rho v\omega^2 s_m^2$$

这就是式（17-27），就是我们要证明的方程式。

例题 17.03 强度随距离的变化，圆柱形波面的声波

一个电火花沿长度为 $L=10\text{m}$ 的直线跳动，发出声脉冲波，波从火花向外沿径向传播。（我们说火花是声波的线波源。）这个声波发射的功率是 $P_s=1.6\times10^4\text{W}$。

（a）当声波到达距离火花 $r=12\text{m}$ 处时，它的强度 I 是多大？

【关键概念】

（1）我们把一个半径 $r=12\text{m}$ 及长度 $L=10\text{m}$ 的、想象的圆柱面（两端开口）的中心线放在火花上，如图 17-10 所示。圆柱面上的强度是 P/A，P 是单位时间内通过这个圆柱面的声波的能量，A 是圆柱面的表面积。

（2）我们将能量守恒原理应用于声波能量。这意味着单位时间内通过圆柱面传输的能量 P 必定等于单位时间内声源发射的能量 P_s。

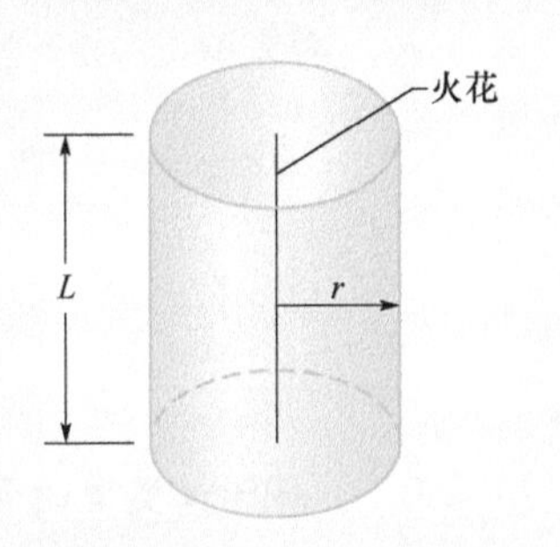

图 17-10 沿长度为 L 的直线爆发的火花发出径向向外的声波。波通过半径为 r、长度为 L 的想象的圆柱面，圆柱中心线是火花。

解： 把这些概念放到一起并注意到圆柱面的面积是 $A=2\pi rL$，我们有

$$I=\frac{P}{A}=\frac{P_s}{2\pi rL} \qquad (17\text{-}34)$$

这个式子告诉我们，从线源发射的声波的强度与距离 r 成反比地减小（不是像点波源那样随距离二次方成反比地减小）。代入已知的数据：

$$I=\frac{1.6\times10^4\text{W}}{2\pi(12\text{m})(10\text{m})}=21.2\text{W/m}^2\approx21\text{W/m}^2 \qquad \text{（答案）}$$

（b）一个声探测器朝向火花，它的面积为 $A_d=2.0\text{cm}^2$，位于距离火花 $r=12\text{m}$ 处。探测器在单位时间内截获火花发出的声波能量 P_d 是多大？

解： 我们知道，在探测器处声波的强度是单位时间传输的能量 P_d 与探测器面积 A_d 的比值

$$I=\frac{P_d}{A_d} \qquad (17\text{-}35)$$

我们可以想象探测器放在（a）小问提到的圆柱面上。探测器上声波的强度就是圆柱面上声波的强度 I（$=21.2\text{W/m}^2$）。解式（17-35）求 P_d，得到

$$P_d=(21.2\text{W/m}^2)(2.0\times10^{-4}\text{m}^2)=4.2\text{mW} \qquad \text{（答案）}$$

例题 17.04 分贝，声级，强度的改变

许多资深的摇滚乐演奏者患有严重的听觉损害，这是由于他们长期忍受高声级摇滚乐的缘故。现在许多摇滚乐演奏者在表演时都会戴上特殊的耳塞来保护他们的听力（见图 17-11）。如果耳塞能将声波的声级减少 20dB，声波最后的强度 I_f 和原来的强度 I_i 的比是多少？

【关键概念】

根据式（17-29）中声级的定义，可以得到声波最后和最初的声级 β 和强度的关系。

解： 对最后的声波，我们有

$$\beta_f=(10\text{dB})\lg\frac{I_f}{I_0}$$

对最初的声波，我们有

$$\beta_i=(10\text{dB})\lg\frac{I_i}{I_0}$$

声级的差是

$$\beta_f-\beta_i=(10\text{dB})\left(\lg\frac{I_f}{I_0}-\lg\frac{I_i}{I_0}\right) \qquad (17\text{-}36)$$

Tim Mosenfelder/Getty Images, Inc.

图17-11 重金属乐队 Metallica 的鼓手拉尔斯·乌尔里希（Lars Ulrich）是 HEAR（Hearing Education and Awareness for Rockers）组织的支持者，该组织警告说高声级会对听觉产生损害。

应用对数恒等式：

$$\lg\frac{a}{b}-\lg\frac{c}{d}=\lg\frac{ad}{bc}$$

我们可以把式（17-36）重写成

$$\beta_f-\beta_i=(10\mathrm{dB})\lg\frac{I_f}{I_i} \qquad (17\text{-}37)$$

重新整理这个式子，并代入给定的声级减少量 $\beta_f-\beta_i=-20\mathrm{dB}$，我们得到

$$\lg\frac{I_f}{I_i}=\frac{\beta_f-\beta_i}{10\mathrm{dB}}=\frac{-20\mathrm{dB}}{10\mathrm{dB}}=-2.0$$

接着我们取这个方程式最左边和最右边项的反对数。（虽然 $10^{-2.0}$ 的反对数可以口算得出，但你也可以用计算器，输入“10^-2.0”或用“10^x”键计算。）我们得到

$$\frac{I_f}{I_i}=\lg^{-1}(-2.0)=0.010 \qquad \text{(答案)}$$

可见，耳塞使声波的强度减少到原来强度的0.010（两个数量级）。

在 WileyPLUS 中可以找到附加的例题、视频和练习。

17-5 乐音的声源

学习目标

学完这一单元后，你应当能够……

17.24 根据弦波的驻波图样，画出只有一个开口端和有两个开口端的管子的最初的几个声学谐波的驻波图样。

17.25 对于声驻波，把波节间的距离和波长联系起来。

17.26 懂得什么类型的管子具有偶数的谐波。

17.27 对任何给定的谐波以及对只有一端开口或两端开口的管子，应用管长 L，声速 v，波长 λ，谐波频率 f 和谐波数 n 之间的关系。

关键概念

- 如果在管子中引进适当波长的声波，可以在管中建立声驻波图样（即可以建立共振）。
- 两端开口的管子在以下频率发生共振：

$$f=\frac{v}{\lambda}=\frac{nv}{2L},\ n=1,\ 2,\ 3,\ \cdots$$

其中，v 是管内空气中的声速。

- 一端封闭而另一端开口的管的共振频率是

$$f=\frac{v}{\lambda}=\frac{nv}{4L},\ n=1,\ 3,\ 5,\ \cdots$$

乐音的声源

乐音可以用振动的弦（吉他、钢琴、小提琴）、膜片（定音鼓、小鼓）、空气柱（笛、双簧管、管风琴和图 17-12 中的迪吉里杜管）、木块或钢棒（马林巴琴、木琴）和其他许多振动体产生。大多数常见的乐器包含多个振动部分。

回忆第 16 章，驻波可以建立在两端都固定的绷紧的弦上。驻波之所以会建立是因为沿着弦传播的波在两端都被反射回弦上。如果波长正好和弦的长度相匹配，在相反方向上传播的波的叠加就会产生驻波图样（或振动模式）。这样的匹配要求波长必须对应于弦的一个*共振频率*。建立驻波的好处在于弦能够以大而持久的振幅振动，前后推动周围的空气，从而产生和弦的振动相同频率的、可以听见的声波。对一个吉他演奏家来说，这种声音的产生显然是非常重要的。

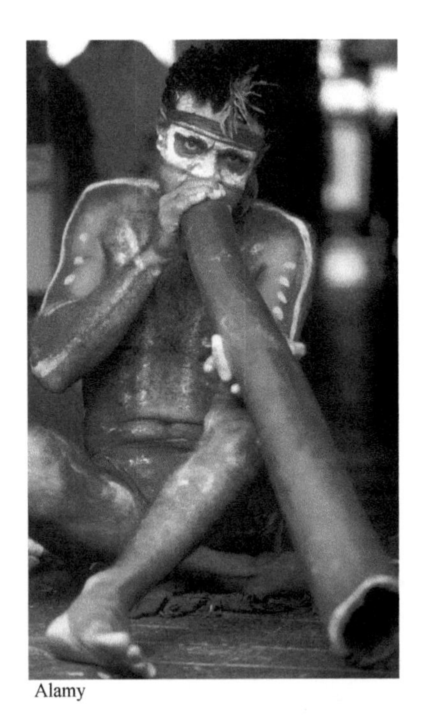
Alamy

图 17-12 迪吉里杜管（didgeridoo）（澳大利亚土著使用的管状吹奏乐器——译注）中的空气柱在它被吹奏时发生振动。

声波。我们可以用同样的方式在充满空气的管子中建立声驻波。当声波在管子里的空气中传播时，它们在管子的每一端被反射回到管子中。（即使一端是开放的，反射仍会发生，但反射并不像封闭端那样完全。）如果声波的波长正好和管子长度相匹配，在管子中相反方向上传播的波的叠加就会建立起驻波图样。这样的匹配所要求的声波的波长必须是和管子的共振频率对应的频率之一。这种驻波的作用是管子中的空气以大而持久的振幅振动，从开口处发射出和管子中的振动频率相同的声波。这种声音的发射显然对风琴弹奏者来说是非常重要的。

声驻波图样的其他许多方面和弦波的各方面都是相同的：管子的封闭一端就像弦的固定端，这里必定是波节（零位移），管子开口的一端就和连接在可自由运动的环上的弦的自由端一样，如图 16-19b 所示，这里必定是波腹。（实际上管子开口端的波腹在端部稍许外面一点的位置，但我们不去详细讨论这个细节。）

两个开口端。在两端开口的管子中，可以建立的最简单的驻波图样表示在图 17-13a 中。正如所要求的，在每一开口端各有一个波腹。在管子中间还有一个波节。描写这个纵波声驻波的一个较为简易的方法画在了图 17-13b 中——把它画成横波的弦驻波。

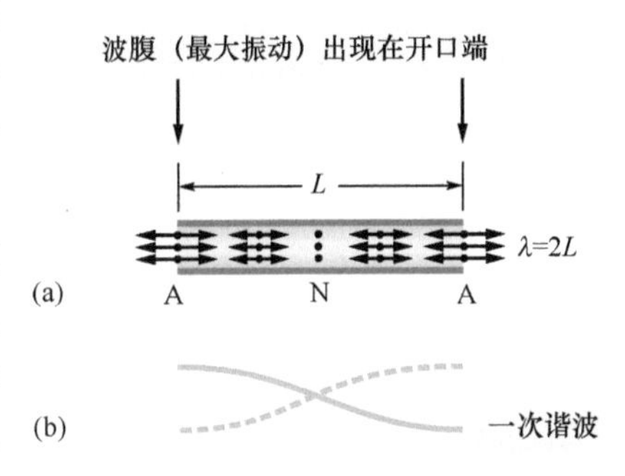

图 17-13 （a）在两端开口的管子中，（纵）声波位移最简单的驻波图样的两端各有一个波腹（A），中间有一个波节（N）。（用双箭头表示的纵向位移被大大地夸张了。）（b）对应的（横）弦波的驻波图样。

图 17-13a 中的驻波图样称为*基模*或*一次谐波*。为了能够建立起基模，长为 L 的管子中的声波的波长必须满足 $L=\lambda/2$，所以 $\lambda=2L$。两端开口的管子中另外的几个声驻波图样画在图 17-14a 中，图中用弦波代表声驻波。*二次谐波*要求声波的波长为 $\lambda=L$，*三次谐波*要求波长为 $\lambda=2L/3$，依此类推。

总之，两端开口、长度为 L 的管子的共振频率对应于波长：

$$\lambda=\frac{2L}{n},\quad n=1,\ 2,\ 3,\ \cdots \qquad (17\text{-}38)$$

其中，n 称为*谐波数*。设 v 是声速，我们把两端开口的管子的共振频率写作：

$$f=\frac{v}{\lambda}=\frac{nv}{2L},\quad n=1,\ 2,\ 3,\ \cdots \text{（管子，两端开口）} \qquad (17\text{-}39)$$

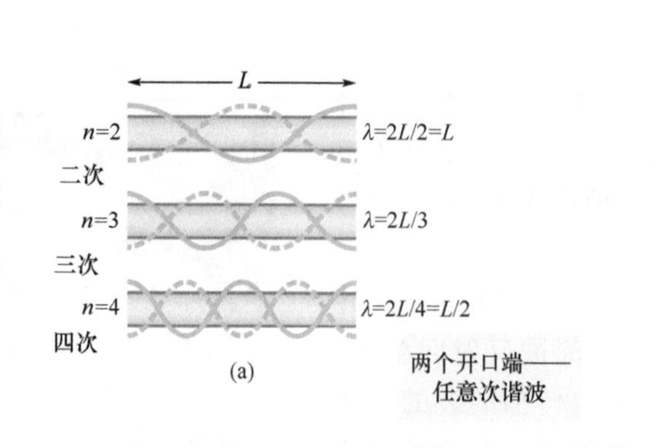

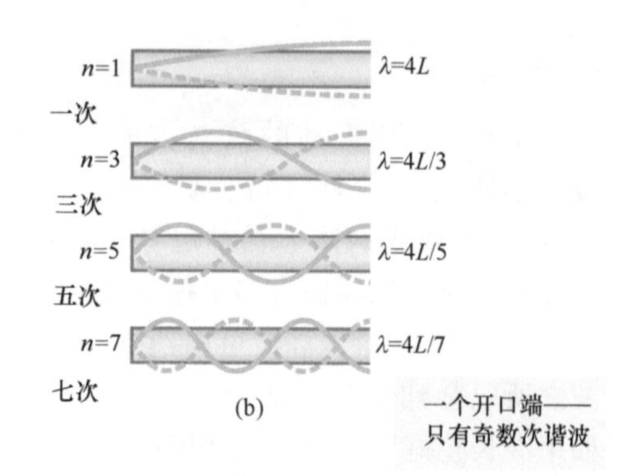

图17-14 用叠加在管子上的弦波的驻波图样代表管子中的声驻波图样。(a) 管子的两端都是开口的，可以在管中建立任意次谐波。(b) 在只有一端开口的管子中，只有奇数次谐波可以被建立起来。

一个开口端。图 17-14b 表示（用弦波代表）一些声驻波图样，这些驻波图样可以在只有一个开口端的管子中建立。如所要求的那样，在开口一端有一个波腹，在封闭的一端是波节。最简单的图样要求声波的波长满足 $L=\lambda/4$，即 $\lambda=4L$。下一个最简单的图样要求波长满足 $L=3\lambda/4$，所以 $\lambda=4L/3$，依此类推。

更为一般地，只有一个开口端、长度为 L 的管子的共振频率对应的波长为

$$\lambda=\frac{4L}{n},\ n=1,\ 3,\ 5,\ \cdots \tag{17-40}$$

其中，谐波数 n 必须是奇数。共振频率由下式给出：

$$f=\frac{v}{\lambda}=\frac{nv}{4L},\ n=1,\ 3,\ 5,\ \cdots\ (\text{管子，一个开口端}) \tag{17-41}$$

再次强调，只有奇数次的谐波才可以存在于有一个开口端的管子中。例如，$n=2$ 的二次谐波不可能在这样的管子中建立起来。还要注意的是，即使对于这种管子，像“三次谐波”这样的形容词短语仍旧是指谐波数是 n 等于 3 的谐波（而不是指第三个可能的谐波）。最后要强调的是，两端开口的管子的式（17-38）和式（17-39）中有数字 2 以及任何整数 n，而一个开口端的式（17-40）和式（17-41）中有数字 4，但 n 只可以是奇数。

长度。乐器的长度反映了设计这个乐器要演奏的频率范围。较短的长度意味着发出较高的频率。这我们可以从弦乐器的方程式（16-66）以及用空气柱发声的乐器运用的式（17-39）和式（17-41）中看出来。例如，图 17-15 表示萨克斯管家族和提琴家族的频率范围同钢琴键盘的对应比较。注意，每一种乐器都和比它高及比它低的频率的相邻乐器的频率范围有重叠。

合成声波。在任何发出乐音的振动系统中，无论是提琴的弦还是风琴管中的空气，通常会同时发出基频以及一个或更多的谐波。于是，你就可以同时听到它们——就是，叠加而成的合成声波。当不同的乐器演奏同一音符时，它们会发出相同的基频，但

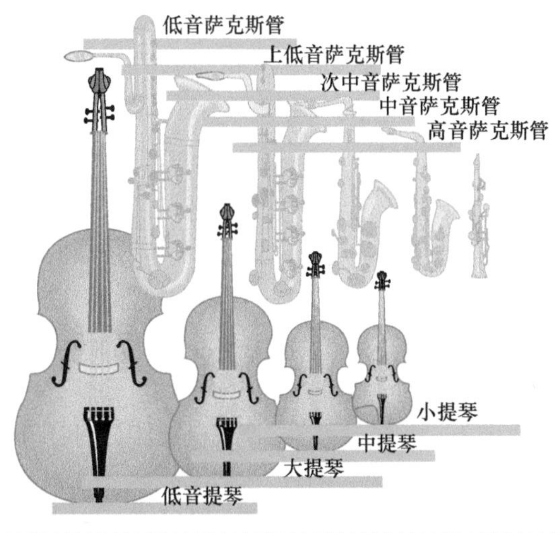

图 17-15 萨克斯管和提琴家族，表示乐器长度和频率范围的关系。每种乐器的频率范围用平行于图底部的琴键表示的频率标尺的横条标记出来。频率向右增加。

也有不同强度的更高的谐波。例如，中音 C 的四次谐波在一种乐器中相对较强，而在另一种乐器中则相对很弱，甚至没有。因此，由不同的乐器发出不同的合成声波，即使它们能演奏出同一音符，但对你来说听上去的声音还是不同的。这就是图 17-16 中两种合成声波的情况，这是不同的乐器演奏同一音符时所发出的声波合成声波。如果你只听到基频，音乐就不是乐音了。

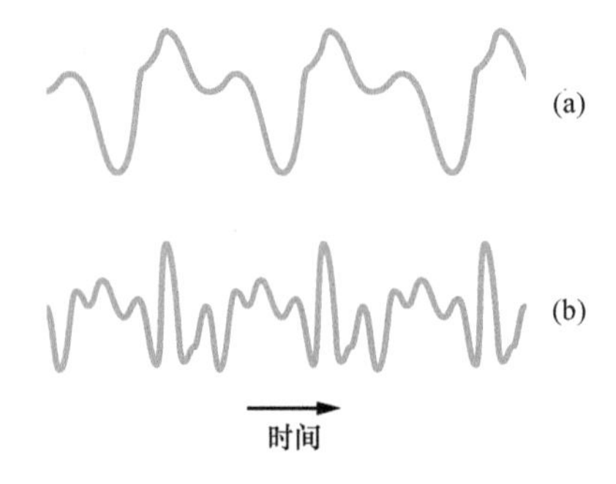

图 17-16 (a) 长笛和 (b) 双簧管演奏同一音符时产生的波形，它们都有相同的一次谐波频率。

检查点 3

管子 A 的长度为 L，管子 B 的长度是 $2L$，它们都是两端开口。管 B 的哪一个谐波和管 A 的基频的频率相同？

例题 17.05 不同长度的两根管子间的共振

管 A 是两端开口的，它的长度 $L_A = 0.343\text{m}$。我们把它靠近另外三根管子，这三根管子中已经建立起了驻波，这样在管 A 中也会建立驻波。另外的三根管子都是一端封闭的，它们的长度分别是：$L_B = 0.500L_A$，$L_C = 0.250L_A$ 及 $L_D = 2.00L_A$。这三根管子的哪些谐波会激发 A 管中的谐波？

【关键概念】

(1) 只有在谐振频率匹配的条件下，一根管子发出的声音才能在另一根管子中建立驻波。(2) 式 (17-39) 给出两端开口的管子（对称的管子）的谐振频率是 $f = nv/(2L)$，$n = 1, 2, 3, \cdots$，即 n 是任何正整数。(3) 式 (17-41) 给出只有一端开口的管子（不对称的管子）的谐振频率是 $f = nv/(4L)$，$n = 1, 3, 5, \cdots$，即 n 只能是正的奇数。

管 A：我们第一步用式 (17-39) 求出对称的管 A（有两个开口端）的共振频率：

$$f_A = \frac{n_A v}{2L_A} = \frac{n_A(343\text{m/s})}{2(0.343\text{m})} = n_A(500\text{Hz})$$

$$= n_A(0.500\text{kHz}),\quad n_A = 1, 2, 3, \cdots$$

开始的 6 个谐振频率画在图 17-17 最上面的一横排中。

管 B：接下来我们利用式 (17-41) 计算不对称的管 B（只有一个开口）的共振频率，注意，只能用奇数的谐波数：

$$f_B = \frac{n_B v}{4L_B} = \frac{n_B v}{4(0.500L_A)} = \frac{n_B(343\text{m/s})}{2(0.343\text{m})}$$

$$= n_B(500\text{Hz}) = n_B(0.500\text{kHz})$$

$$n_B = 1, 3, 5, \cdots \quad \text{(答案)}$$

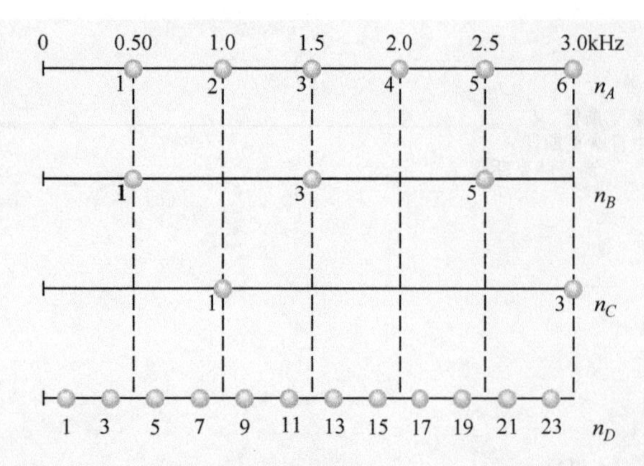

图17-17 四根管子的谐波频率。

比较以上两个结果，我们看到 n_B 的每一个选择都能匹配：

$f_A = f_B$，相应的 $n_A = n_B$，其中 $n_B = 1, 3, 5, \cdots$

（答案）

例如，如图17-17所示，如果我们在管 B 中建立五次谐波并把它靠近管 A，就会在管 A 中建立五次谐波。然而，管 B 中没有谐波可以建立管 A 中的偶数次谐波。

管 C：我们继续把式（17-41）用于管 C（只有一个开口）

$$f_C = \frac{n_C v}{4L_C} = \frac{n_C v}{4(0.250L_A)} = \frac{n_C(343\text{m/s})}{0.343\text{m}}$$

$$= n_C(1000\text{Hz}) = n_C(1.00\text{kHz})$$

$$n_C = 1, 3, 5, \cdots$$

从这个结果我们看到，只有当谐波数 n_A 是某一个奇数的两倍时管 C 才能在管 A 中激发谐波：

$f_A = f_C$，对应于 $n_A = 2n_C$，$n_C = 1, 3, 5, \cdots$

（答案）

管 D：最后，我们用同样的步骤来检查管 D

$$f_D = \frac{n_D v}{4(L_D)} = \frac{n_D v}{4(2L_A)} = \frac{n_D(343\text{m/s})}{8(0.343\text{m})}$$

$$= n_D(125\text{Hz}) = n_D(0.125\text{kHz})$$

$$n_D = 1, 3, 5, \cdots$$

如图17-17所示，这些频率中没有一个能和管 A 的谐波频率匹配。（你能不能看出，如果 $n_D = 4n_A$ 就可以匹配吗？但这是不可能的，因为 $4n_A$ 不能产生 n_D 所要求的奇数。）因此，管 D 不能在管 A 中建立驻波。

PLUS 在 WileyPLUS 中可以找到附加的例题、视频和练习。

17-6 拍

学习目标

学完这一单元后，你应当能够……

17.28 说明拍是怎样产生的。

17.29 把振幅相同、角频率稍有不同的两列声波的位移方程相加求出合成波的位移方程并辨明随时间变化的振幅。

17.30 应用频率（或等价地，角频率）相差一个小量的两列等振幅的声波的频率和拍频之间的关系。

关键概念

- 当频率 f_1 和 f_2 相差很小的两列波同时被探测到时就会产生拍（beat），拍频是

$$f_{\text{beat}} = f_1 - f_2$$

拍

假如我们相隔几分钟仔细倾听两个声音，它们的频率譬如说分别是552Hz和564Hz，我们中大多数人都不能区别这两个音调，因为它们的频率太接近了。然而，如果两个声音同时到达我们的耳朵，我们听到的是频率为558Hz的声音，这是两个频率的平均值。我们还听到这个声音的强度有明显的变化——它缓慢地增强和减弱，是以12Hz的频率重复地强弱变化着的**拍**，这12Hz是组

合的两个频率之差。图17-18表示出这种拍的现象。

这种位移随时间的变化来自具有相等振幅 s_m 的两列声波：

$$s_1 = s_m\cos\omega_1 t \text{ 和 } s_2 = s_m\cos\omega_2 t \tag{17-42}$$

其中，$\omega_1 > \omega_2$。根据叠加原理，合成位移是各个独立位移之和：

$$s = s_1 + s_2 = s_m(\cos\omega_1 t + \cos\omega_2 t)$$

利用三角恒等式（见附录E）：

$$\cos\alpha + \cos\beta = 2\cos\left[\frac{1}{2}(\alpha - \beta)\right]\cos\left[\frac{1}{2}(\alpha + \beta)\right]$$

我们可以把合成位移写作：

$$s = 2s_m\cos\left[\frac{1}{2}(\omega_1 - \omega_2)t\right]\cos\left[\frac{1}{2}(\omega_1 + \omega_2)t\right] \tag{17-43}$$

如果我们令

$$\omega' = \frac{1}{2}(\omega_1 - \omega_2) \text{ 及 } \omega = \frac{1}{2}(\omega_1 + \omega_2) \tag{17-44}$$

可以把式（17-43）写成

$$s(t) = [2s_m\cos\omega' t]\cos\omega t \tag{17-45}$$

我们现在假设组合波的两个成分频率 ω_1 和 ω_2 几乎相等，这意味着在式（17-44）中，$\omega \gg \omega'$。于是，我们可以把式（17-45）看作余弦函数，它的角频率是 ω，它的振幅（它不是常量而是随角频率 ω' 变化着）是括弧里的数量的绝对值。

最大振幅出现在式（17-45）中的 $\cos\omega' t$ 具有数值 +1 和 -1 的时候，这在余弦函数的每一周期中出现两次。因为 $\cos\omega' t$ 的角频率是 ω'，拍的角频率 ω_{beat} 的数值是 $\omega_{beat} = 2\omega'$。于是，在式（17-44）的帮助下，我们可以写出拍的角频率：

$$\omega_{beat} = 2\omega' = 2\left(\frac{1}{2}\right)(\omega_1 - \omega_2) = \omega_1 - \omega_2$$

因为 $\omega = 2\pi f$，我们可以把上式重写成

$$f_{beat} = f_1 - f_2 \text{（拍频率）} \tag{17-46}$$

音乐家利用拍来进行乐器调音。如一个乐器对着标准频率（例如，对乐队的第一双簧管奏出的称作“标准音高A”的音调）调音，直到拍消失，这个乐器就和标准合调了，在热爱音乐的城市维也纳，标准音高A（440Hz）是全城许多音乐家都可以很方便地得到的电话服务项目。

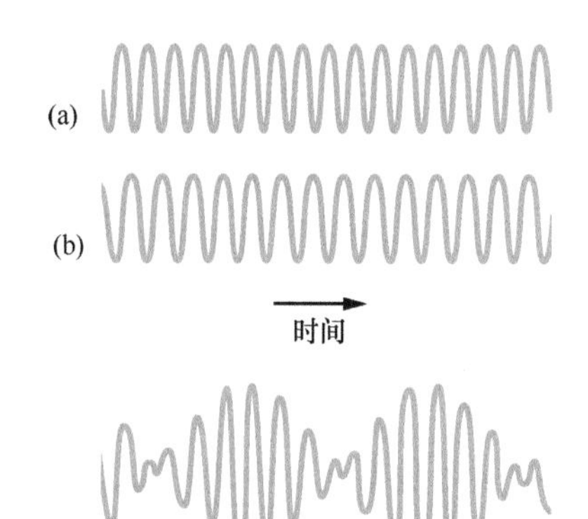

图17-18 （a）、（b）被分别测量的两列声波的压强变化 Δp。两列波的频率接近相等。（c）两列波同时被测量时合成波的压强变化。

例题17.06 拍频以及企鹅互相寻找

当一只帝企鹅觅食后归来时，在南极严酷的气候下，它是如何在上千只为了取暖而挤在一起的企鹅中找到自己配偶的呢？它不是靠视觉，因为即使对于企鹅而言，其他企鹅看上去都很相像。

答案在于企鹅发声的方式。大多数鸟类都只用它们的称为鸣管的有两边的发声器官中的一边发声。然而，帝企鹅同时用两边发声。每一边在鸟的喉管和嘴部建立起声驻波，很像两端开口的管子。设 A 边产生的一次谐波的频率是 f_{A1} = 432Hz，B 边产生的一次谐波的频率是 f_{B1} = 371Hz。这两个一次谐波频率之间的拍频以及两个二次谐波之间的拍频各是多少？

【关键概念】

两个频率间的拍频就是二者的差，由式（17-46）：$f_{beat} = f_1 - f_2$ 给出。

解：对于两个一次谐波的频率 f_{A1} 和 f_{B1}，拍频是

$$f_{\text{beat1}}=f_{A1}-f_{B1}=432\text{Hz}-371\text{Hz}=61\text{Hz} \quad \text{（答案）}$$

因为企鹅喉管和嘴中的驻波等效于两个开口端的管子中的驻波，所以共振频率由式（17-39）：$f=nv/(2L)$ 给出，其中，L 是等效管子的长度（未知）。一次谐波的频率是 $f_1=v/(2L)$，二次谐波的频率是 $f_2=2v/(2L)$。比较这两个频率，我们得知，一般说来：

$$f_2=2f_1$$

对于企鹅，A 边的二次谐波的频率 $f_{A2}=2f_{A1}$，B 边的二次谐波的频率 $f_{B2}=2f_{B1}$。将式（17-46）应用于频率 f_{A2} 和 f_{B2}，我们得到对应于二次谐波的拍频是

$$f_{\text{beat},2}=f_{A2}-f_{B2}=2f_{A1}-2f_{B1}=2(432\text{Hz})-2(371)\text{Hz}=122\text{Hz} \quad \text{（答案）}$$

实验表明，企鹅可以感觉到这样大的拍频。（人类不能听到任何高于约 12Hz 的拍频——我们察觉到的是两个不同的频率。）因此，一只企鹅的叫声中包含了丰富的谐波和不同的拍频，使得它的声音在紧紧地挤在一起的上千只企鹅的声音中也能被辨别出来。

WILEY PLUS 在 WileyPLUS 中可以找到附加的例题、视频和练习。

17-7　多普勒效应

学习目标

学完这一单元后，你应当能够……

17.31　理解多普勒效应是由于声源和探测器之间的相对运动而引起的探测到的频率偏离声源发射的频率的现象。

17.32　明白在计算声波的多普勒频移的过程中，速率测量都是相对于介质（空气或水）而言的，介质也可能在运动。

17.33　对以下几种情况计算声音频率的偏移：（a）声源正对或背离静止的探测器运动，（b）探测器正对或背离静止的声源运动，（c）声源和探测器二者都同时互相正对或互相背离地运动。

17.34　懂得声源和探测器之间做相对运动时，**相向靠近**的运动使频率升高，**相背离**的运动使频高降低。

关键概念

● 多普勒效应是当波源或探测器相对于传播介质（例如空气）运动时观察到的波的频率改变的现象。对于声波，观察到的频率 f' 与波源发射的频率 f 的关系由下式给出：

$$f'=f\frac{v\pm v_D}{v\pm v_S} \quad \text{（一般的多普勒效应）}$$

其中，v_D 是探测器相对于介质的速率；v_S 是声源相对于介质的速率；v 是声波在介质中的速率。

● 加减号应这样来选择：相向的相对运动（一个物体向另一物体靠近）时要使 f' **增大**，相互远离的情况下则要**减小**。

多普勒效应

鸣着频率为 1000Hz 的警笛声的警车停在公路边。如果你也停在这条公路边上，你就会听到同样的频率。然而，如果你和警车之间有相对运动，不论是相互接近还是相互远离，你就会听到不同的频率。例如，你以 120km/h（大约 75mile/h）的速率向着警车行驶，你就会听到较高的频率（1096Hz，增加了 96Hz）。如果你以同样的速率驶离警车，你会听到较低的频率（904Hz，减少 96Hz）。

这些与运动相联系的频率改变是**多普勒效应**的几个例子，这个效应是在1842年由奥地利物理学家约翰·克里斯蒂安·多普勒（Johann Christian Doppler）提出的（虽然没有完全解决）。1845年白贝罗（Buys Ballot）在荷兰做了实验测试，“用火车头拉着坐着几个小号手的敞篷车。”

多普勒效应不仅对声波成立，而且也适用于电磁波，包括微波、无线电波和可见光。不过，这里我们只考虑声波，并且我们取波在其中传播的空气整体作为参考系。这就是说，我们相对于整个空气来测量声源 S 及声波探测器 D 的速率。（除非另有声明，我们假设空气整个相对于地面是静止的，所以速率也都是相对于地面测量的。）我们还要假设 S 和 D 互相之间正对着运动或者径向背离，且它们的速率小于声速。

普遍方程。无论探测器在运动还是声源在运动，或者二者都在运动。发射的频率 f 和探测到的频率 f' 的关系是

$$f' = f\frac{v \pm v_D}{v \pm v_S} \text{（普遍的多普勒效应）} \qquad (17\text{-}47)$$

其中，v 是声波在空气中的速率；v_D 是探测器相对于空气的速率；v_S 是声源相对于空气的速率。加减号的选择由下述定则决定：

当探测器或波源相向运动时，速率的符号选择必须使频率升高。当探测器或波源的运动相互背离时，速率的符号必须使频率降低。

简言之，相向意味着频率升高，背离意味着频率降低。

这里举几个定则的例子：如果探测器向着声源运动，用式（17-47）的分子中的加号以得到频率的升高。如果探测器背离声源运动，用分子中的减号以得到频率的降低。如果探测器静止，用0代入 v_D。如果声源向着探测器运动，用式（17-47）的分母中的减号得到频率升高。如果它背离探测器运动，用分母中的加号以得到频率降低。如果声源静止，以0代入 v_S。

下一步，我们对下列两种特殊情况推导多普勒效应的方程式，然后导出一般情况下的式（17-47）。

1）当探测器相对于空气在运动而声源相对于空气为静止时，运动改变了探测器拦截波前的频率，从而改变了探测到的声波频率。

2）当声源相对于空气运动而探测器相对于空气静止时，运动改变了声波的波长，因而改变了探测到的频率（回忆一下频率与波长有关）。

探测器运动，声源静止

在图17-19中，探测器 D（图中用一只耳朵代表）正以速率 v_D 向着静止的声源 S 运动，声源发射波长为 λ、频率为 f 的球面波前，波前以声波的速率 v 在空气中运动。这些波前以相隔一个波长的距离画出。探测器检测到的频率是每秒中拦截到的波前（或单个波长）的数目。如果 D 是静止的，每秒内拦截到的数目就是 f，但由于 D 在波前中间穿行，每秒拦截到的数目会变大，因此，探测到的频率 f' 大于 f。

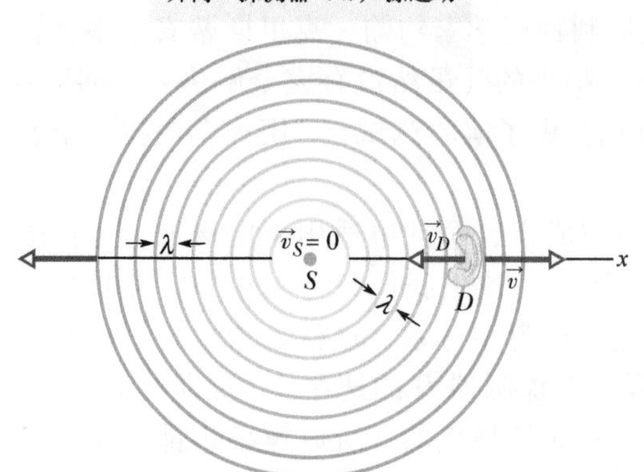

图17-19 静止的声源 S 发射球面波前，图上画出以速率 v 向外扩展的相隔一个波长距离的波前。用耳朵表示的声波探测器 D 以速度 $\vec{v}_D$ 向着波源运动，由于探测器的运动，它会感受到较高的频率。

我们现在先考虑 D 是静止的情形（见图17-20）。在时间 t 内，波前向右运动距离 vt。在距离 vt 中波长的数目是 D 在时间 t 内拦截到的波长的数目，这个数目是 vt/λ。D 每秒内拦截到的波长数就是它探测到的频率：

$$f=\frac{vt/\lambda}{t}=\frac{v}{\lambda} \tag{17-48}$$

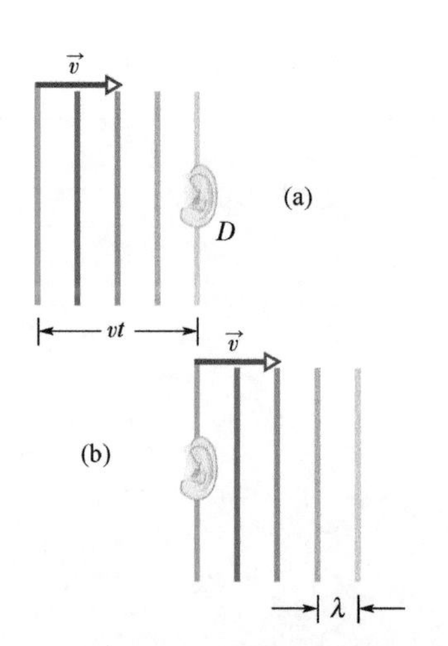

图17-20 假设是平面的图17-19中的波前，（a）到达以及（b）经过静止的探测器 D；它们在时间 t 内向右移动距离 vt。

在 D 是静止的情况中，不出现多普勒效应——D 探测到的频率就是 S 发射的频率。

现在我们考虑 D 在与波前的速度相反的方向上运动的情况（见图17-21）。在时间 t 内，像前面一样，波前向右传播距离 vt，但现在 D 向左方运动了距离 v_Dt。于是，这次在时间 t 内，波前相对于 D 运动了距离 $vt+v_Dt$。在这段相对的距离 $vt+v_Dt$ 中，波长的数目就是 D 在时间 t 内拦截到的波长的数目，也就等于 $(vt+v_Dt)/\lambda$。在这种情况下，单位时间内 D 拦截到的波长的数目就是频率 f'，它由下式给出：

$$f'=\frac{(vt+v_Dt)/\lambda}{t}=\frac{v+v_D}{\lambda} \tag{17-49}$$

由式（17-48），我们有 $\lambda=v/f$。于是式（17-49）成为

$$f'=\frac{v+v_D}{v/f}=f\frac{v+v_D}{v} \tag{17-50}$$

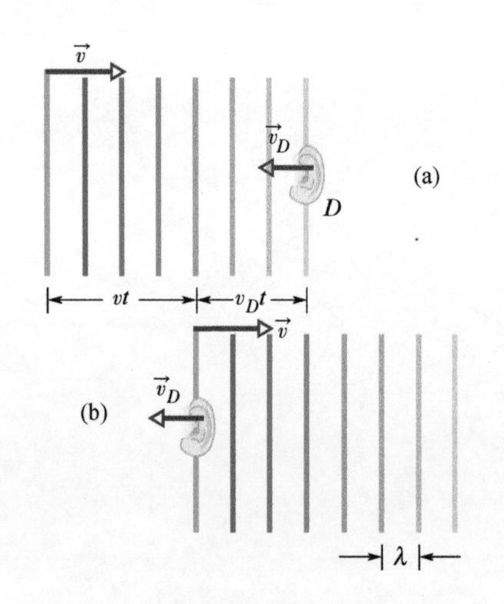

图17-21 向右传播的波前（a）到达及（b）经过探测器 D，探测器在相反方向上运动。在时间 t 内，波前向右运动距离 vt，D 向左运动距离 v_Dt。

注意，在式（17-50）中，除非 $v_D=0$（探测器静止），否则 $f'>f$。

同理，如果 D 背离声源 S 运动，我们也可以求出 D 探测到的频率。在这种情况中，波前在时间 t 内相对于 D 移动了距离 $vt-v_Dt$，f' 由下式给出：

$$f'=f\frac{v-v_D}{v} \tag{17-51}$$

在式（17-51）中，除非 $v_D=0$，否则 $f'<f$。我们可以把式（17-50）和式（17-51）结合起来：

$$f'=f\frac{v\pm v_D}{v}.\ \text{（探测器运动，声源静止）} \tag{17-52}$$

声源运动，探测器静止

令探测器 D 相对于空气整体静止，并令声源 S 以速率 v_S 向着 D 运动（见图17-22）。S 的运动改变了它发射的声波的波长，从而改变了 D 探测到的频率。

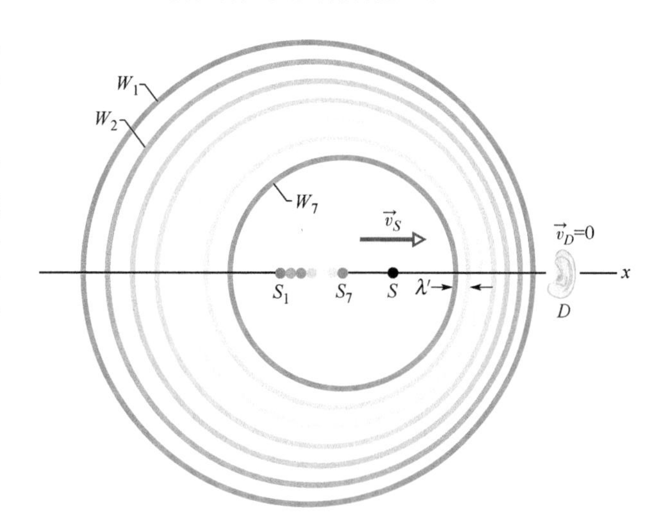

图 17-22 探测器不动，声源 S 向着它以速率 v_S 运动。波前 W_1 是声源在 S_1 处发射的，波前 W_7 是它在位置 S_7 发射的。在图中所画的时刻，声源位于 S。探测器感受到的频率较高，这是因为运动的声源追赶它自己发射的波前，使得发射的波长 λ' 在它的运动方向上变短。

为了看清这个变化，令 $T(=1/f)$ 是发射任意两个相继的波前 W_1 和 W_2 之间的时间。经过时间 T，波前 W_1 运动了矩离 vT，同时声源移动了距离 v_ST。在时间 T 的最后，波前 W_2 被发射出来。在 S 运动的方向上 W_1 和 W_2 之间的距离是 $vT-v_ST$，这个距离也是在这个方向上传播的声波的波长 λ'。如果 D 探测到这列波，它测得频率 f' 是

$$f'=\frac{v}{\lambda'}=\frac{v}{vT-v_ST}=\frac{v}{v/f-v_S/f}$$

$$=f\frac{v}{v-v_S} \qquad (17\text{-}53)$$

注意，除非 $v_S=0$ 否则 f' 必定大于 f。

当 S 沿上述相反的方向运动时，声波的波长 λ' 仍旧是相继两列波前的距离，但现在这个距离是 $vT+v_ST$。如果 D 探测到了这些声波，则它测得的频率 f' 由下式给出：

$$f'=f\frac{v}{v+v_S} \qquad (17\text{-}54)$$

现在除非 $v_S=0$ 否则 f' 必定小于 f。

我们综合一下式（17-53）和式（17-54），有

$$f'=f\frac{v}{v\pm v_S} \text{（声源在运动，探测器静止）} \qquad (17\text{-}55)$$

普遍的多普勒效应方程式

我们现在推导普遍的多普勒效应方程式，将式（17-55）中的 f（声波频率）替换为式（17-52）中的 f'（和探测器的运动相联系的频率）。这样简单的代入法使我们得到了普遍的多普勒效应方程式（17-47），这个普遍的方程式不仅对于探测器和声源都在运动时的情况成立，也对我们刚才讨论过的两种特殊情况成立。对于探测器在运动而声源静止的情况，将 $v_S=0$ 代入式（17-47）就得到式（17-52）。这是我们前面推出的。对于声源在运动而探测器静止的情况，把 $v_D=0$ 代入式（17-47）就得到式（17-55），这也是我们前面导出的。总之，式（17-47）是要记住的方程式。

检查点4

右图表示声源和探测器在静止的空气中运动方向的6种情形。对每一种情形，探测到的频率是大于还是小于发射的频率，或者如果没有更多的实际速度信息的话我们就无法回答？

	声源	探测器		声源	探测器
(a)	⟶	• 0速率	(d)	⟵	⟵
(b)	⟵	• 0速率	(e)	⟶	⟵
(c)	⟶	⟶	(f)	⟵	⟶

例题 17.07 蝙蝠使用的回声中的两次多普勒频移

蝙蝠通过发射超声波，然后探测回声以导航和寻觅猎物，超声波是频率大于人类可听见的频率的声波。设一只蝙蝠正以速度 $\vec{v}_b=(9.00\mathrm{m/s})\vec{i}$ 飞行追逐一只以速度 $\vec{v}_m=(8.00\mathrm{m/s})\vec{i}$ 飞行的飞蛾，同时它还在发出频率为 $f_{be}=82.52\mathrm{kHz}$ 的超声波。飞蛾探测到的频率 f_{md} 是多少？蝙蝠探测到从飞蛾身上反射的回声频率 f_{bd} 是多少？

【关键概念】

蝙蝠和飞蛾的相对运动会产生频率的移动。因为它们沿同一坐标轴运动，移动的频率由式(17-47)给出。相向运动使频率升高，背离运动使频率减低。

飞蛾探测到的：已知普遍的多普勒方程是

$$f'=f\frac{v\pm v_D}{v\pm v_S} \tag{17-56}$$

这里我们要求的探测到的频率 f' 就是飞蛾探测到的频率 f_{md}。方程式右边的发射频率 f 是蝙蝠的发射频率 $f_{be}=82.52\mathrm{kHz}$，声波的速率是 $v=343\mathrm{m/s}$，探测器的速率 v_D 是飞蛾的速率 $v_m=8.00\mathrm{m/s}$，声源的速率 v_S 是蝙蝠的速率 $v_b=9.00\mathrm{m/s}$。

确定加减号需要一些技巧。从相向和背离的角度来看，我们看到飞蛾（探测器）的速率在式(17-56)的分子上。飞蛾飞离蝙蝠，这倾向于降低探测的频率。因为这个速率是在分子上，我们选择减号以满足这一要求（分子变小）。这个推理步骤表示在表17-3中。

我们看到蝙蝠的速率是在式（17-56）的分母中。蝙蝠向着飞蛾运动，这会增加它探测到的频率。因为这个速率是在分母中，我们选择减号以满足这个要求（使分母变小一些）。

做了这些分析和代入，我们有

$$f_{md}=f_{be}\frac{v-v_m}{v-v_b}$$

$$=(82.52\mathrm{kHz})\frac{343\mathrm{m/s}-8.00\mathrm{m/s}}{343\mathrm{m/s}-9.00\mathrm{m/s}}$$

$$=82.767\mathrm{kHz}\approx 82.8\mathrm{kHz} \quad \text{(答案)}$$

蝙蝠探测到的回波：在返回给蝙蝠的回波中，飞蛾的作用就像发射频率为 f_{md} 的声源，这是我们上面刚算出来的。现在飞蛾是波源（正在背离），而蝙蝠是探测器（正向着飞蛾运动）。推理步骤在表17-3中列出。要求蝙蝠探测到的频率 f_{bd}，我们把式（17-56）写成：

$$f_{bd}=f_{md}\frac{v+v_b}{v+v_m}$$

$$=(82.767\mathrm{kHz})\frac{343\mathrm{m/s}+9.00\mathrm{m/s}}{343\mathrm{m/s}+8.00\mathrm{m/s}}$$

$$=83.00\mathrm{kHz}\approx 83.0\mathrm{kHz} \quad \text{(答案)}$$

有些飞蛾会通过发出超声波的咔嗒声来“干扰”蝙蝠的探测系统，从而可以逃开蝙蝠。

表17-3

蝙蝠到飞蛾		返回到蝙蝠的回声	
探测器	波源	探测器	波源
飞蛾	蝙蝠	蝙蝠	飞蛾
速率 $v_D=v_m$	速率 $v_S=v_b$	速率 $v_D=v_b$	速率 $v_S=v_m$
背离	相向	相向	背离
降低	升高	升高	降低
分子	分母	分子	分母
负号	负号	正号	正号

17-8 超声速，冲击波

学习目标

学完这一单元后，你应当能够……

17.35 描述以声速或比声速更快的速率运动的声源所发射的声波波前的聚集现象。

17.36 计算超过声速的声源的马赫数。

17.37 对于速率超过声速的声源，应用马赫锥角、声速和声源速率之间的关系。

关键概念

- 如果声源相对于介质的速率超过介质中声波的速率，此时多普勒方程就不再有效。在这种情况下，产生冲击波。马赫锥的半角 θ 由下式给出：

$$\sin\theta=\frac{v}{v_S}\quad（马赫锥角）$$

超声速，冲击波

如果声源以等于声速 v 的速率 v_S 向着静止的探测器运动，由式（17-47）与式（17-55）可以看出探测到的频率 f' 是无限大。这意味着声源运动如此之快，以致它追上了自己发射的球面波前（见图 17-23a）。当 $v_S>v$ 时会发生什么情况呢？对这样的超声速，式（17-47）和式（17-55）再也不能适用了。图 17-23b 画出了声源在不同位置发射的球面波前。任意一个波前的半径都是 vt，这里的 t 是从波源发出这个波前开始算起所经历的时间。注意，在这张二维图中，所有波前沿着 V 形包络线聚拢。实际上波前是在三维空间中扩展的，聚集的波前会形成称为马赫锥的圆锥体。沿这个圆锥的表面会出现冲击波，因为在该表面经过的任何一点上波前的聚集会引起气压突然升高和降低。我们从图 17-23b 看到，圆锥的半角 θ（马赫锥角）由下式给出：

$$\sin\theta=\frac{vt}{v_St}=\frac{v}{v_S}\quad（马赫锥角）\quad(17\text{-}57)$$

比例 v_S/v 是马赫数。假如一架飞机以 2.3 马赫数飞行，它的速率就是飞机飞行的空气中的声速的 2.3 倍。抛射体或超声速飞机产生的冲击波（见图 17-24）会发出爆炸声，称为声爆，这里面的空气压强先是突然升高，然后在恢复到正常值以前又突然降到低于正常值。步枪在开火的时候发出的声音一部分就是子弹产生的声爆，挥动一根长长的牛鞭时，它的尖端运动比声音更快，会产生小的声爆——鞭子的爆裂声。

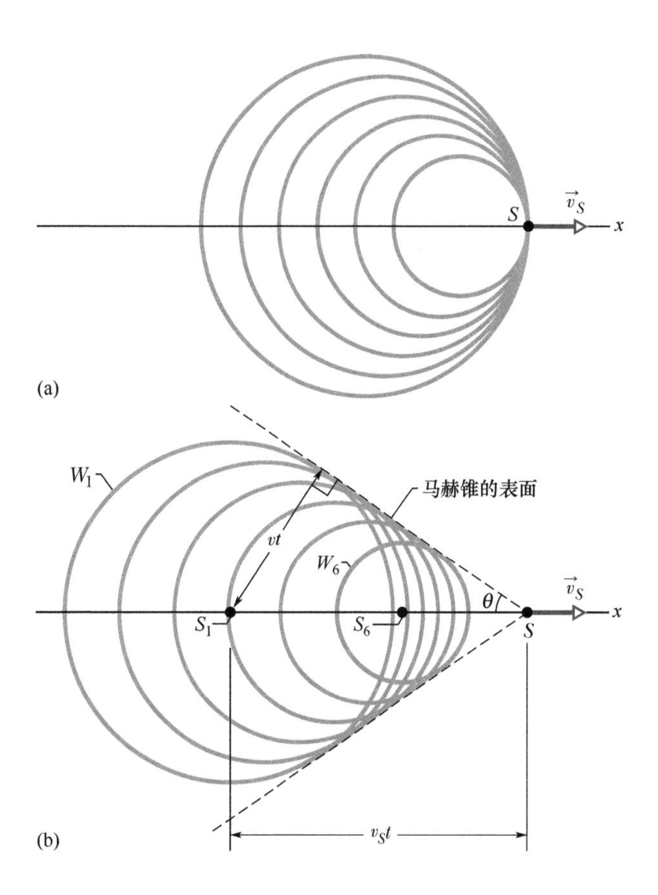

图 17-23 （a）声源 S 以等于声波的速率 v_S 运动，因而和它自己发射的波前一样快。（b）声源 S 以比声速更快的速率 v_S 运动，因而比波前更快。当声源在位置 S_1 时，发射波前 W_1，当它在位置 S_6 处时发射波前 W_6。所有的球面波前以声速 v 扩展，并沿着称为马赫锥的圆锥形表面聚集形成冲击波。圆锥形表面具有半角 θ 并且和所有波前相切。

U.S. Navy photo by Ensign John Gay

图17-24　美国海军的大黄蜂战斗攻击机的机翼产生的冲击波，之所以能看见冲击波是由于气压突然减小引起空气中的水分子凝结而形成了雾。

复习和总结

声波　声波是机械纵波，它可以在固体、液体或气体中传播。在**体积模量**为B、密度为ρ的介质中声波的速率v是

$$v=\sqrt{\frac{B}{\rho}}\ （声速）\qquad (17\text{-}3)$$

在20℃的空气中，声速是343m/s。

声波引起介质中质量元的纵向位移s由下式给出：

$$s=s_m\cos(kx-\omega t)\qquad (17\text{-}12)$$

其中，s_m是**位移振幅**（离开平衡点的最大位移）；$k=2\pi/\lambda$；$\omega=2\pi f$，λ和f分别是声波的波长和频率。声波也会引起介质压强相对于平衡压强的改变Δp：

$$\Delta p=\Delta p_m\sin(kx-\omega t)\qquad (17\text{-}13)$$

其中，**压强振幅**是

$$\Delta p_m=(v\rho\omega)s_m\qquad (17\text{-}14)$$

干涉　通过同一点的相同波长的两列声波产生的干涉取决于它们在该点处的相位差ϕ。如果声波以同相位发射，并在近似相同的方向上传播，则ϕ由下式给出

$$\phi=\frac{\Delta L}{\lambda}2\pi\qquad (17\text{-}21)$$

其中，ΔL是**程长差**（两列波在到达共同点之前所传播的距离之差）。当ϕ是2π的整数倍时发生完全相长干涉：

$$\phi=m(2\pi),\ m=0,\ 1,\ 2,\ \cdots\qquad (17\text{-}22)$$

与此等价的ΔL与波长λ的关系为

$$\frac{\Delta L}{\lambda}=0,\ 1,\ 2,\ \cdots\qquad (17\text{-}23)$$

完全相消干涉发生在ϕ是π的奇数倍时，即

$$\phi=(2m+1)\pi,\ m=0,\ 1,\ 2,\ \cdots\qquad (17\text{-}24)$$

与此等价的ΔL与λ的关系为

$$\frac{\Delta L}{\lambda}=0.5,\ 1.5,\ 2.5,\ \cdots\qquad (17\text{-}25)$$

声强　在一个表面上声波的**强度**I是单位时间内声波传输通过或到达这个表面的单位面积上的平均能量。

$$I=\frac{P}{A}\qquad (17\text{-}26)$$

其中，P是声波在单位时间内传输的能量（功率）；A是拦截声波表面的面积。强度I与声波的位移振幅的关系是

$$I=\frac{1}{2}\rho v\omega^2 s_m^2\qquad (17\text{-}27)$$

离功率为P_s的发射声波的点源距离r处的强度是

$$I=\frac{P_s}{4\pi r^2}\qquad (17\text{-}28)$$

以分贝为单位的声级　以分贝（dB）为单位的*声级*β的定义为

$$\beta=(10\text{dB})\lg\frac{I}{I_0}\qquad (17\text{-}29)$$

其中，$I_0(=10^{-12}\text{W/m}^2)$是用来比较所有强度的参考声级。强度每增大10倍，声级就增加10dB。

管子内的驻波图样　在管子中也可以建立驻波图样，两端开口的管子在以下频率共振：

$$f=\frac{v}{\lambda}=\frac{nv}{2L},\ n=1,\ 2,\ 3,\ \cdots\qquad (17\text{-}39)$$

其中，v是管内空气中的声速。对于一端封闭，另一端开口的管子，共振频率是

$$f=\frac{v}{\lambda}=\frac{nv}{4L},\ n=1,\ 3,\ 5,\ \cdots\qquad (17\text{-}41)$$

拍　*拍*出现在把频率f_1和f_2稍有不同的两列波放在一起测量的时候，此时拍的频率是

$$f_{\text{beat}}=f_1-f_2\qquad (17\text{-}46)$$

多普勒效应　*多普勒效应*是波源或探测器相对于传输波的介质（例如空气）运动时观察到的波的频率改变的效应。对于声波，声源发射的频率f与观察到的频率f'的关系由下式给出：

$$f'=f\frac{v\pm v_D}{v\pm v_S}\ （普遍的多普勒效应）\qquad (17\text{-}47)$$

其中，v_D是探测器相对于介质的速率；v_S是波源相对于介质的速率；v是声波在介质中的速率。加减号的选择要求相向运动时使f'增大，背离时使f'减小。

冲击波　如果声源相对于介质的速率超过声波在介质中的速率，则多普勒方程不再有效。在这种情况下就会产生冲击波。马赫锥的半角θ由下式给出：

$$\sin\theta=\frac{v}{v_S}\ （马赫锥角）\qquad (17\text{-}57)$$

习题

除非另有说明，习题中用到的物理量的数值是：空气中声速 = 343m/s，空气密度 = 1.21kg/m^3。

1. 频率为 3.80MHz 的诊断用超声波可以用于探查软组织中的肿瘤。(a) 这种超声波在空气中的波长是多少？(b) 如果人体组织中的声速是 1500m/s，则这个声波在组织中的波长是多少？

2. 距发射功率为 12.0W 的各向同性声波点源的径向距离 (a) 2.50m 及 (b) 6.00m 处的强度各是多大？

3. 当你掰动你手指的关节时会发出噼啪声。因为这时你使关节腔突然增宽，使更多的滑液流入腔内，并且在滑液中突然出现气泡。这种称为“空化”的气泡的突然产生会产生声脉冲——噼啪声。假设声波均匀地在各个方向上传播，并假设它全部都从关节内部传到外部。如果这个脉冲到达你耳朵时的声级是 50dB，估计空化过程中单位时间产生的能量。(译注：假设声波传到耳朵时声能量均匀分布在 1m^2 量级的球面上)

4. 一个未知频率的音叉和一个频率为 384Hz 的标准音叉产生每秒 4.00 个拍。把一小块蜡放在第一个音叉的叉子尖上，拍频就会减少，这个音叉的频率是多大？

5. 频率为 280Hz 的声波具有的强度为 1.00μW/m^2。波引起的空气振动的振幅多大？

6. *聚会上的听力*。当聚会上的人数逐渐增加时，你必须对听你讲话的人提高声音以抵抗其他客人的背景噪声。然而，一旦你达到喊叫的声级，使你的讲话可以被听见的唯一的方法是靠近听者，进入听者的“个人空间”。构造一个这种情况下的模型，用一个各向同性并且固定功率 P 的点波源来代替你，再用一个可以部分吸收你的声波的点来代替你的听者。这两个点起初的距离是 r_i = 1.20m。如背景噪声增加 $\Delta\beta$ = 9.0dB，你的听者的声级也必须相应增加这么多。这要求分开的距离 r_f 是多少？

7. 两根完全相同的钢琴琴弦在相同的张力下都有基频 600Hz。要使两根琴弦同时振动时每秒钟产生 8.0 拍，其中一根琴弦的张力与原有张力相比要增大多少相对比值？

8. 声源 A 和反射面 B 相向运动，相对于空气，声源 A 的速率是 20.0m/s，反射面 B 的速率是 80.0m/s，声速为 329m/s。在声源所在的参考系中测出声源发射的声波频率为 2000Hz。在反射面所在的参考系中，接收到的声波的 (a) 频率及 (b) 波长是多少？在声源所在的参考系中，反射回到声源的声波的 (c) 频率及 (d) 波长又是多少？

9. 频率为 540Hz 的哨子在半径 60.0cm 的圆周上以角速率 20.0rad/s 运动。位于远距离处相对于圆心静止的听者听到的最低和最高的频率各是多少？

10. 在图 17-24 中，冲击波离开大黄蜂战斗攻击机的驾驶舱的角度大约是 60°。照相的时候飞机正以大约 1350km/h 的速率飞行。在飞机所在的高度，声波速率近似是多大？

11. 蝙蝠在洞穴中穿梭飞行，利用短促的超声波信号导航。设蝙蝠发出的声波频率是 39000Hz，有一次它以空气中声速的 2% 的速率向平整的墙面快速猛扑过去。蝙蝠听到的从墙面反射的声波频率是多大？

12. 声波源的功率是 3.00μW。如果它是一个点波源，(a) 离它 4.20m 远处的强度是多少米？(b) 在这个距离上以分贝表示的声级是多少？

13. 声源发射正弦式声波通过一根充满空气的管道，声波角频率为 3000rad/s，振幅为 10.0nm。管道的内半径为 2.00cm。(a) 平均单位时间内有多少能量（动能及势能之和）传输到管子的另一端？(b) 如果同时有完全相同的另一列波沿着完全相同的相邻管道传播。平均单位时间内传输到两根管子另一端的平均能量是多少？如果这两列波同时沿同一根管子传输，当它们的相位差是 (c) 0，(d) 0.40πrad 及 (e) πrad 时，单位时间内传输的平均总能量分别是多少？

14. 大气中的两个声源 A 和 B 各向同性地发射恒定功率的声波。它们发射的声波的声级 β 关于离声源的径向距离的曲线表示在图 17-25 中。纵坐标轴的标度由 β_1 = 85.0dB 及 β_2 = 65.0dB 标定。求 (a) 较大的功率和较小的功率之比。(b) 在 r = 23m 处二者的声级之差。

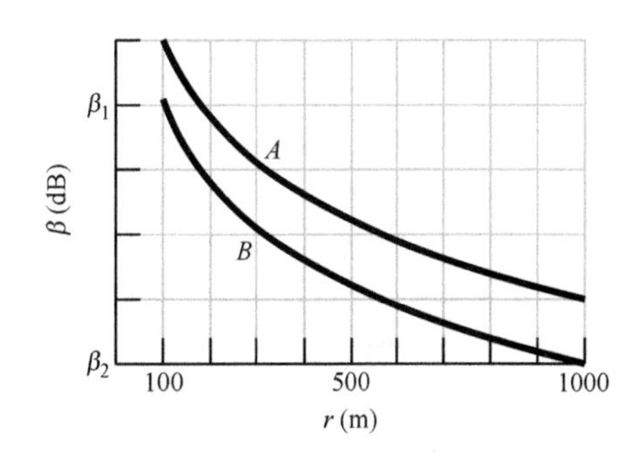

图 17-25 习题 14 图

15. 一架喷气式飞机在你头顶上 4800m 的高度以 1.5 马赫数的速率飞过。(a) 求马赫锥角（声速是 331m/s）。(b) 喷气式飞机在你正上方飞过多长时间冲击波才到达你那里。

16. 两端开口的风琴管 A 具有基频 425Hz。一端封闭的风琴管 B 的五次谐波和管 A 的二次谐波有相同的频率。(a) 风琴管 A 及 (b) 风琴管 B 各有多长？

17. 某一声源的声级增加了 40.0dB。(a) 它的强度增加至多少倍？(b) 它的压强振幅增大至多少倍？

18. 图 17-26 表示四根长度为 1.0m 或 2.0m，一端开口或两端开口的管子。在每一根管子中都建立起五次谐波，由它们发出的声波被背离它们运动的探测器 D 探测。用声速 v 表示，探测器必须以多大的速度运动，才可以使探测到的声波频率等于以下各根管子的基频：（a）管1，（b）管2，（c）管3及（d）管4？

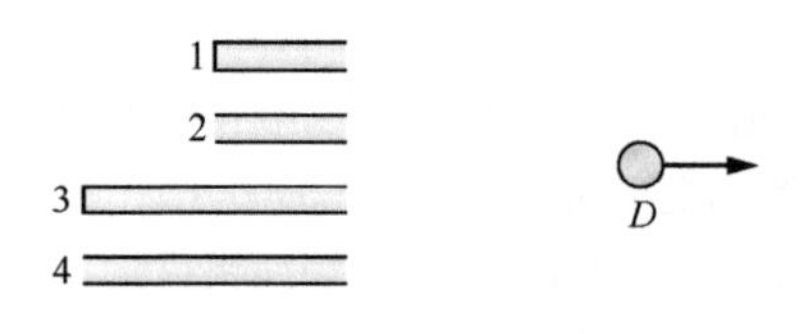

图17-26　习题18图

19. 点源各向同性地发射30.0W的声波。距离波源180m的传声器截获到面积0.750cm² 内的声波。求（a）该处的声强及（b）传声器截获声波的功率。

20. 飞机以2.00倍声速飞行。飞机产生的声爆在飞机经过地面上的人的正上方35.4s以后才到达这个人。飞机的高度是多少米？设声速是330m/s。

21. 一个点源各向同性地发射声波。距离声源6.00m处的强度是 $4.50\times10^{-4}\,W/m^2$。设波的能量守恒，求声源的功率。

22. 一根0.900m长的管子一端封闭。将一根绷紧的金属弦线放在开口端附近。金属线长0.330m，质量为9.60g。它的两端固定并以基频振动。由于共振，使得管子中的空气柱以管中空气柱的第二最低谐波的频率振动。求（a）这个频率，（b）弦上的张力。

23. 地震会在地球内部产生声波。与气体不同，地球可以传播横向（S波）和纵向（P波）的声波。S波的典型速率大约是4.5km/s，P波的典型速率是8.0km/s。一台地震仪记录地震产生的P波和S波，第一个P波比第一个S波提前3.5min到达。如果波是沿直线传播的，地震发生在多远的地方？

24. 1.8m长并且两端都开口的管 A 以第三最低谐波频率振动。管中充满空气，声音在其中的速率是343m/s。一端封闭的管 B 以它的第二最低谐波频率振动。管 B 的这个频率恰好和管 A 的频率匹配。x 轴沿 B 的内部延伸，$x=0$ 在封闭端。（a）沿这个轴有多少波节？这些节点的（b）最小的及（c）第二小的 x 值是多少？（d）管 B 的基频是多少？

25. （a）质量为860mg、长度为22.0cm的小提琴琴弦的基频是920Hz，琴弦上的波速多大？（b）弦上张力多大？（c）对于基频，琴弦上波的波长及（d）弦发出的声波的波长各是多少？

26. 图17-27表示放在单一频率的声波经过的路上的压强监示器的输出。声波以速率343m/s在密度为1.21kg/m³ 的均匀空气中传播。纵轴标度由 $\Delta p_s=5.0$mPa标定。如果波的位移函数是 $s(x,t)=s_m\cos(kx-\omega t)$，求（a）$s_m$，（b）$k$ 及（c）ω。然后将空气冷却，它的密度变为1.35kg/m³，声波在其中的速率是320m/s。声源仍旧发射同样频率和同样压强振幅的声波，现在（d）s_m，（e）k 及（f）ω 各是多少？

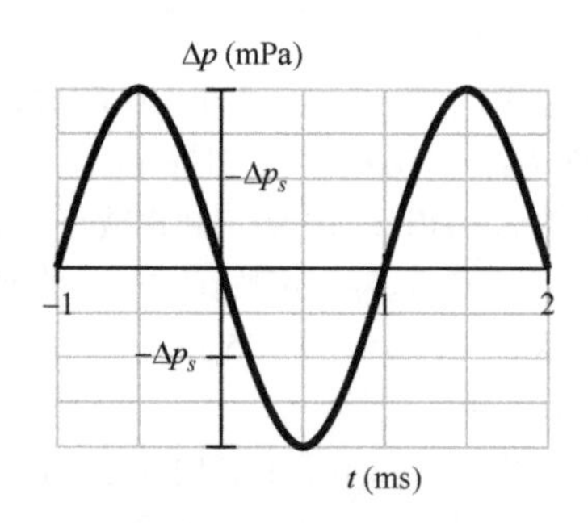

图17-27　习题26图

27. 15.0cm长的小提琴琴弦，两端固定，以 $n=1$ 模式振动。波在弦上的速率是280m/s，声波在空气中的速率是348m/s。发射的声波的（a）频率及（b）波长各是多少？

28. 图17-28表示 x 轴上距离相等的四个各向同性的声源。四个声源发射相同波长 λ 和相同振幅 s_m，并且同相位的声波。在 x 轴上有一点 P，设声波传播到 P 点时它们振幅的减小可以忽略不计。如果图上的距离 d 是（a）$\lambda/4$，（b）$\lambda/2$，（c）λ，则 P 点合成波的振幅分别是 s_m 的多少倍？

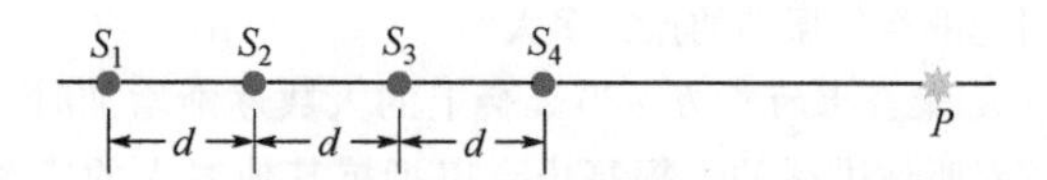

图17-28　习题28图

29. 一位州警察沿一条直路追赶一个超速驾驶者；二者的汽车都以143km/h的速率行驶。州警察车上的警笛发出频率为915Hz的声波。超速驾驶者听到的频率移动是多少？

30. 1.00m长的竖直安放的玻璃管中的水平面可以调节到管中任意高度位置。以900Hz频率振动的音叉放在管子顶端开口处，在管子充满空气的上面一段中建立起声波驻波。（充满空气的管子上部的作用就是一端开口另一端封闭的管子。）（a）要使音叉发出的声音在管子充满空气的部分建立起驻波，水平面可以有多少不同的位置？要发生共振，管子中水平面的（b）最小和（c）第二小的高度各是多少？

31. 图17-29中，位于北大西洋的静止水域中正在进行一次军事演习，一艘法国潜艇和一艘美国潜艇相向而行。法国潜艇运动的速率是 $v_F=48.00$km/h，美国潜艇的速率是 $v_{US}=72.00$km/h。法国潜艇发出频率为 1.560×10^3Hz的声呐信号（水中的声波）。声呐波以5470km/h的速率传播。（a）美国潜艇探测到的信号频率是多少？（b）法国潜艇探测到的从美国潜艇上反射回来的信号的频率是多少？

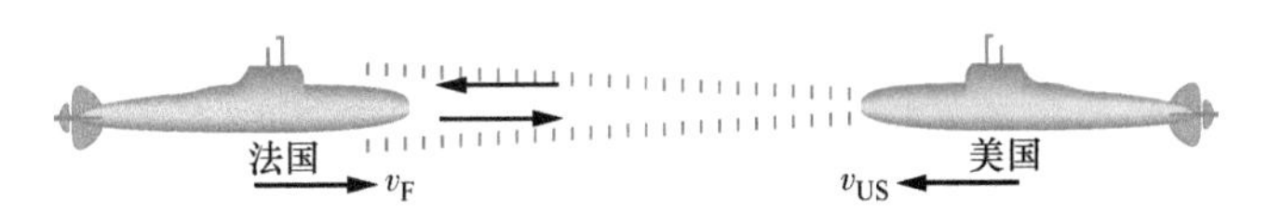

图 17-29　习题 31 图

32. 两列声波的声级相差 3.00dB。较大的强度与较小的强的比值是多少?

33. 小提琴的琴弦绷得紧了一点。当这根琴弦和以准确的标准音 A（440Hz）振动的音叉同时发声时，听到每秒4.50 拍。这根小提琴琴弦振动的周期是多少?

34. 一个男人用锤子击打细棒的一端。声波在棒中的速率是其在空气中速率的 15 倍。一个女人在棒的另一端，她的耳朵靠近细棒。她听到两次打击声之间的时间间隔是 60ms。一次打击声是通过细棒传来，另一次是通过沿着细棒附近的空气传来。如果空气中的声速是 343m/s，则细棒长度为多长?

35. 防盗警铃包含一个能够发射频率为 30.0kHz 声波的声源。在声源发射的波和以平均速率 0.950m/s 背离警铃行走的入侵者身上反射的波之间的拍频是多少?

36. *热巧克力效应*。在一大杯水里面轻轻敲击一只金属匙，注意你听见的频率 f_i。然后加进一满匙粉末（譬如巧克力混合粉或速溶咖啡），在你搅拌粉末的时候再轻轻敲击。你听到的频率有较低的数值 f_s，这是因为粉末释放的微小气泡改变了水的体积模量。气泡浮到水面上并消失后，频率逐渐变回它的初始值。在这个效应中，气泡并不会明显地改变水的密度或体积，或者声波的波长。可是，气泡改变了 dV/dp 的数值——就是由于水中声波造成的压强的微小变化而引起的体积的微小变化。如果 $f_s/f_i = 0.500$，则比值 $(dV/dp)_s/(dV/dp)_i$ 是多少?

37. 一只 2000Hz 的警铃和一位民防组织官员都相对于地面静止。如果风以 15m/s 的速率吹过则在以下情况中，官员听到的频率分别是什么?（a）风从声源吹向官员，（b）风从官员吹向声源。

38. 两端开口的管子 A 的一个谐波频率是 400Hz。下一个最高的谐波频率是 480Hz。（a）处在谐振频率 160Hz 后面的下一个最高谐振频率是多少?（b）这下一个最高谐波数是多少? 只有一端开口的管子 B 的一个谐波频率是 1080Hz，下一个最高的谐波频率是 1320Hz。（c）处在谐波频率 600Hz 后面的下一个最高的谐波频率是多少?（d）这下一个最高谐波数是多少?

39. 一根长 30.0cm、线密度为 0.650g/m 的小提琴琴弦靠近扬声器放置，扬声器从可变频率的声频振荡器输入信号。使振荡器的频率在 600~1600Hz 范围内变动，发现琴弦只在频率 1040Hz 和 1560Hz 被激起振动，弦中张力是多少?

40. 稳定运动的探测器向着以 61.0m/s 的速率接近的货车发射频率为 3.00MHz 的声波。反射回探测器的声波频率是多少?

41. 一块石头落入深井中，溅起的水声直到 3.35s 后才听见。井深多少?

42. 两列火车以相对于地面 35.7m/s 的速率相向而行，其中一列火车拉响频率为 850Hz 的汽笛。（a）在静止的空气中的另一列车上听到的频率是多少?（b）如果风以 35.7m/s 的速率朝着汽笛，同时背着听者吹去，另一列火车上听到的频率是多少?（c）如果风的方向相反，听到的频率是多少?

43. 声波 $s = s_m\cos(kx - \omega t + \phi)$ 以 343m/s 的速率在水平的长管中传播。某一时刻，位于 $x = 2.000$m 处的空气分子 A 到达它的最大正位移 5.00nm 位置上，位于 $x = 2.070$m 处的空气分子 B 到达它的正位移 2.00nm 的位置上。位于 A 与 B 之间的所有分子都在中间位移的位置上。波的频率是多少?

44. 你有五个音叉，它们的共振频率互不相同，但是很接近。如果你每次使两个音叉同时振动发声，取决于共振频率差别的各个不同拍频的数目（a）最多及（b）最少是多少?

45. 图 17-30 表示发射波长 $\lambda = 3.00$m 的声波的两个点源 S_1 和 S_2。发射是各向同性并且同相位的，两个声源间的距离是 $d = 16.0$m。从 S_1 发射的波和从 S_2 发射的波在 x 轴上任意一点 P 发生干涉。当 P 很远（$x \approx \infty$）时，求（a）从 S_1 和 S_2 传来的波的相位差，（b）它们产生的干涉的类型? 现在将 P 点沿 x 轴向 S_1 移动。（c）两列波之间的相位差是增大还是减小? 当 P 点在 x 轴上的距离为多少时波的相位差分别是（d）0.50λ，（e）1.00λ，以及（f）1.50λ?

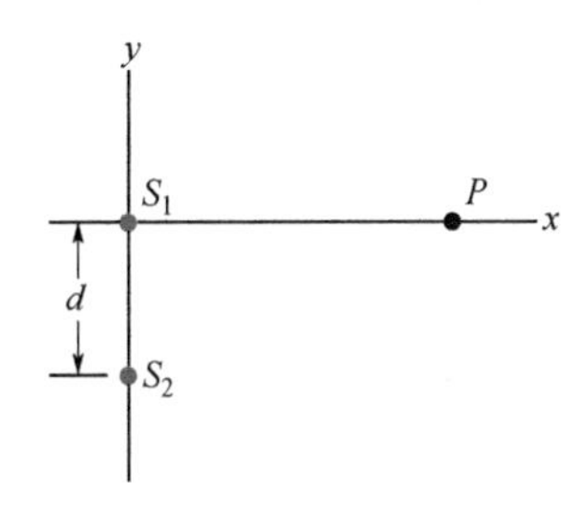

图 17-30　习题 45 图

46. 一辆带有警笛的救护车发出频率为 1620Hz 的笛声追上并超过了一辆以 2.44m/s 速率行驶的自行车。救护车超过自行车后，骑车人听到的频率是 1590Hz。救护车的速度有多大?

47. 苏格兰汉密尔顿陵墓[⊖]中的一座小教堂的门砰的一声被使劲关上了。据紧靠门里边站着的某个人说，最后的回声 15s 后到达。（a）如果回声来自正对着门的一堵墙的一次反射，则门到墙的距离是多少?（b）如果是另一

⊖ 汉密尔顿陵墓（Hamilton Mausoleum）是世界上所有人造建筑中发出回声持续时间最长的（15s）。——编辑注

种情形，墙在32.0m距离处，（来回）反射了多少次？

48. 静止的探测器测量一个声源的频率，声源起初以恒定的速率直接向着探测器运动，然后（经过探测器后），背离探测器运动，发射的频率是f。在靠近时探测到的频率是f'_{app}，在离开过程中探测到的频率是f'_{rec}。如果$(f'_{app}-f'_{rec})/f=0.200$，则声源速率$v_s$和声波速率$v$的比$v_s/v$是多少？

49. 图17-31表示两个各向同性的声波点源S_1和S_2。两点源距离$D=2.20$m，它们同相位地发射波长为0.50m的声波。假如我们把一个声探测器沿着中心位于两个点源中点的、很大的圆周运动。问总共有多少点，当两列声波到达这些点的位置时（a）完全同相位，（b）完全异相位？

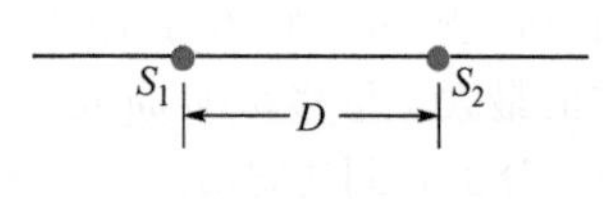

图17-31　习题49图

50. 正常听力的人中大约有三分之一的人的耳朵会不断地通过耳道向外发射低强度的声波。有这种*自发回声发射*的人很少会觉察到这种声音，除非他在没有噪声的环境中。但偶然地也会出现一种情况，即这种发射足够强，强到被旁边的另一个人听到。在一次观察中，声波的频率为1200Hz，压强振幅为2.50×10^{-3}Pa。（a）位移振幅以及（b）耳朵发射的声波强度各是多少？

51. 两只扬声器放在露天舞台上，分开3.35m。一个听者距离一只扬声器17.5m，距另一只19.5m。在声音校验过程中，一台信号发生器同相位地以相同的振幅和频率驱动这两只扬声器。传送的频率扫遍整个可听声范围（20Hz～20kHz）。（a）在听者的位置给出最小信号（相消干涉）的最低频率$f_{min,1}$是什么？$f_{min,1}$必须乘上什么数才可以得到（b）给出最小信号的第二个最低频率$f_{min,2}$。（c）给出最小信号的第三个最低频率$f_{min,3}$？（d）在听者的位置给出最大信号（相长干涉）的最低频率$f_{max,1}$是什么？$f_{max,1}$要乘上什么数才能够得到（e）给出最大信号的第二个最低频率$f_{max,2}$及（f）给出最大信号的第三个最低频率$f_{max,3}$？

52. 图17-32中，波源发出波长为65.0cm的声波经过管道向右传播，管道由直线部分和半圆部分组成。一部分声波通过半圆部分传播，然后和余下的直接通过直线部分的声波汇合。汇合时发生干涉。半径r最小应是多少就会在探测器中得到强度最小值？

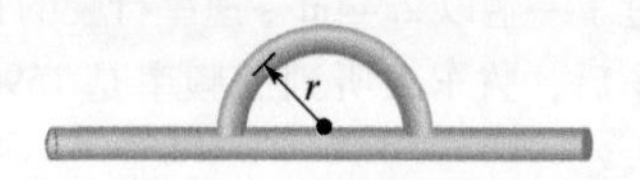

图17-32　习题52图

53. 雄性牛蛙以它们响亮的求偶叫声闻名。这种叫声不是从牛蛙的嘴巴中发出而是来自于它的耳鼓，耳鼓位于头部的表面。令人吃惊的是，声音和牛蛙膨胀的喉部无关。如果发出声音的频率是260Hz，声级是75dB（在靠近耳鼓的地方），耳鼓振动的振幅多大？空气密度是1.21kg/m^3。

54. 声波在氧气中的速率有多大？假设28.0g的氧气占据的体积为22.4L，体积模量是0.144MPa。

55. 在圆形露天剧场的舞台上拍手，发出的声波从宽度$w=0.65$m（见图17-33）的台阶上散射。反射回到舞台上的声波好像声脉冲的周期序列，每一个台阶反射一个脉冲；脉冲声波的行进就像演奏音符。（a）设图17-33中所有的波线都是水平的，求脉冲返回的频率（即察觉到音符的频率）。（b）如果台阶的宽度更小一些，频率会更高一些还是会更低一些？

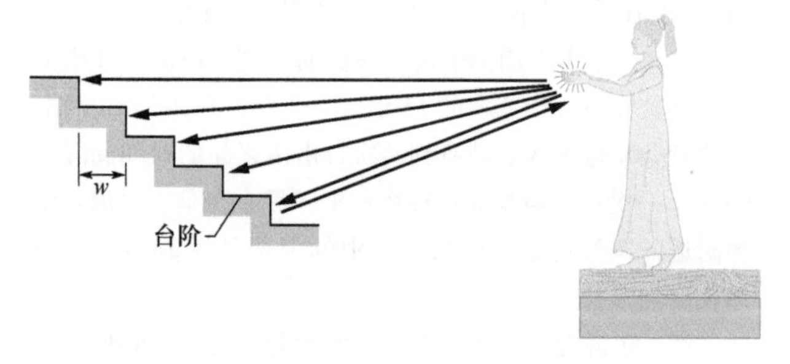

图17-33　习题55图

56. 副栉龙（头上有冠状隆起的一种鸭嘴龙）颅骨的脊突的形状有点像长号。它包含一个鼻通道，它是一个两端开口的、长而弯曲的管子。这种恐龙可能利用这个通道在其中建立基模来发出声音。（a）如果某块副栉龙化石中的鼻通道长1.8m，它会产生什么频率？（b）如果这种恐龙可以再造出来（像在电影《侏罗纪公园》中那样），能听见频率范围60Hz～20kHz的人，是不是也能听见这个基模。如果能听见，这个声音是高频还是低频。有较短的鼻通道的化石颅骨被认为是雌性的副栉龙。（c）这使雌性的基频高于还是低于雄性的？

57. 图17-34中，两个同相位发射的扬声器分开距离$d_1=2.00$m，设在正对一个扬声器前面距离$d_2=4.00$m处的听者的耳朵听到两个扬声器传来的声波的振幅近似地相同。考虑正常听觉可听到的整个频率范围是20Hz～20kHz。（a）在听者的耳中给出最小的信号（相消干涉）的最低频率$f_{min,1}$是什么？$f_{min,1}$要乘上什么数才可以得到（b）给出最小信号的第二最低频率$f_{min,2}$，以及（c）给出最小信号的第三最低频率$f_{min,3}$。（d）在听者的耳中给出最大信号（相长干涉）的最低频率$f_{max,1}$是多大？$f_{max,1}$要乘上什么数值才可以得到（e）给出最大信号的第二最低频率$f_{max,2}$以及（f）给出最大信号的第三最低频率？

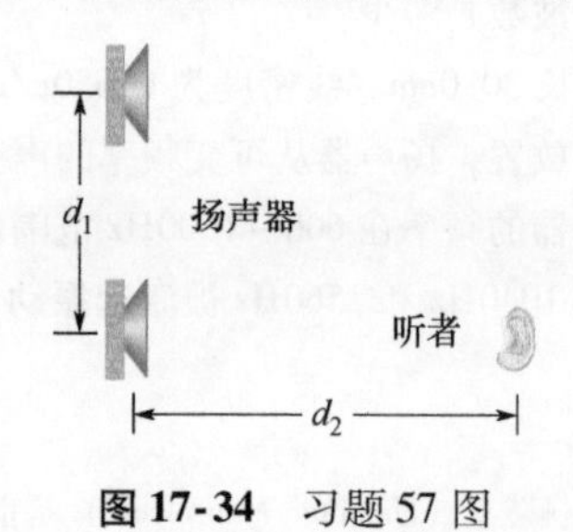

图17-34　习题57图

58. 在图17-35中，两列声波束A和B的波长都是λ，开始时同相位，并且都向右传播，在图中用两条波线表示。波束A在四个表面上反射，但最后还是沿原来的方向传播。波束B被两个表面反射以后方向仍旧不变。将图中的距离L用波长λ的倍数q表示：$L=q\lambda$。要使A和B在反射后相对的相位正好相反，q的（a）最小值及（b）第三最小值各是多少？

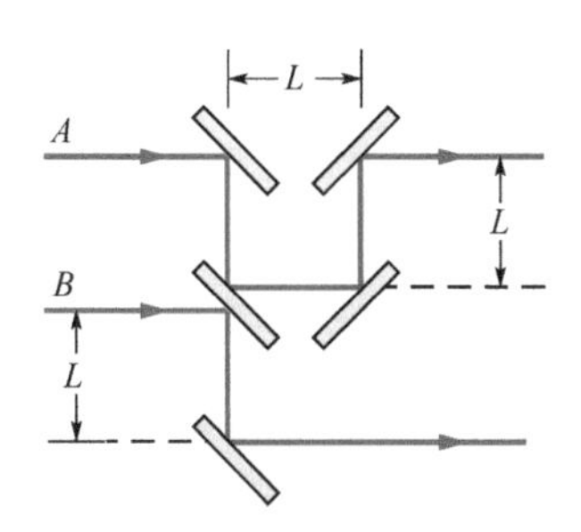

图17-35 习题58图

59. 一个女孩坐在列车中开着的窗户旁边。列车以10.00m/s的速度向东行驶。女孩的叔叔站在铁轨旁看着列车驶过。机车鸣笛时发出520.0Hz频率的声波，空气是静止的。（a）叔叔听到什么频率的声音？（b）女孩听到什么频率的声音？风从东方以10.00m/s的速率吹来。（c）现在叔叔听到的声音频率是什么？（d）女孩听到的声音频率是什么？

60. 水下幻觉。你的大脑确定声源的方向所用的一个线索是根据声波到达靠近声源的耳朵和声波到达离声源较远的那只耳朵之间的时间延迟Δt。设声源距离很远，所以从它发出的波前到达你的耳朵时是近似的平面波。令D表示你两只耳朵间的距离。（a）如果声源从正前方成θ角的方向传来（见图17-36），用D和空气中的声速v表示的Δt是什么？（b）如果你浸没在水中，声源在你的正右边，用D和水中声速v_w表示的Δt是什么？（c）基于这种时间延迟的线索，你的大脑错误地把浸没在水中的声波解释为从正前方成θ角的方向传来。计算在20℃的淡水中的θ角。

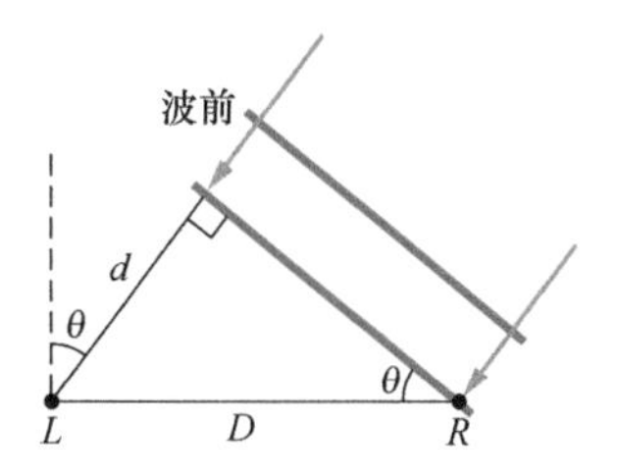

图17-36 习题60图

61. 图17-37中，S是一个小的扬声器，用一台频率可从1000Hz改变到2000Hz的声频振荡器驱动。D是一个圆柱形管子，两端开口，长度为48.9cm。在充满空气的管子中声波的速率是344m/s。（a）从扬声器发出的声波中有多少频率能在管子中建立共振？共振发生的（b）最低及（c）第二最低的频率各是多少？

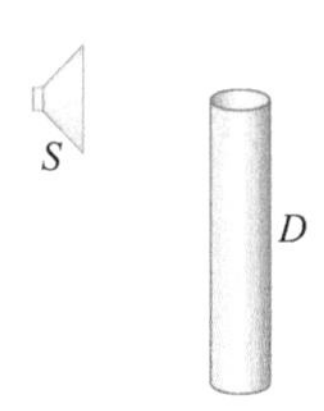

图17-37 习题61图

62. 声波行波的压强公式是

$$\Delta p=(2.00\text{Pa})\sin\pi[(0.900\text{m}^{-1})x-(450\text{s}^{-1})t]$$

求（a）压强振幅，（b）频率，（c）波长及（d）波速。

63. 一口竖直的井，井下有水。共振频率是9.00Hz，并且没有更低的共振频率。井中充满空气部分的作用就像一根一端封闭（井底）和一端开口（井口）的管子。井中空气的密度是1.10kg/m^3，体积模量是1.33×10^5Pa。井下水面离井口多远？

64. 一纵列士兵以每分钟100步的速率齐步前进，他们通过队列带头的鼓手敲击出的拍子来保持步伐整齐。纵队最后的士兵左脚跨步前进的时候，鼓手正跨出右脚，纵列的长度近似是多少？

65. 在管子A中，某一特定的谐波频率和下一个较低的谐波频率的比值是1.4。在管子B中，一个特定的谐波频率和下一个较低的谐波频率的比值是1.2。在（a）A管及（b）B管中各有几个开口端？

66. 频率为270Hz的声波从两个声源同相位地向着正x轴的方向发射。轴上有一个探测器，它距离一个声源5.00m，距离另一个声源4.00m，到达探测器的两列波的相位差是多少？（a）以弧度表示，（b）以波长的倍数表示。

67. 在空气中传播的声波表达式是

$$s(x,t)=(6.0\text{nm})\cos(kx+(3000\text{rad/s})t+\phi)$$

在传播路径上的任何一个空气分子在位移$s=+4.0$nm和$s=-4.0$nm之间运动要多长时间？

68. 假设谈话的声级从起初怒吼时的75dB然后降到安抚时的55dB。设声音的频率是500Hz。求（a）起初的和（b）最后的声强，（c）起初及（d）最后的声波振幅。

69. 足球赛场上的观众中有两个人看到足球被踢出，过一会儿听到踢球的声音。观众A的时间延迟是0.27s，观众B的是0.12s，从这两个观众到踢球的运动员的视线的相交角度是90°。（a）观众A及（b）观众B到踢这个球的运动员的距离各是多少？（c）两个观众相距多远？

70. 流体介质中的声波在壁上反射因而形成驻波。波节的距离是4.9cm，传播速率是1250m/s。求声波的频率。

CHAPTER 18

第 18 章　温度、热和热力学第一定律

18-1　温度

学习目标

学完这一单元后，你应当能够……

18.01　懂得热力学温标[㊀]上的最低温度是 0K（绝对零度）。

18.02　说明热力学第零定律。

18.03　说明三相点温度的条件。

18.04　说明用定容气体温度计测量温度的条件。

18.05　对于定容气体温度计，把某一给定状态下的气体压强和温度同在三相点的压强和温度联系起来。

关键概念

- 温度是和我们的热和冷的感觉相关的国际单位制中的一个基本量。它用温度计测量，温度计包含具有可测量的性质的工作物质，这种可测量的性质包括像长度或压强等。这种性质在工作物质变得更热或更冷时以有规律的方式改变。
- 使温度计和另外某个物体互相接触，它们最终会达到热平衡。温度计的读数就是这个另外的物体的温度。这个过程提供了协调一致并有实用价值的温度测量方法，这是因为热力学第零定律：如物体 A 和物体 B 各自分别和物体 C（温度计）处在热平衡状态中，则 A 和 B 相互之间也处在热平衡状态。
- 在国际单位制（SI）中温度用热力学温标量度，这种温标以水的三相点（273.16K）为基础。其他温度用定容气体温度计定义，其中气体样品保持恒定的体积，所以它的压强正比于它的温度。我们定义气体温度计测量的温度为

$$T=(273.16\mathrm{K})\left(\lim_{\mathrm{gas}\to 0}\frac{p}{p_3}\right)$$

其中，T 用开尔文（K）为单位；p_3 和 p 分别是 273.16K 的气体压强和待测温度的压强。

什么是物理学？

物理学和工程学的一个主要分支是**热力学**，热力学是研究和应用各种系统的热能（常常也称为内能）的分支学科。热力学的中心概念之一是温度。从你们的童年开始，你们就已经有了热能和温度的实用知识。例如，你们知道要小心烫的食物和火炉，易腐坏的食物要保存在阴凉的地方或者冰箱中。你们还知道怎样控制房间和汽车里的温度，怎样保护自己不受风寒或中暑。

热力学渗透到日常的工程学和科学中的例子是不胜枚举的。汽车工程师关心汽车发动机的发热，譬如在美国的纳斯卡车赛中。食品工程师关心食品适当的加热，如比萨饼的微波炉烘烤；以及食物适当的冷却，如冷冻快餐在加工车间中的迅速冷冻。地质学

㊀ 热力学温标旧称“开氏温标”或“绝对温标”，本书原文是“开尔文温标”，现按照我国国家标准译作“热力学温标”。——编辑注

家关心在厄尔尼诺现象中热能的转移以及北极和南极广阔冰原的逐渐变暖。农业工程师关心决定一个国家的农业是丰收还是歉收的气候条件。医学工程师关心病人的体温在良性的病毒感染和癌变之间有何区别。

我们的热力学讨论的出发点是温度的概念以及它如何被测定。

温度

温度是国际单位制单位的七个基本量之一。物理学家用**热力学温标**测定温度，它的单位称为*开尔文*（开，K）。虽然物体的温度明显地没有上限，但它实际上确实有一个下限，这个极限低温取作热力学温标的零，室温大约是高于这个绝对零度 290 开，或者写作 290K。图 18-1 表示出了温度宽广的范围。

当宇宙在 137 亿年前诞生时，它的温度大约是 10^{39}K。随着宇宙膨胀，它冷却下来，现在平均温度已经达到大约 3K。我们地球的温度比这稍高一点，因为我们恰巧生活在一颗恒星附近。假如没有太阳，我们的周围也会是 3K（或者我们可能根本就不存在）。

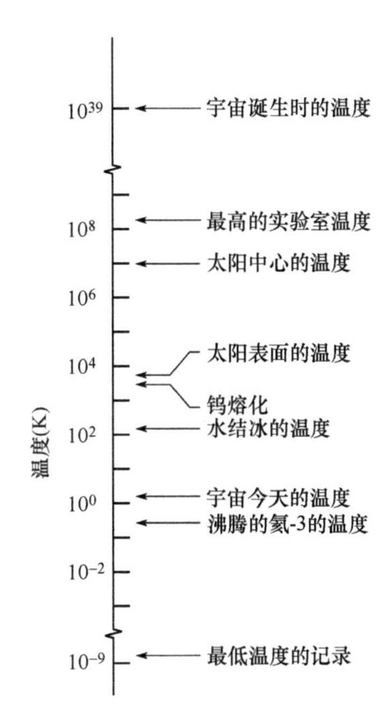

图 18-1 热力学温标的某些温度。温度 $T=0$ 对应于 $10^{-\infty}$ 在此对数标尺上无法画出。

热力学第零定律

在我们改变物体的温度的时候，比如把物体从冰箱移到烤箱里，许多物体的性质也会发生改变。这里给出几个例子：当温度升高的时候液体的体积会增加，金属棒会略微伸长一点，导线的电阻会增大，体积被限定不变的气体压强同样要增大。我们可以利用这些性质中的任何一个作为仪器的基本原理，用来帮助我们确立温度的概念。

图 18-2 表示这样的一台仪器。任何能干的工程师都能够利用上面列出的任何一种性质设计并制造出这样的仪器。这台仪器装有数字显示屏，并具有下列性质：如果你把它加热（比如说用煤气灯），显示的数字会开始增大，如果你把它放在冰箱里，显示的数字会开始减小。这台仪器还没有用任何方式定标，这些数字（还）没有物理意义。所以这台仪器只是验温器，（还）不是温度计。

图 18-2 一台验温器，当元件加热时，数字增大，当它冷却时数字减小。热敏元件可以是——在许多可能性中——一个线圈，它的电阻被测定并显示出来。

假定像图 18-3a 中那样，我们把这台验温器（我们把它称作物体 T）和另一个物体（物体 A）紧密接触。整个系统封闭在一个厚壁的绝热容器中。验温器显示的数字开始滚动，直到最终停止（我们说读数是 137.04），并且再也没有进一步的变化发生了。事实上，我们假定物体 T 和物体 A 的每一种可测量的性质都已经是稳定不变的数值了。于是我们说这两个物体处在*热平衡状态*中。即使物体 T 显示的数字还没有定标，我们还是可以得出结论，T 和 A 这两个物体必定有相同的（未知的）温度。

我们下一步把物体 T 和物体 B 紧密接触（见图 18-3b），并发现两个物体在验温器的同样读数下达到热平衡状态。于是，T 和 B 必定有相同的（仍旧未知）温度。如果我们现在使 A 和 B 两个物体紧密接触（见图 18-3c），它们互相之间是不是直接就处于热平衡状态中呢？实验表明，我们发现它们确实如此。

图 18-3 中演示的实验事实总结起来就是**热力学第零定律**：

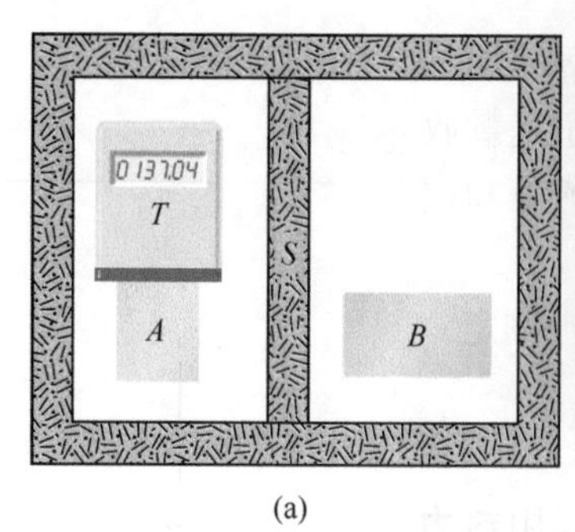

(a)

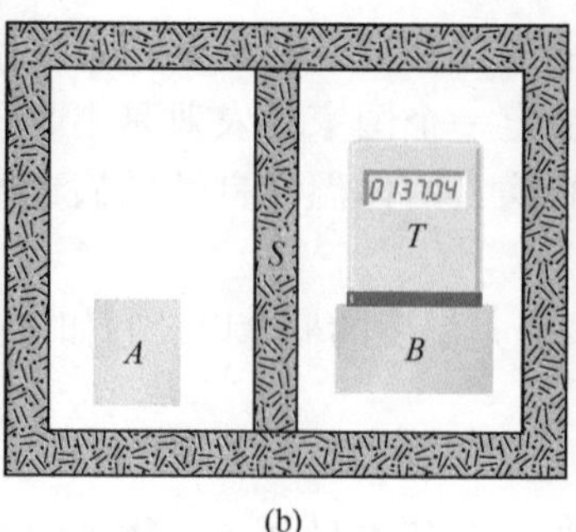

(b)

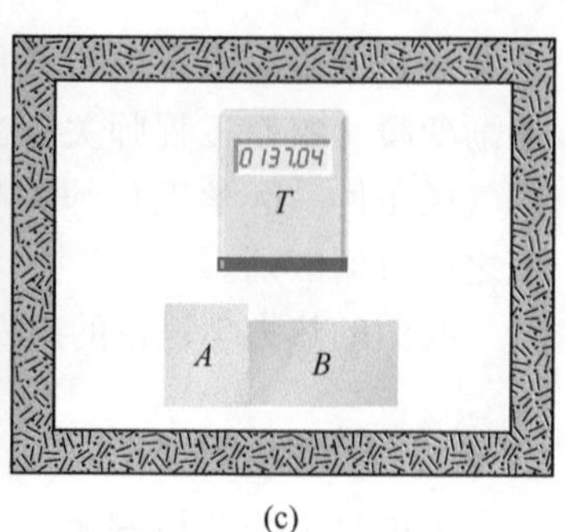

(c)

图 18-3 （a）物体 T（验温器）和物体 A 处在热平衡状态中，（物体 S 是绝热墙。）（b）物体 T 和物体 B 也处于热平衡状态中。验温器有相同的读数。（c）如果（a）和（b）为真，热力学第零定律确定物体 A 和物体 B 也处于热平衡状态。

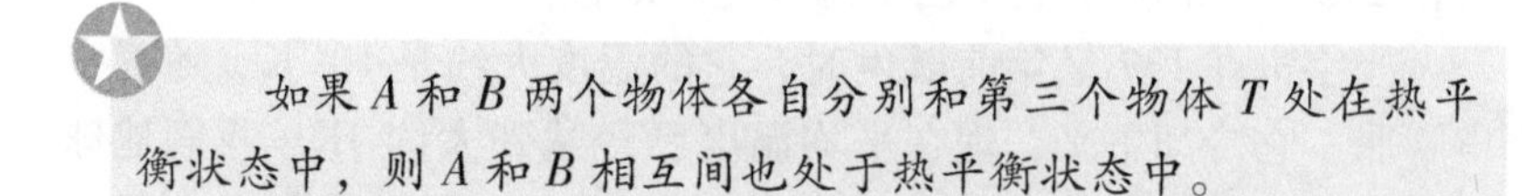

如果 A 和 B 两个物体各自分别和第三个物体 T 处在热平衡状态中，则 A 和 B 相互间也处于热平衡状态中。

用较为不正规的语言，第零定律给出的信息是："每个物体都具有称为**温度**的性质。当两个物体处于热平衡状态中时，它们的温度相等。反之亦然。"现在可以把我们的验温器（第三个物体 T）做成温度计，确信它的读数具有物理意义。我们要做的事就是把它定标。

我们在实验室中一直在应用第零定律。如果我们要知道两只烧杯中的液体是不是有相同的温度，我们只要用温度计测量每一只烧杯中的液体就可以知道。我们不需要使两种液体紧密接触并观察它们是否处在热平衡状态中。

被认为是逻辑上事后回想的第零定律到 20 世纪 30 年代才被大家认识到，而这已是在热力学第一和第二定律被发现并被给定编号以后很久的事了。因为温度的概念是这两条定律的基础，建立温度的正确概念应当有最小的编号——所以称为第零定律。

测量温度

我们这里首先定义和测量热力学温标的温度。然后把验温器定标做成温度计。

水的三相点

为了建立温标，我们选择某个可以再现的热现象并完全随意地给它所处的某种环境指定一个热力学温度，也就是说，我们选择一个标准固定点并给它一个标准固定点温度。例如，我们可以选水的结冰或沸腾的温度，但由于技术上的原因，我们选择**水的三相点**。

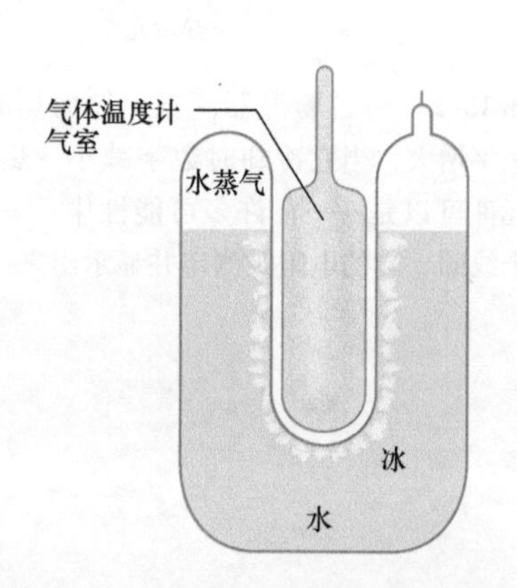

图 18-4 一个三相点装置，其中固态的冰、液态的水和水蒸气在热平衡状态下共存，按照国际协议，这个混合物的温度定义为 273.16K，定容气体温度计的气室在图中嵌在装置的井中间。

液态水、固态的冰及水蒸气（气态的水）只在压强和温度是某一组数值时，才可以在热平衡状态下共存。图 18-4 表示三相点装置，所谓水的三相点可以用这个装置在实验室中得到。根据国际协议，水的三相点被给定一个数值为 273.16K 作为温度计定标的标准固定温度，这就是

$$T_3 = 273.16\text{K}\ （三相点温度） \tag{18-1}$$

其中，下标 3 的意思是"三相点"。这个协议也确定了水的三相点温度和绝对零度之间的差值的 1/273.16 是热力学温度 1K 的大小。

注意，我们在表示热力学温度时不用度的符号。我们记为300K（不是300°K），读作“300 开”（不是“300 度开”）。常用的国际单位制词头仍照常使用。例如，0.0035K 就是3.5mK。热力学温度和温度的变化的名称没有不同，所以我们可以写“硫的沸点是717.8K”及“这个水浴的温度升高了8.5K”㊀。

定容气体温度计

标准温度计建立在固定容积的气体压强变化的基础上，所有温度计都用它来校正。图18-5表示这种定容气体温度计；它由一个充满气体的气泡连接到一个水银压强计组成。通过提升或降低水银容器 R 使U形管左臂中的水银面总是在标尺的零位置，以保持气体体积恒定不变（气体体积的变化会影响温度测量）。

和气室热接触的任何物体（如图18-5中气室周围的液体）的温度定义为

$$T = Cp \tag{18-2}$$

其中，p 是气体对外作用的压强；C 是常量。由式（14-10），压强是：

$$p = p_0 - \rho gh \tag{18-3}$$

其中，p_0 是大气压强；ρ 是压强计中水银的密度；h 是测得的管子的两臂中水银面之间的高度差㊁。（在式（18-3）中用负号，因为压强 p 作用的水银面高于压强 p_0 作用着的右臂的水银面。）

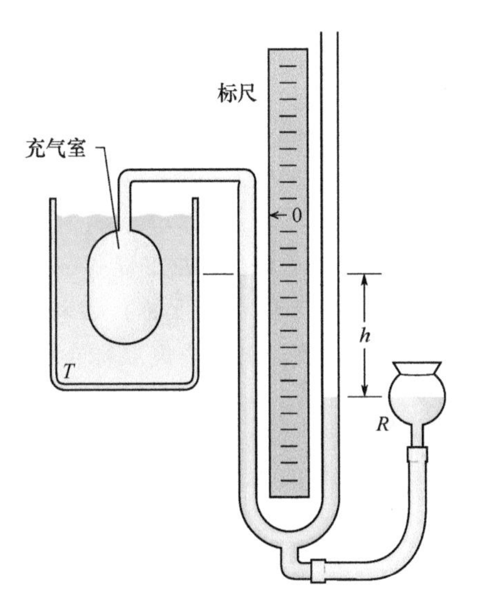

图18-5 定容气体温度计，它的气室浸没在待测温度为 T 的液体中。

下一步我们把气室放进三相点的装置中（见图18-4），现在要测量的温度是

$$T_3 = Cp_3 \tag{18-4}$$

其中，p_3 是现在的压强。从式（18-2）和式（18-4）中消去 C 后得到温度：

$$T = T_3\left(\frac{p}{p_3}\right) = (273.16\text{K})\left(\frac{p}{p_3}\right) \quad (\text{暂定}) \tag{18-5}$$

用这种温度计还有一个问题。如果我们用它测量，譬如说，水的沸点，我们会发现气室中放入不同的气体会给出稍有不同的结果。然而，随着我们在气室中充入越来越少的气体，无论用的是什么气体，这些不同的读数都很好地聚到同一温度。图18-6表示三种气体的这种会聚。

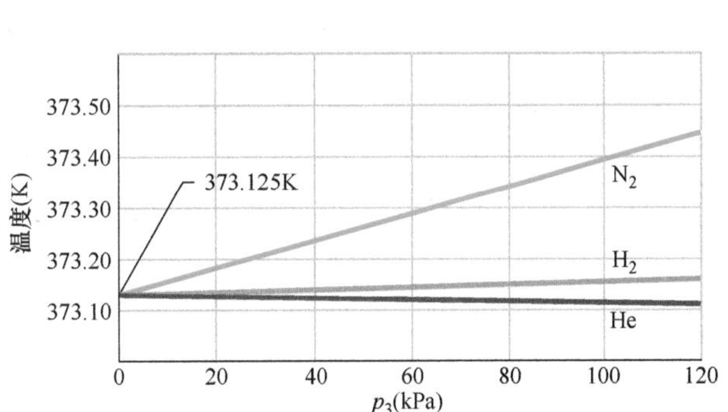

图18-6 用定容气体温度计测量温度，它的气室浸没在沸腾的水中，用式（18-5）计算温度。压强 p_3 是在水的三相点测得的。在温度计气室中的三种不同气体的气压不同，一般来说会得到不同的结果。但随着气体数量的减少（p_3 减小），所有三条曲线都会聚到373.125K。

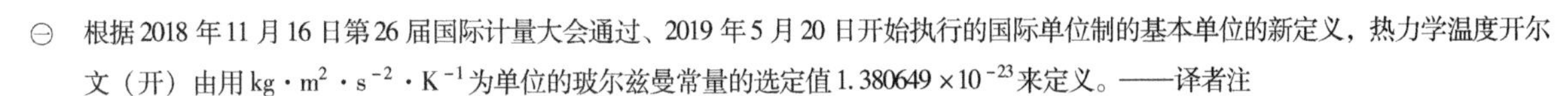

㊀ 根据2018年11月16日第26届国际计量大会通过、2019年5月20日开始执行的国际单位制的基本单位的新定义，热力学温度开尔文（开）由用 $\text{kg}\cdot\text{m}^2\cdot\text{s}^{-2}\cdot\text{K}^{-1}$ 为单位的玻尔兹曼常量的选定值 1.380649×10^{-23} 来定义。——译者注

㊁ 关于压强的单位，我们用14-1单元中引入的单位。压强的国际单位是牛顿每平方米，称为帕［斯卡］（Pa）。帕与其他压强单位的关系是

$$1\text{atm} = 1.01\times10^5\text{Pa} = 760\text{Torr} = 14.7\text{lbf/in}^2$$

于是，用气体温度计测量温度的这种方法可以写成

$$T=(273.16\mathrm{K})\left(\lim_{\mathrm{gas}\to 0}\frac{p}{p_3}\right) \tag{18-6}$$

这种方法指示我们测量未知温度 T 的步骤如下：用任意数量的任何气体（例如氮气）充入温度计的气室，测量 p_3（利用三相点装置）和待测温度下的气压 p（保持气体体积不变）。计算比值 p/p_3。然后在气室中充入更少的气体重复这两项测量，再求这个比值。用越来越少数量的气体继续进行这样的测量，直到可以把比值 p/p_3 外推到你可以求出气室中近似地没有气体的情况下的数值。把这个外推的比值代入式（18-6）求出温度 T（这个温度称为理想气体温度）。

18-2　摄氏温标和华氏温标

学习目标

学完这一单元后，你应当能够……

18.06　在两种（线性的）温标之间转换，包括摄氏温标、华氏温标和热力学温标。

18.07　明白在摄氏温标和热力学温标中一度的改变是相同的。

关键概念

● 摄氏温标的定义为

$$T_C=T-273.15°$$

其中，T 的单位是 K。华氏温标的定义为

$$T_F=\frac{9}{5}T_C+32°$$

摄氏温标和华氏温标

到现在为止，我们只讨论了用于基础科学研究工作的热力学温标。世界上几乎所有的国家中，摄氏温标（以前称为百分温标）是公众和商业上采用的温标，并且在科学研究中也被广泛地应用。摄氏温度用度测量，摄氏度和开（K）的大小相同。然而摄氏温标的零被移到比绝对零度更为方便的数值。如果 T_C 表示摄氏温度，T 表示热力学温度，于是

$$T_C=T-273.15° \tag{18-7}$$

在用摄氏温标表述温度的时候，通常用度的符号（℃）。所以，我们对摄氏温标的读数写作 20.00℃，对热力学温标的读数就是 293.15K。

在美国使用的华氏温标所用的度比摄氏温标的度小并且温度的零点也不同。仔细观察一个能够标出这两种温标的普通室内温度计你就可以很容易地证实这两点差别，摄氏温标和华氏温标之间的关系是

$$T_F=\frac{9}{5}T_C+32° \tag{18-8}$$

其中，T_F 是华氏温度。这两个温标之间的变换很容易做，只要记住几个对应的点，譬如水的冰点和沸点（见表 18-1）。图 18-7 上

将热力学温标、摄氏温标和华氏温标进行了比较。

表 18-1 几种对应的温度

温　度	℃	°F
水的沸点①	100	212
正常的体温	37.0	98.6
感到舒适的温度	20	68
水的凝固点①	0	32
华氏零度	≈ -18	0
两种标度恰好重合	-40	-40

① 严格地说，摄氏温标上水的沸点是 99.975℃，凝固点是 0.00℃，因此这两点之间之差略小于 100℃。

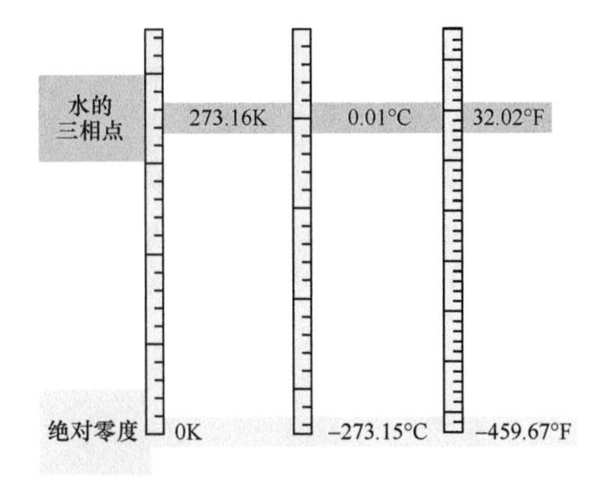

图 18-7 热力学温标、摄氏温标和华氏温标的比较。

我们用字母 C 和 F 来区别两种温标的量度和度。于是：

0℃ = 32℉

这意味着，在摄氏温标上是 0℃，在华氏温标就是 32°F，而

5C°⊖ = 9F°

的意思是 5 摄氏度的温度差（注意度的符号在 C 的后面）等于 9 华氏度的温度差，而不是某温度点的值。

检查点 1

这里的图表示三种线性温标，图中标出水的凝固点和沸点。(a) 按照每一度的大小排列这些温标，最大的排第一。(b) 排列以下温度 50°X，50°W 和 50°Y，最高的排第一。

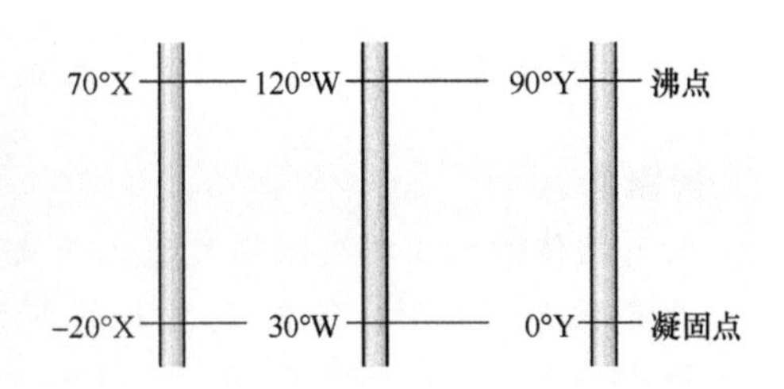

例题 18.01 两种温标之间的变换

假定你偶然发现古老的科学记录，上面描述了称为 Z 的温标。根据这种温标，水的沸点是 65.0°Z，凝固点是 -14.0°Z。温度 $T = -98.0$°Z 对应于华氏温标是几度？设 Z 温标是线性的；即在整个 Z 温标上，1Z 度的大小都处处相等。

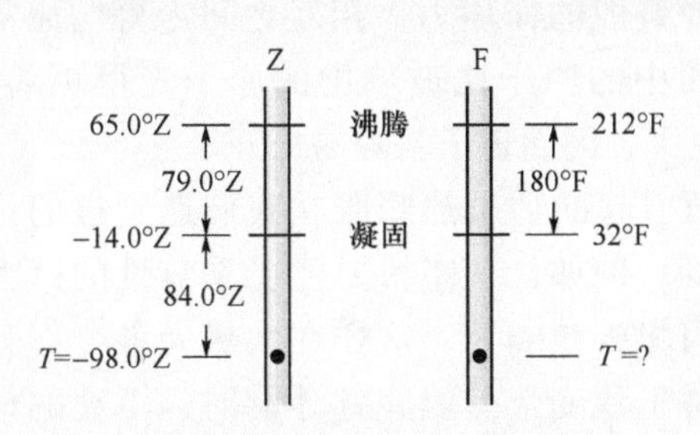

图 18-8 未知温标和华氏温标的比较。

【关键概念】

两个（线性）温标之间的换算因子可以用两个已知的（水准点）温度计算，这种已知温度可用水的沸点和凝固点。在一个温标上这两个已知温度之间相差的度数等于另一温标上它们之间相差的度数。

解：我们开始时先把给定的温度 T 和 Z 温标上的某一个已知的温度联系起来。因为较之于沸点（65.0°Z），$T = -98.0$°Z 更为接近于凝固点（-14.0°Z）我们采用凝固点。然后我们注意到，我们要求的 T 在凝固点以下，即 -14.0°Z - (-98.0°Z) = 84.0°Z（见图 18-8）。（这个差数读作"84.0Z 度。"）

⊖ 按照现行的国际单位制度以及在我国执行 GB 3102—1993 后，已经不用这种表示温差的方式了。——编辑注

下一步。我们算出Z温标和华氏温标之间的换算因子来换算这个差数。为此，我们利用Z温标上及华氏温标上相应的两个都是已知的温度。在Z温标上，沸点和凝固点之间的差数是65.0°Z－(－14.0°Z)=79.0°Z。在华氏温标上，这是212°F－32°F=180°F。从而得到，温度差79.0°Z等价于温度差180°F（见图18-8），我们可以用比值(180°F)/(79.0°Z)作为我们的换算因子。

现在，因为T在凝固点以下84.0°Z，所以它也在华氏温度的凝固点以下

$$(84.0°\text{Z})\ \frac{180°\text{F}}{79.0°\text{Z}}=191°\text{F}$$

因为凝固点在32.0°F，这就是说：

$$T=32.0°\text{F}-191°\text{F}=-159°\text{F} \quad \text{（答案）}$$

WILEY PLUS 在WileyPLUS中可以找到附加的例题、视频和练习。

18-3 热膨胀

学习目标

学完这一单元后，你应当能够……

18.08 对于一维热膨胀，应用温度变化ΔT、长度变化ΔL、原始长度L，以及线［膨］胀系数α之间的关系。

18.09 对于二维热膨胀，利用一维热膨胀求面积的变化。

18.10 对于三维热膨胀，应用温度变化ΔT、体积变化ΔV、原始体积V，以及体［膨］胀系数β之间的关系。

关键概念

● 所有物体的大小都要随温度变化而变化。当温度变化为ΔT时，任何线度L的变化由下式给出：

$$\Delta L=L\alpha\Delta T$$

其中，α是线［膨］胀系数。

● 体积为V的液体或固体的体积变化ΔV是

$$\Delta V=V\beta\Delta T$$

其中，$\beta=3\alpha$是物质的体［膨］胀系数。

热膨胀

把拧得很紧的金属瓶盖放在热水流中冲一会儿后就容易拧开了。热水把能量转移给瓶盖中的金属以及玻璃瓶中的原子后，金属和玻璃都要膨胀（有了增加的能量后，原子反抗把各种固体凝聚在一起的原子之间弹簧般的作用力，相互之间走得比通常更远一些。不过，由于金属中的原子比玻璃中的原子走得距离更远，盖子的膨胀比玻璃瓶更大，因而盖子就容易松开了。

Hugh Thomas/BWP Media/Getty Images, Inc.

图18-9 当协和式飞机飞得比声速还快时，由于空气的摩擦，飞机增长了大约12.5cm。(在飞机的鼻部温度增大到128℃，在尾部大约是90℃，客舱的窗户摸上去会明显地变热)。

这种因温度升高而引起的物质**热膨胀**在我们遇到过的许多场合中都一定会被预料到。例如，一座桥要经受季节性的巨大温度变化，桥的各部分要用膨胀槽隔开，这样在大热天各个部分就有足够的膨胀空间，使桥不致变形。填充蛀牙洞时，填充的材料必须和周围牙齿有相同的热膨胀性质，否则，吃过冷的冰激凌后又接着喝热咖啡就会感觉非常疼痛。在建造协和式飞机（见图18-9）的时候，设计中必须考虑到在超声速飞行时由于空气的摩擦加热而引起的机身的热膨胀。

某些材料的热膨胀性质有广泛的应用，温度计和恒温器的结构利用的正是双金属片（见图18-10）的两片金属膨胀系数不同的原理。

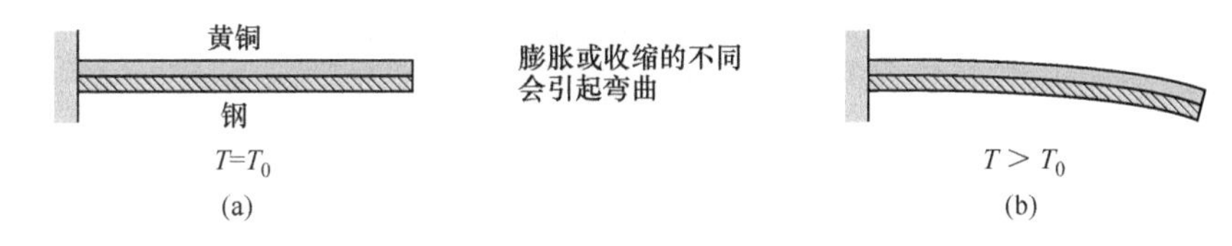

图 18-10 (a) 双金属片是将铜片和钢片在温度 T_0 下焊接在一起制成。(b) 在高于这个参考温度的温度下，双金属片弯曲，如图所示。低于这个参考温度，双金属片会向另一个方向弯曲。许多恒温器就是根据这个原理工作的，温度升高和降低时就会接通或断开一个电触点。

大家熟悉的玻璃管中装液体的温度计也是基于这个事实，即水银或酒精这些液体和玻璃容器有不同程度（更大）的热膨胀。

线膨胀

如果一根长度为 L 的金属棒的温度升高一个数量 ΔT，发现它的长度的增加为

$$\Delta L = L\alpha\Delta T \tag{18-9}$$

其中，α 是一个常量，称作**线［膨］胀系数**。这个系数的单位是“每度”或“每开”，它依赖于材料。虽然 α 随温度会有些许变化，出于大多数实用的目的，对于特定的材料它可以看作常量。表 18-2 中列出了一些线膨胀系数。注意表中的单位℃可以用单位 K 代替。

表 18-2 一些线膨胀系数[①]

物质	$\alpha/10^{-6}℃^{-1}$
冰（在 0℃）	51
铅	29
铝	23
黄铜	19
铜	17
水泥	12
钢	11
玻璃（普通）	9
玻璃（硼硅酸玻璃）	3.2
金刚石	1.2
殷钢（invar）[②]	0.7
熔石英	0.5

① 除了列出的冰以外都是室温值。
② 这种合金是为低膨胀系数而设计的。它的英文名称 invar 是 “invariable”（不变）的缩写。

固体的热膨胀好像照片的放大，只是这是三维的。图 18-11b 表示钢尺的热膨胀（夸大的）。式（18-9）适用于尺的每一线度，包括它的边长、厚度、对角线以及尺上蚀刻出的圆和挖出的圆孔的直径。如果从圆孔中挖出的圆与原来的圆孔贴合得很好，只要圆和钢尺有相同的温度升高，它仍旧能紧密贴合圆孔。

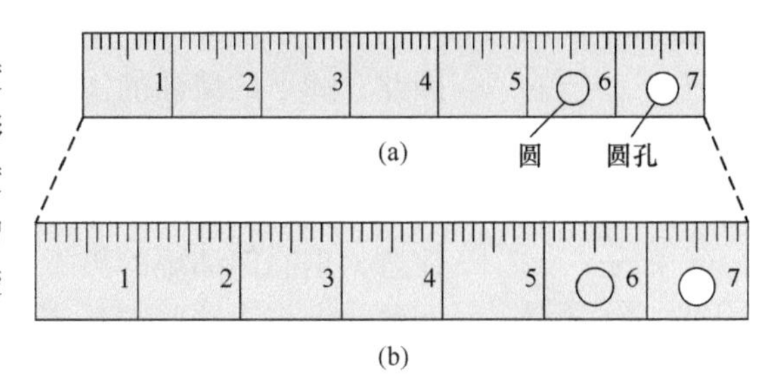

图 18-11 两个不同温度下的同一根钢尺。当它膨胀时，刻度、数字、厚度以及圆和圆孔的直径都增大同样的因子。（为清楚起见，膨胀被夸大了。）

体积膨胀

如果固体的所有维度都随温度膨胀，固体的体积肯定也会膨胀。对于液体，体积膨胀是唯一有意义的膨胀参量。如果体积为 V 的固体或液体的温度增加一个量 ΔT，则体积的增加是

$$\Delta V = V\beta\Delta T \tag{18-10}$$

其中，β 是固体或液体的**体［膨］胀系数**。固体的体胀系数和线胀系数的关系为

$$\beta = 3\alpha \tag{18-11}$$

最常见的液体，水，它的行为与其他液体不同。在大约 4℃ 以上，温度升高水就膨胀，这和我们预料的一致。然而，在 0℃ 和 4℃ 之间时，水随着温度升高反而收缩。因此，在大约 4℃ 时，水的密度达到最大值。在所有其他温度下，水的密度都小于这个最大值。

水的这种行为也是湖水都是从上往下结冰而不是从湖底开始往上结冰的原因。譬如说，当湖面上的水从 10℃ 开始向冰点冷却时，它的密度会变得比更下层的水的密度更大（更重），因而沉到

湖底。然而，到低于 4℃后，进一步冷却使得表面上的水的密度小于（轻于）更下层的水，所以它停留在水面上直到结冰。于是湖面结成冰，下面的水仍旧是液体。如果湖泊都是从湖底往上结冰的话，这样结成的冰到了夏天也不会完全融化，因为上面的水将它绝热。几年之后，地球上温带的许多开阔水面的水体全年都是冰——所有的水生生物也都不会存在了。

检查点 2

右图中有四片矩形金属片，边长 L、$2L$ 或 $3L$。它们都用同样的材料制成并且它们的温度都升高相同的数值。把这些金属片按照(a) 它们的垂直高度的增加和（b）它们的面积的增加依次排列，最大的排第一。

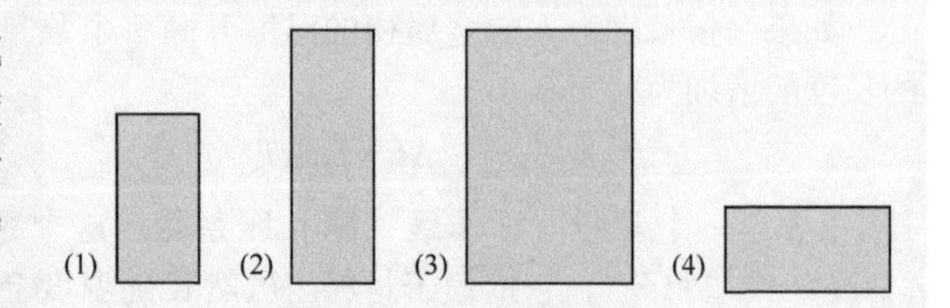

例题 18.02　体积的热膨胀

一个炎热的日子，在拉斯维加斯，一位驾驶员正开着一辆装载了 37000L 柴油的油罐车。油罐车在开往犹他州的佩森（Payson）的路上遇到了低温天气，佩森的气温比拉斯维加斯低 23.0K，驾驶员在那里卸下油罐车装载的全部油料。他卸下多少升的柴油？柴油的体胀系数是 $9.50\times10^{-4}℃^{-1}$，他的钢制储油罐的线胀系数是 $11\times10^{-6}℃^{-1}$。

【关键概念】

柴油的体积直接依赖于温度。因此，随着温度降低柴油的体积也会随之减小，这是式（18-10）：$\Delta V=V\beta\Delta T$ 所给出的。

解： 我们求得

$$\Delta V=(37000\text{L})(9.50\times10^{-4}℃^{-1})(-23.0\text{K})=-808\text{L}$$

因此，卸下的柴油的体积是

$$V_{\text{del}}=V+\Delta V=37000\text{L}-808\text{L}=36190\text{L}$$　（答案）

注意，钢制储油罐的热膨胀和这个问题没有关系。问题：谁来为这些“损失的”柴油买单？

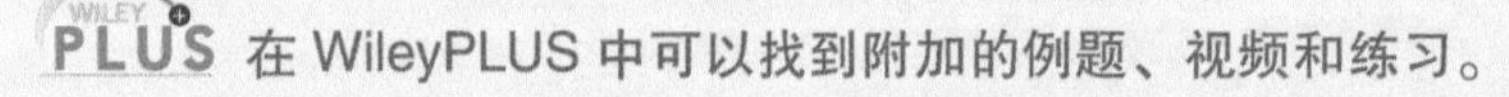

WileyPLUS 在 WileyPLUS 中可以找到附加的例题、视频和练习。

18-4　热的吸收

学习目标

学完这一单元后，你应当能够……

18.11 懂得热能与物体中微观粒子的无规则运动有关。

18.12 懂得热量 Q 是由于物体和它的环境的温度不同而传递的能量的数值（从物体传出或传入物体的热能）。

18.13 在各种测量系统之间进行能量单位变换。

18.14 在机械能与热能之间或电能与热能之间进行转换。

18.15 对一个物体的温度变化 ΔT，把这个变化和热量传递 Q 以及该物体的热容 C 联系起来。

18.16 对一个物体的温度变化 ΔT，把这个变化和热量传递 Q 及该物体的比热容 c 和质量 m 联系起来。

18.17 辨别物质的三种相。

18.18 对于物质的相变，把热量传递 Q、转变的热 L 和转变质量的数值 m 联系起来。

18.19 懂得如果热量传递 Q 导致物质通过相变温度，则热量的传递必须分几步计算：(a) 温度变化达到相变温度。(b) 相变，以及（c）物质离开相变温度后温度的继续变化。

关键概念

- 热量 Q 是由于系统和它的环境之间的温度不同而引起的系统和环境之间传递的能量。热量可以用焦耳（J），卡（cal），千卡（Cal 或 kcal）或英制热量单位（Btu）为量度单位：
$$1\text{cal}=3.968\times10^{-3}\text{Btu}=4.1868\text{J}$$
- 如果有热量 Q 被一个物体吸收，则该物体的温变改变 T_f-T_i 与 Q 的关系是
$$Q=C(T_f-T_i)$$
其中，C 是该物体的热容。如这个物体具有质量 m，则
$$Q=cm(T_f-T_i)$$
其中，c 是组成该物体的物质的比热容。
- 物质的摩尔热容是每摩尔物质的热容，每摩尔的意思是每 6.02×10^{23} 物质的基本单位。
- 被物质吸收的热量可以改变物质的物理状态——例如从固体到液体或从液体到气体。使单位质量的特定材料的状态改变（温度不变）所需的能量数值是转变热 L。于是
$$Q=Lm$$
- 汽化热 L_V 是使单位质量的液体汽化所必须加入的能量数值，或使单位质量气体冷凝必须取出的能量。
- 熔化热 L_F 是使单位质量固体熔化所必须加入的能量数值，或使单位质量液体凝固必须取出的能量。

温度和热量

假如你从冰箱里取出一罐可乐并把它放在厨房的桌子上，它的温度就要升高——开始很快，然后慢下来——直到可乐的温度等于房间的温度为止（可乐和房间处在热平衡状态中）。以同样的方式，放在桌上的一杯热咖啡的温度要降低，直到它达到房间的温度为止。

把这种情况普遍化，我们把可乐或咖啡作为系统（温度为 T_S），厨房的相关部分作为系统的环境（温度为 T_E）。我们观察到的是：如果 T_S 不等于 T_E，那么 T_S 就要改变（T_E 也可能改变一些）直到二者的温度相等，达到热平衡状态为止。

这种温度上的改变是由于系统的热能因系统与系统所在的环境之间能量的转移而引起的。（回忆一下，热能是包括与物体中的原子、分子及其他微观粒子的随机运动相关的动能和势能在内的内能。）传递中的能量称为**热量**，用符号 Q 表示。当热能从系统的环境转变为系统的热能时，热量为正（我们说热量被系统吸收）。当能量从系统的热能转移到它的环境中时，热量为负（我们说系统释放热量或失去热量）。

这种能量的转移画在图 18-12 中。在图 18-12a 的情况中，$T_S>T_E$，能量从系统转移到环境中，所以 Q 是负的。在图 18-12b 中，$T_S=T_E$，没有能量的转移，Q 为零，热量既不放出也不吸收。在图 18-12c 中，$T_S<T_E$，热量从环境转移到系统中，Q 是正的。

于是我们得出热量的定义：

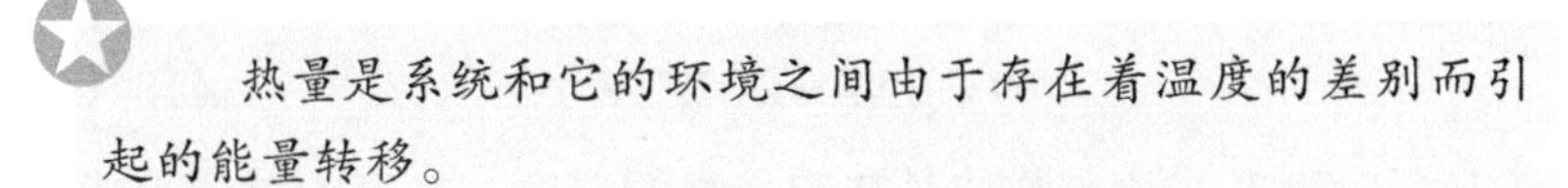
热量是系统和它的环境之间由于存在着温度的差别而引起的能量转移。

语言。回忆一下，系统和环境之间的能量转移也可以通过做功 W 的方式，即通过作用在系统上的力做功来实现。和温度、压强及体积不同，热量及功都不是系统内在的性质，它们只在描述

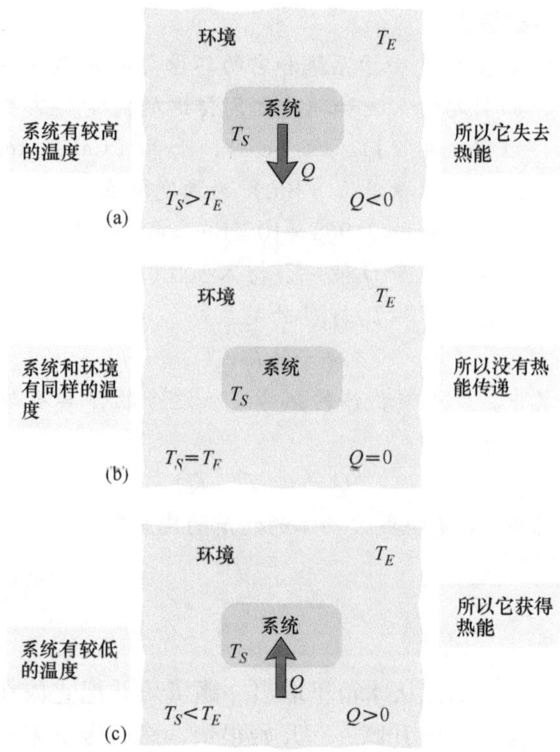

图 18-12　如果系统的温度高于它的环境的温度，如（a）图中的情况，则系统释放热量 Q 到环境中直到建立热平衡如图（b）中的情况。（c）如果系统温度低于环境温度，则系统吸收热量直到建立热平衡为止。

能量转移进系统或从系统传出的过程中才有意义。简单地说，“600 美元的转移”这个词只在表示转移进某个账户或从一个账户转移出去时才有意义，它并不表明账户中有多少钱，因为很可能账户中有许多钱，不只是这一次转移的 600 美元。

单位。在科学家领悟到热量是转移中的能量以前，热量是用升高水的温度的能力来量度的。从而**卡路里**（卡，cal）被定义为使 1g 水从 14.5℃升高到 15.5℃热的数量。在英制单位中，相应的热量单位是**英制热量单位**（Btu），定义为使 1lb 水的温度从 63°F 升高到 64°F 热的数量。

1948 年，科学界决定，既然热（和功一样）是能量的转移，热量的国际单位制单位也应当是能量所用的单位——即**焦耳**。现在 1 卡定义为 4.1868J（精确值），与水的加热无关。（在食物营养中用的“卡”，有时称为大卡，实际上是千卡。）各种热量单位之间的关系是

$$1\,\text{cal} = 3.968 \times 10^{-3}\,\text{Btu} = 4.1868\,\text{J} \tag{18-12}$$

固体和液体对热的吸收

热容

物体的**热容** C 是物体吸收或失去的热量 Q 与该物体因此发生的温度变化 ΔT 的比例常量，就是

$$Q = C\Delta T = C(T_f - T_i) \tag{18-13}$$

其中，T_i 和 T_f 分别是物体最初和最终的温度。热容的单位是能量每度或能量每开。譬如像在面包烤箱里用的大理石板的热容 C 我们可以写作 179cal/℃，也可写作 179cal/K 或 749J/K。

“容”从现在所用的意义上来说，实际上会使人误解为和盛水

的水桶容量有着相同的意思，但这个类比是错的，你不应把它理解为物体会“装满”热量或者是物体吸收热量的能力的限度。热量的转移可以无限制地进行，只要保持必需的温度差。当然在这个过程中物体可能熔化或汽化。

比热容

同样材料（比如大理石）制成的两个物体的热容正比于它们的质量。因此，定义“单位质量的热容”或**比热容** c 是合适的，它与物体的大小无关，只涉及制成该物体的材料的单位质量。于是，式（18-13）写成

$$Q = cm\Delta T = cm(T_f - T_i) \tag{18-14}$$

我们通过实验发现，虽然特定的大理石板的热容是 179cal/℃（或 749J/K），但大理石本身的比热容（这块大理石板或任何其他大理石制的物体）是 0.21cal/(g·℃)［或 880J/(kg·K)］。

根据卡和英制热量单位最初的定义，水的比热容是

$$\begin{aligned} c &= 1\text{cal}/(\text{g}\cdot{}^\circ\text{C}) = 1\text{Btu}/(\text{lb}\cdot{}^\circ\text{F}) \\ &= 4186.8\text{J}/(\text{kg}\cdot\text{K}) \end{aligned} \tag{18-15}$$

表 18-3 中列出了一些物质在室温下的比热容。注意，水的比热容是相对较高的。任何物质的比热容实际上多少都依赖于温度，但表 18-3 中的数值在室温附近的温度范围内应用得还是相当好的。

表 18-3 **室温下的一些比热容和摩尔热容**

物质	比热容		摩尔热容
	$\frac{\text{cal}}{\text{g}\cdot\text{K}}$	$\frac{\text{J}}{\text{kg}\cdot\text{K}}$	$\frac{\text{J}}{\text{mol}\cdot\text{K}}$
元素固体			
铅	0.0305	128	26.5
钨	0.0321	134	24.8
银	0.0564	236	25.5
铜	0.0923	386	24.5
铝	0.215	900	24.4
其他固体			
黄铜	0.092	380	
花岗岩	0.19	790	
玻璃	0.20	840	
冰（-10℃）	0.530	2220	
液体			
汞	0.033	140	
乙醇	0.58	2430	
海水	0.93	3900	
水	1.00	4187	

检查点 3

一定数量的热量 Q 使 1g 材料 A 的温度升高 3℃，1g 材料 B 的温度升高 4℃。哪一种物质有较大的比热容？

摩尔热容

在许多例子中，表明物质数量的最方便的单位是摩尔（mol）。对任何物质：

$$1\text{mol} = 6.02\times10^{23}\text{基本单元}$$

由此，1mol 的铝表示 6.02×10^{23} 个原子（原子是基本单元），1mol 的氧化铝是 6.02×10^{23} 个分子（分子是化合物的基本单元）。

当物质数量用摩尔表示时，比热容也要用摩尔为单位（不用质量单位）；它们称为**摩尔热容**。表 18-3 中列出了某些元素（每种都只含一种元素）在室温下的摩尔热容的数值。

重要的一点

要测定并应用任何物质的比热容，我们需要知道能量以热量的形式转移的条件。对于固体和液体，我们通常假设样品的能量转移过程是在恒定的压强下（通常是大气压）发生的。样品在吸收热量的时候体积保持不变也是可能的。这就是说，样品的热膨胀可以通过施加外部压力来阻止。对于固体和液体，这在实验上很难实现，但它的效果却可以计算，并且可以被发现，对任何固体或液体而言，恒定压强及恒定体积下的比热容的差别通常不到百分之几。然而，你即将知道，气体在恒定压强条件下和在恒定体积条件下的比热容有完全不同的值。

转变热

当能量以热量的形式被固体或液体吸收时，样品的温度不一定升高。样品可能从一种相或状态转变为另一种。物质可以存在于三种常见的状态中：在固态中，样品的分子通过它们的相互吸引锁定在完全刚性的结构中。在液态中，分子有较多的能量并且来回运动也更多，它们可以短暂形成集团，但样品没有刚性的结构并且能够流动或适应容器。在气态，分子有更多的能量并且相互间没有束缚，可以充满整个容器。

熔化。熔化固体的意思是把它从固态变为液态。这个过程需要能量，因为要把固体的分子从它们的刚性结构中解放出来。熔化冰块使其变成液态的水是常见的例子。使液体冻结成固体是熔化的反向过程，这需要把能量从液体中取出来，这样分子就可以形成刚性结构。

汽化。使液体汽化的意思是把它从液态变为气态。像熔化一样，这个过程需要能量，因为分子需要从分子集团中游离出来。使液态水沸腾转变为水蒸气独立水分子的气体是常见的例子。气体冷凝形成液体是汽化的反过程，它需要将能量从气体中取出来，这样分子才可以凝聚而不致互相飞离。

单位质量的样品在完全经历相变的过程中必须通过热的形式转变的能量称为**转变热** L。因此，质量为 m 的样品完全经历相变，被转变的总能量是

$$Q = Lm \tag{18-16}$$

当相变是从液体到气体（这时样品必须吸收热量）或从气体到液体（这时样品必须放出热量）时，在此过程中的转变热称为**汽化热** L_V。水在正常沸腾或凝结的温度下：

$$L_V = 539\text{cal/g} = 40.7\text{kJ/mol} = 2256\text{kJ/kg} \tag{18-17}$$

当相变是从固态到液态（样品必须吸收热量）或从液态到固态（样品必须放出热量）时，在此过程中的转变热称为**熔化热** L_F。水在正常熔化或结冰的温度下：

$$L_F = 79.5\text{cal/g} = 6.01\text{kJ/mol} = 333\text{kJ/kg} \tag{18-18}$$

表18-4中列出了某些物质的转变热。

表 18-4 一些转变热

物质	熔化		沸腾	
	熔点（K）	熔化热 L_F/(kJ/kg)	沸点（K）	汽化热 L_V/(kJ/kg)
氢	14.0	58.0	20.3	455
氧	54.8	13.9	90.2	213
汞	234	11.4	630	296
水	273	333	373	2256
铅	601	23.2	2017	858
银	1235	105	2323	2336
铜	1356	207	2868	4730

例题 18.03 水中的热弹丸，达到平衡

将质量 $m_c = 75\text{g}$ 的铜制弹丸放在实验室的炉子中加热到温度 $T = 312℃$，然后将弹丸丢进盛有 $m_w = 220\text{g}$ 水的大玻璃杯中。玻璃杯的热容 C_b 是 45cal/K。水和玻璃杯的初始温度 T_i 是 12℃。设弹丸、杯子和水是孤立系统并且水无法汽化，求最后系统达到热平衡的温度 T_f。

【关键概念】

（1）因为系统是孤立的，系统的总能量不变，所以只可能发生热能的内部转移。（2）因为系统中没有物质发生相变，所以热能的转移只会改变温度。

解：把转移的热量和温度的改变联系起来，我们利用式（18-13）和式（18-14），写出

对于水：$Q_w = c_w m_w (T_f - T_i)$ (18-19)

对于杯子：$Q_b = C_b (T_f - T_i)$ (18-20)

对于铜制弹丸：$Q_c = c_c m_c (T_f - T)$ (18-21)

因为系统的总能量不变，所以这三种能量转移之

和等于零

$$Q_w + Q_b + Q_c = 0 \quad (18\text{-}22)$$

把式（18-19）~式（18-21）代入式（18-22），得到

$$c_w m_w (T_f - T_i) + C_b (T_f - T_i) + c_c m_c (T_f - T) = 0 \quad (18\text{-}23)$$

式（18-23）中的温度都只是温度差，因为摄氏温标和热力学温标的温度差都是相同的，所以在这个方程式中我们用这两种温标中的哪一种都可以。解出 T_f，得到

$$T_f = \frac{c_c m_c T + C_b T_i + c_w m_w T_i}{c_w m_w + C_b + c_c m_c}$$

用摄氏温度并从表 18-3 中得到 c_c 和 c_w 的数值，我们求上式中分子的数值：

$$[0.0923\text{cal}/(\text{g}\cdot\text{K})](75\text{g})(312℃) + [45(\text{cal}/\text{K})](12℃) + [1.00\text{cal}/(\text{g}\cdot\text{K})](220\text{g})(12℃) = 5339.8\text{cal}$$

分母是

$$[1.00\text{cal}/(\text{g}\cdot\text{K})](220\text{g}) + 45\text{cal/K} + [0.0923\text{cal}/(\text{g}\cdot\text{K})](75\text{g}) = 271.9\text{cal}/℃$$

我们得到

$$T_f = \frac{5339.8\text{cal}}{271.9\text{cal}/℃} = 19.6℃ \approx 20℃ \quad \text{（答案）}$$

由给定的数据，可以证明

$$Q_w \approx 1670\text{cal},\ Q_b \approx 342\text{cal},\ Q_c \approx -2020\text{cal}$$

除去舍入误差，这三个热转移的代数和确实是零，这正是能量守恒［式（18-22）］所要求的。

例题 18.04 改变温度和状态的热量

（a）质量 $m = 720\text{g}$、温度为 $-10℃$ 的冰变成 15℃的水要吸收多少热量？

【关键概念】

加热过程通过三步完成：（1）冰不会在低于凝固点的温度熔化——所以开始时以热的形式转移给冰的能量只会使冰的温度升高，直到 0℃。（2）然后温度不会再升高直到所有冰都熔化——所以任何以热的形式转移给冰的能量现在只可能把冰变成液态水，直到所有的冰都熔化。（3）现在以热的形式转移到液态水的能量只会增加水的温度。

加热冰：使冰从初始温度 $T_i = -10℃$ 升高到最终温度 $T_f = 0℃$（到这个温度冰开始熔化）所需的热量 Q_1 由式（18-14）：$Q = cm\Delta T$ 给出。利用表 18-3 中冰的比热容 c_{ice}，我们得到

$$\begin{aligned} Q_1 &= c_{\text{ice}} m (T_f - T_i) \\ &= [2220\text{J}/(\text{kg}\cdot\text{K})](0.720\text{kg})[0℃ - (-10℃)] \\ &= 15984\text{J} \approx 15.98\text{kJ} \end{aligned}$$

熔化冰：使所有的冰都熔化所需的热量 Q_2 由式（18-16）：$Q = Lm$ 给出。这里的 L 是熔化热 L_F，它的数值在式（18-18）和表18-4 中给出。我们求得

$$Q_2 = L_F m = (333\text{kJ/kg})(0.720\text{kg}) \approx 239.8\text{kJ}$$

加热水：使水的温度从初始值 $T_i = 0℃$ 升高到最终值 $T_f = 15℃$ 所需的热量 Q_3 由式（18-14）（用到液态水的比热容 c_{liq}）给出

$$\begin{aligned} Q_3 &= c_{\text{liq}} m (T_f - T_i) \\ &= (4186.8\text{J/kg}\cdot\text{K})(0.720\text{kg})(15℃ - 0℃) \\ &= 45217\text{J} \approx 45.22\text{kJ} \end{aligned}$$

总数：所需热量的总数 Q_{tot} 是三个步骤中所需热量的总和

$$\begin{aligned} Q_{\text{tot}} &= Q_1 + Q_2 + Q_3 \\ &= 15.98\text{kJ} + 239.8\text{kJ} + 45.22\text{kJ} \\ &\approx 300\text{kJ} \end{aligned} \quad \text{（答案）}$$

注意，大部分的热量都用来熔化冰而不是用于升高温度。

（b）如果我们给冰提供的总能量只有 210kJ（以热的形式），那么水的最后状态和温度是什么？

【关键概念】

由步骤 1 我们知道，使冰的温度提高到熔化点需要 15.98kJ。还剩下热量为 210kJ − 15.98kJ ≈ 194kJ。由步骤 2，我们可以知道这些热量不足以使冰全部熔化。因为冰的熔化是不完全的，我们最后只能得到冰和水的混合物；混合物的温度必定是凝固点 0℃。

解：我们用式（18-16）和 L_F 求出可得到的热量 Q_{rem} 可以被熔化的冰的质量 m 为

$$m = \frac{Q_{\text{rem}}}{L_F} = \frac{194\text{kJ}}{333\text{kJ/kg}} = 0.583\text{kg} \approx 580\text{g}$$

因此，剩下的冰的质量是 720g − 580g 即 140g。我们有

在 0℃下，有 580g 水和 140g 冰　　（答案）

18-5 热力学第一定律

学习目标

学完这一单元后，你应当能够……

18.20 对封闭容器内的气体膨胀或压缩，通过气体压强对于封闭容器的体积求积分来计算气体做的功 W。

18.21 确定功 W 的代数符号与气体的膨胀及压缩的关系。

18.22 给出一个过程的压强对体积的 p-V 曲线，确定起点（初态）和终点（末态）并通过曲线图积分计算功。

18.23 在气体的压强对体积的 p-V 曲线图上，确定与向右进行的过程和向左进行的过程相联系的功的代数符号。

18.24 应用热力学第一定律把气体内能的变化 ΔE_{int}，以热的形式传递给气体或从气体转移出去的能量 Q，以及作用于气体或气体对外做的功 W 联系起来。

18.25 确定与传递给气体或从气体转移出去相联系的热量转移 Q 的代数符号。

18.26 确定气体的内能变化 ΔE_{int}，如果热量转移给气体，内能要增加；如果气体对周围环境做功，内能就要减少。

18.27 懂得在气体的绝热过程中，气体和环境没有热量交换。

18.28 懂得在气体的等容过程中，气体不做功 W。

18.29 懂得在气体的循环过程中，气体的内能 ΔE_{int}没有净变化。

18.30 懂得在气体的自由膨胀过程中，热量转移 Q，所做的功 W，以及内能的变化 ΔE_{int}都是零。

关键概念

- 气体可以和它的周围环境通过做功交换能量。气体从初始体积 V_i 膨胀或压缩到末了体积 V_f 做功的数量为

$$W=\int \mathrm{d}w=\int_{V_i}^{V_f} p\mathrm{d}V$$

因为压强 p 在体积改变的时候也可能要改变，所以必须积分。

- 热力学过程中的能量守恒原理可以用热力学第一定律表述，它可以用下述两种公式中的任一种表述：

$$\Delta E_{\text{int}}=E_{\text{int},f}-E_{\text{int},i}=Q-W \text{（第一定律）}$$

或

$$\mathrm{d}E_{\text{int}}=\mathrm{d}Q-\mathrm{d}W \text{（第一定律）}$$

其中，E_{int}表示物质的内能，它只取决于物质的状态（温度、压强和体积）；Q 代表在系统和周围环境之间以热形式交换的能量；如果系统吸收热量，则 Q 为正；如果系统失去热量，则 Q 为负。W 是系统做的功；如果系统反抗周围环境对它的外力而膨胀，则 W 为正；如果系统由于外力作用被压缩，则 W 为负。

- Q 和 W 依赖于路径；ΔE_{int}与路径无关。
- 热力学第一定律在许多特殊情况中的应用。

绝热过程：$Q=0$，$\Delta E_{\text{int}}=-W$

等容过程：$W=0$，$\Delta E_{\text{int}}=Q$

循环过程：$\Delta E_{\text{int}}=0$，$Q=W$

自由膨胀：$Q=W=\Delta E_{\text{int}}=0$

对热量和功的更深入考察

这里我们要观察能量是如何以热和功的形式在系统和它的环境之间转移的一些细节。我们把限制在一个带有可移动的活塞的圆柱形容器中的气体作为我们的系统，如图 18-13 所示。被限制的气体的压强产生的作用于活塞上向上的力等于压在活塞上面的铅弹的重量。圆柱形容器的壁用绝热材料制成，它可以隔绝任何热量形式的能量的转移。圆柱形容器底部放在储存热能的仓库——热库（也可能是一块热的板）的上面，热库的温度可以通过转动一个旋扭来控制。

系统（气体）从*初态* i 开始，初态用压强 p_i、体积 V_i 和温度 T_i 描写。现在要使这个系统变到用压强 p_f、体积 V_f 及温度 T_f 描写的*末态* f。使系统从它的初态改变到末态的步骤称为*热力学过程*。经过这个过程，能量可能从热库转移到系统中（正的热量）或反之（负的热量）。也可能系统做功升高负荷的活塞（正功）或使活塞降低（负功），我们假设所有这些变化进行得非常缓慢，使系统总是处在（近似的）热平衡状态中（每一部分总是处在热平衡中）。

假设你从图 18-13 所示的活塞上面拿掉几颗铅弹，使气体用向上的力 $\vec{F}$ 把活塞和留下的铅弹向上推动，经过一段距离微元 $d\vec{s}$。因为位移非常小，我们可以设在位移过程中 $\vec{F}$ 是常量。$\vec{F}$ 的数值等于 pA，其中，p 是气体压强；A 是活塞的面积。在此位移过程中气体做的功微元 dW 是

$$dW = \vec{F} \cdot d\vec{s} = (pA)(ds) = p(Ads) = pdV \qquad (18\text{-}24)$$

其中，dV 是活塞的运动引起的气体体积的微分变化。当你取走足够多的铅弹使气体的体积从 V_i 改变到 V_f 时，气体所做的总功是

$$W = \int dW = \int_{V_i}^{V_f} pdV \qquad (18\text{-}25)$$

在这个体积的改变过程中，压强和温度也在改变。要直接计算式（18-25），我们需要知道系统从状态 i 改变到状态 f 的实际过程中，压强如何随体积而变。

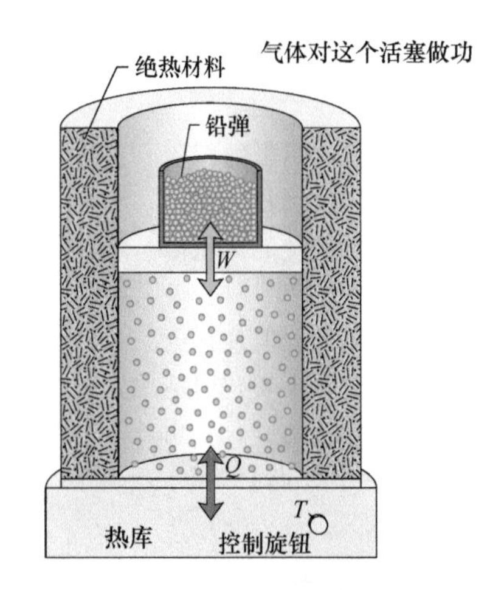

图 18-13 限制在带有可移动的活塞的圆柱形容器中的气体。可以通过调节可变的热库温度 T 将热量 Q 导入或导出气体。气体则通过抬高或降低活塞做功。

一条路径。实际上有很多方法可以使气体从状态 i 改变到状态 f。其中的一种方法画在图 18-14a 中，这是气体的压强关于它的体积的曲线图，这种图称为 p-V 线图。图 18-14a 中的曲线表示随着体积增加压强减小。式（18-25）的积分（气体做的功）就是曲线下面 i 和 f 两点之间的阴影面积。无论我们对气体沿着曲线的变化做得多么精确，功总是正的，这取决于气体的体积增大从而把活塞往上推这个事实。

另一条路径。从状态 i 到状态 f 的另一条路表示在图 18-14b 中。变化通过两步完成——第一步从状态 i 到状态 a，第二步从状态 a 到状态 f。

由 i 到 a 的过程是在恒定的压强下进行的，就是说，你不去触动放在图 18-13 中活塞上的铅弹。而是通过慢慢地转动温度控制旋钮，逐渐把气体温度升高到某个较高的值 T_a，从而使气体体积增大（从 V_i 到 V_f）。（温度的升高增大了气体作用于活塞的力，把活塞向上推动。）在这一步骤中，膨胀的气体做正功（举起负重的活塞），系统从热库吸收热量（是对你升高热库温度引起的任意小的温度差的响应）。这个热量是正的，因为它被加进系统中。

图 18-14b 中由 a 到 f 的过程是在恒定体积下进行的，所以你必须使活塞固定，不能让它运动。然后你用控制旋钮使温度降低，你会发现压强从 p_a 降低到 p_f。在这一步中，热量从系统流失并进入热库。

对整个过程 iaf，只有在 ia 这一步中做正功，这些功由曲线下的阴影面积表示。在 ia 和 af 这两步中，发生以热量形式的能量转移，净热量转移为 Q。

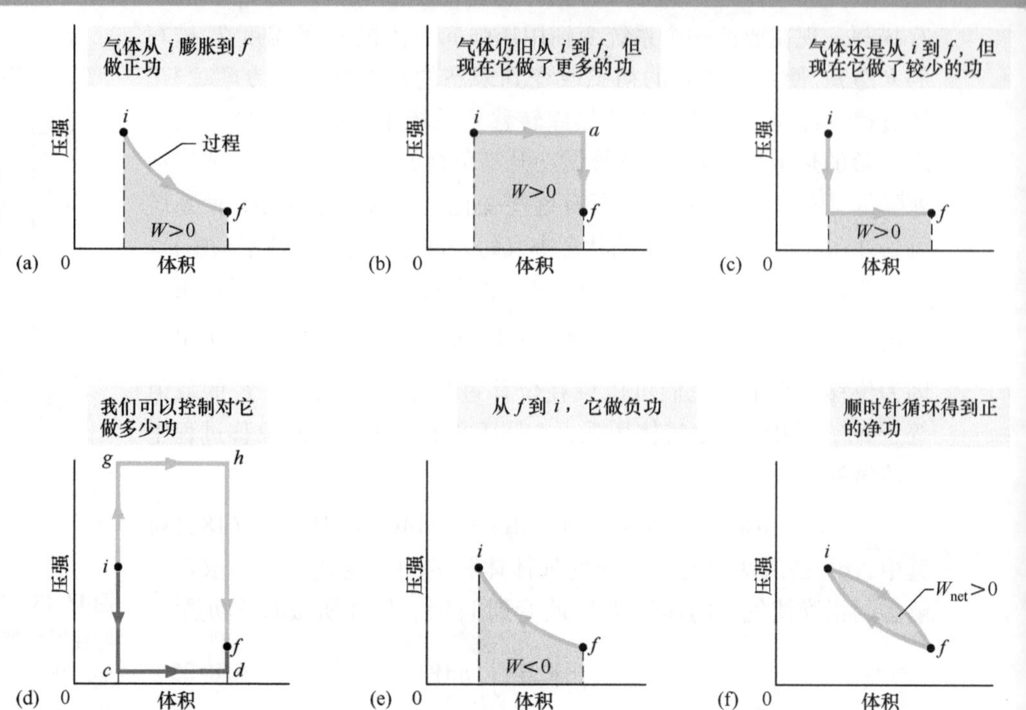

图 18-14　(a) 阴影的面积代表系统从初态 i 到末态 f 所做的功。因为系统的体积增大，所以做功为正。(b) 做的功仍旧是正的，但现在更大了。(c) 做的功 W 仍旧是正的，但现在变小了。(d) 功甚至可以更小（路径 $icdf$）或更大（路径 $ighf$）。(e) 气体被外力压缩成更小的体积，系统从状态 f 到状态 i，现在系统做的功是负的。(f) 系统经过一个完整的循环，所做的净功 W_{net} 用阴影的面积表示出来。

颠倒的步骤。图 18-14c 表示调换上面的两个步骤的次序进行的过程。在这种情况下所做的功小于图 18-14b 中的情形，但吸收的净热量还是一样。图 18-14d 说明，你可以使气体做的功想要多小就可以有多小（沿着路线 $icdf$）或者想要多大就有多大（沿着像 $ighf$ 那样的路径）。

总结：一个系统可以通过无限多的过程从给定的初态改变到给定的末态。可以涉及热的转移，也可以不涉及。一般说来，不同的过程中功 W 和热量 Q 的数值不同。我们说热量和功是依赖于路径的量。

负功。图 18-14e 表示一个例子，其中通过某个外力压缩系统使系统的体积减小，从而系统做负功。所做功的绝对值仍旧等于曲线下面的面积，但由于气体被压缩，气体做的功是负的。

循环。图 18-14f 表示一个**热力学循环**。在这个循环中，系统从某个初态 i 到另一个状态 f，然后又回到 i。系统在循环中做的净功是膨胀过程中做的正功及压缩过程中做的负功的总和。在图 18-14f 中，净功是正的，因为膨胀曲线（i 到 f）下面的面积大于压缩曲线（f 到 i）下面的面积。

检查点 4

右图是气体循环过程中的 p-V 图，图中有 6 条曲线路径（用垂直路径连接起来）。如果要求气体循环所做的净功是最大的正值，要用哪两条曲线路径（这两条曲线路径加上垂直路径）组成闭合循环？

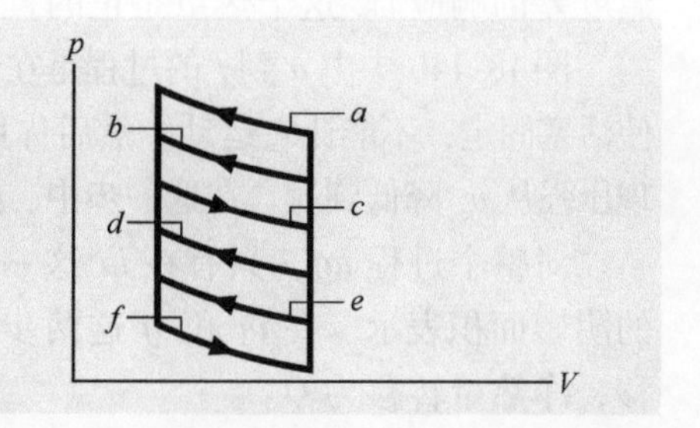

热力学第一定律

我们刚才已经知道，一个系统从给定的初态变化到给定的末态，功 W 和热量 Q 都依赖于过程的性质。然而从实验我们发现一个惊人的事实，$Q-W$ 的数量对所有过程都相同。这个量只取决于初态和末态，与系统怎样从一个状态改变到另一状态的过程毫无关系。Q 和 W 的所有其他组合，包括单独的 Q、单独的 W，$Q+W$，以及 $Q-2W$ 等都取决于路径。只有 $Q-W$ 不是。

$Q-W$ 这个量肯定描写了系统某种内在性质的变化，我们把这个性质称为内能 E_{int}，我们把它写成

$$\Delta E_{\text{int}}=E_{\text{int},f}-E_{\text{int},i}=Q-W \text{（第一定律）} \tag{18-26}$$

式（18-26）是**热力学第一定律**。如果热力学系统只经历微分变化，我们可以把第一定律写成㊀

$$\mathrm{d}E_{\text{int}}=\mathrm{d}Q-\mathrm{d}W \text{（第一定律）} \tag{18-27}$$

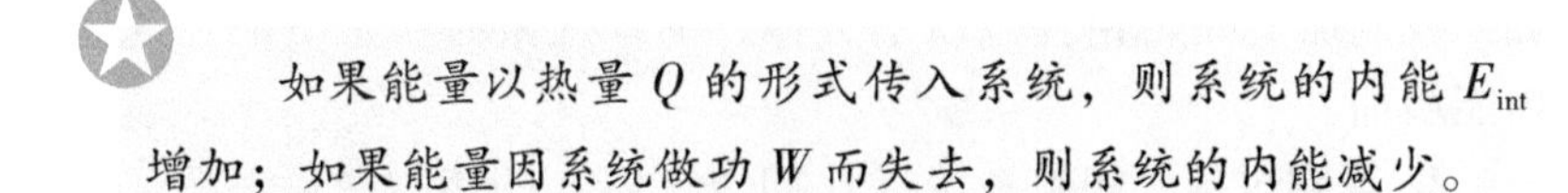

如果能量以热量 Q 的形式传入系统，则系统的内能 E_{int} 增加；如果能量因系统做功 W 而失去，则系统的内能减少。

在第 8 章中，我们讨论了孤立系统中的能量守恒原理——所谓孤立系统是没有能量进入或离开这个系统。热力学第一定律是能量守恒定律应用到非孤立系统的推广。在这种情况下，能量以功 W 或热量 Q 的形式转移到系统中或从系统转移出去。在上面的热力学第一定律的表述中，我们假设系统的动能或势能作为整体没有变化，即 $\Delta K=\Delta U=0$。

规则。在这一章以前，功这个词和符号 W 总是表示作用在系统上的功。然而，从式（18-24）开始并且继续到后面关于热力学的两章，我们主要讨论系统所做的功，比如像图 18-13 中的气体。

作用在系统上的功总是系统对外做的功的负值，如果用作用于系统上的功 W_{on} 重写式（18-26），我们有 $\Delta E_{\text{int}}=Q+W_{\text{on}}$。这告诉我们以下事实：如果系统吸收热量或对系统做正功，系统的内能就要增加。相反，如果系统失去热量或对系统做的功是负的，系统的内能就要减少。

检查点 5

这里的图表示 p-V 曲线图上的四条路径，气体可以沿这些路径从状态 i 到状态 f。按照以下量对四条路径排序：（a）气体内能的改变 ΔE_{int}，（b）气体做的功 W，（c）气体和环境之间转移的热量 Q 的数值。最大的排第一。

㊀ $\mathrm{d}Q$ 和 $\mathrm{d}W$ 不同于 $\mathrm{d}E_{\text{int}}$，它们不是真正的微分；就是说它们不是像 $Q(p, V)$ 和 $W(p, V)$ 这样的只取决于系统状态的函数。$\mathrm{d}Q$ 和 $\mathrm{d}W$ 这两个量被称为不完全微分，通常用符号 $đQ$ 和 $đW$ 表示。这里我们可以把它们简单地当作无限小的能量转移。

热力学第一定律的几种特殊情况

表 18-5 热力学第一定律：四种特殊情况

定律：$\Delta E_{int}=Q-W$［式（18-26）］

过程	约束	结果
绝热	$Q=0$	$\Delta E_{int}=-W$
等容	$W=0$	$\Delta E_{int}=Q$
封闭循环	$\Delta E_{int}=0$	$Q=W$
自由膨胀	$Q-W=0$	$\Delta E_{int}=0$

表 18-5 中列出了四种热力学过程。

1. 绝热过程。绝热过程是这样一种过程，它发生如此之快，或者发生在绝热非常好的系统中，因而在系统和它的环境之间不发生热的形式的能量转移。在第一定律［式（18-26）］中，令 $Q=0$，得到

$$\Delta E_{int}=-W\text{（绝热过程）} \tag{18-28}$$

这个式子告诉我们，如系统做功（即 W 是正的），则系统内能的减少等于做功的数量。相反，如果对系统做功（即 W 是负的），则系统的内能增加所做功的数量。

图 18-15 表示一个理想的绝热过程。因为系统是绝热的，所以热量不能进入也不能离开系统，因而系统和环境之间能量转移的唯一方式是通过做功。如果我们从活塞上面拿掉几颗铅弹让气体膨胀，则系统（气体）做的功是正的，气体的内能减少。相反，如果我们加上几颗铅弹以压缩气体，则系统做的功是负的，气体内能增加。

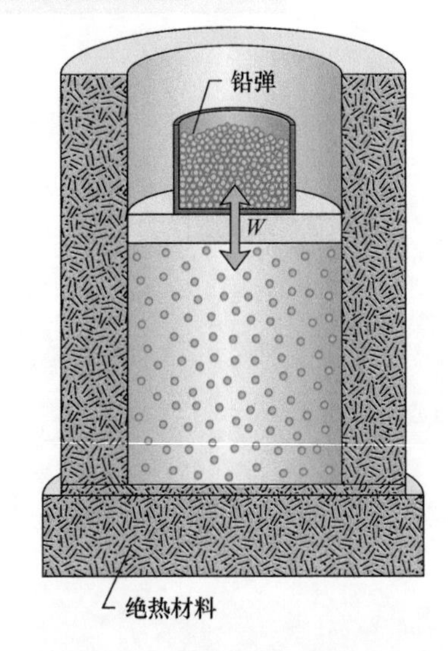

图 18-15 绝热膨胀可以通过慢慢地取出压在活塞上面的铅弹实现。在任何阶段加入铅弹就会使过程逆转。

2. 等容过程。如果系统（比如像气体）的体积保持不变，则系统不做功。在第一定律［式（18-26）］中代入 $W=0$，得到

$$\Delta E_{int}=Q\text{（等容过程）} \tag{18-29}$$

因此，如果系统吸收热量（即如果 Q 为正），系统的内能增加。反之，如果在过程中系统失去热量，（即如果 Q 为负），系统的内能必定减少。

3. 循环过程。有这样一些过程，经过某些热量和功的交换以后，系统又回到它的初始状态。在这种情况下，系统没有内部性质（包括内能）会发生变化。在第一定律［式（18-26）］中令 $\Delta E_{int}=0$，得到

$$Q=W\text{（循环过程）} \tag{18-30}$$

因此，该过程中所做的净功必定准确地等于以热的形式转移的能量的净值；系统储存的内能保持不变。在 p-V 图上，循环过程形成闭合曲线，如图 18-14f 所示。我们将在第 20 章中详细讨论这样的过程。

4. 自由膨胀。这也是绝热过程，其中既不发生系统和它的环境之间的热量转移，也没有功作用在系统上或系统对外做功。因此，$Q=W=0$；第一定律就写成

$$\Delta E_{int}=0 \tag{18-31}$$

图 18-16 表示这种自由膨胀是如何发生的。本身处在热平衡状态中的气体最初用一个关闭的旋塞阀限制在两个互通的绝热小室中的一个小室里面，另一个小室被抽成真空。打开旋塞阀，气体就会自由地膨胀，充满两个小室。因为此过程是绝热的，所以没有热量进入或传出气体。又因为气体冲进真空中，没有遭遇任何压力，所以气体也没有做功。

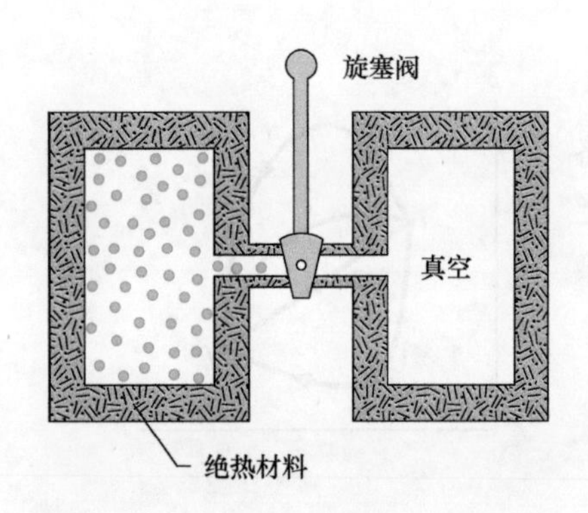

图 18-16 自由膨胀过程的初始阶段。旋塞阀打开后，气体充满两个小室，最后达到平衡状态。

自由膨胀与我们讨论过的其他所有过程都不同，因为它不可能以可控制的方式缓慢地进行。其结果是，在突然膨胀过程中任

何给定的时刻，气体不在热平衡状态中，它的压强是不均匀的。因此，虽然我们可以在 p-V 图中画出初态和末态，但我们不能画出膨胀过程本身。

检查点 6

对于 p-V 图上表示的完整循环，(a) 气体的 ΔE_{int} 和 (b) 以热量形式转移的净能量 Q 是正的，负的，还是零？

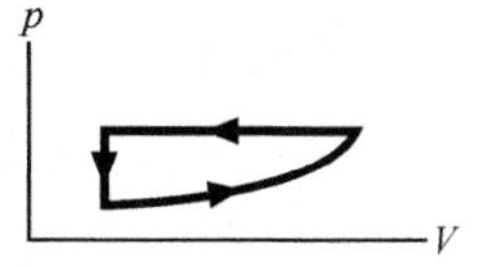

例题 18.05 热力学第一定律：功，热量，内能改变

设在图 18-17 的装置中有 1.00kg 的液态水在标准大气压（1atm 或 1.01×10^5Pa）下沸腾，由 100℃的水变成 100℃的水蒸气。水的体积从液态的初始值 $1.00\times10^{-3}\text{m}^3$ 变成 1.671m^3 的水蒸气。

（a）在这过程中系统做了多少功？

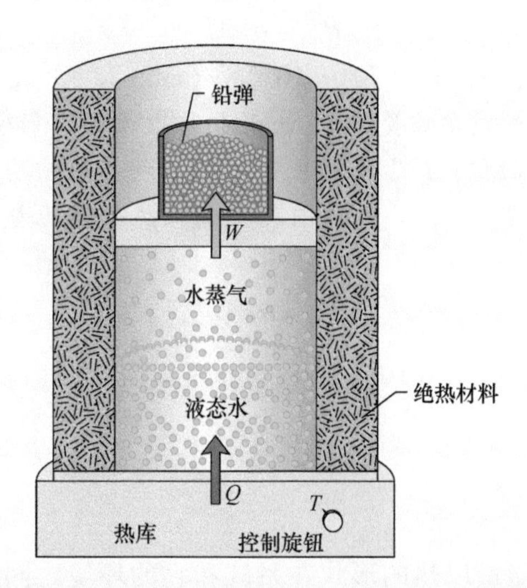

图 18-17 水在恒定气压下沸腾，能量以热量的形式从热库传入，直到液态水完全转化成水蒸气。膨胀的气体则通过抬起负重的活塞做功。

【关键概念】

（1）系统一定做正功，这是因为体积增大了。（2）我们通过压强对体积的积分［式（18-25）］来计算功 W。

解：因为压强是常量 1.01×10^5Pa，我们可以把 p 提到积分号外，于是

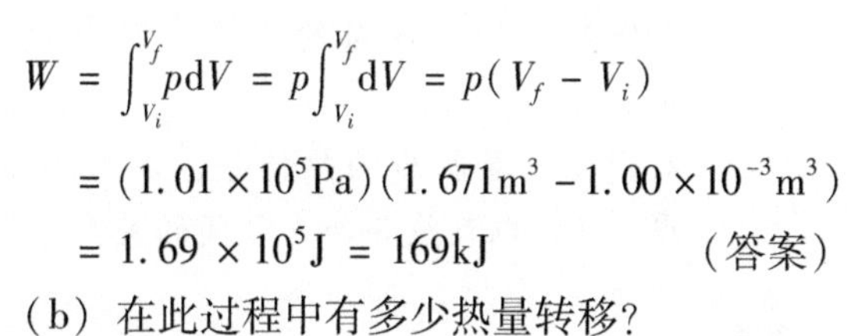

$$W = \int_{V_i}^{V_f} p\,\mathrm{d}V = p\int_{V_i}^{V_f}\mathrm{d}V = p(V_f - V_i)$$
$$= (1.01\times10^5\,\text{Pa})(1.671\,\text{m}^3 - 1.00\times10^{-3}\,\text{m}^3)$$
$$= 1.69\times10^5\,\text{J} = 169\,\text{kJ} \qquad \text{（答案）}$$

（b）在此过程中有多少热量转移？

【关键概念】

因为热只引起相变，并不改变系统的温度，所以热量由式（18-16）：$Q = Lm$ 完全给定。

解：因为相变是从液相变到气相，L 是汽化热 L_V，它的数值在式（18-17）和表 18-4 中给出，我们求得

$$Q = L_V m = (2256\,\text{kJ/kg})(1.00\,\text{kg})$$
$$= 2256\,\text{kJ} \approx 2260\,\text{kJ} \qquad \text{（答案）}$$

（c）在此过程中系统内能改变了多少？

【关键概念】

系统的内能改变通过热力学第一定律［式（18-26）］把热量（在这里是转移进系统内的能量）及功（在这里是转移出系统的能量）联系起来。

解：我们把第一定律写作

$$\Delta E_{int} = Q - W = 2256\,\text{kJ} - 169\,\text{kJ}$$
$$\approx 2090\,\text{kJ} = 2.09\,\text{MJ} \qquad \text{（答案）}$$

这个量是正的，表示在沸腾过程中系统内能在增加。增大的能量使液态中相互强烈吸引的水分子（H_2O）的距离加大。我们看到，当水沸腾的时候，大约有热量中的 7.5%（$=169\text{kJ}/2260\text{kJ}$）用于反抗大气压为推动活塞所做的功，其余的热量则变成系统的内能。

18-6 传热机理

学习目标

学完这一单元后，你应当能够……

18.31 对于通过一层物质的热传导，应用能量传递速率 P_{cond} 和这一层物质的面积 A、物质的热导率 k、厚度 L，以及温度差 ΔT（两面之间的）之间的关系。

18.32 对于已经达到温度不再变化的稳恒态的复合板（两层或更多层）确认（根据能量守恒）通过各层的热传导速率 P_{cond} 必定相等。

18.33 对通过一层物质的热传导，应用热阻 R、厚度 L，以及热导率 k 之间的关系。

18.34 懂得热能可以通过对流来传递。对流，即较热的流体（气体或液体）往往会在较冷的流体中上升。

18.35 在物体的热辐射的发射中，应用能量传递速率 P_{rad} 和物体的表面积 A、发射率 ε，以及表面温度 T(K) 之间的关系。

18.36 在物体吸收热辐射的过程中，应用能量传递速率 P_{abs} 和物体的表面积 A、发射率 ε，以及环境温度 T(K) 之间的关系。

18.37 计算物体向它的周围环境发射辐射以及从环境吸收辐射的净能量传递速率 P_{net}。

关键概念

- 能量通过一面保持在较高的温度 T_H 而另一面保持在较低的温度 T_C 的一块板的传导速率 P_{cond} 是

$$P_{cond}=\frac{Q}{t}=kA\frac{T_H-T_C}{L}$$

其中，板的每一面的面积都是 A；板的厚度（两面之间的距离）是 L；k 是物质的热导率。

- 对流发生在流体运动过程中，它是由于温度不同而引起的能量转移。
- 辐射是由于电磁能量的发射而引起的能量转移。物体通过热辐射发射能量的速率 P_{rad} 是

$$P_{rad}=\sigma\varepsilon AT^4$$

其中，$\sigma[=5.6704\times10^{-8}\mathrm{W/(m^2\cdot K^4)}]$ 是斯特藩——玻尔兹曼常量；ε 是物体表面的发射率；A 是表面积；T 是表面温度（K）。物体从它均匀温度为 T_{env}（开）的周围环境吸收热辐射能量的速率 P_{abs} 是

$$P_{abs}=\sigma\varepsilon AT_{env}^4$$

传热机理

我们已经讨论过能量以热的形式在系统和它的环境之间的转移，但我们还没有描写过这种转移是怎样发生的。有三种转移的机理：传导、对流和辐射。下面我们依次考察这些机理。

传导

如果你把金属制的拨火棒的一端留在火中足够长的时间，它的手柄就会变热。能量沿拨火棒通过（热）**传导**从火转移到手柄。置于火中的拨火棒的一端，其金属中的原子和电子的振动幅度因为它们周围环境的高温而变得相当大。这些增大的振幅，以及与此相关的能量沿着拨火棒，通过相邻原子的碰撞从一个原子到下一个原子传播。以这种方式，温度高的区域沿着拨火棒延伸到手柄。

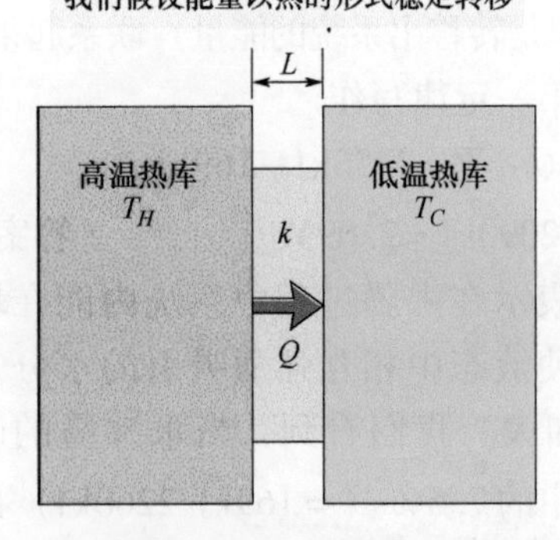

图18-18 热传导。能量以热的形式从温度为 T_H 的热库通过厚度为 L、热导率为 k 的导热板转移到温度为 T_C 的较冷热库。

考虑面积为 A、厚度为 L 的厚板，它的两面用高温热库和低温热库分别保持在温度 T_H 和 T_C，如图18-18所示。设 Q 是以热量形式在时间 t 内从热的一面到冷的一面通过厚板传递的能量。实验表

明，传导速率 P_{cond}（单位时间内传导能量的数量）是

$$P_{\text{cond}}=\frac{Q}{t}=kA\frac{T_H-T_C}{L} \tag{18-32}$$

其中，k 称为热导率，它是一个与制造厚板的材料有关的常量。通过传导很容易传递能量的材料是优良的热导体，并有高的 k 值。表 18-6 给出了一些常用金属、气体和建筑材料的热导率。

表 18-6 一些物质的热导率

物质	k/[W/(m·K)]
金属	
不锈钢	14
铅	35
铁	67
黄铜	109
铝	235
铜	401
银	428
气体	
空气（干燥）	0.026
氦	0.15
氢	0.18
建筑材料	
聚氨酯泡沫	0.024
岩棉	0.043
玻璃纤维	0.048
白松	0.11
窗玻璃	1.0

传导的热阻（R 值）

如果你想使自己的房间隔热性能好一些，或在野餐时将可乐罐保持低温，你应该考虑使用不良热导体而不是用优良热导体。由于这个理由，在工程实践中就引进了热阻 R 的概念。厚度为 L 的板的 R 值定义为

$$R=\frac{L}{k} \tag{18-33}$$

做成板的材料的热导率越低，板的 R 值就越高；所以具有高 R 值的物质是不良热导体，也就是优良的热绝缘体。

注意，R 是特定厚度的板的性质，不是材料的性质。R 的常用单位（它几乎从不被提到过，至少在美国如此）是平方英尺-华氏度-小时每英制热量单位（$\text{ft}^2\cdot{}^\circ\text{F}\cdot\text{h/Btu}$）。（现在你知道为什么这个单位很少被提及了吧。）

通过复合板的传导

图 18-19 表示一块复合板，它是由不同的厚度 L_1 和 L_2 以及不同的热导率 k_1 和 k_2 的两种材料组成的。复合板两个外表面的温度分别为 T_H 和 T_C。板的前后两面的面积都是 A。我们推导满足传导是稳态过程的假设条件下的传导速率的表达式。所谓稳态过程是指板中各处的温度及能量传递的速率不随时间改变。

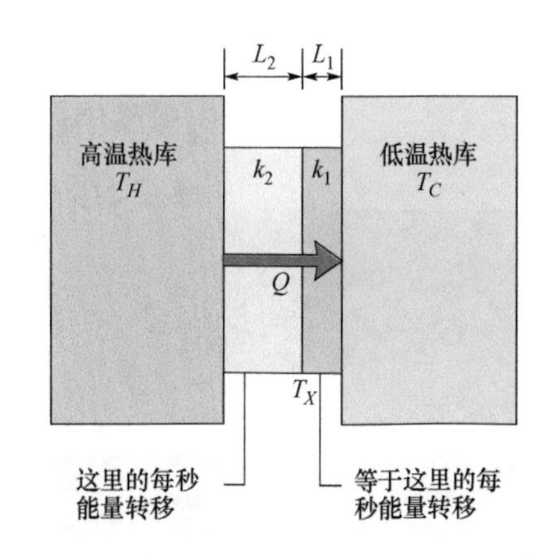

图 18-19 热量以稳定的速率通过具有不同厚度和不同热导率的两种材料制成的两块板叠合而成的复合板。两种材料交界面处的稳恒态温度为 T_X。

在这个稳态过程中，通过两种材料的传导速率必定相等。这和以下的说法是相同的：即在一定时间内通过一种材料传递的能量必定等于在同样时间内经过另一种材料传递的能量。如果这不成立，板中的温度就会改变，我们就不会得到稳态过程。令 T_X 是两种材料之间界面上的温度，我们现在可以利用式（18-32）写出

$$P_{\text{cond}}=\frac{k_2A(T_H-T_X)}{L_2}=\frac{k_1A(T_X-T_C)}{L_1} \tag{18-34}$$

对式（18-34）解出 T_X，经过少许代数运算后得到

$$T_X=\frac{k_1L_2T_C+k_2L_1T_H}{k_1L_2+k_2L_1} \tag{18-35}$$

把这个 T_X 的表达式代入式（18-34）的任一等式，得到

$$P_{\text{cond}}=\frac{A(T_H-T_C)}{L_1/k_1+L_2/k_2} \tag{18-36}$$

我们可以把式（18-36）推广到由任意数目 n 的材料组成的厚板：

$$P_{\text{cond}}=\frac{A(T_H-T_C)}{\sum(L/k)} \tag{18-37}$$

分母上的求和符号告诉我们把所有材料的 L/k 数值都相加。

检查点 7

右图表示由相同厚度的四种材料组成的复合板的表面和分界面的温度，热通过这块板的传导是稳定的，按照这些材料的热导率把各种材料依次排列，热导率最大的排第一。

25℃ 15℃ 10℃ −5.0℃ −10℃

a *b* *c* *d*

对流

当你观察蜡烛或火柴的火焰的时候，你可以看到热能通过**对流**向上传递。这样的能量转移发生在空气或水等流体和温度比流体更高的物体相接触的时候。和较热的物体接触的那一部分流体的温度升高，于是（在大多数情况下）流体膨胀因而密度变小。因为这些膨胀的流体现在比周围较冷的流体密度更小，所以浮力会使它上升。而周围的一些较冷的流体也会流过来占据上升的较热的流体留出的空间，这个过程不断进行。

对流是许多自然过程的一部分。大气的对流在决定全球气候格局以及每日气温变化方面起到了重要的作用。滑翔机驾驶员像鸟一样要寻找上升的热气流（暖空气的对流气流），这能维持他在高空的翱翔。同样的过程也会造成海洋中大规模的能量转移。最后，太阳核心的核反应炉产生的能量通过巨大的对流单元转移到太阳表面。在对流单元中，高热气体随着单元的核心升到表面，核心周围较冷的气体则会降到表面以下。

辐射

物体和它的环境以热的形式变换能量的第三种方式是电磁波（可见光是电磁波的一种）。用这种方法传递的能量常称作**热辐射**，用以区别于电磁信号（譬如说电视广播的信号）以及核辐射（原子核发射的能量和粒子）。（“辐射”通常的意思就是发射。）你站在大火前，你会因为从火焰吸收了热辐射而感到暖和；就是说火的热能减少而你的热能增加。热量通过辐射传递不需要介质——辐射可以通过真空，比如说，从太阳传到你身上。

Edward Kinsman/Photo Researchers, Inc.

图 18-20 伪彩色的温度图揭示了一只猫辐射热量的速率。速率用颜色编码，白色和红色表示辐射率最大，鼻子是冷的。

物体通过电磁辐射发射能量的速率 P_{rad} 依赖于物体的表面积 A 和表面的以开为单位的温度 T，它由下式给出

$$P_{\text{rad}} = \sigma \varepsilon A T^4 \tag{18-38}$$

其中，$\sigma = 5.6704 \times 10^{-8}\,\text{W/(m}^2 \cdot \text{K}^4)$ 称为斯特藩-玻尔兹曼常量，这是为了纪念约瑟夫·斯特藩（Josef Stefan），他在 1879 年在实验中发现了式（18-38）和路德维希·玻尔兹曼（Ludwig Boltzmann，不久之后他从理论上导出了这个公式）而命名的。符号 ε 代表物体表面的发射率，它的数值在 0 和 1 之间，取决于表面的成分。具有最大发射率 1 的表面是所谓的*黑体辐射体*，但这种表面是理想的极限，自然界中并不存在。还要注意，式（18-38）中的温度必须用热力学温标，所以温度为绝对零度的物体没有辐射。还有，温度高于 0K 的每一个物体——包括你在内——都会发射热辐射（见图 18-20）。

物体通过热辐射从它的环境吸收能量的速率 P_{abs} 是

$$P_{abs} = \sigma\varepsilon A T_{env}^4 \tag{18-39}$$

这里我们设环境处在均匀的温度 T_{env}(K) 下。式（18-39）中的发射率 ε 和式（18-38）中的相同。$\varepsilon = 1$ 的理想的黑体辐射体会吸收它截取到的所有辐射能（完全不会通过反射或散射从它自身返回辐射能）。

因为物体会同时发射和吸收热辐射，所以由热辐射引起的能量净变化速率 P_{net} 是

$$P_{net} = P_{abs} - P_{rad} = \sigma\varepsilon A(T_{env}^4 - T^4) \tag{18-40}$$

如果净能量变化是吸收了辐射，则 P_{net} 为正；如果净能量变化是因辐射而减少了，则 P_{net} 为负。

热辐射和许多医疗事件有关，有一起事件是，一条死了的响尾蛇竟然攻击了靠近它的一只手。响尾蛇的每只眼睛和鼻孔之间的凹陷就是热辐射的探测器（见图 18-21）。比如说一只老鼠靠近响尾蛇的头部，老鼠发射的热辐射激发了这些探测器，引起反射动作，响尾蛇就用它的毒牙攻击老鼠并注射毒液。即使蛇已经死了长达 30min，接近蛇的手的热辐射仍旧会引起同样的反射动作，因为蛇的神经系统还能继续发挥作用。正如一位蛇类专家忠告的，如果你不得不移动一条刚刚被杀死的响尾蛇，记住要用一根长棍子，千万不要用你的手。

图 18-21 响尾蛇的面部有热辐射探测器，这使响尾蛇即使在完全黑暗的情况下也能攻击动物。

例题 18.06 通过多层墙壁的热传导

图 18-22 代表一堵墙的截面，这堵墙有四层：一层是厚度为 L_a 的白松木，另一层是厚度为 L_d（$=2.0L_a$）的砖墙。当中夹了两层未知的材料，它们的厚度和热导率相同。白松木的热导率是 k_a，砖墙的热导率是 k_d（$=5.0k_a$）。墙的面积 A 未知。通过墙的热传导已经达到稳恒态；只知道几个界面温度分别是 $T_1 = 25℃$，$T_2 = 20℃$，$T_5 = -10℃$。界面温度 T_4 是多少?

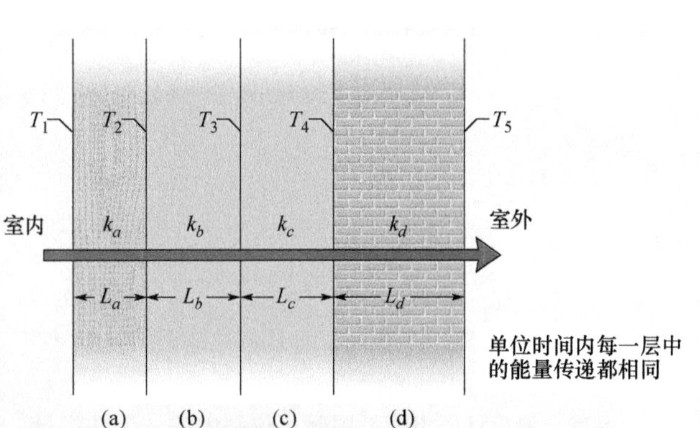

图 18-22 通过一堵墙的稳恒态传热。

【关键概念】

（1）温度 T_4 有助于确定由式（18-32）给出的通过砖墙的能量传导速率 P_d，但我们缺少足够的数据可以从式（18-32）中解出 T_4。

（2）因为传导是稳恒态，所以通过砖墙的传导速率 P_d 必定等于通过白松木的传导速率 P_a。这样我们就可以求解了。

解：由式（18-32）和图 18-22，我们可以写出：

$$P_a = k_a A \frac{T_1 - T_2}{L_a} \text{及} P_d = k_d A \frac{T_4 - T_5}{L_d}$$

代入 $P_a = P_d$，解出 T_4，得到

$$T_4 = \frac{k_a L_d}{k_d L_a}(T_1 - T_2) + T_5$$

令 $L_d = 2.0L_a$ 及 $k_d = 5.0k_a$，并代入已知的温度，我们求出

$$T_4 = \frac{k_a(2.0L_a)}{(5.0k_a)L_a}(25℃ - 20℃) + (-10℃)$$

$$= -8.0℃ \quad \text{（答案）}$$

例题18.07　臭菘的热辐射可以熔化周围的雪

臭菘和其他大多数植物不同，它可以通过改变自身产生能量的速率来调节内部的温度（保持在 $T=22℃$）。如果它被雪覆盖了，为了使自己重新沐浴在太阳光下，它会增加能量的产生，因此它的热辐射会使雪融化。我们用一个高度 $h=5.0\text{cm}$、半径为 $R=1.5\text{cm}$ 的圆柱体作为臭菘的模型，并假设它被温度为 $T_{env}=-3.0℃$ 的雪墙包围（见图18-23）。如果发射率 $\varepsilon=0.80$，在植物的弯曲表面和雪之间，通过热辐射的净能量交换速率有多大？

【关键概念】

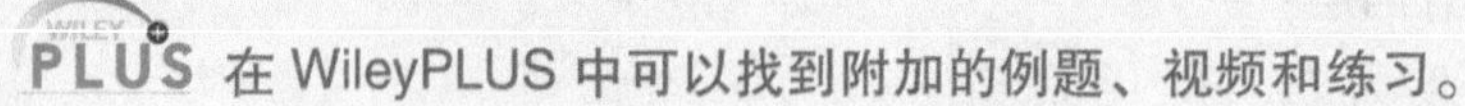

（1）在稳恒态的情况中，面积 A、发射率 ε 和温度 T 的表面按式（18-38）：$P_{rad}=\sigma\varepsilon AT^4$ 给出的速率发出热辐射。（2）同时，它也通过热辐射从温度为 T_{ens} 的环境以式（18-39）：$P_{abs}=\sigma\varepsilon AT^4_{env}$ 给出的速率得到能量。

解：要求净能量的交换速率，我们用式（18-39）减去式（18-38），得到

$$P_{net}=P_{abs}-P_{rad}=\sigma\varepsilon A(T^4_{env}-T^4) \quad (18\text{-}41)$$

我们要用到圆柱体的侧面面积 $A=h(2\pi R)$。还需要热力学温度 $T_{env}=273\text{K}-3\text{K}=270\text{K}$，$T=273\text{K}+22\text{K}=295\text{K}$。在式（18-41）中代入 A 并代入其他已知物理量的国际单位制单位（这里没有写出来）的数值，我们求得

$$P_{net}=(5.67\times10^{-8})(0.80)(0.050)(2\pi)(0.015)(270^4-295^4)=-0.48\text{W} \quad \text{（答案）}$$

由此可知，植物通过热辐射净损失能量0.48W、这种植物产生能量的速率可以和飞行中的蜂鸟相比。

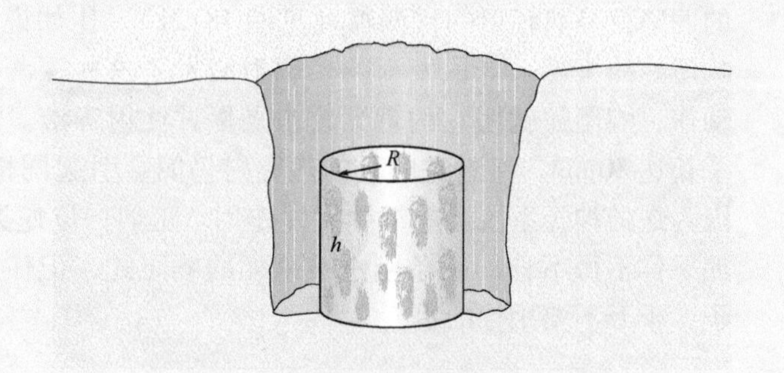

图18-23　臭菘的模型，它把雪熔化使自己暴露出来。

复习和总结

温度；温度计　温度是国际单位制中的一个基本量，它与我们热和冷的感觉有关。它用温度计测量，温度计由具有可测量性质的工作物质制成，这种可测量的性质像长度或压强等都会随着物质变热或变冷以有规律的方式变化。

热力学第零定律　当一只温度计和其他某一物质互相接触时，它们最终会达到热平衡。温度计的读数就是另一个物体的温度。这种过程之所以能提供一致并有用的温度测量方法是因为**热力学第零定律**：如果物体 A 和 B 各自和第三个物体 C（温度计）处于热平衡状态，则 A 和 B 也相互处于热平衡状态。

热力学温标　在国际单位制中，温度用**热力学温标**量度，它基于水的三相点（273.16K）。其它的温度用等容气体温度计定义，其中气体样品保持恒定的体积，所以它的压强正比于温度。我们定义用气体温度计测量的温度 T 是

$$T=(273.16\text{K})\left(\lim_{\text{gas}\to0}\frac{p}{p_3}\right) \quad (18\text{-}6)$$

其中，T 的单位是开；p_3 和 p 分别是在283.16K和待测温度下气体的压强。

摄氏温标和华氏温标　摄氏温标定义为

$$T_C=T-273.15° \quad (18\text{-}7)$$

其中，T 以开为单位。华氏温标定义为

$$T_F=\frac{9}{5}T_C+32° \quad (18\text{-}8)$$

热膨胀　所有物体的大小都随温度的变化而变化。温度改变 ΔT，任意线性尺寸 L 的改变 ΔL 由下式给出：

$$\Delta L=L\alpha\Delta T \quad (18\text{-}9)$$

其中，α 是**线［膨］胀系数**。体积为 V 的固体或液体的体积改变 ΔV 是

$$\Delta V=V\beta\Delta T \quad (18\text{-}10)$$

其中，$\beta = 3\alpha$，它是材料的**体［膨］胀系数**。

热量 热量 Q 是因系统和它的环境之间存在温度差而引起的系统和环境之间的能量转移。它的测量单位有**焦耳**（J）、**卡路里**（卡，cal）、**千卡**（Cal 或 kcal）或**英制热量单位**（Btu），

$$1\text{cal} = 3.968 \times 10^{-3}\text{Btu} = 4.1868\text{J} \quad (18\text{-}12)$$

热容和比热容 如果一个物体吸收热量 Q，则物体温度的升高 $T_f - T_i$ 和 Q 的关系是

$$Q = C(T_f - T_i) \quad (18\text{-}13)$$

其中，C 是物体的**热容**。如果该物体的质量是 m，则

$$Q = cm(T_f - T_i) \quad (18\text{-}14)$$

其中，c 是组成这个物体的材料的**比热容**。材料的**摩尔热容**是每摩尔物质的热容，也就是材料的每 6.02×10^{23} 个基本单元的热容。

转变热 物质以三种常见的状态存在：固体、液体和气体。热量被材料吸收后会改变材料的物理状态——例如从固态到液态，或从液态到气态，单位质量的特定材料改变状态（但没有温度变化）所需的能量数值是这种材料的**转变热** L。于是

$$Q = Lm \quad (18\text{-}16)$$

汽化热 L_V 是单位质量的液体汽化时所必须提供的，或是使单位质量的气体凝结时必须带走的能量的数值。**熔化热** L_F 是使单位质量的固体熔化时必须提供的，或使单位质量液体冻结时必须带走的能量数值。

和体积变化相联系的功 气体可以通过做功和它的周围环境交换能量。气体从初始体积 V_i 经过膨胀或收缩到最终体积 V_f 所做的功 W 的数量由下式给出：

$$W = \int dW = \int_{V_i}^{V_f} p\,dV \quad (18\text{-}25)$$

这里的积分是必要的，因为压强 p 在体积变化过程中可能改变。

热力学第一定律 热力学过程中的能量守恒原理用**热力学第一定律**表述。它可以用以下任一种形式表示：

$$\Delta E_{\text{int}} = E_{\text{int},f} - E_{\text{int},i} = Q - W \text{（第一定律）} \quad (18\text{-}26)$$

或

$$dE_{\text{int}} = dQ - dW \text{（第一定律）} \quad (18\text{-}27)$$

其中，E_{int}代表材料的内能，它只取决于材料的状态（温度、压强和体积）；Q 代表系统和环境之间热量形式的能量交换；如果系统吸收热量，则 Q 为正；如果系统失去热量，则 Q 为负。W 是系统做的功。如果系统反抗来自环境的外力的作用而膨胀，则 W 为正；如果在外力作用下收缩，则 W 为负。Q 和 W 依赖于路径，ΔE_{int}则与路径无关。

第一定律的应用 热力学第一定律在一些情况中的应用。

绝热过程：$Q = 0$，$\Delta E_{\text{int}} = -W$

等容过程：$W = 0$，$\Delta E_{\text{int}} = Q$

循环过程：$\Delta E_{\text{int}} = 0$，$Q = W$

自由膨胀：$Q = W = \Delta E_{\text{int}} = 0$

传导、对流和辐射 当能量通过一块厚板时，它的一面的温度保持在较高的温度 T_H，另一面保持在较低的温度 T_C，单位时间内传导的能量是

$$P_{\text{cond}} = \frac{Q}{t} = kA\frac{T_H - T_C}{L} \quad (18\text{-}32)$$

厚板的每一面的面积均为 A，板的厚度（两面之间的距离）为 L，k 是材料的热导率。

对流发生在流体运动过程中，它是由于温度不同而引起的能量转移。

辐射是由于电磁能量的发射而引起的能量转移。物体通过热辐射发射能量的速率 P_{rad}是

$$P_{\text{rad}} = \sigma\varepsilon AT^4 \quad (18\text{-}38)$$

其中，$\sigma[= 5.6704 \times 10^{-8}\text{W}/(\text{m}^2 \cdot \text{K}^4)]$ 是斯特藩-玻尔兹曼常量；ε 是物体表面的发射率；A 是物体的表面积；T 是表面温度（K）。物体吸收来自均匀温度 T_{env}（K）的环境的热辐射能量的速率 P_{abs}是

$$P_{\text{abs}} = \sigma\varepsilon AT_{\text{env}}^4 \quad (18\text{-}39)$$

习题

1. 将一块 8.00g 的处在熔化点的冰块放入装在绝热容器里的体积为 130cm³、初始温度为 90℃ 的茶（水）中。达到平衡后，茶的温度降低了多少？

2. 某种物质的摩尔质量是 50.0g/mol。325J 的热量加入 30.0g 的样品，样品的温度从 25.0℃ 升高到 45.0℃。求该物质的（a）比热容和（b）摩尔热容。（c）样品有多少摩尔？

3. 普通的玻璃窗被绝热性能更好的玻璃窗代替，原来的窗玻璃厚度 4.0mm。新的窗上用两层这样的玻璃，中间隔开 1.2cm 的空气层。当室外温度是 −20°F，室内温度是 +72°F 时，求（a）普通的玻璃窗和（b）新的双层玻璃窗的以瓦每平方米为单位表示的能量损失。

4. 气象预报说将有严重冰冻发生，使车库内的物体在晚上不致变得太冷的一种方法是在车库内放一桶水。如果水的质量是 135kg，它的温度是 20℃。（a）为使这些水完全结冰，它必须放出多少能量到周围的环境中？（b）直到这些水全部结冰后水和它的环境可能的最低温度是多少？

5. 非米制单位：（a）一台 2.0×10^5Btu/h 的热水器将 65gal（1 美加仑 = 3.79L）的水从 70°F 加热到 100°F 需要多长时间？米制单位：（b）一台 59kW 的热水器把 246L 的水从 21℃ 加热到 38℃ 需要多长时间？

6. 实验室中气体样品经历图 18-24 中的 p-V 图所表示

的循环 $abca$。做了净功 +1.5J。沿路径 ab 的内能改变是 +3.0J，做功的数值是 5.0J。沿路径 ca，传递给气体的热能是 +2.5J。在（a）路径 ab 和（b）路径 bc 中，各有多少热量的转移？

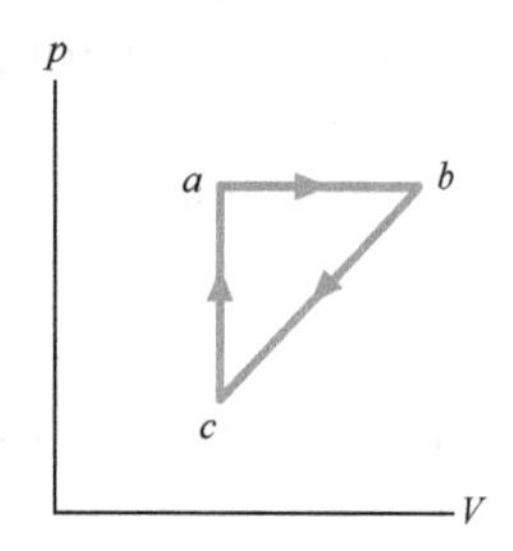

图 18-24　习题 6 图

7. 一个系统沿着图 18-25 中的路径 iaf 从状态 i 改变到状态 f 的过程中，$Q=100\text{cal}$，$W=40\text{cal}$。沿着路径 ibf 的过程中，$Q=72\text{cal}$。（a）沿 ibf 路径做的功 W 是多少？（b）如果返回路径 fi 做功 $W=-26\text{cal}$，则这条路径的 Q 是多少？（c）如果 $E_{\text{int},i}=20\text{cal}$，则 $E_{\text{int},f}$ 有多大？如果 $E_{\text{int},b}=44\text{cal}$，则（d）路径 ib 和（e）路径 bf 的 Q 各是多少？

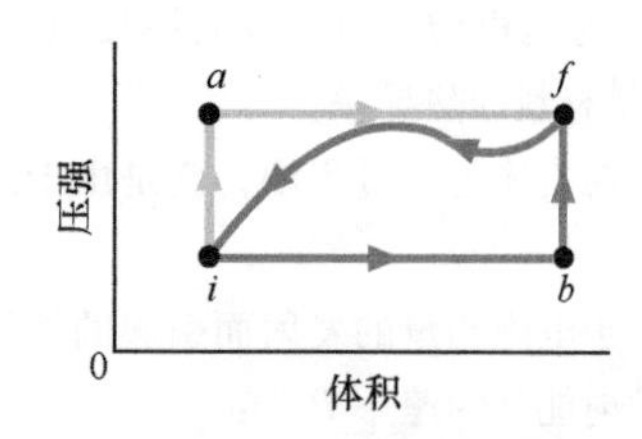

图 18-25　习题 7 图

8. 样品 A 和 B 有不同的初始温度，放在绝热的容器里达到热平衡。图 18-26a 给出它们的温度 T 对时间 t 的曲线图。样品 A 的质量为 4.0kg；样品 B 的质量为 2.0kg。图 18-26b 是制成样品 B 的材料的一般曲线，它表示热量 Q 转移给材料所引起的温度变化 ΔT。温度变化 ΔT 对单位质量的材料热量的转移 Q 作图，纵轴的标度由 $\Delta T_s=4.0℃$ 标定。样品 A 的比热容是多少？

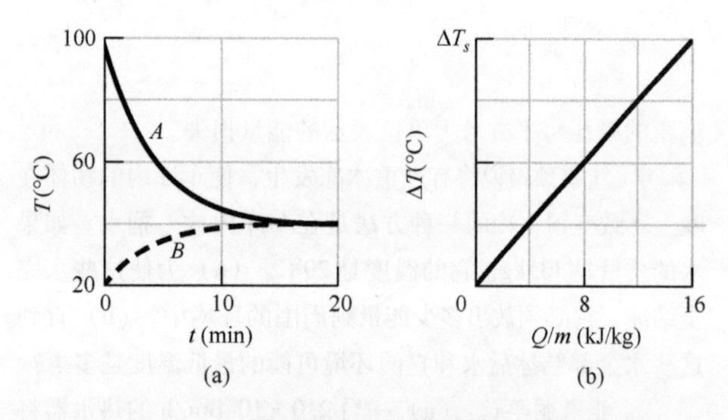

图 18-26　习题 8 图

9. 一只小型浸入式电加热器被用来加热一杯 170g 的水，冲泡速溶咖啡。加热器上标记“180W”（它以这个速率把电能变为热能）。计算把这些水全部从 23.0℃ 加热到 100℃ 所需的时间，忽略任何热能的损失。

10. 在图 18-27a 的 p-V 图中，热力学系统从状态 A 变化到状态 B，再到状态 C，然后回到状态 A。纵轴由 $p_s=20\text{Pa}$ 标定，横轴由 $V_s=2.0\text{m}^3$ 标定。（a）~（g）：在每一格中插入正号、负号或零，以完成图 18-27b 中的表格。（h）当系统完成一次循环 $ABCA$ 时，所做的净功是多少？

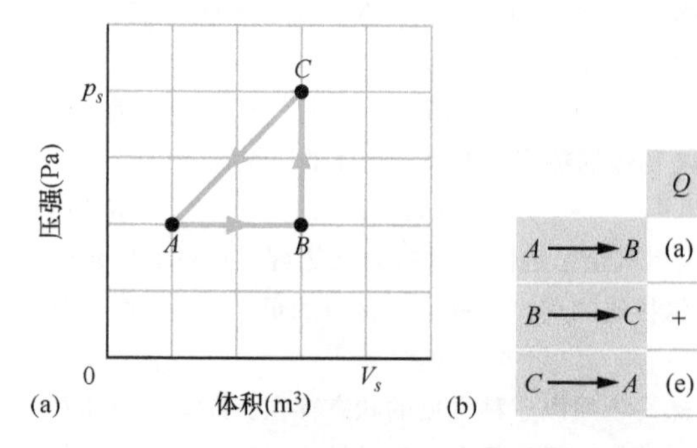

(b)

	Q	W	ΔE_{int}
$A \longrightarrow B$	(a)	(b)	+
$B \longrightarrow C$	+	(c)	(d)
$C \longrightarrow A$	(e)	(f)	(g)

图 18-27　习题 10 图

11. 户外水箱上结了一层 3.0cm 厚的冰层（见图 18-28），空气温度为 −14℃。求形成冰的速率（每小时厘米数）。冰的热导率为 $0.0040\text{cal}/(\text{s}\cdot\text{cm}\cdot℃)$，密度为 0.92g/cm^3。假设不存在通过水箱壁或底的能量传递。

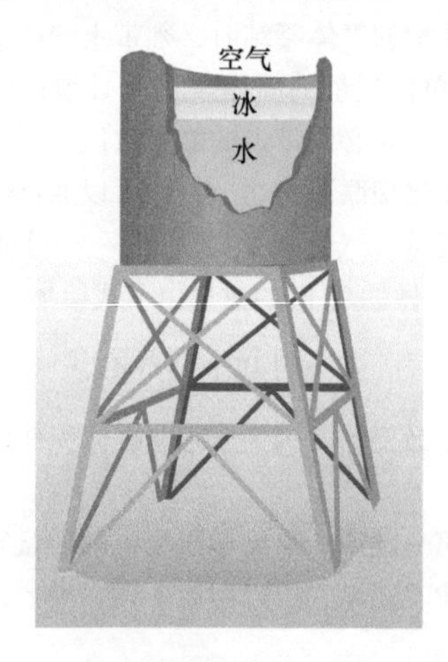

图 18-28　习题 11 图

12. 某物质的比热容随温度改变的函数为 $c=0.20+0.14T+0.023T^2$，T 的单位是℃，c 的单位是 $\text{cal}/(\text{g}\cdot\text{K})$。求 1.0g 这种物质从 5.0℃ 升高到 15℃ 所需的能量。

13. 温度升高 64℃ 的结果是使一根棒从中间断裂，向上翘起（见图 18-29）。固定不变的距离 L_0 是 3.77m，棒的线膨胀系数是 $25\times10^{-6}℃^{-1}$。求棒的中点升高的距离 x。

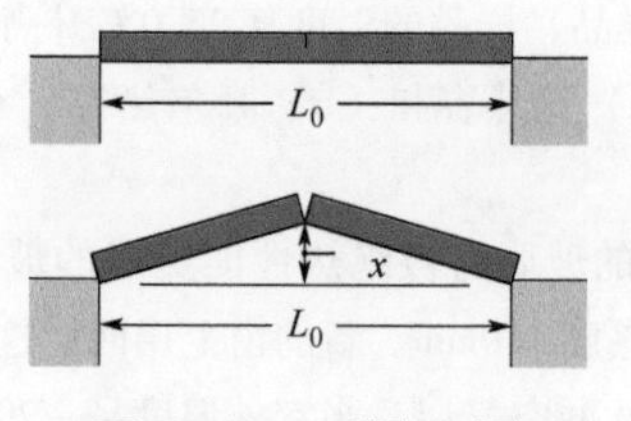

图 18-29　习题 13 图

14. *莱顿弗罗斯特效应*。水滴在温度为 100℃ 到 200℃之间的滚烫的平底锅上大约可以停留 1s。然而，如果平底锅的温度更高，水滴反而可能存在几分钟之久，这个效应用它的最早的研究者来命名。之所以有这样长的寿命是因为有一薄层空气和水蒸气支持着水滴把它和金属分开（图 18-30 中的距离 L）。令 $L = 0.0800\text{mm}$，并设水滴上下两面是平的，高度 $h = 1.50\text{mm}$，底面积 $A = 5.00 \times 10^{-6}\text{m}^2$，还假设平底锅温度恒定不变，为 $T_s = 300℃$，水滴温度为 100℃。水的密度 $\rho = 1000\text{kg/m}^3$，支持水滴的空气层的热导率 $k = 0.026\text{W/(m·K)}$。（a）从平底锅经过水滴底面传递给水滴能量的速率是多大？（b）如果热传导是能量从平底锅转移到水滴的主要方式，那么要使水滴消失需要多长时间？

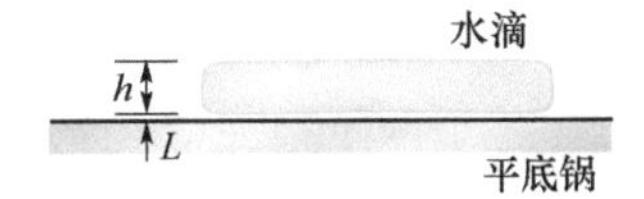

图 18-30　习题 14 图

15. 乙醇的沸点是 78.0℃，凝固点是 −114℃，汽化热为 879kJ/kg，熔化热为 109kJ/kg，比热容为 2.43kJ/(kg·K) 将初始温度为 78.0℃ 的 0.720kg 乙醇变成 −114℃ 的固体需释放多少能量？

16. 设有 200J 的功作用于系统，并且系统排放出 80.0cal 的热量。根据热力学第一定律，（a）W，（b）Q 以及（c）ΔE_{int}的数值（包括代数符号）为何？

17. 如图 18-31 所示，气体样品从 V_0 膨胀到 $4.0V_0$，同时压强从 p_0 减小到 $p_0/4.0$。设 $V_0 = 1.0\text{m}^3$，$p_0 = 60\text{Pa}$。如果气体的压强和体积的改变分别沿着（a）路径 A，（b）路径 B，以及（c）路径 C，气体做的功分别是多少？

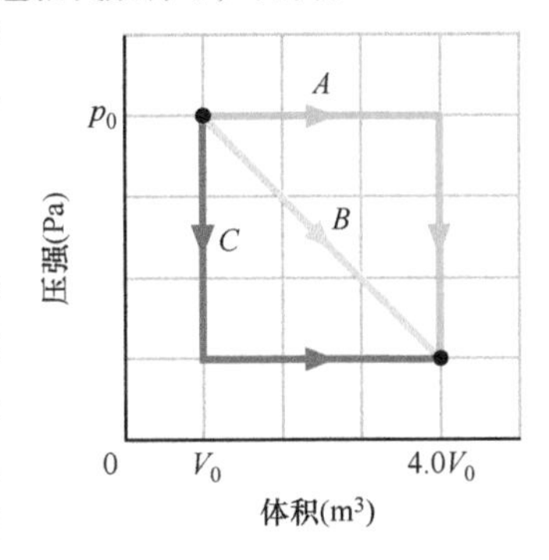

图 18-31　习题 17 图

18. 图 18-32 表示一堵三层墙壁的截面。各层的厚度分别是 L_1，$L_2 = 0.750L_1$，$L_3 = 0.350L_1$。热导率分别是 k_1，$k_2 = 0.900k_1$，$k_3 = 0.800k_1$。墙的左边和右边的温度分别是 $T_H = 30.0℃$ 及 $T_C = -15℃$。热传导是稳恒的。（a）第 2 层的温度差 ΔT_2（这一层左边和右边之差）是多少？如果 k_2 改为等于 $1.1k_1$，（b）能量通过墙的传导速率将大于，小于还是等于以前的速率？（c）ΔT_2的数值又是多少？

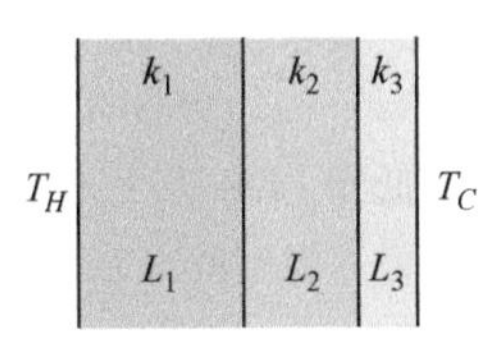

图 18-32　习题 18 图

19. 考虑图 18-18 中的板。设 $L = 15.0\text{cm}$，$A = 105\text{cm}^2$，所用材料是铜。如果 $T_H = 125℃$，$T_C = 10.0℃$，并且已到达稳恒态，求通过板的传导速率。

20. 独栋住宅的顶棚在寒冷的气候中需要的 R 值是 35。要达到这样的隔热效果，如果用（a）聚氨酯泡沫和（b）银，顶棚的厚度各要多厚？

21. 在绝热容器中，处于熔点温度的 250g 的冰要与多少质量的 100℃ 水蒸气混合才可以得到 50℃ 的液态水？

22. *饮料的蒸发冷却*。冷饮即使在热天也可以保持低温，只要把它放进吸满了水的多孔陶瓷容器中。设蒸发的能量损失和通过顶部和边上的辐射交换获得的净能量相匹配，容器和饮料的温度均是 $T = 10℃$，环境温度是 $T_{env} = 32℃$，容器是半径 $r = 2.2\text{cm}$、高度为 10cm 的圆柱体。近似的发射率 $\varepsilon = 1$，忽略其他能量交换。容器失去水的质量的速率 dm/dt 是多少？

23. 计算将 15.0℃ 的 85.0g 银完全熔融需要的最小的能量是多少焦耳？

24. 一个固体圆柱，半径 $r_1 = 2.5\text{cm}$，长度 $h_1 = 5.5\text{cm}$，发射率为 0.85，温度为 30℃。它被悬挂在温度为 50℃ 的环境中。（a）圆柱体的净热辐射交换速率 P_1 是多少？（b）如果将圆柱体拉长到它的半径变为 $r_2 = 0.50\text{cm}$，它的净热辐射交换速率变为 P_2，P_2/P_1 是多少？

25. 封闭在小室里的气体经历图 18-33 中的 p-V 图表示的循环。水平坐标由 $V_s = 8.0\text{m}^3$ 标定。求在一个完整的循环中加入系统的净热量。

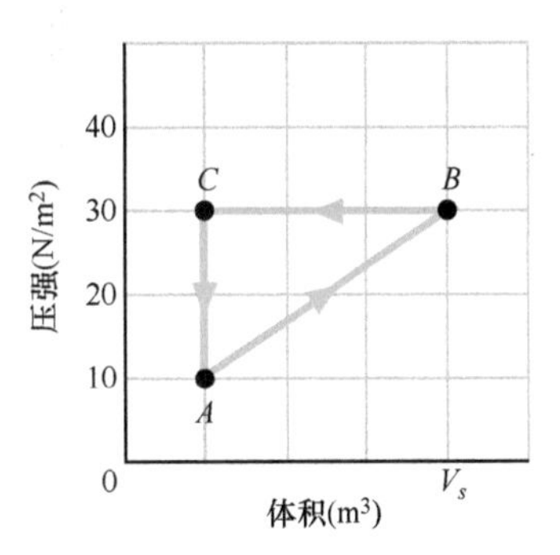

图 18-33　习题 25 图

26. 装配两台定容气体温度计，一台用氮气，一台用氢气。两者都包含足够的气体达到 $p_3 = 78\text{kPa}$。（a）如果两台温度计的气室都在沸水中，二者的压强差是多少？（提示：参看图 18-6。）（b）哪一种气体有较高的压强？

27. 图 18-34 表示一堵包含四层的墙（的截面），各区域的热导率分别是 $k_1 = 0.060\text{W/(m·K)}$，$k_3 = 0.040\text{W/(m·K)}$，$k_4 = 0.12\text{W/(m·K)}$（$k_2$ 未知）。各层厚度分别

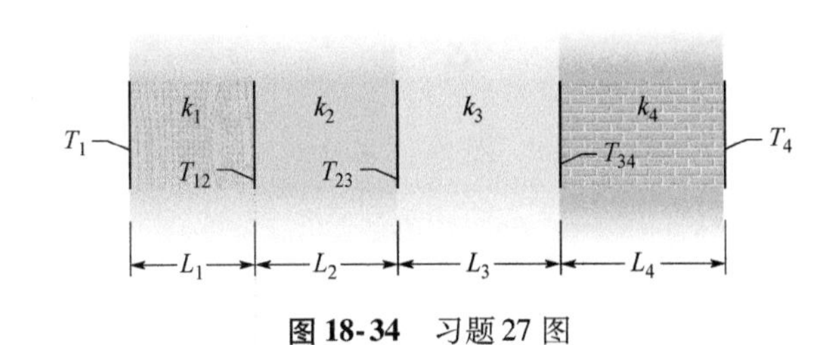

图 18-34　习题 27 图

为 $L_1=1.2\text{cm}$，$L_3=5.6\text{cm}$，$L_4=4.0\text{cm}$（L_2 未知）。已知的温度是 $T_1=30℃$，$T_{12}=25℃$，$T_4=-10℃$。假设通过墙的能量传递是稳恒的，则界面温度 T_{34} 是多少？

28. 一种线性的 X 温标，水的凝固点在 $-125.0°\text{X}$，沸点是 $360.0°\text{X}$。在线性的 Y 温标下，水的凝固点是 $-70.00°\text{Y}$，沸点是 $-30.00°\text{Y}$。$50.00°\text{Y}$ 的温度对应于 X 温标多少温度？

29. 半径 0.350m 的球体温度为 27.0℃，发射率为 0.850。球放在温度为 77.0℃ 的环境中。球以什么速率（a）发射及（b）吸收热辐射？（c）在 3.5min 内，球的净能量改变是多少？

30. 如果你在远离太阳的宇宙空间，不穿宇航服短暂地行走（就像电影：《2001，太空漫步》（2001，*A Space Odyssey*）中的一位宇航员那样），你就会感觉到太空的寒冷——这时你要向外辐射能量，而你从周围的环境中几乎一点能量也吸收不到。（a）你失去能量的速率是多大？（b）在 44s 内你总共失去了多少能量？假设你的发射率是 0.90，并适当估计在计算中需要的其他数据。

31. 水在浅的池塘中已经结了冰并已达到了稳恒态。冰上的空气温度为 $-5.0℃$，池塘底部的温度是 4.0℃。如果冰 + 水的全部深度是 2.0m，则冰的厚度是多少？[设冰和水的热导率分别是 $0.40\text{cal}/(\text{m}\cdot℃\cdot\text{s})$ 和 $0.12\text{cal}/(\text{m}\cdot℃\cdot\text{s})$。]

32. 企鹅抱团取暖。为了抵抗严酷的南极气候，帝企鹅紧紧地挤在一起（见图 18-35）。假设企鹅是圆柱体，顶部面积 $a=0.26\text{m}^2$，高度 $h=90\text{cm}$。令 P_r 是单独一只企鹅向周围环境辐射能量的速率（通过顶部和周边）；则 NP_r 是 N 只完全分开的相同企鹅辐射的速率。如果许多企鹅挤得很紧形成挤紧的圆柱形，它们的顶部面积为 Na，高度为 h，圆柱体以速率 P_h 辐射。取 $N=1000$，（a）比值 P_h/NP_r 是多少？（b）挤在一起使总的辐射损失减少了百分之多少？

Alain Torterotot/Peter Arnold/Photolibrary

图 18-35 习题 32 图

33. 初始半径为 20cm 的实心铝球的体积在受热后增加了 347cm^3。温度的改变是多少？

34. 大黄蜂可以捕食日本蜜蜂。然而，如果有一只大黄蜂企图侵入蜂房，数百只蜜蜂就会很快形成一个紧密的球将大黄蜂包围起来，阻止它入侵。它们不是叮、咬、碾压或闷死它，而是迅速把它们的体温从正常的 35℃ 升高到 47℃ 或 48℃ 使大黄蜂过热。对于大黄蜂来说这是致命的，但对于日本蜜蜂却不是（见图 18-36）。我们做以下假设：500 只蜜蜂能够形成半径为 $R=1.8\text{cm}$ 的球，维持的时间为 $t=18\text{min}$。球的主要能量损失是通过热辐射，球表面的发射率 $\varepsilon=0.80$，球具有均匀的温度。要在 18min 内维持 47℃ 的温度，每只蜜蜂必须产生多少附加的能量？

© Dr. Masato Ono, Tamagawa University

图 18-36 习题 34 图

35. 某位营养医师鼓励人们多喝冰水。他的理论是，身体必须燃烧足够多的脂肪才能把水的温度从 0.00℃ 升高到体温 37℃。必须喝下多少升的冰水才能燃烧掉 454g 的脂肪？假设燃烧掉这么多的脂肪需要给冰水传递 3900Cal 的热量。为什么这种饮食方式是不可取的？（$1\text{L}=10^3\text{cm}^3$，水的密度是 1.00g/cm^3。）

36. 对于有用能量的含量为 6.0Cal/g（= 6000cal/g）的黄油，需要消耗多少质量这样的黄油才可以等价于一个 78.0kg 的人从海平面上升到高度为 8.84km 的珠穆朗玛峰顶重力势能的改变？设上升过程中平均 g 值为 9.80m/s^2。

37. （a）两块 40g 的冰掉进盛有 200g 水的绝热容器中。如果水的初始温度为 25℃，冰是直接从 $-15℃$ 的冰箱里取出的，达到热平衡时最终温度是多少？（b）如果只用一块冰，最后温度是多少？

38. （a）1983 年，苏联设在南极洲的东方站的气温记录低到 $-89.2℃$。这在华氏温标下是几度？（b）美国本土最高温度的官方记录出现在加利福尼亚州的死亡谷，达到 134°F。这个温度的摄氏温标是几度？

39. 长度为 $L=1.280000\text{m}$ 的竖直玻璃管在 20.000 000℃ 的温度下有一半充满了液体。当管子和液体加热到 30.000 000℃ 时液柱高度改变多少？利用膨胀系数 $\alpha_{\text{glass}}=2.000\,000\times10^{-5}/\text{K}$，$\beta_{\text{liquid}}=4.000\,000\times10^{-5}/\text{K}$。

40. 盛在密闭容器内的气体经历图 18-37 中所画的循环，求系统在等压过程 CA 中转移的热能，假设在等容过程 AB 中传入的热量 Q_{AB} 是 25.0J，在绝热过程 BC 中没有热量转移，这个循环所做的净功是 15.0J。

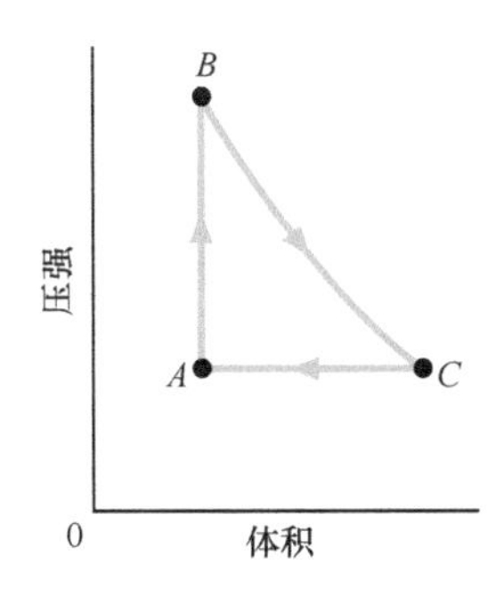

图 18-37　习题 40 图

41. 容量为 200cm^3 的铝杯中装满了 22℃ 的甘油。如果杯子和甘油的温度都升高到 28℃，多少甘油会溢出杯子（如果有的话）？（甘油的体膨胀系数是 $5.1\times10^{-4}℃^{-1}$。）

42. 0.600kg 的样品放在以恒定速率带走热量的冷冻机中。图 18-38 给出样品温度 T 对时间 t 的曲线；横坐标由 $t_s=80.0\text{min}$ 标定。热量被释放后样品凝固。样品在它起初的液相时比热容是 3000J/(kg·K)。(a) 样品的熔化热是多少？它的凝固相的比热容是多少？

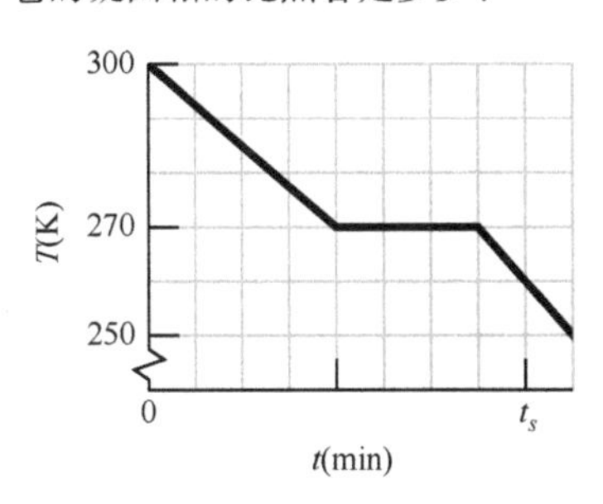

图 18-38　习题 42 图

43. 长 0.60m、横截面面积为 6.0cm^2 的圆柱形铜棒的边上被绝热，使它的两端保持 100℃ 的温度差，即它的一端接触冰-水混合物，另一端接触沸水和水蒸气的混合物。(a) 铜棒以怎样的速率传导热量？(b) 冰熔化的速率为何？

44. 0.485kg 液态水的样品和冰的样品放在绝热容器中。容器还包含一个器件，它把水中的能量以热量的形式以恒定的速率 P 转移到冰中，直到热平衡。液态水和冰的温度 T 作为时间 t 的函数在图 18-39 中给出；横坐标由 $t_s=80.0\text{min}$ 标定。(a) P 是多少？(b) 容器中冰的初始质量是多少？(c) 达到热平衡后，这个过程中产生的冰的质量是多少？

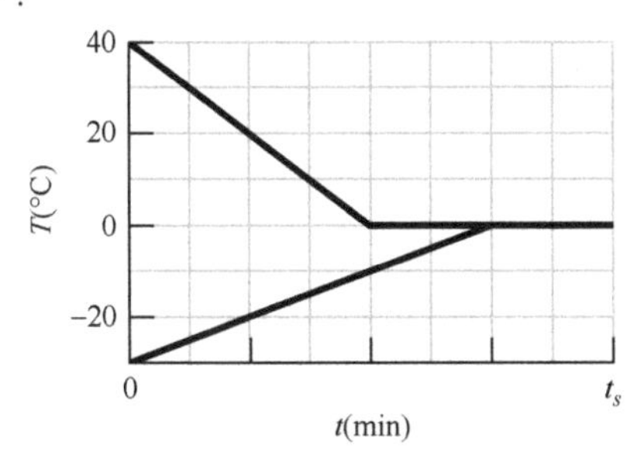

图 18-39　习题 44 图

45. 在什么温度下华氏温标的读数分别等于 (a) 摄氏温标读数的三倍，(b) 摄氏温标读数的三分之一？

46. 20℃下的黄铜立方块边长为 25cm。当它从 20℃ 加热到 75℃时，它的表面积增加多少？

47. 图 18-40 表示气体的闭合循环（图没有按比例画）。当气体沿路径 abc 从 a 到 c 时，它的内能变化是 −50J。当它从 c 到 d 时，必须传递给它热量 45J。当它从 d 回到 a 时，必须再转移 20J 的热量给它。从 c 到 d 的过程中对气体要做多少功？

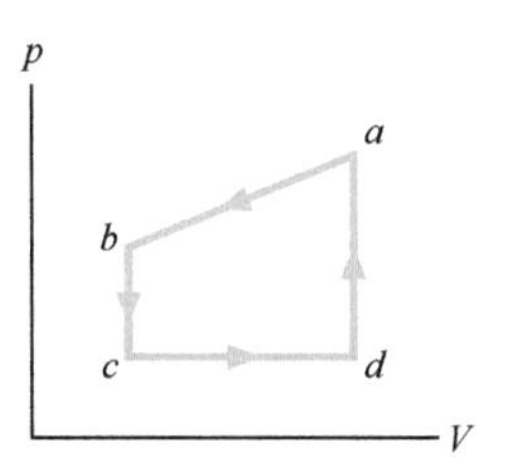

图 18-40　习题 47 图

48. 在 20℃温度下，一根棒用钢尺测量得到的精确长度是 20.05cm。将两者都放进 250℃ 的炉子中，在炉子里用同一钢尺量得到棒长 20.11cm。制造棒的材料的线胀系数是多少？

49. 在图 18-41a 中，将两根完全相同的矩形金属棒头尾相连地焊接起来。左边温度 $T_1=0℃$，右边温度 $T_2=100℃$。在 6.0min 内有 43J 热量以恒定的速率从右边传导到左边。如果将金属棒边对边地焊接起来（如图 18-41b 中那样），则传导 43J 的热量需要多长时间？

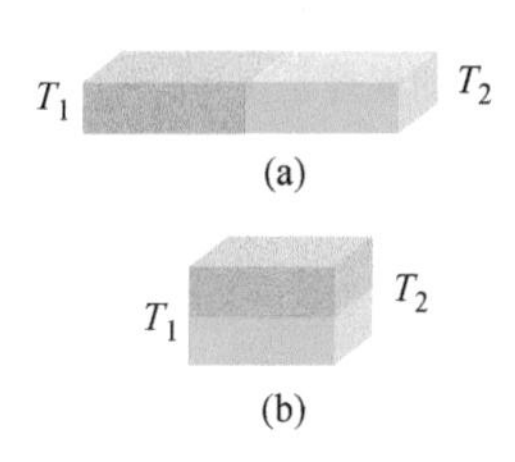

图 18-41　习题 49 图

50. 一根铝合金棒在 20.000℃时的长度为 10.000cm，它在水的沸点下的长度为 10.020cm。(a) 棒在水的冰点下的长度是多少？(b) 在什么温度下棒长为 10.009cm？

51. 太阳能热水器利用装在屋顶上的收集器的管子中循环的水来收集太阳的辐射能。太阳辐射通过透明的盖子进入收集器加热管道中的水；这些水被抽进储水箱。设整个系统的效率是 25%（即有 75% 的入射太阳辐射能从系统流失）。当入射太阳光的强度是 750W/m^2 时，要使水箱中 200L 的水的温度在 1.0h 内从 20℃ 升高到 40℃，收集器的面积要多大？

52. 铝制旗杆有 30m 高。如果温度升高 15℃，它的高度会增加多少？

53. 一个人要配制一定量的冰茶，他把 250g 热茶（本质上是水）和同样质量的处在熔化点的冰混合。设混合物和它的环境的能量交换可以忽略。如果茶的初始温度是 $T_i=90℃$，达到热平衡时。(a) 混合物的温度 T_f 及 (b) 剩下的冰的质量 m_f 各是多少？如果 $T_i=70℃$，达到热平衡时 (c) T_f 及 (d) m_f 各是多少？

54. 22.0g 的铜环在 0.000℃ 温度下的内直径 $D=2.54000\text{cm}$。铝球在 100.0℃ 温度下的直径 $d=2.54508\text{cm}$。把球放在环的上面（见图 18-42），二者达到热平衡并且没有热量流失到环境中去。在平衡温度下球正好可以通过环。球的质量是多少？

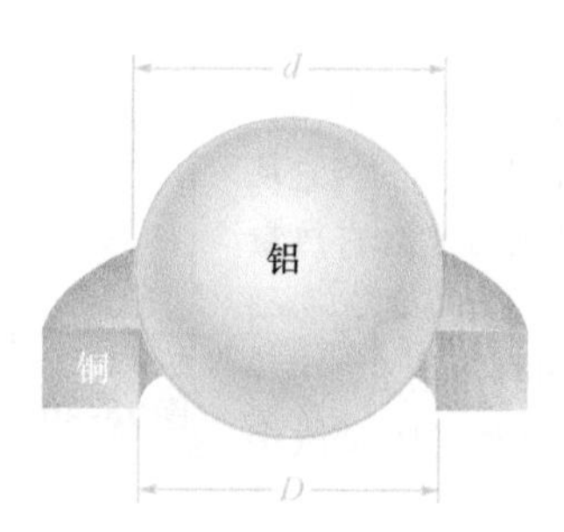

图 18-42　习题 54 图

55. 一根钢棒在 −10.00℃ 温度下的直径为 3.000cm。一个铜环在 −10.00℃ 温度下的内直径为 2.992cm。它们的共同温度为多少时，棒正好可以套进环中？

56. 150g 的铜碗中盛水 260g，它们都处于 20.0℃ 的温度下。一根非常热的、质量为 300g 的铜制圆柱体落入水中，使得水沸腾，其中 5.00g 水化成水蒸气。最后系统的温度是 100℃。忽略能量和周围环境的交换。(a) 有多少能量（cal）以热的形式转移给水？(b) 又有多少给了碗？(c) 铜柱原来的温度是多少？

57. 设在一种线性温标 X 下，水的沸点是 −72.0°X，冰点是 −123.0°X。温度 59.0K 在 X 温标下是几度？（水的沸点近似 373K。）

58. 从最初已在凝固点的 240g 液态水中转移出 50.2kJ 热量后还剩多少未结冰的水？

59. 如果铅球在 60.00℃ 温度下的体积为 33.58cm^3，那么它在 20.00℃ 温度下的体积是多少？

60. 根据以下数据计算某种金属的比热容：用这种金属制造的容器的质量为 3.6kg，盛水 15kg。有一块质量为 1.8kg 的、原来温度是 180℃ 的这种金属落入水中。容器和水的初始温度都是 16.0℃，整个（绝热）系统的最后温度是 18.0℃。

61. 铝板上的一个圆孔在 0.000℃ 温度下的直径为 3.115cm。当板的温度升高到 180.0℃时，圆孔直径是多少？

62. 铜币的温度升高 100℃，它的直径增大 0.20%。求出铜币的：(a) 正面的面积、(b) 厚度、(c) 体积以及 (d) 质量等各量增加的百分比，结果保留两位有效数字。(e) 计算铜币的线（膨）胀系数。

63. 气体温度计由两个盛气容器组成，容器各放在一个水浴里，如图 18-43 所示。两个容器之间的压强差用水银压强计测量，如图所示。图中没有表示出使两个容器中气体的体积保持恒定的适当的储气库。当两边的水浴都处于水的三相点时，没有压强差。当一边的水浴在三相点而另一边的水浴在水的沸点时，压强差是 120Torr。当一边的水浴在三相点，另一边的水浴在待测的未知温度时，压强差为 80.0Torr，未知温度是多少？

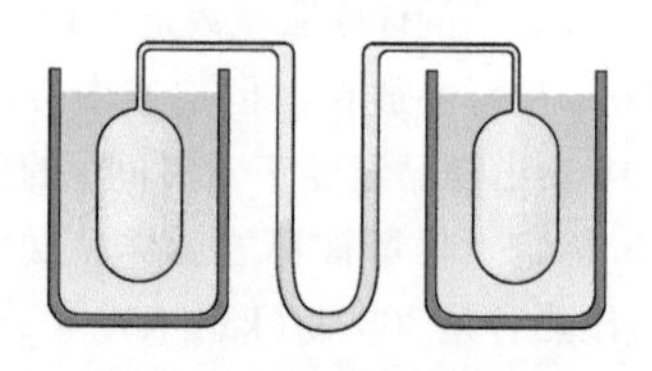

图 18-43　习题 63 图

64. 一根金属圆柱体的温度从 47.4℃ 升高到 100℃，它的长度增加 0.10%。(a) 求密度变化的百分比。(b) 这是什么金属？利用表 18-2。

65. 设在水的沸点下，气体的温度是 372.90K。这种气体在水的沸点下的压强和它在水的三相点的压强的比值的极限是多少？（设在两个温度下气体体积不变。）

66. 在一项实验中，一个小的放射源必须以规定的、极其缓慢的速率移动。这种运动通过把放射源固定在一根铝棒的一端，以可控制的方法加热铝棒中部来做到。如图 18-44 所示，棒的有效加热区域的长度为 $d=2.00\text{cm}$，如果要使放射源以恒定的速率 150nm/s 运动，铝棒的温度必须以多大的恒定速率改变？

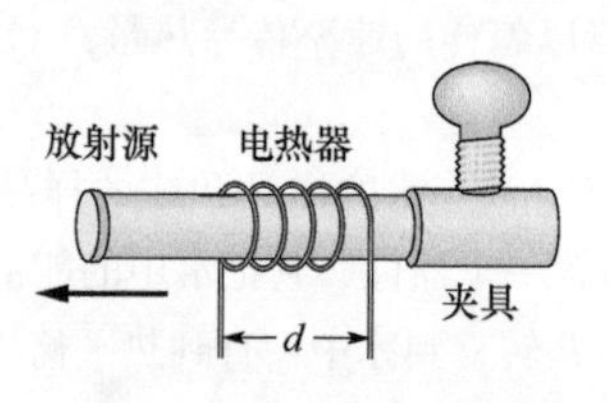

图 18-44　习题 66 图

CHAPTER 19

第 19 章　气体动理论

19-1　阿伏伽德罗常量

学习目标

学完这一单元后，你应当能够……

19.01　认识阿伏伽德罗常量 N_A。

19.02　应用摩尔数[⊖] n、分子数 N 和阿伏伽德罗常量 N_A 之间的关系。

19.03　应用样品的质量 m、样品中分子的摩尔质量 M、样品中的摩尔数 n 和阿伏伽德罗常量 N_A 之间的关系。

关键概念

- 气体动理论涉及气体的宏观性质（例如压强和温度）和气体分子的微观性质（例如速率和动能）之间的关系。
- 1 摩尔的物质包含 N_A（阿伏伽德罗常量）个基本单元（通常是原子或分子），由实验得到 N_A 是

$$N_A = 6.02 \times 10^{23}\,\text{mol}^{-1}\quad（阿伏伽德罗常量）$$

任何物质的摩尔质量 M 是 1 摩尔这种物质的质量。

- 摩尔质量 M 与该物质单个分子质量 m 的关系为

$$M = mN_A$$

- 由 N 个分子组成的质量为 M_{sam} 的样品的摩尔数 n 与分子的摩尔质量 M，以及阿伏伽德罗常量 N_A 的关系由下式给出：

$$n = \frac{N}{N_A} = \frac{M_{sam}}{M} = \frac{M_{sam}}{mN_A}$$

什么是物理学？

热力学中的主要主题之一是气体的物理学。气体由原子（或者是独立的，或者结合在一起形成分子）组成，气体会充满它们的容器的整个体积并对容器壁施加压力。我们通常可以确定这种容器中气体的温度。和气体有关的三个变量——体积、压强和温度——都是原子运动产生的效应。体积是原子在整个容器内自由扩散造成的结果；压强是原子和容器壁碰撞产生的；温度决定于原子的动能。这一章的焦点，**气体动理论**[⊜]研究的是原子的运动与气体的体积、压强及温度的关系。

气体动理论的应用数不胜数。汽车工程师关心汽车发动机中蒸发的燃料（气体）的燃烧。食品工程师关心面包在烘烤时引发面包膨胀的发酵气体的产生速率。饮料工程师关心气体是怎样在一杯啤酒上面产生泡沫的，或者使香槟酒瓶的软木塞是如何喷射出去的。医学工程师和生理学家关心水肺潜水员为消除血流中的

⊖ 按国际单位制规定，此量应称为物质的量。此处用术语“摩尔数”是为了与原书一致。——编辑注

⊜ 气体动理论也称气体动力学理论，以前译作气体分子运动论。——译者注

氮，在上升过程中必须暂停多长时间（避免潜水病）。环境科学家关心海洋和大气之间的热量交换如何影响气候形势。

我们讨论气体动理论的第一步是要测量样品中气体的数量，为此我们要用阿伏伽德罗常量。

阿伏伽德罗常量

当我们的思考倾向原子和分子时，用摩尔来量度我们的样品的大小就有意义了。如果这样做，我们就可以确定比较的是包含同样数目的原子或分子的样品。摩尔是国际单位制中七个基本单位之一，定义如下：

1 摩尔是 12g 碳-12 的样品中原子的数目。

现在一个显而易见的问题是："1 摩尔中有多少个原子或分子？"答案是由实验决定的，在第 18 章中我们已经知道，这个数目是

$$N_A = 6.02 \times 10^{23}\,\mathrm{mol}^{-1}\ \text{（阿伏伽德罗常量）} \tag{19-1}$$

其中，mol^{-1}代表摩尔的倒数或"每摩尔"，mol 是 mole 的缩写。N_A 这个数称为**阿伏伽德罗常量**，这个名字来自意大利科学家阿伏伽德罗（Amedeo Avogadro，1776—1856），他提出，在相同的温度和压强条件下，有相同体积的任何一种气体都包含同样数目的原子或分子。

任何物质样品的摩尔数 n 都等于该样品中的分子数 N 与 1mol 中的分子数 N_A 的比值[⊖]：

$$n = \frac{N}{N_A} \tag{19-2}$$

（注意：这个方程式中的三个符号很容易相互混淆，在你还没有被"N 混淆"前应该先把它们的意义分辨清楚。）我们可以从样品的质量 M_{sam} 和摩尔质量 M（1mol 的质量）或分子质量（一个分子的质量）求出样品的摩尔数 n：

$$n = \frac{M_{sam}}{M} = \frac{M_{sam}}{mN_A} \tag{19-3}$$

在式（19-3）中，我们应用了下面这个事实，即 1mol 的质量 M 是一个分子的质量 m 和 1mol 中的分子数 N_A 的乘积：

$$M = mN_A \tag{19-4}$$

19-2　理想气体

学习目标

学完这一单元后，你应当能够……

19.04　懂得为什么说理想气体是理想的。

19.05　应用用摩尔数 n 表示的或用分子数 N 表示的理想气体定律的两种形式中的任何一种。

19.06　把理想气体常量 R 和玻尔兹曼常量 k 联系起来。

⊖ 2018 年 11 月 16 日第 26 届国际计量大会通过、2019 年 5 月 20 日开始执行的国际单位制的基本单位的新定义：物质的量的单位摩尔包含 $6.02214076 \times 10^{23}$（阿伏伽德罗常量的规定数值）个原子或分子的物质用摩尔为单位计算物质的数量就称作摩尔数 n。

19.07 明白理想气体定律中的温度单位必须用开（K）。

19.08 画出气体等温膨胀和等温压缩的 p-V 图。

19.09 懂得等温线的意义。

19.10 计算气体沿等温线膨胀和压缩时所做的功，包括功的代数符号。

19.11 对等温过程，懂得内能 ΔE 的变化为零，转移的热量 Q 等于所做的功 W。

19.12 在 p-V 图上，画出等容过程并用曲线图上的面积计算做功的数值。

19.13 在 p-V 图上画出等压过程并利用图上的面积计算所做的功。

关键概念

- 理想气体是这样的气体，它的压强 p、体积 V 和温度 T 满足下面的关系式：

$$pV=nRT\ (\text{理想气体定律})$$

其中，n 是容器中气体的摩尔数；R 是称为气体常量的一个常量［8.31J/(mol·K)］。

- 理想气体定律也可以写成

$$pV=NkT$$

其中，k 是玻尔兹曼常量

$$k=\frac{R}{N_A}=1.38\times10^{-23}\text{J/K}$$

- 在等温过程（温度是常量）中，理想气体的体积从 V_i 改变到 V_f 所做的功是

$$W=nRT\ln\frac{V_f}{V_i}\ (\text{理想气体，等温过程})$$

理想气体

本章的目的是用气体的分子行为来解释气体的宏观性质——如它的压强和温度等。然而，马上就会有一个问题：哪一种气体？是氢气、氧气还是甲烷，抑或是六氟化铀？它们都是不相同的。实验物理学家们已经发现，如果我们把各种气体 1mol 的样品分别放在完全相同体积的容器里面，并使各种气体保持在相同的温度下，测量到的气体压强几乎相同，在更低的密度下，这些差别趋向于消失。进一步的实验表明，在足够低的密度下，所有真实气体都服从以下关系：

$$pV=nRT\ (\text{理想气体定律}) \tag{19-5}$$

其中，p 是绝对压强（不是计示压强）；n 是所用气体的摩尔数；T 是以开尔文为单位的温度。R 是称为（普适）**气体常量**的一个常量，它对所有气体都是同一个数值——即

$$R=8.31\text{J/(mol·K)} \tag{19-6}$$

式（19-5）称为**理想气体定律**。在气体密度很低的情况下，这个定律对单纯的一种气体或几种气体的混合物都成立：（对于混合气体，n 是混合气体的摩尔总数。）

我们可以把式（19-5）写成用**玻尔兹曼常量** k 表示的另一种形式，玻尔兹曼常量 k 定义为

$$k=\frac{R}{N_A}=\frac{8.31\text{J/(mol·K)}}{6.02\times10^{23}\text{mol}^{-1}}=1.38\times10^{-23}\text{J/K} \tag{19-7}$$

由此，我们可以写出 $R=kN_A$。于是，考虑到式（19-2）：$n=N/N_A$，我们得知

$$nR=Nk \tag{19-8}$$

将这代入式（19-5），我们得到理想气体定律的第二种表达式：

$$pV=NkT\ (\text{理想气体定律}) \tag{19-9}$$

注意理想气体定律的两种表达式之间的差别，式（19-5）包含摩尔数 n；式（19-9）包含分子数 N。

你一定要问：“什么是理想气体，所说的‘理想’是什么意

思?”答案在于这个描述气体宏观性质的定律［式（19-5）和式（19-9）］的简单性。应用这个定律——我们即将看到——能够用简单的方法推导出理想气体的许多性质。虽然在自然界中不存在真正的理想气体，但在足够低的密度下——就是说它们的各个分子相距足够远，以致分子间没有相互作用的条件下，所有真实气体都趋近于理想气体。因此，理想气体的概念使我们能对真实气体的极限行为有深入的理解。

图19-1给出了理想气体定律的一个戏剧性的例子。一个容积为$18m^3$的不锈钢罐通过一端的阀门充满温度为110℃的水蒸气。然后关闭阀门，切断水蒸气的供应，水蒸气被封闭在罐内（见图19-1a），用消防水龙头引来冷水浇洒在钢罐上使它迅速冷却。不到一分钟，这个庞大而坚固的钢罐就被压扁了（见图19-1b）。这就好像出现在一些科幻电影中的某种看不见的巨大生物在它上面踩了一脚。

(a)

(b)

Courtesy www.doctorslime.com

图19-1 巨大的钢罐在内部的水蒸气冷却并凝结后被大气压压扁。(a) 之前和 (b) 之后的相片。

实际上，是大气压把这个钢罐压扁了。当钢罐被水流冷却的时候，罐内的水蒸气也被冷却并且大部分凝固成水。这意味着罐内气体分子的数目N和温度T都减小了。于是，式（19-9）的右边减小，因为体积V是常量，等号左边的气压p也相应减小。气压减小如此之多，以致外部的大气压就能够把钢罐的壁压塌。图19-1是预先安排好的，但这种破坏有时会在工业事故中发生（照片和视频可以在互联网上找到）。

理想气体在等温过程中做的功

假设我们把理想气体放在像第18章中那样的活塞-圆柱装置中。还假设我们使气体温度T保持常量的同时，使气体从初始体积V_i膨胀到最终体积V_f。这样的在恒定温度下进行的过程称为**等温膨胀**（它的逆过程称为**等温压缩**）。

在p-V图上，等温线是连接具有同样温度的点形成的曲线。因此，这就是温度T保持为常量时的气体压强对体积的曲线。对于n摩尔的理想气体，这就是下列方程式的曲线：

$$p=nRT\frac{1}{V}=(\text{常量})\frac{1}{V} \tag{19-10}$$

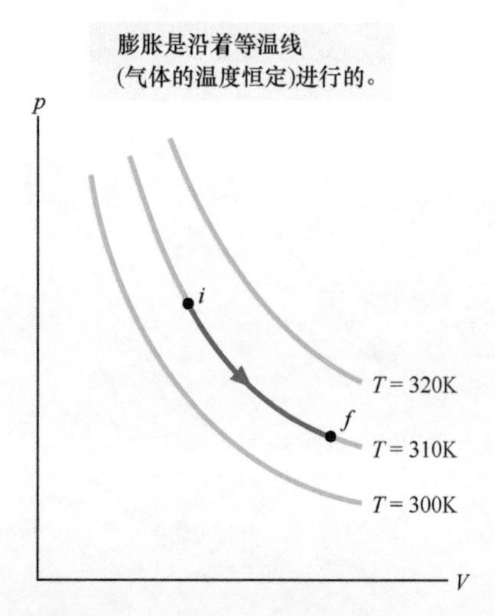

图19-2 p-V图上的三条等温线。沿中间的等温线画的路径表示气体从初态i到末态f等温膨胀。沿等温线从f到i的路径表示逆过程——即等温压缩。

图19-2中画出了三条等温线，每一条线对应于T的不同（常量）数值。（注意，T的数值随等温线向右上方移动而增大。）叠加在中间的一条等温线上的一段曲线是气体在310K的恒定温度下从初态i到末态f等温膨胀的路径。

要求理想气体在等温膨胀过程中所做的功，我们从式（18-25）开始，

$$W=\int_{V_i}^{V_f}p\mathrm{d}V \tag{19-11}$$

这是任何气体经历任何体积变化所做功的一般表达式。对于理想气体，我们可以将式（19-5）：$pV=nRT$代入p，得到

$$W=\int_{V_i}^{V_f}\frac{nRT}{V}\mathrm{d}V \tag{19-12}$$

因为我们考虑的是等温膨胀，T是常量，所以可以把它移到积分号外，写成

$$W=nRT\int_{V_i}^{V_f}\frac{\mathrm{d}V}{V}=nRT[\ln V]_{V_i}^{V_f} \tag{19-13}$$

把两个积分限代入括号内的表达式，并应用关系式$\ln a-\ln b=$

$\ln(a/b)$，我们得到

$$W = nRT\ln\frac{V_f}{V_i}\text{（理想气体，等温过程）} \qquad (19\text{-}14)$$

回忆一下符号 ln 是表示自然对数，它以 e 为底。

在膨胀的情况中，V_f 大于 V_i，式（19-14）中的比值$\frac{V_f}{V_i}$大于 1。大于 1 的数量的自然对数是正的，所以理想气体在等温膨胀过程中做的功是正的，这是我们预期的。在压缩的情况中，V_f 小于 V_i，所以式（19-14）中体积的比值小于 1。这个方程式中的自然对数——也就是功——是负的，这也是我们预期的。

等容和等压过程中所做的功

式（19-14）并没有给出理想气体在每一种热力学过程中做的功，它只给出温度始终保持不变的过程所做的功。如果温度在变化，那么式（19-12）中的符号 T 就不能像式（19-13）中那样提到积分号外面，因而最终不能得到式（19-14）。

然而，我们总是可以回到式（19-11）去求理想气体（或任何其他气体）在任何过程中所做的功，比如等容过程和等压过程等。如果气体的体积是常量，则由式（19-11）得到

$$W = 0\text{（等容过程）} \qquad (19\text{-}15)$$

如果体积在变而气体压强 p 保持常量，则式（19-11）成为

$$W = p(V_f - V_i) = p\Delta V\text{（等压过程）} \qquad (19\text{-}16)$$

检查点 1

某理想气体初始压强是 3 个压强单位，初始体积是 4 个体积单位。右表给出五个过程中气体末态的压强和体积（以同样的单位）。哪一些过程开始并终结于同一等温线上？

	a	b	c	d	e
p	12	6	5	4	1
V	1	2	7	3	12

例题 19.01 理想气体与温度、体积和压强的改变

12L 的圆柱形容器内储存的氧气的温度为 20℃，气压为 15atm。温度升高到 35℃时，体积减少到 8.5L，气体最后用大气压表示的压强是多少？设气体是理想气体。

【关键概念】

因为气体是理想的，所以我们可以用理想气体定律把初态 i 和末态 f 的各个参数联系起来。

解：由式（19-5），我们可以写出

$$p_iV_i = nRT_i \text{ 及 } p_fV_f = nRT_f$$

将第二个方程除以第一个方程并解出 p_f，得到

$$p_f = \frac{p_iT_fV_i}{T_iV_f} \qquad (19\text{-}17)$$

这里要注意，如果我们把给定的初始和末了的体积的单位“升”都转换成“立方米”，在式（19-17）中相乘的转换因子就会被消去。把压强单位从“大气压”转换为专用的“帕斯卡”也同样正确。不过，把给定的温度转换成“开”时要加上一个不能被消去的量，所以必须保留。因此，我们必须写出

$$T_i = (273 + 20)\text{K} = 293\text{K}$$

$$T_f = (273 + 35)\text{K} = 308\text{K}$$

把给定的数据代入式（19-17），于是得到

$$p_f = \frac{(15\text{atm})(308\text{K})(12\text{L})}{(293\text{K})(8.5\text{L})} = 22\text{atm}\text{（答案）}$$

WILEY PLUS 在 WileyPLUS 中可以找到附加的例题、视频和练习。

例题 19.02　理想气体所做的功

1mol 的氧气（假设是理想气体）在恒定的温度 $T=310\text{K}$ 下膨胀，从初始体积 $V_i=12\text{L}$ 膨胀到末了体积 $V_f=19\text{L}$。在膨胀过程中气体做了多少功？

【关键概念】

一般说来，为了求功我们要用式（19-11）通过气体压强对气体体积积分。然而，因为现在是理想气体并且是等温膨胀，所以积分后会得到式（19-14）。

解：因此，我们可以写出：

$$W = nRT\ln\frac{V_f}{V_i}$$

$$= (1\text{mol})[8.31\text{J}/(\text{mol}\cdot\text{K})](310\text{K})\ln\frac{19\text{L}}{12\text{L}}$$

$$= 1180\text{J}$$　（答案）

这个膨胀过程在图 19-3 的 p-V 图中画出。膨胀过程中气体做的功可由曲线 if 下的面积表示。

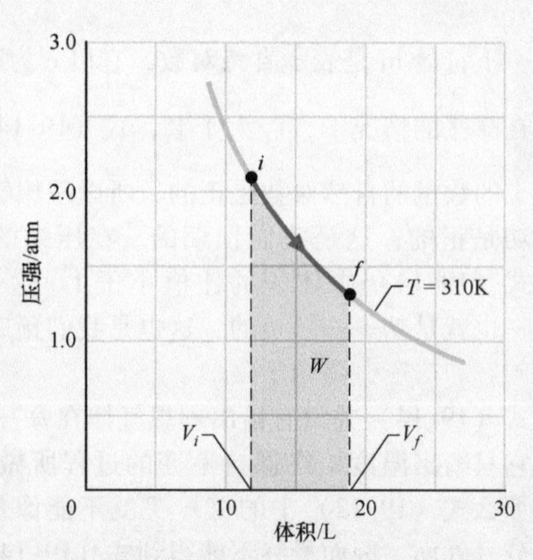

图 19-3　阴影面积表示 1mol 氧气在温度 $T=310\text{K}$ 下从 V_i 膨胀到 V_f 所做的功。

你可以证明，如果现在膨胀过程逆转，气体受到等温压缩，从 19L 到 12L，则气体做功为 −1180J。就是说，外力对气体做功 1180J 以压缩气体。

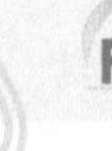

PLUS 在 WileyPLUS 中可以找到附加的例题、视频和练习。

19-3　压强，温度和方均根速率

学习目标

学完这一单元后，你应当能够……

19.14　懂得气体容器内壁上的压强来自分子对器壁的碰撞。

19.15　把容器壁上的压强与气体分子的动量及分子和器壁相继两次碰撞之间的时间间隔联系起来。

19.16　对于理想气体的分子，把方均根速率 v_{rms} 和平均速率 v_{avg} 联系起来。

19.17　把理想气体的压强和分子的方均根速率 v_{rms} 联系起来。

19.18　对于理想气体，应用气体温度 T 和分子的方均根速率 v_{rms} 及摩尔质量 M 之间的关系。

关键概念

- 用气体分子速率表示的 n 摩尔的理想气体产生的压强是

$$p = \frac{nMv_{\text{rms}}^2}{3V}$$

其中，$v_{\text{rms}}=\sqrt{(v^2)_{\text{avg}}}$ 是分子的方均根速率；M 是摩尔质量；V 是体积。

- 方均根速率可以写成温度的表达式：

$$v_{\text{rms}} = \sqrt{\frac{3RT}{M}}$$

压强，温度和方均根速率

这是我们的第一个动理论问题。设有 n 摩尔的理想气体封闭在体积为 V 的立方形盒子里，如图 19-4 所示。盒子的内壁保持温度 T。气体作用在盒壁上的压强 p 和分子的速率之间有什么联系？

盒子中的气体分子以各种不同的速率向各个方向运动，它们互相碰撞，并且像壁球场里的壁球那样从墙上弹回。我们（暂时）忽略分子间的相互碰撞，只考虑它与盒壁的弹性碰撞。

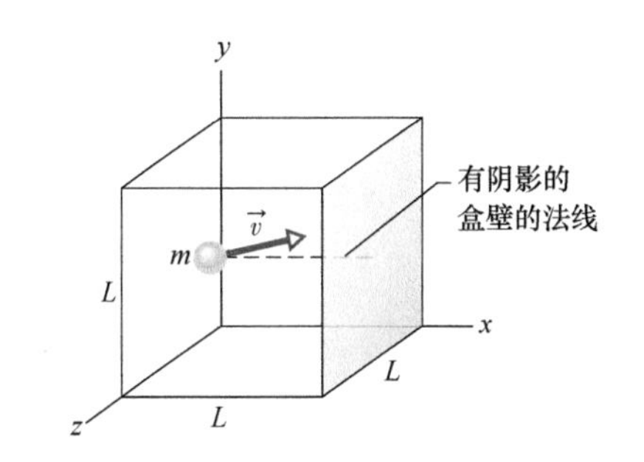

图 19-4 边长为 L 的立方形盒子，其中有 n 摩尔的理想气体。一个质量为 m、速度为 $\vec{v}$ 的分子正要和面积为 L^2 的、画有阴影的盒壁碰撞。图中画出了这个盒壁的法线。

图 19-4 表示一个典型的气体分子。它的质量为 m；速度为 $\vec{v}$。它正要撞击画阴影的盒壁。因为我们假设分子和盒壁的任何碰撞都是弹性碰撞，所以在分子和画阴影的盒壁碰撞时，要改变的唯一速度分量是 x 分量，这个分量反了过来。这意味着粒子动量唯一的变化是沿 x 轴的，这个改变是

$$\Delta p_x = (-mv_x) - (mv_x) = -2mv_x$$

因此，分子在碰撞过程中转移给盒壁的动量 Δp_x 等于 $+2mv_x$。（因为在本书中符号 p 既用来表示动量也代表压强，所以我们必须小心，这里的 p 表示动量并且是矢量。）

图 19-4 中的分子会反复地撞击画阴影的盒壁。连续两次碰撞之间的时间 Δt 是分子以速率 v_x 运动到对面的盒壁并被弹回（距离 $2L$）所用的时间。因此，Δt 等于 $2L/v_x$。（注意，即使这个分子在路上又在其他任一面的盒壁上被弹开，这个结果还是成立，因为这些盒壁都与 x 轴平行，所以不会改变 v_x。）于是，这个分子在平均单位时间内转移给画阴影的盒壁的动量是

$$\frac{\Delta p_x}{\Delta t} = \frac{2mv_x}{2L/v_x} = \frac{mv_x^2}{L}$$

由牛顿第二定律（$\vec{F} = \mathrm{d}\vec{p}/\mathrm{d}t$），每秒钟内转移给盒壁的动量就是作用于盒壁的力。要求出总的作用力，我们必须将撞击盒壁的所有分子的贡献都加起来，还要考虑到它们有各种不同速率的可能性。把总的力 F_x 除以盒壁的面积（$=L^2$）就得到作用在盒壁上的压强 p。在这里以及这个讨论的其余部分中，p 都代表压强。于是，利用上面 $\Delta p_x/\Delta t$ 的表达式，我们可以把压强写成

$$p = \frac{F_x}{L^2} = \frac{mv_{x1}^2/L + mv_{x2}^2/L + \cdots + mv_{xN}^2/L}{L^2}$$

$$= \left(\frac{m}{L^3}\right)(v_{x1}^2 + v_{x2}^2 + \cdots + v_{xN}^2) \qquad (19\text{-}18)$$

其中，N 是盒子中分子的总数。

因为 $N = nN_A$，所以式（19-18）的第二个括号里面总共有 nN_A 项。我们可以把括号中的量用 $nN_A(v_x^2)_{avg}$ 来代替。这里的 $(v_x^2)_{avg}$ 是所有分子速率的 x 分量二次方的平均值，式（19-18）成为

$$p = \frac{nmN_A}{L^3}(v_x^2)_{avg}$$

然而，mN_A 是气体的摩尔质量（就是 1mol 气体的质量），而 L^3 是盒子的体积，所以

$$p=\frac{nM(v_x^2)_{\text{avg}}}{V} \tag{19-19}$$

对于任何一个分子，$v^2=v_x^2+v_y^2+v_z^2$。因为有许多分子，并且它们运动的方向都是随机的，所以它们的速度分量二次方的平均值都相等，所以$v_x^2=\frac{1}{3}v^2$。于是，式（19-19）成为

$$p=\frac{nM(v^2)_{\text{avg}}}{3V} \tag{19-20}$$

$(v^2)_{\text{avg}}$的平方根是一种平均速率，称为分子的**方均根速率**，用v_{rms}作为符号。它的名称很好地表示出它的意义：你把每一速率二次方，求出所有这些速率二次方的平均值，然后取这个平均值的平方根。我们可以利用$\sqrt{(v^2)_{\text{avg}}}=v_{\text{rms}}$把式（19-20）写成

$$p=\frac{nMv_{\text{rms}}^2}{3V} \tag{19-21}$$

这个方程式告诉我们，气体的压强（纯粹是宏观量）如何依赖于分子的速率（纯粹是微观量）。

我们可以把式（19-21）反过来，用它计算v_{rms}。把式（19-21）和理想气体定律（$pV=nRT$）结合起来，得到

$$v_{\text{rms}}=\sqrt{\frac{3RT}{M}} \tag{19-22}$$

表19-1 室温（$T=300\text{K}$）① 下一些分子的方均根速率

气体	摩尔质量/(10^{-3}kg/mol)	v_{rms}/(m/s)
氢（H_2）	2.02	1920
氦（He）	4.0	1370
水蒸气（H_2O）	18.0	645
氮（N_2）	28.0	517
氧（O_2）	32.0	483
二氧化碳（CO_2）	44.0	412
二氧化硫（SO_2）	64.1	342

① 为方便起见，我们常常把室温定在300K，尽管（在27℃或81°F）这是相当暖和的房间。

表19-1中列出由式（19-22）算出的一些方均根速率。这些速率惊人地高。对室温（300K）下的氢分子，方均根速率是1920m/s——比枪弹的速率还快！太阳表面的温度是2×10^6K，此时氢分子的方均根速率就要比室温下的方均根速率大82倍，但实际情况并非如此。事实上在这样高的速率下，分子之间的相互碰撞早已经使分子不复存在。还要记住，方均根速率只是一种平均速率，许多分子运动比这快得多，还有一些慢得多。

气体中声波的速率和气体分子的方均根速率有密切的关系。在声波中，波的扰动是依靠分子间的碰撞从一个分子传到下一个分子的。声波不可能比分子的“平均”速率更快。事实上，声速必定略微小于这个“平均”分子速率，因为并不是所有的分子都严格地在波的同一方向上运动。例如，在室温下氢和氮的分子的方均根速率分别是1920m/s和517m/s。在这个温度下，这两种气体中的声速分别是1350m/s和350m/s。

人们常常会提出这样一个问题：如果分子运动是如此之快，当有人在房间另一边打开一瓶香水时，为什么要过1min左右的时间你才能闻到香味？答案在我们将要讨论的19-5单元中。每一个香水分子可能有很高的速率，但它离开瓶子后运动非常慢，因为它和其他分子反复碰撞使它不能直接穿过房间到达你那里。

例题19.03 平均值和方均根值

这里有5个数：5，11，32，67和89。

（a）这些数的平均值n_{avg}是多少？

解：我由下式求出：

$$n_{\text{avg}}=\frac{5+11+32+67+89}{5}=40.8 \quad \text{（答案）}$$

（b）这些数的方均根值 n_{rms} 是多少？

解：由下式求这个数值为

$$n_{rms}=\sqrt{\frac{5^2+11^2+32^2+67^2+89^2}{5}}=52.1 \quad \text{（答案）}$$

方均根值大于平均值，在求方均根的时候较大的数值——被平方后——的权重更大一些。

PLUS 在 WileyPLUS 中可以找到附加的例题、视频和练习。

19-4 平动动能

学习目标

学完这一单元后，你应当能够……

19.19 对于理想气体，把分子的平均动能和它们的方均根速率联系起来。

19.20 应用平均动能和气体温度之间的关系。

19.21 理解气体温度的测量就是气体分子的平均动能的测量。

关键概念

- 在理想气体中每个分子的平均平动动能为

$$K_{avg}=\frac{1}{2}mv_{rms}^2$$

- 平均平动动能与气体温度的关系为

$$K_{avg}=\frac{3}{2}kT$$

平动动能

我们再来考虑在图 19-4 中的盒子里到处运动的理想气体的一个分子，不过现在我们假设它与其他分子碰撞的时候速率会发生改变。它在任何时刻的平动动能是 $\frac{1}{2}mv^2$。在我们观察它的整段时间内，它的平均平动动能是

$$K_{avg}=\left(\frac{1}{2}mv^2\right)_{avg}=\frac{1}{2}m(v^2)_{avg}=\frac{1}{2}mv_{rms}^2 \qquad (19\text{-}23)$$

这里我们假设，在我们观察的整个过程内，分子的平均速率和所有分子在给定时刻的平均速率相同。（设气体的总能量不变，并设我们观察分子的时间足够长。这个假设是合理的。）由式（19-22），将 v_{rms} 代入，得到

$$K_{avg}=\left(\frac{1}{2}m\right)\frac{3RT}{M}$$

然而，M/m，即摩尔质量除以分子的质量就是阿伏伽德罗常量。于是，

$$K_{avg}=\frac{3RT}{2N_A}$$

利用式（19-7）：$k=R/N_A$，我们可以写出

$$K_{avg}=\frac{3}{2}kT \qquad (19\text{-}24)$$

这个方程式告诉我们某些没有预料到的东西：

在给定的温度 T，所有理想气体分子——无论它们的质量是多大——都具有相同的平均平动动能——即 $\frac{3}{2}kT$。当我们测量气体温度的时候，我们也测量了气体分子的平均平动动能。

检查点2

气体混合物中包含三种类型的分子：1、2、3。这些分子的质量满足 $m_1 > m_2 > m_3$。按照（a）平均动能及（b）方均根速率排列这三种分子，最大的排第一。

19-5 平均自由程

学习目标

学完这一单元后，你应当能够……

19.22 懂得平均自由程的含义。

19.23 应用平均自由程、分子的直径和单位体积内分子数之间的关系。

关键概念

● 气体分子的平均自由程 λ 是连续两次碰撞之间所经过的平均路程的长度，由下式给出：

$$\lambda = \frac{1}{\sqrt{2}\pi d^2 N/V}$$

其中，N/V 是单位体积中的分子数；d 是分子直径。

平均自由程

我们继续考察理想气体中分子的运动。图19-5画出一个典型的分子穿过气体运动的路径，当它和其他分子发生弹性碰撞时，运动速率和方向都会突然发生改变。在连续两次碰撞之间，分子以恒定的速率沿直线运动。虽然图上画出的其他分子都是静止的，但它们（当然）也都在运动。

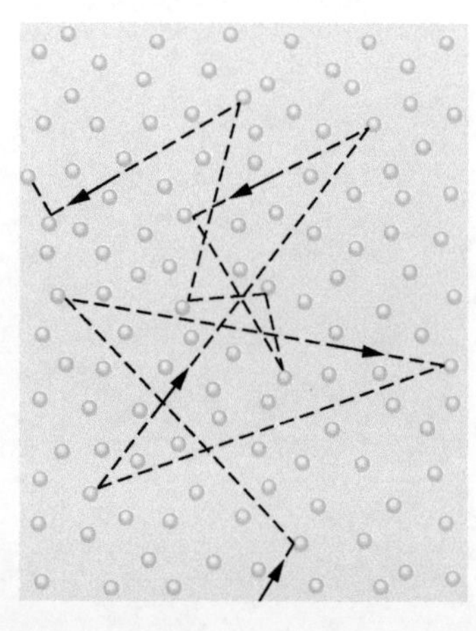

图19-5 穿过气体运动的一个分子，它一路上和其他气体分子碰撞，虽然图上画的其他分子都是静止的，但实际上它们也都以同样的方式运动。

一个描写这种随机运动的有用的参数是分子的**平均自由程** λ。正像它的名称所暗示的，λ 是一个分子在连续两次碰撞之间走过的平均距离。我们预料 λ 与单位体积的分子数 N/V（或分子密度）成反比地改变。较大的 N/V 就会发生更多的碰撞，因而平均自由程就更短。我们还预料，λ 与分子的大小成反比地改变——比如说，与分子的直径。（如果像我们曾经假设过的那样，把分子当作点，那么它们永远不会碰撞，平均自由程就是无穷大。）因此，分子大，平均自由程就小。我们甚至可以预料，λ 应当随分子直径的二次方（成反比地）改变，因为分子的截面——不是它的直径——决定它的有效靶面积。

事实上，我们发现平均自由程的表达式确实是：

$$\lambda = \frac{1}{\sqrt{2}\pi d^2 N/V} \quad \text{（平均自由程）} \qquad (19\text{-}25)$$

为证明式（19-25），我们把注意力集中在单个分子上，并假设——如图 19-5 所示的——分子以恒定的速率 v 运动并且所有其他分子都静止不动。以后，我们会把这个假设放宽一点。

我们进一步假设，分子是直径为 d 的球。如果相遇的两个分子的中心距离在 d 以内就要发生碰撞，如图 19-6a 中那样。另一种更加有助于我们分析这种情况的方法是，把运动的单个分子看作半径为 d 的球，而所有其他分子都是点，如图 19-6b 中那样。这并没有改变我们的碰撞的判据。

当我们虚拟的单个分子曲折地通过气体时，它在相继的两次碰撞间扫出一个截面面积为 πd^2 的短圆柱体。如果我们追随这个分子经过一段时间 Δt，它运动的距离是 $v\Delta t$，其中，v 是它的假定的速率。因此，如果我们把时间间隔 Δt 内扫出的所有短圆柱体沿一直线连接起来，就会得到一个长为 $v\Delta t$、体积为 $(\pi d^2)(v\Delta t)$ 的复合圆柱（见图 19-7）。在 Δt 时间内发生的碰撞次数就等于这个复合圆柱内部的分子（点状）的数目。

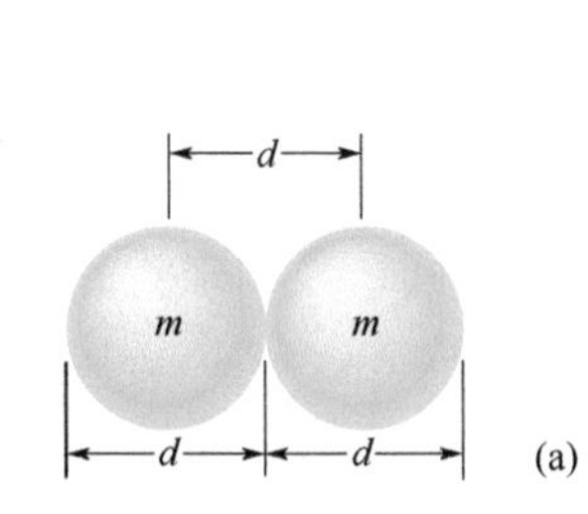

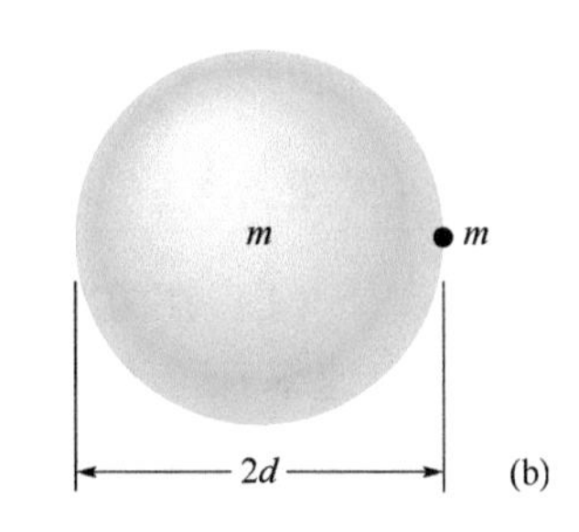

图 19-6 （a）两个分子相遇，当它们中心相互间的距离在 d 以内时，就发生碰撞。d 是分子的直径。（b）一个等价的、但更为方便的表示是：想象运动的分子具有半径 d，所有其他分子都是点状，碰撞的条件不变。

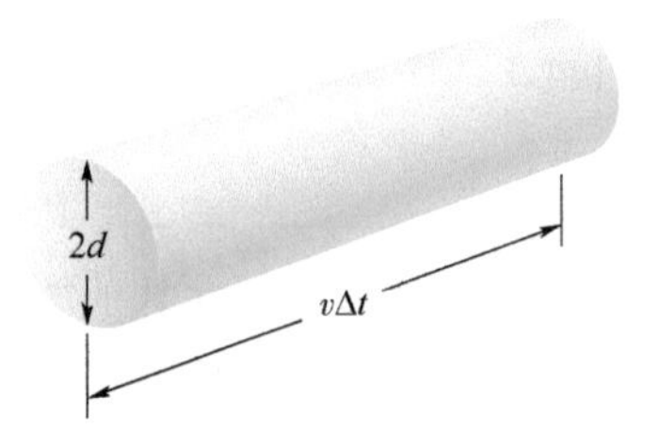

图 19-7 在时间 Δt 内，运动着的分子等效地扫出长为 $v\Delta t$、半径为 d 的圆柱体。

因为 N/V 是单位体积内分子的数目，所以在这个圆柱体内分子的数目是 N/V 乘上圆柱体的体积，即 $(N/V)(\pi d^2 v\Delta t)$。这也是在 Δt 时间内碰撞的次数。平均自由程是路程的长度（也是圆柱的长度）除以这个碰撞次数：

$$\lambda = \frac{\Delta t\text{ 时间内的路程长度}}{\Delta t\text{ 内碰撞的次数}} \approx \frac{v\Delta t}{\pi d^2 v\Delta t N/V}$$

$$= \frac{1}{\pi d^2 N/V} \tag{19-26}$$

这个方程式只是近似方程，因为它基于一个假设，即除了一个分子以外的其余分子都是静止的。事实上，所有分子都在运动；把这些适当地考虑进去就会得出式（19-25）。注意，这与（近似的）式（19-26）只相差一个因子 $1/\sqrt{2}$。

式（19-26）的近似式中有两个被我们消去的符号 v。分子上的 v 应是 v_{avg}，即分子相对于容器的平均速率。分母上的 v 应是 v_{rel}，我们虚拟的单个分子相对于其他分子的平均速率，其他分子也都在运动。是后一个平均值决定碰撞的次数。考虑到实际的分子速率分布的详细计算给出 $v_{rel} = \sqrt{2}v_{avg}$，这就是因子 $\sqrt{2}$ 的来历。

海平面上空气分子的平均自由程大约是 0.1μm。在海拔 100km

的高度，空气密度降得很低，以致平均自由程增大到大约16cm。在300km高度，平均自由程大约为20km。想在实验室中研究上层大气的物理学和化学的研究人员所面临的一个问题是得不到足够大的容器来容纳可以模拟上层大气条件的气体样品（氟利昂、二氧化碳和臭氧）。

检查点3

1mol的气体A，它的分子直径为$2d_0$，分子的平均速率为v_0，放在一个容器中。分子直径为d_0、分子平均速率为$2v_0$的1mol气体B（B中的分子较小，但运动得更快）放在完全相同的另一个容器中。哪一种气体在容器中单位时间内的平均碰撞次数较大？

例题19.04 平均自由程，平均速率，碰撞频率

(a) 在温度$T=300\text{K}$、压强$p=1.0\text{atm}$的环境下，氧气分子的平均自由程λ是多少？设分子直径$d=290\text{pm}$，气体是理想气体。

【关键概念】

由于碰撞，每个氧气分子在其他运动着的氧气分子中沿曲折的路径运动。于是我们用式（19-25）求平均自由程。

解：我们先要求单位体积的分子数N/V。因为我们假设气体是理想气体，所以可以利用理想气体定律式（19-9）：$pV=NkT$写出$N/V=p/(kT)$，把这个表达式代入式（19-25），我们得出

$$\lambda=\frac{1}{\sqrt{2}\pi d^2 N/V}=\frac{kT}{\sqrt{2}\pi d^2 p}$$

$$=\frac{(1.38\times10^{-23}\text{J/K})(300\text{K})}{\sqrt{2}\pi(2.9\times10^{-10}\text{m})^2(1.01\times10^5\text{Pa})}$$

$$=1.1\times10^{-7}\text{m} \quad \text{(答案)}$$

这大约等于380个氧气分子的直径。

(b) 设氧气分子的平均速率是$v=450\text{m/s}$。任何给定的分子连续两次碰撞之间的平均时间t是多少？分子每秒钟碰撞的次数是多少；即分子碰撞的频率f是多少？

【关键概念】

(1) 在两次相继碰撞之间，平均来看，分子以速率v运动通过平均自由程λ。(2) 平均每秒钟发生碰撞的次数或频率与相继两次碰撞的时间成反比。

解：由第一个关键概念可知，相继两次碰撞之间的时间是

$$t=\frac{\text{距离}}{\text{速率}}=\frac{\lambda}{v}=\frac{1.1\times10^{-7}\text{m}}{450\text{m/s}}$$

$$=2.44\times10^{-10}\text{s}\approx0.24\text{ns} \quad \text{(答案)}$$

这告诉我们，平均来说，任何给定的氧气分子在相继两次碰撞之间的时间小于1ns。

由第二个关键概念可知，碰撞频率是

$$f=\frac{1}{t}=\frac{1}{2.44\times10^{-10}\text{s}}=4.1\times10^9\text{s}^{-1} \quad \text{(答案)}$$

这告诉我们，平均来看，任何给定的氧气分子每秒钟大约碰撞40亿次。

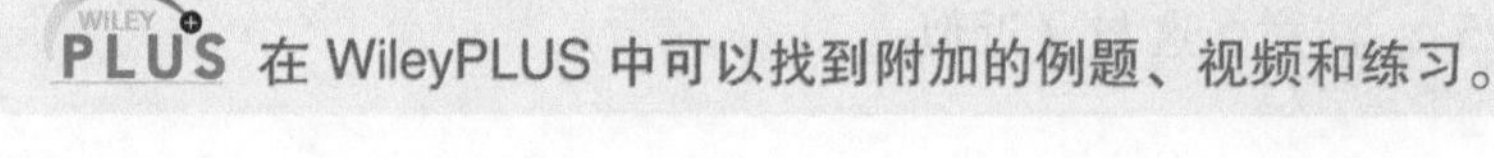

在WileyPLUS中可以找到附加的例题、视频和练习。

19-6 分子速率分布

学习目标

学完这一单元后，你应当能够……

19.24 说明怎样用麦克斯韦速率分布求在一定的速率范围内的分子个数占分子总数的比例。

19.25 画出麦克斯韦速率分布，即表示概率分布对速率的曲线图，并指出平均速率 v_{avg}、最概然速率 v_P 及方均根速率 v_{rms} 的相对位置。

19.26 说明怎样用麦克斯韦速率分布求平均速率、方均根速率和最概然速率。

19.27 对给定的温度 T 和摩尔质量 M，计算平均速率 v_{avg}、最概然速率 v_P 及方均根速率 v_{rms}。

关键概念

- 麦克斯韦速率分布 $P(v)$ 是这样一个函数，$P(v)\mathrm{d}v$ 给出速率为 v、间隔为 $\mathrm{d}v$ 的分子数占总分子数的比例：

$$P(v)=4\pi\left(\frac{M}{2\pi RT}\right)^{3/2}v^2\mathrm{e}^{-Mv^2/(2RT)}$$

- 气体分子的速率分布的三种测定方式：

$$v_{avg}=\sqrt{\frac{8RT}{\pi M}}\quad(\text{平均速率})$$

$$v_P=\sqrt{\frac{2RT}{M}}\quad(\text{最概然速率})$$

以及

$$v_{rms}=\sqrt{\frac{3RT}{M}}\quad(\text{方均根速率})$$

分子速率分布

方均根速率 v_{rms} 为我们提供了在一定温度下气体中分子速率的一般概念。我们常常要知道更多的东西。例如，具有比方均根速率更大的速率的分子占多少比例？速率大于方均根速率两倍的分子占多少比例？要回答这样一些问题，我们就需要知道可能的速率数值在分子之间是如何分布的。图 19-8a 表示室温下（$T=300\text{K}$）氧气分子的这种速率分布；图 19-8b 中将它和 $T=80\text{K}$ 的分布进行了比较。

1852 年，苏格兰的物理学家麦克斯韦（James Clerk Maxwell）首先解决了求气体分子速率分布的问题。他的结果被称为**麦克斯韦速率分布定律**：

$$P(v)=4\pi\left(\frac{M}{2\pi RT}\right)^{3/2}v^2\mathrm{e}^{-Mv^2/(2RT)}\tag{19-27}$$

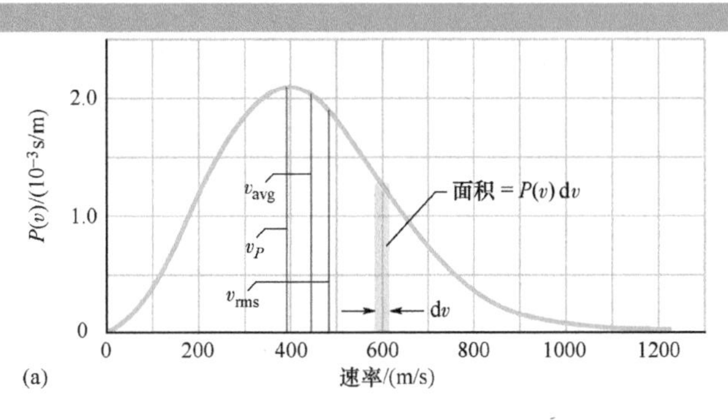

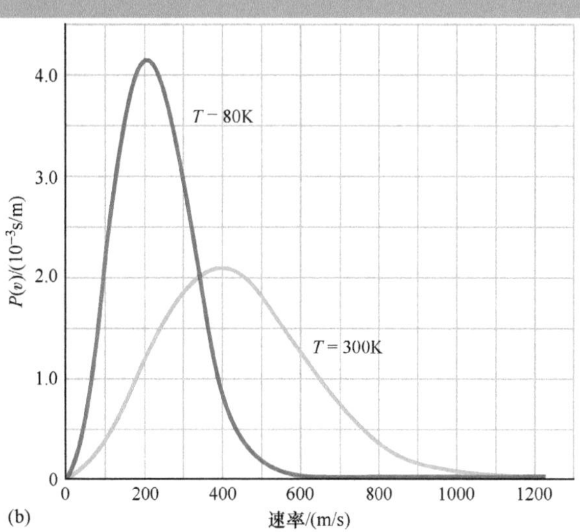
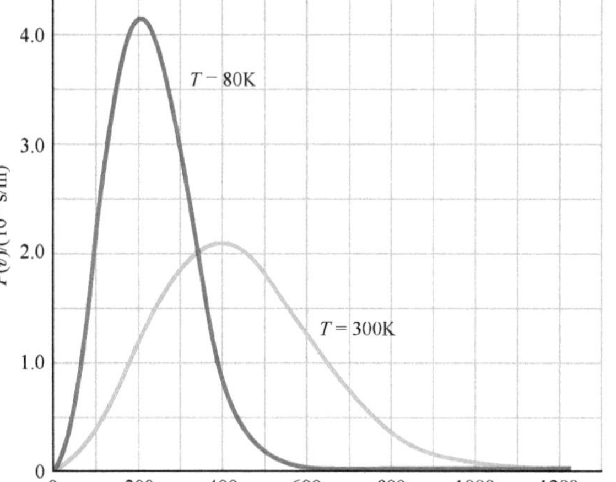

图 19-8 （a）在 $T=300\text{K}$ 时，氧气分子的麦克斯韦速率分布，三个特征速率标记在图上。（b）300K 和 80K 下的曲线。注意，在较低的温度下分子运动慢得多。因为这些是概率分布，所以每条曲线下的面积的数值都是 1。

其中，M 是气体分子的摩尔质量；R 是气体常量；T 是气体温度；v 是分子速率。这就是画在图 19-8a、b 中的曲线的方程式。式（19-27）和图 19-8 中的量 $P(v)$ 是*概率分布函数*：对于任意速率 v，乘积 $P(v)\mathrm{d}v$（一个无量纲的量）是以速率 v 为中心、间隔 $\mathrm{d}v$ 内的分子数占分子总数的比例。

如图 19-8a 所示，这个比例等于高度为 $P(v)$、宽度为 $\mathrm{d}v$ 的狭长带的面积。分布曲线下的总面积对应于速率在零到无穷大之间的分子数占分子总数的比例。所有的分子都落在这个范围内，所以这个总面积的数值是 1，即

$$\int_0^{\infty} P(v)\,\mathrm{d}v = 1 \tag{19-28}$$

速率在 v_1 到 v_2 之间的分子数占分子总数的比例（frac）为

$$\text{frac} = \int_{v_1}^{v_2} P(v)\,\mathrm{d}v \tag{19-29}$$

平均速率、方均根速率和最概然速率

原则上，我们可以按以下步骤求气体中分子的**平均速率** v_{avg}：我们给分布中的每一个 v 值*加权*。即用它乘以以不同的速率 v 为中心、微分区间 $\mathrm{d}v$ 内的分子数的比例 $P(v)\mathrm{d}v$。然后把所有 $vP(v)\mathrm{d}v$ 的数值加起来，这个结果就是 v_{avg}。实际上，我们通过计算以下积分来实现：

$$v_{\mathrm{avg}} = \int_0^{\infty} vP(v)\,\mathrm{d}v \tag{19-30}$$

代入式（19-27）中的 $P(v)$，并利用附录 E 的积分表中的普通积分公式 20，我们得到

$$v_{\mathrm{avg}} = \sqrt{\frac{8RT}{\pi M}}\ \text{（平均速率）} \tag{19-31}$$

同理，我们可以求速率二次方的平均值 $(v^2)_{\mathrm{avg}}$：

$$(v^2)_{\mathrm{avg}} = \int_0^{\infty} v^2 P(v)\,\mathrm{d}v \tag{19-32}$$

将式（19-27）代入 $P(v)$ 并利用附录 E 中积分表中的普通积分公式 16，我们得到

$$(v^2)_{\mathrm{avg}} = \frac{3RT}{M} \tag{19-33}$$

$(v^2)_{\mathrm{avg}}$ 的平方根就是方均根速率 v_{rms}，于是

$$v_{\mathrm{rms}} = \sqrt{\frac{3RT}{M}}\ \text{（方均根速率）} \tag{19-34}$$

它和式（19-22）一致。

最概然速率 v_P 是 $P(v)$ 为最大值时的速率（见图 19-8a）。为求 v_P，我们令 $\mathrm{d}P/\mathrm{d}v=0$（图 19-8a 中的曲线在曲线的最大值处斜率为零），然后求 v。经过运算，我们得到：

$$v_P = \sqrt{\frac{2RT}{M}}\ \text{（最概然速率）} \tag{19-35}$$

雨：在夏日温度下的池塘中水分子的速率分布也可以用图 19-8a 中同样的曲线来表示。大多数分子没有足够的能量可以逃

离水面。然而，位于曲线高速尾部的少数分子却可以做到。正是这些水分子的蒸发才形成了云和雨。

当快速的水分子携带能量离开水面的时候，余下的水的温度因从周围环境传入热量而保持不变。其他快速分子——在特别有利的碰撞中产生——很快取代那些已经离开的分子，于是速率分布仍旧保持不变。

日照：现在我们把式（19-27）的分布函数用于太阳核心内的质子。太阳的能量是由两个质子合并开始的核聚变过程提供的。由于质子带有电荷而互相排斥，并且具有平均速率的质子缺少足够的动能来克服排斥力，使得它们靠得足够近而结合。然而，位于分布曲线高速尾部的非常快的质子可以做到，由于这个原因，阳光才能普照。

例题 19.05 **气体中的速率分布**

在室温（300K）下的氧气（摩尔质量 $M=0.0320\text{kg/mol}$）中，分子的速率在 599m/s 到 601m/s 范围内的分子占总数的比例是多少？

【关键概念】

1. 分子的速率按照式（19-27）的分布函数 $P(v)$ 分布在很宽的数值范围内。

2. 速率在微分区间 dv 内的分子占总分子数的比例为 $P(v)dv$。

3. 对于较大的速率区间，分子数的比例由 $P(v)$ 在这个区间内积分求得。

4. 然而，这里的区间 $\Delta v=2\text{m/s}$ 比之于区间中心的速率 $v=600\text{m/s}$ 是很小的。

解：因为 Δv 很小，我们可以不用积分，这个比例近似地是

$$\text{frac}=P(v)\Delta v=4\pi\left(\frac{M}{2\pi RT}\right)^{3/2}v^2\text{e}^{-Mv^2/(2RT)}\Delta v$$

图 19-8a 中 $P(v)$ 函数的曲线下面的总面积是分子总数的比例（单位1），细的金色带（没有按比例画）是我们要求的分数。我们分成几个部分来计算：

$$\text{frac}=(4\pi)(A)(v^2)(\text{e}^B)(\Delta v)\quad(19\text{-}36)$$

其中

$$A=\left(\frac{M}{2\pi RT}\right)^{3/2}=\left\{\frac{0.0320\text{kg/mol}}{(2\pi)[8.31\text{J/(mol}\cdot\text{K)}](300\text{K})}\right\}^{3/2}$$
$$=2.92\times10^{-9}\text{s}^3/\text{m}^3$$

$$B=-\frac{Mv^2}{2RT}=-\frac{(0.0320\text{kg/mol})(600\text{m/s})^2}{(2)[8.31\text{J/(mol}\cdot\text{K)}](300\text{K})}$$
$$=-2.31$$

将 A 和 B 代入式（19-36），得到

$$\text{frac}=(4\pi)(A)(v^2)(\text{e}^B)(\Delta v)$$
$$=(4\pi)(2.92\times10^{-9}\text{s}^3/\text{m}^3)(600\text{m/s})^2(\text{e}^{-2.31})(2\text{m/s})$$
$$=2.62\times10^{-3}=0.262\%\qquad\text{（答案）}$$

例题 19.06 **平均速率，方均根速率，最概然速率**

氧气分子的摩尔质量 M 是 0.0320kg/mol。

（a）氧气分子在 $T=300\text{K}$ 温度下的平均速率 v_{avg} 是多少？

【关键概念】

要求平均速率，我们必须利用式（19-27）的分布函数 $P(v)$ 给速率 v 加权；然后将得到的表达式在可能的速率范围内积分（从零到无穷大速率的极限）。

解：由式（19-31），得

$$v_{avg}=\sqrt{\frac{8RT}{\pi M}}$$
$$=\sqrt{\frac{8[8.31\text{J/(mol}\cdot\text{K)}](300\text{K})}{\pi(0.0320\text{kg/mol})}}$$
$$=445\text{m/s}\qquad\text{（答案）}$$

这个结果画在图 19-8a 中。

（b）温度为 300K 时的方均根速率是多少？

【关键概念】

要求 v_{rms}，我们首先必须通过用式（19-27）

的分布函数 $P(v)$ 给 v^2 加权来求 $(v^2)_{avg}$，然后在整个可能的速率区间内对表达式积分。我们还要取积分结果的平方根。

解：由式（19-34），得

$$v_{rms}=\sqrt{\frac{3RT}{M}}$$
$$=\sqrt{\frac{3[8.31\text{J}/(\text{mol}\cdot\text{K})](300\text{K})}{0.0320\text{kg/mol}}}$$
$$=483\text{m/s}\qquad\text{（答案）}$$

从图19-8a看到，这个结果大于 v_{avg}，因为较大的速率值对积分 v^2 的影响比对积分 v 的影响大。

（c）温度为300K时的最概然速率是多少？

【关键概念】

速率 v_P 对应于分布函数 $P(v)$ 的最大值，我们可以令微商 $dP/dt=0$ 并从其结果中解出 v。

解：由式（19-35），得

$$v_P=\sqrt{\frac{2RT}{M}}$$
$$=\sqrt{\frac{2[8.31\text{J}/(\text{mol}\cdot\text{K})](300\text{K})}{0.0320\text{kg/mol}}}$$
$$=395\text{m/s}\qquad\text{（答案）}$$

这个结果也画在图19-8a中。

WILEY PLUS 在 WileyPLUS 中可以找到附加的例题、视频和练习。

19-7 理想气体的摩尔热容

学习目标

学完这一单元后，你应当能够……

19.28 懂得单分子理想气体的内能是它的原子的平移动能的总和。

19.29 应用单分子理想气体的内能 E_{int}、摩尔数 n 以及气体温度 T 之间的关系。

19.30 将单原子、双原子和多原子理想气体区别开来。

19.31 对于单原子、双原子和多原子理想气体，计算等容过程和等压过程的摩尔热容。

19.32 通过将 R 加到定容摩尔热容 C_V 上求定压摩尔热容 C_p，并（从物理上）解释为什么 C_p 较大。

19.33 懂得在等容过程中以热的形式转移给理想气体的能量完全转化为内能（随机的平移动能）。但在等压过程中，也有能量转化为气体膨胀做的功。

19.34 懂得对于一定的温度改变，在任何过程中理想气体的内能改变都相同，假设用等容过程来计算内能的改变最容易。

19.35 对于理想气体，应用热量 Q、摩尔数 n、温度变化 ΔT 和适当选择的摩尔热容之间的关系。

19.36 在 p-V 图上的两条等温线之间画出等容过程和等压过程，对每条曲线，用图上的面积表示所做的功。

19.37 计算理想气体等压过程所做的功。

19.38 懂得等容过程做功为零。

关键概念

● 气体的定容摩尔热容 C_V 定义为

$$C_V=\frac{Q}{n\Delta T}=\frac{\Delta E_{int}}{n\Delta T}$$

其中，Q 是传给 n mol 气体样品或从样品取出的热量；ΔT 是所引起的气体温度的改变；ΔE_{int} 是气体内能的改变。

● 对于单原子理想气体：

$$C_V=\frac{3}{2}R=12.5\text{J}/(\text{mol}\cdot\text{K})$$

● 气体的定压摩尔热容 C_p 定义为

$$C_p=\frac{Q}{n\Delta T}$$

其中，Q、n 和 ΔT 的定义和上面的一样。C_p 也可用下式表示

$$C_p=C_V+R$$

- 对 n mol 的理想气体：

$$E_{int} = nC_V T \text{（理想气体）}$$

- 如有 n mol 体积恒定的理想气体经历任何一种过程发生温度改变 ΔT，则气体内能改变是

$$\Delta E_{int} = nC_V \Delta T \text{（理想气体，任何过程）}$$

理想气体的摩尔热容

在这一单元中，我们要从分子的观点来推导理想气体的内能 E_{int} 的表达式。换言之，我们要推导和气体中原子或分子的随机运动相关的能量的表达式。然后我们要利用这个表达式来推导理想气体的摩尔热容。

内能 E_{int}

我们首先假设理想气体是*单原子气体*（独立的原子而不是分子），像氦、氖或氩。我们还假设内能 E_{int} 是原子平移动能的总和。（量子理论认为单个原子不具有转动动能。）

单个原子的平均平移动能只依赖于气体温度并由式（19-24），即 $K_{avg} = \frac{3}{2}kT$ 给出。n mol 这种单原子气体的样品中包含 nN_A 个原子。于是，此样品的内能 E_{int} 是

$$E_{int} = (nN_A)K_{avg} = (nN_A)\left(\frac{3}{2}kT\right) \quad (19\text{-}37)$$

利用式（19-7）：$k = R/N_A$，我们可以把这个方程重写成

$$E_{int} = \frac{3}{2}nRT \text{（单原子理想气体）} \quad (19\text{-}38)$$

理想气体的内能仅仅是气体温度的函数，它不依赖于其他任何变量。

有了式（19-38），我们现在就可以推导理想气体的摩尔热容的表达式了。实际上，我们要推导两个表达式。一种情况是，当能量以热的形式传入或传出气体时，气体的体积保持恒定不变。另一种情况是，当能量以热的形式传入或传出气体时，气体的压强保持恒定不变。这两种摩尔热容的符号分别是 C_V 和 C_p。（按照惯例，大写字母 C 用于这两种情况，这里的 C_V 和 C_p 表示热容的两种类型，并不代表热容。）

定容摩尔热容

图 19-9a 表示 n mol 温度为 T、压强为 p 的理想气体封闭在体积为 V、固定不变的圆柱形容器中。气体的这个*初状* i 在图 19-9b 的 p-V 图中标记出来。现在假设，你通过慢慢调高热库的温度把少量热能 Q 加进气体。气体温度增加一个小量变成 $T+\Delta T$，它的压强增大到 $p+\Delta p$，气体到达*末态* f。在这个实验中，我们求出与温度改变 ΔT 相关的热量 Q：

$$Q = nC_V \Delta T \text{（等容）} \quad (19\text{-}39)$$

其中，C_V 是一个称为**定容摩尔热容**的常量。把这个 Q 的表达式代入式（18-26）给出的热力学第一定律（$\Delta E_{int} = Q - W$）中，得到

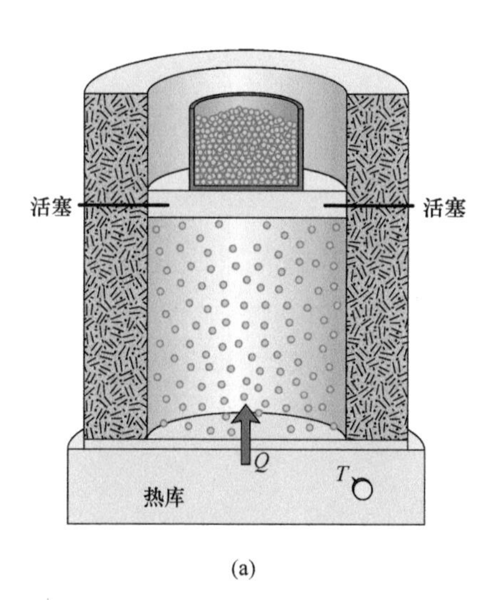

(a)

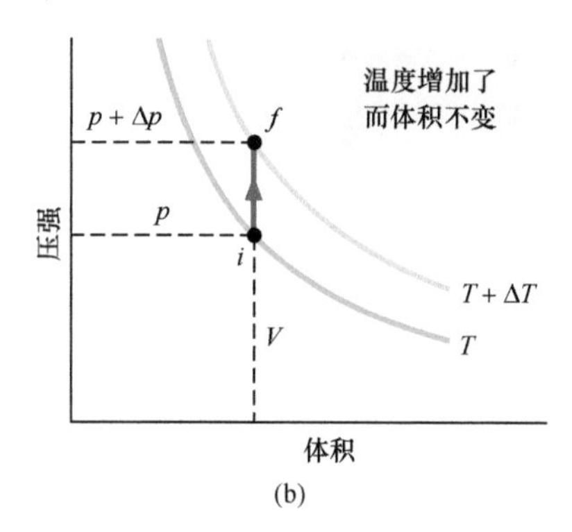

(b)

图 19-9 （a）在等容过程中，理想气体的温度从 T 增加到 $T+\Delta T$，加入了热量但是没有做功。（b）在 p-V 图上画出此过程。

$$\Delta E_{int}=nC_V\Delta T-W \tag{19-40}$$

由于体积保持常量，气体没有膨胀，因而没有做任何的功。因此，$W=0$，由式（19-40），得

$$C_V=\frac{\Delta E_{int}}{n\Delta T} \tag{19-41}$$

由式（19-38），内能的改变必定是

$$\Delta E_{int}=\frac{3}{2}nR\Delta T \tag{19-42}$$

把这个结果代入式（19-41），得到

$$C_V=\frac{3}{2}R=12.5\text{J/(mol·K)}\ (\text{单原子气体}) \tag{19-43}$$

正如表19-2表示的那样，（理想气体的）气体动理论对于真实的单原子气体的预言和实验符合得非常好，这个情况是我们已经做了假设的。双原子气体（它们的分子由两个原子组成）和多原子气体（它们的分子由两个以上的原子组成）的（理论预言的与）在实验中得到的 C_V 数值都大于单原子气体的 C_V 值，其原因将在19-8单元中详述。我们在这里做一个初步的假设，双原子分子和多原子分子气体的 C_V 值之所以大于单原子分子气体是因为较复杂的分子可以转动因而具有转动动能。所以，当 Q 转移到双原子或多原子分子的气体中时，只有一部分热量转化为平移动能使温度增加。（现在我们忽略了还有把能量转化为分子振动能量的可能。）

表19-2　定容摩尔热容

分子	例子		C_V/[J/(mol·K)]
单原子	理论值	$\frac{3}{2}R=12.5$	
	真实值	He	12.5
		Ar	12.6
双原子	理论值	$\frac{5}{2}R=20.8$	
	真实值	N_2	20.7
		O_2	20.8
多原子	理论值	$3R=24.9$	
	真实值	NH_4	29.0
		CO_2	29.7

我们现在用 C_V 代替 $\frac{3}{2}R$ 将式（19-38）推广到任何理想气体的内能：

$$E_{int}=nC_VT\ (\text{任何理想气体}) \tag{19-44}$$

这个方程式不仅适用于单原子理想气体，只要选择适当的 C_V 数值，也可用于双原子和多原子理想气体。和式（19-38）一样，我们知道气体的内能取决于气体的温度而与压强或密度无关。

当封闭在容器中的理想气体经历温度改变 ΔT 时，无论由式（19-41）还是由式（19-44）都可得出它的内能的改变量为

$$\Delta E_{int}=nC_V\Delta T\ (\text{理想气体，任何过程}) \tag{19-45}$$

这个方程式告诉我们：

一定量的理想气体的内能 E_{int} 的改变只依赖于温度的改变，不依赖于产生这种改变的过程是什么类型的。

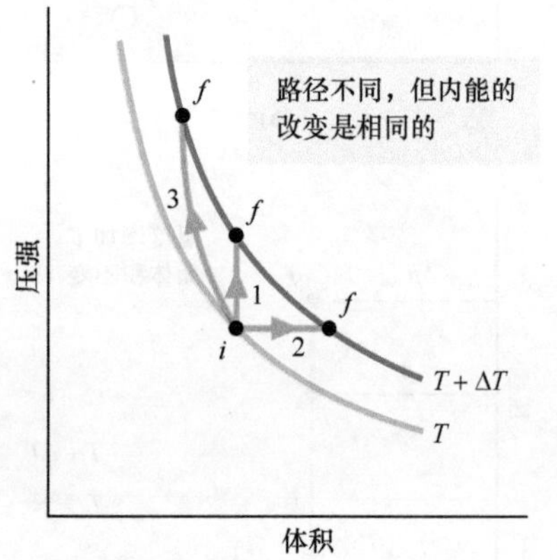

图19-10　理想气体从温度为 T 的初态 i 经过代表三种不同过程的三条路径到温度 $T+\Delta T$ 的几种末态 f。对于这三种过程以及最后结果有同样的温度改变的其他任何过程，气体内能的改变 ΔE_{int} 都是相同的。

举一个例子，考虑图19-10中的 p-V 图上两条等温线之间的三条路径。路径1表示等容过程。路径2是等压过程（我们接下来就要研究它）。路径3是和系统的环境没有热交换的过程（我们将在19-9单元中讨论）。虽然与这三个过程有关的热量 Q 和功 W 的数值都不相同，就像 p_f 和 V_f 都不相同一样，但和三条路径相关的 ΔE_{int} 的数值却都完全相同并且都由式（19-45）给出，这是因为它们都发生同样的温度变化 ΔT。因此，无论实际上在 T 和 $T+\Delta T$ 之间采用的是哪一条路径，我们总可以利用路径，和式（19-45）很容易地求出 ΔE_{int}。

定压摩尔热容

我们现在假设理想气体的温度还是和以前那样增加了一个同样小的量，但现在必须加入气体的能量（热量 Q）是在等压条件下进行的。这个实验表示在图 19-11a 中；这个过程的 p-V 图画在图 19-11b 中。由这样的实验我们得到热量 Q 和温度的变化可以由下式联系起来：

$$Q = nC_p\Delta T \text{（定压）} \tag{19-46}$$

其中，C_p 是称作**定压摩尔热容**的常量。这个 C_p 大于定容摩尔热容 C_V，因为现在不仅要提供能量来升高气体温度，还需要提供能量给气体做功——就是抬高图 19-11a 中载重的活塞。

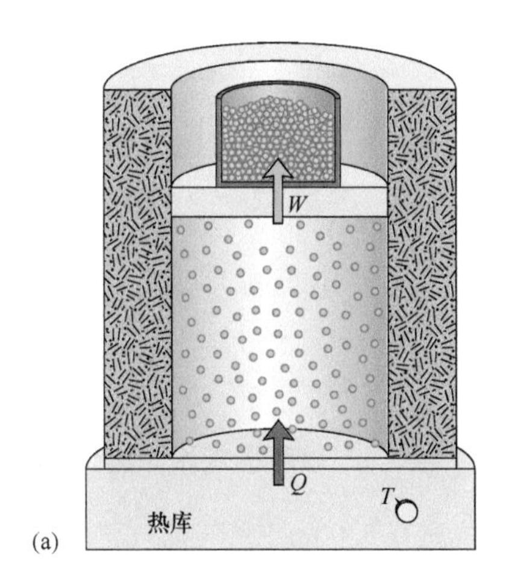

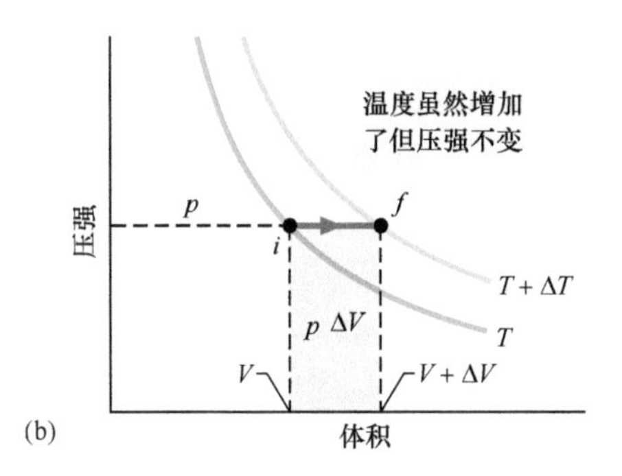

图 19-11 （a）在等压过程中，理想气体的温度从 T 增加到 $T+\Delta T$，加入了热量并在抬高负重的活塞过程中做了功。（b）p-V 图上画出了这个过程，其中，功 $p\Delta V$ 用阴影面积画出。

要把两种类型的摩尔热容 C_p 和 C_V 联系起来，我们从热力学第一定律［式（19-16）］着手：

$$\Delta E_{\text{int}} = Q - W \tag{19-47}$$

下一步我们替换式（19-47）中的每一项。我们用式（19-45）替换 ΔE_{int}，用式（19-46）替代 Q。为了替换 W，我们首先注意到，因为压强保持不变，由式（19-16）可知 $W = p\Delta V$。然后我们利用理想气体方程 $pV = nRT$，可以写出

$$W = p\Delta V = nR\Delta T \tag{19-48}$$

把这些代入式（19-47）然后除以 $n\Delta T$，我们求得

$$C_V = C_p - R$$

于是

$$C_p = C_V + R \tag{19-49}$$

不仅是对于单原子气体，对一般的气体，只要气体的密度足够低，以致我们可以把它们当作理想气体处理，这个气体动理论的预言和实验都会符合得很好。

图 19-12 的左边表示单原子气体经历等容过程的 Q 值 $\left(Q = \frac{3}{2}nR\Delta T\right)$ 或等压过程的 Q 值 $\left(Q = \frac{5}{2}nR\Delta T\right)$。注意，后者的 Q 值由于气体膨胀时做功增加了数值 W 因而较高。还要注意：对于等容过程，增加的热量 Q 可以完全用来增加内能 ΔE_{int}；对于等压过程，增加的能量 Q 变成内能 ΔE_{int} 和功 W。

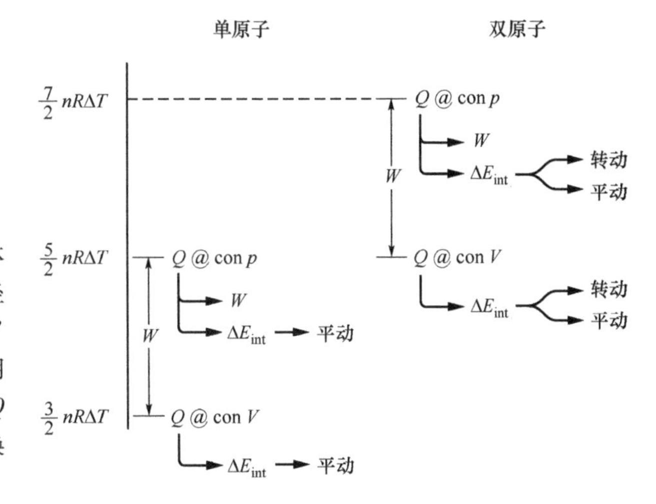

图 19-12 单原子气体（左边）和双原子气体经历等容过程（用“con V”标记）和等压过程（用“con p”标记）的相对 Q 值。图上标出了能量变换为功 W 和内能（ΔE_{int}）。

检查点 4

右图表示 p-V 图上气体经过的五条路径。按照气体内能改变的多少排列这些路径，最大的排第一。

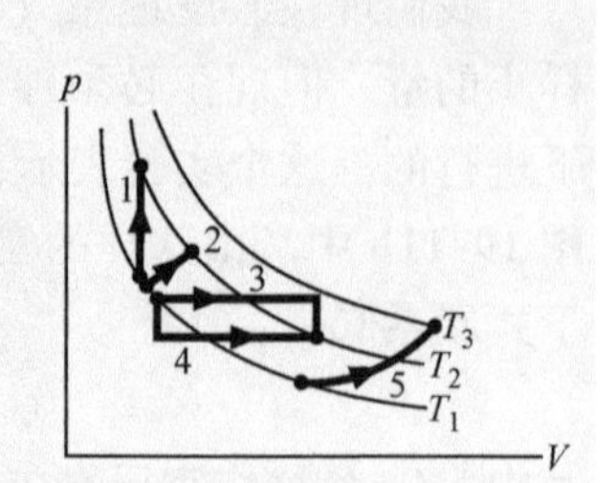

例题 19.07 单原子气体，热，内能和功

充有 5.00mol 氦气的气泡浸没在液态水中一定的深度处，当水（也包括氦气）在等压条件下温度升高 $\Delta T = 20.0℃$ 时，气泡膨胀。氦气是单原子理想气体。

（a）在氦气温度升高和体积膨胀过程中以热的形式转移给氦气的能量有多少？

【关键概念】

热量 Q 与气体的摩尔热容以及温度变化 ΔT 有关。

解： 因为在加入能量的过程中压强 p 保持不变，我们应用定压摩尔热容 C_p 和式（19-46）求 Q

$$Q = nC_p\Delta T \tag{19-50}$$

要计算 C_p，我们用到式（19-49），这个式子告诉我们，对任何理想气体 $C_p = C_V + R$。由式（19-43），我们知道对任何单原子气体（就像这里的氦气），$C_V = \frac{3}{2}R$。于是，由式（19-50），得

$$Q = n(C_V + R)\Delta T = n\left(\frac{3}{2}R + R\right)\Delta T = n\left(\frac{5}{2}R\right)\Delta T$$
$$= (5.00\text{mol})(2.5)[8.31\text{J}/(\text{mol}\cdot\text{K})](20.0℃)$$
$$= 2077.5\text{J} \approx 2080\text{J} \quad \text{（答案）}$$

（b）在温度升高的过程中氦气的内能变化多少？

【关键概念】

因为气泡膨胀，所以这不是等容过程。然而，氦气还是受到限制（在泡泡里面）。因此，内能的改变 ΔE_{int} 和假如发生的是同样温度改变 ΔT 的等容过程一样。

解： 我们可以用式（19-45）很容易地求出等容过程中内能的改变 ΔE_{int}：

$$\Delta E_{int} = nC_V\Delta T = n\left(\frac{3}{2}R\right)\Delta T$$
$$= (5.00\text{mol})(1.5)[8.31\text{J}/(\text{mol}\cdot\text{K})](20.0℃)$$
$$= 1246.5\text{J} \approx 1250\text{J} \quad \text{（答案）}$$

（c）在温度升高的过程中，氦气因反抗周围水的压力而膨胀时多做了多少功 W？

【关键概念】

任何气体膨胀时反抗它的周围环境所做的功都可以由式（19-11）给出，这个公式告诉我们要对 $p\mathrm{d}V$ 积分。当压强是常量（就像这里的情况）时，我们可以把这个公式简化为 $W = p\Delta V$。在气体是理想气体的情况下（这里就属于这种情况），我们就可以应用理想气体定律［式（19-5）］写出 $p\Delta V = nR\Delta T$。

解： 最后算出

$$W = nR\Delta T$$
$$= (5.00\text{mol})[8.31\text{J}/(\text{mol}\cdot\text{K})](20.0℃)$$
$$= 831\text{J} \quad \text{（答案）}$$

另一种方法： 因为已知 Q 和 ΔE_{int}，所以我们可以用另一种方法解这个问题。从热力学第一定律来考虑气体的能量改变，写出

$$W = Q - \Delta E_{int} = 2077.5\text{J} - 1246.5\text{J}$$
$$= 831\text{J} \quad \text{（答案）}$$

能量转移： 我们来跟踪能量的转移。转移给氦气的 2077.5J 的热量中有 831J 用于膨胀所需的功 W，另外 1246.5J 转换为内能 E_{int}。对于单元子气体来说，内能全都是原子平移的动能，这些结果画在图 19-12 的左边。

PLUS 在 WileyPLUS 中可以找到附加的例题、视频和练习。

19-8 自由度和摩尔热容

学习目标

学完这一单元后，你应当能够……

19.39 懂得自由度与气体储存能量的各种方式（平动、转动和振动）有关。

19.40 懂得每个分子$\frac{1}{2}kT$的能量与每一个自由度的相关联。

19.41 懂得单原气体具有的内能只包括平动的能量。

19.42 懂得在低温下双原子分子的能量只包括平动的能量，较高的温度下还包括分子转动的能量，在更高的温度下还可以包括分子振动的能量。

19.43 计算等容过程及等压过程中单原子和双原子分子的理想气体的摩尔热容。

关键概念

- 我们利用能量均分定理求C_V，能量均分定理是说分子的每一个自由度（即，分子储存能量的每一种独立方式）都具有和这个自由度相联系的——平均的——每分子$\frac{1}{2}kT$（=每摩尔$\frac{1}{2}RT$）的能量。
- 如果f是自由度的数目，则$E_{\text{int}}=(f/2)nRT$，并且

$$C_V=\left(\frac{f}{2}\right)R=4.16f\ \text{J/(mol}\cdot\text{K)}$$

- 对于单原子气体，$f=3$（三个平动自由度）；对于双原子分子气体，$f=5$（三个平动和两个转动自由度）。

自由度和摩尔热容

正如表19-2中列出的，$C_V=\frac{3}{2}R$的理论值和对单原子分子的实验一致，但用于双原子和多原子分子就失效了。我们试着考虑这样的可能性来解释这个差别：就是多于一个原子的分子还可以用平动动能以外的形式储存内能。

图19-13表示氦（单原子分子，包含一个原子）、氧（双原子分子，由两个原子构成）和甲烷（多原子分子）的一般模型。根据这些模型，我们假设所有三种分子都可以有平动（比如左右、上下运动）以及转动（像陀螺那样绕轴自旋）。此外，我们假设双原子分子和多原子分子具有振动，表现为原子稍稍靠近和分离的振动，就好像原子连接在弹簧两端的振动。

表19-3 几种分子的自由度

分子	样品	自由度			预言的摩尔热容	
		平动	转动	总数（f）	C_V［式（19-51）］	$C_p=C_V+R$
单原子	He	3	0	3	$\frac{3}{2}R$	$\frac{5}{2}R$
双原子	O_2	3	2	5	$\frac{5}{2}R$	$\frac{7}{2}R$
多原子	CH_4	3	3	6	$3R$	$4R$

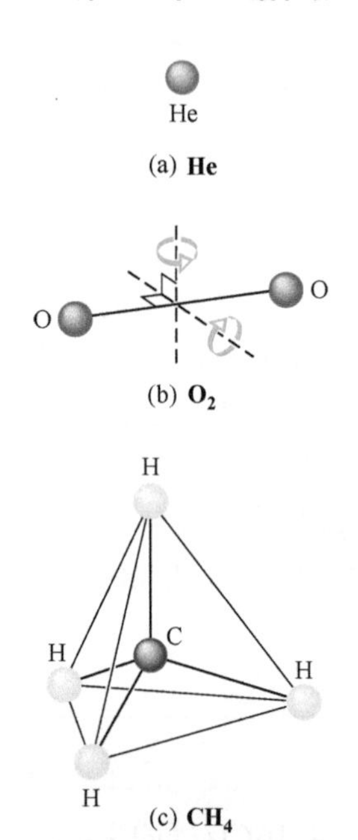

图19-13 用于动理论的分子模型：(a) He，典型的单原子分子。(b) O_2，典型的双原子分子。(c) 甲烷 (CH_4)，典型的多原子分子。小球代表原子，它们之间的直线代表键。O_2 分子的图上画出两个转动轴。

为了说明气体中储存能量的各种方式，麦克斯韦提出了**能量均分定理：**

> 每一种分子都有一定数量的自由度f，它是分子储存能量的一种独立方式。每一个这样的自由度（平均来讲）都有每分子 $kT/2$（或每摩尔 $RT/2$）的能量与之相关联。

我们把这条定理应用于图19-13中分子的平动和转动。（我们将在后面讨论振动。）对于平动，在气体的分子上叠加 xyz 坐标系。一般说来，分子有沿所有三个轴的速度分量。因此，所有类型的气体分子都有三个平动自由度（平动的三种方式），平均来讲，与每个分子相关的能量为 $3\left(\frac{1}{2}kT\right)$。

关于转动，设想我们的 xyz 坐标系的原点放在图19-13中每个分子的中心位置。在气体中，每个分子都应当能够转动，角速度分量沿着这三个坐标轴，所以每种气体也应当有三个转动自由度，平均来讲，每个分子要加上 $3\left(\frac{1}{2}kT\right)$ 的能量。然而，实验表明，这只对多原子分子正确。按照量子理论，物理学只讨论分子和原子所能允许的运动和能量。单原子分子不能转动，所以没有转动能量（单个原子不能像陀螺那样转动）。而双原子分子只能绕垂直于两个原子间连线的轴像陀螺那样转动（这两个轴在图19-13b中画出），它不会以这根连线本身为轴转动。因此，双原子分子只有两个转动自由度，每个分子的转动能量为 $2\left(\frac{1}{2}kT\right)$。

为了能把我们对摩尔热容（19-7单元中的 C_V 和 C_p）的分析推广到双原子和多原子分子的理想气体，需要从细节上重新回顾分析的过程。第一，我们将式（19-38）：$E_{\text{int}}=\frac{3}{2}nRT$ 用 $E_{\text{int}}=\left(\frac{f}{2}\right)nRT$ 来代替，这里的 f 是表19-3中列出的自由度的数目。这样做了以后我们有以下预言：

$$C_V=\left(\frac{f}{2}\right)R=4.16f\ \text{J/(mol}\cdot\text{K)} \qquad (19\text{-}51)$$

这和单原子气体（$f=3$）的式（19-2）一致——必须如此。如表19-2表示的，这个预言也和双原子气体（$f=5$）的实验一致，但它对多原子气体却太低（和 CH_4 类似的分子 $f=6$）。

例题 19.08 双原子分子，热量，温度，内能

我们将1000J热量 Q 转移给双原子气体，气体膨胀过程中压强保持常量。气体分子绕内部的轴转动但没有振动。1000J热量中有多少用来增加气体的内能？其中转变为 ΔK_{tran}（分子的平动动能）及 ΔK_{rot}（分子的转动动能）各有多少？

【关键概念】

1. 在恒定压强下转移给气体的热量 Q 与由此引起的温度的增加 ΔT 可与式（19-46）：$Q=nC_p\Delta T$ 联系起来。

2. 因为气体是双原子分子，分子有转动但不振动，由式（19-12）及表19-3，定压摩尔热容是 $C_p=\frac{7}{2}R$。

3. 内能的增加与引起同样 ΔT 的等容过程的内能增加相同。因此，由式（19-45）：$\Delta E_{\text{int}}=nC_V\Delta T$，图19-12和表19-3得知 $C_V=\frac{5}{2}R$。

4. 对于同样的 n 和 ΔT，双原子分子气体的 ΔE_{int} 比单原子气体的更大，因为有转动所以需要更多的能量。

E

E_{int}的增加：我们首先要求由于热量的传入而引起的温度增加 ΔT。由式（19-46），用$\frac{7}{2}R$代替 C_p，我们得到

$$\Delta T=\frac{Q}{\frac{7}{2}nR} \tag{19-52}$$

下一步我们用式（19-45）求 ΔE_{int}，将等容过程的定容摩尔热容 $C_V\left(=\frac{5}{2}R\right)$代入并用同样的 ΔT。因为我们处理的是双原子分子，所以这里把这内能改变记作 $\Delta E_{\text{int,dia}}$。由式（19-45），得

$$\Delta E_{\text{int,dia}}=nC_V\Delta T=n\frac{5}{2}R\left(\frac{Q}{\frac{7}{2}nR}\right)=\frac{5}{7}Q$$

$$=0.71428Q=714.3\text{J} \quad\text{（答案）}$$

用文字表达，转移给气体的能量中大约有71%转化为内能，其余的能量转化为气体将容器壁向外推以增大气体体积的过程中所需要做的功。

K的增加：要使单原子气体（同样的 n 值）的温度增大式（19-52）给出的一个数量，则内能也要增加一个较小量，记作 $\Delta E_{\text{int,mon}}$，因为转动不包含在里面。我们仍旧用式（19-45）来计算这个较小的量，但现在我们要代入单原子气体的 C_V 数值——即 $C_V=\frac{3}{2}R$。所以，

$$\Delta E_{\text{int,mon}}=n\frac{3}{2}R\Delta T$$

将式（19-52）代入 ΔT，我们得到

$$\Delta E_{\text{int,mon}}=n\frac{3}{2}R\left(\frac{Q}{n\frac{7}{2}R}\right)=\frac{3}{7}Q$$

$$=0.42857Q=428.6\text{J}$$

对于单原子气体，所有这些能量都转化为原子平动的动能。这里的重点是，对于具有同样 n 和 ΔT 数值的双原子气体，有同样数量的能量转化为分子的平动动能。其余的 $\Delta E_{\text{int,dia}}$（即附加的285.7J）转化为分子的转动动能。因此，对双原子分子气体，有

$$\Delta K_{\text{tran}}=428.6\text{J 及 }\Delta K_{\text{rot}}=285.7\text{J} \quad\text{（答案）}$$

量子理论的暗示

我们可以通过在双原子或多原子分子气体中引进原子的振动来改进动理论和实验的一致性。例如，图19-13b中 O_2 分子中的两个原子可以相向并分离地振动，连接原子的键的作用就好像弹簧。然而，实验表明这种振动只在气体温度相对高时才会发生——这种运动在气体分子有相对大的能量时才"起动"。转动也有这样的"起动"过程，但是在更低一些的温度下就能"起动"。

图19-14有助于我们明白转动和振动的起动。图上画的是双原子分子气体（H_2）的比值 C_V/R 对温度的曲线，温度用对数坐标表示，这样温度数值可以覆盖几个数量级的范围。在大约80K以下，我们发现 $C_V/R=1.5$。这个结果暗示 H_2 只有三个平动自由度与比热容有关。

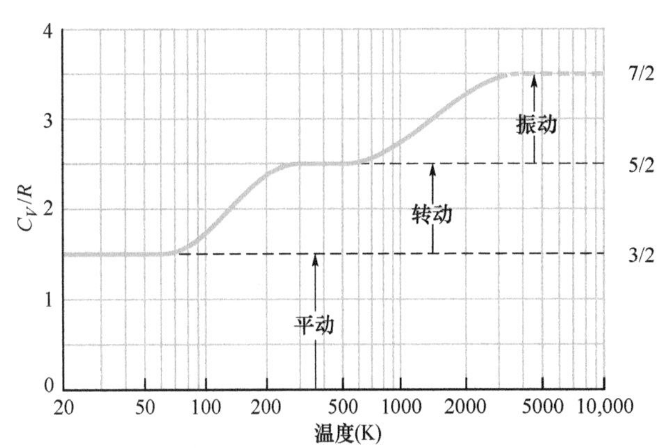

图19-14 H_2（双原子分子）气体的 C_V/R 对温度的曲线。因为转动和振动要从一定的能量开始，很低的温度下只可能有平动。随着温度升高，转动开始。在更高的温度下，振动才开始。

随着温度升高，C_V/R 的数值逐渐增加到2.5，这暗示另外又有两个自由度增加进来。量子理论证明，这两个自由度和 H_2 分子的转动有关，并且这种运动需要一个最小的能量数值。在很低的温度下（低于80K）分子没有足够的能量来转动。当温度从80K往上升高时，首先是少数几个分子，接着是越来越多的分子获得足够的能量开始转动。这时 C_V/R 的数值增大，直到所有的分子都转动起来，$C_V/R=2.5$。

同理，量子力学证明，分子的振动需要某个（更高的）最小能量数值，分子要达到大约1000K的温度，这个最小的能量数值才可能达到，否则不会有振动发生，如图19-14所示。当温度升高到1000K以上时，越来越多的分子得到足够的振动能量，C_V/R 的数值增大，直到所有的分子都振动起来，于是 $C_V/R=3.5$（在图19-14中，曲线画到3200K为止，因为在这个温度下，H_2 分子振动如此的强烈以致原子会把键扯断，分子离解成两个分离的原子。）

双原子及多原子分子的转动和振动的起动源自这些运动的能量是量子化的这个事实，所谓量子化是指能量只能具有某些特定的数值。每种类型的运动都有最低的能量允许值。除非周围分子的无规则热运动能提供这种最低数值的能量，否则分子是不会转动或振动的。

19-9 理想气体的绝热膨胀

学习目标

学完这一单元后，你应当能够……

19.44 在 p-V 图上画出绝热膨胀（或压缩）曲线，并明白这个过程中系统和环境没有热量 Q 交换。

19.45 懂得在绝热膨胀过程中，气体对环境做功，气体内能减少。在绝热压缩过程中，外界对气体做功，气体内能增加。

19.46 在绝热膨胀或压缩过程中，把初始压强和体积与最终压强和体积联系起来。

19.47 把绝热膨胀和压缩过程中的初始温度和体积与最终温度和体积联系起来。

19.48 通过压强对体积积分计算绝热过程中做的功。

19.49 懂得气体自由膨胀到真空中也是绝热过程，但不做功，因此根据热力学第一定律，气体的内能和温度都不变。

关键概念

- 当理想气体经历缓慢的绝热体积变化时（$Q=0$ 的变化）

$$pV^{\gamma}=\text{常量}\quad(\text{绝热过程})$$

其中，$\gamma(=C_p/C_V)$ 是气体的摩尔热容比。

- 对于自由膨胀，$pV=$ 常量。

理气体的绝热膨胀

我们在17-2单元中讲过，声波通过空气和其他气体以一系列的压缩和膨胀的形式传播；在传输介质中这些变化发生如此之快以致能量来不及以热的形式从介质的一个部分转移到另一部分。正如我们在18-5单元中看到的，$Q=0$ 的过程是绝热过程。我们可以使该过程进行得非常快（如在声波中），或者在有优良绝热性的容器中（以任何速率）进行。

图 19-15a 中画出了我们以前多次用的绝热圆柱容器，现在装的是理想气体并放在绝热台上。通过移除活塞上的质量，我们使气体绝热地膨胀。随着体积增大，压强和温度都降低。下面我们要证明在这种绝热过程中压强和体积之间的关系是

$$pV^{\gamma}=\text{常量(绝热过程)} \qquad (19\text{-}53)$$

其中，$\gamma=C_p/C_V$，是气体的摩尔热容比。在像图 19-15b 的 p-V 图上，这个过程沿着满足方程式 $p=$（常量）$/V^{\gamma}$ 的曲线（称为绝热线）进行。因为气体从初态 i 变到末态 f，我们可以将式（19-53）重写成

$$p_iV_i^{\gamma}=p_fV_f^{\gamma}\ \text{（绝热过程）} \qquad (19\text{-}54)$$

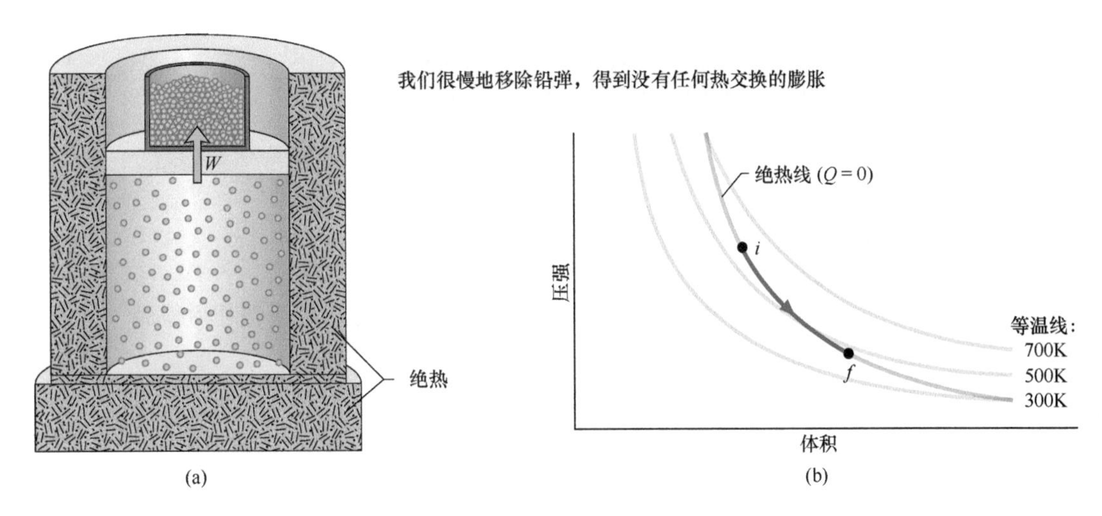

图 19-15 （a）通过移除活塞上的质量，理想气体的体积增大，这个过程是绝热的（$Q=0$）。（b）这个过程在 p-V 图上沿绝热线从 i 进行到 f。

要写出用 T 和 V 表示的绝热过程的方程式，我们利用理想气体方程（$pV=nRT$）从式（19-53）中消去 p，求得

$$\left(\frac{nRT}{V}\right)V^{\gamma}=\text{常量}$$

因为 n 和 R 都是常量，我们把这个式子重新写成另外的形式：

$$TV^{\gamma-1}=\text{常量（绝热过程）} \qquad (19\text{-}55)$$

这里的常量与式（19-53）中的常量是不同的，气体从初态 i 变到末态 f，我们可以将式（19-55）重写为

$$T_iV_i^{\gamma-1}=T_fV_f^{\gamma-1}\ \text{（绝热过程）} \qquad (19\text{-}56)$$

懂得了绝热过程你就可以理解为什么砰的一声打开一瓶冰镇的香槟酒的软木塞或突然打开冰镇的苏打水易拉罐时，在容器开口处会形成薄雾。在没有开启的碳酸饮料瓶的顶部的空隙中有二氧化碳气体和水蒸气。因为这些气体的压强比大气压高得多，当容器被打开时，气体突然膨胀进入大气。于是气体体积增大，这意味着气体需要做功推开大气。因为膨胀极快，所以这是绝热过程，做功所需能量的唯一来源是气体的内能。由于内能减少，气

体温度必然要降低，而此时仍然有一定数量的水分子保持水蒸气状态。于是，就有许多水分子凝结成为微小的雾珠。

式（19-53）的证明

假设你从图19-15a中的活塞上面拿掉一些铅弹，让理想气体把活塞和剩下的子弹向上推动因而体积增大一个微分量dV。因为体积变化很小，我们可以认为，在这个体积变化过程中，气体作用在活塞上的压强p是常量。这个假设允许我们认为，在体积增加过程中，气体做的功dW等于pdV。由式（18-27），热力学第一定律可以写成

$$dE_{int} = Q - pdV \tag{19-57}$$

因为气体被绝热（因此膨胀是绝热的），我们用0代入Q。我们根据式（19-45），将nC_VdT代入dE_{int}，适当重新整理后，我们得到

$$ndT = -\left(\frac{p}{C_V}\right)dV \tag{19-58}$$

由理想气体定律（$pV = nRT$），我们有

$$pdV + Vdp = nRdT \tag{19-59}$$

用$C_p - C_V$代替式（19-59）中的R，得到

$$ndT = \frac{pdV + Vdp}{C_p - C_V} \tag{19-60}$$

令式（19-58）和式（19-60）相等，重新整理后得到

$$\frac{dp}{p} + \left(\frac{C_p}{C_V}\right)\frac{dV}{V} = 0$$

括号中两个摩尔热容的比值用γ代替并积分（参见附录E中积分式5），得到：

$$\ln p + \gamma \ln V = 常量$$

把等号左边重新写成$\ln(pV^\gamma)$，然后取两边的反对数，我们求得

$$pV^\gamma = 常量 \tag{19-61}$$

自由膨胀

回忆一下18-5单元，气体的自由膨胀是绝热过程，既不做功也没有内能的改变。因此，自由膨胀与由式（19-53）~式（19-61）描述的绝热过程不同。在这些方程式中，既要做功，内能也要改变。虽然这些膨胀过程是绝热的，但这些方程式不能应用于自由膨胀。

再回忆一下，在自由膨胀过程中，气体只在初始和末了处于平衡态；因此，我们在p-V图上只能画出这两个点，而不能画出膨胀过程本身。此外，因为$\Delta E_{int}=0$，末态的温度也一定是初态的温度。因此，在p-V图上的初态和末态的点一定在同一条等温线上，代替式（19-56），我们有：

$$T_i = T_f \quad (自由膨胀) \tag{19-62}$$

我们接着假设，气体是理想气体（所以$pV = nRT$），因为温度没有变化，所以乘积pV也没有变化。于是，代替式（19-53），自由膨胀满足下面的关系式：

$$p_iV_i = p_fV_f \quad (自由膨胀) \tag{19-63}$$

例题 19.09 **气体在绝热膨胀中做的功**

理想双原子分子气体开始时压强 $p_i = 2.00 \times 10^5$Pa，体积 $V_i = 4.00 \times 10^{-6}\mathrm{m}^3$。如果气体绝热膨胀到体积 $V_f = 8.00 \times 10^{-6}\mathrm{m}^3$，它做了多少功 W? 它的内能改变 ΔE_{int} 是多少？假设在整个过程中，分子转动但没有振动。

【关键概念】

（1）在绝热膨胀中，气体和它的环境之间没有热量交换，气体做功的能量来自内能。（2）最终的压强和体积与最初的压强和体积的关系可以通过式（19-54）：$p_iV_i^\gamma = p_fV_f^\gamma$）联系起来。（3）任何过程中气体做的功可以通过压强对体积积分求得（功是由于气体将它的容器壁向外推所产生）。

解：我们填入下列方程以计算功

$$W = \int_{V_i}^{V_f} p\mathrm{d}V \tag{19-64}$$

但我们首先需要作为体积的函数的压强表达式（我们对体积求这个表达式的积分）。我们用不确定的符号（略去下标 f），重写式（19-54）

$$p = \frac{1}{V^\gamma}p_iV_i^\gamma = V^{-\gamma}p_iV_i^\gamma \tag{19-65}$$

两个初始值是给定的常量，压强 p 是变量体积 V 的函数。把这个表式代入式（19-64）并积分，我们得到

$$\begin{aligned} W &= \int_{V_i}^{V_f} p\mathrm{d}V = \int_{V_i}^{V_f} V^{-\gamma}p_iV_i^\gamma\mathrm{d}V \\ &= p_iV_i^\gamma\int_{V_i}^{V_f} V^{-\gamma}\mathrm{d}V = \frac{1}{-\gamma+1}p_iV_i^\gamma\left[V^{-\gamma+1}\right]_{V_i}^{V_f} \\ &= \frac{1}{-\gamma+1}p_iV_i^\gamma\left[V_f^{-\gamma+1} - V_i^{-\gamma+1}\right] \end{aligned} \tag{19-66}$$

在代入给定的数据之前，我们必须确定有转动而没有振动的双原子分子气体的摩尔热容比 γ。由表 19-3，我们得到

$$\gamma = \frac{C_p}{C_V} = \frac{\frac{7}{2}R}{\frac{5}{2}R} = 1.4 \tag{19-67}$$

我们现在可以写出气体所做的功如下（体积单位用 m³，压强用 Pa）

$$\begin{aligned} W &= \frac{1}{-1.4+1}(2.00\times10^5)(4.00\times10^{-6})^{1.4}\times \\ &\quad\left[(8.00\times10^{-6})^{-1.4+1} - (4.00\times10^{-6})^{-1.4+1}\right] \\ &= 0.48\mathrm{J} \end{aligned}$$
（答案）

热力学第一定律［式（18-26）］告诉我们 $\Delta E_{\mathrm{int}} = Q - W$。因为在绝热膨胀中 $Q = 0$，所以我们得到

$$\Delta E_{\mathrm{int}} = -0.48\mathrm{J}$$
（答案）

由于有这些内能的减少，气体的温度必定因膨胀而降低。

例题 19.10 **绝热膨胀，自由膨胀**

起初，1mol 的 O_2（假设是理想气体）的温度为 310K，体积为 12L。我们让它膨胀到体积为 19L。

（a）如果气体绝热膨胀，膨胀后的温度是多少？O_2 是双原子分子，它有转动但没有振动。

【关键概念】

1. 气体反抗环境对它的压力膨胀，气体必定做功。

2. 如膨胀是绝热的（没有热量交换），做功所需的能量只能来自气体内能。

3. 因为内能减少，温度 T 也必定降低。

解：我们可以把初始和末了的温度及体积用式（19-56）联系起来

$$T_iV_i^{\gamma-1} = T_fV_f^{\gamma-1} \tag{19-68}$$

因为分子是双原子的并且有转动而没有振动，我们可以从表 19-3 中找到摩尔热容，于是

$$\gamma = \frac{C_p}{C_V} = \frac{\frac{7}{2}R}{\frac{5}{2}R} = 1.40$$

关于式（19-68）解出 T_f，并代入已知数据，得到

$$\begin{aligned} T_f &= \frac{T_iV_i^{\gamma-1}}{V_f^{\gamma-1}} = \frac{(310\mathrm{K})(12\mathrm{L})^{1.40-1}}{(19\mathrm{L})^{1.40-1}} \\ &= (310\mathrm{K})\left(\frac{12}{19}\right)^{0.40} = 258\mathrm{K} \end{aligned}$$
（答案）

（b）如果气体是从初始压强 2.0Pa 自由膨胀到这个新的体积，最终的温度和压强各是多少？

【关键概念】

在自由膨胀中温度不改变，这是因为分子的

动能没有改变。

解：因此温度是

$$T_f = T_i = 310\text{K} \quad \text{（答案）}$$

我们用式（19-63）求新的压强，由这个式子，得

$$p_f = p_i \frac{V_i}{V_f} = (2.0\text{Pa})\frac{12\text{L}}{19\text{L}} = 1.3\text{Pa} \quad \text{（答案）}$$

解题策略　四种气体过程的图解小结

在这一章里我们讨论了理想气体可能经历的四种特殊的过程。每一个（单原子理想气体）过程的例子画在图 19-16 中；一些相关的性质列在表 19-4 中。

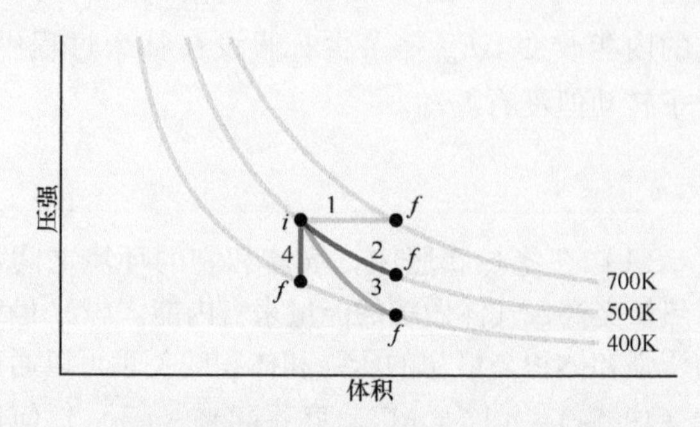

图 19-16　表示理想单原子气体的四种特殊过程的 p-V 图。

检查点 5

将图 19-16 中的路径 1、2 和 3 按转移给气体的热量多少排序，最大的第一。

表 19-4　四种特殊的过程

图 19-16 中的路径	恒定的量	过程类型	某些特殊的结果（对所有路径 $\Delta E_{int} = Q - W$ 和 $\Delta E_{int} = nC_V\Delta T$）
1	p	等压	$Q = nC_p\Delta T$；$W = p\Delta V$
2	T	等温	$Q = W = nRT\ln(V_f/V_i)$；$\Delta E_{int} = 0$
3	pV^γ，$TV^{\gamma-1}$	绝热	$Q = 0$；$W = -\Delta E_{int}$
4	V	等容	$Q = \Delta E_{int} = nC_V\Delta T$；$W = 0$

PLUS 在 WileyPLUS 中可以找到附加的例题、视频和练习。

复习和总结

气体动理论　气体动理论将气体的宏观性质（例如压强和温度）与气体分子的微观性质（例如速率和动能）联系起来。

阿伏伽德罗常量　1mol 的物质包含 N_A（阿伏伽德罗常量）个基本单元（通常是原子或分子）。N_A 的值由实验得到：

$$N_A = 6.02 \times 10^{23}\text{mol}^{-1} \text{（阿伏伽德罗常量）} \quad (19\text{-}1)$$

任何物质的摩尔质量 M 是 1mol 这种物质的质量。它和这种物质单个分子的质量 m 的关系为

$$M = mN_A \quad (19\text{-}4)$$

包含在由 N 个分子组成、质量为 M_{sam} 的样品中的摩尔数 n 由下式给出

$$n = \frac{N}{N_A} = \frac{M_{sam}}{M} = \frac{M_{sam}}{mN_A} \quad (19\text{-}2, 19\text{-}3)$$

理想气体　理想气体是它的压强 p、体积 V 和温度 T 满足下列方程式的气体：

$$pV = nRT \text{（理想气体定律）} \quad (19\text{-}5)$$

其中，n 是气体的摩尔数；R [8.31J/(mol·K)] 为**气体常量**。理想气体定律也可以写成

$$pV = NkT \quad (19\text{-}9)$$

其中，k 是**玻尔兹曼常量**

$$k = \frac{R}{N_A} = 1.38 \times 10^{-23}\text{J/K} \quad (19\text{-}7)$$

等温的体积变化所做的功　理想气体经历**等温**变化（恒定的温度），从体积 V_i 变到体积 V_f 所做的功是

$$W = nRT\ln\frac{V_f}{V_i} \text{（理想气体，等温过程）} \quad (19\text{-}14)$$

压强、温度和分子速率　n mol 的理想气体的压强用组成它的分子的速率表示为

$$p = \frac{nMv_{rms}^2}{3V} \quad (19\text{-}21)$$

其中，$v_{rms} = \sqrt{(v^2)_{avg}}$ 是气体分子的**方均根速率**。根据式（19-5）可知

$$v_{rms} = \sqrt{\frac{3RT}{M}} \quad (19\text{-}22)$$

温度和动能　理想气体的每个分子的平均平动动能 K_{avg} 是

$$K_{avg}=\frac{3}{2}kT \qquad (19\text{-}24)$$

平均自由程　气体分子的平均自由程λ是两次相继碰撞之间路程的长度，由下式给出：

$$\lambda=\frac{1}{\sqrt{2}\pi d^2 N/V} \qquad (19\text{-}25)$$

其中，N/V是单位体积中分子的数目；d是分子的直径。

麦克斯韦速率分布　麦克斯韦速率分布$P(v)$是这样的一个函数，就是$P(v)\mathrm{d}v$给出速率为v并且在区间$\mathrm{d}v$内分子的数目占总分子数的比例：

$$P(v)=4\pi\left(\frac{M}{2\pi RT}\right)^{3/2}v^2\mathrm{e}^{-Mv^2/(2RT)} \qquad (19\text{-}27)$$

气体分子速率分布的三种量度是

$$v_{avg}=\sqrt{\frac{8RT}{\pi M}}\text{（平均速率）} \qquad (19\text{-}31)$$

$$v_P=\sqrt{\frac{2RT}{M}}\text{（最概然速率）} \qquad (19\text{-}35)$$

以及上面式（19-22）定义的方均根速率。

摩尔热容　气体的定容摩尔热容C_V定义为

$$C_V=\frac{Q}{n\Delta T}=\frac{\Delta E_{int}}{n\Delta T} \qquad (19\text{-}39，19\text{-}41)$$

其中，Q是传入或传出n mol气体样品的热量；ΔT是所引起的气体温度变化；ΔE_{int}是由此引起的气体内能的改变。对于单原子分子理想气体：

$$C_V=\frac{3}{2}R=12.5\text{J}/(\text{mol}\cdot\text{K}) \qquad (19\text{-}43)$$

气体的定压摩尔热容C_p定义为

$$C_p=\frac{Q}{n\Delta T} \qquad (19\text{-}46)$$

其中，Q、n和ΔT的定义和前面一样。C_p也由下式给出：

$$C_p=C_V+R \qquad (19\text{-}49)$$

对n mol理想气体，有

$$E_{int}=nC_VT\text{（任何理想气体）} \qquad (19\text{-}44)$$

如果有n mol的、体积不变的理想气体在任何过程中经历了温度变化ΔT，则气体内能的变化为

$$\Delta E_{int}=nC_V\Delta T\text{（理想气体，任何过程）} \qquad (19\text{-}45)$$

自由度和C_V　能量均分定理说的是，一个分子的每个自由度都有每分子$\frac{1}{2}kT$的能量$\left(=\frac{1}{2}RT\text{每摩尔}\right)$与之相关联。如果$f$是自由度的数目，则$E_{int}=(f/2)nRT$，并且

$$C_V=\left(\frac{f}{2}\right)R=4.16f\text{J}/(\text{mol}\cdot\text{K}) \qquad (19\text{-}51)$$

对于单原子分子气体，$f=3$（三个平动自由度）；对于双原子分子气体$f=5$（三个平动和两个转动自由度）。

绝热过程　当理想气体经历一个绝热的体积变化时（$Q=0$的变化）

$$pV^\gamma=\text{常量（绝热过程）} \qquad (19\text{-}53)$$

其中，$\gamma(=C_p/C_V)$是气体摩尔热容比。然而，对于自由膨胀，$pV=$常量。

习题

1. 0.40mol的O_2在恒定压强下从0℃开始加热，必须加入多少热量才能使气体的体积增大到原来的三倍？（分子转动但不振动。）

2. 22个粒子的速率如下（N_i代表速率为v_i的粒子的数目）：

N_i	2	4	6	8	2
v_i（cm/s）	1.0	2.0	3.0	5.0	6.0

求（a）v_{avg}，（b）v_{rms}，（c）v_P。

3. 气体沿p-V图上路径1或路径2从初态i膨胀到末态f。路径1分三步：等温膨胀（做功的数值是23J），绝热膨胀（功的数值是35J），另一次等温膨胀（功的数值是16J）。路径2由两步组成：等容条件下压强降低以及等压下的膨胀。沿第二条路径气体内能变化是多少？

4. 22.5J的热量加入特定的理想气体，气体体积从50.0cm^{3}改变到100cm^3，在这个过程中压强保持为1.00atm不变。（a）气体内能改变多少？如果气体的数量是2.00×10^{-3}mol求（b）C_p和C_V。

5. 气体分子的质量可以根据它的比定容热容c_V（注意，这不是C_V）计算。氖的$c_V=0.1476\text{cal}/(\text{g}\cdot℃)$，求（a）氖原子的质量，（b）氖的摩尔质量。

6. 图19-17表示N_2气体分子的速率分布，水平轴标度由$v_s=2400\text{m/s}$标定。（a）气体温度和（b）方均根速率各是多少？

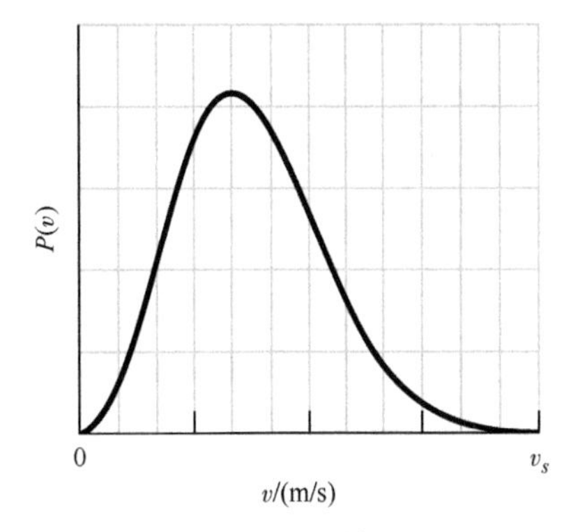

图19-17　习题6图

7. 设有双原子分子理想气体2.80mol，分子转动但不振动，在恒定压强条件下温度升高了45.0K。求（a）热能的转移，（b）气体内能的变化ΔE_{int}，（c）气体做功，（d）气体总的平动动能的改变ΔK。

8. 求323K下氩原子的方均根速率。氩原子的摩尔质

量见附录F。

9. 4.50mol的单原子理想气体的温度在等容条件下升高了27.0K。求（a）气体所做的功，（b）热能的转移，（c）气体内能的变化，（d）每个原子平均动能的变化。

10. 开香槟。在一瓶香槟中，液体和软木塞之间的少量气体（主要是二氧化碳）的气压是$p_i = 4.00\text{atm}$。活塞从瓶中拔出时，瓶中气体经历绝热膨胀，直到它的压强和周围空气压强1.00atm一致。设摩尔热容比$\gamma = \frac{4}{3}$。如果气体初始温度5.00℃，绝热膨胀终结时它的温度是多少？

11. 放在户外的10℃的水因水面一些分子的逃逸而蒸发。水的汽化热（539cal/g）近似地等于εn，其中，ε是逃逸的分子的平均能量，n是每克中的分子数。（a）求ε，（b）求ε与H_2O分子的平均动能之比，设平均动能和温度的关系与气体中的相同。

12. 绝热风。落基山脉上空的正常气流是从西向东。空气在爬上山脉西边的过程中会失去大多数水分并且变冷。当气流在山脉东边下降时，压强随高度降低而增大，并引起温度升高。这种气流，称为奇努克风，到山脚下时气温迅速升高。设气体压强p对高度y的依赖关系服从公式$p = p_0\exp(-ay)$，其中$p_0 = 1.00\text{atm}$，$a = 1.16 \times 10^{-4}\text{m}^{-1}$。还假设摩尔热容比$\gamma = \frac{4}{3}$。初始温度为-13.0℃的一团空气绝热地从$y_1 = 4267\text{m}$的高度下降到$y = 1567\text{m}$。在下降的终点空气温度是多少？

13. 11个分子的速率分别是2.0km/s，3.0km/s，4.0km/s，…，12km/s。求它们的（a）平均速率和（b）方均根速率。

14. 1mol的双原子理想气体沿图19-18中的对角线从a到c。纵轴标度$p_{ab} = 5.0\text{kPa}$，$p_c = 0.50\text{kPa}$，横轴标度$V_{bc} = 4.0\text{m}^3$，$V_a = 2.0\text{m}^3$。在转变过程中（a）气体内能变化是多少？（b）有多少热量加入气体？（c）如果气体沿间接的路径abc从a到c，需要多少热量？

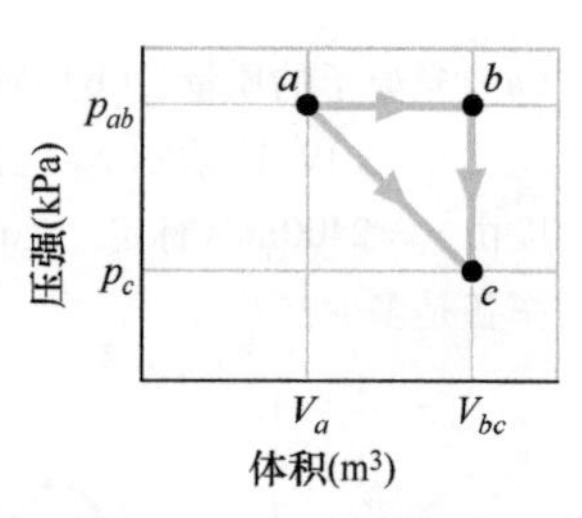

图19-18 习题14图

15. 氢分子（H_2）束向墙壁射去，射束与墙面法线成32°角。射束中每个分子的速率是1.0km/s，质量为3.3×10^{-24}g。射束以每秒钟4.0×10^{23}个分子的速率轰击墙上面积为2.0cm²的区域。射束对墙的压强多大？

16. 我们给双原子气体输入90J热量，然后气体等压膨胀。气体分子转动但不振动。气体内能增加多少？

17. 图19-19表示N个气体粒子样品的假想的速率分布（注意：当速率$v > 2v_0$时，$P(v) = 0$）。数值（a）av_0，（b）v_{avg}/v_0，（c）v_{rms}/v_0各是多少？（d）速率在$1.25v_0$和$1.85v_0$之间的粒子占多大比例？

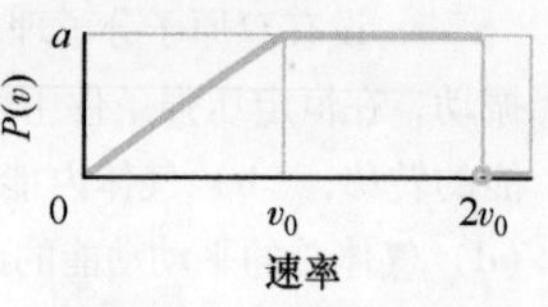

图19-19 习题17图

18. 我们知道对于绝热过程pV^γ = 常量。对于含有2.0mol理想气体的绝热过程，准确通过$p = 1.5\text{atm}$和$T = 300\text{K}$的状态，计算公式中的这个"常量"。设这是双原子分子气体，分子转动但不振动。

19. 粒子以下列速率运动：四个粒子300m/s，两个粒子500m/s，四个600m/s。求它们的（a）平均速率和（b）方均根速率。（c）是不是$v_{rms} > v_{avg}$？

20. 在温度为20℃和压强为750Torr的条件下，氩气（Ar）和氮气（N_2）的平均自由程分别是$\lambda_{Ar} = 9.9 \times 10^{-6}\text{cm}$，$\lambda_{N_2} = 27.5 \times 10^{-6}\text{cm}$。（a）求Ar原子和$N_2$分子直径的比值。Ar在（b）20℃和300Torr以及（c）-60℃和750Torr下的平均自由程各是多少？

21. 设有0.825mol理想气体输入热量Q，发生等温膨胀。如图19-20表示最后达到的体积V_f对Q的曲线，温度是多少？纵轴的标度由$V_{fs} = 0.30\text{m}^3$标定，横轴标度由$Q_s = 1800\text{J}$标定。

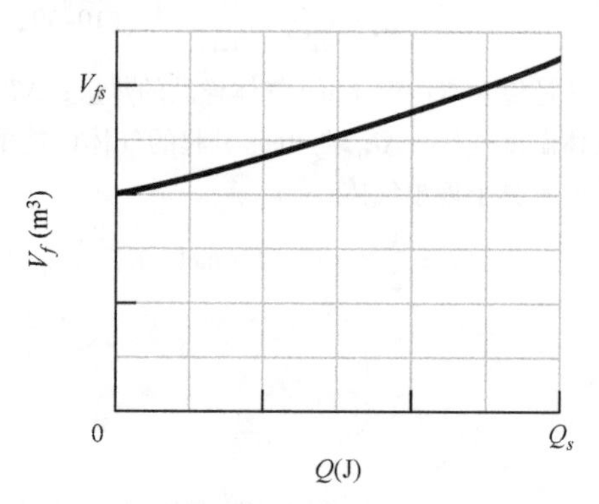

图19-20 习题21图

22. N_2分子在1500K下的平均平动动能有多大？

23. 图19-21表示2.00mol的单原子理想气体经历的循环。温度$T_1 = 300\text{K}$，$T_2 = 600\text{K}$，$T_3 = 455\text{K}$。对1→2，求（a）热量Q，（b）内能的变化ΔE_{int}，（c）所做功W。对2→3，求（d）Q，（e）ΔE_{int}及（f）W。对3→1，求（g）Q，（h）ΔE_{int}，（i）W。对整个循环，求（j）Q，（k）ΔE_{int}及（l）W。在点1处的初始压强是1.00atm（$= 1.013 \times 10^5\text{Pa}$）。在点2处的（m）体积和（n）压强各是多少？在点3处的（o）体积及（p）压强各是多少？

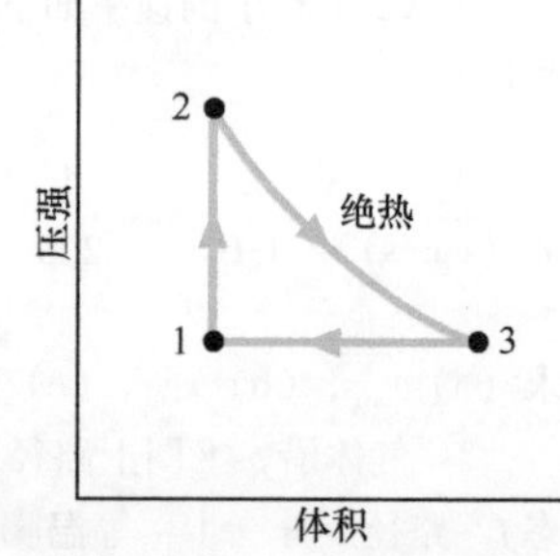

图19-21 习题23图

24. 设有10.0g的氧气（O_2）在恒定的大气压下从25.0℃加热到125℃。（a）这里有多少摩尔氧气？（参见表19-1中的摩尔质量。）（b）多少热量转移给氧气（分子转动但不振动)?(c)有多少比例的热量用于增加氧气的内能?

25. 图 19-22 表示气体从初态 i 到末态 f 可以采取的两条路径。路径 1 包括等温膨胀(功的数值是 60J),接着是绝热膨胀(功的数值是 45J),然后是等温压缩(功的数值是 30J),接着是绝热压缩(功的数值 25J)。如果气体沿路径 2,则从 i 点到 f 点气体内能的变化是多少?

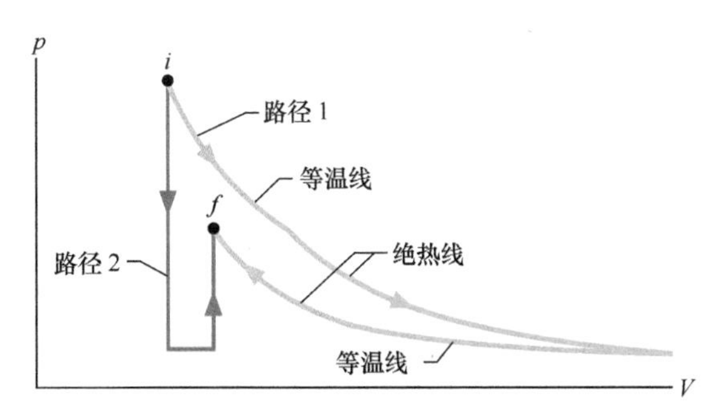

图 19-22 习题 25 图

26. 气体分子转动,但不振动的双原子理想气体经历了绝热过程。它的初始压强和体积分别是 1.20atm 和 0.200m^3。它的末了压强是 3.60atm。气体做了多少功?

27. 某种气体在压强为 1.2atm 和温度为 4000K 的条件下占有体积 0.76L。它绝热膨胀到体积 4.3L。求(a)末了压强及(b)末了温度。设气体是理想气体,它的 $\gamma = 1.4$。

28. 温度为 T_2 的气体分子的最概然速率等于温度为 T_1 时分子的平均速率。求 T_2/T_1。

29. 理想气体的体积绝热地从 350L 减少到 130L。初始压强和温度是 2.00atm 和 380K。末了压强是 8.00atm。(a)这种气体是单原子,双原子还是多原子?(b)末了温度是多少?(c)气体有多少摩尔?

30. 3.00mol 的理想单原子气体在等压条件下温度升高 15.0K。求(a)气体做的功 W,(b)热量的转移 Q,(c)气体内能的改变 ΔE_{int},以及(d)每个原子平均动能的改变 ΔK。

31. 汽车轮胎的体积为 $1.64 \times 10^{-2}\text{m}^3$,所充空气的计示压强(高于大气压的压强数值)在 0.00℃时为 165kPa。当它的温度增高到 37.0℃、体积增大到 $1.67 \times 10^{-2}\text{m}^3$ 时,车胎中空气的计示压强是多少?设大气压强为 $1.01 \times 10^5\text{Pa}$。

32. 两个容器的温度相同。第一个容器中气体压强为 p_1,分子质量为 m_1,方均根速率为 $v_{\text{rms},1}$。第二个容器中的气体压强是 $1.5p_1$,分子质量为 m_2,平均速率 $v_{\text{avg},2} = 2.0v_{\text{rms},1}$。求质量比 m_1/m_2。

33. 在 40.0℃及 $1.01 \times 10^5\text{Pa}$ 下,体积为 1200cm^3 的氧气膨胀后达到温度 493K,压强 $1.06 \times 10^5\text{Pa}$,求(a)样品中包含氧气的摩尔数,(b)样品的最终体积。

34. 在 310 ~ 330K 的温度范围内,某种非理想气体压强 p 与体积 V 及温度 T 的关系为

$$p = (24.9\text{J/K})\frac{T}{V} - (0.00662\text{J/K}^2)\frac{T^2}{V}$$

如果它的压强保持恒定,温度从 315K 升高到 330K,气体做了多少功?

35. 3.00mol 的双原子理想气体在气体压强不变的条件下温度升高了 20.0℃。气体分子转动但不振动。(a)有多少热量传递给了气体?(b)气体内能改变了多少?(c)气体做功多少?(d)气体分子的转动动能增加了多少?

36. 高温汽车里的水瓶。在美国西南部的夏天,停放在太阳下的密闭汽车内的温度可能会高到把肉烤熟。假设从 5.00℃的冰箱里拿出一瓶水,把它瓶盖打开,然后再拧紧。把它放在内部温度为 65.0℃的密闭汽车内。忽略水和瓶子的热膨胀。求封闭在瓶里剩余的少量空气的压强。(该压强足以使瓶盖滑过拧紧瓶盖的螺纹而冲出。)

37. 外太空可能的最低温度是 2.7K,这和宇宙形成后所残留的微波背景辐射有关。在这样的温度下,H_2 分子的方均根速率是多少?(摩尔质量在表 19-1 中给出。)

38. 现有 $\gamma = 1.30$ 的气体 1.00L,开始时温度和压强分别为 285K 和 1.00atm,突然被绝热压缩到初始体积的一半。求它最后的(a)压强和(b)温度。(c)如果气体在等压条件下冷却到 273K,最后体积是多少?

39. 一个容器内盛有三种不会起反应的气体:$C_{V1} = 12.0\text{J/(mol}\cdot\text{K)}$ 的 5.61mol 气体 1,$C_{V2} = 12.8\text{J/(mol}\cdot\text{K)}$ 的 4.22mol 气体 2,以及 $C_{V3} = 20.0\text{J/(mol}\cdot\text{K)}$ 的 3.20mol 气体 3。混合气体的 C_V 是多少?

40. 封闭容器内有摩尔质量为 M_1 的 1.5mol 理想气体,以及摩尔质量为 $M_2 = 3M_1$ 的 0.50mol 另一种理想气体,第二种气体对作用在器壁上的总压强贡献的比例是多少?(压强的气体动理论的解释导致实验上发现不会产生化学反应的混合气体的分压强定律:混合气体作用的总压强等于每一种气体分别独自占据这个容器时的压强的总和。一种类型的分子和容器壁的碰撞不会受另一种类型分子存在的影响。)

41. 图 19-23 中的容器 A 盛有压强为 $8.0 \times 10^5\text{Pa}$ 及温度 250K 的理想气体。它通过一根细管(带有关闭的阀门)连接到体积为 A 的 4 倍的容器 B 中。容器 B 盛有压强为 $1.0 \times 10^5\text{Pa}$、温度为 450K 的同种理想气体。打开阀门使两边的压强相等,但各个容器的温度保持不变,压强变成多大?

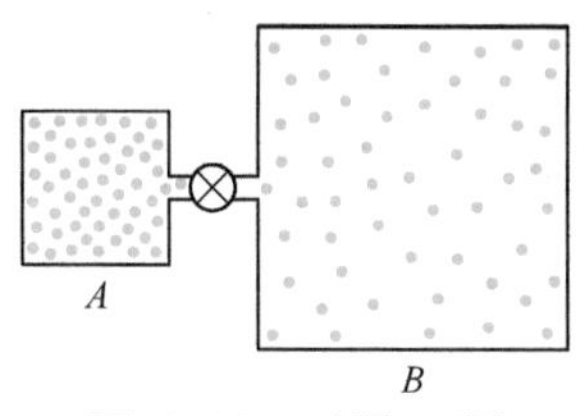

图 19-23 习题 41 图

42. N_2 分子的直径为 0.32nm。在 0.00℃,1.00atm,气体密度是 2.7×10^{19} 个分子/cm^3 的条件下,分子的平均自由程多大?

43. 求理想气体的分子的平动动能的平均值，其温度分别为（a）20.0℃，（b）80.0℃。当温度分别为（c）20.0℃及（d）80.0℃时，每摩尔理想气体的平动动能是多少？

44. 在546K和2.00×10^{-2} atm下，气体密度是1.24×10^{-5} g/cm^3。（a）求气体分子的方均根速率v_{rms}，（b）气体的摩尔质量，（c）判断这是什么气体。参见表19-1。

45. 如果真空技术可以在293K的温度下使气体密度达到45个分子/cm^3，则气体压强是多大？

46. *营救潜水艇*。当美国"角鲨"号（Squalus）潜水艇在深度80m处发生事故时，从救援船上放下一个圆柱形救生舱来营救船员，救生舱半径1.00m，高度3.50m，底部开口，可以容纳两名救援人员。它沿着由潜水员连接到潜水艇上舱口的导引缆绳滑下。一旦救生舱到达潜水艇舱口并固定在船体上，船员就可以进入救生舱逃生。在下降过程中要从储气罐送入空气以防止救生舱内进水。设在深度h处，内部气压要与这个深度的水压相匹配。该深度的水压由公式$p_0+\rho gh$给出，其中，$p_0=1.000$atm是水面压强，$\rho=1024$kg/m^{3}是海水密度。设水面温度是20.0℃，水下温度是−40.0℃。（a）在水面上救生舱中空气的体积是多少？（b）如果没有从储气罐送入空气，在深度$h=80.0$m处救生舱内空气的体积将会是多少？（c）需要送入多少摩尔的空气来保持救生舱内原来的空气体积？

47. 在多少温度下，（a）H_2和（b）O_2的方均根速率等于从地球上的逃逸速率（见表13-2）？在什么温度下（c）H_2和（d）O_2的方均根速率等于从月球上的逃逸速率（月球表面的重力加速度数值是$0.16g$）？考虑一下（a）和（b）小题的答案，在温度是1000K的地球上层大气中，是不是应当有很丰富的（e）H_2和（f）O_2？

48. 体积为15cm^{3}的气泡在深度40m的湖底，这里的温度为4.0℃。气泡上升到温度为20℃的水面。取气泡中空气的温度和周围水的温度相同。当气泡正好浮到水面上时，它的体积是多少？

49. 初始体积为0.280m^{3}的空气的计示压强为103.0kPa。这些空气等温膨胀到压强101.3kPa，然后等压冷却使它回到初始体积。然后又通过等容过程回到初始压强。计算空气所做的净功。（计示压强是实际压强和大气压强之差。）

50. 2.0mol的单原子理想气体在273K下的内能是多少？

51. 海拔2500km处的大气密度大约是1个分子/cm^3。（a）设分子直径为2.0×10^{-8}cm，求由式（19-25）预测的平均自由程。（b）说明所预测的数值是否有意义。

52. 金（Au）的摩尔质量是197g/mol。（a）1.50g纯金样品是多少摩尔？（b）该样品中有多少个原子？

53. 在某一粒子加速器中，质子在真空室中沿直径为23.0m的圆形轨道运动，真空室中剩余气体的温度为295K压强为5.00×10^{-7}Torr。（a）计算在此压强下每立方厘米所含的气体分子数。（b）如果分子直径为2.00×10^{-8}cm，气体分子的平均自由程多大？

54. 一定量的理想气体在10.0℃和100kPa条件下占有体积3.00m^3。（a）这里面有多少摩尔气体？（b）如果压强增大到300kPa，温度升高到30.0℃，气体占据多少体积？假设没有泄漏。

55. 理想气体的样品经过图19-24所示的循环过程$abca$。纵轴标度$p_b=7.5$kPa，$p_{ac}=2.5$kPa。a点的温度$T=280$K。（a）样品中有多少摩尔的气体？（b）b点气体温度和（c）c点气体温度各是多少？（d）这个循环中气体做的净功及（e）循环中加入气体的净热量各是多少？

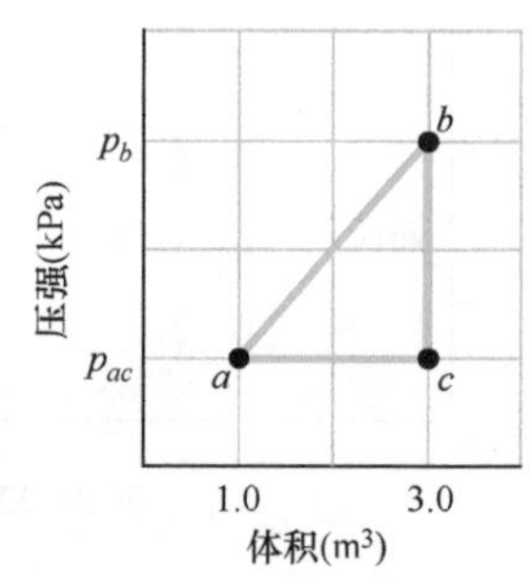

图19-24　习题55图

56. 太阳大气的温度和压强分别是2.00×10^6K及0.0300Pa。计算这里自由电子（质量9.11×10^{-31}kg）的方均根速率，假设它们是理想气体。

57. 有1.80mol的理想气体经过30℃的等温膨胀体积从3.00m^{3}增大到体积5.50m^3。（a）在这一过程中有多少热量转移？（b）热量是传给气体还是从气体传出。

58. 求1200K的氦（He）原子的方均根速率。氦原子的摩尔质量参见附录F。

59. H_2分子（直径1.0×10^{-8}cm）从2000K的炉子中以方均根速率逸出，进入装有冷Ar原子（直径3.0×10^{-8}cm）的气室，Ar原子的密度为2.0×10^{19}个原子/cm^3。（a）H_2分子的速率是多少？（b）如果H_2分子和Ar原子碰撞，它们的中心最近的距离可以是多少？把它们都当作小球。（c）H_2分子最初经历的每秒钟碰撞次数是多少？（提示：设Ar原子是静止的。H_2分子的平均自由程由式（19-26）而不是式（19-25）给出。）

60. 在什么频率时，空气中声波的波长等于压强为2.5atm、温度为0.00℃下O_2分子的平均自由程？O_2分子的直径是3.0×10^{-8}cm。

61. 3.23×10^{24}个铝（Al）原子的质量是多少千克？铝的摩尔质量是26.98g/mol。

62. 求压强为75.0Pa、温度为285K下的1.00cm^{3}理想气体中的（a）摩尔数和（b）分子数。

63.（a）求80.0℃下N_2分子的方均根速率。N_2分子的摩尔质量在表19-1中给出。在什么温度下，方均根速率分别是这个数值的（b）一半以及（c）它的两倍？

CHAPTER 20

第20章　熵和热力学第二定律

20-1　熵

学习目标

学完第一单元后，你应当能够……

20.01　懂得热力学第二定律：如果有一个过程发生在封闭系统内，对于不可逆过程，系统的熵增加；对于可逆过程，系统的熵保持不变，熵永远不会减少。

20.02　懂得熵是态函数（系统的某一特定状态熵的数值，与通过怎样的途径到达这个状态无关。）

20.03　通过温度（K）的倒数对过程中转移的热量 Q 积分计算过程中熵的改变（以下简称熵变）。

20.04　对于恒定温度下的相变，应用熵变 ΔS、转移的总热量 Q 和温度 T(K) 之间的关系。

20.05　对于温度变化 ΔT 相对于温度 T 是小量的情况，应用熵变 ΔS、转移的热量 Q 和平均温度 T_{avg}(K) 之间的关系。

20.06　对于理想气体，应用熵变 ΔS 以及压强和体积的初始和末了的数值之间的关系。

20.07　懂得如果某一过程是不可逆的，则熵变的积分必须通过与该系统的不可逆过程在同样的初态和末态之间进行的另一个可逆的过程来求。

20.08　对被拉长的橡皮筋，把弹性力和熵随拉长距离的改变而改变的速率联系起来。

关键概念

- 不可逆过程是一种即使在环境中造成微小改变也无法使该过程逆向进行的过程。不可逆过程进行的方向由经历这个过程的系统的熵变 ΔS 决定。熵 S 是系统状态的性质（或态函数）；即它只取决于系统的状态而与系统到达这个状态的方式无关。熵假设是（在某种程度上）：如果在一个封闭系统内发生不可逆过程，则系统的熵总是增加。
- 一个系统经历不可逆过程从初态 i 到末态 f 引起的熵变严格地等于该系统在同样的两个状态间进行的任何可逆过程的熵变 ΔS。我们可以通过后者（而不是前者）来计算熵变：

$$\Delta S = S_f - S_i = \int_i^f \frac{\mathrm{d}Q}{T}$$

其中，Q 是过程中传入或从系统传出的热量；T 是过程发生时用热力学温标 K 表示的系统温度。

- 对于可逆等温过程，熵变的表达式简化为

$$\Delta S = S_f - S_i = \frac{Q}{T}$$

- 当系统在过程前后的温度改变 ΔT 相对于系统温度（K）很小时，熵变可以近似地写成

$$\Delta S = S_f - S_i \approx \frac{Q}{T_{avg}}$$

其中，T_{avg}是过程中系统的平均温度。

- 当理想气体从温度为 T_i、体积为 V_i 的初态可逆地改变到温度为 T_f、体积为 V_f 的末态时，气体的熵变是 ΔS：

$$\Delta S = S_f - S_i = nR\ln\frac{V_f}{V_i} + nC_V\ln\frac{T_f}{T_i}$$

- 作为熵的假设扩展的热力学第二定律是：如果一个过程发生在封闭系统中，则不可逆过程系统的熵增加，可逆过程系统的熵保持不变。熵永远不会减少。用公式表示为

$$\Delta S \geqslant 0$$

什么是物理学?

时间有方向，沿着这个方向我们长大、变老。我们习惯于许多单向过程——就是说这种过程只能按一定的顺序发生（正确的方向）；从来不会沿相反的顺序发生（错误的方向）。鸡蛋掉落在地板上，比萨饼被烤熟，汽车撞上了灯柱，大浪侵蚀沙滩——这些单向的过程都是**不可逆**的。意思是说，这些过程不能仅仅用稍微改变它们的环境的方法使过程逆转。

物理学的目标之一就是要理解时间为什么具有方向性，为什么单向过程是不可逆的。虽然这个物理学问题看上去好像和日常生活的实际问题没有关系，但事实上它是任何发动机的核心问题。像汽车发动机就是。因为它决定了一台发动机工作好不好。

理解单向过程为什么不能逆转进行的关键在于一个称为熵的物理量。

不可逆过程和熵

不可逆过程的单向特性是如此普遍，以致我们早已把它看作理所当然的事。假如这些过程*自发地*（主动地）沿错误的方向进行，我们一定会感到惊讶。虽然这种错误方向的事件*一点也不*违背能量守恒定律。

例如，如果你用手捧着一杯热咖啡，假如你发现自己的手变得越来越冷而杯中咖啡越来越热，你一定会感到惊讶。这显然是能量转移的错误方向，但这个封闭系统（*手+一杯咖啡*）的总能量和该过程沿正确方向进行时的总能量完全相同。另一个例子，如果你把一只氦气球戳破，如果过了一会儿，所有的氦分子又聚集并一起进入到恢复了原来样子的气球中，你一定会感到惊讶。这对于分子的扩散来说是错误的方向，但是这个封闭系统（*分子+房间*）的总能量和正确方向的总能量是完全相同的。

由此可见，封闭系统中的能量变化不能决定不可逆过程的方向。这种方向就是我们在这一章中要讨论的另一种性质——系统的*熵的改变*（简称熵变）ΔS 决定的。系统熵变在这一单元晚些时候再下定义，但我们在这里要说明熵*假设*的主要性质：

如果在一个封闭系统中发生不可逆过程，则系统的熵 S 总是增加，它从不减少。

熵与能量的区别是，熵不遵从守恒定律。封闭系统的能量是守恒的；它总是保持常量。对于不可逆过程，封闭系统的熵总是增加。由于这个性质，熵的改变有时称为“时间之箭”。例如，我们把爆米花谷粒的爆炸和时间的向前方向以及熵的增加联系起来。时间的反方向（录像带倒放）相当于已经爆裂的爆米花重新变成原来的谷粒。因为这个相反的过程会导致熵减少，所以它永远不会发生。

有两种等价的方式定义系统的熵变：①用系统的温度和系统

获得或失去的热量来表示；②用计算构成系统的原子或分子可能的排列方式来表示。我们在这一单元中用第一种方式，在 20-4 单元中用第二种方式。

熵变

让我们通过重新考察在 18-5 和 19-9 这两个单元中描述的过程——理想气体的自由膨胀——来探讨熵变的定义。图 20-1a 表示起初在平衡态 i 的气体，用一个关闭的旋塞阀将气体限制在绝热容器的左半部分。如果我们开通旋塞阀，气体就冲过旋塞阀而充满整个容器，最终达到末了的平衡态 f，如图 20-1b 所示。这是一个不可逆过程；所有的气体分子永远不会同时自动回到容器左半部分。

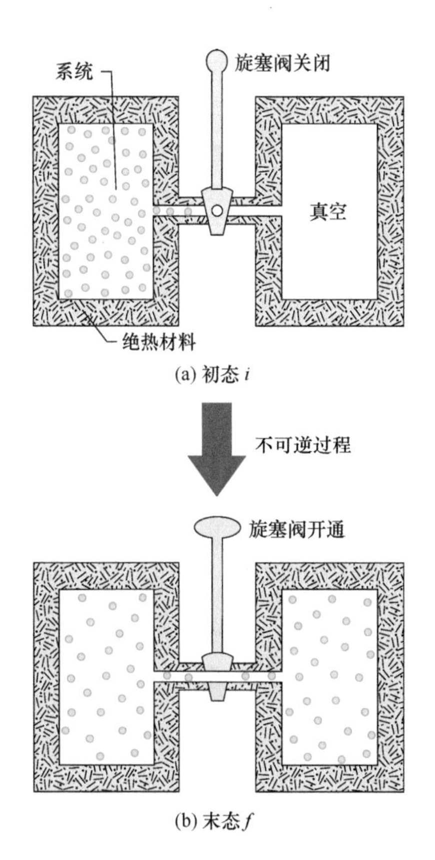

图 20-1 理想气体的自由膨胀。(a) 关闭旋塞阀，气体限制在绝热容器的左半室，(b) 旋塞阀开通，气体通过旋塞阀，充满整个容器。这个过程是不可逆的；即它不会逆转进行，即气体自发地都回去集中到容器的左半室。

图 20-2 是以上过程的 p-V 图，图中表示出气体初态 i 和末态 f 的压强和体积。压强和体积都是*状态的性质*，就是只依赖于气体的状态而与如何到达这个状态的方式无关。其他的状态性质还有温度和能量。我们现在假设，气体还有另一个状态性质——熵。进一步，我们定义系统在从初态 i 到末态 f 的过程中，系统的**熵变** $S_f - S_i$ 为

$$\Delta S = S_f - S_i = \int_i^f \frac{dQ}{T} \text{（熵变的定义）} \tag{20-1}$$

其中，Q 是过程中传入系统或从系统传出的热量；T 是以 K 为单位的系统的温度。从而，熵变不仅依赖于热的形式的能量转移，还依赖于发生热量转移时的温度。因为 T 总是正的。ΔS 的正负号和 Q 的正负号相同。我们由式（20-1）看出，熵和熵变的国际单位制单位是焦耳每开。

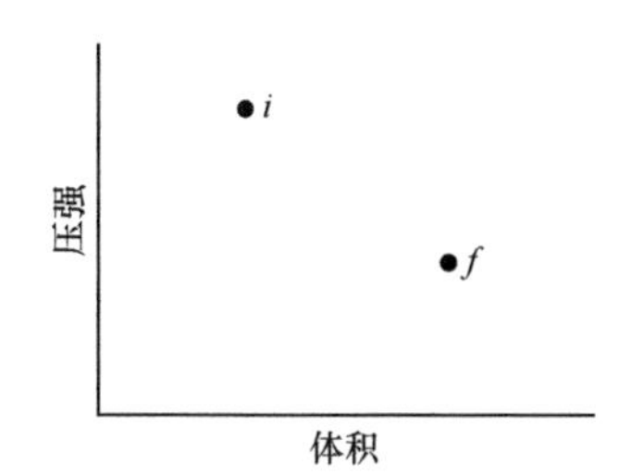

图 20-2 表示图 20-1 中自由膨胀的初态 i 和末态 f 的 p-V 图。气体的中间状态无法画出，因为它们不是平衡态。

然而，在把式（20-1）用于图 20-1 中的自由膨胀时还有一个问题，在气体冲过旋塞阀迅速充满整个容器的过程中，气体的压强、温度和体积都难以预料地发生涨落。换言之，从初态 i 改变到末态 f 的中间阶段的任一瞬时，系统都没有统一明确的平衡数值。因此，对图 20-2 中 p-V 图上的自由膨胀，我们无法描绘出一条压强-体积的路径，并且我们也无法找出式（20-1）中所要求的 Q 和 T 的关系来进行积分。

然而，如果熵确实是状态性质，两个状态 i 和 f 的熵的差必定*只取决于这两个状态而与系统从一个状态到另一个状态的过程毫无关系*。于是，我们可以用一个连接状态 i 和 f 的*可逆*过程来代替图 20-1 中的不可逆自由膨胀。

有了可逆过程，我们就可以跟踪 p-V 图上压强-体积的路径，并且可以得到 Q 和 T 的关系式，由此我们就可以把这个关系式代入式（20-1）算出熵变。

在 19-9 单元中我们曾经看到，理想气体经历自由膨胀后温度不变：$T_i = T_f = T$。因此，图 20-2 中的 i 和 f 两点必定都在同一条等温线上。用来代替它的合适的过程就是从 i 到 f 的可逆等温膨胀，这个过程实际上是*沿着*这条等温线进行的。进而言之，因为在整个可逆等温膨胀中 T 是常量，所以式（20-1）的积分就大大简化了。

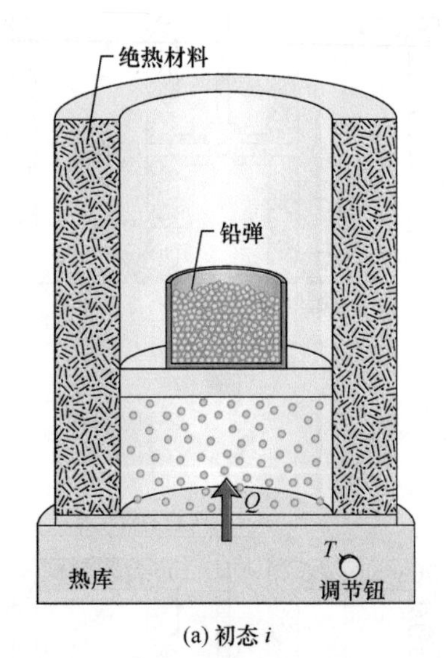

(a) 初态 i

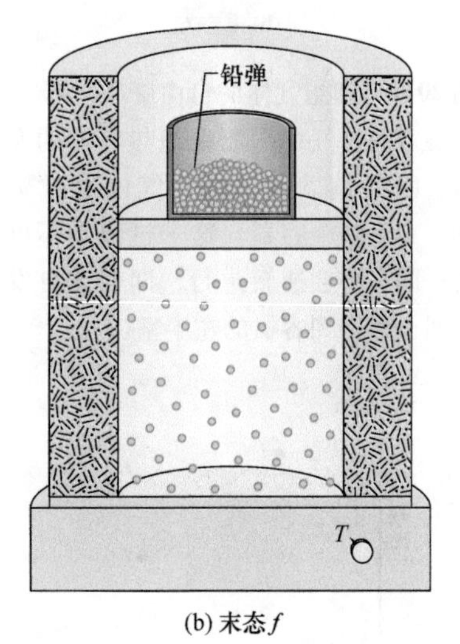

(b) 末态 f

图 20-3　理想气体的等温膨胀，以可逆的方式进行，气体和图 20-1 和图 20-2 中的不可逆过程有同样的初态 i 和末态 f。

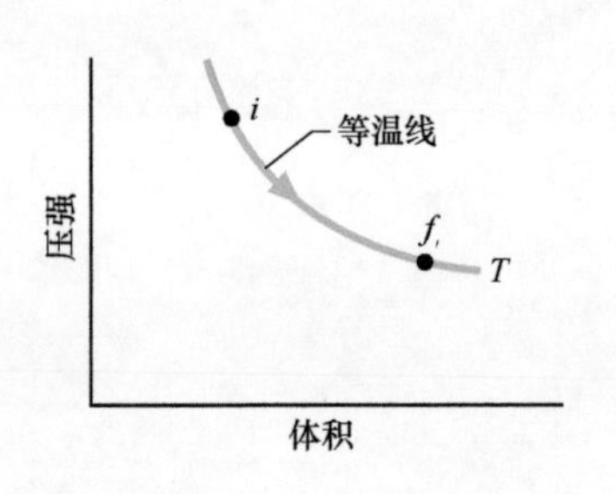

图 20-4　图 20-3 中可逆等温膨胀的 p-V 图。图中画出了现在是平衡态的中间态。

图 20-3 表示怎样实现这种可逆等温膨胀，我们把气体封闭在一个绝热圆柱形容器中，容器放在温度保持为 T 的热库上。开始时我们在可移动的活塞上放适当的铅弹，使容器中气体的压强和体积就是图 20-1a 中初态 i 的压强和体积。然后我们慢慢地（一个一个地）拿掉铅弹，直到气体的压强和体积分别等于图 20-1b 的终态下的压强和体积。因为在整个过程中气体始终保持和热库的热接触，所以气体的温度不变。

图 20-3 的可逆等温膨胀在物理上完全不同于图 20-1 中的不可逆自由膨胀。然而，*这两个过程都有同样的初态和同样的末态，因而必定有同样熵变*。由于我们是非常缓慢地拿掉铅弹，气体的各个中间状态都是平衡态，所以我们可以在 p-V 图上把这些中间状态画出来（见图 20-4）。

把式（20-1）用于等温膨胀，我们把温度常量 T 提到积分号外，得到

$$\Delta S = S_f - S_i = \frac{1}{T}\int_i^f \mathrm{d}Q$$

因为 $\int \mathrm{d}Q = Q$，Q 是过程中以热的形式转移的总能量，我们得到

$$\Delta S = S_f - S_i = \frac{Q}{T} \quad \text{（熵变，等温过程）} \tag{20-2}$$

在图 20-3 的等温膨胀过程中，为使气体的温度 T 始终保持为常量，必须有热量 Q 从热库转移到气体中。因此 Q 是正的，从而等温膨胀过程和图 20-1 的自由膨胀过程中熵都增加。

总结一下：

为了求不可逆过程的熵变，可用任一个连接同样的初态和末态的可逆过程来代替这个不可逆过程。然后用式（20-1）计算这个可逆过程的熵变。

在过程之前和之后，系统温度的变化 ΔT。当一个系统的温度改变相对于过程之前和之后的温度（K）来说很小时，熵变可以近似地写成：

$$\Delta S = S_f - S_i \approx \frac{Q}{T_{\text{avg}}} \tag{20-3}$$

其中，T_{avg} 是过程中以 K 为单位的系统平均温度。

检查点 1

用炉子烧水。水的熵随温度升高而改变：（a）20 ~ 30℃，（b）30 ~ 35℃，（c）80 ~ 85℃。将这些过程中的熵变按大小排序，最大的排第一。

作为状态函数的熵

我们已经假设熵和压强、能量以及温度一样，是系统状态的性质，而且都不依赖于这个状态是怎样达到的。到底熵是不是状态函数（如通常说的是状态的性质）只能通过实验来推断。然而，我们可以对一种特殊的重要情况来证明它是状态函数，这种情况

中理想气体经历了可逆过程。

要求过程可逆，就要使它通过一系列微小步骤缓慢地进行，在每一小步结束时气体都要处于平衡态。对每一小步，传给或传出气体的热量为 $\mathrm{d}Q$，气体做功是 $\mathrm{d}W$，内能改变 $\mathrm{d}E_{\mathrm{int}}$。这些可用热力学第一定律的微分形式联系起来［式（18-27）］：

$$\mathrm{d}E_{\mathrm{int}} = \mathrm{d}Q - \mathrm{d}W$$

因为这些步骤都是可逆的，气体在一系列平衡态中，所以我们可以用式（18-24）中的 $p\mathrm{d}V$ 代替 $\mathrm{d}W$，用式（19-45）中的 $nC_V\mathrm{d}T$ 取代 $\mathrm{d}E_{\mathrm{int}}$。然后，解出 $\mathrm{d}Q$，得到

$$\mathrm{d}Q = p\mathrm{d}V + nC_V\mathrm{d}T$$

利用理想气体定律，在上式中用 nRT/V 代替 p。然后我们对这个导出的方程式中的每一项除以 T，得到

$$\frac{\mathrm{d}Q}{T} = nR\frac{\mathrm{d}V}{V} + nC_V\frac{\mathrm{d}T}{T}$$

现在，我们把这个方程式的每一项在任意的初态 i 和末态 f 之间积分，得到

$$\int_i^f \frac{\mathrm{d}Q}{T} = \int_i^f nR\frac{\mathrm{d}V}{V} + \int_i^f nC_V\frac{\mathrm{d}T}{T}$$

等号左边的量是式（20-1）定义的熵变 $\Delta S(=S_f - S_i)$。把这个结果代入并求出等号右边的积分，得到

$$\Delta S = S_f - S_i = nR\ln\frac{V_f}{V_i} + nC_V\ln\frac{T_f}{T_i} \qquad (20\text{-}4)$$

注意，我们在计算积分的时候没有指定一个特殊的可逆过程。因此，积分必定对气体从初态 i 到末态 f 的所有可逆过程都成立。从而，理想气体的初态和末态间的熵变只依赖于初态的性质（V_i 和 T_i）以及末态的性质（V_f 和 T_f）；ΔS 不依赖于这两个状态之间气体是如何改变的。

检查点 2

这里的 p-V 图表示理想气体初态 i 的温度是 T_1。气体可沿图示的路径达到较高温度为 T_2 的两个末态 a 和 b，气体沿路径到达状态 a 的熵变大于，小于还是等于沿路径到达状态 b 的熵变？

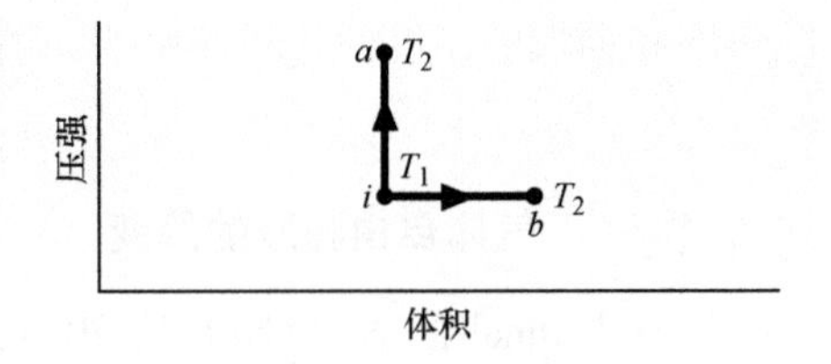

例题 20.01　两铜块达到热平衡过程的熵变

图 20-5a 表示两块完全相同的质量为 $m=1.5\mathrm{kg}$ 的铜块；铜块 L 的温度为 $T_{iL}=60℃$，铜块 R 的温度为 $T_{iR}=20℃$。两块铜块放在绝热的盒子中并用绝热的闸门隔开。我们抽起闸门，两铜块最后达到平衡温度 $T_f=40℃$（见图 20-5b）。在这个不可逆过程中，两铜块系统的净熵变是多少？铜的比热容是 $386\mathrm{J/(kg\cdot K)}$。

【关键概念】

要计算熵变，我们必须找到一个使系统从图 20-5a 的初态到图 20-5b 的末态的可逆过程。我们可以利用式（20-1）计算这个可逆过程的净熵变 ΔS_{rev}，不可逆过程的熵变也等于 ΔS_{rev}。

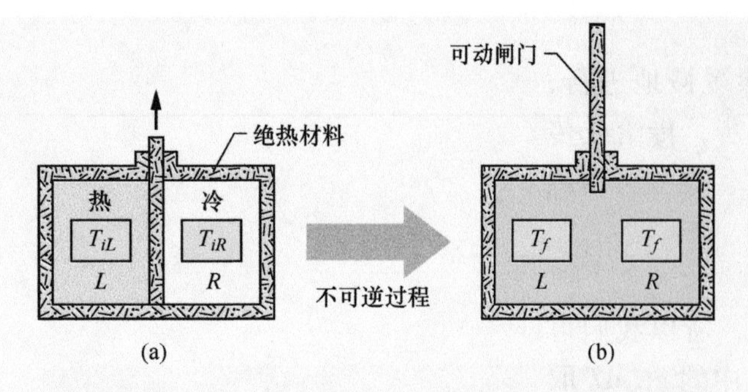

图 20-5　(a) 初态中两铜块 L 和 R，除了它们的温度外完全相同。放在绝热的盒子中并用绝热的闸门分开。(b) 闸门打开，铜块交换热能最后达到末态，二者有同样的温度 T_f。

解：为建立一个可逆过程，我们需要温度可以缓慢变化（比如通过旋转一个旋钮）的热库。然后我们对铜块用图 20-6 中画出的下面两个步骤来处理。

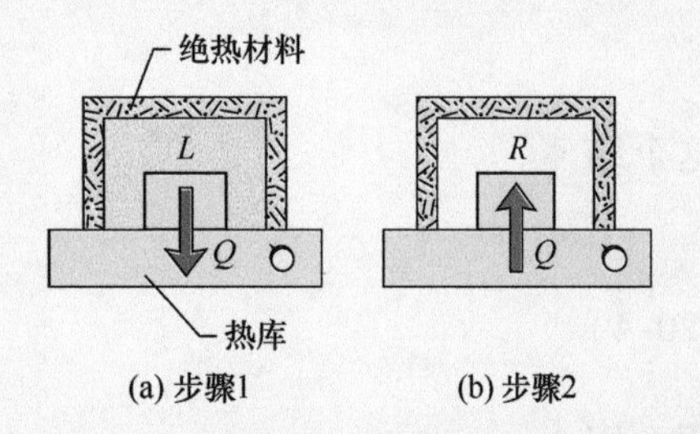

图 20-6　图 20-5 中的铜块以可逆的方式从初态变化到末态，我们只要利用可调节温度的热库。(a) 可逆地从铜块 L 取出热量。(b) 可逆地将热量输入给铜块 R。

步骤 1：将热库温度调到 60℃，把铜块 L 放在热库上。（因为铜块和热库都在同一温度下，所以它们已经处在热平衡中了。）然后慢慢地调低热库和铜块的温度使其降到 40℃。在这个过程中，铜块温度每改变一个小量 dT，就有热量 dQ 从铜块转移给热库。应用式 (18-14)，我们可以写出转移的热量 $dQ = mc dT$，其中 c 是铜的比热容。按照式 (20-1)，铜块 L 从初始温度 T_{iL} (=60℃ = 333K) 到末了温度 T_f (= 40℃ = 313K) 的整个温度改变过程中的熵变 ΔS_L 是

$$\Delta S_L = \int_i^f \frac{dQ}{T} = \int_{T_{iL}}^{T_f} \frac{mc dT}{T} = mc\int_{T_{iL}}^{T_f} \frac{dT}{T}$$

$$= mc\ln \frac{T_f}{T_{iL}}$$

代入已知的数据，得到

$$\Delta S_L = (1.5\text{kg})[386\text{J/(kg}\cdot\text{K)}]\ln \frac{313\text{K}}{333\text{K}}$$

$$= -35.86\text{J/K}$$

步骤 2：现在将热库温度调到 20℃，把铜块 R 放在热库上。缓慢调高热库和铜块温度使其升高到 40℃。用求 ΔS_L 的同样推导过程，你可以证明在这个过程中铜块 R 的熵变 ΔS_R 是

$$\Delta S_R = (1.5\text{kg})[386\text{J/(kg}\cdot\text{K)}]\ln \frac{313\text{K}}{293\text{K}}$$

$$= +38.23\text{J/K}$$

因此，这个两块铜块的系统经历这样的两步可逆过程后净熵变 ΔS_{rev} 是

$$\Delta S_{rev} = \Delta S_L + \Delta S_R$$

$$= -35.86\text{J/K} + 38.23\text{J/K} = 2.4\text{J/K}$$

于是，这个两块铜块的系统经历实际的不可逆过程后净熵变是

$$\Delta S_{irrev} = \Delta S_{rev} = 2.4\text{J/K} \qquad \text{(答案)}$$

这个结果是正的，符合熵假设。

例题 20.02　气体自由膨胀的熵变

设有 1.0mol 的 N_2 封闭在图 20-1a 中所示容器的左边小室内。你打开闸门，气体体积倍增。这个不可逆过程中气体的熵变是多少？把气体当作理想气体处理。

【关键概念】

(1) 我们可以通过计算有同样体积变化的可逆过程来确定这个不可逆过程的熵变。(2) 在自由膨胀过程中气体温度不变。因此，这个可逆过程可以用等温过程——即图 20-3 和图 20-4 中的过程。

解：由表 19-4，气体在温度 T 下从初始体积 V_i 等温膨胀到末了体积 V_f 需输入气体的热量 Q 是

$$Q = nRT\ln \frac{V_f}{V_i}$$

其中，n 是所用气体的摩尔数。由式 (20-2) 可知，使这个温度保持常量的可逆过程的熵变是

$$\Delta S_{rev} = \frac{Q}{T} = \frac{nRT\ln \frac{V_f}{V_i}}{T} = nR\ln \frac{V_f}{V_i}$$

代入 $n = 1.00\text{mol}$ 和 $V_f/V_i = 2$，我们求得

$$\Delta S_{rev} = nR\ln \frac{V_f}{V_i} = (1.00\text{mol})[8.31\text{J/(mol}\cdot\text{K)}]\ln 2$$

$$= +5.76\text{J/K}$$

于是，自由膨胀（以及连接图20-2中的初态和末态的所有其他过程）的熵变是

$$\Delta S_{irrev}=\Delta S_{rev}=+5.76\text{J/K} \quad \text{（答案）}$$

因为 ΔS 是正的，熵增加，所以这符合熵假设。

PLUS 在WileyPLUS中可以找到附加的例题、视频和练习。

热力学第二定律

这里出现了矛盾。在图20-3中，从（a）到（b）的过程中，气体（我们的系统）的熵变是正的。但是，因为这个过程是可逆过程，所以我们也可以从（b）到（a）逐步地在活塞上加进铅弹，使系统恢复到原来的体积。要保持温度为常量，我们还必须取走气体中的热量，这意味着 Q 是负数，从而熵也要减少。这个熵的减少是不是违反了熵假设——熵总是增加？不，因为这个假设只对封闭系统中的不可逆过程成立。这里的过程是可逆的，并且系统不是封闭的（因为有热量转移到热库或从热库传入系统）。

然而，如果我们把热库当作整个系统的一部分，热库和气体就组成了一个封闭系统。让我们核对一下这个放大了的气体 + 热库系统，在图20-3中从（b）到（a）的过程中的熵变。经历这个可逆过程后，热量从气体转移到热库——即从放大了的系统中的一部分转移到另一部分。令 $|Q|$ 表示转移热量的绝对值（数值大小）。利用式（20-2），我们可以分别算出气体（损失了 $|Q|$）和热库（得到 $|Q|$）的熵变。我们得到

$$\Delta S_{gas}=-\frac{|Q|}{T}$$

及

$$\Delta S_{res}=+\frac{|Q|}{T}$$

而封闭系统的熵变是这两个量之和：0。

根据这个结果，我们可以修改熵假设，使它包含可逆和不可逆过程：

> 如果一个过程在封闭系统中发生，对于不可逆过程，系统的熵增加；对于可逆过程，熵保持常量。熵永不减少。

虽然封闭系统中的一部分熵可以减少，但系统中一定有另外一部分的熵增加同样或更多的数量。所以，使得系统作为一个整体的熵永不减少。这个事实是**热力学第二定律**的一种形式，可以写作：

$$\Delta S \geqslant 0 \quad \text{（热力学第二定律）} \tag{20-5}$$

其中，大于号用在不可逆过程，等于号用在可逆过程。式（20-5）只适用于封闭系统。

在真实世界中几乎所有过程在某种程度上都是不可逆过程，由于摩擦、湍流和其他因素，在实际经历的过程中系统的熵总是增加的。系统的熵保持常量的过程总是理想化的。

由于熵引起的力

要理解为什么橡皮筋会反抗拉长，对于我们用两手拉长橡皮

筋，使它长度发生微小增量 dx 的情况，我们写出热力学第一定律：

$$dE = dQ - dW$$

橡皮筋产生的力 F 的方向向内，在长度增加 dx 的过程中，橡皮筋做功 $-F$dx。由式（20-2）：$\Delta S = Q/T$，恒温下 Q 和 S 的微小改变由 $dS = dQ/T$ 或 $dQ = TdS$ 表达。所以我们现在把热力学第一定律重写为

$$dE = TdS + Fdx \tag{20-6}$$

做一个很好的近似，如果橡皮筋总的拉长不大，那么橡皮筋的内能改变 dE 可以看作是0。将0代入式（20-6）中的 dE，我们就可以得出橡皮筋作用力的表达式：

$$F = -T\frac{dS}{dx} \tag{20-7}$$

这个式子告诉我们 F 正比于 dS/dx，这是橡皮筋的长度发生微小改变 dx 的过程中橡皮筋的熵变。因此，当你拉长橡皮筋时你会感觉到你手上熵的效应。

为了能理解力和熵之间的关系，我们考虑橡皮筋材料的简单模型。橡皮由交联聚合物链（相互间有交联的长分子）构成，它好像三维的曲折线条（见图 20-7）。当橡皮处在它的静止长度时，聚合物缠绕成像意大利面条般的结构。由于分子很大的无序性，这样的静止状态有很高的熵值。当我们拉长橡皮筋时，我们将许多这样的聚合物解开，使它们沿着拉伸的方向排列。由于排成直线减少了无序性，拉长的橡皮筋的熵会变小。就是说，式（20-7）中的 dS/dx 的改变是一个负数，这是因为由于拉长熵减少了。因此，我们的两只手受到橡皮筋的拉力来自聚合物要回到它们原来的无序且有较高熵的状态的倾向。

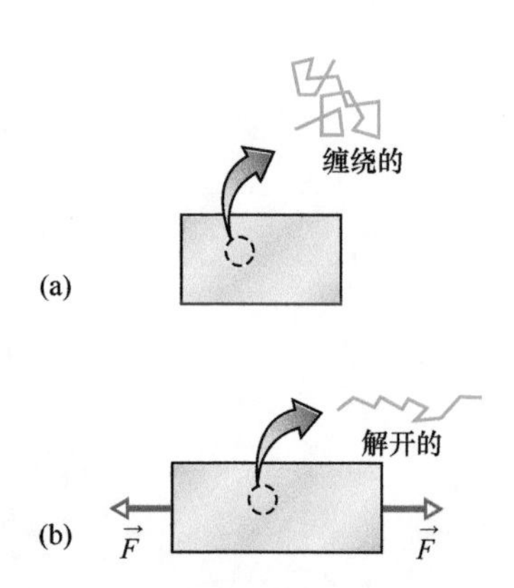

图 20-7 一段橡皮筋（a）没有拉长。（b）被拉长。橡皮里面的聚合物是（a）缠绕的，（b）解开的。

20-2 真实世界中的熵：热机

学习目标

学完这一单元后，你应当能够……

20.09 懂得热机是这样的一种装置，它从周围环境中汲取热的形式的能量并做有用的功；在理想的热机中，所有的过程都是可逆的，并且没有能量损耗。

20.10 对卡诺机的循环画出 p-V 图。指出循环的方向，所包含的过程的性质，每个过程所做的功（包含代数符号），循环中做的净功，每个过程中热量的转移（包含代数符号）。

20.11 在温度-熵图上画出卡诺循环，指出热量转移。

20.12 确定一个卡诺循环的净熵变。

20.13 计算用热量转换表示的卡诺机的效率 ε_C，以及用热库温度表示的效率。

20.14 懂得不存在一种完美的热机，它可以从高温热库吸收热量 Q，并把这些热量完全转变为热机所做的功 W。

20.15 画出斯特林热机循环的 p-V 图，指出循环的方向，所包含的过程的性质，每个过程做的功（包括代数符号），循环中做的净功，以及每一过程中的热交换。

关键概念

- 热机是一种循环工作的机器，它从高温热库吸收热量 $|Q_H|$ 并做一定数量的功 $|W|$。任何热机的效率 ε 定义为

$$\varepsilon = \frac{\text{所获得的能量}}{\text{所消耗的能量}} = \frac{|W|}{|Q_H|}$$

- 在理想的热机中，所有的过程都是可逆的，并

且没有因摩擦和湍流等引起损耗的能量转移。

- 卡诺热机是一种理想的热机，它按照图 20-9 中的循环工作，它的效率是

$$\varepsilon_C = 1 - \frac{|Q_L|}{|Q_H|} = 1 - \frac{T_L}{T_H}$$

其中，T_H 和 T_L 分别是高温和低温热库的温度。实际的热机的效率总是低于卡诺热机的效率。不是卡诺热机的理想热机的效率也低于卡诺热机的效率。

- 完美的热机是一种想象的热机，这种热机从高温热库吸收热量把它全部转化为功。这样的热机违反热力学第二定律，热力学第二定律可以重新表述如下：不可能有一系列的过程，这种过程的唯一结果是从热库吸收热量并把这些热量全部转化为功。

真实世界中的熵：热机

热发动机（heatengine），简称**热机（engine）**，是从它的周围环境吸收热的形式的能量并做有用功的装置。每个热机的心脏部分是工作物质。在蒸汽机里，工作物质是蒸汽和液态的水。在汽车发动机中，工作物质是汽油-空气混合物。如果一台热机要持续做功，工作物质必须循环运作；就是说，工作物质必须经历闭合的一系列称为冲程的热力学过程，反复地回到循环中的每一个状态。我们来看一看，关于热机的运转，热力学定律可以告诉我们什么。

卡诺热机

我们已经知道，可以通过分析服从简单的定律 $pV = nRT$ 的理想气体知道很多与真实气体有关的性质。虽然理想气体并不存在，但任何真实气体在密度足够低的情况下还是接近于理想气体的行为。同样，我们可以通过分析**理想热机**的行为来研究真实的热机。

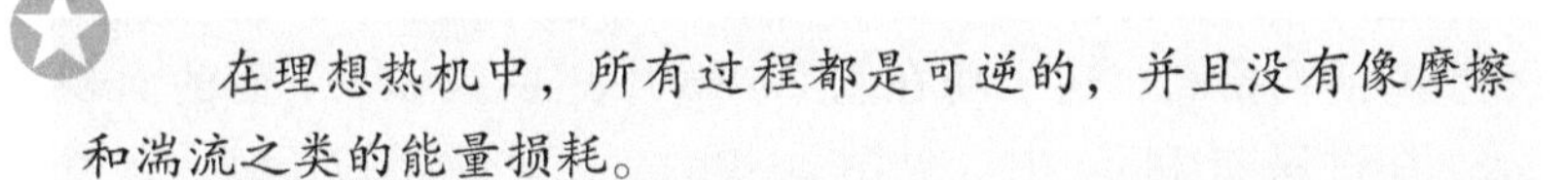

在理想热机中，所有过程都是可逆的，并且没有像摩擦和湍流之类的能量损耗。

我们重点讨论一种特殊的理想热机，称为**卡诺热机**，这个名称来自法国科学家和工程师萨迪·卡诺（N. L. Sadi Carnot），他于 1824 年首先提出热机的概念。这种理想的热机被认为是在利用热能做有用功方面最好的（原则上）热机。令人惊讶的是，卡诺在热力学第一定律和熵的概念被发现之前就研究了这种热机的性能。

图 20-8 用图解表示卡诺热机的运作。热机每做一个循环，工作物质就会从恒定温度 T_H 的热库吸收热量 $|Q_H|$ 并放出热量 $|Q_L|$ 到第二个有较低的恒定温度 T_L 的热库中去。

图 20-9 表示卡诺循环——工作物质遵循的循环——的 p-V 图。如图上箭头所示，循环是沿顺时针方向进行的。设想工作物质是气体，用一个重的可移动的活塞封闭在圆柱形容器中。圆柱体可以按照要求如图 20-6 中那样放在两个热库中的任一个上面，或者放在绝热板上。图 20-9a 表示，假如我们使圆柱体和温度为 T_H 的高温热库接触，气体等温膨胀，体积从 V_a 增大到 V_b 的同时有热量 $|Q_H|$ 从高温热库传递给工作物质。同样，工作物质和温度为 T_L 的低温热库接触时，热量 $|Q_L|$ 从工作物质转移到低温热库，同时气体经历等温压缩，体积从 V_c 压缩到 V_d（见图 20-9b）。

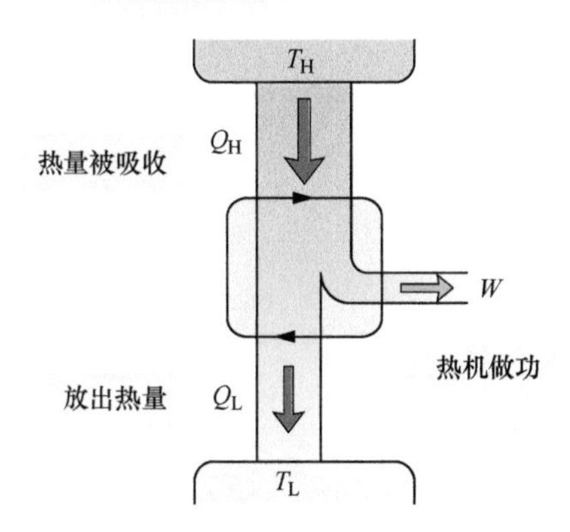

图 20-8 卡诺热机的各个部分。中央环路上的两个黑箭头代表工作物质循环运作，好像在 p-V 图上那样。热量 $|Q_H|$ 从温度为 T_H 的高温热库转移到工作物质。热量 $|Q_L|$ 从工作物质转移到温度为 T_L 的低温热库。热机（实际上是工作物质）对环境中的某个物体做功 W。

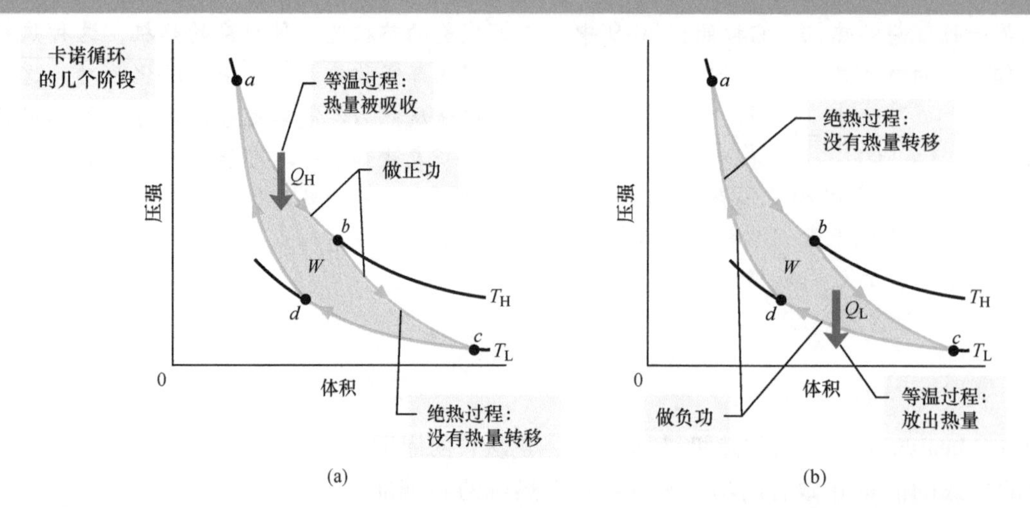

图 20-9　图 20-8 中的卡诺热机的工作物质所做的循环的压强-体积图。这个循环由两个等温过程（ab 和 cd）及两个绝热过程（bc 和 da）组成。循环围成的阴影面积等于卡诺热机每个循环所做的功。

在图 20-8 的热机中，我们假设，热量转移给或转移出工作物质只能发生在图 20-9 的等温过程 ab 和 cd 中。因此，图中连接温度为 T_H 和 T_L 的两条等温线的过程 bc 和 da 必须是（可逆的）绝热过程；就是说，它们必定是没有热量转移的过程。为了保证满足这个要求，在过程 bc 和 da 进行的时候，在工作物质的体积改变时圆柱容器要放在绝热板上。

在图 20-9a 的过程 ab 和 bc 中，工作物质膨胀，因而做正功把载重的活塞抬高。这个功在图 20-9a 中用曲线 abc 下面的面积表示。在过程 cd 和 da 中（见图 20-9b），工作物质被压缩，这意味着它对环境做负功，也可以说在负重的活塞下降时环境对气体做功。这些功用曲线 cda 下面的面积表示。在图 20-8 和图 20-9 中都用 W 表示的*每一个循环的净功*就是这两个面积之差，等于图 20-9 中循环 $abcda$ 包围的面积，它是一个正的量。这个功 W 作用在外面的某个物体上，比如将负荷抬高。

式 (20-1)：$\Delta S = \int dQ/T$ 告诉我们，任何作为热的能量转移必定引起熵变。对卡诺热机来讨论这个问题。我们把卡诺循环画在温度-熵（T-S）图上，如图 20-10 所示。图上用字母 a、b、c、d 标出的点和图 20-9 中 p-V 图上标出字母的点相对应。图 20-10 中的两条水平直线对应于循环的两个等温过程。过程 ab 是循环的等温膨胀。在这个膨胀过程中，工作物质在恒定温度 T_H 下（可逆地）吸收热量 $|Q_H|$，它的熵增加。同样，在等温压缩过程 cd 中，工作物质在恒定温度 T_L 下（可逆地）释放热量 $|Q_L|$，它的熵减少。

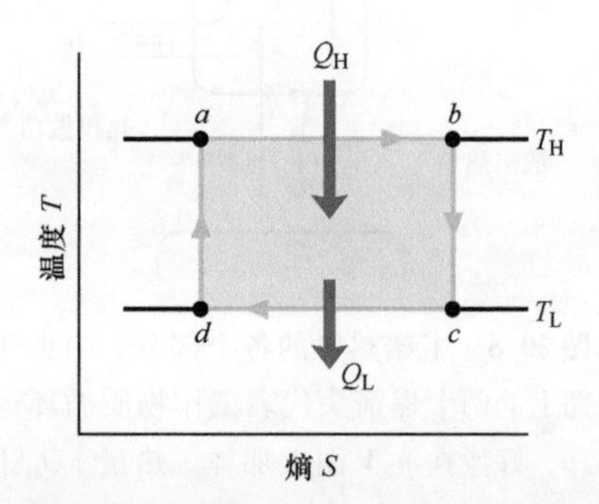

图 20-10　图 20-9 中的卡诺循环画在温度-熵图上。ab 和 cd 两个过程的温度分别保持常量。过程 bc 和 da 中的熵分别是常量。

图 20-10 中的两条垂直线对应于卡诺循环的两个绝热过程。因为这两个过程中没有热量转移，所以这两个过程中工作物质的熵保持不变。

功：要计算卡诺热机在一个循环内所做的净功，我们对工作物质应用式（18-26），即热力学第一定律（$\Delta E_{int} = Q - W$）。工作物质必须一次又一次地返回到循环中任意选定的一个状态。于是，如 X 代表工作物质的任意一种状态性质，比如像压强、温度、体积、内能或熵。对每一次循环必须有 $\Delta X = 0$。由此得出工作物质一次完整循环 $\Delta E_{int} = 0$。回想一下，式（18-26）中的 Q 是每一循环的净热量转移，W 是净功。我们可以对卡诺循环写出热力学第一定律：

$$W = |Q_H| - |Q_L| \tag{20-8}$$

熵变：在卡诺热机中，有两次（只有两次）可逆的热量转移，因而工作物质的熵有两次改变——一次在温度 T_H，另一次则是在 T_L。每一循环中净熵变是

$$\Delta S = S_H + S_L = \frac{|Q_H|}{T_H} - \frac{|Q_L|}{T_L} \tag{20-9}$$

其中，ΔS_H 是正的，因为 $|Q_H|$ 是加入工作物质的热量（熵增加）；ΔS_L 是负的，因为 $|Q_L|$ 是从工作物质中取出的热量（熵减少）。因为熵是状态函数，对一个完整循环必定有 $\Delta S = 0$。所以在式（20-9）中令 $\Delta S = 0$，这就要求：

$$\frac{|Q_H|}{T_H} = \frac{|Q_L|}{T_L} \tag{20-10}$$

注意，因为 $T_H > T_L$，必定有 $|Q_H| > |Q_L|$；就是说从高温热库吸收的热能多于释放到低温热库中去的热量。

我们现在要推导卡诺热机效率的表达式。

卡诺热机的效率

任何热机的目的是将汲取到的热量 Q_H 尽可能多地转化为功。我们用**热效率** ε 来测定热机达到这一要求的效果。热效率定义为热机每一个循环做的功（"获得的能量"）除以它在每一循环中吸收的热量（"付出的能量"）：

$$\varepsilon = \frac{\text{获得的能量}}{\text{付出的能量}} = \frac{|W|}{|Q_H|} \quad \text{（效率，任何热机）} \tag{20-11}$$

对于理想热机，我们将式（20-8）中的 W 代入上式，于是式（20-11）写成

$$\varepsilon = \frac{|Q_H| - |Q_L|}{|Q_H|} = 1 - \frac{|Q_L|}{|Q_H|} \tag{20-12}$$

利用式（20-10），我们对卡诺热机可把这个式子写成：

$$\varepsilon_C = 1 - \frac{T_L}{T_H} \quad \text{（效率，卡诺热机）} \tag{20-13}$$

其中，温度 T_L 和 T_H 以 K 为单位。因为 $T_L < T_H$，所以卡诺机的热效率必定小于 1——即小于 100%。这从图 20-8 中也可以看出，该图表明，从高温热库中吸收的热量中只有一部分用于做功，其余的热量则释放到低温热库中。在 20-3 单元中我们要证明，现实世界中的热机不可能具有大于由式（20-13）算得的热效率。

发明家们孜孜不倦地试图通过减少循环过程中被"扔掉"的

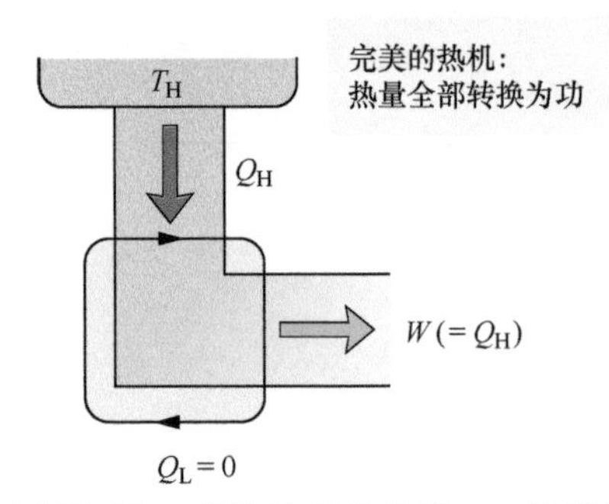

图 20-11　完美热机的构造——就是把从高温热库吸收的热量 Q_H 以 100% 的效率，直接全部转化为功 W 的热机。

© Richard Ustinich

图 20-12　弗吉尼亚州夏洛茨维尔附近的北安娜核电站，它发电的功率是 900MW。按照原来的设计，它又以 2100MW 的功率将能量排入附近的河流。这个以及其他类似的核电站丢弃的能量比有效利用的能量多得多，它们是图 20-8 中的理想热机的真实的对应物。

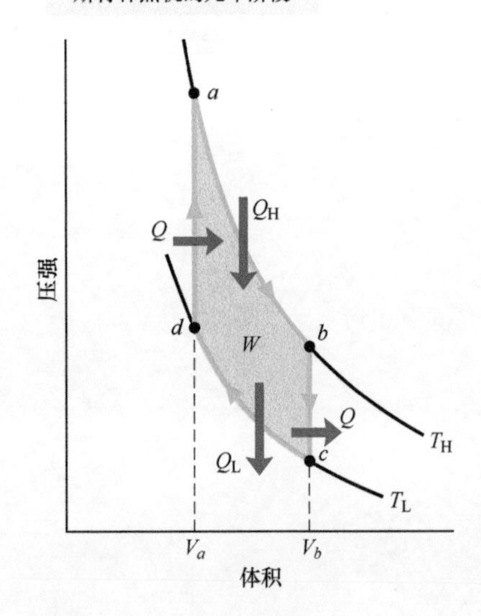

图 20-13　理想斯特林热机的工作物质的 p-V 图。为方便起见，假设它的工作物质是理想气体。

热量 Q_L 来改善热机效率。发明家的梦想是要制造出完美的热机，就像图 20-11 中画的那样。这台机器能把 $|Q_L|$ 减少到零，把 $|Q_H|$ 全部转化为功。这样的热机，安装在例如远洋客轮上，可以从海水汲取热量，把它全部用来推动螺旋桨，由此就不再需要消耗燃料了。汽车装上这种热机就可以从周围的空气中汲取热量用来推动汽车，再也不需要用汽油了。可惜，完美的热机只是美梦：检查一下式（20-13），可以看出要达到 100% 的热机效率（即 $\varepsilon=1$），只有 $T_L=0$ 或 $T_H\to\infty$，而这却是不可能达到的要求。相反，经验给出热力学第二定律以下版本的表述，简言之就是不存在完美的热机。

不可能有这样的一系列过程，过程的唯一结果是从一个热库吸收热量，并把这些热能全部转化为功。

做一个总结：式（20-13）给出的热效率只能用于卡诺热机。在真实的热机中，构成热机循环的过程是不可逆的，所以效率比较低。假如你的汽车是用卡诺热机推动的，按照式（20-13）它的效率可能达到大约 55%；但实际上它的效率大约只有 25%。核电站（见图 20-12）整体来说是一台热机。它从反应堆得到热量，利用涡轮机做功并把热量放入附近的河流。假如发电厂像卡诺热机一样运行，它的效率大约是 40%；而它的实际效率大约是 30%，在设计任何类型的热机的时候，无论如何是没有办法突破由式（20-13）规定的效率极限。

斯特林热机

式（20-13）不能用于所有的理想热机，只能用于可以用图 20-9 描写的那些热机——即卡诺热机。例如，图 20-13 表示的是理想的斯特林热机的工作循环。把它和图 20-9 中的卡诺循环比较，可以看出两种热机都有在温度 T_H 和 T_L 下的等温热转移。不过，斯特林热机的两条等温线不是像卡诺机那样用绝热过程连接，而是用两个等容过程连接起来的。为了使恒定容积的气体的温度可逆地从 T_L 增加到 T_H（见图 20-13 中的过程 da），需要从温度可以在这两个极限之间平稳地变化的热库中将热量转移到工作物质。还有，在过程 bc 中需要反方向的热量转移。因此，在组成斯特林热机的循环的所有四个过程中都发生了可逆的热量转移（以及相应的熵变），不像卡诺热机中只有两个过程。因此，式（20-13）的推导不能用于斯特林热机。更重要的是，理想斯特林热机的效率低于同样的两个温度之间工作的卡诺热机。真实的斯特林热机的效率甚至还要更低。

斯特林热机是 1816 年由罗伯特·斯特林（Robert Stirling）研发的。这种热机被忽视了很长的时间。现在又被开发用于汽车和宇宙飞船。人们已经制造出能够提供 5000hp（3.7MW）功率的斯特林热机。由于其噪声小，斯特林热机也被用于某些军用潜艇。

检查点 3

三台卡诺热机在以下三种温度的热库之间工作：（a）400K 和 500K，（b）600K 和 800K，（c）400K 和 600K。按照它们的热效率排列这三台热机，最大的排第一。

例题 20.03 卡诺热机，效率、功率、熵变

想象一台在温度 $T_H=850K$ 和 $T_L=300K$ 之间工作的卡诺热机。热机以 0.25s 完成一个循环并做功 1200J。

（a）这台热机的效率是多少？

【关键概念】

卡诺热机的效率 ε 只依赖于与它相连的两个热库的温度（K）比 T_L/T_H。

解：于是，由式（20-13），我们有

$$\varepsilon=1-\frac{T_L}{T_H}=1-\frac{300K}{850K}=0.647\approx65\% \text{（答案）}$$

（b）这台热机的平均功率有多大？

【关键概念】

热机的平均功率 P 是它每一循环所做的功 W 与每一循环所用的时间 t 之比。

解：对于卡诺热机，我们有

$$P=\frac{W}{t}=\frac{1200J}{0.25s}=4800W=4.8kW \text{（答案）}$$

（c）每一循环中从高温热库汲取了多少热量 $|Q_H|$？

【关键概念】

效率 ε 是每个循环所做的功 W 和每个循环从高温热库汲取的热量 $|Q_H|$ 之比（$\varepsilon=W/|Q_H|$）。

解：我们有

$$|Q_H|=\frac{W}{\varepsilon}=\frac{1200J}{0.647}=1855J \text{（答案）}$$

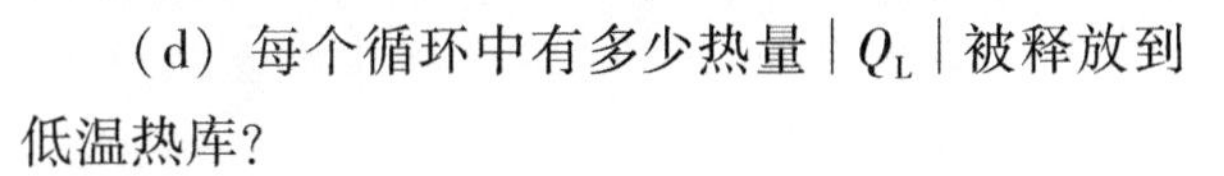

（d）每个循环中有多少热量 $|Q_L|$ 被释放到低温热库？

【关键概念】

对于卡诺热机，如式（20-8）所示，每一循环所做的功等于以热量形式所传递的能量差：$|Q_H|-|Q_L|$。

解：于是，我们有

$$|Q_L|=|Q_H|-W=1855J-1200J=655J \text{（答案）}$$

（e）能量从高温热库转移到工作物质的结果使它的熵改变了多少？热量从工作物质转移到低温热库，工作物质的熵又改变了多少？

【关键概念】

在恒温 T 下，以热量形式传递能量 Q 的过程中的熵变 ΔS 由式（20-2）：$\Delta S=Q/T$ 给出。

解：对于来自温度为 T_H 的高温热库中的、能量为 Q_H 的正转移，工作物质的熵变是

$$\Delta S_H=\frac{Q_H}{T_H}=\frac{1855J}{850K}=+2.18J/K \text{（答案）}$$

同理，对于释放到温度为 T_L 的低温热库中的、能量为 Q_L 的负转移，有

$$\Delta S_L=\frac{Q_L}{T_L}=\frac{-655J}{300K}=-2.18J/K \text{（答案）}$$

注意，在一个循环中，工作物质的净熵变为零，这是我们在推导式（20-10）时讨论过的。

例题 20.04 不可能的高效率热机

一位发明家声称造成了一台热机，它在水的沸点和冰点之间工作时效率可以达到 75%。这可能吗？

【关键概念】

真实的热机的效率必定低于在同样的两个温度之间工作的卡诺热机的效率。

解：由式（20-13），我们求出在水的沸点和冰点之间工作的卡诺机的效率是

$$\varepsilon=1-\frac{T_L}{T_H}=1-\frac{(0+273)K}{(100+273)K}=0.268\approx27\%$$

由此，对于给定的温度，这位发明家所宣称的真实热机（不可逆过程加上能量损耗）的 75% 的效率是不可能的。

WILEY PLUS 在 WileyPLUS 中可以找到附加的例题、视频和练习。

20-3 制冷机和真实热机

学习目标

学完这一单元后，你应当能够……

20.16 懂得制冷机是通过对它做功将低温热库中的能量转移到高温热库中去的机器，理想的制冷机是通过可逆过程来实现这种能量转移的，并且没有损耗。

20.17 画出卡诺制冷机循环的 p-V 图，指明循环的方向，所包含的过程的性质，每个过程中做的功（包括代数符号），循环中做的净功，以及每个过程中的热转移（包括代数符号）。

20.18 应用性能系数 K，热库间的热交换，以及热库的温度之间的关系。

20.19 懂得不可能有一种理想的制冷机可以把从低温热库中提取的热量转移到高温热库中而不需要对它做功。

20.20 懂得真实热机的效率总是小于理想的卡诺热机的效率。

关键概念

- 制冷机是一种循环工作的机器，可以通过对它做功 W 使它从低温热库取出热量 $|Q_L|$。制冷机的性能系数 K 定义为

$$K=\frac{\text{取出的热量}}{\text{所做的功}}=\frac{|Q_L|}{|W|}$$

- 卡诺制冷机是以相反方向运转的卡诺热机。它的性能系数是

$$K_C=\frac{|Q_L|}{|Q_H|-|Q_L|}=\frac{T_L}{T_H-T_L}$$

- 完美的制冷机是一种完全虚构的制冷机，它从低温热库取出热能，并以某种方法完全转移到高温热库中而不需要对它做任何的功。
- 完美的制冷机违背热力学第二定律，热力学第二定律可以用另一种方式表述如下：不可能有一系列的循环过程，它唯一的结果是把给定温度的热库中的热能转移到更高温度的热库中（不需要做功）。

真实世界中的熵：制冷机

制冷机是这样一种装置，它利用做功不断地重复一系列热力学过程，把能量从低温热库转移到高温热库中去。例如，在家用电冰箱中，电动压缩机把能量从冷藏柜（低温热库）转移到房间（高温热库）中。

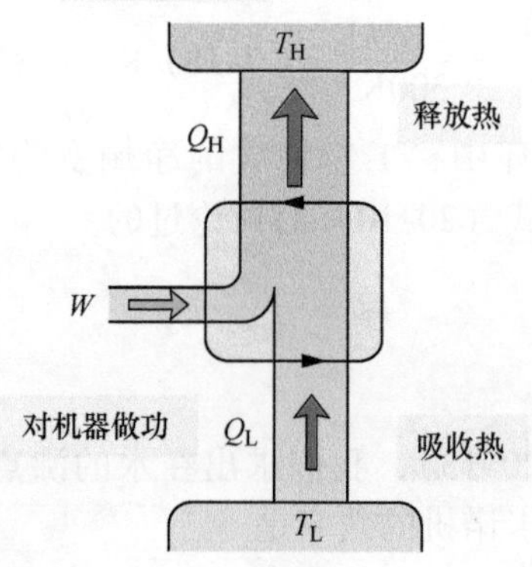

图20-14 制冷机的各个部件。中央有两个黑色箭头的环代表循环运行的工作物质。好像 p-V 图上的循环。热量 Q_L 从低温热库转移到工作物质。热量 Q_H 从工作物质转移到高温热库。环境中的某个东西对制冷机（工作物质）做功 W。

空调机和热力泵也是制冷机。对空调设备来说，低温热库是要冷却的房间，高温热库是较热的户外。热力泵也是一种空调设备，它将热机反方向运转来加热房间；房间是高温热库，热量从较冷的户外转移到房间里。

我们来考虑理想的制冷机：

> 在理想的制冷机中，所有过程都是可逆的，没有因摩擦和湍流等引起的能量损耗。

图20-14表示一台制冷机的基本部件。注意，它的操作和图20-8中的卡诺热机的操作程序相反。换言之，所有的能量转换，无论是热量还是功，都和卡诺热机的相反，我们可以把这种理想的制冷机称为**卡诺制冷机**。

制冷机的设计人员希望用最少数量的功 $|W|$（即我们付出的代价）从低温热库中汲取出尽可能多的热量 $|Q_L|$（即我们要取出的）。因此，制冷机效率的量度是

$$K=\frac{\text{取出的热量}}{\text{所做的功}}=\frac{|Q_L|}{|W|}\quad\text{（性能系数，任何制冷机）}\tag{20-14}$$

其中，K 称为性能系数。对于理想的制冷机，热力学第一定律给出 $|W|=|Q_H|-|Q_L|$，其中，$|Q_H|$ 是转移到高温热库的热量数值。于是式（20-14）变成：

$$K=\frac{|Q_L|}{|Q_H|-|Q_L|}\tag{20-15}$$

因为卡诺制冷机是逆向运转的卡诺热机，所以我们可以将式（20-10）和式（20-15）组合起来，经过一些代数运算后得到：

$$K_C=\frac{T_L}{T_H-T_L}\quad\text{（性能系数，卡诺制冷机）}\tag{20-16}$$

对于典型的室内空调，$K\approx2.5$。对家用冰箱，$K\approx5$。相反地，两个热库的温度越接近，K 的值越高。这就是为什么热力泵在温和的气候中比在非常寒冷的气候中更有效的缘故。

拥有一台不需要输入功的冰箱，即不需要通电就可以工作的制冷机是件美事。图 20-15 描述了另一种“发明者的梦”，完美的制冷机。它把热量 Q 从冷的热库转移到温暖的热库而不需要对它做功。因为这部机器循环运行，所以在整个循环中工作物质的熵不改变。然而，两个热库的熵实际上是改变了：冷库的熵变是 $-|Q|/T_L$，温暖的热库的熵变是 $+|Q|/T$。于是，整个系统的净熵变是

$$\Delta S=-\frac{|Q|}{T_L}+\frac{|Q|}{T_H}$$

因为 $T_H>T_L$，这个方程式右边是负的，因而对于制冷机 + 热库组成的封闭系统，每个循环的净熵变也是负的。因为这样的熵变违反了热力学第二定律［式（20-5）］，所以完美的制冷机不存在。（如果你想要你的电冰箱工作，你必须插上电插头。）

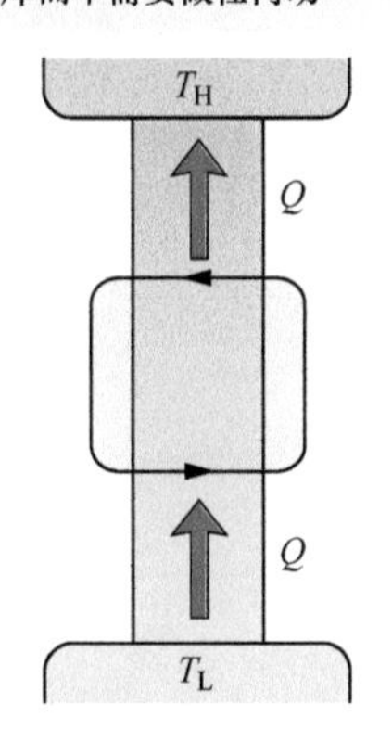

图 20-15 完美的制冷机的各个部件。完美制冷机是把热量从低温热库转移到高温热库而不需要任何功的输入。

这里是热力学第二定律的另一种表述：

不可能有一系列的过程，它的唯一结果是把热能从给定温度的热库转移到更高温度的热库中。

简言之，不存在完美的制冷机。

检查点 4

你想提高一台理想制冷机的性能系数。你可以通过几种方式来实现：（a）将低温室设在稍高的温度下运行，（b）将低温室设在稍低的温度下运行，（c）把制冷机放在更温暖一些的房间中，或（d）把它移到更冷一些的房间中。在所有四种情况中，温度改变的数值都相同。按照结果得到的性能系数将性能系数的改变列表，最大的排第一。

真实热机的效率

令 ε_C 是在两给定温度之间运行的卡诺热机的效率。这里我们要证明，在这两个温度之间运转的真实热机的效率不可能比 ε_C 更高。如果可能的话，这个热机就违背了热力学第二定律。

我们假设，一位在自己车库里工作的发明家制造了一台热机 X，她声称这台热机的效率 ε_X 大于 ε_C：

$$\varepsilon_X > \varepsilon_C \quad \text{（声称）} \tag{20-17}$$

我们把热机 X 和卡诺制冷机组合起来，如图 20-16a 所示。我们调节卡诺制冷机的冲程使得它每个循环需要做的功正好等于热机 X 提供的功。我们把图 20-16a 中的热机 + 制冷机组合作为一个系统，它既不对外做功，也没有（外来的）功作用于它。

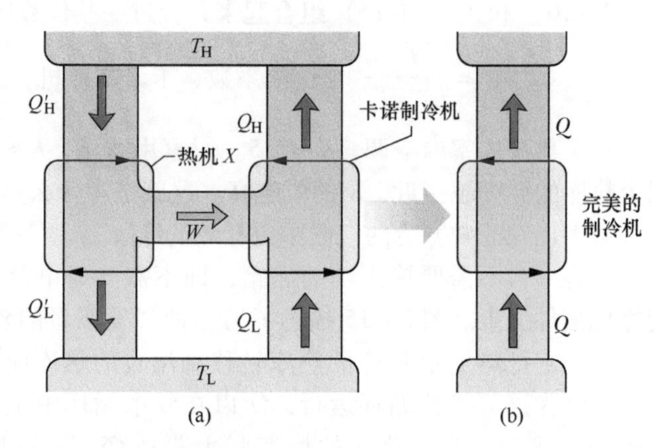

图 20-16（a）热机 X 驱动卡诺制冷机。（b）假如像所声称的那样热机 X 比卡诺热机效率更高，那么（a）中的组合机器就相当于这里画出的一台完美制冷机。但这却违背了热力学第二定律，所以我们得出结论，热机 X 的效率不可能比卡诺热机更高。

如果式（20-17）是对的，由效率的定义［式（20-11）］，我们必定有

$$\frac{|W|}{|Q'_H|} > \frac{|W|}{|Q_H|}$$

其中，带撇的符号是与热机 X 有关的，不等式的右边是卡诺制冷机作为热机运行时的效率。这个不等式要求：

$$|Q_H| > |Q'_H| \tag{20-18}$$

这是因为热机 X 做的功恰好等于作用到卡诺制冷机上的功。由式（20-8）得到的热力学第一定律，我们有

$$|Q_H| - |Q_L| = |Q'_H| - |Q'_L|$$

我们可以把它写作

$$|Q_H| - |Q'_H| = |Q_L| - |Q'_L| = Q \tag{20-19}$$

由式（20-18）可知，式（20-19）中的 Q 必定是正的。

把式（20-19）和图 20-16 比较，表明热机 X 和卡诺制冷机联合工作的净效应是将热量 Q 从低温热库转移到高温热库而不需要做功，于是组合机器的行为就像图 20-15 中的完美的制冷机，它的存在违背了热力学第二定律。

我们所做的假设中至少有一个是错的，这只可能是式（20-17）。我们得到结论，真实热机的效率不可能大于在同样的两个温度之间工作的卡诺热机。真实热机的效率最多只能等于卡诺热机的效率。在这种情况下，真实的热机就是一台卡诺热机。

20-4 熵的统计观点

学习目标

学完这一单元后，你应当能够……

20.21 说明分子系统的组态的意义。

20.22 计算给定组态的多重数。

20.23 明白所有微观态都是同样可能的，但有较多微观态的组态要比其他组态拥有更多的可能。

20.24 利用玻尔兹曼熵方程式计算与多重数相联系的熵。

关键概念

- 系统的熵可以用系统中分子可能的分布来定义。对于相同的分子，分子的每一种可能的分布称为系统的微观态。所有相同的微观态组合成系统的一个组态。一个组态中微观态的数目是该组态的多重数 W。
- 对于可以分布在一个盒子的两部分中的 N 个分子的系统，多重数由下式给出

$$W=\frac{N!}{n_1!\ n_2!}$$

其中，n_1 是一半盒子中的分子数；n_2 是另一半盒子中的分子数。统计力学的基本假设是所有的微观态都是同样可能的。因此，大的多重数的组态最常发生。当 N 非常大的时候（比如说 $N=10^{22}$ 个分子或更多），这么多分子差不多总是在 $n_1=n_2$ 的组态中。

- 系统组态的多重数 W 与这个组态中系统的熵 S 由玻尔兹曼熵方程式联系起来：

$$S=k\ln W$$

其中，$k=1.38\times10^{-23}\text{J/K}$ 是玻尔兹曼常量。

- 当 N 非常大时（常见的情况），我们可以用斯特林近似来计算 $\ln N!$ 的近似值：

$$\ln N!\approx N(\ln N)-N$$

熵的统计观点

我们在第 19 章中看到，气体的宏观性质可以用它们的微观或分子的行为来说明。这种解释是所谓的**统计力学**研究的一部分。在这里，我们要把注意力集中在一个简单的问题上，就是关于气体分子在一个绝热的盒子的两部分之间的分布问题。这个问题相当简单而易于分析，我们可以利用统计力学来计算理想气体自由膨胀过程中的熵变。我们将会看到统计力学可以导出和用热力学求得的同样的熵变。

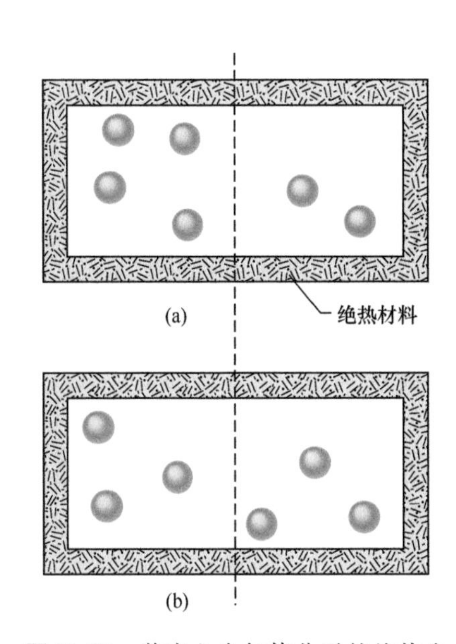

图 20-17 装有六个气体分子的绝热盒子。每个分子出现在盒子的左半部分和右半部分的概率是相同的。(a) 中的排列相当于表 20-1 中的组态Ⅲ，(b) 中的排列相当于表 20-1 中的组态Ⅳ。

图 20-17 表示装有六个完全相同（因而不可分辨）的气体分子的盒子。在任一时刻，某一给定的分子在盒子的左半部分或者在右半部分。因为两半盒子体积完全相等，所以这个分子有同样的可能性或概率出现在任何一半盒子中。

表 20-1 表示六个分子的七种可能的组态，每种组态用一个罗马数字标记。例如，在组态 I 中，所有六个分子都在盒子的左半部分（$n_1=6$）。右半边一个也没有（$n_2=0$）。我们可以看出，一般说来，一个给定的组态可以通过好几种不同的方式得到。我们称这些分子的不同排列方式为微观态。让我们来看一看怎样计算对应于一种给定组态的微观态的数目。

设我们有 N 个分子，其分布是 n_1 个分子在盒子的一半边，n_2 个在另一半。($n_1+n_2=N$) 假想我们可以"用手"来分配这些分子，每次安放一个。如果 $N=6$，我们在六种独立的选择方式中选

表20-1 盒子中的六个分子

组态			多重数 W （微观态数）	W的计算 ［式（20-20）］	熵/(10^{-23} J/K) ［式（20-21）］
标记	n_1	n_2			
Ⅰ	6	0	1	6!/(6! 0!) = 1	0
Ⅱ	5	1	6	6!/(5! 1!) = 6	2.47
Ⅲ	4	2	15	6!/(4! 2!) = 15	3.74
Ⅳ	3	3	20	6!/(3! 3!) = 20	4.13
Ⅴ	2	4	15	6!/(2! 4!) = 15	3.74
Ⅵ	1	5	6	6!/(1! 5!) = 6	2.47
Ⅶ	0	6	1 总数 = 64	6!/(0! 6!) = 1	0

出第一个分子，也就是说我们可以选出六个分子中的任一个。我们可以在五种方式中选出第二个分子，即选出余下的五个分子中的任何一个。对于这所有六个分子，我们可以选择的不同方式的总数是这些独立方式的乘积，或$6\times5\times4\times3\times2\times1=720$。用数学记号，我们把这个乘积写成$6!=720$。其中，6!是“六个因子”的乘积。你的手持计算器或许能计算这个阶乘。为以后的应用，你必须知道$0!=1$。（在你的计算器上核对一下。）

然而，由于分子是不可分辨的，这720种排列并不都能区别开的。例如，在$n_1=4$和$n_2=2$的情形中（这是表20-1中的组态Ⅲ），你在盒子的一半放进分子的先后次序是没有关系的，因为在你已经放进所有四个分子后，你是无法说出你是按什么顺序做这件事的。你排列这四个分子的方式有$4!=24$种。同理，你在盒子的另一半依次放入两个分子的方式只有$2!=2$种。要得到组态Ⅲ的（4，2）分配的不同排列的数目，我们需要将720除以24再除以2。我们称得到的数值为**多重数**W，它就是对应于给定组态的微观态的数目。于是，对于组态Ⅲ：

$$W_{Ⅲ}=\frac{6!}{4!\ 2!}=\frac{720}{24\times2}=15$$

由此，表20-1告诉我们，对应于组态Ⅲ有15种独立的微观态。注意，表20-1也告诉我们，六个分子在七种组态中的分布共有64种。

从六个分子外推到N个分子的普遍情形，我们有：

$$W=\frac{N!}{n_1!\ n_2!}\ （组态的多重数）\qquad(20\text{-}20)$$

你们应当自己验证一下表20-1中各个组态的多重数。

统计力学的基本假设是

所有的微观态都是同样可能的。

换言之，假如我们对这六个分子在图20-17的盒子中跑来跑去的时候拍摄大量的快照，然后计算每个微观态发生的次数，我们会发现所有64种微观态有同样的机会发生。因此，平均来说这个系统在这64种微观态中的每一种都会停留同样的时间。

因为所有的微观态都是等可能的，但不同的组态有不同数目的微观态，因此各个组态并不都是等可能的。在表 20-1 中，有 20 种微观态的组态Ⅳ是最可能的组态，它有 20/64 = 0.313 的概率。这个结果意味着系统在 31.3% 的时间里处在组态Ⅳ中。组态Ⅰ和Ⅶ中，所有分子都在盒子的半边中，这是最小的可能，每种情况的概率是 1/64 = 0.016 或 1.6%。并不奇怪，最可能的组态是分子平均分布在两半盒子中，因为这是我们期望的热平衡态。然而，令人惊讶的是，确实存在着一定的可能性，无论它有多么小，我们发现所有六个分子都聚集在盒子的半边，而另外半边空着。

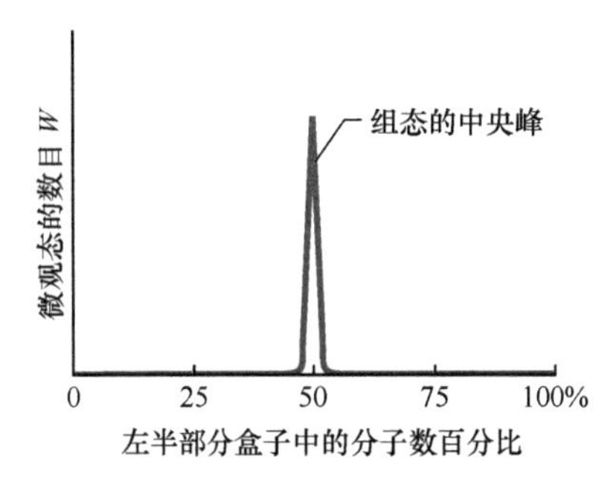

图 20-18 盒子中有大量的分子，盒子的左半部分中具有不同分子数百分比的微观态的数目的曲线图。几乎所有的微观态都对应于分子近似地平均分布在盒子的两半部分；这些微观态形成图中组态的中央峰。对 $N \approx 10^{22}$，组态的中央峰画在图上还要更窄得多。

对于巨大的 N 值，相应也会有极其大量的微观态，但几乎所有的微观态都属于分子平均地分布在盒子的两半部分中的组态，如图 20-18 表示的那样。即使测量到的气体温度和压强都保持为常量，气体内部还是在不停地搅动，它的分子以相等的概率“访问”所有可能的微观态。然而，因为在图 20-18 中的中央组态的非常窄的峰以外的微观态如此之少，以致我们可以假设气体分子总是平均地分布在盒子的两半部分中。我们马上就可以知道，这种组态的熵最大。

例题 20.05 微观态和多重数

设在图 20-17 的盒子中有 100 个不可分辨的分子。与 $n_1 = 50$ 和 $n_2 = 50$ 的组态以及与 $n_1 = 100$ 和 $n_2 = 0$ 的组态相联系的微观态各有多少？用两种组态的相对概率予以说明。

【关键概念】

在封闭的盒子中，不可分辨的分子的组态的多重数 W 是由式（20-20）给出的这个组态中包含的独立微观态的数目。

解：因此，对组态（50，50），有

$$W = \frac{N!}{n_1!\ n_2!} = \frac{100!}{50!\ 50!} = \frac{9.33 \times 10^{157}}{(3.04 \times 10^{64})(3.04 \times 10^{64})} = 1.01 \times 10^{29} \quad \text{（答案）}$$

同理，对组态（100，0），我们有

$$W = \frac{N!}{n_1!\ n_2!} = \frac{100!}{100!\ 0!} = \frac{1}{0!} = \frac{1}{1} = 1 \quad \text{（答案）}$$

意义：由此，50-50 的分布出现的可能性比 100-0 分布的大了 1×10^{29} 的巨大因子，而发生的机会也远远大得多。假设你可以以每纳秒一个的速率计数对应于 50-50 分布的微观态的数目，要用 3×10^{12} 年，大约比宇宙年龄的 200 倍还要长。要明白，这个例题中用的 100 个分子实际上是一个非常小的数。想象一下，1mol 大约有 $N = 10^{24}$ 个分子，这些算出的概率将会是怎样的数字。所以，你完全不需要担心会突然发现所有的空气分子都聚集到房间的一角，而你在房间另一角气喘吁吁地感到缺氧。你之所以可以很容易地呼吸是因为物理学中的熵的理论。

概率和熵

1877 年，奥地利物理学家路德维希·玻尔兹曼（Ludwig Boltzmann，就是玻尔兹曼常量 k 中的玻尔兹曼）推导出气体组态的熵 S 和该组态的多重数 W 之间的关系式。这个关系式是

$$S = k\ln W \quad \text{（玻尔兹曼熵方程）} \tag{20-21}$$

这个著名的方程式被铭刻在玻尔兹曼的墓碑上。

S 和 W 应当用对数函数相联系是很自然的。两个系统的总熵是它们各自的熵之和。两个互相独立的系统的事件的概率是它们各自的概率的乘积。因为 $\ln ab=\ln a+\ln b$，看来用对数把这两个量联系起来是合乎逻辑的。

表20-1中也列出了用式（20-21）算出的图20-17中六个分子系统的组态的熵。多重数最大的组态Ⅳ也有最大的熵。

当你用式（20-20）计算 W 时，如果你是用计算器计算大于几百的一个数的阶乘，你的计算器可能发出"OVER FLOW"（溢出）的提示。代替这种方法，你可以用 $\ln N!$ 的**斯特林近似**：

$$\ln N!\approx N(\ln N)-N\text{（斯特林近似）}\tag{20-22}$$

发明这个近似的斯特林是一位英国数学家，他并不是斯特林热机中的罗伯特·斯特林。

检查点5

一只盒子中装有1mol气体。考虑两种组态：（a）每一半盒子中各含有一半的分子，（b）每三分之一盒子中各含有三分之一的分子。哪一个组态有更多的微观态？

例题20.06 用微观态讨论自由膨胀的熵变

在例题20.02中我们证明了 n mol的理想气体在自由膨胀过程中体积加倍的情形，从初态 i 到末态 f 熵的增加是 $S_f-S_i=nR\ln 2$。用统计力学导出这个熵的增加。

【关键概念】

我们可以用式（20-21）：$S=k\ln W$ 把气体中任何给定分子组态的熵 S 和这个组态的微观态的多重数 W 联系起来。

解：我们对两个组态感兴趣：末了组态 f（分子占据了图20-16中容器的整个体积）及初始组态 i（分子都在左半容器中）。因为分子是在封闭的容器中，我们可以用式（20-20）计算它们微观态的多重数 W。n mol的气体中有 N 个分子。起初，所有分子都在容器的左半部分，它们的（n_1，n_2）组态是（N，0）。于是式（20-20）给出它们的多重数：

$$W_i=\frac{N!}{N!\ 0!}=1$$

最后，分子扩散到整个容器中，它们的（n_1，n_2）组态是（$N/2$，$N/2$）。于是式（20-20）给出它们的多重数：

$$W_f=\frac{N!}{(N/2)!\ (N/2)!}$$

由式（20-21），初态和末态的熵分别是

$$S_i=k\ln W_i=k\ln 1=0$$

及

$$S_f=k\ln W_f=k\ln(N!)-2k\ln[(N/2)!]\tag{20-23}$$

在写出式（20-23）时我们已经用到了关系式

$$\ln\frac{a}{b^2}=\ln a-2\ln b$$

现在，应用式（20-22）计算式（20-23），我们求得：

$$\begin{aligned}S_f&=k\ln(N!)-2k\ln[(N/2)!]\\&=k[N(\ln N)-N]-2k[(N/2)\ln(N/2)-(N/2)]\\&=k[N(\ln N)-N-N\ln(N/2)+N]\\&=k[N(\ln N)-N(\ln N-\ln 2)]\\&=Nk\ln 2\end{aligned}\tag{20-24}$$

由式（19-8），我们可以用 nR 代 Nk，其中 R 是普适气体常量，于是，式（20-24）成为

$$S_f=nR\ln 2$$

从初态到末态熵变是

$$S_f-S_i=nR\ln 2-0=nR\ln 2\quad\text{（答案）}$$

这就是我们一开始就想要证明的。在这一章的第二个例题中我们已经根据热力学原理计算了自由膨胀过程中熵的增加，我们是通过一个等价的可逆过程并计算出用温度和热量转移所表示的这个过

程的熵变。在这个例题中，我们依据系统包含大量分子这个事实，用统计力学求出同样的熵增加。总之，这两种完全不同的途径给出了同样的答案。

WILEY PLUS 在 WileyPLUS 中可以找到附加的例题、视频和练习。

复习和总结

单向过程 **不可逆过程**是不能靠微小改变环境的方法而逆向进行的过程。不可逆过程进行的方向由系统经历该过程中发生的熵变 ΔS 决定。熵 S 是系统状态的性质（或状态的函数）；即它只依赖于系统的状态而不依赖于系统到达这个状态的方式。熵假设表明（部分地）：封闭系统中发生不可逆过程时，系统的熵总是增加。

计算熵变 系统从初态 i 通过不可逆过程到末态 f 引起的**熵变** ΔS 严格地等于在与此相同的两个状态之间发生的任何可逆过程所引起的熵变 ΔS。我们可以用下式计算后者（但不是前者）：

$$\Delta S = S_f - S_i = \int_i^f \frac{\mathrm{d}Q}{T} \tag{20-1}$$

其中，Q 是过程中转移给系统或从系统转移出的热量；T 是在此过程中用 K 为单位的系统的温度。

对于可逆等温过程，式（20-1）简化为

$$\Delta S = S_f - S_i = \frac{Q}{T} \tag{20-2}$$

在过程之前和之后系统的温度改变 ΔT 相对于温度（K）很小的情形中，熵变可以近似为

$$\Delta S = S_f - S_i \approx \frac{Q}{T_{\mathrm{avg}}} \tag{20-3}$$

其中，T_{avg} 是过程中系统的平均温度。

理想气体可逆地从温度为 T_i、体积为 V_i 的初态变化到温度为 T_f、体积为 V_f 的末态的过程中，气体的熵变

$$\Delta S = S_f - S_i = nR\ln\frac{V_f}{V_i} + nC_V\ln\frac{T_f}{T_i} \tag{20-4}$$

热力学第二定律 作为熵假设的延伸的这个定律的表述是：如果过程发生在封闭系统中，对于不可逆过程，系统的熵增加；对于可逆过程，系统的熵保持不变。熵永远不会减少。用方程式表示：

$$\Delta S \geqslant 0 \tag{20-5}$$

热机 **热机**是一种循环运行的机器，从高温热库汲取热量 $|Q_{\mathrm{H}}|$ 并做一定量的功 $|W|$。热机的效率 ε 定义为

$$\varepsilon = \frac{\text{获得的能量}}{\text{付出的能量}} = \frac{|W|}{|Q_{\mathrm{H}}|} \tag{20-11}$$

在**理想热机**中，所有的过程都是可逆的并且没有因例如摩擦和湍流等因素而引起的损耗。**卡诺热机**是一种按图 20-9 中的循环运行的理想热机。它的效率是

$$\varepsilon_C = 1 - \frac{|Q_{\mathrm{L}}|}{|Q_{\mathrm{H}}|} = 1 - \frac{T_{\mathrm{L}}}{T_{\mathrm{H}}} \tag{20-12, 20-13}$$

其中，T_{H} 和 T_{L} 分别是高温热库和低温热库的温度。真实热机的效率总是低于式（20-13）给出的效率。理想的非卡诺热机的效率也比这更低。

完美的热机是一种想象中的热机，这种热机把从高温热库汲取的热量全部转化为功。这种热机违背热力学第二定律，热力学第二定律可以重新表述如下：不可能有一系列循环过程，其唯一的结果是从一个热库汲取热量并把这些热能全部转化为功。

制冷机 制冷机是一种循环运行的机器，对它做功使它从低温热库吸收热量 $|Q_{\mathrm{L}}|$。制冷机的性能系数定义为

$$K = \frac{\text{取出的热量}}{\text{所做的功}} = \frac{|Q_{\mathrm{L}}|}{|W|} \tag{20-14}$$

卡诺制冷机是逆向运行的卡诺热机。对于卡诺制冷机，式（20-14）写成

$$K_C = \frac{|Q_{\mathrm{L}}|}{|Q_{\mathrm{H}}| - |Q_{\mathrm{L}}|} = \frac{T_{\mathrm{L}}}{T_{\mathrm{H}} - T_{\mathrm{L}}} \tag{20-15, 20-16}$$

完美的制冷机是一种想象的制冷机，这种制冷机把从低温热库以热的形式吸收的能量完全释放到高温热库中而不需要对它做任何的功。这种制冷机违背热力学第二定律，热力学第二定律可以重新表述如下：不可能有一系列的循环过程，其唯一结果是把一个一定温度的热库中的热能转移到较高温度的热库中。

从统计观点看熵 系统的熵可以用系统分子的可能分布来定义。对于完全相同的分子，分子的每种可能的分布称为系统的**微观态**。所有等价的微观态归类为系统的一个组态。一个组态中，微观态的数目称为组态的**多重数** W。

对于可能分布在一个盒子的两半之间的包含 N 个分子的系统，多重数由下式给出：

$$W = \frac{N!}{n_1!\ n_2!} \tag{20-20}$$

其中，n_1 是盒子的一半中的分子数；n_2 是盒子另一半中的分子数。**统计力学**的基本假设是：所有的微观态都有同样的可能。因此，具有大的多重数的组态最可能发生。

系统组态的多重数 W 和系统在这个组态中的熵由玻尔兹曼熵方程联系起来：

$$S = k\ln W \tag{20-21}$$

其中，$k = 1.38 \times 10^{-23}$ J/K 是玻尔兹曼常量。

习题

1. 一台卡诺热机的效率是15.0%，它在温差相差55℃的两恒温热库之间运行。低温热库的温度是多少？

2. 1.00mol的单原子气体开始时压强为8.00kPa和温度为600K，从初态体积$V_i=1.00\text{m}^3$膨胀到末态体积$V_f=2.00\text{m}^3$。在膨胀过程中的任何时刻气体的压强p和体积V的关系为$p=5.00\exp[(V_i-V)/a]$，p的单位是kPa，V_i和V的单位是m^3，$a=1.00\text{m}^3$。气体最终的（a）压强，（b）温度各是多少？（c）在膨胀过程中，气体做了多少功？（d）膨胀前后的熵变ΔS是多少？（提示：利用两个简单的可逆过程求ΔS。）

3. 图20-19表示1.00mol的单原子理想气体经历的可逆循环。设$p=2p_0$，$V=2V_0$，$p_0=1.01\times10^5\text{Pa}$，$V_0=0.0335\text{m}^3$。求（a）这个循环做的功，（b）在$abc$冲程中输入的热量，（c）循环的效率，（d）在这个循环的最高和最低温度之间运行的卡诺热机的效率是多少？（e）卡诺热机的效率是大于还是等于（c）中求出的效率？

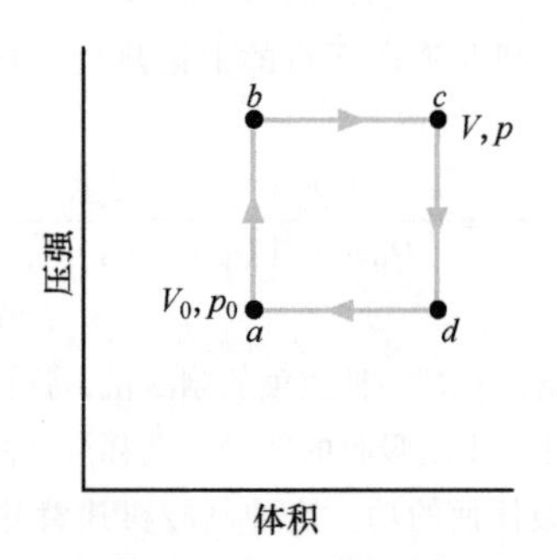

图20-19 习题3图

4. 制冷机中的电动机的功率是200W。如果冷冻室的温度是260K，外部大气的温度是300K，并假设该制冷机有卡诺制冷机的效率。问15.0min内可以从冷冻室取出的热能最大数量是多少？

5. 一台卡诺热机的高温热库的温度是483K的时候其效率是40%。低温热库的温度应该降低多少才能使效率增加到50%？

6. 热力泵的电动机从−10℃的户外将热能转移到17℃的房间内。假如这台热力泵是卡诺热力泵（卡诺热机逆向运转）。每消耗1J的电能能够转移多少热量到房间里面？

7. 某一汽车发动机在每次循环做功8.2kJ时的效率是20%。设过程都是可逆的。（a）发动机在每次循环内从燃料的燃烧得到的热能Q_{gain}是多少？（b）每次循环放出的热能Q_{lost}多少？如在做同样功的条件下把效率提高到31%，则（c）Q_{gain}和（d）Q_{lost}各是多少？

8. 一只绝热的保温瓶中装有80.0℃的水150g。你放入0℃的冰块12.0g后组成冰+原来的水的系统。（a）该系统的平衡温度是多少？原来是冰块的水：（b）在冰融化的过程中，以及（c）它被加热到平衡温度的过程中熵改变了多少？（d）原来的水在冷却到平衡温度的过程中，它的熵改变了多少？（e）冰+原来的水系统到达平衡温度的过程中，净熵变是多少？

9. 卡诺空调机通过把热量转移到室外使房间温度保持在较冷的65℉，室外温度为101℉。对于供给空调机的每一瓦电能，每秒钟从室内移除的能量有多少？

10. 在一台假设的核聚变反应堆中，燃料是温度为$7\times10^8\text{K}$的氘气体。如果这种气体可以用于运转$T_L=50℃$的卡诺热机，则这台热机的效率是多大？把这两个温度都当作准确的温度，并把你的答案保留到8位有效数字。

11. 图20-20表示一台在温度$T_1=500\text{K}$和$T_2=130\text{K}$之间工作的卡诺热机驱动一台$T_3=360\text{K}$和$T_4=200\text{K}$之间工作的卡诺制冷机。比例Q_3/Q_1是多少？

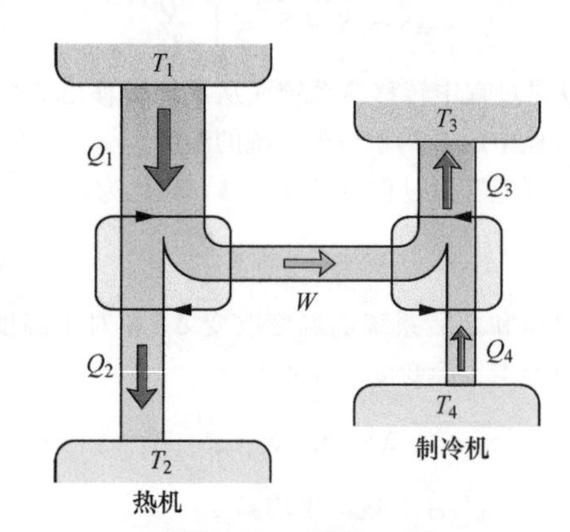

图20-20 习题11图

12. 2.5mol的单原子理想气体样品经历图20-21所示的可逆过程。纵轴标度由$T_s=400.0\text{K}$标定，横轴由$S_s=20.0\text{J/K}$标定。（a）气体吸收了多少热能？（b）气体内能改变了多少？（c）气体做了多少功？

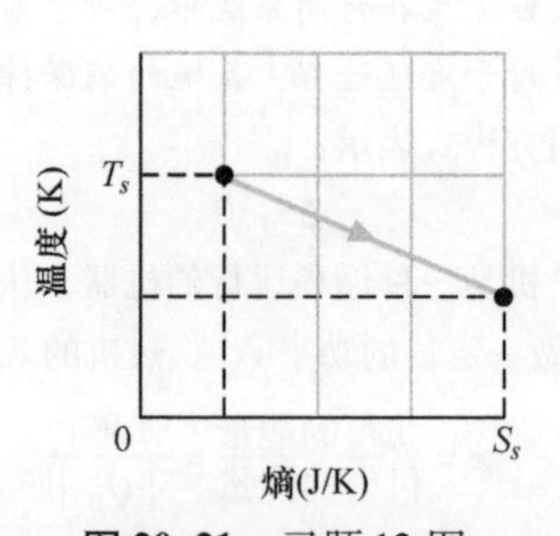

图20-21 习题12图

13. 一个盒子中装有N个气体分子。想象把盒子分成相等的三部分。（a）通过式（20-20）的扩展，写出任何给定组态的多重数公式。（b）考虑两种组态：组态A是在盒子的各为三分之一大小的三个部分中有相同数量的分子，组态 B 是将盒子分成相等的两部分而不是三部分，两半盒子中的分子数量相等。组态 A 的多重数和组态 B 的多重数之比 W_A/W_B 是多少？（c）对 $N=100$，计算 W_A/W_B。（因为 100 不能被 3 整除，所以在组态 A 中盒子的三个部分中的一个部分中放入 34 个分子，另外两个部分各放 33 个分子。）

14. 一位制作冰激凌的人用一台可逆卡诺热机来保持低温，这台卡诺机每循环一次取出 28.0kJ 热量、性能系数为 6.90。每一循环中（a）放入房间的热能和（b）所做的功各是多少？

15. 对 4 个分子制作一张像表 20-1 那样的表，并给出以下组态的熵：（a）第一组态，（b）第二组态，以及（c）第三组态。

16. 装有 N 个完全相同的气体分子的盒子被等分为两半。对 $N=50$，求（a）中央组态的多重数 W，（b）微观态的总数，以及（c）系统处在中央组态的时间的百分比。对 $N=100$，求（d）中央组态的多重数 W，（e）微观态的总数，以及（f）系统处在中央组态时间的百分比。对 $N=200$，求（g）中央组态的多重数 W，（h）微观态的总数，以及（i）系统处在中央组态的时间百分比。（j）随着 N 的增大，系统处在中央组态的时间是增加还是减少？

17. 温度为 200K 的 50.0g 铜块和温度为 400K 的 100g 铅块一同放在绝热的盒子中。（a）由这两块金属构成的系统的平衡温度是多少？（b）系统的初态和末态之间的内能变化是多少？（c）系统的熵变是多少？（参考表 18-3）

18. 理想气体（3mol）是依照图 20-22 中所示的循环运行的热机中的工作物质。过程 BC 和 DA 是可逆的绝热过程。（a）此气体分子是单原子、双原子还是多原子的？（b）热机的效率是多少？

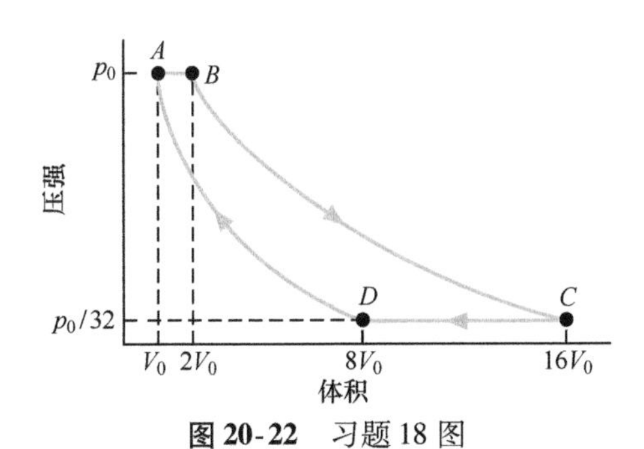

图 20-22　习题 18 图

19. 从水中不断取出热量甚至可以使水达到正常的凝固点（在大气压强下为 0.0℃）以下，而水还不会结冰；这种水称为过冷的。设 1.60g 的水滴过冷达到它周围空气温度 −10.0℃，然后水滴突然地并且不可逆地凝固，把能量以热的形式转移给空气。水滴的熵变是多少？（提示：利用水经过正常的冰点的三步可逆过程。）冰的比热容是 2220J/(kg · K)。

20. 卡诺热机在每一次循环中从 360K 的高温热库吸收热量 730J。它的低温热库温度为 280K，它每个循环做多少功？（b）热机然后逆向运行，作为卡诺制冷机在同样两个热库之间运行。在每一循环中要从低温热库中取出 1200J 热量需要对它做多少功？

21. 图 20-23 中 $V_{23}=4.00V_1$，$n$mol 的双原子分子理想气体循环运行，分子转动但不振动。求（a）p_2/p_1，（b）p_3/p_1，（c）T_3/T_1。对路径 1→2，求（d）$W/(nRT_1)$，（e）$Q/(nRT_1)$，（f）$\Delta E_{int}/(nRT_1)$，以及（g）$\Delta S/(nR)$。对路径 2→3，求（h）$W/(nRT_1)$，（i）$Q/(nRT_1)$，（j）$\Delta E_{int}/(nRT_1)$，以及（k）$\Delta S/(nR)$。对路径3→1，求（l）$W/(nRT_1)$，（m）$Q/(nRT_1)$，（n）$\Delta E_{int}/(nRT_1)$，以及（o）$\Delta S/(nR)$。

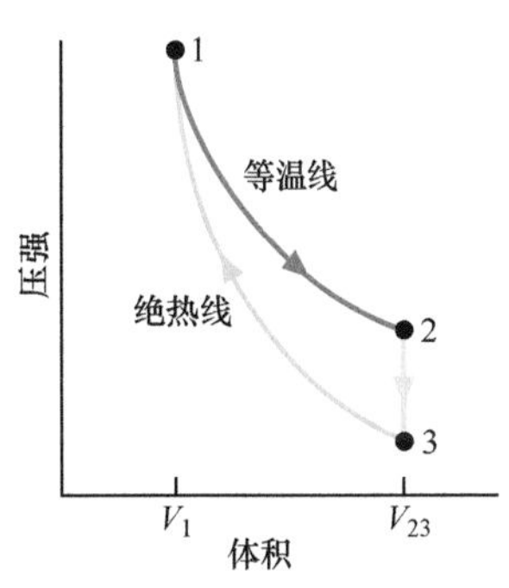

图 20-23　习题 21 图

22. 求卡诺制冷机转移 3.5J 热量所需做的功：（a）从 7.0℃的热库到 35℃的热库，（b）从 −73℃的热库到 35℃的热库，（c）从 −173℃的热库到 35℃的热库，以及（d）从 −223℃的热库到 35℃的热库。

23. 3.90mol 理想气体样品在 360K 的温度下等温并可逆地膨胀，体积增大至 3.40 倍。气体的熵增加多少？

24. （a）2.5mol 的单原子理想气体经历图 20-24 所示的循环，其中 $V_1=4.00V_0$，当气体从状态 a 经过路径 abc 到达状态 c，$W/(p_0V_0)$ 是多少？（b）从状态 b 到状态 c，以及（c）经过整个循环，$\Delta E_{int}/(p_0V_0)$ 是多少？（d）从状态 b 到状态 c，以及（e）整个循环的 ΔS 是多少？

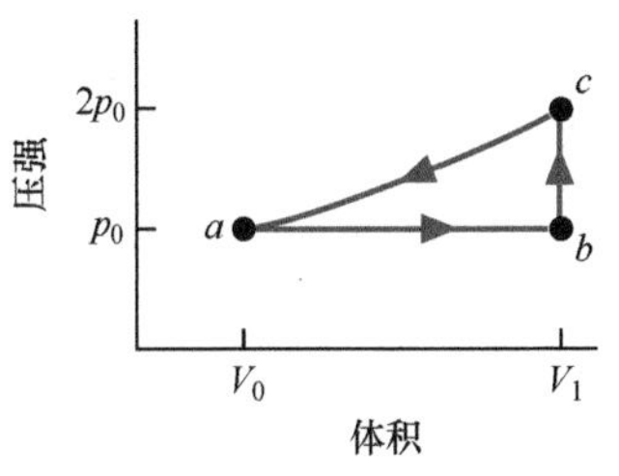

图 20-24　习题 24 图

25. 图 20-25 表示 1.00mol 的单原子理想气体经历的可逆循环。体积 $V_c=8.00V_b$。过程 bc 是绝热膨胀，其中 $p_b=5.00\text{atm}$，$V_b=1.00\times10^{-3}\text{m}^3$。对这个循环，求（a）加入气体的热量，（b）气体放出的热量，（c）气体做的净功，以及（d）循环的效率。

26. 一台 600W 的卡诺热机在 100℃和 60.0℃的恒温热库之间运转。每秒钟内（a）热机吸收的热量以及（b）排出的热量各是多少？

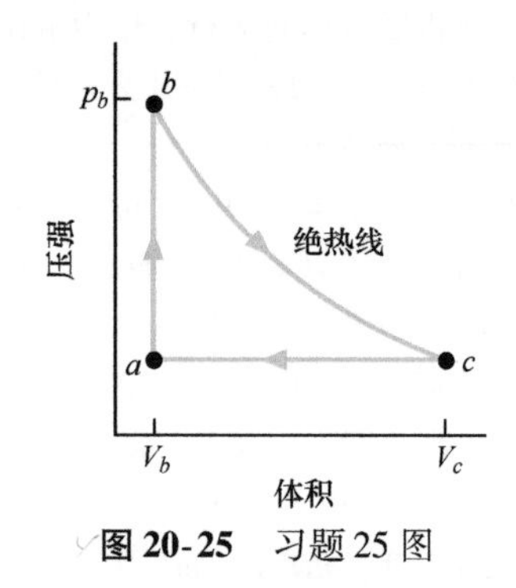

图 20-25　习题 25 图

27. 一台在 93°F 和 70°F 之间运转的空调被评估为具备 5200Btu/h 的冷却能力。它的性能系数是在同样的两个温度之间运转的卡诺制冷机的 15%。它需要多少马力的空调电动机？

28. 在非常低的温度下，许多固体的摩尔热容 C_V 近似地是 $C_V = AT^3$，其中 A 取决于特定的物质。对铝，$A = 3.15 \times 10^{-5}$J/(mol·K^4)。求 4.00mol 的铝的温度从 8.00K 降低到 5.00K 时的熵变。

29. 一台热力泵用来加热建筑物。外部温度低于内部温度。泵的性能系数是 3.30，每小时热力泵将 7.54MJ 的热量释放到建筑物内。如果这台热力泵是一台逆向运转的卡诺热机，要想驱动它需要多大的功率？

30. 制造一台卡诺热机是为了能在每个循环产生一定的功 W。每一循环中，从温度 T_H 可以调节的高温热库中将热能 Q_H 转移到热机的工作物质中。低温热库的温度保持在 $T_L = 250$K。图 20-26 给出在一定 T_H 范围内的 Q_H。纵轴的标度由 $Q_{Hs} = 12.0$kJ 标定。如果 T_H 定为 550K，则 Q_H 是多少？

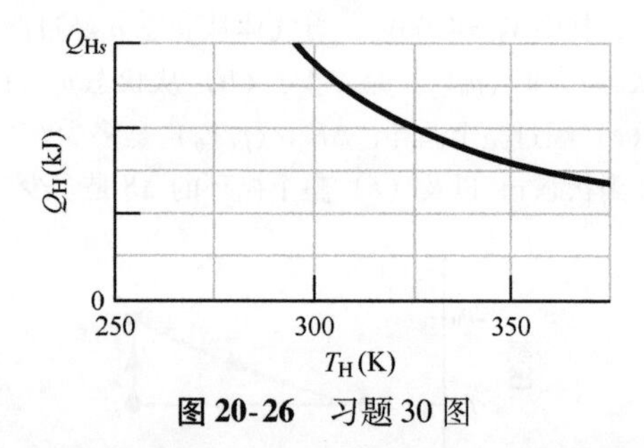

图 20-26　习题 30 图

31. 3.30kg 铜块的温度可逆地从 25.0℃ 增加到 170℃。求铜块 (a) 吸收的热量及 (b) 它的熵变。铜的比热容是 386J/(kg·K)。

32. 气体样品经历可逆的等温膨胀。图 20-27 给出气体的熵变 ΔS 关于气体末态体积 V_f 的曲线。纵轴标度定为 $\Delta S_s = 128$J/K。样品中有多少摩尔气体？

33. 1773g 水和 513g 冰的混合物起初处在 0.000℃ 的平衡态中。然后，混合物经可逆过程到第二个平衡态，第二平衡态中 0.000℃ 的水-冰质量的比例是 1.00∶1.00。(a) 求此过程中的熵变（水的熔化热是 333kJ/kg。）(b) 然后系统经过不可逆过程（例如用本生灯加热）回到初始的

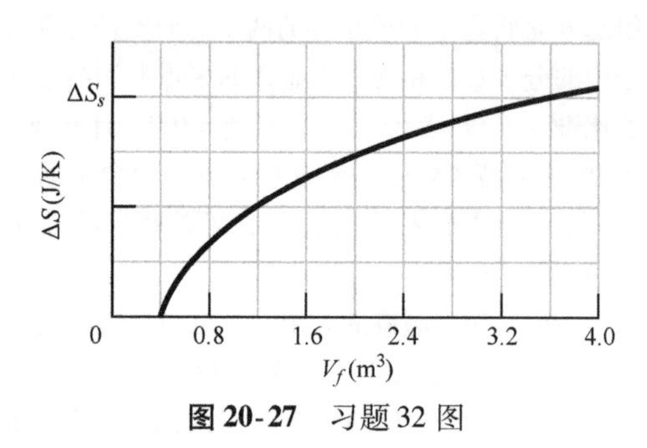

图 20-27　习题 32 图

平衡态。求这一过程中系统的熵变。(c) 你的答案和热力学第二定律是否相符合？

34. 理想气体在 77℃ 经历可逆的等温膨胀，体积从 1.30L 增加到 3.90L。气体的熵变是 22.0J/K。现在有多少摩尔气体？

35. 设有 1.00mol 单原子理想气体从初始压强 p_1 和体积 V_1 开始，经过两个步骤：(1) 等温膨胀到体积 $2.00V_1$，以及 (2) 在等容条件下压强增加到 $2.00p_1$。(a) 步骤 (1) 和 (b) 步骤 (2) 的 $Q/(p_1V_1)$ 各为多少？(c) 步骤 (1) 和 (d) 步骤 (2) 的 $W/(p_1V_1)$ 各为多少？整个过程中 (e) $\Delta E_{int}/(p_1V_1)$ 及 (f) ΔS 各是多少？气体回到它的初态，并再次达到同一末态，但现在是通过以下与前面不同的步骤：(1) 等温压缩到压强 $2.00p_1$，以及 (2) 在等压条件下体积增大到 $2.00V_1$。(g) 步骤 (1) 和 (h) 步骤 (2) 的 $Q/(p_1V_1)$ 各为多少？(i) 步骤 (1) 及 (j) 步骤 (2) 的 $W/(p_1V_1)$ 各为多少？整个过程中，(k) $\Delta E_{int}/(p_1V_1)$ 及 (l) ΔS 各是多少？

36. 180℃ 的理想气体的可逆等温膨胀过程中，如果气体的熵增加了 46.0J/K，必须转移多少热量？

37. 图 20-28 中的循环描写汽油内燃机的运行。体积 $V_3 = 4.00V_1$。设吸入的汽油-空气混合物是理想气体，$\gamma = 1.30$。求以下比值：(a) T_2/T_1，(b) T_3/T_1，(c) T_4/T_1，(d) p_3/p_1，以及 (e) p_4/p_1。(f) 发动机的效率为多少？

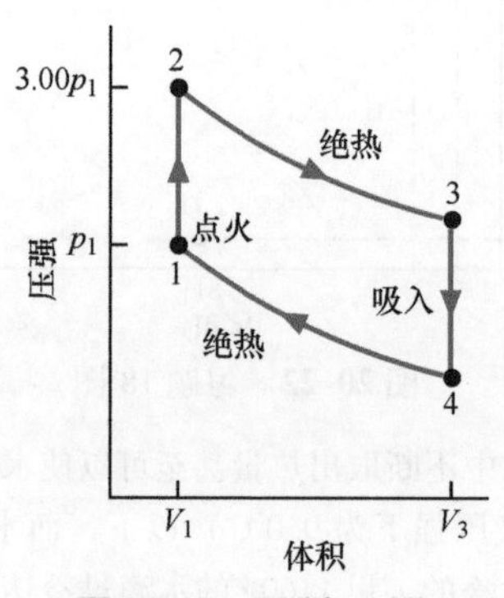

图 20-28　习题 37 图

38. 卡诺热机在每个循环中吸收 52kJ 热量的同时放出 30kJ 热量。计算 (a) 热机的效率及 (b) 用 kJ 为单位表示的每次循环所做的功。

39. 在一次实验中，100℃ 的 400g 铝［比热容为 900J/(kg·K)］和 20.0℃ 的 50.0g 水混合，混合物绝热。

（a）平衡温度是多少？（b）铝，（c）水，以及（d）铝-水系统的熵变各是多少？

40. 两阶段卡诺热机包含两个卡诺循环：第一阶段，卡诺循环在温度 $T_1=500\text{K}$ 时吸热并在温度 $T_2=400\text{K}$ 时放出热量。第二阶段，卡诺循环在温度 T_2 吸收放出的热量，然后在温度 $T_3=300\text{K}$ 时释放热量。这个热机的效率是多少？

41. 在图 20-5 的不可逆过程中，两块相同的铜块 L 和 R 的初始温度分别是 305.5K 和 294.5K，设 350J 是为了达到平衡态两铜块之间必须转移的能量。对于图 20-6 中的可逆过程，（a）铜块 L，（b）它的热库，（c）铜块 R，（d）它的热库，（e）两铜块构成的系统，以及（f）两铜块和两个热库构成的系统，它们的 ΔS 各是多少？

42. 270g 的金属块和热库接触。金属块起初比热库的温度低。设接着发生的从热库到金属块的能量转移是可逆的。图 20-29 给出金属块直到达到热平衡为止的熵变 ΔS。水平轴的标度由 $T_a=280\text{K}$ 和 $T_b=380\text{K}$ 确定。求金属块的比热容。

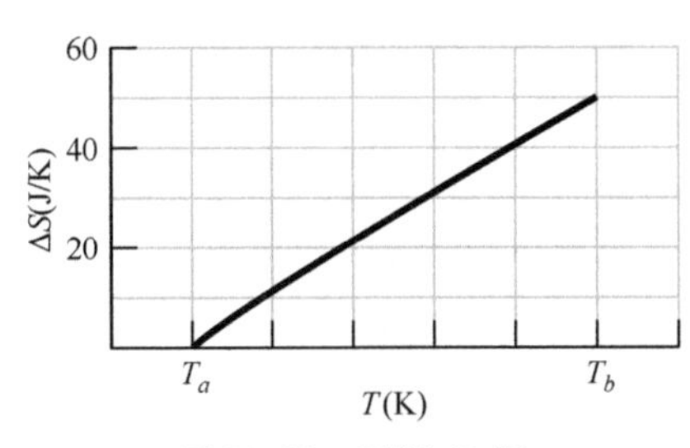

图 20-29 习题 42 图

43. 卡诺热机在 235℃ 和 115℃ 之间运转，每次循环在高温时吸热 $3.00\times10^4\text{J}$。（a）每个循环在低温下释放多少能量？（b）这个热机在每个循环中可以做多少功？

44. 将 −10℃ 的 6.0g 冰块放进盛有 20℃ 的 100cm^3 水的保温瓶中。达到平衡后冰块-水系统的熵变是多少？冰的比热容是 2220J/(kg·K)。

45. 设 2.00mol 的理想气体经历可逆的等温压缩，在 $T=400\text{K}$ 的温度下，体积从 V_1 压缩到 $V_2=0.500V_1$。求（a）气体做的功。（b）气体的熵变。（c）如果压缩是可逆绝热的而不是等温的，气体的熵变是多少？

46. （a）15.0g 的冰块在温度正好高于水的凝固点的一桶水里面完全融化的过程中的熵变是多少？（b）将一满匙 5.00g 水倒在温度稍高于水的沸点的高温盘子上完全蒸发后的熵变是多少？

47. 将 −15℃ 的 20g 冰块放进温度为 15℃ 的湖中。求冰块和湖水达到平衡状态过程中冰块-湖水系统的熵变。冰的比热容是 2220J/(kg·K)。（提示：冰会影响湖水的温度吗？）

APPENDIX

附　　录

附录 A　国际单位制（SI）⊖

1. 国际单位制基本单位⊖

量	名称	符号	定　义
长度	米	m	“…在真空中光在 1/299 792 458 秒内传播路径的长度。”（1983）
质量	千克	kg	“…这个原型（一个铂铱圆柱体）从此被认为是质量的单位。”（1889）
时间	秒	s	“…和铯 -133 原子基态的两个超精细能级之间的跃迁对应的辐射的 9 192 631 770 个周期的时间。”（1967）
电流	安［培］	A	“…保持在两根无限长、圆截面积可以忽略、在真空中相距 1 米放置的平行直导线中，在这两导线间产生每米长度 2×10^{-7} 牛顿的力的恒定电流。”（1946）
热力学温度	开［尔文］	K	“…水的三相点的热力学温度的 1/273.16。”（1967）
物质的量	摩尔	mol	“…包含和 0.012 千克碳 -12 中的原子一样多的基本物质的一个系统的物质的量。”（1971）
发光强度	坎［德拉］	cd	“…发射频率为 540×10^{12} 赫兹的单色辐射的光源在给定方向上的发光强度，在这个方向上的辐射强度是 1/683 瓦每球面度。”（1979）

⊖ 采自“国际单位制（SI）”，美国国家标准局特刊 330，1972 年版。上述定义被当时的一个国际组织，General Conference of Weights and Measures 所采用。本书中不用坎［德拉］。

⊖ 2018 年 11 月 16 日第 26 届国际计量大会通过从 2019 年 5 月 20 日开始执行的国际单位制 7 个基本单位中的四个：千克、安培、开和摩尔重新定义。

质量：选定以焦耳·秒为单位的普朗克常量 $h=6.62607015\times10^{-34}$ 除以 6.62607015×10^{-34} 米$^{-2}$秒为 1 千克（米和秒的单位已经定义）。

电流：规定基本电荷 e 的数值为 $1.602176634\times10^{-19}$，由此定义安培为每秒通过截面一个基本电荷为 $1.602176634\times10^{-19}$ 安培。

热力学温度，以焦耳·开$^{-1}$为单位的玻尔兹曼常量的数值规定为 1.380649×10^{-23}，由此定义温度单位开；

物质的量的单位摩尔定义为物质的基本单元数目等于选定的阿伏伽德罗常量 $N_A=6.02214076\times10^{23}$ 为 1 摩尔。——译者注

2. **一些 SI 导出单位**

量	单位名称	符号	
面积	平方米	m^2	
体积	立方米	m^3	
频率	赫［兹］	Hz	s^{-1}
质量密度（密度）	千克每立方米	kg/m^3	
速率，速度	米每秒	m/s	
角速度	弧度每秒	rad/s	
加速度	米每二次方秒	m/s^2	
角加速度	弧度每二次方秒	rad/s^2	
力	牛［顿］	N	$kg \cdot m/s^2$
压强	帕［斯卡］	Pa	N/m^2
功，能，热量	焦［耳］	J	N · m
功率	瓦［特］	W	J/s
电荷量	库［仑］	C	A · s
电势差，电动势	伏［特］	V	W/A
电场强度	伏［特］每米（或牛［顿］每库［仑］）	V/m	N/C
电阻	欧［姆］	Ω	V/A
电容	法［拉］	F	A · s/V
磁通量	韦［伯］	Wb	V · s
电感	亨［利］	H	V · s/A
磁通密度	特［斯拉］	T	Wb/m^2
磁场强度	安［培］每米	A/m	
熵	焦［耳］每开［尔文］	J/K	
比热容	焦［耳］每千克开［尔文］	J/(kg · K)	
热导率	瓦［特］每米开［尔文］	W/(m · K)	
辐射强度	瓦［特］每球面度	W/sr	

3. **SI 辅助单位**

量	单位名称	符号
平面角	弧度	rad
立体角	球面度	sr

附录 B 一些物理学基本常量①

常量	符号	计算用值	最佳（1998）值	
			值②	不确定度③
真空中光的速率	c	3.00×10^{8} m/s	2.997 924 58	精确
［基］元电荷	e	1.60×10^{-19} C	1.602 176 487⑥	0.025
引力常量	G	6.67×10^{-11} m^3/(kg·s^2)	6.67428	100
［普适］气体常量	R	8.31J/(mol·K)	8.314 472	1.7
阿伏伽德罗常量	N_A	6.02×10^{23} mol^{-1}	6.022 141 79⑥	0.050
玻尔兹曼常量	k	1.38×10^{-23} J/K	1.380 650 4⑥	1.7
斯特藩-玻尔兹曼常量	σ	5.67×10^{-8} W/(m^2·K^4)	5.670 400	7.0
STP⑤下理想气体的摩尔体积	V_m	2.27×10^{-2} m^3/mol	2.271 098 1	1.7
电容率常量	ε_0	8.85×10^{-12} F/m	8.854 187 817 62	精确
磁导率常量	μ_0	1.26×10^{-6} H/m	1.256 637 061 43	精确
普朗克常量	h	6.63×10^{-34} J·s	6.626 068 96⑥	0.050
电子质量④	m_e	9.11×10^{-31} kg	9.109 382 15	0.050
		5.49×10^{-4} u	5.485 799 094 3	4.2×10^{-4}
质子质量④	m_p	1.67×10^{-27} kg	1.672 621 637	0.050
		1.0073u	1.007 276 466 77	1.0×10^{-4}
质子质量对电子质量的比	m_p/m_e	1840	1 836.152 672 47	4.3×10^{-4}
电子的荷质比	e/m_e	1.76×10^{11} C/kg	1.758 820 150	0.025
中子质量	m_n	1.68×10^{-27} kg	1.674 927 211	0.050
		1.0087u	1.008 664 915 97	4.3×10^{-4}
氢原子质量④	m_{1H}	1.0078u	1.007 825 031 6	0.0005
氘原子质量④	m_{2H}	2.0136u	2.013 553 212 724	3.9×10^{-5}
氦原子质量④	m_{4He}	4.0026u	4.002 603 2	0.067
μ 子质量	m_μ	1.88×10^{-28} kg	1.883 531 30	0.056
电子磁矩	μ_e	9.28×10^{-24} J/T	9.284 763 77	0.025
质子磁矩	μ_p	1.41×10^{-26} J/T	1.410 606 662	0.026
玻尔磁子	μ_B	9.27×10^{-24} J/T	9.274 009 15	0.025
核磁子	μ_N	5.05×10^{-27} J/T	5.050 783 24	0.025
玻尔半径	a	5.29×10^{-11} m	5.291 772 085 9	6.8×10^{-4}
里德伯常量	R	1.10×10^{7} m^{-1}	1.097 373 156 852 7	6.6×10^{-6}
电子康普顿波长	λ_C	2.43×10^{-12} m	2.426 310 217 5	0.001 4

① 本表数值选自 1998CODATA 推荐值（www.physics.nist.gov）。

② 此列的数值应以计算用值同样的单位和 10 的幂给出。

③ 百万分之几。

④ 以 u 给出的质量是用统一的原子质量单位，其中 $1\text{u}=1.660\ 538\ 782\times10^{-27}$ kg。

⑤ STP 意思是标准温度和压强：0℃和 1.0atm（0.1MPa）。

⑥ 根据 2018 年 11 月 16 日第 26 届国际计量大会通过的决议，2019 年 5 月 20 日开始执行的国际单位制的基本单位新定义，选定以下四个常量的固定值精确值。

普朗克常量 $h=6.62607015\times10^{-34}$ 焦耳·秒；元电荷 $e=1.602176634\times10^{-19}$ 库仑；

玻尔兹曼常量 $k=1.380649\times10^{-23}$ 焦耳·开$^{-1}$；阿伏伽德罗常量 $N_A=6.02214076\times10^{23}$。——译者注

附录 C　一些天文数据

一些离地球的距离

到月球①	3.82×10^{8} m	到银河系中心	2.2×10^{20} m
到太阳①	1.50×10^{11} m	到仙女座星系	2.1×10^{22} m
到最近的恒星（半人马座比邻星）	4.04×10^{16} m	到可观测宇宙的边缘	$\sim 10^{26}$ m

① 平均距离。

太阳、地球和月球

性质	单位	太阳	地球	月球
质量	kg	1.99×10^{30}	5.98×10^{24}	7.36×10^{22}
平均半径	m	6.96×10^{8}	6.37×10^{6}	1.74×10^{6}
平均密度	kg/m^3	1410	5520	3340
表面上自由下落加速度	m/s^2	274	9.81	1.67
逃逸速度	km/s	618	11.2	2.38
自转周期①	—	37d 在两极②，26d 在赤道②	23h56min	27.3d
辐射功率③	W	3.90×10^{26}		

① 相对于远方恒星测量。
② 太阳作为一个气体球，不像一个刚体那样转动。
③ 刚好在地球的大气层外接收的太阳能的功率，假设垂直入射，是 $1340 W/m^2$。

行星的一些性质

	水星	金星	地球	火星	木星	土星	天王星	海王星	冥王星④
离太阳的平均距离（10^6km）	57.9	108	150	228	778	1430	2870	4500	5900
公转周期（y）	0.241	0.615	1.00	1.88	11.9	29.5	84.0	165	248
自转周期①（d）	58.7	-243②	0.997	1.03	0.409	0.426	-0.451②	0.658	6.39
轨道速率（km/s）	47.9	35.0	29.8	24.1	13.1	9.64	6.81	5.43	4.74
轴对轨道的倾角	<28°	≈3°	23.4°	25.0°	3.08°	26.7°	97.9°	29.6°	57.5°
轨道对地球轨道的倾角	7.00°	3.39°		1.85°	1.30°	2.49°	0.77°	1.77°	17.2°
轨道偏心率	0.206	0.0068	0.0167	0.0934	0.0485	0.0556	0.0472	0.0086	0.250
赤道半径（km）	4880	12100	12800	6790	143000	120000	51800	49500	2300
质量（地球=1）	0.0558	0.815	1.000	0.107	318	95.1	14.5	17.2	0.002
密度（水=1）	5.60	5.20	5.52	3.95	1.31	0.704	1.21	1.67	2.03
表面 g 值③（m/s^2）	3.78	8.60	9.78	3.72	22.9	9.05	7.77	11.0	0.5
逃逸速度③（km/s）	4.3	10.3	11.2	5.0	59.5	35.6	21.2	23.6	1.3
已知卫星	0	0	1	2	67+环	62+环	27+环	13+环	4

① 相对于远方恒星测量。
② 金星和天王星自转和公转方向相反。
③ 在行星赤道上测量的引力加速度。
④ 现在冥王星被归类为矮行星（dwarf planet）。

附录 D 换算因子

换算因子可以从这些表直接读出。例如，$1° = 2.778 \times 10^{-3}$ rev，因而 $16.7° = 16.7 \times 2.778 \times 10^{-3}$ rev。SI 单位用黑体。部分选自 G. Shortley and D. Williams, *Elements of Physics*, 1971, Prentice-Hall, Englewood Cliffs, NJ.

平面角

°	′	″	**弧度** (rad)	周 (rev)
1 度(°) = 1	60	3600	1.745×10^{-2}	2.778×10^{-3}
1 分(′) = 1.667×10^{-2}	1	60	2.909×10^{-4}	4.630×10^{-5}
1 秒(″) = 2.778×10^{-4}	1.667×10^{-2}	1	4.848×10^{-6}	7.716×10^{-7}
1 **弧度**(rad) = 57.30	3438	2.063×10^{5}	1	0.1592
1 周(rev) = 360	2.16×10^{4}	1.296×10^{6}	6.283	1

立体角

1 球面 = 4π 球面角 = 12.57 球面角

长度

cm	**米** (m)	km	in	ft	mile
1 厘米 (cm) = 1	10^{-2}	10^{-5}	0.3937	3.281×10^{-2}	6.214×10^{-6}
1 **米** (m) = 100	1	10^{-3}	39.37	3.281	6.214×10^{-4}
1 千米 (km) = 10^{5}	1000	1	3.937×10^{4}	3281	0.6214
1 英寸 (in) = 2.540	2.540×10^{-2}	2.540×10^{-5}	1	8.333×10^{-2}	1.578×10^{-5}
1 英尺 (ft) = 30.48	0.3048	3.048×10^{-4}	12	1	1.894×10^{-4}
1 英里 (mile) = 1.609×10^{5}	1609	1.609	6.336×10^{4}	5280	1

1 埃 (Å) = 10^{-10} m
1 海里 (n mile) = 1852m = 1.151mile = 6076ft
1 飞米 = 10^{-15} m
1 光年 (ly) = 9.461×10^{12} km
1 秒差距 (Parsec) = 3.084×10^{13} km
1 噚 = 6ft
1 玻尔半径 = 5.292×10^{-11} m
1 码 (yd) = 3ft
1 杆 = 16.5ft
1 密耳 (mil) = 10^{-3} in
1nm = 10^{-9} m

面积

米^2 (m^2)	cm^2	ft^2	in^2
1 **平方米** (m^2) = 1	10^{4}	10.76	1550
1 平方厘米 (cm^2) = 10^{-4}	1	1.076×10^{-3}	0.1550
1 平方英尺 (ft^2) = 9.290×10^{-2}	929.0	1	144
1 平方英寸 (in^2) = 6.452×10^{-4}	6.452	6.944×10^{-3}	1

1 平方英里 = 2.788×10^{7} ft^2 = 640 英亩
1 靶 (barn) = 10^{-28} m^2
1 英亩 (acre) = 43 560ft^2
1 公顷 (hectare) = 10^{4} m^2 = 2.471 英亩

体积

立方米 (m^3)	cm^3	L	ft^3	in^3
1 立方米 (m^3) = 1	10^6	1000	35.31	6.102×10^4
1 立方厘米 (cm^3) = 10^{-6}	1	1.000×10^{-3}	3.531×10^{-5}	6.102×10^{-2}
1 升 (L) = 1.000×10^{-3}	1000	1	3.531×10^{-2}	61.02
1 立方英尺 (ft^3) = 2.832×10^{-2}	2.832×10^4	28.32	1	1728
1 立方英寸 (in^3) = 1.639×10^{-5}	16.39	1.639×10^{-2}	5.787×10^{-4}	1

1 美制液加仑 = 4 美制液夸脱 = 8 美制品脱 = 128 美制液盎斯 = 231in^3

1 英制加仑 = 277.4in^3 = 1.201 英制液加仑

质量

本表阴影内的量不是质量的单位，但常常这样用。例如，当我们写 1kg "=" 2.205lb 时，它的意思是，1kg 的质量相当于它在 g 具有 9.80665m/s^2 的标准值的地点时的重量 2.205lb。

克 (g)	千克 (kg)	slug	u	oz	lb	ton
1 克(g) = 1	0.001	6.852×10^{-5}	6.022×10^{23}	3.527×10^{-2}	2.205×10^{-3}	1.102×10^{-6}
1 千克(kg) = 1000	1	6.852×10^{-2}	6.022×10^{26}	35.27	2.205	1.102×10^{-3}
1 斯[勒格](slug) = 1.459×10^4	14.59	1	8.786×10^{27}	514.8	32.17	1.609×10^{-2}
1 原子质量单位(u) = 1.661×10^{-24}	1.661×10^{-27}	1.138×10^{-28}	1	5.857×10^{-26}	3.662×10^{-27}	1.830×10^{-30}
1 盎斯(oz) = 28.35	2.835×10^{-2}	1.943×10^{-3}	1.718×10^{25}	1	6.250×10^{-2}	3.125×10^{-5}
1 磅(lb) = 453.6	0.4536	3.108×10^{-2}	2.732×10^{26}	16	1	0.0005
1 吨(ton) = 9.072×10^5	907.2	62.16	5.463×10^{29}	3.2×10^4	2000	1

1 米制吨 = 1000kg

密度

本表阴影内的量是重量密度，因而和质量密度在量纲上不同。见质量表的说明。

$slug/ft^3$	千克每立方米 (kg/m^3)	g/cm^3	lb/ft^3	lb/in^3
1 斯［勒格］每立方英尺 ($slug/ft^3$) = 1	515.4	0.5154	32.17	1.862×10^{-2}
1 千克每立方米 (kg/m^3) = 1.940×10^{-3}	1	0.001	6.243×10^{-2}	3.613×10^{-5}
1 克每立方厘米 (g/cm^3) = 1.940	1000	1	62.43	3.613×10^{-2}
1 磅每立方英尺 (lb/ft^3) = 3.108×10^{-2}	16.02	16.02×10^{-2}	1	5.787×10^{-4}
1 磅每立方英寸 (lb/in^3) = 53.71	2.768×10^4	27.68	1728	1

时间

y	d	h	min	秒 (s)
1 年 (y) = 1	365.25	8.766×10^3	5.259×10^5	3.156×10^7
1 天 (d) = 2.738×10^{-3}	1	24	1440	8.640×10^4
1 小时 (h) = 1.141×10^{-4}	4.167×10^{-2}	1	60	3600
1 分钟 (min) = 1.901×10^{-6}	6.944×10^{-4}	1.667×10^{-2}	1	60
1 秒 (s) = 3.169×10^{-8}	1.157×10^{-5}	2.778×10^{-4}	1.667×10^{-2}	1

速率

ft/s	km/h	米每秒 (m/s)	mile/h	cm/s
1 英尺每秒 (ft/s) = 1	1.097	0.3048	0.6818	30.48
1 千米每 [小] 时 (km/h) = 0.9113	1	0.2778	0.6214	27.78
1 **米每秒** (m/s) = 3.281	3.6	1	2.237	100
1 英里每 [小] 时 (mile/h) = 1.467	1.609	0.4470	1	44.70
1 厘米每秒 (cm/s) = 3.281×10^{-2}	3.6×10^{-2}	0.01	2.237×10^{-2}	1

1 节 (knot) = 1 海里/时 = 1.688ft/s　　1 英里/分 = 88.00ft/s = 60.00mile/h

力

本表阴影内的单位现在很少用。以例子说明：1 克力 (= 1gf) 是在 g 具有标准值 9.80665m/s^2 的地点作用于质量为 1 克的物体上的重力。

dyn	牛 [顿] (N)	lbf	pdl	gf	kgf
1 达因 (dyn) = 1	10^{-5}	2.248×10^{-6}	7.233×10^{-5}	1.020×10^{-3}	1.020×10^{-6}
1 **牛 [顿]** (N) = 10^5	1	0.2248	7.233	102.0	0.1020
1 磅力 (lbf) = 4.448×10^5	4.448	1	32.17	453.6	0.4536
1 磅达 (pdl) = 1.383×10^4	0.1383	3.108×10^{-2}	1	14.10	1.410×10^2
1 克力 (gf) = 980.7	9.807×10^{-3}	2.205×10^{-3}	7.093×10^{-2}	1	0.001
1 千克力 (kgf) = 9.807×10^5	9.807	2.205	70.93	1000	1

1 吨 = 2000lb

压强

atm	dyn/cm²	英寸水柱	cmHg	帕[斯卡](Pa)	lbf/in²	lbf/ft²
1 大气压(atm) = 1	1.013×10^6	406.8	76	1.013×10^5	14.70	2116
1 达因每平方厘米(dyn/cm²) = 9.869×10^{-7}	1	4.015×10^{-4}	7.501×10^{-5}	0.1	1.405×10^{-5}	2.089×10^{-3}
1 英寸 4℃ 水柱① = 2.458×10^{-3}	2491	1	0.1868	249.1	3.613×10^{-2}	5.202
1 厘米 0℃ 汞柱(cmHg)① = 1.316×10^{-2}	1.333×10^4	5.353	1	1333	0.1934	27.85
1 **帕[斯卡]**(Pa) = 9.869×10^{-6}	10	4.015×10^{-3}	7.501×10^{-4}	1	1.450×10^{-4}	2.089×10^{-2}
1 磅每平方英寸(lb/in²) = 6.805×10^{-2}	6.895×10^4	27.68	5.171	6.895×10^3	1	144
1 磅每平方英尺(lb/ft²) = 4.725×10^{-4}	478.8	0.1922	3.591×10^{-2}	47.88	6.944×10^{-3}	1

① 该处的重力加速度具有标准值 9.80665m/s^2。

1 巴(bar) = 10^6dyn/cm^2 = 0.1MPa　　1 毫巴(millibar) = 10^3dyn/cm^2 = 10^2Pa　　1 托(Torr) = 1mmHg

能，功，热

本表阴影内的量不是能量单位，但为了方便也列在这里。它们是根据相对论质能等价公式 $E=mc^2$ 得出的并代表 1 千克或 1 原子质量单位（u）完全转化为能量时所释放出的能量（底下两行）或要完全转化为 1 单位能量的质量（最右两列）。

Btu	erg	ft·lb	hp·h	**焦[耳]**(J)	cal	kW·h	eV	MeV	kg	u
1 英制热量单位(Btu)=1	1.055×10^{10}	777.9	3.929×10^{-4}	1055	252.0	2.930×10^{-4}	6.585×10^{21}	6.585×10^{15}	1.174×10^{-14}	7.070×10^{12}
1 尔格(erg)= 9.481×10^{-11}	1	7.376×10^{-8}	3.725×10^{-14}	10^{-7}	2.389×10^{-8}	2.778×10^{-14}	6.242×10^{11}	6.242×10^{5}	1.113×10^{-24}	670.2
1 英尺磅(ft·lb)= 1.285×10^{-3}	1.356×10^{7}	1	5.051×10^{-7}	1.356	0.3238	3.766×10^{-7}	8.464×10^{18}	8.464×10^{12}	1.509×10^{-17}	9.037×10^{9}
1 马力小时(hp·h)=2545	2.685×10^{13}	1.980×10^{6}	1	2.685×10^{6}	6.413×10^{5}	0.7457	1.676×10^{25}	1.676×10^{19}	2.988×10^{-11}	1.799×10^{16}
1 **焦[耳]**(J)= 9.481×10^{-4}	10^{7}	0.7376	3.725×10^{-7}	1	0.2389	2.778×10^{-7}	6.242×10^{18}	6.242×10^{12}	1.113×10^{-17}	6.702×10^{9}
1 卡[路里](cal)= 3.968×10^{-3}	4.1868×10^{7}	3.088	1.560×10^{-6}	4.1868	1	1.163×10^{-6}	2.613×10^{19}	2.613×10^{13}	4.660×10^{-17}	2.806×10^{10}
1 千瓦时(kW·h)=3413	3.600×10^{13}	2.655×10^{6}	1.341	3.600×10^{6}	8.600×10^{5}	1	2.247×10^{25}	2.247×10^{19}	4.007×10^{-11}	2.413×10^{16}
1 电子伏[特](eV) $=1.519\times10^{-22}$	1.602×10^{-12}	1.182×10^{-19}	5.967×10^{-26}	1.602×10^{-19}	3.827×10^{-20}	4.450×10^{-26}	1	10^{-6}	1.783×10^{-36}	1.074×10^{-9}
1 兆电子伏[特](MeV) $=1.519\times10^{-16}$	1.602×10^{-6}	1.182×10^{-13}	5.967×10^{-20}	1.602×10^{-13}	3.827×10^{-14}	4.450×10^{-20}	10^{-6}	1	1.783×10^{-30}	1.074×10^{-3}
1 千克(kg)= 8.521×10^{13}	8.987×10^{23}	6.629×10^{16}	3.348×10^{10}	8.987×10^{16}	2.146×10^{16}	2.497×10^{10}	5.610×10^{35}	5.610×10^{29}	1	6.022×10^{26}
1 原子质量单位(u) $=1.415\times10^{-13}$	1.492×10^{-3}	1.101×10^{-10}	5.559×10^{-17}	1.492×10^{-10}	3.564×10^{-11}	4.146×10^{-17}	9.320×10^{8}	932.0	1.661×10^{-27}	1

功率

Btu/h	ft·lbf/s	hp	cal/s	kW	**瓦[特]**(W)
1 英制热量单位每(小)时(Btu/h)=1	0.2161	3.929×10^{-4}	6.998×10^{-2}	2.930×10^{-4}	0.2930
1 英尺磅每秒(ft·lb/s)=4.628	1	1.818×10^{-3}	0.3239	1.356×10^{-3}	1.356
1 马力(hp)=2545	550	1	178.1	0.7457	745.7
1 卡[路里]每秒(cal/s)=14.29	3.088	5.615×10^{-3}	1	4.186×10^{-3}	4.186
1 千瓦(kW)=3413	737.6	1.341	238.9	1	1000
1 **瓦[特]**(W)=3.413	0.7376	1.341×10^{-3}	0.2389	0.001	1

磁场

高斯（gauss）	**特［斯拉］**（T）	毫高斯（milligauss）
1 高斯（gauss）=1	10^{-4}	1000
1 **特[斯拉]**(T) $=10^{4}$	1	10^{7}
1 毫高斯(milligauss)=0.001	10^{-7}	1

1 特［斯拉］=1 韦伯/米^2

磁通量

麦［克斯韦］（maxwell）	**韦伯**（Wb）
1 麦[克斯韦](maxwell)=1	10^{-8}
1 **韦伯**(Wb) $=10^{8}$	1

附录 E　数学公式

几何

半径为 r 的圆：圆周 $=2\pi r$；面积 $=\pi r^2$。

半径为 r 的球：面积 $=4\pi r^2$；体积 $=\frac{4}{3}\pi r^3$。

半径为 r、高为 h 的正圆柱体：面积 $=2\pi r^2+2\pi rh$；体积 $=\pi r^2 h$。

底边为 a、高为 h 的三角形：面积 $=\frac{1}{2}ah$。

二次公式

如果 $ax^2+bx+c=0$，则 $x=\frac{-b\pm\sqrt{b^2-4ac}}{2a}$。

角 θ 的三角函数

$\sin\theta=\frac{y}{r}$　$\cos\theta=\frac{x}{r}$

$\tan\theta=\frac{y}{x}$　$\cot\theta=\frac{x}{y}$

$\sec\theta=\frac{r}{x}$　$\csc\theta=\frac{r}{y}$

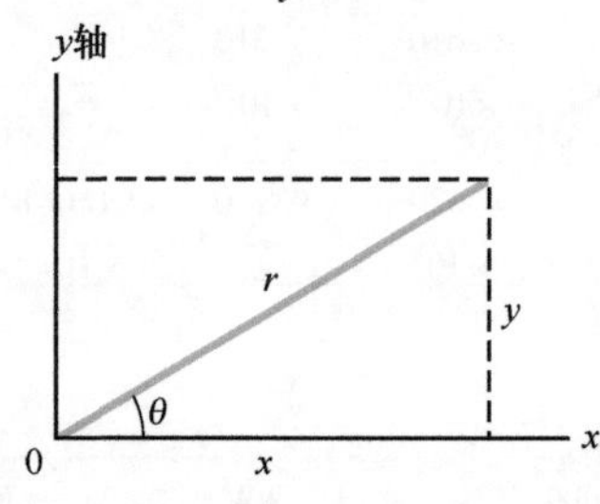

勾股定理

在此直角三角形中，有

$$a^2+b^2=c^2$$

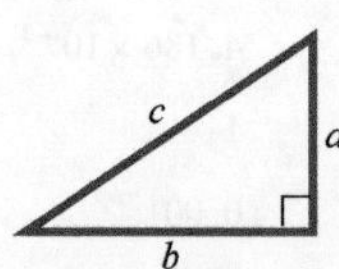

三角形

三个角是 A，B，C

对边是 a，b，c

$$A+B+C=180°$$

$$\frac{\sin A}{a}=\frac{\sin B}{b}=\frac{\sin C}{c}$$

$$c^2=a^2+b^2-2ab\cos C$$

外角 $D=A+C$

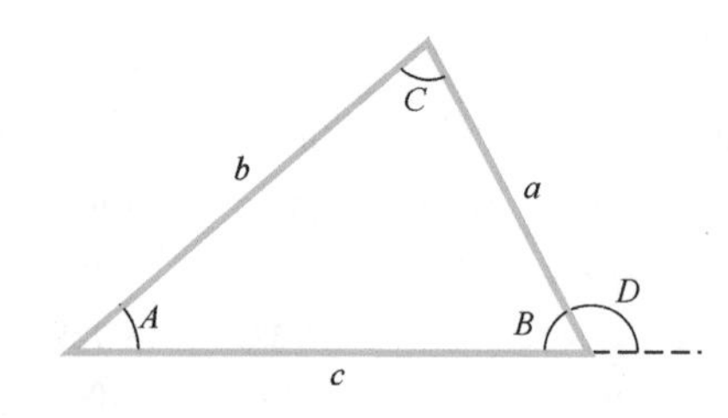

数学符号

$=$	相等
$\approx$	近似相等
~	大小的数量级是
$\neq$	不等于
$\equiv$	定义为，全等于
$>$	大于（$\gg$远大于）
$<$	小于（$\ll$远小于）
$\geqslant$	大于或等于（或，不小于）
$\leqslant$	小于或等于（或，不大于）
$\pm$	加或减
$\propto$	正比于
$\sum$	求和
x_{avg}	x 的平均值

三角恒等式

$\sin(90°-\theta)=\cos\theta$

$\cos(90°-\theta)=\sin\theta$

$\sin\theta/\cos\theta=\tan\theta$

$\sin^2\theta+\cos^2\theta=1$

$\sec^2\theta-\tan^2\theta=1$

$\csc^2\theta-\cot^2\theta=1$

$\sin 2\theta=2\sin\theta\cos\theta$

$\cos 2\theta=\cos^2\theta-\sin^2\theta=2\cos^2\theta-1=1-2\sin^2\theta$

$\sin(\alpha\pm\beta)=\sin\alpha\cos\beta\pm\cos\alpha\sin\beta$

$\cos(\alpha\pm\beta)=\cos\alpha\cos\beta\mp\sin\alpha\sin\beta$

$\tan(\alpha\pm\beta)=\frac{\tan\alpha\pm\tan\beta}{1\mp\tan\alpha\tan\beta}$

$\sin\alpha\pm\sin\beta=2\sin\frac{1}{2}(\alpha\pm\beta)\cos\frac{1}{2}(\alpha\mp\beta)$

$\cos\alpha+\cos\beta=2\cos\frac{1}{2}(\alpha+\beta)\cos\frac{1}{2}(\alpha-\beta)$

$\cos\alpha-\cos\beta=-2\sin\frac{1}{2}(\alpha+\beta)\sin\frac{1}{2}(\alpha-\beta)$

二项式定理

$$(1+x)^n=1+\frac{nx}{1!}+\frac{n(n-1)x^2}{2!}+\cdots(x^2<1)$$

指数展开

$$e^x = 1 + x + \frac{x^2}{2!} + \frac{x^3}{3!} + \cdots$$

对数展开

$$\ln(1+x) = x - \frac{1}{2}x^2 + \frac{1}{3}x^3 - \cdots \quad (|x| < 1)$$

三角展开（θ 用弧度作单位）

$$\sin\theta = \theta - \frac{\theta^3}{3!} + \frac{\theta^5}{5!} - \cdots$$

$$\cos\theta = 1 - \frac{\theta^2}{2!} + \frac{\theta^4}{4!} - \cdots$$

$$\tan\theta = \theta + \frac{\theta^3}{3} + \frac{2\theta^5}{15} + \cdots$$

克拉默法则（Cramer's rule）

未知量 x 和 y 的两个联立方程

$$a_1x + b_1y = c_1 \text{ 和 } a_2x + b_2y = c_2$$

具有解

$$x = \frac{\begin{vmatrix} c_1 & b_1 \\ c_2 & b_2 \end{vmatrix}}{\begin{vmatrix} a_1 & b_1 \\ a_2 & b_2 \end{vmatrix}} = \frac{c_1b_2 - c_2b_1}{a_1b_2 - a_2b_1}$$

和

$$y = \frac{\begin{vmatrix} a_1 & c_1 \\ a_2 & c_2 \end{vmatrix}}{\begin{vmatrix} a_1 & b_1 \\ a_2 & b_2 \end{vmatrix}} = \frac{a_1c_2 - a_2c_1}{a_1b_2 - a_2b_1}$$

矢量的乘积

令$\vec{i}$、$\vec{j}$和$\vec{k}$为沿 x、y 和 z 方向的单位矢量，则

$$\vec{i}\cdot\vec{i} = \vec{j}\cdot\vec{j} = \vec{k}\cdot\vec{k} = 1$$

$$\vec{i}\cdot\vec{j} = \vec{j}\cdot\vec{k} = \vec{k}\cdot\vec{i} = 0$$

$$\vec{i}\times\vec{i} = \vec{j}\times\vec{j} = \vec{k}\times\vec{k} = 0$$

$$\vec{i}\times\vec{j} = \vec{k}, \vec{j}\times\vec{k} = \vec{i}, \vec{k}\times\vec{i} = \vec{j}$$

任何具有沿 x、y 和 z 轴的分量 a_x、a_y 和 a_z 的矢量$\vec{a}$都可以写作

$$\vec{a} = a_x\vec{i} + a_y\vec{j} + a_z\vec{k}$$

令$\vec{a}$、$\vec{b}$和$\vec{c}$是数值为 a、b 和 c 的任意矢量，则

$$\vec{a}\times(\vec{b}+\vec{c}) = (\vec{a}\times\vec{b}) + (\vec{a}\times\vec{c})$$

$$(s\vec{a})\times\vec{b} = \vec{a}\times(s\vec{b}) = s(\vec{a}\times\vec{b})$$

（s 是一个标量）

令 θ 为$\vec{a}$和$\vec{b}$间两个角中较小的一个，则

$$\vec{a}\cdot\vec{b} = \vec{b}\cdot\vec{a} = a_xb_x + a_yb_y + a_zb_z = ab\cos\theta$$

$$\vec{a}\times\vec{b} = -\vec{b}\times\vec{a} = \begin{vmatrix} \vec{i} & \vec{j} & \vec{k} \\ a_x & a_y & a_z \\ b_x & b_y & b_z \end{vmatrix}$$

$$= \vec{i}\begin{vmatrix} a_y & a_z \\ b_y & b_z \end{vmatrix} - \vec{j}\begin{vmatrix} a_x & a_z \\ b_x & b_z \end{vmatrix} + \vec{k}\begin{vmatrix} a_x & a_y \\ b_x & b_y \end{vmatrix}$$

$$= (a_yb_z - b_ya_z)\vec{i} + (a_zb_x - b_za_x)\vec{j} + (a_xb_y - b_xa_y)\vec{k}$$

$$|\vec{a}\times\vec{b}| = ab\sin\theta$$

$$\vec{a}\cdot(\vec{b}\times\vec{c}) = \vec{b}\cdot(\vec{c}\times\vec{a}) = \vec{c}\cdot(\vec{a}\times\vec{b})$$

$$\vec{a}\times(\vec{b}\times\vec{c}) = (\vec{a}\cdot\vec{c})\vec{b} - (\vec{a}\cdot\vec{b})\vec{c}$$

导数和积分

在下列公式中，字母 u 和 v 代表 x 的任意函数，而 a 和 m 为常数。每个不定积分应加上一个任意的积分常数。《化学和物理学手册》（*CRC* Press Inc.）中给出了更详尽的表。

1. $\frac{dx}{dx} = 1$
2. $\frac{d}{dx}(au) = a\frac{du}{dx}$
3. $\frac{d}{dx}(u+v) = \frac{du}{dx} + \frac{dv}{dx}$
4. $\frac{d}{dx}x^m = mx^{m-1}$
5. $\frac{d}{dx}\ln x = \frac{1}{x}$
6. $\frac{d}{dx}(uv) = u\frac{dv}{dx} + v\frac{du}{dx}$
7. $\frac{d}{dx}e^x = e^x$
8. $\frac{d}{dx}\sin x = \cos x$
9. $\frac{d}{dx}\cos x = -\sin x$
10. $\frac{d}{dx}\tan x = \sec^2 x$
11. $\frac{d}{dx}\cot x = -\csc^2 x$
12. $\frac{d}{dx}\sec x = \tan x\sec x$
13. $\frac{d}{dx}\csc x = -\cot x\csc x$
14. $\frac{d}{dx}e^u = e^u\frac{du}{dx}$
15. $\frac{d}{dx}\sin u = \cos u\frac{du}{dx}$
16. $\frac{d}{dx}\cos u = -\sin u\frac{du}{dx}$

1. $\int \mathrm{d}x = x$

2. $\int au\mathrm{d}x = a\int u\mathrm{d}x$

3. $\int (u+v)\mathrm{d}x = \int u\mathrm{d}x + \int v\mathrm{d}x$

4. $\int x^m \mathrm{d}x = \dfrac{x^{m+1}}{m+1}\ (m \neq -1)$

5. $\int \dfrac{\mathrm{d}x}{x} = \ln|x|$

6. $\int u\dfrac{\mathrm{d}v}{\mathrm{d}x}\mathrm{d}x = uv - \int v\dfrac{\mathrm{d}u}{\mathrm{d}x}\mathrm{d}x$

7. $\int \mathrm{e}^x \mathrm{d}x = \mathrm{e}^x$

8. $\int \sin x\mathrm{d}x = -\cos x$

9. $\int \cos x\mathrm{d}x = \sin x$

10. $\int \tan x\mathrm{d}x = \ln|\sec x|$

11. $\int \sin^2 x\mathrm{d}x = \dfrac{1}{2}x - \dfrac{1}{4}\sin 2x$

12. $\int \mathrm{e}^{-ax}\mathrm{d}x = -\dfrac{1}{a}\mathrm{e}^{-ax}$

13. $\int x\mathrm{e}^{-ax}\mathrm{d}x = -\dfrac{1}{a^2}(ax+1)\mathrm{e}^{-ax}$

14. $\int x^2\mathrm{e}^{-ax}\mathrm{d}x = -\dfrac{1}{a^3}(a^2x^2+2ax+2)\mathrm{e}^{-ax}$

15. $\int_0^\infty x^n\mathrm{e}^{-ax}\mathrm{d}x = \dfrac{n!}{a^{n+1}}$

16. $\int_0^\infty x^{2n}\mathrm{e}^{-ax^2}\mathrm{d}x = \dfrac{1\cdot 3\cdot 5\cdot \cdots \cdot (2n-1)}{2^{n+1}a^n}\sqrt{\dfrac{\pi}{a}}$

17. $\int \dfrac{\mathrm{d}x}{\sqrt{x^2+a^2}} = \ln(x+\sqrt{x^2+a^2})$

18. $\int \dfrac{x\mathrm{d}x}{(x^2+a^2)^{3/2}} = -\dfrac{1}{(x^2+a^2)^{1/2}}$

19. $\int \dfrac{\mathrm{d}x}{(x^2+a^2)^{3/2}} = \dfrac{x}{a^2(x^2+a^2)^{1/2}}$

20. $\int_0^\infty x^{2n+1}\mathrm{e}^{-ax^2}\mathrm{d}x = \dfrac{n!}{2a^{n+1}}(a>0)$

21. $\int \dfrac{x\mathrm{d}x}{x+d} = x - d\ln(x+d)$

附录 F 元素的性质

除另有说明外，所有物理性质都是在 1 atm 压强下的。

元素	符号	原子序数 Z	摩尔质量 (g/mol)	密度 (g/cm³, 20℃)	熔点 (℃)	沸点 (℃)	比热容 [J/(g·℃), 25℃]
锕 Actinium	Ac	89	(227)	10.06	1323	(3473)	0.092
铝 Aluminum	Al	13	26.9815	2.699	660	2450	0.900
镅 Americium	Am	95	(243)	13.67	1541	—	—
锑 Antimony	Sb	51	121.75	6.691	630.5	1380	0.205
氩 Argon	Ar	18	39.948	1.6626×10^{-3}	−189.4	−185.8	0.523
砷 Arsenic	As	33	74.9216	5.78	817(28atm)	613	0.331
砹 Astatine	At	85	(210)	—	(302)	—	—
钡 Barium	Ba	56	137.34	3.594	729	1640	0.205
锫 Berkelium	Bk	97	(247)	14.79	—	—	—
铍 Beryllium	Be	4	9.0122	1.848	1287	2770	1.83
铋 Bismuth	Bi	83	208.980	9.747	271.37	1560	0.122
𬭛 Bohrium	Bh	107	262.12	—	—	—	—
硼 Boron	B	5	10.811	2.34	2030	—	1.11
溴 Bromine	Br	35	79.909	3.12(液态)	−7.2	58	0.293
镉 Cadmium	Cd	48	112.40	8.65	321.03	765	0.226
钙 Calcium	Ca	20	40.08	1.55	838	1440	0.624
锎 Californium	Cf	98	(251)	—	—	—	—
碳 Carbon	C	6	12.01115	2.26	3727	4830	0.691
铈 Cerium	Ce	58	140.12	6.768	804	3470	0.188
铯 Cesium	Cs	55	132.905	1.873	28.40	690	0.243
氯 Chlorine	Cl	17	35.453	3.214×10^{-3}(0℃)	−101	−34.7	0.486
铬 Chromium	Cr	24	51.996	7.19	1857	2665	0.448
钴 Cobalt	Co	27	58.9332	8.85	1495	2900	0.423
鎶 Copernicium	Cn	112	(285)	—	—	—	—
铜 Copper	Cu	29	63.54	8.96	1083.40	2595	0.385
锔 Curium	Cm	96	(247)	13.3	—	—	—
𫟼 Darmstadtium	Ds	110	(271)	—	—	—	—
𬭊 Dubnium	Db	105	262.114	—	—	—	—
镝 Dysprosium	Dy	66	162.50	8.55	1409	2330	0.172
锿 Einsteinium	Es	99	(254)	—	—	—	—
铒 Erbium	Er	68	167.26	9.15	1522	2630	0.167
铕 Europium	Eu	63	151.96	5.243	817	1490	0.163
镄 Fermium	Fm	100	(237)	—	—	—	—
𫓧 Flerovium①	Fl	114	(289)	—	—	—	—
氟 Fluorine	F	9	18.9984	1.696×10^{-3}(0℃)	−219.6	−188.2	0.753
钫 Francium	Fr	87	(223)	—	(27)	—	—
钆 Gadolinium	Gd	64	157.25	7.90	1312	2730	0.234
镓 Gallium	Ga	31	69.72	5.907	29.75	2237	0.377
锗 Germanium	Ge	32	72.59	5.323	937.25	2830	0.322

（续）

元素	符号	原子序数 Z	摩尔质量 (g/mol)	密度 (g/cm³,20℃)	熔点 (℃)	沸点 (℃)	比热容 [J/(g·℃),25℃]
金 Gold	Au	79	196.967	19.32	1064.43	2970	0.131
铪 Hafnium	Hf	72	178.49	13.31	2227	5400	0.144
𬭶 Hassium	Hs	108	(265)	—	—	—	—
氦 Helium	He	2	4.0026	0.1664×10^{-3}	−269.7	−268.9	5.23
钬 Holmium	Ho	67	164.930	8.79	1470	2330	0.165
氢 Hydrogen	H	1	1.00797	0.08375×10^{-3}	−259.19	−252.7	14.4
铟 Indium	In	49	114.82	7.31	156.634	2000	0.233
碘 Iodine	I	53	126.9044	4.93	113.7	183	0.218
铱 Iridium	Ir	77	192.2	22.5	2447	(5300)	0.130
铁 Iron	Fe	26	55.847	7.874	1536.5	3000	0.447
氪 Krypton	Kr	36	83.80	3.488×10^{-3}	−157.37	−152	0.247
镧 Lanthanum	La	57	138.91	6.189	920	3470	0.195
铹 Lawrencium	Lr	103	(257)	—	—	—	—
铅 Lead	Pb	82	207.19	11.35	327.45	1725	0.129
锂 Lithium	Li	3	6.939	0.534	180.55	1300	3.58
鉝 Livermorium①	Lv	116	(293)	—	—	—	—
镥 Lutetium	Lu	71	174.97	9.849	1663	1930	0.155
镁 Magnesium	Mg	12	24.312	1.738	650	1107	1.03
锰 Manganese	Mn	25	54.9380	7.44	1244	2150	0.481
鿏 Meitnerium	Mt	109	(266)	—	—	—	—
钔 Mendelevium	Md	101	(256)	—	—	—	—
汞 Mercury	Hg	80	200.59	13.55	−38.87	357	0.138
钼 Molybdenum	Mo	42	95.94	10.22	2617	5560	0.251
钕 Neodymium	Nd	60	144.24	7.007	1016	3180	0.188
氖 Neon	Ne	10	20.183	0.8387×10^{-3}	−248.597	−246.0	1.03
镎 Neptunium	Np	93	(237)	20.25	637	—	1.26
镍 Nickel	Ni	28	58.71	8.902	1453	2730	0.444
铌 Niobium	Nb	41	92.906	8.57	2468	4927	0.264
氮 Nitrogen	N	7	14.0067	1.1649×10^{-3}	−210	−195.8	1.03
锘 Nobelium	No	102	(255)	—	—	—	—
锇 Osmium	Os	76	190.2	22.59	3027	5500	0.130
氧 Oxygen	O	8	15.9994	1.3318×10^{-3}	−218.80	−183.0	0.913
钯 Palladium	Pd	46	106.4	12.02	1552	3980	0.243
磷 Phosphorus	P	15	30.9738	1.83	44.25	280	0.741
铂 Platinum	Pt	78	195.09	21.45	1769	4530	0.134
钚 Plutonium	Pu	94	(244)	19.8	640	3235	0.130
钋 Polonium	Po	84	(210)	9.32	254	—	—
钾 Potassium	K	19	39.102	0.862	63.20	760	0.758
镨 Praseodymium	Pr	59	140.907	6.773	931	3020	0.197
钷 Promethium	Pm	61	(145)	7.22	(1027)	—	—
镤 Protactinium	Pa	91	(231)	15.37(估计值)	(1230)	—	—
镭 Radium	Ra	88	(226)	5.0	700	—	—
氡 Radon	Rn	86	(222)	9.96×10^{-3}(0℃)	(−71)	−61.8	0.092

(续)

元素	符号	原子序数 Z	摩尔质量 (g/mol)	密度 (g/cm^3,20℃)	熔点 (℃)	沸点 (℃)	比热容 [J/(g·℃),25℃]
铼 Rhenium	Re	75	186. 2	21. 02	3180	5900	0. 134
铑 Rhodium	Rh	45	102. 905	12. 41	1963	4500	0. 243
轮 Roentgenium	Rg	111	(280)	—	—	—	—
铷 Rubidium	Rb	37	85. 47	1. 532	39. 49	688	0. 364
钌 Ruthenium	Ru	44	101. 107	12. 37	2250	4900	0. 239
𬬻 Rutherfordium	Rf	104	261. 11	—	—	—	—
钐 Samarium	Sm	62	150. 35	7. 52	1072	1630	0. 197
钪 Scandium	Sc	21	44. 956	2. 99	1539	2730	0. 569
𬭳 Seaborgium	Sg	106	263. 118	—	—	—	—
硒 Selenium	Se	34	78. 96	4. 79	221	685	0. 318
硅 Silicon	Si	14	28. 086	2. 33	1412	2680	0. 712
银 Silver	Ag	47	107. 870	10. 49	960. 8	2210	0. 234
钠 Sodium	Na	11	22. 9898	0. 9712	97. 85	892	1. 23
锶 Strontium	Sr	38	87. 62	2. 54	768	1380	0. 737
硫 Sulfur	S	16	32. 064	2. 07	119. 0	444. 6	0. 707
钽 Tantalum	Ta	73	180. 948	16. 6	3014	5425	0. 138
锝 Technetium	Tc	43	(99)	11. 46	2200	—	0. 209
碲 Tellurium	Te	52	127. 60	6. 24	449. 5	990	0. 201
铽 Terbium	Tb	65	158. 924	8. 229	1357	2530	0. 180
铊 Thallium	Tl	81	204. 37	11. 85	304	1457	0. 130
钍 Thorium	Th	90	(232)	11. 72	1755	(3850)	0. 117
铥 Thulium	Tm	69	168. 934	9. 32	1545	1720	0. 159
锡 Tin	Sn	50	118. 69	7. 2984	231. 868	2270	0. 226
钛 Titanium	Ti	22	47. 90	4. 54	1670	3260	0. 523
钨 Tungsten	W	74	183. 85	19. 3	3380	5930	0. 134
未命名 Un-named	Uut	113	(284)	—	—	—	—
未命名 Un-named	Uup	115	(288)	—	—	—	—
未命名 Un-named	Uus	117	—	—	—	—	—
未命名 Un-named	Uuo	118	(294)	—	—	—	—
铀 Uranium	U	92	(238)	18. 95	1132	3818	0. 117
钒 Vanadium	V	23	50. 942	6. 11	1902	3400	0. 490
氙 Xenon	Xe	54	131. 30	5.495×10^{-3}	-111. 79	-108	0. 159
镱 Ytterbium	Yb	70	173. 04	6. 965	824	1530	0. 155
钇 Yttrium	Y	39	88. 905	4. 469	1526	3030	0. 297
锌 Zinc	Zn	30	65. 37	7. 133	419. 58	906	0. 389
锆 Zirconium	Zr	40	91. 22	6. 506	1852	3580	0. 276

① 元素 114(Flerovium,Fl)和 116(Livermorium,Lv)的名称已经被提出,但还不是正式的名称。

在摩尔质量一列内括号内的数值是这些放射性元素中寿命最长的同位素的质量数。

括号中的熔点和沸点不肯定。

气体的数据只有当它们处于正常的分子状态时,如 H_2,He,O_2,Ne 等,才正确。气体的比热是定压下的值。

资料来源:取自 J. Emsley, *The Elements*, 3rd ed. , 1998,Clarendon Press, Oxford. 关于最近的值和最新的元素也可参见 www. webelements. com。

附录 G 元素周期表

金属
类金属
非金属

碱金属　　　　　　　　　　过渡金属　　　　　　　　　　惰性气体

水平周期	ⅠA	ⅡA	ⅢB	ⅣB	ⅤB	ⅥB	ⅦB	ⅧB			ⅠB	ⅡB	ⅢA	ⅣA	ⅤA	ⅥA	ⅦA	0
1	1 H																	2 He
2	3 Li	4 Be											5 B	6 C	7 N	8 O	9 F	10 Ne
3	11 Na	12 Mg											13 Al	14 Si	15 P	16 S	17 Cl	18 Ar
4	19 K	20 Ca	21 Sc	22 Ti	23 V	24 Cr	25 Mn	26 Fe	27 Co	28 Ni	29 Cu	30 Zn	31 Ga	32 Ge	33 As	34 Se	35 Br	36 Kr
5	37 Rb	38 Sr	39 Y	40 Zr	41 Nb	42 Mo	43 Tc	44 Ru	45 Rh	46 Pd	47 Ag	48 Cd	49 In	50 Sn	51 Sb	52 Te	53 I	54 Xe
6	55 Cs	56 Ba	57-71 *	72 Hf	73 Ta	74 W	75 Re	76 Os	77 Ir	78 Pt	79 Au	80 Hg	81 Tl	82 Pb	83 Bi	84 Po	85 At	86 Rn
7	87 Fr	88 Ra	89-103 †	104 Rf	105 Db	106 Sg	107 Bh	108 Hs	109 Mt	110 Ds	111 Rg	112 Cn	113	114 Fl	115	116 Lv	117	118

内过渡金属

镧系 *	57 La	58 Ce	59 Pr	60 Nd	61 Pm	62 Sm	63 Eu	64 Gd	65 Tb	66 Dy	67 Ho	68 Er	69 Tm	70 Yb	71 Lu
锕系 †	89 Ac	90 Th	91 Pa	92 U	93 Np	94 Pu	95 Am	96 Cm	97 Bk	98 Cf	99 Es	100 Fm	101 Md	102 No	103 Lr

元素 113 到 118 被发现的证据已见报导。最近的信息及最新的元素可参看 www. webelements. com。元素 114 和 116 的名称已被提出，但还没有正式确定。

ANSWERS

检查点和奇数题号习题的答案

第1章

习题 **1.** 53L **3.** 0.45 **5.** 1.7×10^5 **7.** 6.13×10^5mile **9.** 8.4×10^2km **11.** 6.3×10^{-12}s
13. (a) 495s; (b) 141s; (c) 198s; (d) −245s
15. 1.21×10^{12}μs
17. 重要的判据是每日变化始终如一，而不是它的数值大小
19. 5.2×10^6m **21.** 2.6×10^3kg/m^3 **23.** 2.00cm
25. (a) 1.3×10^3kg/m^3 **27.** (a) 2.542kg; (b) 0.02g
29. 1.75×10^3kg **31.** 1.43kg/min

第2章

检查点 **1.** b和c **2.** (检查微商dx/dt) (a) 1和4; (b) 2和3
3. (a) 正; (b) 负; (c) 负; (d) 正
4. 1和4 ($a=d^2x/dt^2$ 必定是常数)
5. (a) 正 (沿y轴向上位移); (b) 负 (沿y轴向下位移); (c) $a=-g=-9.8$m/s^2

习题 **1.** (a) 0; (b) 0 **3.** (a) 3.27km/h; (b) 6.33km/h
5. (a) 0; (b) −2m; (c) 0; (d) 12m; (e) +12m; (f) +7m/s **7.** (a) 35km; (b) 16km **9.** 1.4m
11. 25.00m/s **13.** (a) 73km/h; (b) 68km/h; (c) 70km/h; (d) 0 **15.** 43m/s **17.** (a) 28.5cm/s; (b) 18.0cm/s; (c) 40.5cm/s; (d) 28.1cm/s; (e) 30.3cm/s
19. −20m/s^2 **21.** (a) 3.10m/s^2; (b) 11.6s **23.** 0.36
25. 0.32m/s^2 **27.** 1.60×10^3m/s^2
29. (a) 10.6m; (b) 41.5s **31.** 1.01km **33.** 2.0s
35. 9.38ns **37.** (a) 4.0m/s^2; (b) $+x$ **39.** 24s
41. (a) 21m/s^2; (b) 96m **43.** (a) 0.994m/s^2
45. 122.5m **47.** (a) 46m/s; (b) 6.1s
49. (a) 5.4s; (b) 41m/s **51.** 19.6m/s **53.** 4.0m/s
55. (a) 857m/s^2; (b) 上
57. (a) 1.26×10^3m/s^2; (b) 上
59. (a) 89cm; (b) 22cm **61.** 20.4m **63.** 2.34m
65. (a) 2.25m/s; (b) 3.90m/s **67.** 0.56m/s **69.** 100m

第3章

检查点 **1.** (a) 7m ($\vec{a}$和$\vec{b}$同方向); (b) 1m ($\vec{a}$和$\vec{b}$反方向) **2.** c, d, f (分量必须从头接到尾端; $\vec{a}$必须从一个分量的尾端到另一分量的头部)
3. (a) +, +; (b) +, −; (c) +, + (从$\vec{d}_1$的尾端到$\vec{d}_2$的顶端) **4.** (a) 90°; (b) 0° (两矢量平行，即同方向); (c) 180° (两矢量反向平行，即方向相反)
5. (a) 0°或180°; (b) 90°

习题 **1.** ±1.73 **3.** 23 **5.** (a) 1.8m; (b) 正东偏北69°
7. (a) 平行; (b) 反向平行; (c) 垂直
9. (a) $(5.0-2.0m)\vec{i}-(-4.0+2.0m)\vec{j}+(2.0+5.0m)\vec{k}$; (b) $(5.0+2.0m)\vec{i}+(-4.0-2.0m)\vec{j}+(2.0-5.0m)\vec{k}$; (c) $(-5.0-2.0m)\vec{i}+(4.0+2.0m)\vec{j}+(-2.0+5.0m)\vec{k}$
11. (a) $(-9.0\text{m})\vec{i}+(10\text{m})\vec{j}$; (b) 13m; (c) 132°
13. (a) 120°; (b) 1.73m
15. (a) 1.59m; (b) 12.1m; (c) 12.2m; (d) 82.5°
17. (a) 38m; (b) −37.5°; (c) 130m; (d) 1.2°; (e) 62m; (f) 130° **19.** 5.39m at 21.8°前方偏左
21. (a) −70.0cm; (b) 80.0cm; (c) 141cm; (d) −172°
23. $(5/\sqrt{2})(\vec{i}-\vec{j})$ **25.** 正北偏西51°
27. (a) $8\vec{i}+16\vec{j}$; (b) $2\vec{i}+4\vec{j}$
29. (a) 7.5cm; (b) 90°; (c) 8.6cm; (d) 48°
31. (a) 8.39m; (b) 12.4m; (c) 11.8m; (d) 9.23m
33. (a) $a\vec{i}+a\vec{j}+a\vec{k}$; (b) $-a\vec{i}+a\vec{j}+a\vec{k}$; (c) $a\vec{i}-a\vec{j}+a\vec{k}$; (d) $-a\vec{i}-a\vec{j}+a\vec{k}$; (e) 54.7°; (f) $3^{0.5}a$
35. (a) $-12.6\vec{k}$; (b) −18.1
37. (a) −21; (b) −9; (c) $5\vec{i}-11\vec{j}-9\vec{k}$ **39.** 70.5°
41. 15° **43.** (a) 3.00m; (b) 0; (c) 3.46m; (d) 2.00m; (e) −5.00m; (f) 8.66m; (g) −6.67; (h) 4.33

第4章

检查点 **1.** (提示: 画出的$\vec{v}$应与路径相切，且尾端在路径上) (a) 第一象限; (b) 第三象限 **2.** (提示: 对时间求二次微商) (1) 和 (3): a_x和a_y都是常量，因此$\vec{a}$也是常量; (2) 和 (4): a_y是常量，但a_x不是，所以$\vec{a}$不是常量 **3.** 是 **4.** (a) v_x是常量; (b) v_y起初是正，减少到零，然后变负的程度越来越大; (c) $a_x=0$始终都是; (d) $a_y=-g$始终都是 **5.** (a) $-(4\text{m/s})\vec{i}$; (b) $-(8\text{m/s}^2)\vec{j}$

习题 **1.** 7.8m **3.** $(-2.0\text{m})\vec{i}+(8.0\text{m})\vec{j}-(13\text{m})\vec{k}$
5. (a) 7.59km/h; (b) 22.5°北偏东
7. $(-0.90\text{m/s})\vec{i}+(1.6\text{m/s})\vec{j}-(0.60\text{m/s})\vec{k}$
9. (a) 0.83cm/s; (b) 0°; (c) 0.11m/s; (d) −63°
11. (a) $(63.0\text{m})\vec{i}-(641\text{m})\vec{j}$; (b) $(75.0\text{m/s})\vec{i}-(864\text{m/s})\vec{j}$; (c) $(54.0\text{m/s}^2)\vec{i}-(864\text{m/s}^2)\vec{j}$; (d) −85.0°
13. (a) $(6\text{m/s}^2)t\vec{j}+(1\text{m/s})\vec{k}$; (b) $(6\text{m/s}^2)\vec{j}$
15. (a) $(2.3\text{m/s})\vec{j}$; (b) $(2.7\text{m})\vec{i}+(0.91\text{m})\vec{j}$

17. $(48\mathrm{m/s})\vec{i}$ **19.** (a) $(72.0\mathrm{m})\vec{i}+(90.7\mathrm{m})\vec{j}$; (b) 49.5°
21. 0.681m **23.** (a) 2.87s; (b) 818m; (c) 28.1m/s
25. 43.1m/s (155km/h) **27.** (a) 10.0s; (b) 897m
29. 80.4° **31.** 不能越过墙
33. (a) 147m/s; (b) 696m; (c) 116m/s; (d) −149m/s
35. 4.84cm **37.** (a) 2.25m; (b) 8.03m; (c) 3.91m
39. (a) 32.3m; (b) 21.9m/s; (c) 40.4°; (d) 下面
41. 55.5° **43.** (a) 13m; (b) 28m; (c) 18m/s; (d) 62°
45. (a) 斜面上; (b) 5.82m; (c) 31.0°
47. (a) 是; (b) 2.56m **49.** (a) 31°; (b) 63°
51. (a) 2.3°; (b) 1.1m; (c) 18° **53.** (a) 75.0m; (b) 31.9m/s; (c) 66.9°; (d) 25.5m **55.** 第二级
57. (a) 7.32m; (b) 西; (c) 北 **59.** $1.9\mathrm{m/s^2}$
61. (a) $1.3\times10^5\mathrm{m/s}$; (b) $7.9\times10^5\mathrm{m/s^2}$; (c) 增加
63. 2.92m **65.** $(3.00\mathrm{m/s^2})\vec{i}+(6.00\mathrm{m/s^2})\vec{j}$
67. $160\mathrm{m/s^2}$ **69.** (a) $13\mathrm{m/s^2}$; (b) 向东; (c) $13\mathrm{m/s^2}$; (d) 向东 **71.** 1.67 **73.** (a) $(80\mathrm{km/h})\vec{i}-(60\mathrm{km/h})\vec{j}$; (b) 0°; (c) 答案不变 **75.** 32m/s **77.** 60°
79. (a) 38knot; (b) 正北偏东1.5°; (c) 4.2h; (d) 正南偏西 1.5° **81.** (a) $(-32\mathrm{km/h})\vec{i}-(46\mathrm{km/h})\vec{j}$; (b) $[(2.5\mathrm{km})-(32\mathrm{km/h})t]\vec{i}+[(4.0\mathrm{km})-(46\mathrm{km/h})t]\vec{j}$; (c) 0.084h; (d) $2\times10^2\mathrm{m}$

第5章

检查点 **1.** c, d和e ($\vec{F}_1$ 和 $\vec{F}_2$ 必须头到尾), $\vec{F}_{\mathrm{net}}$ (必须从它们中一个的尾端到另一个的顶端) **2.** (a) 和 (b) 2N, 向左 (在每种情况中加速度都是零)
3. (a) 相等; (b) 大于 (加速度向上, 因此作用于物体上的净力必定向上) **4.** (a) 相等; (b) 较大; (c) 较小
5. (a) 增加; (b) 是; (c) 相同; (d) 是

习题 **1.** (a) $1.9\mathrm{m/s^2}$; (b) 38° **3.** (a) 5.20N; (b) 3.00N; (c) $(5.20\mathrm{N})\vec{i}+(3.00\mathrm{N})\vec{j}$
5. (a) $(0.86\mathrm{m/s^2})\vec{i}-(0.16\mathrm{m/s^2})\vec{j}$; (b) $0.88\mathrm{m/s^2}$; (c) −11°
7. (a) $(-32.0\mathrm{N})\vec{i}-(20.8\mathrm{N})\vec{j}$; (b) 38.2N; (c) −147°
9. (a) 14.1N; (b) −140°; (c) −130° **11.** $30\mathrm{m/s^2}$
13. $5.2\mathrm{m/s^2}$ **15.** (a) 108N; (b) 108N; (c) 108N
17. (a) 42N; (b) 72N; (c) $4.9\mathrm{m/s^2}$ **19.** $1.3\times10^5\mathrm{N}$
21. (a) 11.7N; (b) −59.0° **23.** (a) $(285\mathrm{N})\vec{i}+(705\mathrm{N})\vec{j}$; (b) $(285\mathrm{N})\vec{i}-(155\mathrm{N})\vec{j}$; (c) 324N; (d) −29.0°; (e) $3.70\mathrm{m/s^2}$; (f) −29.0°
25. (a) $0.022\mathrm{m/s^2}$; (b) $8.3\times10^4\mathrm{km}$; (c) $1.9\times10^3\mathrm{m/s}$
27. 1.6mm **29.** (a) 548N; (b) 向上; (c) 548N; (d) 向下
31. (a) 0.834m; (b) 0.602s; (c) 2.77m/s
33. $1.6\times10^4\mathrm{N}$ **35.** (a) 60.0°; (b) 40.9°
37. (a) $0.65\mathrm{m/s^2}$; (b) $0.12\mathrm{m/s^2}$; (c) 1.9m
39. (a) 3.2mN; (b) 2.1mN
41. (a) $1.3\mathrm{m/s^2}$; (b) 4.0m/s
43. (a) 1.23N; (b) 2.46N; (c) 3.69N; (d) 4.92N; (e) 6.15N; (f) 0.250N **45.** (a) 33.4kN; (b) 24.6kN
47. $6.4\times10^3\mathrm{N}$ **49.** (a) $2.18\mathrm{m/s^2}$; (b) 116N; (c) $21.0\mathrm{m/s^2}$
51. (a) $3.6\mathrm{m/s^2}$; (b) 17N **53.** (a) 21N; (b) 52N
55. (a) 1.1N **57.** 0 **59.** (a) $4.9\mathrm{m/s^2}$; (b) $2.0\mathrm{m/s^2}$; (c) 向上; (d) 120N **61.** $2Ma/(a+g)$
63. (a) 8.0m/s; (b) $+x$
65. (a) $0.653\mathrm{m/s^3}$; (b) $0.896\mathrm{m/s^3}$; (c) 6.50s
67. 81.7N

第6章

检查点 **1.** (a) 零 (因为没有滑动的倾向); (b) 5N; (c) 没有; (d) 是; (e) 8N **2.** ($\vec{a}$ 指向圆形路径的中心) (a) $\vec{a}$ 向下, $\vec{F}_N$ 向上; (b) $\vec{a}$ 和 $\vec{F}_N$ 向上; (c) 相同; (d) 最低点较大

习题 **1.** 33N **3.** (a) $5.8\mathrm{m/s^2}$; (b) 17N; (c) 41N
5. (a) 6.0N; (b) 3.6N; (c) 3.1N **7.** (a) $1.6\times10^2\mathrm{N}$; (b) $1.8\mathrm{m/s^2}$ **9.** (a) 11N; (b) $0.14\mathrm{m/s^2}$
11. (a) $3.8\times10^2\mathrm{N}$; (b) $1.3\mathrm{m/s^2}$ **13.** (a) $1.3\times10^2\mathrm{N}$; (b) 不动; (c) $1.1\times10^2\mathrm{N}$; (d) 46N; (e) 17N
15. 49N **17.** (a) $(17\mathrm{N})\vec{i}$; (b) $(20\mathrm{N})\vec{i}$; (c) $(15\mathrm{N})\vec{i}$
19. (a) 不会移动; (b) $(-12\mathrm{N})\vec{i}+(5.0\mathrm{N})\vec{j}$
21. (a) $0.81\mathrm{m/s^2}$; (b) 18N **23.** 0.37 **25.** $1.1\times10^2\mathrm{N}$
27. (a) 2.0N; (b) $0.091\mathrm{m/s^2}$ **29.** $2.5\mathrm{m/s^2}$
31. $2.6\mathrm{m/s^2}$ **33.** 11s **35.** $5.6\times10^2\mathrm{N}$ **37.** (a) $3.2\times10^2\mathrm{km/h}$; (b) $6.5\times10^2\mathrm{km/h}$; (c) 不合理
39. 3.3 **41.** 0.67 **43.** 24m **45.** (a) 轻; (b) 778N; (c) 223N; (d) 1.11kN **47.** (a) 14s; (b) $5.8\times10^2\mathrm{N}$; (c) $9.9\times10^2\mathrm{N}$ **49.** $1.57\times10^3\mathrm{N}$ **51.** 3.4km **53.** 11°
55. $3.3\times10^3\mathrm{N}$ **57.** 2.02m/s **59.** (a) 8.74N; (b) 37.9N; (c) 6.45m/s; (d) 径向向内

第7章

检查点 **1.** (a) 减少; (b) 相同; (c) 负, 零
2. (a) 正; (b) 负; (c) 零 **3.** 零

习题 **1.** (a) $2.3\times10^7\mathrm{m/s}$; (b) $1.5\times10^{-16}\mathrm{J}$
3. (a) $5\times10^{14}\mathrm{J}$; (b) 0.1×10^6 吨 TNT; (c) 8 颗原子弹
5. (a) 2.4m/s; (b) 4.8m/s **7.** 0.96J **9.** 20J
11. (a) 73.2°; (b) 107° **13.** (a) $1.7\times10^2\mathrm{N}$; (b) $3.4\times10^2\mathrm{m}$; (c) $-5.8\times10^4\mathrm{J}$; (d) $3.4\times10^2\mathrm{N}$; (e) $1.7\times10^2\mathrm{m}$; (f) $-5.8\times10^4\mathrm{J}$ **15.** (a) 1.50J; (b) 增加
17. (a) 13kJ; (b) −12kJ; (c) 1.2kJ; (d) 5.6m/s
19. 25J **21.** (a) $-3Mgd/4$; (b) Mgd; (c) $Mgd/4$; (d) $(gd/2)^{0.5}$ **23.** 4.41J **25.** (a) 25.9kJ; (b) 2.45N
27. (a) 7.2J; (b) 7.2J; (c) 0; (d) −25J
29. (a) 0.90J; (b) 2.1J; (c) 0 **31.** (a) 7.3m/s; (b) 5.5m **33.** (a) 0.12m; (b) 0.36J; (c) −0.36J; (d) 0.060m; (e) 0.090J **35.** (a) 0; (b) 0

37. (a) 42J; (b) 30J; (c) 12J; (d) 6.5m/s, $+x$ 轴; (e) 5.5m/s, $+x$ 轴; (f) 3.5m/s, $+x$ 轴

39. 2.2J **41.** 36kJ **43.** (a) 0.83J; (b) 2.5J; (c) 4.2J; (d) 5.0W **45.** 5.4×10^2W

47. (a) 1.0×10^2J; (b) 8.4W **49.** 7.4×10^2W

51. (a) 32.0J; (b) 8.00W; (c) 78.2°

第 8 章

检查点 **1.** 不是保守力（考虑小回路的往返路程）

2. 3, 1, 2 [见式 (8-6)] **3.** (a) 都相等; (b) 都相等

4. (a) *CD*, *AB*, *BC* (0)（核对斜率数值）; (b) x 的正方向 **5.** 都相等

习题 **1.** 1/9 **3.** (a) 167J; (b) −167J; (c) 196J; (d) 29J; (e) 167J; (f) −167J; (g) 296J; (h) 129J

5. (a) 4.31mJ; (b) −4.31mJ; (c) 4.31mJ; (d) −4.31mJ; (e) 都增加 **7.** (a) 13.1J; (b) −13.1J; (c) 13.1J; (d) 都增加 **9.** (a) 17.0m/s; (b) 26.5m/s; (c) 33.4m/s; (d) 56.7m; (e) 都相同

11. (a) 2.08m/s; (b) 2.08m/s; (c) 增加

13. (a) 0.98J; (b) −0.98J; (c) 3.1N/cm

15. (a) 2.6×10^2m; (b) 相同; (c) 减小

17. (a) 2.5N; (b) 0.31N; (c) 30cm **19.** 1.9m

21. (a) 8.35m/s; (b) 4.33m/s; (c) 7.45m/s; (d) 二者都减小 **23.** (a) 4.85m/s; (b) 2.42m/s

25. -3.2×10^2J **27.** (a) 不; (b) 9.3×10^2N **29.** 0.55

31. (a) 1.6kN/m; (b) 9.9m/s; (c) 相同

33. (a) 2.40m/s; (b) 4.19m/s **35.** (a) 39.6cm; (b) 3.64cm

37. 1.4m **39.** (a) 2.1m/s; (b) 10N; (c) $+x$ 方向; (d) 5.7m; (e) 30N; (f) $-x$ 方向 **41.** (a) −3.7J; (c) 1.3m; (d) 9.1m; (e) 2.2J; (f) 4.0m; (g) $(4-x)e^{-x/4}$; (h) 4.0m **43.** (a) 67J; (b) 67J; (c) 46cm

45. (a) 3.6MJ; (b) 56MJ; (c) 60MJ **47.** (a) 0.40kJ; (b) 25J; (c) 65m/s; (d) −0.12kJ **49.** 23m

51. (a) $mg(H-5.0\mu)$; (b) $mg(H-5.0\mu)$; (c) $mg(H-5.0\mu)$ **53.** 24W **55.** ±2.5m/s

57. (a) 0; (b) 5.0×10^2J; (c) 4.1×10^2J; (d) 5.5m/s

59. (a) 19.4m; (b) 19.0m/s **61.** 36.2m

63. (a) 7.4m/s; (b) 90cm; (c) 2.8m; (d) 15m

65. 20cm

第 9 章

检查点 **1.** (a) 原点; (b) 第四象限; (c) 原点以下 y 轴上; (d) 原点; (e) 第三象限; (f) 原点

2. (a) ~ (c) 在质心，仍在原点（它们的力对系统来说都是内力，不会使质心移动） **3.** [考虑斜率和式 (9-23)] (a) 1 和 3，2 和 4 相同（力为零）; (b) 3

4. (a) 不变; (b) 不变 [参见式 (9-32)]; (c) 减小 [见式 (9-35)] **5.** (a) 零; (b) 正（起初 p_y 沿 y 向下，最后 p_y 向上）; (c) y 的正方向

6. (没有净力，$\vec{p}$ 守恒) (a) 0; (b) 不可能; (c) $-x$

7. (a) 10kg·m/s; (b) 14kg·m/s; (c) 6kg·m/s

8. (a) 4kg·m/s; (b) 8kg·m/s; (c) 3J

9. (a) 2kg·m/s（沿 x 动量守恒）; (b) 3kg·m/s（沿 y 动量守恒）

习题 **1.** 0.73 **3.** (a) −6.5cm; (b) 8.3cm; (c) 1.4cm

5. (a) −0.45cm; (b) −2.0cm

7. (a) 0; (b) 3.13×10^{-11}m

9. (a) -1.1m/s^2; (b) −2.2m; (c) 2.7m/s

11. $(-4.0\text{m})\vec{i}+(4.0\text{m})\vec{j}$ **13.** 53m

15. (a) $(2.35\vec{i}-1.57\vec{j})$m/s^2; (b) $(2.35\vec{i}-1.57\vec{j})t$m/s，$t$ 用秒为单位; (d) 直线，向下 34°角 **17.** 4.2m

19. (a) 0; (b) 481kg·m/s; (c) 150°

21. (a) 0.14kg·m/s; (b) 0; (c) 0

23. 1.0×10^3 to 1.2×10^3kg·m/s

25. (a) 1.20ms; (b) 0.500N·s; (c) 417N

27. (a) 270N·s; (b) 向右; (c) 13.5kN **29.** 6.26N·s

31. (a) 2.39×10^3N·s; (b) 4.78×10^5N; (c) 1.76×10^3N·s; (d) 3.52×10^5N

33. (a) 5.86kg·m/s; (b) 59.8°; (c) 2.93kN; (d) 59.8°

35. 9.9×10^2N **37.** (a) $49.1\vec{i}$N·s; (b) $24.5\vec{i}$N

39. 8.0m/s **41.** (a) $-(0.15\text{m/s})\vec{i}$; (b) 0.18m

43. 55cm **45.** $v/\sqrt{2}$ **47.** 36m **49.** 3.1×10^2m/s

51. (a) 721m/s; (b) 937m/s

53. (a) 33%; (b) 23%; (c) 减小 **55.** (a) 0.40m/s; (b) 2.4m/s; (c) 0.95m; (d) 6.0J **57.** (a) 4.4m/s; (b) 0.80 **59.** 25cm **61.** (a) 9.8m/s; (b) 22J

63. (a) 3.00m/s; (b) 6.00m/s

65. (a) $-3v\vec{i}$; (b) 0; (c) $-v\vec{i}$; (d) $-v\vec{i}$

67. −28cm **69.** (a) 0.21kg; (b) 7.2m

71. (a) 4.15×10^5m/s; (b) 4.84×10^5m/s **73.** 120°

75. (a) $2.6mu$; (b) $0.14u$; (c) $4.9mu^2$

77. (a) 46N; (b) 一点也不用

79. (a) 2.45kg/s; (b) 7.45kg/s; (c) 4.16km/s

第 10 章

检查点 **1.** b 和 c **2.** (a) 和 (d)（$\alpha=d^2\theta/dt^2$ 必定是常量）

3. (a) 是; (b) 不是; (c) 是; (d) 是 **4.** 都相等

5. 1, 2, 4, 3 [见式 (10-36)]

6. [见式 (10-40)] 1 和 3 相等，4，然后 2 和 5 相等（零）

7. (a) 图中向下 ($\tau_{net}=0$); (b) 小于（考虑力臂）

习题 **1.** (a) 400rev/min; (b) 6.28×10^3m

3. (a) 4.0rad/s; (b) 11.9rad/s **5.** 50rad/s

7. (a) 4.0m/s; (b) 没有关系 **9.** (a) 5.03rad/s^2; (b) 8.00kg·m^2 **11.** 10s **13.** (a) 3.4×10^2s; (b) -4.5×10^{-3}rad/s^2; (c) 98s **15.** 8.0s

17. (a) 44rad; (b) 5.5s; (c) 32s; (d) −2.1s; (e) 40s

19. 0.27Hz **21.** 6.9×10^{-13}rad/s **23.** (a) 20.9rad/s; (b) 12.5m/s; (c) 800rev/min^2; (d) 600rev

25. (a) 7.3×10^{-5}rad/s; (b) 3.5×10^{2}m/s; (c) 7.3×10^{-5}rad/s; (d) 4.6×10^{2}m/s
27. (a) 73cm/s^2; (b) 0.075; (c) 0.11
29. (a) 3.8×10^{3}rad/s; (b) 1.9×10^{2}m/s
31. (a) 40s; (b) 2.0rad/s^2 **33.** (a) 7.03s; (b) 4.97s
35. (a) 0.83m; (b) 1.0J **37.** 7.5×10^{-2}kg·m^2
39. (a) 47J; (b) 11W **41.** (a) 0.023kg·m^2; (b) 1.1mJ
43. 4.7×10^{-4}kg·m^2 **45.** −3.85N·m **47.** 3.0m
49. 18.6rev **51.** (a) 6.00cm/s^2; (b) 4.87N; (c) 4.54N; (d) 1.20rad/s^2; (e) 0.0138kg·m^2
53. 0.140N **55.** 2.51×10^{-4}kg·m^2
57. (a) 4.2×10^{2}rad/s^2; (b) 5.0×10^{2}rad/s
59. 29.7m/s **61.** (a) 1.67N·m; (b) 333J; (c) 转变为盘的热能 **63.** 5.42m/s
65. (a) 5.32m/s^2; (b) 8.43m/s^2; (c) 41.8°
67. 9.82rad/s

第11章

检查点 **1.** (a) 相同; (b) 小于 **2.** 小于（考虑转动动能转变为重力势能） **3.**（利用右手定则，画出矢量）(a) $\pm z$; (b) $+y$; (c) $-x$
4. [见式(11-21)] (a) 1和3相等，2和4相等，然后是5（零）；(b) 2和3
5. [见式(11-23)和式(11-16)] (a) 3，1；然后是2和4相等（零）；(b) 3
6. (a) 都相同（相同的τ，相同的t，从而有相同的ΔL）；(b) 实心球，圆盘，箍（与I相反的次序）
7. (a) 减少; (b) 相同（$\tau_{net}=0$，所以L守恒）; (c) 增大

习题 **1.** (a) 0; (b) $(22\text{m/s})\vec{i}$; (c) $(-22\text{m/s})\vec{i}$; (d) 0; (e) 1.5×10^{3}m/s^2; (f) 1.5×10^{3}m/s^2; (g) $(22\text{m/s})\vec{i}$; (h) $(44\text{m/s})\vec{i}$; (i) 0; (j) 0; (k) 1.5×10^{3}m/s^2; (l) 1.5×10^{3}m/s^2 **3.** 7.1m **5.** $5h/7$
7. (a) 63rad/s; (b) 4.0m **9.** 4.8m
11. (a) $(-4.0\text{N})\vec{i}$; (b) 0.60kg·m^2 **13.** 0.50
15. (a) $-(0.11\text{m})\omega$; (b) −2.1m/s^2; (c) −47rad/s^2; (d) 1.2s; (e) 8.6m; (f) 6.1m/s
17. (a) 13cm/s^2; (b) 4.4s; (c) 55cm/s; (d) 18mJ; (e) 1.4J; (f) 27rev/s
19. $(42\text{N·m})\vec{i}-(24\text{N·m})\vec{j}+(22\text{N·m})\vec{k}$
21. (a) $(6.0\text{N·m})\vec{j}+(8.0\text{N·m})\vec{k}$; (b) $(-22\text{N·m})\vec{i}$
23. (a) $(-1.5\text{N·m})\vec{i}-(4.0\text{N·m})\vec{j}-(1.0\text{N·m})\vec{k}$; (b) $(-1.5\text{N·m})\vec{i}-(4.0\text{N·m})\vec{j}-(1.0\text{N·m})\vec{k}$
25. (a) $(6.00\text{N·m})\vec{k}$; (b) 165° **27.** (a) $0.5mu^2\sin2\theta$; (b) $(0.5mu^3(\cos\theta)(\sin\theta)^2)/g$
31. (a) 0; (b) −22.6kg·m^2/s; (c) −7.84N·m; (d) −7.84N·m **33.** (a) mgb; (b) $mgbt$
35. 24.4N·m **37.** (a) 4.6×10^{-3}kg·m^2; (b) 1.1×10^{-3}kg·m^2/s; (c) 3.9×10^{-3}kg·m^2/s
39. (a) 1.47N·m; (b) 20.4rad; (c) −29.9J; (d) 19.9W
41. (a) 1.6kg·m^2; (b) 4.0kg·m^2/s **43.** (a) 1.5m; (b) 0.93rad/s; (c) 98J; (d) 8.4rad/s; (e) 8.8×10^{2}J; (f) 滑冰运动员的内能
45. (a) 3.6rev/s; (b) 3.0; (c) 人作用在砖块上的力将人的内能转换为砖块的动能 **47.** 0.17rad/s
49. (a) 750rev/min; (b) 450rev/min; (c) 顺时针
51. (a) 4.00×10^{-2}kg·m^2; (b) −3.07J **53.** (a) v/L; (b) 0; (c) 0 **55.** $v/2R$ **57.** (a) 18rad/s; (b) 0.92
59. (a) 10m/s; (b) 210N/m **61.** 1.5rad/s
63. 0.070rad/s **65.** (a) 0.148rad/s; (b) 0.0123; (c) 181°
67. (a) 0.180m; (b) 顺时针 **69.** 0.041rad/s

第12章

检查点 **1.** c, e, f **2.** (a) 不能; (b) 在$\vec{F}_1$的位置，垂直于图面; (c) 45N **3.** d

习题 **1.** (a) 362N; (b) 1.08×10^{3}N; (c) 71.4°
3. (a) 43N; (b) 25N; (c) 51N; (d) 29°
5. (a) 40.4°; (b) 66.1kg; (c) 13.2kg **7.** (a) 滑动; (b) 17°; (c) 翻倒; (d) 34°
9. (a) 8.8×10^{2}N; (b) 5.4×10^{2}N **11.** 0.218
13. 59% **15.** (a) 3.6m/s^2; (b) 2.2kN; (c) 3.3kN; (d) 0.83kN; (e) 1.2kN **17.** 7.34N **19.** (a) 3.6kN; (b) 向上; (c) 4.8kN; (d) 向下; (e) 0.86kN
21. (a) $mgx/(L\sin\theta)$; (b) $mgx/(L\tan\theta)$; (c) $mg(1-x/L)$ **23.** 0.441g **25.** (a) 0.83; (b) 0.17; (c) 0.21
27. (a) 2.0×10^{6}N/m^2; (b) 4.7×10^{-6}m
29. (a) 260N; (b) 0.50; (c) 184N
31. (a) 2.98kN; (b) 3.68kN
33. (a) 30μJ; (b) 8.67μJ; (c) 34.2μJ; (d) 不会; (e) 会 **35.** 0.531m **37.** 64.4mJ **39.** (a) 1.59m; (b) 减小
41. 3.0N **43.** (a) 595N; (b) 414N; (c) 0.696
45. (a) $(-836\vec{i}+284\vec{j})$N; (b) $(836\vec{i}+284\vec{j})$N; (c) $(836\vec{i}+970\vec{j})$N; (d) $(-836\vec{i}-284\vec{j})$N
47. (a) 254N; (b) 660N; (c) 386N **49.** 451N
51. (a) 6.8×10^{2}N; (b) 5.9×10^{2}N

第13章

检查点 **1.** 都相同 **2.** (a) 1，2和4，相同，然后3; (b) 线d **3.** (a) 增加; (b) 负 **4.** (a) 2; (b) 1
5. (a) 路径1 [减少的E（负的程度更大）给出减小的a]; (b) 更小（a的减小给出减小的T）

习题 **1.** 2.8×10^{-10}N **3.** 0.71y
5. (a) 7.58×10^{6}m; (b) 1.06×10^{7}m; (c) 0
7. (a) 3.19×10^{3}km; (b) 提举能量
9. (a) -7.60×10^{9}J; (b) -7.60×10^{9}J; (c) 落下
11. (a) $-1.88d$; (b) $-3.90d$; (c) $0.489d$
13. (a) 1.39m/s^2; (b) 0.772m/s^2 **15.** 2.16

17. (a) 5.01×10^9m; (b) 太阳半径的7.20倍
19. (a) 90.3min; (b) 0.185mHz; (c) 7.73km/s
21. (a) 0.43kg; (b) 1.8kg **23.** 4.2kg
25. (a) 2.3×10^9J; (b) $2.5R_s$
27. $(9.43\times10^{-15}\text{N})\vec{i}+(9.43\times10^{-15}\text{N})\vec{j}$ **29.** 1/2
33. (a) −0.22m; (b) −0.39m **35.** 9 **37.** 7.8×10^6m
39. (a) $(3.02\times10^{43}\text{ kg}\cdot\text{m/s}^2)/M_h$; (b) 减小; (c) 9.82m/s^2; (d) $7.10\times10^{-15}\text{m/s}^2$; (e) 不是很严重
41. (a) 6×10^{16}kg; (b) $4\times10^3\text{kg/m}^3$ **43.** 1.5s **45.** 1/2
47. (a) 0.486; (b) 0.486; (c) B; (d) 1.2×10^8J
49. (a) $2.23d$; (b) −56.3° **51.** (a) 38MJ; (b) 54MJ
53. $-1.73d$ **55.** (a) 939N; (b) 2.4
57. (a) 0.17kg; (b) 0.67kg **59.** −0.32N
61. (a) 0.74; (b) 3.8m/s^2; (c) 5.0km/s
63. 1.49rev/s **65.** 5×10^{10}颗星 **67.** (a) -7.6×10^{-11}J; (b) -5.1×10^{-11}J; (c) 5.1×10^{-11}J **69.** 9.6×10^6m

第14章

检查点 **1.** 都相等 **2.** (a) 都相等(作用在企鹅上的重力是相等的); (b) $0.95\rho_0$, ρ_0, $1.1\rho_0$ **3.** $13\text{cm}^3/\text{s}$, 向外 **4.** (a) 都相同; (b) 1, 然后2和3相同, 4(更粗意味着更慢); (c) 4, 3, 2, 1(更粗和更低意味着更大的压力)

习题 **1.** (a) 1.1×10^2Torr; (b) 4.1×10^2Torr; (c) 3.0×10^2Torr **3.** (a) 1.10×10^9N; (b) $1.10\times10^{10}\text{N}\cdot\text{m}$; (c) 10.0m **5.** 17cm **7.** (a) 0.25m^2; (b) $8.7\text{m}^3/\text{s}$
9. 1.2×10^6Pa **11.** 9.80N **13.** 44km **15.** 4.0kPa
17. (a) 8.6×10^2Torr; (b) 1.5×10^3Torr
19. (a) 0.019atm; (b) 0.34atm **21.** -3.5×10^4Pa
23. 15Torr **25.** 2.0×10^5J **27.** 1.1cm
29. (a) 2; (b) 1/2; (c) 4.0cm **31.** 0.675J
33. 47.8cm **35.** (a) 2.4m/s; (b) 2.3m/s **37.** 311m
39. (a) $1.5\times10^{-3}\text{m}^3/\text{s}$; (b) 0.90m **41.** 2.6cm
43. (a) 63L/min; (b) 1.5 **45.** 0.167 **47.** 5.28×10^5N
49. 98m/s **51.** 739.21Torr **53.** 63W **55.** (a) 3.9m/s; (b) 1.1×10^5Pa **57.** (a) 19.5m^3; (b) 8.28m/s; (c) 2.30×10^5Pa **59.** (b) $2.0\times10^{-2}\text{m}^3/\text{s}$ **61.** (b) 46kN
63. (a) $6.7\times10^2\text{kg/m}^3$; (b) $7.2\times10^2\text{kg/m}^3$
65. 9.0×10^5N **67.** (a) $2.14\times10^{-2}\text{m}^3$; (b) 1.65kN
69. 0.489m **71.** (a) 25.9kN; (b) 27.1kN; (c) 3.15kN; (d) 1.26kN

第15章

检查点 **1.** (画出x对t的图) (a) $-x_m$; (b) $+x_m$; (c) 0 **2.** c [a必定有式(15-8)的形式] **3.** a [F必定有式(15-10)的形式] **4.** (a) 5J; (b) 2J; (c) 5J
5. 都相同[在式(15-29)中m包含在I中]
6. 1, 2, 3(比例m/b有意义而k没有)

习题 **1.** 37.7Hz **3.** 58Hz **5.** (a) 0.350s; (b) 2.86Hz; (c) 18.0rad/s; (d) 161N/m; (e) 6.28m/s; (f) 56.4N
7. (a) $0.203\text{kg}\cdot\text{m}^2$; (b) 48.3cm; (c) 1.50s
9. (a) 0.516m; (b) 0.646s **11.** (a) $F_m/b\omega$; (b) F_m/b
13. (a) 1.2m/s; (b) 3.6cm
15. (a) 1.0mm; (b) 0.63m/s; (c) $3.9\times10^2\text{m/s}^2$
17. (a) 2.2Hz; (b) 56cm/s; (c) 0.20kg; (d) 20.0cm
19. 52mJ **21.** (a) 1.64s; (b) 相等 **23.** (a) −2.4m; (b) −52m/s; (c) $2.2\times10^2\text{m/s}^2$; (d) 21rad; (e) 1.5Hz; (f) 0.67s **25.** (a) $0.093A$; (b) 相同的方向
27. (a) 3.5ms; (b) 3.6m/s; (c) 0.065J; (d) 65N; (e) 33N **29.** 7.8cm **31.** (a) 0.48m; (b) 2.0s
33. 8.0% **35.** (a) 2.25Hz; (b) 80.0J; (c) 250J; (d) 81.2cm **37.** 43.0m/s^2
39. (a) 0.726rad; (b) 0.0535rad **41.** (a) 249Hz; (b) 较大
43. 0.367s **45.** 0.0718s **47.** (a) 2.26s; (b) 增大; (c) 相同 **49.** (a) 14.3s; (b) 5.72 **51.** (a) 0.50s; (b) 2.0Hz; (c) 16cm **53.** (a) 5.58Hz; (b) 0.346kg; (c) 0.401m **55.** 8.76s
57. (a) 0.84; (b) 0.16; (c) $2^{-0.5}x_m$
59. (a) 32.9rad/s; (b) 28.5rad/s; (c) 86.1rad/s^2
61. (a) 25cm; (b) 2.9Hz **63.** 2.8cm

第16章

检查点 **1.** a, 2; b, 3; c, 1 [和式(16-2)中的相位比较, 然后参见式(16-5)] **2.** (a) 2, 3, 1 [见式(16-12)]; (b) 3, 然后1和2相同(求dy/dt的振幅)
3. (a) 相同(不依赖于f); (b) 减小($\lambda=v/f$); (c) 增大; (d) 增大 **4.** 0.20和0.48相同, 然后0.60, 0.45
5. (a) 1; (b) 3; (c) 2 **6.** (a) 75Hz; (b) 525Hz

习题 **1.** (a) 0.12mm; (b) 141m^{-1}; (c) 628s^{-1}; (d) 加号
3. (a) 77.5m/s; (b) 15.0m; (c) 5.16Hz
5. (a) 0.50cm; (b) 2.4m^{-1}; (c) $2.4\times10^2\text{s}^{-1}$; (d) 减号
7. 2.78m **9.** (a) 6.0mm; (b) 16m^{-1}; (c) $1.1\times10^3\text{s}^{-1}$; (d) 2.5rad; (e) 加号 **11.** $0.91y_m$
13. (a) 0.540s; (b) 1.85Hz; (c) 2.59m/s
15. (a) 负的; (b) 4.0cm; (c) 0.35cm^{-1}; (d) 0.63s^{-1}; (e) π rad; (f) 减号; (g) 1.8cm/s; (h) −2.5cm/s
17. (a) 158m/s; (b) 60.0cm; (c) 264Hz
19. (a) 1.50Hz; (b) 2.00m; (c) 3.00m/s; (d) 50.0cm; (e) 150cm; (f) 250cm; (g) 0; (h) 100cm; (i) 200cm
21. (a) 289Hz; (b) 8个 **23.** (a) 15m/s; (b) 0.043N
25. (a) 142Hz; (b) 213m/s **27.** 0.533m/s
29 (a) 3.0mm; (b) 16m^{-1}; (c) $3.2\times10^2\text{s}^{-1}$; (d) 减号
31. (a) 10.7cm; (b) πrad
33. (a) 4.19m^{-1}; (b) 26.3m/s **35.** 940Hz **37.** 4.5cm
39. (a) 6.25mm; (b) 1.23rad; (c) 1.23rad
41. 2.0mm **43.** 121m/s
45. (a) 8.29Hz; (b) 16.6Hz; (c) 24.9Hz **47.** 68°
49. 8.33cm **51.** 1.4ms **55.** (a) 5.0cm; (b) 40cm;

(c) 11m/s; (d) 0.035s; (e) 8.9m/s; (f) $16m^{-1}$; (g) $1.8\times10^2s^{-1}$; (h) 0.93rad; (i) 加号

57. (a) 64Hz; (b) 1.1m; (c) 4.0cm; (d) $5.7m^{-1}$; (e) $4.0\times10^2s^{-1}$; (f) π/2rad; (g) 减号

59. (a) 0.40cm; (b) 1.2×10^2cm/s; (c) 3.0cm; (d) 0

第 17 章

检查点 **1.** 开始减少（例：想象将图 17-6 中的曲线向右移动，通过 x =42cm 的点） **2.** (a) 1 和 2 相等，然后是 3 [见式 (17-28)]; (b) 3，然后是 1 和 2 相等 [见式 (17-26)]

3. 二次谐波 [见式 (17-39) 和式 (17-41)]

4. a 大于发射频率，b 小于发射频率，c 和 d 无法判断，e 大于发射频率，f 小于发射频率

习题 **1.** (a) 90.3μm; (b) 0.395mm **3.** 0.1μW

5. 39.5nm **7.** 0.027 **9.** (a) 522Hz; (b) 560Hz

11. 41kHz

13. (a) 0.23nW; (b) 0.47nW; (c) 0.94nW; (d) 0.61nW; (e) 0 **15.** (a) 42°; (b) 11s

17. (a) 1.0×10^4; (b) 100 **19.** (a) $7.37\times10^{-5}W/m^2$; (b) 5.53nW **21.** 0.204W **23.** 2.2×10^3km

25. (a) 405m/s; (b) 641N; (c) 44.0cm; (d) 37.3cm

27. (a) 933Hz; (b) 0.373m **29.** 0

31. (a) 1.595kHz; (b) 1.630kHz **33.** 2.25ms

35. 166Hz **37.** (a) 2.0kHz; (b) 2.0kHz **39.** 63.3N

41. 50.3m **43.** 904Hz **45.** (a) 0; (b) 完全相长; (c) 增大; (d) 84.6m; (e) 41.2m; (f) 26.2m

47. (a) 2.6km; (b) 1.6×10^2 **49.** (a) 18; (b) 16

51. (a) 85.8Hz; (b) 3; (c) 5; (d) 172Hz; (e) 2; (f) 3

53. 0.24μm **55.** (a) 2.6×10^2Hz; (b) 较高

57. (a) 363Hz; (b) 3; (c) 5; (d) 727Hz; (e) 2; (f) 3 **59.** (a) 505.3Hz; (b) 520.0Hz; (c) 505.7Hz; (d) 520.0Hz **61.** (a) 3; (b) 1055Hz; (c) 1407Hz

63. 9.66m **65.** (a) 1; (b) 2 **67.** 0.49ms

69. (a) 93m; (b) 41m; (c) 101m

第 18 章

检查点 **1.** (a) 都相同; (b) 50°X, 50°Y, 50°W

2. (a) 2 和 3 相同，然后 1，然后 4; (b) 3, 2, 然后 1 和 4 相同 [由式 (18-9) 和式 (18-10)，假设面积的改变正比于最初的面积] **3.** A [参见式 (18-14)]

4. c 和 e（最大化的面积被顺时针的循环包围）

5. (a) 都相同（ΔE_{int} 依赖于 i 和 f，不依赖于路径）; (b) 4, 3, 2, 1（比较曲线下的面积）; (c) 4, 3, 2, 1 [见式 (18-26)]

6. (a) 零（封闭的循环）; (b) 负 [W_{net} 是负的，见式 (18-26)]

7. b 和 d 相等，然后是 a, c [P_{cond} 完全相同: 见式 (18-32)]

习题 **1.** 9.82℃ **3.** (a) $1.3\times10^4W/m^2$; (b) $1.1\times10^2W/m^2$ **5.** (a) 4.9min; (b) 4.9min **7.** (a) 12cal; (b) −86cal; (c) 80cal; (d) 36cal; (e) 36cal

9. 305s **11.** 0.92cm/h

13. 0.11m **15.** 1.05MJ **17.** (a) 1.8×10^2J; (b) 1.1×10^2J; (c) 45J **19.** 3.23kJ/s **21.** 55g **23.** 27.9kJ

25. −60J **27.** −1.7℃ **29.** (a) 602W; (b) 1.12kW; (c) 108kJ **31.** 1.6m **33.** 150K **35.** 105L

37. (a) 0℃; (b) 6.3℃ **39.** 0 **41.** $0.53cm^3$

43. (a) 40J/s; (b) 0.12g/s **45.** (a) 80.0°F; (b) −7.27°F **47.** 15J **49.** 1.5min **51.** $25m^2$

53. (a) 5.3℃; (b) 0; (c) 0℃; (d) 30g **55.** 325℃

57. −232°X **59.** $33.46cm^3$ **61.** 3.128cm **63.** 340K

65. 1.365

第 19 章

检查点 **1.** 除 c 以外所有的都是 **2.** (a) 都相同; (b) 3, 2, 1 **3.** 气体 A **4.** 5（T 有最大变化），然后 1, 2, 3 和 4 相同 **5.** 1, 2, 3（$Q_3=0$，Q_2 转变为功 W_2，但 Q_1 转变为较大的功 W_1 并增加气体温度。）

习题 **1.** 6.4kJ **3.** −35J **5.** (a) 3.35×10^{-26}kg; (b) 20.2g/mol **7.** (a) 3.67kJ; (b) 2.62kJ; (c) 1.05kJ; (d) 1.57kJ **9.** (a) 0; (b) $+1.51\times10^3$J; (c) $+1.51\times10^3$J; (d) $+5.59\times10^{-22}$J

11. (a) 6.76×10^{-20}J; (b) 11.5

13. (a) 7.0km/s; (b) 7.7km/s **15.** 11kPa

17. (a) 0.67; (b) 1.2; (c) 1.3; (d) 0.40

19. (a) 460m/s; (b) 480m/s; (c) 是 **21.** 540K

23. (a) 7.48kJ; (b) 7.48kJ; (c) 0; (d) 0; (e) −3.62kJ; (f) 3.62kJ; (g) −6.44kJ; (h) −3.86kJ; (i) −2.58kJ; (j) 1.04kJ; (k) 0; (l) 1.04kJ; (m) $0.0492m^3$; (n) 4.01atm; (o) $0.0747m^3$; (p) 1.00atm

25. −20J **27.** (a) 0.11atm; (b) 200K

29. (a) 双原子的 (b) 565K; (c) 22.4mol **31.** 196kPa

33. (a) 0.0466mol; (b) $1.80\times10^{-3}m^3$

35. (a) 2.18kJ; (b) 1.56kJ; (c) 623J; (d) 623J

37. 1.8×10^2m/s **39.** 14.2J/mol·K **41.** 3.2×10^5Pa

43. (a) 6.07×10^{-21}J; (b) 7.31×10^{-21}J; (c) 3.65kJ; (d) 4.40kJ **45.** 1.82×10^{-13}Pa

47. (a) 1.0×10^4K; (b) 1.6×10^5K; (c) 4.4×10^2K; (d) 7.0×10^3K; (e) 不是; (f) 是 **49.** 11.2kJ

51. (a) 6×10^9km **53.** (a) 1.63×10^{10} 个分子/cm^3; (b) 345m **55.** (a) 1.1mol; (b) 2.5×10^3K; (c) 8.4×10^2K; (d) 5.0kJ; (e) 5.0kJ

57. (a) 2.75×10^3J; (b) 能量传给气体

59. (a) 5.0km/s; (b) 2.0×10^{-8}cm; (c) 1.2×10^{10} 次碰撞/s

61. 0.145 **63.** (a) 561m/s; (b) −185℃; (c) (1.14×10^3)℃

第 20 章

检查点 **1.** a, b, c **2.** 较小（Q 较小） **3.** c, b, a

4. a, d, c, b **5**. b

习题 **1**. 312K **3**. (a) 3.38kJ; (b) 22.0kJ; (c) 15.4%; (d) 75.0%; (e) 大于 **5**. 48K

7. (a) 41kJ; (b) 33kJ; (c) 26kJ; (d) 18kJ **9**. 15W

11. 1.67 **13**. (a) $W=N!/(n_1!\ n_2!\ n_3!)$; (b) $[(N/2)!\ (N/2)!]/[(N/3)!\ (N/3)!\ (N/3)!]$; (c) 4.2×10^{16}

15. (a) 0; (b) 1.91×10^{-23}J/K; (c) 2.47×10^{-23}J/K

17. (a) 280K; (b) 0; (c) +1.91J/K **19**. −1.83J/K

21. (a) 0.250; (b) 0.144; (c) 0.574; (d) 1.39; (e) 1.39; (f) 0; (g) 1.39; (h) 0; (i) −1.06; (j) −1.06; (k) −1.39; (l) −1.06; (m) 0; (n) 1.06; (o) 0 **23**. 39.7J/K

25. (a) 734J; (b) 277J; (c) 457J; (d) 62.3%

27. 0.59hp **29**. 487W **31**. (a) 1.85×10^5J; (b) 505J/K

33. (a) −768J/K; (b) +768J/K; (c) 是

35. (a) 0.693; (b) 4.50; (c) 0.693; (d) 0; (e) 4.50; (f) 23.0J/K; (g) −0.693; (h) 7.50; (i) −0.693; (j) 3.00; (k) 4.50; (l) 23.0J/K

37. (a) 3.00; (b) 1.98; (c) 0.660; (d) 0.495; (e) 0.165; (f) 34.0%

39. (a) 70.1℃; (b) −29.6J/K; (c) +33.4J/K; (d) +3.82J/K

41. (a) −1.16J/K; (b) +1.16J/K; (c) +1.18J/K; (d) −1.18J/K; (e) +21.8mJ/K; (f) 0

43. (a) 2.29×10^4J; (b) 7.09×10^3J

45. (a) −4.61kJ; (b) −11.5J/K; (c) 0 **47**. +31J/K

一些物理常量[①]

光速	c	$2.998 \times 10^{8}\,\mathrm{m/s}$
引力常量	G	$6.673 \times 10^{11}\,\mathrm{N \cdot m^2/kg^2}$
阿伏伽德罗常量	N_A	$6.022 \times 10^{23}\,\mathrm{mol^{-1}}$
普适气体常量	R	$8.314\,\mathrm{J/(mol \cdot K)}$
质能关系	c^2	$8.988 \times 10^{16}\,\mathrm{J/kg}$
		$931.49\,\mathrm{MeV/u}$
电容率常量	ε_0	$8.854 \times 10^{-12}\,\mathrm{F/m}$
真空磁导率	μ_0	$1.257 \times 10^{-6}\,\mathrm{H/m}$
普朗克常量	h	$6.626 \times 10^{-34}\,\mathrm{J \cdot s}$
		$4.136 \times 10^{-15}\,\mathrm{eV \cdot s}$
玻尔兹曼常量	k	$1.381 \times 10^{-23}\,\mathrm{J/K}$
		$8.617 \times 10^{-5}\,\mathrm{eV/K}$
基元电荷	e	$1.602 \times 10^{-19}\,\mathrm{C}$
电子质量	m_e	$9.109 \times 10^{-31}\,\mathrm{kg}$
质子质量	m_p	$1.673 \times 10^{-27}\,\mathrm{kg}$
中子质量	m_n	$1.675 \times 10^{-27}\,\mathrm{kg}$
氘子质量	m_d	$3.344 \times 10^{-27}\,\mathrm{kg}$
玻尔半径	a	$5.292 \times 10^{-11}\,\mathrm{m}$
玻尔磁子	μ_B	$9.274 \times 10^{-24}\,\mathrm{J/T}$
		$5.788 \times 10^{-5}\,\mathrm{eV/T}$
里德伯常量	R	$1.097373 \times 10^{7}\,\mathrm{m^{-1}}$

① 更加完整地给出最佳实验结果的表，请参看附录 B。

希腊字母

Alpha	A	α	Iota	I	ι	Rho	P	ρ
Beta	B	β	Kappa	K	κ	Sigma	Σ	σ
Gamma	Γ	γ	Lambda	Λ	λ	Tau	T	τ
Delta	Δ	δ	Mu	M	μ	Upsilon	Υ	υ
Epsilon	E	ε	Nu	N	ν	Phi	Φ	ϕ, φ
Zeta	Z	ζ	Xi	Ξ	ξ	Chi	X	χ
Eta	H	η	Omicron	O	o	Psi	Ψ	ψ
Theta	Θ	θ	Pi	Π	π	Omega	Ω	ω